Teilchendetektoren

Hermann Kolanoski · Norbert Wermes

Teilchendetektoren

Grundlagen und Anwendungen

Springer Spektrum

Hermann Kolanoski
Berlin, Deutschland

Norbert Wermes
Bonn, Deutschland

ISBN 978-3-662-45349-0
ISBN 978-3-662-45350-6 (eBook)
DOI 10.1007/978-3-662-45350-6

Die Deutsche Nationalbibliothek verzeichnet diese Publikation in der Deutschen Nationalbibliografie; detaillierte bibliografische Daten sind im Internet über http://dnb.d-nb.de abrufbar.

Springer Spektrum

Planung: Dr. Lisa Edelhäuser

Gedruckt auf säurefreiem und chlorfrei gebleichtem Papier.

Springer Spektrum ist eine Marke von Springer DE. Springer DE ist Teil der Fachverlagsgruppe Springer Science+Business Media
(www.springer-spektrum.de)

Vorwort

Neue Ideen und Konzepte in der Entwicklung von Teilchendetektoren waren oft Voraussetzung für wichtige Experimente, die zu Entdeckungen oder zu neuen Erkenntnissen in der Teilchen- oder Astroteilchenphysik führten. Die physikalischen Grundlagen und Techniken zur Detektorentwicklung gehören daher zum Handwerkszeug eines Experimentalphysikers auf diesen Gebieten. Häufig sind neuartige Detektorentwicklungen auch richtungsweisend für Fortschritte in Methoden der Bildgebung mit Teilchen oder Strahlung, zum Beispiel in der Medizin.

Die Physik von Detektoren greift auf viele andere Bereiche der Physik und Technik zurück. Kenntnisse der Wechselwirkungen von Teilchen mit Materie werden ebenso benötigt wie Kenntnisse in Gas- und Festkörperphysik, in der Physik des Ladungstransports und der Entstehung nachweisbarer Signale bis hin zur elektronischen Signalverarbeitung und Mikroelektronik.

Die Idee für dieses Buch entstand im Rahmen eines überregionalen, vom deutschen Forschungsministerium (BMBF) geförderten Lehrprojekts zum Thema Detektorentwicklung, an dem die Autoren beteiligt waren und bei dem Vorlesungen und begleitende Manuskripte zur Detektorphysik zentrale Elemente waren.

Ursprünglich als ein Lehrbuch für Studierende im Masterstudium konzipiert, entwickelten sich der inhaltliche Umfang und die Tiefe des behandelten Stoffes im Laufe der Zeit, so dass der Stoffumfang des jetzt entstandenen Buches über den Inhalt einer typischen Vorlesung zu diesem Thema hinausgeht. Zielgruppe als Leser sind sowohl Studierende, die sich in Detektorphysik einarbeiten und vertiefen wollen, aber auch Lehrende und Wissenschaftler, die in eine bestimmte Nachweismethodik oder Detektortechnologie einsteigen wollen. Darüber hinaus sollen zahlreiche Tabellen und vergleichende Zusammenfassungen als Nachschlaghilfen für wissenschaftliches Arbeiten dienen. Wir haben uns bemüht und hoffen, dass es uns weitgehend gelungen ist, die Fülle des Stoffes in den einzelnen Themenbereichen jeweils so klar wie möglich und so tiefgehend wie nötig zu behandeln.

Wir danken an dieser Stelle vielen Kollegen, Mitarbeitern und Studenten, die auf die eine oder andere Weise zum Gelingen dieses Buches beigetragen haben. Für Hilfe bei den zahlreichen Abbildungen bedanken wir uns bei David Barney, Axel Hagedorn, Christine Iezzi, Jens Janssen, Manuel Koch, Edgar Kraft, Susann Niedworok, Philip Pütsch und Bert Wiegers. Für die Simulation von Reaktionsereignissen und Hilfe bei der Benutzung des GEANT4-Programmpakets danken wir Timo Karg und Sven Menke. Für zahlreiche Diskussionen, Informationen und/oder das Korrekturlesen von einzelnen Kapiteln möchten wir uns bei Markus Ackermann, Peter Fischer, Fabian Hügging, Fabian Kislat, Hans Krüger, Michael Moll, Jochen Schwiening und Peter Wegner bedanken, sowie bei Ted Masselink für klärende Diskussionen zum Thema Ladungstransport. Martin Köhler sind wir sehr dankbar für Rat bei Fragen, die sich in Zusammenhang mit der Veröffentlichung eines Buches immer ergeben.

Für die Unterstützung bei der Entstehung und Durchführung dieses Buchprojektes bedanken wir uns beim Forschungsministerium BMBF und dem Deutschen Elektronensynchrotron (DESY).

Berlin und Bonn, im Juli 2015

Hermann Kolanoski und Norbert Wermes

Inhaltsverzeichnis

1 Einleitung

Wenn man mit den Augen einen Gegenstand in der Umwelt wahrnehmen kann, so beruht das darauf, dass Licht, oder allgemeiner elektromagnetische Strahlung, mit Materie wechselwirkt: Das Licht wird zunächst an dem Gegenstand gestreut, wird dann im Auge absorbiert und in Nervensignale umgesetzt.

Der Nachweis von elementaren Teilchen, Kernen und hochenergetischer elektromagnetischer Strahlung, in diesem Buch gemeinsam als 'Teilchen' bezeichnet, geschieht im Prinzip ähnlich, durch Wechselwirkung der Teilchen mit Materie. Allerdings nehmen wir Teilchen im Allgemeinen nicht direkt mit unseren Sinnesorganen wahr, sondern müssen einen externen 'Detektor' benutzen, in dem die Teilchen wechselwirken und der aus der Wechselwirkung wahrnehmbare Signale ableitet.

Die **elektromagnetische Wechselwirkung** der Teilchen mit Materie wird weitaus am häufigsten für den Nachweis genutzt: Geladene Teilchen werden über die Ionisation der Materie entlang ihrer Trajektorie oder auch über elektromagnetische Abstrahlung wie Cherenkov-, Übergangs- oder Bremsstrahlung nachgewiesen. Photonen und Elektronen bilden in Materie elektromagnetische Schauer aus, die eine Energiemessung erlauben. Die **starke Wechselwirkung** wird zum Beispiel für den Nachweis von Neutronen oder auch die Energiebestimmung bei (insbesondere hochenergetischen) Hadronen über die Entwicklung von hadronischen Schauern genutzt. Für den Nachweis von Neutrinos wird schließlich auch die schwache Wechselwirkung für die Nachweisreaktion ausgenutzt.

Je nach Einsatz haben Teilchendetektoren unterschiedliche Aufgaben mit sehr unterschiedlichen Anforderungen. Ein einfaches Beispiel sind der Nachweis und die Messung des Strahlungsflusses mit einem Geigerzähler zum Nachweis von Radioaktivität. In Teilchenphysikexperimenten möchte man in der Regel darüber hinaus die Teilchenkinematik (Richtung, Impuls, Energie, Masse) messen und möglichst auch die Identität des jeweiligen Teilchens bestimmen.

Die Anforderungen an die Leistungsfähigkeit von Teilchendetektoren und damit auch die Kosten variieren in einem weiten Bereich. Bei der Spezifikation eines Detektors kommen je nach geplantem Einsatz folgende Kriterien in Betracht:

- geringe Störung des zu messenden Prozesses;
- hohe Nachweiswahrscheinlichkeit;
- die Signale echter Ereignisse heben sich gut von denen des Untergrundes ab;
- gute Auflösungen (Ort, Zeit, Energie, Impuls, Winkel, ...);
- schnelle, totzeit-freie elektronische Signalverarbeitung;
- einfache Online-Steuerung und -Kontrolle;
- vertretbare Kosten.

H. Kolanoski, N. Wermes, *Teilchendetektoren*, DOI 10.1007/978-3-662-45350-6_1

Die Entwicklung von Detektoren und Nachweismethoden für Teilchen wurde hauptsächlich für Anwendungen in der experimentellen Grundlagenforschung, wie Teilchen- und Kernphysik, betrieben. Wie groß der Fortschritt auf diesen Gebieten von dem Stand der Detektortechnologie abhängt, wird vom Nobelkomitee dadurch anerkannt, dass für entscheidende Durchbrüche in der Entwicklung von Nachweismethoden mehrfach der Nobelpreis verliehen wurde (Nebelkammer: C.T.R. Wilson 1927, Weiterentwicklung der Nebelkammermethode: P. Blackett 1948, Kernemulsionsmethode: C.F. Powell 1950, Koinzidenzmethode: W. Bothe 1958, Blasenkammer: D.A. Glaser 1960, Vieldrahtproportionalkammer: G. Charpak, 1992). Neben der Teilchen-, Kern- und Astroteilchenphysik gibt es inzwischen eine breite Palette von Anwendungen von Detektoren in Medizin, Geologie, Archäologie, Materialwissenschaften und anderen Gebieten. Die Detektorgrößen variieren zwischen Kubikzentimetern, zum Beispiel bei einem Dosimeter in Kugelschreiberformat, und Kubikkilometern bei einem Detektor zum Nachweis von Luftschauern, die von kosmischer Strahlung ausgelöst werden.

Wir haben uns bemüht, neben dem Zitieren der Originalliteratur auch auf weiterführende Literatur, Lehrbücher und kompakte Übersichten der jeweiligen Gebiete zu verweisen. In deutscher Sprache gibt es zu 'Detektoren' die Bücher von Kleinknecht [506] und Grupen [405]. Beide Werke sind auch auf Englisch erschienen. In englischer Sprache sind die Bücher von Knoll [507] und von Leo [541] besonders geeignet, klassische Methoden der Konstruktion und des Betriebs von Detektoren zu lernen. Der Einsatz in modernen Teilchenexperimenten wird zum Beispiel eher von dem Buch von Leroy und Rancoita [543] abgedeckt. In verschiedenen Sammelbänden, zum Beispiel den von Ferbel [323] oder Sauli [707] herausgegebenen, sind Expertenbeiträge zu den verschiedenen Kapiteln dieses Buches zu finden. Eine umfassende Sammlung vieler Nachweismethoden ist das von Grupen und Buvat in zwei Bänden herausgegebene 'Handbook of particle detection and imaging' [409].

Das Buch ist aus Vorlesungen hervorgegangen, die die Autoren für die Spezialisierungen 'Experimentelle Teilchenphysik' und 'Astroteilchenphysik' wiederholt an der Humboldt-Universität in Berlin und an der Friedrich-Wilhelms-Universität in Bonn gehalten haben. Der Stoff dieses Buches ist allerdings während des Entstehens weit über das hinausgegangen, was in einer solchen Vorlesung mit typischerweise zwei Semesterwochenstunden angeboten werden kann. Er sollte aber als Grundlage für die Vorlesung, zur Vertiefung und auch für den Einstieg in instrumentelle Arbeiten in Teilchen- und Astroteilchenphysik sowie auf den vielen Gebieten, die in Abschnitt 2.4 angesprochen werden, geeignet sein.

Das Buch ist neben einem Übersichtskapitel (Kapitel 2) in sechs Themenkreise aufgeteilt:

- Grundlagen (Kapitel 3 bis 5),
- Nachweis geladener Spuren (Kapitel 6 bis 9),
- Phänomene und Methoden, die bevorzugt zur Teilchenidentifikation dienen (Kapitel 11 bis 14),

- Energiemessung (Beschleuniger- und Nicht-Beschleuniger-Experimente (Kapitel 15 und 16),
- Elektronik und Datenauslese (Kapitel 17 und 18).

Umfangreiche Literatur-, Stichwort- und Abkürzungsverzeichnisse sind am Ende des Buches zu finden.

2 Überblick

Übersicht

2.1 Zur Geschichte der Detektoren

Die Fortschritte in der Kern- und Teilchenphysik basieren auf der Entwicklung von Detektoren, mit denen Teilchen und Strahlung nachgewiesen und deren Eigenschaften vermessen werden können (siehe dazu Tab. 2.1). Den Anfang markiert die Entdeckung der Radioaktivität durch H. Becquerel 1896: Er schloss auf die Existenz von 'Uranstrahlung', später Radioaktivität genannt, aus der Beobachtung der Schwärzung von Fotoplatten, die er im Dunkeln in der Nähe von Uransalzen aufbewahrte. Eine solche integrale Messung von Strahlung (im Unterschied zum Nachweis einzelner Quanten oder Teilchen) war auch die Grundlage für die Entdeckung der kosmischen Strahlung durch V. Hess im Jahre 1912 (Nobelpreis 1936 [433]) durch die Beobachtung der Entladung eines Elektrometers mit steigender Höhe bei einer Ballonfahrt (Kapitel 16). Das Prinzip solcher Strahlungsdetektoren findet auch jetzt noch in der Dosimetrie Verwendung.

Im Gegensatz zu diesen indirekten Nachweisen von Strahlung, ist es für die Grundlagenforschung wesentlich, Teilchen einzeln mit möglichst vielen Details über deren Eigenschaften und Kinematik vermessen zu können. Um 1900 waren Fotoplatten und szintillierende Beschichtungen die ersten Detektoren für die neu entdeckten Strahlungen – neben der α-, β- und γ-Strahlung aus Kernen auch Kathodenstrahlen (Elektronen) und Röntgenstrahlen. So haben Rutherford, Geiger und Marsden in Streuexperimenten mit α-Teilchen die gestreuten Teilchen auf einem szintillierenden Zinksulfidschirm (ZnS) nachgewiesen und deren Streuwinkel bestimmt [701, 374]. Abbildung 2.1 zeigt die Apparatur, mit der die Szintillationsblitze auf dem Schirm über ein Mikroskop mit dem Auge registriert wurden [374].

H. Kolanoski, N. Wermes, *Teilchendetektoren*, DOI 10.1007/978-3-662-45350-6_2

Tab. 2.1 Einige markante Daten zur Geschichte der Detektorentwicklungen. Da für solche Entwicklungen häufig keine präzisen Zeitangaben möglich sind, ist die Jahresangabe in der ersten Spalte lediglich zur Orientierung gedacht. Zum Teil willkürlich ist auch die Zuordnung von Entdeckungen. Zum Beispiel war das Prinzip der Gasverstärkung, das hier mit dem Namen Geiger verbunden wird, wesentlich für die Arbeiten zur Klassifizierung der radioaktiven Strahlung, für die Rutherford 1908 den Nobelpreis für Chemie erhielt. Einige Detektorprinzipien, wie Gasverstärkung, Koinzidenzmethode und Drahtkammern, sind so grundlegend, dass es nicht möglich ist, mit ihnen bestimmte Entdeckungen zu verbinden. In neuerer Zeit wird es auch zunehmend schwierig, Detektorentwicklungen einzelnen Personen zuzuordnen, wie zum Beispiel bei den Mikrostreifen-Detektoren, mit denen wesentliche Entdeckungen auf dem Gebiet der schweren Fermionen gemacht wurden.

Jahr	Name	Detektorprinzip	Entdeckung	Nobelpreis
1896	H. Becquerel	Photoplatte	Radioaktivität	1903
1908	H. Geiger	Gasverstärkung		
1911	E. Rutherford	Szintillatorschirm	Atomkern	
1912	C.T.R. Wilson	Nebelkammer	viele neue Teilchen	1927
1912	V. Hess	Elektrometer	kosm. Strahlung	1936
1924	W. Bothe	Koinzidenzmethode		1954
1933	P. Blackett	Nebelkammer (mit Trigger)	e^+e^--Paare	1948
1934	P.A. Cherenkov	Cherenkov-Strahlung	ν-Oszillationen	1958
1947	C.F. Powell	Fotoemulsion	Pion	1950
1953	D.A.Glaser	Blasenkammer	Ω^-, neutr. Ströme	1960
1968	G. Charpak	Vieldrahtproportionalkammer		1992
1980		Si-Mikrostreifen-Detektor	$B\overline{B}$-Oszillationen	

Auch Fotoemulsionen wurden – insbesondere in den 1940er Jahren – so weiterentwickelt, dass damit einzelne Teilchen der kosmischen Strahlung kinematisch rekonstruiert werden konnten (siehe Abschnitt 6.3). Mit dieser Methode ist C.F. Powell und seinen Mitarbeitern 1947 die Entdeckung des Pions gelungen (Abb. 16.2). Für die Entwicklung der Kernemulsionsmethode und die Entdeckungen damit ist Powell 1950 mit dem Nobelpreis geehrt worden [659].

Zur elektrischen Registrierung einzelner Teilchen entwickelte H. Geiger Zählrohre, basierend auf dem Prinzip der Gasverstärkung der Ionisationsladung in starken elektrischen Feldern (H. Geiger 1908 [702]). Gasverstärkung durch Lawinenentwicklung in Gasen [778, 779] hatte J. Townsend bereits ab etwa 1900 studiert (siehe Literaturhinweise in [702]). Diese Entwicklungen führten schließlich zu dem als Strahlungsmonitor bekannten Geiger-Müller-Zählrohr [375] (Kapitel 7). In der frühen Zeit wurden die verstärkten Ladungen noch über den Ausschlag der Nadel eines Elektrometers gemessen, aber die Erzeugung von elektrischen Signalen mit einem Detektor machte den Weg zur automatischen Aufzeichnung von Ereignissen und schließlich generell zur elektronischen Datenverarbeitung frei.

Ein erster grundlegender Schritt war die Entwicklung der 'Koinzidenzmethode' in den 1920er Jahren durch W. Bothe und andere (Nobelpreis 1954 [193]). Die Methode nutzte den zeitlichen Zusammenhang des Auftretens von Ereignissen, um physikalische Schluss-

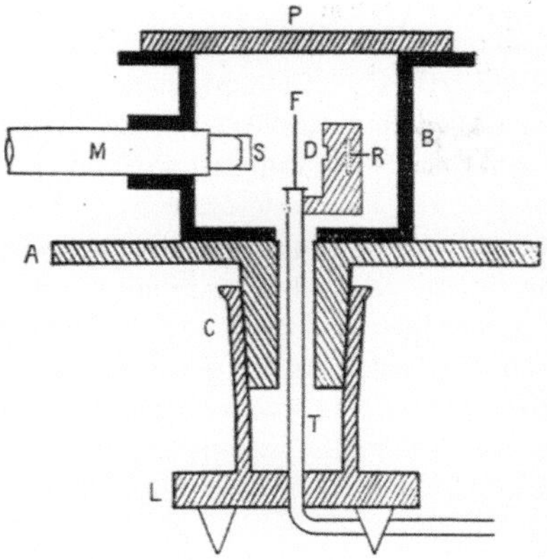

Abb. 2.1 Apparatur zu Beobachtung der Streuung von α-Teilchen an einer Goldfolie (Rutherford-Streuung) beschrieben in [374]. Eine α-Quelle R strahlt über ein dünnes Diaphragma D auf die Folie F. Die gestreuten Teilchen werden mit dem Mikroskop M, an dessen Objektiv ein kleiner Szintillationsschirm S angebracht ist, auf dem Schirm beobachtet. Das Mikroskop ist fest mit der Box B verbunden, die durch die Platte P abgeschlossen und über das Rohr T evakuiert wird. Der Streuwinkel wird eingestellt, indem die Box mit dem Mikroskop relativ zu Folie und Quelle verdreht wird (die Grundplatte A dreht sich in der Halterung C auf der Grundplatte L). Nachdruck aus [374], mit Genehmigung von Taylor & Francis Ltd.

folgerungen zu ziehen. Zum Beispiel konnte die Durchdringungsfähigkeit von Strahlung individuell für einzelne Quanten oder Teilchen gemessen werden, wenn man oberhalb und unterhalb eines Abschirmblocks Signale gleichzeitig beobachten konnte (Abb. 2.2(a)). Die Methode erlaubt es, mit koinzidenten Signalen 'Trigger' zu erzeugen, mit denen die interessierenden Ereignisse selektiert und dann automatisch registriert werden können. Die erste Koinzidenzschaltung mit Röhrenelektronik benutzte Bothe 1929 [193] (Abb. 2.2(b)).

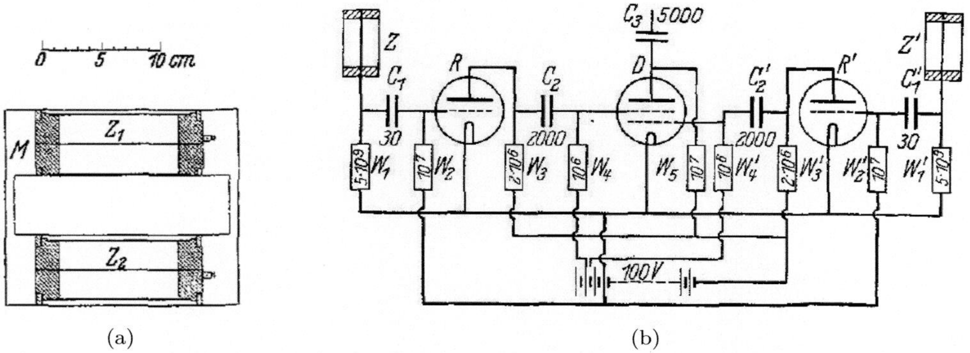

(a) (b)

Abb. 2.2 Erste Anwendungen der Koinzidenzmethode: a) Experimentelle Anordnung zur Untersuchung des 'Wesens der Höhenstrahlung' (Bothe und Kolhörster 1929 [195]). Oberhalb und unterhalb eines Absorbers aus unterschiedlichen Materialien befinden sich Zählrohre, deren Signale in Koinzidenz gezählt werden. b) Röhrenschaltung für den Nachweis von Koinzidenzen der beiden Zählrohre Z und Z′ [194]. In der mittleren Röhre D wird die Vorspannung so eingestellt, dass am Ausgangkondensator C_3 nur dann ein Signal erzeugt wird, wenn die Potenziale der beiden Gitter gleichzeitig erhöht sind. Die Gitter werden durch die Signale der beiden Zähler über die symmetrischen Schaltkreise links und rechts angesteuert. Diese Schaltkreise dienen dazu, die Zählersignale möglichst kurz zu machen (durch Differenzieren und Verstärken). Die Trennschärfe dieser Schaltung beträgt etwa 1 ms. Das Ausgangssignal an C_3 wurde auf einen Einheitenzähler eines Telefons gegeben. Nachdruck der Abbildungen mit Genehmigung von Springer Science and Business Media.

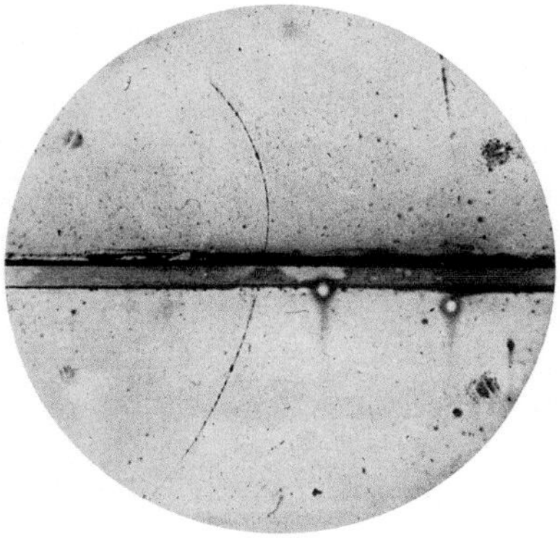

Abb. 2.3 Entdeckung des Positrons durch C.D. Anderson 1932 [76]: Das Bild zeigt eine Teilchenspur in einer Nebelkammer, die durch eine 6 mm dicke Bleiplatte geht. Die Krümmungen der Spuren auf Grund des angelegten Magnetfeldes von 1.5 T deuten an, dass das Teilchen von unten gekommen ist und in der Platte Energie verloren hat. Flugrichtung, Krümmung und Spurlängen sind verträglich mit denen eines positiv geladenen Teilchens mit der Masse des Elektrons; ein Proton hätte eine etwa zehnmal kleinere Reichweite. Bild von Wikimedia Commons (Original in [76]).

Allerdings waren vor der Entwicklung der Transistorelektronik, beginnend in den 1950er Jahren, die Möglichkeiten, verglichen mit dem heutigen Stand, noch äußerst beschränkt.

Ohne die Verfügbarkeit hoch-integrierter Elektronik blieb bis in die 1980er Jahre die optische Registrierung über fotografische Aufnahmen die beste Möglichkeit, Bilder von komplexen Reaktionen in großen Detektorvolumina und vollem Raumwinkel abzuspeichern. Der erste Detektor, mit dem eine Teilchenreaktion sichtbar gemacht werden konnte, war die Nebelkammer, in der Ionisationsspuren durch Übersättigung eines Gases als 'Kondensstreifen' sichtbar gemacht werden (Kapitel 6). Als Beispiel ist in Abb. 2.3 das berühmte Nebelkammerbild von der Entdeckung des ersten Antiteilchens, des Positrons, durch Anderson 1932 gezeigt. Die Bestimmung des Ladungsvorzeichens durch die Beobachtung der Spurkrümmung in einem Magnetfeld war ausschlaggebend für die

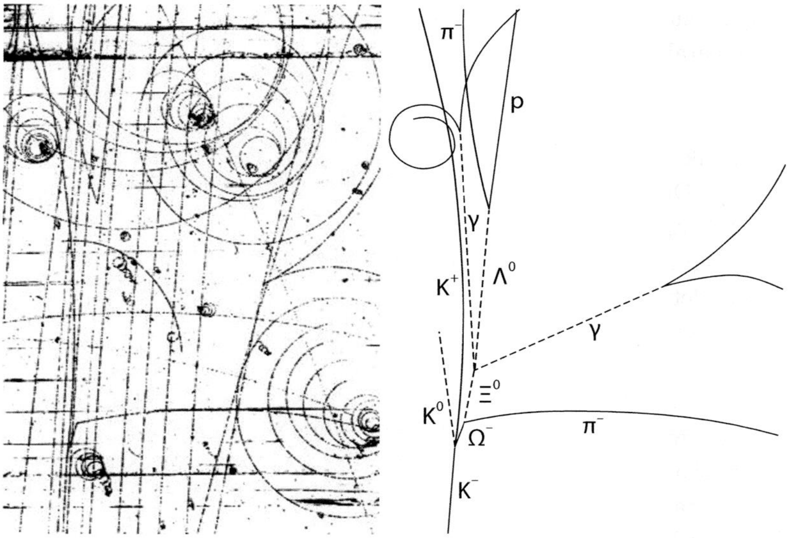

Abb. 2.4 Visualisierung von Teilchenreaktionen: Blasenkammeraufnahme der Entdeckung des Ω^--Baryons [123] (mit Genehmigung des Brookhaven National Laboratory).

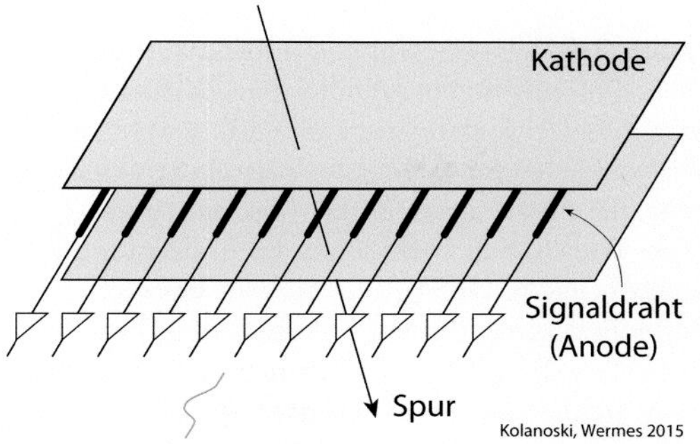

Abb. 2.5 Vieldrahtproportionalkammer: Jeder Draht entspricht einem einzelnen Zählrohr, aber mit flächigen Kathoden obenhalb und untenhalb der Drähte. Die Signale jeden Drahtes werden einzeln ausgelesen.

Identifizierung als Antiteilchen. Die Nebelkammer wurde um 1900 von C.T.R. Wilson entwickelt, wofür er 1927 den Nobelpreis erhielt [827]. Für die Weiterentwicklung der 'Nebelkammermethode', insbesondere für die Entwicklung eines vollautomatischen Ablaufs von Kammerexpansion und Fotografie mit Hilfe eines selektiven Triggers, erhielt P. Blackett 1948 den Nobelpreis [166].

Ab etwa 1950 übernahm die Blasenkammer die führende Rolle als großvolumiger Detektor, mit dem Teilchenreaktionen relativ vollständig aufgezeichnet werden können (Abb. 2.4). Sie arbeitet nach einem ähnlichen Prinzip wie die Nebelkammer, aber mit Blasenbildung in einer überhitzten Flüssigkeit, die ebenfalls fotografisch aufgenommen wurde (Kapitel 6). Für diese Entwicklung erhielt D.A. Glaser 1960 den Nobelpreis [382]. Die Blasenkammeraufnahme in Abb. 2.4 zeigt die des Ω^--Baryons, das mit seinem Aufbau aus drei Strange-Quarks ausschlaggebend für die Bestätigung des Quarkmodells war. Nebel- und Blasenkammer werden meistens in einem Magnetfeld betrieben, so dass aus der Spurkrümmung der Impuls und das Ladungsvorzeichen bestimmt werden können.

Der Übergang zu vollständig elektronisch auslesbaren Detektoren vollzog sich ab den 1960er Jahren parallel zu der fortschreitenden Entwicklung hoch-integrierter Elektronik. Der erste Schritt in diese Richtung war die Entwicklung der Vieldrahtproportionalkammer, das ist gewissermaßen eine flächige Aneinanderreihung von Zählrohren (Abb. 2.5), durch G. Charpak (Nobelpreis 1992 [235]). Dieser Detektortyp und Varianten davon, insbesondere die Driftkammer, haben schließlich in den 1980er Jahren die Blasenkammer verdrängt (Kapitel 7). Ein Beispiel für die Darstellung eines Ereignisses mit einer Driftkammer zeigt Abb. 2.6. In Experimenten mit hohem Strahlungspegel, wie am LHC, werden als Spurdetektoren auch Halbleiterdetektoren (Kapitel 8) anstatt der gasgefüllten Drahtkammern eingesetzt. Das wurde insbesondere wegen der hohen Ratenfähigkeit dieser Detektoren interessant und wurde mit der fortschreitenden Miniaturisierung der Elektronik und fallenden Kosten möglich. Halbleiterdetektoren, basierend auf Silizium und Germanium, wurden bereits seit den 1960er Jahren in der Kernphysik für hochauflösende Spektroskopie eingesetzt. In die Teilchenphysik fanden sie ab den 1980er Jahren Eingang für die präzise Bestimmung von Zerfallsvertices, insbesondere von schweren Fermionen. Die erforderliche genaue Ortsauflösung wurde durch Mikrostrukturierung der Elektroden möglich, mit Methoden, die aus der rasanten Entwicklung der Mikroelektronik übernommen und für Detektoren weiter entwickelt wurden.

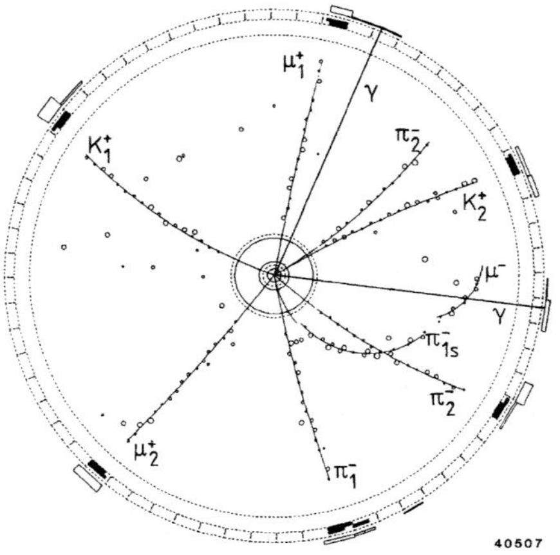

Abb. 2.6 Visualisierung von Teilchenreaktionen: Ereignis in der zylindrischen Driftkammer des ARGUS-Experiments (Schnitt senkrecht zu kollidierenden Elektron-Positron-Strahlen), das den Zerfall einer $\Upsilon(4s)$-Resonanz mit zwei identischen B-Mesonen im Endzustand zeigt (Quelle: DESY). Es ist eines der vollständig rekonstruierten Ereignisse des Typs $\Upsilon(4s) \to B^0\overline{B^0} \to B^0B^0$ (oder : $\overline{B^0B^0}$), in dem sich eindeutig ein Teilchen in sein Antiteilchen oder umgekehrt umgewandelt hat, was zu der Entdeckung der Materie-Antimaterie-Mischungen in Systemen mit Bottom-Quarks führte [61].

Die bisher angesprochenen Entwicklungen betreffen vorwiegend die Rekonstruktion von Ionisationspuren geladener Teilchen. Eine andere Entwicklungslinie ist die Energiemessung mit Detektoren, die Kalorimeter genannt werden, weil ihr Prinzip auf der Totalabsorption der Teilchenenergie beruht. Die Teilchen deponieren dabei ihre Energie durch Bildung von Teilchenkaskaden in einem dichten Material (Kapitel 15). Zunächst wurden Kalorimeter für elektromagnetisch wechselwirkende Teilchen, Elektronen und Photonen, entwickelt, deren Schauer bereits in den Nebelkammern beobachtet und vermessen wurden. Besonders gute Energieauflösung wurden ab den 1940er Jahren mit szintillierenden Kristallen erzielt (siehe Kapitel 13). Eine kostengünstige Variante sind Sandwichkalorimeter, bei denen Schichten von Absorbermaterial, zum Beispiel Blei, sich mit Schichten von Auslesedetektoren, zum Beispiel Szintillatoren, abwechseln. Das Prinzip zeigt die Nebelkammeraufnahme in Abb. 2.7 (auf die Nebelkammer wird hier nur zurückgegriffen, weil bei ihr die Schauerentwicklung gut sichtbar ist). Die Messung der Impulse geladener Teilchen ist durch die erreichbaren Magnetfeldstärken bei hohen Energien begrenzt. Die stetig wachsende Energie der Beschleuniger macht es deshalb und wegen der höheren Teilchendichten notwendig, auch die Energie von Hadronen kalorimetrisch zu messen. Die Kalorimetrie, insbesondere bei Hadronen, ist neben dem Nachweis geladener Spuren ein Schwerpunkt in der heutigen Detektorentwicklung.

Die Entdeckung des Cherenkov-Effekts 1934 durch P. A. Cherenkov (Nobelpreis 1958 [243]) lag zunächst nicht auf einer Entwicklungslinie für Detektoren. Es wurde aber bald erkannt, dass der Effekt wegen seiner Abhängigkeit von der Geschwindigkeit eines Teilchens in Kombination mit einer Impulsmessung eine Massenbestimmung und damit in der Regel die Identifikation des Teilchens erlaubt (Kap. 14). Die Möglichkeit, Teilchen zu identifizieren und ihre Quantenzahlen zu bestimmen, war ausschlaggebend für die Entwicklung der Teilchensystematik im Standardmodell der Elementarteilchen. Über diesen Aspekt der Teilchenidentifikation hinaus bietet die Cherenkov-Strahlung eine preisgünstige Möglichkeit, sehr große Detektorvolumina – wie sie in der Astroteilchenphysik häufig notwendig sind – zu instrumentieren (Kapitel 16).

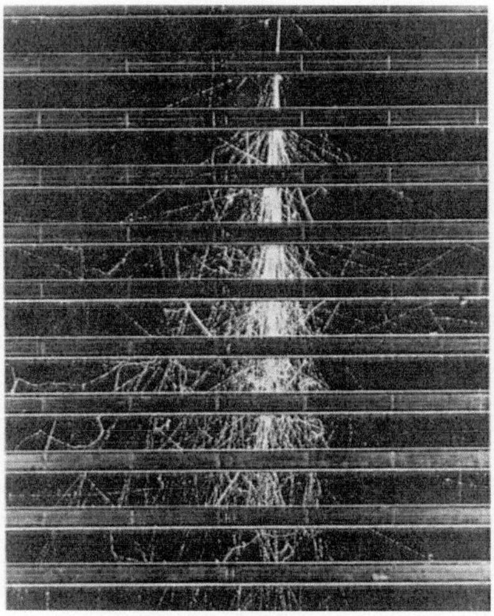

Abb. 2.7 Fotografische Aufnahme eines elektromagnetischen Schauers, der durch ein hochenergetisches Photon oder Elektron ausgelöst wurde, in einer Nebelkammer. Der Detektor ist in Sandwich-Bauweise angeordnet: Das Absorbermaterial sind Messingplatten, der Nachweis erfolgt in den Zwischenräumen. Quelle: 'MIT Cosmic Ray Group', veröffentlicht in [696].

Der Nachweis des Cherenkov-Lichtes wie auch von Szintillationslicht erfordert Detektoren, die auf wenige Photonen sensitiv sind. Dies wurde durch die Kombination des Photoeffekts mit dem Effekt der Sekundärelektronenemission und der daraus folgenden Entwicklung von Photovervielfacherröhren (*photomultiplier tubes*, PMT) ab den 1930er Jahren erreicht (Abschnitt 13.4.1). Dabei erzeugen Photonen in einer dünnen Metallschicht Elektronen, die dann ihrerseits Sekundärelektronen erzeugen und damit ein verstärktes Ausgangssignal liefern, mit dem einzelne Photonen gezählt werden können. Als Detektor in Kombination mit einem Szintillationszähler wurde ein PMT erstmals 1944 einsetzt [541], womit diese Szintillationsdetektoren erst ihren Platz neben den Zählrohren, Nebelkammern und Fotoplatten fanden.

Detektoren wurden vor allem für den Nachweis von Teilchen in kern- und teilchenphysikalischen Experimenten entwickelt. Meistens werden in solchen Experimenten Teilchen aneinander gestreut, um aus der Beobachtung der Streuprodukte auf die Eigenschaften der beteiligten Teilchen und auf ihre Wechselwirkungen untereinander schließen zu können[1].

Anfangs standen als Teilchenquellen nur radioaktive Kernzerfälle und kosmische Strahlung zur Verfügung. Ein Streuexperiment fand an einem stationären Streuer, dem 'Target', statt, zum Beispiel in dem berühmten Rutherford-Streuversuch an einer Goldfolie (Abb. 2.1) und im Fall der kosmischen Strahlung an der Atmosphäre.

Als dann Teilchenbeschleuniger zur Verfügung standen, konnten die Experimente gezielter und bei höheren Intensitäten durchgeführt werden. Die Entwicklung von Beschleu-

[1] In diesem Buch wird versucht, so wenig wie möglich auf Kenntnisse der Kern-, Teilchen- und Astroteilchenphysik zurückzugreifen. Grundlagenwissen auf diesen Gebieten ist aber sicherlich hilfreich, um die Motivationen für die Detektorentwicklungen zu verstehen. Siehe dazu Lehrbücher über diese Gebiete, wie zum Beispiel die Bücher von D. Perkins [640] und A. Bettini [151].

nigern begann in den 1920er Jahren[2], und ab Anfang der 1930er Jahre wurden sie auch für kernphysikalische Experimente eingesetzt. In der Teilchenphysik führten Beschleuniger aber erst nach dem Zweiten Weltkrieg zum Durchbruch. Die Wende markiert die Entdeckung des Antiprotons an dem Protonsynchrotron Bevatron in Berkeley mit einer Energie von 6.2 GeV [234]. Die Maschinenenergie war von vornherein so gewählt worden, dass das Antiproton produziert werden konnte. Alle bis dahin bekannten Mitglieder des stetig wachsenden 'Teilchenzoos' – Positronen, Myonen, Pionen, Kaonen, Hyperonen (Λ, Σ, Ξ) – waren in der kosmischen Strahlung mit Hilfe von Nebelkammern, Fotoplatten und Geiger-Müller-Zählrohren gefunden worden. Die Apparaturen wurden dazu auf hohe Berge oder mit Ballons in große Höhen transportiert.

Damit haben wir die wichtigsten Linien der Entwicklung von Detektoren nachgezeichnet, wobei viele interessante Entwicklungen für Spezialanwendungen übergangen wurden. Die Fortschritte waren angetrieben durch die Anforderungen an der vordersten Front der Wissenschaft, wo immer diese zu der jeweiligen Zeit gerade lag. Der Trend geht bei beschleuniger-basierten Experimenten zu höheren Energien und höheren Intensitäten, um höhere Massenskalen und seltenere Prozesse studieren zu können. Bei astrophysikalischen Experimenten sind Energiespektrum und Intensität vorgegeben, und es geht dann häufig darum, die schiere Größe eines Detektors und dessen Sensitivität zu maximieren.

Zur Zeit sind es vor allem die Anforderungen der Experimente am Large Hadron Collider (LHC) im CERN (Genf), die die Detektorentwicklungen stimulieren. Im LHC werden bei den zur Zeit höchsten Energien Protonen mit jeweils bis zu 7 TeV Energie aneinander gestreut. Die Herausforderung für die Detektortechnologie sind die sehr hohen Reaktionsraten und Teilchenmultiplizitäten sowie die damit verbundenen Strahlenbelastungen. Seit einiger Zeit werden wichtige Fortschritte bei der elektronischen Aufnahme, Verarbeitung und Speicherung von Daten erzielt (Kapitel 18). In den großen Experimenten am Large Hadron Collider (LHC) werden zur Datenselektion Computer-Farmen mit Hunderten bis Tausenden von Prozessoren eingesetzt, die von bis zu 100 Millionen Auslesekanälen gespeist werden. Die Menge der gespeicherten Daten erreicht einige Petabyte pro Jahr und Experiment, entsprechend mehreren CDs pro Sekunde. Ein Ende dieser Entwicklungen ist noch nicht absehbar.

2.2 Detektoren an Beschleunigern

Die Grundlagen der Teilchenphysik wurden durch Beobachtungen von Reaktionen in der kosmischen Strahlung gelegt. Ab den 1950er Jahren standen dafür im Labor beschleunigte Strahlen zur Verfügung. Der Vorteil der kosmischen Strahlung – allgemeine Verfügbarkeit und höchste Energien – wurde aufgewogen durch die Möglichkeit, an

[2] Obwohl die Entwicklung der Beschleuniger eng mit dem Thema 'Detektoren' verknüpft ist, wollen wir hier nicht näher darauf eingehen, sondern verweisen auf die einschlägige Literatur, siehe zum Beispiel [823].

Teilchenbeschleunigern kontrollierbare Experimente mit hohen Raten, bei zudem stetig wachsenden Energien, durchzuführen.

2.2.1 Beschleuniger

Stabile geladene Teilchen können durch elektrische Felder beschleunigt werden und durch Magnetfelder sowohl auf Bahnen gehalten als auch fokussiert werden. Ein Teilchen mit der Elementarladung e gewinnt in einem elektrischen Feld E über die Wegstrecke L die kinetische Energie

$$T = e \int_0^L E \, ds = eU \,, \tag{2.1}$$

wobei U die Potenzialdifferenz zwischen 0 und L ist. Die Energie wird deshalb in der Kern- und Teilchenphysik in den Einheiten Elektronenvolt (eV) angegeben:

$$1\,\mathrm{eV} \approx 1.602 \times 10^{-19}\,\mathrm{C\,V} = 1.602 \times 10^{-19}\,\mathrm{J}\,.$$

Da Gleichspannungen bei Beschleunigern auf größenordnungsmäßig 1–10 MV beschränkt sind, arbeiten die Beschleuniger der Hochenergiephysik mit hochfrequenten elektromagnetischen Feldern, die in periodischen Strukturen erzeugt werden. Die Beschleunigung erfolgt jeweils für kurze Teilchenpakete, die phasensynchron mit dem beschleunigenden Feld durch die Struktur laufen. Die Paketstruktur der Teilchenstrahlen wirkt sich auf die Auslegung der Zeitstrukturen der elektronischen Datennahmesysteme der Experimente aus (Kapitel 18).

Die Hochfrequenzstrukturen können linear (Linearbeschleuniger) oder kreisförmig (Zyklotron, Synchrotron) angeordnet sein (Abb. 2.8). Ein prominentes Beispiel für einen Elektron-Linearbeschleuniger ist der 'Stanford Linear Accelerator' (SLAC), gebaut in den 1960er Jahren zur Messung der Struktur der Nukleonen (tief-inelastische Streuung). Ansonsten waren die Beschleuniger sowohl für Protonen als auch für Elektronen als Synchrotrone ausgelegt. Ein Synchrotron bietet die Möglichkeit einer 'starken Fokussierung' durch inhomogene Magnetfelder. Mit der Einführung der starken Folussierung um 1950 waren die Voraussetzungen für den Bau von Protonensynchrotronen im 30-GeV-Bereich am CERN und in Brookhaven (beide 1960 fertiggestellt) gegeben. Die derzeit größte Synchrotronanlage ist der Proton-Proton-Collider 'Large Hadron Collider' (LHC) am CERN. Diese Rolle hatte vorher lange Zeit der Proton-Antiproton-Collider Tevatron am Fermilab in den USA inne.

Die klassischen Synchrotrone erzeugen einen Teilchenstrahl, der auf ein festes Target für die Streuexperimente geschickt wird. Das Target kann intern in der Maschine im Randbereich des Strahls oder extern in einem ejizierten Strahl aufgestellt werden. Es gibt Beschleuniger für die stabilen geladenen Teilchen Elektronen, Protonen und ihre Antiteilchen sowie Schwerionen. Außerdem lassen sich Sekundärstrahlen aus praktisch allen genügend lang lebenden Teilchen (Photonen, Pionen, Kaonen, Hyperonen, Myonen, Neutrinos) durch Aufschauern des Primärstrahls in einem dichten Konversionstarget mit anschließender Filterung erzeugen. Hadronenstrahlen werden mit primären Protonen er-

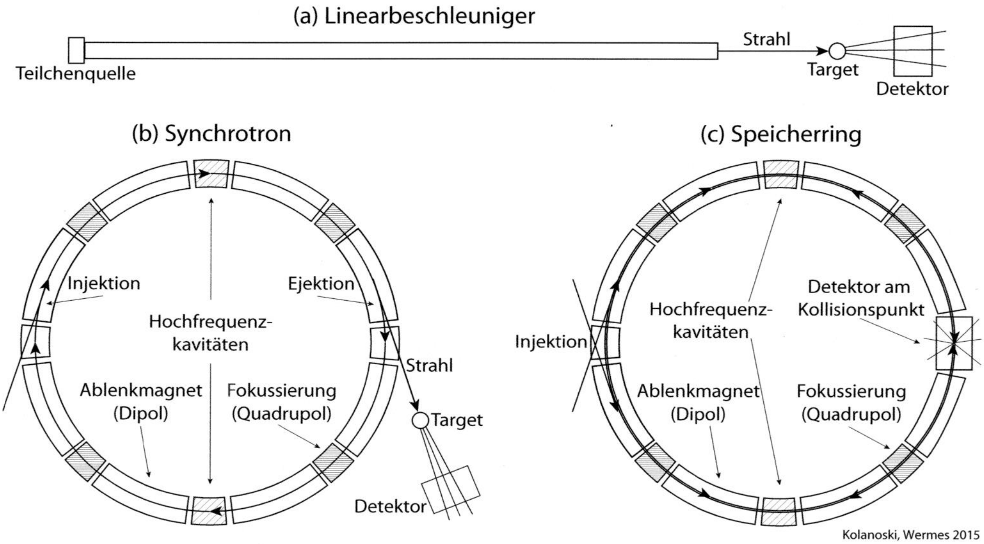

Abb. 2.8 Schematische Skizzen von drei wichtigen Beschleunigertypen: zunächst die Unterteilung in Linearbeschleuniger (a) und Kreisbeschleuniger (b,c); bei den Kreisbeschleunigern der Typ des Synchrotrons (b) mit einem Strahl in der Maschine und Ejektion eines externen Strahls sowie das Schema eines Speicherrings (c) mit zwei gegensinnig laufenden Teilchenstrahlen, die an einem Kreuzungspunkt zur Kollision gebracht werden.

zeugt, Photonstrahlung aus der Bremsstrahlung von Elektronen sowie Myon- und Neutrinostrahlen aus Zerfällen von sekundären Pionen und Kaonen. Sekundärstrahlen werden auch zum Testen und Kalibrieren von Detektoren benutzt. Am CERN werden hochenergetische externe Strahlen von dem 'Super Proton Synchrotron' (SPS, bis 450 GeV) geliefert.

Da bei einem stationären Target ein großer Teil der Energie als Rückstoßenergie verloren geht, ist die Idee der 'Collider' aufgekommen. Dabei werden Teilchenpakete in entgegengesetzte Richtungen beschleunigt und in diskreten Wechselwirkungspunkten, die von Detektoren umgeben sind, zur Kollision gebracht (Abb. 2.8(c)). Collider sind meistens als Ringe, genannt Speicherringe, ausgeführt, in denen Teilchen möglichst lange Zeit auf Umlaufbahnen gehalten werden. Eine Ausnahme ist der Stanford Linear Collider (SLC, Tab. 2.2). Wegen der mit der Energie stark anwachsenden Strahlungsverluste von Elektronen in Kreisbeschleunigern werden zukünftige Elektron-Positron-Collider ebenfalls als 'Linear Collider' geplant [460, 252]. Collider sind für folgende Teilchenkombinationen gebaut worden, siehe Tabelle 2.2: Elektron–Positron, Elektron–Elektron, Proton–Proton, Proton–Antiproton, Proton–Elektron, Proton–Positron.

Kenngrößen von Collidern sind unter anderem die Energien der Strahlen, die Zeitstruktur der Teilchenpakete (*bunches*), die Ausdehnung der Wechselwirkungszone und die Luminosität. Die Luminosität L ist ein Maß für die Wechselwirkungsrate an einem

Kreuzungspunkt und ist definiert als die Reaktionsrate $\dot{N}$ pro Wirkungsquerschnitt σ der Reaktion:

$$\dot{N} = L\,\sigma \qquad \text{oder} \qquad L = \frac{\dot{N}}{\sigma}\,. \tag{2.2}$$

Die Luminosität ist proportional zu den Teilchenströmen und umgekehrt proportional zu der Überlappungsfläche der Strahlen am Kreuzungspunkt. Im einfachsten Fall, wenn die Strahlprofile gleich sind und einer zwei-dimensionalen Gauß-Verteilung mit Breiten σ_x und σ_y (in der Maschinenebene bzw. senkrecht dazu) folgen, gilt mit den Strömen I_1, I_2:

$$L \propto \frac{I_1 I_2}{\sigma_x \sigma_y}\,. \tag{2.3}$$

Die Strahlprofile hängen von Parametern der Strahloptik ab, die durch die ablenkenden und fokussierenden Magnete des Beschleunigers gegeben sind. Entsprechend kann die Luminosität durch die Messung der Strahlparameter bestimmt werden ('Van-der-Meer-Scan' [121]). Da diese Bestimmung nicht während des Betriebs eines Experiments ausgeführt werden kann, benutzt man zur kontinuierlichen Luminositätsmessung entsprechend der Formel (2.2) Teilchenraten in einem so genannten Luminositätsmonitor. Der Referenzwirkungsquerschnitt ist entweder bekannt – zum Beispiel wird in Elektron-Positron-Collidern dazu die Bhabha-Streuung bei kleinen Winkeln genutzt –, oder die Rate wird mit Hilfe des Van-der-Meer-Scans kalibriert. Die höchsten erreichten Collider-Luminositäten liegen bei $L \approx 10^{34\cdots35}\,\mathrm{s}^{-1}\,\mathrm{cm}^{-2}$, das heißt, bei einem Wirkungsquerschnitt $\sigma = 1\,\mathrm{fb} = 10^{-39}\,\mathrm{cm}^2$ (fb = Femtobarn) werden bis zu 10 Ereignisse in einem Jahr produziert.

2.2.2 Detektorkonzepte

Teilchendetektoren an Beschleunigern sind in der Regel 'Magnetspektrometer', das heißt, sie enthalten einen oder mehrere Magnete und Spurendetektoren, mit deren Hilfe über die Krümmung der Trajektorien geladener Teilchen deren Impulse bestimmt werden (Kapitel 9). In der Anfangszeit beschränkte man sich meistens darauf, einzelne Teilchen in einem kleinen Raumwinkel von wenigen Millisteradian und in einem beschränkten Impulsfenster nachzuweisen. Abbildung 2.9 zeigt als Beispiel ein Spektrometer für die Vermessung von Elektronen. Mit dieser Apparatur wurden in dem klassischen Experiment zur tief-inelastischen Elektron-Nukleon-Streuung am Linearbeschleuniger SLAC die Strukturfunktionen der Nukleonen gemessen. Außer Dipolmagnete für die Impulsanalyse hat ein solches Spektrometer auch Quadrupolmagnete zur Fokussierung, zum Beispiel um verschiedene Impulse unabhängig vom Streuwinkel in der Brennebene abzubilden. Ein getroffener Zähler einer Zähleranordnung in der Brennebene gibt die Streuenergie an und die Richtung des Spektrometers relativ zum Target den mittleren Streuwinkel. Damit kann man in einem solchen abbildenden Spektrometer mit einer relativ kleinen Anzahl von Detektorelementen, ohne komplette Rekonstruktion der Elektronenbahn, die Teilchenkinematik bestimmen.

Tab. 2.2 Liste von Collidern mit Schwerpunktenergien (E_{cm}) oberhalb von 8 GeV (diese Grenze ist willkürlich, damit werden aber die Maschinen mit den meisten Experimenten, die in diesem Buch als Beispiele erwähnt werden, erfasst). Für den Schwerionen-Collider RHIC werden die Energien pro Nukleon angegeben (N = Anzahl der Nukleonen in einem beschleunigten Kern). Mehr Details über die Collider finden sich in den Übersichtsartikeln 'High Energy Collider Parameters' in dem von der 'Particle Data Group' (PDG) herausgegebenen 'Review of Particle Properties' von 2014 und 1996 [621, 124].

Name	Status	Ort	Teilchen	E_{Strahl} [GeV]	E_{cm} [GeV]
ISR	1971–1984	CERN (Genf)	pp	$35 + 35$	70 GeV
SPEAR	1972–1990	Stanford (USA)	$e^+ e^-$	$4 + 4$	8 GeV
DORIS	1973–1993	DESY (Hamburg)	$e^+ e^-$	$5.6 + 5.6$	11.2
CESR	1979–2002	Cornell (USA)	$e^+ e^-$	$6 + 6$	12
VEPP-4M	1994–	Novosibirsk (Russl.)	$e^+ e^-$	$6 + 6$	12
PETRA	1978–1986	DESY (Hamburg)	$e^+ e^-$	$20 + 20$	40
PEP	1980–1990	Stanford (USA)	$e^+ e^-$	$15 + 15$	30
TRISTAN	1987–1995	KEK (Japan)	$e^+ e^-$	$32 + 32$	74
Sp$\bar{\text{p}}$S	1981–1990	CERN (Genf)	$p\bar{p}$	$250 + 250$	500
PEP II	1999–2008	Stanford (USA)	$e^+ e^-$	$3.1 + 9.0$	10.58
KEK-B	1999–2010	KEK (Japan)	$e^+ e^-$	$3.5 + 8.0$	10.58
LEP	1989–2000	CERN (Genf)	$e^+ e^-$	$100 + 100$	200
SLC	1989–1998	Stanford (USA)	$e^+ e^-$	$50 + 50$	100
Tevatron	1987–2011	FermiLab (USA)	$p\bar{p}$	$1000 + 1000$	2 000
HERA	1992–2007	DESY (Hamburg)	ep	$30 + 920$	330
LHC	2008–	CERN (Genf)	pp	$7000 + 7000$	14 000
RHIC	2001–	Brookhaven (USA)	AA	100/N + 100/N	200/NN
ILC	geplant	nicht entschieden	$e^+ e^-$	$250 + 250$	500

Gleichzeitig konnte man aber auch schon ab den 1950er Jahren mit Blasenkammern komplette Ereignisse sichtbar machen, siehe als Beispiel Abb. 2.4. Allerdings war die Auswertung der riesigen Zahl von Fotografien, von denen die allermeisten nichts Interessantes enthielten, sehr mühsam. Wie in dem geschichtlichen Teil in Abschnitt 2.1 skizziert, konnte man dann mit der Miniaturisierung der Halbleiterelektronik immer größere Detektorvolumina mit immer feinerer elektronischer Auslese versehen. In modernen Exerimenten der Teilchenphysik ist es deshalb der Trend, in dem vollen 4π-Raumwinkel möglichst alle Teilchen einer Streureaktion nachzuweisen, ihre Identität festzustellen und ihre Kinematik zu vermessen. Dem sind natürlich Grenzen gesetzt, auf die wir im Verlauf dieses Buches an verschiedenen Stellen hinweisen werden.

Wir skizzieren im Folgenden Konzepte typischer 'Allzweckdetektoren' (*general purpose detectors*); Varianten und Konzepte für andere Anwendungen werden an entsprechenden Stellen diskutiert. Solche Detektoren werden in der Regel aus Komponenten aufgebaut, die auch Anwendungen als eigenständige Apparaturen haben, zum Beispiel Geiger-Müller-Zählrohre zum Nachweis von Radioaktivität oder Szintillationskristalle zur Aufnahme von Röntgenbildern oder für die Spektroskopie von Gammastrahlung.

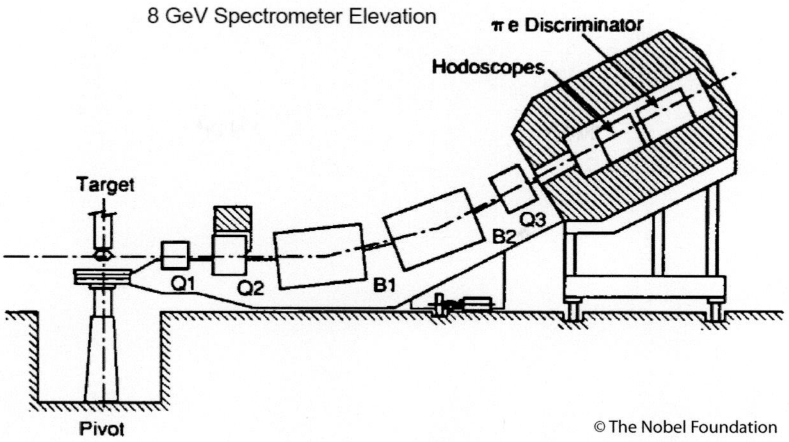

Abb. 2.9 Beispiel für ein abbildendes Magnetspektrometer: Das 8-GeV-Spektrometer war eines von drei Spektrometern mit unterschiedlichen Impulsakzeptanzen, mit denen erstmalig die Strukturfunktionen der Nukleonen gemessen wurden [770]. Gezeigt ist hier eine Seitenansicht des Spektrometers, das die gestreuten Elektronen nach oben ablenkt. Die Ebene enthält die Achse durch das Target, um die der mittlere Streuwinkel festgelegt wird. Die gestreuten Elektronen werden durch zwei Dipolmagnete abgelenkt und durch drei Quadrupole so fokussiert, dass die Impulse mit einer Anordnung von Szintillationszählern ('Hodoskope') in der Brennebene hinter den Magnetelementen bestimmt werden können. Zusammen mit den Hodoskopen befinden sich in dem Abschirmhaus noch Triggerzähler und Elemente zur Identifikation des Elektrons (insbesondere zur Abtrennung von Pionen).

Detektorkonfigurationen unterscheiden sich danach, ob sie hinter einem stationären Target (*fixed target*) aufgestellt sind oder ob sie die Wechselwirkungszone eines Colliders umgeben. Die Fixed-Target-Experimente sind Vorwärtsdetektoren, das heißt, sie decken nur einen Teil des Raumwinkels in Vorwärtsrichtung des Strahls ab, weil die Reaktionsprodukte durch den Lorentz-Boost vornehmlich in einen begrenzten Vorwärtsbereich gehen. Die Winkelakzeptanz kann so angepasst werden, dass im Schwerpunktsystem der Reaktion fast der gesamte 4π-Raumwinkel abgedeckt wird. Bei Collider-Experimenten mit symmetrischen Strahlenergien sind Labor- und Schwerpunktsystem gleich, so dass Detektoren am besten sphärisch um einen Wechselwirkungspunkt anzuordnen sind. Aus Gründen, die mit der mechanischen Konstruktion zu tun haben, wird daraus in der Regel aber eher eine Zylindergeometrie mit den Strahlen als Symmetrieachse. Da Eintrittsöffnungen für die Strahlen gelassen werden müssen, erreicht man keine volle Raumwinkelabdeckung, sondern typisch eher 95–99%. Insbesondere bei Suchen nach neuen Phänomenen ist eine hermetische Abdeckung durch den Detektor wichtig.

Allzweckdetektoren, die einen möglichst umfassenden Nachweis der Reaktionsprodukte anstreben, haben eine typische Anordnung in Lagen (in planaren Ebenen bei Fixed-Target und in Schalenanordnung bei Collider-Experimenten), die jeweils eine bestimmte Aufgabe übernehmen, siehe Abb. 2.10. Die Detektorlagen in direkter Nähe des Targets oder Wechselwirkungspunkts sollten möglichst 'dünn' sein, um die Teilchen wenig

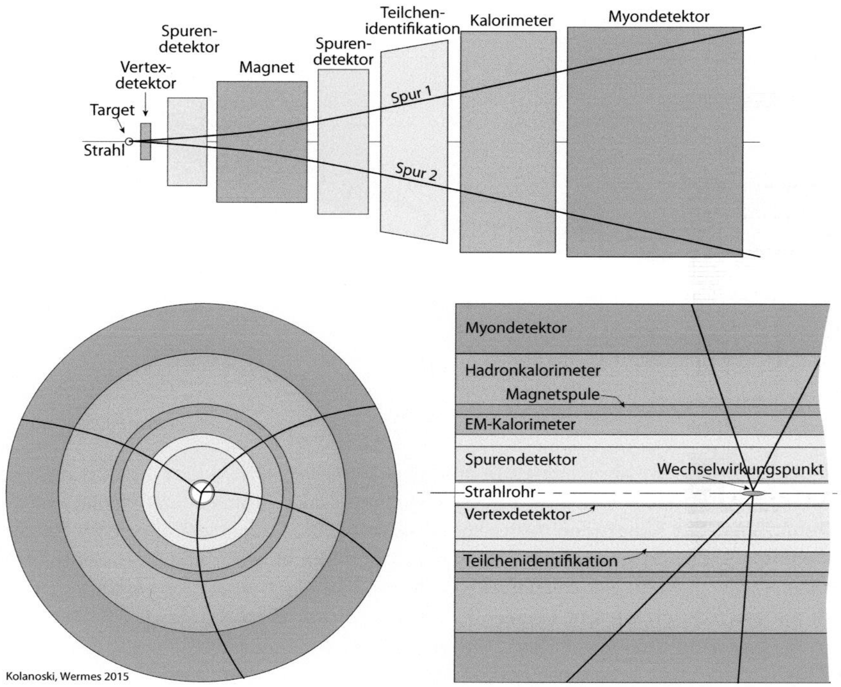

Abb. 2.10 Typische Anordnung von Detektorkomponenten bei Fixed-Target- (oben, Seitenansicht parallel zum Strahl) und Collider-Experimenten (unten, Schnitt senkrecht und parallel zu den Strahlen). Der Collider-Detektor ist in zylindrischen Schalen um den Wechselwirkungspunkt aufgebaut. Erläuterungen im Text.

zu streuen oder zu absorbieren. Der Teilchennachweis wird dann von innen nach außen immer 'destruktiver'. Eine typische Abfolge ist in Abb. 2.10 für Fixed-Target- und Collider-Konfigurationen skizziert:

1. Vertexdetektoren zum Nachweis von Sekundärvertices mit Separationen vom Primärvertex der Reaktion.
2. Spurdetektoren, verbunden mit einem Magnetfeld, in das die Spurdetektoren installiert sein können (in der Regel bei Collidern) oder das zwischen Lagen von Spurdetektoren die Teilchen ablenkt.
3. Eventuell Detektoren zur Teilchenidentifikation, zum Beispiel Cherenkov-Detektoren.
4. Kalorimeter zur Messung elektromagnetischer Schauer (Elektronen, Photonen).
5. Magnetspule bei Collider-Experimenten; zum Teil auch vor dem elektromagnetischen Kalorimeter.
6. Hadronkalorimeter.
7. Myonen sind die durchdringensten geladenen Teilchen und werden deshalb hinter den Kalorimetern nachgewiesen. In Collider-Experimenten sind Myon-Detektoren häufig als Detektorlagen im Eisen des Magnetjochs (wie in Abb. 2.11) installiert.

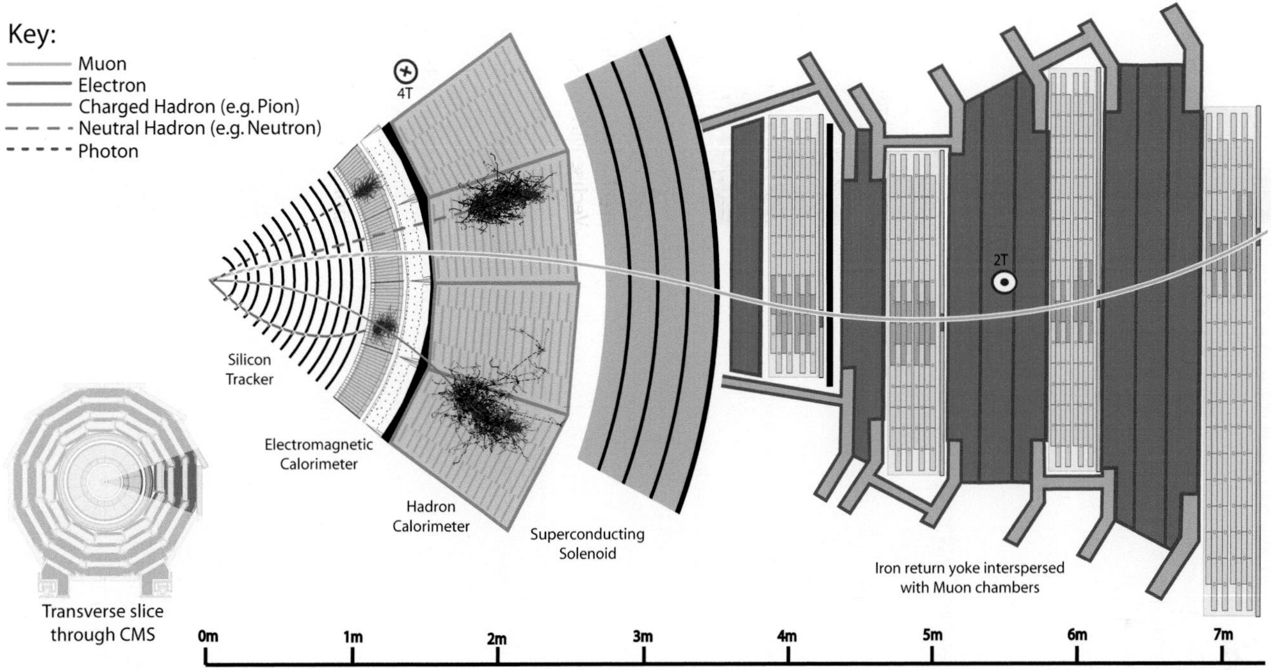

Abb. 2.11 Ausschnitt des CMS-Detektors in der Projektion senkrecht zu den Strahlen (Quelle: CERN/CMS Collaboration). Der Detektor hat die Lagenstruktur wie anhand von Abb. 2.10 erläutert. In der innersten Lage werden alle geladenen Spuren gesehen. Durch ein senkrecht auf der Projektionsebene stehendes Magnetfeld werden die Spuren proportional zu $1/p$ gekrümmt, wodurch eine Impulsmessung möglich ist. Von den geladenen Spuren verlieren die Elektronen nahezu ihre gesamte Energie in dem als nächste Schicht folgenden elektromagnetischen Kalorimeter, womit die Energie bestimmt werden kann. Ähnlich verhalten sich im Kalorimeter Photonen gleicher Energie, aber sie hinterlassen keine Spur im Spursystem. Die stabilen geladenen und neutralen Hadronen verlieren ihre Energie bevorzugt in dem folgenden Hadronkalorimeter, womit auch ihre Energie bestimmt werden kann. Die folgende Schicht ist die supraleitende Spule, die das Solenoidfeld von 4 T im Inneren und ein umgekehrt gerichtetes Magnetfeld von 2 T im Eisen außerhalb erzeugt. Die einzigen geladenen Teilchen, die alle diese Materialschichten bis hinter die Spule durchdringen können, sind Myonen. Impuls und Richtung der Myonen werden mit Spurkammern zwischen den Eisenschichten des Magnetjochs gemessen.

Als Beispiel ist in Abb. 2.11 ein Ausschnitt des CMS-Detektors am LHC gezeigt. Die Skala gibt die tatsächlichen Abmessungen der einzelnen Komponenten an. Charakteristisch für den CMS-Detektor sind das hohe Magnetfeld von 4 T (typisch ist eher ≤ 2 T) und die Tatsache, dass die Spule des solenoidalen Magnetfeldes (Achse parallel zum Strahl, also senkrecht zu der Ebene des Ausschnitts) außerhalb der beiden Kalorimeter liegt (üblicherweise ist mindestens das Hadronkalorimeter außerhalb der Spule). Der magnetische Fluss des Solenoidmagneten wird durch ein Eisenjoch außerhalb der Spule zurückgeführt. Das Eisen ist in mehrere Lagen unterteilt, zwischen denen Spurdetektoren zum Nachweis hochenergetischer Myonen installiert sind.

2.3 Detektoren der Astroteilchenphysik

2.3.1 Anwendungsbereiche

Forschungsgebiet der Astroteilchenphysik ist der Nachweis von Strahlung und Teilchen auf unterschiedlichen Energieskalen, von Sonnenneutrinos mit Energien von einigen 100 keV bis zu kosmischer Strahlung mit mehr als 10^{21} eV (Kapitel 16). Entsprechend sind die jeweiligen Detektortechnologien sehr unterschiedlich, und es lässt sich keine Detektorkonfiguration ausmachen, die typisch für eine Mehrheit der Experimente wäre. Ähnlichkeiten finden sich aber bei Detektoren in folgenden Bereichen:

- Ballon- und Satellitenexperimente: Die Detektoren müssen besonders kompakt und leicht sein, haben aber eine ähnliche Lagenstruktur wie bei den Beschleunigerdetektoren (Abb. 2.10), wobei die Komponenten zur Identifizierung der Teilchen betont werden.
- Luftschauerdetektoren: Dem Prinzip nach sind das Kalorimeter, die einen von kosmischer Strahlung ausgelösten Schauer nur in einer Ebene und mit grober Abtastung messen; hohe Primärenergien erfordern die Instrumentierung sehr großer Flächen und damit die Optimierung der Kosten pro Detektoreinheit.
- Cherenkov-Teleskope zur Messung von TeV-Gammastrahlung: Das sind meistens abbildende Teleskope mit hoher Zeitauflösung der Kamera zur Störlichtunterdrückung; stereoskopische Abbildungen werden insbesondere mit mehreren Teleskopen im Verbund erreicht.
- Neutrinodetektoren für niedrige Energien (Sonne, Supernovae): Wegen der geringen Nachweiswahrscheinlichkeit muss die Detektormasse möglichst groß sein und der Untergrund klein; zur Unterdrückung des Untergrunds werden Labors in Bergtunneln oder tiefen Bergwerken eingerichtet.
- Nachweis von Neutrinos kosmischen Ursprungs bei hohen Energien: Wegen der geringen Reaktionswahrscheinlichkeit der Neutrinos müssen diese Detektoren besonders große Volumina haben, größenordnungsmäßig Kubikkilometer. Die bisher gebauten Detektoren nutzen alle den Nachweis von Cherenkov-Licht in Wasser oder Eis.

- Detektoren zum Nachweis exotischer Teilchen (Dunkle Materie, Monopole, Axionen, Majorana-Neutrinos, ...): Die Nachweismethoden sind sehr unterschiedlich; in der Regel ist der Untergrund das größte Problem, weshalb die Experimente in Untergrundlabors durchgeführt werden, wie für Neutrinonachweis bei niedrigen Energien.

2.3.2 Observatorien für Astroteilchenphysik

Im Folgenden werden die wichtigsten Observatorien für die Messung von Luftschauern, die von geladenen kosmischen Teilchen oder hochenergetischen Photonen ausgelöst werden, aufgeführt.

- Pierre-Auger-Observatorium: Nachweis der kosmischen Strahlung bei höchsten Energien auf einer Fläche von etwa 3 000 km in der Pampa Amarilla in der Nähe von Malargüe, Argentinien.
- Telescope Array Observatory: Nachweis der kosmischen Strahlung bei höchsten Energien auf einer Fläche von etwa 762 km in der hochgelegen Wüste in Millard County, Utah (USA).
- IceCube Neutrino-Observatory: 1 km^3 großer Cherenkov-Detektor etwa 2 km tief im Eis am geographischen Südpol.
- Tunka EAS Cherenkov Light Array: Im Tunka-Tal in der Nähe des Baikal-Sees; etwa 1 km^2 großer Luftschauerdetektor (Nachweis von Cherenkov-Licht in der Atmosphäre).
- Kaskade-Grande: Karlsruher Institut für Technologie (KIT); 0.5 km^2 großer Detektor zur Messung von Luftschauern.
- Abbildende Teleskope für TeV-Gammastrahlung: H.E.S.S. (Namibia), MAGIC auf La Palma (Spanien), VERITAS (Arizona, USA).
- High-Altitude Water Cherenkov (HAWC) Gamma-Ray Observatory: am Vulkan Sierra Negra Volcano in der Nähe von Puebla, Mexico 4100 m hoch. Großflächiger Detektor mit Wassertanks für Cherenkov-Strahlung nach dem Prinzip von Luftschauerexperimenten, der gleichzeitig etwa 15% des Himmels abdeckt.
- YBJ International Cosmic Ray Observatory: Liegt im Yangbajing-Tal (YBJ) in 4300 m Höhe im tibetanischen Hochland. Dazu gehört das Luftschauer-Experiment ARGO-YBJ (geladene kosmische Strahlung und Photonen).

2.3.3 Untergrundlaboratorien

Wichtige Untergrundlaboratorien sind:

- Baksan Neutrino Observatory: Baksan-Schlucht im Kaukasus, 3 500 m tief; SAGE-Experiment (Gallium-Germanium Neutrinoteleskope).

- Kamioka Observatory (Japan): etwa 1 km tief, Beobachtung von Oszillationen bei Neutrinos von der Sonne und aus der Atmosphäre; Neutrinoexperimente Super-Kamiokande, KamLand, T2K.
- Laboratori Nazionali del Gran Sasso (Italien): größtes Untergrundlaboratorium für Teilchenphysik; 1400 m tief im Tunnel durch den Gran Sasso; Neutrinoexperimente (unter anderem mit einem Neutrinostrahl vom etwa 700 km entfernten CERN), Experimente zum Nachweis von Dunkler Materie und Doppel-Beta-Zerfall.
- Laboratoire Souterrain de Modane (Frankreich): im Frejus-Tunnel in 1 700 m Tiefe, äquivalent zu 4 800 m Wasser; Experimente: Doppel-Beta-Zerfallsexperiment NEMO; EDELWEISS-Experiment zur Suche nach Dunkler Materie.
- Sanford Underground Laboratory (Homestake Mine, USA): erster Hinweis auf Neutrinooszillationen mit dem 'Davis-Experiment' in der Homestake Mine; jetzt Experimente zu Dunkler Materie und Doppel-Beta-Zerfall.
- Soudan Underground Laboratory: Soudan-Bergwerk USA, 714 m tief; Neutrinostrahl 735 km vom Fermilab zu den Detektoren MINOS und NOVA; CDMS-Experiment zur Suche nach Dunkler Materie.
- Sudbury Neutrino Observatory (SNOLAB): Vale Inco's Creighton Mine in Sudbury, Ontario, Canada; 2073 m tief; SNO-Experiment: Bestätigung der Oszillationshypothese für Sonneneutrinos.

2.4 Andere Anwendungen von Detektoren

Detektoren, die für die Forschung in der Kern- und Teilchenphysik entwickelt wurden, werden erfolgreich auch in anderen Gebieten eingesetzt, wie Medizin, Biologie, Materialkunde, Strahlen- und Umweltschutz, Archäologie, Geologie und Astronomie. In diesen Gebieten geht es in der Regel um relativ niederenergetische Teilchen, emittiert von radioaktiven Kernen, Röntgenquellen oder niederenergetischen Teilchenbeschleunigern.

Dosimetrie Bei jedem Umgang mit Strahlung in Forschung, Technik und Medizin ist eine Kontrolle der Strahlung mit Dosimetern notwendig (siehe zum Beispiel [524]). Für die Strahlungsdosimeterie werden zum Beispiel Zählrohre, Ionisationskammern, Fotofilme und Halbleiterdetektoren benutzt, jeweils in unterschiedlichen Moden: Ein Zählrohr oder Halbleiterdetektor kann Strahlung einzeln nachweisen, der Strom einer Ionisationskammer gibt den Strahlungspegel an, und auf einem Film wird eine Strahlungsdosis zeitintegriert. Die wichtigsten Messgrößen und Einheiten der Dosimetrie sind in Anhang A.1 zusammengestellt.

Tomografie, Radiomarkierung Tomografie ist ein Verfahren, mit dem durch richtungsabhängigen Strahlungsnachweis Strukturen räumlich aufgelöst werden. Teilchendetekto-

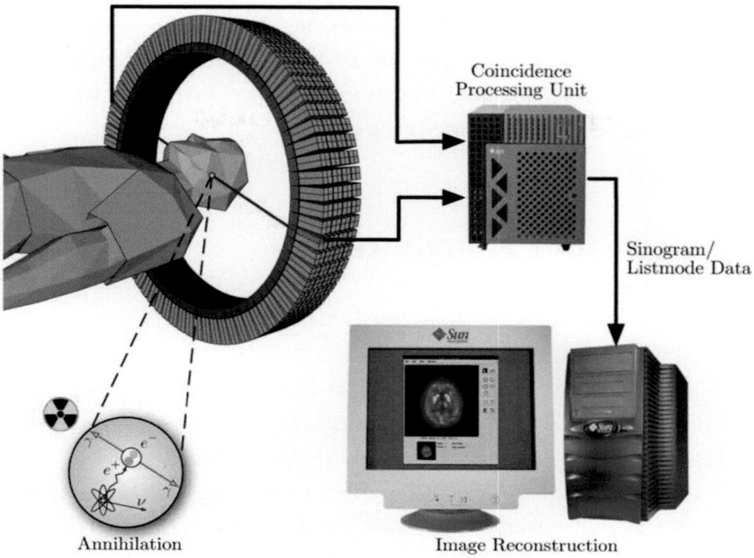

Abb. 2.12 Schema eines Positronen-Emissions-Tomografen (PET). Quelle: Wikimedia Commons, Autor J. Langner [533].

ren finden zum Beispiel Anwendung in der Computertomografie mit Röngenstrahlung (CT), der Positronen-Emissions-Tomografie (PET, Abb. 2.12) und der Szintigrafie mit der Einzelphotonen-Emissions-Computertomografie (SPECT). Während bei Röntgenstrahlung die Richtungsabhängigkeit der Absorption analysiert wird, sind es bei PET und SPECT die Richtungen der emittierten Teilchen. Die Emissionsquellen sind dabei radioaktive Präparate, so genannte Radiomarker, die die zu untersuchenden biologischen Strukturen markieren.

Tracer-Methoden und Radiodatierung 'Tracer' sind radioaktive Materialzugaben, durch deren Nachweis sich Materialbewegungen nachverfolgen lassen. Zum Beispiel lassen sich so Flüssigkeitsströme oder der Abrieb von mechanischen Maschinenteilen verfolgen.

In der Geologie und der Archeologie ist die Datierung von Gesteinen und Fundstücken durch Messung der Aktivitäten spezifischer Nuklide zu einem wichtigen Hilfsmittel geworden. Ein Beispiel ist die Radiokarbonmethode, bei der die β-Aktivität von ^{14}C in organischen Proben in einem Zählrohr gemessen wird.

Röntgen- und Synchrotronstrahlung Bei physikalischen, chemischen oder biologischen Strukturuntersuchungen mit Röntgen- und Synchrotronstrahlung werden Szintillatoren und Halbleiterdetektoren eingesetzt. Ähnliche Methoden werden in der Astronomie zum Nachweis der kosmischen Röntgenstrahlung in Satellitenexperimenten benutzt.

Diagnostik mit Neutronen Die Streuung niederenergetischer Neutronen ist an Wasserstoffkernen (wegen der gleichen Massen) besonders effizient. Deshalb wird auf verschiedenen Gebieten die Neutronenstreuung als Indikator für das Vorhandensein von Wasser oder allgemeiner von Wasserstoff benutzt. Neutronendetektoren (Abschnitt 14.5) sind Zählrohre oder Szintillatoren, die mit Materialien mit hohem Wirkungsquerschnitt für Neutronen kombiniert werden. Die Neutronenmethode wird zum Beispiel in der Geologie zu Gesteinsuntersuchungen in Bohrungen eingesetzt.

2.5 Einheiten und Konventionen

2.5.1 Einheiten

In diesem Buch werden Formeln oft in dem in der Teilchenphysik üblichen Einheitensystem ausgedrückt, in dem $\hbar = c = 1$ ist ('natürliche Einheiten'). Zum Teil wird aber auch $\hbar$ und c explizit hingeschrieben, wenn es bei bestimmten Themen in der Literatur überwiegend so geschrieben wird (zum Beispiel atomphysikalische Formeln in Kapitel 3 über Wechselwirkungen) oder wenn numerische Rechnungen ausgeführt werden müssen. Zahlenwerte werden dann in SI-Einheiten angegeben. Zur Umrechnung sind die Relationen

$$\hbar c = 197.3 \text{ MeV fm} \approx 200 \text{ MeV fm}, \quad (\hbar c)^2 = 0.3894 \text{ GeV}^2 \text{ mb} \approx 0.4 \text{ GeV}^2 \text{ mb} \tag{2.4}$$

hilfreich. Die relativistische Beziehung

$$E = \sqrt{p^2 + m^2} \tag{2.5}$$

ist zahlenmäßig erfüllt, wenn zum Beispiel die Energie E in GeV, der Impuls p in GeV/c und die Masse m in GeV/c^2 angegeben wird.

2.5.2 Teilchenkinematik

Die Teilchenkinematik wird in den meisten Fällen relativistisch gerechnet. Die Lorentz-Variablen γ, β sind als

$$\gamma = \frac{E}{m} = \frac{1}{\sqrt{1-\beta^2}}, \quad \beta = \frac{p}{E} = \frac{v}{c} \tag{2.6}$$

definiert (E, m, p in natürlichen Einheiten). Die kinetische Energie ist

$$T = E - m \longrightarrow \frac{p^2}{2m} \quad \text{für } \gamma \to 1\,, \tag{2.7}$$

wobei $\gamma \to 1$ den nicht-relativistischen Grenzfall bedeutet.

In Detektoren werden Energien, Impulse und Winkel bestimmt, manchmal auch Massen. Impulse werden häufig bezüglich einer Vorzugsrichtung nach Longitudinal- und Transversalimpuls unterschieden (p_L, p_T). Die Vorzugsrichtung kann zum Beispiel eine Magnetfeldrichtung sein, dann liegt p_T in der transversalen Ebene, in der geladene Teilchen abgelenkt werden. Häufig ist auch die Strahlrichtung die Vorzugsrichtung (bei Collider-Experimenten mit Solenoidfeld gleichzeitig die Magnetfeldrichtung).

Relativ zur Strahlrichtung verschwindet die Vektorsumme der Transversalimpulse aller Teilchen. Die Transversalimpulserhaltung wird genutzt, um aus dem gemessenen Transversalimpuls $\vec{p}_T^{obs}$ den fehlenden Transversalimpuls, $\vec{p}_T^{miss} = -\vec{p}_T^{obs}$, zu berechnen und damit auf die Kinematik nicht-nachgewiesener Teilchen, wie Neutrinos oder unsichtbarer exotischer Teilchen, zu schließen. Bei kalorimetrischen Messungen werden die transversale Energie E_T und fehlende Energie E_T^{miss} (die eigentlich auch vektoriell bestimmt werden) benutzt. Eine ähnliche Zwangsbedingung gilt in der Regel für Longitudinalimpulse nicht, weil zum Beispiel in Collider-Experimenten Streuprodukte im Strahlrohr verschwinden können und somit in der Regel nicht nachgewiesen werden. Insbesondere bei Hadronenstrahlen ist die überwiegende Anzahl der Reaktionsprodukte stark in Vorwärtsrichtung kollimiert.

Relativ zu der Vorzugsrichtung können ein Polar- und ein Azimutwinkel θ, ϕ definiert werden (siehe zum Beispiel Abb. 9.6); in Collider-Experimenten mit Zylindersymmetrie sind das die beiden Winkel der Zylinderkoordinaten. Statt des Polarwinkels θ wird auch die 'Rapidität'

$$y = \frac{1}{2} \ln \left(\frac{E + p_L}{E - p_L} \right) = \operatorname{arctanh} \left(\frac{p_L}{E} \right) \tag{2.8}$$

benutzt. Bei hohen Energien mit $E \approx p$ und mit $\cos\theta = p_L/p$ geht die Gleichung in

$$y \to -\ln \left(\tan \frac{\theta}{2} \right) =: \eta \tag{2.9}$$

über. Die so definierte 'Pseudorapidität' η wird auch unabhängig von der Approximation für hohe Energien benutzt, wenn die Masse des betreffenden Teilchens nicht bekannt ist.

2.6 Inhaltsübersicht

In den Kapiteln 3 bis 5 werden im Wesentlichen die theoretischen und technischen Grundlagen für die Konzeption und Konstruktion von Detektoren beschrieben. Es beginnt mit den 'Wechselwirkungen von Teilchen in Materie' in Kapitel 3, ohne die Teilchen nicht messbar wären. Grundlegend für Detektoren sind die Phänomene des Ladungstransports in elektrischen und magnetischen Feldern, diskutiert in Kapitel 4, und die aus Ladungsbewegungen resultierenden Signale in Kapitel 5. Die nächsten vier Kapitel 6 bis 9 befassen sich mit dem Nachweis von Spuren geladener Teilchen. Beginnend mit den klassischen 'nicht-elektronischen Detektoren', die meistens nur noch von geschichtlichem Interesse sind, werden dann die Detektortypen besprochen, deren sensitive Medien entweder Gas (Kapitel 7) oder Halbleiter (Kapitel 8) sind. Die Spurrekonstruktion mit und ohne Magnetfeld wird in Kapitel 9 beschrieben. In den folgenden vier Kapiteln werden Detektoreffekte und -methoden vorgestellt, die weitgehend zur Teilchenidentifikation eingesetzt werden: Cherenkov- und Übergangsstrahlung in Kapitel 11 und 12 und der Szintillationseffekt in Kapitel 13. Schließlich wird in Kapitel 14 eine Übersicht über Methoden zur Identifikation von Teilchen gegeben. Die letzten beiden Kapitel 17 bis 18 beschäftigen sich mit der Elektronik von Detektoren, das sind die Auslese-, Trigger- und Datennahmesysteme, die schließlich die Daten in digitaler Form für die physikalischen Analysen bereitstellen.

3 Wechselwirkungen von Teilchen mit Materie

Übersicht

Teilchen, geladen oder neutral, können nur über ihre Wechselwirkung mit Materie wahrgenommen werden. Detektoren nutzen für die verschiedenen Teilchen unter anderem folgende Wechselwirkungen aus:

- Ionisation und Anregung von Atomen des Mediums durch geladene Teilchen;
- Bremsstrahlung: Abstrahlung von Photonen vornehmlich von leichten Teilchen wie Elektronen und Positronen in Materie bevorzugt mit hoher Kernladungszahl Z;
- Photonstreuung und Photonabsorption;
- Cherenkov- und Übergangsstrahlung;
- Kernreaktionen: Hadronen (p, n, π, α, ...) mit Kernmaterie;
- schwache Wechselwirkung: die einzige Möglichkeit, Neutrinos nachzuweisen.

Im Allgemeinen wird ein Teilchen auf seinem Weg durch Materie mehr als einen Wechselwirkungsprozess durchlaufen, falls es nicht gleich bei der ersten Wechselwirkung absorbiert wird. Zum Beispiel verlieren geladene Teilchen im Allgemeinen in einer Vielzahl aufeinander folgender Wechselwirkungen Energie durch Ionisation und Anregung von Atomen des Mediums.

Die Wahrscheinlichkeit einer Wechselwirkung eines Teilchens mit den Atomen des Mediums wird durch den Wirkungsquerschnitt für die jeweilige Reaktion festgelegt. Die Definitionen des Wirkungsquerschnitts und damit zusammenhängender Begriffe sollen im Folgenden kurz besprochen werden.

H. Kolanoski, N. Wermes, *Teilchendetektoren*, DOI 10.1007/978-3-662-45350-6_3

3.1 Wirkungsquerschnitt und Absorption von Teilchen und Strahlung in Materie

Der Wirkungsquerschnitt ist ein Maß für die Wahrscheinlichkeit einer Teilchenreaktion, die wiederum von Stärke und Art der Wechselwirkungen zwischen den Streupartnern abhängt. Der Wirkungsquerschnitt lässt sich als effektive Wechselwirkungsfläche interpretieren, wie in Abb. 3.1 skizziert. Der Wirkungsquerschnitt σ stellt die Fläche eines Targetteilchens dar, die ein einfallender Strahl von Teilchen sieht. Die Strahlteilchen nehmen wir zur Vereinfachung ohne Ausdehnung an. Der Strahl trifft mit einer Rate $\dot{N}_{in}$ auf eine Fläche F des Targets der Länge l. In dem bestrahlten Volumen $V = F\,l$ befinden sich

$$N_T = \frac{\rho V}{M_T} N_A \tag{3.1}$$

Targetteilchen. Dabei ist ρ die Targetdichte, M_T die relative Atommasse (Masse pro Mol)[1] der Targetteilchen und $N_A = 6.022 \times 10^{23}/\text{mol}$ die Avogadro-Zahl. Die Teilchenzahldichte ist

$$n = \frac{N_T}{V} = \frac{\rho}{A} N_A\,. \tag{3.2}$$

Der Strahl 'sieht' eine Gesamtfläche $N_T\,\sigma$ der Targetteilchen. Die Wahrscheinlichkeit, ein Teilchen zu treffen, ist $w = N_T\,\sigma/F$. Diese Wahrscheinlichkeit kann auch durch die Streu- oder Reaktionsrate $\dot{N}_R$ relativ zu der Rate der einlaufenden Teilchen $\dot{N}_{in}$ ausgedrückt werden, wenn das Target so dünn ist, dass eine Veränderung des Strahls beim Durchlaufen des Targets vernachlässigt werden kann:

$$w = \frac{\dot{N}_R}{\dot{N}_{in}} = \frac{N_T\,\sigma}{F} = n\,\sigma\,l\,. \tag{3.3}$$

Der Wirkungsquerschnitt ist dann

$$\sigma = \frac{\dot{N}_R}{\dot{N}_{in}} \frac{1}{n\,l}\,. \tag{3.4}$$

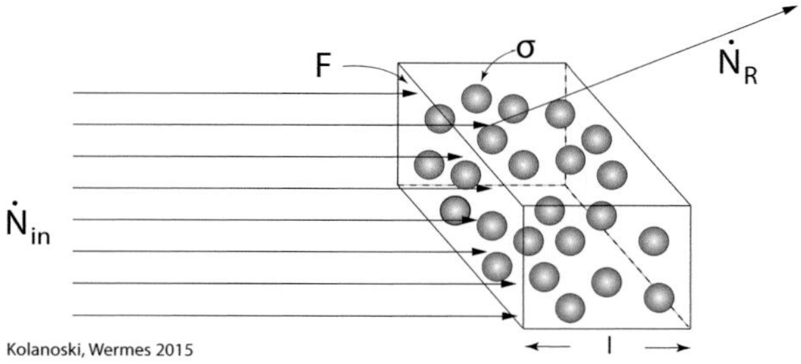

Abb. 3.1 Zur Definition des Wirkungsquerschnitts: $\dot{N}_{in}$ und $\dot{N}_R$ sind die Eingangs- bzw. Reaktionsteilchenrate, F und l sind Gesamtfläche bzw. Länge des Targets, und σ bezeichnet den Wirkungsquerschnitt.

[1] Bei Streuung an einem Kern entspricht M_T, wenn es in der Einheit g/mol angegeben wird, etwa der Nukleonenzahl A (auch Massenzahl genannt).

Wenn die Näherung eines dünnen Targets nicht mehr gegeben ist, nimmt die Anzahl der Teilchen $N(x)$, die noch nicht reagiert haben, exponentiell mit der Eindringtiefe x ab (Abb. 3.2 a):

$$\frac{dN}{N} = -n\sigma dx \qquad \Rightarrow \qquad N(x) = N_0 e^{-\mu x}\,, \tag{3.5}$$

mit der ursprünglichen Teilchenzahl N_0 und $\mu = n\,\sigma$ (im Falle des Verlusts der Teilchen in der Reaktion heißt μ Absorptionskoeffizient). Die Formel (3.5) ist auch als 'Beer-Lambert-Gesetz' bekannt. Die mittlere freie Weglänge eines Teilchens ist

$$\lambda = \frac{1}{\mu} = \frac{1}{n\sigma}. \tag{3.6}$$

Der Wirkungsquerschnitt hat die Dimension einer Fläche; als Einheit wird das *Barn* benutzt:

$$1\,\text{barn} = 1\,\text{b} = 10^{-24}\,\text{cm}^2. \tag{3.7}$$

Da Kerne eine annähernd massenunabhängige Dichte haben, ist das Volumen von Kernen etwa proportional zu der Massenzahl A, und damit ist die Querschnittsfläche proportional zu $A^{\frac{2}{3}}$. Wegen der Kurzreichweitigkeit der Kernkräfte bestimmt die geometrische Fläche auch in etwa die Größenordnung von Wirkungsquerschnitten aufgrund von Kernkräften:

$$\sigma_{Kern} \approx \pi r_0^2\, A^{\frac{2}{3}} \approx 45\,\text{mb}\, A^{\frac{2}{3}}\,. \tag{3.8}$$

Die typische Größenordnung von Kernradien liegt bei Femtometern mit $r_0 \approx 1.2$ fm. Entsprechend lässt sich die Größenordnung atomarer Wirkungsquerschnitte durch den Bohr'schen Radius a_0 ($a_0 \approx 0.05\,\text{nm}$) abschätzen:

$$\sigma_{\text{Atom}} \approx \pi a_0^2 \approx 10^8\,\text{b}\,.$$

Wegen der Langreichweitigkeit der elektromagnetischen Wechselwirkung lässt sich für Atomradien allerdings keine einfache Proportionalität zur Massenzahl A wie im Fall von Kernen angeben. Als Effekt der Schalenstruktur der Elektronenhülle wächst der Atomradius zwar innerhalb einer Gruppe mit der Anzahl Z der Elektronen, innerhalb einer Periode wird der Radius allerdings von Alkalimetallen zu Edelgasen kleiner. Für unsere Anwendungen kann man zwischen einerseits elastischen oder inelastischen Streuungen, bei denen das einfallende Teilchen im Endzustand noch vorhanden ist, und andererseits Reaktionen, bei denen das einfallende Teilchen absorbiert wird, unterscheiden. Ein Beispiel für elastische oder inelastische Streuung ist die Streuung eines geladenen Teilchens an der Elektronenhülle eines Atoms, die rein elastisch oder auch inelastisch, mit Ionisation oder Anregung des Atoms, sein kann. Ein Beispiel für Absorption ist der Photoeffekt, bei dem ein Photon von einem Hüllenelektron absorbiert wird. Für die beiden Fälle ergeben sich sehr unterschiedliche Abhängigkeiten der Teilchenzahlen von der Eindringtiefe, wie Abb. 3.2 zeigt: Im Falle der Absorption ergibt sich ein exponentieller Abfall, im Falle des kontinuierlichen Energieverlusts bleibt die Strahlintensität praktisch konstant, bis die gesamte Energie abgegeben worden ist (siehe dazu Abschnitt 3.2.4).

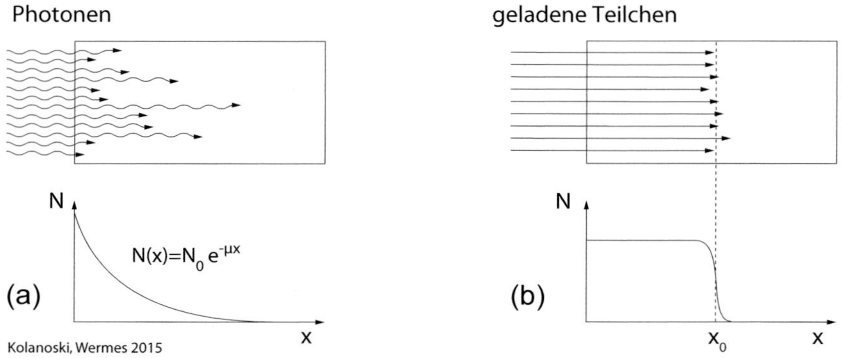

Abb. 3.2 Anzahl der Teilchen in einem Strahl als Funktion der Eindringtiefe. (a) Teilchenverlust durch Absorption (typisch für Photonen) führt zu einem exponentiellen Abfall der Strahlintensität, (b) Energieverlust auf dem Weg durch Materie (typisch für geladene Teilchen) führt zu einer begrenzten Reichweite mit einem relativ lokalisierten Abfall der Intensität.

3.2 Energieverlust geladener Teilchen durch Ionisation

3.2.1 Die Bethe-Bloch-Formel für den mittleren Energieverlust

Geladene Teilchen verlieren beim Durchgang durch Materie Energie an die Elektronen der Atome durch Ionisation und Anregung (Abb. 3.3). Bis zu hohen Energien, bei denen Strahlungseffekte (siehe Abschnitt 3.3) bedeutend werden, ist dies der dominante Energieverlustprozess. Der Energieverlust pro Weglänge wird durch die *Bethe-Bloch-Formel* beschrieben. Die ersten Berechnungen mit klassischen Methoden veröffentlichte Bohr bereits 1913 [186]. Bethe (1930) [149] und Bloch (1933) [174, 173] legten eine quantenmechanische Behandlung des Problems vor, deren Resultate auch heute noch im Wesentlichen gültig sind. In der Folge sind die Berechnungen verfeinert worden; insbesondere Korrekturen für die verschiedenen kinematische Bereiche wurden berechnet (siehe dazu zum Beispiel [187, 318, 159] und Referenzen in [621]). Der Verlust von Energie eines Teilchens beim Durchgang durch Materie entsteht in einer Folge von stochastisch auftretenden

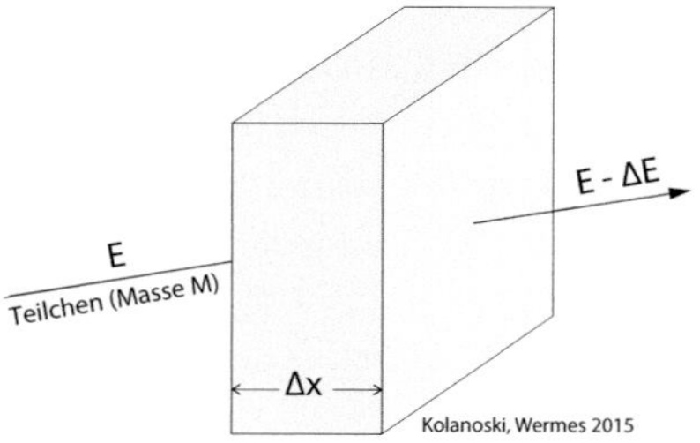

Abb. 3.3 Energieverlust eines Teilchens bei Durchgang durch Materie.

Einzelprozessen. Der *mittlere Energieverlust* pro Weglänge hängt von den Eigenschaften des Mediums A sowie von der Masse M und der Geschwindigkeit β des Teilchens ab:

$$-\left\langle \frac{dE}{dx} \right\rangle = n \int_{T_{min}}^{T_{max}} T \, \frac{d\sigma_A}{dT}(M, \beta, T) \, dT \, . \tag{3.9}$$

Dabei ist n die Dichte der Targetteilchen und $d\sigma_A/dT$ der differenzielle Wirkungsquerschnitt für den Verlust der kinetischen Energie T bei einer Kollision. Das Integral von T_{min} bis T_{max} umfasst den Bereich der möglichen Energieüberträge.

Für die Berechnung von (3.9) betrachten wir Streuung im Coulomb-Feld eines Atoms, hier zunächst an einem einzelnen Elektron der Atomhülle, in einem System, in dem das Elektron ruht. Der Energieübertrag auf das Elektron führt zu Ionisation und Anregung der Atomhülle. Wir beschränken uns auf 'schwere' geladene Teilchen als Projektile; das sind alle geladenen Teilchen außer den Elektronen und Positronen, bei denen Austausch- und Annihilationsprozesse eine zusätzliche Rolle spielen. Im Folgenden wird das durch das Medium fliegende Teilchen 'das Teilchen' genannt.

Wir nehmen zunächst an, dass die Geschwindigkeit des Teilchens groß gegen die Umlaufgeschwindigkeit des Atomelektrons ist und dass der Energieübertrag auf das Elektron groß gegen die Bindungsenergie der Elektronen ist. Dann kann die Streuung durch die Rutherford-Streuformel beschrieben werden (siehe Jackson, Kap. 13, [467]). Bekanntlich ergeben die klassische und die quantenmechanische Berechnung der Rutherford-Streuformel in niedrigster Ordnung das gleiche Resultat. Deshalb müssen bei der Berechnung des Energieverlusts quantenmechanische Effekte erst dann berücksichtigt werden, wenn die obigen Annahmen nicht mehr gelten, das heißt bei kleinen Energieüberträgen in der Größenordnung der Bindungsenergien oder bei kleinen Geschwindigkeiten des Teilchens. Wir kommen darauf später zurück.

'Halbklassische' Berechnung des spezifischen Energieverlusts

Energieverlust durch Rutherford-Streuung an den Hüllenelektronen Das Projektilteilchen habe die Masse M ($M \gg m_e$), die Ladung ze und die Vierervektoren vor und nach der Wechselwirkung P bzw. P'. Die Vierervektoren des Elektrons seien entsprechend p_e und p'_e. Mit dem Viererimpulsübertrag

$$Q^2 = -(P - P')^2 = -(p_e - p'_e)^2 \tag{3.10}$$

ergibt sich der Lorentz-invariante Ausdruck für den Rutherford-Wirkungsquerschnitt:

$$\frac{d\sigma}{dQ^2} = \frac{4\pi \, z^2 \alpha^2 \hbar^2 c^2}{\beta^2} \frac{1}{Q^4} \, . \tag{3.11}$$

Dabei ist βc die Relativgeschwindigkeit der Teilchen, die in den Ruhesystemen beider Teilchen jeweils gleich ist und Lorentz-invariant definiert werden kann.

In dem System, in dem das gestoßene Elektron anfänglich ruht, hat es vor dem Stoß die Energie $E_e = m_e c^2$ und nach dem Stoß $E'_e = T + m_e c^2$. Damit ergibt sich

$$Q^2 = -(p_e - p'_e)^2 = 2 m_e c^2 T \, . \tag{3.12}$$

Eingesetzt in (3.11) folgt

$$\frac{d\sigma}{dT} = \frac{2\pi\, z^2\alpha^2\hbar^2}{\beta^2\, m_e}\frac{1}{T^2}\,. \tag{3.13}$$

Der Übergang zum Mott-Wirkungsquerschnitt, mit dem das mögliche Umklappen des Elektronspins bei der Wechselwirkung berücksichtigt wird[2], erfolgt durch die Erweiterung mit dem Faktor $(1 - \beta^2 T/T_{max})$ [467]:

$$\frac{d\sigma}{dT} = \frac{2\pi\, z^2\alpha^2\hbar^2}{\beta^2\, m_e\, T^2}\left(1 - \beta^2\frac{T}{T_{max}}\right)\,. \tag{3.14}$$

Für die Ableitung dieses Wirkungsquerschnitts wurde angenommen, dass das Elektron als frei betrachtet werden kann. Deshalb führen wir zunächst das Integral (3.9) in einem Bereich aus, in dem der minimale Energieübertrag T_{min} viel größer als die Bindungsenergien der Elektronen ist:

$$\begin{aligned} -\left\langle\frac{dE}{dx}\right\rangle &= n_e\int_{T_{min}}^{T_{max}} T\,\frac{2\pi\, z^2\alpha^2\hbar^2}{\beta^2\, m_e\, T^2}\left(1 - \beta^2\frac{T}{T_{max}}\right) dT \\ &= \frac{2\pi\, z^2\alpha^2\hbar^2}{\beta^2\, m_e}\, n_e\left(\ln\frac{T_{max}}{T_{min}} - \beta^2\right)\,. \end{aligned} \tag{3.15}$$

Bei dem Ausdruck β^2 in der Klammer ist ein Faktor $1 - T_{min}/T_{max}$ mit der Annahme $T_{min} \ll T_{max}$ durch 1 approximiert worden. Die Streuung erfolgt an allen Hüllenelektronen, so dass die Elektronendichte

$$n_e = Z\frac{\rho}{A}\,N_A \tag{3.16}$$

die relevante Targetdichte ist.

Maximaler Energieübertrag T_{max} Der maximal mögliche Energieverlust T_{max} lässt sich aus der Kinematik eines elastischen Stoßes des Teilchens mit dem Elektron berechnen. Die maximale Energie wird bei einem zentralen Stoß auf das Elektron übertragen, das heißt, wenn die Vektoren $\vec{P}$, $\vec{P}'$, $\vec{p}_e'$ alle parallel sind. Für das einlaufende Teilchen können die Energie und der Impuls durch die Lorentz-Faktoren β, γ ausgedrückt werden:

$$E = \gamma M c^2, \qquad |\vec{P}| = \beta\,\gamma\, M c\,. \tag{3.17}$$

gegeben. Die kinetische Energie des auslaufenden Elektrons ist

$$T = E_e' - m_e c^2\,. \tag{3.18}$$

Dann ergibt sich für die maximal übertragbare kinetische Energie bei Vernachlässigung der Bindungsenergie (Berechnung siehe Abschnitt 3.2.2):

[2]Das Umklappen des Spins eines schweren Projektilteilchens kann in guter Näherung vernachlässigt werden, weil die dafür verantwortliche magnetische Kopplung mit Q^2/M^2 (siehe Rosenbluth-Wirkungsquerschnitt) unterdrückt wird.

$$T_{max} = \frac{2\,m_e\,c^2\,\beta^2\,\gamma^2}{1 + 2\,\gamma\,m_e/M + (m_e/M)^2} \tag{3.19}$$

$$\approx \begin{cases} 2\,m_e\,c^2\,(\beta\gamma)^2 & \text{für } \gamma m_e \ll M \\ \gamma\,M\,c^2 \;=\; E & \text{für } \gamma \to \infty \\ m_e c^2(\gamma - 1) \;=\; E - m_e c^2 & \text{für } M = m_e\,. \end{cases}$$

Man beachte, dass sowohl im hoch-relativistischen Grenzfall ($\gamma \to \infty$) als auch im Fall $M = m_e$ die volle Energie des einlaufenden Teilchens auf ein Hüllenelektron übertragen werden kann. Bei einlaufenden Elektronen sind das streuende und das gestreute Teilchen ununterscheidbar. Dann beträgt der maximale Energieübertrag nur die Hälfte, also $T_{max}/2$, da das gestreute Teilchen immer als das mit der kleineren Energie definiert wird.

Minimaler Energieübertrag T_{min} Klassisch kann der Energieübertrag auf ein freies Elektron in der Coulomb-Streuung beliebig klein werden. Dagegen ist quantenmechanisch zu berücksichtigen, dass unterhalb der Ionisationsschwelle nur diskrete Energieübergänge in jeder einzelnen Kollision möglich sind. Zudem müssen bei Geschwindigkeiten des Teilchens, die ähnlich den oder kleiner als die Umlaufgeschwindigkeiten der Elektronen im Atom sind, Interferenzeffekte beachtet werden. Die quantenmechanische Berechnung der Anregungen und der Korrekturen, verursacht durch Abschirmeffekte der Elektronenhülle, ist die schwierigste Aufgabe bei der Berechnung des Energieverlusts. Aus der schwer zu überschauenden Fülle der Literatur sollen die wesentlichen Ergebnisse wie in [621, 399] wiedergegeben werden. Danach lässt sich eine effektive untere Grenze des Integrals (3.9) angeben als

$$T_{min} = \frac{I^2}{2\,m_e\,c^2\,\beta^2\,\gamma^2}\,. \tag{3.20}$$

Der Logarithmus der mittleren Anregungsenergie I ist definiert als Summe der Logarithmen der Anregungsenergien E_k, gewichtet mit den entsprechenden Oszillatorstärken f_k für den Übergang in das Niveau k [149, 318]:

$$\ln I = \sum_k f_k \ln E_k\,. \tag{3.21}$$

Die Logarithmen werden hier verwendet, weil in (3.15) auch T_{min} im Logarithmus auftritt. Der Parameter I ist im Prinzip durch (3.21) definiert, er wird aber in der Regel durch Anpassung an gemessene Daten bestimmt. Die Bestimmung der mittleren Anregungsenergie I ist der schwierigste Teil bei der Berechnung des mittleren Energieverlusts [399], was sich auch darin ausdrückt, dass die Werte dieses Parameters je nach Jahr der Veröffentlichung unterschiedlich sind. In Abb. 3.4 sind die aktuellen Werte für I/Z als Funktion der Kernladung Z dargestellt [451]. Die Funktionswerte lassen sich annähernd durch die einfache Potenzfunktion

$$I \approx 17.7\,Z^{0.85}\ \text{eV} \tag{3.22}$$

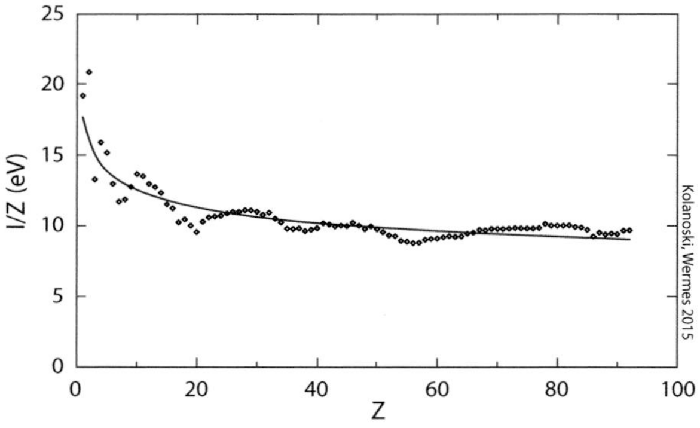

Abb. 3.4 Die mittlere Anregungsenergie I, dividiert durch die Kernladung Z, als Funktion von Z. Die Werte wurden der Tabelle 1 in [451] entnommen. Die Kurve zeigt eine Anpassung einer einfachen Potenzfunktion von Z an die I/Z-Werte, siehe Gleichung (3.22).

beschreiben.

Der Faktor γ^2 im Nenner von (3.20) trägt der proportional zu γ anwachsenden transversalen Ausdehnung des elektrischen Feldes der bewegten Ladung Rechnung. In einer klassischen Ableitung des Rutherford-Wirkungsquerschnitts ist der Energieübertrag T proportional zu dem elektrischen Feld $E(b)$, das die Ladung des Teilchens im Abstand b, dem Stoßparameter, erzeugt (siehe zum Beispiel Fußnote 7 in [318]):

$$T \propto E(b) \propto \frac{1}{b^2} \,. \tag{3.23}$$

Die niedrigsten Anregung T_{min} entspricht dann dem maximalen Stoßparameter b_{max}. Da die Reichweite des Feldes proportional zu γ anwächst, wächst auch der maximale Stoßparameter, der zu einer Anregung führt, proportional zu γ. Die gesuchte Abhängigkeit in (3.20) von γ ist dann

$$T_{min} \propto \frac{1}{b_{max}^2} \propto \frac{1}{\gamma^2} \,. \tag{3.24}$$

Bethe-Bloch-Formel

Durch Einsetzen der unteren Integrationsgrenze T_{min} aus (3.20) und der Elektronendichte n_e aus (3.16) in (3.15) ergibt sich die Bethe-Bloch-Formel. Wir geben sie hier in der Form wie in [621] an:

$$-\left\langle \frac{dE}{dx} \right\rangle = K \, \frac{Z}{A} \, \rho \, \frac{z^2}{\beta^2} \left[\frac{1}{2} \ln \frac{2\, m_e\, c^2\, \beta^2\, \gamma^2\, T_{max}}{I^2} - \beta^2 - \frac{\delta(\beta\gamma)}{2} - \frac{C(\beta\gamma,\, I)}{Z} \right] . \tag{3.25}$$

Gegenüber (3.15) wurden hier in den eckigen Klammern noch zwei Korrekturterme (die beiden letzten Terme), jeweils für hohe und für niedrige Energien, sowie ein zusätzlicher Term $-\beta/2$ eingesetzt. Letzterer Term ergibt sich aus einer genaueren quantenmechanischen Auswertung des Streuquerschnitts $d\sigma/dT$ im Vergleich zu der Form in (3.14) (siehe dazu die detaillierten Erläuterungen in [397]). Die verschiedenen Größen in der Gleichung sind:

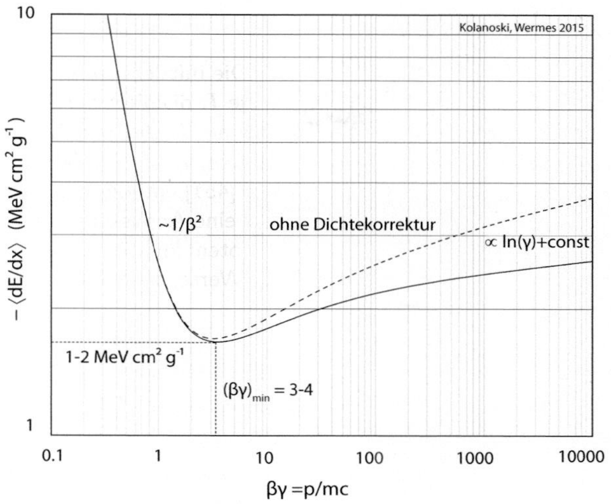

Abb. 3.5 Verlauf des mittleren Energieverlusts geladener Teilchen durch Ionisation als Funktion von $\beta\gamma = p/mc$ (hier am Beispiel von geladenen Pionen in Silizium). Für das Minimum des Energieverlusts ist der Wertebereich angegeben, der für die meisten Medien gilt. Bei hohen Energien zeigt die Abweichung von dem Verhalten proportional zu $\log\gamma$ den Effekt der Abschirmung des transversalen elektrischen Feldes durch die Polarisation des Mediums (Dichteeffekt).

- $K = 4\pi N_A r_e^2 m_e\, c^2 = 0.307$ MeV cm^2/mol, mit dem klassischen Elektronenradius:

$$r_e = e^2/4\pi\epsilon_0 m_e c^2 \approx 2.8\,\text{fm}\,. \tag{3.26}$$

- z, β sind Ladungszahl und Geschwindigkeit des Projektilteilchens.
- Z, A sind Kernladungszahl und Massenzahl des Mediums.
- I ist die mittlere Energie, die notwendig ist zur Ionisation des Mediums.
- T_{max} ist der maximale Energieübertrag auf ein Hüllenelektron, der sich beim zentralen Stoß ergibt (siehe oben).
- δ ist die so genannte Dichtekorrektur, die bei hohen Energien wichtig wird.
- C/Z ist eine 'Schalenkorrektur', die für kleine β-Werte wesentlich ist.

Tabelliert findet man im Allgemeinen den auf die Dichte normierten mittleren Energieverlust (wir lassen hier und im Folgenden die Zeichen für den Mittelwert weg):

$$\frac{dE}{\rho\, dx} \quad \text{in den Einheiten} \quad \frac{\text{MeV}}{\text{g}\,\text{cm}^{-2}}\,. \tag{3.27}$$

Häufig wird dafür auch nur dE/dx geschrieben, das heißt, x wird als 'Massenbelegung', zum Beispiel in Einheiten g/cm^2, angegeben:

$$x \quad \longrightarrow \quad \rho\, x\,. \tag{3.28}$$

Die Gleichung (3.25) gilt für 'schwere' Teilchen, womit Teilchen, die nicht Elektronen oder Positronen sind, gemeint sind. Für Elektronen und Positronen muss Gleichung (3.25) modifiziert werden (siehe Seite 39).

Die Bethe-Bloch-Formel beschreibt den Bremseffekt der Materie auf das Teilchen und wird deshalb auch 'Bremsvermögen' (*stopping power*) genannt[3]. Diese Größe bestimmt

[3]'Massenbremsvermögen' ist das durch die Dichte dividierte Bremsvermögen (3.27).

zum Beispiel die Reichweite eines Teilchens in Materie oder den Energieverlust nach Durchlaufen einer Materieschicht. Von dem Bremsvermögen zu unterscheiden ist die Wirkung des Energieverlusts in einem Detektor. Häufig wird die deponierte Energie über die Ionisation des Mediums gemessen, wobei zum Beispiel die atomaren Anregungen mit möglicher Abstrahlung niederenergetischer Photonen nicht berücksichtigt werden, die andererseits aber zu dem gesamten Bremsvermögen beitragen[4]. In einer dünnen Detektorschicht kann es auch sein, dass der hochenergetische Teil der angestoßenen Elektronen, genannt 'δ-Elektronen', den Detektor verlässt, bevor die gesamte Energie deponiert ist, wodurch die mittlere beobachtete Energie kleiner wird.

Energieabhängigkeit des Energieverlusts In Abb. 3.5 ist die Abhängigkeit des Energieverlusts von der Energie für einen typischen Fall ($\pi^{\pm}$ in Silizium) nach (3.25) unter Benutzung der Parametrisierung der Dichte- und Schalenkorrektur nach [754] wiedergegeben. Bei kleinen Energien dominiert der $1/\beta^2$-Term, bei hohen der $\ln\gamma$-Term. Dazwischen liegt ein breites Minimum um $\beta\gamma \approx 3 - 3.5$, beziehungsweise $\beta \approx 0.95$, abhängig von Z. In diesem kinematischen Bereich spricht man von minimal-ionisierenden Teilchen (*MIPs, minimal ionizing particles*) In Tab. 3.1 finden sich neben anderen Parametern die minimalen dE/dx-Werte einiger Materialien.

Energieverlust bei niedrigen Energien Die $1/\beta^2$-Abhängigkeit ist dadurch zu erklären, dass der Impulsübertrag mit der effektiven Wechselwirkungszeit $\Delta t \simeq b/\gamma v$ (b = Stoßabstand) anwächst und diese bei kleinerer Geschwindigkeit länger wird. Da der Impulsübertrag zu Δt proportional ist, erhält man für den Energieübertrag wegen $\Delta E = \frac{(\Delta p)^2}{2m} \propto \frac{1}{v^2}$ eine quadratische Geschwindigkeitsabhängigkeit. Wenn aber die Energie der Teilchen so klein ist, dass die Geschwindigkeit in die Größenordnung der Geschwindigkeit der Hüllenelektronen kommt, ist die Approximation des minimalen Energieübertrags durch eine mittlere Anregungsenergie wie in (3.20) nicht mehr möglich. Es sind dann die möglichen Anregungen im Detail auszuwerten, wobei auch quantenmechanische Interferenzeffekte, wie der Ramsauer-Effekt (siehe Abschnitt 4.6.2), zu beachten sind. Wir werden diese Effekte im Zusammenhang mit Drift und Diffusion von Elektronen in Driftgasen (siehe Abschnitt 4.6.4) ansprechen.

Die energieabhängigen Schalenkorrekturen C/Z in (3.25) werden unterhalb $\beta \approx 0.3$ relevant. Eine Übersicht über die Anwendung von Schalenkorrekturen findet sich in [160], wo auch auf eine detaillierte Diskussion in [143] verwiesen wird. Der Verlauf der Energieverlustkurve bei kleinen β-Werten ist in Abb. 3.6 für Protonen in Argon zu sehen: Unterhalb einer kinetischen Energie von etwa 1 MeV, entsprechend $\beta \approx 0.05$, weicht die Kurve von dem $1/\beta^2$-Verhalten der Bethe-Bloch-Gleichung ab, erreicht ein Maximum und fällt dann steil ab (logarithmische Skalen beachten!). Bei sehr kleinen kinetischen Energien, unterhalb einiger 100 eV, verliert das Proton hauptsächlich durch elastische Stöße mit den Kernen Energie, bis es schließlich thermalisiert ist.

---

[4]In Abhängigkeit von den dielektrischen Eigenschaften des Mediums können die atomaren Anregungen zu kohärenten Abstrahlungsphänomenen wie Cherenkov- und Übergangsstrahlung führen (Kapitel 11 und 12). Eine vereinheitlichte Beschreibung des Energieverlusts liefert zum Beispiel das PAI-Modell (PAI = *photo absorption ionization*) [69].

Tab. 3.1 Parameter zur Berechnung des Energieverlusts für einige ausgesuchte Materialien [634]. 'Kernemulsion' in [634] entspricht der Fotoemulsion Ilford G.5 (siehe Abschnitt 6.3). Der untere Teil enthält die Parameter der Dichtekorrektur (3.29) aus den 'Muon Energy Loss Tables' in [634].

Material	Z	A	ρ $\left(\frac{\text{g}}{\text{cm}^3}\right)$	I (eV)	$\frac{dE}{dx}\|_{min}$ $\left(\frac{\text{MeV cm}^2}{\text{g}}\right)$	$\hbar\omega_P$ (eV)
C (Graphit)	6	12.01	2.21	78	1.74	30.28
Al	13	26.98	2.70	166	1.62	32.86
Si	14	28.09	2.33	173	1.66	31.05
Fe	26	55.85	7.87	286	1.45	55.18
Pb	82	207.2	11.35	823	1.12	61.07
Ar	18	39.95	0.00166	188	1.52	0.79
CsI	108	259.8	4.51	553	1.24	39.46
Polysteren	56	104.2	1.06	68.7	1.94	21.75
Wasser	10	18	1.00	79.7	1.99	21.48
Standardfels	11	22	2.65	136.4	1.69	33.2
Kernemulsion			3.82	331.0	1.42	38.0

Material	a	k	ζ_0	ζ_1	$-C_D$	δ_0
C (Graphit)	0.208	2.95	–0.009	2.482	2.893	0.14
Al	0.080	3.63	0.171	3.013	4.240	0.12
Si	0.149	3.25	0.202	2.872	4.436	0.14
Fe	0.147	2.96	–0.001	3.153	4.291	0.12
Pb	0.094	3.16	0.378	3.807	6.202	0.14
Ar	0.197	2.96	1.764	4.486	11.95	0
CsI	0.254	2.67	0.040	3.335	6.28	0
Polysteren	0.165	3.22	0.165	2.503	3.30	0
Wasser	0.091	3.48	0.24	2.800	3.502	0
Standardfels	0.083	3.41	0.049	3.055	3.774	0.00
Kernemulsion	0.124	3.01	0.101	3.487	5.332	0.00

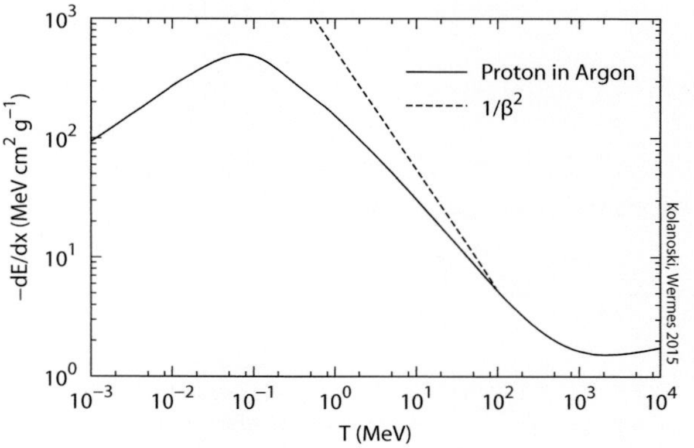

Abb. 3.6 Mittlerer Energieverlust von Protonen in Argon als Funktion der kinetischen Energie der Protonen (erstellt mit dem interaktiven Programm PSTAR [143]). Bei kleinen Energien zeigen die Abweichungen von dem $1/\beta^2$-Verhalten den Einfluss der Schalenkorrekturen.

Energieverlust bei hohen Energien Der Anstieg des Energieverlusts bei hohen Energien hat zwei Gründe: Der eine ist das asymptotische Anwachsen des maximalen Energieübertrags mit γ, siehe Gleichung (3.19), also ein rein kinematischer Effekt. Der andere Grund ist der bereits erläuterte relativistische Effekt: Die transversale Komponente des elektrischen Feldes wächst mit γ, was zu einem Anwachsen des maximalen Stoßparameters entsprechend (3.24) führt und in die Bethe-Bloch-Gleichung über den minimalen Energieübertrag (3.20) eingeht.

Das Anwachsen der Reichweite des Feldes wird für hochrelativistische Teilchen allerdings begrenzt durch die Abschirmwirkung der umgebenden Atome infolge Polarisation des Mediums (Dichteeffekt), was zu einer Abflachung von dE/dx bei hohen Energien führt. Der Dichteeffekt wird in der Bethe-Bloch-Gleichung (3.25) durch den Term $\delta(\beta\gamma)$ berücksichtigt. Eine Parametrisierung ist in [754] für verschiedene Energiebereiche angegeben:

$$\delta(\beta\gamma) = \begin{cases} 2\,\zeta\,\ln 10 + C_D & \text{für } \zeta \geq \zeta_1\,, \\ 2\,\zeta\,\ln 10 + C_D + a\,(\zeta_1 - \zeta)^k & \text{für } \zeta_0 \leq \zeta < \zeta_1\,, \\ \delta_0\,10^{2\,(\zeta-\zeta_0)} & \text{für } \zeta < \zeta_0\,, \end{cases} \tag{3.29}$$

$$\text{mit} \qquad C_D = 2\,\ln(\hbar\omega_P/I) - 1 \quad \text{und} \quad \zeta = \log_{10}\beta\gamma\,. \tag{3.30}$$

Für einige Materialien sind die Parameter dieser Gleichung in Tab. 3.1 aufgeführt. Eine sehr umfangreiche Sammlung dieser Parameter für verschiedene Stoffe findet man interaktiv auf der PDG-Webseite[5] [634].

Bei großen Stoßparametern, also kleinen Energieüberträgen, wirkt die vorbeifliegende Ladung kohärent auf die umgebenden Elektronen und regt diese zu gemeinsamen Schwingungen um die weniger beweglichen Ionenladungen an. Die Frequenz der Schwingung, die so genannte Plasmafrequenz

$$\omega_P = \sqrt{\frac{n_e e^2}{\epsilon_0 m_e}}\,, \tag{3.31}$$

hängt neben Naturkonstanten nur von der Elektronendichte ab. Damit ist die untere Grenze der übertragbaren Energie durch eine Plasmaanregung $\hbar\omega_P$ gegeben, die dann die mittlere Anregungsenergie eines einzelnen Atoms asymptotisch ersetzt.

Asymptotisch erhält die Dichtekorrektur in (3.25) für große γ-Werte die Form

$$\delta \to 2\,\ln\frac{\hbar\omega_P}{I} + 2\,\ln\beta\gamma - 1\,. \tag{3.32}$$

Dieses asymptotische Verhalten ergibt sich für δ in (3.29) durch die Definition des Parameters C_D in (3.30). Die Bethe-Bloch-Formel (3.25) geht in diesem Grenzfall in die Form

$$-\frac{dE}{dx} = K\,\frac{Z}{A}\,\rho\,z^2\left[\frac{1}{2}\,\ln\frac{2\,m_e\,c^2\,T_{max}}{(\hbar\omega_P)^2} - \frac{1}{2}\right] \quad (\gamma\to\infty,\ \beta\to 1) \tag{3.33}$$

[5] Die Parameter sind etwas versteckt in der 'Table of muon dE/dx and Range' in [634] für jeden Stoff einzeln eingetragen.

über. Damit tritt in dem Logarithmus an die Stelle von I die Plasmaenergie $\hbar\omega_P$, und der $\beta^2\gamma^2$-Term verschwindet. Eine γ-Abhängigkeit von dE/dx kommt dann nur noch durch das Anwachsen von $T_{max} \propto \gamma$, so dass die dE/dx-Kurve abflacht (Abb. 3.5). Das Anwachsen von T_{max} bedeutet, dass immer höher energetische δ-Elektronen produziert werden können. Häufig wird allerdings deren Energiebeitrag zu einer Ionisationsmessung beschränkt, weil zum Beispiel die δ-Elektronen aus der Detektorzelle austreten oder weil sie, um die Messgenauigkeit des Energieverlusts dE/dx zu verbessern, bewusst nicht berücksichtigt werden (dies ist zum Beispiel bei Blasenkammern möglich). Man spricht dann vom 'eingeschränkten Energieverlust' (*restricted energy loss*), der alle Verluste bis zu einer maximalen kinetischen Energie T_{cut} berücksichtigt. Gleichung (3.25) wird entsprechend modifiziert:

$$-\left.\frac{dE}{dx}\right|_{T<T_{cut}} = K\,\frac{Z}{A}\,\rho\,\frac{z^2}{\beta^2}\left[\frac{1}{2}\ln\frac{2\,m_e\,c^2\,\beta^2\,\gamma^2\,T_{cut}}{I^2} - \frac{\beta^2}{2}\left(1+\frac{T_{cut}}{T_{max}}\right) - \frac{\delta}{2} - \frac{C}{Z}\right]. \quad (3.34)$$

Der eingeschänkte Energieverlust (3.34) erreicht bei hohen Energien eine Sättigung ('Fermi-Plateau'), weil in (3.33) T_{max} nicht mehr mit γ wächst, sondern durch ein festes T_{cut} ersetzt wird (siehe auch [621] und Abb. 3.13 auf Seite 49). Das Fermi-Plateau erreicht einen typischen Wert, der in Gasen etwa 40% und in Festkörpern weniger als 10% höher als der minimale Energieverlust liegt.

Skalierungsgesetze und Teilchenidentifikation Der mittlere Energieverlust (3.25) lässt sich näherungsweise als Funktion der Geschwindigkeit und der Teilchenladung ausdrücken:

$$\frac{dE}{dx} \approx z^2\,Z\,f_\beta(\beta) = z^2\,Z\,f_p\left(\frac{p}{M}\right) = z^2\,Z\,f_T\left(\frac{T}{M}\right). \quad (3.35)$$

Die Proportionalität zu der Kernladungszahl Z des Mediums ergibt sich, weil die Streuung an den Hüllenelektronen inkohärent ist, das heißt, es ist über die Beiträge der einzelnen Elektronen zu summieren. Das Verhältnis ρ/A, das ebenfalls in (3.25) eingeht, kann man als etwa konstant annehmen. In dem auf die Dichte normierten Energieverlust $dE/(\rho dx)$ ist dagegen Z/A etwa konstant, wie man zum Beispiel in der Spalte $dE/dx|_{min}$ in Tab. 3.1 sieht.

Die Abhängigkeiten von Impuls und kinetischer Energie ergeben sich, weil $p/(Mc) = \gamma\beta$ und $T/(Mc^2) = \gamma - 1$ nur Funktionen der Geschwindigkeit sind. Für ein gegebenes Medium sind die Funktionen $f_{\beta,p,T}$ unabhängig von Teilchenart und -masse.

Diese Eigenschaft wird für die Teilchenidentifikation benutzt: Teilchen mit unterschiedlichen Massen haben bei gleichem Impuls unterschiedliches β und γ. Dadurch verschieben sich die dE/dx-Kurven als Funktion des Impulses für verschiedene Massen (Abb. 3.7, siehe auch Abb. 14.11), was zur Teilchenidentifikation genutzt wird (siehe Kapitel 14).

Energieverlust bei Elektronen und Positronen Für Elektronen und Positronen wird auf Grund ihrer kleinen Masse schon bei relativ kleinen Energien der Energieverlust durch Bremsstrahlung wesentlich. Da beide Prozesse in guter Näherung unabhängig voneinander betrachtet werden können, wollen wir uns daher hier auf den Energieverlust durch Ionisation beschränken. Bremsstrahlung wird in Abschnitt 3.3 behandelt.

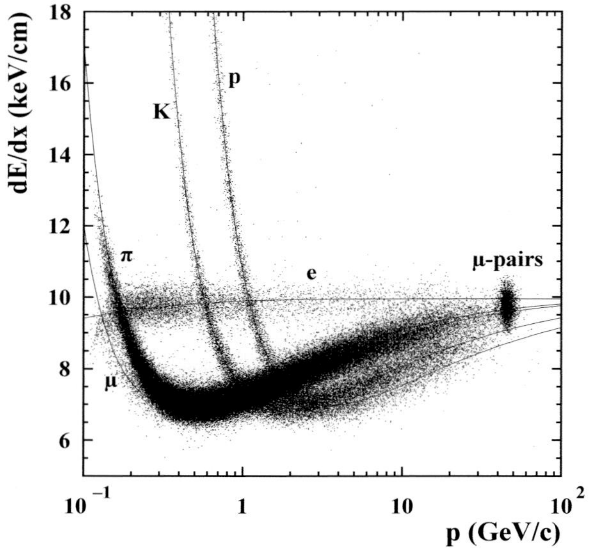

Abb. 3.7 Messung der Ionisation von geladenen Teilchen als Funktion des Impulses in einer hauptsächlich mit Argon gefüllten Driftkammer. Jeder Punkt stellt eine Messung für eine Teilchenspur dar, die in Zerfällen des Z^0-Bosons ($m_Z = 91\,\text{GeV/c}^2$) beobachtet wurde (LEP, OPAL-Detektor [423], mit freundl. Genehmigung von Elsevier).

Der Ionisationsenergieverlust von Elektronen und Positronen unterscheidet sich von dem schwerer Teilchen auf Grund der Kinematik, des Spins und des Identitäts- beziehungsweise Antiteilchen-Charakters in Bezug auf die Elektronen des Mediums. Bei Positronen muss der Teilchenverlust durch Annihilation in Photonen berücksichtigt werden. Allgemein werden zwei Bereiche von Energieüberträgen unterschieden: Der Bereich, in dem die Energieniveaus der Elektronenhülle nicht vernachlässigt werden können, wird durch kontinuierlichen Energieverlust beschrieben; in dem Bereich größerer Energieüberträge werden diskrete Prozesse als Møller-Streuung ($e^-e^- \to e^-e^-$) oder Bhabha-Streuung ($e^+e^- \to e^+e^-$) berechnet.

In Abb. 3.8 wird der Energieverlust von Protonen und Elektronen in Silizium verglichen. Der Unterschied beträgt etwa 10 % im Ionisationsminimum und wird etwas größer zu kleineren Geschwindigkeiten hin.

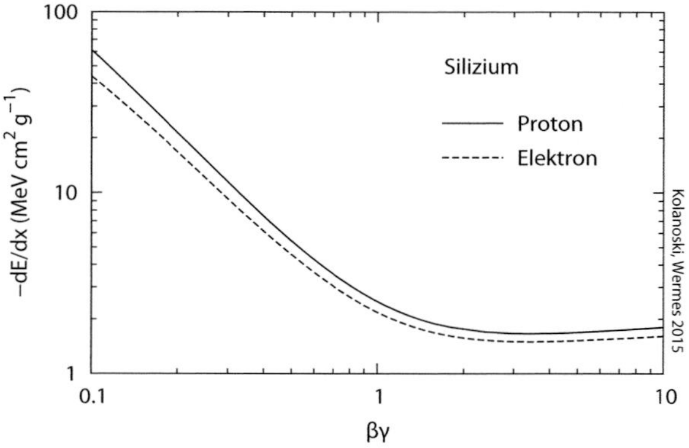

Abb. 3.8 Vergleich des Energieverlusts von Elektronen (ohne Berücksichtigung der Bremsstrahlung) und von Protonen in Silizium. Die Kurven wurden mit den Programmen ESTAR und PSTAR [143] berechnet (in dem Programm als '*collision energy loss*' bei Elektronen und '*total energy loss*' bei Protonen bezeichnet).

Parameter der Bethe-Bloch-Formel für Mischungen und Verbindungen Für verschiedene Komponenten i in einem Medium werden die dE/dx-Werte mit den Gewichtsanteilen w_i gewichtet summiert (dabei werden atomare Korrekturen vernachlässigt):

$$\frac{dE}{\rho dx} = \sum_i w_i \left(\frac{dE}{\rho_i dx} \right)_i . \tag{3.36}$$

Für Verbindungen ergibt sich der Gewichtsfaktor mit der Anzahl a_i des Atoms i mit dem Atomgewicht A_i in der Verbindung:

$$w_i = \frac{a_i A_i}{\sum_j a_j A_j} . \tag{3.37}$$

Für die Parameter in der Bethe-Bloch-Formel lassen sich für Mischungen und für Verbindungen Effektivwerte berechnen:

$$\begin{aligned} Z_{\text{eff}} &= \sum_i a_i Z_i , \\ A_{\text{eff}} &= \sum_i a_i A_i , \\ \ln I_{\text{eff}} &\approx \frac{1}{Z_{\text{eff}}} \sum_i a_i Z_i \ln I_i , \\ \delta_{\text{eff}} &\approx \frac{1}{Z_{\text{eff}}} \sum_i a_i Z_i \delta_i . \end{aligned} \tag{3.38}$$

Diese Mittelungen sind insbesondere für die von den Elektronendichten abhängigen Parameter I und δ mit Vorsicht zu benutzen (das betrifft noch mehr die Korrektur C bei niedrigen Energien, die deshalb hier nicht aufgeführt wurde)[6].

3.2.2 Delta-Elektronen

Unter δ-Elektronen versteht man Elektronen aus relativ zentralen Kollisionen des Projektilteilchens mit den Hüllenelektronen, die daher vergleichsweise hochenergetisch sind (engl. *high energy knock-on electrons*). Die Verteilung der kinetischen Energien der Elektronen ist nach (3.13) proportional zu $1/T^2$. Die Ausläufer dieser Verteilung gehen bis T_{max}, was nach (3.19) insbesondere für relativistische Teilchen sehr groß sein kann. Elektronen mit Energien von einigen keV kann man in Detektoren mit hoher Granularität und Ortsauflösung, wie Blasenkammern oder Emulsionen, als so genannte δ-Elektronen beobachten (Abb. 3.9). In Detektoren, die nicht in der Lage sind, abgestrahlte δ-Elektronen aufzulösen, führt die Abstrahlung, die dominant unter großen Winkeln zum einlaufenden Teilchen erfolgt, zu einer Verschlechterung der Ortsauflösung. Seltene Abstrahlung hoher Energie führt auch zu größeren Fluktuationen in dE/dx-Messungen zur Teilchenidentifikation und damit zu schlechterer Auflösung. Wegen der Relevanz von δ-Elektronen für Detektoren werden im Folgenden deren Energie- und Winkelverteilung näher diskutiert.

---

[6] In dem Review 'Passage of Particles through matter' in [621] wird die Problematik diskutiert und auf Literatur über entsprechende Messdaten oder, wenn nicht vorhanden, verbesserte Berechnungen verwiesen.

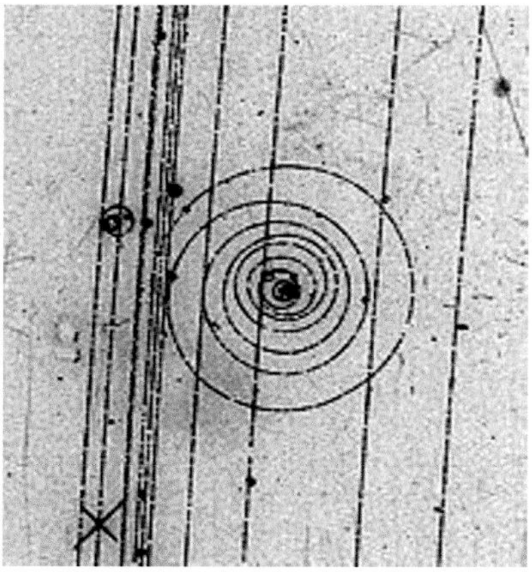

Abb. 3.9 Ausschnitt einer Blasenkammeraufnahme, die ein nach rechts von einer Spur ausgehendes δ-Elektron zeigt, welches im Magnetfeld eine spiralförmige Spur erzeugt. Quelle: CERN.

Energie-Winkel-Relation Mit Hilfe der Vierervektoren P, P', p_e, p'_e der ein- und der auslaufenden Teilchen lässt sich relativ einfach die Relation zwischen der Energie und dem Streuwinkel des Elektrons, die ja bei einem elastischen Stoß nicht unabhängig sind, herleiten. Aus der Energie- und der Impulserhaltung

$$P + p_e = P' + p'_e \tag{3.39}$$

ergibt sich

$$\begin{aligned} (P - p'_e)^2 = (P' - p_e)^2 \quad &\Rightarrow \quad P\,p'_e = P'\,p_e \\ \Rightarrow \quad E\,E'_e - E'\,m_e c^2 &= |\vec{P}c||\vec{p}'_e c|\cos\theta\,. \end{aligned} \tag{3.40}$$

Unter Benutzung der Lorentz-Faktoren γ, β des einlaufenden Teilchens und der Beziehungen

$$E = \gamma M c^2,\ \ |\vec{P}| = \gamma\beta M c,\ \ E' = E - T,\ \ T = E'_e - m_e c^2,\ \ |\vec{p}'_e c| = \sqrt{T^2 + 2T m_e c^2} \tag{3.41}$$

erhält man daraus den gesuchten Zusammenhang zwischen der kinetischen Energie T des δ-Elektrons und dem Emissionswinkel θ (Abb. 3.10):

$$\cos\theta = \frac{T(\gamma + m_e/M)}{\gamma\beta\sqrt{T^2 + 2T m_e c^2}}\,, \tag{3.42}$$

$$T(\theta) = \frac{2\,m_e c^2\,\beta^2\,\gamma^2\,\cos^2\theta}{\gamma^2\,(1 - \beta^2\,\cos^2\theta) + 2\,\gamma\,m_e/M + m_e^2/M^2}\,. \tag{3.43}$$

Die maximale kinetische Energie T_{max}, die auf das Elektron in einem zentralen Stoß übertragen werden kann, ergibt sich für $\theta = 0°$ und wurde bereits in (3.19) angegeben. Die minimale kinetische Energie ergibt sich für $\theta = 90°$ zu $T_{min} = 0$. Dabei ist allerdings zu beachten, dass in diesem Bereich die Näherung, dass das Elektron frei ist, nicht mehr gilt. Der mindestens notwendige Energieübertrag durch das Projektil wird durch die effektive mittlere Anregungsenergie I in (3.21), die auch in die Bethe-Bloch-Formel (3.25) eingeht, beschrieben.

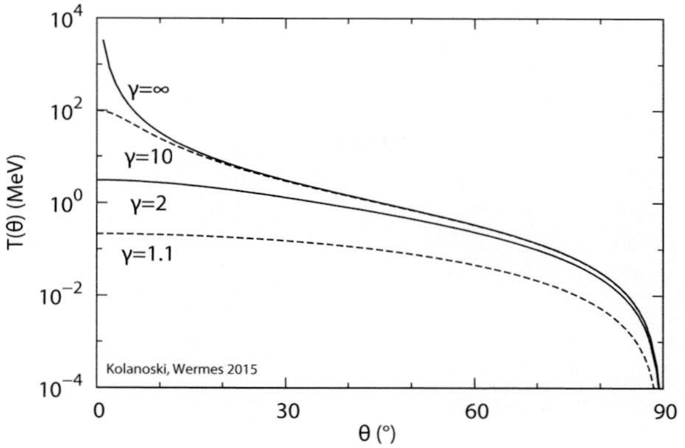

Abb. 3.10 Kinetische Energie von δ-Elektronen, aufgetragen gegen den Emissionswinkel für Protonen als Projektilteilchen mit verschiedenen Lorentz-Faktoren γ. Für die Ableitung wurde elastische Streuung an freien, ruhenden Elektronen angenommen, eine Annahme, die bei kleinen Energien, also nahe $\theta = 90°$, nicht mehr gerechtfertigt ist.

Im Fall hoch-relativistischer Energien, $\gamma \gg 1$ ($\beta \to 1$), wird aus der Relation: (3.43)

$$T(\theta) = \frac{2\,m_e c^2 \cos^2\theta}{1 - \cos^2\theta} = \frac{2\,m_e c^2}{\tan^2\theta}\,. \tag{3.44}$$

Der Ausdruck divergiert allerdings in der Nähe von $\theta = 0°$, entsprechend $T \to T_{max}$. Deshalb muss für $\theta \lesssim 1/\gamma$ zuerst der Grenzübergang für den ersten Term im Nenner von (3.43) durchgeführt werden,

$$\gamma^2 (1 - \beta^2 \cos^2\theta) \overset{\theta \to 0}{\longrightarrow} 1\,, \tag{3.45}$$

womit sich $T_{max} = T(\theta = 0) \to \gamma M$ für $\gamma \to \infty$ wie in (3.19) ergibt.

Bemerkenswert ist, dass im hoch-relativistischen Grenzfall ($\gamma \gg 1$ und $\theta \gg 1/\gamma$) die Energie-Winkel-Relation (3.44) nicht mehr von den Eigenschaften des einfallenden Teilchens, also weder von dessen Energie noch von dessen Masse, abhängt (durchgezogene Kurve in Abb. 3.10).

Energie- und Winkelverteilung Um den Einfluss der δ-Elektronen auf die Ortsauflösungen von Detektoren abzuschätzen, muss man die Enrgie-Winkel-Verteilung näher betrachten. Zwar sind mit größeren Winkeln kleinere Energien und damit geringere Reichweiten verbunden, aber andererseits ist die Ionisationsdichte niederenergetischer Elektronen im $1/\beta^2$-Bereich der Bethe-Bloch-Formel (Abb. 3.5) höher, so dass durch die Bildung von Ladungsclustern die Ortsrekonstruktion schlechter wird. Auch bei kleinen Winkeln emittierte δ-Elektronen können durch Vielfachstreuung (die mit $1/(p\beta)$ zunimmt, siehe Abschnitt 3.4) und magnetische Ablenkung (wie in Abb. 3.9) zu einem mittleren Versatz der Ladungsverteilung entlang einer Spur führen. Für quantitative Abschätzungen betrachten wir im Folgenden die Energie- und Winkelverteilungen der Elektronen.

Die Rate der δ-Elektronen pro Energieintervall dT und Weglänge dx ist

$$\frac{d^2N}{dx\,dT} = n_e\,\frac{d\sigma}{dT}\,. \tag{3.46}$$

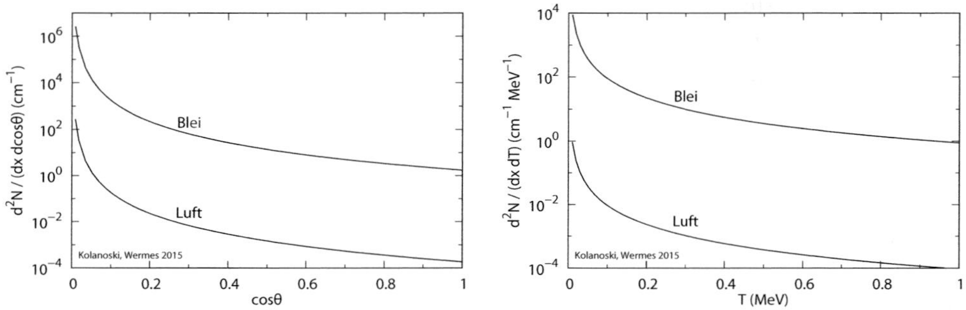

(a) δ-Elektronenrate als Funktion des Emissionswinkels. (b) δ-Elektronenrate als Funktion der kinetischen Energie.

Abb. 3.11 Winkel- und Energieverteilung der δ-Elektronen in Blei und Luft. Die Verteilungen wurden mit den Gleichungen (3.50) und (3.47) erzeugt, die für hoch-relativistische Projektile und geringe kinetische Energien der Elektronen gelten.

Mit der Elektronendichte n_e in (3.16) und dem differenziellen Wirkungsquerschnitt in (3.14) ergibt sich für die differenzielle Rate der δ-Elektronen pro Weglänge und Energie

$$\frac{d^2N}{dx\,dT} = \frac{1}{2}\,z^2\frac{Z}{A}\,K\,\rho\,\frac{1}{\beta^2}\,\frac{F(T)}{T^2}, \tag{3.47}$$

wobei $K = 4\pi N_A r_e^2 m_e c^2 = 0.3071\,\mathrm{MeV\,g^{-1}\,cm^2}$ die bereits bekannte Konstante aus der Bethe-Bloch-Formel (3.25) ist. Die Funktion $F(T)$ aus (3.14) berücksichtigt die Spinabhängigkeit und ist von der Größenordnung 1, so dass wir im Folgenden zur Vereinfachung $F(T) = 1$ annehmen wollen.

Integration von (3.47) über T und x liefert für die Anzahl der δ-Elektronen mit Energien zwischen T_{min} und T_{max} in einem Medium der Dicke Δx:

$$N = \frac{1}{2}z^2\frac{Z}{A}K\rho\,\Delta x\,\frac{1}{\beta^2}\left(\frac{1}{T_{min}} - \frac{1}{T_{max}}\right) \approx 0.077\,\frac{\mathrm{MeVcm^2}}{\mathrm{g}}z^2\rho\,\Delta x\frac{1}{T_{min}}, \tag{3.48}$$

wobei im letzten Schritt $\beta \approx 1$, $Z/A \approx 1/2$ und $T_{max} \gg T_{min}$ angenommen wurde.

Die Abhängigkeit vom Emissionswinkel θ ergibt sich in relativistischer Näherung aus der Beziehung (3.44) zu

$$\frac{dT}{d\cos\theta} = 4m_e c^2\frac{\cos\theta}{\sin^4\theta}\,. \tag{3.49}$$

Eingesetzt in Gleichung (3.47) ergibt sich:

$$\begin{aligned}\frac{d^2N}{dx\,d\cos\theta} &= \frac{1}{2}\,z^2\frac{Z}{A}\,K\,\rho\,\frac{1}{\cos^3\theta}\,\frac{1}{m_e c^2} \\ &\approx 0.15\,\frac{\mathrm{cm^2}}{\mathrm{g}}\,z^2\,\rho\,\frac{1}{\cos^3\theta}\,,\end{aligned} \tag{3.50}$$

wobei wieder $Z/A \approx 1/2$ angenommen wurde. Dieser Ausdruck divergiert für $\theta \to 90°$, was $T \to 0$ entspricht, wofür die gewählte Approximation eines freien Elektrons nicht mehr gültig ist. Die Energie- und Winkelverteilungen, die man mit den Gleichungen (3.47) und (3.50) erhält, sind in Abb. 3.11 dargestellt. Die Anzahl der unter nahe 90° pro Raumwinkelintervall gestreuten, niederenergetischen δ-Elektronen ist um viele Zehnerpotenzen größer als in Vorwärtsrichtung. Das führt in Detektormedien zur Verbreiterung einer Ionisationsspur und damit zu einer Verschlechterung der Ortsauflösung.

3.2.3 Statistische Fluktuationen des Energieverlusts

Übersicht

Die Bethe-Bloch-Formel gibt den mittleren Energieverlust pro Weglänge an. Tatsächlich ist der Energieverlust aber ein statistischer Prozess mit Fluktuationen: Der Energieverlust ΔE auf einer Wegstrecke Δx setzt sich aus vielen kleinen Beiträgen δE_n, die einzelnen Ionisations- oder Anregungsprozessen entsprechen, zusammen:

$$\Delta E = \sum_{n=1}^{N} \delta E_n \,. \tag{3.51}$$

Statistische Fluktuationen treten sowohl für die Anzahl N als auch für die jeweils abgegebene Energie δE auf.

Fluktuationen der Anzahl In dünnen Detektoren, die zum Beispiel zur Messung geladenener Spuren eingesetzt werden, ist die Poisson-Statistik der Anzahl N der Ionisationen wesentlich. Zum Beispiel werden in Argon von einem minimal ionisierenden Teilchen etwa 94 Elektron-Ion-Paare pro cm erzeugt (Tab. 7.1). Der mittlere Energieverlust pro cm ist $\langle \Delta E \rangle = 2.44\,\text{keV}$. Daraus ergibt sich ein mittlerer Energiebedarf zur Erzeugung eines Ions von $\langle \delta E \rangle = 26\,\text{eV}$, der deutlich höher liegt als die minimal notwendige Energie von 11.6 eV für Anregung und 15.7 eV für Ionisation. Die Auflösung von ΔE durch Messung der Anzahl der Ionen kann durch die Poisson-Statistik abgeschätzt werden. Für ein minimal ionisierendes Teilchen, das durch 1 cm Argon geht, ergibt sich dann

$$\frac{\sigma(\Delta E)}{\Delta E} \approx \frac{1}{\sqrt{N}} \approx 10\% \,. \tag{3.52}$$

Im Gegensatz dazu ist für Halbleiter die mittlere notwendige Energie zur Erzeugung eines Elektron-Loch-Paares viel niedriger, zum Beispiel $\langle \delta E \rangle = 2.85\,\text{eV}$ für Germanium und $\langle \delta E \rangle = 3.65\,\text{eV}$ für Silizium (siehe Kapitel 8). Damit werden bei gleichem Energieverlust viel mehr Elektron-Loch-Paare erzeugt als Elektron-Ion-Paare in einem Gas, und damit wird eine bessere Energieauflösung erreicht (etwa dreimal besser für Germanium als für Argon).

Fluktuationen im Energieübertrag Fluktuationen treten vor allem auch in dem Energieübertrag δE pro Einzelprozess auf. Zwischen den minimal und den maximal möglichen Energieüberträgen δE_{min} und δE_{max} ist δE etwa wie $1/(\delta E)^2$ verteilt (Gleichung (3.47) und Abb. 3.11(b)).

Der minimale Energieübertrag δE_{min} ist, wie bereits besprochen, durch die minimale Anregungs- beziehungsweise Ionisationsenergie gegeben, die maximale Energie durch

(3.19). Der wahrscheinlichste Energieübertrag (Maximum der Verteilung) liegt zwar relativ nahe bei δE_{min}, aber hin und wieder werden in zentralen Stößen auch große Energien bis zu $\delta E_{max} \approx E$ übertragen (siehe dazu Gleichung 3.19).

Einfluss auf Messungen Fluktuationen des Energieverlusts können das Verhalten von Detektoren auf verschiedene Weise ungünstig beeinflussen:

- Die Impulsauflösung eines geladenen Teilchens wird verschlechtert, wenn das Teilchen vor oder während der Impulsmessung Energie verliert. Gewöhnlich kann der mittlere Energieverlust entsprechend der Bethe-Bloch-Formel korrigiert werden. Die verbleibenden Fluktuationen können manchmal durch zusätzliche Messungen von Energiedepositionen im Detektor verringert werden (Möglichkeiten der Unterdrückung von Fluktuationen werden auf Seite 52 ff beschrieben).
- Bei der Teilchenidentifikation durch dE/dx-Messungen hängt die Separierbarkeit der Teilchensorten wesentlich von der Breite der dE/dx-Verteilung ab, siehe Abschnitt 14.2.2 und das Messbeispiel in Abb. 3.7.
- Verminderung der Ortsauflösung eines Spurdetektors durch statistische Fluktuationen der Ionisation entlang einer Spur: Die Ortsauflösung wird unter anderem eingeschränkt, weil sich die angestoßenen Elektronen ('knock-on'- oder δ-Elektronen) räumlich von der Spur wegbewegen und dabei sekundär ionisieren. Deswegen treten Elektron-Ion-Paare auch meistens in Clustern auf: Die primär erzeugten Elektronen machen in der Nähe der Spur Sekundärionisationen. Zum Beispiel werden in Argon von den im Mittel 94 pro cm erzeugten Elektron-Ion-Paaren nur etwa 1/3 primär erzeugt. Da dieser Effekt einen wesentlichen Einfluss auf die statistische Verteilung der Ionisationen entlang einer Spur hat, spielt er für ortsauflösende Detektoren eine wichtige Rolle (siehe Kapitel 7 und 8).

Während bei dem ersten Punkt, der Impulsauflösung, die Fluktuationen des gesamten Energieverlusts, also sowohl durch Anregung als auch durch Ionisation, eine Rolle spielen, ist bei den beiden letzten Punkten nur die messbare Ionisation relevant.

Landau-Vavilov-Verteilung

Der Energieverlust ΔE auf einer festen Weglänge Δx folgt einer Wahrscheinlichkeitsdichte $f(\Delta E; \Delta x)$, die in dem Intervall zwischen minimalem und maximalem Energieübertrag normiert ist:

$$\int_{\Delta E_{min}}^{\Delta E_{max}} f(\Delta E; \Delta x)\, d\Delta E = 1\,. \tag{3.53}$$

Wenn in (3.51) die einzelnen Beiträge δE_n zu ΔE statistisch unabhängig sind, gilt nach dem 'zentralen Grenzwertsatz' der Statistik, dass ΔE für $N \to \infty$ normalverteilt ist, mit einer Varianz, die N-mal die Varianz der Einzelprozesse ist. Allerdings wird dieser Grenzfall, wie aus den folgenden Erläuterungen ersichtlich wird, für relativistische Teilchen nie erreicht.

Im Allgemeinen führen die Fluktuationen der Energieüberträge in einzelnen Kollisionen zu einer asymmetrischen Verteilung $f(\Delta E; \Delta x)$, die einen gaußförmigen Anteil (entsprechend vielen Ionisationsprozessen mit kleinem Energieverlust) und einen Ausläufer zu großen Energieverlustwerten hat (siehe Abb. 14.9 auf Seite 547 oder Abb. 3.12). Die großen Werte entsprechen den selteneren harten Stößen, bei denen viel Energie auf einzelne Elektronen, die in Abschnitt 3.2.2 besprochenen δ-Elektronen, übertragen wird (Abb. 3.9). Wir unterscheiden den wahrscheinlichsten Energieverlust (*most probable value, mpv*), also das Maximum der Verteilung, von dem Mittelwert $\langle dE/dx \rangle$, der je nach Asymmetrie der Verteilung mehr oder weniger weit rechts vom Maximum liegt.

Die exakte Form der Verteilung hängt im Wesentlichen von dem Verhältnis des mittleren Energieverlusts (gegeben durch die Bethe-Bloch-Formel) und des maximalen Energieverlusts ab. Ein Maß für dieses Verhältnis (aber nicht das Verhältnis selbst) ist ein von Vavilov eingeführter Parameter [790]:

$$\kappa = \frac{\xi}{T_{max}}\,, \tag{3.54}$$

wobei ξ der mit der Weglänge Δx multiplizierte Vorfaktor vor dem Logarithmus in der Bethe-Bloch-Formel ist:

$$\xi = \frac{1}{2} K \frac{Z}{A} \rho \frac{z^2}{\beta^2} \Delta x\,. \tag{3.55}$$

Die beiden Grenzfälle sind:

$$\begin{aligned} &\kappa \text{ groß} \;\longrightarrow\; f(\Delta E; \Delta x) \text{ symmetrisch, Gauß-Verteilung (für } \kappa \gtrsim 1),\\ &\kappa \text{ klein} \;\longrightarrow\; f(\Delta E; \Delta x) \text{ stark asymmetrisch.} \end{aligned}$$

Die erste analytische Form für die Energieverlustverteilung konnte Landau 1944 für dünne Materieschichten, entsprechend kleinen κ-Werten, angeben [530]. Dazu machte er die Annahmen

(i) T_{max} kann unendlich groß werden, entsprechend $\kappa \to 0$;

(ii) die Elektronen werden als frei angenommen, das heißt Schaleneffekte bei kleinen Energieüberträgen werden vernachlässigt;

(iii) die Verringerung der Energie des Teilchens während des Durchgangs durch die Schicht wird vernachlässigt.

Die damit abgeleitete 'Landau-Verteilung' ist als bestimmtes Integral definiert:

$$f_L(\lambda) = \frac{1}{\pi} \int_0^\infty e^{-t \ln t - \lambda t} \sin(\pi t)\, dt\,. \tag{3.56}$$

Diese Verteilung (Abb. 3.12) ist stark asymmetrisch mit einem Ausläufer bis $\lambda = \infty$, hat ein Maximum bei $\lambda = -0.22278$ und eine volle Halbwertsbreite von $\Delta\lambda = 4.018$. Die Verteilung steht für Computer-Rechnungen als programmierte Funktion [515] zur Verfügung, zum Beispiel in dem Programmpaket ROOT [692].

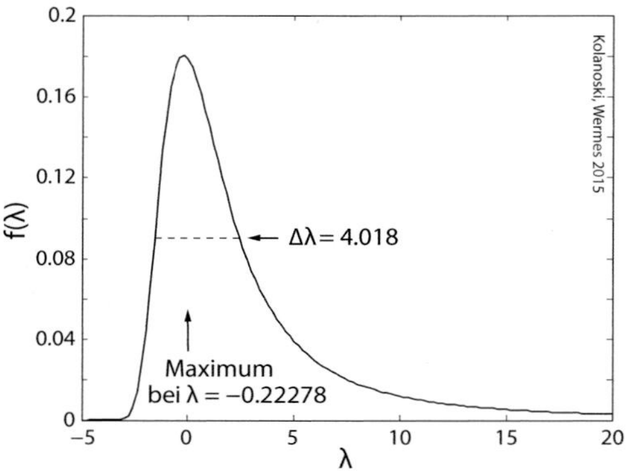

Abb. 3.12 Landau-Verteilung nach der Formel (3.56). Eingezeichnet sind das Maximum und die volle Halbwertsbreite $\Delta\lambda$ der Verteilung.

Die Standardform der Landau-Verteilung in (3.56) wird durch Skalieren und Verschieben auf eine Form zur Beschreibung der Energieverlustverteilung transformiert. Der Zusammenhang zwischen dem Energieverlust ΔE und der Variablen λ ist durch

$$\lambda = \lambda(\Delta E_w, \xi) = \frac{\Delta E - \Delta E_w}{\xi} - 0.22278 \tag{3.57}$$

gegeben. Dabei ist ΔE_w der wahrscheinlichste Energieverlust, der dem Maximum der Landau-Verteilung bei $\lambda = -0.22278$ entspricht, und ξ, definiert in Gleichung (3.55), charakterisiert die Breite der Verteilung. Die volle Halbwertsbreite der Verteilung ergibt sich zu

$$W_{\text{FWHM}} = \Delta\lambda\,\xi = 4.018\,\xi\,. \tag{3.58}$$

Der wahrscheinlichste Energieverlust ΔE_w, der wegen der starken Fluktuationen in dem Ausläufer der Verteilung ein stabileres Maß als der mittlere Energieverlust ist (siehe Abb. 3.13), ist nach [621] gegeben durch den Ausdruck (Bezeichnungen wie bei der Bethe-Bloch-Formel (3.25)):

$$\Delta E_w = \xi \left(\ln \frac{2m_e c^2 \beta^2 \gamma^2}{I} + \ln \frac{\xi}{I} + j - \beta^2 - \delta \right) \xrightarrow{\gamma \gtrsim 100} \xi \left(\ln \frac{2m_e c^2 \xi}{(\hbar\omega_P)^2} + j \right), \tag{3.59}$$

wobei im Grenzfall hoher Energien auf Grund der Dichtekorrektur wie in (3.32) die Plasmaenergie $\hbar\omega_P$ die mittlere Anregungsenergie I ersetzt. Für j wird in [621] der Wert $j = 0.2$ angegeben. Gleichung (3.59) zeigt, dass der auf die Schichtdicke bezogene wahrscheinlichste Energieverlust $\Delta E_w/\Delta x$ durch die $\ln\xi$-Abhängigkeit logarithmisch von der Schichtdicke abhängt ($\xi \propto \Delta x$). Dieses Verhalten wird in Abb. 3.13 mit den unteren drei Kurven reproduziert.

Die Landau-Verteilung kann durch die so genannte Moyal-Verteilung approximiert werden [172]:

$$f_M(\lambda) = \frac{1}{\sqrt{2\pi}} e^{-0.5\left(\lambda + e^{-\lambda}\right)}\,. \tag{3.60}$$

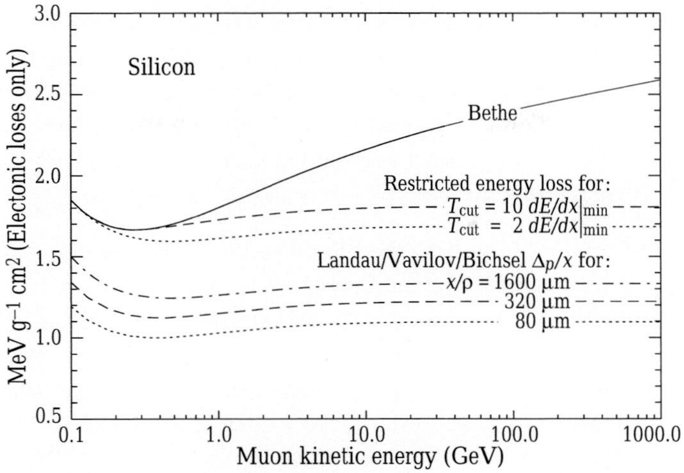

Abb. 3.13 Energieverlust von Myonen in Silizium (ohne Strahlungsverluste) [621]: Die durchgezogene Kurve ist der mittlere Energieverlust nach der Bethe-Bloch-Formel (3.25); die beiden darunter folgenden Kurven zeigen den mittleren Energieverlust mit den angegebenen Beschränkungen für T_{cut}, den Abschneidewert für den Energieübertrag pro Kollision (siehe Seite 52); die drei unteren Kurven zeigen den wahrscheinlichsten Energieverlust pro Weglänge für verschieden dicke Siliziumlagen ($\Delta_p = \Delta E_w$ in Gleichung (3.59)).

Die Moyal-Verteilung wird häufig benutzt, um 'Landau-artige' asymmetrische Verteilungen durch eine einfache Formel anzupassen. Allerdings ist zu beachten, dass λ hier nicht die gleiche physikalische Bedeutung wie bei der Landau-Verteilung hat (siehe zum Beispiel den Vergleich in [515]). Zur physikalischen Interpretation von Messungen sollte man sich daher eher auf die Landau-Verteilung beziehen.

Die Landau-Verteilung ist eine gute Näherung für kleine Werte des Parameters κ, etwa in dem Bereich $\kappa \lesssim 0.01$. Eine Verallgemeinerung mit einem realistischen maximalen Energieübertrag T_{max}, die damit auch für größere κ-Werte gilt, stammt von Vavilov [790]. Allerdings werden auch in dieser Arbeit weiterhin Schaleneffekte bei kleinen Energieüberträgen vernachlässigt (die zweite der oben angegebenen Landau'schen Annahmen). Die Vavilov-Verteilung ist als Funktion des Landau-Parameters λ gegeben als [691]:

$$p(\lambda; \kappa, \beta^2) = \frac{1}{2\pi i} \int_{c-i\infty}^{c+i\infty} \phi(s) e^{\lambda s} ds\,, \tag{3.61}$$

mit

$$\phi(s) = e^C e^{\psi(s)}\,, \qquad C = \kappa(1 + \beta^2 \gamma_E)\,,$$

$$\psi(s) = s \ln \kappa + (s + \beta^2 \kappa) \left(\int_0^1 \frac{1 - e^{\frac{-st}{\kappa}}}{t} dt - \gamma_E \right) - \kappa\, e^{\frac{-s}{\kappa}}\,,$$

$$\gamma_E = 0.5772\ldots \qquad \text{(Eulersche Konstante)}\,.$$

Die Vavilov-Verteilung geht für kleine κ-Werte in die Landau-Verteilung und für große κ-Werte in die Gauß-Verteilung über. Die Abdeckung des gesamten Bereiches gelingt dadurch, dass die Vavilov-Verteilung neben den beiden Landau-Parametern ΔE_w und ξ zusätzlich die beiden Parameter κ und β^2 zur Verfügung hat. Die Vavilov-Verteilung ist wie die Landau-Verteilung in dem Programmpaket ROOT implementiert, wobei die mathematische Formulierung auf der Web-Seite [691] dokumentiert ist.

Beispiele: Für ein 2-GeV-Myon hat eine 1 m dicke Wasserschicht eine 'moderate' Dicke mit $\kappa \approx 0.025$ (dies tritt zum Beipiel bei Luftschauerexperimenten wie Auger und IceTop auf, siehe Abschnitt 16.4.3). Für dasselbe Myon hat eine 300 µm dicke Siliziumlage $\kappa \approx 1.7 \cdot 10^{-5}$. Die Beispiele in Abb. 3.14(a,b) zeigen, dass für kleine κ-Werte sowohl die Landau- als auch die Vavilov-Verteilung eine recht gute Beschreibung liefert (tatsächlich findet man in Abb. 3.14(a) keinen Unterschied zwischen der Landau- und der Vavilov-Beschreibung). Allerdings sieht man bei genauerer Betrachtung, dass bei der sehr dünnen Si-Schicht in Abb. 3.14(a) beide Verteilungen die Breite etwas unterschätzen.

Wesentlich größere κ-Werte erreicht man mit niederenergetischen schweren Teilchen. Zum Beispiel ergibt sich für ein Proton mit einer kinetischen Energie von 145 MeV bei Durchqueren von 1 cm Wasser $\kappa \approx 1$, was zu einer angenäherten Gauß-Verteilung des Energieverlusts führt, siehe Abb. 3.14(d). Im Grenzfall großer κ-Werte ist die Varianz der Gauß-Verteilung

$$\sigma^2 \approx \xi \, T_{max} \left(1 - \frac{\beta}{2}\right) . \tag{3.62}$$

Der Übergangsbereich mittlerer κ-Werte wird durch die Vavilov-Verteilung beschrieben, siehe das Beispiel für $\kappa = 0.27$ in Abb. 3.14(c).

Für die meisten praktischen Anwendungen liefert die Kombination der Landau-, Vavilov- und Gauß-Verteilungen gute Approximationen. Es gibt allerdings auch Bereiche, in denen diese Approximationen versagen, wie zum Beispiel in [158] für dünne Siliziumschichten gezeigt wird. Deshalb sind auch nach den ersten Arbeiten von Landau, Vavilov und anderen eine Fülle von theoretischen und experimentellen Untersuchungen zu den Energieverlustverteilungen veröffentlicht worden. Dabei geht es hauptsächlich um Verbesserungen der quantenmechanischen Beschreibung der atomaren Bindungszustände, die bei kleinen Energieüberträgen relevant werden. Leider gibt es für die genaueren Ergebnisse keine einfachen Formeln mehr, sondern die Verteilungen müssen mit Computerprogrammen berechnet werden.

In der Regel wird der Energieverlust von Teilchen in Detektoren simuliert. Das universelle Simulationsprogramm Geant4 [373] deckt mit einem bemerkenswert einfachen Modell alle κ-Bereiche gut ab. In dem Modell wird angenommen, dass es nur zwei Anregungsniveaus und das Kontinuum, also Ionisation, gibt. Die entsprechenden Wirkungsquerschnitte werden so angepasst, dass die theoretischen Berechnungen und, wenn vorhanden, die Daten für die Energieverlustverteilungen richtig reproduziert werden. Oberhalb einer Energie T_{cut} werden die δ-Elektronen individuell verfolgt. Bei großen κ-Werten wird eine Gauß-Näherung mit der Breite (3.62) benutzt.

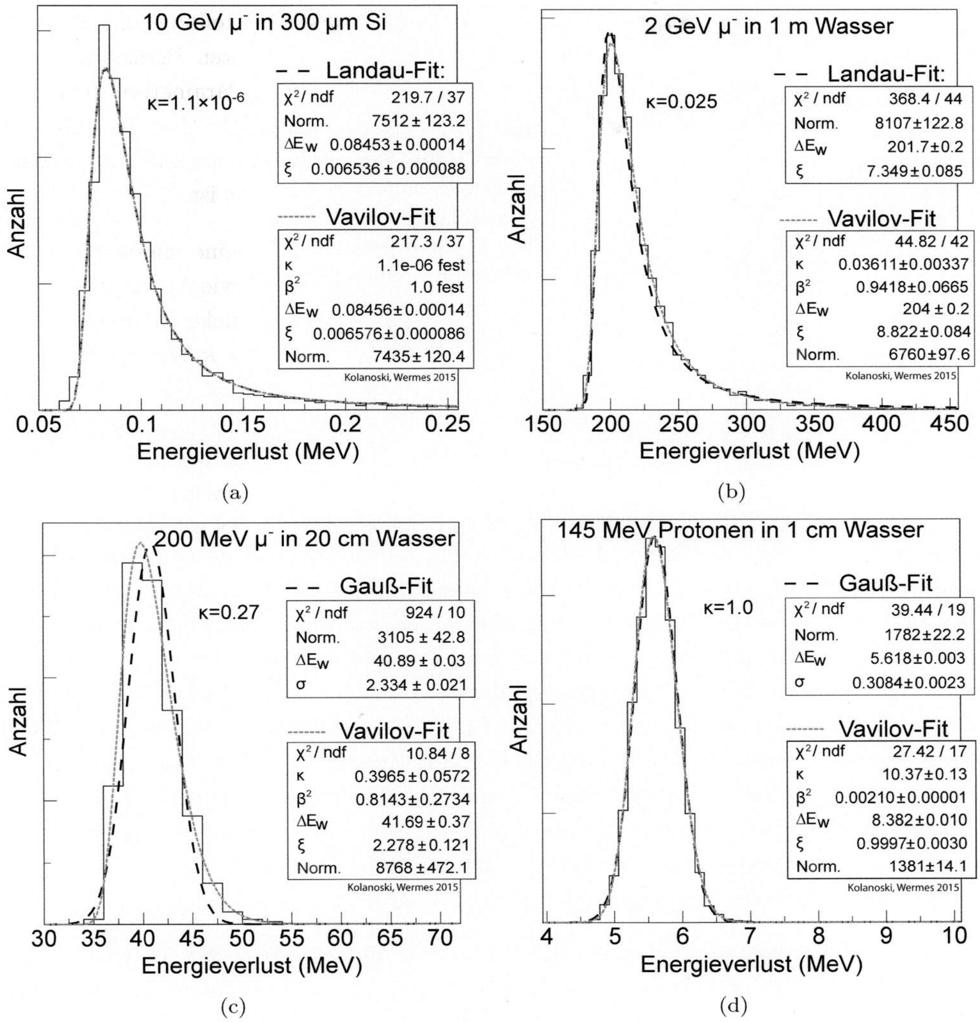

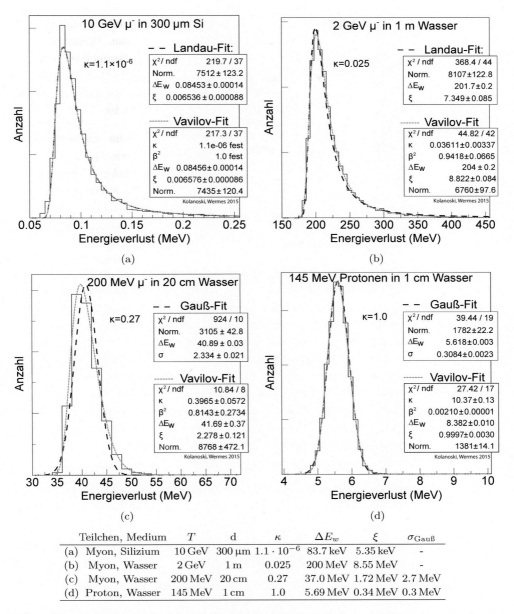

	Teilchen, Medium	T	d	κ	ΔE_w	ξ	$\sigma_{\text{Gauß}}$
(a)	Myon, Silizium	10 GeV	300 μm	$1.1 \cdot 10^{-6}$	83.7 keV	5.35 keV	-
(b)	Myon, Wasser	2 GeV	1 m	0.025	200 MeV	8.55 MeV	-
(c)	Myon, Wasser	200 MeV	20 cm	0.27	37.0 MeV	1.72 MeV	2.7 MeV
(d)	Proton, Wasser	145 MeV	1 cm	1.0	5.69 MeV	0.34 MeV	0.3 MeV

Abb. 3.14 Vier Beispiele für Energieverlustverteilungen von Myonen und Protonen nach Durchlaufen eines Materials der Dicke d (Simulationen mit dem Programmpaket Geant4 [373]). Die Tabelle zeigt die Parameter der Verteilungen, geordnet nach ansteigenden κ-Werten. Die Parameter κ, ΔE_w, ξ und $\sigma_{\text{Gauß}}$ wurden mit den Formeln (3.54), (3.59), (3.55) und (3.62) berechnet und können mit den Anpassungsparametern, die in den Darstellungen (a) und (b) für die Landau- und Vavilov-Verteilungen und in (c) und (d) für die Vavilov- und Gauß-Verteilungen angegeben sind, verglichen werden. Für den sehr kleinen κ-Wert in (a) sind die Landau- und Vavilov-Verteilungen praktisch identisch. Die Gauß- und Vavilov-Anpassungen in (d) unterscheiden sich optisch kaum, obwohl die Vavilov-Anpassung einen deutlich besseren χ^2-Wert hat.

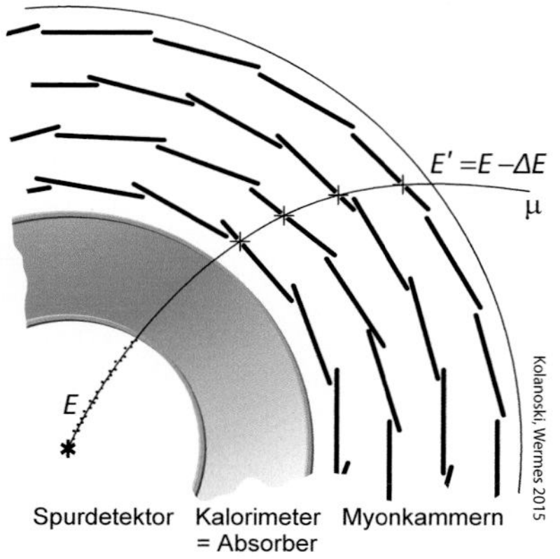

Abb. 3.15 Messung der Impulse von Myonen in einem Collider-Experiment. In dieser Skizze wird das gleiche Magnetfeld in den inneren und den äußeren Spurdetektoren angenommen. Der Energieverlust, vor allem in den Kalorimetern, führt zu einer zunehmend stärkeren Krümmung der Spur.

Unterdrückung der Fluktuationen

Wie bereits dargelegt, begrenzen die starken Fluktuationen des Energieverlusts Energie- und Impulsauflösungen, Auflösungen von Teilchenidentifikationen durch dE/dx-Messungen und die Ortsauflösung in Detektoren, die über die Ionisation Teilchen nachweisen. Die Fluktuationen können vermindert werden, wenn es gelingt, statt des mittleren Energieverlusts den stabileren, wahrscheinlichsten Energieverlust zu messen, wenigstens näherungsweise. In Abb. 3.13 wird gezeigt, dass der mittlere Energieverlust bei Beschränkung des maximalen Energieverlusts einer Kollision (*restricted energy loss*, Gl. (3.34)) bei steigender Energie des Projektilteilchens relativ konstant bleibt und sich sehr ähnlich der Energieabhängigkeit des wahrscheinlichsten Energieverlusts verhält. Der wahrscheinlichste Energieverlust ist jedenfalls eine stabilere Größe als der mittlere Energieverlust, der mit der Energie ansteigt (durchgehende Linie 'Bethe' in Abb. 3.13).

Eine Auflösungsverbesserung durch Unterdrückung von Fluktuationen ist möglich,

a) wenn δ-Elektronen erkannt und von der Messung ausgeschlossen werden können, wie zum Beispiel in einer Blasenkammer oder bei vielen unabhängigen, dünnen Messschichten;
b) wenn man die größten (und eventuell auch die kleinsten) Messwerte einer Messreihe wegstreicht (*truncated mean*) und dann mittelt (siehe Abb. 14.9 in Abschnitt 14.2.2);
c) wenn wenigstens die größeren Energiedepositionen entlang einer Teilchentrajektorie gemessen und zu einer Energieverlustkorrektur genutzt werden.

Zur Anwendung von c): Für eine optimale Rekonstruktion von Teilchenspuren zur Impulsmessung korrigiert man in der Regel die Energieverluste entlang der Spur. Dazu muss man in den meisten Fällen einen mittleren Energieverlust annehmen. Die Impulsauflösung kann allerdings verbessert werden, wenn man den tatsächlichen Energieverlust messen kann.

Ein Beispiel für ein solches Verfahren ist die Myon-Rekonstruktion des ATLAS-Experiments am LHC [2]. Der Myon-Impuls wird im äußeren Bereich des Detektors in einem Magnetfeldvolumen mit wenig Material gemessen (Abb. 3.15). Vor diesem Myon-

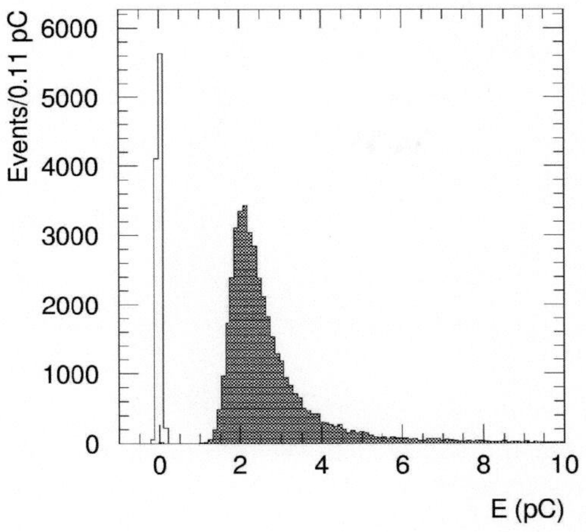

Abb. 3.16 Teststrahlmessungen des Energieverlusts von 180-GeV-Myonen im Hadronkalorimeter des ATLAS-Detektors [96]. Die Energie ist in Einheiten des gemessenen Ladungssignals angegeben, wobei 1 pC etwa 1 GeV entspricht. Die Einträge um 0 zeigen das elektronische Rauschen, das eine äquivalente Breite von etwa 40 MeV hat. Zur Breite der Energieverlustverteilung trägt neben den dE/dx-Fluktuationen auch die Auflösung des Kalorimeters bei. In [274] wird gezeigt, dass die Verteilung durch eine mit einer Gauß-Funktion gefalteten Landau-Verteilung gut beschrieben werden kann.

Spektrometer durchqueren die Myonen die Spurdetektoren und die Kalorimeter. Die meiste Energie verlieren die Myonen in den Kalorimetern, die im zentralen Detektorbereich Dicken entsprechend etwa 17 cm Blei und 125 cm Eisen haben oder insgesamt ein Äquivalent von etwa 175 cm Eisen. Bei dieser Dicke ist $\kappa = 0.001$ für 100-GeV-Myonen, das heißt, wegen des großen maximal möglichen Energieverlusts ist die Energieverlustverteilung stark asymmetrisch. Die Anwendbarkeit des Zentralen Grenzwertsatzes, der zu einer symmetrischen Gauß-Verteilung führen würde, ist offensichtlich trotz der sehr großen Anzahl beitragender einzelner Ionisationsprozesse auch hier noch nicht gegeben. Abbildung 3.16 zeigt eine gemessene Verteilung des Energieverlusts im Hadronkalorimeter von ATLAS (etwa 125 cm Eisen) für 180-GeV-Myonen ($\kappa = 0.0006$). Durch Messung des Energieverlusts der Myonen in dem instrumentierten Teil des absorbierenden Mediums kann die Impulsauflösung der Myonen erheblich verbessert werden, wie zum Beispiel in [96] für das ATLAS-Experiment gezeigt wird.

3.2.4 Reichweite

Aufgrund des Energieverlusts durch Ionisation hat die Reichweite R eines geladenen Teilchens bei einer festen Energie einen bestimmten Wert mit geringer Streuung. Im Gegensatz dazu fällt bei Absorptionsprozessen die Teilchenzahl in Materie exponentiell ab (siehe Abb. 3.2). Wenn Absorption bei Durchgang eines geladenen Teilchenstrahls durch Materie vernachlässigt werden kann, wie dies zum Beispiel bei (schweren) geladenen Teilchen der Fall ist, so bleibt die Teilchenzahl konstant bis zu einem relativ scharfen Abbruch (Abb. 3.17(b)). In der Abbildung sieht man allerdings einen langsamen Abfall um etwa 10%, was auf Absorption der Protonen durch Kernreaktionen zu erklären ist. Die Abbruchkante ist gaußförmig verschmiert durch statistische Fluktuationen in der Reichweite (*straggling*). Die Breite der Verteilung beträgt weniger als 1 mm oder etwa 1% der Reichweite. Wegen des bei niedrigen Energien dominierenden $1/\beta^2$-Terms in der Bethe-Bloch-Formel wird am Ende des Weges relativ viel Energie in einem kleinen Bereich

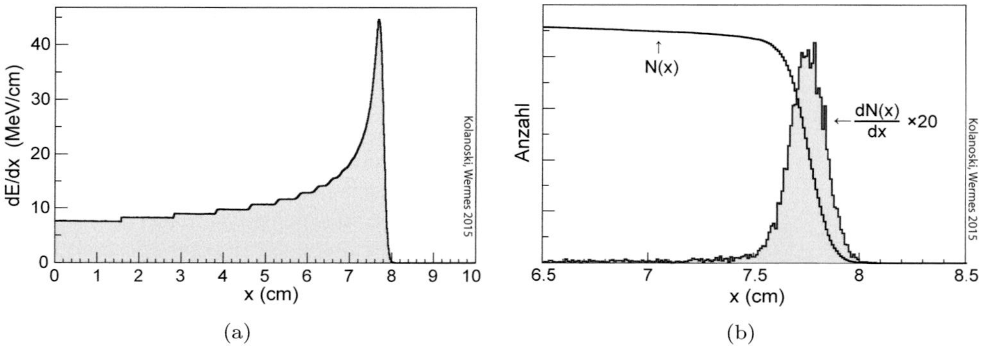

Abb. 3.17 Energieverlust und Reichweite von 10000 monochromatischen Protonen mit einer kinetischen Energie von 100 MeV in Wasser, simuliert mit Geant4 [373]. (a) Energieverlust pro Weglänge mit dem 'Bragg-Peak' am Ende der mittleren Reichweite bei etwa 7.7 cm. Gezeigt ist nur der Energieverlust der Protonen und nicht, wo die Energie tatsächlich deponiert wird (zum Beispiel können δ-Elektronen und Photonen Energie weiter fort tragen). Die Stufen ergeben sich aus diskreten Schrittlängen der Simulation. Das Programm passt die Schrittweiten an die Änderung des Energieverlusts an, so dass im Bereich des Bragg-Peaks die Schrittlängen sehr klein sind. (b) Das Histogramm $N(x)$ gibt die Anzahl der verbliebenen Protonen als Funktion des Weges an, und $dN(x)/dx$ gibt den Verlust an Protonen pro Weglänge an.

deponiert (Abb. 3.17(a)). Die Überhöhung der Energiedeposition (Bragg-Peak) wird zum Beispiel für die Strahlentherapie von Tumoren genutzt (siehe unten).

In diesem Abschnitt soll die Reichweite von Teilchen in einem Medium für den Fall untersucht werden, dass die Teilchen nur durch Ionisation und Anregung Energie verlieren und andere Reaktionen, inbesondere Kernreaktionen vernachlässigt werden können. Die Teilchen kommen in genügend dickem Material zur Ruhe, wenn sie ihre gesamte kinetische Energie T_0 verloren haben. Die Reichweite R ergibt sich aus der Integration des Energieverlusts entlang des Weges, wobei zu beachten ist, dass dabei dE/dx eine Funktion der momentanen kinetischen Energie T ist:

$$dT = \left\langle \frac{dE}{dx}(T) \right\rangle dx \quad \Rightarrow \quad dx = \left\langle \frac{dE}{dx} \right\rangle^{-1} dT \quad \Rightarrow \quad R = \int_{T_0}^{0} \left\langle \frac{dE}{dx} \right\rangle^{-1} dT \,. \tag{3.63}$$

In Abb. 3.18 sind Reichweiten für Teilchen, die schwerer als Elektronen sind, für verschiedene Medien als Funktion von $\beta\gamma$ gezeigt. In dieser doppelt-logarithmischen Darstellung ergeben sich für alle Medien (außer Wasserstoff) zwei Steigungen, die im Bereich des Minimums der Ionisation ineinander übergehen. Das entspricht in der Integration (3.63) dem $1/\beta^2$-Verhalten des Energieverlusts bei kleinen Energien und dem $\ln\gamma$-Anstieg nach dem Minimum.

Die Reichweiten sind in der Darstellung in Abb. 3.18 auf die Massen der Projektilteilchen normiert. Dass die Reichweiten proportional zur Masse sind, sieht man wie folgt: Für ein gegebenes Medium ist dE/dx nur von der Geschwindigkeit des Teilchens abhängig. Mit der Substitution

$$T = (\gamma - 1)\, Mc^2 \qquad \Rightarrow \qquad dT = Mc^2\, d\gamma \tag{3.64}$$

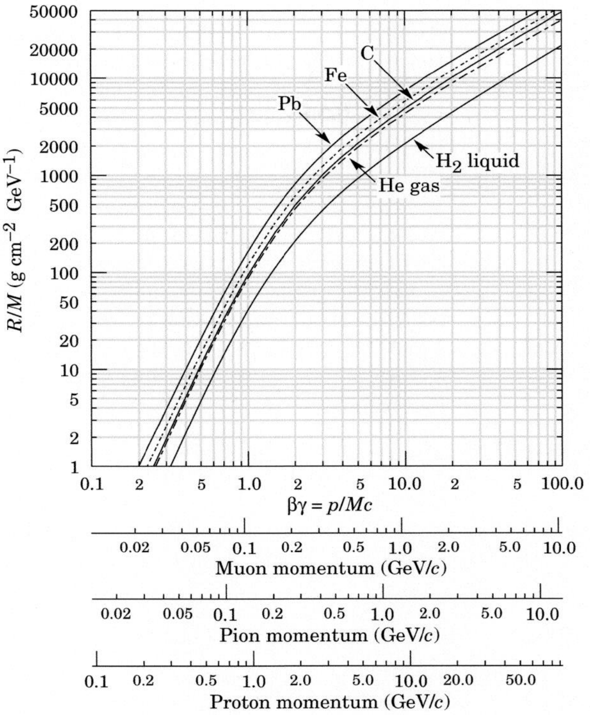

Abb. 3.18 Die auf die Masse normierte Reichweite von Teilchen in verschiedenen Medien als Funktion von $\beta\gamma$ (Quelle: [621]). Die Reichweite kann für beliebige Massen M, die größer als die Elektronenmasse sind, abgelesen werden. Zum Beispiel: Für ein geladenes Kaon ($M = 0.494\,\text{GeV}/c^2$) mit einem Impuls von $700\,\text{MeV}/c$, entsprechend $\beta\gamma = 1.42$, ergibt sich in Blei $R/M = 396\,\text{g}\,\text{cm}^{-2}\,\text{GeV}^{-1}\,c^2$, das heißt $R = 17.2\,\text{cm}$ ($\rho = 11.35\,\text{g}\,\text{cm}^{-3}$).

lässt sich in (3.63) die Reichweite als Funktion von γ_0, dem γ-Wert bei Eintritt in das Medium, ausdrücken:

$$R = Mc^2 \int_{\gamma_0}^{1} \left\langle \frac{dE}{dx} \right\rangle^{-1} d\gamma = \frac{M}{z^2} f(\gamma_0)\,. \tag{3.65}$$

Für ein gegebenes Medium ist $z^2\,R/M = f(\gamma_0)$ daher eine von Masse und Ladung des Projektilteilchens unabhängige Funktion. Benutzt man statt γ_0 die kinetische Energie T_0, entspechend $\gamma_0 = \frac{T_0}{Mc^2} + 1$, erhält man eine Skalierungsrelation für Reichweiten verschiedener Teilchen in dem gleichen Medium:

$$\frac{z^2}{M} R(T) = \frac{z^2}{M} R\left(T' = T\frac{M}{M'}\right)\,. \tag{3.66}$$

Diese Skalierung der Reichweite entspricht der Skalierung des Energieverlusts in (3.35).

In Abb. 3.19 ist die nach (3.66) skalierte Reichweite von Protonen und α-Teilchen in Wasser gegen die auf die Masse normierte kinetische Energie aufgetragen. Bei nicht zu niedrigen Energien haben die beiden Kurven tatsächlich den gleichen Verlauf und können mit einer gemeinsamen Potenzfunktion beschrieben werden:

$$\frac{z^2}{M} R = 0.4 \left(\frac{T}{Mc^2}\right)^{1.75} \text{g}\,\text{cm}^{-2} \qquad \text{im Bereich} \qquad 10^{-3} \lesssim \frac{T}{Mc^2} \lesssim 1\,. \tag{3.67}$$

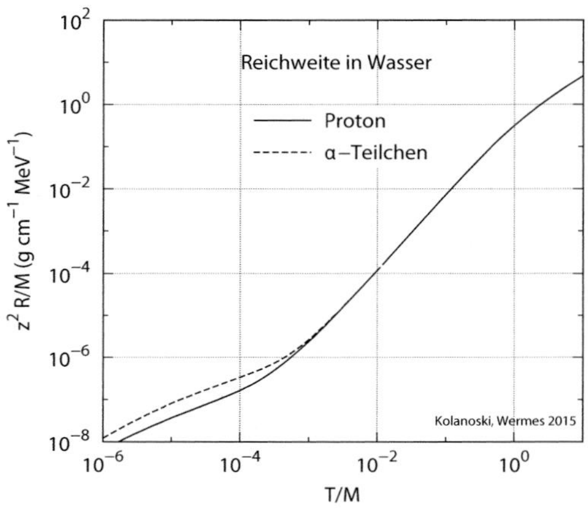

Abb. 3.19 Nach Gleichung (3.66) skalierte Reichweiten von Protonen und α-Teilchen in Wasser. Die Kurven wurden mit den Programmen PSTAR und ASTAR [143] berechnet. Die Abszisse entspricht für Protonen kinetischen Energien von etwa 1 keV bis 10 GeV, für α-Teilchen ist die Skala um etwa einen Faktor 4, entsprechend dem Massenverhältnis, verschoben (für α-Teilchen gehen die Berechnungen nur bis 1 GeV). Für Protonenergien von etwa 1 MeV bis nahezu 1 GeV fallen die beiden Kurven perfekt aufeinander und folgen der Potenzfunktion (3.67).

Bei Elektronen ist der Energiebereich, in dem die Reichweiten einem einfachen Potenzgesetz folgen, viel eingeschränkter als bei schwereren Teilchen, weil das Minimum der Ionisation bereits bei $T \approx 600\,\text{keV}$ auftritt. Die in Abb. 3.20 dargestellten Reichweiten für Elektronen im Bereich $10\,\text{keV} \leq T \leq 1\,\text{GeV}$ lassen sich bis etwa 600 keV tatsächlich ebenfalls mit einem Potenzgesetz beschreiben (für Wasser ist $R \propto T^{1.67}$). Über den gesamten dargestellten Bereich lassen sich alle Kurven sehr gut mit einem Polynom zweiter Ordnung in $\log R$ und $\log T$ anpassen, mit nur leicht unterschiedlichen Koeffizienten für Medien von Wasser bis Blei:

$$\log_{10} R = a\,(\log_{10} T)^2 + b\,\log_{10} T + c\,. \tag{3.68}$$

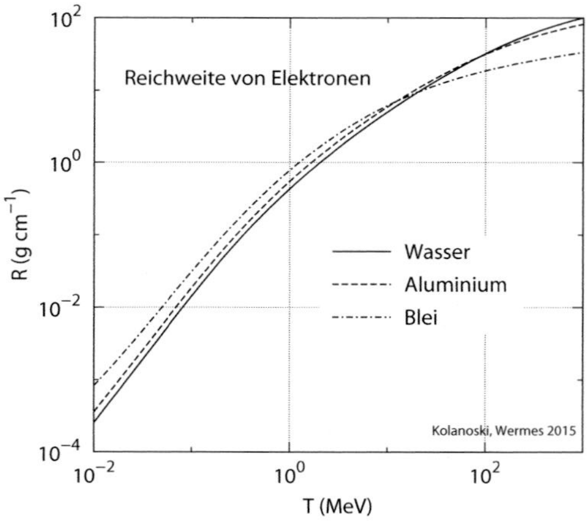

Abb. 3.20 Reichweite von Elektronen als Funktion der kinetischen Energie für drei Medien (Wasser, Aluminium und Blei), berechnet mit dem Programm ESTAR [462]. In dem gezeigten Bereich zwischen 10 keV und 1 GeV sind sich die Kurven sehr ähnlich und lassen sich sehr gut durch Polynome zweiter Ordnung in den Logarithmen der Variablen beschreiben. Als Beispiel ist die Anpassung für Wasser gezeigt. Die Parametrisierung der Kurven ist in (3.68) und (3.69) angegeben.

Abb. 3.21 Spuren von α-Teilchen aus einem radioaktiven Zerfall in einer Nebelkammer (aus [334], Nachdruck mit freundl. Genehmigung von Springer Science+Business Media, siehe auch [648]). Die Reichweite ist scharf begrenzt, das heißt, die Teilchen haben gleiche Energien. Die einzige längere Spur stammt von einem angeregten Kernzustand.

Mit R in $\mathrm{g\,cm^{-2}}$ und T in MeV ergeben sich die folgenden Koeffizienten:

	a	b	c
Wasser	-0.170	1.30	-0.40
Aluminium	-0.176	1.25	-0.29
Blei	-0.197	1.13	-0.15

(3.69)

In der Kernphysik werden Reichweitemessungen zur Energiebestimmung von Protonen, α-Teilchen und anderen Kernen genutzt. Abbildung 3.21 zeigt Spuren von α-Teilchen aus einer radioaktiven Quelle, aufgenommen mit einer Nebelkammer. Die Enden der

Tab. 3.2 Reichweiten von Elektronen, Protonen und α-Teilchen in Luft (trocken, Meereshöhe) und Wasser (berechnet mit den interaktiven Programmen ESTAR, PSTAR und ASTAR [143]). Angegeben sind die CSDA-Reichweiten (CSDA = continuous slowing down approximation range), die durch kontinuierliches Summieren der Energieverluste entsprechend Gleichung (3.63) bestimmt werden. Wegen Vielfachstreuung (Abschnitt 3.4) sind die projizierten Entfernungen von Anfangs- zum Endpunkt kürzer. Der Verkürzungsfaktor wird als $f_{proj/csda}$ für Protonen und α-Teilchen angegeben. Bei Elektronen ist wegen der starken Streuung die projizierte Wegstrecke schlecht definiert.

Teilchen	Energie [MeV]	Reichweite [m] Luft	$f_{proj/csda}$	Wasser	$f_{proj/csda}$
Elektronen	0.1	$1.35 \cdot 10^{-1}$		$1.43 \cdot 10^{-4}$	
	1.0	$4.08 \cdot 10^{+0}$		$4.37 \cdot 10^{-3}$	
	10.	$4.31 \cdot 10^{+1}$		$4.98 \cdot 10^{-2}$	
Protonen	0.1	$1.53 \cdot 10^{-3}$	0.884	$1.61 \cdot 10^{-6}$	0.907
	1.0	$2.38 \cdot 10^{-2}$	0.988	$2.46 \cdot 10^{-5}$	0.991
	10.	$1.17 \cdot 10^{+0}$	0.998	$1.23 \cdot 10^{-3}$	0.998
α-Teilchen	0.1	$1.38 \cdot 10^{-3}$	0.829	$1.43 \cdot 10^{-6}$	0.865
	1.0	$5.56 \cdot 10^{-3}$	0.951	$5.93 \cdot 10^{-6}$	0.961
	10.	$1.09 \cdot 10^{-1}$	0.997	$1.13 \cdot 10^{-4}$	0.997

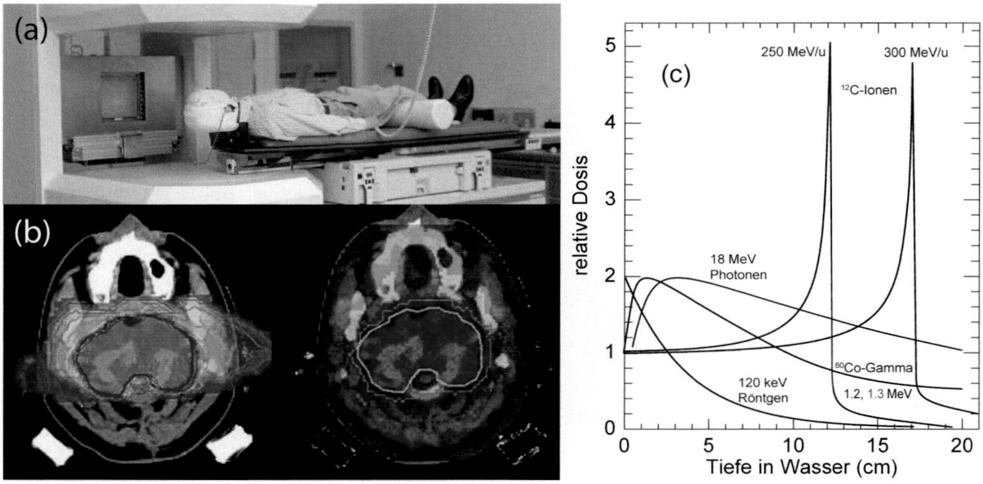

Abb. 3.22 Die Tumortherapie mit Ionen nützt aus, dass das Maximum der Energieabgabe am Ende der Eindringtiefe (*Bragg peak*) erfolgt [521] (Quelle: GSI Helmholtz-Zentrum für Schwerionenforschung). (a) Patient mit einem Tumor im Kopf in der Bestrahlungsanlage (Photo: A. Zschau, GSI), (b) Dosisprofil um einen Hirntumor (der Tumor ist durch Umrisslinien gekennzeichnet): links mit ^{12}C-Bestrahlung, rechts mit Gamma-Bestrahlung (Quelle: O. Jäkel, GSI). Die Farbskala gibt die relative Dosis an, wobei blau eine minimale und rot eine maximale Gewebeschädigung bedeutet. Der Vergleich zeigt, dass bei Ionenstrahlen (aus zwei Einschussrichtungen) das umliegende Gewebe besser geschont wird als bei Gammastahlen (aus neun Einschussrichtungen). Mit dem Wechsel der Einschussrichtung kann auch bei Gammastrahlung die Dosis besser auf das Zielvolumen konzentriert werden ('Konformationstherapie'), allerdings bei Weitem nicht so gut wie mit Ionenstrahlung. (c) Tiefendosisprofile von Kohlenstoffionen im Vergleich zu denen von Röntgen- und Gammastrahlung (Quelle: U. Weber, GSI). Bei der Ionentherapie wird durch Variation der Energie und der Strahlposition das Dosismaximum so über das Tumorvolumen verteilt, dass der Tumor, wie in (b) gezeigt, möglichst gleichmäßig bestrahlt wird. Die Dosis bei Photonenstrahlung fällt wegen der Absorption exponentiell ab, wobei sich allerdings das Dosismaximum mit wachsender Energie von der Oberfläche nach innen verschiebt. Das Maximum verschiebt sich, weil zunächst der durch die Photonen induzierte Elektronenfluss aufgebaut werden muss. Die Energieabhängigkeit dieses 'Aufbaueffekts' folgt dem Wirkungsquerschnitt für Elektronenerzeugung.

Spuren sind scharf begrenzt. Für den Strahlenschutz ist die Kenntnis der Reichweite von Strahlung in einem Medium wichtig (Tab. 3.2). Schwerere Teilchen kommen weniger weit, haben aber eine höhere Ionisationsdichte. So kann zum Beispiel α-Strahlung innere Organe nur schädigen, wenn die Strahler inhaliert oder auf andere Weise inkorporiert werden.

Die besonders hohe Energieabgabe kurz vor dem Abstoppen (Abbruchkante) wird sehr erfolgreich bei der Bestrahlung tief liegender Tumore eingesetzt (zum Beispiel bei der Gesellschaft für Schwerionen-Forschung (GSI) in Darmstadt, siehe Abb. 3.22(a), oder beim Deutschen Krebsforschungszentrum in Heidelberg) [521]. Im Vergleich mit der Bestrahlung mit Röntgenstrahlen wird das vor dem Tumor liegende Gewebe weit weniger geschädigt (Abb. 3.22(b) und Abb. 3.22(c)). Außerdem kann der Tumorbereich durch eine genaue Strahlführung und Reichweitenänderung durch Variation der Strahlenergie präzise abgetastet werden. Einige Tiefendosisprofile im Vergleich zeigt Abb. 3.22(c).

Die biologische Wirksamkeit der Ionen im Bereich des Bragg-Peaks steigt mit ihrer Masse an und ist für Kohlenstoff-Ionen (^{12}C) größer als zum Beispiel für Protonen oder Helium-Ionen (^{4}He). Bei Schwerionen noch größerer Masse ist die biologische Wirksamkeit auch im Eingangsbereich der Strahlung erhöht, was therapeutisch von Nachteil wäre. Deshalb werden Ionen mittlerer Massen, wie Kohlenstoff, in vielen Fällen für die Therapie bevorzugt. Es gibt aber auch Anwendungsbereiche, in denen sich die Therapie mit Protonen als sinnvoll erwiesen hat, unter anderem auch wegen der Verfügbarkeit (zum Beispiel bei Augentumoren). In wieder anderen Bereichen der Krebsbekämpfung kann die Bestrahlung mit Photonen oder Beta-Strahlung am wirkungsvollsten oder auch nur am praktikabelsten sein (zum Beispiel bei Leukämie oder Bestrahlungen bei einem operativen Eingriff).

3.3 Energieverlust durch Bremsstrahlung

Bisher haben wir den Energieverlust geladener Teilchen beim Durchgang durch Materie auf Grund der Wechselwirkung mit der Elektronenhülle der Atome behandelt. Geladene Teilchen können aber auch Energie durch Abstrahlung elektromagnetischer Quanten, vornehmlich im Coulomb-Feld des Kernes, verlieren. Wie in Abb. 3.23 gezeigt, kann der Prozess als Rutherford-Streuung mit gleichzeitiger Abstrahlung eines Photons betrachtet werden. Im nächsten Abschnitt 3.4 werden wir besprechen, dass bei der Streuung im Feld eines schweren Kernes die Richtungsänderung nicht mehr, wie bei der Streuung an der Elektronenhülle, vernachlässigt werden kann.

3.3.1 Strahlung beschleunigter Ladungen

In der klassischen Elektrodynamik wird die pro Zeiteinheit von einer beschleunigten Ladung abgestrahlte Energie zu

$$\frac{dW}{dt} = \frac{2}{3}\frac{e^2}{4\pi\epsilon_0 c^3}\,\ddot{\vec{x}}^{\,2} \;\propto\; \ddot{\vec{x}}^{\,2} \;\propto\; \frac{z^2 Z^2 e^2}{m^2} \tag{3.70}$$

berechnet, wenn ein Teilchen von dem Feld eines Kernes mit der Ladung Ze beschleunigt wird ($m\ddot{x} \propto Ze$). Der Energieverlust ist also umgekehrt proportional zum Massenquadrat des abgebremsten Teilchens. Mit den Methoden der Quantenelektrodynamik ergibt sich

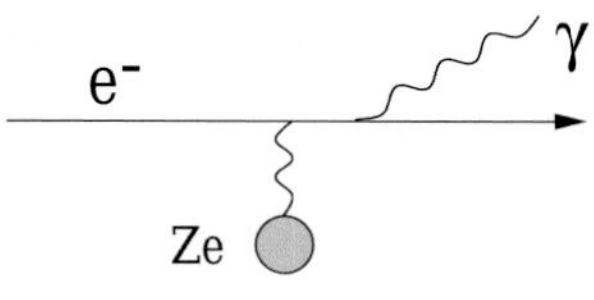

Abb. 3.23 Bremsstrahlung bei der Wechselwirkung eines geladenen Teilchens mit dem Coulomb-Feld eines Kernes.

im relativistischen Fall, dass die Abstrahlungsleistung proportional zu dem Quotienten E/m^2 ist (siehe zum Beispiel [467]).

Diese charakteristische E/m^2-Abhängigkeit der Abstrahlung ergibt, dass bei Energien unter einigen 100 GeV der Energieverlust durch Bremsstrahlung nur für Elektronen und Positronen von signifikanter Bedeutung ist. Er übertrifft den Ionisationsverlust in Blei bereits ab etwa 7 MeV, in Luft ab etwa 100 MeV. Das heißt andererseits, dass niederenergetische Elektronen aus radioaktiven Quellen mit Energien im MeV-Bereich ihre Energie hauptsächlich durch Ionisation verlieren. Für Teilchenimpulse, die bei LHC-Reaktionen auftreten, wird Bremsstrahlung auch für Myonen und Pionen relevant.

Im Folgenden werden wir uns auf die Bremsstrahlung von Elektronen, was die Positronen einschließen soll, mit relativistischen Energien ($E \gg mc^2$) konzentrieren. Am Ende des Abschnitts wird dann noch die Bremsstrahlung hochenergetischer Myonen besprochen.

3.3.2 Bremsstrahlungsspektrum und Strahlungslänge

Bremsstrahlungsspektrum

Das klassische Strahlungsfeld hat in der QED als Analogon die Abstrahlung einzelner Photonen mit Energien E_γ. Eine quantenmechnische Berechnung der Bremsstrahlung eines Elektrons im Feld eines schweren, spinlosen Kernes ohne Ausdehnung wurde erstmals von Bethe und Heitler 1934 durchgeführt [150] und später von verschiedenen Autoren verfeinert. Überblicke findet man in [430, 509, 783, 735].

Für die exakten Berechnungen der Abstrahlung von Photonen in realistischen Materialien müssen verschiedene Korrekturen berücksichtigt werden:

– *Abschirmung der Kernladung*: Wegen der unterschiedlichen Impulsüberträge bei der Abstrahlung müssen Formfaktoren für die Ladungsverteilungen im Kern und in der Atomhülle berücksichtigt werden. Es stellt sich heraus, dass der Effekt der Kernformfaktoren vernachlässigt werden kann, weil die relevanten Impulsüberträge auf den Kern klein sind. Der elektronische Formfaktor des Atoms ist dagegen sehr wichtig: Die Elektronenhülle führt zu einer Abschirmung des Kernpotenzials, die umso größer ist, je kleiner der Impulsübertrag ist[7]. Wann die Abschirmung bei gegebener Primärenergie E und Energie E_γ des abgestrahlten Photons einsetzt, kann durch den minimalen, kinematisch erlaubten Impulsübertrag abgeschätzt werden [430]. Der Impulsübertrag q ist minimal, wenn die Impulse der ein- und der auslaufenden Teilchen parallel sind.

[7] Es ist zu beachten, dass der Einfluss des Atomformfaktors gerade die umgekehrte Abhängigkeit vom Impulsübertrag hat im Vergelich zum Einfluss des Kernformfaktors: In einem klassischen Bild ist die Erklärung, dass beim Eindringen in den Kern die effektive Ladung, an der gestreut wird, geringer wird, während bei tieferem Eintauchen in die negative Ladung der Elektronenhülle die effektive positive Kernladung größer wird.

Mit den Beträgen der Dreierimpulse $p,\ p',\ k$ des ein- und des auslaufenden Elektrons sowie des Photons ergibt sich

$$q_{min} = p-p'-k = \frac{1}{c}\left(\sqrt{E^2-m_e^2c^4}-\sqrt{(E-E_\gamma)^2-m_e^2c^4}-E_\gamma\right) \approx \frac{m_e^2c^3E_\gamma}{2E\,(E-E_\gamma)}\,. \quad (3.71)$$

Wir betrachten nur den Dreierimpulsübertrag q_{min}, da der Kern praktisch keinen Energieübertrag aufnimmt. Bei hohen Energien können die Impulse $p,\ p'$ durch die Energien $E,\ E-E_\gamma$ ersetzt werden. Die Näherung auf der rechten Seite von (3.71) gilt für E und $E-E_\gamma \gg m_ec^2$. Die quantenmechanisch dem Impulsübertrag entsprechende räumliche Unschärfe,

$$l_f(q_{min}) = \frac{\hbar}{q_{min}}\,, \quad (3.72)$$

ist die Formationslänge (oder Kohärenzlänge) der Strahlung. Kommt diese Länge in die Größe der Abmessungen eines Atoms, nimmt ein immer größerer Teil der gesamten Elektronenhülle an der Wechselwirkung teil, und der Kern wird zunehmend abgeschirmt. Als Maß für den Grad der Abschirmung wird das Verhältnis des mittleren Atomradius zu der Formationslänge betrachtet:

$$\eta = r_{\text{Atom}}/l_f(q_{min})\,. \quad (3.73)$$

Im Thomas-Fermi-Modell wird der mittlere Atomradius durch $r_{\text{Atom}} \approx 137\hbar/(m_ec\,Z^{\frac{1}{3}})$ abgeschätzt. Damit ergibt sich der Abschirmparameter [430] zu

$$\eta = \frac{r_{\text{Atom}}\,q_{min}}{\hbar} = \frac{137\,m_ec^2\,E_\gamma}{2E\,(E-E_\gamma)\,Z^{1/3}}\,. \quad (3.74)$$

Statt der Zahl 137 kommen auch andere Zahlenwerte bei diesem Parameter in der Literatur vor. Es werden meistens die Fälle 'keine Abschirmung' ($\eta \gg 1$) und 'vollständige Abschirmung' ($\eta = 0$) diskutiert. Die exakten Rechnungen liegen dazwischen. Die Abschirmung ist bei hohen Energien des geladenen Teilchens wesentlicher als bei niedrigeren Energien, weil bei gegebener abgestrahlter Energie die dazu nötigen Impulsüberträge kleiner sind. Tatsächlich kann man schon bei Energien von einigen 10 MeV recht gut die Näherung 'vollständige Abschirmung' benutzen. Für die meisten uns in diesem Buch interessierenden Fälle ist 'vollständige Abschirmung' eine gute Näherung.

– *Coulomb-Korrektur*: In der Born-Approximation werden die Teilchen durch ein- und auslaufende ebene Wellen beschrieben. Die Veränderung der Wellenfunktionen der geladenen Teilchen durch die atomaren Felder wird durch eine 'Coulomb-Korrektur' berücksichtigt.
– *Dielektrische Unterdrückung*: Photonen mit sehr kleinen Energien werden aufgrund der Polarisierbarkeit des Mediums in dem Material absorbiert und führen zu einem effektiven Abschneiden des niederenergetischen Teils des Photonspektrums.

- *Streuung an Elektronen der Hülle*: In realistischen Medien muss die Erzeugung von Bremsstrahlung im Feld der Hüllenelektronen berücksichtigt werden. Es stellt sich heraus, dass der Einfluss der Hülle näherungsweise durch Addition von Z Streuzentren mit Elementarladung durch die Substitution $Z^2 \to Z(Z+1)$ berücksichtigt werden kann.
- *LPM-Effekt*: Bei sehr hohen Energien, oberhalb etwa 1 TeV, wird die Bremsstrahlung (und Paarbildung, Abschnitt 3.5.4) durch den sogenannten Landau-Pomeranschuk-Migdal-Effekt (LPM-Effekt) unterdrückt. Dieser Effekt ist für die Astroteilchenphysik wichtig und gewinnt auch an den heutigen Beschleunigern an Bedeutung. Wir werden in diesem Abschnitt den Effekt vernachlässigen, ihn aber in Kapitel 15 bei der Entwicklung hochenergetischer elektromagnetischer Schauer besprechen.

In Born'scher Näherung, aber mit Berücksichtigung der Abschirmungs- und Coulomb-Korrekturen, ist der differenzielle Wirkungsquerschnitt eines Atoms für die Abstrahlung eines Photons mit der Energie E_γ, nach Integration über die Abstrahlwinkel (siehe zum Beispiel [783]) gegeben durch:

$$\frac{d\sigma}{dE_\gamma} = \frac{\alpha r_e^2}{E_\gamma} \left\{ \left(\frac{4}{3} - \frac{4}{3}y + y^2\right) \left[Z^2\left(\phi_1(\eta) - \frac{4}{3}\ln Z - 4f(Z)\right) + Z\left(\psi_1(\eta) - 8\ln Z\right)\right] + \frac{2}{3}(1-y)\left[Z^2\left(\phi_1(\eta) - \phi_2(\eta)\right) + Z\left(\psi_1(\eta) - \psi_2(\eta)\right)\right]\right\} . \quad (3.75)$$

Hierbei sind r_e der Bohrsche Elektronenradius und $y = E_\gamma/E$ der Bruchteil der Photonenergie von der Elektronenergie. Die weiteren in (3.75) verwendeten Bezeichnungen werden weiter unten erläutert. Die Coulomb-Korrektur $f(Z)$ wird in [275] als Reihenentwicklung in $a = \alpha Z$ (mit der Feinstrukturkonstanten α) angegeben:

$$f(Z) = a^2 \sum_{n=1}^{\infty} \frac{1}{n(n^2+a^2)} \approx a^2 \left(\frac{1}{1+a^2} + 0.20206 - 0.0369a^2 + 0.0083a^4 - 0.002a^6\right) . \quad (3.76)$$

Für schwere Kerne beträgt diese Korrektur bis zu etwa 10%. Die Abschirmeffekte sind in den Funktionen ϕ_1, ϕ_2 für die Streuung am Kern und ψ_1, ψ_2 für die Streuung an einzelnen Elektronen (jeweils mit den Faktoren Z^2 für den Kern und Z für die Elektronen) enthalten. Diese Funktionen sind von verschiedenen Autoren und für verschiedene Atommodelle berechnet worden. Im Folgenden sollen Approximationen für die Wirkungsquerschnittberechnung angegeben werden.

Im Falle vollständiger Abschirmung ($\eta = 0$), also für hohe Elektronenergien (siehe Seite 60), kann der differenzielle Wirkungsquerschnitt in folgender Form angegeben werden [783]:

$$\frac{d\sigma}{dE_\gamma} = \frac{4\alpha r_e^2}{E_\gamma} \left\{ \left(\frac{4}{3} - \frac{4}{3}y + y^2\right) \times \left[Z^2\left(L_{rad}(Z) - f(Z)\right) + ZL'_{rad}(Z)\right] + \frac{1}{9}(1-y)(Z^2+Z)\right\} . \quad (3.77)$$

Tab. 3.3 Numerische Werte für die Radiatorfunktionen L_{rad} und L'_{rad}, nach [783].

Z	L_{rad}	L'_{rad}
1	5.31	6.144
2	4.79	5.621
3	4.74	5.805
4	4.71	5.924
> 4	$\ln 184.15\, Z^{-1/3}$	$\ln 1194\, Z^{-2/3}$

Dabei wurde $\phi_1(0) - \phi_2(0) = \psi_1(0) - \psi_2(0) = 2/3$ benutzt. Die so genannten Radiatorfunktionen $\mathrm{L}_{rad}(Z)$ und $\mathrm{L}'_{rad}(Z)$ sind definiert durch

$$L_{rad} = \frac{1}{4}\phi_1(0) - \frac{1}{3}\ln Z\,,$$
$$L'_{rad} = \frac{1}{4}\psi_1(0) - 2\ln Z\,.$$

Numerische Werte sind in Tab. 3.3 angegeben.

Die Näherung (3.77) gilt für hohe Elektronenergien mit Ausnahme des Bereichs der höchsten Photonenergien (entsprechend hohen Impulsüberträgen auf das Atom). Bei nicht-asymptotisch hohen Energien kann der Wirkungsquerschnitt (3.75) für nicht zu kleine Photonenergien ($E_\gamma > 50\,\mathrm{MeV}$) mit folgenden Näherungsformeln berechnet werden [491]:

$$\phi_1(\eta) = \begin{cases} 20.867 - 3.242\,\eta + 0.625\,\eta^2, & \eta \le 1 \\ 21.12 - 4.184\,\ln(\eta + 0.952), & \eta > 1\,, \end{cases} \tag{3.78}$$

$$\phi_2(\eta) = \begin{cases} 20.029 - 1.930\,\eta + 0.086\,\eta^2, & \eta \le 1 \\ \phi_1(\eta), & \eta > 1\,, \end{cases} \tag{3.79}$$

$$\psi_{1,2}(\eta) = \frac{L'_{rad}(Z)}{L_{rad}(Z) - f(Z)}\left(\phi_{1,2}(\eta) - \frac{4}{3}\ln Z - 4f(Z)\right) + 8\ln Z\,. \tag{3.80}$$

Die charakteristischen Eigenschaften des Bremsstrahlungsquerschnitts in (3.77) sind die Z^2/m_e^2-Abhängigkeit ($r_e \propto 1/m_e$), die sich auch in der klassischen Formel (3.70) ergibt, und die führende Abhängigkeit von der Photonenergie:

$$\frac{d\sigma}{dE_\gamma} \propto \frac{1}{E_\gamma}\,. \tag{3.81}$$

Die Divergenz bei $E_\gamma = 0$ wirkt sich nicht aus, weil die niedrigsten Frequenzen von den Atomen absorbiert werden (durch die oben erwähnte 'dielektrische Unterdrückung'). In realistischen Simulationen wird die Abstrahlung kleiner Photonenergien bis zu einer Abschneideenergie als kontinuierlicher Energieverlust behandelt, und es werden reelle Photonen nur oberhalb der Abschneideenergie erzeugt (siehe zum Beispiel [373]).

Mit wachsender Energie des einlaufenden Elektrons werden die Photonen in einen immer enger werdenden Kegel in Vorwärtsrichtung mit einem mittleren Öffnungswinkel

$$\theta_\gamma \approx \frac{1}{\gamma} = \frac{m_e c^2}{E} \tag{3.82}$$

abgestrahlt. Die Berechnung der Winkelverteilung der abgestrahlten Photonen ist sehr aufwendig und auch nur näherungsweise möglich (siehe zum Beispiel [531, 509, 491]). Die führende Abhängigkeit des differenziellen Wirkungsquerschnitts in Bezug auf den Abstrahlungswinkel θ_γ liefert der Elektronpropagator (innere Elektronlinie) in dem Bremsstrahlungsgraphen Abb. 3.23:

$$d\sigma \propto \frac{d\cos\theta_\gamma}{(1-\beta\cos\theta_\gamma)^2} \approx \frac{4\gamma^4\,\theta_\gamma\,d\theta_\gamma}{(1-\beta)^2(1+\theta_\gamma^2\gamma^2)^2}\,. \tag{3.83}$$

Die rechte Seite in (3.83) gilt für kleine Winkel und $\beta \approx 1$. Mit wachsender Energie entwickelt die Verteilung eine scharfe Spitze in Vorwärtsrichtung mit einer Breite entsprechend Gleichung (3.82).

Strahlungslänge

Durch Mittelung der abgestrahlten Energien über das Bremsstrahlungsspektrum in der Näherung (3.77) ergibt sich der mittlere Energieverlust pro Weglänge:

$$\begin{aligned}\frac{dE}{dx} &= \frac{N_A\,\rho}{A}\int_0^E E_\gamma\frac{d\sigma}{dE_\gamma}dE_\gamma \\ &= 4\alpha r_e^2\frac{N_A\,\rho}{A}\,E\left[\left(Z^2(L_{rad}-f(Z))+ZL'_{rad}\right)+\frac{1}{18}(Z^2+Z)\right]\,.\end{aligned} \tag{3.84}$$

Dabei wurde die obere Integrationsgrenze in der Näherung $E - m_ec^2 \approx E$ für hohe Energien eingesetzt. Der Energieverlust pro Weglänge skaliert also bei hohen Energien näherungsweise mit der Energie des Elektrons. Damit kann man die Strahlungslänge X_0 als charakteristische Länge für den Energieverlust durch Bremsstrahlung folgendermaßen einführen:

$$\left(\frac{dE}{dx}\right)_{rad} = -\frac{E}{X_0}\,. \tag{3.85}$$

Die Integration dieser Gleichung ergibt

$$E(x) = E_0\,\mathrm{e}^{-\frac{x}{X_0}}\,. \tag{3.86}$$

Das heißt, nach einer Wegstrecke $x = X_0$ hat ein Elektron im Mittel nur noch $1/e$ seiner ursprünglichen Energie; der Anteil $1 - 1/e \approx 63\%$ ist abgestrahlt worden.

Die Strahlungslänge X_0 wird in [783] definiert durch:

$$\frac{1}{X_0} = 4\alpha r_e^2\frac{N_A\,\rho}{A}\left[Z^2(L_{rad}-f(Z))+ZL'_{rad}\right]\,. \tag{3.87}$$

In dieser Definition wurde der Term $\frac{1}{18}(Z^2+Z)$ in (3.84), der je nach Z-Wert nur zwischen 1% und 1.7% beiträgt, vernachlässigt[8]. Mit den Zahlenwerten für die Konstanten, $(4\alpha r_e^2\,N_A)^{-1} = 716.408\,\mathrm{g\,cm^{-2}}$, ergibt sich:

$$\rho\,X_0 = \frac{716.408\,\mathrm{g\,cm^{-2}}\;A}{Z^2\left[(L_{rad}-f(Z))+ZL'_{rad}\right]}\,. \tag{3.88}$$

[8] Der Term wird vernachlässigt, um auch die Paarerzeugung (Abschnitt 3.5.4) bei hohen Energien durch die Strahlungslänge ausdrücken zu können.

Tab. 3.4 Strahlungslänge (angegeben als ρX_0 in Einheiten Masse/Fläche und als Länge bei der angegebenen Dichte) und kritische Energie, sowie die dafür relevanten atomaren Eigenschaften für einige im Detektorbau verwendete Standardmaterialien (nach [634], die Daten für die Fotoemulsion entsprechend denen von Ilford G5 [738]).

Material	Z	Dichte (g/cm^3)	X_0 (g/cm^2)	X_0 (cm)	E_k (MeV)	E_k^μ (GeV)
Be	4	1.85	65.19	35.3	113.7	1328
C (Graphit)	6	2.21	42.65	19.3	81.7	1060
Al	13	2.70	24.01	8.9	42.7	612
Si	14	2.33	21.82	9.36	40.2	582
Fe	26	7.87	13.84	1.76	21.7	347
Cu	29	8.96	12.86	1.43	19.4	317
Ge	32	5.32	12.25	2.30	18.2	297
W	74	19.30	6.76	0.35	8.0	150
Pb	82	11.35	6.37	0.56	7.4	141
U	92	18.95	6.00	0.32	6.7	128
Szintillatoren:						
NaI	11, 53	3.66	9.49	2.59	13.4	228
CsI	55, 53	4.53	8.39	1.85	11.2	198
BaF_2	56, 9	4.89	9.91	2.03	13.8	233
$PbWO_4$	82, 74, 8	8.30	7.39	0.89	9.64	170
Polystyrol	1, 6	1.06	43.79	41.3	93.1	1183
Gase (20° C, 1 atm):						
H_2	1	$0.0838 \cdot 10^{-3}$	61.28	731000	344.8	3611
He	2	$0.1249 \cdot 10^{-3}$	82.76	662610	257.1	2352
Luft	≈ 7.36	$1.205 \cdot 10^{-3}$	36.66	30423	87.9	1115
Ar	18	$1.66 \cdot 10^{-3}$	19.55	11763	38.0	572
Xe	54	$5.48 \cdot 10^{-3}$	8.48	1547	12.3	232
andere Materialien:						
H_2O (flüssig)	1, 8	1.0	36.1	36.1	78.3	1031
Standardfels	11	2.65	26.5	10.0	49.1	693
Fotoemulsion		3.82	11.33	2.97	17.4	286

Die Strahlungslängen einiger in Detektoren häufig vorkommender Materialien sind in Tab. 3.4 aufgeführt. Eine kompakte Formel, die aus einer Anpassung an Daten gewonnen wurde und die für alle Elemente außer für Helium um weniger als 2.5% von den Daten abweicht (bei Helium um etwa 5%), ist in [604] angegeben:

$$\rho X_0 = \frac{716.408\,\mathrm{g\,cm^{-2}}\,A}{Z(Z+1)\,\ln\frac{287}{\sqrt{Z}}}\,. \tag{3.89}$$

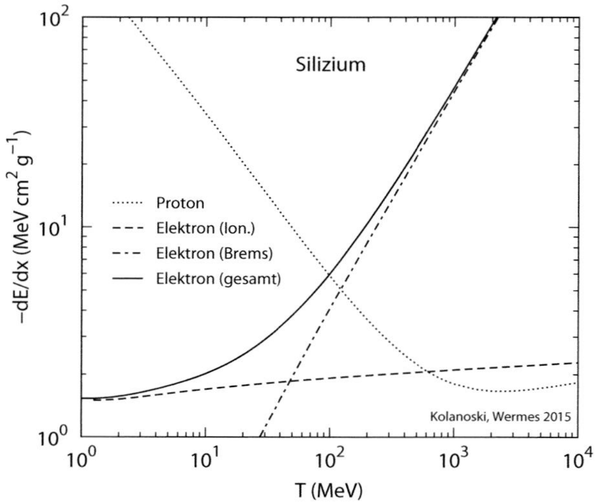

Abb. 3.24 Energieverlust durch Ionisation und Bremsstrahlung für Elektronen als Funktion der Energie. Die beiden Anteile (gestrichelte Linien) kreuzen sich bei der kritischen Energie $E_k = 47.86$ MeV, definiert nach (3.91). Nach der Rossi-PDG-Definition (3.92) ist dieser Wert $E_k = 47.86$ MeV [634]. Zum Vergleich ist auch der Energieverlust durch Ionisation für Protonen angegeben. Die Kurven wurden mit dem interaktiven Programmen ESTAR und PSTAR erzeugt [143].

In dieser Darstellung sieht man die Abhängigkeit von Z besser: Zu der Z^2-Abhängigkeit für die kohärente Streuung am ganzen Kern kommt ein gleicher Beitrag proportional zu Z von der Streuung an den einzelnen Elektronen der Hülle, über die summiert wird, hinzu.

Für Mischungen und Verbindungen lässt sich die Strahlungslänge auf die der einzelnen Komponenten X_{0i}, die den Gewichtsanteil g_i haben, zurückführen:

$$\frac{1}{\rho X_0} = \sum_i \frac{g_i}{\rho X_{0i}} \qquad \text{mit} \qquad g_i = \frac{\rho_i}{\rho} \,. \tag{3.90}$$

Die Strahlungslänge ist allgemein ein wichtiges Maß für die Charakterisierung von elektromagnetischen Prozessen, die im Coulomb-Feld des Atomkerns ablaufen – neben der Bremsstrahlung vor allem Paarbildung (Abschnitt 3.5.4) und Vielfachstreuung (Abschnitt 3.4) – und wird zum Beispiel im Detektorbau zur Angabe der Materiedicke, die ein Teilchen durchqueren muss, benutzt. Es ist allerdings zu beachten, dass die Definition der Strahlungslänge etwas willkürlich ist, weil sich die benutzten Formeln jeweils auf eine bestimmte Näherungsrechnung stützen. Es gibt andere Definitionen als die hier und in [621] benutzte, die auf anderen Näherungen basieren, zum Beispiel in [695]. Das spielt meistens für die genannten Abschätzungen keine große Rolle. Wenn exaktere Rechnungen notwendig sind, werden meistens Simulationen durchgeführt, die genauere Formeln verwenden.

3.3.3 Kritische Energie

Strahlungs- und Ionisationsenergieverlust zeigen unterschiedliche Abhängigkeiten von der Energie E, der Masse M des Teilchens und von der Kernladung Z des Mediums:

$$\text{Ionisation:} \quad \propto \; Z \ln E/M$$
$$\text{Bremsstrahlung:} \quad \propto \; Z^2\, E/M^2$$

Diese Energieabhängigkeiten bedingen, dass bei niedrigen Energien Ionisation und bei höheren Energien Bremsstrahlung dominiert. 'Kritische Energie' E_k wird die Energie genannt, an der sich beide Kurven schneiden (Abb. 3.24):

$$\left(\frac{dE}{dx}(E_k)\right)_{ion} = \left(\frac{dE}{dx}(E_k)\right)_{rad} . \tag{3.91}$$

Die Particle Data Group [621] hat im Unterschied zu (3.91) die Definition von Rossi [695] übernommen, nach der die kritische Energie diejenige Energie ist, bei der der Ionisationsverlust nach einer Strahlungslänge gleich der Elektronenergie ist,

$$\left(\frac{dE}{dx}(E_k)\right)_{ion} X_0 = -E_k , \tag{3.92}$$

was mit der Annahme $(dE/dx)_{rad} \approx -E_k/X_0$ in (3.91) übergeht. Für die Definition (3.92) gibt es recht gute Näherungen, die sich wegen des Dichteeffekts für feste und flüssige Medien sowie für Gase unterscheiden:

$$\begin{aligned} E_k &\approx \frac{610\,\text{MeV}}{Z+1.24} \quad \text{(feste und flüssige Medien)}, \\ E_k &\approx \frac{710\,\text{MeV}}{Z+0.92} \quad \text{(Gase)}. \end{aligned} \tag{3.93}$$

Strahlungslänge und kritische Energie sind wichtige Parameter für die Entwicklung eines elektromagnetischen Schauers (siehe Kapitel 15). Numerische Werte für einige Materialien sind in Tab. 3.4 angegeben.

3.3.4 Energieverlust hochenergetischer Myonen

Der Energieverlust durch Bremsstrahlung skaliert mit der Masse des Teilchens gemäß $1/m^2$. Deshalb spielt bei sehr hohen Energien dieser Energieverlust auch bei schwereren Teilchen eine Rolle, mit wachsender Energie zunächst bei Myonen und Pionen, bei noch höheren Energien aber auch für Kaonen und Protonen.

Wir wollen im Folgenden den Energieverlust hochenergetischer Myonen betrachten, weil das für Beschleunigerenergien im TeV-Bereich (LHC) und für den Nachweis kosmischer Strahlung von Bedeutung ist. Der Energieverlust kann als Summe der beiden Beiträge von Ionisation und Bremsstrahlung dargestellt werden (Abb. 3.25):

$$-\frac{dE}{dx} = a(E) + b(E)\,E . \tag{3.94}$$

Dabei ist a der Energieverlust durch Ionisation und $b\,E$ der Bremsstrahlungsbeitrag. Die kritische Energie, bei der beide Beiträge gleich sind, ist definiert durch, siehe [399]:

$$a(E_k^\mu) = b(E_k^\mu)\,E_k^\mu . \tag{3.95}$$

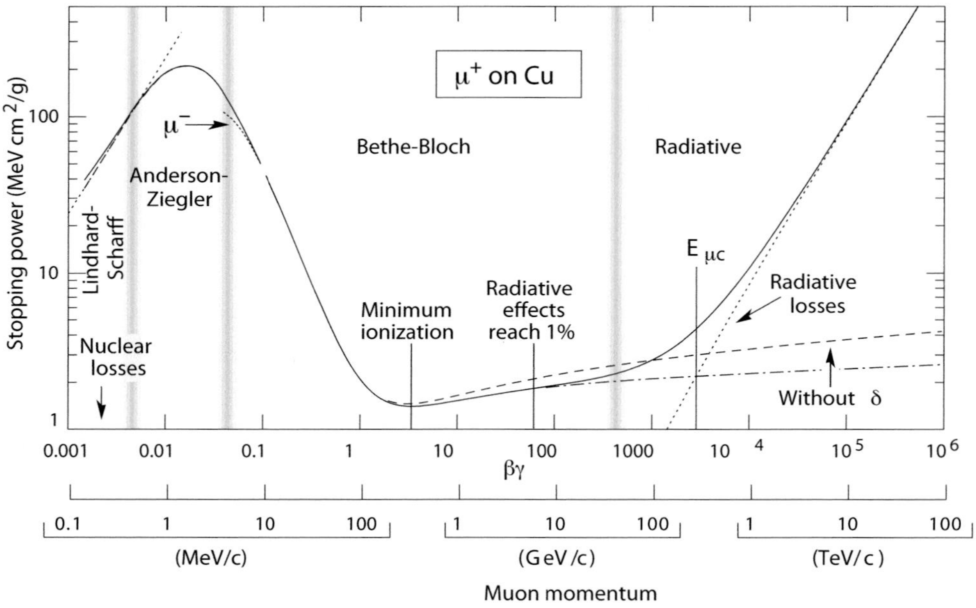

Abb. 3.25 Energieverlust für positive Myonen in Kupfer (aus [621], wo auch eine detaillierte Beschreibung und Referenzen zu finden sind). Durch die vertikalen Streifen werden Bereiche verschiedener theoretischer Beschreibungen markiert. In der Mitte liegt der Gültigkeitsbereich der Bethe-Bloch-Formel. Bei hohen Energien, wo der Einfluss der Bremsstrahlung dominiert, zeigen die eingezeichneten Kurven den gesamten Energieverlust (durchgezogen), den Strahlungsverlust (punktiert) sowie den Energieverlust durch Ionisation ohne und mit dem δ-Term in (3.25) (gestrichelt bzw. strich-punktiert). Bei niedrigen Energien ist der mit 'Anderson-Ziegler' bezeichnete Bereich eine empirische Anpassung an Daten. Der darunter liegende 'Lindhard-Scharff'-Bereich basiert auf einem theoretischen Modell, das eine etwa zu β proportionale Abhängigkeit des Energieverlusts (gestrichelte Linie) ergibt. Bei den niedrigsten Energien dominiert nicht-ionisierender Energieverlust durch elastischen Kernrückstoß. Bei niedrigen Energien ist der Energieverlust für negative Teilchen geringer ('Barkas-Effekt'), was hier durch die mit μ^- bezeichnete Kurve angedeutet wird.

Werte von E_k^μ für verschiedene Medien sind in [634] aufgeführt, wo auch Tabellen zur Energieabhängigkeit von a und b zu finden sind.

Die Energieabhängigkeit von a und b findet sich tabelliert in [634]. Bei hohen Energien (oberhalb der kritischen Energie) können a und b als konstant angenommen werden, was zum Beispiel in [247] durch Anpassungen an Simulationsergebnisse gezeigt wurde[9]. In Tab. 3.5 sind die angepassten Parameter für Luft, Eis und 'Standardfels' aufgeführt. 'Standardfels' mit den Parametern $\rho = 2.65\,\mathrm{g\,cm^{-3}}$, $A = 22$, $Z = 11$ wird als Referenzmedium für Untergrundexperimente benutzt (Abschnitt 2.3.3 und Kapitel 16).

Die Energieabhängigkeit des Energieverlusts (3.94) erlaubt es, die Energie von Myonen oberhalb der kritischen Energie auch ohne Magnetfeld zu messen. Das ist besonders inter-

[9]Zu beachten ist allerdings, dass die kritische Energie nach (3.95) nicht mit konstanten Parametern a, b bestimmt werden kann.

Tab. 3.5 Die Parameter a und b der linearen Näherung (3.94) des Energieverlusts von Myonen [247]. Die Massenbelegung wird hier in m we = 'meter water equivalent', also die Dicke einer Wasserschicht in Meter (m we = 100 g/cm^2), angegeben. Die dritte Spalte gibt die kritische Energie für Myonen an [634] (für weitere Materialien siehe Tab. 3.4).

Medium	a [GeV/m we]	b [10^{-3}/m we]	E_k^μ [GeV]
Luft	0.281	0.347	1115
Eis (≈Wasser)	0.259	0.363	1031
Standardfels	0.223	0.463	693

essant für Experimente mit einem großen Detektorvolumen, das nicht durch ein Magnetfeld abgedeckt werden kann. Ein Beispiel sind Neutrinodetektoren wie IceCube [29], die von hochenergetischen Neutrinos erzeugte Myonen nachweisen (siehe Abschnitt 16.6.5).

Durch Integration über den Energieverlust (3.94) lässt sich mit (3.63) die energieabhängige Reichweite der Myonen mit Anfangsenergie E bestimmen:

$$R(E) = \frac{1}{b} \ln\left(1 + \frac{b}{a} E\right) . \tag{3.96}$$

Die Reichweite der Myonen spielt zum Beispiel eine wichtige Rolle für die Abschirmung von kosmischer Strahlung in Untergrundexperimenten. In 'Standardfels', zum Beispiel, haben Myonen mit einer Energie von 1 TeV eine Reichweite von etwa 0.9 km und in Wasser oder Eis etwa 2.4 km.

3.4 Coulomb-Vielfachstreuung geladener Teilchen

Geladene Teilchen werden im Coulomb-Feld eines Kernes entsprechend dem Rutherford-Wirkungsquerschnitt gestreut. Gegenüber diesem Effekt ist die Ablenkung durch die Wechselwirkung mit Elektronen der Atomhülle bei höheren Energien, $E \gg m_e c^2$, vernachlässigbar.

Nach Durchgang eines Teilchens durch Material einer Dicke Δx ist das Teilchen im Allgemeinen vielfach gestreut worden, was zu einer statistischen Verteilung des Streuwinkels relativ zur Eintrittsrichtung führt.

Die Coulomb-Streuung an einem einzelnen Kern wird durch den Rutherford-Wirkungsquerschnitt (Abb. 3.26)

$$\left.\frac{d\sigma}{d\Omega}\right|_{\text{Rutherford}} = z^2 Z^2 \alpha^2 \hbar^2 \frac{1}{\beta^2 p^2} \frac{1}{4 \sin^4 \theta/2} \tag{3.97}$$

beschrieben. Hier ist θ der Streuwinkel, z die Ladung des gestreuten Teilchens und Z die des Kernes, β und p sind Geschwindigkeit und Impuls des gestreuten Teilchens. Bei den vorwiegend kleinen Impulsüberträgen (entsprechend einer großen Reichweite der Wechselwirkung) erfolgt die Streuung kohärent an der gesamten Ladung des Kernes, weshalb hier eine quadratische Abhängigkeit von Z auftritt (dagegen ist der Energieverlust durch Ionisation proportional zu Z, weil über die Beiträge der Hüllenelektronen inkohärent zu

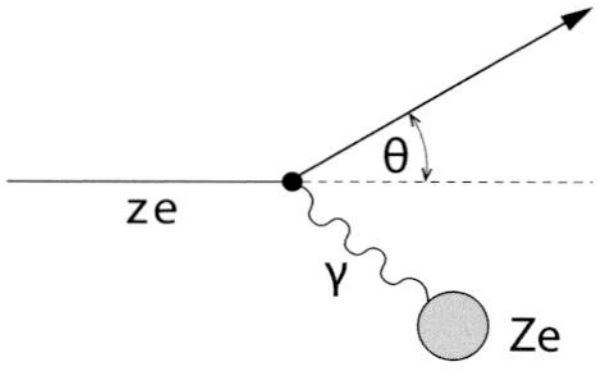

Abb. 3.26 Streuung eines geladenen Teilchens (Ladung ze) im Coulomb-Feld eines Kernes mit Ladung Ze (Rutherford-Streuung).

summieren ist). Wenn das gestreute Teilchen verglichen mit dem Kern leicht ist, ergibt sich eine Richtungsänderung bei nur geringem Energieübertrag auf den Kern.

Bei einem nicht zu dünnen Streuer, wenn die Anzahl der Streuungen etwa 20 oder mehr ist, spricht man von Vielfach- oder Molière-Streuung. Nach dem 'Zentralen Grenzwertsatz' der Statistik erwartet man bei unendlich vielen Streuungen eine Gauß-Verteilung für den Streuwinkel. Der allgemeine Fall endlich vieler Streuungen wurde von Molière behandelt [594, 595]. In der Praxis lässt sich die mit der Molière-Theorie bestimmte Verteilung gut durch eine Gauß-Verteilung approximieren, man muss aber beachten, dass die Molière-Verteilung höhere Wahrscheinlichkeiten bei großen Winkeln hat (entsprechend dem Rutherford-Wirkungsquerschnitt). Abbildung 3.27 zeigt den Vergleich einer gemessenen Streuwinkelverteilung von Protonen [157] mit der exakten Molière-Theorie und der Näherung mit einer Gauß-Verteilung. In dieser logarithmischen Darstellung sieht man besonders deutlich, dass mit einer Gauß-Verteilung die Ausläufer bei großen Streuwinkeln nicht beschrieben werden können.

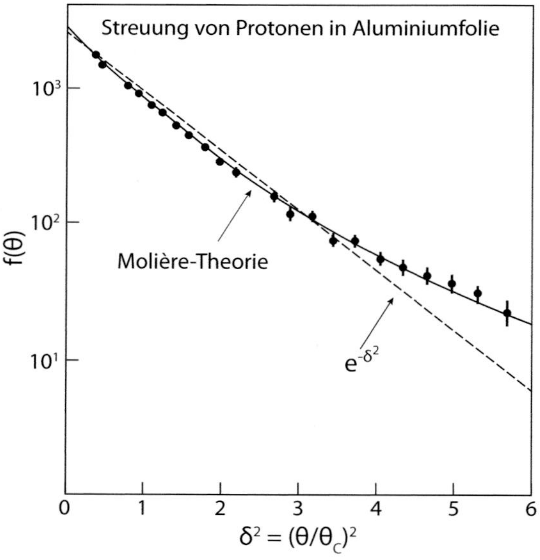

Abb. 3.27 Streuwinkelverteilung von Protonen mit kinetischen Energien $T = 2.18$ MeV, die eine Aluminiumfolie mit der Massenbelegung $x = 3.42 \cdot 10^{-3}\,\mathrm{g\,cm^{-2}}$ (etwa 13 μm Dicke) durchquert haben (nach [157]). Die Messwerte werden mit der exakten Molière-Theorie und einer Gauß-Verteilung verglichen. In der logarithmischen Darstellung der Verteilung, aufgetragen gegen das Quadrat des Streuwinkels, wird die Gauß-Verteilung durch eine Gerade dargestellt. Der Streuwinkel ist hier auf einen charakteristischen Winkel θ_c der Molière-Theorie normiert ($\theta_c = \chi_c\sqrt{B}$ mit den Bezeichnungen von [595]), so dass mit $\delta = \theta/\theta_c$ die führende Abhängigkeit der Molière-Verteilung bei kleinen Streuwinkeln proportional zu $\exp(-\delta^2)$ ist.

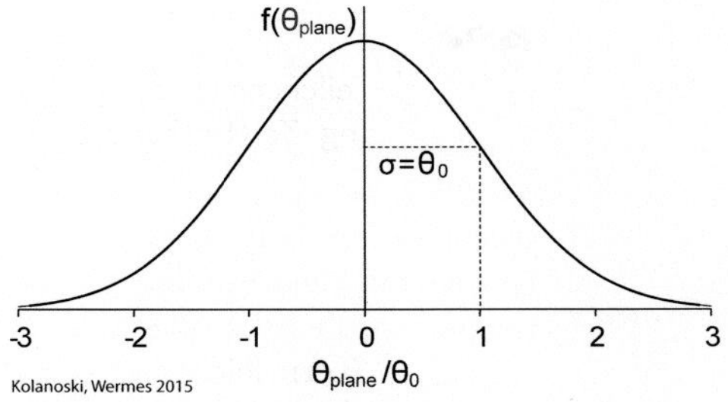

(a) Verteilung des in eine Ebene projizierten Streuwinkels nach (3.102)

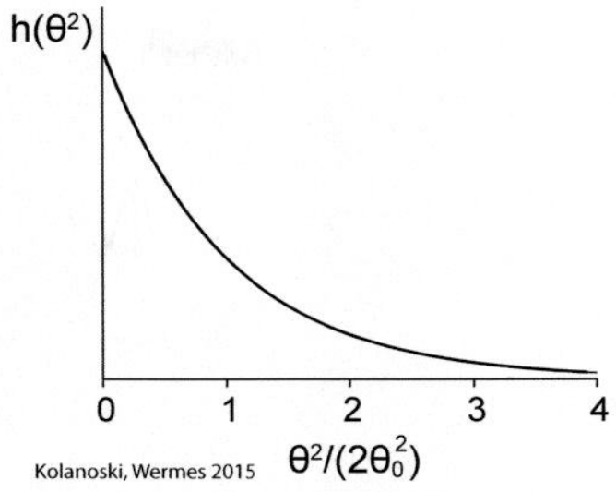

(b) Verteilung des Quadrats des räumlichen Streuwinkels nach (3.103)

Abb. 3.28 Gauß-Approximation der Streuwinkelverteilungen.

In der Approximation durch eine Gauß-Verteilung wird die Streuwinkelverteilung durch einen Parameter, die Standardabweichung θ_0 des in eine Ebene projizierten Streuwinkels θ_{plane}, festgelegt:

$$f(\theta_{plane})d\theta_{plane} = \frac{1}{\sqrt{2\pi}\,\theta_0} \exp\left(-\frac{\theta_{plane}^2}{2\theta_0^2}\right) d\theta_{plane} \,. \tag{3.98}$$

Eine einfache Formel für den Parameter θ_0 ist von Rossi und Greisen [694] aus der Varianz der Streuwinkelverteilung als

$$\theta_0 \approx \sqrt{\langle \theta_{plane}^2 \rangle} \approx \frac{E_s}{\sqrt{2}\,p\,c\,\beta} \sqrt{\frac{x}{X_0}} \tag{3.99}$$

abgeschätzt worden, wobei die Skala durch

$$E_s = m_e\,c^2 \sqrt{\frac{4\pi}{\alpha}} = 21.2\,\text{MeV} \tag{3.100}$$

festgelegt wird. Dabei ist x die Dicke des Streuers und X_0 die Strahlungslänge des Streuermaterials. Die Strahlungslänge kommt hier wieder ins Spiel, da sie die Prozesse im Coulomb-Feld eines Kernes, wie zum Beispiel auch die Bremsstrahlung von Elektronen im Kernfeld (Abschnitt 3.3), charakterisiert.

Eine bessere Näherung für den Parameter θ_0 gibt die sogenannte 'Highland-Formel' [435], hier in der Parametrisierung von [568], die auch von [621] übernommen wurde:

$$\theta_0 = \frac{13.6\,\text{MeV/c}}{p\beta} z \sqrt{\frac{x}{X_0}} \left(1 + 0.038 \ln \frac{x}{X_0}\right) . \tag{3.101}$$

Der räumliche Streuwinkel, das ist der Winkel zwischen den Richtungen des Teilchens vor und nach dem Streuer, setzt sich aus zwei orthogonalen Projektionen θ_x, θ_y zusammen: $\theta_{space} = \theta \approx \sqrt{\theta_x^2 + \theta_y^2}$. Die θ-Verteilung erhält man als Produkt der statistisch unabängigen Verteilungen für θ_x, θ_y, jeweils nach (3.98):

$$g(\theta)d\theta = \frac{1}{\theta_0^2} \exp\left(-\frac{\theta^2}{2\,\theta_0^2}\right) \theta\, d\theta \,. \tag{3.102}$$

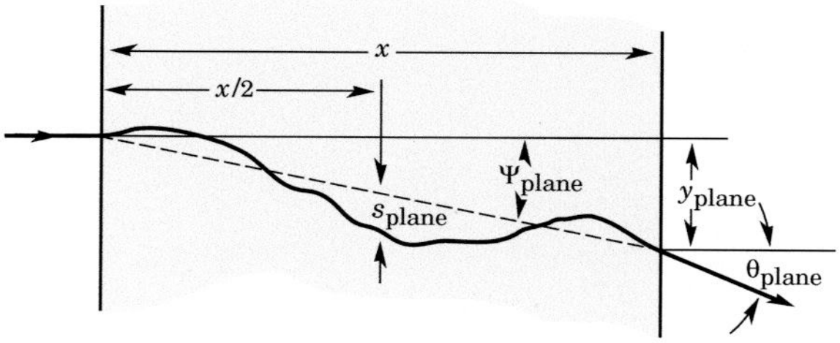

Abb. 3.29 Die Skizze zeigt die Vielfachstreuung eines geladenen Teilchens in einer Streuerschicht, projiziert auf eine Ebene, und charakteristische Größen, die zur Beschreibung der Streung benutzt werden. Quelle: PDG [621].

Dabei wurde $d\theta_x\, d\theta_y = \theta\, d\theta\, d\phi$ benutzt und über den Azimutwinkel ϕ integriert. Man beachte, dass der räumliche Streuwinkel im Gegensatz zu der Projektion des Streuwinkels in eine Ebene nur positive Werte haben kann (Abb.3.28). Deshalb kann man auch die Wahrscheinlichkeitsdichte von θ^2 betrachten, die sich mit $2\theta d\theta = d\theta^2$ zu

$$h(\theta^2)d\theta^2 = \frac{1}{2\theta_0^2} \exp\left(-\frac{\theta^2}{2\,\theta_0^2}\right) d\theta^2 \tag{3.103}$$

ergibt. Die Verteilungen (3.102) und (3.103) sind in dem Intervall $0 \leq \theta < \infty$ normiert. Das Maximum von $h(\theta^2)$ entspricht dem pro Raumwinkelintervall $(\theta\, d\theta\, d\phi)$ wahrscheinlichsten Streuwinkel bei $\theta = 0$, während sich der Mittelwert zu $\langle\theta\rangle = \sqrt{\pi/2}\theta_0 > 0$ ergibt. Die Standardabweichung des räumlichen Streuwinkels bezüglich des wahrscheinlichsten Wertes bei $\theta = 0$ ist

$$\sqrt{\langle\theta^2\rangle} = \sqrt{2}\theta_0\,. \tag{3.104}$$

Der Winkel $\sqrt{2}\theta_0$ entspricht auch etwa dem charakteristischen Molière-Winkel θ_c in Abb. 3.27.

Zur Simulation von Teilchen, die einen Detektor durchlaufen, wird die Materie in Streuerschichten aufgeteilt. Dann müssen zu jeder Streuerschicht der Streuwinkel und der Versatz des Austrittsorts von dem Ort, an dem das Teilchen ohne Streuung ausgetreten wäre, berechnet werden. In Abb. 3.29 sind der effektive mittlere Streuwinkel, der mittlere Versatz und der mittlere maximale Versatz in der Schicht nach Durchlaufen einer Streuerschicht der Dicke x eingezeichnet. Der Zusammenhang mit dem Streuwinkelparameter θ_0 ist, siehe [621]:

$$\langle\psi_{plane}\rangle = \frac{1}{\sqrt{3}}\,\theta_0\,, \qquad \langle y_{plane}\rangle = \frac{1}{\sqrt{3}}\,x\,\theta_0\,, \qquad \langle s_{plane}\rangle = \frac{1}{4\sqrt{3}}\,x\,\theta_0\,. \tag{3.105}$$

Diese Approximation ist innerhalb von 5% genau für Streuerdicken von $10^{-3} < x/X_0 < 10$, das ist für Blei von etwa 5 µm bis 50 mm und für Luft von etwa 0.3 mm bis 3 m der Fall.

Beispiel: Messung von Sekundärvertices in einem Speicherringexperiment Der Nachweis von Charm- und Bottom-Zerfällen gelingt sehr gut durch die Bestimmung von Zerfallsvertices, die aufgrund der langen Lebensdauer von den Primärvertices getrennt sind (siehe auch die Abschnitte 8.1, 9.4.3 und 14.6.2). Zum Beispiel hat ein B-Meson eine Lebensdauer von etwa $\tau = 1.5\,\text{ps}$. Bei einem Impuls von 10 GeV ist dann die mittlere Zerfallslänge $\langle l\rangle = \gamma\beta c\tau \approx 2\,\text{mm}$.

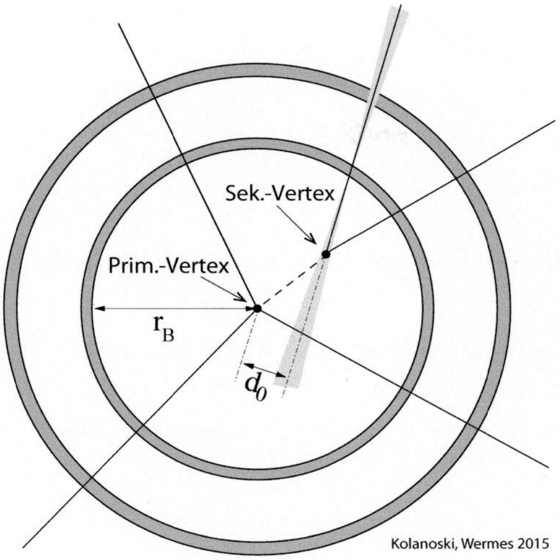

Abb. 3.30 Einfluss der Streuung auf die Rekonstruktion von Sekundärvertices. Mit zwei Detektorlagen wird die Richtung einer Spur gemessen. Die Streuung an der ersten Detektorlage führt zu einem Rekonstruktionsfehler bei der Extrapolation einer Spur zum Vertex (angedeutet durch den schattierten Fächer).

Als Hinweis, ob eine Spur von einem Sekundärvertex kommen kann, dient der Stoßparameter d_0 (siehe dazu auch Kapitel 14, Abschnitt 14.6. Das ist der nächste Abstand einer extrapolierten Spur zum Primärvertex in der Ebene senkrecht zum Strahl (Abb. 3.30). Der Fehler in der Bestimmung von d_0 (grauer Fächer in der Abbildung) legt fest, ob eine Spur noch vom Primärvertex getrennt werden kann.

Tab. 3.6 Fehler bei der Bestimmung des Stoßparameters d_0 eines 5-GeV-Pions für ein Strahlrohr mit 5 cm Radius und einer Dicke von 1 mm.

Material	X_0 [mm]	x/X_0	θ_0 [rad]	Δd_0 [µm]
Al	89	0.011	0.0003	15.0
Be	353	0.003	0.00015	7.5

Nehmen wir an, das Strahlrohr, in dem die Kollisionen stattfinden, habe einen Radius von $r_B = 50\,\text{mm}$, und es seien direkt auf dem Strahlrohr ein Detektor angebracht, der sehr genau den Durchstoßpunkt eines Teilchens messen kann, und ein weiterer Detektor bei einem etwas größeren Radius. Strahlrohr und Detektor zusammen sollen eine Dicke x und eine Strahlungslänge X_0 haben, woraus sich ein mittlerer Streuwinkel θ_0 nach (3.104) berechnet. Der Fehler in der Bestimmung von d_0 ergibt sich, wenn man annimmt, dass die Ortsauflösung der Detektoren viel besser als der durch die Streuung verursachte Fehler ist, zu

$$\Delta d_0 = \theta_0\, r_B\,. \tag{3.106}$$

Das bedeutet: Der Abstand der ersten Detektorlage von den Vertices sollte möglichst klein sein, und der Detektor sollte möglichst dünn im Vergleich zu einer Strahlungslänge sein (siehe dazu auch Kapitel 8, Abschnitt 8.2).

In Tab. 3.6 ist für eine Streuerdicke $x = 1\,\text{mm}$ und einen Teilchenimpuls von $p = 5\,\text{GeV/c}$ und $\beta \approx 1$ der Fehler im Stoßparameter für Aluminium und Beryllium als Streuermaterial angegeben. Aus der Tabelle ist ersichtlich, dass die Stahlungslänge für

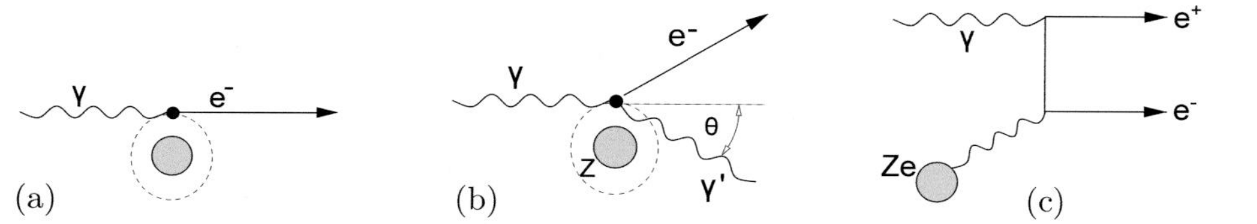

Abb. 3.31 Diagramme für a) den Photoeffekt, b) den Compton-Effekt und c) die Paarbildung.

Beryllium etwa viermal so groß wie für Aluminium ist und dass damit der Fehler um einen Faktor 2 kleiner wird.

In Abschnitt 9.4 werden die Bedingungen für eine gute Vertexauflšung allgemeiner diskutiert.

3.5 Wechselwirkungen von Photonen mit Materie

Für Teilchendetektoren sind die folgenden Wechselwirkungen von Photonen mit Materie besonders wichtig (Abb. 3.31 und 3.32):

- Photoeffekt: Das Photon überträgt seine gesamte Energie auf ein Atom, welches daraufhin ein Hüllenelektron emittiert.
- Compton-Effekt: Das Photon wird an einem Hüllenelektron elastisch gestreut.
- Paarbildung: Das Photon konvertiert im Kernfeld in ein Elektron-Positron-Paar.

Eine Blasenkammeraufnahme, in der diese Prozesse zu sehen sind, ist in Abb. 3.32 gezeigt. Diese Prozesse dominieren bei Photonenergien oberhalb der Ionisationsschwelle. Bei niedrigeren Energien spielen Thomson-Streuung, das ist die Streuung niederenergetischer Photonen an Elektronen, und Rayleigh-Streuung eine wichtige Rolle. Bei der Rayleigh-Streuung handelt es sich um kohärente Streuung der Photonen an allen Elektronen eines Atoms ohne Hüllenanregung oder Ionisation. Bei der Thomson- und der Rayleigh-Streuung wird fast keine Energie auf das Medium übertragen, womit diese Effekte für den Teilchennachweis nicht interessant sind.

Der Thomson-Wirkungsquerschnitt

$$\sigma_{\text{Th}} = \frac{8\pi r_e^2}{3} = 0.665\,\text{barn} \tag{3.107}$$

wird häufig als Bezugsgröße für andere Photon-Wirkungsquerschnitte benutzt ($r_e \approx 2.8\,\text{fm}$ ist der klassische Elektronenradius, definiert in (3.26)).

3.5.1 Absorption von Photonen

Photonen werden aufgrund der beschriebenen Effekte mit einer Wahrscheinlichkeit proportional zur Wegstrecke dx absorbiert beziehungsweise, beim Compton-Effekt, aus der

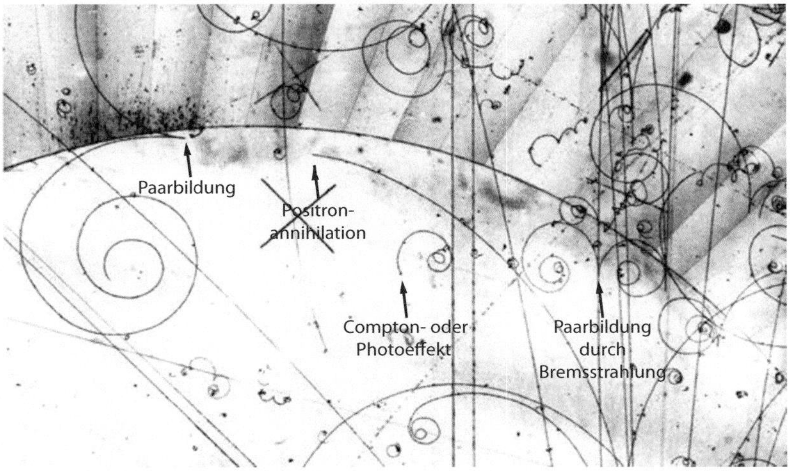

Abb. 3.32 Ausschnitt einer Blasenkammeraufnahme eines elektromagnetischen Schauers (siehe Abschnitt 15.2), der sich von unten nach oben entwickelt (Quelle: CERN [229]). Die Aufnahme stammt von der '15-foot Bubble Chamber' am Fermilab, die mit einem Helium-Neon-Gemisch gefüllt war. Die Spurkrümmungen wurden von einem Magnetfeld erzeugt, das bei dieser Aufnahme in die Bildebene zeigt (negative Spuren sind im Uhrzeigersinn gekrümmt). Die Kreuze sind Referenzpunkte zur Vermessung der Spuren. Die Aufnahme zeigt Beispiele für die Prozesse, die den Diagrammen in Abb. 3.31 entsprechen. Spurenpaare mit entgegengesetzten Krümmungen und kleinem Öffnungswinkel am Vertex sind Elektron-Positron-Paare, die hier meistens von Bremsstrahlungsphotonen erzeugt werden. In dem Bild wird auch auf einen Fall hingewiesen, bei dem das Photon offensichtlich aus der Annihilation eines Positrons mit einem Hüllenelektron stammt (inverser Prozess der Paarbildung). Paare, die einen Vertex sehr nahe an einer geradlinigen Spur haben und etwa tangential von dieser Spur weggehen, sind sehr wahrscheinlich durch Bremsstrahlung dieses Teilchens erzeugt worden. Die stark im Uhrzeigersinn gekrümmten einzelnen Spiralen sind Elektronen, die durch den Photo- oder den Compton-Effekt erzeugt wurden.

ursprünglichen Richtung heraus gestreut. In Abschnitt 3.1 wurde der Absorptionskoeffizient μ definiert, der die Absorptionswahrscheinlichkeit pro Weglänge angibt:

$$-\frac{1}{N}\frac{dN}{dx} = \mu = \rho\,\frac{N_A}{A}\,\sigma = n\,\sigma \qquad (n = \text{Teilchendichte})\,. \tag{3.108}$$

Das Reziproke ist die 'mittlere freie Weglänge':

$$\lambda = \frac{1}{\mu} = \frac{1}{n\,\sigma}\,. \tag{3.109}$$

Tabelliert sind meist auch hier wieder die auf die Dichte 1 bezogenen Größen:

$$\frac{\mu}{\rho} = \frac{N_A}{A}\sigma \qquad \text{beziehungsweise} \qquad \rho\,\lambda = \left(\frac{\mu}{\rho}\right)^{-1} \tag{3.110}$$

in der Einheit cm^2/g beziehungsweise g/cm^2. Die Anzahl der Photonen in einem Strahl folgt nach (3.108) einem Exponentialgesetz:

$$N(x) = N_0\, e^{-\mu x}\,. \tag{3.111}$$

Das ist zu vergleichen mit dem ganz anderen Verhalten geladener Teilchen bei Ionisation, wobei sie kontinuierlich Energie verlieren und eine von der Energie abhängige feste Reichweite haben (siehe Abb. 3.2).

Abbildung 3.33 zeigt die verschiedenen, zum Wirkungsquerschnitt von Photonen beitragenden Prozesse für Kohlenstoff und Blei [621]. Die charakteristischen Abhängigkeiten der verschiedenen Prozesse von der Photonenergie und der Kernladungszahl Z der durchlaufenen Materie werden im Folgenden besprochen.

3.5.2 Photoeffekt

In diesem Abschnitt soll die Absorption von Photonen im Röntgenbereich, oberhalb einer Energie von etwa 1 keV, behandelt werden. Die Absorption von Quanten nahe dem optischen Bereich wird in späteren Kapiteln zusammen mit den entsprechenden Detektoren, wie Photovervielfacherröhren und Photodioden, besprochen.

Beim Photoeffekt überträgt das Photon seine gesamte Energie auf ein Atom, das die absorbierte Energie durch Emission eines Elektrons ins Kontinuum abgibt (Abb. 3.31(a)):

$$\gamma + \text{Atom} \longrightarrow (\text{Atom})^+ + e^-$$

Das Atom nimmt den Rückstoßimpuls auf und wird bei der Reaktion ionisiert.

Damit der Photoeffekt stattfinden kann, muss die Energie E_γ des Photons die Bindungsenergie E_B des Elektrons übersteigen ($E_\gamma > E_B$); der Überschuss wird dem emittierten Elektron als kinetische Energie

$$T = E_\gamma - E_B$$

mitgegeben. Die auf das Atom übertragene Rückstoßenergie ist wegen der großen Masse des Atoms vernachlässigbar.

Der Wirkungsquerschnitt für Photoeffekt fällt sehr schnell mit wachsender Photonenergie und wächst bei fester Photonenergie stark mit Z. Bei einer vorgegebenen Photonenergie ist die Wahrscheinlichkeit für Absorption durch die am stärksten gebundenen Hüllenelektronen am größten. Daher ergeben sich Sprünge in der Absorption, die so genannten Absorptionskanten, wenn mit wachsender Energie des Photons jeweils die Bindungsenergie der Elektronen in einer Schale erreicht wird, $E_\gamma = E_B^i$, $i = \text{K}, \text{L}, \ldots$. Der Wirkungsquerschnitt ist am größten für die Schale i, für die $E_\gamma - E_B^i$ am kleinsten ist. In Abb. 3.33 ist für Kohlenstoff nur die Kante für die K-Schale zu sehen, während für Blei die Kanten für die K-, L- und M-Schalen zu erkennen sind.

Wirkungsquerschnitt Die Berechnung des Photoeffekts für alle Energien ist sehr schwierig und auf Näherungen angewiesen. Für praktische Anwendungen ist deshalb zu empfehlen, gemessene Daten zu benutzen, wie sie zum Beispiel vom National Institute of Standards (NIST) zur Verfügung gestellt werden [451], auch als interaktive Datenbank [142].

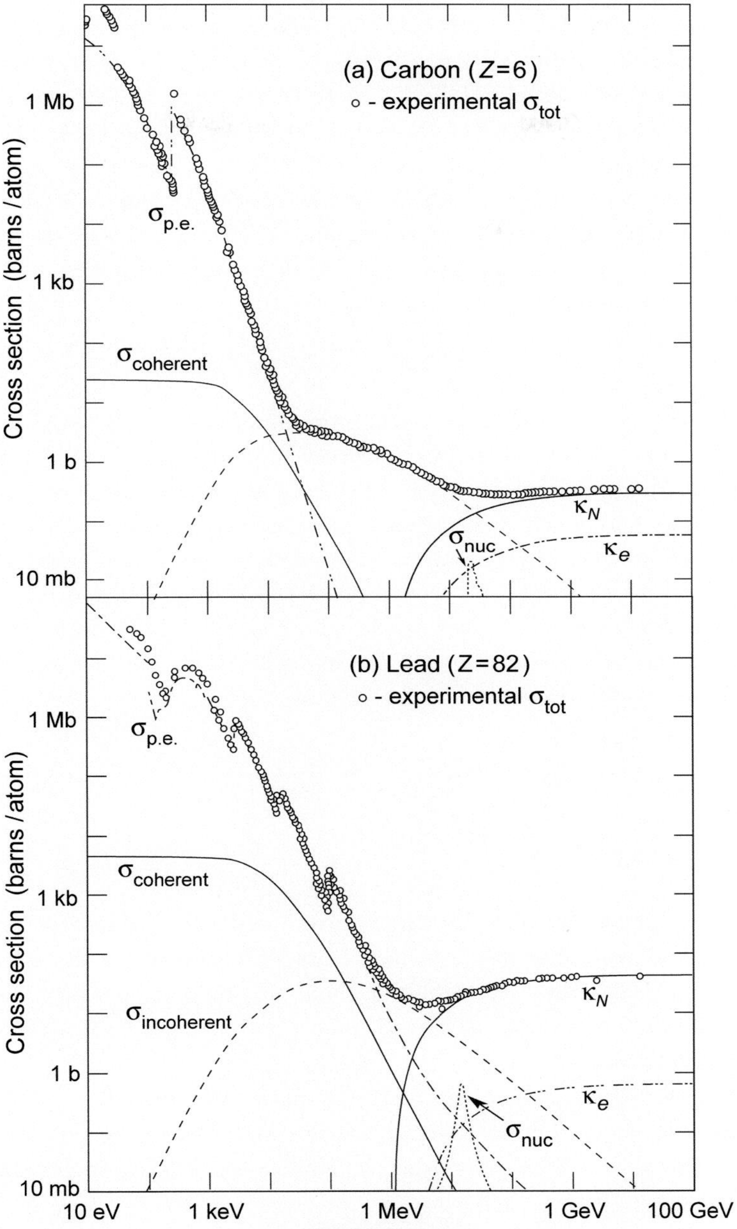

Abb. 3.33 Verschiedene Beiträge zum totalen Wirkungsquerschnitt von Photonen in Kohlenstoff und Blei. Zu den wichtigsten Beiträgen, Photoeffekt ($\sigma_{p.e.}$), Compton-Streuung ($\sigma_{incoherent}$) und Paarbildung am Kern (κ_N), kommen noch Beiträge von kohärenter Rayleigh-Streuung an der gesamten Elektronenhülle ($\sigma_{coherent}$), von dem Photoeffekt am Kern (σ_{nuc}) und von Paarbildung an den Hüllenelektronen (κ_e, asymptotisch $\kappa_e \to \kappa_N/Z$) hinzu. Quelle: PDG [621].

Berechnungen des Wirkungsquerschnitts für Photoabsorption in der K-Schale findet man in verschiedenen Lehrbüchern, zum Beispiel in [531, 430]. Da diese Berechnungen die Daten recht gut reproduzieren und die K-Schalen-Absorption für Energien oberhalb der K-Kante dominierend ist, sollen die Ergebnisse für diesen Fall im Folgenden vorgestellt und diskutiert werden.

Für Photonenergien, die größer als die Ionisationsenergie der K-Schale, aber klein gegenüber der Elektronenmasse ($E_\gamma \ll m_e c^2$) sind, ist die nicht-relativistische Näherung gerechtfertigt. In dieser Näherung ergibt sich für den totalen Absorptionsquerschnitt in der K-Schale pro Atom:

$$\sigma_K^{NR} = \sqrt{32}\,\alpha^4\,\epsilon^{-3.5}\,Z^5\,\sigma_{\mathrm{Th}}\,f(\xi)\ , \tag{3.112}$$

wobei $\epsilon = E_\gamma/m_e c^2$, $\alpha = 1/137$ die Feinstrukturkonstante und $\sigma_{\mathrm{Th}} = \frac{8}{3}\pi r_e^2$ der Thomson-Wirkungsquerschnitt (3.107) sind. Der Ausdruck ohne den Faktor $f(\xi)$ entspricht der Born'schen Näherung, die eine ebene Welle für das auslaufende Elektron annimmt. Diese Näherung ergibt aber praktisch in keinem Energiebereich ein gutes Resultat für den Wirkungsquerschnitt [430]. Eine recht gute Beschreibung der Daten erhält man erst bei Einbeziehung des Faktors $f(\xi)$, der berücksichtigt, dass das Elektron den Drehimpuls des Photons übernehmen muss (siehe dazu zum Beispiel [531]). Er hängt wesentlich von dem Verhältnis der Bindungsenergie E_K in der K-Schale und der auf das Elektron übertragenen kinetischen Energie $T = E_\gamma - E_K$ ab:

$$f(\xi) = 2\pi Z\alpha\sqrt{\frac{1}{2\epsilon}}\frac{\exp(-4\xi\,\mathrm{arccot}\,\xi)}{1-\exp(-2\pi\xi)}\ , \tag{3.113}$$

$$\text{mit} \qquad \xi = \sqrt{\frac{\epsilon_K}{\epsilon - \epsilon_K}}\ , \qquad \epsilon_K = \frac{E_K}{m_e c^2} = \frac{1}{2}Z^2\alpha^2\ .$$

Die starke Abhängigkeit des Wirkungsquerschnitts von der Photonenergie und der Kernladung Z zeigt sich charakteristisch in dem Born-Wirkungsquerschnitt in (3.112), der proportional zu $Z^5/E_\gamma^{3.5}$ ist. Der Korrekturfaktor $f(\xi)$ mildert allerdings diese Abhängigkeiten, so dass die Z-Abhängigkeit in Z^n mit $n = 4-5$ und die E_γ-Abhängigkeit in E_γ^{-m} mit $m \lesssim 3.5$ übergeht.

Die nicht-relativistische Näherung (3.112) ist nach [430] bis etwa $\epsilon = 0.5$ gut. Bei höheren Energien müssen bei der Berechnung des Matrixelements die entsprechenden Dirac-Wellenfunktionen verwendet werden. In [430] ist eine relativistische Ableitung von Sauter angegeben:

$$\sigma_K = \frac{3}{2}\sigma_{\mathrm{Th}}\,\alpha^4\,\frac{Z^5}{\epsilon^5}(\gamma^2-1)^{3/2}\left[\frac{4}{3} + \frac{\gamma(\gamma-2)}{\gamma+1}\left(1 - \frac{1}{2\gamma\sqrt{\gamma^2-1}}\ln\frac{\gamma+\sqrt{\gamma^2-1}}{\gamma-\sqrt{\gamma^2-1}}\right)\right]\ . \tag{3.114}$$

Hier ist $\gamma = (T + m_e)/m_e$ der Lorentz-Faktor des auslaufenden Elektrons, der für $E_\gamma \gg E_B$ als $\gamma = (E_\gamma + m_e)/m_e$ geschrieben werden kann. Die nicht-relativistische Born'sche Näherung (3.112) ergibt sich aus Gleichung (3.114) für $\gamma \to 1$ (E_γ aber trotzdem groß gegenüber der Schwelle bei E_B). Für hohe Photonenergien ($E_\gamma \gg m_e$) schließlich gilt

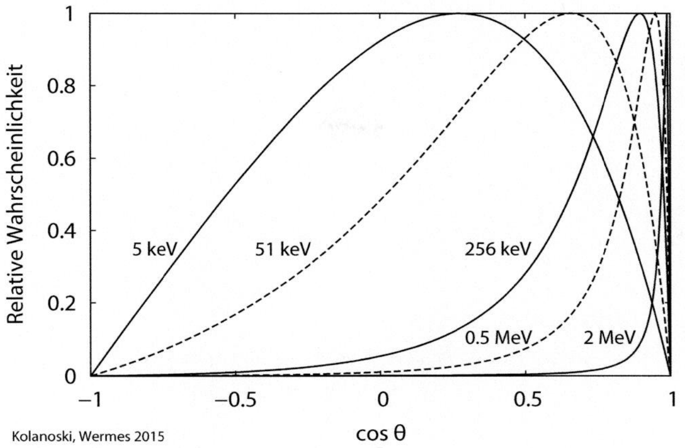

Abb. 3.34 Photoeffekt: Winkelverteilung des auslaufenden Elektrons relativ zu der Photonrichtung, berechnet nach Gleichung (3.116) für verschiedene kinetische Energien des Elektrons. Die Energien entsprechen Lorentz-Faktoren $\gamma = 1.01,\ 1.1,\ 1.5,\ 2.0,\ 5.0.$

$\gamma \to \epsilon$, wodurch im hoch-relativistischen Grenzfall, $\gamma \to \infty$, Gleichung (3.114) in folgende Form übergeht:

$$\sigma_{ph}^{HE} = \frac{3}{2}\sigma_{\text{Th}}\,\alpha^4\,\frac{Z^5}{\epsilon}\,. \tag{3.115}$$

Das heißt, bei hohen Energien fällt der Wirkungsquerschnitt nur mit $1/E_\gamma$ und damit viel langsamer mit der Energie ab als bei niedrigeren Energien. Allerdings ist in dem Bereich, in dem die Näherung (3.115) anwendbar ist, die Bedeutung des Photoeffekts gering, weil er gegenüber Compton-Effekt und Paarbildung vernachlässigbar ist.

Winkelverteilung Die Winkelverteilung des auslaufenden Elektrons ist in niedrigster Ordnung (in höheren Ordnungen kommen Terme proportional zu Potenzen von αZ hinzu) [372, 373]:

$$\frac{d\sigma}{d\cos\theta} \propto \frac{\sin^2\theta}{(1-\beta\cos\theta)^4}\left\{1+\frac{1}{2}\gamma(\gamma-1)(\gamma-2)(1-\beta\cos\theta)\right\}. \tag{3.116}$$

Dabei ist θ der Polarwinkel des emittierten Elektrons relativ zur Richtung des einfallenden Photons. Die Verteilung ist in Abb. 3.34 für verschiedene Elektronenenergien gezeigt. Im nicht-relativistischen Grenzfall $\gamma \to 1$ geht diese Verteilung über in die Verteilung $\propto \sin^2\theta$ für Dipolstrahlung mit bevorzugter Abstrahlung senkrecht zur Einfallsrichtung. Mit steigenden Energien, für $\beta \to 1$, folgt das Elektron immer mehr der Richtung des Photons.

Energieeintrag im Detektor Die durch den Photoeffekt entstandene Lücke in einer inneren Schale kann durch Elektronen von höheren Schalen, bevorzugt von der nächst höheren, wieder aufgefüllt werden. Die dabei frei werdende Energie kann wieder durch Emission von Photonen oder von Elektronen, so genannten Auger-Elektronen, abgegeben werden. Da es sich um Energieübergänge zwischen festen Niveaus handelt, sind die entsprechenden Photonen- und Elektronenenergien diskret. Die Spektroskopie von Photo- und Auger-Elektronen wird als sehr sensitive Methode zur chemischen Analyse von Oberflächen benutzt. Dabei werden monochromatische Röntgenphotonen auf die zu

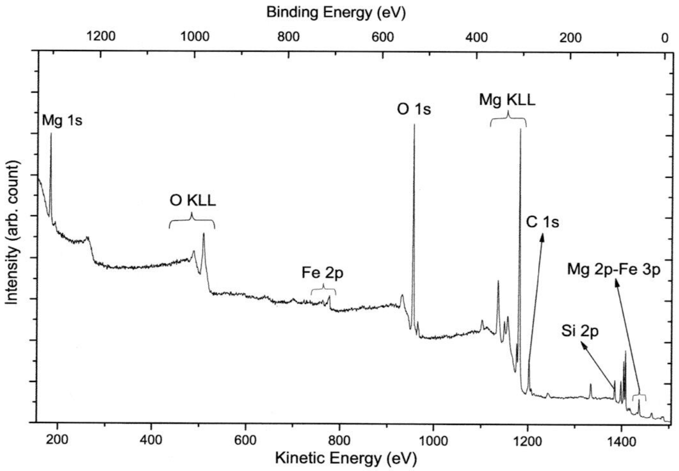

Abb. 3.35 Elektronenspektrum einer Olivinoberfläche, die mit einer Al-K_α-Röntgenquelle ($h\nu = 1486.6$ eV) bestrahlt wurde (Quelle: [219]). Die Photo-Peaks sind durch das entsprechende Element und den Bindungszustand, aus dem das Elektron emittiert wurde, gekennzeichnet. Zusätzlich sind zwei Auger-Linien von Sauerstoff und Magnesium (O KLL, Mg KLL) zu sehen.

untersuchende Oberfläche gestrahlt, und es wird die Energie der emittierten Elektronen gemessen (XPS = 'X-ray photoelectron spectroscopy'). Ein Beispiel ist in Abb. 3.35 gezeigt.

Wenn in einem Detektor die gesamte Energie des einfallenden Photons nachgewiesen wird, wird der so genannte 'Photo-Peak' beobachtet. Wenn andererseits ein sekundäres Photon mit diskreter Energie den Detektor verlässt, kann es zur Ausbildung eines zweiten Peaks, des so genannten 'Escape-Peaks' kommen. Zum Beispiel wird zum Testen von gasgefüllten Kammern oder von Halbleiterdetektoren häufig ein ^{55}Fe-Präparat mit einer γ-Linie bei 5.9 keV benutzt (siehe Tab. A.1 im Anhang). Werden diese Photonen zum Beispiel in dem Argon-Gas einer Proportionalkammer (Kapitel 7) absorbiert, so tritt zusätzlich zum Photo-Peak ein Escape-Peak bei etwa 2.9 keV auf (Abb. 3.36). Die aus dem Detektor getragene Energie ist bevorzugt die Energiedifferenz zwischen der L- und der K-Schale, emittiert von Elektronen, die aus der L-Schale in die ionisierte K-Schale fallen. Die Wahrscheinlichkeit, die Energie durch Emission eines Photons abzugeben, steigt mit Z, während entsprechend die Emission von Auger-Elektronen mit höherem Z unwahrscheinlicher wird. Auger-Elektronen werden mit höherer Wahrscheinlichkeit vollständig in dem Detektor absorbiert und tragen so zum Photo-Peak bei.

3.5.3 Compton-Effekt

Der Compton-Effekt ist die Streuung eines Photons an einem freien oder quasi-freien Elektron (Abb. 3.31(b)). Ein Elektron der Atomhülle wird hier als quasi-frei bezeichnet, wenn die Energie des Photons wesentlich größer als die Bindungsenergie des Elektrons ist.

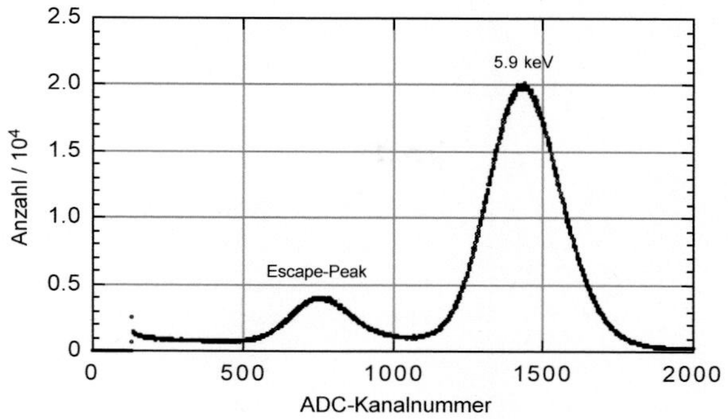

Abb. 3.36 Photo- und Escape-Peak der 5.9-keV-Gamma-Linie eines ^{55}Fe-Präparats gemessen in Argon [152].

In Materie ist der Compton-Effekt dominant für Photonenergien in einem ausgedehnten Bereich um 1 MeV, wobei der Dominanzbereich bei kleinen Kernladungszahlen Z viel ausgedehnter als bei hohen Z ist (vergleiche dazu Abb. 3.44).

Kinematik Da das Photon quasi-elastisch an dem Elektron gestreut wird, sind Energie und Winkel des gestreuten Photons nicht unabhängig. Zur Berechnung dieses Zusammenhanges gehen wir von den in Abb. 3.37 definierten Viererimpulsen aus: $k = (E_\gamma, \vec{k}c)$ und $p_e = (m_e c^2, 0)$ sind die Viererimpulse von Photon bzw. Elektron (in Ruhe) vor dem Stoß; $k' = (E'_\gamma, \vec{k}'c)$ und $p'_e = (E'_e, \vec{p}'_e c)$ sind die Viererimpulse nach dem Stoß. Der Winkel des gestreuten Photons zur Richtung des einfallenden Photons sei θ_γ. Aus Energie- und Impulserhaltung,

$$k + p_e = k' + p'_e\,, \tag{3.117}$$

ergibt sich:

$$\begin{aligned} (k - k')^2 = (p'_e - p_e)^2 \quad &\Rightarrow \quad -k\,k' = m_e^2 c^4 - p'_e\, p_e \\ \Rightarrow \quad E_\gamma\, E'_\gamma (1 - \cos\theta_\gamma) &= m_e c^2\,(E'_e - m_e c^2) = m_e c^2\,(E_\gamma - E'_\gamma)\,. \end{aligned} \tag{3.118}$$

Die rechte Seite der letzten Gleichung benutzt die kinetische Energie des Elektrons,

$$T = E'_e - m_e c^2 = E_\gamma - E'_\gamma\,, \tag{3.119}$$

was wiederum aus dem Energieteil der Gleichung (3.117) folgt. Die Energie des gestreuten Photons ergibt sich aus (3.118) als Funktion des Streuwinkels

$$E'_\gamma = \frac{E_\gamma}{1 + \epsilon\,(1 - \cos\theta_\gamma)}\,, \tag{3.120}$$

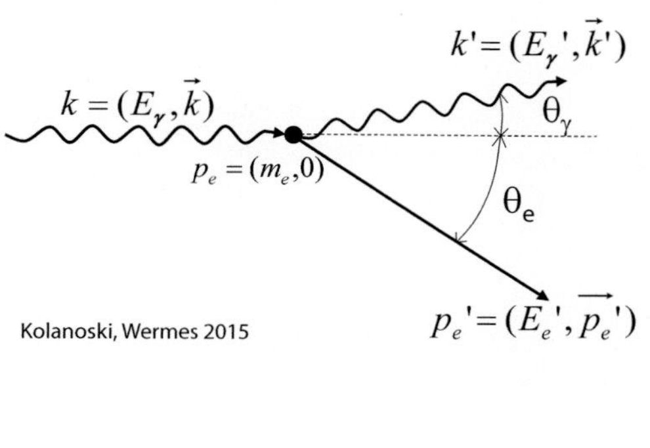

Abb. 3.37 Kinematik des Compton-Effekts. Das Elektron wird hier als quasi-frei betrachtet.

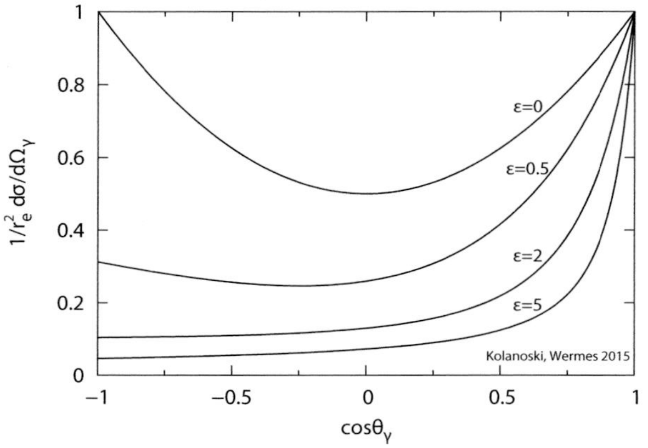

Abb. 3.38 Winkelverteilung der gestreuten Photons beim Compton-Effekt nach der Klein-Nishina-Formel.

mit $\epsilon = E_\gamma / m_e c^2$.

Wirkungsquerschnitt Der differenzielle Wirkungsquerschnitt pro Elektron, bekannt als Klein-Nishina-Formel, wird mit Methoden der Quantenelektrodynamik berechnet:

$$\frac{d\sigma_C}{d\Omega_\gamma} = \frac{r_e^2}{2\left[1 + \epsilon(1 - \cos\theta_\gamma)\right]^2} \left(1 + \cos^2\theta_\gamma + \frac{\epsilon^2(1 - \cos\theta_\gamma)^2}{1 + \epsilon(1 - \cos\theta_\gamma)}\right) . \tag{3.121}$$

Für kleine Photonenergien, $\epsilon \to 0$, ergibt sich der differenzielle Wirkungsquerschnitt für die klassische Thomson-Streuung:

$$\frac{d\sigma_{\text{Th}}}{d\Omega} = \frac{r_e^2}{2}\left(1 + \cos^2\theta_\gamma\right) . \tag{3.122}$$

In Abb. 3.38 ist die Winkelverteilung für die Compton-Streuung zu sehen. Es gibt einen starken Anstieg in Vorwärtsrichtung. Dieser Anstieg wird umso steiler je größer die Ener-

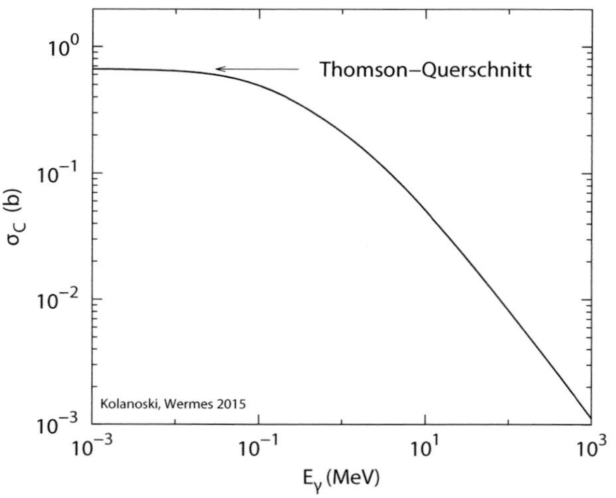

Abb. 3.39 Compton-Wirkungsquerschnitt pro Hüllenelektron als Funktion der Photonenergie. Nach Gleichung (3.124) geht der Wirkungsquerschnitt für kleine Energien in den Thomson-Querschnitt (3.107) und für sehr große Energien etwa in ein $1/\epsilon$-Verhalten über.

gie des Photons ist. Die Integration der Klein-Nishina-Formel (3.121) über den Raumwinkel ergibt den totalen Compton-Wirkungsquerschnitt pro Elektron (Abb. 3.39):

$$\sigma_C = 2\pi\, r_e^2 \left[\frac{1+\epsilon}{\epsilon^2} \left(\frac{2(1+\epsilon)}{1+2\epsilon} - \frac{1}{\epsilon} \ln(1+2\epsilon) \right) + \frac{1}{2\epsilon} \ln(1+2\epsilon) - \frac{1+3\epsilon}{(1+2\epsilon)^2} \right] . \tag{3.123}$$

Für sehr große und sehr kleine Photonenergien gelten folgende Näherungen:

$$\sigma_C \approx \begin{cases} \dfrac{8\pi\, r_e^2}{3}(1-2\epsilon) & \text{für } \epsilon \ll 1 \qquad \text{(Thomson-Limes)}\,, \\[2ex] \dfrac{\pi\, r_e^2}{\epsilon}\left(\ln(2\epsilon) + \dfrac{1}{2}\right) & \text{für } \epsilon \gg 1 \qquad \text{(hoch} - \text{relativistisch)}\,. \end{cases} \tag{3.124}$$

Der Wirkungsquerschnitt pro Atom ist proportional zu Z, weil alle Elektronen der Hülle inkohärent beitragen:

$$\sigma_C^{\text{Atom}} = Z\, \sigma_C\,. \tag{3.125}$$

Die lineare Abhängigkeit von Z gilt für Energien oberhalb der Bindungsenergien der Elektronen, wenn die Elektronen also als frei betrachtet werden können. Zu niedrigeren Energien hin fällt in Materie der Compton-Wirkungsquerschnitt ab und wird von einer kohärenten Streuung an allen Elektronen ersetzt, deren Wirkungsquerschnitt bei kleinen Energien etwa $Z^2\,\sigma_{\text{Th}}$ errreicht (siehe Abb. 3.33).

Rückstoßenergie Für Detektoren ist wichtig, dass bei der Compton-Streuung die kinetische Energie das Rückstoßelektrons, $T = E_\gamma - E'_\gamma$ (siehe (3.119)), nachgewiesen werden kann. Durch Umformung der Klein-Nishina-Formel (3.121) erhält man die differenzielle Abhängigkeit des Compton-Querschnitts von der kinetischen Energie des Rückstoßelektrons:

$$\frac{d\sigma}{dT} = \frac{\pi\, r_e^2}{m_e c^2 \epsilon^2} \left[2 + \frac{t^2}{\epsilon^2 (1-t)^2} + \frac{t}{1-t} \left(t - \frac{2}{\epsilon} \right) \right] , \tag{3.126}$$

mit $t = T/E_\gamma$ (Abb. 3.40). Da es sich um elastische Streuung handelt, ergibt sich auch hier wie beim Photon eine feste Beziehung zwischen Energie und Winkel des Elektrons (θ_e ist der Winkel zwischen der Richtung des Elektrons und der Richtung des einfallenden Photons):

$$\cos\theta_e = \frac{T(E_\gamma + m_e c^2)}{E_\gamma \sqrt{T^2 + 2 m_e c^2 T}} = \frac{1+\epsilon}{\sqrt{\epsilon^2 + 2\epsilon/t}} . \tag{3.127}$$

Den maximalen Energieübertrag auf das Elektron erhält man aus (3.120) bei Rückstreuung ($\theta_\gamma = 180°$) des Photons entsprechend einer Vorwärtsstreuung des Elektrons ($\theta_e = 0°$). Die kinetische Energie des Elektrons wird für diesen Fall maximal $T \to T_{max}$. Im Spektrum führt dies zu der so genannten 'Compton-Kante' bei

$$T_{max} = E_\gamma \frac{2\epsilon}{1+2\epsilon} , \tag{3.128}$$

die im Energiespektrum des Detektors (Abb. 3.40) etwas unterhalb des Photo-Peaks (Photoeffekt) liegt. Die Differenz, $E'_\gamma(\theta = \pi)$, wird mit wachsendem E_γ kleiner, und es gilt:

$$E'_\gamma(\theta = \pi) \approx \frac{m_e c^2}{2} \quad \text{für } E_\gamma \gg m_e c^2 . \tag{3.129}$$

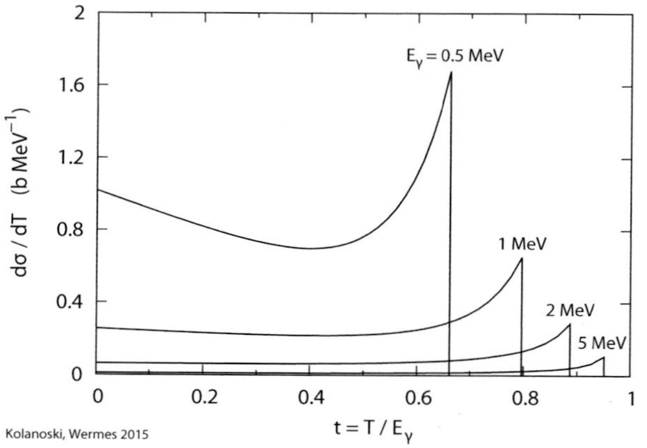

Abb. 3.40 Abhängigkeit des Compton-Querschnitts der normierten kinetischen Energie der Elektronen $t = T/E_\gamma$ für verschiedene Energien des primären Photons. Der Abruch bei großen t heißt Compton-Kante und entspricht der maximal auf das Elektron übertragbaren Energie, die unterhalb des Photo-Peaks liegt.

Inverser Compton-Effekt Die Streuung von niederenergetischen Photonen an hochenergetischen Elektronen wird 'Inverser Compton-Effekt' (IC) genannt. Er spielt da eine Rolle, wo Elektronen als geladene Teilchen beschleunigt werden und dann ihre Energie auf Photonen übertragen. So lassen sich hochenergetische Photonstrahlen durch Compton-Streuung von Laserphotonen an einem hochenergetischen Elektronenstrahl erzeugen. In der Astrophysik spielt dieser Effekt eine wesentliche Rolle bei der Erzeugung hochenergetischer Gammastrahlung (im TeV-Bereich).

Für die Energie des gestreuten Photons ergibt sich

$$E'_\gamma = E_\gamma \frac{1 + \beta \cos\alpha}{1 - \beta \cos\theta_\gamma^{IC} + \frac{E_\gamma}{E_e}\left(1 + \cos\left(\theta_\gamma^{IC} + \alpha\right)\right)}\,, \tag{3.130}$$

mit den Energien E'_γ, E_γ und E_e des ein- bzw. auslaufenden Photons und des Elektrons, dem Winkel θ_γ^{IC} des gestreuten Photons gegen die Richtung des einlaufenden Elektrons[10] und dem Winkel α, der die Abweichung der Richtung des einfallenden Photons vom frontalen Zusammenstoß angibt.

Für den kollinearen Fall, das heißt $\alpha = 0$, ergibt sich die maximale gestreute Photonenergie für $\theta_\gamma^{IC} = 0$ zu (γ ist der Lorentz-Faktor des Elektrons)

$$E'_{\gamma,max} = E_\gamma \frac{1+\beta}{1 - \beta + 2\,\frac{E_\gamma}{E_e}} = \gamma^2 E_\gamma \frac{(1+\beta)^2}{1 + 2\,\frac{E_\gamma}{m_e c^2}\gamma(1+\beta)}\,. \tag{3.131}$$

Für kleine einlaufende Photonenergien gilt näherungsweise:

$$E'_{\gamma,max} \approx 4\gamma^2 E_\gamma \quad \text{für} \quad E_\gamma \ll \frac{m_e\, c^2}{4\gamma}\,. \tag{3.132}$$

Das quadratische Anwachsen der maximalen Photonenergie mit der Elektronenenergie macht die Energieübertragung auf das Photon bei hohen Energien sehr effektiv. Das Spektrum der IC-Photonen hat eine starke Überhöhung bei der maximalen Energie; die mittlere Energie ist etwa $1/3\, E'_{\gamma,max}$.

[10] θ_γ^{IC} unterscheidet sich von dem vorher definierten Streuwinkel θ_γ: $\theta_\gamma^{IC} = \pi - \theta_\gamma$.

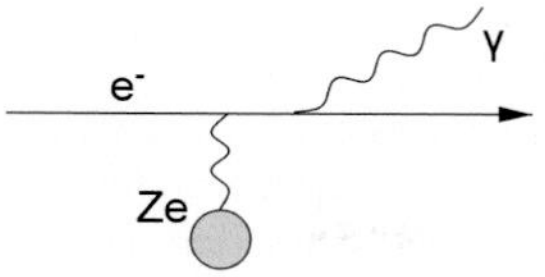

(a) Bremsstrahlung

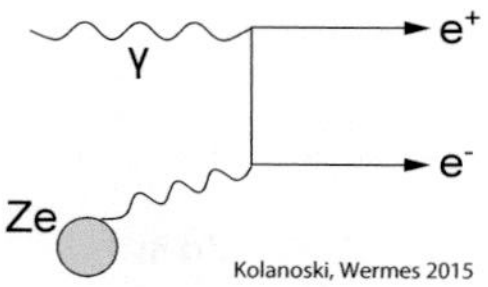

(b) Paarbildung

Abb. 3.41 Diagramme der beiden 'Heitler-Prozesse' Bremsstrahlung (a) und Paarbildung (b).

3.5.4 Paarbildung

Ein Photon kann in dem Coulomb-Feld einer Ladung entsprechend dem Diagramm in Abb. 3.31(c) in ein Elektron-Positron-Paar umgewandelt werden. Die Energie des Photons muss dann größer als die zweifache Masse des Elektrons plus der auf die Ladung übertragenen Rückstoßenergie sein. Außer für sehr leichte Elemente geschieht die Paarbildung vorwiegend im Coulomb-Feld des Kernes. Für Kerne ist der Energieübertrag praktisch immer vernachlässigbar, so dass für die Schwellenenergie gilt:

$$E_\gamma \approx 2m_e c^2 \qquad \text{(Schwelle)}\,. \tag{3.133}$$

Die Abstrahlung eines Photons durch ein Elektron (Bremsstrahlung) und die Paarbildung stehen in enger Beziehung zueinander, wie Abb. 3.41 deutlich macht. Ändert man in dem Bremsstrahlungsgraphen (Abb. 3.41(a)) das auslaufende zu einem einlaufenden Photon und das einlaufende Elektron zu einem auslaufenden Positron, so erhält man den Paarbildungsgraphen (Abb. 3.41(b)). Die Matrixelemente lassen sich, zumindest in der niedrigsten Ordnung, in Beziehung setzen. So werden auch in der grundlegenden Arbeit von Bethe und Heitler [150] beide Prozesse, auch 'Bethe-Heitler-Prozesse' genannt, gemeinsam behandelt. Überblicke sind zum Beispiel in [275, 430, 600, 783] zu finden.

Der Wirkungsquerschnitt für Paarbildung zeigt eine ähnliche Abhängigkeit von der Abschirmung der Elektronenhülle, wie wir es für die Berechnung der Bremsstrahlung in Abschnitt 3.3.2 diskutiert haben. Der Abschirmparameter, der dem in Gleichung (3.74) entspricht, ist hier [430]

$$\eta = \frac{137\, m_e c^2 E_\gamma}{2E_+\, E_-\, Z^{1/3}}\,, \tag{3.134}$$

wobei E_+, E_- die Energien des Positrons bzw. des Elektrons sind. Volle Abschirmung ergibt sich für kleine Werte von η.

Der differenzielle Wirkungsquerschnitt für die Erzeugung eines Elektron-Positron-Paares, bei der das Elektron den Bruchteil $x = E_-/E_\gamma$ der Energie des Photons erhält, ist in Born-Approximation [783]:

$$\begin{aligned}\frac{d\sigma}{dx} = \alpha r_e^2 \Bigg\{ \left(\frac{4}{3}x(x-1)+1\right) \left[Z^2(\phi_1(\eta) - \frac{4}{3}\ln Z - 4f(Z)\,) + Z(\psi_1(\eta) - \frac{8}{3}\ln Z)\right] \\ + \frac{2}{3}x(1-x)\left[(Z^2(\phi_1(\eta)-\phi_2(\eta)) + Z(\psi_1(\eta)-\psi_2(\eta))\right] \Bigg\}\,. \end{aligned} \tag{3.135}$$

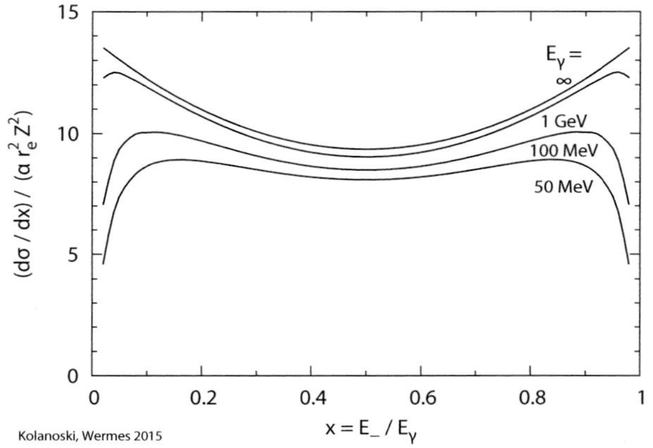

Abb. 3.42 Differenzielle Wirkungsquerschnitte für Paarbildung in Einheiten $\alpha r_e^2 Z^2/E_\gamma$ als Funktion der normierten Elektronenergie $x = E_-/E_\gamma$. Die Kurven für $E_\gamma = 50$ MeV, 100 MeV und 1 GeV sind mit variabler Abschirmung (Gleichung 3.135) und die asymptotische Kurve ist mit vollständige Abschirmung (Gleichung (3.136)) berechnet worden.

In dieser Näherung ist der Wirkungsquerschnitt symmetrisch für Elektronen und Positronen, das heisst für $x \to 1-x$. Die Coulomb-Korrektur $f(Z)$ und die Abschirmfunktionen $\phi_{1,2}$ und $\psi_{1,2}$ sind wie bei der Bremsstrahlung in Abschnitt 3.3.2 definiert. Mit den Näherungsformeln (3.78–3.80) für diese Funktionen sind die differenziellen Wirkungsquerschnitte in Abb. 3.42 berechnet worden.

Für den Fall vollständiger Abschirmung lässt sich der Wirkungsquerschnitt ähnlich wie bei der Bremsstrahlung schreiben [783]:

$$\frac{d\sigma}{dx} = 4\alpha r_e^2 \left\{ \left(\frac{4}{3} x(x-1) + 1 \right) [\, Z^2 (L_{rad} - f(Z)\,) + Z L'_{rad} \,] + \frac{1}{9} x(1-x)(Z^2 + Z) \right\} . \tag{3.136}$$

Die Funktionen L_{rad} und L'_{rad} wurden im Zusammenhang mit der Bremsstrahlung in Abschnitt 3.3.2 auf Seite 62 eingeführt. Die Integration der Gleichung (3.136) ergibt den totalen Wirkungsquerschnitt für Paarproduktion in der Näherung hoher Photonenergien:

$$\sigma_{Paar} = 4\alpha r_e^2 \, \frac{7}{9} \left[\left(Z^2 (L_{rad} - f(Z)\,) + Z L'_{rad} \right) + \frac{1}{42} (Z^2 + Z) \right] . \tag{3.137}$$

Die Gleichung zeigt, dass der Paarproduktionsquerschnitt in dieser Näherung unabhängig von der Energie und proportional zum mittleren Energieverlust durch Bremsstrahlung in (3.84) ist, Letzteres wenn man die jeweils letzten Terme, also hier den Term $\frac{1}{42}(Z^2 + Z)$, vernachlässigt. Es folgt, dass man den Paarproduktionsquerschnitt durch die Strahlungslänge, definiert in (3.87), ausdrücken kann:

$$\sigma_{Paar} \approx \frac{7}{9} \frac{1}{X_0} \frac{A}{N_A \, \rho} . \tag{3.138}$$

Damit wird die Photonabsorptionslänge für Paarproduktion

$$\lambda_\gamma = \frac{1}{\sigma_{paar} \, N_{Atome}} = \frac{9}{7} X_0 , \tag{3.139}$$

wobei $N_{Atome} = \rho N_A / A$ die Dichte der Streuzentren angibt. Für die Paarbildung bedeutet die Strahlungslänge also die Wegstrecke, nach der Paarbildung mit der Wahrscheinlichkeit

$$P(e^+ e^-) = 1 - e^{-\frac{7}{9}} = 54\%$$

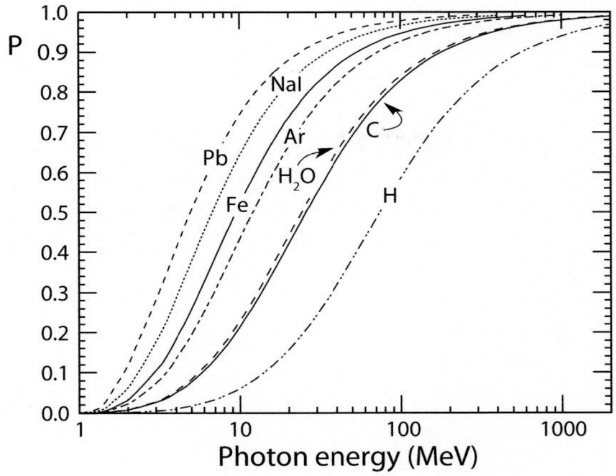

Abb. 3.43 Für verschiedene Medien ist die Wahrscheinlichkeit P angegeben, dass in einer Wechselwirkung eines Photons ein Elektron-Positron-Paar erzeugt wird (Quelle: [621]). In diesem Energiebereich trägt neben der Paarproduktion im Wesentlichen Compton-Streuung bei, das heißt, die Wahrscheinlichkeit für Compton-Streuung ist etwa $1 - P$.

eintritt. Im Vergleich dazu hat ein Elektron nach einer Strahlungslänge den Anteil $1 - 1/e = 63.2\,\%$ seiner Energie durch Bremsstrahlung verloren.

Das Feld des Atomkerns wird kohärent aus den Z Nukleonladungen gebildet, was zu der Z^2-Abhängigkeit des Wirkungsquerschnitts für Paarerzeugung führt. Die Paarbildung an Elektronen ist nur für leichte Kerne von vergleichbarer Größenordnung mit der am Kern (κ_e und κ_N in Abb. 3.33), allerdings sollte man nicht übersehen, dass zum Beipiel bei Wasserstoff beide Prozesse bei hohen Photonenergien etwa gleich beitragen. Das Elektron oder der Atomkern müssen bei dem Prozess den Rückstoß aufnehmen. Da auf ein Elektron effektiver Energie übertragen wird als auf einen Kern, ist für Elektronen die Schwelle für Paarbildung weiter nach oben verschoben und das Schwellenverhalten flacher (siehe Abb. 3.33). Das Schwellenverhalten für verschiedene Kerne ist in Abb. 3.43 gezeigt. Auch bei hohem Impulsübertrag Δp auf den Kern bleibt der Energieübertrag ($\approx (\Delta p)^2/2M$) wegen der hohen Masse des Rückstoßkerns klein. Die nach Erzeugung des Paares verbleibende Restenergie wird als kinetische Energie auf das e^+e^--Paar übertragen. Die Entwicklung von elektromagnetischen Schauern (Kapitel 15) ist bei hohen Energien im Wesentlichen durch das Wechselspiel von Bremsstrahlung und Paarproduktion bestimmt. Da beide Prozesse von der Strahlungslänge abhängen, wird die Dicke von Detektormaterialien häufig in Vielfachen der Strahlungslänge angegeben (Tab. 3.4).

3.5.5 Abhängigkeiten der Photonprozesse von Energie und Kernladungszahl

Einen Überblick über die näherungsweisen Abhängigkeiten der Photonwechselwirkungen von Potenzen der Energie E_γ und der Kernladungszahl Z gibt die folgende Aufstellung:

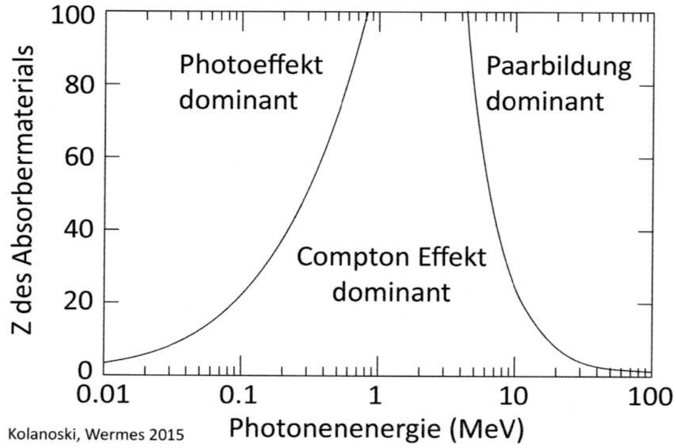

Abb. 3.44 Darstellung der Bereiche in der $(E_\gamma,\ Z)$-Ebene, in denen die verschiedenen Photonabsorptionsprozesse dominieren (nach [310], Daten von [142]).

Prozess	Gleichung	Z	E
Photoeffekt	(3.112)	$Z^n, \quad n \approx 4{-}5$	$E_\gamma^{-m}, \quad m \lesssim 3.5$
Photoeffekt, $E_\gamma \to \infty$:	(3.115)		$m \to 1$
Compton-Effekt	(3.123, 3.125)	Z	$1/E_\gamma\ (E_\gamma \gg m_e c^2)$
Paarbildung	(3.136)	Z^2	$\sim const\ (E_\gamma \gg m_e c^2)$

Für den Photoeffekt gilt die erste Zeile nur in einem begrenzten Bereich oberhalb der K-Kante.

Abbildung 3.44 zeigt in der (E_γ, Z)-Ebene die Bereiche, in denen jeweils ein Prozess dominant ist. Für einen gegebenen Z-Wert führt der starke Abfall des Photoeffekts mit der Energie dazu, dass der Compton-Effekt ab einer bestimmten Energie dominant wird, dann aber mit weiter wachsender Energie die Dominanz an die Paarproduktion verliert, die an der Schwelle ansteigt und dann konstant wird.

Die stärkere Z-Abhängigkeit von Photoeffekt und Paarbildung im Vergleich zum Compton-Effekt bewirkt, dass der Bereich, in dem der Compton-Effekt dominiert, mit wachsenden Z immer kleiner wird. Zum Beispiel dominiert der Compton-Effekt bei Silizium etwa zwischen 60 keV und 15 MeV und bei Blei etwa zwischen 0.6 MeV und 4 MeV. Für Medien mit hohen Z-Werten ist der Compton-Effekt nur in einem relativ engen Bereich um 1 MeV dominierend. In diesem Energiebereich hat insgesamt die Photonabsorption ein Minimum, wodurch entsprechende Strahlung besonders schlecht abzuschirmen ist.

3.6 Wechselwirkung von Hadronen mit Materie

Bei der Wechselwirkung von Hadronen (p, n, π, K, ...) spielt die starke Wechselwirkung die wesentliche Rolle. Wegen der Vielfalt der möglichen Reaktionsprozesse, die in der Regel auch nicht so gut wie die elektromagnetischen Prozesse zu berechnen sind, ist die Behandlung von hadronischen Wechselwirkungen, zum Beispiel zur Simulation von Detektorverhalten, sehr schwierig. Wir werden hier nur einige Begriffe für das Verhalten hochenergetischer Hadronen besprechen und bei der Behandlung von Hadron-Kalorimetern (Kapitel 15) mehr ins Detail gehen.

Analog zu der Strahlungslänge für elektromagnetische Prozesse definiert man bei hohen Energien eine (hadronische) 'Absorptionslänge' λ_a, so dass nach einer Wegstrecke x von ursprünglich N_0 Teilchen noch verbleiben:

$$N(x) = N_0 \, e^{-x/\lambda_a} \,. \tag{3.140}$$

Die Absorptionslänge wird aus dem inelastischen Wirkungsquerschnitt für hochenergetische Hadronen, der bei hohen Energien etwa konstant ist ($\approx 45\,\mathrm{mb}$ pro Nukleon, siehe (3.8)), berechnet:

$$\lambda_a = \frac{A}{N_A \, \rho \, \sigma_{inel}} \underset{\sim}{\propto} A^{-\frac{2}{3}} \,. \tag{3.141}$$

Die ungefähre Proportionalität zu $A^{-2/3}$ ergibt sich mit Gleichung (3.8) und der Annahme, dass $\rho \underset{\sim}{\propto} A$ gilt. In Tabellen wird in der Regel wieder $\rho \, \lambda_a$ angegeben. Für höheres Z werden diese Längen viel größer als die Strahlungslängen (siehe Tab. 15.3 auf Seite 597), weshalb Hadron-Kalorimeter immer viel größer sind als elektromagnetische Kalorimeter (siehe dazu Kapitel 15). Es wird auch statt der Absorptionslänge eine 'Wechselwirkungslänge' für die Summe des elastischen und des inelastischen Wirkungsquerschnitts definiert. In vielen Fällen ist die relevante Größe aber die Absorptionslänge, weil elastisch gestreute Teilchen bevorzugt sehr wenig Energie übertragen und nur selten stark abgelenkt werden.

Geladene Hadronen verlieren kontinuierlich Energie durch Ionisation des Mediums entsprechend der Bethe-Bloch-Formel. Die hadronische Wechselwirkung bewirkt, dass nicht alle Teilchen bis zu der durch die Ionisation bestimmten Reichweite kommen, sondern vorher absorbiert werden. Wenn mit steigender Energie die Ionisationsreichweite viel größer als die Absorptionslänge wird, beginnt in einem ausgedehnten Medium die hadronische Wechselwirkung zu dominieren, und es bilden sich hadronische Schauer aus (Abschnitt 15.3 in Kapitel 15).

3.7 Simulation von Wechselwirkungen in Detektoren

Um aus dem Nachweis von Teilchen beziehungsweise Teilchenreaktionen quantitative, allgemein gültige Größen, wie Reaktionswahrscheinlichkeit, Wirkungsquerschnitt oder Lebensdauer, zu extrahieren, muss die Effizienz des Nachweises bekannt sein. Mathematisch läuft die Bestimmung der Effizienz für den Nachweis einer Teilchenreaktion auf die Lösung eines Integrals über alle möglichen Endzustände einer Reaktion, gewichtet mit der Nachweiswahrscheinlichkeit für jeden Endzustand, hinaus. In der Regel können solche Integrale, die häufig hoch-dimensional sind, nicht analytisch berechnet werden, unter anderem weil die benötigten Funktionen meistens nicht analytisch vorliegen. Eine Standardmethode zur numerischen Lösung komplizierter Integrale ist die die 'Monte-Carlo-Methode'. Nach dieser Methode werden diskrete Endzustände, in der Regel Vielteilchensysteme, nach dem Zufallsprinzip erzeugt, und die einzelnen Teilchen werden durch den Detektor verfolgt. Dabei werden die verschiedenen Wechselwirkungen der Teilchen mit der Materie wie Energieverlust, Absorption oder Teilchenerzeugung simuliert. Schließlich wird entschieden, ob der spezielle Endzustand akzeptiert oder verworfen wird, weil er die Kriterien für den Nachweis nicht erfüllt. Die Effizienz η für den Nachweis der Reaktion ist die Anzahl N^{akz} aller akzeptierten Endzustände zu der Gesamtzahl N^{gen} der erzeugten:

$$\eta = \frac{N^{akz}}{N^{gen}} . \tag{3.142}$$

Als Rahmen für die Simulation eines Detektors oder Detektorteils wird sehr häufig das Programmpaket Geant4 [373] benutzt. Dieses Programm bietet die Infrastruktur, um die Detektorgeometrie zu definieren, die verschiedenen Materialien zu beschreiben und eine Vielzahl unterschiedlicher Programme aufzurufen, die auf die Simulation von Teilchenreaktionen spezialisiert sind. Im Allgemeinen möchte man die Prozesse möglichst genau auf dem mikro-physikalischen Niveau beschreiben. Häufig ist es aber notwendig, einen Kompromiss zwischen Genauigkeit, Rechenzeit und Anpassungsfähigkeit zu finden.

Generell werden in den Simulationen die einzelnen Teilchen schrittweise verfolgt, und Energieverlust, Absorption oder Teilchenerzeugung werden aufgrund der Wechselwirkungswahrscheinlichkeiten berechnet. Das ist besonders bei hohen Energien mit entsprechend hohen Teilchenmultiplizitäten sehr rechenzeitintensiv, so dass Genauigkeit und Zeitaufwand gegeneinander abgewogen werden müssen. Dazu sind die Schrittweiten zu optimieren und Abschneideenergien zu definieren, bis zu denen Teilchen verfolgt werden, bevor sie ihre gesamte restliche Energie lokal deponieren. Schrittweiten und Abschneideparameter hängen von den jeweiligen Anforderungen ab und werden empirisch angepasst.

4 Bewegung von Ladungsträgern in elektrischen und magnetischen Feldern

Übersicht

4.1 Einführung

Viele Detektorprinzipien nutzen zum Nachweis geladener Teilchen die Ionisation in sensitiven Detektorschichten und die Sammlung der erzeugten Ladungen durch elektrische Felder auf Elektroden, von denen man elektrische Signale ableiten kann. In den wichtigsten Detektortypen bewegen sich die Ladungen in Gasen (Kap. 7), in Flüssigkeiten (zum Beispiel in Flüssig-Argon-Kalorimetern, Kap. 15) und in Halbleiterleitern (Kap. 8). In Gasen und Flüssigkeiten sind die Ladungsträger Elektronen und Ionen. Bei den Halbleitern sind es Elektronen und 'Löcher', das sind Elektronenfehlstellen, die sich wie positive Ladungen bewegen.

Bei Ladungsträgern, die sich in elektrischen und magnetischen Feldern bewegen, kann man geordnete und ungeordnete Bewegungen unterscheiden (Abb. 4.1), die sich überlagern:

- Eine ungeordnete Bewegung mit einer Geschwindigkeitsverteilung, die im thermischen Gleichgewicht und ohne äußere Felder durch die Maxwell- oder die Fermi-Verteilung beschrieben wird (ein äußeres elektrisches Feld kann die Bewegung 'aufheizen' und auch die Verteilung ändern);
- eine Driftbewegung, deren Richtung durch die elektrischen und magnetischen Felder bestimmt wird.

H. Kolanoski, N. Wermes, *Teilchendetektoren*, DOI 10.1007/978-3-662-45350-6_4

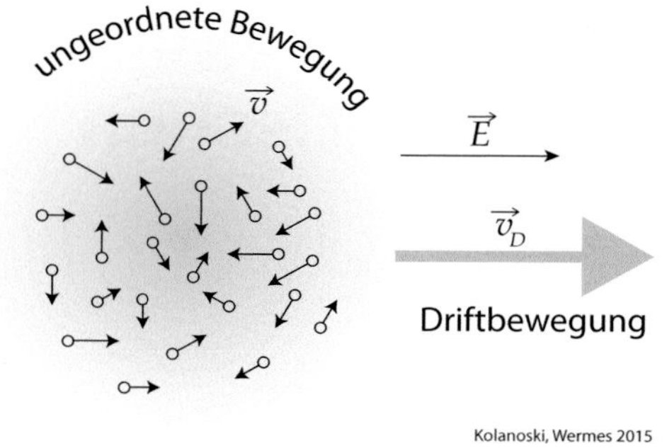

Abb. 4.1 Schematische Darstellung der ungeordneten Bewegung einer Ladungswolke und der überlagerten Driftbewegung in Richtung eines elektrischen Feldes.

Bei Existenz eines Konzentrationsgefälles, wie zum Beispiel bei der lokalen Erzeugung von Ladungen in einem Detektor, führt die ungeordnete thermische Bewegung zur Diffusion der Ladungsträger, die ein Auseinanderlaufen der lokalen Ladungsverteilung bewirkt.

Die Driftgeschwindigkeit $\vec{v}_D$ ergibt sich aus einem Gleichgewicht zwischen der beschleunigenden elektrischen Kraft und einer dämpfenden Reibungskraft, die von Stößen mit den umgebenden Atomen und Molekülen herrührt. Meistens ist die Driftgeschwindigkeit viel kleiner als die mittlere (ungeordnete) thermische Geschwindigkeit $\langle v \rangle$:

$$|\vec{v}_D| \ll \langle v \rangle \,. \tag{4.1}$$

Im Folgenden wird in Abschnitt 4.2 die Boltzmann'sche Transportgleichung für Ladungsträger in einem Medium mit äußeren Feldern eingeführt und unter vereinfachenden Annahmen gelöst. Mit diesen Lösungen werden in Abschnitt 4.3 Ausdrücke für Driftgeschwindigkeiten von Ladungsträgern unter dem Einfluss äußerer elektrischer und magnetischer Felder berechnet. In dem folgenden Abschnitt 4.4 wird das Auseinanderlaufen einer Ladungswolke auf Grund der Diffusion, die durch die ungeordnete Bewegung zustande kommt, untersucht. Die Lösungen der Boltzmann-Transportgleichung werden in den Abschnitten 4.5 und 4.6 für Ionen und Elektronen in Gasen und in Abschnitt 4.7 für Halbleiter diskutiert.

Literatur zu diesem Kapitel findet man in Lehrbüchern der Statistischen Physik (zum Beispiel [341, 450]), wobei allerdings Transportphänomene nicht immer ausführlich behandelt werden. Die Boltzmann-Transportgleichung wird dort im Zusammenhang mit der kinetischen Gastheorie behandelt, womit weitgehend die Bewegung von Ionen in Gasen abgedeckt wird. Für die komplexeren Phänomene bei der Bewegung von Elektronen in Gasen wird an den entsprechenden Stellen auf Spezialliteratur hingewiesen. Die Anwendung auf Transportphänomene in Halbleitern ist zum Beispiel in [326] beschrieben.

4.2 Ladungsträgertransport: Boltzmann-Transportgleichung

Die Entwicklung der mikroskopischen Orts- und Geschwindigkeitsverteilungen von Ladungsträgern in einem Medium in Abhängigkeit von elektrischen und magnetischen Feldern und anderen äußeren Parametern wie Temperatur und Druck wird durch die Boltzmann-Transportgleichung beschrieben. Aus der Lösung der Gleichung, die als Eingabe die mikroskopischen Wirkungsquerschnitte und Inelastizitäten benötigt, werden Drift und Diffusion der Ladungsträger als kollektive Eigenschaften der Verteilung bestimmt, die das makroskopisch beobachtbare Verhalten der Ladungsträger beschreiben.

Die Lösung der Transportgleichung ist sehr aufwendig und im Allgemeinen nur numerisch möglich. Deshalb werden wir im Folgenden vereinfachende Annahmen machen, die gestatten sollen, Charakteristika von Drift und Diffusion zu diskutieren. In der Praxis wird insbesondere die Elektronenbewegung in Gasen, die besonders komplexe Abhängigkeiten von Mischungsverhältnissen von Gasen und den äußeren Feldern aufweist, mit der Boltzmann-Transportgleichung numerisch berechnet.

4.2.1 Boltzmann-Transportgleichung

Im Folgenden betrachten wir eine Ladungswolke in einem Medium mit der Phasenraumverteilung $f(\vec{r}, \vec{v}, t)$. Die Wahrscheinlichkeit p, dass ein Ladungsträger sich zur Zeit t in dem Phasenraumintervall $[(\vec{r}, \vec{v}), (\vec{r} + d\vec{r}, \vec{v} + d\vec{v})]$ befindet, ist

$$dp(\vec{r}, \vec{v}, t) = f(\vec{r}, \vec{v}, t)\, d^3\vec{r}\, d^3\vec{v} \,. \tag{4.2}$$

Die integrierte Wahrscheinlichkeit im gesamten Phasenraum (PS) ist normiert:

$$\int_{PS} f(\vec{r}, \vec{v}, t)\, d^3\vec{r}\, d^3\vec{v} = 1 \,. \tag{4.3}$$

Die Entwicklung der Verteilung im Phasenraum wird durch die Boltzmann-Transportgleichung

$$\frac{df}{dt} = \frac{\partial f}{\partial t} + \frac{d\vec{r}}{dt}\vec{\nabla}_{\vec{r}} f + \frac{d\vec{v}}{dt}\vec{\nabla}_{\vec{v}} f = \frac{\partial f}{\partial t}_{|coll} \tag{4.4}$$

beschrieben. Die links stehende totale zeitliche Ableitung ist hier im mittleren Teil nach den partiellen Ableitungen entwickelt. Der erste Term der partiellen Ableitungen tritt bei expliziter Zeitabhängigkeit von f auf und verschwindet im stationären Fall. Die beiden nächsten Terme beschreiben Änderungen von f durch Bewegungen im Phasenraum, wobei der erste die Bewegungen im Ortsraum, die makroskopisch der Diffusion entsprechen, beschreibt und der zweite Term Bewegungen im Geschwindigkeitsraum. Die Beschleunigung $d\vec{v}/dt$ in dem zweiten Term wird durch äußere elektrische oder magnetische Felder erzeugt. Der Ausdruck auf der rechten Seite wird das 'Boltzmann'sche Stoßintegral' genannt und ist ein Funktional, das Integrale über f enthält und damit die Boltzmann-Transportgleichung zu einer Integro-Differenzial-Gleichung macht. Das

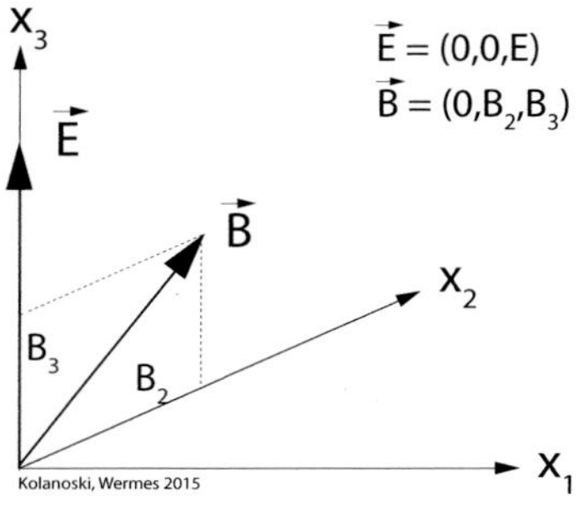

Abb. 4.2 Koordinatensystem mit $\vec{E}$- und $\vec{B}$-Feld.

Stoßintegral trägt der Reibung durch Stöße mit den Atomen oder Molekülen des Mediums Rechnung, die durch die gemessenen oder berechneten Wirkungsquerschnitte für die mikroskopischen elastischen und inelastischen Streuprozesse beschrieben wird. Die Lösungen der Boltzmann-Transportgleichung sind die mikroskopischen Verteilungen im Phasenraum, mit deren Hilfe die makroskopischen Größen wie Drift und Diffusion bestimmt werden. Andererseits kann aus den gemessenen makroskopischen Größen auf die mikroskopischen Wirkungsquerschnitte und Inelastizitäten zurückgeschlossen werden.

Beschleunigungsterm: Die Beschleunigung soll durch die Lorentz-Kraft gegeben sein,

$$m\frac{d\vec{v}}{dt} = q\left(\vec{E} + \vec{v} \times \vec{B}\right) \, , \tag{4.5}$$

wobei die Kraft auf ein Teilchen mit der Masse m und der Ladung q wirkt ($q = \pm e$ oder Vielfache davon). Das Koordinatensystem kann so gewählt werden, dass die Felder nur y- und z-Komponenten haben, wie in Abb. 4.2 dargestellt:

$$\vec{E} = (0, 0, E) \qquad \text{und} \qquad \vec{B} = (0, B_2, B_3) \, . \tag{4.6}$$

Gleichung (4.5) ergibt dann:

$$\frac{d\vec{v}}{dt} = \frac{q}{m}\begin{pmatrix} 0 \\ 0 \\ E \end{pmatrix} + \begin{pmatrix} v_2\omega_3 - v_3\omega_2 \\ -v_1\omega_3 \\ v_1\omega_2 \end{pmatrix} . \tag{4.7}$$

Dabei sind

$$\omega_i = \frac{q}{m}B_i \qquad (i = 1, 2, 3) \tag{4.8}$$

die Zyklotronfrequenzen.

4.2.2 Das Stoßintegral

Die Boltzmann-Transportgleichung (4.4) besagt, dass sich im kollisionsfreien Fall, wenn also das Stoßintegral verschwindet, die Dichte im Phasenraum nicht ändert, es gilt dann $df/dt = 0$. Das folgt aus dem Liouville-Theorem, das auch für ein System gilt, auf das äußere Kräfte wirken, solange diese konservativ sind. Erst die Wechselwirkungen der

Teilchen untereinander, beschrieben durch das Stoßintegral auf der rechten Seite der Gleichung, kann die Phasenraumdichte ändern.

Das Stoßintegral beschreibt die Streuung von Teilchen in ein Phasenraumelement und aus diesem heraus. Wenn die Wechselwirkungen elastisch durch Zweierstöße $1+2 \leftrightarrow 3+4$ erfolgen, lautet das Integral:

$$\left.\frac{\partial f}{\partial t}\right|_{\text{coll}} = \int W(\vec{v}_1, \vec{v}_2; \vec{v}_3, \vec{v}) \left\{ f(\vec{r}, \vec{v}_1, t) f(\vec{r}, \vec{v}_2, t) - f(\vec{r}, \vec{v}_3, t) f(\vec{r}, \vec{v}, t) \right\} \mathrm{d}\vec{v}_1 \mathrm{d}\vec{v}_2 \mathrm{d}\vec{v}_3 \,. \tag{4.9}$$

Das Integral gibt an, wie sich zu einer festen Zeit t an dem Ort $\vec{r}$ mit der Phasenraumdichte $f(\vec{r}, \vec{v}, t)$ diese Dichte durch Heraus- und Hineinstreuen von Teilchen mit der Geschwindigkeit $\vec{v}$ ändert. Der Term $W(\vec{v}_1, \vec{v}_2; \vec{v}_3, \vec{v}) f(\vec{r}, \vec{v}_1, t) f(\vec{r}, \vec{v}_2, t)$ gibt den Zuwachs an, der durch den Übergang der Teilchen 1 und 2 in ein Teilchen in das betrachtete Phasenraumelement um $\vec{v}$ erfolgt, wobei das andere Teilchen eine Geschwindigkeit $\vec{v}_3$ erhält. Der andere, negative Term beschreibt entsprechend die Minderung der Dichte des betrachteten Phasenraumelements. Das Teilchen mit der Geschwindigkeit $\vec{v}$ verlässt das Element durch Streuung mit einem Teilchen der Geschwindigkeit $\vec{v}_3$, wobei die Streupartner die Geschwindigkeiten $\vec{v}_1$ und $\vec{v}_2$ annehmen.

Die Wahrscheinlichkeit für die Streuung ist $W(\vec{v}_1, \vec{v}_2, \vec{v}_3, \vec{v})$, die die differentiellen Streuquerschnitte und die Zwangsbedingungen aufgrund von Impuls- und Energieerhaltung enthält. Es ist über alle möglichen Streupartner 1, 2, 3 im Anfangs- und im Endzustand zu integrieren. In dem Ausdruck (4.9) wurde angenommen, dass es sich nur um eine Teilchensorte handelt und dass die Streuprozesse reversibel sind, dass also gilt:

$$W(\vec{v}_1, \vec{v}_2; \vec{v}_3, \vec{v}_4) = W(\vec{v}_3, \vec{v}_4; \vec{v}_1, \vec{v}_2) \,. \tag{4.10}$$

Im Allgemeinen ist über verschiedene Teilchensorten zu summieren, und die Wechselwirkungen können inelastisch sein, wobei die Energie zwischen den Teilchensorten umverteilt werden kann oder auch ein Energieaustausch mit der Umgebung stattfinden kann. Zusätzlich können Quellen und Senken für Teilchen auftreten, wie zum Beispiel die Erzeugung und Absorption von Ladungsträgern. In den folgenden einfachen Betrachtungen soll aber Teilchenzahlerhaltung vorausgesetzt werden.

Die Auswertung des Stoßintegrals ist im Allgemeinen Fall die eigentliche Herausforderung bei der Lösung der Boltzmann-Transportgleichung, die dadurch zu einer Integro-Differenzial-Gleichung wird und, wie bereits bemerkt, in der Regel nur numerisch gelöst werden kann. Im Folgenden sollen anhand von Näherungen wesentliche Eigenschaften von Geschwindigkeitsverteilungen diskutiert werden.

4.2.3 Spezielle Lösungen der Boltzmann-Transportgleichung

Maxwell-Verteilung

Im stationären, ortsunabhängigen und kräftefreien Fall ist $f(\vec{r}, \vec{v}, t) = f(\vec{v})$ und die Ausdrücke mit den partiellen Ableitungen in Gleichung (4.4) verschwinden. Damit gilt für das Stoßintegral:

$$\left.\frac{\partial f}{\partial t}\right|_{\text{coll}} = 0 \tag{4.11}$$

Für die oben betrachtete elastische Streuung gemäß Gleichung (4.11) ist offensichtlich eine hinreichende Bedingung für eine Gleichgewichtslösung f_0 (es kann gezeigt werden, dass sie in diesem Fall auch notwendig ist), dass gilt:

$$f_0(\vec{v}_1) f_0(\vec{v}_2) = f_0(\vec{v}_3) f_0(\vec{v}_4)\,. \tag{4.12}$$

Dabei sind die Geschwindigkeiten auf der linken und der rechten Seite über die Energie-Impuls-Erhaltung verknüpft (wie auch in dem Integral (4.9)). In der statistischen Physik wird gezeigt, dass Lösungen f_0 dann immer die Form der Maxwell-Verteilung haben:

$$f_0(\vec{v}) = C \exp(-Av^2)\,. \tag{4.13}$$

Man sieht leicht, dass diese Funktion Gleichung (4.12) löst:

$$C^2 \exp(-A(v_1^2 + v_2^2)) = C^2 \exp(-A(v_3^2 + v_4^2)) \tag{4.14}$$

Die Gleichheit folgt aus der Energieerhaltung $v_1^2 + v_2^2 = v_3^2 + v_4^2$.

Relaxationsnäherung

In einem abgeschlossenen System sorgen die Wechselwirkungen für eine im statistischen Mittel stationäre Energie- und Impulsverteilung. Fluktuationen in dieser Verteilung werden mit einer Zeitkonstante τ, der Relaxationszeit, ausgeglichen, so dass das System wieder ins Gleichgewicht zurückkehrt. Da der Grund für die Relaxation die Wechselwirkungen der Teilchen sind, kann man τ auch mit der mittleren Zeit zwischen zwei Stößen, der Stoßzeit, in Verbindung setzen, siehe Abschnitt 4.3.

Wenn man annimmt, dass der Ausgleich proportional zu der Abweichung der Fluktuation von der Gleichgewichtsverteilung f_0 ist, kann man für das effektive Stoßintegral in der Relaxationsnäherung ansetzen:

$$\frac{\partial f}{\partial t} = \left.\frac{\partial f}{\partial t}\right|_{\text{coll}} = -\frac{f - f_0}{\tau}\,. \tag{4.15}$$

Diese Gleichung hat die Lösung

$$f(t) = f_0 + (f - f_0)\,\mathrm{e}^{-t/\tau}\,. \tag{4.16}$$

Das heißt, das System kehrt bei einer Störung mit der Zeitkonstante τ wieder in das Gleichgewicht zurück.

4.2.4 Störung durch externe Felder

Wir betrachten jetzt ein System, das durch Anlegen externer Felder aus der ursprünglichen Gleichgewichtsverteilung $f_0(\vec{v})$ in eine neue, ebenfalls orts-und zeitunabhängige Verteilung $f(\vec{v})$ verschoben wird. Mit der Lorentz-Kraft in (4.5) hat die Boltzmann-Transportgleichung die Form

$$\frac{q}{m}\left(\vec{E}+\vec{v}\times\vec{B}\right)\vec{\nabla}_{\vec{v}}f = \frac{\partial f}{\partial t}_{|coll} . \qquad (4.17)$$

Nur mit elektrischem Feld

Die externe Kraft soll zunächst nur durch ein elektrisches Feld wirken. Wenn dieses Feld genügend schwach ist, so dass es den Gleichgewichtszustand f_0 nicht wesentlich stört, können wir in der Relaxationsnäherung ansetzen:

$$\frac{q}{m}\vec{E}\,\vec{\nabla}_{\vec{v}}f_0 = -\frac{f-f_0}{\tau} . \qquad (4.18)$$

Neben der Relaxationsnäherung ist hier eine weitere Näherung, dass der Gradient auf f_0 statt auf f angewandt wird.

Zur Lösung der Gleichung drücken wir den Betrag der Geschwindigkeit eines Teilchens durch dessen Energie aus:

$$\epsilon = \frac{1}{2}mv^2 . \qquad (4.19)$$

Die Gleichgewichtsverteilung f_0 hängt nur über die Energie ϵ von der Geschwindigkeit ab. Deshalb lässt sich der Geschwindigkeitsgradient in (4.18) schreiben:

$$\vec{\nabla}_{\vec{v}}f_0 = \frac{\partial f_0}{\partial\epsilon}\,\vec{\nabla}_{\vec{v}}\,\epsilon = m\,\vec{v}\,\frac{\partial f_0}{\partial\epsilon} . \qquad (4.20)$$

Damit ist die Lösung von (4.18):

$$f = f_0 - \frac{q}{m}\,\tau\,\vec{E}\,\vec{\nabla}_{\vec{v}}f_0 = f_0 - q\,\vec{E}\,\tau\,\vec{v}\,\frac{\partial f_0}{\partial\epsilon} = f_0 - q\,E\,\tau\,v_3\,\frac{\partial f_0}{\partial\epsilon} . \qquad (4.21)$$

Mit der Definition des Koordinatensystems wie in (4.6) wird $\vec{v}\vec{E} = v_3E$. Die resultierende Verteilung f ist offensichtlich anisotrop mit einer Vorzugsrichtung in Feldrichtung (3-Achse).

Der allgemeine Fall der Lorentz-Kraft

Wir betrachten jetzt die Boltzmann-Transportgleichung (4.17) mit der vollen Lorentz-Kraft in Relaxationsnäherung:

$$\frac{q}{m}\left(\vec{E}+\vec{v}\times\vec{B}\right)\vec{\nabla}_{\vec{v}}f = -\frac{f-f_0}{\tau} = -\frac{\delta f}{\tau} . \qquad (4.22)$$

Hier können wir allerdings nicht die gleiche Näherung für den Geschwindigkeitsgradienten wie in (4.20) ansetzen, weil das dann auftretende Spatprodukt $\vec{v} \cdot (\vec{v} \times \vec{B})$ verschwindet. Damit hätte das Magnetfeld keine Wirkung auf die Verteilung, was aber nicht der Beobachtung entspricht. Deshalb muss für die Wirkung des B-Feldes in (4.22) der Gradient in höherer Ordnung, die die Anisotropie durch das E-Feld enthält, berücksichtigt werden. Wir schreiben den Gradienten entsprechend:

$$\vec{\nabla}_{\vec{v}} f = \vec{\nabla}_{\vec{v}}(f_0 + \delta f) = m\,\vec{v}\,\frac{\partial f_0}{\partial \epsilon} + \vec{\nabla}_{\vec{v}} \delta f \,. \tag{4.23}$$

Damit wird (4.22):

$$q\,\vec{E}\,\vec{v}\,\frac{\partial f_0}{\partial \epsilon} + \frac{q}{m}\left(\vec{v} \times \vec{B}\right)\,\vec{\nabla}_{\vec{v}} \delta f = -\frac{\delta f}{\tau} \,. \tag{4.24}$$

Dabei wurde für den Geschwindigkeitsgradienten beim E-Feld wieder die f_0-Näherung benutzt, während dieser Beitrag bei dem B-Feld verschwindet und nur der δf-Term beiträgt.

Zur Lösung von (4.24) machen wir den Ansatz, dass es ein effektives E-Feld $\vec{A}$ gibt, mit dem eine Lösung konstruiert werden kann, die (4.21) entspricht:

$$\delta f = -\frac{q}{m}\,\tau\,\vec{A}\,\vec{\nabla}_{\vec{v}} f_0 = -q\,\tau\,\vec{v}\,\vec{A}\,\frac{\partial f_0}{\partial \epsilon} \quad \left(\Rightarrow\ \vec{\nabla}_{\vec{v}} \delta f = -q\,\tau\,\vec{A}\,\frac{\partial f_0}{\partial \epsilon}\right) \,. \tag{4.25}$$

Daraus berechnet sich der Gradient von δf zu

$$\vec{\nabla}_{\vec{v}} \delta f = -q\,\tau\,\vec{A}\,\frac{\partial f_0}{\partial \epsilon} \,. \tag{4.26}$$

Einsetzen von δf und $\vec{\nabla}_{\vec{v}} \delta f$ in (4.24) ergibt:

$$\vec{v}\vec{E} - \frac{q}{m}\tau \underbrace{\left(\vec{v} \times \vec{B}\right)\vec{A}}_{=(\vec{B}\times\vec{A})\vec{v}} = \vec{v}\vec{A} \qquad \Rightarrow \qquad \vec{E} - \frac{q}{m}\tau\left(\vec{B} \times \vec{A}\right) = \vec{A} \,. \tag{4.27}$$

Mit der rechten Seite erhält man also eine Relation zwischen $\vec{E}$, $\vec{B}$ und $\vec{A}$, die unabhängig von dem Geschwindigkeitsvektor ist. Die Lösung für $\vec{A}$ kann man durch die möglichen Komponenten in Richtung von $\vec{E}$, $\vec{B}$ und $\vec{E} \times \vec{B}$, also als die Linearkombination $\vec{A} = a\,\vec{E} + b\,\vec{B} + c\,(\vec{E} \times \vec{B})$ darstellen. Durch Einsetzen dieses Ausdrucks in (4.27) erhält man durch Koeffizientenvergleich

$$\vec{A} = \frac{1}{1+\omega^2\tau^2}\left(\vec{E} + \frac{(\vec{E}\,\vec{B})\vec{B}}{B^2}\omega^2\tau^2 + \frac{\vec{E} \times \vec{B}}{B}\omega\tau\right) , \tag{4.28}$$

wobei $\omega = qB/m$ die Zyklotronfrequenz ist. Damit ergibt (4.25) die Näherungslösung für die Verteilungsfunktion:

$$f = f_0 - q\,\tau\,\vec{v}\,\vec{A}\,\frac{\partial f_0}{\partial \epsilon} = f_0 - qE\,\tau\frac{1}{1+\omega^2\tau^2}\,\vec{v}\begin{pmatrix} -\omega_2\tau \\ \omega_2\omega_3\tau^2 \\ 1+\omega_3^2\tau^2 \end{pmatrix}\frac{\partial f_0}{\partial \epsilon} \,. \tag{4.29}$$

Die rechte Seite benutzt die Definitionen der Feldkomponenten und Zyklotronfrequenzen in (4.6) bis (4.8).

4.3 Driftgeschwindigkeit

Eine der makroskopischen Observablen, die für unsere Betrachtung des Ladungsträgertransports aus der Boltzmann-Transportgleichung abgeleitet werden soll, ist die Driftgeschwindigkeit der Ladungsträger. Die Driftgeschwindigkeit $\vec{v}_D$ ist der Mittelwert der Geschwindigkeitsvektoren in Bezug auf die Verteilungsfunktion f:

$$\vec{v}_D = \langle \vec{v} \rangle = \int \vec{v}\, f(\vec{v})\, d^3\vec{v}\,. \tag{4.30}$$

Eine nicht-verschwindende Driftgeschwindigkeit ergibt sich nur, wenn $f(\vec{v})$ eine Asymmetrie im $\vec{v}$-Raum hat. Um diese Asymmetrie zu beschreiben, drücken wir die Geschwindigkeitskomponenten in Kugelkoordinaten aus:

$$v_1 = v \sin\theta \cos\phi, \qquad v_2 = v \sin\theta \sin\phi, \qquad v_3 = v \cos\theta\,. \tag{4.31}$$

Zusätzlich drücken wir den Geschwindigkeitsbetrag durch die kinetische Energie aus:

$$\epsilon = \frac{1}{2} m v^2 \quad \Rightarrow \quad v = \sqrt{\frac{2\epsilon}{m}}, \quad dv = \frac{d\epsilon}{\sqrt{2m\epsilon}}, \quad v^2 dv = \sqrt{\frac{2\epsilon}{m}} \frac{1}{m} d\epsilon\,. \tag{4.32}$$

Die differenzielle Geschwindigkeitsverteilung lässt sich dann so schreiben:

$$f(\vec{v})\, dv_1\, dv_2\, dv_3 = f(\vec{v})\, v^2\, dv\, d\cos\theta\, d\phi = f(\epsilon, \cos\theta, \phi) \sqrt{\frac{2\epsilon}{m^3}} d\epsilon\, d\cos\theta\, d\phi\,. \tag{4.33}$$

Dabei ist zu beachten, dass $f(\epsilon, \cos\theta, \phi)$ die ursprüngliche Funktion f ist, bei der die Geschwindigkeitskomponenten durch die Variablen ϵ, $\cos\theta$, ϕ entsprechend (4.31) und (4.32) ausgedrückt sind. Die Geschwindigkeitsverteilung f, auf die wir uns in diesem Kapitel meistens beziehen, ist zu unterscheiden von einer Energieverteilung F, die durch

$$f(\vec{v})\, v^2\, dv = f(\epsilon, \cos\theta, \phi) \sqrt{\frac{2\epsilon}{m^3}} d\epsilon = F(\epsilon, \cos\theta, \phi) d\epsilon \tag{4.34}$$

definiert wird.

4.3.1 Driftgeschwindigkeit nur mit E-Feld

Mit der approximativen Verteilungsfunktion (4.21) ergibt sich für die Driftgeschwindigkeit nach (4.30):

$$v_{D,i} = \int\limits_{\Omega} \int\limits_{0}^{\infty} v_i\, f(\vec{v})\, v^2 dv\, d\Omega = \int\limits_{\Omega} \int\limits_{0}^{\infty} v_i\, f_0\, v^2 dv\, d\Omega - \int\limits_{\Omega} \int\limits_{0}^{\infty} q\, E\, \frac{\partial f_0}{\partial \epsilon}\, \tau\, v_i v_3\, v^2 dv\, d\Omega\,. \tag{4.35}$$

Der erste Term auf der rechten Seite, der die Mittelung der Geschwindigkeitskomponente v_i über den isotropen Teil f_0 der Verteilung darstellt, verschwindet für alle Komponenten. Da v_i und v_3 für $i = 1, 2$ unkorreliert sind, verschwindet für $i = 1, 2$ auch der zweite Term, der aber für $i = 3$ endlich bleibt. Das sieht man, wenn man die Ausdrücke $v_i\, v_3$, die die einzigen Winkelabhängigkeiten von $f(\vec{v})$ enthalten, über den Raumwinkel mittelt. Drückt man $v_i\, v_3$ nach (4.31) in Kugelkoordinaten aus, findet man:

$$\int_\Omega v^2 \sin\phi \sin\theta \cos\theta \, d\Omega = \int_\Omega v^2 \cos\phi \sin\theta \cos\theta \, d\Omega = 0 \qquad (i = 1, 2) \tag{4.36}$$

$$\int_\Omega v^2 \cos^2\theta \, d\Omega = \frac{4\pi}{3} v^2 \qquad (i = 3) \tag{4.37}$$

Damit hat die Driftgeschwindigkeit nur eine Komponente in E-Feld-Richtung, die sich aus der Anisotropie der Verteilung $f(\vec{v})$ bezüglich dieser Richtung ergibt:

$$v_{D,3} = -\frac{4\pi}{3} \int_0^\infty q\, E \, \frac{\partial f_0}{\partial \epsilon} \, \tau \, v^4 \, dv \, . \tag{4.38}$$

Nachdem die Raumwinkelintegration bereits ausgeführt ist, lässt sich mit (4.32) die Integration auch über die Energie ausführen:

$$v_{D,3} = -\frac{4\pi}{3} \frac{qE}{m} \int_0^\infty \tau \left(\frac{2\epsilon}{m}\right)^{3/2} \frac{\partial f_0}{\partial \epsilon} d\epsilon = -\frac{2}{3} \frac{qE}{m} \frac{4\pi}{m} \int_0^\infty \lambda \, \epsilon \, \frac{\partial f_0}{\partial \epsilon} d\epsilon \, . \tag{4.39}$$

Dabei ist $\lambda = \tau v$ die mittlere freie Weglänge

$$\lambda = \frac{1}{n\sigma} \, , \tag{4.40}$$

mit der Teilchendichte n und dem Wirkungsquerschnitt σ. Ausdrücke für Driftgeschwindigkeiten werden je nach Zusammenhang entweder durch die freie Weglänge λ oder die Stoßzeit τ ausgedrückt. Bei Ladungstransport in Gasen wird häufig λ und in Halbleitern meistens τ benutzt.

Durch partielle Integration von (4.39) findet man

$$\begin{aligned} v_{D,3} &= -\frac{2}{3} \frac{qE}{m} \frac{4\pi}{m} \int_0^\infty \lambda \, \epsilon \frac{\partial f_0}{\partial \epsilon} d\epsilon = \frac{2}{3} \frac{qE}{m} \frac{4\pi}{m} \left(\int_0^\infty f_0 \, \frac{\partial}{\partial \epsilon} (\lambda \epsilon) d\epsilon - \underbrace{\Big[f_0 \, \lambda \epsilon \Big]_0^\infty}_{=0} \right) \\ &= \frac{2}{3} \frac{qE}{m} \frac{4\pi}{m} \int_0^\infty f_0 \left(\frac{\partial \lambda}{\partial \epsilon} \epsilon + \lambda \right) d\epsilon = \frac{2}{3} \frac{qE}{m} \frac{4\pi}{m} \left(\int_0^\infty \lambda \, f_0 \, d\epsilon + \int_0^\infty f_0 \, \epsilon \, \frac{\partial \lambda}{\partial \epsilon} d\epsilon \right) \, . \end{aligned} \tag{4.41}$$

Der letzte Term in der ersten Zeile verschwindet, da die Energieverteilung $f_0(\epsilon)$ für $\epsilon \to \infty$ immer (meist exponentiell) gegen null geht. Die Integrale in dem letzten Term der zweiten Zeile lassen sich in eine Mittelung der Integranden bezüglich der Verteilung $f_0(\epsilon)$ umschreiben. Mit

$$\epsilon = \frac{1}{2} m v^2, \qquad \epsilon \frac{\partial \lambda}{\partial \epsilon} = \frac{1}{2} v \frac{\partial \lambda}{\partial v} \qquad \text{und} \qquad d\epsilon = m \, v \, dv$$

ergibt sich damit für die Driftgeschwindigkeit

$$v_{D,3} = \frac{qE}{m}\left(\frac{2}{3}\left\langle\frac{\lambda}{v}\right\rangle + \frac{1}{3}\left\langle\frac{d\lambda}{dv}\right\rangle\right) = \pm\mu E\,. \tag{4.42}$$

Auf der rechten Seite wurde mit μ die 'Beweglichkeit' oder 'Mobilität' (*mobility*) eingeführt, die in isotropen Medien und ohne Magnetfeld allgemein durch die Gleichung

$$\vec{v}_D = \pm\mu\vec{E} \tag{4.43}$$

als positive Größe definiert wird. Das Vorzeichen ist in (4.43) entsprechend der Ladung q zu wählen.

Wenn sich der Wirkungsquerschnitt mit der Energie nicht stark ändert, dominiert der erste Term in (4.42), zum Beispiel für Ionen in Gasen. Mit der mittleren Stoßzeit

$$\langle\tau\rangle = \left\langle\frac{\lambda}{v}\right\rangle \tag{4.44}$$

ergibt sich dann

$$v_{D,3} = \frac{2}{3}\frac{qE}{m}\langle\tau\rangle = \pm\mu E\,, \qquad \mu = \frac{2}{3}\frac{|q|}{m}\langle\tau\rangle\,. \tag{4.45}$$

Der Vorfaktor 2/3 ergibt sich, wenn die Beschleunigung durch das elektrische Feld auf eine isotrope thermische Geschwindigkeitsverteilung wirkt (siehe dazu die detaillierte Ableitung in Abschnitt 8 des Buches [778]). Da sich die Annahmen (zum Beispiel Isotropie, $v_D \ll \langle v\rangle$ oder die Geschwindigkeitsabhängigkeiten der Wirkungsquerschnitte) unterscheiden können, können auch die Vorfaktoren verschiedene Werte haben. Auch ist zu beachten, dass τ ursprünglich die Bedeutung einer Relaxationszeit in der Approximation (4.15) hatte, aber in (4.39) als Stoßzeit interpretiert wurde. Die Interpretation von τ als Stoßzeit entspricht der Annahme, dass im Mittel bei jedem Stoß die Geschwindigkeiten wieder isotrop verteilt werden und die im Feld gewonnene Energie wieder abgegeben wird, also das System in den jeweiligen Gleichgewichtszustand zurückgebracht wird. Wenn man zum Beispiel statt der freien Weglänge die mittlere Stoßzeit τ als konstant annimmt, ergibt sich aus (4.42) mit $d\lambda/dv = \tau$:

$$v_{D,3} = \frac{qE}{m}\tau = \pm\mu E\,, \qquad \mu = \frac{|q|}{m}\tau \qquad (\tau = const)\,. \tag{4.46}$$

Energiegewichtete Mittelung

In der Halbleiterphysik führt man an Stelle von (4.44) einen 'energiegewichteten Mittelwert' der Stoßzeit τ ein (siehe zum Beispiel [326]). Dazu gehen wir auf Gleichung (4.39) zurück:

$$v_{D,3} = -\frac{4\pi}{3}\frac{qE}{m}\int_0^\infty \tau\left(\frac{2\epsilon}{m}\right)^{3/2}\frac{\partial f_0}{\partial\epsilon}\,d\epsilon\,. \tag{4.47}$$

Durch partielle Integration findet man eine Integralrelation zwischen f_0 und $\partial f_0(\epsilon)/\partial\epsilon$:

$$\int_0^\infty f_0(\epsilon)\epsilon^{1/2}d\epsilon = -\frac{2}{3}\int_0^\infty \frac{\partial f_0(\epsilon)}{\partial\epsilon}\epsilon^{3/2}d\epsilon\,. \tag{4.48}$$

Wegen der Normierung von f_0 gilt (mit (4.33)):

$$\frac{4\pi}{m}\sqrt{\frac{2}{m}}\int_0^\infty f_0(\epsilon)\,\epsilon^{1/2}d\epsilon = 1\,. \tag{4.49}$$

Damit lässt sich (4.47) als

$$v_D = \frac{qE}{m}\frac{\int_0^\infty \tau\,\epsilon^{3/2}\,\frac{\partial f_0}{\partial \epsilon}d\epsilon}{\int_0^\infty \epsilon^{3/2}\,\frac{\partial f_0}{\partial \epsilon}d\epsilon} = \frac{qE}{m}\langle\tau\rangle_\epsilon \qquad (\mu = \frac{|q|}{m}\langle\tau\rangle_\epsilon) \tag{4.50}$$

schreiben. Die linke Seite definiert die energiegewichtete Mittelung, die wir mit dem Index ϵ an dem Mittelungszeichen von der normalen Mittelung (mit der Verteilungsfunktion f) unterscheiden wollen. Es ist zu betonen, dass die Gleichungen (4.47) und (4.50) identische Resultate für die Driftgeschwindigkeit liefern[1]. Die Formulierung als 'energiegewichtete Mittelung' ist hilfreich, wenn f_0 durch die Maxwell-Verteilung genähert werden kann und τ über ein Potenzgesetz von der Energie abhängt. In diesem Fall kann (4.50) analytisch gelöst werden (siehe zum Beispiel [742, 326]).

Allgemein ist der energiegewichtete Mittelwert einer Funktion $g(\epsilon)$ durch

$$\langle g\rangle_\epsilon = \frac{\int_0^\infty g(\epsilon)\,\epsilon^{3/2}\,\frac{\partial f_0}{\partial \epsilon}d\epsilon}{\int_0^\infty \epsilon^{3/2}\,\frac{\partial f_0}{\partial \epsilon}d\epsilon} \tag{4.51}$$

definiert.

4.3.2 Driftgeschwindigkeit mit E- und B-Feldern

Mit der Verteilungsfunktion (4.29) mit externen E- und B-Feldern ergibt sich mit einer zu (4.35) analogen Rechnung:

$$v^B_{D,1} = -\frac{4\pi}{3}\frac{qE}{m}\int_0^\infty \tau\,\frac{\omega_2\tau}{1+\omega^2\tau^2}\left(\frac{2\epsilon}{m}\right)^{3/2}\frac{\partial f_0}{\partial \epsilon}d\epsilon = \frac{qE}{m}\left\langle\tau\,\frac{\omega_2\tau}{1+\omega^2\tau^2}\right\rangle_\epsilon, \tag{4.52}$$

$$v^B_{D,2} = \frac{4\pi}{3}\frac{qE}{m}\int_0^\infty \tau\,\frac{\omega_2\omega_3\tau^2}{1+\omega^2\tau^2}\left(\frac{2\epsilon}{m}\right)^{3/2}\frac{\partial f_0}{\partial \epsilon}d\epsilon = \frac{qE}{m}\left\langle\tau\,\frac{\omega_2\omega_3\tau^2}{1+\omega^2\tau^2}\right\rangle_\epsilon, \tag{4.53}$$

$$v^B_{D,3} = \frac{4\pi}{3}\frac{qE}{m}\int_0^\infty \tau\,\frac{1+\omega_3^2\tau^2}{1+\omega^2\tau^2}\left(\frac{2\epsilon}{m}\right)^{3/2}\frac{\partial f_0}{\partial \epsilon}d\epsilon = \frac{qE}{m}\left\langle\tau\,\frac{1+\omega_3^2\tau^2}{1+\omega^2\tau^2}\right\rangle_\epsilon. \tag{4.54}$$

Auf den rechten Seiten stehen jetzt statt des energiegewichteten Mittelwerts der Stoßzeit Mittelwerte komplexerer Funktionen der Stoßzeit. Einfache, von der Mittelwertbildung unabhängige Schlussfolgerungen aus den Gleichungen sind:

1. Ohne E-Feld gibt es keine Driftbewegung: Aus $E = 0$ folgt $v^B_{D,i} = 0$ für alle i.
2. Für $E \neq 0$ ist immer $v^B_{D,3} \neq 0$, unabhängig vom B-Feld.
3. Für $B_2 = 0$ ($\vec{B}$ parallel zu $\vec{E}$) ist nur $v^B_{D,3} \neq 0$ (Drift wie für $B = 0$).

[1] Der Begriff 'energiegewichtete Mittelung' ist etwas irreführend, weil nicht über die Verteilungsfunktion selbst integriert wird und der Energiefaktor nur formal wie eine Gewichtung aussieht.

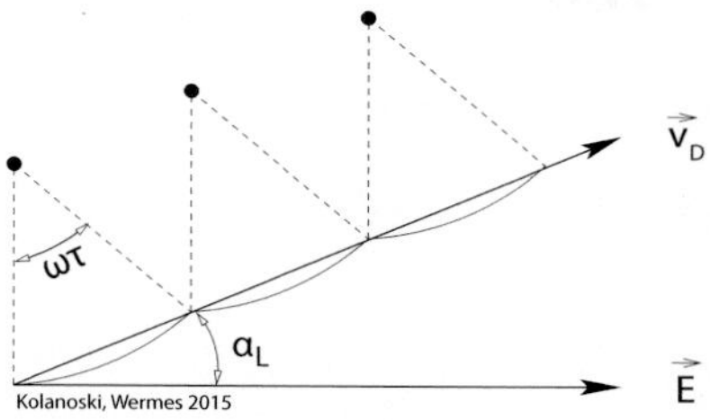

Abb. 4.3 Anschauliche Erklärung für den Lorentz-Winkel: Das Elektron bewegt sich durch das Magnetfeld auf einer gekrümmten Bahn, hier dargestellt durch ein Kreissegment. Während der Stoßzeit τ hat das Elektron seine Richtung um den Winkel $\omega\tau$ gedreht. Nach jedem Stoß schließt sich ein ähnliches Kreissegment an, wenn man annimmt, dass bei einem Stoß der Geschwindigkeitsvektor im Mittel verschwindet. Die Aneinanderreihung dieser mikroskopischen Bahnsegmente (die im Gegensatz zu diesem vereinfachten Bild stochastisch verteilt sind) ergibt dann makroskopisch eine Winkeländerung der Driftrichtung gegenüber der Richtung des elektrischen Feldes.

4. Für $B_3 = 0$ ($\vec{B}$ senkrecht zu $\vec{E}$) ist

$$v^B_{D,1},\ v^B_{D,3} \neq 0 \quad \text{und} \quad v^B_{D,2} = 0 \tag{4.55}$$

(die Driftbewegung erfolgt in der Ebene senkrecht zum Magnetfeld).

$\vec{B}$ senkrecht zu $\vec{E}$

Bei senkrecht aufeinander stehenden Feldern $\vec{E}$ und $\vec{B}$, also $B_3 = \omega_3 = 0$, soll das Verhältnis der Beträge der Driftgeschwindigkeiten mit und ohne Magnetfeld abgeschätzt werden. Dazu benutzen wir die rechten Seiten von (4.52) bis (4.54) ohne die Mittelung, das heißt, τ wird als effektive Stoßzeit betrachtet:

$$\frac{v^B_D}{v^0_D} = \frac{\sqrt{(v^B_{D,1})^2 + (v^B_{D,3})^2}}{|v^0_{D,3}|} = \frac{1}{1+\omega^2\tau^2} \qquad (<1)\,. \tag{4.56}$$

Das bedeutet, mit Magnetfeld ist die Driftgeschwindigkeit kleiner als ohne, was nach Abb. 4.3 anschaulich durch die effektiv längeren Wege der Teilchen im Magnetfeld erklärt werden kann.

Abbildung 4.3 zeigt auch, dass zwischen der Driftgeschwindigkeit und dem beschleunigenden E-Feld ein Winkel, der sogenannte Lorentz-Winkel, auftritt:

$$\tan\alpha_L = \frac{|v^B_{D,1}|}{v^B_{D,3}} = \omega\tau\,. \tag{4.57}$$

Der Lorentz-Winkel $\alpha_L \approx \omega\tau$ kann anschaulich entsprechend Abb. 4.3 als der mittlere Ablenkwinkel eines Elektrons während der (effektiven) Stoßzeit τ verstanden werden.

In der Näherung für kleine Magnetfelder, $1+\omega^2\tau^2 \to 1$, sind die Driftkomponenten mit der energiegewichteten Mittelung:

$$v^B_{D,1} = \frac{qE}{m}\omega_2\left\langle\tau^2\right\rangle_\epsilon\,, \qquad v^B_{D,2} = 0\,, \qquad v^B_{D,3} = -\frac{qE}{m}\left\langle\tau\right\rangle_\epsilon\,. \tag{4.58}$$

Charakteristisch sind die Abhängigkeit der Driftkomponente in E-Feld-Richtung von τ und der von dem B-Feld erzeugten Driftkomponente von τ^2. Damit berechnet sich der Lorentz-Winkel zu

$$\tan\alpha_L = \omega \frac{\langle\tau^2\rangle_\epsilon}{\langle\tau\rangle_\epsilon} = \omega \langle\tau\rangle_\epsilon \, r_H \,. \tag{4.59}$$

Die damit eingeführte Größe r_H, für kleine Magnetfelder gegeben durch

$$r_H = \frac{\langle\tau^2\rangle_\epsilon}{\langle\tau\rangle_\epsilon^2} \,, \tag{4.60}$$

wird 'Hall-Faktor' genannt. Der Faktor, der experimentell mit Hilfe des Hall-Effekts bestimmt wird, spielt für Halbleiter in Magnetfeldern (Abschnitt 4.7.3) eine besondere Rolle.

$\vec{B}$ parallel zu $\vec{E}$:

In diesem Fall ist $\omega_2 = 0$ und $\omega = \omega_3 \neq 0$, und die Driftgeschwindigkeit hat nur die Komponente in Richtung beider Felder. Aus (4.54) entnimmt man, dass in diesem Fall die Driftgeschwindigkeit die gleiche wie ohne Magnetfeld ist, nämlich

$$\vec{v}_D^{\,B} = \vec{v}_D^{\,0} \,. \tag{4.61}$$

4.4 Diffusion ohne äußere Felder

Eine räumlich inhomogene Verteilung der Ladungsträger wird durch Diffusionsprozesse ausgeglichen. Im kräftefreien Fall wird die Entwicklung zu einer stationären, ausgeglichenen Verteilung durch die Boltzmann-Transportgleichung (4.4) ohne Kraftterm beschrieben:

$$\frac{df}{dt} = \frac{\partial f}{\partial t} + \frac{d\vec{r}}{dt} \vec{\nabla}_{\vec{r}} f = \frac{\partial f}{\partial t}_{|coll} \tag{4.62}$$

Die Teilchen diffundieren entlang dem räumlichen Gradienten, wobei die Diffusionsgeschwindigkeit durch das Stoßintegral bestimmt wird.

Die als Fick'sche Gesetze bekannten Diffusionsgleichungen können aus der Boltzmann-Transportgleichung abgeleitet werden (siehe dazu Bücher über Statistische Physik, zum Beispiel [450]). Im Folgenden soll von diesen Gesetzen ausgegangen werden, ohne die Ableitung nachzuvollziehen.

4.4.1 Diffusiongleichung

Wir betrachten eine räumlich lokalisierte Ladungswolke mit einer zeitabhängigen Verteilung $f(\vec{r}, \vec{v}, t)$ im Phasenraum zunächst ohne äußere Felder. Eine solche lokalisierte

Ladungswolke wird aufgrund der thermischen Bewegung auseinander laufen (Diffusion). Die räumliche Anzahldichte ergibt sich als Integral über das Volumen im Geschwindigkeitsraum:

$$\rho(\vec{r}, t) = N_0 \int f(\vec{r}, \vec{v}, t) d^3\vec{v} \,. \tag{4.63}$$

Dabei ist N_0 die Zahl der Teilchen in der Ladungswolke an einem Zeitnullpunkt, und

$$N(t) = \int \rho(\vec{r}, t) d^3\vec{r} \tag{4.64}$$

ist die Anzahl zu einer beliebigen Zeit t. Im Allgemeinen ist $N = N(t)$ eine Funktion der Zeit. Nur wenn keine Teilchen, zum Beispiel durch Rekombination oder Anlagerung, verloren gehen oder neue Teilchen erzeugt werden, ist N konstant. In diesem Fall gilt die Kontinuitätsgleichung:

$$\frac{\partial \rho}{\partial t} + \vec{\nabla} \vec{j}_D = 0 \,. \tag{4.65}$$

Nach dem 1. Fick'schen Gesetz verläuft der Diffusionsstrom $\vec{j}_D$ in Richtung des Dichtegefälles mit dem Diffusionskoeffizienten D als Proportionalitätskonstante[2]:

$$\vec{j}_D = -D\vec{\nabla}\rho \,. \tag{4.66}$$

Damit ergibt sich aus (4.65) die Diffusionsgleichung (2. Fick'sches Gesetz):

$$\frac{\partial \rho}{\partial t} - D\Delta\rho = 0 \tag{4.67}$$

Der Diffusionskoeffizient D beschreibt die mittlere quadratische Breite der Ladungswolke, die mit der Zeit auseinander läuft. Zum Beispiel ergibt sich für die zeitliche Änderung der mittleren quadratischen Breite für die x_1-Komponente:

$$\frac{\partial \langle x_1^2 \rangle}{\partial t} = \frac{\partial}{\partial t} \left(\frac{1}{N} \int x^2 \rho(\vec{r}, t) \, d^3\vec{r} \right) = 2D \,. \tag{4.68}$$

Die rechte Seite folgt aus (4.67) mit partieller Integration. Die Integration von (4.68) über die Zeit von 0 bis t ergibt für eine anfangs punktförmige Ladungsverteilung:

$$\langle x_1^2 \rangle = 2Dt \,. \tag{4.69}$$

Wenn die Diffusion isotrop ist, ergibt sich für den mittleren quadratischen Radius der Ladungswolke nach der Zeit t:

$$\langle r^2 \rangle = \langle x_1^2 \rangle + \langle x_2^2 \rangle + \langle x_3^2 \rangle = 6Dt \,. \tag{4.70}$$

Eine räumliche Gauß-Verteilung,

$$\rho(\vec{r}, t) = \frac{N}{(4\pi Dt)^{3/2}} \exp\left(-\frac{\vec{r}^{\,2}}{4Dt} \right) , \tag{4.71}$$

---

[2] Das gilt so nur, wenn die Diffusion isotrop ist. Im Allgemeinen ist D in (4.66) als Tensor anzusetzen (siehe zum Beispiel [177]).

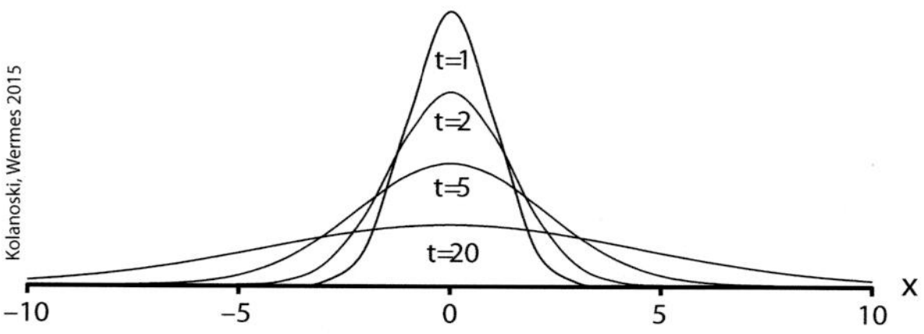

Abb. 4.4 Zeitliche Entwicklung der Diffusion in einer Dimension für Teilchen, die am Ursprung zur Zeit $t = 0$ erzeugt wurden (in willkürlichen Einheiten).

mit

$$\sigma_1 = \sigma_2 = \sigma_3 = \sqrt{2Dt}\,, \tag{4.72}$$

löst die Diffusionsgleichung (4.67). Da diese Lösung für $t = 0$ in eine δ-Funktion übergeht,

$$\lim_{t\to 0} \rho(\vec{r}, t) = N\,\delta(\vec{r})\,, \tag{4.73}$$

folgt: Eine punktförmige Verteilung entwickelt sich auf Grund der Diffusion als gaußförmige Wolke mit einer Breite

$$\sigma \propto \sqrt{t}\,. \tag{4.74}$$

Das bedeutet, dass bei einer zur Zeit $t = t'$ an dem Punkt $\vec{r}\,'$ erfolgenden Ionisation die Wahrscheinlichkeitsdichte dafür, die erzeugte Ladung zur Zeit t an einem Ort $\vec{r}$ zu finden, eine Gauß-Verteilung ist (Abb. 4.4):

$$\rho(\vec{r}, t; \vec{r}\,', t') = N \left(\frac{1}{4\pi D(t-t')}\right)^{3/2} \exp\left(-\frac{(\vec{r}-\vec{r}\,')^2}{4D(t-t')}\right). \tag{4.75}$$

Betrachtet man den Beitrag vieler Ladungserzeugungen an verschiedenen Punkten und zu unterschiedlichen Zeiten, wie es bei dem Durchgang eines Teilchens durch ein Detektormedium der Fall ist, muss über die Orte und Zeiten integriert werden:

$$\rho(\vec{r}, t) = N \int u(\vec{r}\,', t') \left(\frac{1}{4\pi D(t-t')}\right)^{3/2} \exp\left(-\frac{(\vec{r}-\vec{r}\,')^2}{4D(t-t')}\right) d^3\vec{r}\,'dt'\,. \tag{4.76}$$

Dabei ist $u(\vec{r}\,', t')$ die Wahrscheinlichkeitsdichte für die Ladungserzeugung.

Beispiel: Im Fall einer annähernd linienförmigen Verteilung entlang der Trajektorie eines ionisierenden Teilchens hat u die Form:

$$u(\vec{r}\,', t') = \frac{1}{t_1' - t_0'}\,\delta\left(\vec{r}\,' - [\vec{r}_0 + \vec{c}\,(t' - t_0')]\right) \qquad (t_0' \le t' \le t_1')\,. \tag{4.77}$$

Dabei ist $\vec{r}\,'(t) = \vec{r}_0 + \vec{c}\,(t' - t_0')$ die Geradengleichung der Trajektorie des Teilchens, das zwischen t_0' und t_1' das Medium mit der Geschwindigkeit $\vec{c}$ durchläuft. Der Anfangspunkt der Ladungsverteilung liegt bei $\vec{r}\,' = \vec{r}_0$. Wählt man die Teilchenrichtung als die x_3-Achse, dann ergibt sich die eindimensionale Verteilung

$$u(x_3', t') = \frac{1}{t_1' - t_0'}\,\delta\left(x_3' - [x_{3,0} + c\,(t' - t_0')]\right) \qquad (t_0' \le t' \le t_1')\,. \tag{4.78}$$

Damit lässt sich das Integral (4.76) ausführen:

$$\rho(\vec{r},t) = N \left(\frac{1}{\sqrt{4\pi D(t-t_0')}}\right)^3 \exp\left(-\frac{x_1^2+x_2^2}{4D(t-t_0')}\right)$$
$$\times \frac{1}{t_1'-t_0'} \int_{t_0'}^{t_1'} \exp\left(-\frac{(x_3-[x_{3,0}+c\,(t'-t_0')])^2}{4D(t-t_0')}\right) dt' . \quad (4.79)$$

Dabei wurde im Ausdruck für die Breite der Ladungswolke $t' \approx t_0'$ als konstant angenommen, weil die Durchgangszeit des Teilchens klein gegenüber den relevanten Diffusions- und Driftzeiten ist. Dann ergibt sich in x_1 und x_2 eine zweidimensionale gaußförmige Diffusionsverteilung, deren relative Amplitude durch das Integral über dt' von x_3 abhängt. Die Lösung des Integrals ist:

$$\frac{1}{t_1'-t_0'} \int_{t_0'}^{t_1'} \exp\left(-\frac{(x_3-[x_{3,0}+c\,(t'-t_0')])^2}{4D(t-t_0')}\right) dt'$$
$$= \frac{\sqrt{\pi D(t-t_0')}}{c(t_1'-t_0')} \left[\operatorname{erf}\left(\frac{(x_3-x_{3,0})}{\sqrt{4D(t-t_0')}}\right) - \operatorname{erf}\left(\frac{(x_3-x_{3,0}-c(t_1'-t_0'))}{\sqrt{4D(t-t_0')}}\right)\right] . \quad (4.80)$$

Dabei ist erf die Gauß'sche Fehlerfunktion (siehe zum Beispiel [806, 840]). Der Ausdruck $c(t_1'-t_0')$ gibt die Länge der Linienladung an. Im Grenzfall sehr langer Ladungsverteilungen, $x_{3,0} \ll x_3 \ll x_{3,0} + c(t_1'-t_0')$, wird der Ausdruck (4.80), und damit die Diffusionswolke zu beliebigen Zeiten t, unabhängig von x_3 (wegen $\operatorname{erf}(\pm\infty) = \pm 1$). Man erhält also eine lang gestreckte Ladungsverteilung, deren Querschnitt bei festem x_3-Wert einer zwei-dimensionalen Gauß-Verteilung folgt.

4.4.2 Bestimmung des Diffusionskoeffizienten

Für ein Teilchen, das an den anderen Teilchen eines Mediums streut, ist die Wahrscheinlichkeitsdichte für die Weglänge r zwischen zwei Kollisionen

$$p(r) = \frac{1}{\lambda} e^{-r/\lambda} , \quad (4.81)$$

wobei $\lambda = \langle r \rangle$ die mittlere freie Weglänge des Teilchens in dem Medium ist, wie in (4.40) bereits benutzt. In (3.6) wurde gezeigt, dass λ umgekehrt proportional zur Teilchendichte und zum Kollisionswirkungsquerschnitt ist.

Wir betrachten im Folgenden ein Teilchen am Ursprung, $\vec{r} = 0$, welches thermisch diffundiert. Die Diffusionsausbreitung ist beschrieben durch den mittleren quadratischen Abstand $\langle r^2 \rangle_k$ vom Ursprung bis zum k-ten Stoß (siehe dazu Abb. 4.5). Die Orte der Stöße werden durch $\vec{r}_k$ gegeben.

- Beim 1. Stoß:

$$\langle r^2 \rangle_1 = \int_0^\infty r^2 p(r) dr = \frac{1}{\lambda} \int_0^\infty r^2 e^{-\frac{r}{\lambda}} dr = 2\lambda^2 .$$

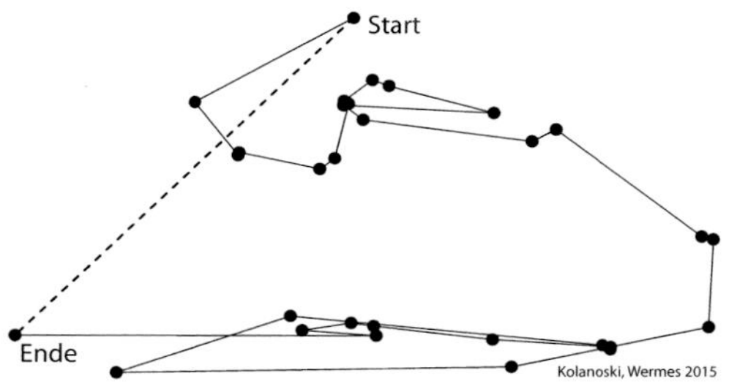

Abb. 4.5 Zufallsweg (random walk) eines Teilchens, dass eine freie Weglänge mit der Verteilung (4.81) zurücklegt und dann isotrop gestreut wird. Die Länge der Verbindungslinie zwischen Start und Ende (gestrichelt) folgt einer Normalverteilung.

- Beim 2. Stoß:

$$\langle r^2\rangle_2 = \langle(\vec{r}_1 + \vec{r}_2)^2\rangle = \langle r_1^2 + r_2^2 + 2r_1 r_2 \cos\theta\rangle \,.$$

Zusätzlich muss über den Winkel θ zwischen $\vec{r}_1$ und $\vec{r}_2$ gemittelt werden. Die Annahme isotroper Richtungsverteilung entspricht einer Gleichverteilung in $\cos\theta$:

$$\begin{aligned}\langle r^2\rangle_2 &= \frac{1}{2}\int_{-1}^{+1} d\cos\theta \, \langle r_1^2 + r_2^2 + 2r_1 r_2 \cos\theta\rangle \\ &= \langle r_1^2 + r_2^2\rangle = \langle r_1^2\rangle + \langle r_2^2\rangle = 2\,\langle r^2\rangle_{1,2} = 2\,(2\lambda^2)\,.\end{aligned} \tag{4.82}$$

- Beim k-ten Stoß:

$$\langle r^2\rangle_k = k\,2\,\lambda^2\,.$$

Beim k-ten Stoß ist im Mittel die Zeit

$$\delta t = \frac{k\,\lambda}{v}$$

vergangen. Für die zeitliche Änderung von $\langle r^2\rangle$ ergibt sich daher mit (4.68) und (4.70):

$$\frac{\partial\langle r^2\rangle}{\partial t} \approx \frac{\langle r^2\rangle_k}{\delta t} = 2\lambda v = 6D\,. \tag{4.83}$$

Nach Mittelung über die Geschwindigkeiten und die mittlere freie Weglänge λ, die im Allgemeinen von v abhängt, erhält man für den Diffusionskoeffizienten:

$$D = \frac{\langle\lambda v\rangle}{3} \tag{4.84}$$

Die Mittelung erfolgt über die Verteilungsfunktion f, die in der Regel durch numerische Lösung der Boltzmann-Transportgleichung bestimmt wird.

Als Maß für das Auseinanderlaufen der Ladungswolke während der Driftbewegung wird die 'charakteristische Energie' ϵ_k durch das Verhältnis des Diffusionskoeffizienten D zur Beweglichkeit μ (eingeführt in (4.43)) definiert:

$$\epsilon_k = \frac{eD}{\mu} \geq kT\,. \tag{4.85}$$

Ein kleiner Wert von ϵ_k ist also günstig für die Lokalisierung einer Ladungswolke, wobei $\epsilon_k = kT$ (Nernst-Townsend-Einstein-Beziehung[3]) eine untere Grenze darstellt (das elektrische Feld kann nur zusätzlich aufheizen). Für $\epsilon_k \approx kT$ entspricht die Geschwindigkeitsverteilung etwa der Maxwell-Verteilung. Abweichungen von diesem 'thermischen Limit' treten insbesondere bei Elektronendrift in Gasen auf (siehe Abschnitt 4.6.4).

[3]Diese Gleichung wird auch Nernst-Townsend-Beziehung oder Einstein-Beziehung genannt.

4.5 Bewegung von Ionen in Gasen

Bei den für Ionisationdetektoren üblichen Feldstärken ändert sich für die Ionen des Driftgases die Geschwindigkeitsverteilung praktisch nicht mit dem elektrischen Feld. Damit spielen Energieabhängigkeiten von Wirkungsquerschnitten keine Rolle, und die Beweglichkeit (4.43) wird unabhängig vom elektrischen Feld.

Für einige Ionen sind Werte für die Beweglichkeit in Tabelle 4.1 angegeben. Die Ionenbewegung spielt eine wichtige Rolle bei der Signalentwicklung auf der Anode einer Drahtkammer, wenn an der Anode Gasverstärkung erfolgt (siehe Abschnitt 5.3.2 in Kapitel 5).

4.5.1 Beispiel: Gasparameter für ideales Gas

Im Folgenden werden wir den Diffusionskoeffizienten, die Beweglichkeit und die charakteristische Energie für die Moleküle eines idealen Gases berechnen. Die Geschwindigkeiten sollen einer Maxwell-Verteilung,

$$f(v)\, v^2 dv = 4\pi \left(\frac{m}{2\pi kT}\right)^{\frac{3}{2}} v^2 \exp\left(-\frac{mv^2}{2kT}\right) dv, \tag{4.86}$$

folgen. Mit der Umrechnung (4.32) folgt die entsprechende Verteilung der kinetischen Energie ϵ:

$$F(\epsilon)\, d\epsilon = \frac{1}{2}\left(\frac{1}{\pi kT}\right)^{\frac{3}{2}} \sqrt{\epsilon}\, \exp\left(-\frac{\epsilon}{kT}\right) d\epsilon\,. \tag{4.87}$$

Mittelwerte der Verteilung (4.86), die im Folgenden benutzt werden, sind

$$\langle v \rangle = \sqrt{\frac{8kT}{\pi m}} \qquad \text{und} \qquad \left\langle \frac{1}{v} \right\rangle = \sqrt{\frac{2m}{\pi kT}}\,. \tag{4.88}$$

Für elastische Stöße in einem idealen Gas sind der Wirkungsquerschnitt σ und damit auch die mittlere freie Weglänge λ,

$$\lambda = \frac{1}{n\,\sigma} = \frac{kT}{p\sigma}\,, \qquad \text{mit} \quad n = \frac{p}{kT}\,, \tag{4.89}$$

energieunabhängig. Auf der rechten Seite wurde die Teilchendichte $n = dN/dV$ mithilfe der idealen Gasgleichung, $pV = NkT$, durch Druck und Temperatur des Gases ausdrückt.

Mit diesen Vorbereitungen können wir nun die Gasparameter Diffusionskoeffizient, Beweglichkeit und charakteristische Energie bestimmen. Der Diffusionskoeffizient lässt sich nach (4.84) berechnen:

$$D = \frac{\langle \lambda v \rangle}{3} = \frac{\lambda \langle v \rangle}{3} = \frac{1}{3\sigma p}\sqrt{\frac{8(kT)^3}{\pi m}} \propto \frac{T^{3/2}}{p}\,. \tag{4.90}$$

Tab. 4.1 Beweglichkeiten einiger Ionen in Gasen (aus [706]).

Gas	Ionen	μ^+ ($cm^2\ V^{-1}\ s^{-1}$)
H_2	H_2^+	13.0
He	He^+	10.2
Ar	Ar^+	1.7
Ar	$(OCH_3)_2\ CH_2^+$	1.51
i-C_4H_{10}	$(OCH_3)_2\ CH_2^+$	0.55
$(OCH_3)_2\ CH_2$	$(OCH_3)_2\ CH_2^+$	0.26
Ar	i-$C_4H_{10}^+$	1.56
i-C_4H_{10}	i-$C_4H_{10}^+$	0.61
Ar	CH_4^+	1.87
CH_4	CH_4^+	2.26
Ar	CO_2^+	1.72
CO_2	CO_2^+	1.72

Aus (4.42) ergibt sich für die Beweglichkeit (mit $d\lambda/dv = 0$, weil bei idealen Gasen die Streuung energieunabhängig ist):

$$\mu = \frac{2}{3}\frac{q}{m}\lambda\left\langle\frac{1}{v}\right\rangle = \frac{q}{3\sigma p}\sqrt{\frac{8kT}{\pi m}} \propto \frac{T^{1/2}}{p}\,. \tag{4.91}$$

Aus (4.90) und (4.91) folgt für ideale Gase die Nernst-Townsend-Einstein-Beziehung für die charakteristische Energie (definiert in Gleichung (4.85)):

$$\epsilon_k = \frac{eD}{\mu} = kT\,. \tag{4.92}$$

Die charakteristische Energie erreicht also für Ionen in Gas (bei nicht zu hohen Feldstärken) die in (4.85) angegebene untere Grenze kT, entsprechend dem geringst möglichen Auseinanderlaufen der Ladungswolke während der Driftbewegung.

4.5.2 Blanc-Regel für Gasmischungen

Die Blanc-Regel, siehe [171], besagt, dass sich die inverse Beweglichkeit in einem Gasgemisch aus der Summe der inversen Beweglichkeiten der Komponenten (μ_i), gewichtet mit der jeweiligen relativen Konzentration (f_i), ergibt:

$$\frac{1}{\mu} = \sum_i \frac{f_i}{\mu_i}\,. \tag{4.93}$$

Die Begründung für diese Regel ist, dass die inversen Beweglichkeiten proportional sind zu dem Produkt aus Wirkungsquerschnitt und Teilchendichte, die für das Gasgemisch zu addieren sind. Eine entsprechende Gleichung gilt auch für die Diffusionskoeffizienten, weil sie die gleiche Abhängigkeit von Wirkungsquerschnitt und Teilchendichte haben. Abweichungen von der Regel beobachtet man, wenn Ladungsaustausch zwischen den driftenden Ionen und einer Komponente des Gases mit einer unterschiedlichen Beweglichkeit wesentlich wird.

4.6 Bewegung von Elektronen in Gasen

Die Bewegung von Elektronen in Gasen ist wegen der Energieabhängigkeiten der Wirkungsquerschnitte und der Inelastizitäten, gegeben durch die teilweise zahlreichen Anregungsniveaus der Gasatome, in der Regel viel komplizierter als bei Ionen. Die Diskussion in diesem Abschnitt wird entsprechend ausgedehnter, auch wegen der besonderen Bedeutung für Gase als Detektormedien. Wir folgen hier der vielfältigen Literatur über Bewegungen von Elektronen in Gasen wie zum Beispiel [445, 455, 627, 626, 670, 719].

Im Folgenden soll eine Näherung für eine stationäre, ortsunabhängige Lösung der Boltzmann-Transportgleichung (4.17) für die Elektronenbewegung in Gasen unter dem Einfluss externer Felder gefunden werden. Wie in Abschnitt 4.2.4 gehen wir dazu in niedrigster Ordnung von einer isotropen Verteilung f_0 aus und entwickeln die durch die elektrischen und magnetischen Felder induzierten Anisotropien als Störungen von f_0. Mit diesen Verteilungen werden die für Detektoren wesentlichen Größen Driftgeschwindigkeit, Diffusion und Lorentz-Winkel bestimmt. Wie bereits bemerkt, wird diese Bestimmung in der Praxis mit numerischen Rechnungen ausgeführt, zum Beispiel mit Hilfe des Programms Magboltz [155, 154].

4.6.1 Parametrisierung des Stoßintegrals

Zur Berechnung der Stoßintegrale werden die energieabhängigen Wirkungsquerschnitte (σ), beziehungsweise freien Weglängen (λ) bei einer Teilchendichte n, und die entsprechenden Inelastizitäten der Streuprozesse benötigt. Die Parameter sind im Allgemeinen Funktionen der Energie ϵ:

- $\lambda(\epsilon) = \frac{1}{n\sigma(\epsilon)}$: mittlere freie Weglänge,
- $\tau(\epsilon) = \frac{\lambda(\epsilon)}{v}$: Stoßzeit, das ist die mittlere Zeit zwischen zwei Stößen für Teilchen mit der Energie ϵ,
- $\Lambda(\epsilon) = \frac{\Delta\epsilon}{\epsilon}$: Inelastizität, das ist der relative Energieverlust bei einer Streuung ('Kühlung').

Bei elastischer Streuung verknüpft die Elastizitätsbedingung die ursprüngliche Geschwindigkeit v mit der Geschwindigkeit v' nach der Streuung und dem Streuwinkel ψ:

$$v' = v\left[1 - \frac{m}{M}(1 - \cos\psi)\right] . \tag{4.94}$$

Nach Mittelung über die als isotrop angenommene Streuwinkelverteilung ergibt sich für $m \ll M$ als Energieverlust aufgrund des Rückstoßes $\Lambda_{\text{Rückst}}(\epsilon) = 2m/M$. Damit er-

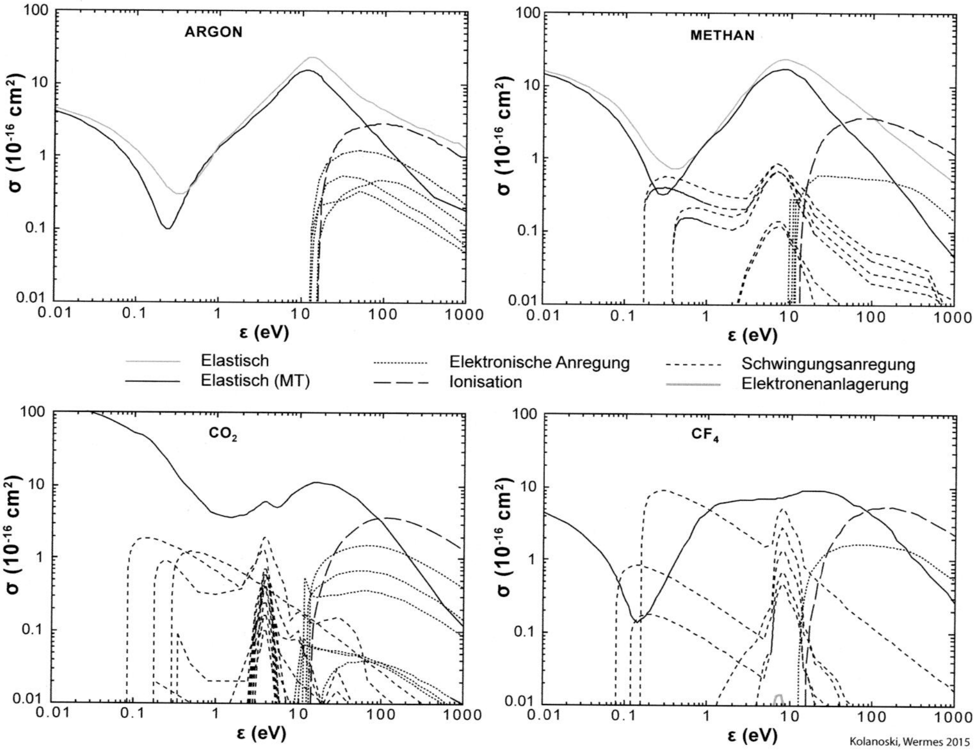

Abb. 4.6 Wirkungsquerschnitte für elastische und inelastische Elektronstreuung in verschiedenen Gasen. Die Abbildungen wurden interaktiv auf der Web-Seite [154] erzeugt (die Daten wurden 2013 abgerufen). Die Legende gibt Linienmuster für die verschiedenen Arten von Wirkungsquerschnitten an (statt der Farbcodierung im Original).

gibt sich die mittlere Inelastizität bei j Anregungsniveaus mit Anregungsenergien ϵ_i und Wirkungsquerschnitten $\sigma_i(\epsilon)$ $(i = 1, \ldots, j)$ zu:

$$\Lambda(\epsilon) = 2\frac{m}{M} + \sum_{i=1}^{j} \frac{\sigma_i(\epsilon)\,\epsilon_i}{\sigma(\epsilon)\,\epsilon}\,. \tag{4.95}$$

Dabei ist $\sigma(\epsilon)$ der totale Wirkungsquerschnitt für die Streuung von Elektronen an den Gasmolekülen.

4.6.2 Wirkungsquerschnitte und Inelastizitäten

In Abb. 4.6 sind Wirkungsquerschnitte für einige Gase, die für Detektoren häufig benutzt werden, als Funktion der Elektronenenergie gezeigt. Der elastische Wirkungsquerschnitt ist jeweils als MT-Querschnitt (*momentum-transfer cross section*), das ist der mit dem Impulsübertrag gewichtete Wirkungsquerschnitt, aufgetragen. Bei allen Gasen hat der elastische Wirkungsquerschnitt Maxima und Minima, die durch quantenmechanische Interferenzen der Wellenfunktion des Elektrons bei Streuung an dem Potenzialtopf des Atoms oder Moleküls zustande kommen. Diese quantenmechanische Erscheinung wird Ramsauer- oder Ramsauer-Townsend-Effekt genannt [672, 321]. Das sogenannte Ramsauer-Minimum, das bei Argon und den schwereren Edelgasen besonders ausgeprägt ist, spielt für die Energieabhängigkeit der Driftgeschwindigkeit eine besondere Rolle. Zum Beispiel zeigt der elastische Elektronenwirkungsquerschnitt in reinem Argon in Abb. 4.6 ein ausgeprägtes Minimum (Ramsauer-Minimum) bei $\epsilon \approx 0.3\,\text{eV}$ und ein Maximum bei $\epsilon \approx 10\,\text{eV}$. Diese Struktur wird als destruktive bzw. konstruktive Interferenz der Elektronenwellen gedeutet (siehe zum Beispiel [715]).

Bei Argon liegt das erste Anregungsniveau bei 11.6 eV, darunter bleibt der Wirkungsquerschnitt rein elastisch, mit einer geringen Dämpfung durch den Übertrag der Rückstoßenergie auf das Molekül entsprechend Gleichung (4.95). Die mehratomigen Moleküle CH_4, CO_2 und CF_4 in Abb. 4.6 haben Schwingungs- und Rotationsniveaus bereits im eV-Bereich oder darunter. Diese Gase werden zum 'Kühlen' der ungeordneten Elektronengeschwindigkeiten genutzt. Zum Beispiel werden die Verteilungen in Argon in Abb. 4.7 (a) durch Zugabe von 10% Methan (CH_4) deutlich nach unten verschoben, wie in Abb. 4.7 (b) zu sehen ist (siehe Diskussion der Abbildung im folgenden Abschnitt).

4.6.3 Näherungslösung der Boltzmann-Transportgleichung

Isotroper Teil der Verteilung

Eine Lösung für den isotropen Teil der Verteilung, entsprechend der Verteilung f_0 in Abschnitt 4.2.4 ist[4]:

$$f_0(\epsilon, \cos\theta, \phi) = f_0(\epsilon) = C \exp\left[-\int_0^{\epsilon} \frac{3\epsilon'\Lambda(\epsilon')w_B}{(eE\lambda(\epsilon'))^2 + 3\epsilon'\Lambda(\epsilon')w_B\, kT}\, d\epsilon'\right]. \tag{4.96}$$

Dabei berücksichtigt w_B den Effekt des Magnetfelds und ist gegeben durch

$$w_B = w_B(\vec{B}, \tau) = \frac{1+\omega^2\tau^2}{1+\omega_3^2\tau^2}, \qquad \text{mit} \quad \omega^2 = \omega_2^2 + \omega_3^2 = \left(\frac{q}{m}B\right)^2. \tag{4.97}$$

Die Variable $\tau = \lambda/v$ ist die Stoßzeit. Die Konstante C ist durch die Normierungsbedingung für eine Verteilungsfunktion f entsprechend (4.49) festgelegt.

Wenn der erste Term $(eE\lambda(\epsilon'))^2$ im Nenner des Integranden in (4.96), der den Energiegewinn durch das elektrische Feld beschreibt, klein wird gegenüber dem zweiten Term, der die inelastische Dämpfung enthält, dann geht das Integral (4.96) in ϵ/kT und $f_0(\epsilon)$ in die Maxwell-Verteilung über (die Normierungskonstante ergibt sich mit (4.49) und (4.33)):

$$f_0(\epsilon) \approx \sqrt{\left(\frac{m}{2\pi kT}\right)^3} \exp\left(-\frac{\epsilon}{kT}\right). \tag{4.98}$$

[4] Die Formeln für eine allgemeine Orientierung des Magnetfelds sind der Arbeit [719] entnommen. Für den Fall, dass das Magnetfeld orthogonal zu dem elektrischen Feld ist, fällt die Lösung mit der in [670] zusammen.

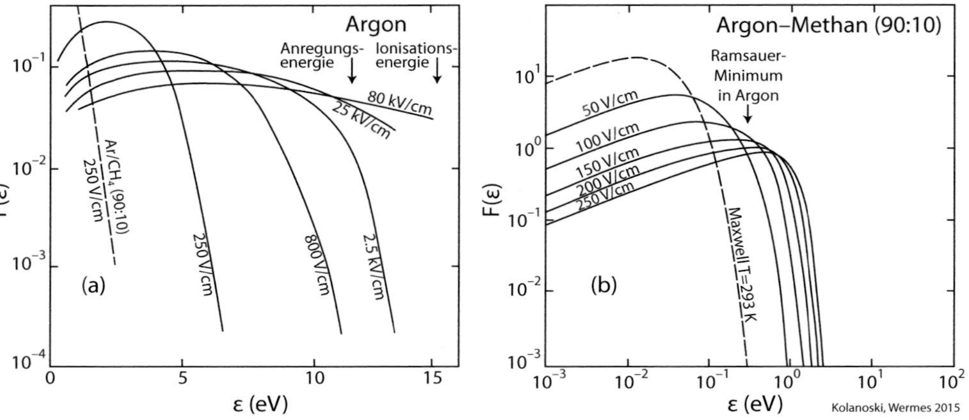

Abb. 4.7 Berechnete Energieverteilungen von Elektronen in Argon und in einem Gemisch von Argon (90%) und Methan (10%) für unterschiedliche Feldstärken (bei Normaldruck und temperatur: 101325 Pa, 293.15 K = 20 °C). Die Energieverteilungen $F(\epsilon)$ sind wie in (4.34) definiert. Die Kurven stammen aus Abbildungen in [626] (Argon) und [717] (Argon-Methan). (a) Reines Argon: Die Energieverteilungen verschieben sich mit höherem elektrischen Feld zu höheren Energien. Bei der Kurve für $E = 2.5$ kV/cm sieht man deutlich das Abknicken bei Erreichen der niedrigsten Anregungsenergie (11.6 eV). Bei sehr viel höheren Feldstärken setzt sich die Verteilung fort bis zur Ionisationsenergie (15.8 eV), wo dann Sekundärionisation einsetzt. (b) Argon–Methan (90:10): Die Kurve mit der Feldstärke 250 V/cm kann mit der entsprechenden in (a) verglichen werden (der Ausläufer der Verteilung ist in (a) gestrichelt gezeichnet). Das Maximum ist von etwa 2.5 eV bei reinem Argon nach etwa 0.6 eV in der Mischung mit Methan verschoben. Durch die Methan-Beimischung werden die Elektronenenergien durch inelastische Streuung gedämpft. Zum Vergleich ist die Maxwell-Verteilung für 293.15 K = 20 °C ($kT \approx 0.025$ eV) gestrichelt eingezeichnet.

Allerdings ergibt sich dieser Grenzfall nicht aus unserem Ansatz der Boltzmann-Transportgleichung, in der keine Quelle für thermische Energie auftritt, sondern der kT-Term ist per Konstruktion hinzugefügt.

Bei wachsendem $(eE\lambda(\epsilon'))^2$ wird die Elektronenverteilung 'aufgeheizt', wie in Abb. 4.7 am Beispiel von Elektronen in Argon (a) und in einem Argon-Methan-Gemisch (b) dargestellt. Bei Argon ist die Dämpfung sehr gering, so dass die Verteilung weite Ausläufer zu hohen Energien hat, während eine Beimischung eines Gases mit mehratomigen Molekülen die Energien dämpft. Siehe dazu die Diskussion in Abschnitt 4.6.2.

Verteilung mit Anisotropien durch externe Felder

Die gesamte Verteilungsfunktion $f(\vec{v})$ wird in der Relaxationsnäherung entsprechend (4.29) gebildet:

$$f = f_0 + \frac{qE}{m}\tau\frac{1}{1+\omega^2\tau^2}\,\vec{v}\begin{pmatrix}\omega_2\tau\\ -\omega_2\omega_3\tau^2\\ -\omega_3^2\tau^2\end{pmatrix} m\,\frac{\partial f_0}{\partial\epsilon}\,. \tag{4.99}$$

Diese Funktion enthält die Anisotropien durch die externen Felder[5], die dann nach der Mittelwertbildung Richtung und Betrag der Driftgeschwindigkeit entsprechend den Gleichungen in Abschnitt 4.3 liefert.

4.6.4 Bestimmung der makroskopischen Gasparameter

Abhängigkeiten der Driftgeschwindigkeit

Im Folgenden wollen wir die Abhängigkeit der Driftgeschwindigkeit von den Elektronenwirkungsquerschnitten in dem Driftgas, die durch die freie Weglänge $\lambda(\epsilon)$ und die Inelastizität $\Lambda(\epsilon)$ in die Formel für die Driftgeschwindigkeit (4.42) eingehen, näher beleuchten. Dazu werten wir die Driftgeschwindigkeit mit der Verteilung f_0, wie in (4.96) gegeben, aus. Um eine anschauliche Beziehung zu erhalten, nehmen wir noch zusätzlich zu $\omega_B = 1$ ($\vec{B} = 0$) an, dass der kT-Term im Nenner zu vernachlässigen ist. Dann ergibt sich für die Ableitung von f_0 auf der rechten Seite von (4.39):

$$\frac{\partial f_0}{\partial \epsilon} = -f_0 \frac{3\,\epsilon\,\Lambda}{(qE\lambda)^2} \tag{4.100}$$

Nimmt man weiterhin an, dass die Änderung von λ mit der Energie klein ist, also $\partial\lambda/\partial\epsilon \approx 0$, dann folgt aus (4.39) mit (4.100):

$$v_D = 4\pi\,\frac{1}{qE}\sqrt{\frac{2}{m}}\int_0^\infty \frac{\Lambda}{\lambda}\,\epsilon^{\frac{3}{2}}\,f_0(\epsilon)\sqrt{\frac{2}{m}\frac{1}{m}}\,\epsilon^{\frac{1}{2}}\,d\epsilon = \sqrt{\frac{2}{m}}\,\frac{1}{qE}\left\langle\frac{\Lambda}{\lambda}\,\epsilon^{\frac{3}{2}}\right\rangle . \tag{4.101}$$

Die Mittelung auf der rechten Seite ist bezüglich der f_0-Verteilung zu machen. Aus (4.101) erhält man

$$qEv_D = \left\langle \Lambda\epsilon\frac{v}{\lambda}\right\rangle . \tag{4.102}$$

Die rechte Seite ist der mittlere Energieverlust pro Zeit, weil $\Delta\epsilon = \Lambda\epsilon$ der Energieverlust bei einem Stoß und v/λ die Anzahl der Stöße pro Zeit sind. Die linke Seite gibt die vom Feld geleistete mittlere Arbeit an. Insgesamt besagt Gleichung (4.102) also, dass im stationären Gleichgewicht die vom Feld zugeführte Arbeit durch den Energieverlust bei den Stößen kompensiert wird.

Ein vereinfachtes Modell für die Gasparameter

Zur Veranschaulichung des Einflusses der Parameter E, λ, Λ, also des elektrischen Feldes und der Wirkungsquerschnitte, auf die Gasparameter v_D, D, ϵ_k folgen wir einer Darstellung in [627]. Dazu wird dort angenommen, dass die Geschwindigkeit v konstant ist oder

---

[5] In der Literatur wird häufig die Verteilung $f(\epsilon, \cos\theta, \phi)$ in Kugelflächenfunktionen $Y_{lm}(\theta,\phi)$ entwickelt, siehe zum Beispiel [670]. Die hier benutzte Darstellung (4.99) entspricht einer Entwicklung bis $l = 1$. Das wird offensichtlich, wenn man in (4.99) die Komponenten von $\vec{v}$ in Kugelkoordinaten ausschreibt.

eine schmale Verteilung hat. Dann können die beiden Gleichungen (4.102) und (4.42) ohne Mittelung miteinander verbunden werden:

$$v_D = \frac{1}{qE}\Lambda\epsilon\frac{v}{\lambda} = \frac{2}{3}\frac{qE}{m}\frac{\lambda}{v}\,. \tag{4.103}$$

Daraus ergeben sich v, v_D, D, ϵ_k als Funktionen von E, λ, Λ:

$$v = \sqrt{\frac{2}{\sqrt{3\Lambda}}\frac{qE}{m}\lambda}\,, \tag{4.104}$$

$$\epsilon = \frac{qE\lambda}{\sqrt{3\Lambda}}\,, \tag{4.105}$$

$$v_D = \sqrt{\frac{2}{3}\sqrt{\frac{\Lambda}{3}}\frac{qE}{m}\lambda}\,, \tag{4.106}$$

$$D = \frac{\lambda v}{3} = \frac{1}{3}\sqrt{\frac{2}{\sqrt{3\Lambda}}\frac{qE}{m}\lambda^3}\,, \tag{4.107}$$

$$\epsilon_k = \frac{qED}{v_D} = \frac{qE\lambda}{\sqrt{3\Lambda}} = \epsilon\,. \tag{4.108}$$

In der Näherung einer schmalen Verteilung ist also $\epsilon_k = \epsilon$, was die Bedeutung der charakteristischen Energie deutlich macht. Die typischen Abhängigkeiten der Bewegungsparameter von E, λ, Λ sind:

- v, $v_D \propto \sqrt{\lambda}$: Die beiden Geschwindigkeiten nehmen mit der freien Weglänge zu, weil die Beschleunigungsphase zwischen den Stößen zunimmt.
- $D \propto \lambda^{3/2}$: Die Diffusion nimmt mit der freien Weglänge zu.
- v, D, ϵ_k nehmen mit wachsendem Λ ab (die Inelastizität bewirkt eine 'Kühlung' der Elektronen).
- v_D nimmt mit wachsendem Λ zu (v klein $\Rightarrow$ $\tau = \lambda/v$ groß: die Beschleunigungsphase wird länger).

Die Gasparameter v_D und ϵ_k sind Funktionen von $E\lambda$. Wegen der Relation

$$E\lambda = \frac{E}{n\sigma} \propto \frac{E}{p}\frac{1}{\sigma} \tag{4.109}$$

hängen diese Größen deshalb nur von der 'reduzierten Feldstärke' E/p oder E/n ab. Die in der älteren Literatur häufig benutzten Einheiten sind:

- E/p: 1 $\mathrm{V\,cm^{-1}\,Torr^{-1}} \mathrel{\widehat{=}} 760$ V/cm (NTP),
- E/n: 1 Townsend = 1 Td = $10^{-17}\,\mathrm{V\,cm^2} \mathrel{\widehat{\approx}} 250$ V/cm (NTP).

Dabei bezeichnet NTP die Normalbedingungen für Druck und Temperatur [634] (1 atm = 101325 Pa = 760 Torr (mmHg), 293.15 K = 20 °C).

Beispiel: Als Beispiel betrachten wir die Energieverteilungen von Elektronen in einer Argon-Methan-Mischung (90:10), wie in Abb. 4.7(b) für verschiedene Feldstärken dargestellt. Verglichen mit den Verteilungen in reinem Argon sind die Verteilungen zu kleineren Energien verschoben, weil der oberhalb etwa 0.1 eV einsetzende inelastische Wirkungsquerschnitt des Methans höhere Energien dämpft. Damit liegen die Maxima der Verteilungen bis zu Feldstärken von etwa 200 V/cm unterhalb der Ramsauer-Minima für beide Gaskomponenten. In unserer groben Näherung einer sehr schmalen Energieverteilung nehmen wir deshalb an, dass die Energie in dem Bereich des abfallenden Wirkungsquerschnitts unterhalb des Ramsauer-Minimums liegt. In diesem Bereich approximieren wir den Wirkungsquerschnitt (dominiert durch Argon, siehe Abb. 4.6) durch ein Potenzgesetz und eine konstante Inelastizität:

$$\sigma(\epsilon) = \sigma_0\, \epsilon/\mathrm{eV} = 6.5 \times 10^{-19}\,\mathrm{cm}^2\,(\epsilon/\mathrm{eV})^{-2}\,, \tag{4.110}$$

$$\Lambda(\epsilon) \approx 0.25\,. \tag{4.111}$$

Die Wahl der Inelastizität Λ ist etwas willkürlich, weil Λ unterhalb des Ramsauer-Minimums – wie bei reinem Argon – sehr klein ist. Andererseits ist eine Inelastizität notwendig, weil die charakteristische Energie, durch die wir die Verteilung approximieren, durch die Inelastizitäten bei höheren Energien in den Bereich niedrigerer Energien geschoben wird. Mit diesen Werten für σ und Λ erhält man bei Normalbedingungen die Energie $\epsilon = 0.1\,\mathrm{eV}$, also einen Wert unterhalb des Ramsauer-Minimums, sowie die Feldstärke $E = 140\,\mathrm{V/cm}$ und die Driftgeschwindigkeit $v_D = 55\,\mu\mathrm{m/ns}$. Diese Werte sind typisch für den Betrieb einer Driftkammer (Abschnitt 7.10). Ionen driften unter diesen Bedingungen um einen Faktor 1000 oder mehr langsamer als die Elektronen. Zum Beispiel beträgt bei der angegebenen Feldstärke die Driftgeschwindigkeit der Ar^+-Ionen $v_D = 2.4\,\mu\mathrm{m}/\mu\mathrm{s}$.

Driftgeschwindigkeit in verschiedenen Gasen und Gasmischungen

Für komplexere Moleküle, zum Beispiel die in Driftkammern häufig benutzten Kohlenwasserstoffe Methan, Ethan und Propan oder auch Kohlendioxid, sind die energieabhängigen inelastischen Anregungen wesentlich (Beispiele in Abb. 4.6). In Mischungen von Edelgasen (meistens Argon) mit solchen Gasen wird die Energieverteilung der Elektronen in Richtung des Ramsauer-Minimums verschoben (Abb. 4.7), also in den Bereich stark strukturierter Wirkungsquerschnitte.

In Driftkammern (Abschnitt 7.10) wird die Beimischung von Kohlenwasserstoffen zur Einstellung des 'Arbeitspunkts' (das betrifft neben dem Driftfeld auch die notwendige Gasverstärkung an der Anode, siehe Abschnitt 7.4), genutzt. Man spricht bei Gasen, die ein Maximum der Driftgeschwindigkeiten erreichen, von 'sättigenden' Gasen (Abb. 4.8). Die Sättigung kann, insbesondere wenn das Maximum flach ist, als Vorteil genutzt werden, um damit auch in inhomogenen Feldern eine annähernd konstante Driftgeschwindigkeit zu erreichen. In Abb. 4.9 sind die Einstellmöglichkeiten für Argon-Methan- und Argon-Ethan-Mischungen gezeigt. Für die Wahl der Mischung können je nach Einsatz

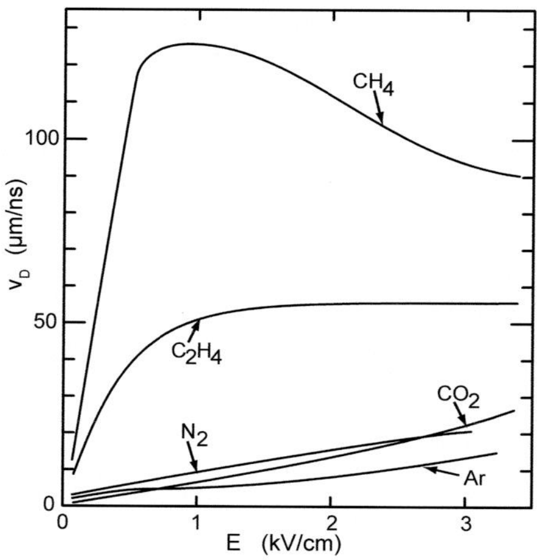

Abb. 4.8 Verhalten der Elektronendriftgeschwindigkeit als Funktion der Feldstärke für verschiedene Gase (aus [706]). Für Kohlenwasserstoffe ist die Sättigung der Driftgeschwindigkeit mit eventuellem Abfall bei hohen Feldstärken charakteristisch, siehe dazu die Diskussion im Text.

auch andere Kriterien wesentlich sein, zum Beispiel geringe Diffusion, stabile Gasverstärkung, geringe Alterung des Detektors und anderes (siehe Abschnitt 7.5). Typisch sind für Argon–Ethan Mischungsverhältnisse von 50:50, wofür ein Driftfeld von knapp 1 kV/cm notwendig ist, um in dem Bereich gesättigter Driftgeschwindigkeit arbeiten zu können. Für Argon–Methan im Verhältnis 90:10 braucht man dafür nur etwa 120 V/cm, was das Gas für lange Driftwege mit sehr hoher Gesamtspannung attraktiv macht (siehe zum

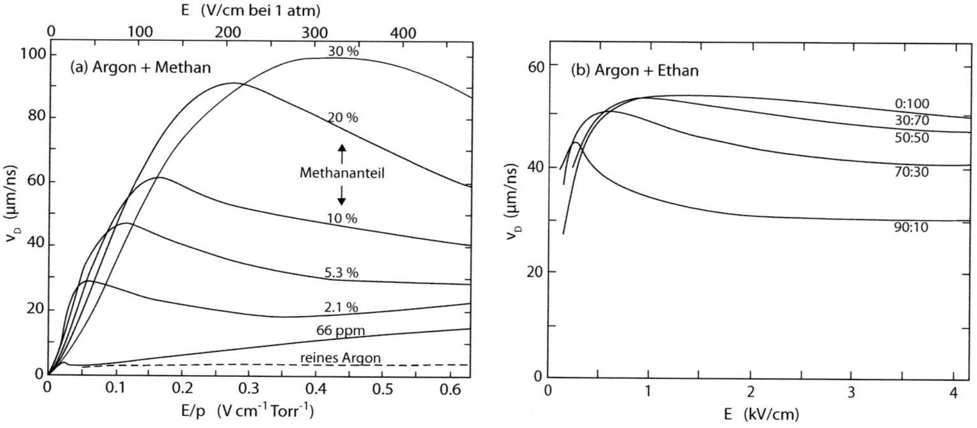

Abb. 4.9 Gemessene Driftgeschwindigkeiten von Elektronen in verschiedenen Argon-Methan- und Argon-Ethan-Gasmischungen als Funktion des elektrischen Feldes. Die Messkurven wurden den Arbeiten von [357] beziehungsweise [473] entnommen. (a) Argon–Methan: Man sieht, dass bereits sehr kleine Beimischungen von Methan starke Änderungen der Driftgeschwindigkeiten hervorrufen können. Mit dem Mischungsverhältnis können die Maxima der Driftgeschwindigkeit in einem relativ großen Bereich eingestellt werden. (b) Argon–Ethan: Bei diesen Gasmischungen liegen die Driftgeschwindigkeiten an den Maxima näher zusammen als bei den Methan-Mischungen.

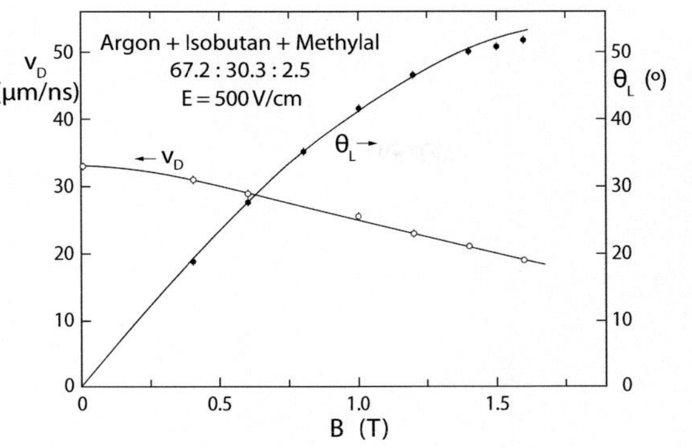

Abb. 4.10 Driftgeschwindigkeit (linke Achse, offene Punkte) und Lorentz-Winkel (rechte Achse, volle Punkte) für Elektronen in der angegebenen Gasmischung als Funktion des angelegten Magnetfelds bei festem Driftfeld [205]. Die Kurven wurden mit einem einfachen Modell, wie im Text beschrieben, berechnet.

Beispiel Abschnitt 7.10.10). Allerdings ist die Diffusion in Argon–Methan (90:10) größer als bei Argon–Ethan (50:50).

Wegen der starken Energieabhängigkeiten der Wirkungsquerschnitte und Inelastizitäten gibt es für Elektronen keine einfache Formel für die Driftgeschwindigkeiten in Gasgemischen, die der Blanc-Regel (4.93) für Ionen entsprechen würde.

Lorentz-Winkel

Abbildung 4.10 zeigt Driftgeschwindigkeiten und Lorentz-Winkel (Abschnitt 4.3.2) als Funktion eines angelegten Magnetfelds (senkrecht zum E-Feld). Die Messungen werden mit einem vereinfachten Modell unter der Annahme, dass die Stoßzeiten mit und ohne B-Feld gleich sind, also $\tau(E,B) = \tau(E,0)$ ist, entsprechend den Formeln (4.56) und (4.57), verglichen. Die Berechnungen stimmen hier bei den gewählten Feldstärken recht gut mit den Messungen überein; bei höheren Feldern treten größere Abweichungen auf [205].

Anordnungen mit gekreuzten E- und B-Feldern finden häufig in Speicherringexperimenten mit zylindrischen Driftkammern in einem Solenoidfeld Anwendung (siehe Abschnitt 7.10, Abb. 7.38).

Diffusion

Der Diffusionskoeffizient wird mit (4.84) berechnet:

$$D = \frac{\langle \lambda v \rangle}{3} = \int \frac{\lambda v}{3} f(v, \cos\theta, \phi)\, v^2 dv d\cos\theta\, d\phi = 4\pi \int \frac{\lambda v}{3} f_0(v)\, v^2\, dv\,. \tag{4.112}$$

Die rechte Seite gilt nur, wenn λv keine Richtungsabhängigkeit hat, siehe dazu die Diskussion weiter unten.

Bei einer konstanten Driftgeschwindigkeit v_D gilt für die Breite der Ladungswolke der Elektronen nach Durchlaufen der Strecke x mit den Gleichungen (4.72) und (4.85):

$$\sigma_x = \sqrt{2Dt} = \sqrt{\frac{2Dx}{v_D}} = \sqrt{\frac{2\epsilon_k\, x}{q\, E}}\,. \tag{4.113}$$

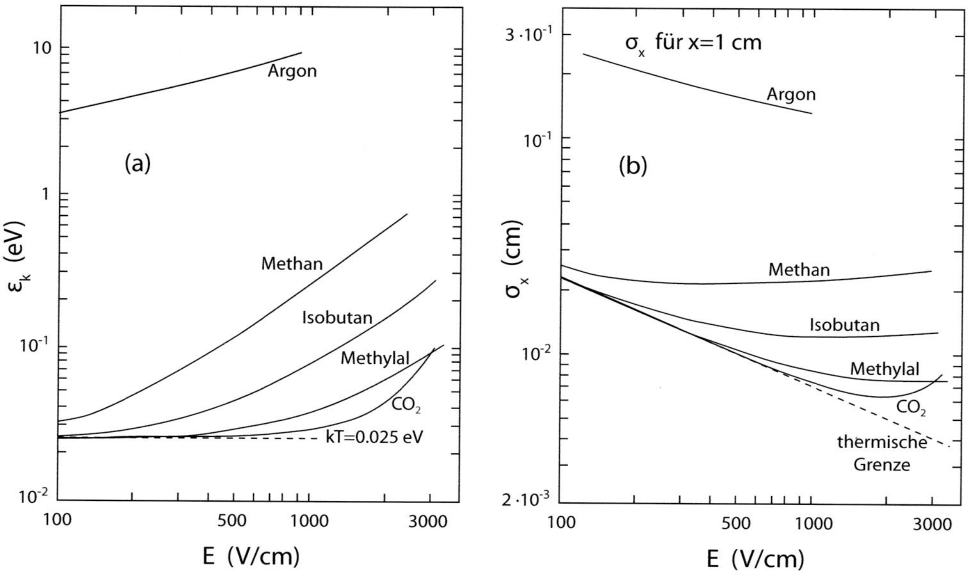

Abb. 4.11 (a) Charakteristische Energie und (b) Breite einer Diffusionswolke nach 1 cm Driftstrecke, aufgetragen gegen die elektrische Feldstärke für verschiedene Gase (nach [724], mit freundl. Genehmigung von Elsevier).

Die Diffusion ist im thermischen Grenzfall (4.92), das heißt für die charakteristische Energie $\epsilon_k = kT$, am geringsten. Die minimale Diffusion ist damit:

$$\sigma_{x,th} = \sqrt{\frac{2kT\,x}{q\,E}}\,. \tag{4.114}$$

Beispiele für die Feldabhängigkeiten der charakteristischen Energie und der Diffusion sind in Abb. 4.11 gezeigt. Die geringste Diffusion zeigen Kohlendioxid (CO_2) und Methylal ($(CH_3)_2CH_2O_2$), die bei nicht zu hohen Feldstärken das thermische Limit erreichen. Auch die Kohlenwasserstoffe Methan und Isobutan haben noch relativ geringe Diffusion, weil die ungeordneten Bewegungen gut gedämpft werden. Die stärkste Diffusion zeigt in dieser Abbildung reines Argon wegen der fehlenden Dämpfung durch Schwingungs- und Rotationsanregungen der Gasmoleküle (siehe Abb. 4.6). Bei allen Beispielen in Abb. 4.11 fällt zunächst die Diffusion mit der Feldstärke ab, um bei den mehratomigen Molekülen dann abzuflachen und eventuell auch wieder anzusteigen. Zu einem Anstieg kommt es, wenn die charakteristische Energie stärker als proportional zu E ansteigt, entsprechend der Gleichung (4.113). Dieses Verhalten beobachtet man in Abb. 4.11 bei Methan und Isobutan, bei hohen Feldern auch bei CO_2.

In der Regel sind die Geschwindigkeitsverteilungen und mittleren freien Weglängen richtungsabhängig, was bei der Berechnung der Diffusionskoeffizienten nach (4.112) berücksichtigt werden muss. Ohne Magnetfeld ergibt sich eine Asymmetrie bezüglich der Richtung des elektrischen Feldes. Dann unterscheidet man im Allgemeinen Diffusion transversal und longitudinal zum elektrischen Feld mit den Koeffizienten D_T beziehungs-

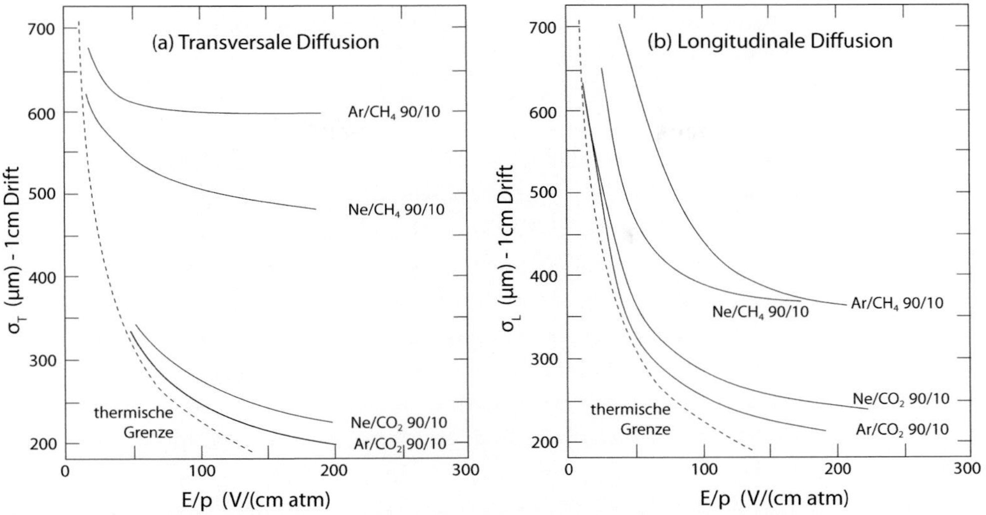

Abb. 4.12 Transversale und longitudinale Diffusionsbreiten (bezogen auf 1 cm Driftstrecke) als Funktion des Driftfelds für verschiedene Gasmischungen ohne Magnetfeld (nach [208]).

weise D_L. Allerdings ist ohne Magnetfeld und bei nicht zu hohen elektrischen Feldern der Unterschied der Diffusionskoeffizienten in Richtung und senkrecht zum elektrischen Feld bei den gängigen Gasen nicht sehr groß [724]. Beispiele sind in Abb. 4.12 gezeigt. Stärker wird die Diffusion von überlagerten Magnetfeldern beeinflusst, wodurch der Diffusionskoeffizient als Tensor beschrieben werden muss (siehe zum Beispiel [177]).

Ein wichtiger Effekt paralleler E- und B-Felder ist die Verringerung der transversalen Diffusion, für die sich ergibt:

$$D_T = \frac{D}{1 + \omega^2 \tau^2}, \tag{4.115}$$

wobei τ die mittlere Stoßzeit ist[6]. Das Magnetfeld bewirkt ein Aufspulen der sich transversal bewegenden Elektronen um das elektrische Feld. Diese Anordnung wird in Driftkammern des Typs 'Time Projection Chamber' (TPC) mit langen Driftwegen eingesetzt (siehe Abschnitt 7.10).

4.7 Ladungsträgertransport in Halbleitern

In Halbleiterdetektoren (Kapitel 8) sind die Ladungsträger Elektronen und Löcher, deren intrinsische (ohne Dotierung) Dichten gleich groß sind (in Si etwa $10^{10}\,\text{cm}^{-3}$). Bei dotierten Halbleitern ergeben sich unterschiedliche Anzahldichten der Ladungsträger, die entsprechend Majoritätsladungsträger und Minoritätsladungsträger genannt werden.

---

[6] Die Formel (4.115) gilt so nur bei kleinen Magnetfeldern, bis etwa 0.5 T, darüber erreicht $1 + \omega^2\tau^2$ wieder ein lineares Verhalten als Funktion von τ^2, wird aber flacher (siehe zum Beispiel [177]).

In n-dotiertem Silizium als Basismaterial eines Halbleiterdetektors zum Beispiel sind die Elektronen und in p-dotiertem die Löcher die Majoritätsladungsträger, die um viele Größenordnungen (typisch etwa 10^{10}) häufiger als die entsprechenden Minoritätsladungsträger sind.

Die Ladungsträgerbewegung in Halbleitern folgt der Boltzmann-Transportgleichung (4.4), die die Diffusions- und Driftbewegungen entsprechend Abb. 4.1 beschreibt. Obwohl die Boltzmann-Transportgleichung bei Festkörpern unter Berücksichtigung der Gitterphänomene – im Allgemeinen mit quantenmechanischen Methoden – gelöst werden muss (siehe zum Beispiel [731, 326]), sind die Ladungsbewegungen im Wesentlichen mit ähnlichen Modellen und Parametern zu beschreiben wie bei Gasen in den Abschnitten 4.5 und 4.6. Das liegt vor allem auch daran, dass man Elektronen und Löcher in einem Halbleiterkristall so behandeln kann, als würden sie sich frei bewegen. Das ist möglich mit dem Konzept einer 'effektiven Masse' der Ladungsträger, die der Bindung an das Gitter Rechnung trägt (siehe dazu Abschnitt 8.2.3).

Sowohl bei Gasen als auch in Halbleitern ist das wesentliche Ergebnis der Transportgleichungen, dass zeitunabhängige elektrische Felder eine stationäre Driftbewegung der Ladungsträger bewirken, die sich aus einem Gleichgewicht zwischen elektrischer Beschleunigung und der Reibung durch Streuprozesse, bei Halbleitern im Gitter, ergibt.

Die ungeordnete thermische Bewegung verursacht eine Diffusionsbewegung der Ladungsträger in Bereiche geringerer Konzentration. Konzentrationsunterschiede treten in Halbleitern wie auch bei Gasen und anderen ionisierbaren Medien zum Beispiel dann auf, wenn entlang einer Ionisationsspur eines geladenen Teilchens oder bei Absorption eines Photons eine lokale Ladungsträgerkonzentration entsteht. In Halbleitern diffundieren Ladungsträger auch an Grenzflächen zum Beispiel zwischen p- und n-leitendem Substrat, worauf die Funktionsweise der Halbleiterelektronik wesentlich basiert (siehe Abschnitt 8.3).

4.7.1 Drift von Elektronen und Löchern

In einem elektrischen Feld $\vec{E}$ driften Elektronen und Löcher in einem Halbleiter, wobei sie an Gitterphononen oder Kristalldefekten streuen, was die Bewegung behindert. Im Drude-Modell [297], das bereits um 1900 entwickelt wurde, lautet die Bewegungsgleichung für die gemittelte Elektronenbewegung:

$$m_{\text{eff}} \left(\dot{\vec{v}}_D + \frac{\vec{v}_D}{\tau} \right) = q\vec{E} \,, \tag{4.116}$$

wobei $q = \pm e$ die Ladung und m_{eff} die effektive Masse der Ladungsträger im Halbleiter ist (siehe Gleichung (8.4) auf Seite 281). Die verschiedenen Streueffekte mit dem Gitter werden durch einen einzigen Parameter, die so genannte Relaxationszeit τ, behandelt. Die Zeit τ, unter den auf Seite 101 in Abschnitt 4.3.1 bezeichneten Annahmen auch Stoßzeit genannt, ist die mittlere Zeit bis zur nächsten Impulsänderung, das heißt bis zum nächsten Streuprozess des Teilchens, bei dem die Bewegungsrichtung geändert wird. Sie liegt bei Silizium in der Größenordnung von Pikosekunden und ist stark temperaturabhängig. Der

Drude-Ansatz anspricht der Relaxationsnäherung der Boltzmann-Transportgleichung in Abschnitt 4.2.3, angewandt auf die gemittelte Bewegung.

Für den stationären Fall konstanter Driftgeschwindigkeit ($\dot{\vec{v}}_D = 0$) führt der Drude-Ansatz auf:

$$\vec{v}_D = \frac{q\tau}{m_{\text{eff}}} \vec{E} = \mu \vec{E} \,, \tag{4.117}$$

wodurch die Mobilität der Elektronen und Löcher,

$$\mu_{e,h} = \frac{q\tau}{m_{\text{eff}}^{e,h}} \,, \tag{4.118}$$

definiert wird. Im Vergleich mit den Lösungen der Boltzmann-Transportgleichung, wie in Abschnitt 4.3 diskutiert, entspricht die Größe τ in (4.117) und (4.118) einem energiegewichteten Mittelwert wie in (4.50) definiert.

Die Beweglichkeit μ ist bei fester Temperatur und bei kleinen elektrischen Feldern etwa konstant, ähnlich wie bei Ionen in Gas (Abschnitt 4.5). Als Funktion der Temperatur ändert sie sich jedoch stark, was an der Temperaturabhängigkeit der verschiedenen die Bewegung behindernden (weitgehend elastischen) Streuprozesse liegt, die die Stoßzeit τ verändern. In Halbleitern unterscheiden wir insbesondere die Streuung an Gitterphononen und an Störstellen des Gitters. Die thermischen Ladungsträger haben Wellenlängen, die größer als die Gitterabstände sind, und können daher nur mit langwelligen (akustischen) Phononen wechselwirken, die kohärenten Gitterschwingungen (Schallwellen im Festkörper) entsprechen [767]. Die Gitterschwingungen behindern die Bewegung umso stärker, je höher die Gittertemperatur ist. Die Abhängigkeit von μ bei akustischer Phononstreuung (APS) ist zum Beispiel für Elektronen im Leitungsband [120, 767]:

$$\mu_{\text{APS}} \propto \frac{1}{m_{\text{eff},c}^{5/2}\, T^{3/2}} \,, \tag{4.119}$$

wobei $m_{\text{eff},c}$ die effektive Elektronenmasse an der Leitungsbandkante ist. Analoges gilt für Löcher im Valenzband. Für die (Coulomb-)Streuung an ionisierten Störstellen (*ionized impurity scattering*, IIS) ist die Temperaturabhängigkeit [254, 767]:

$$\mu_{\text{IIS}} \propto \frac{T^{3/2}}{n_{\text{II}}(T)\, m_{\text{eff}}^{1/2}} \,, \tag{4.120}$$

wobei n_{II} die Störstellendichte ist. Die Mobilität steigt mit der Temperatur, da Ladungsträger mit höherer thermischer Geschwindigkeit durch Coulomb-Streuung weniger stark von der Ursprungsrichtung abgelenkt werden. Man beachte, dass auch die Dichte der ionisierten Störstellen mit der Temperatur zunimmt.

Außerdem ist auch Streuung an neutralen, nicht ionisierten Störstellen möglich (*neutral impurity scattering*, NIS). An diesen findet keine Coulomb-Streuung statt, allerdings verändern sie das Gitter lokal und beeinflussen dadurch die Mobilität. Eine Temperaturabhängigkeit ist hier nur indirekt über m_{eff} gegeben [307, 730]:

$$\mu_{\text{NIS}} \propto \frac{m_{\text{eff}}^{1/2}\, T^0}{n_{\text{NI}}} \,, \tag{4.121}$$

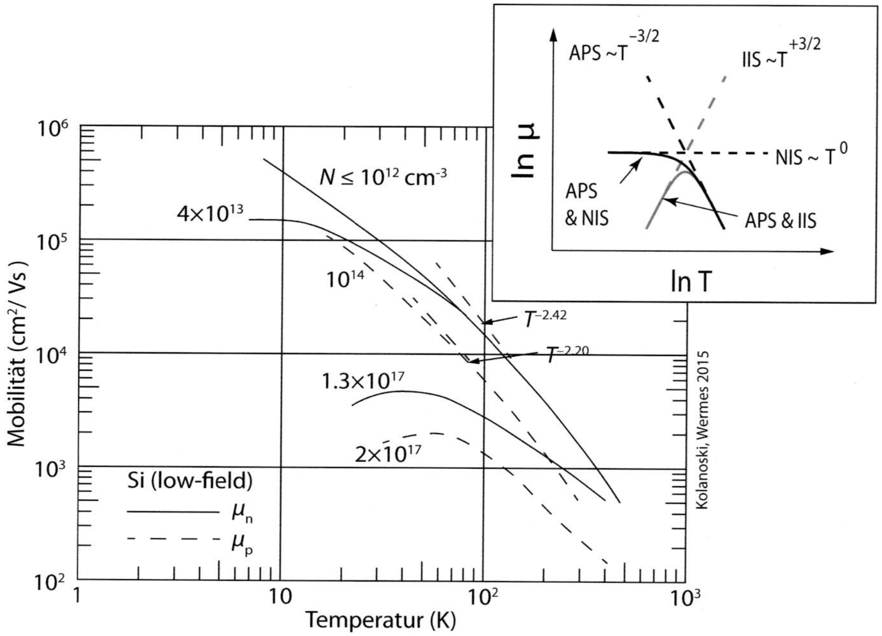

Abb. 4.13 Beweglichkeit als Funktion der Temperatur für Elektronen in Silizium. Das eingesetzte Bild zeigt schematisch die Temperaturabhängigkeit, die aufgrund der im Text beschriebenen Streuungen der Ladungsträger an Verunreinigungen oder am Gitter selbst erwartet wird (nach [468], [767] und [470]).

mit der Dichte n_{NI} der nicht ionisierten, neutralen Störstellen. Weitere Streuprozesse wie zum Beispiel solche, bei denen die Ladungsträger von einem Bandminimum zu einem anderen durch Wechselwirkung mit energiereicheren, optischen Phononen gestreut werden, sind vor allem in Silizium und Germanium weniger relevant.

Insgesamt folgt die Temperaturabhängigkeit der Mobilität in Halbleitern daher qualitativ dem in Abb. 4.13 in dem Bildeinsatz gezeigten Verlauf. Die Gesamtmobilität ergibt sich wie bei Ionen in Gasen gemäß (4.93) durch reziproke Addition der Einzelmobilitäten (Matthiessen'sche Regel, die bei Gasen Blanc-Regel heißt):

$$1/\mu = \sum_i 1/\mu_i \,. \tag{4.122}$$

Gemessene Mobilitäten [468] in Silizium sind in Abb. 4.13 dargestellt. Außer von der Temperatur ist die Mobilität stark von der Dotierungsdichte abhängig, da die Dotierungsatome als Streuzentren wirken.

Bei gegebener Temperatur ist die Driftgeschwindigkeit nur bei kleinen Feldstärken (in Si für $E \ll 10$ kV/cm) direkt proportional zum elektrischen Feld. Somit ist die Mobilität als Proportionalitätskonstante in (4.117) nicht für alle Feldstärken konstant, sondern wird für hohe E-Felder feldabhängig. Im thermischen Gleichgewicht sind die Emission und die Absorption von Phononen gleich häufig, und die Temperatur im Festkörper ist

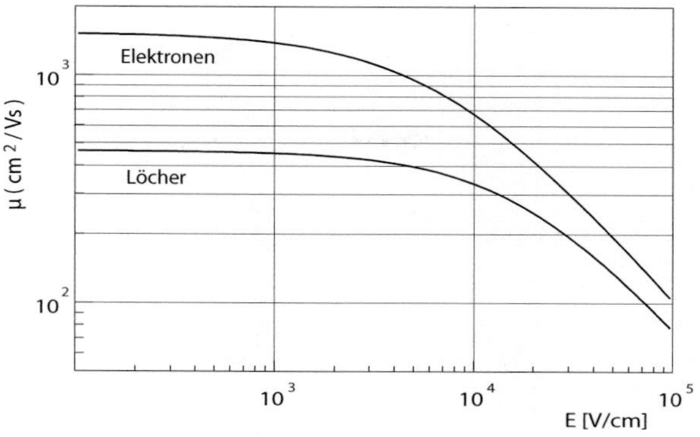

Abb. 4.14 Mobilität von Elektronen und Löchern in Silizium bei 300 K als Funktion der elektrischen Feldstärke gemäß (4.123) für Elektronen/Löcher (nach [468, 697]).

konstant. Bei kleinen Feldstärken reicht die im Feld gewonnene Energie der Ladungsträger bis zum nächsten Stoßprozess nicht aus, um das System wesentlich aus dem thermischen Gleichgewicht zu bringen. Bei höheren Feldstärken erhöht sich zunächst die effektive Ladungsträgertemperatur. Sie wird größer als die Gittertemperatur, so dass mehr Energie an das Gitter abgegeben wird (mehr Absorption von Phononen). Bei hinreichend hohen Feldstärken treten Wechselwirkungen mit 'optischen' Phononen[7] auf und, während die Mobilität μ mit der Feldstärke sinkt, wird v_D mehr und mehr feldunabhängig. Bei noch höheren Feldstärken tritt schließlich Stoßionisation auf, bei der sekundäre Ladungsträgerpaare lawinenartig erzeugt werden (siehe auch [767]).

Ein einfacher empirischer Ansatz [225] erlaubt die Beschreibung der Driftgeschwindigkeit über einen weiten Feldstärkenbereich, siehe Abb. 4.14:

$$v_D = \mu(E)\, E = \frac{\mu_0 E}{\left[1 + \left(\frac{\mu_0 E}{v_{\text{sat}}}\right)^{\beta}\right]^{1/\beta}} . \tag{4.123}$$

Hierbei ist μ_0 die Mobilität bei niedrigen Feldern (*low field mobility*) und v_{sat} ist die Sättigungs-Driftgeschwindigkeit, die bei hohen Feldstärken in Si und Ge erreicht wird. Der empirisch bestimmte Exponent β liegt für Silizium typisch zwischen 1 und 2 und ist nicht notwendigerweise gleich für Elektronen und Löcher (siehe dazu die Ausführungen in [776]).

Die direkte Proportionalität der Driftgeschwindigkeit zum Feld, über einen weiten Bereich von Feldstärken, und auch das Sättigungsverhalten sind in Abb. 4.15 für Silizium und Germanium ersichtlich. Die Sättigungsgeschwindigkeit liegt bei Raumtemperatur in der Größenordnung von etwa 10^7 cm/s. Typische Werte für die (*low field*) Mobilitäten von Ladungsträgern in Siliziumdetektoren bei Raumtemperatur sind (siehe auch Tabelle 8.2):

$$\mu_n(\text{Si}) = 1450\,\frac{\text{cm}^2}{\text{Vs}}, \qquad \mu_{\text{p}}(\text{Si}) = 500\,\frac{\text{cm}^2}{\text{Vs}} \approx \frac{1}{3}\mu_{\text{n}} .$$

[7]Das sind höherfrequente Schwingungsmoden des Gitters, deren Frequenzen im optischen Bereich liegen [767].

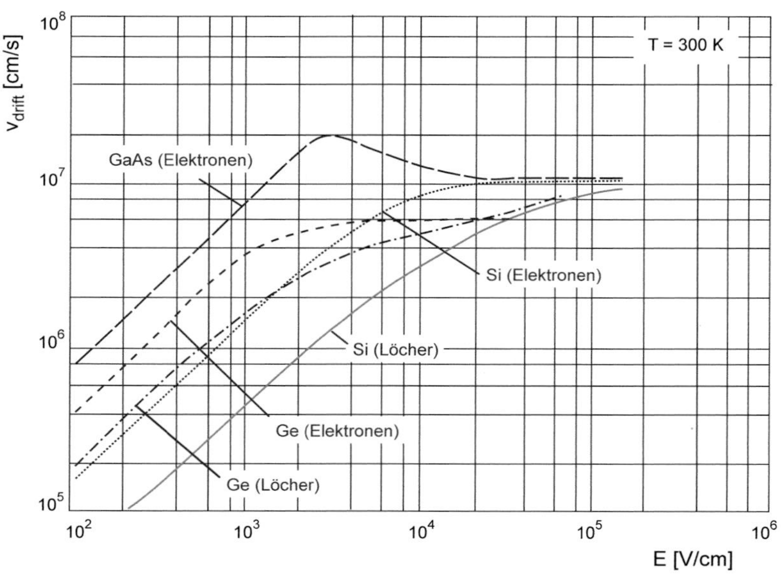

Abb. 4.15 Driftgeschwindigkeit als Funktion der Feldstärke für Elektronen und Löcher in Silizium und Germanium bei 300 K (nach [468, 747, 698, 767]). Die Sättigung bei hohen Feldstärken ist eine Konsequenz des Mobilitätsabfalls, wie in Abb. 4.14 gezeigt.

Bei GaAs sind die Elektronen- und Löcherbeweglichkeiten ungefähr (Tab. 8.2):

$$\mu_n(\mathrm{GaAs}) = 8800\,\frac{\mathrm{cm}^2}{\mathrm{Vs}}\,, \qquad \mu_\mathrm{p}(\mathrm{GaAs}) = 320\,\frac{\mathrm{cm}^2}{\mathrm{Vs}} \approx \frac{1}{30}\mu_\mathrm{n}\,.$$

Zum Vergleich: Die Beweglichkeit von Ionen in Gasen ist typisch etwa 1000 mal kleiner als die von Elektronen in Silizium (Tab. 4.1).

Die Driftbewegungen der Ladungsträger führen zu einem Driftstrom

$$\vec{j}_\mathrm{Drift} = e\,(p\,\mu_p - n\,\mu_n)\,\vec{E} = \sigma\,\vec{E}\,, \tag{4.124}$$

wobei n, p die Ladungsträgerdichten und σ die elektrische Leitfähigkeit sind. Bei Festkörpern wird die Beweglichkeit μ meist über μ-Abhängigkeit der elektrischen Leitfähigkeit,

$$\sigma = n\,q\,\mu\,, \tag{4.125}$$

gemessen.

4.7.2 Diffusion in Halbleitern

Räumliche Konzentrationsunterschiede der Ladungsträger werden aufgrund der ungeordneten thermischen Bewegung durch Diffusion der Ladungsträger von Gebieten höherer Konzentration in solche geringerer Konzentration ausgeglichen. Das führt zu einem Dif-

Tab. 4.2 Transportparameter in einigen Halbleitern: Mobilität μ_0 (*low field*), Sättigungsdriftgeschwindigkeit v_{sat} bei hohen Feldern (300 K), Diffusionskoeffizient (intrinsisch) D, thermische Geschwindigkeit bei 300 K (vgl. Tabelle 8.1 und [767, 463]).

Halbleiter	μ_n $(\frac{\mathrm{cm}^2}{\mathrm{Vs}})$	μ_p $(\frac{\mathrm{cm}^2}{\mathrm{Vs}})$	v_{sat} $(\frac{\mathrm{cm}}{\mathrm{s}})$	D_n $(\frac{\mathrm{cm}^2}{\mathrm{s}})$	D_p $(\frac{\mathrm{cm}^2}{\mathrm{s}})$	v_{th}^e $(\frac{\mathrm{cm}}{\mathrm{s}})$	v_{th}^h $(\frac{\mathrm{cm}}{\mathrm{s}})$
Si	1450	500	$1 \cdot 10^7$	36	12	$2.3 \cdot 10^7$	$1.65 \cdot 10^7$
Ge	3900	1800	$7 \cdot 10^6$	100	50	$3.1 \cdot 10^7$	$1.9 \cdot 10^7$
GaAs	8500	400	$1.2 \cdot 10^7$	200	10	$4.4 \cdot 10^7$	$1.8 \cdot 10^7$
InP	5400	200	$1 \cdot 10^7$	130	5	$3.9 \cdot 10^7$	$1.5 \cdot 10^7$
InAs	40000	500	$8 \cdot 10^7$	1000	13	$7.7 \cdot 10^7$	$2 \cdot 10^7$
CdTe	1050	90		26	2	$3.5 \cdot 10^7$	$1.4 \cdot 10^7$
Diamant[8]	≈1900	≈2300	$7 \cdot 10^6$	57	46	$\approx 10^7$	$\approx 10^7$

fusionsstrom entsprechend dem 1.Fickschen Gesetz (4.66), der für die Dichten n und p der Elektronen und Löcher die folgende Form hat:

$$\vec{j}_{n,\mathrm{Diff}} = -eD_n\vec{\nabla}n\,, \qquad \vec{j}_{p,\mathrm{Diff}} = -eD_p\vec{\nabla}p\,, \tag{4.126}$$

wobei $D_{n,p}$ die Diffusionskoeffizienten für Elektronen beziehungsweise Löcher sind, die spezifisch für einen bestimmten Halbleiter sind.

Zusammen mit dem Driftstrom (4.124) ergeben sich die Stromdichten

$$\begin{aligned}\vec{j}_n &= \vec{j}_{n,\mathrm{Drift}} + \vec{j}_{n,\mathrm{Diff}} = -e\mu_n\, n\vec{E} - e\,D_n\,\vec{\nabla}n\,,\\ \vec{j}_p &= \vec{j}_{p,\mathrm{Drift}} + \vec{j}_{p,\mathrm{Diff}} = e\mu_p\, p\vec{E} - e\,D_p\,\vec{\nabla}p\,.\end{aligned} \tag{4.127}$$

Für ein System im thermischen Gleichgewicht, für das die Fermi-Energie E_F auch zum Beispiel über eine Grenzschicht mit Konzentrationsgefälle konstant ist, und für das der Konzentrationsunterschied eine parallel verlaufende Wölbung der Leitungs- (E_L) und der Valenzbandkanten (E_V) bewirkt (siehe Kapitel 8, Abb. 8.16 auf Seite 290), kann aus (4.127) die Einstein-Relation (siehe auch (4.85) und (4.92) sowie die Fußnote auf Seite 108) hergeleitet werden.

Im eindimensionalen Fall gilt für Elektronen nach (4.127) im Gleichgewicht, das heißt für $\vec{j}_n = 0$:

$$\mu_n n\, E_x = -D_n \frac{\partial n}{\partial x}\,. \tag{4.128}$$

Die elektrische Feldstärke E_x bestimmt die Lage der Leitungsbandkante $E_L = -e\phi + const.$, und daher gilt:

$$E_x = -\frac{\partial\phi(x)}{\partial x} = \frac{1}{e}\frac{\partial E_L(x)}{\partial x}\,. \tag{4.129}$$

Die Elektronendichte an der Leitungsbandkante ist exponentiell abhängig vom Abstand der Fermi-Energie zum Leitungsband $E_L - E_F$:

$$n = C\,\exp\left(-\frac{E_L - E_F}{kT}\right)\,, \tag{4.130}$$

[8] Angaben für die Beweglichkeit von Diamant variieren in der Literatur [643, 333, 608, 466] stark. In [465] werden für monokristalline Diamanten Werte von 4500 cm²/Vs für Elektronen und 3800 cm²/Vs für Löcher angegeben.

wobei C eine nicht weiter benötigte Konstante ist. Die Ableitung ist:

$$\frac{\partial n}{\partial x} = -\frac{1}{kT}\left\{C\,\exp\left(-\frac{E_L - E_F}{kT}\right)\right\}\frac{\partial E_L}{\partial x} = -\frac{n}{kT}\frac{\partial E_L}{\partial x}\,.$$

Mit (4.128) folgt:

$$\mu n E_x = \mu n\left(\frac{1}{e}\frac{\partial E_L(x)}{\partial x}\right) = -D_n\left(-\frac{n}{kT}\frac{\partial E_L}{\partial x}\right)\,. \qquad (4.131)$$

Damit ergibt sich für Elektronen – und entsprechend für Löcher – die in Abschnitt 4.6.1 mit Gleichung (4.92) für Ionen in Gasen eingeführte Einstein-Beziehung

$$\frac{D_n}{\mu_n} = \frac{kT}{e}, \qquad \frac{D_p}{\mu_p} = \frac{kT}{e}\,, \qquad (4.132)$$

welche das Verhältnis der charakteristischen Größen für Diffusion (D) und Drift (μ) durch fundamentale Konstanten der Physik (e, k) ausdrückt.

4.7.3 Bewegung von Elektronen und Löchern in Gegenwart von Magnetfeldern

Halbleiterdetektoren werden sehr häufig als Spurdetektoren in Magnetfeldern eingesetzt. Unter dem Einfluss der Lorentz-Kraft $\vec{F} = q\,(\vec{E} + \vec{v} \times \vec{B})$ bewegen sich die Ladungsträger zwischen zwei Stößen auf gebogenen Bahnen. Die resultierende Driftbewegung folgt nicht mehr der Richtung des E-Feldes (außer, wenn $\vec{E}$ und $\vec{B}$ parallel sind). In Abschnitt 4.3.2 sind für den allgemeinen Fall beliebiger E- und B-Felder die Formeln für die Driftkomponenten in den Gleichungen (4.52) bis (4.54) zusammengestellt.

Für den Fall senkrecht aufeinander stehender E- und B-Felder wurde in Abschnitt 4.3.2 auch beschrieben, dass die Driftbewegung effektiv um den Lorentz-Winkel α_L von der ursprünglichen Richtung, der E-Feld-Richtung, abgelenkt wird. In Abb. 4.3 auf Seite 103 wurde dies vereinfacht skizziert. Die Stärke der Ablenkung ist durch das Verhältnis der Komponenten der Driftgeschwindigkeit parallel und senkrecht zum elektrischen Feld gegeben, entsprechend Gleichung (4.57) in Abschnitt 4.3.2:

$$\tan\alpha_L = \frac{|v^B_{D,1}|}{v^B_{D,3}} = \omega\tau_H\,. \qquad (4.133)$$

Hierbei ist $\omega = q/m_{\text{eff}}\,B$ die Zyklotronfrequenz und τ_H die Relaxations- oder Stoßzeit bei Berücksichtigung der Effekte durch das Magnetfeld. Die Zeitkonstante τ_H hängt über

$$\tau_H = \tau_\mu\, r_H \qquad (4.134)$$

mit der mittleren Stoßzeit $\tau_\mu = \langle\tau\rangle_\epsilon$ ohne Magnetfeld zusammen. Die Mittelwertklammer mit dem Index ϵ bezeichnet die energiegewichtete Mittelung, wie in Gleichung (4.51) definiert. Der Hall-Faktor r_H wurde in Abschnitt 4.3.1 mit Gleichung (4.60) in der Näherung für kleine Magnetfelder eingeführt:

$$r_H = \frac{\langle\tau^2\rangle_\epsilon}{\langle\tau\rangle^2_\epsilon}\,. \qquad (4.135)$$

Ohne die Näherung für kleine Magnetfelder ist statt über τ und τ^2 über die entsprechend komplexeren Ausdrücke in (4.52) bis (4.54) zu mitteln (und eventuell sind auch die weiteren Approximationen zu überprüfen). Während τ_μ mit der Beweglichkeit $\mu = e/m_{\text{eff}}\,\tau_\mu$ zusammenhängt, die über die Leitfähigkeit (4.125) gemessen wird, wird der Hall-Faktor r_H bei Halbleitern mit Hilfe des Hall-Effekts bestimmt (siehe dazu zum Beispiel [742, 326]). Entsprechend kann eine Hall-Mobilität definiert werden:

$$\mu_H = \frac{e}{m_{\text{eff}}}\,\tau_H = \mu\, r_H\,. \tag{4.136}$$

Es ist zu bemerken, dass der Hall-Faktor, trotz des auf einen Halbleitereffekt hindeutenden Namens, auch in anderen Medien auftritt, zum Beispiel auch bei Gasen. Bei der Ableitung von (4.60) wurden keine Einschränkungen bezüglich der Medien gemacht.

Beispiele

1. Für den einfachen – aber nicht realistischen – Fall, dass τ konstant ist, folgt $\tau = \tau_H = \tau_\mu$ und damit $r_H = 1$.
2. Beschränkt man sich auf akustische Phononstreuung (thermische Vibrationen des Gitters) so ist die mittlere freie Weglänge λ konstant und $\tau = \lambda/v$. Die Verteilungsfunktion ist in guter Näherung eine Maxwell-Verteilung, mit der r_H wie folgt bestimmt wird:

$$r_H = \frac{\langle\tau^2\rangle_\epsilon}{\langle\tau\rangle_\epsilon^2} = \frac{\int_0^\infty \tau^2\,\epsilon^{3/2}\,\mathrm{e}^{-\frac{\epsilon}{kT}}\,d\epsilon}{\left(\int_0^\infty \tau\,\epsilon^{3/2}\,\mathrm{e}^{-\frac{\epsilon}{kT}}\,d\epsilon\right)^2} = \frac{\frac{3kT}{m_{\text{eff}}}}{\frac{8kT}{\pi m_{\text{eff}}}} = \frac{3\pi}{8} = 1.18\,. \tag{4.137}$$

Bei Streuprozessen, in denen λ nicht konstant ist und/oder die angesetzten Näherungen nicht gelten, treten andere Werte für r_H auf. In der Regel gilt $r_H \geq 1$ für nicht-entartete Halbleiter mit symmetrischen Bandstrukturen, aber es tritt auch $r_H < 1$ auf, insbesondere für p-Silizium mit nicht-symmetrisch gekrümmten Bandstrukturen [547, 463]. Für Silizium bei 300 K und kleinen Magnetfeldern ($\omega\tau_H \ll 1$) ist $r_H \approx 1.15$ für Elektronen und $r_H \approx 0.8$ für Löcher [548] über einen weiten Dotierungsbereich bis etwa $10^{15}\,\text{cm}^{-3}$. Für große Magnetfelder, die typisch für Teilchendetektoren sind, gilt $r_H \approx 1$.

In Halbleiterdetektoren mit strukturierter Auslese wie Mikrostreifen- oder Pixel-detektoren spielt der Lorentz-Winkel eine große Rolle bei der Optimierung der Elektrodengröße und -abstände für die Ortsauflösung. Wegen der um etwa einen Faktor 4.5 größeren Hall-Mobilität ist der Lorentz-Winkel für Elektronen in Silizium größer als für Löcher. Bei einem Magnetfeld von 1 T beträgt er 9.5° für Elektronen und 2.1° für Löcher bei moderaten elektrischen Feldstärken, bei denen die Mobilität noch feldunabhängig ist. Der Lorentz-Winkel ändert sich gegebenenfalls mit der Betriebsdauer des Detektors, da Strahlenschädigung höhere elektrische Felder bedingt, sei es intrinsisch oder durch die notwendige höhere Betriebsspannung, und damit zu kleineren Mobilitäten führt, die α_L in der Regel verkleinern (siehe zum Beispiel [388]).

5 Signalentstehung durch bewegte Ladungen

Übersicht

5.1 Einführung

Teilchen lassen sich nur nachweisen, wenn sie in dem sensitiven Medium eines Detektors Energie deponieren. In vielen Fällen wird zumindest ein Teil der deponierten Energie für die Ionisation des Mediums verwendet. Detektoren, die die erzeugte Ladung nachweisen, sind gasgefüllte Ionisations- oder Proportionalkammern, Halbleiterdetektoren, Photodioden und andere. Durch die Trennung der Ionisationsladungen in elektrischen Feldern können elektrische Signale auf den Feldelektroden erzeugt werden, die direkt elektronisch weiter verarbeitet werden können. Die Möglichkeit der elektronischen Verarbeitung von Detektorsignalen ist eines der wichtigsten Konstruktionskriterien für moderne Detektoren und wird nur in ganz besonderen Fällen zugunsten anderer Kriterien aufgegeben (zum Beispiel bei Einsatz von Photoemulsionen für besonders genaue Spurbestimmung). Auch in Detektoren, in denen das primäre Signal nicht auf Ionisation zurückgeht, sondern zum Beispiel auf Abstrahlung von Cherenkov-Photonen oder Szintillationslicht, läuft die Nachweiskette letztlich meist auf den Nachweis von Ionisation hinaus. Zum Beispiel werden Photonen in photosensitiven Schichten von Photodetektoren wie Photovervielfachern oder Photodioden in Ionisationsladungen umgewandelt (Kapitel 10 geht speziell auf die Verarbeitung von Lichtsignalen ein).

In Ionisationsdetektoren wird die erzeugte Ladung nach folgendem Schema in ein Signal verwandelt, das elektronisch weiterverarbeitet werden kann:

- ein Teilchen deponiert Energie in einem Volumen;
- Ladungspaare (Elektron-Ion- oder Elektron-Loch-) werden erzeugt;
- die Ladungen werden von einem durch ein Elektrodensystem erzeugten elektrischen Feld getrennt und bewegen sich relativ zu den Elektroden;

H. Kolanoski, N. Wermes, *Teilchendetektoren*, DOI 10.1007/978-3-662-45350-6_5

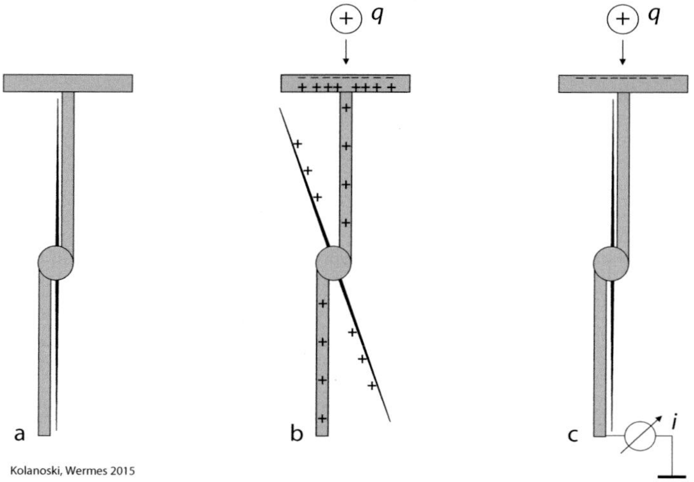

Abb. 5.1 Effekt einer sich einem Elektrometer nähernden Ladung q. a) Ein ungeladenes, gegen Masse isoliertes Elektrometer, dem sich eine Ladung (aus dem Unendlichen) nähert. b) Die Ladung q influenziert eine Gegenladung auf der Metalloberfläche, und zwar umso mehr, je näher die Ladung der Elektrode kommt. Da das Elektrometer insgesamt ungeladen und ungeerdet sein soll, kann es nur eine Ladungstrennung geben, so dass sich die entgegengesetzte (hier positive) Ladung an den (metallischen) Oberflächen ansammelt, die weiter von der Elektrode entfernt sind. Dies erzeugt einen Zeigenausschlag des Elektrometers. c) Wenn man jetzt den Fuß des Elektrometers erdet, kann die (positive) Ladung abfließen und ein Signal als Strom gemessen werden.

- die bewegten Ladungen influenzieren eine Ansammlung von Ladungen auf den Elektrodenoberflächen;
- die Ladungsinfluenz wird als Ladungs-, Strom- oder Spannungssignal registriert.

Für die weitere Diskussion der Entstehung von Signalen in Elektrodensystemen ist es grundlegend wichtig zu verstehen, dass Signale auf Elektroden durch Bewegung von Ladungen relativ zu den Elektroden entstehen. Dabei ist es für die Signalerzeugung nicht wichtig, ob die Ladung tatsächlich auf einer Elektrode ankommt. Ladung kann zum Beispiel im Ionisationsvolumen durch Rekombination oder Anlagerung verloren gehen, aber trotzdem kann ein Signal, das von einer vorhergehenden Ladungsbewegung stammt, nachgewiesen werden. Die 'Ladungssammlung' auf den Elektroden ist also nicht das wesentliche Phänomen, sondern die Bewegung der Ladung relativ zu den Elektroden.

Die Verhältnisse können an dem in Abb. 5.1 dargestellten einfachen Beispiel, das aus Vorlesungen über Elektrostatik geläufig ist, verdeutlicht werden. Wenn sich eine Ladung der Elektrode eines isolierten Elektrometers nähert, wird Ladung influenziert, wie in Abb. 5.1(b) dargestellt. Je näher die Ladung kommt, umso größer wird der Zeigerausschlag des Elektrometers. Wenn die Ladung stehen bleibt, ändert sich der Zeigerausschlag nicht. Wenn man nun das Elektrometer erdet (Abb. 5.1(c)), fließt ein messbarer Strom. Wenn die Ladung sich nicht weiter bewegt, bleibt es bei einem kurzen Stromstoß, der rasch auf null zurückgeht. Wenn sich die Ladung weiter bewegt, wird ein kontinuierlicher Strom fließen, der umso stärker ist, je schneller sich die Ladung bewegt, und der verschwindet, wenn die Ladung auf der Elektrode angekommen ist oder, allgemeiner, sich nicht mehr bewegt. Dieser Strom kann zur Formung elektronischer Signale genutzt werden. Man beachte, dass es, wie bereits erwähnt, für ein solches Signal nicht notwendig ist, dass die Ladung auf dem Elektrometer ankommt, also 'gesammelt' wird.

Da Ionisationsdetektoren in einem Ersatzschaltbild meist als Stromquellen behandelt werden, wird in den folgenden Betrachtungen der Strom als Grundlage für ein Signal behandelt. Durch Messung des Stromes über einen Widerstand oder durch Integration des Stromes kann man Spannungs- und Ladungssignale erhalten.

5.2 Wichtungsfeld und Shockley-Ramo-Theorem

5.2.1 Wichtungspotenzial und Wichtungsfeld

Um zu allgemeineren Aussagen über die Erzeugung von Signalen durch bewegte Ladungen zu kommen, betrachten wir zunächst ein einfaches System von zwei Elektroden, wie in Abb. 5.2 (links) skizziert. Eine Punktladung q bewege sich in einem geschlossenen Volumen, begrenzt vom Außen- und vom Innenleiter, die jeweils auf ein festes Potenzial gelegt sind. In diesem Beispiel ist die Spannung zwischen beiden Leitern U; der Innenleiter ist geerdet. Die Spannung U führt zu einer Influenzladung Q beziehungsweise $-Q$ auf den Elektroden, die bei einer Kapazität C der Anordnung durch $Q = C\,U$ gegeben ist. Die Ladung q an der Stelle $\vec{r}_q$ influenziert eine zusätzliche Ladung $\Delta Q(\vec{r}_q)$. Bei einer Bewegung der Ladung q von $\vec{r}_q$ nach $\vec{r}_q + d\vec{r}_q$ leistet das Feld der Elektroden, $\vec{E}_0$, Arbeit[1]:

$$dW_q = q\,\vec{E}_0\,d\vec{r}\,. \tag{5.1}$$

Diese Arbeit muss von der Spannungsversorgung und/oder der Feldenergie aufgebracht werden:

$$dW_q + dW_U + dW_E = 0\,. \tag{5.2}$$

Die Arbeit der Spannungsversorgung wird nur durch die entnommene Ladung dQ bestimmt, wenn die Spannung festgehalten wird:

$$dW_U = dQ\,U + Q\,dU = dQ\,U\,. \tag{5.3}$$

Dabei ist dQ negativ, wenn positive Ladung der Spannungsquelle entnommen wird, und hat das umgekehrte Vorzeichen wie die auf der Elektrodenoberfläche influenzierte Ladung.

Die gesamte Feldenergie in dem durch die Elektroden begrenzten Volumen V ist

$$W_E = \frac{1}{2}\epsilon\epsilon_0 \int_V \vec{E}^2 dV\,. \tag{5.4}$$

[1] Durch die Arbeit des Feldes an dem Teilchen, das die Ladung trägt, gewinnt dieses in der Regel kinetische Energie, die allerdings zum großen Teil in Wechselwirkungen mit dem Detektormaterial wieder abgegeben wird. Dadurch ändert sich allerdings nicht die Arbeit, die von dem Feld an dem Teilchen geleistet wird.

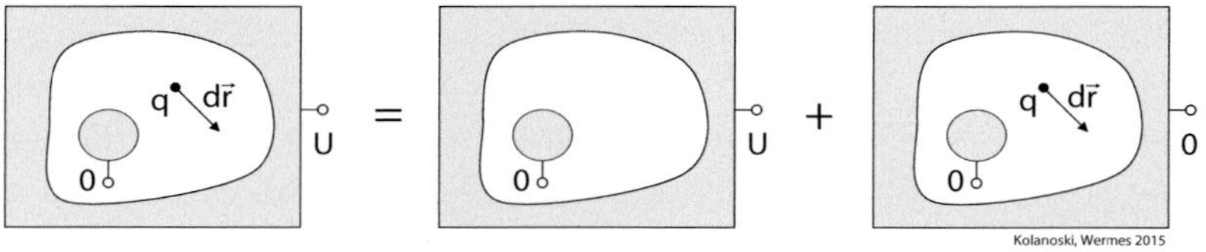

Abb. 5.2 Skizze zur Illustration der Bewegung einer Ladung in einer Potenzialanordnung. Die Anordnung auf der linken Seite mit dem Innenleiter auf Masse und dem Außenleiter auf dem Potenzial U lässt sich aus den beiden Anordnungen auf der rechten Seite superponieren. Siehe dazu die Ausführungen im Text.

Im Folgenden wird gezeigt, dass sich diese Feldenergie nicht ändert, wenn sich die Ladung q in dem Feld bewegt.

Das Feld $\vec{E}$ lässt sich, wie in Abb. 5.2 dargestellt, linear superponieren aus einem Feld $\vec{E}_0$ der Elektroden ohne Ladung in dem Volumen und dem Feld $\vec{E}_q$, das von der zusätzlichen Ladung erzeugt wird:

$$\vec{E} = \vec{E}_0 + \vec{E}_q \,. \tag{5.5}$$

Nach den Gesetzen der Elektrodynamik wird die Arbeit an der Ladung q entsprechend Gleichung (5.1) durch das Feld $\vec{E}_0$ am Ort der Ladung geleistet. Das eigene Feld $\vec{E}_q$ liefert keinen Beitrag zur Arbeit.

Entsprechend kann man das Potenzial $\phi(\vec{r})$ in dem durch die Elektroden begrenzten Volumen als Summe eines Potenzials ϕ_0, das sich ohne Ladung q ergeben würde, und des zusätzlichen Potenzials durch die eingebrachte Punktladung darstellen:

$$\phi(\vec{r}) = \phi_0(\vec{r}) + \phi_q(\vec{r}) \,. \tag{5.6}$$

Die Randbedingungen für die Potenziale auf den Elektrodenoberflächen S_a (außen) und S_i (innen) sind

$$\begin{aligned} \phi(\vec{r})|_{S_a} &= \phi_0(\vec{r})|_{S_a} = U \,, \\ \phi(\vec{r})|_{S_i} &= \phi_0(\vec{r})|_{S_i} = 0 \,, \\ \phi_q(\vec{r})|_{S_a} &= \phi_q(\vec{r})|_{S_i} = 0 \,. \end{aligned} \tag{5.7}$$

Das Potenzial ϕ_0 erfüllt also die Randbedingungen, die durch die festen Spannungen gegeben sind, während das Potenzial ϕ_q für die Ladung q mit geerdeten Elektroden bestimmt wird. Die Potenziale ergeben sich aus den Lösungen der Laplace- beziehungsweise Poisson-Gleichungen

$$\Delta\phi_0 = 0 \,, \tag{5.8}$$

$$\Delta\phi_q = -\frac{q}{\epsilon\epsilon_0}\delta(\vec{r} - \vec{r}_q) \,. \tag{5.9}$$

mit den Randbedingungen (5.7). Die entsprechenden Felder sind

$$\vec{E}_0 = -\nabla\phi_0 \,, \tag{5.10}$$

$$\vec{E}_q = -\nabla\phi_q \,. \tag{5.11}$$

Mit dem Green'schen Satz lässt sich zeigen (siehe zum Beispiel [427]), dass sich für ein statisches Elektrodenfeld $\vec{E}_0$ (näherungsweise auch für ein niederfrequentes Feld) auch die Feldenergie in die beiden Anteile, Elektrodenfeld und Punktladungsfeld, separieren lässt:

$$W_E = W_{E_0} + W_{E_q} \,. \tag{5.12}$$

Bei Bewegung der Ladung q ändern sich beide Feldenergien nicht,

$$dW_E = dW_{E_0} + dW_{E_q} = 0 \,, \tag{5.13}$$

weil gemäß Annahme das Feld $\vec{E}_0$ wegen der festgehaltenen Spannung statisch ist und das Feld $\vec{E}_q$ weder an der Ladung q Arbeit leistet noch wegen der auf festem Potenzial (Masse) liegenden Elektroden Energie mit einer Spannungsquelle austauschen kann. Deshalb folgt aus (5.1), (5.3) und (5.13)

$$dW_q + dW_U = q\,\vec{E}_0\,d\vec{r} + dQ\,U = 0 \qquad \Rightarrow \qquad dQ\,U = -q\,\vec{E}_0\,d\vec{r}\,. \tag{5.14}$$

Das heißt, die Arbeit an der Ladung q wird ausschließlich von der Spannungsquelle erbracht. Damit gilt:

$$dQ = -q\,\frac{\vec{E}_0}{U}\,d\vec{r}\,. \tag{5.15}$$

Das Feld $\vec{E}_0$ ist durch die Geometrie der Elektrodenanordnung gegeben und ist dem Betrage nach proportional zu U. Das bedeutet, dass in (5.15) die Größe $\vec{E}_0/U$ und damit auch die influenzierte Ladung unabhängig von der angelegten Spannung U ist. Wir können uns also auf eine Spannung $U = 1$ (in irgendwelchen Einheiten) beziehen und damit das sogenannte Wichtungspotenzial und das entsprechende Wichtungsfeld bestimmen:

$$\phi_w = \frac{\phi_0}{U}\,, \qquad \vec{E}_w = -\vec{\nabla}\phi_w\,. \tag{5.16}$$

Das Wichtungspotenzial ϕ_w entspricht also dem Potenzial ϕ_0, das mit dem Randwert $U = 1$ Lösung der Potenzialgleichung (5.8) ist. Offensichtlich ist ϕ_w dimensionslos, und $\vec{E}_w$ hat die Einheit einer inversen Länge. Im Folgenden wird gezeigt, dass das Konzept des Wichtungsfeldes über die einfache Division durch U hinaus geht, insbesondere bei der Behandlung von Mehr-Elektroden-Systemen.

Das Ladungssignal in (5.15) kann nun durch das Wichtungsfeld ausgedrückt werden:

$$dQ = -q\,\vec{E}_w\,d\vec{r}\,. \tag{5.17}$$

Die zeitliche Änderung der influenzierten Ladung ist durch die Ladungsbewegung $\vec{v}$ gegeben und entspricht dem Signalstrom[2], der bei konstant gehaltener Spannung der Spannungsquelle entnommen wird[3]:

$$i_S = -\frac{dQ}{dt} = q\,\vec{E}_w\,\vec{v} \qquad \text{mit} \quad \vec{v} = \frac{d\vec{r}}{dt}\,. \tag{5.18}$$

---

[2] Siehe die Bemerkungen über die Vorzeichenkonvention für den influenzierten Strom in Abschnitt 5.2.4.

[3] Wir verwenden für Strom- und Spannungssignale, $i_S(t)$ und $u_S(t)$, kleine Buchstaben.

Im Allgemeinen kann die Geschwindigkeit der Ladung $\vec{v}$ eine andere Richtung als das Wichtungsfeld $\vec{E}_w$ haben, zum Beispiel bei einem überlagerten Magnetfeld oder bei Mehr-Elektroden-Systemen (siehe nächster Abschnitt für die Verallgemeinerung auf Systeme mit beliebig vielen Elektroden).

Polarisationsladungen zwischen den Elektroden Wir hatten bereits darauf hingewiesen, dass das Wichtungsfeld nur von der Geometrie der Anordnung abhängt. Bei der Ableitung des Wichtungsfeldes haben wir explizit den Fall, dass es auch dielektrische Polarisationsladungen in dem Detektorvolumen gibt, nicht ausgeschlossen. Die Dielektrizitätskonstante ϵ geht in die Feldenergie W_E in (5.4) und die Potenzialgleichung für die Punktladung (5.9) ein. Es mag deshalb erstaunen, dass aber das Ergebnis für das Wichtungsfeld davon unabhängig ist. Der Grund dafür ist, dass das Feld der Punktladung umgekehrt proportional zu ϵ ist, da für die Divergenz des Feldes gilt:

$$\nabla \cdot \vec{E}_q = \frac{q}{\epsilon\,\epsilon_0}\,\delta(\vec{r} - \vec{r}_q)\,. \tag{5.19}$$

Bei der influenzierten Ladung hebt sich ϵ wieder heraus, weil die auf dem Außenleiter influenzierte Ladung nach dem Gauß'schen Satz durch

$$\Delta Q = \epsilon\epsilon_0 \int_{S_a} \vec{E}_q\, d\vec{S} \tag{5.20}$$

gegeben ist. Die Elektrodensignale sind in dem Maße von Polarisationsladungen in dem Volumen zwischen den Elektroden unabhängig, wie die dielektrischen Eigenschaften des Mediums linear behandelt werden können.

Raumladungen zwischen den Elektroden In der Praxis ist wichtig, dass das Wichtungsfeld auch unabhängig von eventuell im Volumen vorhandenen Raumladungen ist, solange diese raumfest bleiben. Ein wichtiges Beispiel sind die Raumladungen in einer depletierten Halbleiterschicht. Eine Raumladung verändert zwar das elektrische Feld, das die Bewegung der Ladung bewirkt und damit die Geschwindigkeit $\vec{v}$ bestimmt, nicht aber das Wichtungsfeld. Das lässt sich wie folgt erklären: In Abb. 5.2 kann man einen Beitrag mit der Raumladung ρ in dem inneren Volumen und verschwindenden Potenzialen auf den Elektroden hinzufügen. Das entspricht dann einer Erweiterung des Potenzials in (5.6) um ein Potenzial $\phi_\rho(\vec{r})$,

$$\phi(\vec{r}) = \phi_0(\vec{r}) + \phi_q(\vec{r}) + \phi_\rho(\vec{r})\,, \tag{5.21}$$

das folgende Poisson-Gleichung mit Randbedingungen erfüllt:

$$\Delta\phi_\rho = -\frac{\rho}{\epsilon\epsilon_0} \qquad \text{mit} \qquad \phi_\rho(\vec{r})|_{S_a} = \phi_\rho(\vec{r})|_{S_i} = 0\,. \tag{5.22}$$

Eine Energiebetrachtung für dieses Feld zeigt, dass es zu dem Signal nicht beiträgt: Da die Elektroden auf Massepotenzial liegen, kann keine Energie mit einer Spannungsquelle ausgetauscht werden, und da die Raumladung als raumfest angenommen wird, ändert sich auch die Feldenergie nicht. Beides zusammen ergibt, dass dieses Feld keine Arbeit an der Punktladung verrichten kann und damit weder einen Beitrag zu der Energiebilanz (5.14) noch zum Wichtungsfeld liefert.

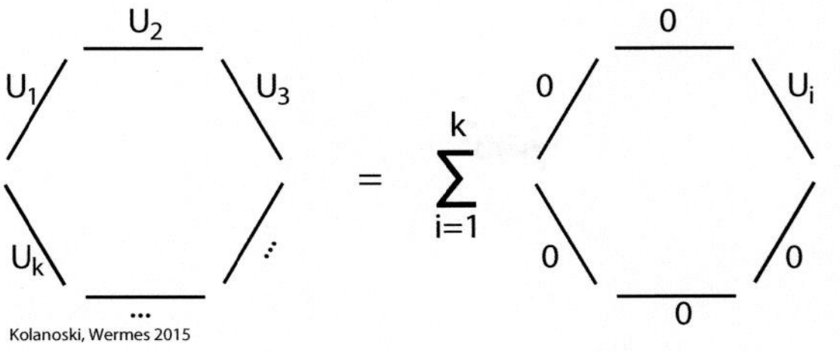

Abb. 5.3 Schematische Darstellung eines Systems von k Elektroden, die jeweils auf dem Potenzial U_i $(i = 1, \ldots, k)$ liegen. Dieses System kann als Summe von k Anordnungen mit jeweils einer Elektrode auf dem tatsächlichen Potenzial und allen anderen auf Erdpotenzial dargestellt werden.

Signalberechnung mit Wichtungsfeldern Ein wichtiger Vorteil der Signalberechnung mit Hilfe der Wichtungsfelder entsprechend (5.17) und (5.18) ist die Entkopplung der Ladungsbewegung (im elektrischen Feld) von dem Feld, das die Ladungsinfluenz bestimmt. Die Bewegungsrichtung muss also nicht mit der Richtung des Wichtungsfeldes übereinstimmen. Eine solche Situation hat man zum Beispiel, wenn die Ladungsbewegung durch ein Magnetfeld beeinflusst wird oder wenn mehrere Elektroden die Bewegung beeinflussen (siehe nächster Abschnitt). Ein weiterer Vorteil ist, dass der Algorithmus einfach auf Systeme mit einer beliebigen Anzahl von Elektroden erweitert werden kann. Die zunächst einmal verwirrend komplex erscheinende Aufgabe, die Signale einer bewegten Ladung auf allen Elektroden zu berechnen, wird durch das Shockley-Ramo-Theorem, das im nächsten Abschnitt behandelt wird, sehr übersichtlich.

5.2.2 Shockley-Ramo-Theorem

Wir betrachten eine Anordnung von k Elektroden, an die die Spannungen $U_1,\ U_2, \ldots,\ U_k$ angelegt sind. Wegen des Superpositionsprinzips lässt sich das von den Elektroden erzeugte Potenzial $\phi_0(\vec{r})$ im Raum zwischen den Elektroden als Summe von k Potenzialkonfigurationen ϕ_i $(i = 1, \ldots, k)$ darstellen, die sich jeweils ergeben, wenn alle Elektroden auf dem Potenzial 0 liegen, mit Ausnahme des Potenzials der Elektrode i, welches auf die tatsächliche Spannung U_i gelegt wird (Abb. 5.3):

$$\phi_0(\vec{r}) = \sum_{i=1}^{k} \phi_i(\vec{r})\,, \qquad \text{mit} \quad \begin{array}{l} \phi_i|_{S_i} = U_i\,, \\ \phi_i|_{S_j} = 0\,, \quad j \neq i\,. \end{array} \tag{5.23}$$

Das Potenzial ϕ_0 ist das gleiche, das in den Zerlegungen (5.6) oder (5.21) auftritt, also das Potenzial zwischen den Elektroden ohne Berücksichtigung der Punktladung und eventuell vorhandener Polarisations- und Raumladungen. Zu jeder Konfiguration i wird nun das Wichtungspotenzial und -feld bestimmt:

$$\phi_{w,i}(\vec{r}) = \frac{\phi_i(\vec{r})}{U_i}\,, \qquad \vec{E}_{w,i} = -\vec{\nabla}\phi_{wi}\,. \tag{5.24}$$

Die Wichtungspotenziale $\phi_{w,i}$ erfüllen einzeln die Laplace-Gleichung mit den oben definierten Randbedingungen $U_i = 1$ und alle anderen $U_{j\neq i} = 0$:

$$\Delta\phi_{w,i}(\vec{r}) = 0\,, \qquad \text{mit} \quad \phi_{w,i}|_{S_i} = 1, \quad \phi_{w,i}|_{S_{j\neq i}} = 0\,. \tag{5.25}$$

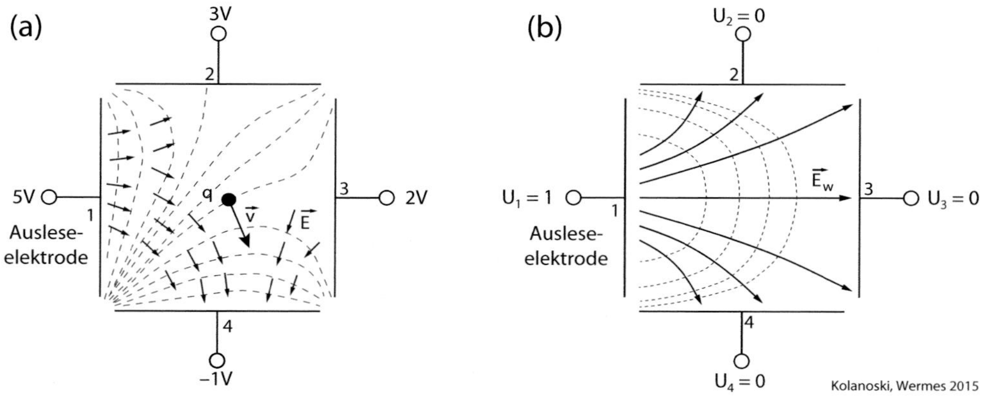

Abb. 5.4 Beispiel einer Anordnung mit vier Elektroden: (a) Tatsächliche Feld- und Potenzialkonfiguration und resultierende Bewegungsrichtung einer Ladung; (b) Konfiguration zur Berechnung des Wichtungsfeldes bezüglich Elektrode 1. Feld- und Wichtungsfeldverlauf sind durch Pfeile, Potenzial und Wichtungspotenzial sind durch gestrichelte Linien dargestellt.

In Verallgemeinerung der Gleichungen (5.17) und (5.18) sagt das Shockley-Ramo-Theorem [740, 671] nun aus, dass das durch eine bewegte Ladung q auf die Elektrode i influenzierte Signal durch das Wichtungspotenzial beziehungsweise Wichtungsfeld der Potenzialkonfiguration $\phi_i(\vec{r})$ gegeben ist:

$$\begin{aligned} dQ_i &= -q\,\vec{E}_{w,i}\,d\vec{r}\,, \\ i_{S,i} &= q\,\vec{E}_{w,i}\,\vec{v}\,. \end{aligned} \tag{5.26}$$

Hier und im Folgenden hat die Influenzladung dQ_i wieder das Vorzeichen der der Spannungsquelle entnommenen Ladung. Wir bezeichnen dQ_i und $i_{S,i}$ wie in (5.26) definiert im Folgenden als 'Signalladung' und 'Signalstrom'.

Das Shockley-Ramo-Theorem besagt also, dass die Signale dQ_i oder $i_{S,i}$ auf einer Elektrode nicht von der elektrischen Feldstärke zwischen den Elektroden oder von der angelegten Hochspannung abhängen. Das elektrische Feld bestimmt jedoch in der Regel die Richtung und Geschwindigkeit der Ladungsbewegung und damit nach dem Shockley-Ramo-Theorem (5.26) die Signalform. Das Wichtungsfeld $\vec{E}_{w,i}$, das nur von der Geometrie der Anordnung abhängt, bestimmt das durch diese Bewegung auf der Elektrode i erzeugte Signal, wobei Größe und Vorzeichen des Signals proportional zur Geschwindigkeitskomponente in Feldrichtung ist. In Abb. 5.4 zum Beispiel, einer Geometrie mit vier Elektroden, haben das Wichtungsfeld und das tatsächliche elektrische Feld, und damit die Bewegungsrichtung der Ladung, unterschiedliche Orientierungen am Ort der Ladung. Wenn zusätzlich Raumladungen, wie in Halbleiterdetektoren, auftreten, sind selbst in Zwei-Elektroden-Systemen das Wichtungsfeld und das elektrische Feld nicht mehr proportional. Zum Beispiel steigt in einem Plattenkondensator mit homogener Raumladung das elektrische Feld mit dem Abstand x von einer Elektrode linear wie $E \propto x$ an; dagegen ist das Wichtungsfeld konstant, $E_w = 1/d$, bei einem Elektrodenabstand d.

Den Beweis des Shockley-Ramo-Theorems haben wir im vorigen Abschnitt für ein Zwei-Elektroden-System mit Hilfe der Energieerhaltung geführt. Die Erweiterung auf ein Mehr-Elektroden-System benutzt zusätzlich nur die Superposition in (5.23) und die Tatsache, dass bei der Konfiguration, bei der nur $U_i \neq 0$ gilt, von den geerdeten Elektroden $j \neq i$ keine Arbeit geleistet wird. In verschiedenen Publikationen ist geklärt worden, dass das Wichtungspotenzial ohne Berücksichtigung aller ortsfesten Ladungen (Raumladungen) und aller Polarisationsladungen zu berechnen ist [475, 226, 369, 427], solange die Abhängigkeit der Polarisation von den angelegten Spannungen linear bleibt[4]. Die Beweisführung haben wir am Ende des vorangehenden Abschnitts skizziert.

5.2.3 Regeln für die Berechnung von Signalen an Elektroden

Für die praktische Anwendung des Shockley-Ramo-Theorems sind die einzelnen Schritte zur Signalberechnung hier nochmals als Rezept zusammengestellt:

- Bestimme das Wichtungsfeld $\vec{E}_{w,i}(\vec{r})$ einer Elektrode i, indem die Potenziale der Elektroden auf $U_i = 1$ und $U_{j\neq i} = 0$ gesetzt werden.
- Bestimme Geschwindigkeit und Richtung $\vec{v}(t)$ der bewegten Ladung q, was sich in der Regel aus dem tatsächlichen Feld zwischen den Elektroden ergibt (das heißt, das tatsächliche Feld ist zu bestimmen).
- Berechne daraus den Signalstrom zu $i_{S,i}(t) = q\,\vec{E}_{w,i}\,\vec{v}$.

Mit Kenntnis der Orts-Zeit-Beziehung $\vec{r}(t)$ erhält man den zeitlichen Verlauf des Signalstroms $i_{S,i}(t)$ an der Elektrode i und daraus durch Integration die in einem Zeitintervall von t_0 bis t nachgewiesene Ladung:

$$\begin{aligned} Q_{S,i}(t) &= -\int_{t_0}^{t} i_{S,i}(t')\,dt' = -q\int_{t_0}^{t} \vec{E}_{w,i}\,\vec{v}\,dt' \\ &= -q\int_{\vec{r}(t_0)}^{\vec{r}(t)} -\nabla\phi_{w,i}\,d\vec{r} = q\left[\phi_{w,i}(\vec{r}(t)) - \phi_{w,i}(\vec{r}(t_0))\right] . \end{aligned} \tag{5.27}$$

Das relative Vorzeichen wird hier durch die 'technische Stromrichtung' festgelegt (siehe Erläuterung im nächsten Abschnitt).

5.2.4 Bemerkungen zum Vorzeichen des Influenzstroms

Ein Strom I ist definiert als das Integral der Stromdichte $\vec{j}$ über die Fläche $\vec{A}$, durch die $\vec{j}$ verläuft:

$$I = \int_A \vec{j}\,d\vec{A} . \tag{5.28}$$

[4] Der allgemeine Fall, der nicht-lineares Verhalten des Mediums und bewegliche Raumladungen einschließt, wird in [416] diskutiert.

Die Richtung der Stromdichte ist eindeutig durch den Geschwindigkeitsvektor $\vec{v}$ vorgegeben:

$$\vec{j} = nq\vec{v} \,, \tag{5.29}$$

wobei n die Dichte der Ladungsträger und q deren Ladung ist. Der Vektor der Stromdichte hat also bei positiven Ladungen die Richtung der Bewegung der Ladungen und bei negativen Ladungen die umgekehrte Richtung.

Bei der Stromdefinition in (5.28) ist zwar der Betrag, aber nicht das Vorzeichen des Stromes festgelegt, weil die Orientierung der Fläche $\vec{A}$ willkürlich gewählt werden kann. Das Vorzeichen eines Stromes kann deshalb ebenfalls frei gewählt werden und wird durch Konvention festgelegt. Am gängigsten ist die Festlegung der so genannten technischen 'Stromrichtung': Danach ist ein Strom positiv in der Richtung der Bewegung der positiven Ladungsträger beziehungsweise entgegengesetzt zur Bewegungsrichtung negativer Ladungsträger, das heißt, die Fläche in (5.28) ist in Richtung der Stromdichte $\vec{j}$ orientiert. In einem elektrischen Feld führt die Bewegung von freien positiven oder negativen Ladungen folglich immer zu einem positiven Strom.

Das Integral in (5.28) über eine geschlossene Oberfläche S (mit Orientierungskonvention der Normalen nach außen) ergibt

$$\oint_S \vec{j} d\vec{A} = -\frac{d}{dt} Q_{innen} = -\frac{d}{dt} \int_V \rho dV \,, \tag{5.30}$$

wobei der Stromfluss einer Abnahme der Ladung im Inneren entspricht. In differenzieller Form ist dies die Kontinuitätsgleichung

$$\vec{\nabla} \cdot \vec{j} = -\frac{\partial \rho}{\partial t} \,, \tag{5.31}$$

die unabhängig von einer Vorzeichenkonvention gilt. Angewendet auf einen von einer geschlossenen Fläche umgebenen Stromknoten ergibt (5.30) die Kirchhoff'sche Knotenregel, nach der die Summe der Ströme am Knoten verschwindet (sofern $dQ_{innen} = 0$ ist), und regelt damit das relative Vorzeichen der ein- und der auslaufenden Ströme in der Knotensumme.

In der Konvention der technischen Stromrichtung führt die Entladung eines Kondensators[5] immer zu einem positiven Strom, der mit einer Abnahme der Ladung auf den Elektroden verbunden ist ($dQ_C < 0$):

$$I = -\frac{dQ_C}{dt} \quad \text{(technische Stromrichtung)} \,. \tag{5.32}$$

Dass ein positiver Strom zu einer Abnahme der Ladung entsprechend (5.32) führt, könnte als wenig intuitiv angesehen werden, und deshalb wird häufig das Vorzeichen des Stromes umgekehrt [666]. In dieser Konvention führt dann die Entladung eines Kondensators zu einem negativen Strom, der dann mit einer Verminderung der Ladung auf den Elektroden einhergeht:

$$I = \frac{dQ_C}{dt} \quad \text{(invertierte Stromrichtung)} \,. \tag{5.33}$$

---

[5]Dabei spielt es keine Rolle, ob der Kondensator durch einen Kurzschluss oder zum Beispiel durch Ionisation des Volumens zwischen den Elektroden entladen wird.

In der Literatur kommen beide Vorzeichenkonventionen vor. Meistens wird für die Ableitung des Shockley-Ramo-Theorems die 'technische Stromrichtung' gewählt (zum Beispiel in [427]), während bei der Beschreibung der Signalverarbeitung die invertierte Stromrichtung bevorzugt zu sein scheint (zum Beispiel in [665]). Häufig wird auch innerhalb von Artikeln oder Vorträgen beim Übergang von der theoretischen Beschreibung des Shockley-Ramo-Theorems zu den Anwendungen zwischen den Konventionen gewechselt. Wenn also die Vorzeichen der Ströme wichtig sind, muss darauf geachtet werden, in welcher Konvention sie definiert sind.

Natürlich müssen die Vorzeichen physikalisch beobachtbarer Größen, wie Ladungen und Spannungen, unabhängig von der Konvention sein. So ist die von einer positiven Ladung auf einer Leiteroberfläche influenzierte Ladung immer negativ. Bewegt sich die positive Ladung von der Elektrode weg, wird die Influenzladung positiver. Bei festgehaltenen Elektrodenpotenzialen wird diese positive Ladung von der Spannungsquelle geliefert. Es ist zu beachten, dass zwar die Änderung der influenzierten Ladung auf der Elektrode positiv ist, die der Spannungsquelle entnommene Ladung aber das umgekehrte Vorzeichen hat (die Summe muss null ergeben). Diese Überlegungen zu den Ladungsvorzeichen sind unabhängig von der Stromrichtungskonvention.

Die Entladung eines Kondensators mit der Kapazität C, der von der Spannungsquelle entkoppelt ist, muss immer zu einem negativen Spannungssprung über dem Kondensator führen:

$$du = \frac{1}{C}\, dQ\,. \tag{5.34}$$

Tatsächlich ist dQ bei einem Entladestrom in beiden Konventionen, nach (5.32) oder (5.33), immer negativ.

5.3 Signalentstehung in Zwei-Elektroden-Systemen ohne Raumladungen

Wir beschränken uns zunächst auf Systeme mit nur zwei Elektroden ohne Raumladungen und ohne Magnetfeld, ($\rho = 0$, $B = 0$), in denen das elektrische Feld und die Teilchengeschwindigkeit die gleiche Richtung haben. Polarisationsladungen in einem linearen isotropen Medium, also eine relative Dielektrizitätskonstante $\epsilon \neq 1$, sollen nicht ausgeschlossen sein (Strom- und Ladungssignale hängen nach dem Shockley-Ramo-Theorem davon nicht ab). Weiterhin nehmen wir an, dass die Ladungen in dem elektrischen Feld driften, mit einer Geschwindigkeit, die für eine gegebene Feldstärke konstant ist und den Feldlinien folgt (ohne Magnetfeld). Beispiele dafür sind Ionisationskammern, die mit Gasen oder Flüssigkeiten gefüllt sind, sowie Proportional- und Driftkammern. Wir nehmen hier an, dass keine Ladung auf dem Driftweg verloren geht.

Im Folgenden wird gezeigt, dass die Signale, die in einem Driftfeld von den Ladungen auf den Elektroden erzeugt werden, von der Separationsgeschwindigkeit der erzeugten Ladungen in dem Driftmedium abhängen. Je nach Geometrie und Medium unterscheidet

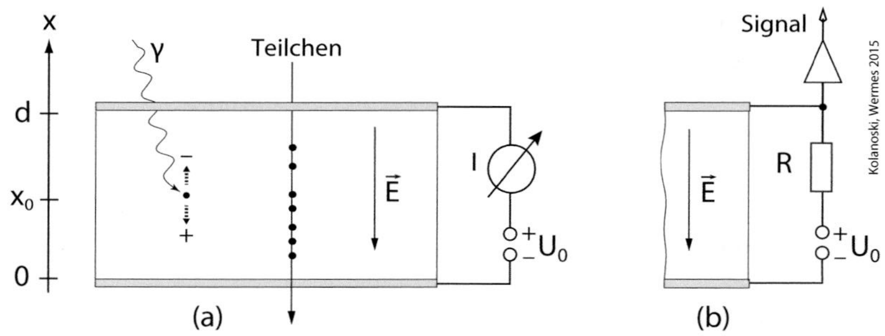

Abb. 5.5 Parallelplattendetektor (Plattenkondensator) als Ionisationskammer: Die Abbildung zeigt Beipiele für die Erzeugung einer punktförmigen Primärladungsverteilung durch ein Photon und für die einer linienförmigen Ladungsverteilung durch ein durchgehendes geladenes Teilchen. Die Ionisationsladungen werden durch ein elektrisches Feld, erzeugt durch die angelegte Spannung U_0, zu den Elektroden abgesaugt. In (a) wird der Strom der Ionisationsladungungen gemessen; in (b) kann der Spannungsabfall, den der Strom über dem Widerstand R verursacht, beobachtet werden.

sich dabei der zeitliche Verlauf des Signalbeitrags der Elektronen von dem der Ionen, die im Allgemeinen sehr unterschiedliche Driftgeschwindigkeiten haben.

5.3.1 Signalentwicklung in homogenen elektrischen Feldern

Wir betrachten zunächst eine Ionisationskammer, die aus einem Plattenkondensator mit annähernd homogenem elektrischen Feld bestehen soll (Abb. 5.5), in welchem geladene Teilchen oder Lichtquanten Energie deponieren und dadurch freie Ladungen erzeugen, die zu den Elektroden driften. Mit dem Plattenabstand d, der Plattenfläche A und einer angelegten Spannung U_0 ergibt sich für das elektrische Feld und die Kapazität:

$$\vec{E} = -\frac{U_0}{d}\vec{e}_x \ , \qquad C = \frac{\epsilon\epsilon_0 A}{d} \, . \tag{5.35}$$

Das Wichtungsfeld für die Auslese der positiven Elektrode ergibt sich dann mit $U_0 = 1$ (gegenüberliegende Elektrode $U = 0$):

$$\vec{E}_w = -\frac{1}{d}\vec{e}_x \, . \tag{5.36}$$

Elektron-Ion-Paare, die in dem Kondensatorvolumen erzeugt werden, werden durch das elektrische Feld auseinander gezogen und bewegen sich mit konstanter Driftgeschwindigkeit zu den entgegengesetzten Elektroden. Driftbewegung mit Beschleunigung wird in Abschnitt 5.4.1 für Konfigurationen mit Raumladung behandelt.

Lokale Ladungsdeposition Nehmen wir zunächst an, dass zum Beispiel durch Absorption eines Photons ein Elektron-Ion-Paar mit den Ladungen $q^- = -e$ und $q^+ = +e$ am

Ort x_0 erzeugt wird und die Ladungen zu der jeweiligen Elektrode driften. Nach dem Shockley-Ramo-Theorem (5.26) ist der Signalstrom:

$$i_S^{\pm} = q^{\pm}\vec{E}_w\,\vec{v}^{\,\pm} = -\frac{q^{\pm}}{d}\,\vec{e}_x\,\vec{v}^{\,\pm} = \frac{e}{d}v^{\pm}\,. \tag{5.37}$$

Dabei ist $v^{\pm} = |\vec{v}^{\,\pm}|$ der Betrag des jeweiligen Vektors. Da sich Ladungsträger mit entgegengesetzten Ladungsvorzeichen in entgegengesetzten Richtungen bewegen, tragen sie mit gleichem Vorzeichen zum Signalimpuls bei. Integriert man über die Sammelzeit, bis die Ladungen die Elektroden erreichen,

$$T^- = \frac{d - x_0}{v^-}\,, \qquad T^+ = \frac{x_0}{v^+}\,, \tag{5.38}$$

so erhält man die gesamte Signalladung:

$$\begin{aligned} Q_S^{tot} &= Q_S^- + Q_S^+ = -\frac{e}{d}\left(\int_0^{T^-} v^- dt + \int_0^{T^+} v^+ dt\right) \\ &= -\frac{e}{d}v^-\left(\frac{d - x_0}{v^-}\right) - \frac{e}{d}v^+\left(\frac{x_0}{v^+}\right) = -e\,. \end{aligned} \tag{5.39}$$

Das Vorzeichen vor dem Integral über den Strom entspricht der Festlegung in (5.32). Die Beiträge der positiven und der negativen driftenden Ladung zu der Gesamtladung hängen nach (5.39) vom Erzeugungsort x_0 ab, im Mittel tragen aber beide Ladungen jeweils die Hälfte bei. Das Vorzeichen auf der hier gewählten (positiven) Ausleseelektrode ist negativ, da Elektronen zu ihr driften und einen Elektronenstrom in die Spannungsversorgung influenzieren. An der gegenüberliegenden Elektrode ist das Vorzeichen des Signalimpulses entgegengesetzt, weil sich das Wichtungsfeld in (5.36) bezüglich dieser Elektrode umkehrt, aber die Geschwindigkeiten ihre Richtungen beibehalten.

Für die Beiträge zum Stromsignal beider Komponenten erhält man in typischen Ionisationskammern wegen der um drei Größenordnungen unterschiedlichen Driftgeschwindigkeiten für Elektronen und Ionen:

$$i_S^- = \frac{e}{d}v^- \gg i_S^+ = \frac{e}{d}v^+\,. \tag{5.40}$$

Dies ist in Abb. 5.6 dargestellt. Man beachte, dass die Größe des Stromsignals in der Parallelplattenanordnung unabhängig vom Erzeugungsort x_0 der Ladung ist, während der zeitliche Verlauf des Ladungssignals als Zeitintegral der Stromsignale beider Ladungsträger von den jeweiligen Bewegungsbeiträgen und damit vom Entstehungsort abhängt. Der instantan durch die Ladungsträgerbewegung einsetzende Strom ist für Elektronen und für Ionen unterschiedlich groß, aber für eine Ladungsträgerart gleich groß auf beiden Elektroden, unabhängig von x_0. Dies ändert sich, wenn die Elektroden segmentiert sind (siehe Abschnitt 5.4.3).

Die Signalladung gemäß (5.26),

$$dQ_S^{\pm} = -i_S^{\pm}dt = -\frac{e}{d}v^{\pm}dt\,, \tag{5.41}$$

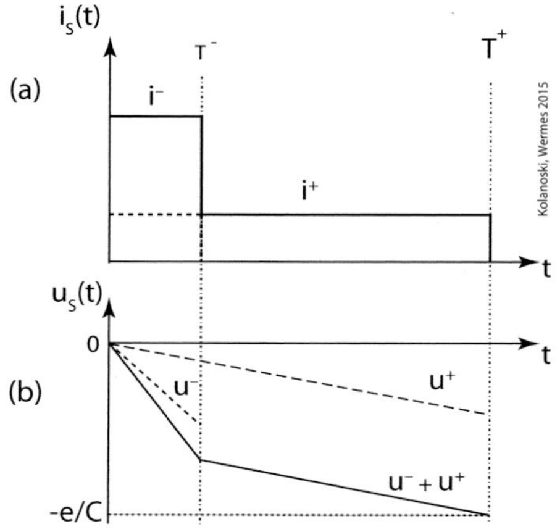

Abb. 5.6 Schematische Darstellung der Strom- (a) beziehungsweise Spannungssignale (b) eines Ladungspaares in einer Ionisationskammer in Parallelplattenanordnung wie in Abb. 5.5. Zur besseren Illustration wurde die Driftgeschwindigkeit der Ionen nur auf 1/3 (statt typisch 1/1000) der Elektronengeschwindigkeit gesetzt.

führt zu einer messbaren Spannungsänderung über einem Kondensator, wenn die Elektroden isoliert von der Spannungsquelle oder durch einen hohen Widerstand R von ihr entkoppelt sind (siehe Abb. 5.5 b):

$$du_S^{\pm} = \frac{1}{C} dQ_S^{\pm} = -\frac{q}{C} \vec{E}_w d\vec{r} = -\frac{e}{Cd}\, v^{\pm} dt\,. \tag{5.42}$$

Wie bereits im Zusammenhang mit (5.34) ausgeführt, ist die Spannungsänderung bei Konsendatorentladung immer negativ. In der obigen Gleichung ist C die Detektorkapazität einschließlich eventueller parasitärer Kapazitäten der Zuleitungen. Zu bemerken ist, dass in die Berechnung des Spannungssignals die Dielektrizitätskonstante ϵ des Detektormediums durch die Detektorkapazität nach (5.35) eingeht, während die influenzierten Ströme und Ladungen unabhängig von Polarisationsladungen sind. Um die Ladung integrieren zu können, muss der Widerstand R in Abb. 5.5(b) so gewählt werden, dass die Zeitkonstante für die Kondensatoraufladung, $\tau = RC$, groß gegenüber den Driftzeiten ist[6]. Der Verlauf des Spannungssignals $u_S(t)$ ergibt sich damit zu:

$$u_S(t) = u_S^-(t) + u_S^+(t) = \begin{cases} -\dfrac{e}{Cd}(v^- + v^+)t & 0 < t < \min(T^-, T^+)\,, \\ -\dfrac{e}{Cd}(d - x_0 + v^+ t) & \text{für } T^- < t < T^+\,, \\ -\dfrac{e}{Cd}(x_0 + v^- t) & T^+ < t < T^-\,. \end{cases} \tag{5.43}$$

Wegen der sehr unterschiedlichen Driftgeschwindigkeiten gilt fast immer, dass T^- kleiner als T^+ ist, und man kann sich auf den Fall $T^- < t < T^+$ beschränken, wie in Abb. 5.6 angenommen.

---

[6] Die Integration der Ladung auf der Elektrode mit einer wachsenden Spannungsänderung entspricht nicht den Bedingungen, unter denen das Shockley-Ramo-Theorem abgeleitet wurde, nämlich bei festgehaltenen Spannungen. Wir nehmen hier an, dass die Spannungsänderungen klein genug gegenüber der Spannung U_0 sind, so dass sich die Driftgeschwindigkeiten nicht ändern. Da die Wichtungsfelder unabhängig von der Spannung sind, sollte das Theorem annähernd gültig sein.

Man beobachtet also für das Spannungssignal wie für den Ladungsverlauf einen linearen zeitlichen Anstieg mit zwei unterschiedlichen Steigungen für die Elektronen- beziehungsweise die Ionenkomponente (siehe Abb. 5.6). Wenn überwiegend nur das Elektronensignal beobachtet wird, zum Beispiel weil die länger driftenden Ionen rekombinieren, so wird die Größe des Ladungs- oder Spannungssignals vom Ort abhängig, eine Eigenschaft, die normalerweise unerwünscht ist.

Bei gasgefüllten Ionisationskammern, die als Dosimeter benutzt werden, wird im Allgemeinen der Strom gemessen, der von vielen Ionisationsprozessen erzeugt wird, entsprechend der Schaltung in Abb. 5.5(a). Ohne Gasverstärkung ist eine einzelne Ionisation mit etwa 10^{-19} C nicht messbar. Man mache sich auch klar, dass ein messbarer Strom von zum Beispiel 1 pA eine Ionisationsrate von etwa 10^7 Hz erfordert. In dichteren Medien, fest oder flüssig, erzeugen ionisierende Spuren über wenige Millimeter bereits genug Ladung, um einzelne Pulse erkennen zu lassen.

Ladungsdeposition entlang einer Teilchenspur Ein anderer wichtiger Fall neben der lokalen Ladungserzeugung ist die Erzeugung der Ladung als gleichverteilte Linienladung $q^{\pm}_{tot} = \pm Ne$ mit einer Ladungsdichte $dq/dx = \pm Ne/d$ entlang der Spur (Abb. 5.5).

Das auf der Ausleseelektrode durch die Bewegung der Elektronen influenzierte Stromsignal ergibt sich aus den Beiträgen aller driftenden Einzelladungen. Die Ladungen erreichen kontinuierlich die Elektrode, was zu einem linear abnehmenden Strom führt. Um die Strombeiträge zu einem Zeitpunkt t zu bestimmen, ist (5.37) über den Teil der Linienladung zu integrieren, für den die Ladungen in der Zeit t noch nicht auf der Elektrode angekommen sind:

$$\begin{aligned}
i_S^-(t) &= \tfrac{v^-}{d} \int_{v^- t}^{d} \tfrac{Ne}{d} dx = \tfrac{Ne}{T^-}\left(1 - \tfrac{t}{T^-}\right) && \text{für } 0 < t < T^- \\
i_S^-(t) &= 0 && \text{sonst} \\
i_S^+(t) &= \tfrac{v^+}{d} \int_{0}^{d-v^+ t} \tfrac{Ne}{d} dx = \tfrac{Ne}{T^+}\left(1 - \tfrac{t}{T^+}\right) && \text{für } 0 < t < T^+ \\
i_S^+(t) &= 0 && \text{sonst}
\end{aligned} \qquad (5.44)$$

wobei jetzt $T^- = d/v^-$ und $T^+ = d/v^+$ die längsten möglichen Driftzeiten der jeweiligen Ladungsträger sind, die für die Drift über die gesamte Detektordicke benötigt werden. Nach der Ankunft der jeweils letzten Ladungsträger verschwindet das entsprechende Stromsignal.

Durch Integration der Ströme (5.44) erhält man die Ladungs- beziehungsweise Spannungssignale (bei hochohmiger Signalauslese):

$$u_S^{\pm}(t) = \frac{Q_S^{\pm}(t)}{C} = -\frac{1}{C}\int_0^t i_S^{\pm}(t')dt' = -\frac{Ne}{C}\left(\frac{t}{T^{\pm}} - \frac{1}{2}\left(\frac{t}{T^{\pm}}\right)^2\right) . \qquad (5.45)$$

Damit ist das gesamte Spannungssignal:

$$u_S(t) = u_S^-(t) + u_S^+(t) \tag{5.46}$$
$$= \begin{cases} -\frac{Ne}{C}\left[\frac{t}{T^-} + \frac{t}{T^+} - \frac{1}{2}\left(\left(\frac{t}{T^-}\right)^2 + \left(\frac{t}{T^+}\right)^2\right)\right] & \text{für } 0 < t < T^-, \\ -\frac{Ne}{C}\left[\frac{1}{2} + \frac{t}{T^+} - \frac{1}{2}\left(\frac{t}{T^+}\right)^2\right] & \text{für } T^- < t < T^+, \\ -\frac{Ne}{C} & \text{für } t > T^+. \end{cases}$$

Anfangs wird der zeitliche Anstieg des Pulses wegen der etwa 1000-mal langsameren Ionenbewegung völlig durch die Elektronen bestimmt. Nach der Elektronensammelzeit $T^- = d/v^-$ erreicht der Puls eine Sättigung mit einem danach sehr viel langsameren Anstieg. Bei zeitkritischen Anwendungen wird häufig nur der schnelle Teil des Pulses elektronisch genutzt. Das gesamte Ladungssignal der Elektronen an der Ausleseelektrode ist

$$Q_{tot}^- = -\frac{Ne}{2}, \tag{5.47}$$

also die Hälfte der Ladung eines Vorzeichens; die andere Hälfte wird vom Ionensignal geliefert. Das gilt unabhängig vom Winkel, unter dem die Teilchenspur den Detektor kreuzt. Eine geneigte Spur würde allerdings die Zahl N der erzeugten Elektron-Ion-Paare erhöhen.

Beispiel: Ein 'Sampling-Kalorimeter' (siehe Kapitel 15) ist abwechselnd aus einem metallischen Konverter, in dem Teilchen aufschauern, und einem 'aktiven' Medium zum Nachweis der Schauerteilchen aufgebaut. Häufig werden abwechselnd Bleiplatten und Zwischenräume mit flüssigem Argon gewählt[7]. Über die Zwischenräume ist eine Hochspannung gelegt, die die durch Schauerteilchen erzeugten Ionisationsladungen auf die Platten absaugt. Das Kalorimeter wird also nach dem Prinzip einer Ionisationskammer betrieben. Dass die Füllung kein Gas, sondern flüssiges Argon ist, spielt für die Betrachtung der Signalentwicklung keine Rolle. Die Flüssigkeit wird wegen der höheren Dichte und entsprechend höherer Signalausbeute eingesetzt. Als Beispiel betrachten wir typische Parameter für eine einzelne Detektorzelle eines solchen Kalorimeters:

$$\begin{aligned} &U_0 = 1.5\,\text{kV}, \quad v^+ \approx 15\,\text{cm/s}, \quad v^- \approx 0.5\,\text{cm/µs}, \\ &d \ = 2.35\,\text{mm}, \quad A = 16\,\text{cm}^2, \quad \epsilon = 1.5 \quad \Rightarrow C \approx 9\,\text{pF}. \end{aligned}$$

Damit werden die Elektronen- und die Ionensammelzeiten:

$$T^- = \frac{d}{v^-} = 470\,\text{ns}, \qquad T^+ = \frac{d}{v^+} = 15.7\,\text{ms}. \tag{5.48}$$

Die beiden Sammelzeiten sind also um mehr als 4 Größenordnungen verschieden. In

[7] Dieser Kalorimetertyp wurde zum Beispiel im ATLAS-Detektor [2] am LHC und im H1Detektor [26] am HERA-Speicherring realisiert.

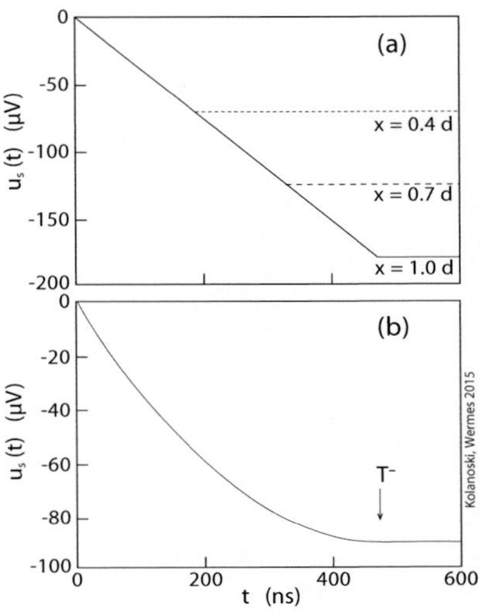

Abb. 5.7 Signalentwicklung an den Elektroden einer als Plattenkondensator ausgebildeten Ionisationskammer (Plattenabstand d) für (a) eine Punktladung im Abstand x von der Anode und für (b) eine Linienladung entlang einer Linie senkrecht zu den Kondensatorplatten. Die Steigung des Signals wird in beiden Fällen im Wesentlichen durch die Elektronenbewegung bestimmt; das Ionensignal zeigt einen auf dieser Zeitskala (1 μs) kaum merklichen Beitrag. Die maximale Signalspannung (180 μV für die angenommenen 10 000 Elektron-Ion-Paare und die im Text angegebene Kapazität) wird in (b) daher erst nach sehr langen Zeiten (ms) erreicht, weit außerhalb des gezeichneten Bereichs.

Abb. 5.7 ist die Signalentwicklung für jeweils 10 000 Elektron-Ion-Paare gezeigt, die (a) punktförmig in verschiedenen Abständen von den Elektroden beziehungsweise (b) entlang einer Linie erzeugt wurden. Wegen der so stark unterschiedlichen Driftzeiten ist im Wesentlichen die Entwicklung des Elektronensignals für den Signalverlauf bestimmend. In beiden Fällen steigt das Signal über die gesamte Ionensammelzeit auf den gleichen Wert ($\approx 180\,\mu$V) an[8].

Wie bereits erwähnt, wird für zeitkritische Anwendungen nur das Elektronensignal genutzt. Im Fall des H1-Kalorimeters [80] wurde das Signal bis zur Sättigung des Elektronensignals integriert und für die Weiterverarbeitung festgehalten ('Sample-Hold'). Für die Verwendung in einem schnellen Trigger, insbesondere bei hohen Ereignisraten wie am LHC, kann man das Signal mit einer geeigneten Zeitkonstante durch einen Hochpassfilter differenzieren und so Pulsbreiten von einigen 10 ns bei noch akzeptabler Auflösung erreichen.

5.3.2 Signalentwicklung in zylindersymmetrischen elektrischen Feldern

Die Signalentstehung in einer Drahtkammer mit Gasverstärkung (Kapitel 7) unterscheidet sich wesentlich von der in einer Parallelplattenanordnung. Die Bewegung der primären Ladungsträger zum Draht (Anode) beziehungsweise zur Kathode spielen so gut wie keine Rolle gegenüber der lawinenartig einsetzenden Ladungsvervielfachung in unmittelbarer Nähe des Drahtes auf Grund des dort stark ansteigenden elektrischen Feldes. Da die

[8] Tatächlich werden in der Regel einzelne Zellen zusammengefasst und Summensignale ausgelesen. Ein solcher Auslesekanal hatte zum Beispiel bei dem H1-Kalorimeter [80] typisch eine Kapazität von etwa 1 nF, einschließlich der parasitären Kapazitäten der Verkabelung. Das Signal eines minimal ionisierenden Teilchens entsprach je nach Lage im Kalorimeter zwischen 60 000 und 300 000 Elektronen-Ion-Paaren (etwa 20 000 pro Einzelzelle).

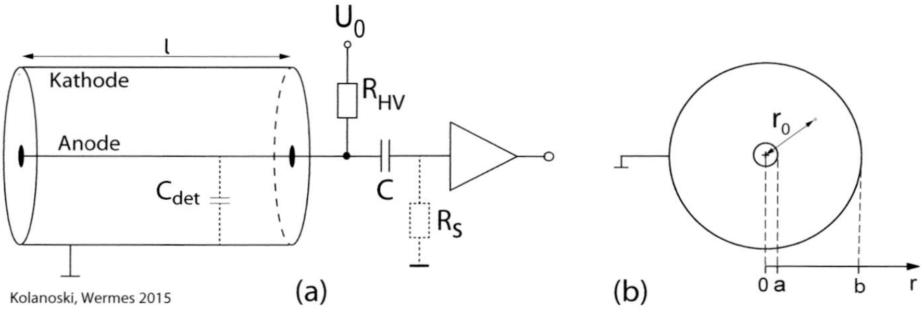

Abb. 5.8 Prinzip eines Proportionalzählrohrs mit Anodendraht in der Mitte und Kathodenmantel: (a) Seitenansicht, (b) Querschnitt. Die Ladung wird bei dem radialen Abstand r_0 von der Mitte erzeugt. Der Detektor habe die Kapazität C_{det}, die auch alle parasitären Kapazitäten wie zum Beispiel von Kabelzuführungen beinhalten soll. R_B ist ein hochohmiger Vorwiderstand für die Hochspannungsversorgung (HV). Der Signalverstärker wird hier durch einen idealen Operationsverstärker mit unendlich hohem Eingangswiderstand realisiert (siehe auch Abschnitt 17.2). Er ist durch den Kondensator C, der groß gegen C_{det} ist, von der Hochspannung entkoppelt. Der tatsächliche Eingangswiderstand ist durch den Widerstand R_S gegeben. Die Schaltung entspricht einem Hochpass, der das Detektorsignal mit der Zeitkonstanten $\tau = R_S\, C_{det}$ differenziert.

Elektronen einen sehr kurzen Driftweg zum Draht haben, tragen sie wenig zum Signal bei. Hauptsächlich wird das Signal von den Ionen geliefert, in diesem Fall auch mit einem schnellen Signalanstieg, weil die Ionen in dem sehr hohen Feld nahe dem Draht hohe Driftgeschwindigkeiten erreichen (bei Ionen ist die Driftgeschwindigkeit proportional zum Feld, siehe Kapitel 4).

Als typischen Vertreter der vielfältigen Drahtkammergeometrien betrachten wir ein Proportionalzählrohr (Abschnitt 7.2.2), an dem die wesentlichen Aspekte der Signalerzeugung exemplarisch dargestellt werden können. Das Zählrohr habe einen Anodendraht mit Radius a, umgeben von einer zylinderförmigen Kathode mit Radius b, und eine Länge l, die groß gegenüber den Radien sei (Abb. 5.8).

Wichtungsfeld In Abschnitt 7.2.2 sind für diese Anordnung Feldstärke und Potenzial bei einer angelegten Spannung U_0 sowie die Kapazität pro Länge angegeben (Gleichungen (7.2), (7.3)):

$$\vec{E}(r) = \frac{1}{r}\frac{U_0}{\ln b/a}\frac{\vec{r}}{r}, \qquad \phi(r) = -U_0\frac{\ln r/b}{\ln b/a}, \qquad C_l = \frac{2\pi\epsilon_0}{\ln b/a}. \tag{5.49}$$

Der Radiusvektor $\vec{r}$ steht senkrecht auf der Zylinderachse und $r = |\vec{r}|$ ist der radiale Abstand von der Zylinderachse in dieser Richtung. Daraus ergeben sich Wichtungsfeld und -potenzial für die Berechnung von Signalen auf dem Draht durch Normieren von U_0 auf 1 bei weiterhin geerdeter Kathode:

$$\vec{E}_w(r) = \frac{1}{r}\frac{1}{\ln b/a}\frac{\vec{r}}{r}, \qquad \phi_w(r) = -\frac{\ln r/b}{\ln b/a}. \tag{5.50}$$

Das Potenzial erfüllt die Randbedingungen

$$\phi_w(a) = 1\,, \quad \phi_w(b) = 0\,. \tag{5.51}$$

Mit dem Shockley-Ramo-Theorem (5.26)

$$dQ_S = -q\vec{E}_w d\vec{r} \qquad \text{oder} \qquad i_S = -\frac{dQ_S}{dt} = q\vec{E}_w \frac{d\vec{r}}{dt} \tag{5.52}$$

können wir nun das Influenzsignal auf der Ausleseelektrode (dem Draht) berechnen.

Influenzladungen Wir nehmen an, dass in einem Abstand r_0 vom Draht N Elektron-Ion-Paare erzeugt wurden, die im Feld der Kammer getrennt werden. Die gesamte auf dem Draht influenzierte Ladung enthält Anteile von der Bewegung der Elektronen von r_0 nach a und der Ionen von r_0 nach b.

$$Q_S^- = -(-Ne)\frac{1}{\ln b/a}\int_{r_0}^{a}\frac{1}{r}dr = -Ne\frac{\ln\ r_0/a}{\ln\ b/a}\,, \tag{5.53}$$

$$Q_S^+ = -(+Ne)\frac{1}{\ln b/a}\int_{r_0}^{b}\frac{1}{r}dr = -Ne\frac{\ln b/r_0}{\ln b/a}\,. \tag{5.54}$$

Die Summe beider Ladungsanteile,

$$Q_S^{tot} = Q_S^- + Q_S^+ = -Ne\,, \tag{5.55}$$

ist die Ladung, die von der Anode zur Spannungsquelle fließt (die gleiche Ladung mit umgekehrtem Vorzeichen fließt von der Kathode zur Masse). Die Gesamtladung ist unabhängig vom Entstehungsort r_0 der Ladung. Wegen der $1/r$-Anhängigkeit des Feldes einer Drahtkammer sind hier, im Gegensatz zu der gerade besprochenen Anordnung mit homogenem Feld, die Beiträge der Elektronen- und der Ionenbewegung zum Signal sehr unterschiedlich. Das Verhältnis der Beiträge ist von r_0 abhängig:

$$\left(\frac{Q_S^-}{Q_S^+}\right)_{r_0} = \frac{\ln r_0/a}{\ln b/r_0}\,. \tag{5.56}$$

Es ist instruktiv, zwei Spezialfälle zu betrachten: Ladungserzeugung in großer Entfernung vom Draht ($r_0 \gg a$) und sehr nahe am Draht, dort, wo die Gasverstärkung einsetzt. Für typische Parameter einer Drahtkammer mit Drahtradius $a = 10\,\mu$m, Kathodenabstand $b = 10\,$mm und zum Beispiel $r_0 = b/2$ ist

$$\left(\frac{Q_S^-}{Q_S^+}\right)_{r_0=b/2} \approx 9\,. \tag{5.57}$$

Die Elektronenkomponente bestimmt also hier das Signal an der Drahtelektrode, weil die Elektronen einen Bereich mit sehr viel größerer Potenzialdifferenz des Wichtungsfeldes (siehe dazu Gl. (5.27)) durchlaufen als die Ionen.

In Detektoren mit Gasverstärkung spielt allerdings die Ladungsbewegung im Driftraum für das Signal praktisch keine Rolle. Hier ist wesentlich, dass die Ladung in einer Lawine sehr nahe dem Draht erzeugt wird. Da etwa die Hälfte der Ladung auf der letzten Wechselwirkungslänge λ_{ion} entsteht, nehmen wir für eine Abschätzung bei einer Ladungsentstehung in Drahtnähe eine Abstand $\epsilon \approx \lambda_{ion} \approx 1\mu$m ($r_0 = a + \epsilon$) an. Damit ist das Verhältnis (5.56) der influenzierten Ladungen

$$\left(\frac{Q_S^-}{Q_S^+}\right)_{r_0=a+\epsilon} \approx 0.01 - 0.02\,. \tag{5.58}$$

Das heißt, in Detektoren mit Gasverstärkung wird das integrierte Ladungssignal von dem Beitrag der positiven Ionen dominiert.

Zeitentwicklung Wegen der Dominanz des Ionensignals für die Signalentwicklung betrachten wir für die Zeitentwicklung des Stromsignals zunächst die Ionenbewegung, die von $r_0 \approx a$ ausgeht. Nahe der Anode ist ihre Geschwindigkeit wegen der dort herrschenden großen Feldstärke sehr hoch. Die Zeitabhängigkeit des influenzierten Stromes ist nach dem Shockley-Ramo-Theorem (5.26)

$$i_S^+(t) = Ne\,\frac{1}{\ln(b/a)}\frac{1}{r}v^+ \,. \tag{5.59}$$

Den Verlauf von $r(t)$ erhält man aus der Driftbewegung der Ionen:

$$\frac{dr}{dt} = v^+ = \mu^+ E(r) = \frac{\mu^+ U_0}{\ln(b/a)}\frac{1}{r}\,, \tag{5.60}$$

wobei μ^+ die Beweglichkeit der Ionen im Gas ist (siehe Abschnitt 4.3, Gleichung (4.43)). Die Integration dieser Differenzialgleichung ergibt (mit $r_0 = r(t=0)$):

$$\int_{r_0}^{r(t)} r\,dr = \frac{1}{2}\left(r^2(t) - r_0^2\right) = \frac{\mu^+ U_0}{\ln b/a}\,t$$

$$\Rightarrow\quad r(t) = \sqrt{r_0^2 + \frac{2\mu^+ U_0}{\ln b/a}\,t} = r_0\sqrt{1 + \frac{t}{t_0^+}}\,, \tag{5.61}$$

wobei eine charakteristische Zeit t_0^+,

$$t_0^+ = \frac{r_0^2 \ln b/a}{2\mu^+ U_0}\,, \tag{5.62}$$

definiert wurde. Sie entspricht in etwa der Anstiegszeit des Ionensignals bei kleinen t. Die Zeit, die das Ion braucht, um an der Kathode anzukommen, ist:

$$T^+ = t(r=b) = t_0^+\,\frac{b^2 - r_0^2}{r_0^2}\,. \tag{5.63}$$

Das Ergebnis $r(t) \propto \sqrt{t_0^+ + t}$ in (5.61) zeigt, dass die Bewegung der Ionen schnell beginnt und sich mit der Entfernung vom Draht wegen des stark abfallenden elektrischen Feldes verlangsamt. Durch Einsetzen von (5.60) und (5.61) in (5.59) ergibt sich die explizite Zeitabhängigkeit des Ionensignals:

$$i_S^+(t) = \frac{Ne}{2\ln b/a}\,\frac{1}{t + t_0^+}\,. \tag{5.64}$$

Im Gegensatz dazu legt das Elektronensignal nach Einsetzen der Gasverstärkung bei r_0 nur noch ein kurzes Wegstück (wenige Mikrometer) zurück und erzeugt daher ein extrem kurzes Stromsignal. Wenn man für den Gasverstärkungsbereich für die Elektronen eine mittlere freie Weglänge von $\lambda_{ion} \approx 1\mu$m und eine konstante Geschwindigkeit von etwa $v^- \approx 5\,$m/μs (siehe Abschnitt 7.4.1) annimmt, so ergibt sich eine typische Zeit bis zur Ankunft der Elektronen am Draht von

$$T^- = (r_0 - a)/v^- \approx \frac{1\,\mu\text{m}}{5\,\text{m}}\,\mu\text{s} = 0.2\cdot 10^{-12}\,\text{s}\,. \tag{5.65}$$

Diese hohe Zeitauflösung kann in Driftkammern wegen der Ionisationsstatistik der primären Ladungsträger, die eher Zeitauflösungen im Nanosekundenbereich haben, kaum genutzt werden. Da zudem das Ladungssignal, wie oben abgeschätzt, nur etwa 1% des Ionensignals beträgt, konzentrieren wir uns im Folgenden auf das Ionensignal.

Für die Zeitabhängikeit des Ladungssignals erhalten wir durch Integration von (5.64):

$$Q_S(t) \approx Q_S^+(t) = -\frac{N\,e}{2\ln b/a}\int_0^t \frac{dt'}{t' + t_0^+} = -\frac{Ne}{2\ln b/a}\ln\left(1 + \frac{t}{t_0^+}\right). \tag{5.66}$$

Bei hochohmiger Abkopplung der Spannungsquelle wird die Influenzladung auf der Elektrode akkumuliert und führt zu einem während der Ionendriftzeit anwachsenden Spannungssignal (siehe die Fußnote auf Seite 144) abhängig von der Detektorkapazität $C_{det} = C_l\, l$ (siehe Definition in (5.49)):

$$u_s(t) = \frac{Q_S(t)}{C_l\, l} = -\frac{N\,e}{2\pi\epsilon_0\, l}\ln\left(1 + \frac{t}{t_0^+}\right). \tag{5.67}$$

Als quantitatives Beispiel diskutieren wir die Spannungssignale eines Proportionalzählrohres mit den typischen Parametern:

$$\begin{aligned} &a = 10\,\mu\text{m}\;,\quad b = 10\,\text{mm}\;,\quad l = 0.2\,\text{m} \quad\Rightarrow\quad C = 8.05\,\text{pF}\;,\\ &U_0 = 2\,\text{kV},\quad \mu^+(\text{Argon}) = 1.7\,\text{cm}^2\,\text{V}^{-1}\text{s}^{-1}\;,\\ &A = 10^4,\quad q = 100\,e^- \cdot A = 1.6\cdot 10^{-13}\,\text{C}\;. \end{aligned}$$

Neben den bereits eingeführten Parametern tritt hier noch die Gasverstärkung A auf. In Abb. 5.9(a) gibt die Kurve mit der Beschriftung '$\tau = \infty$' das Spannungssignal gemäß (5.67) für diese Parameter wieder. Die charakteristischen Zeiten in diesem Beispiel sind

$$T^+ = 1\,\text{ms} \quad \text{und} \quad t_0^+ = 1\,\text{ns}\,.$$

Die gesamte Ladungssammelzeit ist also typisch etwa 10^6-mal größer als die charakteristische Signalanstiegszeit. Das maximale Spannungssignal wird nach der Zeit T^+ erreicht:

$$u_S(T^+) = -\frac{Ne/l}{2\pi\epsilon_0}\ln\left(1 + \frac{T^+}{t_0^+}\right) \approx -200\,\text{mV}\,.$$

Wegen des steilen Spannungsanstiegs bei kleinen Zeiten (hohe Ionengeschwindigkeiten in der Nähe der Anode!) sind allerdings bereits nach einer Zeit von $10\,t_0^+ \approx 10\,\text{ns}$ fast 20% der Spannung erreicht:

$$\frac{u_S(10\,t_0^+)}{u_S(T^+)} \approx \frac{\ln 11}{\ln 10^6} \approx 0.17\,.$$

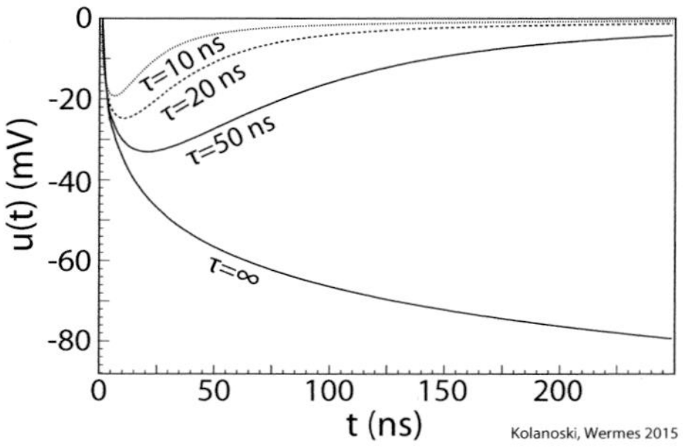

(a) Signalentwicklung in einem Zählrohr

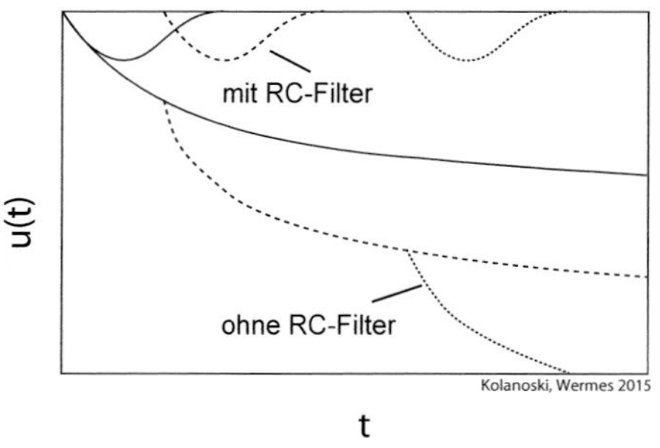

(b) Unterdrückung von 'pile-up'

Abb. 5.9 (a) Signalentwicklung in einer zylindersymmetrischen Kammer mit Gasverstärkung. Die Parameter sind wie im Text beschrieben gewählt. Die relevanten Zeitkonstanten sind: $t_0^+ = 1\,\text{ns}$ (schneller Signalanstieg) und $T^+ = 1\,\text{ms}$ (Sammelzeit für das Ionensignal). Die verschiedenen Pulsformen zeigen den Einfluss der Differenziation des Signals mit verschiedenen RC-Zeiten τ. (b) 'pile-up'-Signale mit und ohne RC-Filter. In der Zeichnung ist angenommen, dass ebenfalls eine Kompensation der langen Ionensignale ('ion tail cancellation') vorgenommen wurde, so dass die Pulse schnell die Grundlinie erreichen (Abschnitt 17.3.5).

Differenzieren des Signals Um bei Experimenten mit hohen Raten keine Signalüberlagerungen ('pile-up') zu erhalten, schneidet man häufig das Signal durch Differenzieren mit einem geeigneten Hochpassfilter ab, wie in Abb. 5.8a dargestellt: Der Anodendraht liegt über einen großen Widerstand R_B (einige MΩ) auf Hochspannungspotenzial. Das von der driftenden Ladung erzeugte Signal liegt an dem Verstärker an, der einen unendlich hohen Eingangswiderstand haben soll und durch den Kondensator C von der Hochspannung entkoppelt ist. Der tatsächliche Eingangswiderstand ist durch R_S gegeben. Eine Spannungsänderung am Eingang des Verstärkers führt zu einem Strom $i(t) = u(t)/R_S$ über den Widerstand R_S, so dass das Spannungssignal mit einer Zeitkonstanten $\tau = R_S\, C_{det}$ abgebaut wird, sofern die Koppelkapazität C groß gegenüber C_{det} ist:

$$u(t) = u_0\, e^{-t/\tau}\,. \tag{5.68}$$

Bei gegebener Detektorkapazität $C_{det} = C_l \cdot l$ (hier $C_l \cdot l \approx 8\,\text{pF}$) wird die Zeitkonstante durch den Widerstand R_S festgelegt. Bei einem mit der konstanten Spannung U_0 aufgeladenen Kondensator fällt die Spannung mit der Zeitkonstanten $\tau = R_S\, C_{det}$ ab. Die Pulsformung mit *tail cancellation* durch einen dedizierten Pulsformer und weitere Filter ist in Abschnitt 17.3 beschrieben.

Jeder Ladungsbeitrag zur Zeit t' trägt mit einem Exponentialfaktor wie in (5.68) zum Spannungssignal bei. Insgesamt führt das dazu, dass der Integrand (5.66) mit der Exponentialfunktion zu wichten ist:

$$u_S(t) = -\frac{Ne/l}{2\pi\epsilon_0} \int_0^t \frac{e^{-\frac{t-t'}{\tau}}}{t_0 + t'} dt' = -\frac{Ne/l}{2\pi\epsilon_0} e^{-\frac{t+t_0}{\tau}} \left[\mathrm{Ei}\left(\frac{t+t_0}{\tau}\right) - \mathrm{Ei}\left(\frac{t_0}{\tau}\right)\right]\,. \tag{5.69}$$

Die Funktion $\mathrm{Ei}(x)$ ist die 'Integralexponentialfunktion' (siehe zum Beispiel [840, 806]). Abbildung 5.9(a) zeigt das Signal bei kleinen Zeiten für verschiedene Werte der Zeitkonstanten $\tau = R_S C_{det}$, einschließlich für $R_S = \infty$, entsprechend $\tau = \infty$, was dem Signalverlauf ohne Differenziation des Signals entspricht. Der exponentielle Abfall des differenzierten Signals wird bei größeren Zeiten durch die Ei-Terme in (5.69) abgeflacht, was durch den lang anhaltenden Ionenstrom bedingt ist.

Aus Abb. 5.9(a) kann man entnehmen, dass bei einer in der Praxis üblichen Differenziation (und eventuell weiterer Pulsformung) auf einer Zeitskala von etwa 10 ns nur ein Bruchteil der Ladung, typisch etwa 20%, gemessen wird ('ballistisches Defizit', siehe dazu auch Seite 737 in Abschnitt 17.3). Das wird in Kauf genommen, um bei hohen Raten verschiedene Pulse noch trennen zu können (Abb. 5.9(b)) und dem so genannten 'pile-up'-Effekt entgegenzuwirken. Damit kann die Auflösung dicht aufeinander folgender Treffer von zum Beispiel nah beieinander liegenden Teilchenspuren verbessert werden (Doppelspurauflösung). Die Differenziation allein kann aber nicht verhindern, dass bei hohen Raten die sehr langen Signale der Ionen die Spannungsgrundlinie verschieben und dadurch die Signalschwelle ratenabhängig machen können. Mit geschickten elektronischen Schaltungen ('ion tail cancellation', 'baseline restauration') kann man auch dies weitgehend unterdrücken (siehe Abschnitt 17.3.5 oder zum Beispiel [665, 749]).

Zu bemerken ist, dass bei einer solchen Differenzierung des Signals das sehr schnelle Elektronensignal voll beiträgt, so dass der Beitrag von etwa 1–2% zur vollen Ladung, gemäß (5.58), auf etwa 5–10% ansteigen kann.

5.4 Signalentstehung in Detektoren mit Raumladung

5.4.1 Ladungs- und Stromsignal eines Elektron-Loch-Paares in Silizium

Ein Siliziumdetektor ähnelt einem Parallelplattendetektor, gefüllt mit einem Dielektrikum, allerdings mit dem Unterschied, dass aufgrund der raumfesten Ladung in der Verarmungszone des Detektors das elektrische Feld nicht konstant ist, sondern von der auf einer Seite liegenden pn-Grenzschicht bis zur gegenüberliegenden Seite linear abfällt (Abb. 5.10). Wir benutzen hier eine gängige Wahl, bei der auf ein schwach n-dotiertes Substratmaterial eine stärker dotierte p-Schicht aufgebracht ist, die die Grenzschicht bilden, von der aus die Verarmungszone mit wachsender Sperrspannung in den Detektor hineinwächst. Die n^+-Schicht auf der gegenüber liegenden Seite dient der Kontaktierung. Andere Anordnungen und weitere Details werden in Kapitel 8 beschrieben.

Bei vollständiger Verarmung erreicht das Feld seinen Nullwert an der der Grenzschicht gegenüber liegenden Seite des Detektors. Bei unvollständiger Verarmung endet das Feld an der leitfähigen, noch nicht verarmten Schicht (Abb. 5.10(a)). Wenn mehr Spannung

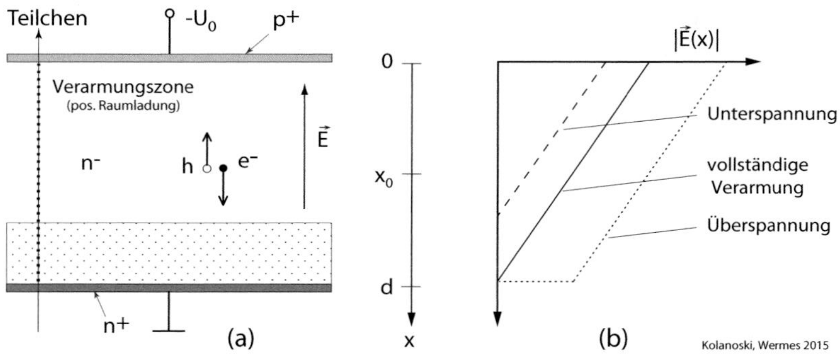

Abb. 5.10 Feldverlauf in einem Si-Detektor: (a) Skizze eines Silizium-Detektors mit unvollständiger Verarmung und e/h-Paarerzeugung bei x_0; (b) linearer Verlauf des elektrischen Feldes für vollständige Verarmung sowie Unter- und Überspannung.

angelegt wird, als zur vollständigen Verarmung notwendig ist, überlagert sich ein konstanter Feldbeitrag dem linearen Verlauf. Der Feldverlauf ist gegeben durch:

$$\begin{aligned}\vec{E}(x) &= -\left[\frac{2U_{dep}}{d^2}(d-x) + \frac{U-U_{dep}}{d}\right]\vec{e}_x \\ &= -\left[\frac{U+U_{dep}}{d} - \frac{2U_{dep}}{d^2}x\right]\vec{e}_x\,, \end{aligned} \tag{5.70}$$

wobei U die angelegte externe Spannung und U_{dep} die Spannung ist, die für vollständige Verarmung notwendig ist. U_{dep} folgt direkt aus Gleichung (8.51) in Abschnitt 8.3.1 und hängt hauptsächlich von der Dotierungsdichte und der Dicke des Detektors ab:

$$U_{dep} \approx \frac{eN_D}{\epsilon\epsilon_0}\frac{d^2}{2}\,. \tag{5.71}$$

Bei hinreichend großer Überspannung nähern sich die Verhältnisse mehr und mehr denen eines Parallelplattendetektors mit konstantem Feld an (siehe Abschnitt 5.3.1). Mit den Abkürzungen

$$a = \frac{U+U_{dep}}{d}\,, \qquad b = \frac{2U_{dep}}{d^2} \tag{5.72}$$

lautet das elektrische Feld

$$\vec{E}(x) = -\,(a-bx)\,\vec{e}_x\,. \tag{5.73}$$

Wir betrachten nun ein Elektron-Loch-Paar (e/h-Paar), das bei $x = x_0$ erzeugt wird (Abb. 5.10 (a)). Die Elektronen (Löcher) driften entgegengesetzt zur Richtung (beziehungsweise in Richtung) des elektrischen Feldes:

$$\begin{aligned} v_e &= -\mu_e E_x(x) = +\mu_e\,(a-bx) = +\frac{1}{\tau_e}\left(\frac{a}{b}-x\right) = \dot{x}_e\,, \\ v_h &= +\mu_h E_x(x) = -\mu_h\,(a-bx) = -\frac{1}{\tau_h}\left(\frac{a}{b}-x\right) = \dot{x}_h\,. \end{aligned} \tag{5.74}$$

Hier wurden noch die charakteristischen Zeiten für die Bewegung der Ladungsträger,

$$\tau_{e,h} = \frac{1}{\mu_{e,h}\,b} = \frac{d^2}{2\,\mu_{e,h}\,U_{dep}}\,, \tag{5.75}$$

eingeführt. Die Lösungen der Differenzialgleichungen (5.74) lauten:

$$x_e(t) = \frac{a}{b} - \left(\frac{a}{b} - x_0\right)\, e^{-t/\tau_e}\,, \quad v_e = \dot{x}_e = \left(\frac{a}{b} - x_0\right)\, \frac{1}{\tau_e}\, e^{-t/\tau_e}\,, \tag{5.76}$$
$$x_h(t) = \frac{a}{b} - \left(\frac{a}{b} - x_0\right)\, e^{+t/\tau_h}\,, \quad v_h = \dot{x}_h = -\left(\frac{a}{b} - x_0\right)\, \frac{1}{\tau_h}\, e^{t/\tau_h}\,.$$

Es ergibt sich also eine beschleunigte Bewegung der Ladungsträger. Bei hohen Feldstärken kann die Driftgeschwindigkeit in Sättigung gehen, dann sind die Verhältnisse so wie im Fall paralleler Platten mit konstanter Driftgeschwindigkeit, beschrieben in Abschnitt 5.3.1.

Bei vollständiger Verarmung erreichen die Elektronen die Elektrode bei $x_e = d$ zur Zeit $t = T^-$. Die Löcher erreichen die Elektrode bei $x_h = 0$ zur Zeit $t = T^+$. Aus (5.76) ergibt sich für diese Zeiten:

$$T^- = \tau_e \ln \frac{a - bx_0}{a - b\,d}\,, \qquad T^+ = \tau_h \ln \frac{a}{a - bx_0}\,. \tag{5.77}$$

Die Sammelzeiten sind nur endlich, wenn die Nenner positiv sind. Mit a, b aus (5.72) bedeutet das für die Elektronen:

$$a - b\,d > 0 \quad \Rightarrow \quad U > U_{dep}\,. \tag{5.78}$$

Für kleinere Spannungen U als die Verarmungsspannung U_{dep} kommen demnach die Elektronen nicht mehr an der Elektrode an. Durch die Influenz gibt es aber weiterhin Signale, die allerdings kleiner sind als bei vollständiger Verarmung, solange der Entstehungsort in einem Bereich nicht-verschwindenden Feldes liegt. Um volle Signaleffizienz zu erhalten, sollte daher die angelegte Spannung immer größer als die zur vollständigen Verarmung notwendige Spannung sein.

Im Folgenden soll das Stromsignal an der oberen Elektrode in Abb. 5.10 (a) als Ausleseelektrode (Löchersammlung) berechnet werden. Nach dem Shockley-Ramo-Theorem (5.26) gilt (zum Vorzeichen siehe Abschnitt 5.2.4):

$$i_S^{e,h}(t) = q\vec{E}_w \vec{v}_{e,h}\,. \tag{5.79}$$

Wie in Abschnitt 5.2.2 argumentiert, ist das Wichtungsfeld unabhängig von festen Raumladungen und hier deshalb dasselbe wie in der Anordnung paralleler Platten in Abschnitt 5.3.1. Für die obere Elektrode ist dann das Wichtungsfeld gegeben durch

$$\vec{E}_w = -\frac{1}{d}\,\vec{e}_x\,.$$

Damit und mit den Geschwindigkeiten in (5.76) erhalten wir den zeitlichen Verlauf der Stromsignale:

$$i_S^h = \frac{e}{d}\frac{1}{\tau_h}\left(\frac{a}{b} - x_0\right) e^{+t/\tau_h} \qquad \text{für} \qquad t < T^+\,, \tag{5.80}$$
$$i_S^e = \frac{e}{d}\frac{1}{\tau_e}\left(\frac{a}{b} - x_0\right) e^{-t/\tau_e} \qquad \text{für} \qquad t < T^-\,.$$

Nach dem Ende der Ladungsdrift hört das Stromsignal auf. Typische Zahlenwerte für Elektronen- und Löcherbeweglichkeiten in Halbleitern finden sich in Tabelle 8.2 in Abschnitt 8.2.1. Um eine Abschätzung für Driftzeiten zu erhalten, betrachten wir die charakteristischen Zeiten, siehe (5.75):

$$\tau_{e,h} = \frac{d^2}{2\mu_{e,h} U_{dep}} \approx \frac{\epsilon\,\epsilon_0}{\mu_{e,h} e N_D}\,. \tag{5.81}$$

In Si-Detektoren mit $\epsilon_{Si} = 11.9$ und typischer Dotierung $N_D = 10^{12}\,\mathrm{cm}^{-3}$ (siehe Abschnitt 8.3.1) ergibt sich $\tau_e \approx 5\,\mathrm{ns}$ und $\tau_h \approx 15\,\mathrm{ns}$. Bei Anlegen einer Spannung $U = 1.5\,U_{dep}$ (Überdepletion, um die Driftzeiten für Elektronen endlich zu machen) und einer Ladungserzeugung in der Mitte des Detektors beziehungsweise weit weg von der Sammelelektrode ergibt sich für die Driftzeiten:

$$\begin{aligned}
x_0 &= 0.5\,d &&\Rightarrow\ T^+ = 0.5\,\tau_h = 7.7\,\mathrm{ns}\,,\\
x_0 &= 0.95\,d &&\Rightarrow\ T^+ = 1.4\,\tau_h = 21\,\mathrm{ns}\,,\\
x_0 &= 0.5\,d &&\Rightarrow\ T^- = 1.1\,\tau_e = 5.5\,\mathrm{ns}\,,\\
x_0 &= 0.95\,d &&\Rightarrow\ T^- = 0.2\,\tau_e = 1.0\,\mathrm{ns}\,.
\end{aligned} \tag{5.82}$$

Si-Detektoren haben damit eine relativ kurze Sammelzeit für Elektronen und Löcher und können als 'schnelle' Detektoren eingesetzt werden.

Die Summe von Elektronen- und Löcherkomponente in (5.80) ergibt den Gesamtstrom (Abb. 5.11 (a)):

$$\begin{aligned}
i_S(t) &= i_S^e(t) + i_S^h(t)\\
&= \frac{e}{d}\left(\frac{a}{b} - x_0\right)\left(\frac{1}{\tau_e}e^{-t/\tau_e}\,\Theta(T^- - t) + \frac{1}{\tau_h}e^{t/\tau_h}\,\Theta(T^+ - t)\right),
\end{aligned} \tag{5.83}$$

wobei Θ die Stufenfunktion ist.

Durch Integration des Stromsignals erhält man das influenzierte Ladungssignal $Q_S(t)$ (Abb. 5.11 (b)):

$$\begin{aligned}
Q_S(t) = -e\,\frac{a - b\,x_0}{b\,d}\Big[&\left(1 - e^{-t/\tau_e}\right)\Theta(T^- - t) + \left(e^{\,t/\tau_h} - 1\right)\Theta(T^+ - t)\\
&+ \left(1 - e^{-T^-/\tau_e}\right)\Theta(t - T^-) + \left(e^{\,T^+/\tau_h} - 1\right)\Theta(t - T^+)\Big]
\end{aligned} \tag{5.84}$$

Kompakter kann die Gleichung geschrieben werden, solange keine der Ladungen die jeweilige Elektrode erreicht hat:

$$Q_S(t) = -e\,\frac{a - b\,x_0}{b\,d}\left(e^{\,t/\tau_h} - e^{-t/\tau_e}\right) \quad \text{für } \ t < T^-, T^+\,. \tag{5.85}$$

Die erste Zeile in (5.84) zeigt das Anwachsen der Influenzladung, solange sich Ladungen bewegen. Die zweite Zeile enthält die insgesamt influenzierten Ladungen nach den

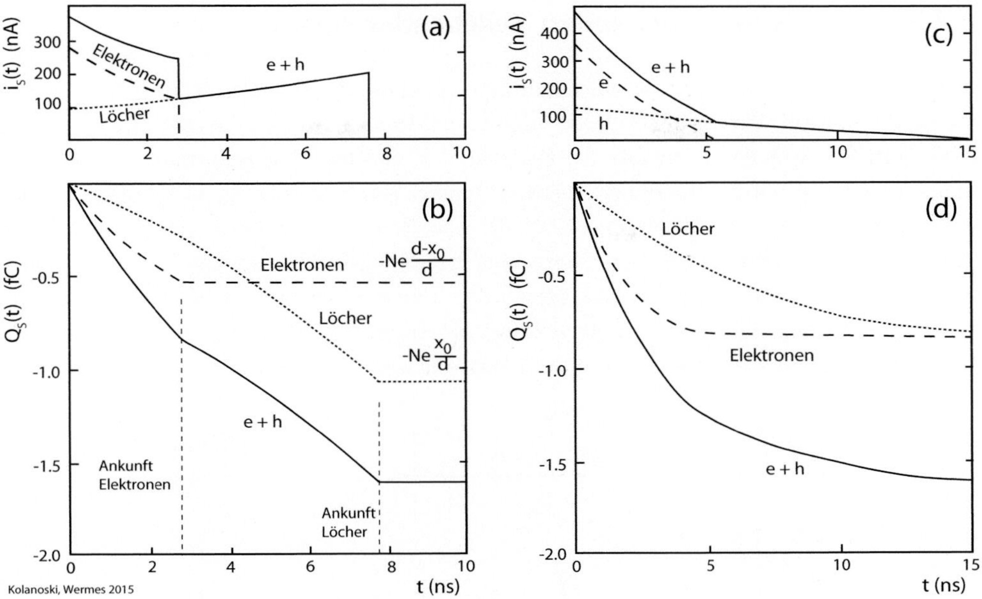

Abb. 5.11 Typischer Signalverlauf des Stromes i_S(t) und der Ladung $Q_S(t)$ für Elektronen und Löcher an der negativen Elektrode eines Siliziumdetektors wie in Abb. 5.10. Die Parameter des Detektors sind: $U = 150\,\text{V}$, $U_{dep} = 100\,\text{V}$, $d = 300\ \mu\text{m}$. (a), (b) Punktladung mit Startpunkt $x_0 = \frac{2}{3}d$ für $N = 10\,000$ Elementarladungen; (c), (d) geladenes Teilchen mit $N = 10\,000$ Elementarladungen, gleich verteilt entlang der Spur. Die endliche Ankunftszeit der Elektronen wird durch 50% 'Überdepletion' erreicht.

entsprechenden Sammelzeiten. Die gesamten Ladungen lassen sich mit den Ausdrücken für $T^{\pm}$ in (5.77) wie folgt schreiben:

$$Q_S^{tot-} = -e\,\frac{a - b\,x_0}{b\,d}\left(1 - e^{-T^-/\tau_e}\right) = -e\,\frac{d - x_0}{d}\,, \tag{5.86}$$

$$Q_S^{tot+} = -e\,\frac{a - b\,x_0}{b\,d}\left(e^{T^+/\tau_h} - 1\right) = -e\,\frac{x_0}{d}\,. \tag{5.87}$$

Damit ergibt sich die gesamte von der Bewegung beider Ladungsträger durch Influenz erzeugte Signalladung:

$$Q_S^{tot} = Q_S^{tot-} + Q_S^{tot+} = -e\,. \tag{5.88}$$

Mit der Detektorkapazität C lässt sich das Ladungssignal in ein Spannungssignal

$$u_S(t) = Q_S(t)/C \tag{5.89}$$

umrechnen, das nach einer Pulsformung dann zur weiteren elektronischen Verarbeitung dient.

5.4.2 Signalverlauf bei einem Teilchendurchgang

Zur Beschreibung des Signals eines minimal ionisierenden Teilchens mit einer nahezu gleichmäßigen Verteilung von erzeugten e/h-Paaren entlang seiner Spur, wie in Abb. 5.10 (a) dargestellt, müssen die Beiträge der einzelnen Ladungsträger an verschiedenen Startpunkten x_0 überlagert werden. Unter Vernachlässigung von Diffusion und unter Verwendung von Gleichung (5.80) für den Beitrag einer einzelnen Ladung kann das Stromsignal einer Teilchenspur berechnet werden. Die Teilchenspur erzeuge N über die Detektorbreite d gleichverteilte e/h-Paare. Für eine bestimmte Zeit t müssen die Ströme (5.80) der einzelnen Ladungen über alle Entstehungsorte x_0, von denen aus die Ladungen zur Zeit t noch nicht an einer Elektrode angekommen sind, integriert werden:

$$
\begin{aligned}
i_S^-(t) &= -\tfrac{Ne}{d^2}\tfrac{1}{\tau_e}\, e^{-\frac{t}{\tau_e}} \underbrace{\int_0^{x^e_{max}} \left(\frac{a}{b} - x\right) dx}_{\frac{a}{b}x^e_{max} - \frac{1}{2}x^{e\,2}_{max}} && \text{für } 0 < t < T^-_{max}\,, \\
i_S^-(t) &= 0 && \text{sonst}\,, \\
i_S^+(t) &= -\tfrac{Ne}{d^2}\tfrac{1}{\tau_h}\, e^{+\frac{t}{\tau_h}} \underbrace{\int_{x^h_{min}}^{d} \left(\frac{a}{b} - x\right) dx}_{\frac{a}{b}\left(d - x^h_{min}\right) - \frac{1}{2}\left(d^2 - x^{h\,2}_{min}\right)} && \text{für } 0 < t < T^+_{max}\,, \\
i_S^+(t) &= 0 && \text{sonst}\,.
\end{aligned}
\tag{5.90}
$$

Die Ströme fließen jeweils bis zu den nach der Gleichung (5.77) maximal möglichen Driftzeiten, die für die Durchquerung der Dicke des Detektors notwendig sind:

$$
\begin{aligned}
T^-_{max} &= T^-(x_0 = 0) = \tau_e \ln \frac{a}{a - b\,d}\,, \\
T^+_{max} &= T^+(x_0 = d) = \tau_h \ln \frac{a}{a - b\,d}\,.
\end{aligned}
\tag{5.91}
$$

Ladungen, die von den Integralgrenzen x^e_{max} und x^h_{min} in (5.90) ausgehen, erreichen die jeweilige Elektrode in der Zeit t, so dass in den Gleichungen (5.76) $x_e(t) = d$ für $x_0 = x^e_{max}$ und $x_h(t) = 0$ für $x_0 = x^h_{min}$ gilt. Aus der Auflösung der Gleichungen nach x_0 folgt

$$
x^e_{max} = \frac{a}{b} + \left(d - \frac{a}{b}\right) e^{+t/\tau_e}, \qquad x^h_{min} = \frac{a}{b}\left(1 - e^{-t/\tau_h}\right)\,. \tag{5.92}
$$

In (5.90) eingesetzt ergibt sich das Stromsignal einer senkrecht durch den Detektor laufenden Spur und nach Integration über die Zeit das Ladungs- beziehungsweise Spannungssignal. Das Ergebnis ist für eine Teilchenspur mit $N = 10\,000$ e/h-Paaren entlang der Spur in Abb. 5.11 (c),(d) dargestellt.

5.4.3 Signale in Detektoren mit segmentierten Elektroden

Die bisherigen Betrachtungen galten für Zwei-Elektroden-Konfigurationen mit Elektroden ohne Segmentierung. Häufig ist jedoch eine ortsempfindliche Auslese erwünscht, so

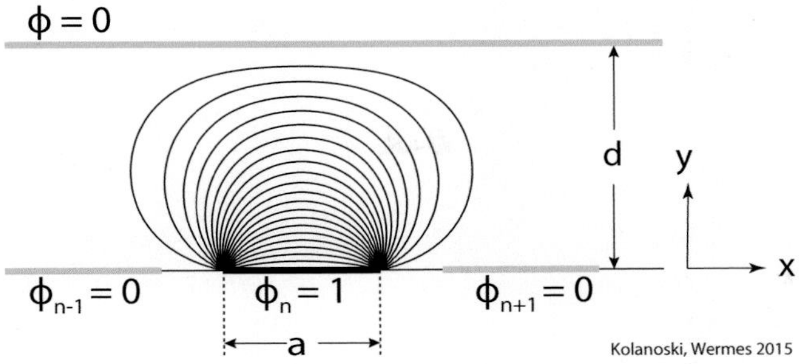

Abb. 5.12 Schematische Darstellung eines eindimensionalen Schnittes durch einen Streifendetektor. Eingezeichnet ist das nach (5.93) berechnete Wichtungspotenzial $\phi_w(x,y)$ für den n-ten Streifen.

dass die Elektroden in kleinere Elemente unterteilt sind. Bekannte Beispiele sind Streifen- oder Pixeldetektoren. Wir betrachten hier ein Mehr-Elektroden-System mit eindimensionaler Unterteilung (Streifendetektor). Die Schlussfolgerungen gelten allerdings weitgehend auch für Pixeldetektoren mit zweidimensionaler Unterteilung (siehe zum Beispiel [683]).

Wir nehmen an, dass die Streifenbreite a groß gegen den Abstand zwischen den Streifen ist. Die Streifenlänge soll groß gegenüber ihrer Breite und der Dicke d des Detektors sein, so dass das Problem so wie in Abb. 5.12 dargestellt behandelt werden kann. Die Abbildung zeigt das Wichtungspotenzial für einen der Streifen, die Ausleseelektrode, dargestellt durch Linien konstanten Potenzials. Mit den obigen Annahmen lässt sich das Wichtungspotenzial durch Lösen der homogenen Potenzialgleichung, $\Delta\phi_w(x,y) = 0$, mit den entsprechenden Randwerten auf den Elektroden ($\phi_w = 1$ auf dem ausgelesenen Streifen, $\phi_w = 0$ sonst) berechnen:

$$\phi_w(x,y) = \frac{1}{\pi} \arctan \frac{\sin(\pi y) \cdot \sinh(\pi \frac{a}{2})}{\cosh(\pi x) - \cos(\pi y) \cosh(\pi \frac{a}{2})} . \tag{5.93}$$

Dabei sind x, y die Koordinaten in der Schnittebene, x in der Streifenebene mit $x = 0$ in der Mitte des betrachteten Streifens und y senkrecht dazu, so dass die Elektrodenebenen bei $y = 0$ und $y = 1$ (also $d = 1$) liegen. Diese Lösung der Potenzialgleichung kann zum Beispiel mit Hilfe konformer Abbildungen gefunden werden[9], wie in Anhang B gezeigt wird. Bei der numerischen Auswertung des Potenzials in (5.93) ist darauf zu achten, dass die arctan-Funktion durch Berücksichtigung der Vorzeichen von Zähler und Nenner auf den Wertebereich $[0, \pi]$ abgebildet wird.

In Abbildung 5.13(a) ist das Wichtungspotenzial für verschiedene Streifenbreiten als Funktion des Abstands von der Elektrode (Detektortiefe y) dargestellt. Für eine sehr große Streifenbreite ($a \to \infty$) wird die Geometrie eines Parallelplattendetektors erreicht, für die das Wichtungspotenzial linear vom Anstand von der Elektrode abhängt. Für schmale Streifen ($a \ll 1$) hingegen wird das Wichtungspotenzial in der Nähe der Elektrode sehr steil. Dies bedeutet nach dem Shockley-Ramo-Theorem, dass der stärkste Signalbeitrag aus der Ladungsbewegung in der Nähe des Auslesestreifens oder -pixels entsteht. Dieser Effekt wird daher 'small pixel effect' genannt.

---

[9] Üblicherweise wird die Berechnung komplexer Feldkonfigurationen numerisch unter Zuhilfenahme spezieller Programme (zum Beispiel Garfield [793] oder FlexPDE [340]) durchgeführt.

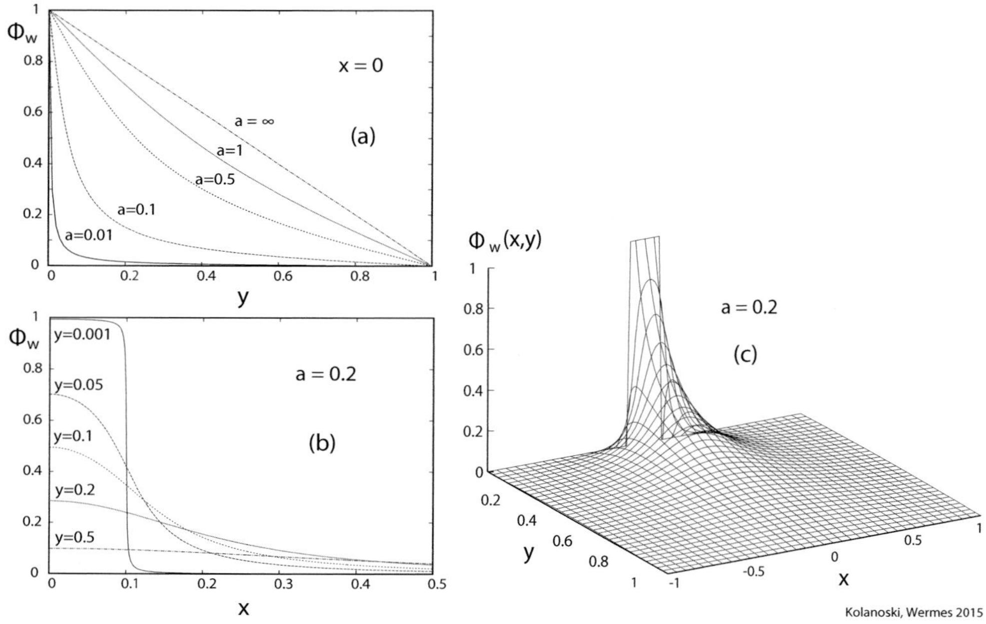

Abb. 5.13 Darstellung des Wichtungspotenzials ϕ_w gemäß (5.93): (a) ϕ_w als Funktion des Abstands y von der Streifenebene bei $x = 0$ (Streifenmitte) für verschiedene Streifenbreiten a, angegeben als Bruchteil der Dicke d des Detektors; (b) ϕ_w als Funktion des Abstands x von der Streifenmitte für verschiedene Abstände y von der Streifenebene bei einer festen Streifenbreite von $a = 0.2$ (c) ϕ_w in zweidimensionaler Darstellung für eine feste Streifenbreite $a = 0.2$.

In Abb. 5.13 (b) und (c) ist das Potenzial für $a = 0.2$ (zum Beispiel $60\,\mu$m für einen $300\,\mu$m dicken Detektor) in verschiedenen Tiefen y und als Funktion des Abstands x von der Streifenelektrode dargestellt, in (b) eindimensional als Funktion des horizontalen Abstands x von der betrachteten Elektrode und in (c) zweidimensional als Funktion von x und y. Das Wichtungspotenzial reicht auch in den Bereich der Nachbarelektroden hinein und ist bei schmalen Elektrodenstreifen in hinreichender Distanz von der Elektrodenebene für die 'Signalelektrode', auf der die driftende Ladung endet, und ihre Nachbarelektroden sehr ähnlich. Bei $y = 0.5$ in der Mitte des Detektors ist das Potenzial nahezu unabhängig von der x-Position (Abb. 5.13(b)). Eine auf eine Elektrodenkonfiguration (Streifen oder Pixel) hin driftende Ladung erzeugt auf den Elektroden zunächst eine breite influenzierte Oberflächenladungsverteilung. Mehrere benachbarte Streifen zeigen ein ähnliches Influenzsignal. Bei weiterer Bewegung der Ladung auf die Streifenelektroden zu nimmt das Influenzsignal auf der Signalelektrode weiter zu, während es auf den Nachbarelektroden abnimmt. Bei Elektroden, deren Abmessungen klein sind relativ zum Abstand, den die driftende Ladung von der Elektrode hat, ist daher die Signalentwicklung aufgrund des nahezu gleichen Wichtungspotenzials für den größten Teil der Ladungsbewegung auf allen Pixeln gleich und unterscheidet sich für die Signalelektrode und ihre Nachbarn erst kurz vor dem Ende der Driftstrecke.

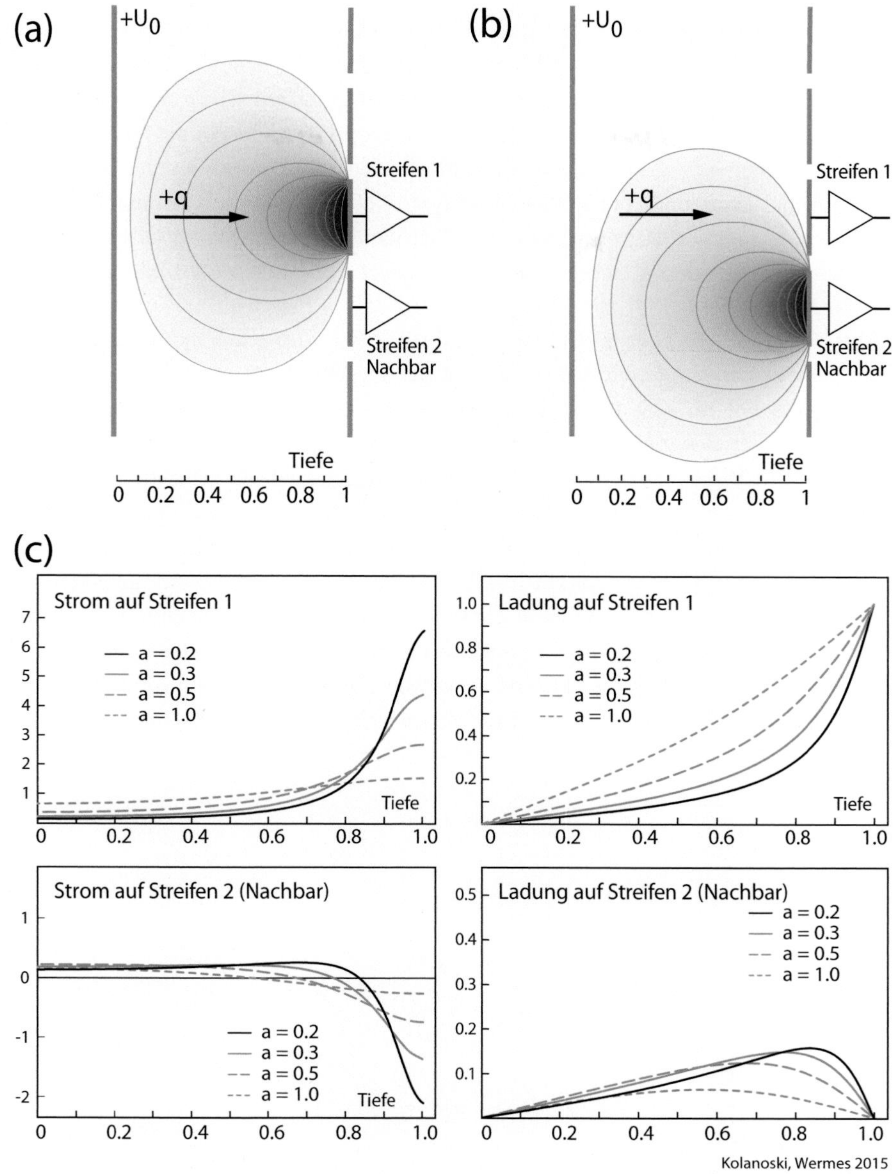

Abb. 5.14 Wichtungspotenziale (a),(b) und resultierende Strom- beziehungsweise Ladungssignale (c) für einen Streifen- oder Pixeldetektor für verschiedene Werte der Steifenbreite a in relativen Einheiten. Streifen 1 sei die Signalelektrode, auf der die Ladung endet, Streifen 2 eine Nachbarelektrode. In (a) ist das Wichtungspotenzial für die Signalelektrode (Streifen 1), in (b) das der Nachbarelektrode gezeichnet. Eine Ladung bewege sich auf Streifen 1 zu. Die Bewegung erzeugt ein monoton wachsendes Stromsignal (c). Das Ladungssignal steigt ebenfalls an, bis es bei Ankunft den Maximalwert erreicht. Für die Nachbarelektrode besitzt das Stromsignal einen Nulldurchgang, das Ladungssignal verschwindet hier nach Ankunft der Driftladung auf der Signalelektrode.

Die Auswirkungen des 'small pixel effect' sind bei der Konzeption eines Detektors zu beachten, insbesondere wenn die Elektronen- und die Löcherbeweglichkeiten sehr verschieden sind ($\mu_h \ll \mu_e$) wie zum Beispiel bei den Halbleitern CdTe oder CdZnTe, oder wenn Ladungsträger eingefangen werden können (trapping) (siehe Kapitel 8). Wenn zum Beispiel die Löcher sehr unbeweglich sind und die Elektronen nach kurzer Strecke eingefangen werden, erhält man bei lokaler Absorption eines Photons in einem Abstand von den Ausleseelektroden, der groß gegen die Elektrodenbreite ist, nur ein kleines Signal, das auf mehreren Elektroden gleichermaßen influenziert wird und daher wenig ortssensitiv ist.

In Abb. 5.14 sind die beiden Situationen, dass eine Ladung auf die Messelektrode beziehungsweise auf eine Nachbarelektrode zuläuft, dargestellt. Nach dem Shockley-Ramo-Theorem (5.26) hat für eine Ladung, die sich im Bereich der Messelektrode bewegt, das Stromsignal immer das gleiche Vorzeichen, weil die Projektion der Geschwindigkeit auf die Richtung des Wichtungsfeldes das Vorzeichen nicht wechselt. Das Integral über den Strom ergibt den Wert der bewegten Ladung $\pm q$. Im Bereich der Nachbarelektrode wechselt das Stromvorzeichen, weil $\vec{E}_w \cdot \vec{v}$ das Vorzeichen wechselt, und das Integral ergibt insgesamt den Ladungswert 0. Zu Beginn der Ladungsbewegung 'sehen' die Nachbarelektroden fast ebenso viel Signal wie die Elektrode, auf der die Ladung schließlich ankommt. Falls die elektronische Auslese das Signal nach kurzen Driftzeiten abschneidet, um zum Beispiel hohe Raten verkraften zu können, zeigen mehrere Pixel ein ähnliches Signal – ein Effekt, der sich genauso wie Übersprechen zwischen Kanälen auswirkt.

6 Nicht-elektronische Detektoren

Übersicht

In diesem Kapitel sollen die nicht-elektronischen Detektoren Nebel- und Blasenkammer sowie Fotoemulsionen vorgestellt werden, mit denen die Bahnen ionisierender Teilchen sichtbar gemacht werden können. Von diesen 'klassischen' Detektoren haben Nebel- und Blasenkammer für die Forschung heute keine oder wenig Bedeutung mehr, weil mit der fortschreitenden Entwicklung der Elektronik die vergleichsweise umständliche Datennahme und Datenverarbeitung bei diesen Detektoren nicht mehr konkurrenzfähig ist. Nur Fotoemulsionen werden trotz der aufwendingen Auswertung auch in modernen Experimenten eingesetzt, und zwar dann, wenn Ortsauflösungen im Bereich von einem Mikrometer gewünscht sind, ein Bereich, in dem Emulsionen immer noch konkurrenzlos sind. Nebelkammern werden heute noch häufig zu Anschauungszwecken eingesetzt, weil sie relativ einfach zu konstruieren sind und sehr anschaulich Teilchenspuren von Radioaktivität und kosmischer Strahlung sichtbar machen können. Auch Blasenkammerbilder werden sehr häufig herangezogen, um ganze Reaktionsabläufe und interessante Ereignistopologien zu demonstrieren. Eine Anleitung zum Verstehen von Blasenkammerbildern bietet das CERN, siehe [229]. Auch in diesem Buch werden an verschiedenen Stellen zur Veranschaulichung Bilder von Ereignissen in Nebelkammern, Blasenkammern und Kernemulsionen gezeigt, wie exemplarisch auch in Abb. 6.1.

Historisch haben diese Detektoren aber eine entscheidende Rolle bei der Entwicklung der Kern- und Teilchenphysik gespielt, siehe Abschnitt 2.1. Mit Nebelkammern und Fotoplatten wurde bis zu Beginn der 1950er Jahre die Teilchenphysik mit kosmischer Strahlung erforscht, danach, bis in die 1980er Jahre hinein, spielten Blasenkammern für die Forschung an Beschleunigern eine herausragende Rolle. Für detailliertere Beschreibungen dieser klassischen Detektoren muss man auf ältere Literatur zurückgreifen, zum Beispiel die Darstellungen in dem Handbuch für Physik „Instrumentelle Hilfsmittel der Kernphysik II“ von 1958 [264]. Die neueren Entwicklungen auf dem Gebiet der Fotoemulsionen werden in [278] beschrieben.

H. Kolanoski, N. Wermes, *Teilchendetektoren*, DOI 10.1007/978-3-662-45350-6_6

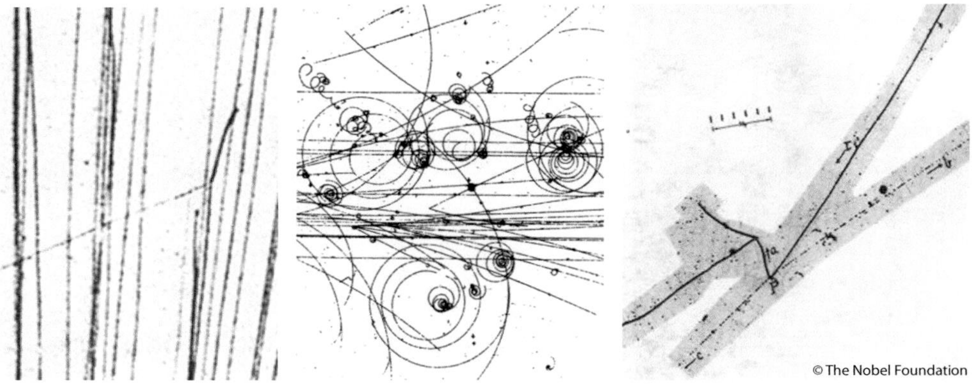

(a) Nebelkammer (b) Blasenkammer (c) Kernemulsion

Abb. 6.1 Veranschaulichung von Teilchenreaktionen mit den in diesem Kapitel vorgestellten Detektoren. (a) Nebelkammerbild einer Kernreaktion [167]: Ein α-Teilchen reagiert mit einem Stickstoffkern (im Füllgas der Kammer), der Zwischenzustand zerfällt in ein Proton (dünne Linie nach links) und das Sauerstoffisotop ^{17}O (dicke Spur nach rechts). (b) Blasenkammerreaktion: Wechselwirkung eines Teilchenstrahls aus Pionen (von links) in einer mit Wasserstoff gefüllten Blasenkammer (BEBC). Man sieht die geradlinig durchgehenden Strahlteilchen, Primärvertices, an dem viele Teilchen erzeugt werden, und Sekundärvertices von Zerfällen. Quelle CERN. (c) Wechselwirkung eines Sekundärteilchens der kosmischen Strahlung, aufgezeichnet mit Kernemulsionen [659]: Das Bild zeigt ein geladenes Kaon (damals noch τ genannt), das von oben rechts kommt, am Punkt P zur Ruhe kommt und dann in drei geladene Pionen zerfällt. Eines der Pionen macht eine weitere Wechselwirkung in der Emulsion.

6.1 Nebelkammer

Die Nebelkammer, 1912 von C.T.R. Wilson (Nobelpreis 1926) eingeführt, war das erste Instrument, mit dem Teilchen als Spuren sichtbar gemacht und ihre Kinematik analysiert werden konnten. Das Prinzip beruht darauf, die mikroskopischen Ionisationsladungen, die ein geladenes Teilchen in einem Gas entlang seiner Bahn erzeugt (Abschnitt 3.2), makroskopisch sichtbar zu machen. Wenn sich ein wasserdampfgesättigtes Gas in einem überkritischen Zustand befindet, bilden die erzeugten Ionen Kondensationskeime, so dass durch die auskondensierenden Tröpfchen die Teilchenbahn sichtbar wird (siehe die Abbildungen 2.3 und 2.7).

6.1.1 Expansionsnebelkammer

In der Wilson'schen Nebelkammer wird der überkritische Zustand durch adiabatische Expansion und entsprechende Abkühlung des Gasvolumens erreicht ('Expansionsnebelkammer'). Das Prinzip der Apparatur ist in Abb. 6.2(a) gezeigt: Ein meistens zylindrisches Gasvolumen wird mittels eines Kolbens schnell (<100 ms) expandiert. Die Nebelspuren werden seitlich beleuchtet und durch eine druckfeste Glasscheibe, die den Zylinder auf der dem Kolben gegenüberliegenden Seite abschließt, fotografiert. Zum Studium der Kern-

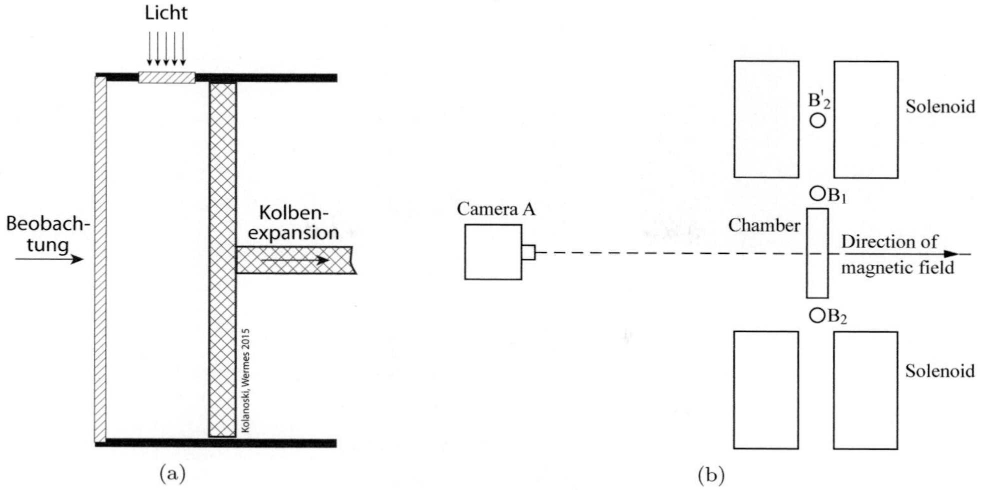

Abb. 6.2 (a) Funktionsprinzip einer Nebelkammer, Erläuterungen im Text. (b) Anordnung zur Beobachtung von kosmischer Strahlung mit einer Nebelkammer [169]. Die Nebelkammer ist wie in (a) vertikal aufgestellt, damit man bevorzugt senkrecht auf kosmische Strahlung blicken kann. Das sensitive Volumen ist ein Zylinder mit 13 cm Durchmesser und 3 cm Höhe. Über und unter der Kammer sind Geiger-Müller-Zählrohre (B_1, B_2, B_2'; Durchmesser 2 cm) aufgestellt, die in Koinzidenz geschaltet sind. Die Koinzidenz löst die Expansion und die Kamera aus. Die Magnetfeldspulen sind so ausgerichtet, dass die Bahnkrümmungen senkrecht zur Blickrichtung der Kamera verlaufen.

strahlung können radioaktive Präparate direkt in das Gasvolumen gebracht werden (zum Beispiel ein α-Strahler wie in Abb. 3.21 auf Seite 57). In der Regel ist ein Magnetfeld senkrecht zu der Glasplatte überlagert, so dass die Spurkrümmung in der Fotoebene liegt, wie zum Beispiel in Abb. 2.3 auf Seite 8.

Die Expansion der Nebelkammer erfolgte anfangs in zufälligen zeitlichen Abständen, wobei nur wenige Prozent der Bilder interessante Ereignisse enthielten. Eine wesentliche Verbesserung der Effizienz der Datennahme erreichten Blackett und Occhialini durch Triggern mit koinzidenten Geigerzähler-Impulsen [168, 169]. Abbildung 6.2(b) zeigt eine Prinzipskizze der Anordnung, die für Studien der kosmischen Strahlung eingesetzt wurde [169]. In der Zeit zwischen Durchgang eines Teilchens und der Fotoaufnahme nach Abschluss der Expansion können die Ionen diffundieren, was die räumliche Auflösung bestimmt. In [169] wird dafür eine minimale Zeitspanne von etwa 10–20 ms angegeben, die aber auch gezielt variiert wurde, um die einzelnen Ionisations-Cluster besser sichtbar zu machen. Zum Beispiel wurde in Sauerstoff bei einem Druck von 1.7 atm eine Breite der Nebelspur von 0.8 mm nach 10 ms gefunden [169]. Die Diffusion wird mit wachsendem Druck und bei größerer Ionenmasse entsprechend Gleichung (4.90) geringer. In Abb 6.3 werden Spuren in Sauerstoff und in Wasserstoff unter gleichen Bedingungen verglichen [168].

Eine Nebelkammeraufnahme kann im Prinzip alle Informationen enthalten, die zur kinematischen Rekonstruktion und Teilchenidentifikation notwendig sind. Die Aufnah-

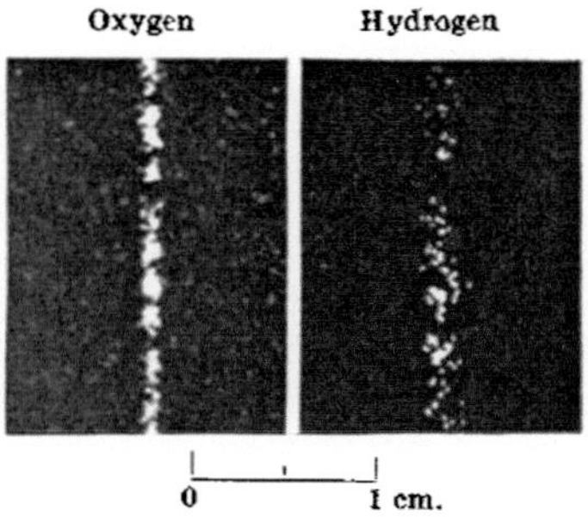

Abb. 6.3 Nebelkammerspuren in Sauerstoff (links) und Wasserstoff (rechts) [168]. Die leichten Wasserstoffionen diffundieren stärker als die Sauerstoffionen. Nachdruck mit freundl. Genehmigung der Nature Publishing Group.

men werden in der Regel mit zwei Kameras gemacht und stereoskopisch rekonstruiert[1]. Damit können Impuls und Winkel der Teilchen bestimmt werden. Durch Auszählen der Ionisationscluster (und eventuell von δ-Elektronen) kann die Geschwindigkeit und damit, zusammen mit dem gemessenen Impuls, im Prinzip die Masse bestimmt werden (siehe dazu Abschnitt 14.2.2). Damals konnten so Elektronen, Protonen und Kerne sowie 'Mesonen' genannte Teilchen mit Massen zwischen denen von Elektronen/Positronen und Protonen unterschieden werden.

Bei nicht zu schnellen Teilchen kann mit einer Messung der Reichweite der Teilchen deren Energie bestimmt werden, wie an dem Beispiel für α-Strahlung in Abb. 3.21 in Abschnitt 3.2.4 zu sehen ist. Zusätzlich kann mit Absorberplatten (Abbildungen 2.3 und 2.7) die Durchdringungsfähigkeit eines Teilchens oder die Schauerentwicklung beobachtet werden.

6.1.2 Diffusionsnebelkammer

Während die gerade beschriebene Expansionsnebelkammer heute kaum mehr eine Rolle spielt, hat sich eine Variante, die Diffusionsnebelkammer, zu Demonstrationszwecken behauptet. Sie eignet sich hervorragend zur Beobachtung der natürlichen Umgebungsstrahlung.

Das Prinzip ist in Abb. 6.4 dargestellt: In einem Glasgehäuse befindet sich eine mit Alkohol gesättigte Atmosphäre. Von oben nach unten etabliert sich ein starkes Temperaturgefälle zwischen einer Rinne, in der der Alkohol verdampft wird, und einer gekühlten Bodenplatte, an der der Alkohol kondensiert. Dazwischen befindet sich ein Bereich von typisch wenigen Zentimetern Dicke, in der der Alkohol überkritisch ist und bei Durchgang ionisierender Strahlung Tröpfchen auskondensieren. Bei stationären Bedingungen,

[1] Interessant ist, wie ohne Computerhilfe die Spuren stereoskopisch rekonstrukiert wurden [825, 169]. Dazu wurden die entwickelten fotografischen Platten wieder in die Kameras gelegt, von hinten beleuchtet und so durch die Kameraoptik zurück projiziert. Ein mechanisches Spurmodell konnte dann entlang der Schnittpunkte der Projektionsstrahlen ausgerichtet werden. Diese stereoskopische Rückprojektion ist im Prinzip ein Entfaltungsalgorithmus, wie er heute mit Computern tomografische Abbildungen erzeugt.

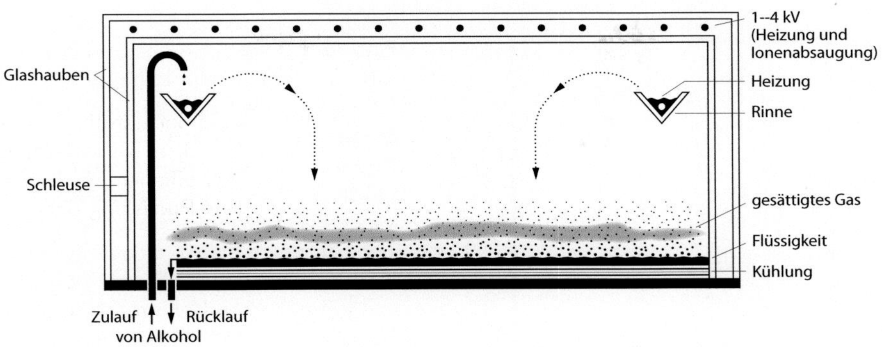

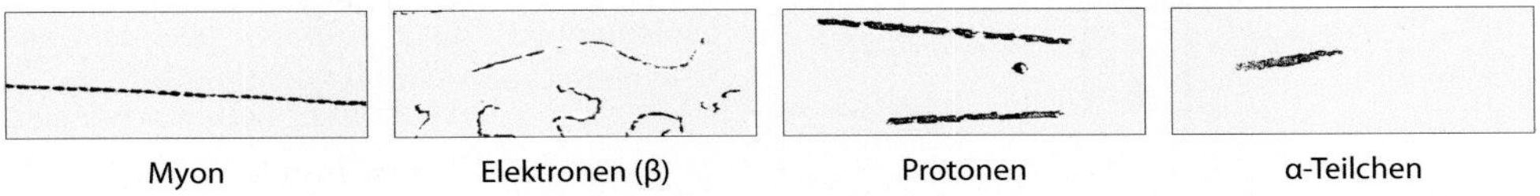

Abb. 6.4 Diffusionsnebelkammer. Oben: Prinzipskizze, Erläuterungen im Text. Unten: Beispiele von Spuren verschiedener Teilchensorten. Quelle DESY.

das heißt konstantem Temperaturgefälle und geregelter Alkoholzufuhr, ist im Gegensatz zur Expansionsnebelkammer ein kontinuierlicher Betrieb möglich.

Aus der Gestalt der Nebelspuren kann man Rückschlüsse auf die Art des Teilchens und dessen kinetische Energie ziehen (Abb. 6.4 unten). Schwere, langsame Teilchen (Protonen und α-Teilchen) hinterlassen kurze, breite Spuren, niederenergetische β-Teilchen erzeugen dünne Spuren, die durch Streuung häufig die Richtung wechseln, während die Spuren hochenergetischer Myonen ebenfalls dünn, aber sehr gerade sind.

Diffusionsnebelkammern werden von Lehrmittelherstellern angeboten. Im Internet findet man aber auch Anleitungen, wie man mit sehr einfachen Mitteln eine Kammer selbst bauen kann, siehe zum Beispiel [527].

6.2 Blasenkammer

Nach einem ähnlichen Prinzip wie die Nebelkammer arbeitet die Blasenkammer, die 1952 von D. Glaser konzipiert wurde [382, 383]. Auch hier wird ein kritischer Zustand eines Mediums dazu genutzt, eine mikroskopische Störung zu einem makroskopischen Signal zu verstärken. Statt in einem Gas werden hier allerdings die Ionisationsspuren durch Blasen in einer überhitzten Flüssigkeit sichtbar gemacht. Flüssigkeiten sind typisch etwa drei Größenordnungen dichter als Gase, so dass eine Blasenkammer gewöhnlich sowohl Target für Teilchenstrahlen als auch Nachweisinstrument für die Reaktionsprodukte ist. Als Flüssigkeiten werden unter anderem Wasserstoff, Propan, Neon, Freon oder Gemische davon verwendet.

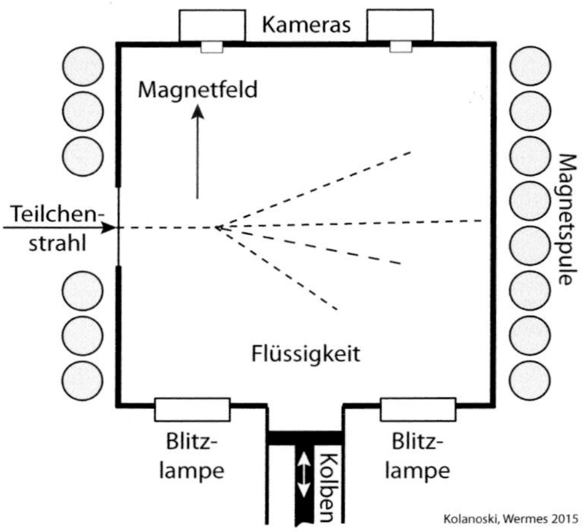

Abb. 6.5 Funktionsprinzip einer Blasenkammer: In einem Behälter wird eine Flüssigkeit durch Bewegung des Kolbens abwechselnd komprimiert und dekomprimiert. Durch die Dekompression geht die Flüssigkeit in einen überhitzten Zustand über, bei dem sich Blasen entlang ionisierenden Teilchenspuren bilden. Nach Ausbildung der Blasen werden die Spuren beleuchtet und mit mehreren Kameras stereoskopisch fotografiert. In der Regel befindet sich die Kammer in einem Magnetfeld (hier ein Solenoidfeld), das die Spuren senkrecht zu der Hauptbeobachtungsrichtung krümmt.

6.2.1 Funktionsprinzip

Das Funktionsprinzip ist in Abb. 6.5 dargestellt. Durch adiabatische Dekompression der Flüssigkeit kommt die Kammer in einen Zustand des Siedeverzugs. In diesem Zustand bilden sich Blasen um die als Keime wirkenden Ionisations-Cluster von Teilchen, die das Volumen kurz vorher passiert haben. Nach der fotografischen Aufnahme wird die Flüssigkeit wieder komprimiert (5–20 bar). Der Zyklus kann etwa im Sekundentakt wiederholt werden, wobei die Rate auch durch die Ausbreitung der Druckänderung in dem Behälter begrenzt ist. Da sich die Kammer in der Regel in einem Magnetfeld befindet, kann man aus der Spurkrümmung den Impuls des jeweiligen ionisierenden Teilchens bestimmen.

Ein wesentlicher Nachteil von Blasenkammern ist, dass sie im Gegensatz zu Nebelkammern nicht triggerbar sind. In Flüssigkeiten sind die Keime für die Blasenbildung lokale Wärmeansammlungen, deren Energie durch die Rekombination der Elektronen geliefert wird [734]. Während in Nebelkammern die Ionen, die als Keime für die Kondensation wirken, Lebensdauern von vielen Millisekunden haben, werden diese Wärmeansammlungen innerhalb von nur etwa 10^{-10} s dissipiert. Da innerhalb dieser kurzen Relaxationszeit die Flüssigkeit bereits im kritischen Zustand sein muss, ist ein Triggern der Expansion, zum Beispiel mit externen Zählern, praktisch nicht möglich. Das beschränkt die Einsatzmöglichkeiten von Blasenkammern erheblich. Deshalb sind Blasenkammern hauptsächlich an externen Beschleunigerstrahlen eingesetzt worden, wo die Expansion synchron mit den ejizierten Teilchenpaketen ausgelöst werden kann. Da sich jede Blase nach der Initiierung selbstständig weiterentwickelt, können die fotografischen Aufnahmen verzögert nach der gewünschten Ausbildung der Blasen getriggert werden. Die kurze Zeit, in der eine Blasenkammer sensitiv ist, hat aber andererseits den Vorteil, dass die Blasen sehr genau lokalisiert werden können (falls mechanische und optische Störungen kontrolliert werden können). Mit holografischen Aufnahmetechniken sind Blasenauflösungen im Bereich von 10 μm erreicht worden.

(a)

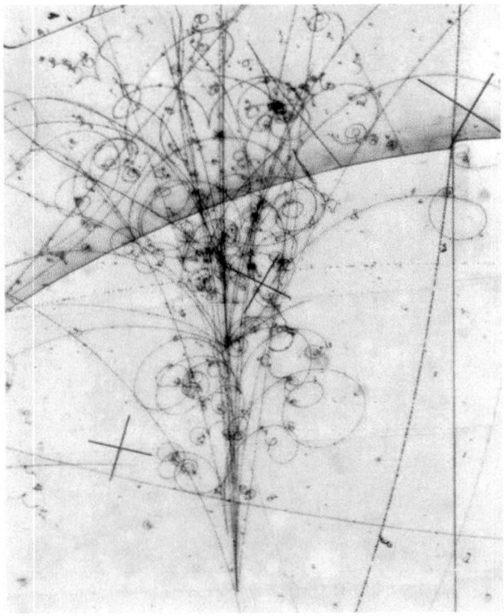

(b)

Abb. 6.6 Big European Bubble Chamber (BEBC): (a) Der Flüssigkeitsbehälter mit einem Durchmesser von 3.7 m, einer Höhe von 4 m und einem Fassungsvermögen von 35 m^3 wird in den supraleitenden Magneten eingelassen (1971). Ein Kolben mit einem Gewicht von 2 Tonnen komprimiert und dekomprimiert die Flüssigkeit, zum Beispiel Wasserstoff mit einem Druck von 4 bar bei einer Temperatur von 26 K am Siedepunkt. Ab 1973 wurden Hadron- und Neutrinostrahlen (nach 1977 vom dem 450-GeV-Protonensynchrotron SPS) auf die Blasenkammer gelenkt, die mit flüssigem Wasserstoff, Deuterium oder einer Neon-Wasserstoff-Mischung betrieben wurde (Maximaldrücke zwischen 5 und 20 bar). Bei Ende der Laufzeit 1984 hatte BEBC 6.3 Millionen Bilder auf 3000 km Film produziert. Quelle: CERN. (b) Beispiel einer hochenergetischen Neutrino-Wechselwirkung in einer Neon-Wasserstoff-Mischung (72% Neon). Die kürzere Strahlungslänge des Gemisches von 44 cm relativ zu der von reinem Wasserstoff mit 890 cm erlaubt es, konvertierende Photonen und die Bremsstrahlungstrahlung von Elektronen zu beobachten. Quelle: [624].

6.2.2 Blasenkammersysteme

Bis in die frühen 1980er Jahre ist an Beschleunigern die Blasenkammer eines der wichtigsten Nachweisgeräte für die Wechselwirkungen hochenergetischer Elementarteilchen gewesen. So gelang mit der Blasenkammer Gargamelle am CERN im Jahr 1973 der erstmalige Nachweis des neutralen Stromes der schwachen Wechselwirkung, eine direkte Bestätigung der Theorie der elektro-schwachen Wechselwirkung [412]. Die Big European Bubble Chamber (BEBC) (Abb. 6.6), die von 1973 bis 1984 am CERN Daten nahm, war mit einem Gesamtvolumen von 35 m^3 und einem Magnetfeld von 3.5 T das größte Instrument seiner Art [419].

Da die Blasenkammern sowohl Target für Teilchenwechselwirkungen als auch Detektor für die Reaktionsprodukte darstellen, lassen sich Teilchenreaktionen besonders vollständig und detailliert beobachten. Die geladenen Teilchen können kinematisch mit hoher Impuls- und Winkelauflösung rekonstruiert werden. Außerdem ist die Bestimmung des spezifischen Energieverlusts durch Zählen der Blasen entlang der Spuren möglich, woraus sich β beziehungsweise γ (im Bereich des relativistischen Anstiegs der Energieverlustkurve) ergibt. Die dE/dx-Messung kann durch Ausschluss energetischer δ-Elektronen, die in Blasenkammern besonders gut aufgelöst werden (Abb. 3.9), wesentlich verbessert werden (eingeschränkter Energieverlust, *restricted energy loss*, Abschnitt 3.2). Zusammen mit der Impulsmessung kann dann auch hier, wie bei der Nebelkammer, die Masse und damit die Identität des Teilchen bestimmt werden. In Blasenkammern sind diese kinematischen Messungen allerdings im Allgemeinen viel genauer, weil die Ionisation dichter und die beobachtbare Spurenlänge meistens größer ist. In 'schweren' Füssigkeiten wie Neon, Freon oder Xenon können zudem Photonen und Elektronen/Positronen über elektromagnetische Wechselwirkungen identifiziert werden, siehe Abb. 6.6(a) und Abb. 3.32.

In ihren Fähigkeiten für die präzise Vermessung von Teilchenreaktionen kann die Blasenkammer durchaus mit modernen Detektoren konkurrieren oder ist ihnen sogar überlegen. Trotzdem hat die Kombination verschiedener Nachteile dazu geführt, dass Blasenkammern aus der aktuellen Forschung weitgehend verdrängt wurden. Insbesondere bei Collider-Experimenten fällt die Notwendigkeit eines Targets weg und damit der Vorteil, dass bei der Blasenkammer Target und Detektor als Einheit auftreten. Die entscheidenden Nachteile für Beschleunigerexperimente ist vor allem die fehlende Triggerbarkeit und eine vergleichsweise geringe Ratenfähigkeit. Die Komplexität der fotografischen Auslese kann bei der Verfügbarkeit von Digitalkameras nicht mehr unbedingt als Ausschlusskriterium betrachtet werden, und auch die Notwendigkeit, bei sehr hohen Energien weitere Detektoren (Kalorimeter, Myonsysteme, ...) installieren zu müssen, ist nicht spezifisch für Blasenkammern. Für einige spezielle Anwendungen gibt es noch Versuche, die guten Eigenschaften der Blasenkammer zu nutzen, wie zum Beispiel für den Nachweis von Dunkler Materie (allerdings in einem sehr speziellen Betriebsmodus) [133].

6.3 Fotoemulsionen

6.3.1 Einführung

Die Radioaktivität von Atomkernen wurde 1896 durch die Schwärzung von Fotoplatten entdeckt [132] (siehe auch Abschnitt 2.1). Fotoemulsionen, als Detektoren auch Kernemulsionen (*nuclear emulsions*) genannt, spielten bis in die 1950er Jahre eine herausragende Rolle bei der Entdeckung von Elementarteilchen in der kosmischen Strahlung. Um möglichst hohe Wahrscheinlichkeiten für die Registrierung von Ereignissen zu erreichen, wurden die Fotoemulsionen auf hohe Berge und mit Ballons in große Höhe gebracht. Auf diese Weise hatten C.F. Powell und seine Mitarbeiter 1947 die geladenen Pionen entdeckt (Abb. 16.2, siehe auch Abschnitt 2.1).

Ein ionisierendes Teilchen hinterlässt in einer fotosensitiven Schicht nach der Entwicklung Schwärzungen, die mikroskopisch mit Auflösungen von besser als 1 μm vermessen werden können. Das ist trotz der rasanten Entwicklung von mikrostrukturierten, elektronisch auslesbaren Detektoren (Kapitel 8) immer noch die beste bisher erreichte Ortsauflösung von Teilchendetektoren. Bei besonders hohen Anforderungen an die Orts- und Winkelauflösungen, wie beim Zerfall von kurzlebigen Charm- und Bottom-Hadronen oder τ-Leptonen, werden deshalb auch heute noch Fotoemulsionen eingesetzt – soweit es die Ratenverhältnisse erlauben, auf eine direkte elektronische Verarbeitung zu verzichten (siehe dazu den Artikel in [278]).

Typische Einsatzgebiete, bei denen geringe Reaktionsraten die Akkumulation von Spuren in einer Emulsion während der Laufzeit eines Experiments erlauben, sind Ballonexperimente zur Messung der kosmischen Strahlung (Abschnitt 16.2) und Experimente an Neutrinostrahlen (siehe Beispiele dafür in diesem Kapitel weiter unten). Außerhalb der Teilchen- und Astroteilchenphysik werden Kernemulsionen auch in Medizin, Biologie und Geologie eingesetzt [278].

6.3.2 Eigenschaften von Kernemulsionen

Kernemulsionen sind Fotoplatten mit einer transparenten Gelatineschicht, die im Vergleich zu Emulsionen für Lichtaufnahmen besonders dick ist, um innerhalb einer Schicht bereits eine Richtungsinformation für eine Spur zu erhalten. In der Gelatineschicht sind gleichmäßig feine Kristalle von Silberhalogeniden (dominant AgBr, weniger AgI oder AgCl) verteilt. Der AgBr-Anteil ist in der Regel höher als bei normaler Fotoemulsion für Licht, und die Kristalle sind feiner mit Durchmessern von typisch etwa 0.2 µm.

Die AgBr-Kristalle sind Halbleiter mit einer Bandlücke von 2.6 eV, in denen bei Durchgang ionisierender Teilchen Elektron-Loch-Paare gebildet werden. Die Elektronen diffundieren durch den Kristall und werden bevorzugt an Gitterdefekten an der Oberfläche des Kristalls eingefangen. Silberionen, die beweglich auf Zwischengitterplätzen sitzen, können von dem durch das eingefangene Elektron negativ geladenen Defekt angezogen und neutralisiert werden. Durch Wiederholung dieses Vorgangs an dem gleichen Gitterdefekt bilden sich Cluster von metallischem Silber, bestehend aus typisch 3 oder 4 Atomen (siehe zum Beispiel [278, 769]). Abhängig von den spezifischen Eigenschaften der jeweiligen Emulsion können diese Cluster zwischen mehreren Tagen und mehreren Jahren stabil sein, sind aber wegen der geringen Anzahl von Atomen zunächst nicht sichtbar. Sie bilden das so genannte latente Bild, das erst durch die Entwicklung, die die Anzahl der Silberatome eines Clusters um einen Faktor 10^8 bis 10^{10} vermehrt, sichtbar wird.

Im Entwicklungsprozess wirken die metallischen Silberatome als Keime für ein anwachsendes Silberkorn, das etwa zwei- bis dreimal so groß ist wie der ursprüngliche Kristall und als schwarzer Punkt im Mikroskop zu sehen ist. Die Silberhalogenidkristalle ohne latente Zentren werden durch einen Fixierungsprozess herausgespült. Die entwickelten Silberkörner markieren dann die Spur eines ionisierenden Teilchens mit einer hohen räumlichen Auflösung von besser als 1 µm. Die Anzahl der Ag-Körner pro 100 µm, die ein minimal-ionisierendes Teilchen erzeugt, wird 'Sensitiviät' der Emulsion genannt. Sie beträgt typisch etwa 20 bis 40 Ag-Körner pro 100 µm mit Korngrößen von etwa 0.1 µm bis 1 µm (Abb. 6.7) [278].

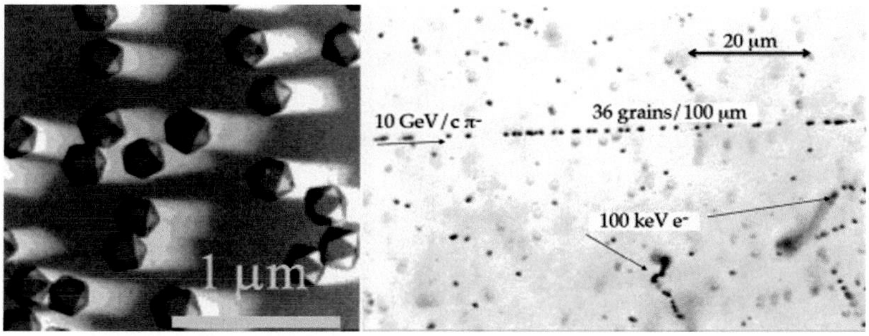

Abb. 6.7 Links: Aufnahme von AgBr-Kristallen in einer Emulsionsschicht mit einem Rasterelektronenmikroskop. Der Durchmesser der Kristalle ist etwa 0.25 µm. Rechts: Eine Spur eines minimal-ionisierenden Pions mit einem Impuls von 10 GeV/c. Quelle: [500], mit freundl. Genehmigung von Elsevier.

Die Dichte von Fotoemulsionen hängt von dem AgBr-Gehalt und der relativen Feuchtigkeit der Umgebung ab und schwankt zwischen 2.5 und 4 g/cm^3. In [634] werden für die Fotoemulsion (entspricht der Emulsion Ilford G.5 bei einer relativen Luftfeuchtigkeit von 58% in [738], dort Tabelle 4) eine Dichte von 3.8 g/cm^3, eine Strahlungslänge von 3 cm und eine hadronische Wechselwirkungslänge von 35 cm angegeben (siehe auch Tab. 3.4). Der Grund für die relativ kurze Strahlungslänge sind die hohen Anteile von Silber und Brom in einer Kernemulsion (47% und 35% Massenanteil [634]). Für das OPERA-Experiment [32] (siehe nächster Abschnitt) sind Emulsionen mit einer Dichte von 2.7 g/cm^3 und einer Strahlungslänge von 5 cm eingesetzt worden.

6.3.3 Emulsionen als Detektoren

Kernemulsionen werden in der Regel als Fotoplatten hergestellt. Das sind Glas- oder Plastikträger, auf die Emulsionen in Dicken zwischen 10 und 1000 µm aufgebracht werden. Dicke Schichten bieten den Vorteil, dass eine Spur bereits in einer Schicht grob vermessen werden kann. Zum Beispiel kann bei etwa senkrechtem Durchgang der Teilchen die Vermessung einer einzigen Schicht durch Fokussierung des Messmikroskops auf verschiedene Tiefen grob die Richtung eines Teilchens liefern, was bei der Spurzuordnung in anderen Lagen sehr hilfreich ist. Andererseits sind dünnere Schichten stabiler gegen Deformationen während der Prozessierung, insbesondere bei der Aushärtung und bei der Trocknung nach der Entwicklung.

In der Regel werden Emulsionen zu dickeren Paketen geschichtet und zur mikroskopischen Auswertung wieder in die einzelnen Lagen unterteilt. Die relative Ausrichtung der Schichten eines Pakets kann mit Hilfe von Spuren, die durch mehrere Schichten gehen, oder einem speziellen Röntgenstrahl erfolgen.

Große Stapel von Emulsionen, eventuell mit Absorberplatten zwischen den Emulsionsschichten, in denen komplette Reaktionsabläufe registriert werden können, wurden in den frühen 1950er Jahren als 'Emulsionsnebelkammern' (ECCs, *emulsion cloud cham-*

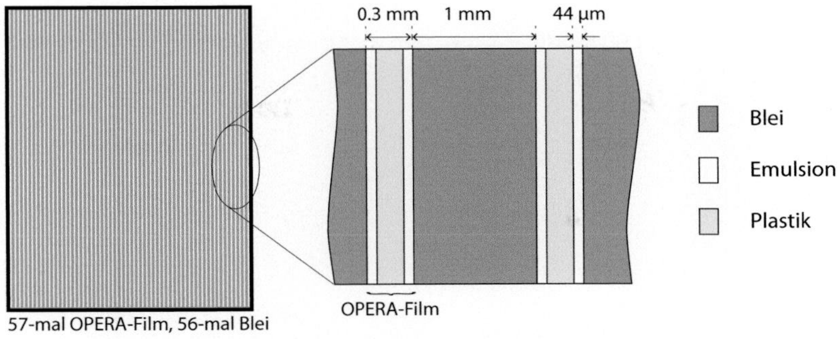

Abb. 6.8 Lagenstruktur eines Bausteins (brick) des Emulsionstargets des OPERA-Experiments mit Emulsionsschichten auf Plastikträgern und Absorberschichten aus Blei (nach [32]). Die Frontfläche eines Bausteins ist 10.2 cm × 12.8 cm, die Tiefe ist 7.9 cm. Eine Targetwand setzt sich aus 2912 Bausteinen zusammen, insgesamt hat das Experiment 62 Wände, die in zwei identische 'Supermodule' aufgeteilt sind.

bers) eingeführt [486]. Wie bei Blasenkammern können ECCs sowohl als Target als auch als Nachweisapparatur dienen. Als typisches Beispiel zeigt Abb. 6.8 das so genannte Emulsionstarget des OPERA-Experiments [32].

Mit einem Emulsionstarget des DONUT-Experiments wurde erstmalig die Erzeugung von geladenen τ-Leptonen durch τ-Neutrinos beobachtet. Abbildung 6.9 zeigt die in einem Emulsionstarget rekonstruierten Spuren eines Kandidaten für ein solches Ereignis. Wesentlich für die Identifikation des Ereignisses ist, dass die erzeugten τ-Leptonen vor dem Zerfall gesehen werden (an Collider-Experimenten kann nur der Zerfallsvertex rekonstruiert werden) und dass der rekonstruierte Ursprung mit dem Primärvertex übereinstimmt. Die mittlere Zerfallslänge ist

$$\lambda = \gamma\beta c\tau = \frac{\gamma^2}{\sqrt{\gamma^2 - 1}} c\tau \,, \tag{6.1}$$

wobei γ, β die Lorentz-Variablen und τ die mittlere Lebensdauer sind. Für ein τ-Lepton gilt $c\tau = 87\,\mu\text{m}$ und $m_\tau = 1.777\,\text{GeV}$, so dass ein τ-Lepton mit einer Energie von 10 GeV eine mittlere Zerfallslänge von etwa 500 µm hat.

In Experimenten der Teilchenphysik werden Emulsionsdetektoren meistens mit elektronischen Detektoren als hybride Systeme kombiniert. Abbildung 6.10 zeigt als Beispiel eines solchen hybriden Detektors das DONUT-Experiment [511]. Während die Emulsionen die präzisen Vertexinformationen liefern, dienen die elektronischen Detektoren dazu,

- Trigger und Zeitmarken zu liefern,
- die Zuordnung zu Spuren in der Emulsion zu erleichtern,
- Energie und Impulse zu bestimmen (Magnetfeld, Kalorimeter),
- Teilchen zu identifizieren (Myon-Spektrometer, Kalorimeter, ...).

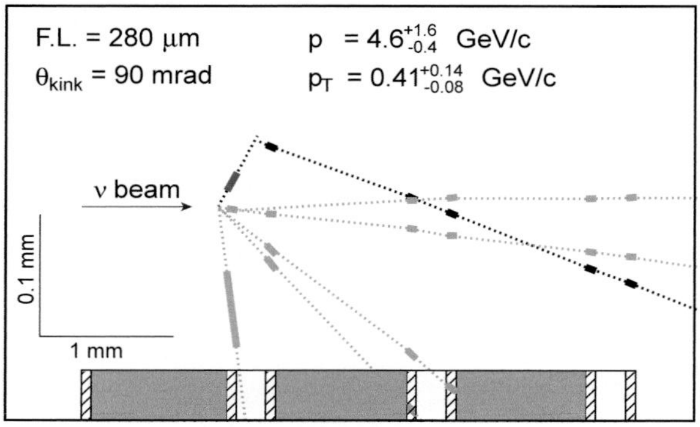

Abb. 6.9 Erzeugung eines τ-Leptons am Primärvertex einer Neutrinoreaktion, aufgezeichnet in dem Emulsionstarget des DONUT-Experiments [510] (mit freundl. Genehmigung von Elsevier). Die Reaktion wird interpretiert als $\nu_\tau + X \to \tau^- + Y$, gefolgt von dem Zerfall des τ in ein geladenes Teilchen und zwei Neutrinos sowie eventuell neutrale Hadronen. Das τ wird durch den Knick (*kink*) 280 μm vom Primärvertex entfernt identifiziert (F.L. = *flight length*). Die Position im Emulsionstarget, das etwa dem Emulsionstarget in Abb. 6.8 mit Eisen als Absorber entspricht, ist am unteren Rand abzulesen. Die beiden Skalen für die longitudinale und die transversale Ausdehnung sind an dem Winkel links abzulesen. Der Primärvertex liegt in einer Eisenschicht und der Zerfall in der folgenden Plastikschicht. Die Messungen der Spuren im Bereich der Emulsionsschichten sind eingezeichnet.

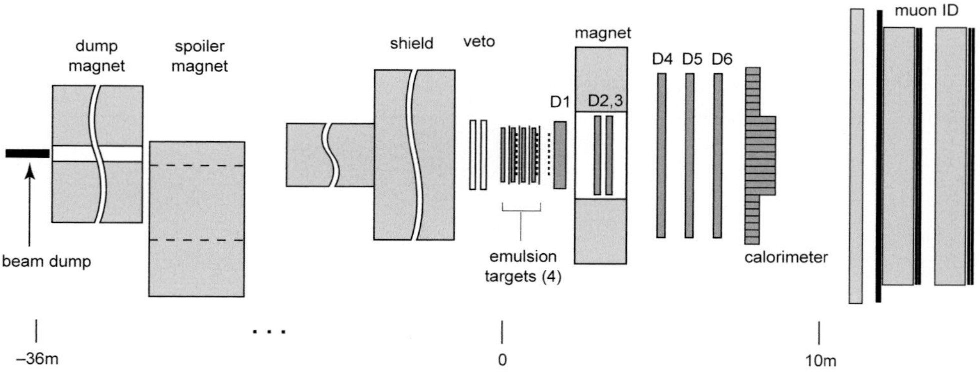

Abb. 6.10 Das DONUT-Experiment, mit dem gezeigt wurde, dass ein τ-Neutrino direkt ein τ-Lepton erzeugen kann [510] (mit freundl. Genehmigung von Elsevier). Das Experiment DONUT hat Daten an einem Neutrinostrahl, der durch Absorption eines 800-GeV-Protonenstrahls in einem 1 m langen Wolfram-Block (*beam dump*) erzeugt wurde, genommen. Ein solcher Strahl besteht zwar überwiegend aus Elektron- und Myon-Neutrinos, es werden aber auch in Charm-Zerfällen τ-Neutrinos erzeugt. Die von den Neutrinos erzeugten τ-Leptonen werden in dem Emulsionstarget nachgewiesen (siehe Abb. 6.9). Ein nachfolgender Magnet und Spurenkammern (D_1–D_6) dienen der Impulsanalyse der geladenen Teilchen, ein Kalorimeter der Energiebestimmung von Elektronen und Photonen und schließlich ein Myon-Detektor der Identifikation von Myonen.

Das DONUT-Experiment wurde hier als jüngeres Beispiel für den erfolgreichen Einsatz von Emulsionstargets herangezogen; Experimente mit ähnlichen Konzepten sind zum Beispiel CHORUS [308] und OPERA [32]. Ein Vorläufer von DONUT war das Experiment CHORUS am CERN, mit dem nach Oszillationen von Myon-Neutrinos nach τ-Neutrinos gesucht wurde. Die Suche war in diesem Fall vergeblich, weil mit dem damaligen Wissen nicht der richtige Bereich für das relevante Verhältnis der Neutrinoenergie zum Abstand des Detektors vom Erzeugungspunkt der Neutrinos gewählt wurde. Fündig wurde erst das OPERA-Experiment an einem Neutrinostrahl, der vom CERN zum 730 km entfernten Laboratorium im Gran Sasso geschickt wurde (der Strahl wird CNGS genannt = *CERN Neutrinos to Gran Sasso*). Gemeinsam ist den drei Experimenten, dass sie an Neutrinostrahlen stattfanden, bei denen die Ereignisraten relativ niedrig sind, so dass die Emulsionspakete über sehr lange Zeiten in den Experimenten bleiben konnten.

Mit dem OPERA-Experiment treten völlig neue Größenskalen für Emulsionsexperimente auf. Bei der großen Entfernung von der Strahlquelle muß der Strahldivergenz Rechnung getragen werden. Entsprechend ist die Targetfläche $6.7\,\text{m} \times 6.7\,\text{m}$, was fast 200-mal größer als bei dem DONUT-Experiment ist, das nur 36 m hinter der Strahlquelle liegt (Abb. 6.10). Die Gesamtfläche der Emulsionsfilme ist etwa $110\,000\,\text{m}^2$, was natürlich eine Herausforderung für die Analyse der Filme bedeutet, siehe nächster Abschnitt.

6.3.4 Auswertung von Emulsionen

Die Emulsionsschichten werden einzeln mit dem Mikroskop auf Spuren durchsucht. Das Gesichtsfeld ist dabei einige 100 μm groß. Durch Variation der Fokalebene in Schichten von wenigen Mikrometern kann eine Spur in einer einzelnen Schicht dreidimensional vermessen werden (tomografische Abbildung). Als Beispiel ist in Abb. 6.11 die Auswertung des Emulsionstargets des OPERA-Experiments dargestellt.

Der heutige Einsatz von Emulsionen mit Flächen von mehreren $1000\,\text{m}^2$, im Fall des OPERA-Experiments mehr als $100\,000\,\text{m}^2$, wäre nicht möglich ohne automatische, computer-gestützte Such- und Rekonstruktionsverfahren. Ein erstes vollautomatisch laufendes System wird in [86] beschrieben. Für die automatische Durchmusterung der OPERA-Filme wird inzwischen eine Rate von $72\,\text{cm}^2/\text{h}$ angegeben [598]. Auch dann kann der Bedarf nur mit paraller Auswertung an vielen Mikroskopen gedeckt werden.

Um die Auswertung möglichst effizient zu gestalten, werden bei den hybriden Experimenten die Informationen von den externen Spuren benutzt, die in das Emulsionstarget extrapoliert werden, so dass nur die Bereiche, in denen ein Vertex mit einer gewissen Wahrscheinlichkeit erwartet wird, untersucht werden. Es ist auch üblich geworden, zwischen und hinter die Emulsionstargets schnell austauschbare separate Schichten (CS = *changeable sheets*) zu schieben, die dann zunächst ausgewertet werden, um die Spuren in dem kompakten Targetmaterial genauer als mit den externen Spuren lokalisieren zu können.

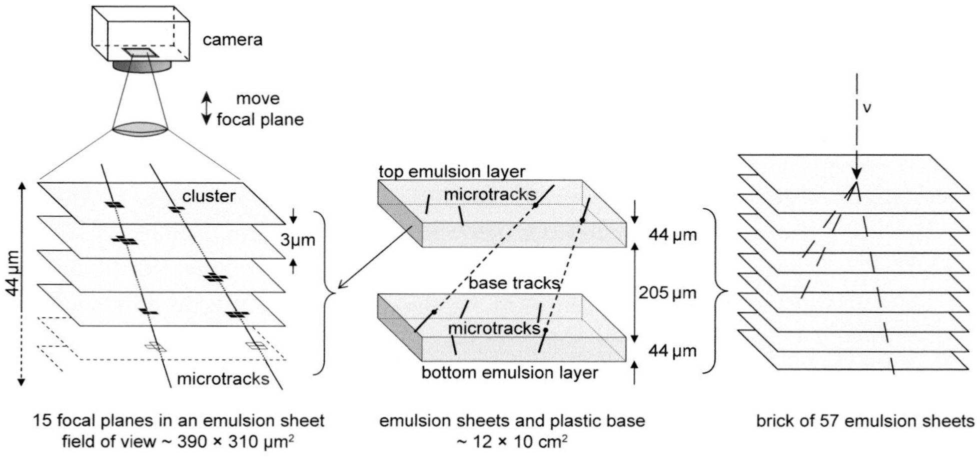

Abb. 6.11 Auswertung der Emulsionsspuren in einem Block des Emulsionstargets im OPERA-Experiment (nach [745], mit freundl. Genehmigung von Elsevier). Die Struktur des Blockes ist in Abb. 6.8 gezeigt. Links beginnend wird gezeigt, wie in einer einzigen 44 μm dicken Emulsionsschicht 15 Fokalebenen in gleichmäßigen Abständen von 3 μm vermessen und korrelierte Punkte zu einer Mikrospur kombiniert werden. In der mittleren Skizze wird gezeigt, wie Mikrospuren in den beiden Emulsionsschichten einer Lage über die etwa 200 μm des Plastikträgers verbunden werden. Die rechte Skizze zeigt die Kombinationen der Spuren in einem Block mit 57 Emulsionslagen (Doppellagen). Damit werden für senkrecht auf die Emulsionsschichten treffende Spuren Ortsauflösungen von 1 μm und Richtungsauflösungen von 1 mrad erreicht [745].

6.3.5 Andere Anwendungen von Kernemulsionen

Neben der beschriebenen Verwendung von Emulsionen in Teilchen- und Astroteilchenphysik werden Emulsionen auch in anderen Gebieten wie Medizin, Biologie oder Geologie eingesetzt. Als einzelne Filme werden Emulsionen als Röntgenfilme oder Kernemulsionen in der Autoradiografie benutzt, um Strahlung von Radioisotopen, die bestimmte chemische Komponenten in biologischen oder anderen Substanzen markieren, nachzuweisen (siehe dazu Literaturhinweise in [461]). Im Folgenden geben wir Beispiele für Bildgebungsverfahren mit Strahlen höherer Energie, bei denen die Fähigkeit von ECCs, Teilchenrichtung und eventuell Reichweite zu bestimmen, genutzt werden.

Myon-Radiografie: Luis Alvarez machte 1965 den Vorschlag, mit kosmischen Myonen die Chephren-Pyramide nach unbekannten Hohlräumen zu untersuchen [72]. Die Idee ist, statt Röntgenstrahlung wie beim Durchleuchten von Körpern Myonen als diagnostische Strahlen zu nutzen. Mit den Myonen als die durchdringende Komponente der kosmischen Strahlung lassen sich besonders massive Objekte wie Pyramiden, Vulkane oder das Gestein oberhalb eines Bergwerkstollens untersuchen.

Die Myonen können mit jedem Detektor gemessen werden, der geladene Teilchen nachweist und deren Richtung genügend genau bestimmen kann [620]. Es werden Drahtkammern (Kapitel 7), Szintillationshodoskope (Kapitel 13) oder auch Emulsionen eingesetzt. Emulsionen, für diesen Zweck als ECCs (Seite 173) mit guter Richtungsbestimmung, ha-

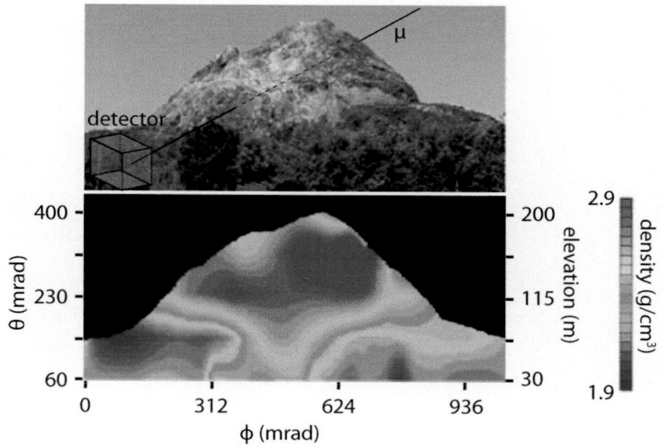

Abb. 6.12 Myon-Radiografie des Vulkans Usu in Japan: Gezeigt ist die mittlere Dichte in der jeweiligen Blickrichtung von dem Emulsionsdetektor. Die vulkanische Lava hat eine höhere Dichte als der umgebende Fels. Nach [278], mit freundl. Genehmigung von Springer Science+Business Media.

ben den Vorteil, dass sie keine elektrische Stromversorgung brauchen und als kompakte und relativ leichte Einheiten im Gelände eingesetzt werden können. Das Dichteprofil des Vulkans Usu in Abb. 6.12 ist mit einer ECC bestimmt worden [278].

Strahlcharakterisierung in der Tumortherapie: In Abschnitt 3.2.4 wurde der Einsatz von Protonen und schwereren Ionen in der Tumortherapie besprochen. Als Alternative zu existierenden Methoden der Verifikation von Protontherapien (siehe zum Beispiel [508]) wurden ECCs vorgeschlagen, die mit gewebe-äquivalenten Absorberplatten ausgestattet sind. Studien an einem solchen so genannten Phantom haben gezeigt, dass diese Kombination von Absorber und Detektor sehr genaue drei-dimensionale Dosisverteilungen liefern kann [199]. Das Phantom ist in diesem Fall nach dem Prinzip einer ECC mit den OPERA-Filmen (Abb. 6.8) und aus Polysteren (Plastik) aufgebaut.

Bei Bestrahlung mit Kohlenstoffionen (siehe Abb. 3.22 auf Seite 58) wird die Bestimmung der Verteilung der deponierten Energie in und um einen Tumor dadurch schwieriger, dass Kohlenstoff mehr Kernreaktionen macht als Protonen vergleichbarer Energie und dadurch häufiger Kernfragmente entstehen, die Reichweiten über den Bragg-Peak des Kohlenstoffs hinaus haben. In [277] wird beschrieben, wie mit einer ECC, bestehend aus Absorberplatten aus Polykarbonat und unterschiedlich sensitiven Emulsionen, die Eigenschaften eines therapeutischen Kohlenstoffstrahls mit einer Energie von 400 MeV pro Nukleon gemessen wurden. Die Ergebnisse zu Energieverlust, Vielfachstreuung, Absorption und Sekundärteilchenproduktion zeigen, dass ECCs das Potenzial haben, ein wesentliches Hilfsmittel zur Bestrahlungsplanung zu werden.

7 Gasgefüllte Detektoren

Übersicht

7.1 Übersicht

Detektoren, die geladene Teilchen durch deren Ionisation von Gasen nachweisen, sind in vielen Experimenten der Teilchenphysik anzutreffen. Sie erlauben es, Teilchentrajektorien in großen Volumina, auch in Magnetfeldern, zu bestimmen. Auf diesem Gebiet haben sie Nebel- und Blasenkammern (siehe Kapitel 6) verdrängt, vor allem wegen der Möglichkeit, die entlang einer Spur erzeugten Ladungen direkt in elektrische Signale umzuwandeln. Gegenüber Halbleiterdetektoren (siehe Kapitel 8), die inzwischen auch große Volumina zur Vermessung von Teilchenspuren abdecken können, sind Detektoren mit Gas als Medium in der Regel preisgünstiger und lassen sich tendenziell auch mit weniger Material realisieren.

Das Prinzip eines Detektors, der Ionisationsladung nachweist, ist in Abb. 7.1 gezeigt: Teilchen ionisieren ein Gasvolumen innerhalb eines Kondensators, in dem ein elektrisches Feld angelegt ist. Die Elektronen und die Ionen werden durch das angelegte Feld separiert und als Strom zwischen den Elektroden gemessen (Ionisationskammer). Den Nachweis einzelner Teilchen erreicht man durch Gasverstärkung an der Anode, die durch sehr hohe Feldstärken eine Ladungslawine durch Sekundärionisation erzeugt.

H. Kolanoski, N. Wermes, *Teilchendetektoren*, DOI 10.1007/978-3-662-45350-6_7

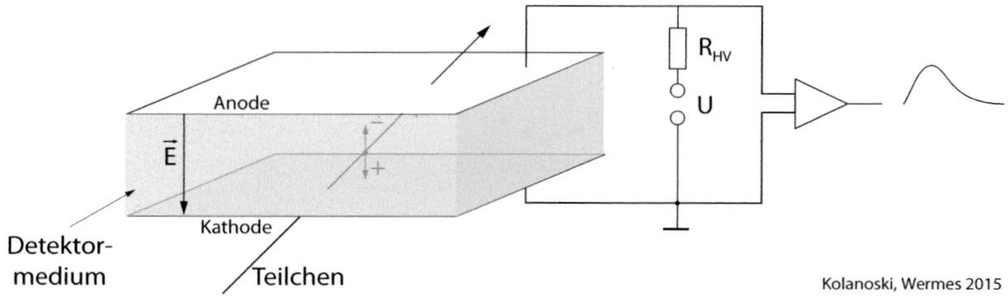

Abb. 7.1 Prinzip der Ionisationsdetektoren. Zwischen zwei Elektroden, an die eine Spannung angelegt ist, befindet sich das sensitive Detektormedium, in diesem Fall Gas. Beim Durchgang von geladenen Teilchen werden Ladungen freigesetzt, die sich im elektrischen Feld in Richtung der Elektroden bewegen. Ihre Bewegung influenziert ein Stromsignal an den Elektroden (siehe Kapitel 5). Der Detektor ist im Prinzip ein Kondensator, der sich bei Ionisation des Mediums entlädt und sich dabei elektrisch wie eine Stromquelle verhält.

Seit etwa Beginn der 1970er Jahre ist es wegen der Verfügbarkeit preisgünstiger, kompakter Elektronik möglich geworden, größere Volumina mit Detektoren hoher Granularität auszustatten (Charpak 1968, Nobelpreis 1992). Abbildung 7.2 zeigt als Beispiel Spuren von geladenen Teilchen eines 3-Jet-Ereignisses in der zentralen Driftkammer des TASSO-Experiments am PETRA-Speicherring [182]. Diese Kammer ging 1978 in Betrieb und gehörte mit etwa 6000 Auslesekanälen damals zu den ersten größeren Driftkammern. Heute gibt es solche Detektoren für geladene Spuren mit größenordnungsmäßig 10^5 Auslesekanälen, mit steigender Tendenz.

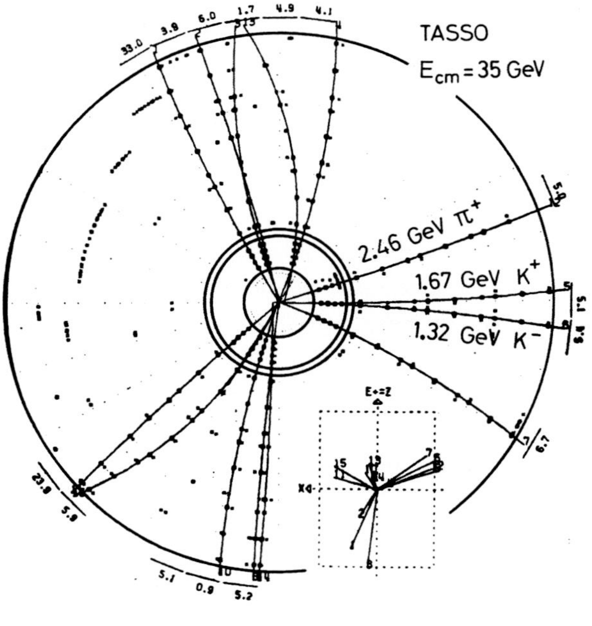

Abb. 7.2 Spuren geladener Teilchen eines 3-Jet-Ereignisses, interpretiert als Quark-Antiquark-Paar mit Abstrahlung eines Gluons, in der Driftkammer des TASSO-Detektors am PETRA-Speichering. Die Abbildung zeigt einen Schnitt senkrecht zu den kollidierenden Elektron- und Positronstrahlen und eine Projektion in eine Ebene, die die Strahlen enthält (kleine Einfügung). Quelle: DESY.

7.2 Detektortypen

Für unterschiedliche Anwendungsbereiche gibt es eine Vielzahl verschiedener Typen von Detektoren, die Gas als sensitives Medium benutzen. Man kann sie einerseits nach der Art des Einsatzes unterscheiden: Detektoren, die Strahlung nachweisen (Strahlungsmonitore wie Ionisationskammern und Proportionalzählrohre), und solche, die Information über den Ort einzelner Teilchen liefern (ortsauflösende Detektoren wie Vieldrahtproportional-, Drift- und Mikrostrukturkammern). Andererseits kann man danach unterscheiden, ob die Ladung unverstärkt (Ionisationskammer) oder verstärkt (zum Beispiel Proportionalkammer und Geigerzähler) gemessen wird.

7.2.1 Ionisationskammer

Teilchen ionisieren ein Gasvolumen innerhalb eines Kondensators (Abb. 7.3). Die Elektronen und die Ionen werden durch das angelegte Feld separiert und als Strom zwischen den Elektroden gemessen. Ionisationskammern sind nicht sensitiv auf einzelne Teilchen, sondern werden als Strahlendosimeter für hohe Teilchenflüsse benutzt. Die Nachweisbarkeit für Ladung beginnt bei etwa einem Femto-Coulomb, also etwa 10^4-mal mehr als der Elementarladung. Die Strommessung ist im Bereich von Nanoampere noch unproblematisch, aber auch, mit etwas mehr Aufwand, bis in den Pikoampere-Bereich möglich. Der Strom von 1 nA entspricht etwa 10^{10} Ionisationen pro Sekunde, während zum Beispiel ein minimalionisierendes Teilchen beim Durchlaufen von Argongas nur etwa 100 Ionen pro cm erzeugt (Tabelle 7.1).

In der Strahlentherapie dienen Ionisationskammern als Kalibrationsstandard für dosimetrische Messungen. Bei entsprechender geometrischer Ausführung können Ionisationskammern auch zur In-vivo-Dosimetrie in Körperöffnungen eingeführt werden (Abb. 7.3 (b)).

Ionisationskammern werden auch als Rauchdetektoren, oder allgemeiner zur Kontrolle der Reinheit von Gasen, eingesetzt. Hier hat das Detektorvolumen direkte Verbindung zur Umgebungsluft (oder dem zu kontrollierenden Gas) und wird durch eine schwache radioaktive Quelle ionisiert (zum Beispiel den Alpha-Strahler ^{241}Am mit einem besonders geringen Gamma-Anteil in der Strahlung, siehe Tab. A.1 auf Seite 831). Verunreinigungen, zum Beispiel durch Rauch, neutralisieren verstärkt die Ionisationsladungen, was zu einem messbaren Abfall des Ionisationsstroms führt.

7.2.2 Zählrohr

Das Prinzip eines Zählrohres zeigt Abb. 7.4: In einem Zylinderrohr, das mit einem speziellen Gas gefüllt ist, wird auf der Zylinderachse ein dünner Draht gespannt und zwischen Draht (Anode) und Zylinderwand (Kathode) eine hohe Spannung angelegt. In dem $1/r$-Feld dieses Zylinderkondensators werden die Elektronen, die bei Ionisation des Gases durch Teilchen entstehen, in der Nähe des Drahtes so stark beschleunigt, dass sie sekun-

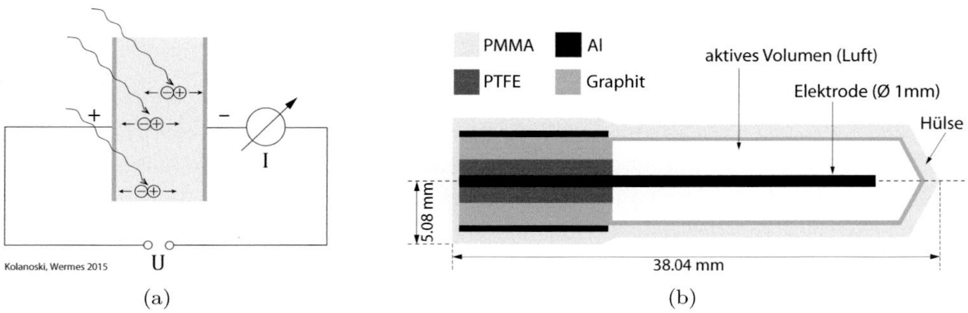

Abb. 7.3 (a) Eine Ionisationskammer stellt einen durch eine Spannung U aufgeladenen Kondensator dar, der sich durch Ionisation des Kondensatorvolumens entlädt. Der Strom ist ein Maß für den Strahlungsfluss. (b) Eine zylindrische Ionisationskammer für Dosimetrie im medizinischen Bereich (Modell NE2571) (nach [306], mit freundl. Genehmigung von Elsevier). Das Ionisationsvolumen (Luft) beträgt nur 0.6 cm^3 bei einem Durchmesser von 0.64 cm. Die Materialien des Detektors werden so gewählt, dass sie das Strahlungsfeld möglichst wenig beeinflussen (geringe Kernladungszahl Z bei Messungen in Wasser oder Luft). Hier sind die Elektroden aus Graphit und Aluminium, isoliert durch Teflon (PTFE= Polytetrafluorethylen), und der ganze Detektor ist in eine Schutzhülse aus Acrylglas (PMMA = Polymethylmethacrylat) eingebettet.

däre Ionisationen auslösen können. Es kommt zu einer Lawinenausbildung und damit zu einer Verstärkung der Ionisationsladung mit typischen Verstärkungsfaktoren von 10^4 bis 10^6 (Gasverstärkung). Das Prinzip der Ladungsverstärkung an einem dünnen Draht auf der Achse eines gasgefüllten Rohres wurde von H. Geiger entwickelt [702], was schließlich zu der Entwicklung des Geiger-Müller-Zählrohrs (Abschnitt 7.6.2) führte [375].

Man unterscheidet Zählrohre nach dem Operationsbereich: Proportionalzählrohre arbeiten in einem Bereich, in dem die verstärkten Signale etwa proportional zur primären Ionisation sind; Geiger-Müller-Zählrohre arbeiten mit höherer Verstärkung in einem Bereich der Sättigung, in dem die Signale unabhängig von der Ionisation sind (Auslösezähler). Die verschiedenen Betriebsarten mit unterschiedlichen Gasverstärkungen werden in Abschnitt 7.4.2 diskutiert.

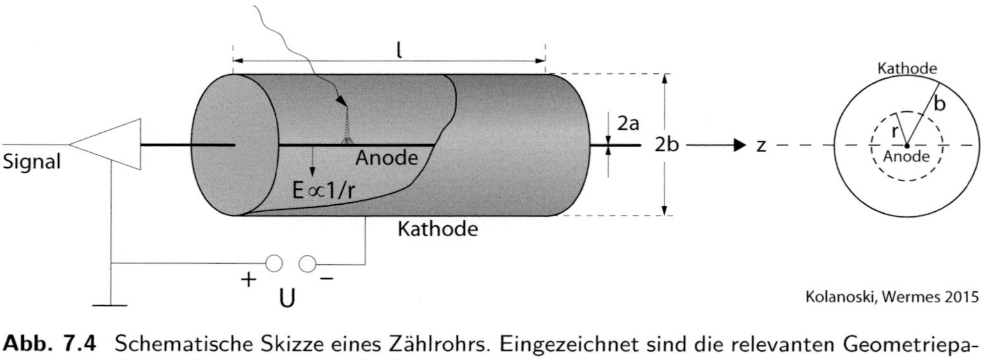

Abb. 7.4 Schematische Skizze eines Zählrohrs. Eingezeichnet sind die relevanten Geometrieparameter und Zylinderkoordinaten, die für die Berechnung des Feldes und der Detektorkapazität benutzt werden.

Elektrisches Feld und Kapazität eines Zählrohrs Das elektrische Feld in einem Zählrohr entspricht dem eines Zylinderkondensators. Zur Berechnung dieses Feldes benutzen wir Zylinderkoordinaten: z entlang der Achse ausgehend von der Mitte des Rohres, ϕ als Azimutwinkel um die Längsachse und r als Abstand von der Längsachse (Abb. 7.4). Es wird angenommen, dass die Länge l des Rohres groß gegenüber dem Durchmesser $2b$ ist; der Durchmesser des Anodendrahts ist $2a$.

Das Feld wird aus den statischen Maxwell-Gleichungen hergeleitet,

$$\vec{\nabla}\vec{E} = \frac{1}{\epsilon_0}\rho \qquad \text{oder} \qquad \int_S \vec{E}d\vec{S} = \frac{1}{\epsilon_0}\int_V \rho dV = \frac{1}{\epsilon_0}\int_V dQ\,,$$

wobei S die Oberfläche ist, die das Volumen V mit der Ladungsdichte ρ umgibt. Umgeschrieben in Zylinderkoordinaten und unter Beachtung, dass hier die Ladungsdichte einer Flächendichte auf der Anodenoberfläche entspricht, ergibt sich

$$E(r)\,2\pi r\Delta z = \frac{1}{\epsilon_0}\Delta Q\,.$$

Dabei ist ΔQ die Ladung auf dem Anodendraht auf der Länge Δz. Bei Annahme eines sehr langen Drahtes kann die Ladungsdichte pro Länge auf dem Anodendraht, dQ/dz, als konstant angenommen werden. Dann ergibt sich das Feld, das nur eine radiale Komponente senkrecht zur Anodenoberfläche hat, als Gradient eines Potenzials Φ:

$$E(r) = \frac{1}{2\pi\epsilon_0}\frac{1}{r}\frac{dQ}{dz} = -\frac{\partial\Phi}{\partial r}\,. \tag{7.1}$$

Das Feld wird durch die angelegte Spannung U erzeugt:

$$\int_a^b E(r)dr = U = \frac{1}{2\pi\epsilon_0}\ln\frac{b}{a}\cdot\frac{dQ}{dz}\,.$$

Damit erhält man schließlich das Feld und das Potenzial als Funktion der angelegten Spannung:

$$E(r) = \frac{U}{r\ln b/a}, \qquad \Phi(r) = -U\frac{\ln r/b}{\ln b/a}\,. \tag{7.2}$$

Zum Beispiel ergibt sich für eine angelegte Spannung von $U = 1\,\mathrm{kV}$ und $a = 10\,\mathrm{\mu m}$, $b = 10\,\mathrm{mm}$ eine Feldstärke auf der Kathodenoberfläche von

$$E(a) = \frac{1\,\mathrm{kV}}{10\,\mathrm{\mu m}\ln\frac{10\,\mathrm{mm}}{10\,\mathrm{\mu m}}} = 145\frac{\mathrm{kV}}{\mathrm{cm}}\,.$$

Die Kapazität pro Länge ist

$$C = \frac{dQ/dz}{U} = \frac{2\pi\epsilon_0}{\ln\frac{b}{a}}\,. \tag{7.3}$$

Für das obige Zahlenbeispiel ist dies 8 pF/m.

Das $1/r$-Verhalten des elektrischen Feldes und auch des Wichtungsfelds (Abschnitt 5.3.2) führt zu einem logarithmischen Anstieg des Ladungs- beziehungsweise des Spannungssignals (Gleichung (5.67) in Abschnitt 5.3.2). Dort wird auch gezeigt, dass typischerweise der Signalbeitrag durch die Ionenbewegung stark gegenüber dem Beitrag durch die Elektronenbewegung überwiegt (Gleichung (5.58)).

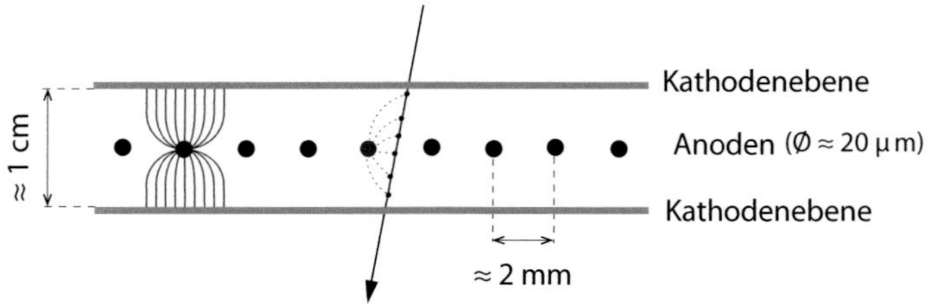

Abb. 7.5 Prinzip einer ortsauflösenden Vieldrahtkammer (MWPC). Durchgezogene Linien stellen die Feldlinien dar. Gestrichelt sind die Driftwege der Elektronen aus der Ionisation eingezeichnet.

7.2.3 Ortsauflösende Kammern

Abbildung 7.5 zeigt das Prinzip einer gasgefüllten Kammer zum ortsaufgelösten Nachweis von Teilchen. Die beiden wichtigsten Typen ortsauflösender Gasdetektoren sind die Vieldrahtproportionalkammer (Abschnitt 7.8), die Driftkammer (Abschnitt 7.10) und relativ neuartig auch Kammern mit mikrostrukturierten Elektroden (Abschnitt 7.9). An den dünnen Drähten oder Mikrostreifen kommt es bei genügend hoher Anoden-Kathoden-Spannung zu Gasverstärkung wie bei Zählrohren. Das Rastermaß von etwa 2 mm bestimmt die räumliche Auflösung einer MWPCs. In der Driftkammer, einer sehr erfolgreichen Weiterentwicklung der MWPC, wird zusätzlich die Driftzeit der Elektronen von der Entstehung bei der Ionisation bis zur Ankunft am Draht gemessen, um daraus den Ort der Ionisation genau zu bestimmen. Die Drahtabstände können sehr viel größer als bei der MWPC sein. Auflösungen von etwa 100 µm werden typisch bei Driftkammern erreicht.

Vorgänger dieser beiden Kammertypen waren Funkenkammern (Abschnitt 7.7.1), die heute noch zur publikumswirksamen Darstellung von kosmischer Strahlung eingesetzt werden. Bei sehr hoher Gasverstärkung einsetzende Funkenüberschläge werden optisch und akustisch wahrgenommen.

7.3 Ionisation und Ladungsverlust in Gasen

Die Grundlage für den Nachweis von Teilchen in gasgefüllten Detektoren ist die Erzeugung von Ladung durch Ionisation. Für die Effizienz der Signalerzeugung ist es dann auch wesentlich, dass die Ladungen bei ihrer Bewegung zu den Elektroden nicht durch Rekombination oder Anlagerung verloren gehen.

7.3.1 Ionisation

Primärionisation Teilchen, die den Detektor durchqueren, ionisieren das Gas entlang ihrer Trajektorien. Der mittlere Energieverlust pro Weglänge lässt sich mit der Bethe-

Bloch-Formel (3.25) bestimmen. In Tabelle 7.1 sind für einige gebräuchliche Driftgase Materialkonstanten zusammengestellt, die für die Ionisation wichtig sind. Der mittlere Energieverlust dE/dx und die Anzahl n_p der primär erzeugten Ionen pro Weglänge sind für minimalionisierende Teilchen angegeben. Zum Beispiel werden in Argon auf 1 cm 29.4 Elektron-Ion-Paare mit einem gesamten Energieaufwand von 2.44 keV, also im Mittel etwa 83 eV pro Paar, primär erzeugt. Ein Teil der Energie geht als Anregungsenergie der Atome verloren, der andere Teil wird in kinetische Energie der freigesetzten Ladungsträger, vor allem der Elektronen, umgewandelt. Die kinetische Energie T der Elektronen folgt entsprechend Gleichung (3.47) etwa einer $1/T^2$-Verteilung (siehe auch Abb. 3.11(b)).

Sekundärionisation Ein Teil der Elektronen hat genügend Energie, um weitere Ionen zu erzeugen. Diese Sekundärionisation führt zu einer Gesamtzahl n_{tot} von erzeugten Elektron-Ion-Paaren pro Weglänge (spezifische Ionisation), die um ein Vielfaches die Anzahl der primären Elektron-Ion-Paare übertreffen kann. Für das Beispiel Argon ist $n_{\text{tot}} = 94/\text{cm}$ und damit etwa dreimal so groß wie n_p. In Tab. 7.1 ist auch die Energie w_i angegeben, die effektiv aufgebracht werden muss, um ein Elektron-Ion-Paar zu erzeugen:

$$w_i = \frac{\Delta E}{n_{\text{tot}}} \qquad \text{mit} \qquad \Delta E = \frac{dE}{dx}\,\Delta x\,. \tag{7.4}$$

Mit den Werten aus Tab. 7.1 ergibt sich zum Beispiel für Argon $w_i = 26\,\text{eV}$. Diese Energie ist deutlich höher als die Schwellenenergie E_{ion} für die Ionisation. Die Erzeugung von Sekundärionen führt dazu, dass die Ionisation nicht mehr gleichmäßig entlang der Teilchenspur verteilt ist, sondern in Ionisationsclustern mit einer gas-spezifischen Verteilung der Clustergrößen auftritt. Eine Diskussion von Clusterverteilung anhand von experimentellen Daten findet man in [177].

Bei der Wahl eines Driftgases ist es wichtig, eine hohe Ionisationsdichte zu erreichen, aber in der Regel möchte man auch die Vielfachstreuung (siehe Abschnitt 3.4), die mit der Kernladungszahl Z wächst, minimieren. In der Tabelle hat zum Beispiel Helium wenig Vielfachstreuung, entsprechend einer großen Strahlungslänge X_0, aber auch eine sehr geringe Ionisationsdichte. Bei Xenon ist es umgekehrt. Günstig in diesem Sinne sind Argon, CO_2 oder CH_4. Dennoch werden auch Gase mit hohem Z, wie Xenon, benutzt: zum Beispiel in Übergangsstrahlungsdetektoren (siehe Kapitel 14), um Röntgenstrahlung nachzuweisen.

7.3.2 Rekombination und Elektronenanlagerung

Für den Betrieb von Proportional- und Driftkammern ist es wesentlich, dass möglichst viele Elektronen den Anodendraht erreichen, um dort verstärkt zu werden. Rekombination der Elektronen mit positiven Ionen und Anlagerung an elektronegative Komponenten des Gases können zu Verlusten führen. Bei Gasverstärkung ist es im Wesentlichen nur wichtig, den Verlust der positiven Ionen in der Nähe des Verstärkungsbereiches zu

Tab. 7.1 Eigenschaften von verschiedenen Gasen, die für Detektoren genutzt werden. Zusammengestellt mit Hilfe von [706, 739, 634, 248]; bei DME wurde zur Berechnung von I die Gleichung (3.38) auf Seite 41 benutzt.

Z, A, ρ, dE/dx	Ordnungs- und Massenzahl, Dichte, mittlerer spezifischer Energieverlust
E_{ex}, E_{ion}	Anregungsenergie, Ionisationsschwelle,
I	mittlere Anregungsenergie (definiert in der Bethe-Bloch-Formel (3.25)),
w_i	mittlere Energie für die Erzeugung eines Elektron-Ion-Paares,
n_p, n_{tot}	Anzahl der primären Ionisationen pro cm, Gesamtzahl der erzeugten Elektron-Ion-Paare pro cm,
X_0	Strahlungslänge.
ρ, dE/dx, n_p, n_{tot}, X_0	gelten für 'Normalbedingungen' von Temperatur und Druck (NTP) ($T = 20\,°$C und $p = 1.01325$ hPa = Standardatmosphäre).

Gas	Z	A	ρ (g/cm^3)	E_{ex} (eV)	E_{ion} (eV)	I (eV)	w_i (eV)	$dE/(\rho dx)$ (MeV cm^2/g)	dE/dx (keV/cm)	n_p (cm^{-1})	n_{tot} (cm^{-1})	X_0 (m)
H_2	2	2	$8.38 \cdot 10^{-5}$	10.8	15.4	19.2	37	4.03	0.34	5.2	9.2	7522
He	2	4	$1.66 \cdot 10^{-4}$	19.8	24.5	41.8	41	1.94	0.32	5.9	7.8	5682
N_2	7	28	$1.17 \cdot 10^{-3}$	8.1	15.6	82	35	1.68	1.96	(10)	56	325
O_2	8	32	$1.33 \cdot 10^{-3}$	7.9	12.1	95	31	1.69	2.26	22	73	257
Ne	10	20.2	$8.39 \cdot 10^{-4}$	16.6	21.6	137	36	1.68	1.41	12	39	345
Ar	18	39.9	$1.66 \cdot 10^{-3}$	11.5	15.8	188	26	1.47	2.44	29.4	94	118
Kr	36	83.8	$3.49 \cdot 10^{-3}$	10.0	14.0	352	24	1.32	4.60	31.6	192	33
Xe	54	131.3	$5.49 \cdot 10^{-3}$	8.4	12.1	482	22	1.23	6.76	44	307	15
CO_2	6,8	44	$1.86 \cdot 10^{-3}$	5.2	13.8	85	33	1.62	3.01	35.5	91	183
CH_4	6,1	16	$0.71 \cdot 10^{-3}$	9.8	15.2	41.7	28	2.21	1.48	25	53	646
C_2H_6	6,1	30	$1.34 \cdot 10^{-3}$	8.7	11.7	45.4	27	2.30	1.15	41	111	340
i-C_4H_{10}	6,1	58	$2.59 \cdot 10^{-3}$	6.5	10.6	48.3	23	1.86	5.93	84	195	169
CF_4	6,9	88	$3.78 \cdot 10^{-3}$	12.5	15.9	115	34.3	1.69	7	51	100	92
C_2H_6O (DME)	6,1,8	46	$2.2 \cdot 10^{-3}$	6.4	10.0	60	23.9	1.77	3.9	55	160	222

Tab. 7.2 Unterschiedliche Reaktionstypen für Elektronenanlagerung.

Art	Reaktion	Beispiel
radiativ	$e^- + \mathrm{X} \to \mathrm{X}^- + \mathrm{h}\nu$	$e^- + \mathrm{O_2} \to \mathrm{O_2^-} + \mathrm{h}\nu$
dissoziativ	$e^- + \mathrm{XY} \to \mathrm{X}^- + \mathrm{Y}$	$e^- + \mathrm{O_2} \to \mathrm{O}^- + \mathrm{O}$
3-Körper-Stoß	$e^- + \mathrm{X} + \mathrm{Y} \to \mathrm{X}^- + \mathrm{Y}$	$e^- + \mathrm{Ne} + \mathrm{O_2} \to \mathrm{O_2^-} + \mathrm{Ne}$

vermeiden, weil dort die Ionen den wichtigsten Beitrag zum Signal liefern (siehe Abschnitt 5.3.2).

Rekombination Rekombination von Elektronen mit positiven Ionen erfolgt häufig als Strahlungsprozess:

$$\mathrm{X}^+ + e^- \to \mathrm{X} + \mathrm{h}\nu\,. \tag{7.5}$$

Die überschüssige Energie kann auch in Stößen mit anderen Molekülen des Gases abgegeben werden. Rekombination ist vor allem dann nicht zu vernachlässigen, wenn, bedingt durch die Detektorgeometrie, die Elektronen entlang der Ionisationsspur driften.

Die bei radiativer Rekombination emittierten Photonen sind problematisch, insbesondere, wenn sie in hoher Zahl in einer Lawine entstehen. Die Photonen können zu unerwünschten zusätzlichen Ionisationen führen und ohne Gegenmaßnahmen auch zu selbstständigen Entladungen. Siehe dazu die Ausführungen in Abschnitt 7.5.

Elektronenanlagerung Atome und Moleküle mit nahezu abgeschlossenen Schalen können unter Energieabgabe Elektronen anlagern. Die bei der Anlagerung frei werdende Bindungsenergie und die kinetische Energie der Elektronen können radiativ, dissoziativ oder in Stößen abgegeben werden (siehe Tab. 7.2).

Elektronegative Beimischungen in Driftgasen, zum Beispiel Halogene und Sauerstoff, sind in der Regel unerwünscht, weil dadurch das Signal vermindert wird. Allerdings werden Proportionalkammergasen manchmal auch gezielt elektronegative Komponenten beigemischt, um Signale zu löschen (*quenching*) und damit selbstständige Entladungen zu vermeiden.

Die mittlere Zeit t_a bis zur Anlagerung eines Elektrons, das in einem Gas erzeugt wurde, ist

$$t_a = \frac{1}{p_a \cdot n_s}\,. \tag{7.6}$$

Dabei ist p_a die Wahrscheinlichkeit, dass ein Elektron bei einem Stoß mit dem entsprechenden Molekül angelagert wird, und n_s ist die Anzahl der Stöße pro Zeiteinheit. Diese beiden Größen sind im Allgemeinen energieabhängig, und n_s ist auch von der Dichte beziehungsweise dem Partialdruck des elektronegativen Anteils abhängig. In Tabelle 7.3 wird die mittlere Anlagerungszeit t_a zusammen mit den Parametern p_a und n_s für einige Gase unter Normalbedingungen und ohne elektrisches Feld angegeben. Die Energieverteilung ist dann also die Maxwell-Boltzmann-Verteilung bei Zimmertemperatur, über die die Parameter zu mitteln sind. In CO_2 ist die Anlagerungszeit knapp 1 ms und damit lang genug, um dieses Gas als Kammergas benutzen zu können.

Tab. 7.3 Parameter für die Elektronenanlagerung bei einigen Gasen (unter Normalbedingungen) [506]: Anlagerungswahrscheinlichkeit pro Stoß (p_a), Anzahl der Stöße pro Zeit (n_s) und die Anlagerungszeit (t_a).

Gas	p_a	n_s (s^{-1})	t_a (s)
CO_2	$6.2 \cdot 10^{-9}$	$2.2 \cdot 10^{11}$	$0.71 \cdot 10^{-3}$
O_2	$2.5 \cdot 10^{-5}$	$2.1 \cdot 10^{11}$	$1.9 \cdot 10^{-7}$
H_2O	$2.5 \cdot 10^{-5}$	$2.8 \cdot 10^{11}$	$1.4 \cdot 10^{-7}$
Cl	$4.8 \cdot 10^{-4}$	$4.5 \cdot 10^{11}$	$4.7 \cdot 10^{-9}$

In Detektoren, in denen die Elektronen zu der Anode driften, ist der wesentliche Parameter für den Ladungsverlust durch Anlagerung die Reichweite in Driftrichtung. Wir definieren deshalb eine Absorptionslänge λ_a beziehungsweise das Inverse, den Absorptionskoeffizient η_a. Sie ergeben sich bei einer Driftgeschwindigkeit v_D^e zu

$$\lambda_a = v_D^e \langle t_a \rangle , \qquad \eta_a = \frac{1}{\lambda_a} . \tag{7.7}$$

Dabei ist die Absorptionszeit durch Mittelung über die jeweilige Energieverteilung zu bestimmen. Im Allgemeinen sind λ_a und η_a abhängig von dem Driftgas, dem Partialdruck der elektronegativen Beimischungen und dem Driftfeld. In der Regel wird für eine genaue Bestimmung von λ_a in einem Simulationsprogramm (zum Beispiel MAGBOLTZ [155]) mit den Wirkungsquerschnitten für Anlagerung über die Energieverteilung gemittelt. In Abb. 7.6 sind solche Wirkungsquerschnitte für die mehratomigen Gase CO_2, CH_4

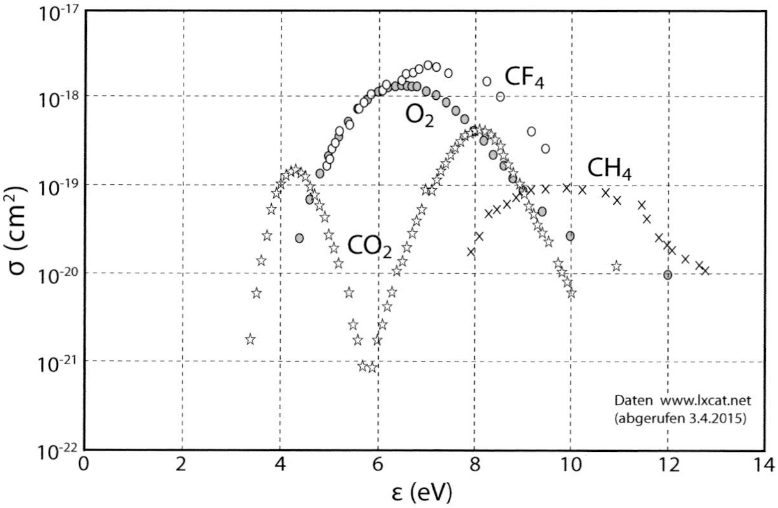

Abb. 7.6 Wirkungsquerschnitte für Elektronenanlagerung der mehratomigen Gase CO_2, CH_4 und CF_4, für die bereits in Abb. 4.6 Wirkungsquerschnitte gezeigt wurden, sowie der Dissoziationsquerschnitt für Sauerstoff. Die Daten wurden von der Webseite [630] am 7.7.2014 abgerufen. Die benutzten Datenbanken sind: Hayashi database für CH_4 und CF_4; Itikawa database für CO_2; Biagi-v8.9 für O_2.

und CF_4 gezeigt, für die bereits Streuquerschnitte in Abb. 4.6 enthalten sind. Die Anlagerung verläuft für diese Gase über verschiedene Dissoziationsreaktionen, die oberhalb der Schwelle ein resonanzartiges Verhalten haben. Die Resonanzen liegen im Wesentlichen oberhalb der in Driftgasen häufigen Energieverteilung der Elektronen und führen deshalb auch über längere Driftstrecken nicht zu schädlichen Verlusten. Die Elektronen passieren aber diese Energien in dem Bereich der Gasverstärkung (Abschnitt 7.4.1), was dann zu Signalverlusten führt. Besonders macht sich dieser Effekt bei CF_4 mit hoher Absorption bei Energien um 7 eV bemerkbar (Abb. 7.6).

Zusätzlich ist in Abb. 7.6 der Dissoziationsquerschnitt bei Sauerstoff gezeigt. Der bei Sauerstoff bei kleinen Energien wichtige Wirkungsquerschnitt für den 3-Körper-Stoß ist hier nicht eingetragen, weil er abhängig von der Dichte des Sauerstoffs beziehungsweise dem Partialdruck von Sauerstoff in einem Gasgemisch und deshalb nicht einfach darstellbar ist. Als Beispiel findet man für eine Beimischung von 1% O_2 in Argon bei einem Feld von 1 kV/cm eine mittlere Reichweite der Elektronen von $\lambda_a \approx 5\,\text{cm}$.

7.4 Gasverstärkung und Betriebsmodi

7.4.1 Gasverstärkung

In einem starken elektrischen Feld, zum Beispiel in der Nähe der Anode einer Drahtkammer, werden die driftenden Elektronen so stark beschleunigt, dass sie sekundäre Ionisationen auslösen können. Es kommt zu einer Lawinenausbildung (Abb. 7.7) und damit zu einer Verstärkung der Ionisationsladung mit typischen Verstärkungsfaktoren von 10^4 bis 10^6 (siehe Abschnitt 7.4.2). Ab Feldstärken von etwa 10 bis 50 kV/cm kann der Energiegewinn auf der freien Weglänge zwischen zwei Stößen zur Ionisation des Gases ausreichen. Die Anzahl α der pro Weglänge erzeugten Ionen, genannt 'erster Townsend-Koeffizient', ist

$$\alpha = \sigma_{ion}\, n = \frac{1}{\lambda_{ion}}\,. \tag{7.8}$$

Auch diese Größe (wie die Feldstärke in (4.109)) kann auf die Teilchendichte oder den Druck (bei fester Temperatur) normiert werden:

$$\alpha/n = \sigma_{ion} \qquad \text{oder} \qquad \alpha/p \propto \sigma_{ion}\,. \tag{7.9}$$

Abbildung 7.8 (a) zeigt den ersten Townsend-Koeffizienten als Funktion der Elektronenergie für verschiedene Edelgase. Im Allgemeinen haben die Elektronen eine Energieverteilung, die durch das angelegte elektrische Feld gegeben ist (siehe zum Beispiel Abb. 4.7). Dann ist es informativer, einen effektiven Townsend-Koeffizienten als Funktion der Feldstärke anzugeben, wie in Abb. 7.8 (b), in der α/p als Funktion der reduzierten Feldstärke E/p dargestellt ist.

Der Zuwachs dN der Elektron-Ion-Paare auf einer Wegstrecke ds ist dann:

$$dN = \alpha(E)\, N\, ds\,. \tag{7.10}$$

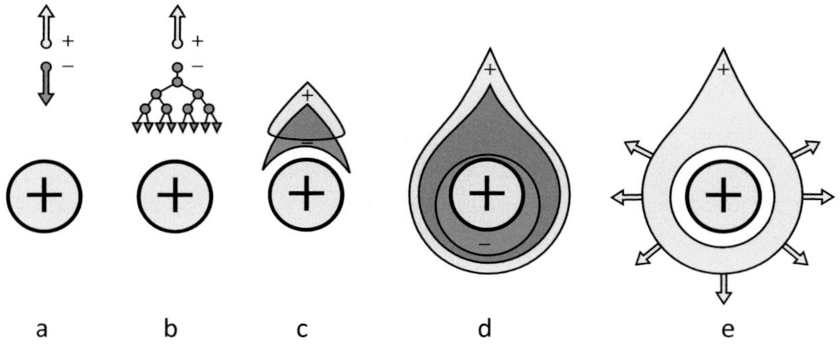

Abb. 7.7 Modell der Entwicklung einer Ionisationslawine am Anodendraht eines Proportionalzählrohrs (nach [706]). a) Im Driftvolumen werden ein Elektron und ein Ion erzeugt, die zu der jeweiligen Elektrode driften. b) Das Elektron erreicht in der Nähe des Anodendrahts ein so hohes Feld, dass es sekundäre Ionisationen auslösen kann, die zu einer Lawine führen. c) Die in der Lawine erzeugten Ladungen werden durch das elektrische Feld separiert. d) Durch die laterale Diffusion der Elektronen, die viel stärker als die der Ionen ist (siehe Abschnitt 4.6), breitet sich die Lawine um den ganzen Umfang des Drahtes aus, und die positive Ladungswolke bildet eine Tropfenform. e) Die Elektronen aus der Lawine erreichen sehr schnell die Anode, innerhalb von weniger als einer Nanosekunde, und die Ionen driften über einen längeren Zeitraum (bis zu Millisekunden) zur Kathode.

Daraus folgt

$$N(s_a) = N_0 \exp\left(\int_{s_0}^{s_a} \alpha\left(E(s)\right) ds\right), \tag{7.11}$$

wobei N_0 die Anzahl der unverstärkten Elektronen und $N(s_a)$ die Anzahl der die Anode erreichenden Elektronen sind. Das Verhältnis der beiden Zahlen definiert die Gasverstärkung G:

$$G := \frac{N(s_a)}{N_0} = \exp\left(\int_{s_0}^{s_a} \alpha\left(E(s)\right) ds\right). \tag{7.12}$$

Falls α nicht von s abhängt, ergibt sich daraus

$$G = e^{\alpha\,(s_a - s_0)}. \tag{7.13}$$

Im Allgemeinen ist α aber energieabhängig. Die Energieverteilung der Elektronen variiert mit dem elektrischen Feld, das wiederum ortsabhängig ist. Dann ist die Verstärkung G mit Gleichung (7.11) zu berechnen, was im Allgemeinen nur numerisch möglich ist. Für die Praxis wurden aber Parametrisierungen der Gasverstärkung als Funktion der angelegten Spannung entwickelt, wofür wir etwas weiter unten ein Beispiel diskutieren.

In dem Bereich, in dem das verstärkte Signal proportional zu der ursprünglichen Ionisationsladung ist (siehe Abschnitt 7.4.2), liegt G etwa zwischen 10^3 und 10^6. Dafür kann man die notwendige Anzahl der Stöße mit der Annahme, dass jeder Stoß zu einer Verdopplung führt, abschätzen:

$$G = 2^n \Rightarrow n = 13\text{–}20\,. \tag{7.14}$$

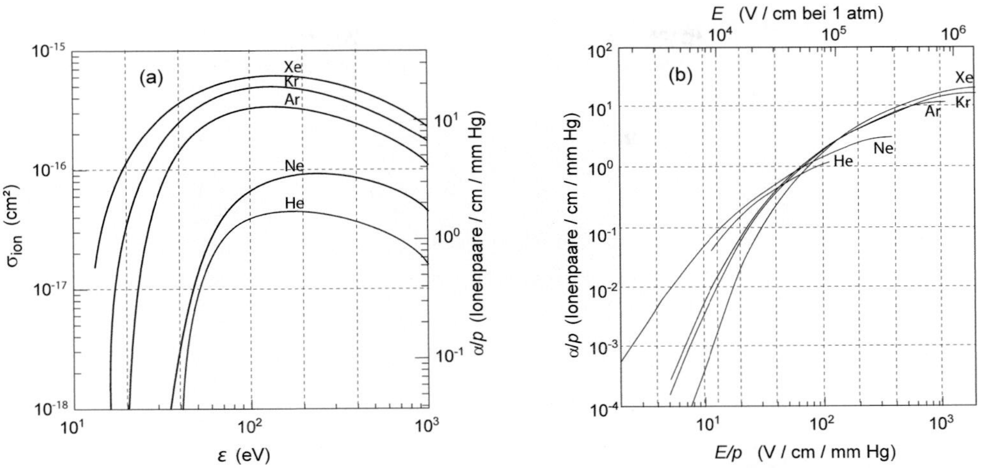

Abb. 7.8 Der Ionisationswirkungsquerschnitt und der erste Townsend-Koeffizient für Elektronen in verschiedenen Edelgasen (a) als Funktion der Elektronenergie und (b) als Funktion des elektrischen Feldes (aus [706]).

Die Hälfte aller Ladungen in der Lawine werden dabei auf der letzten freien Weglänge $\lambda_{ion} \approx 1{-}2\,\mu\text{m}$ erzeugt. Die meisten Elektronen haben also einen verschwindend kleinen Driftweg bis zur Anode, während die Ionen den langen Weg zur Kathode durchlaufen. Das spielt für die Signalentwicklung an der Anode eine wesentliche Rolle (siehe Abschnitt 5.3.2).

Die Gasverstärkung kann nicht beliebig groß werden, weil Raumladungen in der Nähe der Anode das Feld abschirmen ('Raether-Limit' [668], siehe auch auf Seite 196 in Abschnitt 7.4.2 die Ausführungen zur Streamer- und Funkenentwicklung). Empirisch erreicht die Lawinenentwicklung eine Sättigung bei einer Verstärkung der primären Elektronenzahl N_0 von etwa

$$G_{max}\, N_0 \approx 10^7{-}10^8\,.$$

Der Strompuls an der Elektrode wird dann unabhängig von der Primärionisation. Auslösezählrohre (Geigerzähler) arbeiten in diesem Operationsmodus. Nach weiterer Erhöhung der Spannung kommt es schließlich zu Entladungen, siehe Details im nächsten Abschnitt 7.4.2.

Verstärkung bei Zylindergeometrie Im Folgenden soll die Gasverstärkung für eine zylindersymmetrische Anordnung, wie bei dem in Abschnitt 7.2.2 eingeführten Zählrohr, besprochen werden. Diese Anordnung hat eine allgemeinere Bedeutung: Wenn die Gasverstärkung an einem zylindrischen Anodendraht abläuft, kann man unabhängig von der genauen Detektorgeometrie im Verstärkungsbereich, also sehr nahe am Draht, ein $1/r$-Verhalten des Feldes wie in einem Zählrohr (Abschnitt 7.2.2) annehmen. Für den Fall eines $1/r$-Feldes gibt es verschiedene Parametrisierungen der Gasverstärkung in Abhängigkeit von der angelegten Spannung, die auf unterschiedlichen Annahmen basieren. Hier soll die Herleitung der sogenannten Diethorn-Formel [289] vorgestellt werden.

Das Wegintegral über den Townsend-Koeffizienten in (7.12) kann zunächst als Integral über die Feldstärke umgeschrieben werden. Mit dem Ausdruck für das Feld eines Zählrohrs (7.2) ergibt sich

$$E(r) = \frac{U}{r \ln \frac{b}{a}} \qquad \Longrightarrow \qquad dE = -\frac{U}{r^2 \ln \frac{b}{a}}\, dr = -E^2 \frac{\ln \frac{b}{a}}{U}\,, \tag{7.15}$$

wobei U die Spannung zwischen den Elektroden und a, b die Radien der Elektroden sind. Eingesetzt in (7.12) mit der Substitution $dr = -ds$ (die Elektronen bewegen sich in Richtung kleinerer Radien) erhält man das Integral

$$G = \exp\left(\frac{U}{\ln \frac{b}{a}} \int_{E_{min}}^{E(a)} \frac{\alpha(E)}{E^2} dE \right) . \tag{7.16}$$

Die Integrationsgrenzen sind die minimale Feldstärke E_{min}, ab der die Multiplikation der Elektronen einsetzt, und die Feldstärke $E(a)$ auf der Anodenoberfläche.

Mit der Kenntnis von $\alpha(E)$ kann man das Integral zumindest numerisch lösen. Um eine analytische Lösung zu erhalten, hat Diethorn [289] die Annahme gemacht, dass der Townsend-Koeffizient proportional zu der Feldstärke ist[1], was in dem relevanten Bereich niedriger Feldstärken ganz gut erfüllt ist:

$$\alpha(E) = k\, E\,. \tag{7.17}$$

Damit ergibt sich für das Integral (7.16):

$$\ln G = \frac{kU}{\ln \frac{b}{a}} \ln\left(\frac{E(a)}{E_{min}} \right) . \tag{7.18}$$

Der Parameter k kann zu der Energie w_i (Tab. 7.1), die im Mittel für eine Ionisation aufgebracht werden muss, in Beziehung gesetzt werden. Auf diese Energie muss das Elektron zwischen zwei Stößen beim Durchlaufen der Spannungsdifferenz ΔU beschleunigt werden, womit also $w_i = e\Delta U$ ist. Damit ist die Anzahl der Multiplikationschritte in einer Potenzialdifferenz $\Delta\phi$:

$$m = \frac{\Delta\phi}{\Delta U}\,, \tag{7.19}$$

wobei $\Delta\phi$ die Potenzialdifferenz über dem Verstärkungsbereich ist:

$$\Delta\phi = \int_a^{r(E_{min})} E(r)\, dr = \frac{U}{\ln \frac{b}{a}} \ln\left(\frac{E(a)}{E_{min}} \right) . \tag{7.20}$$

Mit der Annahme $G = 2^m$ (Verdopplung bei jedem Stoß) wie in (7.14) und der Beziehung (7.19) findet man:

$$\ln G = m \ln 2 = \frac{U \ln 2}{\ln \frac{b}{a}\, \Delta U} \ln\left(\frac{E(a)}{E_{min}} \right) \stackrel{(7.18)}{=} \frac{k\,U}{\ln \frac{b}{a}} \ln\left(\frac{E(a)}{E_{min}} \right) \quad \Rightarrow \quad k = \frac{\ln 2}{\Delta U}\,. \tag{7.21}$$

[1] Eine Alternative, die auf Rose und Korff zurückgeht, ist die Annahme, dass der Townsend-Koeffizient linear von der Elektronenenergie abhängt [693, 520], siehe zum Beispiel auch [706].

Damit erhält man einen Ausdruck für die Gasverstärkung G als Funktion der Spannung U mit den Parametern $\Delta U(= w_i/e)$ und E_{min}, die von den Gaseigenschaften abhängen. Während $E(a)$ bei gegebener Spannung festgelegt ist,

$$E(a) = \frac{U}{a \ln \frac{b}{a}}\,, \tag{7.22}$$

ergibt sich E_{min} aus der Bedingung, dass auf einer freien Weglänge ein Elektron gerade so beschleunigt wird, dass es ionisieren kann. Da die freie Weglänge umgekehrt proportional zum Druck (oder zur Teilchendichte des Gases) ist, kann man in die Parametrisierung noch die Gasdruckabhängigkeit durch

$$E_{min}(p) = E_{min}(p_0)\frac{p}{p_0} \tag{7.23}$$

einbeziehen (p_0 ist ein Referenzdruck). Die Gleichung für die Verstärkung als Funktion der Zählrohrspannung, genannt Diethorn-Formel, ist dann

$$\ln G = \frac{U\,\ln 2}{\ln\frac{b}{a}\,\Delta U}\ln\left(\frac{U}{a\,\ln\frac{b}{a}\,E_{min}(p_0)\frac{p}{p_0}}\right). \tag{7.24}$$

Die so genannten Diethorn-Parameter ΔU und $E_{min}(p_0)$ findet man tabelliert für einige gängige Gase, siehe zum Beispiel [177, 507]. Sie werden aus Messungen der Gasverstärkung als Funktion der Spannung bestimmt. Üblicherweise wird eine externe Strahlungsquelle, zum Beispiel eine Röntgenröhre, mit konstanter Intensität dazu benutzt, die Verstärkung des Kammerstroms mit steigender Spannung zu messen. Dabei ist darauf zu achten, dass der Strom nicht zu hoch wird, um Raumladungseffekte zu vermeiden.

In Abb. 7.9 werden als Beispiel Messungen der Gasverstärkung in zwei Driftrohren mit unterschiedlichen Durchmessern, aber sonst gleichen Bedingungen, gezeigt. Für die Rohre mit 10 mm Durchmesser in (a) wurde die Diethorn-Formel (7.24) angepasst. Als Parameter ergeben sich hier $\Delta U = 53.8$ V, $E_{min} = 39.2\,\text{kV/cm}$, ähnliche Werte wurden für dieses Gas auch in [395] gefunden. Die Formel liefert oberhalb von 1 kV eine gute Beschreibung der Messungen; bei kleineren Spannungen hat die Funktion allerdings nicht die Flexibilität, um in eine Konstante (=1) übergehen zu können.

Die Darstellung in (b) zeigt, dass die Verstärkung in zwei Proportionalzählrohren mit unterschiedlichen Kathoden-, aber gleichen Anodendurchmessern, als Funktion der Feldstärke $E(a)$ auf der Anodenoberfläche etwa gleich sind. Nach der Gleichung (7.22) muss bei gleichem Anodenradius a die Spannung also im Verhältnis der Logarithmen $\ln(b/a)$ skaliert werden. Im Beispiel der Abb. 7.9 ist dieses Verhältnis 1.13, was bei $U(5\,\text{mm}) = 2000\,\text{V}$ einen um 260 V höheren Wert von $U(10\,\text{mm})$ ergibt.

7.4.2 Betriebsbereiche gasgefüllter Detektoren

In Abbildung 7.10 ist die prinzipielle Abhängigkeit der Gasverstärkung in einem Zählrohr mit einem dünnen Anodendraht von der angelegten Anoden-Kathoden-Spannung

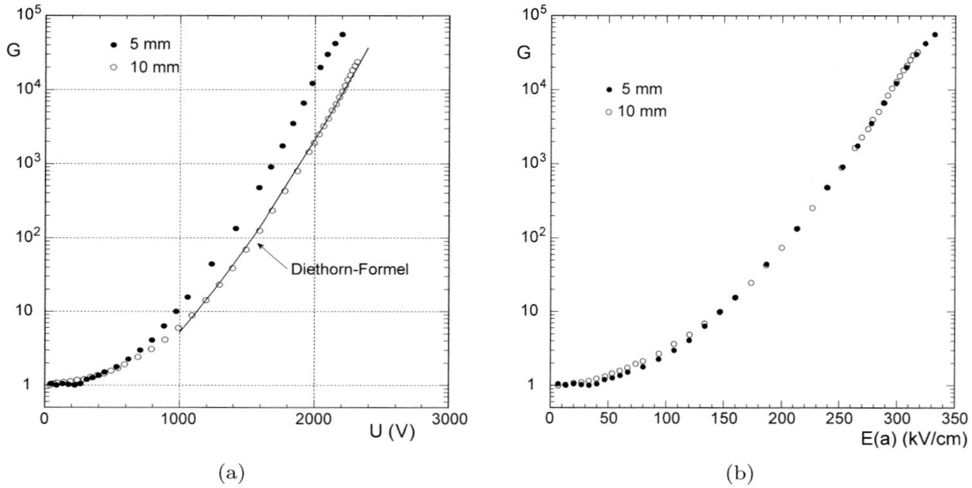

Abb. 7.9 Messung der Gasverstärkung in Driftrohren (Wabenstruktur wie in Abb. 7.35) mit 5 beziehungsweise 10 mm Durchmesser und 25 µm dicken Anodendrähten (nach [727]). Bei diesen Messungen wurde als Driftgas eine CF_4/CH_4-Mischung im Verhältnis 80:20 benutzt. (a) Die Abhängigkeit der Verstärkung von der Anoden-Kathoden-Spannung für die beiden Driftrohre. Die Anpassung an die Messpunkte für den 10-mm-Durchmesser wurde mit der Diethorn-Formel (7.24) gemacht. (b) Mit dieser Abbildung wird demonstriert, dass die Kurven für die Driftrohre mit den beiden unterschiedlichen Durchmessern nahezu zusammenfallen, wenn man die Verstärkung gegen die Feldstärke auf der Anodenoberfläche aufgeträgt. Das ergibt sich aus der Diethorn-Formel (7.24), wenn sich nur der äußere Durchmesser $2b$ des Zählrohrs ändert, die anderen Parameter aber gleich bleiben (siehe Erläuterung im Text).

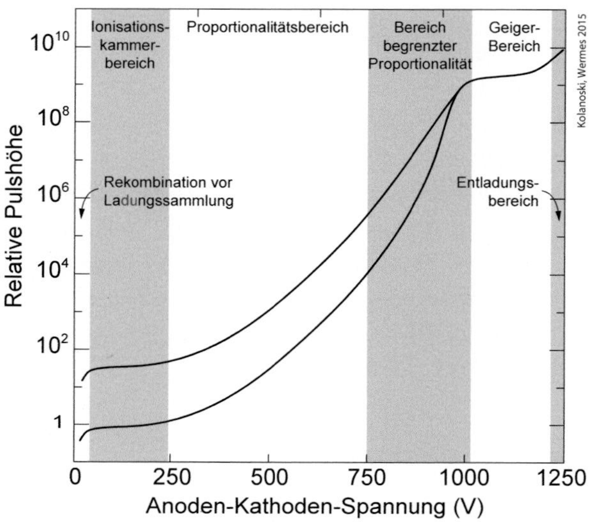

Abb. 7.10 Schematische Darstellung der Abhängigkeit des Ausgangssignals eines Zählrohrs von der angelegten Anoden-Kathoden-Spannung (nach [597]). Die Verhältnisse sind für zwei Teilchen mit unterschiedlichen Primärionisationen gezeigt. Bei der unteren Kurve ist das Signal so normiert, dass auf der vertikalen Achse die Gasverstärkung abgelesen werden kann. Die Zahlenwerte für Verstärkung und Spannung sind exemplarisch angegeben und hängen im konkreten Fall stark von der Elektrodenanordnung und dem benutzten Gas ab. Die verschiedenen Verstärkungsbereiche werden im Text diskutiert.

dargestellt. Die gewählte Betriebsart und die Gasverstärkung G können je nach Elektrodenanordnung und benutztem Gas sehr unterschiedlich sein (siehe Abschnitt 7.4.1). Anhand der Darstellung von Abb. 7.10 unterscheidet man folgende Bereiche:

Rekombinations-Bereich, $G < 1$ In dem Bereich niedriger Feldstärken rekombinieren die primären Elektronen und Ionen mit erhöhter Wahrscheinlichkeit, wenn sie nicht schnell genug räumlich getrennt werden (Abschnitt 7.3.2). Deshalb steigt das Ausgangssignal mit der Spannung an, bis eine Sättigung in der Ladungssammlung eintritt, bei der optimal die gesamte Ladung die Elektroden erreicht.

Ionisationskammer-Bereich, $G \approx 1$ Die Sättigung des Ausgangssignals ohne Verstärkung definiert den Bereich, in dem Ionisationskammern betrieben werden. Dieser Betriebsmodus ist geeignet zur Messung von Teilchenflüssen, zum Beispiel für Dosimeter (siehe Abb. 7.3 in Abschnitt 7.2.1), aber nicht, um einzelne Teilchen nachzuweisen, da ohne Gasverstärkung die Signalladung einzelner Teilchen für den Nachweis zu klein ist (im Bereich von 0.01 fC/cm für minimal ionisierende Teilchen).

Proportionalitätsbereich, $G \approx 10^3$–10^5 Wenn Elektronen in einem starken Feld zwischen zwei Stößen genügend Energie gewinnen, um Sekundärelektronen auslösen zu können, entwickelt sich eine Ladungslawine, wie in Abschnitt 7.4.1 beschrieben. Die so verstärkte Ladung ist über einen weiten Betriebsspannungsbereich zunächst proportional zu der primären Ladung. In diesem Proportionalitätsbereich haben deshalb in Abb. 7.10 die Kurven für unterschiedliche Primärionisationen gleiche Abstände, das heißt, die Gasverstärkung ist unabhängig von der Primärionisation. In dieser Betriebsart kann man bei bekanntem Impuls eine Ladungsmessung zur Teilchenidentifikation benutzen (siehe Kapitel 14, Abschnitt 14.2.2).

Bereich begrenzter Proportionalität, $G \approx 10^5$–10^8 Bei weiter wachsender Spannung wird die Proportionalität des Ausgangssignals zur Primärionisation durch Raumladungseffekte begrenzt. Wegen der relativ geringen Beweglichkeit der Ionen baut sich bei genügend hoher Gasverstärkung eine Ionenwolke in der Nähe der Anode auf, die nur langsam wegdriftet und die Feldstärke lokal vermindert. Dieser Bereich wird umso eher erreicht, je höher die Primärionisation ist.

Sättigungs- und Geiger-Bereich, $G \gtrsim 10^8$ Bei weiter anwachsender Gasverstärkung wird das Signal schließlich unabhängig von der Primärionisation, das Ausgangssignal erreicht eine Sättigung. Ein Detektor, der nach diesem Prinzip arbeitet, 'zählt' ionisierende Teilchen oder Quanten unabhängig von deren Art (Auslösezähler). Die voneinander weg driftenden positiven und negativen Ladungen einer Lawine beginnen bei hoher Ladungsdichte das Feld in dem inneren Bereich der Lawine zu neutralisieren, so dass dort eine höhere Wahrscheinlichkeit für Rekombination von Elektronen und Ionen mit Emission von Photonen entsteht. Die Photonen können durch Photoeffekt weitere Elektronen im Zählgas oder an den Kammerwänden erzeugen, die ihrerseits neue Lawinen bilden. Wie weit sich diese Lawinenbildung ausbreitet, hängt von dem Wirkungsquerschnitt für Photoionisation im Zählgas ab. Im Geiger-Modus breitet sich die Ladungslawine über den gesamten Draht eines Zählrohrs aus. Das resultierende hohe Stromsignal war bei der Erfindung des Geigerzählrohrs Anfang des 19. Jahrhunderts wesentlich für die elektronische Registrierung. Die Entladung am Anodendraht wird durch die abschirmende Wirkung der Lawinenladung und/oder durch einen Spannungsabfall über einen mit der Anode in Serie geschalteten Widerstand (*self-quenching*) gestoppt.

Der Nachteil des hohen Stromsignals eines Geigerzählers ist allerdings eine damit verbundene lange Totzeit nach jedem Puls, etwa 50 bis 100 µs, die einen Geigerzähler auf Raten unter 10^4 bis 10^5 Hz beschränkt. In Proportionalzählrohren versucht man, die Lawinenausbreitung durch Photonen zu unterdrücken, indem dem Zählgas (typisch Argon oder CO_2) ein organisches Gas als Löschgas beigegeben wird, das UV-Photonen absorbiert, zum Beispiel Methan (CH_4), Isobutan (C_3H_8) oder Methylal ($(OCH_3)_2CH_2$). Man kann mit der Mischung auch die Photoabsorption so einstellen, dass die Ausbreitung der Lawinenbildung auf einen Bruchteil des Anodendrahts (etwa 1 cm) beschränkt bleibt, um bei noch relativ hohem Signal die Totzeit zu verringern. Diese Betriebsart wird 'beschränkter Geiger-Modus' genannt.

Entladungs-Bereich, oberhalb von $G \approx 10^8 - 10^9$ Bei sehr hohen Spannungen kommt es zu selbstständigen Entladungen in der Kammer, spontan oder ausgelöst durch ionisierende Teilchen. Bei einer Entladung werden die beiden Elektroden durch einen leitenden Plasmaschlauch verbunden. Bevor der Plasmaschlauch die Elektroden erreicht, bildet sich räumlich begrenzt zwischen den Elektroden ein 'Streamer' aus (siehe nächster Paragraf). Die Übergänge zwischen gesättigter Lawinenbildung, Ausbildung eines Streamers und Entladungen, wie Glimm-, Korona- oder Funkenentladungen, sind dabei fließend und stark von der Elektrodengeometrie, dem Gas (Zusammensetzung, Druck, Feuchtigkeit, ...) und dem Widerstand des elektrischen Stromkreises abhängig. Der Entladungsbereich kann auch für Detektoren zum Teilchennachweis interessant sein, weil man dann sehr hohe Signale erhält (mit moderner Ausleseelektronik ist das allerdings nur noch in Spezialfällen ein Kriterium).

Beim Betrieb eines Detektors im Entladungsbereich muss es immer einen Mechanismus zum kontrollierten Abbruch einer Entladung (oder Stoppen eines Streamers) geben. Zum Beispiel können Entladungen gestoppt werden durch:

- anwachsende Raumladung, die die Lawinenentwicklung abschirmt;
- aktive Abschaltung der Hochspannung;
- Anlegen eines von vornherein zeitlich begrenzten Spannungspulses an die Elektroden, in der Regel ausgelöst durch einen Teilchentrigger;
- passive Erniedrigung der Hochspannung unter die Verstärkungschwelle durch Ableitung des Stromes über einen Widerstand.

Diese Mechanismen, oder Kombinationen davon, dienen auch beim Betrieb im Proportionalbereich zur Sicherung von Detektoren gegen zerstörende Überschläge.

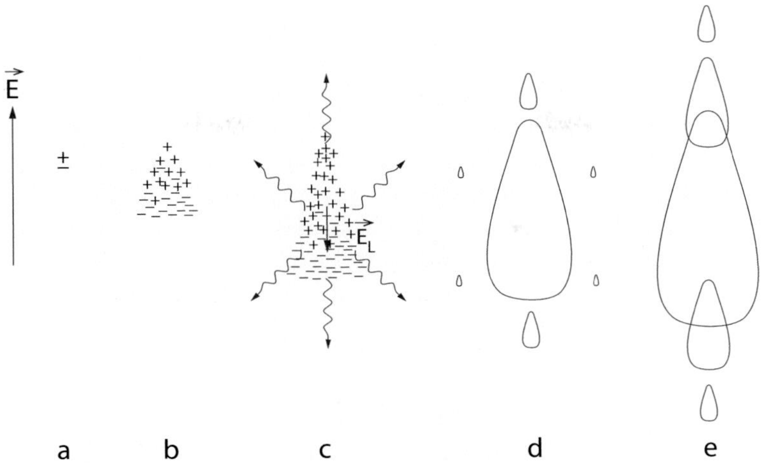

Abb. 7.11 Entwicklung einer Ladungslawine in einem starken elektrischen Feld zu einem Streamer (nach [680, 681]): (a) Primäre Ionisation; (b) Entwicklung einer Gasverstärkungslawine; (c) Aufbau eines Gegenfelds in der Lawine, Rekombination in dem neutralen Bereich der Lawine und nachfolgende Photoemission; (d) Erzeugung neuer Lawinen durch Photoionisation; (e) Verschmelzung der Lawinen zu einem Streamer.

Übergang Lawine-Streamer-Funken Es gibt eine Fülle von Untersuchungen zu Entladungserscheinungen in Gasen mit entsprechend viel Literatur dazu, häufig in Hinblick auf die Hochspannungssicherheit elektrischer Apparaturen und auf elektrische Phänomene in der Atmosphäre (siehe dazu zum Beispiel [588, 669, 668]). Hier wollen wir uns auf den für den Detektorbetrieb wichtigen Übergang von einer Ladungslawine zu einem Entladungsfunken konzentrieren.

Dieser Übergang ist in einem vereinfachten Modell in Abb. 7.11 skizziert [680, 681]: Ausgehend von der Erzeugung eines Elektron-Ion-Paares (a) in einem starken elektrischen Feld entwickelt sich zunächst durch Sekundärionisation der Elektronen eine Lawine (b). Die Lawine breitet sich schnell in Richtung der Anode aus, wobei die Elektronen die trägeren Ionen zurücklassen. Wegen der stärkeren Diffusion der Elektronen (Abschnitt 4.6) bildet sich eine Tropfenform mit einer positiven Ladungsspitze und einer breiteren negativen Front aus, wie bereits in Abb. 7.7 dargestellt. Zwischen den sich separierenden Ladungen entsteht dann ein elektrisches Feld, das dem äußeren entgegengerichtet ist, wobei gleichzeitig das Feld zwischen den Ladungsfronten der Lawine und den Elektroden stärker wird. Bei Gasverstärkungen in der Größenordnung von 10^8 wird das Feld innerhalb der Lawine so stark, dass es das äußere Feld kompensiert. In dem neutralen Bereich im Inneren der Lawine ist die Wahrscheinlichkeit erhöht, dass Elektron-Ion-Paare unter Aussendung eines Photons rekombinieren (c). Die Photonen erzeugen neue Ladungspaare in der Umgebung der Lawine, die neue Lawinen bilden (d). Die Lawinen bilden sich besonders stark in dem Bereich mit hohem Feld zwischen der urspünglichen Lawine und den Elektroden aus, so dass die Ausbreitung bevorzugt auf die Elektroden zu verläuft. Die Ausbreitungsgeschwindigkeit von etwa 10^6 m/s wird durch die Photonen bestimmt und ist damit etwa eine Größenordnung höher als die der ursprünglichen Lawine, die durch die Elektrondrift bestimmt ist. Mit dem Anwachsen der Lawinen beginnen diese zu verschmelzen (e) und bilden einen so genannten 'Streamer', der schnell auf die Elektroden zuwächst und dabei wegen der Photoemission leuchtet. Wenn er die Elektroden erreicht, entsteht eine Verbindung durch ein leitendes Plasma, durch das sich die Elektroden in Form eines Funkens entladen und damit das Plasma weiter aufheizen.

Die Bedingung, unter der eine Lawine in einen Streamer und dann in eine Entladung übergeht, wird Raether- oder auch Raether-Meek-Bedingung genannt [668, 588]. Sie gibt an, dass die Gasverstärkung in einer Lawine auf etwa 10^8 bis 10^9 beschränkt ist, was bei konstantem elektrischen Feld

$$\alpha\, d \approx 18\text{–}20 \tag{7.25}$$

Sekundärionisationen entspricht (α ist der Townsend-Koeffizient (7.8) und d die Länge der Lawine). Diese Werte können nur als grobe Faustregel betrachtet werden, weil genaue Werte von verschiedenen Faktoren, wie zum Beispiel Diffusion der Ladungswolke, Photoabsorption im Gas und Elektrodenbeschaffenheiten, abhängen [669].

Durch vorzeitiges Abschalten oder Absenken der Spannung kann verhindert werden, dass die Streamer die Elektroden erreichen. Das erlaubt die Nutzung des 'Streamer-Modus' bei Detektoren, mit einigen Vorteilen gegenüber einem Betrieb als Funkenkammer (siehe Abschnitt 7.7). Detektoren, die den Streamer-Modus nutzen, sind Streamer-Rohre, Streamer-Kammern und *resistive plate chambers*, beschrieben in den Abschnitten 7.6.3, 7.7.2, 7.7.3. Streamer können in homogenen Feldern, zum Beispiel zwischen parallelen Platten, an beliebigen Stellen ausgelöst werden (bei entsprechend hohen Feldstärken). In zylindrischen Zählrohren entwickeln sie sich aus der Lawine am Draht. In diesem Fall unterscheidet sich der Streamer-Modus von dem beschränkten Geiger-Modus (siehe oben) dadurch, dass die höchste Ladungsdichte des Streamers deutlich vom Draht entfernt ist, weil der Streamer in Richtung Kathode wächst [456].

7.5 Wahl des Kammergases

Im Folgenden sollen allgemeine Kriterien für die Wahl des Kammergases diskutiert werden. Die Diskussion lehnt sich an den entsprechenden Abschnitt in [706] an. Folgende Punkte spielen bei der Wahl des Gases eine Rolle:

- hohe Ionisationsdichte;
- geringer Ladungsverlust;
- niedrige Spannung bei der notwendigen Verstärkung;
- stabiler Betrieb, Überschlagssicherheit;
- Proportionalität zwischen Signal und Ionisation;
- geringe Diffusion (vor allem bei Detektoren mit Ortsauflösung);
- geeignete Driftgeschwindigkeit (ebenfalls bei Detektoren mit Ortsauflösung);

- Ratenverträglichkeit und Totzeit-Freiheit (geringe Raumladung);
- Strahlenresistenz;
- Kosten und Sicherheit (nicht entflammbar).

Ionisation und Ladungsverlust Die Ionisationsdichte (n_{tot}) in Tab. 7.1 auf Seite 186 ist für die Edelgase Argon, Krypton, Xenon sowie für CO_2, die Kohlenwasserstoffe (außer Methan), CF_4 und DME sehr gut, am besten für Krypton und Xenon. Wegen des Ladungsverlusts kommen elektronegative Gase, insbesondere Sauerstoff, als Hauptkomponente eines Kammergases nicht in Betracht.

Hochspannung und Gasverstärkung Um Überschläge und Kriechströme, insbesondere im Bereich der Halterungen von Elektroden, zu minimieren, sollten die Potenzialdifferenzen zwischen Elektroden möglichst gering sein. Eine hohe Verstärkung bei relativ niedriger Spannung liefern die Edelgase Helium, Neon, Argon, Krypton und Xenon, deren Schwellen für Gasverstärkung bei Feldstärken von etwa 70 kV/cm liegen. Krypton und Xenon haben den Nachteil hoher Kosten, und für Spurdetektoren ist auch eine kurze Strahlungslänge nachteilig, weil die Vielfachstreuung dann einen größeren Effekt auf die Rekonstruktionsgenauigkeit hat. Andererseits werden diese beiden Gase gerade wegen ihrer kurzen Strahlungslänge zum Nachweis von Photonen eingesetzt, zum Beispiel zum Nachweis der Röntgenphotonen eines Übergangsstrahlungsdetektors (Kapitel 12). In den meisten Fällen sind Helium und Neon wegen der geringeren Ionisationsdichte weniger geeignet. Allerdings werden sie wegen ihrer kurzen Strahlungslänge in Detektoren für Teilchen mit niedrigen Impulsen eingesetzt, um die Vielfachstreuung zu verringern. Das Defizit an Ionisationsdichte kann durch Mischung mit DME (Tab. 7.1), das ebenfalls eine relativ kleine Strahlungslänge hat, ausgeglichen werden. Die leichten Edelgase werden auch für Detektoren im Entladungsmodus eingesetzt, weil es dort weniger auf die Ionisation des Gases durch die Spur ankommt. Zum Beispiel werden bei Funkenkammern Helium-Neon-Mischungen eingesetzt.

Im Allgemeinen ist aber Argon das bevorzugte Gas für Detektoren mit Gasverstärkung im Proportionalbereich. Allerdings hat reines Argon ungünstige Eigenschaften, insbesondere sehr starke Diffusion (hohe charakteristische Energie, siehe Abschnitt 4.6.4 und Abb. 4.11 auf Seite 120) und instabiles Verhalten bei Gasverstärkung. Deshalb wird es praktisch nur mit Zusätzen eingesetzt.

Photoabsorption und Löschgase ([706]) Reine Edelgase zeigen in Detektoren mit Gasverstärkung ein instabiles Verhalten, weil sie die in dem Verstärkungsprozess entstehenden Photonen nicht absorbieren können. Im Gegensatz zu mehratomigen Molekülen, die durch eine Vielfalt von Anregungsniveaus UV-Photonen breitbandig absorbieren können, haben Edelgase nur wenige, diskrete Niveaus (siehe zum Beispiel Abb. 4.6 auf Seite 112).

In dem Gasverstärkungsprozess werden Atome und Moleküle ionisiert und angeregt. Zum Beispiel kann ein angeregtes Argonatom nur durch Emission eines Photons mit einer minimalen Energie von 11.6 eV in den Grundzustand übergehen. Diese Energie liegt aber weit über dem Ionisationspotenzial von Kupfer von 7.7 eV, so dass ein solches

Photon, wenn es auf eine Kupferkathode auftrifft, ein Elektron und damit eine neue Gasverstärkungslawine auslösen kann. Eine neue Lawine kann auch ausgelöst werden, wenn ein Argonion an der Kathode neutralisiert wird. Die frei werdende Energie wird entweder als Photon abgestrahlt, das wieder ionisieren kann, oder zur Extraktion eines Elektrons aus der Kathode verwandt. In allen Fällen führt das zu einer verzögerten Lawine an der Anode oder bei höheren Gasverstärkungen zu einer Dauerentladung.

Die Lösung des Problems besteht darin, dem Edelgas, meistens Argon, einen gewissen Anteil eines Löschgases (*quencher*) hinzuzufügen. In der Regel benutzt man dazu die Kohlenwasserstoffe von Methan bis Isobutan und, mit etwas schlechteren Quenching-Eigenschaften, auch CO_2 (der Einfluss dieser Gase auf die Driftgeschwindigkeit und andere Transportparameter wird in Abschnitt 4.6 diskutiert). Diese Moleküle haben ein breites Spektrum von Rotations- und Schwingungszuständen, die durch Absorption der Argon-Photonen angeregt werden, ihre Energie aber bevorzugt in nicht-radiativen Prozessen (Stößen) wieder abgeben. Die Quenching-Eigenschaften eines Gases verbessern sich mit der Anzahl der Atome pro Molekül.

Gängige Mischungen aus Argon und einem Quencher-Gas sind zum Beispiel:

Argon–Ethan	50:50,
Argon–Methan	90:10,
Argon–Isobuthan	75:25,
Ar–CO_2–CH_4	90:9:1.

Die prozentualen Anteile sind nur zur Orientierung angegeben. Sie können variieren, um verschiedene Detektoreigenschaften zu optimieren.

Bei hoher Strahlungsbelastung tritt bei Kohlenwasserstoffen das Problem auf, dass sie unerwünschte Ablagerungen von Polymerisaten auf den Elektroden verursachen, die zur Untauglichkeit eines Detektors führen können (siehe dazu Abschnitt 7.11). Mischungen mit Argon und CO_2 sind diesbezüglich viel sicherer, aber bei hohen Verstärkungen instabil. Allerdings wird dann häufig eine dritte Komponente hinzugefügt, die das Quenching verstärken soll, wie in der obigen Liste die Kombination Ar–CO_2–CH_4.

Quenching-Eigenschaften haben auch CF_4 und DME (Tab. 7.1), die aber aus anderen Gründen auch als eine der Hauptkomponenten einer Mischung benutzt werden. Bei CF_4 ist es die hohe Driftgeschwindigkeit und bei DME die hohe Ionisationsdichte bei kleiner Strahlungslänge und geringe Diffusion (siehe dazu in Abschnitt 7.10.5 die Diskussion der Gase für Driftkammern).

Diffusion und Driftgeschwindigkeit Die mehratomigen Gase, die als Löschgase zur Absorption von Photonen eingesetzt werden, haben gleichzeitig die Eigenschaft, das Aufheizen der Elektronen durch das elektrische Feld zu dämpfen, indem die Moleküle in inelastischen Stößen Energie absorbieren und sie meistens nicht-radiativ an die anderen Moleküle in dem Gas verteilen. Ein hoher Wirkungsquerschnitt mit einer hohen Inelastizität führt, wie in Abschnitt 4.6.4 erläutert, zu einer kleinen charakteristischen Energie (Gleichung (4.108)) und einer geringen Diffusion (Gleichung (4.107)), siehe auch Abb. 4.11. Die Driftgeschwindigkeit ist mit dem relativen Anteil des Quenchers im Gas einstellbar (Abb. 4.9) und erreicht in der Regel mit anwachsender Feldstärke ein Maximum, um dann wieder abzufallen. Dieses Sättigungsverhalten wird in Driftkammern genutzt, um die Driftgeschwindigkeit, die nach (4.109) eine Funktion der reduzierten Feldstärke E/p oder E/n ist, stabil gegen Schwankungen von Feldstärke, Druck und Temperatur zu halten. Das Mischungsverhältnis von Edelgas und Quencher ist deshalb für Driftkammern (Abschnitt 7.10), die die Driftzeit zur Ortsmessung benutzen, ein wesentlicher Optimierungsparameter.

Elektronegative Zusätze Um mögliche sekundäre Entladungen zu stoppen, werden insbesondere bei hoher Gasverstärkung dem Kammergas elektronegative Gase, wie Halogenkohlenwasserstoffe (zum Beispiel $CBrF_3$ oder C_2H_5Br), Schwefeltetrafluorid (SF_4) oder auch Sauerstoff, beigefügt. Diese Moleküle lagern Elektronen an und werden dabei zu negativen Ionen, die aber wegen ihrer viel geringeren Beweglichkeit nicht zur Verstärkung beitragen. In Detektoren mit längeren Driftstrecken können diese Zusätze nicht eingesetzt werden, weil es dann zu Ineffizienzen des Teilchennachweises käme.

Zusätze zum Verhindern von Polymerisation Ein Hauptgrund für eine begrenzte Lebensdauer eines gasgefüllten Detektors sind Ablagerungen von Polymerisaten auf Elektroden, verursacht von den als Quencher eingesetzten Kohlenwasserstoffen (Abschnitt 7.11.2). Zusätze, die nicht zur Polymerisation neigen und gute Quenching-Eigenschaften haben, sind Alkohole, zum Beispiel Propanol (C_3H_8O), und Methylal ($C_3H_8O_2$). Das Problem bei einem Alkohol ist allerdings, dass der Sättigungsdampfdruck bei normalen Temperaturen sehr niedrig ist (bei Propanol 20 hPa bei 20 °C), das heißt, man kann keine hohen Konzentrationen erreichen. Man kann aber auch schon bei geringen Zusätzen von Alkoholen im Promille- bis Prozentbereich einen positiven Effekt für die Lebensdauer einer Kammer erreichen, was auf einem Ladungsaustauschmechanismus zwischen den Ionen des Hauptgases und dem Zusatz beruht. Da die Zusätze niedrigeres Ionisationspotenzial haben, wird die Ladung von dem Quencher sehr effektiv auf die Alkoholmoleküle übertragen. So neutralisiert sich schließlich das nicht-polymerisierende Molekül an der Kathode, was zu einer längeren Lebensdauer der Kammer führt.

Um die Leitfähigkeit von Ablagerungen auf Elektroden zu erhöhen, werden dem Gas geringe Anteile von Wasser zugesetzt (siehe auch Abschnitt 7.11). Geringe Wasserkonzentrationen werden dadurch erreicht, dass man das Gas durch eine Wasserflasche (*bubbler*) bei konstanter Temperatur sprudeln lässt. Zum Beispiel ergibt sich etwa 0.7% Wassergehalt bei einer Temperatur von 0 °C und einem Druck von 1 bar, entsprechend dem Sättigungsdampfdruck.

7.6 Betrieb von Zählrohren

Zählrohre mit einer zylindrischen Geometrie wie in Abb. 7.4 sind die Grundlage für die meisten Detektoren, die Ionisation mit Gasverstärkung nachweisen. Richtungsweisend war die Entwicklung des Geiger-Müller-Zählrohrs vor etwa einem Jahrhundert. Inzwischen ist aber der Betrieb im Proportionalbereich eher die Regel, nachdem die Entwicklungen in der Elektronik immer sensitiver werdende Signalverarbeitung bieten.

Im Folgenden beschreiben wir Betrieb und Anwendungen von Zählrohren in verschiedenen Betriebsmodi: Proportional-, Geiger- und Streamer-Modus. Die Wahl der jeweiligen Gasfüllung folgt Kriterien wie im vorigen Abschnitt besprochen und speziell den Kriterien für Vieldrahtproportionalkammern (Abschnitt 7.8.3). In den meisten Fällen bestehen die Zählgase aus einer Hauptkomponente, die die Ionisationsdichte bestimmt, einem Löschgas zur Absorption von Photonen und eventuell einer elektronegativen Beimischung, die durch schnelle Beseitigung von Elektronen ein Nachpulsen verhindert. Typische Gasmischungen haben Argon als Hauptkomponente und Methan, Ethan oder Isobutan als Löschgas, eventuell mit Alkoholzusätzen.

7.6.1 Proportionalzählrohre

Mit moderner Elektronik ist es gut möglich, mit proportionaler Gasverstärkung in einem Zählrohr wie in Abb. 7.4 die Erzeugung einzelner Elektron-Ion-Paare in dem Gas zu messen. Ein einzelnes Elektron liefert bei einer Gasverstärkung von 10^4 eine Ladung von etwa 1 fC an der Anode, was mit rauscharmer Elektronik ein ausreichendes Signal liefert. Die Signalentwicklung in zylindrischen Zählrohren wird in Abschnitt 5.3.2 beschrieben. Im Proportionalbetrieb haben die Detektoren praktisch keine Totzeit und können deshalb für viel höhere Zählraten eingesetzt werden als bei Betrieb mit gesättigter Verstärkung.

Im Gegensatz zu einem Betrieb in einem gesättigten Modus (Entladungs-, Geiger- oder Streamer-Modus) bietet der Betrieb mit proportionaler Gasverstärkung die Möglichkeit, die im Gas deponierte Energie zu bestimmen, was zur Teilchenidentifikation benutzt werden kann (Abschnitt 14.2.2). In der Dosimetrie kann ein Proportionalzählrohr Strahlungsarten unterscheiden, zum Beispiel β- und α-Strahlung. Auch die charakteristischen Linien von γ-Strahlung können sichtbar gemacht werden. Abbildung 3.36 zeigt die beiden Linien des Photo- und des Escape-Peaks einer ^{55}Fe-Quelle, die häufig zur Kalibration der Gasverstärkung benutzt werden. Die gemessene mittlere Ladung einer Linie gibt die Verstärkung an (mit der Kenntnis der mittleren Energie pro erzeugtem Elektron-Ion-Paar, Tab. 7.1), die Breite der Linien die Auflösung, und mit dem Abstand der Linien, bezogen auf den Nullpunkt, kann die Proportionalität der Verstärkung bestimmt werden.

Einzelne Proportionalzähler werden vor allem für die Dosimetrie im Strahlenschutz eingesetzt. Ein spezielles Beispiel für Dosimetrie ist die Messung der β-Zerfälle von Radioisotopen, die von Sonnenneutrinos in entsprechenden Detektoren erzeugt wurden, siehe dazu Abschnitt 16.6.1. Proportionalzähler werden auch zum Nachweis langsamer Neutronen benutzt, siehe dazu den Abschnitt 14.5 und dort die Abb. 14.28(b) auf Seite 568. Das Prinzip der Proportionalzähler hat Eingang in die Entwicklung von Vieldrahtproportionalkammern gefunden, die durch Aneinanderreihung von Drähten Ortsauflösung bieten (Abschnitt 7.8).

7.6.2 Geiger-Müller-Zählrohre

Das Geiger-Müller-Zählrohr, oder auch einfach Geigerzähler genannt, arbeitet im Geiger-Modus (Plateau bei hoher Verstärkung in Abb. 7.10) als Auslösezähler, das heißt, die Ausgangssignale sind unabhängig von der deponierten Energie. Die Signale sind groß genug, um ohne weitere Verstärkung registriert werden zu können, zum Beispiel auch als akustische Widergabe eines Knackgeräusches durch einen Lautsprecher.

Die Geiger-Entladung, die sich über den ganzen Draht ausdehnt (siehe Abschnitt 7.4.2), wird erst gestoppt, wenn die zur Kathode wandernde Ionenwolke das elektrische Feld im Verstärkungsbereich genügend verringert hat. Ein erneutes Zünden der Gasentladung beim Aufprall der Ionen auf die Rohrwand wird durch Zusatz eines Löschgases zum Zählgas unterdrückt. Bei der Verstärkung im Geiger-Modus wird so viel Ladung erzeugt, dass die Neutralisierung relativ viel Zeit in Anspruch nimmt, während der das Zählrohr keine oder geminderte Effizienz hat. Diese Totzeit, in der Größenordnung von Millisekunden, ist ein wesentlicher Grund, warum der Geiger-Modus im Forschungsbereich wenig genutzt wird (siehe dazu auch Abschnitt 17.9 über Detektortotzeiten).

7.6.3 Streamer-Rohre

Streamer-Rohre (*streamer tubes* oder auch *limited streamer tubes*) sind Zählrohre, die im Streamer-Modus, wie in Abschnitt 7.4.2 erklärt, arbeiten [456]. Der Streamer-Modus wird durch Anlegen einer sehr hohen Spannung, wie in Abb. 7.11 skizziert, erreicht. Relativ dicke Anodendrähte (50–100 μm) und ein Löschgas (zum Beispiel Isobutan in der gängigen Mischung Argon-Isobutan), das eine zu starke Ausbreitung der UV-Photonen verhindert, grenzen den Betriebsmodus gegen den Geiger-Modus ab. Der Streamer wird gelöscht durch die Raumladung der Ionenwolke.

Streamer-Rohre werden häufig als kostengünstige, robuste Lösung für große Detektorflächen bei relativ niedrigen Zählraten, zum Beispiel in Myondetektoren (siehe Kapitel 14, Abschnitt 14.3), eingesetzt. Die großen Flächen werden durch Aneinanderreihung vieler Streamer-Rohre erreicht. Abbildung 7.12 zeigt schematisch den Aufbau typischer Streamer-Rohr-Systeme. Die Röhrenwände bilden die Kathode und sind aus Plastikmaterial, das mit einer Widerstandsbeschichtung leitfähig gemacht wird. Die Widerstandsbeschichtung wird aus mit Kohlenstoffpartikeln (Ruß) dotiertem Epoxidharz oder einem anderen Kunststoff hergestellt, wobei der gewünschte Flächenwiderstand durch den Rußanteil eingestellt werden kann. Der quadratische Querschnitt der Kathoden erlaubt eine kostengünstige Herstellung aus extrudiertem Plastik: Es werden zunächst die Oberseiten der Rohre offen gelassen, so dass sich eine Kammstruktur ergibt, die nach dem Spannen der Drähte von oben verschlossen wird.

In der Regel werden die Signale ausgelesen, die auf außen angebrachten leitenden Streifen influenziert werden. In der Abbildung werden über die Streifen zwei unabhängige Koordinaten ausgelesen, aber keine der beiden Elektroden (manchmal wird auch der

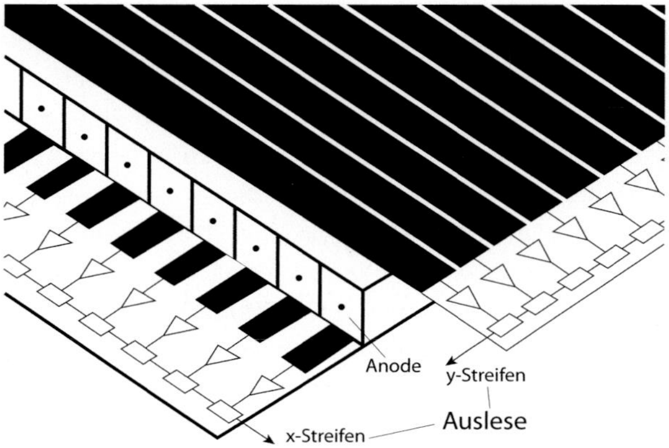

Abb. 7.12 Typische Bauweise von Streamer-Rohren (nach [456], mit freundl. Genehmigung von Elsevier): In Plastikprofile mit quadratischem Querschnitt und 1–2 cm Kantenlänge werden Anodendrähte mit Durchmessern von 50–100 μm gezogen. Die Plastikrohre bilden die Kathode und sind innen mit einer Widerstandsbeschichtung leitfähig gemacht. Beide Elektroden werden in der Regel nicht ausgelesen. Stattdessen sind von außen leitende Streifen aufgebracht, die die induzierten Streamer-Signale aufnehmen und an Verstärker leiten.

Anodendraht ausgelesen). Wegen der hohen Signale bei Verstärkungen bis zu 10^{11} können die Streifen relativ lang sein (mehrere Meter) mit resultierend hoher Kapazität.

7.7 Funken und Streamer in Anordnungen paralleler Platten

Bis in die 1940er Jahre waren die einzigen Detektoren, mit denen Teilchenspuren direkt sichtbar gemacht werden konnten, Nebelkammern und Photoemulsionen (Kapitel 6), die allerdings nicht elektronisch auslesbar sind. Die Möglichkeiten, Teilchenspuren elektronisch zu registrieren, zum Beispiel durch Zusammenschalten vieler Geiger-Müller-Zählrohre, waren zu dieser Zeit noch sehr durch den nötigen Aufwand an Elektronik begrenzt. Das Prinzip der Gasverstärkung wurde erstmals für großvolumige Detektoren genutzt, als zu Beginn der 1950er Jahre Funkenkammern entwickelt wurden (Abschnitt 7.7.1), die die fotografische Aufnahme von Funken entlang Teilchenspuren erlaubten. Gegenüber den etwa gleichzeitig eingeführten Blasenkammern haben sie den Vorteil, dass sie von den durchgehenden Teilchen mit Hilfe externer Zähler getriggert werden können, aber den Nachteil, dass die Information über die Ionisationsdichte, die in Blasenkammern zur Teilchenidentifikation genutzt wird, verloren geht. Ein wesentlicher Nachteil von Funkenkammern ist die lange Erholzeit nach einer Entladung. Das war in den 1960er Jahren mit der Einführung von Detektoren, die im Streamer-Modus arbeiten, teilweise verbessert worden (Abschnitt 7.7.2). Allerdings sind beide Detektortypen fast überall durch Detektoren, die im Proportionalbereich arbeiten und damit praktisch totzeit-frei sind, ersetzt worden. Nur in speziellen Anwendungen, wie zum Beispiel Funkenkammern zu Demonstrationszwecken oder Streamer-Entladungen über kurze Abstände mit hoher

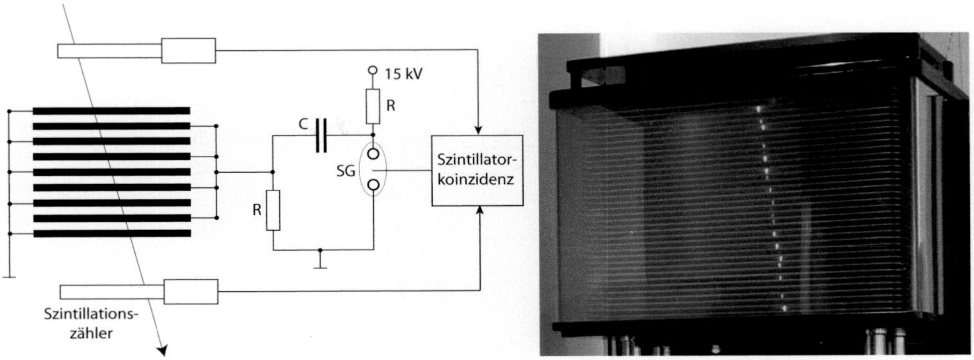

(a) (b)

Abb. 7.13 (a) Typische Anordnung eines Funkenkammersystems mit mehreren parallelen Platten, zwischen denen die Funken entstehen (nach [680, 681]). Der Kondensator C ist im Ausgangszustand durch die angelegte Hochspannung aufgeladen. Bei Durchgang eines ionisierenden Teilchens triggert eine Koinzidenz von Szintillationszählern die Entladung des Kondensators auf die Platten durch das Zünden einer Funkenstrecke (SG, *spark gap*). (b) Zwischen den Platten werden die Funken, die sich entlang der Ionisationsspur bilden, sichtbar. Dieser Detektor wurde zu Demonstrationszwecken aufgestellt, um Teilchen aus der kosmischen Strahlung, in den meisten Fällen Myonen, anschaulich sichtbar zu machen. Quelle: DESY.

Zeitauflösung (*resistive plate chambers*, RPCs, Abschnitt 7.7.3), werden diese Gasverstärkungsbereiche noch genutzt.

Im Folgenden werden Funken- und Streamer-Kammern relativ kurz behandelt, weil sie eher von historischem Interesse sind. Allerdings werden Funkenkammern wegen ihrer eindrucksvollen optischen und akustischen Darstellung von Teilchenspuren und der relativ einfachen Bauweise noch sehr häufig zu Demonstrationszwecken benutzt (wie in Abb. 7.13(b)). Die RPCs werden etwas ausführlicher behandelt, weil sie in modernen Experimenten häufig zum schnellen Triggern oder zur Zeitmessung eingesetzt werden.

7.7.1 Funkenkammern

Abbildung 7.13(a) zeigt eine typische Anordnung von Funkenkammern mit mehreren parallelen Platten, zwischen die paarweise eine hohe Spannung angelegt wird. Zwischen den Platten springen bei Durchgang ionisierender Teilchen Funken über. Die Kammern sind mit Edelgasen gefüllt, typisch ist eine Helium-Neon-Mischung (30:70), was zu rotviolett leuchtenden Funken führt. Der Teilchendurchgang wird durch schnelle Detektoren, typischerweise Plastikszintillatoren (Kapitel 13), die in Koinzidenz geschaltet sind, registriert. Das Koinzidenzsignal löst einen Schalter aus, der einen auf der Kapazität C gespeicherten Ladungspuls bei hoher Spannung (etwa 10 bis 20 kV) an die Platten des Funkenkammersystems anlegt. Für die schnelle Schaltung kurzer, sehr hoher Strompulse werden triggerbare Funkenstrecken (*spark gaps*) eingesetzt. In Abb. 7.13(b) ist gezeigt, wie eine Teilchenspur durch die Funkenüberschläge sichtbar wird.

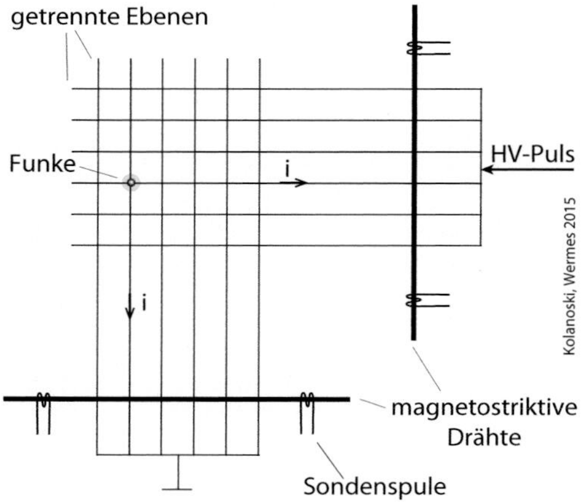

Abb. 7.14 Magnetostriktive Auslese: Ein Funkenüberschlag erzeugt auf den beiden beteiligten Drähten Strompulse, die wiederum auf den (elektrisch isolierten) magnetostriktiven Drähten Schallwellen anregen, deren Ausbreitung mit den Spulen an den Drahtenden gemessen werden.

Für die wissenschaftliche Anwendung werden die Funken von verschiedenen Seiten fotografiert, so dass die Vermessung der Spur möglich ist. Eine andere Auslesemethode nutzt aus, das bei einem Funkenüberschlag immer eine Schallwelle von dem erhitzten Plasma ausgeht. Die Spurkoordinaten können durch Messung der Ankunftszeiten des Schalls an verschieden plazierten Mikrofonen rekonstruiert werden. Diese Methode hat gegenüber der Fotografie den Vorteil, dass die Ereignisregistrierung vollständig elektronisch ausgeführt werden kann.

Eine andere Möglichkeit der elektronischen Registrierung, ist die so genannte magnetostriktive Auslese, die in Abb. 7.14 schematisch dargestellt ist. Dabei werden die Platten, zwischen denen der Funke überschlägt, durch Drahtebenen ersetzt ('Drahtfunkenkammern'), mit typischen Drahtabständen von 1 bis 2 mm in der Ebene und etwa 1 cm zwischen den Ebenen. Ein Funke erzeugt auf einem Draht einen Strompuls, der am Rande der Funkenkammerebene über einen magnetostriktiven Draht[2], der elektrisch von der Funkenkammer isoliert ist, geleitet wird. In diesem Draht wird durch das Magnetfeld des Strompulses eine mechanische Welle auslöst, die im umgekehrten Prozess in Spulen an den Enden des Drahtes wieder einen Strompuls erzeugt. Der Vergleich der Ankunftszeiten der Pulse an beiden Enden des magnetostriktiven Drahtes erlaubt die Lokalisierung des Signaldrahts und damit des Signals in einer Koordinate. Die Orientierung der Signaldrähte in unterschiedliche Richtungen in den verschiedenen Ebenen erlaubt schließlich eine komplette räumliche Rekonstruktion des Spurendurchgangs. Diese Art der Auslese vermeidet den elektronischen Aufwand, der mit der Auslese einzelner Drähte verbunden wäre, wobei man nicht wesentlich an Auflösung (im Millimeterbereich) verliert.

Die Zeitkonstante für die Aufladung einer Funkenkammer liegt im Mikrosekundenbereich, einer Zeitspanne, in der die Ionisationsladungen zwischen den Platten noch vorhanden sind. Dagegen liegt die Zeitkonstante für die Wiederaufladung der Kapazität, über die die Kammer geladen wird (C in Abb. 7.13(a)) im Millisekundenbereich, was zu

[2]Magnetostriktion: Längenänderung in einem Magnetfeld

entsprechend großen Totzeiten (Abschnitt 17.9) führt. Ein weiterer Nachteil von Funkenkammern gegenüber Kammern, die im Proportionalmodus arbeiten, ist der Verlust der Information über die primäre Ionisationsdichte.

7.7.2 Streamer-Kammern

In einer Streamer-Kammer [291, 681] wird die Entwicklung eines Funkens (siehe Abb. 7.11) vermieden, indem der Hochspannungspuls auf die Elektroden sehr kurz, in der Größenordnung von 10 ns, gemacht wird. Mit einer Länge von weniger als einem Millimeter können die Streamer so kurz gehalten werden, dass sie drei-dimensionale Punkte an ionisierenden Teilchenspuren liefern. Wegen dieser Eigenschaft unterscheidet sich die Geometrie einer Streamer-Kammer grundsätzlich von der einer Funkenkammer. Auch bei Streamer-Kammern wird eine hohe Spannung zwischen parallelen Platten angelegt, wobei die sensitiven Volumina einige Kubikmeter betragen können. Die Vorzugsrichtung der zu vermessenden Teilchen ist aber hier parallel zu den Platten und damit senkrecht zu dem elektrischen Feld. Damit entwickeln sich die Streamer auch bevorzugt senkrecht von den Spuren weg. Die Registrierung ist nur optisch möglich, ähnlich wie bei Blasenkammern (Abschnitt 6.2). Im Gegensatz zu Blasenkammern können allerdings in Streamer-Kammern die Aufnahmen selektiv durch einen Trigger ausgelöst werden.

Die Gasfüllung einer Streamer-Kammer hat meistens Neon als Hauptkomponente, häufig mit einem Anteil von Helium (typisch 80–90% Neon, 10–20% Helium), und geringe Zusätze von elektronegativen Gasen, zum Beispiel Freon oder SF_6 (siehe dazu Abschnitt 7.5). Neon erzeugt besonders hell leuchtende Streamer [291] mit einer maximalen Intensität bei Wellenlängen um 640 nm. Zum Beispiel benutzte die Streamer-Kammer des Schwerionen-Experiments NA35 am CERN (Abb. 7.15) die Gasmischung He–Ne (20:80) mit 0.25% Isobutan und 0.05 ppm SF_6. Mit den geringen Anteilen von Isobutan als Quencher und SF_6 als Elektronenabsorber werden Totzeiten von nur etwa 10 µs erreicht.

Das Foto einer Schwerionenreaktion in Abb. 7.15 zeigt, dass Streamer-Kammern sehr hohe Teilchenmultiplizitäten abbilden können, was bei Funkenkammern wegen der Konzentration der Entladung auf die zeitlich erste Funkenentwicklung nicht in diesem Umfang möglich ist. Die Ladung eines einzelnen Streamers ist gesättigt und trägt somit keine Information über die auslösende Primärladung. Dagegen ist die Streamer-Dichte entlang einer Spur proportional zu der primären Ionisationsdichte und kann so zur Teilchenidentifikation genutzt werden. Das ist ein weiterer Vorteil des Streamer-Modus gegenüber einer Funkenentladung.

7.7.3 Plattenelektroden mit hohem Widerstand

Entladungen in einem homogenen elektrischen Feld zwischen parallelen Platten mit kleinem Abstand haben sehr geringe Zeitfluktuationen von nur wenigen 10 ps. Während in einem Zählrohr das Signal erst entsteht, nachdem Elektronen zur Anode gedriftet sind, kann in einem homogenen Feld die Lawine an jedem Ort entstehen, ohne dass

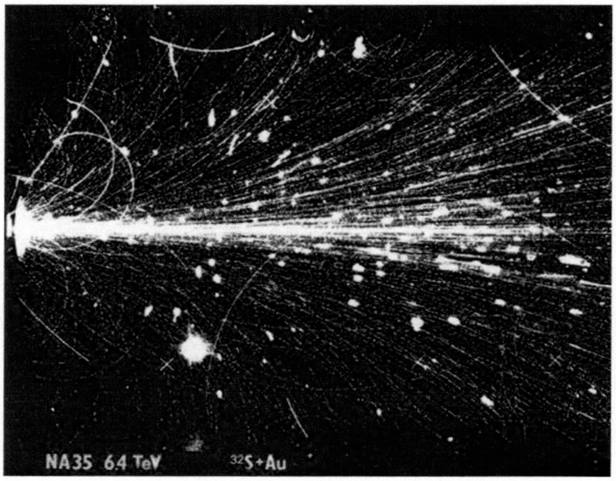

Abb. 7.15 Aufzeichnung einer Reaktion zwischen einem Schwefel- und einem Goldkern bei einer Gesamtenergie von 6.4 TeV [601]. Die Aufnahme wurde mit der Streamer-Kammer des Schwerionen-Experiments NA35 am SPS (CERN) gemacht. Quelle: CERN.

Fluktuationen durch die Driftzeit auftreten. In normalen Funkenkammern kann die gute Zeitauflösung allerdings nicht genutzt werden, weil sie gepulst betrieben werden und deshalb die Startzeit der Funkenentwicklung von dem extern vorgegebenen Hochspannungspuls abhängt. Bei einem nicht-gepulsten Betrieb mit konstanter Hochspannung würden unkontrollierte Entladungen mit den damit verbundenen Totzeiten eine Kammer sehr ineffizient machen.

Pestov-Zähler

Anfang der 1970er Jahre wurden die so genannten Pestov-Zähler vorgestellt [633], bei denen ein Pulsbetrieb vermieden werden konnte und tatsächlich Zeitauflösungen von 25 ps erreicht wurden [647]. Ein solcher Detektor besteht aus zwei parallelen Platten in einem Abstand von etwa 100 µm in einem Gasvolumen. Das Gas wird unter einem Druck von etwa 10 bar gehalten, um die Ionisationswahrscheinlichkeit durchgehender Teilchen zu erhöhen. An die Platten werden Spannungen von etwa 10 kV angelegt, so dass sich ein Funke oder Streamer entwickelt, wenn ein ionisierendes Teilchen das Gasvolumen durchquert. Wesentlich für einen kontinuierlichen Betrieb ist nun, dass wenigstens eine der beiden Elektroden einen sehr hohen Widerstand hat, so dass durch einen Entladungsstrom die Spannung über dem Widerstand abfällt und die Entladung dadurch gestoppt wird. Für Pestov-Zähler werden Glasplatten mit einem spezifischen Widerstand von etwa 10^9–$10^{11}\,\Omega\,\mathrm{cm}$ ('Pestov-Glas', Glas mit Halbleitereigenschaften) eingesetzt. Der hohe Widerstand ermöglicht auch die Auskopplung der Signale durch Influenz auf Leiterstreifen außerhalb der Platten (wie bei den Streamer-Rohren, Abb. 7.12). Sie dazu auch im folgenden Abschnitt auf Seite 210 die Diskussion der Gleichungen (7.26) und (7.27).

Resistive Plate Chambers

Pestov-Zähler sind sehr aufwändig in Konstruktion und Betrieb, unter anderem wegen der geringen Toleranzen für den Plattenabstand und wegen des Betriebs bei hohem Druck.

Eine Weiterentwicklung sind die *resistive plate chambers* (RPCs) [704] mit reduzierten Anforderungen bei Konstruktion und Betrieb. Inzwischen haben sich RPCs als eine preisgünstige Lösung für großflächigen Teilchennachweis mit guter Zeitauflösung etabliert. Sie werden in vielen Experimenten an Beschleunigern, unter anderem am LHC [2, 239, 7, 73], in Detektoren für kosmische Strahlung [108] und in Neutrinoexperimenten [148, 139], insbesondere zum Nachweis und Triggern von Myonen (zum Beispiel in ATLAS [2] und CMS [239]) und für Flugzeitmessungen (zum Beispiel im ALICE-Experiment [7]) eingesetzt.

Die meist bei Normaldruck arbeitenden RPCs haben üblicherweise Spaltbreiten zwischen den Platten, die größer sind als bei Pestov-Zählern, zwischen typisch 0.3 mm für zeitkritische Anwendungen und 2 mm für Anwendungen, die hohe Ansprechwahrscheinlichkeit erfordern. Als robustes, gut zu verarbeitendes Plattenmaterial mit hohem Widerstand hat sich Bakelit, ein Phenol-Formaldehyd-Harz, erwiesen[3].

Single-Gap-RPC Wir beginnen mit einer RPC mit einem einzelnen Gasspalt (*Single-Gap*-RPC) für Triggeranwendungen, deren Prinzip in Abbildung 7.16 gezeigt ist. Die Platten aus einem sehr hochohmigen Material mit einem spezifischen Widerstand von 10^8–$10^{12}\,\Omega\,\text{cm}$, zum Beispiel Glas oder Bakelit, haben einen Abstand von typisch etwa 2 mm. Zwischen den Platten wird eine Hochspannung um 10 kV angelegt. Auf der dem Gasvolumen abgewandten Seite sind die Platten mit gering leitfähigem Graphit mit einem Flächenwiderstand[4] $R_\square \approx 10^5\,\Omega$ beschichtet. Nach außen folgen Ausleseebenen, die durch Isolatorschichten von den leitenden Graphitschichten getrennt sind. Die Ausleseebene nimmt die Influenzsignale der Entladungen im Gasvolumen auf. Sie ist im Allgemeinen in parallele Leiterstreifen aufgeteilt, die auf den beiden Seiten der RPC in unterschiedliche Richtungen orientiert werden können, um eine Ortsauflösung zu erhalten. Durch die vergleichsweise niedrige Leitfähigkeit der Graphitschicht können die Influenzsignale auf die Auslesestreifen durchgreifen. Die Elektroden können auf Erdpotenzial gelegt werden, so dass auf eine aufwändige Isolation der Streifen und der Ausleseelektronik verzichtet werden kann.

RPCs können im Streamer- oder im Lawinenmodus (bei etwas geringerer Hochspannung) arbeiten (siehe Abschnitt 7.4.2 auf Seite 196). Die Gasverstärkung für eine Lawine hängt vom Abstand der Primärionisation zur Anode ab. Die Signale im Streamer-Modus erreichen Größenordnungen von 100 pC bis einige nC, im Lawinenmodus sind sie typisch eine Größenordnung kleiner. Die Ratenfähigkeit ist wegen der kürzeren Löschzeiten im Lawinenmodus deutlich besser. Streamer-Bildung wird in diesem Modus durch spezielle Gaszusätze zusätzlich unterdrückt.

---

[3]Um unkontrollierte Überschläge zu vermeiden, muss die Oberfläche miskroskopisch glatt sein, was durch Behandeln der Oberfläche mit Leinöl erreicht wird.

[4]Der Flächenwiderstand $R_\square$ ist der spezifische Widerstand ρ, dividiert durch die Dicke der Schicht: $R_\square = \rho/d$. Der Flächenwiderstand wird als der Widerstand eines quadratischen Flächenausschnitts zwischen zwei parallelen Kanten gemessen. Da der Widerstand proportional zu dem Abstand der Kanten und umgekehrt proportional zu der Kantenlänge ist, was beim Quadrat aber die gleichen Längen sind, ist die Messung unabhängig von der Größe des Quadrats. Darum hat der Flächenwiderstand auch einfach die Dimension Ohm (manchmal auch als 'Ohm pro Quadrat' ($\Omega/\square$) ausgedrückt, um anzudeuten, dass es sich um einen Flächenwiderstand handelt).

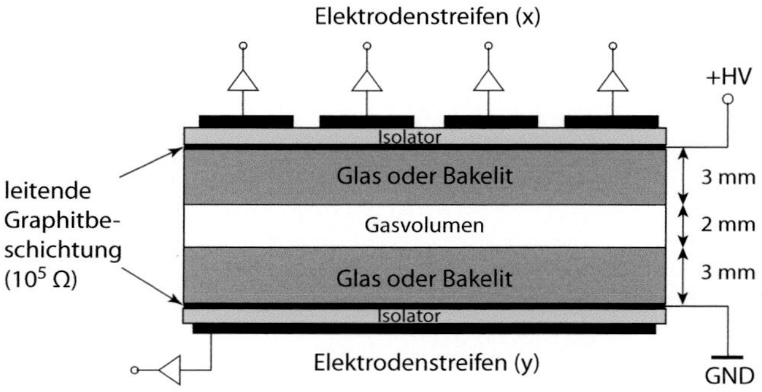

Abb. 7.16 Aufbau einer RPC. An hochohmige Spannungselektroden aus Glas oder Bakelit werden über eine leitende Graphitschicht Hochspannung gelegt. Die Ausleseelektroden befinden sich auf Erdpotenzial (nach [554]).

Bei den verwendeten Gasmischungen kommt es auf eine hohe Ionisationsdichte und eine effiziente Löschung der Lawine oder des Streamers an. Zunächst wurde überwiegend Argon, eventuell mit einem elektronegativen Zusatz, benutzt [704]. Für die RPCs der LHC-Experimente wurden Mischungen auf der Basis von Tetrafluorethan ($C_2H_2F_4$, Codename R134a) mit Isobutan als Löschgas und SF_6 als elektronegativem Zusatz etabliert (ATLAS: 94.7% $C_2H_2F_4$, 5% i-C_4H_{10}, 0.3% SF_6 [2, 343]). Die Mischung besitzt die wesentlichen Eigenschaften einer hohen Ionisationsdichte und großer Effizienz des Löschgases, die insbesondere für einen Betrieb im Lawinenmodus wichtig sind. Tetrafluorethan ist nicht entflammbar und greift nicht die Ozonschicht an, ist aber ein starkes Treibhausgas.

Zum Löschen des Streamers und auch zur Vermeidung von Streamern im Lawinenmodus tragen folgende Mechanismen bei [222]:

- lokales 'Abschalten' des Feldes um den Entladungspunkt wegen des hohen Elektrodenwiderstands;
- Absorption von UV-Photonen durch eine Gasbeimischung (häufig Isobutan) zur Verhinderung von sekundären Entladungen;
- Einfang von Elektronen aus der Entladung durch eine elektronegative Komponente im Gas, in der Regel Schwefelhexafluorid (SF_6), zur Reduzierung der Ausdehnung der Entladung.

Erholzeit nach einer Entladung Wegen des hohen Widerstands der Elektroden fließt die Ladung nur verzögert ab und baut deshalb ein Gegenfeld auf, das die Entladung zeitlich und in der Stärke begrenzt (*self-quenching*). Die Dauer der Entladung ist typisch etwa 10 ns. Die Zeit für die Restaurierung des elektrischen Feldes im Bereich der Entladung kann dagegen bis zu einer Sekunde dauern. Diese Zeit ist durch die Zeitkonstante für den Abfluss der Ladung über den Widerstand der Glas- oder Bakelitelektrode gegeben:

$$\tau = \rho\, \epsilon_0\, \epsilon\,. \tag{7.26}$$

Dabei ist ρ der spezifische Widerstand und ϵ die relative Dielektrizitätskonstante der hochohmigen Elektrode. Es ist bemerkenswert, dass keine weiteren Eigenschaften der

Tab. 7.4 Eigenschaften von Materialien, die in Pestov-Zählern oder RPCs als Elektroden mit hohem Widerstand benutzt werden (ρ = spezifischer Widerstand, ϵ = relative Dielektrizitätskonstante, τ = Relaxationszeit).

Material	ρ (Ω cm)	ϵ	τ (s)
Glas	$\approx 10^{12}$	4.4–5.4	≈ 0.5
Bakelit	$\approx 10^{10}$	7.6–8	≈ 0.01
Pestov-Glas (Schott S8900) [170]	$\approx 10^{11}$	6–8	≈ 0.1

Elektrode, zum Beispiel die Dicke, eingehen. Das lässt sich verstehen, wenn man den Ladungsabfluss als die Entladung eines Kondensators C über den Elektrodenwiderstand R mit der Zeitkonstanten $\tau = RC$ betrachtet. Widerstand und Kapazität hängen von der Fläche A der Elektrode und der Dicke d der Bakelitplatte ab:

$$R = \rho\frac{d}{A} \qquad \text{und} \qquad C = \epsilon_0\epsilon\frac{A}{d}\,. \tag{7.27}$$

Offensichtlich hängt das Produkt $RC = \tau = \rho\,\epsilon_0\,\epsilon$ nicht mehr von den Geometrieparametern A und d ab. A kann deshalb als eine beliebige Fläche im Bereich der Entladung angenommen werden. Tabelle 7.4 zeigt Relaxationszeiten, während derer das elektrische Feld um den Ort der Lawine reduziert ist und lokal einen 'blinden Fleck' in der Größenordnung von etwa 0.1 cm^2 erzeugt [554]. Da die anderen Bereiche der RPC weiterhin sensitiv bleiben, kann der Detektor im Streamer-Modus Raten von etwa 10 Hz/cm^2 vertragen (siehe dazu auch die Diskussion der Alterungseffekte bei RPCs in Abschnitt 7.11.1 auf Seite 263).

Die Ratenverträglichkeit kann durch Senken der Gasverstärkung erhöht werden. Ursprünglich wurden RPCs im Streamer-Modus betrieben, mit entsprechend großen Signalhöhen und geringeren Anforderungen an die Ausleseelektronik und die Genauigkeit des Elektrodenabstands. Der Betrieb im Lawinenmodus bietet bessere Ratenverträglichkeit und geringere Alterungsprobleme (siehe Abschnitt 7.11), erfordert aber eine elektronische Verstärkung mit aufwändigerer Ausleseelektronik und Feinabstimmung der Gasverstärkung. Durch entsprechende Entwicklung (unter anderem bei den Gasmischungen) wurde es möglich, dass RPCs mit mm-Spaltbreiten im Lawinenmodus Effizienzen nahe 100% bei Teilchenraten bis zu kHz/cm^2 erreichen (zum Beispiel die RPCs der LHC-Experimente ATLAS [2] und CMS [239]).

Im ATLAS-Experiment zum Beispiel decken *single-gap*-RPC-Kammern als Trigger-Detektoren für Myonen eine Fläche von 3650 m^2 in drei Lagen (mit je zwei Ebenen) ab [2]. Für Trigger-Detektoren ist die Nachweiseffizienz das entscheidende Kriterium. Die Zeitauflösung muss lediglich klein gegenüber der Zeitdifferenz zwischen zwei Strahlkreuzungen (25 ns bei LHC) sein. Betrieben im Lawinenmodus erreichen die ATLAS RPC-Detektoren eine Nachweiseffizienz von 98.5% bei Teilchenraten von etwa 1 kHz/cm^2. Die Zeitauflösung beträgt etwa 1.5 ns [2]. Ortsauflösungen von etwa 1 cm werden durch Aufteilung der Elektroden in Streifen erzielt.

Zeitauflösung und Effizienz von RPCs Die Zeitmarke eines Signals wird durch Überschreiten einer Diskriminatorschwelle gesetzt. Wann die Signalhöhe die Schwelle erreicht, unterliegt den zeitlichen Schwankungen der Lawinenausbildung. Während in zylindrischen Geometrien eine Lawine sich erst am Draht entwickelt, kann in dem homogenen Feld einer RPC eine Lawine an jeder Stelle entstehen. Die Gasverstärkung $G = e^{\alpha s}$ (Gleichung (7.12)) hängt von dem Abstand s der Ionisation von der Anode ab. Der Townsend-Koeffizient α (Ionenpaare pro Weglänge, Gleichung (7.8)) ist in einem homogenen Feld konstant. Die Gasverstärkung wird so eingestellt, dass Primärionisationen bis zu einem bestimmten Abstand von der Kathode ein Signal über der Schwelle liefern. Dann muss innerhalb dieses Abstands mindestens ein Ladungscluster liegen, damit ein Signal registriert werden kann. Wenn man zum Beispiel eine Ansprechwahrscheinlichkeit von 98% anstrebt, müssen im Mittel etwa 4 Cluster in dem Bereich nahe der Kathode erzeugt werden[5]. Die typische Clusterdichte von 3–4/mm kann durch Einsatz entsprechender Gase oder durch höheren Druck (wie bei Pestov-Zählern) erhöht werden. Zum Beispiel ist die Clusterdichte bei Freon 13B1[6] (CF_3Br) etwa 10/mm [230].

In einer Lawine ist die charakteristische Zeit $\tau_\alpha = 1/(\alpha\, v_D)$ zwischen Multiplikationsstufen durch den Townsend-Koeffizienten α und die Driftgeschwindigkeit v_D der Elektronen gegeben. Ferner spielt die Anlagerung von Elektronen an das Kammergas eine Rolle. Der entsprechende Anlagerungskoeffizient η (*attachment coefficient*, siehe Gleichung (7.7) auf Seite 188) ist dafür die charakteristische Größe.

Die zeitliche Entwicklung von RPC-Signalen wird in [575] und in [685] aus den physikalischen Grundlagen der Lawinenbildung in Gasen (siehe Abschnitt 7.4.1) für verschiedene Kammerparameter behandelt. Mit Gleichung (7.12) für die Gasverstärkung erhält man für den zeitlichen Verlauf der Amplitude des Signals (Lawine):

$$A(t) = A_0\, e^{(\alpha - \eta) v_D t}, \tag{7.28}$$

wobei v_D die Driftgeschwindigkeit und A_0 das Signal der Primärionisation bei $t = 0$ ist. Um die Zeitauflösung zu untersuchen, fragen wir nach der zeitlichen Variation bei der Überschreitung einer vorgegebenen Signalschwelle A_{thr}:

$$A(t) = A_{\text{thr}} \quad \Rightarrow \quad t(A_0; A_{\text{thr}}) = \frac{1}{(\alpha - \eta)\, v_D} \ln \frac{A_{\text{thr}}}{A_0}, \tag{7.29}$$

mit der charakteristischen Zeit $((\alpha - \eta)\, v_D)^{-1}$ für die Lawinenentwicklung. Die Verteilungsfunktion für die Zeitmarke $t = t(A_0; A_{\text{thr}})$ hat die analytische Form, siehe [685]:

$$P(t) = (\alpha - \eta)\, v_D f\left((\alpha - \eta)\, v_D t\right) \qquad \text{mit} \qquad f(x) = e^{(-x - \exp(-x))}.$$

Die Funktion $f(x)$ hat einen Landau-artigen Verlauf mit einer Varianz $\sigma^2 = 1.4^2$, also in der Größenordnung 1. Daraus ergibt sich für die Zeitauflösung:

$$\sigma_t \approx \frac{1.4}{(\alpha - \eta)\, v_D}. \tag{7.30}$$

[5]Die Wahrscheinlichkeit, keinen Cluster in dem Bereich zu haben, ist bei einem Erwartungswert λ gemäß der Poisson-Statistik $p(0) = e^{-\lambda}$. Für eine Effizienz von 98%, also $p(0) = 0.02$, ergibt sich $\lambda \approx 4$.

[6]Freon CF_3Br war früher insbesondere auch als elektronegativer Zusatz viel verwendet worden, wird aber inzwischen wegen seines hohen Potenzials zum Ozonabbau in der Atmosphäre nicht mehr hergestellt.

Tab. 7.5 Typische Parameter für Trigger- und Timing-RPCs.

Trigger-RPC		Timing-RPC	
E =50 kV/cm		E =100 kV/cm	
α =13.3/mm	η = 3.5/mm	α =123/mm	η = 10.5/mm
v_D=140 µm/ns	d = 2 mm	v_D=210 µm/ns	d = 0.3 mm
σ_t =1 ns		σ_t =50 ps	
ϵ =98%		ϵ =75%	

Die Ansprechwahrscheinlichkeit einer RPC kann abgeschätzt werden, indem die Wahrscheinlichkeit P_i berechnet wird, dass das erste oder das zweite oder das i-te primäre Ladungscluster eine Lawine auslöst, deren Signal die Schwelle überschreitet, oder aber durch Anlagerung geschluckt wird. Das Ergebnis ist, siehe [685]:

$$\epsilon = \sum_{i=1}^{\infty} P_i = 1 - e^{-\left(1 - \frac{\eta}{\alpha}\right)\frac{d}{\lambda}\left(1 + \frac{\alpha - \eta}{E_w}\frac{Q_{\text{thr}}}{e}\right)^{\frac{1}{\alpha\lambda}}} , \tag{7.31}$$

was mit Monte-Carlo-Simulationen recht gut übereinstimmt. Hierbei sind d die Gasspaltdicke, λ der mittlere Abstand zwischen Ladungsclustern, Q_{thr} die Diskriminatorschwelle und E_w der Wert des Wichtungsfelds (=1 für unstrukturierte Elektroden, siehe Abschnitt 5.2.1 auf Seite 133).

Die Zeitauflösung (7.30) hängt nur von der Differenz $\alpha - \eta$ der gasabhängigen Townsend- und Anlagerungskoeffizienten ab und nicht von der Nachweisschwelle A_{thr}, weil jeder zur Zeitmessung beitragende Primärcluster per definitionem über der Schwelle liegt. Die Ansprechwahrscheinlichkeit ϵ in (7.31) hingegen hängt sowohl explizit von α und η als auch von Q_{thr} ab.

Je nachdem, wofür RPC-Kammern eingesetzt werden, sind die Effizienz ϵ (Trigger-RPCs) oder die Zeitauflösung σ_t (Timing-RPCs) zu optimieren. Tabelle 7.5 zeigt typische Parameter für beide Fälle sowie resultierende (intrinsische) Zeitauflösungen und Ansprechwahrscheinlichkeiten [685]. Die gute Zeitauflösung der RPCs mit kleiner Spaltbreite wird auf Grund des starken homogenen elektrischen Feldes erreicht, das eine unmittelbare Lawinenbildung nach der Primärionisation auslöst, die die Zeitschärfe bestimmt. Die Ansprechwahrscheinlichkeit ist allerdings deutlich kleiner als bei Trigger-RPCs. Dies resultiert aus einer hohen Gasverstärkung in Zusammenwirkung mit einer daraus folgenden Pulshöhenreduktion durch Raumladungseffekte in der Lawine [684, 556], die in (7.31) nicht berücksichtigt sind.

Multi-Gap-RPCs Um die Zeitauflösung noch weiter zu verbessern, wurden so genannte *Multi-Gap*-RPCs (MRPC) vorgeschlagen [230], deren Lawinen alle auf denselben Auslesestreifen Signale influenzieren. Der Aufbau dazu ist in Abbildung 7.17 gezeigt. Es gibt mehrere, voneinander getrennte Gasvolumina. Die Hochspannung wird über die Graphitbeschichtung der beiden äußeren Platten angelegt, während die Zwischenlagen, die die Gasvolumina voneinander trennen, elektrisch nicht verbunden sind (*floating*). Wenn kein Strom von und zu den Zwischenebenen fließt, stellt sich ein linearer Potenzialabfall von

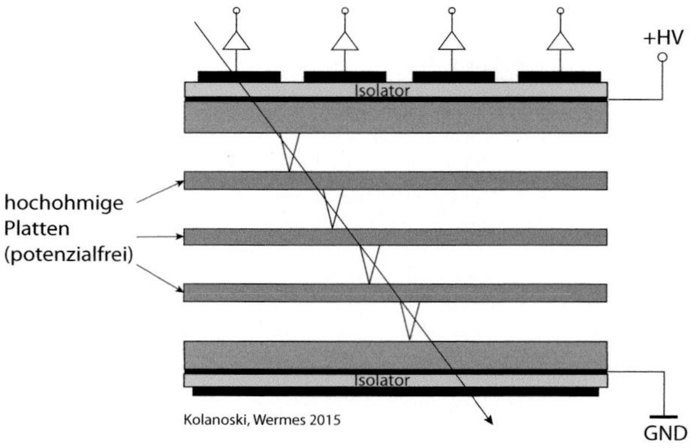

Abb. 7.17 Typischer Aufbau einer *Multi-Gap*-RPC, die sich bei kleiner Spaltbreite für hohe Zeitauflösungen eignet.

Ebene zu Ebene ein. Wegen der Stromerhaltung müssen die ein- und die auslaufenden Ströme gleich sein, was gleiche Gasverstärkungen benachbarter Gasvolumina nach sich zieht und damit den linearen Potenzialabfall stabilisiert [230]. Die Verbesserung in der Zeitauflösung folgt allerdings nicht einem einfachen $1/\sqrt{n}$- Gesetz, sondern wird durch den Spalt dominiert, der das größte Signal hat [685]. Für $n \approx 10$ sind intrinsische Zeitauflösungen von 20 ps erreichbar [555].

Im ALICE-Experiment werden MRPCs als Flugzeitdetektoren zur Teilchenidentifikation eingesetzt (siehe auch Abschnitt 14.2.1 auf Seite 540). Durch Wahl sehr dünner Gasvolumina mit 250 µm Spaltbreite und genau positionierbarer Glasplatten als Widerstandselektroden werden Zeitauflösungen im Experiment von circa 85 ps bei Ansprechwahrscheinlichkeiten von 99% erzielt [66, 7]. Diese Auflösungen könnten auch mit organischen Szintillatoren mit Photovervielfachern als Auslese (Abschnitt 13.2) erreicht werden, allerdings zu erheblich höheren Kosten.

7.8 Vieldrahtproportionalkammern (MWPCs)

Eine Vieldrahtproportionalkammer (MWPC) arbeitet nach dem Prinzip von Proportionalzählrohren, die in einer Fläche nebeneinander angeordnet sind und damit die Ortsauflösung für Teilchenstrahlung liefern. Mit mehreren MWPC-Ebenen hintereinander können dann Trajektorien geladener Teilchen vollständig elektronisch registriert werden (im Gegensatz zum Beispiel zu Blasenkammern). Die Vieldrahtproportionalkammer wurde Ende der 1960er Jahre von George Charpak am CERN entwickelt [238]. Er erhielt dafür und allgemein für seine Beiträge zur Entwicklung von Teilchendetektoren 1992 den Nobelpreis.

Ausgangspunkt der Entwicklung war die Erkenntnis, dass man keine Trennung zwischen den Anodendrähten braucht, um Signale von einzelnen Drähten ohne Übersprecher zu bekommen. Somit kann man die Wände der Zählrohre weglassen, wodurch die Kammern mit weniger störendem Material gebaut werden können. Mit MWPCs, die große Detektorvolumina füllen können, wurde erstmals der rein elektronische Nachweis kom-

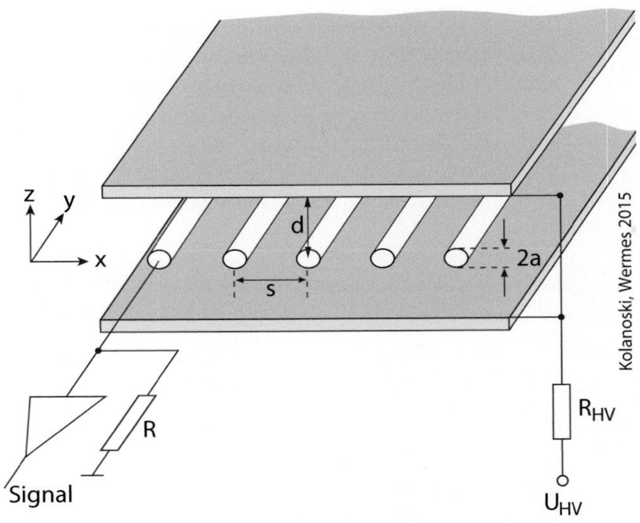

Abb. 7.18 Perspektivische Ansicht einer MWPC (schematisch): In diesem Fall bestehen die Kathoden aus zwei parallel im Abstand $2d$ einander gegenüberstehenden leitenden Flächen. Die Anodendrähte mit Radius a, die in der Mitte zwischen den Kathoden im Abstand s parallel gespannt sind, sind stark vergrößert gezeichnet. Typische Größenordnungen sind: $a = 0.01\,\mathrm{mm}$, $s = 2\,\mathrm{mm}$, $d = 8\,\mathrm{mm}$.

plexer Hochenergiereaktionen möglich. Ein wesentlicher Vorteil gegenüber zum Beispiel Funkenkammern (Abschnitt 7.7.1) ist die geringere Totzeit, weil die kleinen Signale im Proportionalbereich geringe Spannungsabsenkungen und kurze Wiederaufladungszeiten der Elektroden verursachen. Dafür muss das Signal an jedem Draht verstärkt werden. Die große Anzahl von elektronischen Kanälen wurde durch die immer kompakter werdenden elektronischen Bausteine möglich.

7.8.1 Aufbau von MWPCs

Vieldrahtproportionalkammern (Abb. 7.18) bestehen aus einer Fläche von Anodendrähten, die in einem Abstand von etwa $s = 2\,\mathrm{mm}$ parallel gespannt sind und denen Kathodenflächen beidseitig gegenüberstehen, in einem Abstand d von typischerweise 3- bis 4-mal dem Abstand zwischen den Anodendrähten. Die Kathoden können aus glatten Metallflächen (zum Beispiel Kupfer) bestehen oder ebenfalls aus Drähten aufgebaut sein. Für die Drähte sind gängige Materialien, Durchmesser und Zugspannungen in Tab. 7.6 zusammengestellt. Ein typischer Satz von Parametern, auf die wir uns im Folgenden beziehen wollen, ist zum Beispiel (siehe Abb. 7.18):

$$a = 0.01\,\mathrm{mm}\,, \quad s = 2\,\mathrm{mm}\,, \quad d = 8\,\mathrm{mm}\,. \tag{7.32}$$

Tab. 7.6 Typische Eigenschaften von Drähten, die als Anoden beziehungsweise Kathoden benutzt werden. Die Zugspannung wird durch eine Masse (letzte Spalte) errreicht, die an den über eine Rolle laufenden Draht gehängt wird.

	Beispiel für das Material	Durchmesser	Zugspannung	Masse
Anoden:	goldbeschichtetes Wolfram	20–30 µm	≈ 500 MPa	≈ 20 g
Kathode:	Cu-Be-Legierung	≈ 100 µm	≈ 100 MPa	≈ 60 g

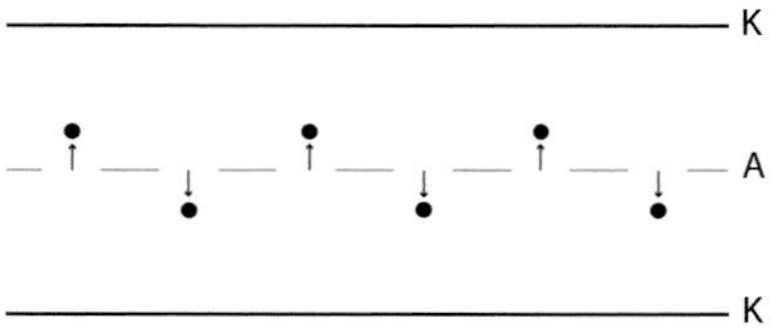

Abb. 7.19 Elektrostatische Instabilität in MWPCs: Die Anoden liegen auf dem gleichen Potenzial und stoßen sich ab. Bei einer kritischen Länge des Drahtes reicht die mechanische Zugspannung nicht aus, die Drähte in ihrer Sollposition zu halten. Eine stabile Konfiguration ergibt sich, wenn benachbarte Drähte in entgegengesetzte Richtungen ausgelenkt werden.

Die elektrostatischen Kräfte, die auf Grund der Spannung zwischen Anode und Kathode auftreten, müssen durch die mechanische Spannung der Drähte kompensiert werden. Zwischen den Drähten einer Ebene wirken abstoßende Kräfte, die bei zu geringer Drahtspannung oder zu langen Drähten zu Instabilitäten führen: Die Drähte werden abwechselnd in eine andere Richtung ausgelenkt (siehe Abb. 7.19). Da die mechanische Spannung durch die Fließgrenze des Materials limitiert ist, ergibt sich daraus eine maximale freie Länge für die Drähte, die für die Anoden etwa 80 cm beträgt. Bei längeren Drähten werden Stützen (zum Beispiel Nylonfäden) eingebaut. Der Trägerrahmen für die Drähte muss sehr stabil sein, um die mechanischen Spannungen aufzunehmen. Das Detektorvolumen wird von dem Kammergas durchströmt und muss deshalb ein gasdichtes Gehäuse haben.

7.8.2 Elektrostatik

Das Anlegen einer Hochspannung zwischen den Anoden und den Kathoden führt zu elektrostatischen Feldern, die in Anodennähe nahezu den Verlauf wie in einem Zylinderkondensator haben und in der Nähe der Kathode in einen homogenen Feldverlauf wie in einem Plattenkondensator übergehen (Abb. 7.20). Die Hochspannung wird so gewählt, dass in dem anodennahen Bereich die Feldstärke erreicht wird, die für die geforderte Gasverstärkung notwendig ist (typisch $> 100\,\mathrm{kV/cm}$).

Berechnung des elektrischen Feldes einer MWPC Mit der Annahme, dass die Elektroden in z-Richtung, der Richtung der Drähte, unendlich ausgedehnt sind, hat das elektrische Feld $\vec{E}(x, y)$ nur Komponenten in der (x, y)-Ebene. Man kann die Bestimmung des Feldes auf die Lösung der zweidimensionalen Potenzialgleichung

$$\Delta\phi(x, y) = 0 \tag{7.33}$$

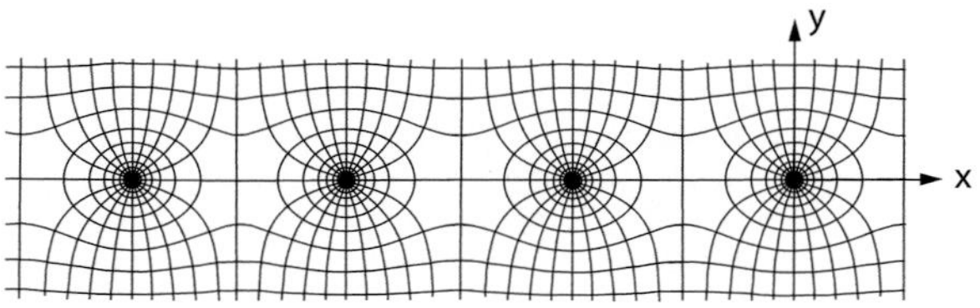

Abb. 7.20 Typischer Verlauf von Potenzial- und Feldlinien in einer MWPC (in der Näherung für Linienladungen im freien Raum entsprechend Gleichung (7.34)).

im Raum außerhalb der Leiter mit den Randwerten $\phi(Rand)$ auf den Leitern zurückführen. Im Folgenden wählen wir die x-Achse in der Drahtebene und senkrecht zu den Drähten mit dem Ursprung im Mittelpunkt eines Drahtes und die y-Achse senkrecht zu der Drahtebene.

Da das Potenzialproblem (7.33) für die MWPC-Anordnung nur numerisch lösbar ist, soll hier eine Näherungslösung hergeleitet werden, die die wesentlichen Eigenschaften der exakten Lösung enthält. Statt der Drähte betrachten wir zunächst eine Anordnung von Linienladungen im freien Raum (also eine Anordnung wie in Abb. 7.18, aber ohne die Kathodenebenen). Die Anordnung sei in der Ebene der Linienladungen unendlich ausgedehnt, das heißt, es gebe unendlich viele, unendlich lange Linienladungen. Die Ladung pro Länge auf einem Draht sei $\lambda = dq/dz$ und der Rasterabstand s. Das Potenzial dieser Anordnung lässt sich analytisch berechnen (siehe zum Beispiel Gleichung (10.2.30) in [599]):

$$\phi_0(x,y) = -\frac{\lambda}{2\pi\epsilon_0} \ln\left[2\sqrt{\sin^2\frac{\pi x}{s} + \sinh^2\frac{\pi y}{s}}\right]. \tag{7.34}$$

Dieses Potenzial hat folgende Eigenschaften, die es erlauben, näherungsweise Randwerte für die Elektrodenanordnung der MWPC vorzugeben:

1. Für $y \gg s$ wird ϕ_0 näherungsweise unabhängig von x:

$$\phi_0(x,y) \to \phi_0(y) \approx -\frac{\lambda}{2\pi\epsilon_0} \ln\left(2\sinh\frac{\pi y}{s}\right) \approx -\frac{\lambda}{2\pi\epsilon_0}\frac{\pi y}{s}. \tag{7.35}$$

Das heißt, die Ebenen mit konstantem y sind näherungsweise Äquipotenzialebenen. Platzieren wir nun die Kathodenebenen bei $y = \pm d$ ($d \gg s > 0$), kann deren Potenzial zu $\phi = 0$ festgelegt werden, indem zu dem Potenzial eine Konstante addiert wird:

$$\phi_0(x,y) \to \phi(x,y) = \phi_0(x,y) + \frac{\lambda}{2\pi\epsilon_0}\frac{\pi d}{s}. \tag{7.36}$$

Das Potenzial

$$\phi(x,y) = \frac{\lambda}{2\pi\epsilon_0}\left[\frac{\pi d}{s} - \ln\left(2\sqrt{\sin^2\frac{\pi x}{s} + \sinh^2\frac{\pi y}{s}}\right)\right] \tag{7.37}$$

erfüllt also näherungsweise die Randbedingung $\phi(x, \pm d) = 0$.

2. Für kleine Werte von y und $|x - m\,s|$ (mit $m = 0, \pm 1, \ldots$) wird ϕ jeweils um einen Draht (gegeben durch m) azimutal-symmetrisch, wenn man in der Entwicklung von sin und sinh nur jeweils den ersten Term mitnimmt:

$$\phi(x,y) \approx \frac{\lambda}{2\pi\epsilon_0}\left[\frac{\pi d}{s} - \ln\left(\frac{2\pi}{s}\sqrt{(x - m\,s)^2 + y^2}\right)\right] = \phi(r), \tag{7.38}$$

mit

$$r = \sqrt{(x - m\,s)^2 + y^2}.$$

In dieser Näherung ist also $\phi = \phi(r)$, und damit stellt die Anodenoberfläche $r = a$ eine Äquipotenzialfläche dar, auf der ein Randwert vorgebbar ist:

$$\phi(a) \approx \frac{\lambda}{2\pi\epsilon_0}\left[\frac{\pi d}{s} - \ln\left(\frac{2\pi a}{s}\right)\right]. \tag{7.39}$$

Statt einer Linienladung kann man also in dieser Näherung einen Anodendraht mit Radius a annehmen, und λ bekommt die Bedeutung einer Oberflächenladung pro Länge auf dem Draht. Das elektrische Feld ist dann in der Nähe des Drahtes azimutalsymmetrisch:

$$\vec{E}(r) = -\frac{\partial\phi}{\partial r}\vec{e}_r \approx \frac{\lambda}{2\pi\epsilon_0}\frac{1}{r}\vec{e}_r\,. \tag{7.40}$$

Wenn das Potenzial auf der Kathodenoberfläche vorgegeben ist, wie hier durch $\phi(x,d) = 0$, dann wird der Randwert auf der Anode durch die zwischen Anode und Kathode angelegte Spannung U_0 festgelegt, die sich aus der Potenzialdifferenz ergibt:

$$U_0 = \phi(x,y)|_{r=a} - \phi(x,d) = \frac{\lambda}{2\pi\epsilon_0}\left[\frac{\pi d}{s} - \ln\left(\frac{2\pi a}{s}\right)\right]. \tag{7.41}$$

Bei gegebener Spannung hängt λ, die auf der Anode pro Länge influenzierte Ladung, von der Kapazität der Anordnung ab:

$$\lambda = C\,U_0\,. \tag{7.42}$$

Dabei ist C die Kapazität pro Länge für einen einzelnen Draht, die sich durch Einsetzen von λ in (7.41) ergibt:

$$C = \frac{2\pi\epsilon_0}{\frac{\pi d}{s} - \ln\left(\frac{2\pi a}{s}\right)}\,. \tag{7.43}$$

Für eine Anodenfläche mit einer großen Anzahl n von Drähten lässt sich die Kapazität $C_n = n\,C$ mit der Kapazität C_{Pl} eines entsprechenden ebenen Kondensators, der aus einer kontinuierlichen Anodenfläche zwischen zwei Kathodenflächen besteht, vergleichen:

$$C_n = n\frac{2\pi\epsilon_0}{\frac{\pi d}{s} - \ln\left(\frac{2\pi a}{s}\right)} < C_{Pl} = n\,\frac{2\epsilon_0 s}{d} = n\,\frac{2\pi\epsilon_0}{\frac{\pi d}{s}}\,. \tag{7.44}$$

Die Ungleichung ergibt sich, weil im allgemeinen $s > 2\pi a$ gilt und somit der Logarithmus im Nenner der linken Gleichung negativ ist. Mit den Werten für eine typische MWPC (7.32) erhält man zum Beispiel für eine Zelle ($n = 1$): $C = 3.5\,\text{pF/m}$. Ein entsprechender flächiger Kondensator hat pro Zelle die etwas größere Kapazität $C_{Pl} = 4.4\,\text{pF/m}$.

Zur Berechnung der elektrostatischen Felder in Detektoren mit beliebigen Anordnungen von Elektroden werden im Allgemeinen Computerprogramme zur Lösung der Potenzialgleichung mit vorgegebenen Randwerten auf den Elektroden herangezogen. Ein häufig dafür benutztes Programm ist Garfield [793, 792]. Garfield kann sowohl zweidimensionale Konfigurationen analytisch mit Methoden der komplexen Potenzialtheorie (wie auch in Anhang B diskutiert) berechnen als auch auf numerische Methoden für den allgemeinen Fall zurückgreifen. Analytische Lösungen sind, wenn möglich, vorzuziehen, weil sie weniger zeitaufwändig sind, insbesondere für die Simulation des Ladungstransports.

7.8.3 Betrieb von MWPCs im Experiment

Wahl des Gases

Bei der Wahl des Gases für den Betrieb einer MWPC gelten die allgemeinen Kriterien, die in Abschnitt 7.5 besprochen wurden.

Als Gas mit guten Verstärkungs- und Quenching-Eigenschaften hat sich das sogenannte 'magische Gas' (*magic gas*) bewährt: 75% Argon + 24% Isobutan + 0.5% Freon. Die drei Komponenten erfüllen die in Abschnitt 7.5 beschriebenen Aufgaben: Argon sorgt für eine hohe Gasverstärkung bei einem relativ niedrigen Feld, Isobutan wirkt hier als Löschgas zur Dämpfung der Elektronen und zur Absorption von Photonen, und das elektronegative Freon sorgt für ein sauberes Abklingen des Signals.

Nachweiswahrscheinlichkeit

Die Wahrscheinlichkeit, dass ein Teilchen beim Durchgang durch einen Detektor nachgewiesen wird, hängt im Wesentlichen von folgenden Parametern ab:

- Ionisationsstatistik: Wie viel Ladung zum Signal beiträgt, hängt von der Anzahl der erzeugten Elektron-Ion-Paare und vom eventuellen Ladungsverlust auf dem Weg zu den Elektroden ab.
- Gasverstärkung und Empfindlichkeit der Elektronik: Es ist möglich, mit moderner, rauscharmer Elektronik auf einzelne Elektronen empfindlich zu werden, das heißt auf Ladungen in der Größenordnung Femto-Coulomb, wenn die Gasverstärkung 10^4 beträgt.
- Totzeit des Detektors und der Elektronik: In einem Detektor können Totzeiten oder Zeiten mit verminderter Nachweiswahrscheinlichkeit dadurch erzeugt werden, dass bei hohen Teilchenraten, hoher Primärionisation oder hoher Gasverstärkung Raumladungen entstehen, die das Potenzial der Elektroden abschirmen können. Die Stärke des Effekts wird durch die Verzögerung des Ladungsausgleichs durch die Ionenbeweglichkeit und die Zeitkonstanten der Spannungsversorgungen bestimmt.

Mit MWPCs können Nachweiswahrscheinlichkeiten von nahezu 100% pro Detektorebene für eine minimal-ionisierende Spur erreicht werden. Bei einer typischen Ionisationsdichte von etwa 100/cm und einer Wegstrecke im Gas von mehr als 8 mm trägt die Ionisationsstatistik praktisch nicht zum Effizienzverlust bei. Um eine ausreichende Gasverstärkung bei nicht zu hohen Spannungen einzustellen, werden gewöhnlich 'Hochspannungskurven' gemessen: Der Anteil der nachgewiesenen Teilchen von allen durchgehenden Teilchen wird gegen die Hochspannung aufgetragen. Die durchgehenden Teilchen werden meistens mit weiteren Detektoren (zum Beispiel Szintillationszählern, Abb. 7.25(a)) bestimmt. In Abb. 7.21 ist eine typische Effizienzkurve einer MWPC gezeigt: Bei einer charakteristischen Spannungsschwelle steigt die Rate relativ schnell von null auf einen Plateauwert nahe 100% an, der über einen gewisssen Bereich beibehalten wird. Bei noch weiterer Spannungserhöhung kann die Rate auch durch spontane Entladungen und ande-

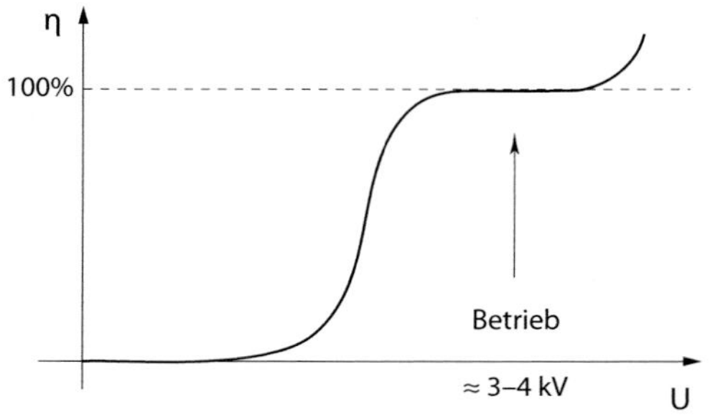

Abb. 7.21 Typischer Verlauf einer Hochspannungs- oder Effizienzkurve: Anteil der in einer Kammerebene registrierten Signale, bezogen auf alle durchgehenden Teilchen, als Funktion der Hochspannung an den Elektroden (die elektronische Schwelle bleibt dabei fest).

re Effekte auf über 100% steigen. Um einen effizienten und gleichzeitig stabilen Betrieb sicherzustellen, legt man die Betriebsspannung auf einen Wert nicht zu weit hinter dem Beginn des Plateaus.

Bei jedem Teilchendurchgang werden die freigesetzten Ladungen zu den Elektroden transportiert, so dass die Spannung zwischen Anode und Kathode absinken würde, wenn sie nicht von der Hochspannungsquelle (HV) ausgeglichen würde. Dieser Ladungsausgleich findet mit einer Zeitkonstanten $\tau = R_{HV}\, C_{Det}$ statt, wobei R_{HV} der Widerstand der Spannungsquelle und C_{Det} die Detektorkapazität ist (siehe auch Abb. 7.1). Zum Schutz gegen Überschläge wird diese Zeitkonstante viel größer als die Zeitkonstante für die Entwicklung einer Entladung gemacht. Dann senkt ein Entladungsstrom die Spannung genügend lange ab, um eine Entladung tendenziell zu stoppen. Zum Beispiel ist für einen Widerstand $R_{HV} = 10\,\text{M}\Omega$ und eine Detektorkapazität von $100\,\text{pF}$ die Aufladezeitkonstante $\tau = 1\,\text{ms}$.

Damit die Spannungsabsenkung durch einen Strom über R_{HV} nicht die Nachweiswahrscheinlichkeit verringert, muss die Rate klein gegen $1/\tau$ sein. Die erreichbaren Raten lassen sich aus der Spannungsabsenkung und der daraus folgenden Verringerung der Gasverstärkung abgeschätzen. Der auf der Hochspannungskurve eingestellte Arbeitspunkt (Abb. 7.21) bestimmt, welche Spannungsabsenkung tolerierbar ist.

Auflösungen

Auflösung der Koordinate senkrecht zum Anodendraht Wir betrachten eine Anodenebene wie in Abb. 7.18, bei der die x-Achse in der Anodenebene senkrecht zu den Drähten liegt. Wenn bei einem Teilchendurchgang genau ein Draht mit der Koordinate x_a anspricht, muss der Durchgangsort innerhalb $x_a \pm s/2$ liegen, das heißt innerhalb eines Intervalls $\Delta x = s$, des Drahtabstands. Wenn alle Durchgangsorte in der Nähe eines Drahtes gleich häufig vorkommen (Gleichverteilung), so ist die Standardabweichung, entsprechend der Auflösung der Messapparatur (siehe Anhang E, Gleichung (E.4)):

$$\sigma = \frac{\Delta x}{\sqrt{12}}\,. \tag{7.45}$$

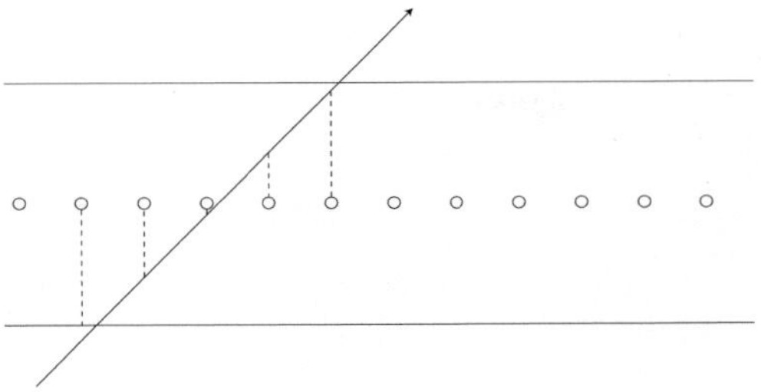

Abb. 7.22 Ansprechen mehrerer benachbarter Drähte bei nicht-senkrechtem Durchgang eines Teilchens (Cluster-Bildung).

Bei einem Drahtabstand von $s = 2\,\text{mm}$ ist die Auflösung dann $\sigma \approx 0.6\,\text{mm}$, was für MWPCs ein typischer Wert ist.

Häufig sprechen mehrere Drähte an, insbesondere wenn die Spur nicht senkrecht zu der Detektorebene verläuft (Abb. 7.22). Um die x-Koordinate des Schnittpunkts der Spur mit der Anodenebene festzulegen, wird der Schwerpunkt der x-Koordinaten der angesprochenen Drähte ('Cluster-Schwerpunkt') gebildet. Mit guten Algorithmen lassen sich sogar etwas bessere Auflösungen erreichen als mit einem einzelnen angesprochenen Draht (siehe dazu Anhang E).

Zwei-dimensionale Ortsauflösung Um die zweite Koordinate in der Anodenebene (y-Koordinate in Abb. 7.18) zu bestimmen, gibt es verschiedene Methoden, zum Beispiel:

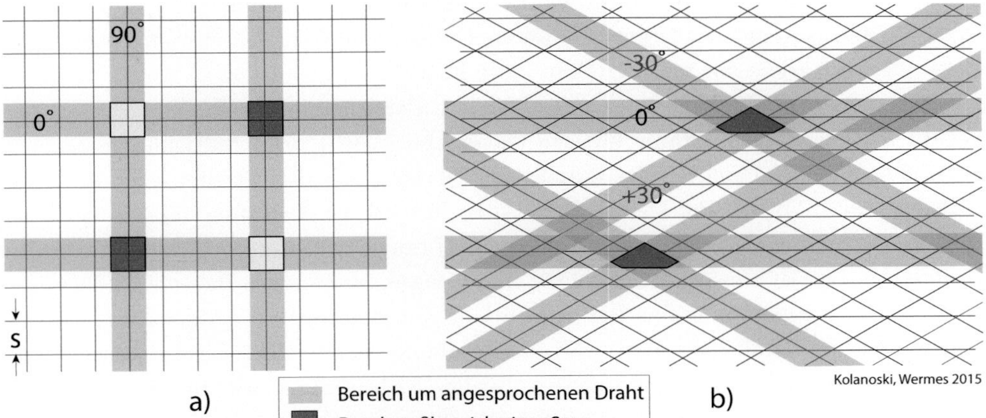

Abb. 7.23 Die Skizze zeigt die senkrechte Aufsicht auf zwei beziehungsweise drei hintereinander liegende Anodenebenen mit unterschiedlichen Drahtorientierungen. Die grauen Streifen sind die $\pm s/2$-Bereiche um angesprochene Drähte. Die dunklen Flächen markieren den tatsächlichen Durchstoßbereich der Spuren, die hellen Flächen die falsche Drahtkombination. (a) Mehrdeutigkeiten bei der räumlichen Rekonstruktion von Durchstoßpunkten von Teilchen, wenn nur orthogonale Koordinaten gemessen werden. (b) Beispiel für eine Anordnung von drei Stereolagen ($0°$, $\pm 30°$) zur Vermeidung von Mehrdeutigkeiten bei der Spurrekonstruktion. Die Durchstoßpunkte der Spuren liegen in den Überlappungsbereichen von $\pm s/2$-Bereichen. In diesem Beispiel gibt es keine falschen Zuordnungen.

- Kombination von Anodenebenen mit unterschiedlichen Drahtorientierungen ('Stereolagen');
- Auslese der Influenzsignale auf den Kathoden, die dann meistens als Streifen oder 'Pads' segmentiert sind (die Streifen mit einer anderen Orientierung als die Anode);
- Ladungsteilung: Die Anoden werden von beiden Seiten ausgelesen, der Vergleich der gemessenen Ladungen ergibt den Ort entlang der Anode.

Stereolagen Bei der Anordnung von Stereolagen ist zu beachten, dass Mehrdeutigkeiten bei der Rekonstruktion von Raumpunkten einer Teilchenspur vermieden werden. Die für die räumliche Auflösung günstigste Anordnung mit zwei zueinander senkrechten Drahtorientierungen führt zu Mehrdeutigkeiten, wenn mehr als ein Teilchen gleichzeitig registriert wird. In Abb.7.23(a) ist das für zwei Spuren gezeigt: Die Kombinationen der jeweils 2 getroffenen Drähte führen zu 4 möglichen Raumpunkten. Entsprechend ergeben sich bei n Spuren n^2 Raumpunkte, also zum Beispiel bei 4 Spuren bereits 12 falsche Kombinationen.

Diese Mehrdeutigkeiten (*ambiguities*) können prinzipiell durch eine dritte, unabhängige Drahtorientierung beseitigt werden. Zum Beispiel würde in Abb. 7.23(a) eine zusätzliche um 45° gedrehte Drahtlage Mehrdeutigkeiten weitgehend auflösen. In Abb.7.23(b) sind drei Anodenlagen mit relativen Drahtorientierungen 0°, ±30° gezeigt. Diese symmetrische Variante (bezüglich der 0°-Lage) ist häufig konstruktionsbedingt bevorzugt. Ebenso können kleine Stereowinkel für die Konstruktion vorteilhaft sein (zum Beispiel wenn die Zugspannung der Drähte nur an zwei Seiten aufgenommen werden soll oder die elektronische Auslese nur an einer Seite Platz hat).

Die Durchstoßpunkte von Spuren liegen in den Bereichen, in denen die $\pm s/2$-Streifen um die angesprochenen Drähte kreuzen (siehe Abb.7.23(b)). Die Auflösung ist im Allgemeinen durch ein Vieleck, das durch den Überlapp von drei Streifen gebildet wird, gegeben (Abb.7.23(b)). Bei kleinen Stereowinkeln wird die Auflösung dann in der Vorzugsrichtung der Drähte schlechter (etwa wie $1/\tan\alpha$, wobei α der Schnittwinkel der Drähte ist). Das ist akzeptabel, wenn die Auflösungsanforderungen für verschiedene Koordinaten nicht gleich sind. Zum Beispiel wird die Koordinate, die die Ablenkung in einem Magnetfeld und damit die Impulsauflösung bestimmt, in der Regel besser gemessen als die dazu orthogonale. Wenn die Auflösung in allen Richtungen gleich gut sein soll, ist die beste Anordnung die mit drei Drahtrichtungen, die jeweils um 60° verdreht sind.

Kathodenauslese Eine Kathodenstreifenauslese (Abb.7.24 a) bietet zusätzlich zu der Anodenauslese die Messung einer weiteren Koordinate. Hier wird das von der Ladungslawine auf die Kathode induzierte Signal genutzt[7]. Bei typischen Breiten von Kathodenstreifen im Millimeter-Bereich kann eine Auflösung von Bruchteilen eines Millimeters erreicht werden, insbesondere wenn man durch Messung der Signalhöhen der einzelnen Streifen Ladungsschwerpunkte von Clustern bestimmen kann (siehe auch Anhang E).

[7] Das ähnelt der Auslese der Streamer-Rohre in Abb. 7.12. Dort sind allerdings die Auslesestreifen unabhängig von den Kathoden, die einen hohen Flächenwiderstand haben, um für die Influenzsignale transparent zu sein.

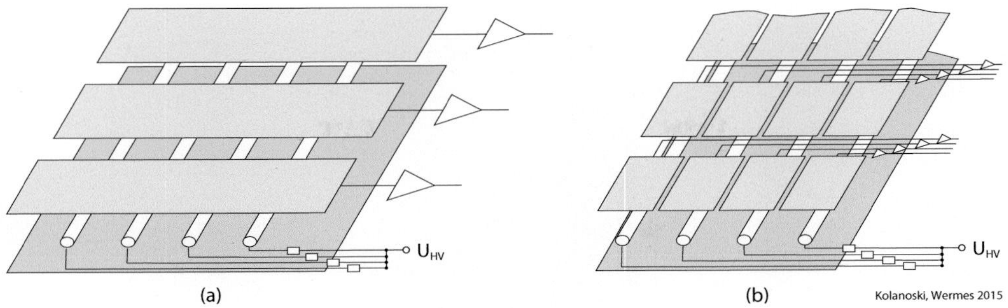

Abb. 7.24 Prinzip einer Auslese von (a) Kathodenstreifen und (b) Kathoden-Pads.

Die direkte Messung eines Raumpunkts ist möglich, wenn die Kathoden als 'Pads', also kleine Leiterflächen, geformt sind (Abb.7.24 b). Das ist vorteilhaft, wenn der Raumpunkt in einem schnellen Trigger genutzt werden soll oder wenn der Untergrund sehr hoch ist. Pad-Auslese wird zum Beispiel in photosensitiven MWPCs zur Bestimmung von Cherenkov-Ringen (RICH-Detektoren, siehe Kapitel 11) und in MWPCs zur Auslese von 'Time Projection Chambers' (Abschnitt 7.10.10) eingesetzt.

Zeitauflösung Wegen der unterschiedlichen Abstände der Spuren vom Anodendraht und wegen der statistischen Verteilung der Driftzeiten der Elektronen liegen die Ankunftszeiten des Signals nach einem Spurdurchgang in einem Zeitintervall von typisch 100 ns. Diese Zeit spielt insbesondere eine Rolle für die Nutzung von MWPCs in einer Triggerlogik (siehe Abschnitt 7.8.4), die eventuell bereits eine grobe Spurerkennung einschließt. Wenn nötig, kann man versuchen, die oben abgeschätzte Zeitspanne zu vermindern, indem man ein logisches 'ODER' benachbarter Ebenen mit der Zeitmarke des frühesten Ansprechers bildet. Auf diese Weise wurden Auflösungen um 10 ns erreicht.

7.8.4 Beispiel einer MWPC-Detektoranordnung mit Elektronik

Eine einfache Anordnung planarer MWPCs mit drei Kammern zu jeweils drei Stereolagen ist in Abb. 7.25(a) skizziert. Zusammen mit den Szintillationszählern (Szi1,2 in der Abbildung) könnte eine solche Anordnung zum Vermessen kosmischer Strahlung eingesetzt werden. Die Szintillationszähler (siehe Kapitel 13) erlauben schnelle Koinzidenzen (Koinzidenzbreiten < 10 ns) zur Unterdrückung von Untergrund. Anhand dieser Anordnung zeigt Abb. 7.25(b) das Prinzip einer MWPC-Auslese und ein Schema, wie die Kammern in die Triggerlogik einbezogen werden können.

Auslese: Die Signale von den Anoden werden auf 'Vorverstärker' (*pre-amplifiers*, PAs) geleitet, die zur Vermeidung zusätzlicher Kapazitäten und Rauschquellen unmittelbar am Detektor angebracht sind. Die Ausgangssignale der Vorverstärker werden in der Regel bipolar über 'twisted-pair'-Kabel (siehe Seite 766) an einen 'Hauptverstärker' (*main amplifier*, MA) weitergeleitet. Die (analogen) Ausgangssignale des Hauptverstärkers wer-

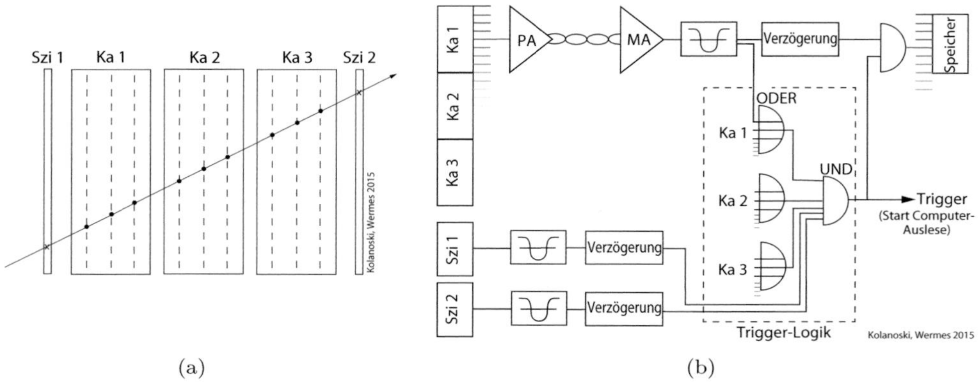

Abb. 7.25 (a) Einfache Anordnung von MWPCs, wie sie häufig in Testexperimenten benutzt wird: Hier sind 3 Kammern mit jeweils 3 Ebenen (mit unterschiedlichen Stereowinkeln) zwischen 2 Szintillationszählern aufgestellt. Die Zähler liefern eine schnelle Koinzidenz, um den Durchgang eines Teilchens anzuzeigen. (b) Schema einer einfachen Auslese- und Triggerelektronik für das Beispiel einer MWPC-Anordnung in (a) (Beschreibung im Text).

den in einem Diskriminator in logische Signale umgewandelt, die in einer Speichereinheit bei Vorliegen eines Triggers registriert werden. Gleichzeitig können die logischen Signale zur Weiterverarbeitung in einer Triggerlogik eingesetzt werden. Mit moderner Elektronik kann man die Funktionen von Vor- und Hauptverstärker auch in einem Chip direkt an der Kammer zusammenfassen.

Trigger: In dem gestrichelten Rechteck in Abb. 7.25(b) ist ein Beispiel für einen einfachen Trigger dargestellt: Das 'ODER' aller Signale einer Kammer wird für jede Kammer auf eine 'UND'-Koinzidenz zusammen mit den Signalen der beiden Szintillationszähler gegeben. Diese Schaltung enthält also ein 'ODER' der jeweils 3 Ebenen einer Kammer und damit eine Zeitauflösung, die besser als etwa 60 ns sein kann (siehe oben). Um die bessere Zeitauflösung der Szintillationszähler zu nutzen, kann man die Schaltung so einrichten, dass die Zeitmarke des Triggers (zum Beispiel die führende Flanke des Signals) immer von demselben Szintillationszähler erzeugt wird.

7.8.5 Einsatz von Vieldrahtproportionalkammern

In der Teilchenphysik sind die Vieldrahtproportionalkammern als Spurendetektoren inzwischen weitgehend durch Driftkammern (siehe Abschnitt 7.10) verdrängt worden, die den Vorteil haben, bei höherer Ortsauflösung weniger Auslesekanäle zu haben. Es gibt aber Spezialanwendungen, auch außerhalb der Teilchenphysik, bei denen MWPCs die optimale Detektorwahl darstellen:

- Wegen des schnellen Ansprechens werden MWPCs als 'Triggerkammern' in Teilchenexperimenten eingesetzt (zum Beispiel im H1-Experiment [26]).

- Als ortsauflösende Photodetektoren werden MWPC zum Nachweis von Photonenstrahlung in Teilchenphysik, Medizin oder Materialprüfung eingesetzt, zum Beispiel zum Nachweis von Cherenkov-Strahlung vom sichtbaren Licht bis zum UV-Bereich (Kapitel 11) oder von Übergangsstrahlung im Röntgenbereich (Kapitel 12). Die Photon-Konversion findet entweder im Gas (zum Beispiel schwere Edelgase wie Xenon, Krypton beim Röntgen-Nachweis) oder an einer photosensitiven Kathode (zum Beispiel CsI) statt. Die Wahl des Konverters hängt von der Absorption in dem jeweils relevanten Spektralbereich ab. Für den Nachweis von Cherenkov-Strahlung im UV-Bereich werden auch organische Gasmischungen genutzt (Kapitel 11).
- In atomphysikalischen Apparaturen werden MWPCs bei niedrigem Gasdruck zum Nachweis langsamer Ionen genutzt, die bei normalem Druck keine genügende Reichweite hätten (siehe zum Beispiel [663]).

7.9 Mikrostrukturierte Gasdetektoren

In Experimenten mit hohen Teilchendichten, wie zum Beispiel am Speicherring LHC, kann für die konventionellen gasgefüllten Detektoren eine zu hohe Trefferrate pro Auslesekanal (*occupancy*) problematisch werden. Mit wachsender Trefferrate verliert ein einzelner Treffer zunehmend an Information, im Extremfall bei 100% Trefferrate enthält ein Treffer überhaupt keine Information. In gasgefüllten Detektoren mit Signaldrähten kann aber die sensitive Fläche eines Kanals nicht beliebig klein gemacht werden, weil eine ausreichende Ionisationsladung einen genügend langen Weg der Teilchen durch das Gas verlangt und weil die Drähte nicht beliebig kurz sein können. Damit liegen die Zelldurchmesser immer mindestens im Millimeterbereich, die Drahtlängen im Zentimeterbereich und die Ionensammelzeit im Millisekundenbereich. Halbleiterdetektoren (Kapitel 8) dagegen können Elektrodenabmessungen im 10-Mikrometer-Bereich und Ladungssammelzeiten im 10-Nanosekunden-Bereich erreichen.

Um die günstigen Eigenschaften von Gasdetektoren, wie relativ niedrige Kosten und wenig Material, auch bei hohen Teilchendichten nutzten zu können, hat man seit den 1980er Jahren gasgefüllte Detektoren mit mikrostrukturierten Ausleseebenen (*micro pattern gas detectors*, MPGDs) entwickelt. Durch geschickte Anordnung der Elektroden konnten auch die Ionensammelzeiten verkürzt werden. Die Mikrostrukturierung bei gasgefüllten Detektoren wurde erstmals 1988 vorgestellt [619], wobei statt Drähten Mikrostreifen auf Leiterplatinen mit Breiten im Bereich von 10 bis 100 μm, ähnlich wie bei den Silizium-Mikrostreifendetektoren, als gasverstärkende Elektroden verwendet wurden. Mit diesem Detektor konnten Teilchenraten bis zu 2.3 MHz/cm^2 gemessen werden. Im weiteren Verlauf sind auch andere Strukturen, die hohe Feldstärken zur Gasverstärkung erzeugen, erfolgreich entwickelt worden, wie in den folgenden Abschnitten an drei Beispielen gezeigt wird. Die Konzepte und Techniken für MPGDs sind zu einem großen Teil von den Halbleiter-Mikrostreifendetektoren (Abschnitt 8.5) übernommen worden, auch die

Signalauslese mit integrierter VLSI-Elektronik (ASIC-Chips). Eine Übersicht verschiedener MPGD-Varianten findet man zum Beispiel in [711, 654]. Während die MPGDs als eigenständige Detektoren für geladene Teilchen geeignet sind, ist ihr Einsatz auch für den Nachweis der driftenden Elektronen in Time Projection Chambers interessant (siehe Abschnitt 7.10.10).

Gasmischungen für MPGDs: Von der Konzeption her haben MPGDs in der Regel relativ kleine Gasvolumina, damit erzeugte Ladungen schnell gesammelt werden. Um nicht durch die Fluktuationen der Ionisationsstatistik die Effizienz zu beeinträchtigen, sollte die mittlere Anzahl n_p der primären Ionisationscluster möglichst hoch sein. Ein häufig verwendetes Gas ist Dimethylether (DME), der eine Primärionisationsdichte hat, die mehr als doppelt so groß wie bei Argon ist (siehe Tab. 7.1). Dimethylether hat auch gute Eigenschaften als Löschgas, zeigt keine oder geringe Alterungserscheinungen unter Strahlungsbelastung (im Gegensatz zu Isobutan, das ansonsten eine noch höhere Ionisationsdichte bietet) und ist wegen der relativ großen Strahlungslänge nicht sensitiv auf Untergrund von Röntgen- und Gammastrahlung. Um die notwendige Anodenspannung für eine gewünschte Gasverstärkung nicht zu hoch werden zu lassen, wird in MPGDs DME in der Regel in Mischungen mit Edelgasen, meistens Argon oder auch Neon, eingesetzt. Um das Gas schneller zu machen, werden auch Mischungen von DME mit CF_4 (10–20%) [236] eingesetzt, wie in Abschnitt 7.9.3 beschrieben.

7.9.1 Microstrip Gas Chamber

Die erste Realisierung des Konzepts der mikrostrukturierten Detektoren mit Gas als Detektormedium war die *microstrip gas chamber* (MSGC) [619]. Das Prinzip einer MSGC ist in Abb. 7.26 gezeigt. Zwischen einer dünnen Kathodenebene (Driftkathode in Abb. 7.26(a)) und einem Trägersubstrat (zum Beispiel aus Glas) ist das Gasvolumen mit einer Dicke von wenigen Millimetern eingeschlossen (Abb. 7.26(d)). Die schmalen, gasverstärkenden Anoden sind photolitographisch auf das Substrat aufgebracht. Um die an den Anoden entstehenden Ionen der Lawine schnell abzusaugen, sind zusätzlich zu der Driftkathode auch auf der Anodenebene zwischen den Anodenstreifen (A) noch weitere Kathodenstreifen (K) in abwechselnder Anordnung angebracht (Abb. 7.26(b)). Die Mehrzahl der in der Lawinenverstärkung erzeugten Ionen driften zu den Kathodenstreifen, die nur 50–60 μm von der Anode entfernt liegen, entlang der Feldlinien in Abb. 7.26(c). Mit dieser Elektrodengeometrie können weit höhere Teilchenraten verkraftet werden als mit konventionellen Vieldrahtkammern, um etwa zwei Größenordnungen mehr (Abb. 7.27). Raumladungen, verursacht durch die sich nur langsam bewegenden Ionen, die das elektrische Feld für nachkommende Elektronen verändern würden, werden durch die Kathodenstreifen stark reduziert.

Um größere Detektorflächen abzudecken, werden MSGCs modular aufgebaut (siehe Abb. 7.26(d)), meistens überlappend zusammengefügt, um keine toten Zonen zu bilden. Modularität ist zunächst aus Gründen der vereinfachten Herstellung von Mikrostrukturen

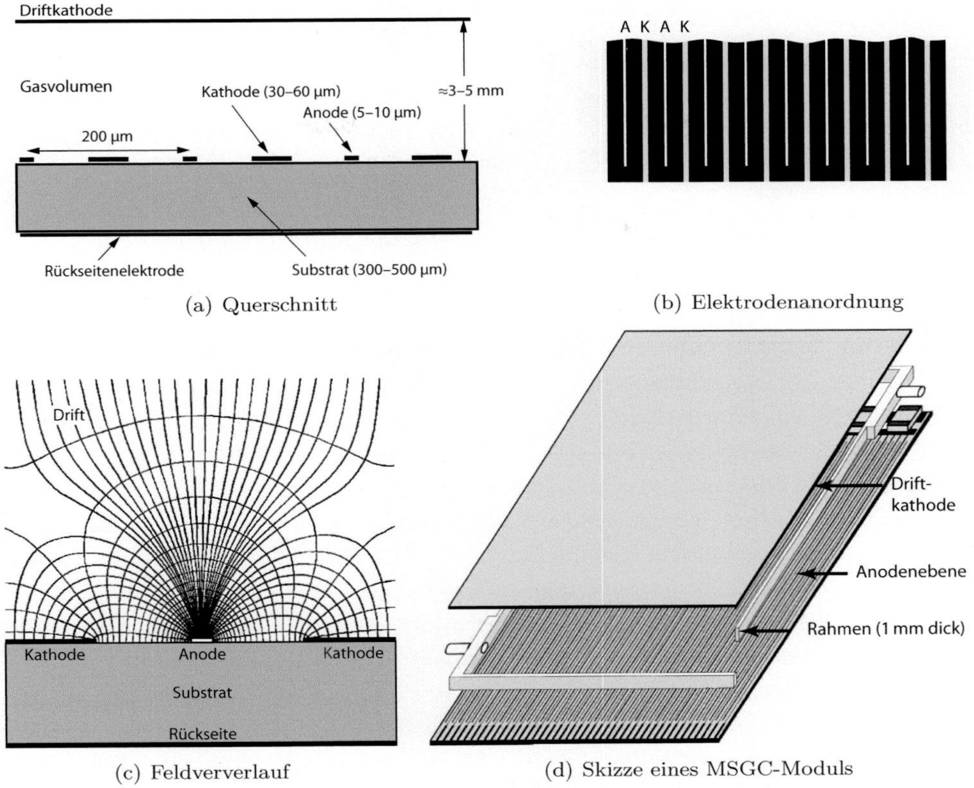

Abb. 7.26 Microstrip Gas Chamber (MSGC): (a) Querschnitt, (b) Elektrodenanordnung auf der Anodenebene, (c) Elektrischer Feldverlauf (aus [710], mit freundl. Genehmigung von Cambridge University Press), (d) Gesamtansicht eines Kammermoduls (aus [185], mit freundl. Genehmigung von Elsevier).

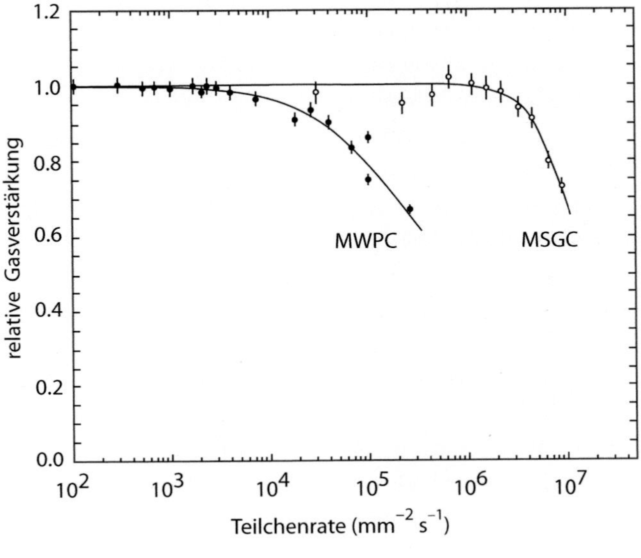

Abb. 7.27 Vergleich der Ratenverträglichkeit einer MSGC und einer konventionellen Vieldrahtkammer (MWPC): gemessene relative Gasverstärkung als Funktion der Teilchenrate [228].

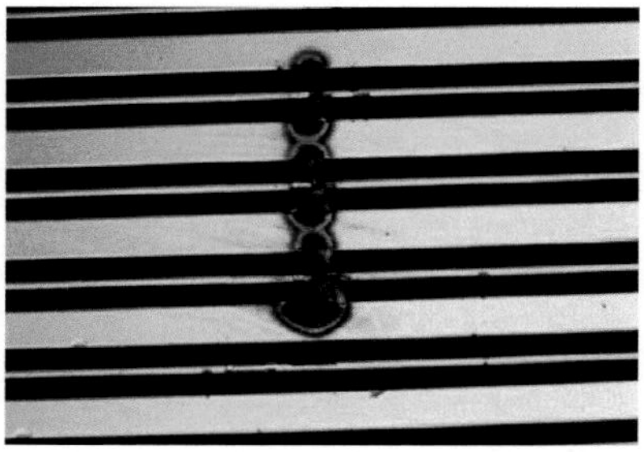

Abb. 7.28 Auswirkung einer Entladung auf die Metallelektroden einer MSGC [227].

naheliegend. Außerdem hilft eine Begrenzung der Länge der Auslesestreifen auf 10 bis 20 cm dabei, die Detektorkapazität und damit das elektronische Rauschen (Abschnitt 17.10.3) möglichst gering zu halten. Geringes Rauschen ermöglicht es, die Gasverstärkung zu minimieren, was wiederum potenziell die Lebensdauer einer MSGC verlängert (siehe weiter unten die Diskussion von unkontrollierten Entladungen).

Mit MSGCs werden Ortsauflösungen im Bereich von 30 µm erzielt, also 10- bis 20-mal besser als mit herkömmlichen Vieldrahtkammern (MWPCs). Durch zusätzliche Auslesestreifen auf der Rückseite des Substrats, orthogonal oder schräg zu den Anodenstreifen, erhält man eine zweidimensionale Ortsinformation. Alternativ können die Ausleseelektroden zweidimensional strukturiert werden (*pads*).

In Testaufbauten wurden mit MSGCs Gasverstärkungen von mehr als 10^5 erreicht. Allerdings ist das bei hohem Strahlungspegel in der Regel nicht erreichbar, was sich insbesondere bei den Entwicklungsarbeiten für Hochratenexperimente, zum Beispiel für CMS und HERA-B, gezeigt hat. Einige der dabei aufgetretenen Probleme konnten zwar gelöst werden, in der Summe haben sie aber letztlich den Einsatz in diesen Experimenten, jedenfalls in der ursprünglichen MSGC-Konzeption, verhindert.

Ein Teil der Probleme hat mit der isolierenden Substratoberfläche zwischen den Anoden- und den Kathodenstreifen zu tun. Bei hohen Raten sammeln sich positiv geladene Ionen auf der Oberfläche, die wegen der Isolierung nicht neutralisiert werden können und dadurch lokale Feldänderung und damit wiederum ungleichmäßige Gasverstärkung zur Folge haben. Um die Ionenladungen neutralisieren zu können, muss die Oberfläche eine geringe Elektronenleitfähigkeit haben. Eine Lösung ist die Verwendung von halbleitendem Glas, zum Beispiel Pestov-Glas [646] mit einem spezifischem Widerstand von 10^9–10^{10} $\Omega\,$cm oder eine Hochwiderstandsbeschichtung, zum Beispiel DLC (*diamond-like carbon coating*) wie in [110], mit einem Oberfächenwiderstand von 10^{14}–10^{16} $\Omega/\Box$ (zu der Einheit $\Omega/\Box$ siehe Fußnote 4 auf Seite 209).

Ein vielleicht noch schwerwiegenderes Problem für die MSGCs (in der hier diskutierten Geometrie) sind unkontrollierbare Entladungen, die zu Beschädigungen der Elektroden führen können. Auch wenn die Ladung, die von einem hochenergetischen Teilchen erzeugt wird, unproblematisch für einen stabilen Betrieb ist, kann man nicht verhindern, dass hin und wieder auch sehr hochionisierende Atomkerne oder Kernbruchstücke erzeugt werden. Zum Beispiel kann ein Goldkern, der an einer der Elektroden herausgeschlagen wurde, eine 20 000-mal höhere Ionisationsdichte haben als ein minimal-ionisierendes Teilchen. Bei

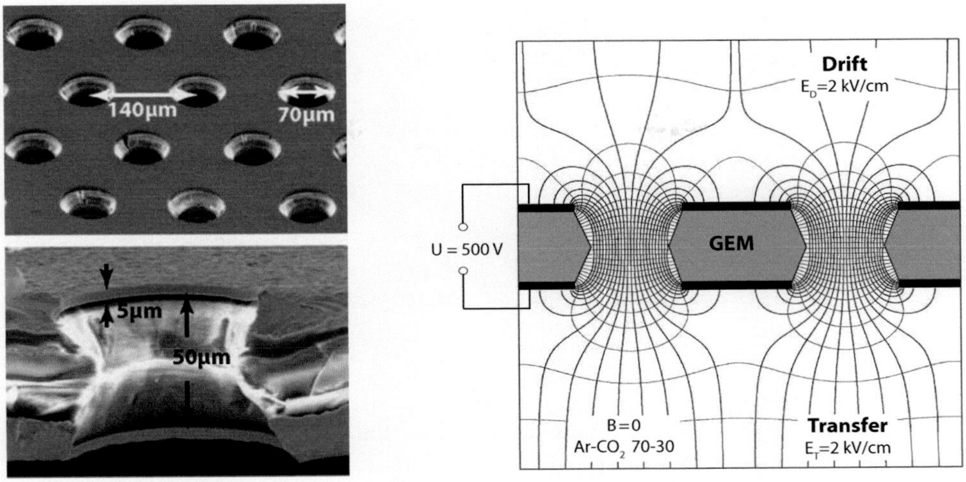

(a) GEM-Folie (oben), Lochausschnitt (unten)

(b) Elektrisches Feld

Abb. 7.29 *Gas Electron Multiplier* (GEM): (a) GEM-Folie mit 70 μm großen Perforationen [705], (b) Feldverteilung an einer GEM-Folie ([109], mit freundl. Genehmigung von Elsevier).

den hohen Feldstärken führt das zu sehr energiereichen Entladungen, die die Elektroden zerstören können, wie das Foto in Abb. 7.28 zeigt. Versuche, die Energie dieser Entladungen zu begrenzen, zum Beispiel durch Vorwiderstände oder durch spezielle Beschichtung der Ränder der Elektroden, waren nur mäßig erfolgreich.

Insgesamt hat sich für MSGCs in der ursprünglichen Konzeption ergeben, dass bei den notwendigen Gasverstärkungen ein stabiler Betrieb mit Lebensdauern von vielen Jahren nicht gesichert werden kann, zumindest in Hochratenexperimenten. Deshalb wurde in den 1990er Jahren damit begonnen, Lösungen für mikrostrukturierte Gasdetektoren mit höherer Betriebssicherheit zu finden. Ein Weg ist, die Verstärkung in mehrere Stufen zu unterteilen, wie im nächsten Abschnitt beschrieben wird. Ein anderer Weg ist die Vermeidung der scharfen Kanten der Elektroden, die ja bei MSGCs Radien im Mikrometerbereich haben. Ein Beispiel für eine solche Lösung wird in Abschnitt 7.9.3 dargestellt.

7.9.2 Gas Electron Multiplier (GEM)

Eine sehr erfolgreiche Variante der MPGDs ist der *Gas Electron Multiplier* (GEM) [708]. Ursprünglich als Vorverstärkungsstufe für MSGCs zur Lösung des Problems elektrischer Überschläge konzipiert, werden GEMs zusammen mit separaten Ausleseeinheiten inzwischen sowohl als eigenständige Teilchendetektoren als auch als Ausleseelemente von Zeitprojektionskammern (TPCs, siehe Abschnitt 7.10.10) verwendet.

GEMs sind mechanisch vergleichsweise einfach aufgebaut und sehr robust. Sie bestehen aus typisch 50 μm dicken Kaptonfolien mit beidseitiger Kupferbeschichtung, in die Löcher mit Durchmessern von etwa 50–70 μm geätzt sind (Abb. 7.29(a)). Zwischen den

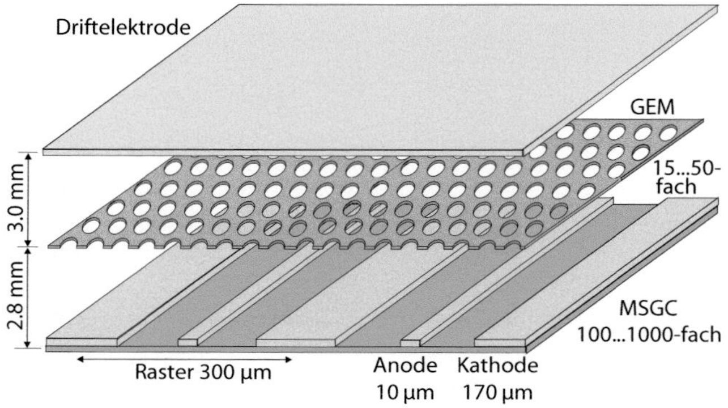

Abb. 7.30 Die GEM-MSGC: Hier dient die zusätzliche Verstärkung um einen Faktor $15--50$ durch die GEM-Folie dazu, die Verstärkung an den Anodenstreifen der MSGC herunterzusetzen ($< 10^3$), um so die Gefahr von Überschlägen zu vermindern ([841], mit freundl. Genehmigung von Elsevier).

Kupferbeschichtungen liegt eine Spannung von etwa 400 V an, die ein starkes Feld in den Löchern der GEM-Folie erzeugt (Abb. 7.29(b)). Die GEM-Folie ist eine reine Gasverstärkungseinheit ohne eigene Ausleseebene. Eine separate Elektrodenebene zur Auslese kann daher für eine vorgegebene Anwendung optimiert werden. Abbildung 7.30 zeigt die Kombination einer MSGC mit einer GEM-Folie, mit der die Gasverstärkung in zwei Stufen aufgeteilt wird. Mit dieser Anordnung konnte das MSGC-Problem der Überschläge mit Zerstörung der Elektrodenstreifen gelöst werden.

Mehrere GEM-Verstärkungsstufen können auch hintereinander verwendet werden. Das Influenzsignal der letzten Stufe kann über eine nicht-verstärkende Elektrode, zum Beispiel mit Pad-Struktur, ausgelesen werden. Damit wird der Bereich hoher Feldstärke von den Elektroden räumlich getrennt, so dass die Ausleseelektronik etwaigen Entladungsüberschlägen weniger direkt ausgesetzt ist. Da GEM-Folien flexibel sind, können sie zum Beispiel auch in zylindrischer Form für Speicherring-Experimente ausgeführt werden [65].

Als ein gewisser Standard haben sich Triple-GEM-Anordnungen wie in Abb. 7.31 durchgesetzt. Die Länge der Driftstrecke vor der ersten GEM-Folie ist ein Kompromiss zwischen den Forderungen nach möglichst viel Ionisationsladung und nach schneller Ladungssammlung. Der Abstand zwischen der letzten Folie und der Ausleseelektrode soll möglichst klein sein, damit man hohe Influenzsignale erhält. Für die Betriebssicherheit ist wichtig, dass die Verstärkungsfaktoren der einzelnen Stufen unter 100 bleiben, wenn eine Gesamtverstärkung von 10^4 bis 10^5 erreicht werden soll. Eine Spannung von 350–500 V

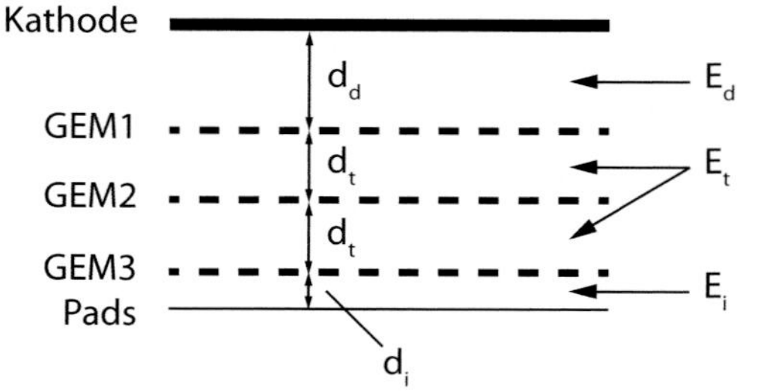

Abb. 7.31 Eine Triple-GEM-Anordnung mit drei GEM-Ebenen und einer Pad-Auslese ([140], mit freundl. Genehmigung von Elsevier). Die Indices d, t, i bezeichnen für die Felder E und die Elektrodenabstände d: 'Drift', 'Transfer' und 'Influenz'. In [140] werden für die getestete Anordnung folgende Werte angegeben: $E_d = 3$ kV, $E_t = 3$ kV, $E_i = 5$ kV und $d_d = 3.3$ mm, $d_t = 2.2$ mm, $d_i = 1.5$ mm.

über die GEM-Löcher führt zu Feldstärken im Bereich von 100 kV/cm in den Löchern und zu einer Gesamtverstärkung einer Triple-GEM-Anordnung um 10^4.

7.9.3 MICROMEGAS

Eine andere Variante der MPGDs ist die MICROMEGAS (*MICRO-MEsh GAseous Structure*) [380], bei der das Prinzip von Parallelplattendetektoren (Abschnitt 7.7) mit dem der Trennung von Verstärkungs- und Ionisations-Drift-Bereich, wie gerade bei GEM-Anordnungen besprochen, verbunden wird. In Abb. 7.32(a) ist die typische Anordnung dargestellt: Das etwa 3 mm dicke Ionisations- und Driftvolumen ist von einer etwa 100 µm dicken Gasverstärkungszone durch ein mikrostrukturiertes Gitter getrennt.

Die Elektronen, die in dem Ionisations-Driftbereich von geladenen Teilchen erzeugt werden, driften durch das Gitter in die Verstärkungszone (Abb. 7.32(a)). Das Feld für die Gasverstärkung (Abb. 7.32(b)) ist typisch 35–45 kV/cm, entsprechend einer Spannung am Gitter relativ zur Elektrodenebene (Anode) von 350–450 V. Die Sekundärelektronen werden auf den als Streifen oder Pads segmentierten Elektroden innerhalb von nur etwa 1 ns und die Ionen auf dem Gitter innerhalb von etwa 100 ns gesammelt. Dies führt zu einem schnellen Influenzsignal durch die Elektronen- und die Ionenbewegung. Die Gasfüllung muss auf geringe Überschlagsraten, geeignete Gasverstärkung und geringe Diffusion optimiert werden. Als Gasmischungen werden zum Beispiel Argon–DME mit 10–20% CF_4-Beimischung, siehe [236], oder Neon/C_2H_6/CF_4 im Verhältnis 80:10:10, siehe [610], verwendet. MICROMEGASs mit diesen Spezifikationen werden zum Beispiel als Spurdetektoren für das COMPASS-Experiment am CERN-SPS eingesetzt [610], mit einer Ratenverträglichkeit von einigen 100 kHz/mm^2 und einer Ortsauflösung von 100 µm.

Das Gitter wird durch isolierende Mikrosäulen unterstützt, die einen konstanten Abstand zwischen Gitter und Ausleseebene einhalten sollen. Eine möglichst exakte Ausrichtung des Mikrogitters ist wesentlich für die Optimierung der Eigenschaften dieses Detektors. Durch moderne mikromechanische Prozessierung auf fertigen Elektronik-Wafern können sehr homogene Gitterstrukturen erzeugt werden, die unmittelbar auf einem Pixel-Auslese-Chip aufgebracht sind [389, 523]. Die 'InGRID' (*integrated grid*) genannte Struktur ist in Abb. 7.32(c) dargestellt [389]. Diese Technik erlaubt eine exakte Ausrichtung der Gitterlöcher mit der Auslesestruktur und einen konstanten Abstand des Gitters von der Ausleseebene. Durch die Ausrichtung wird das influenzierte Signal eines einzelnen verstärkten Elektrons im Wesentlichen auf ein Pixel konzentriert, womit eine Sensitivität auf einzelne Elektronen erreicht werden kann [390, 564].

Ein konstanter Abstand zwischen Gitter und Ausleseebene soll die Gasverstärkung ortsunabhängig machen. Die Anforderungen werden aber durch einen kompensierenden Effekt gemildert: Kleine Abstandsschwankungen ändern in erster Näherung die Verstärkung nicht [236], weil die durchlaufene Potenzialdifferenz gleich bleibt und zum Erreichen der Ionisationsschwelle etwa der gleiche Bruchteil der Potenzialdifferenz notwendig ist, womit dann die Anzahl der Multiplikationen und damit die Gasverstärkung etwa gleich bleiben (siehe die Gleichungen (7.19) und (7.24) auf Seite 193).

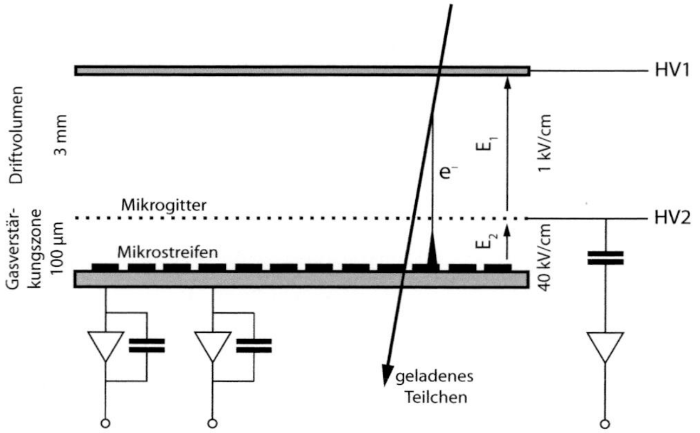

(a) Querschnitt

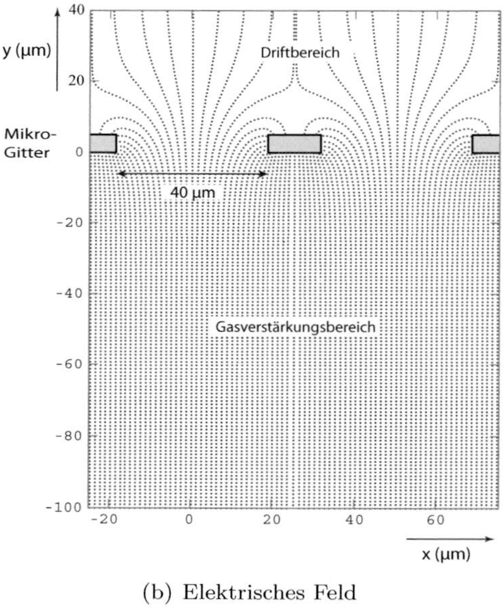

(b) Elektrisches Feld

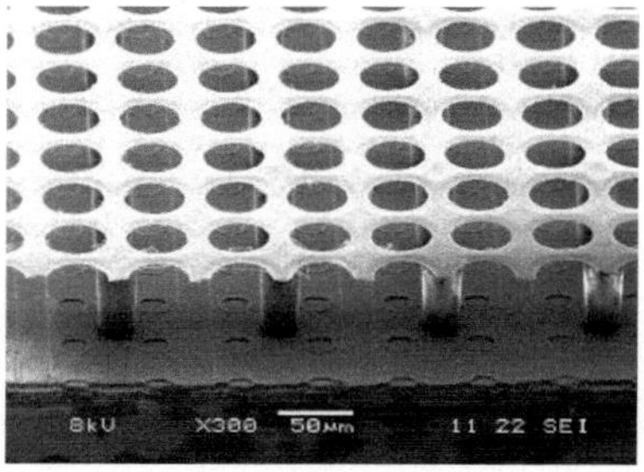

(c) Mikrogitterstruktur

Abb. 7.32 Micromegas: (a) Querschnitt durch die Kammerstruktur mit Driftvolumen und Gasverstärkungsvolumen [236], (b) Elektrische Feldverteilung (aus [237], mit freundl. Genehmigung von Elsevier), (c) Ausschnitt einer modernen *InGRID*-Struktur, welche durch mikromechanische Nachprozessierung von CMOS-Wafern direkt auf Pixel-Auslese-Chips aufgebracht wird (aus [389], mit freundl. Genehmigung von Elsevier).

7.10 Driftkammern

Driftkammern sind eine Weiterentwicklung der Vieldrahtproportionalkammern [800]. In einer Driftkammer wird der Ort des Durchgangs eines Teilchens durch den Detektor

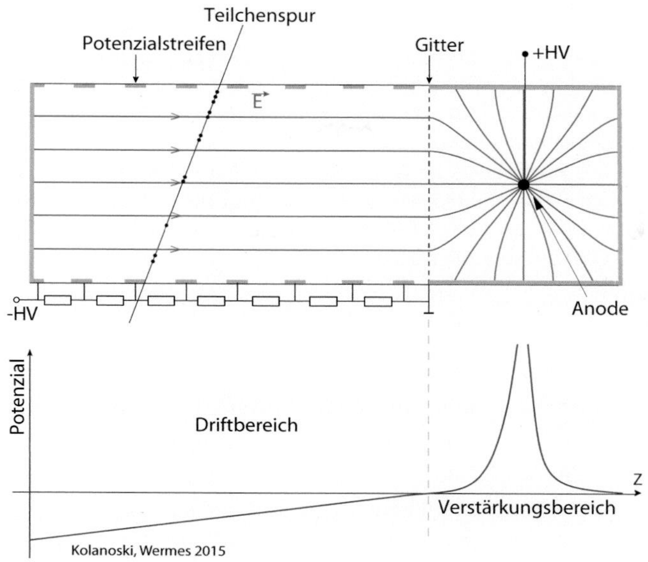

Abb. 7.33 Detektor zur Überwachung der Driftgeschwindigkeit. Er entspricht nicht unbedingt einer typischen Driftkammer, veranschaulicht aber gut das Prinzip: Der Driftraum mit möglichst konstantem Driftfeld ist getrennt von dem Bereich, in dem die Verstärkung stattfindet.

über die Driftzeit der Elektronen von der Entstehung der Ionisation zur Zeit t_{start} bis zur Ankunft an der Anode zur Zeit t_{stop} bestimmt:

$$x = \int_{t_{start}}^{t_{stop}} v_D(t)\, dt\,. \tag{7.46}$$

Die Ortsauflösung ist dann nicht mehr direkt von den Abständen der Signalelektroden abhängig, sondern von der Genauigkeit der Zeitmessung der Elektronendrift bis zur Ankunft am Anodendraht. Da die Driftstrecken viel größer sein können als die Drahtabstände in MWPCs, werden im Allgemeinen die Anzahl der Auslesekanäle und das Detektormaterial pro Fläche, auf die ein Teilchen trifft, geringer, bei gleichzeitig meist besserer Ortsauflösung als bei MWPCs. Während typische MWPC-Auflösungen etwa 600 µm betragen, liegen die besten Auflösungen, die von Driftkammern erreicht wurden, bei etwa 20 µm, wobei allerdings für Kammern mit großen Volumina (einige Kubikmeter, zum Beispiel in Speicherringdetektoren) die typischen Werte eher bei 100–200 µm liegen.

7.10.1 Arbeitsprinzip einer Driftkammer

Um das Arbeitsprinzip einer Driftkammer zu erläutern, betrachten wir in Abb. 7.33 einen Detektor, in dem der Driftbereich und der Verstärkungsbereich getrennt sind. Eine solche Anordnung wird zum Beispiel als Monitor für die Kontrolle der Gasparameter in Driftkammersystemen durch Messung von Driftgeschwindigkeiten und Signalhöhen eingesetzt (siehe zum Beispiel Einsatz im TOPAZ-Detektor [354] und im CMS-Detektor [748]). Der besonders lange Driftweg bewirkt eine hohe Sensitivität auf Änderungen der Driftgeschwindigkeit und auf Änderungen der Pulshöhe durch Ladungsverluste, zum Beispiel durch Verunreinigungen. Die Trennung von Drift- und Verstärkungsbereich ist auch das

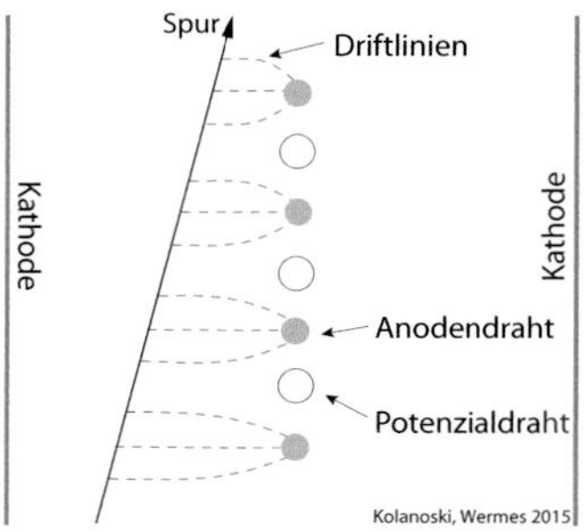

Abb. 7.34 Driftzelle einer 'Jet-Kammer'. Die Anoden sind in der Mittelebene zwischen den Kathodenebenen angeordnet. Zur besseren Trennung der Driftwege sind zwischen den Anoden zusätzlich 'Potenzialdrähte' gespannt. Die Kathoden können entweder aus leitenden Flächen oder aus Drähten bestehen. Das Prinzip der Jet-Kammer wurde zum Beispiel für die zentrale Driftkammer des OPAL-Experiments benutzt [161].

Prinzip der Time Projection Chamber mit einem besonders großen Driftvolumen (siehe Abschnitt 7.10.10). Ansonsten ist diese Anordnung allerdings für größere Detektoren eher untypisch.

In dem Driftraum des Detektors in Abb. 7.33 ergibt sich ein sehr homogenes Feld, indem auf seitlich angeordneten Elektroden ein gleichmäßiger Potenzialabfall über eine Spannungsteilerkette erzeugt wird. Die homogenen Feldlinien enden an einem Gitter, das auf festem Potenzial gehalten wird und den Driftraum von dem inhomogenen Feldbereich, in dem die Gasverstärkung erfolgt, abtrennt. Der entsprechende Potenzialverlauf ist ebenfalls in der Abbildung eingezeichnet. Die Feldstärken für den Driftbereich liegen je nach Driftgas im Bereich um 500 V/cm, typische Driftgeschwindigkeiten sind 50 μm/ns. Die Zeitmessung sollte also größenordnungmäßig eine Auflösung von einer Nanosekunde haben, wenn man Ortsauflösungen von etwa 100 μm erreichen will.

7.10.2 Geometrien von Driftzellen

Zur Messung und Rekonstruktion von Spuren geladener Teilchen müssen größere Volumina abgedeckt werden, was mit verschiedenen Methoden erreicht werden kann. Bei der bereits erwähnten Time Projection Chamber wird das Prinzip des gerade besprochenen Detektors in Abb. 7.33 genutzt, wobei die Driftwege mehr als ein Meter lang sein können (siehe Details in Abschnitt 7.10.10).

Meistens wird allerdings das Kammervolumen durch Kombination von vielen kleineren Driftzellen mit jeweils einem Signaldraht (Anode) abgedeckt. Weil die Anordnung in Abb. 7.33 relativ aufwändig ist, wird in der Regel eine Driftzellengeometrie verwendet, bei der Driftbereich und Verstärkungsbereich ineinander übergehen und das Driftfeld nicht mehr homogen ist. Die Beziehung zwischen Ionisationsort und Driftzeit ist dann im Allgemeinen nicht mehr linear, was aber in der Praxis kein großes Problem ist (Abschnitt 7.10.7). Der zentrale Anodendraht wird durch Elektroden, die auf dem Kathodenpotenzial liegen, umgeben. Die Kathoden können als leitende Flächen auf einem Trägermaterial ausgebildet sein, wie zum Beispiel bei den Zellen der 'Jet-Kammern' (Abb. 7.34) oder bei Driftrohren, die zylindrisch, rechteckig oder hexagonal ausgeführt werden (Abb. 7.35).

Häufig werden aber die Driftzellgrenzen durch Drähte approximiert, die wiederum in verschiedensten Anordnungen vorkommen (Beispiele siehe Abb. 7.36). Typische Ei-

Abb. 7.35 Querschnitt von runden (*straw*) und sechseckigen (*honeycomb*) Driftrohren.

Abb. 7.36 Beispiele für Zellen, die aus Anoden- (A) und Kathodendrähten (K) gebildet werden. (a) Zwei benachbarte Driftzellen vom Typ der zentralen Driftkammer des ARGUS-Experiments [272]. (b) Driftzelle vom Typ der zentralen Driftkammer des TASSO-Experiments [182].

genschaften von Anoden- und Kathodendrähten entsprechen denen bei MWPCs, die in Tab. 7.6 auf Seite 215 zusammengestellt sind. Der Vorteil von Driftzellen, die aus Drähten geformt sind, ist eine tendenziell geringere Materialdichte. Allerdings erfordert die Drahtspannung häufig recht massive mechanische Konstruktionen (zum Beispiel Endplatten bei zylindrischen Drahtkammern).

Der Vorteil von selbsttragenden Driftzellen, wie zum Beispiel Driftrohren aus Aluminium oder leitfähiger Polykarbonatfolie, ist das Einsparen von Trägerkonstruktionen und die elektrische Entkoppplung der Zellen (zum Beispiel bleibt ein gerissener Draht in einer Zelle und verursacht keine Kurzschlüsse in anderen Zellen). Metallische Driftrohre, zum Beispiel aus Aluminium, werden in Bereichen eingesetzt, in denen Vielfachstreuung kein Problem ist, zum Beispiel in Myon-Detektoren zwischen Absorberschichten (siehe Abschnitt 14.3).

7.10.3 Driftkammertypen

Die einzelnen Driftzellen wiederholen sich in einem regelmäßigen Muster, um das für den Nachweis der Teilchen benötigte Volumen abzudecken, wobei die Anordnung von dem jeweiligen Einsatz abhängt. In der Regel sind Driftzellen in Flächen, genannt Lagen (*layers*), nebeneinander und mehrere Lagen hintereinander angeordnet, um die Teilchenrichtungen bestimmen zu können. Dabei haben die Lagen am häufigsten planare oder zylindrische Formen. Wenn die nachzuweisenden Spuren in eine Vorzugsrichtung fliegen, benutzt man planare Anordnungen (Abb. 7.37). Bei einem planaren Driftkammersystem aus mehreren Anodenebenen wechselt in der Regel die Richtung der Anodendrähte von einer Lage zur anderen, um eine räumliche Auflösung zu erreichen. Planare Kammern

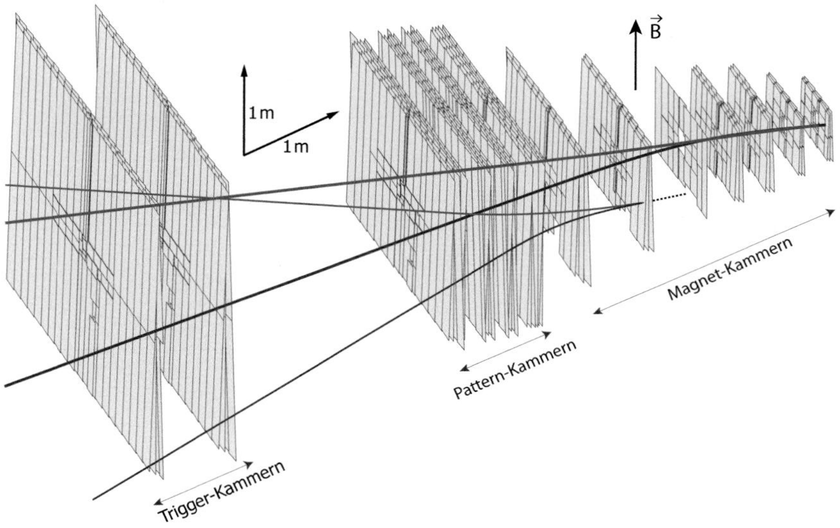

Abb. 7.37 Planare Driftkammern des 'Outer Tracker' des HERA-B-Detektors [63]. Die Kammern sind in 'Superlagen' angeordnet, die jeweils mehrere Lagen mit verschieden orientierten Driftrohren ($0°$, $\pm 5°$) enthalten. Die verschiedenen Orientierungen erlauben eine dreidimensionale Rekonstruktion der Spuren. Die ersten 7 Kammern befinden sich in einem Dipolmagnetfeld, wobei die Hauptmagnetfeldrichtung der Richtung der $0°$-Drähte entspricht. In der dazu senkrechten Ebene, der Ebene der Impulsablenkung, ergibt sich die beste Ortsauflösung und damit eine optimale Impulsauflösung.

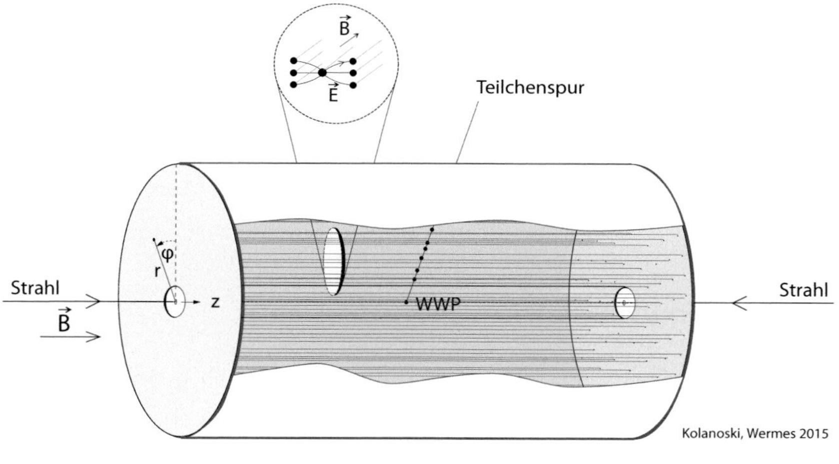

Abb. 7.38 Prinzip einer zylindrischen Driftkammer, deren Zellen aus Drähten geformt sind: Die Kathoden- und die Anodendrähte sind parallel zum Strahl und zum Magnetfeld angeordnet. Als vergrößerter Ausschnitt wird der Querschnitt einer Driftzelle gezeigt, die der Zelle in Abb. 7.36(b) entspricht. In der Regel werden zylindrische Koordinaten (r, ϕ, z) benutzt (r = senkrechter Abstand vom Strahl, ϕ = Azimutwinkel in einer Ebene senkrecht zum Strahl, z = Koordinate in Richtung eines Strahls mit Ursprung im nominalen Wechselwirkungspunkt).

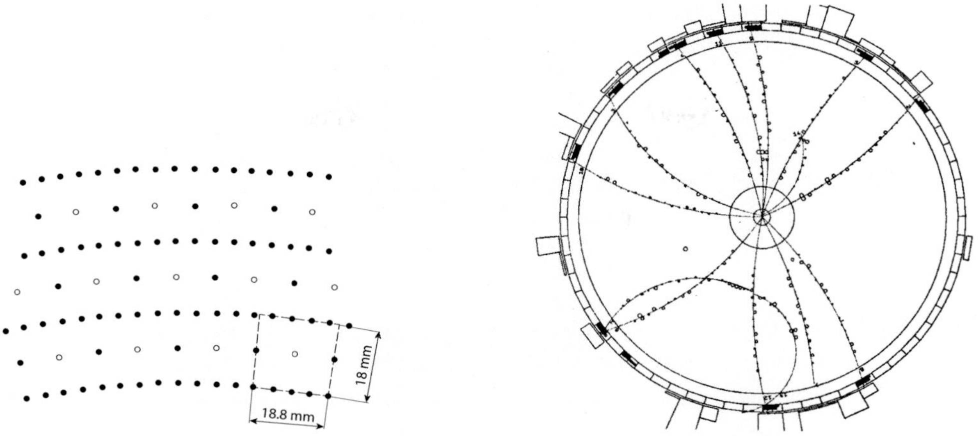

(a) (b)

Abb. 7.39 (a) Auf Zylinderschalen angeordnete Driftzellen der zentralen Driftkammer des ARGUS-Experiments als Beispiel für eine aus Drähten geformte Zellstruktur (Projektion in eine Ebene senkrecht zum Strahl). Die Zellstruktur entspricht der in Abb. 7.36(a) dargestellten. (b) Spuren in der zentralen Driftkammer des ARGUS-Experiments ($r\phi$-Projektion: Drähte und Magnetfeld stehen senkrecht auf der Bildebene). Die gemessenen Isochronen entsprechen den kleinen Kreisen, zu denen die Spuren annähernd tangential verlaufen (siehe dazu Abb. 7.40). Die Driftkammer ist von Szintillationszählern und Kalorimetermodulen umgeben, für die Treffer beziehungsweise Energieeinträge ebenfalls angezeigt werden. Aus [272], mit freundl. Genehmigung von Elsevier.

benutzt man in Fixed-Target-Experimenten oder in der Vor- und Rückwärtsrichtung bei Collider-Experimenten.

Als zentrale Spurkammern in Collider-Experimenten werden bevorzugt zylindrische Driftkammern eingesetzt, deren Achse gleich der Strahlachse ist (Abb. 7.38). Die Zellen sind dann auf Zylindermänteln angeordnet, wie in Abb. 7.39(a) gezeigt. In der Regel haben diese Experimente ein solenoidales Magnetfeld ebenfalls in Strahlrichtung.

In einer häufigen Variante zylindrischer Driftkammern werden Drähte zur Formung der Driftzellen parallel zum Magnetfeld gespannt. Das elektrische Feld steht dann senkrecht auf dem Magnetfeld ($\vec{E}\perp\vec{B}$). Damit erreicht man eine besonders gute Ortsauflösung in der Ebene, in der die Teilchenbahnen durch das Magnetfeld abgelenkt werden ('$r\phi$-Ebene', wie in Abb. 7.39), und damit eine gute Impulsauflösung.

Eine andere Variante zylindrischer Kammern ist die Time Projection Chamber, bei der das Driftfeld parallel zum Magnetfeld verläuft. Dieser Kammertyp wird in Abschnitt 7.10.10 besprochen.

7.10.4 Bestimmung der Spurkoordinaten

Messung in der Ebene senkrecht zur Anoden Eine Kurve um einen Anodendraht, die diejenigen Orte verbindet, von denen Elektronen die gleiche Driftzeit zur Anode haben,

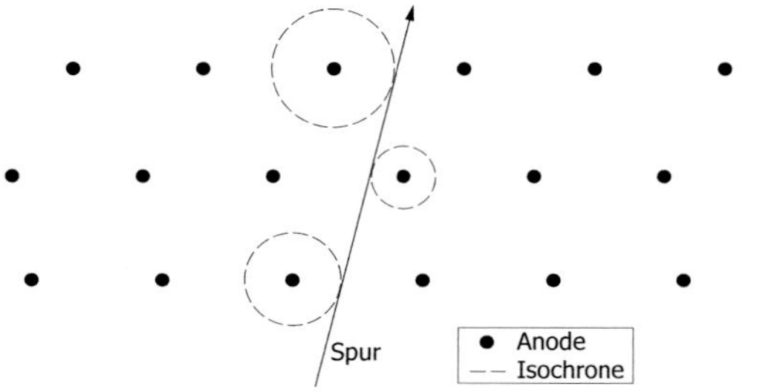

Abb. 7.40 Rekonstruktion einer Spur durch Anpassung an die durch die gemessenen Driftzeiten bestimmten Isochronen, die hier idealisiert als Kreise gezeigt sind. Von den Driftzellen werden hier nur die Anoden gezeigt. Die Anodenflächen sind gegeneinander versetzt, um die Rechts-Links-Ambiguität auflösen zu können (siehe Text und Abb. 7.41).

heißt Isochrone. Wenn ein Teilchen eine Driftzelle kreuzt, wird durch die Driftzeitmessung die Isochrone bestimmt, zu der die Spur eine Tangente bildet. Durch Anpassen einer Spur an die gemessenen Isochronen in verschiedenen Anodenlagen werden annähernd die Tangentenpunkte bestimmt (Abb. 7.40). Bei der Spurrekonstruktion muss beachtet werden, dass der Tangentenpunkt auf der einen oder auf der anderen Seite des angesprochenen Drahtes liegen kann. Im Allgemeinen kann diese so genannte Rechts-Links-Ambiguität durch die Anpassung an Messungen in mehreren Anodenebenen aufgelöst werden (Abb. 7.40). Allerdings zeigt das Beispiel in Abb. 7.41, dass es geometrische Drahtanordnungen gibt, bei denen das grundsätzlich nicht möglich ist. Das gilt vor allem bei einer Ausrichtung der Anoden in der Vorzugsrichtung der Spuren, wie in Abb. 7.41(a) gezeigt. In den Abbildungen 7.41 (b) und (c) wird gezeigt, wie Ambiguitäten vermieden werden können: (b) durch Versetzen der Drähte (*staggering*) oder (c) durch eine Anordnung der Anoden, die nicht auf den Wechselwirkungspunkt ausgerichtet ist. Die Anordnung von Driftzellen gleicher Größe auf konzentrischen Zylindermänteln, wie

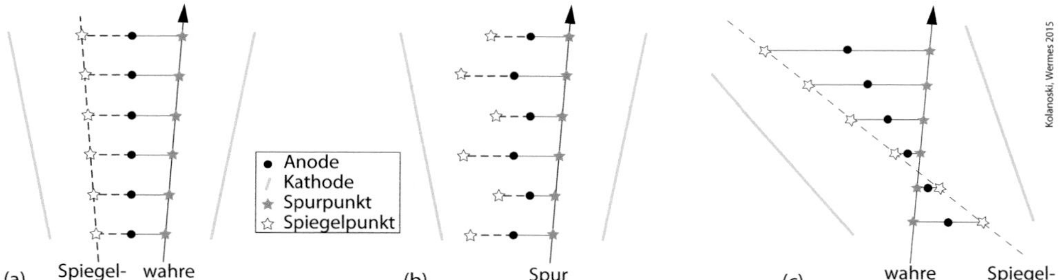

Abb. 7.41 Rechts-Links-Ambiguitäten in einer Jet-Zelle einer zylindrischen Driftkammer. Die eingezeichneten (wahren) Spuren kommen von dem Wechselwirkungspunkt auf der Zylinderachse (gleich der Strahlachse). (a) Spurrekonstruktion bei gleichmäßiger radialer Anordnung der Anoden (radial in bezug auf die Strahlachse). In diesem Fall kann die richtige von der falschen Rekonstruktion eines Spiegelbilds nicht unterschieden werden. (b) Durch Versetzung der Anoden (*staggering*) führen die Spiegelpunkte zu keiner Lösung für eine Spurrekonstruktion. Diese Konstruktion wurde bei der Jet-Kammer des OPAL-Experiments gewählt [161]. (c) Eine lineare Anodenanordnung kann gegen die radiale Richtung gekippt werden, so dass die Spiegelspuren nicht mehr zum Wechselwirkungspunkt zeigen und deshalb verworfen werden können. Ein solches Design wurde zum Beispiel für die zentrale Jet-Kammer des H1-Experiments [213] und für die zentrale Driftkammer (*Central Outer Tracker*, COT) des CDF-Experiments [48] gewählt.

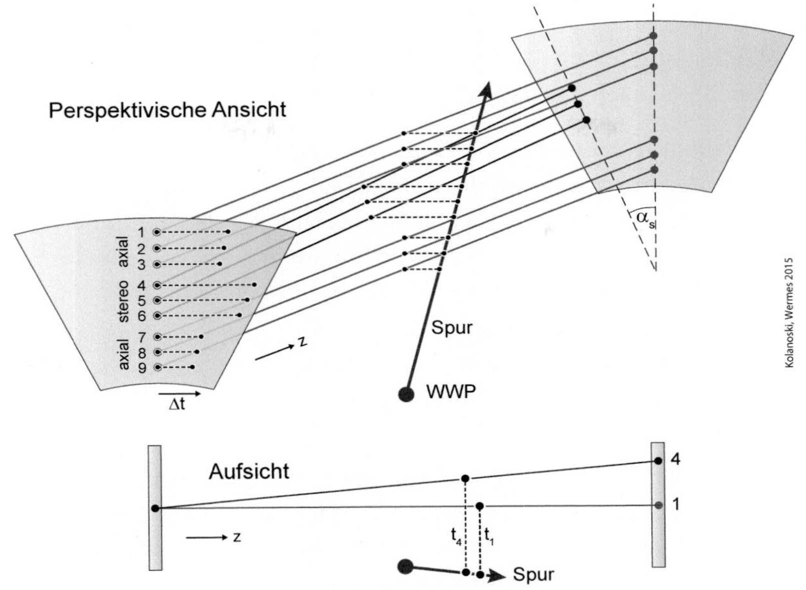

Abb. 7.42 Ausschnitt einer zylindrischen Driftkammer (wie in Abb. 7.38) mit Stereo-Drahtlagen zur Bestimmung der Koordinate parallel zur Strahlrichtung (z) (nach [664]). Die Strahlrichtung ist auch die Richtung des Magnetfelds und die Vorzugsrichtung der Drähte. Im oberen Teil der Abbildung sind Drähte dargestellt, die in axialer Richtung (parallel zum Strahl) und solche, die unter dem 'Stereowinkel' α_s gespannt sind (es sind jeweils nur die Anodendrähte gezeigt). Der untere Teil der Abbildung zeigt eine Aufsicht der Anordnung mit den jeweils äußersten Dähten der beiden Orientierungen. An der eingezeichneten Teilchenspur, die am Wechselwirkungspunkt (WWP) startet, sieht man, dass der Abstand der Spur von einem Stereodraht mit der z-Koordinate variiert, was eine drei-dimensionale Anpassung einer Spur an die Driftzeiten erlaubt.

in Abb. 7.39, führt zwangsläufig zu einer azimutalen Versetzung der Zellen und damit zu einer Vermeidung der Ambiguitäten.

Drei-dimensionale Spurrekonstruktion Mit parallel gespannten Anodendrähten können nur die Projektionen der Spur auf eine Ebene senkrecht zu den Drähten bestimmt werden. Häufig gibt bereits die Konstruktion eine Vorzugsrichtung der Drähte vor. So müssen zum Beispiel in zylindrischen Driftkammern die Drähte zwischen den Endplatten gespannt werden und damit im Wesentlichen parallel zum Strahl. Die für die räumliche Spurrekonstruktion ebenfalls notwendige Koordinate entlang der Vorzugsrichtung kann nur mit größerem Aufwand bestimmt werden.

Wenn ein Magnetfeld zur Impulsanalyse benutzt wird (siehe Abschnitt 9.3), verlaufen die Drähte in der Regel parallel zum Magnetfeld, was in zylindrischen Driftkammern an Collidern auch die Strahlrichtung ist. Da dann die Impulsablenkung senkrecht zu den Anodendrähten verläuft, ist damit eine gute Auflösung des Impulses (genauer: der Impulskomponente senkrecht zum Magnetfeld) gegeben. Die Auflösung in Richtung der Anodendrähte ist in dieser Konstellation weniger kritisch für den Spurnachweis; meist reicht eine Genauigkeit im Bereich von 1 mm bis etwa 1 cm für die gewünschte Richtungs- und Impulsauflösung aus. Die dritte Koordinate kann mit verschiedenen Methoden bestimmt werden (siehe auch Abschnitt 7.8.3):

Ladungsteilung auf dem Draht: Der Ort wird aus dem Verhältnis der Signale an beiden Enden des Anodendrahts bestimmt [667]. Der Draht muss zu diesem Zweck einen höheren Widerstand (typisch etwa 10-mal höher)) als sonst üblich für Anodendrähte ($< 100\,\Omega$/m für einen 25 µm dicken Wolframdraht) haben. Typische Auflösungen liegen bei etwa 1% der Drahtlänge (siehe zum Beispiel [116, 161]).

Laufzeitmessung: Der Ort wird aus dem Laufzeitunterschied der Signale an beiden Enden des Anodendrahts bestimmt. Zum Beispiel wurde mit dieser Technik in der zentralen Driftkammer des ZEUS-Experiments eine Ortsauflösung von etwa 1.5% der Drahtlänge, entsprechend etwa 3 cm, erreicht [345].

Stereodrahtebenen: In speziellen Lagen (Stereolagen) der Driftkammer werden die Drähte unter einem Winkel α_s (meistens nur einige Grad groß) zur Vorzugsrichtung (0°) gespannt. Bei planaren Driftkammern können Detektoren mit unterschiedlichen Drahtrichtungen modular kombiniert werden. Für die planaren Kammern in Abb. 7.37 wurden zum Beispiel zur Vereinfachung der Detektorherstellung die gleichen Module benutzt, die dann nur in unterschiedlichen Detektorlagen gegeneinander verdreht wurden. Ein Beispiel für Stereodrähte in zylindrischen Driftkammern ist in Abb. 7.42 dargestellt. Mit 0°-Lagen allein werden nur die Koordinaten in der $r\phi$-Projektion bestimmt, die z-Koordinate bleibt unbestimmt (das Koordinatensystem ist in Abb. 7.38 definiert). Die Driftzeiten zu einem 0°-Draht legt die ϕ-Kordinate fest, während die Driftzeit zu einem Stereodraht die ϕ-Korodinate als Funktion der z-Koordinate der Spur liefert, wie man aus Abb. 7.42 erkennen kann. Der ϕ-Wert in einer Stereolage mit Radius r ist gegenüber dem einer entsprechenden 0°-Lage um $\Delta\phi = z\,\alpha_s/r$ versetzt. Daraus ergeben sich die z-Koordinate und der entsprechende Polarwinkel θ relativ zu der z-Achse:

$$z = \frac{r\,\Delta\phi}{\alpha_s}, \qquad \theta = \arctan\frac{r}{z} = \arctan\frac{\alpha_s}{\Delta\phi}. \tag{7.47}$$

Die Auflösung in z-Richtung ergibt sich zu

$$\sigma_{rz} = \frac{\sigma_{r\phi}}{\alpha_s} \tag{7.48}$$

und ist damit um einen Faktor $1/\alpha_s$ schlechter als die Auflösung $\sigma_{r\phi}$ in der $r\phi$-Ebene. Zum Beispiel ergibt sich bei einem Stereowinkel von $\alpha_s = 3°$ und einer $r\phi$-Auflösung von 150 µm eine rz-Auflösung von 3 mm.

Kathodensignalauslese: Falls die Kathoden nicht aus Drahtebenen aufgebaut sind, sondern zum Beispiel aus Leiterplatinen gefertigt sind, können Kathodensignale auf Leiterflächen mit z-Segmentierung induziert und ausgelesen werden (siehe zum Beispiel [224]).

Unabhängige z-Kammern: Bei zylindrischen Kammern wird die z-Koordinate manchmal auch durch außerhalb installierte planare Driftkammern bestimmt. Ein Beispiel hierzu ist der OPAL-Detektor beim LEP, bei dem außerhalb der zentralen Driftkammer spezielle z-Kammern eingesetzt wurden [52].

7.10.5 Wahl der Betriebsparameter einer Driftkammer

Der Arbeitspunkt einer Driftkammer wird durch das Gasgemisch, den Gasdruck und die angelegte Hochspannung festgelegt. Das bestimmt in der Regel sowohl die Driftgeschwindigkeit als auch die Gasverstärkung, falls nicht Drift- und Verstärkungsbereich getrennt sind (wie in Abb. 7.33 und 7.52).

Gasmischung In Abschnitt 7.5 sind die allgemeinen Kriterien für die Wahl eines Detektorgases besprochen worden. Bei Driftkammern ist insbesondere die mit einer Gasmischung erreichbare Ortsauflösung wesentlich, was eine hohe Ionisationsdichte und geringe Diffusion erfordert. Eine hohe Ionisationsdichte ist besonders wichtig, wenn gleichzeitig eine Teilchenidentifikation durch dE/dx-Messung durchgeführt werden soll (siehe Abschnitt 14.2.2). Eine besonders gute dE/dx- und Ortsauflösung erreicht man mit erhöhtem Kammerdruck (typisch 2–5 bar), weil die Ionisationsdichte proportional zum Druck ist. Dem Gewinn in der Auflösung steht eine erhöhte Vielfachstreuung wegen des zusätzlichen Materials für den Druckbehälter entgegen, was gegeneinander abgewogen werden muss.

Die Driftgeschwindigkeiten liegen typisch bei etwa 50 μm/ns. Damit sind Zeitmessungen mit Digitalisierungsschritten von etwa 1 bis 2 ns angemessen, wenn Auflösungen von etwa 100 μm erreicht werden sollen. Für höhere Ortsauflösungen sind geringere Driftgeschwindigkeiten vorteilhaft, die zum Beispiel mit Beimischungen von DME (Tab. 7.1) erzielt werden können. Ein Gas mit hoher Driftgeschwindigkeit ist zum Beispiel CF_4 (Tab. 7.1), was für Experimente mit hohen Raten von Bedeutung ist. Allgemeiner wurde die Einstellung der Driftgeschwindigkeiten von Elektronen in Abschnitt 4.6.4 besprochen.

In Tab. 7.7 sind Parameter von Driftkammern verschiedener Experimente zusammengestellt, mit deren Hilfe die Anforderungen an die Kammern und die daraus folgende Wahl des Gases erläutert werden sollen:

Argon mit Ethan, Methan oder Isobutan: Diese Argon-Mischungen mit Kohlenwasserstoffen sind Standard für Experimente mit nicht zu hohen Raten. Die Mischungsverhältnisse ergeben sich daraus, dass bei einer Verstärkung von einigen 10^4 die entsprechenden Driftfelder zu einer Sättigung der Driftgeschwindigkeit führen, siehe die Beispiele in Abb. 4.9 (Seite 118). Die Sättigung hat zur Folge, dass die Driftgeschwindigkeit und damit die Ortsbestimmung wenig sensitiv auf Schwankungen der E-Felder sowie von Temperatur und Druck sind. Durch die Dämpfung der Elektronengeschwindigkeit haben diese 'kühlen' Gase moderate Driftgeschwindigkeiten (etwa 50 μm/ns), die geringe Anforderungen

Tab. 7.7 Betriebsparameter einiger als Beispiele ausgewählter Driftkammern, die mit verschiedenen Gasmischungen betrieben werden.

Experiment	TASSO	ARGUS	OPAL	H1	HERA-B
Detektor	DC (zentral)	DC (zentral)	Jet-Kammer	Jet-Kammer	Outer Tracker
Referenz	[182]	[272]	[161]	[213, 612]	[64]
Gas	Argon–Ethan	Propan–Methylal (+H_2O)	Ar–Methan–Isobutan	Ar–Ethan–Ethanol	Ar–CF_4–CO_2
Mischung	50 : 50	97 : 3 (+0.2)	88.2 : 9.8 : 2.0	50 : 50 : 0.8	65 : 30 : 5
Druck [bar]	1	1	4	1	1
B-Feld [T]	0.5	0.8	0.435	1.15	$0 - 0.8$
HV [kV]	3.0	2.7	$2.5 - 25$	≈ 7	1.95
Verstärkung	$\approx 10^4$	$\approx 10^4$	10^4	$\approx 10^5$	$\approx 3.3 \cdot 10^4$

Experiment	LHCb	ATLAS	ATLAS	ALEPH	ALICE
Detektor	Outer Tracker	TR-Tracker	Myonrohre (MTC)	TPC	TPC
Referenz	[73]	[2]	[2]	[99]	[71]
Gas	Ar–CO_2–O_2	Xe–CO_2–O_2	Ar–CO_2 (+H_2O)	Argon–Methan	Ne–CO_2–N_2
Mischung	70 : 28.5 : 1.5	70 : 27 : 3	93 : 7 (< 0.1)	91 : 9	85.7 : 9.5 : 4.8
Druck [bar]	1	1	3	1	1
B-Feld [T]	$0 - 0.85$	2	$0.15 - 2.5$	1.5	0.5
HV [kV]	1.55	1.53	3.08	24	100
Verstärkung	$5 \cdot 10^4$	$2.5 \cdot 10^4$	$2.0 \cdot 10^4$	$3 - 5 \cdot 10^3$	$2.0 \cdot 10^4$

an die Präzision der Zeitmessungen stellen, und geringe Diffusion (siehe zum Beispiel Abb. 4.11 auf Seite 120).

Bei hohen Raten neigen Detektoren mit diesen Gasen zu Ablagerungen auf den Elektroden (siehe dazu die Abschnitte 7.5 und 7.11.2).

Argon-CO_2: Die Myon-Driftrohre des ATLAS-Experiments werden mit dieser Gasmischung unter geringem Zusatz von Wasser betrieben. Der Ersatz eines Kohlenwasserstoffs durch CO_2 macht diese Gasmischung sehr stabil gegen Polymerisation, und CO_2 hat mit einem Anteil von 30% auch eine ausreichende Wirkung als Quencher. Die Beimischung von Wasser gibt zusätzliche Sicherheit gegen isolierende Ablagerungen.

Propan-Methylal: Diese Mischung wurde für die zentrale Driftkammer des ARGUS-Experiments benutzt [60]. Propan wurde wegen der im Vergleich zu Argon größeren Strahlungslänge (Tab. 7.1) und der damit geringeren Vielfachstreuung gewählt. Die Beimischung von Methylal und der geringe Zusatz von Wasser unterdrücken Ablagerungen auf den Elektroden durch Polymerisation (siehe Abschnitt 7.11).

Ar-CF_4-CO_2: Dieses Gas wurde im Outer Tracker des HERA-B-Experiments eingesetzt. Die CF_4-Komponente führt zu etwa doppelt so großer Driftgeschwindigkeit wie bei den Standardmischungen aus Argon und einem Kohlenwasserstoff, was günstig für Experimente mit sehr hohen Raten ist (HERA-B, LHC-Experimente). Der CF_4-Anteil wirkt auch zusätzlich zu CO_2 als Löschgas.

In verschiedenen Tests hat auch CF_4 sich als problematisches Gas erwiesen, das unter Strahlungseinwirkung nicht sicher kontrollierbar ist, siehe Abschnitt 7.11. Die LHC-Experimente haben deshalb das zunächst vorgesehene CF_4 aus den Gasmischungen herausgenommen (zum Beispiel für die in Tab. 7.7 aufgeführten Detektoren von LHCb und ATLAS).

Ar-CO_2-O_2 und Xe-CO_2-O_2: Diese Gasmischungen werden in den Driftrohren des Outer Trackers von LHCb und des Transition Radiation Trackers (TRT) von ATLAS benutzt. Wie gerade erwähnt, wurde in beiden Fällen der Einsatz von CF_4 wegen der Alterungsprobleme abgesetzt. Der Zusatz des stark elektronegativen Sauerstoffs soll bei der hohen Strahlungsbelastung am LHC Raumladungseffekte vermindern. Obwohl Sauerstoff eigentlich bei Driftkammern vermieden werden soll, ist er hier wegen der geringen Driftlängen der betrachteten Detektoren tolerabel. Bei dem TRT wird Xenon statt Argon benutzt, um die Photonen der Übergangsstrahlung durch Absorption effizient nachweisen zu können (zur Übergangsstrahlung siehe Kapitel 12).

Ne-CO_2-N_2: Diese sehr spezielle Mischung ist für die TPC des ALICE-Experiments gewählt worden (siehe Abschnitt 7.10.10, Tab. 7.9). Statt Argon wurde hier Neon als Hauptkomponente gewählt, um die Vielfachstreuung zu minimieren. Der Nachteil gegenüber Argon ist die geringere Ionisationdichte (nur etwa 40%) bei Neon, was durch eine relativ hohe Gasverstärkung kompensiert werden soll. Der Zusatz von Stickstoff verbessert die Quenching-Eigenschaften der Gasmischung, was der verbesserten Absorption der wichtigsten Anregungslinie von Neon bei 16.8 eV zugeschrieben wird [365]. Ein praktischer Grund, Stickstoff als Zusatz zu wählen, ist die Tatsache, dass nicht zu vermeiden ist, dass Stickstoff als Verunreinigung in ein Gassystem kommt, was die Gaseigenschaften stark verändert. Da Stickstoff sehr schwer herauszufiltern ist, ist es günstig, von vornherein einen Anteil zu haben, der durch Zugabe der anderen Komponenten stabil gehalten werden kann. Andererseits muss wegen der langen Driftwege von bis zu 2.5 m die Verunreinigung durch Sauerstoff geringer als 5 ppm gehalten werden.

Wahl der Hochspannung Durch eine möglichst hohe Gasverstärkung (Abschnitt 7.4.1) lassen sich Effizienz und Auflösung optimieren, wobei allerdings die Gefahr von Hochspannungsüberschlägen und Alterungseffekten steigt. Edelgase sind besonders günstig, weil die notwendige Spannung für eine bestimmte Verstärkung vergleichsweise gering ist. Bei Hochratenexperimenten können Raumladungseffekte eine Rolle spielen, so dass man die Gasverstärkung eher niedriger halten möchte, um insbesondere nicht zu viele langsam driftende Ionen zu erzeugen.

In Driftzellen, in denen der Verstärkungs- und der Driftbereich nicht durch Elektroden getrennt sind (wie in Abb. 7.34, 7.35, 7.36), wird die Relation zwischen Verstärkungsfeld und Driftfeld durch die Dicke des Anodendrahts bestimmt. Für verschiedene Drahtdicken, aber gleiches Gas, ergibt sich näherungsweise die gleiche Verstärkung bei gleichem Feld auf der Oberfläche des Anodendrahts (die genaueren Bedingungen ergeben sich aus Gleichung (7.24)). Da das Feld in der Nähe des Drahtes ein $1/r$-Verhalten hat, muss bei Vergrößerung des Radius auch die Spannung um den gleichen Faktor erhöht werden, um die gleiche Verstärkung zu erhalten. Das ist ein Grund dafür, möglichst dünne Drähte zu benutzen (typisch 10–30 μm).

7.10.6 Messung der Driftzeit

Die Ankunftszeit der Elektronen, die von einer ionisierenden Spur erzeugt werden, wird relativ zu einem Signal gemessen, das einen festen Zeitabstand zu dem Ionisationsprozess hat. Es gibt verschiedene Möglichkeiten, ein solches Signal zu erhalten:

- ein Signal von einem Detektor, der eine schnelle Zeitinformation liefert, wie zum Beispiel von einem organischen Szintillator (Abschnitt 13.5.1),
- eine Zeitmarke des Beschleunigers, an dem die Teilchenreaktion gemessen wird (zum Beispiel bei einem Collider-Experiment die Zeit der Strahlkreuzung).

Nach der elektronischen Verarbeitung ist die Lage dieses Signals relativ zu den Driftkammersignalen in der Regel nicht bekannt, so dass der Zeitnullpunkt, genannt t_0, aus den Messdaten bestimmt werden muss. Im Allgemeinen müssen auch Korrekturen an den unterschiedlichen Flugzeiten der Teilchen (von der Erzeugung bis zu dem Ionisationsprozess) angebracht werden.

Es gibt zwei prinzipiell unterschiedliche Möglichkeiten, die Driftzeiten zu messen:

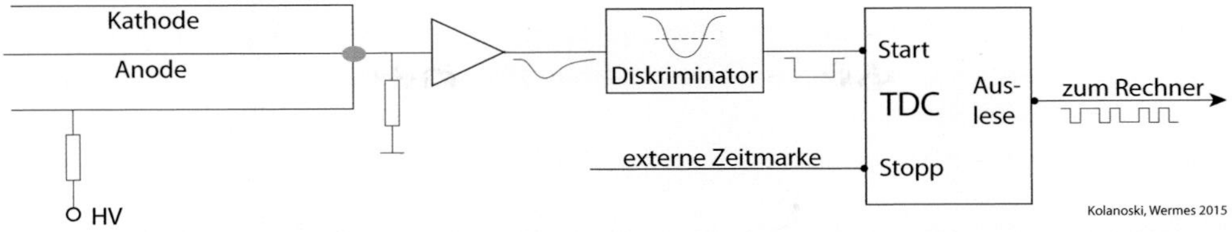

Abb. 7.43 TDC-Auslese eines einzelnen Kanals einer Driftkammer. Das Anodensignal wird zunächst analog verstärkt und dann auf einen Diskriminator geleitet, der ein digitales Signal erzeugt, wenn das Eingangsignal über einer bestimmten Schwelle liegt. Der TDC wird in dieser Skizze von dem Driftkammersignal gestartet und von einer externen Zeitmarke, die allen Kanälen gemeinsam ist, gestoppt (*common stop*).

- Digitalisierung des Zeitintervalls zwischen einem Start- und einem Stoppsignal durch einen TDC (*time-to-digital converter*, Zeit-Digitalisierer).
- Digitale Aufzeichnung der analogen Signale eines Driftkammerkanals durch einen so genannten Flash-ADC (ADC = analog-to-digital converter) und Bestimmung der Zeit aus der Analyse des Signals.

Eine ausführliche Beschreibung der Digitalisierungsmethoden findet sich in Abschnitt 17.7.1.

Driftzeitmessung mit einem TDC Ein TDC digitalisiert die Zeit zwischen einem Start- und einem Stoppsignal (Abb. 7.43). Um aus dem analogen Signal der Anode ein digitales Signal zu formen, das die Zeitmarke erzeugt, benutzt man einen Diskriminator (Abschnitt 17.5). Der (*Leading-Edge-*)Diskriminator liefert einen digitalen Puls am Ausgang, wenn die führende Flanke des Signals eine vorgewählte Schwellenspannung u_T überschreitet beziehungsweise bei negativen Signalen unterschreitet (siehe dazu Abb. 17.18 auf Seite 741). Wenn die Zeitkonstanten der Signalformung lang gegenüber der Variation der Ankunftszeiten der Elektronen an der Anode sind, entspricht die Schwellenspannung einer bestimmten Anzahl k von Elektronen, die notwendig sind, um ein Signal auszulösen. Siehe dazu auch die Diskussion der Ortsauflösung in Abschnitt 7.10.8.

Charakteristiken eines TDC (Abschnitt 17.7.1) sind die kleinste Zeiteinheit Δt entsprechend dem *least significant bit* (LSB) und die zur Verfügung stehenden Bits zur Kodierung der Zeitmessung (entsprechend der Länge des Datenworts). Stehen zum Beispiel für die Zeitmessung 10 Bit zur Verfügung, sagt man, der TDC hat 1024 Kanäle (das sind Kanäle der Zeiteinheiten, nicht zu verwechseln mit Auslesekanälen). Entspricht zum Beispiel das LSB eines TDC einer Zeiteinheit von 1 ns, dann kann man mit diesem TDC Driftzeiten bis zu etwa 1 µs messen.

Die natürliche Art, eine Driftkammer mit TDC-Auslese zu betreiben, wäre, alle TDCs durch die feste Zeitmarke zu starten ('Common Start') und dann jeden Kanal einzeln mit dem individuellen Signal eines Driftkammerkanals zu stoppen. Häufig wird aber auch die 'Common-Stop'-Variante benutzt: Der TDC wird von dem Driftkammersignal gestartet und von einer festen Zeitmarke nach einem Trigger gestoppt. Wenn kein Trigger und damit kein Stoppsignal kommt, läuft der TDC bis zu der maximalen Driftzeit durch und wird dann zurückgesetzt. Dieser Modus hat den Vorteil, dass man Zeit gewinnt für eine Triggerentscheidung, die das 'Common-Stop'-Signal liefert. Die Zeiten im 'Common Stop' Modus sind invertiert: Die Signale der kürzesten Driftzeiten sind am weitesten von dem Stoppsignal entfernt.

Driftzeitmessung mit einem Flash-ADC Ein Flash-ADC (FADC) misst mit einer festen Taktfrequenz die augenblickliche Pulshöhe eines Kanals und speichert fortlaufend die gemessenen Werte in einem Speicher (siehe Abschnitt 17.7.1 und Abb. 17.34). Dieser Speicher enthält zu jedem Zeitpunkt die Pulshöhenfolge eines festen zurückliegenden Zeitintervalls, entsprechend der Tiefe des Speichers (Prinzip von Ring- oder Stapelspeichern). Der Speicher wird auf ein Triggersignal hin ausgelesen.

Die Merkmale eines FADC sind die Taktfrequenz, die Anzahl der Bits pro Messung und die Speichertiefe. Typische Werte für den Einsatz von FADCs zur Driftkammerauslese sind Taktfrequenzen von 100 bis 200 MHz, mit etwa 8 bit pro Messung und einer Speichertiefe von einigen 10 µs. Die Speichertiefe wird an die Zeit, die für eine Triggerentscheidung benötigt wird, angepasst.

Aus dem digitalisierten Signalverlauf und einer Referenzzeit kann mit einem geeigneten Software-Algorithmus die Driftzeit bestimmt werden. In der Regel enthält ein solcher Algorithmus eine Interpolation über die führende Flanke des Signals, um die Digitalisierungsstufen zu glätten. Mit Hilfe der Interpolationsfunktion wird dann eine Zeitmarke bestimmt, die eine optimale Auflösung für die Driftzeit liefert. Zum Beispiel kann das die Zeit sein, zu der das Signal die Hälfte seiner Maximalhöhe erreicht hat.

7.10.7 Orts-Driftzeit-Beziehung

Die Bestimmung der Beziehung zwischen der gemessenen Driftzeit und dem Ort, an dem das Teilchen die Zelle durchquert hat, ist die zentrale Aufgabe bei der Analyse von Driftkammerdaten.

Für die gleichmäßige Sammlung der Driftelektronen ist es optimal, wenn die Isochronen, also die Orte gleicher Driftzeit (Abschnitt 7.10.4 auf Seite 237), parallel zu der Vorzugsrichtung der Spuren verlaufen. Das ist zum Beispiel der Fall bei der Monitorkammer (Abb. 7.33), bei der TPC (Abschnitt 254) und annähernd bei den Zellen der Jet-Kammer (Abb. 7.34). Das andere Extrem sind die kreisförmigen Isochronen in Driftrohren, die die Teilchentrajektorien nur als Tangenten berühren (siehe Abb. 7.47). Im Allgemeinen durchquert eine Teilchenbahn in einer Driftzelle einen Isochronenbereich. Dadurch werden die Ankunftszeiten der Elektronen an der Anode verschmiert (siehe die Diskussion der Ionisationsstatistik auf Seite 251).

Im Folgenden wollen wir zunächst annehmen, dass der zu bestimmende Ort der Teilchentrakjektorie der Punkt ist, an dem die Spur die Isochrone mit der kürzesten Driftzeit berührt, und dass die Elektronen annähernd radial auf die Anode zudriften. Falls die zweite Annahme nicht erfüllt ist, muss die Orts-Driftzeit-Beziehung (SDR = space drift time relation) für verschiedene Einfallswinkel der Teilchen getrennt bestimmt werden.

Die Driftzeit von dem Ort r bis zur Anode ist

$$t(r) = \int_{t_0}^{t} dt' = \int_{0}^{r(t)} \frac{dt'}{dr'} dr' = \int_{0}^{r(t)} \frac{1}{v_D} dr' . \tag{7.49}$$

Dabei ist $v_D = v_D(r)$ die Driftgeschwindigkeit. Die Umkehrung von (7.49) ergibt den Ort r, wenn die Zeit t gemessen ist:

$$r(t) = \int_{t_0}^{t} v_D \, dt' . \tag{7.50}$$

Die Orts-Driftzeit-Beziehung wird in der Regel in einem Anpassungsverfahren mit Hilfe gemessener Spuren aus den Daten bestimmt. Die prinzipielle Methode wird im Folgenden besprochen.

Lineare Orts-Driftzeit Beziehung Für sogenannte 'gesättigte' Gase (siehe Abschnitt 4.6.4 und Abb. 4.8, 4.9), wie zum Beispiel Argon-Methan- oder Argon-Ethan-Mischungen, kann man in einem weiten Bereich der Feldstärken konstante Driftgeschwindigkeiten erhalten ($v_D = const$). Dann hängt der Ort einfach linear von der gemessenen Driftzeit ab (Abb. 7.44(a)):

$$r(t) = v_D(t - t_0) . \tag{7.51}$$

Das entsprechende TDC-Spektrum, das sind die gemessenen Zeiten (ausgedrückt in TDC-Kanälen), ist gleichverteilt zwischen t_0 und t_{max} (Abb. 7.44(a)). Den Isochronen mit gleichen Zeitabständen entsprechen gleiche Ortsabstände.

Nicht-lineare Orts-Driftzeit-Beziehung Im Allgemeinen ist die Driftgeschwindigkeit feldabhängig. Zum Beispiel nimmt die Driftgeschwindigkeit bei den sogenannten 'kühlen' Gasen (CO_2, DME, Propan, ..., siehe Abschnitt 4.6) in dem für Driftgase interessanten Bereich annähernd proportional zum elektrischen Feld zu (die Beweglichkeit ist also etwa konstant, wie bei den Ionen). In einem solchen Fall haben die Isochronen keinen konstanten Abstand mehr, sondern werden mit wachsendem Abstand von der Anode dichter (Abb. 7.44(b)). Damit bekommt das TDC-Spektrum mehr Einträge bei kleinen Zeiten (wenn die Spuren in r gleichverteilt sind), weil bei kleinen Zeiten mehr Ereignisse in ein gegebenes Zeitinterval fallen als bei großen Zeiten.

Die SDR muss in einem solchen Fall iterativ bestimmt werden. Dabei werden an die gemessenen Punkte Teilchenspuren angepasst und die mittleren Abweichungen der Messpunkte von der Spur als Funktion von r, der Driftstrecke, bestimmt. Diese Abweichungen, auch Residuen genannt, dienen dann zur iterativen Korrektur der SDR. Als Startwert für die Iteration kann man zum Beispiel eine lineare SDR annehmen, eine Abhängigkeit entsprechend einer gemessenen Driftgeschwindigkeit als Funktion von $E(r)$ oder eine früher einmal bestimmte SDR.

Eine elegante Methode ist die Ableitung der SDR aus der Häufigkeitsverteilung des TDC-Spektrums, die wir in Folgenden erläutern wollen. Wir betrachten dazu das TDC-Spektrum in Abb. 7.44(b) und benutzen die folgenden Bezeichnungen:

- t_i: Zeit, die dem i-ten TDC-Kanal zugeordnet wird (in TDC-Einheiten);

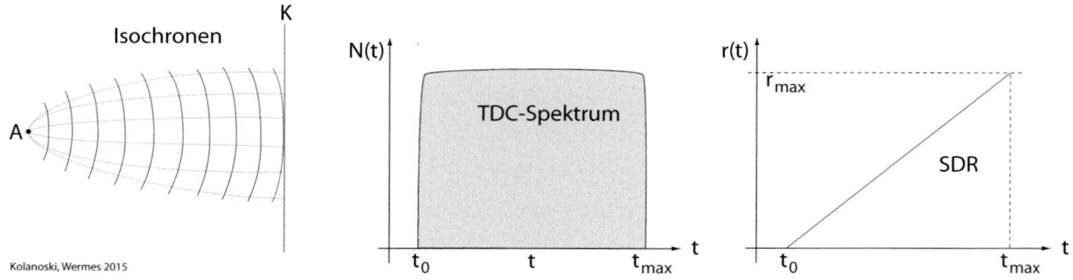

(a) Lineare SDR: äquidistante Isochronen (links) führen zu einem gleichverteilten TDC-Spektrum (Mitte) und einer linearen Orts-Driftzeit-Beziehung (rechts).

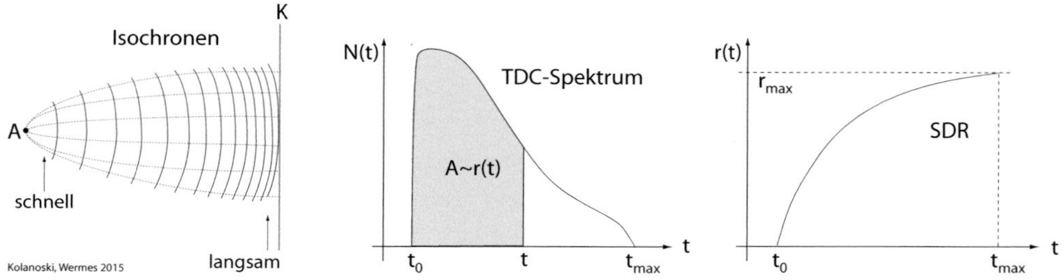

(b) Nicht-lineare SDR: nicht-äquidistante Isochronen (links) führen zu einem TDC-Spektrum (Mitte) mit relativ mehr Einträgen bei großen Abständen der Isochronen (schnelle Drift) und einer nicht-linearen Orts-Driftzeit-Beziehung (rechts).

Abb. 7.44 Schematische Darstellung von Isochronen und TDC-Spektren für (a) lineare und (b) nicht-lineare Orts-Driftzeit-Beziehung (SDR).

- ΔN_i: Anzahl im i-ten TDC-Kanal;
- $r_i = r(t_i)$: der der Zeit t_i zugeordnete Abstand von der Anode.

Im Allgemeinen werden die Spektren mehrerer gleichartiger Driftzellen überlagert, um eine höhere statistische Genauigkeit für die Bestimmung der SDR zu erzielen. Allerdings muss dazu zunächst sicher gestellt werden, dass alle Zellen den gleichen Zeitnullpunkt t_0 haben, was durch eine getrennte Kalibration jeder einzelnen Zelle erreicht wird.

Wenn die Zelle gleichverteilt in r bestrahlt wird, dann ist die in einem Intervall $\Delta r_i = r_i - r_{i-1}$ gemessene Zählrate ΔN_i proportional zu der Intervalllänge:

$$\frac{\Delta r_i}{r_{max}} = \frac{\Delta N_i}{N_{\text{tot}}} \,. \tag{7.52}$$

Dabei ist N_{tot} die Gesamtzahl der Einträge in dem TDC-Spektrum, und r_{max} ist der maximale Radius in der Zelle (Abb. 7.44). Der zu einem TDC-Kanal i gehörende Abstand r_i ergibt sich dann aus dem bis zu diesem Kanal summierten Spektrum:

$$r_i = \sum_{k=1}^{i} \Delta r_k = \frac{r_{max}}{N_{\text{tot}}} \sum_{k=1}^{i} \Delta N_k \,. \tag{7.53}$$

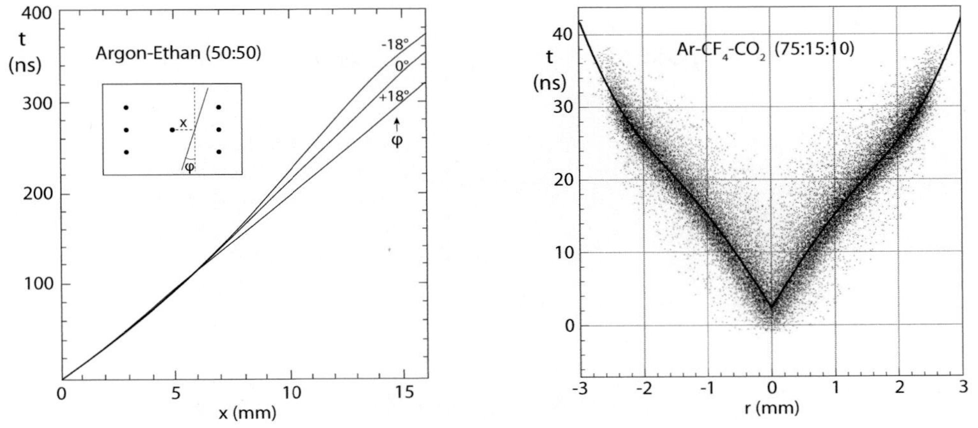

(a) (b)

Abb. 7.45 Beispiele für Orts-Driftzeit-Relationen (SDRs): (a) Nahezu lineare SDR einer mit Argon–Ethan betriebenen Driftkammer ([182], mit freundl. Genehmigung von Elsevier). Die Zellen haben die Geometrie wie in Abb. 7.36(b). An den Zellrändern muss auf die Abhängigkeit vom Durchgangswinkel φ der Spur korrigiert werden (siehe Skizze in der Abbildung). (b) SDR der Driftrohre des OUTER Tracker von LHCb (5 mm Durchmesser), die hier in einem Test mit einem Ar-CF_4-CO_2-Gasgemisch betrieben wurden ([119], Quelle: CERN); das im Experiment benutzte Gas ist in Tab. 7.7 angegeben. Gezeigt ist die Verteilung der mit Spuren gemessenen r, t-Werte und die daraus gemittelte, nicht-lineare Kurve.

Im Falle einer kontinuierlichen Zeitverteilung gehen die Gleichungen (7.52) und (7.53) in ihre differenziellen beziehungsweise integralen Formen über:

$$\frac{dr}{r_{max}} = \frac{dN}{N_{\text{tot}}} \quad \Rightarrow \quad r(t) = \frac{r_{max}}{N_{\text{tot}}} \int_{t_0}^{t} \frac{dN}{dt'} dt' \,. \tag{7.54}$$

Eine so gewonnene SDR kann als Startwert für eine iterative Verbesserung benutzt werden. In den folgenden Iterationen werden mit der SDR der vorhergehenden Iteration Spuren bestimmt, und für jeden TDC-Kanal werden die Residuen Δ_{res}, das sind die Abweichungen jeder Spur von dem angepassten SDR-Wert, bestimmt:

$$\Delta_{\text{res}} = r^{\text{fit}} - r^{\text{SDR}} \,. \tag{7.55}$$

Bei der nächsten Iteration wird die SDR so bestimmt, dass die Mittelwerte der Residuen für jeden TDC-Kanal null werden. Das Verfahren wird so lange fortgesetzt, bis Konvergenz erreicht ist, das heißt, bis die Änderungen der SDR kleiner als ein vorgegebener Wert werden. Zum Abschluss kann aus der Breite der Residuenverteilung die Auflösung, üblicherweise angegeben als Standardabweichung einer angenommenen Gauß-Verteilung, bestimmt werden. Abbildung 7.45 zeigt eine nahezu lineare SDR (Driftgas: Argon-Ethan) und eine deutlich nicht-lineare SDR (Driftgas: Ar-CF_4-CO_2).

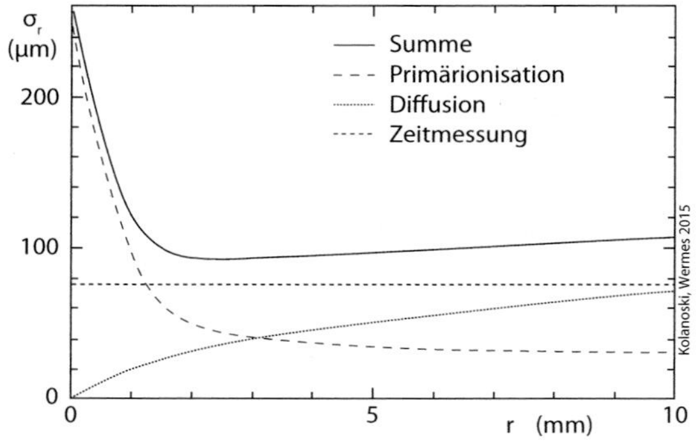

Abb. 7.46 Typisches Verhalten der Ortsauflösung in einer Driftzelle als Funktion des Abstands der Spur vom Signaldraht. Die einzelnen Terme können als statistisch unabhängig angenommen werden und werden demnach quadratisch addiert.

7.10.8 Beiträge zur Ortsauflösung von Driftkammern

Die Ortsauflösung wird durch verschiedene Effekte begrenzt, die unterschiedliche Abhängigkeiten vom Driftweg haben (Abb. 7.46): Bei kleinen Abständen ist die Ionisationsstatistik wesentlich und bei großen die Diffusion der Ladungswolke, die sich mit der Driftgeschwindigkeit v_D zur Anode bewegt. Hinzu kommen Effekte, die eher unabhängig vom Driftweg sind, wie mechanische und elektronische Unsicherheiten. Im Allgemeinen kann man annehmen, dass diese Beiträge statistisch unabhängig sind, so dass die gesamte Ortsunschärfe durch quadratische Addition der Einzelbeiträge bestimmt werden kann:

$$\sigma(r) = \sqrt{\sum_j \sigma_j^2(r)}\,. \tag{7.56}$$

Im Folgenden werden die wichtigsten Effekte, die zur Ortsunschärfe beitragen, nach ihrem Ursprung geordnet aufgezählt:

Driftgas:

1. Diffusion: Der Einfluss der Diffusion auf die Ortsunschärfe wird durch die Breite der Diffusionsverteilung der Elektronen in Driftrichtung bestimmt. Entsprechend der Gleichung (4.72) auf Seite 106 entwickelt sich diese Breite proportional zur Wurzel aus der Driftzeit, so dass sich bei konstanter Driftgeschwindigkeit eine Proportionalität zur Wurzel aus dem Driftweg ergibt:

$$\sigma_{\text{diff}}(r) = \sqrt{2Dt} = \sqrt{\frac{2D\,r}{v_D}} \propto \sqrt{r}\,. \tag{7.57}$$

Wenn dagegen die charakteristische Energie (siehe Gleichung (4.85)), das heißt das Verhältnis D/μ von Diffusionskoeffizient und Mobilität, konstant ist, wie annähernd bei den 'kühlen' Gasen (zum Beispiel CO_2), und das Feld das $1/r$-Verhalten eines Zählrohrs hat, so ergibt sich eine lineare Abhängigkeit vom Driftweg:

$$\sigma_{\text{diff}}(r) = \sqrt{2Dt} = \sqrt{\frac{2D\,r}{\mu E}} \propto r\,. \tag{7.58}$$

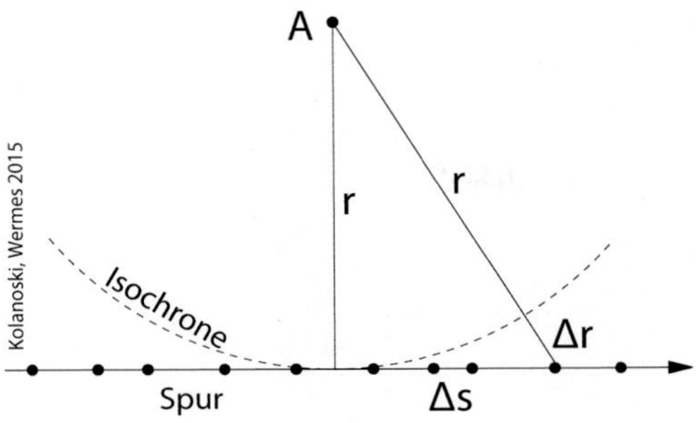

Abb. 7.47 Schematische Darstellung des Effekts der Ionisationsstatistik bei gekrümmten Isochronen.

Wenn N Elektronen mit gleicher mittlerer Driftzeit zur Bestimmung eines Ortes beitragen und der Mittelwert der Diffusionswolke gemessen wird, so ist die daraus resultierende Ortsunschärfe $\sigma_{\text{diff}}/\sqrt{N}$. Tatsächlich sind in der Regel die Voraussetzungen zur Anwendung dieser Formel nicht gegeben. Wenn die Zeit des Überschreitens einer Diskriminatorschwelle gemessen wird und wenn dazu k Elektronen notwendig sind, so wird die Driftzeit des k-ten Elektrons bestimmt. In Gleichung (C.8) in Anhang C wird die Ortsunschärfe des k-ten Clusters für eine große Gesamtzahl N angegeben:

$$\sigma(r|N,k) = \sigma_{\text{diff}} \sqrt{\frac{1}{2\ln N}\left(\frac{\pi^2}{6} - \sum_{i=1}^{k-1}\frac{1}{i^2}\right)}\,. \tag{7.59}$$

In Anhang C werden weitere Details zu dem Einfluss der Diffusion auf die Ortsunschärfe besprochen.

2. Ionisationsstatistik: Die Abstände der Primärionisationscluster folgen einer zufälligen Verteilung entlang der Spur. Wenn die Spuren nicht parallel zu den Isochronen verlaufen, kommen die Signale von den Ionisationsclustern zu unterschiedlichen Zeiten an und ergeben dann einen Beitrag zur Ortsunschärfe, der mit wachsendem Abstand vom Draht kleiner wird. Das kann man sich anhand der Abb. 7.47 für eine kreisförmige, oder allgemeiner gekrümmte, Isochrone klar machen. Die Spur berührt die Isochrone mit dem Krümmungsradius r. Wenn das nächste Ionisationscluster, das das Zeitsignal liefert, im Mittel um Δs von dem Berührungspunkt entfernt ist, liegt es auf einer Isochrone mit Radius $r + \Delta r$, für die gilt:

$$(\Delta s)^2 + r^2 = (r + \Delta r)^2 = r^2 + 2\Delta r\, r + (\Delta r)^2\,. \tag{7.60}$$

Bei Vernachlässigung des Terms $(\Delta r)^2$ ergibt sich dann eine $1/r$-Proportionalität der Ortsungenauigkeit:

$$\Delta r \approx \frac{\Delta s^2}{2r} \propto \frac{1}{r}\,. \tag{7.61}$$

In Anhang D wird die Varianz dieses Ausdrucks und damit der Beitrag zur Ortsauflösung für den Fall, dass die Diskriminatorschwelle beim k-ten Ionisationscluster überschritten wird, berechnet:

$$\sigma(r|k)^2 = \frac{k^3}{4n^2(4n^2r^2 + k^2)}\,. \tag{7.62}$$

Tab. 7.8 Ortsungenauigkeiten durch Ionisationsstatistik in Argon mit einer Dichte der Cluster von $n = 29.4/\text{cm}$. Die Isochronen werden hier als kreisförmig angenommen. Die Beiträge zur Ortsauflösung sind für verschiedene Abstände r einer Teilchentrajektorie von der Anode und für unterschiedliche Anzahlen k von Clustern, die zum Erreichen der Schwelle notwendig sind, angegeben.

r [mm]	σ_{ion} [µm]		
	$k = 1$	$k = 3$	$k = 5$
0	170	295	380
0.2	110	274	370
0.5	55	210	328
1.0	29	134	246
1.5	19	95	188

Dabei ist n die Anzahl der Ionisationscluster pro Länge der Spur. Zum Beispiel ergibt sich nach Tab. 7.8 für Argon bei Normaldruck für $k = 3$ und $r = 0.5$ mm eine Ortsungenauigkeit von $\sigma(r|k) = 210$ µm und damit eine klare Limitierung in Anodendrahtnähe, wenn eine Auflösung im 100-µm-Bereich angestrebt wird. Die Tabelle zeigt, dass es günstig ist, die Anzahl k der Cluster, die zum Triggern notwendig sind, möglichst klein zu halten.

3. Druck- und Temperaturstabilität: Wenn die Driftgeschwindigkeit stark von der Teilchendichte n abhängt, wie es bei 'kühlen' Gasen mit $v_D \propto E/n$ (in (4.109) mit konstantem Wirkungsquerschnitt) der Fall ist, wird die Ortsmessung auf Druck- und Temperaturschwankungen sensitiv. Zum Beispiel gilt für ideale Gase:

$$p = nkT \qquad \Rightarrow \qquad n \propto \frac{p}{T}\,. \tag{7.63}$$

Als Beispiel betrachten wir das Driften in einem konstanten Feld mit der Driftgeschwindigkeit $v_D = 50\,\mu/\text{ns}$. Dann ergibt sich bei einer 1%-igen Änderung von Druck oder Temperatur, also $\Delta p = 10$ mbar oder $\Delta T = 3$ K, ein Fehler der Ortsmessung ohne Korrektur von etwa 100 µm auf 1 cm Driftweg. Wenn allerdings der Arbeitspunkt im Plateaubereich eines 'gesättigten' Gases liegt, wie zum Beispiel bei den Argon-Methan-Mischungen in Abb. 4.8, kann die Abhängigkeit von Druck und Temperatur sehr gering werden.

Mechanik: Die minimal erreichbaren mechanischen Genauigkeiten liegen je nach Größe des Detektors bei etwa 10–50 µm. Sie können zum Teil durch Vermessung mit rekonstruierten Spuren korrigiert werden (*software alignment*). Das liefert einen konstanten Beitrag zur Auflösung:

$$\sigma_m = const\,. \tag{7.64}$$

Elektronik (siehe dazu Kapitel 17):

1. '*Time walk*': Der Zeitpunkt, zu dem das Signal die Schwelle kreuzt und damit die Zeitmarke festlegt, ist abhängig von der Pulshöhe, siehe Abb. 17.18 auf Seite 741. Das führt entsprechend der Variation der Signalhöhen zu einer Zeitverschmierung, genannt

time walk. Der Beitrag zur Auflösung kann ortsabhängig sein, wenn die Pulshöhenverteilungen auf Grund der Diffusion bei größerem Abstand breiter werden.

2. Rauschen: Elektronisches Rauschen (Abschnitt 17.10), das sich den Signalen überlagert, kann durch Veränderung der Pulsform zu Zeitverschiebungen führen.

3. Digitalisierung: Das endliche Zeitinterval Δt eines TDC-Kanals trägt mit

$$\sigma_{TDC} = \frac{\Delta t}{\sqrt{12}},$$

entsprechend der Standardabweichung einer Gleichverteilung im Intervall Δt, zum Messfehler bei (siehe auch Gleichung (E.4) auf Seite 843). Der Einfluss auf die Ortsauflösung steigt linear mit der Driftgeschwindigkeit:

$$\sigma_t = v_D \, \sigma_{TDC} \,. \tag{7.65}$$

Für $\Delta t = 1\,\text{ns}$, eine lineare Orts-Driftzeit-Beziehung und eine Driftgeschwindigkeit von $v_D = 50\,\mu\text{m/ns}$ ergibt sich ein Beitrag zur Ortsauflösung von $\sigma_t = 15\,\mu\text{m}$.

4. Zeitliche Stabilität der Elektronik: Insbesondere bei großen Systemen ist es schwierig, die Elektronik stabil zu halten und ein Auseinanderlaufen der Zeitkalibration zu verhindern, was einen etwa konstanten Beitrag zur Ortsauflösung liefert ('Interkalibrationsfehler'). In großen Systemen ist es wichtig, dass die TDCs über eine sogenannte Autokalibration verfügen, so dass die Zeitskala im gesamten System gleich gehalten wird.

7.10.9 Driftkammern im Magnetfeld

Durch Ablenkung in einem Magnetfeld lässt sich der Impuls eines Teilchens bestimmen (siehe Abschnitt 9.3). In einer Driftkammer kann die Überlagerung des Driftfelds mit einem Magnetfeld zu folgenden Effekten führen (Details in Abschnitt 4.3.2):

- Änderung der Driftrichtung;
- Änderung der Driftgeschwindigkeit (im Allgemeinen wird die Driftgeschwindigkeit mit wachsendem Magnetfeld geringer);
- Verringerung der Diffusion transversal zum Magnetfeld.

Wie sich diese Effekte auswirken, hängt von dem Driftgas und von der Richtung des Magnetfelds relativ zum elektrischen Feld ab.

Die Elektronendrift in elektrischen und in magnetischen Feldern wird in Kapitel 4, Abschnitt 4.3.2, diskutiert. Die Gleichungen (4.52) bis (4.54) geben einen allgemeinen Ausdruck für den Vektor der Driftgeschwindigkeit an. In einer anderen Darstellung, die besser den Bezug zu den Feldrichtungen wiedergibt, lässt sich der Vektor in drei linear unabhängige Komponenten in den Richtungen $\vec{E}$, $\vec{B}$ und $\vec{E} \times \vec{B}$ zerlegen. Wenn man von der in Abschnitt 4.3 beschriebenen komplexen Mittelwertbildung absieht, lässt sich dafür

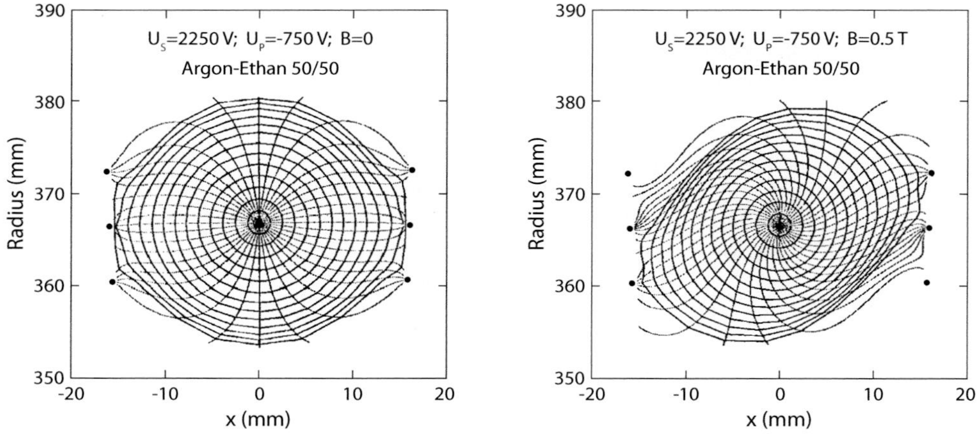

Abb. 7.48 Die in Abb. 7.36(b) dargestellte Driftzelle einer zylindrischen Driftkammer mit Driftwegen und Isochronen (aus [192]). Links: ohne Magnetfeld, rechts: mit Magnetfeld (0.5 T) parallel zu den Anodendrähten (senkrecht zum elektrischen Feld).

der folgende Ausdruck angeben (siehe dazu auch Gleichung (4.28) und (4.29) auf Seite 98f):

$$\vec{v}_D^B = -\frac{\mu^0}{1+\omega^2\tau^2}\left(\vec{E} + \frac{\vec{E}\times\vec{B}}{B}\omega\tau + \frac{(\vec{E}\,\vec{B})\vec{B}}{B^2}\omega^2\tau^2\right) . \tag{7.66}$$

Dabei sind $\omega = qB/m$ die Zyklotronfrequenz und τ eine mittlere Stoßzeit der Elektronen in dem Gas. Die Bedeutung des Terms $\omega\tau$ wird durch die Herleitungen in Abschnitt 4.2.4 verständlich.

Bei Drahtdriftkammern an Speicherringen stehen in der Regel $\vec{B}$ und $\vec{E}$ senkrecht aufeinander, so dass der $\vec{E}\vec{B}$-Term wegfällt, während andererseits in einer Time Projection Chamber (siehe nächster Abschnitt) $\vec{E}$ und $\vec{B}$ parallel sind, so dass der $\vec{E}\times\vec{B}$-Term wegfällt. Für diese Fälle gelten die Gleichungen (4.55) beziehungsweise (4.61). Wenn das Magnetfeld nicht parallel zu $\vec{E}$ ist, werden die Driftlinien und Isochronen entsprechend dem Lorentz-Winkel (4.57) deformiert, wie das Beispiel in Abb. 7.48 zeigt.

7.10.10 Time Projection Chamber (TPC)

Eine Driftkammervariante mit großem sensitiven Volumen ist die so genannte 'Time Projection Chamber' (TPC) [617, 505, 436], die in den 1970er Jahren entwickelt wurde und erstmals 1978 im PEP4-Experiment am Elektron-Positron-Speicherring PEP (Tab. 2.2 auf Seite 16) eingesetzt wurde. Jeder der mehr als 100 Messpunkte entlang einer Spur wird drei-dimensional rekonstruiert, so dass eine TPC Ereignisbilder ähnlich einer Blasenkammer liefert (Abb. 7.49).

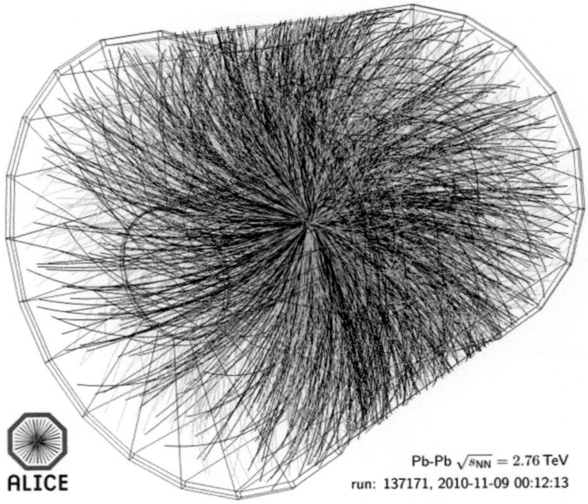

Abb. 7.49 Ein Pb-Pb-Streuereignis mit sehr hoher Teilchenmultiplizität (ungefähr 2500 geladene Teilchen), aufgenommen mit der TPC des ALICE-Experiments am LHC (Quelle: CERN/ALICE Collaboration [804]).

Prinzip

Das Prinzip einer TPC ähnelt dem der in Abb. 7.33 dargestellten Kammer: Die Elektronen, die entlang einer Teilchenbahn erzeugt werden, driften über weite Strecken in einem homogenen Driftfeld zu einem Elektrodengitter, hinter dem sie in einer separaten Anordnung durch Gasverstärkung ein Signal erzeugen. Die Spurkoordinaten werden entlang der Driftrichtung über die Driftzeit und senkrecht dazu durch eine Signalauslese über strukturierte Elektroden bestimmt. In der Regel werden die Spuren durch ein homogenes Magnetfeld abgelenkt, das parallel zum elektrischen Feld ausgerichtet ist.

Wie die ursprüngliche Kammer des PEP4-Experiments haben die meisten TPCs die Form eines Zylinders, der bei Speicherringexperimenten den Wechselwirkungspunkt umgibt und parallel zu den Strahlen ausgerichtet ist. Abbildung 7.50 zeigt das Funktionsprinzip. Das Volumen ist in zwei Hälften senkrecht zur Zylinderachse durch eine Elektrode geteilt, die auf negatives Potenzial relativ zu den beiden Endflächen des Zylinders gelegt wird. In dem damit erzeugten Feld driften die Elektronen, die beim Durchgang ionisierender Teilchen erzeugt werden, zu den Endflächen über Distanzen bis zu größenordnungsmäßig Metern. Die großen Driftstrecken stellen hohe Anforderungen an die Reinheit des Gases, insbesondere muss das Gas frei von elektronegativen Gasen sein, die Elektronen einfangen (siehe Abschnitt 7.3.2). Zum Beispiel muss der Sauerstoffanteil unterhalb von einigen 10^{-5} bleiben.

Im Gegensatz zu dem Verlust von Elektronen spielt der Verlust von im Driftraum erzeugten Ionen, zum Beispiel durch Rekombination, keine Rolle für die Eigenschaften einer TPC (siehe aber den Paragraphen 'Verhinderung der Rückdrift von Ionen' auf Seite 258).

Die longitudinale Koordinate (z-Achse = Zylinderachse) wird über die Driftzeit bestimmt, die $r\phi$-Koordinaten in der Projektion der Spurkrümmung werden an den Zylinderendflächen durch ortsauflösende Detektoren gemessen (siehe unten). Bei Sammlung

Tab. 7.9 Parameter und Eigenschaften von drei als Beispiele ausgewählten TPCs (Daten aus [436], die ALICE-Einträge sind zum Teil aktualisiert nach [71]).

Parameter/Experiment	PEP4 [617]	ALEPH [99]	ALICE [71]
Betriebsbeginn	1982/1984	1989	2009
Innen-/Außenradius (m)	0.2/1.0	0.35/1.8	0.85/2.5
Max. Driftlänge (L/2) (m)	1	2.2	2.5
Magnetfeld (T)	0.4/1.325	1.5	0.5
Gasmischung	Ar/CH_4	Ar/CH_4	$Ne/CO_2/N_2$
	80:20	91:9	85.7:9.5:4.8
Gasdruck (atm)	8.5	1	1
Driftfeld ($\mathrm{V\,cm^{-1}\,atm^{-1}}$)	88	110	400
e^--Driftgeschw. ($\mathrm{cm/\mu s^{-1}}$)	5	5	2.7
$\omega\tau$ (Abschnitt 4.3.2)	0.2/0.7	7	<1
Pad-Größe $w \times L$ (mm^2)	7.5×7.5	6.2×30	$4 \times 7.5;\ 6 \times 10/15$
max. dE/dx-Messungen/Spur	183	344	159
Gasverstärkung	1000	3000–5000	20000
Pads, Gesamtzahl	15 000	41 000	560 000
Auflösungen:			
$\sigma_{r\phi}$ (µm)	130–200	170–450	800–1100
σ_z (µm)	160–260	500–1700	1100–1250
Zweispurtrennung (mm), T/L	20	15	13/30
σ_p/p^2 ($\mathrm{GeV^{-1}}$) (p groß)	0.0065	0.0012	0.022
dE/dx (%) Einzelspuren/in Jets	2.7/4.0	4.4/–	5.0/6.8

der gesamten Ladung liefert jede $r\phi$-Messung zusätzlich einen dE/dx-Wert, der zur Teilchenidentifikation benutzt werden kann (siehe Abschnitt 14.2.2 auf Seite 544).

Elektrisches Feld Um das Driftfeld in dem ganzen Zylindervolumen homogen zu halten, wird an den Zylinderwänden ein von den Endelektroden zu der Mittelelektrode gleichmäßig abfallendes Potenzial erzeugt. Das geschieht meistens mit Hilfe eines Feldkäfigs (*field cage*) aus ringförmigen Leiterbahnen, die innen den Zylindermantel umlaufen und die über Widerstandsketten wie in Abb. 7.33 den Potenzialabfall erzeugen. In Abb. 7.51 der ALICE-TPC sind die Ringstrukturen an den Innen- und den Außenwänden deutlich zu sehen.

Magnetfeld Dem homogenen elektrischen Feld ist in der Regel ein Magnetfeld überlagert, das möglichst parallel zum E-Feld sein sollte (andere Feldrichtungen sind eher selten, siehe aber das letzte Beispiel in der Liste auf Seite 262). Die senkrechte Komponente sollte weniger als 10^{-4} der parallelen Komponente ausmachen, damit die Driftgeschwindigkeit in (7.66) in guter Näherung nur Terme in Richtung des E- beziehungsweise B-Feldes enthält (das heißt, der $\vec{E} \times \vec{B}$-Term soll nicht beitragen). Neben der impulsabhängigen Ablenkung der Teilchen bewirkt das Magnetfeld auch eine starke Reduktion

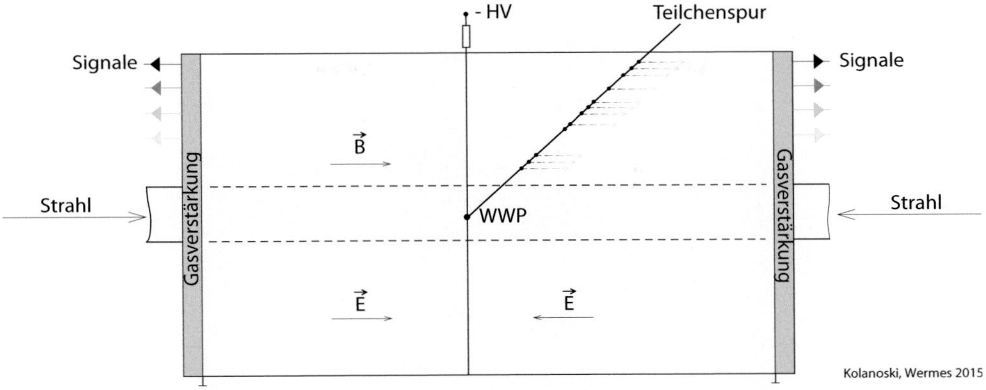

Abb. 7.50 Prinzip einer zylindrischen Time Projection Chamber (TPC) an einem Speicherring. Dargestellt ist ein Schnitt durch die Zylinderachse, festgelegt durch die Strahlen, die im Wechselwirkungspunkt WWP kollidieren. Zwischen der planaren Elektrode in der Mitte der Kammer und den Endkappen wird jeweils ein homogenes elektrisches Feld (etwa 500 V/cm) erzeugt. Die Elektronen von den Ionisationsclustern driften bis zu etwa 1 m weit zu den Endkappen, wo die $r\phi$-Koordinaten der ankommenden Ladung in Proportionalkammern gemessen werden. Die z-Koordinate (entlang Strahl und E-Feld) wird durch die Driftzeit bestimmt. Jede $r\phi$-Messung liefert zusätzlich einen dE/dx-Wert, der zur Teilchenidentifikation benutzt wird.

der transversalen Diffusion der driftenden Elektronen, entsprechend Gleichung (4.115) in Kapitel 4 auf Seite 121 (siehe dazu auch die Fußnote 6 auf Seite 121):

$$D_T(B) = \frac{D_T(0)}{1 + \omega^2\tau^2} \,. \tag{7.67}$$

Das heißt, die Diffusionskonstante $D_T(0)$ für den Fall ohne Magnetfeld wird bei Drift in Richtung des Magnetfelds um den Faktor $1/(1 + \omega^2\tau^2)$ untersetzt. Das ist der wesentliche Grund dafür, dass auch bei Driftstrecken von mehr als einem Meter gute Ortsauflösungen erreicht werden können. Um eine geringe transversale Diffusion zu bekommen, müssen die Zyklotronfrequenz ω, und damit das Magnetfeld, und die Stoßzeit τ möglichst groß sein. Für die TPC-Beispiele in Tab. 7.9 ist jeweils auch der Parameter $\omega\tau$ angegeben.

Signalauslese

Für die Signalauslese an den Endflächen einer TPC werden in der Regel Detektoren mit Gasverstärkung eingesetzt. Bisher benutzte man dazu meistens MWPCs mit Pad-Auslese (Abschnitt 7.8), in jüngster Zeit geht man aber auf die neu entwickelten mikrostrukturierten Gasdetektoren wie GEMs (Abschnitt 7.9.2) oder MICROMEGAS (Abschnitt 7.9.3) über.

Abbildung 7.52 stellt das Prinzip einer Pad-MWPC dar, die in die Endplatte einer TPC integriert ist. Der Querschnitt in (a) zeigt die Anodenebene zwischen zwei Kathodenebenen. Die Kathode auf der Seite, von der die Elektronen heran driften, ist als Drahtebene ('Abschirmgitter' in der Skizze) und die gegenüberliegende als Pad-Ebene

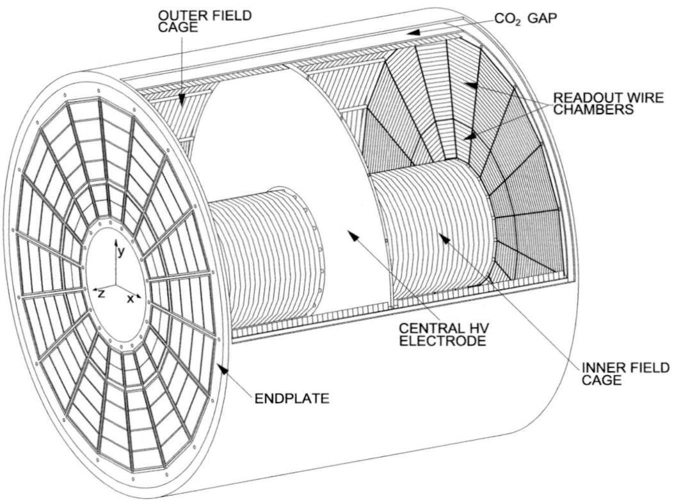

Abb. 7.51 Perspektivische Zeichnung der Elektrodenanordnung um das Driftvolumen der ALICE-TPC ([71], mit freundl. Genehmigung von Elsevier). Die Scheibe in der Mitte der TPC, die die Kammer in zwei zylindrische Volumen unterteilt, liegt auf Hochspannung. Die Ausleseebenen an den Endflächen sind jeweils in 18 azimutale Sektoren mit jeweils 2 Auslesekammern unterteilt.

ausgebildet. Typische Pad-Abmessungen liegen im Bereich von einigen Millimetern, siehe Tab. 7.9. In der Anodenebene sind zwischen die Anodendrähte meistens Felddrähte gespannt, die auf niedrigeres Potenzial als die Anoden gelegt werden, um dadurch eine bessere Fokussierung der Elektronen auf die Anode zu erreichen (siehe Abb. 7.52(c)).

Verhinderung der Rückdrift von Ionen Bevor die Elektronen in der MWPC verstärkt werden, müssen sie eine Gitterelektrode (Gate-Gitter, *gating grid*), Abb. 7.52(c)) passieren, die durch Wahl des angelegten Potenzials für driftende Ladungen geöffnet oder geschlossen werden kann. Der Grund für die Einführung des Gitters ist die notwendige Reduzierung der Raumladungseffekte durch Ionen, die aus dem Verstärkungsbereich zu der Kathode des Driftvolumens driften. Da die Ionen viel langsamer driften als die Elektronen, akkumulieren sie sich in dem Driftbereich und deformieren das elektrische Feld. Das Gitter wird auf einen Ereignistrigger hin geöffnet und nach etwa der maximalen Driftzeit wieder geschlossen. Diese Methode ist natürlich nur sinnvoll, wenn die maximale Driftzeit klein ist gegenüber der mittleren Zeit zwischen zwei Ereignissen.

Mit mikro-strukturierten Gasdetektoren, wie GEMs und MICROMEGAS (Abschnitt 7.9) kann die Ionenrückdrift von vornherein so reduziert werden, dass TPCs auch in Hochratenexperimenten ohne gepulste Gitter betrieben werden können. Mit mehreren GEM-Lagen (Abb. 7.31), kann die Verstärkung in der ersten Lage relativ klein gehalten werden. Die Ionen aus den weiteren Verstärkungsstufen haben wegen der Diffusion eine geringe Chance, durch die kleinen Öffnungen der GEMs zurück zu driften. Bei MICROMEGAS werden die Elektronen durch die engen Maschen des Mikrogitters (Abb. 7.32)

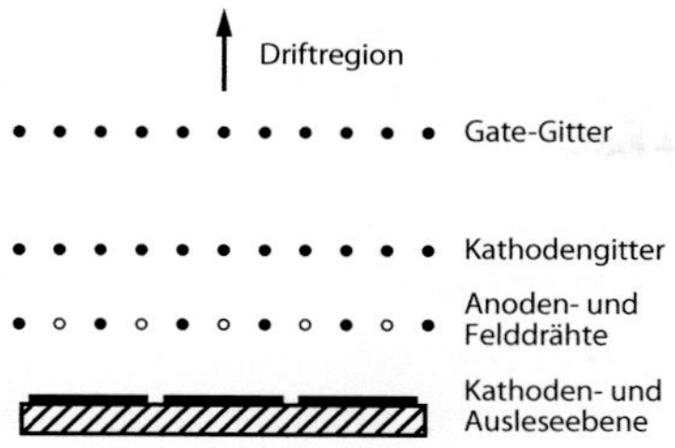

(a) Schema einer Pad-MWPC [560].

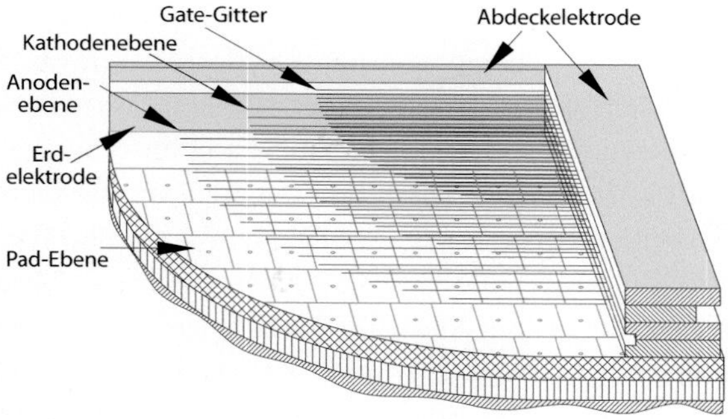

(b) Struktur der Pad- und der Drahtlagen der ALICE-TPC ([71], mit freundl. Genehmigung von Elsevier).

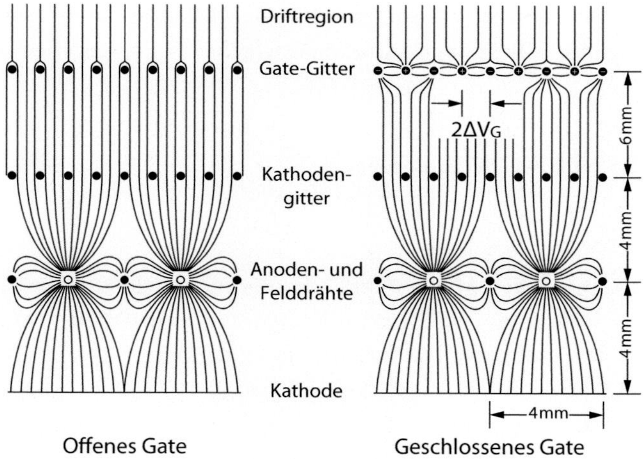

(c) Gitterelektrode, links offen und rechts geschlossen ([607], mit freundl. Genehmigung von Elsevier).

Abb. 7.52 TPC-Auslese mit Pad-MWPC: (a) Schema einer Pad-MWPC mit Anoden-, Kathoden- und Gitterlagen aus Drähten und einer Lage mit Pads, die die Influenzsignale der an der Anode verstärkten Elektronen sehen. (b) Kammer- und Pad-Struktur der TPC des ALICE-Experiments am LHC. (c) Das Potenzial des Gitters (*gating grid*) kann so gelegt werden, dass es offen ist für die driftenden Elektronen oder geschlossen, um den Rückfluss der viel langsamer driftenden Ionen zu reduzieren. Nachdruck der Abbildungen mit freundl. Genehmigung der Verlage World Scientific (a) und Elsevier (b, c).

geleitet, das aber die an den Anodenstreifen erzeugten Ionen wie bei den GEMs zurückhält. Der Einsatz von GEMs und MICROMEGAS in TPCs wird zum Beispiel in [19, 713] beschrieben.

Auflösungen

$r\phi$-Auflösung Die erreichbare Ortsauflösung in der $r\phi$-Koordinate (in Tab. 7.9 der Eintrag $\sigma_{r\phi}$) hängt von der Art der Auslese ab. Wird die Ladung über mehrere Elektrodenelemente (Streifen oder Flächen) verteilt, kann durch Schwerpunktbildung oder ähnliche Methoden eine Ortauflösung im Bereich von 200 µm erzielt werden. Zu der Auflösung tragen vor allem bei: die transversale Diffusion, die Pad-Größe und die relative Orientierung der Spur, der Anodendrähte und der Pads (Details siehe [560, 177, 436]).

Die transversale Diffusion kann durch das Magnetfeld und eine geschickte Wahl des Gases entsprechend (7.67) klein gehalten werden kann. Außerdem verringert sich der Messfehler mit der Anzahl N der zu einem Signal beitragenden Elektronen etwa proportional zu $1/\sqrt{N}$, wenn über mehrere Pads gemittelt werden kann, siehe dazu Anhang E.

Beispiel: Als Beispiel wollen wir die transversale Diffusion in der ALEPH-TPC mit den Daten in Tab. 7.9 betrachten, wie sie auch in [436] diskutiert wird. Nach (4.72) ist die Breite der Ladungswolke bei einem Diffusionskoeffizienten D_T gegeben durch:

$$\sigma_{D_T} = \sqrt{\frac{2D_T(0)\,z}{v_D}}\sqrt{\frac{1}{1+\omega^2\tau^2}}\,. \tag{7.68}$$

In [436] ist für die ALEPH-TPC angegeben:

$$\sqrt{\frac{2D_T(0)}{v_D}} = 600\,\frac{\mu\text{m}}{\sqrt{\text{cm}}}\,. \tag{7.69}$$

Das ergibt für $\omega\tau = 0$ (ohne Magnetfeld) über die maximale Driftlänge von 2.2 m eine Breite von $\sigma_{D_T} = 8.9$ mm und bei $B = 1.5$ T mit $\omega\tau = 7$ eine Breite von $\sigma_{D_T} = 1.3$ mm. Der Schwerpunkt der Ladungsverteilung ist um einen Faktor $1/\sqrt{N}$ (N ist die Anzahl der gemessenen Elektronen) genauer lokalisiert als der Ort einer einzelnen Ladung. In der ALEPH-TPC ist die spezifische Ionisation 90/cm, so dass bei einer radialen Pad-Länge von 3 cm für eine gerade Spur parallel zu dem Pad die Diffusionswolke mit einer Genauigkeit von

$$\frac{\sigma_{D_T}}{\sqrt{N}} = 5\,\mu\text{m}\,\sqrt{z/\text{cm}} \qquad (= 74\,\mu\text{m für } z = 2.2\,\text{m}) \tag{7.70}$$

lokalisiert ist. Im allgemeinen Fall hängt die Zahl N von der Projektion der Spur auf das Pad ab.

z-Auflösung In longitudinaler Richtung ist die Auflösung durch die longitudinale Diffusion begrenzt, vergleiche die Diskussion in Anhang C. Da man bei TPCs von konstanten Driftgeschwindigkeiten v_D ausgehen kann, hat die Ladungswolke nach einer Driftstrecke z die Breite (Gleichung (C.1) für die Koordinate z):

$$\sigma_{D_L}(z) = \sqrt{\frac{2D_L}{v_D}}\sqrt{z}\,, \tag{7.71}$$

wobei D_L die longitudinale Diffusionskonstante ist. Wenn die Driftzeit als Mittelwert aller Ankunftszeiten der N Elektronen einer Ladungswolke bestimmt wird, ist der Beitrag zur Ortsauflösung

$$\sigma_z = \frac{\sigma_{D_L}(z)}{\sqrt{N}}\,. \tag{7.72}$$

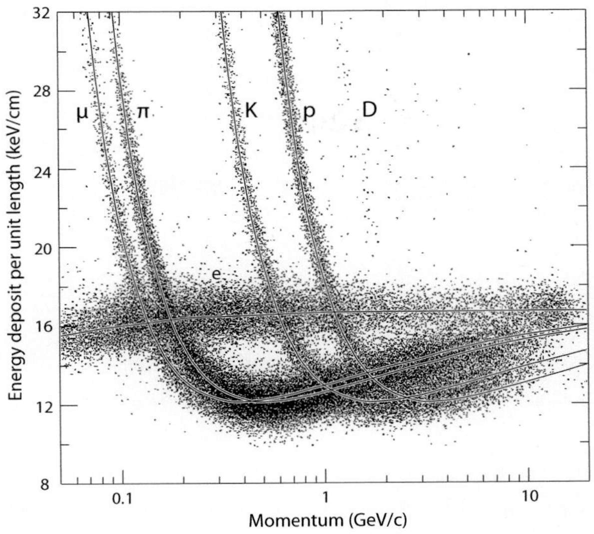

Abb. 7.53 Teilchenidentifikation durch dE/dx-Messungen in der PEP4-TPC (aus [621]). Jeder Punkt stellt den Mittelwert aller Energieverlustmessungen für jeweils eine Spur dar. Siehe dazu auch die Erläuterungen zu Abb. 14.11 auf Seite 549.

Wenn aber die Zeit durch das Überschreiten einer Diskriminatorschwelle bei Ankunft des k-ten Elektrons bestimmt wird, gilt entsprechend die Formel in Gleichung (C.8) für die Ortsauflösung. Die erreichten Auflösungen σ_z sind in Tab. 7.9 aufgeführt.

dE/dx-Auflösung Die Auflösung der dE/dx-Messung (siehe dazu Abschnitt 14.2.2 auf Seite 544) ist abhängig von der Anzahl der Elektronen, die zu einem Messpunkt beitragen und von der Anzahl der Messpunkte. Die Anzahl der Elektronen hängt von der Ionisationsdichte, also von der Gasmischung und dem Druck, und von der Größe der Pads ab. Größere Pads erlauben eine genauere dE/dx-Messung, verschlechtern aber die $r\phi$-Auflösung, so dass ein Optimum gefunden werden muss. Eine sehr gute Auflösung von etwa 3% wurde mit der PEP4-TPC mit 183 Messpunkten pro Spur bei einem Druck von 8.5 atm erreicht (Tab. 7.9 und Abb. 7.53). Zu dem guten Ergebnis trägt vor allem der hohe Druck bei, da der Energieverlust dE/dx nach Gleichung (3.25) auf Seite 34 proportional zur Gasdichte ist und die Gasdichte ihrerseits in dem hier relevanten Bereich proportional zum Druck ist.

Durch die Druckerhöhung wird in der Regel die transversale Diffusion größer, weil die Stoßzeit τ in (7.67) kleiner wird. Die Stoßzeit ist (siehe Abschnitt 4.6.4):

$$\tau = \left\langle \frac{\lambda}{v} \right\rangle , \tag{7.73}$$

wobei die mittlere freie Weglänge λ proportional zu $1/p$ und die ungeordnete Geschwindigkeit v nach (4.104) proportional zu $1/\sqrt{p}$ ist. Dann ist also auch τ proportional zu $1/\sqrt{p}$. Dieser Faktor wird bei der Bestimmung des Schwerpunkts der Ladungswolke in $r\phi$ von der proportional zu p erhöhten Anzahl N der erzeugten Ladungen annähernd kompensiert, weil der Fehler in der Schwerpunktbestimmung etwa proportional zu $1/\sqrt{N}$ kleiner wird. Damit ist der Einfluss der Druckerhöhung auf die $r\phi$-Auflösung vernachlässigbar.

Andere TPC-Varianten

Wir haben im Vorhergehenden die 'typische' TPC behandelt: ein Zylindervolumen, das die Wechselwirkungszone eines Experiments an einem Speicherring umgibt, wie in Abb. 7.50 und 7.51 dargestellt. Es gibt aber auch viele Varianten des TPC-Prinzips, die zum Beispiel auch an Nicht-Beschleuniger-Experimenten eingesetzt werden.

Beispiele

- In Abschnitt 16.7.2 wird ein Detektor für den Nachweis von Dunkler Materie beschrieben, der auf einer mit flüssigem Xenon gefüllten TPC basiert.
- Das ICARUS-Experiment im Gran-Sasso-Labor (siehe Abschnitt 2.3) setzt eine besonders große, mit flüssigem Argon gefüllte TPC zum Nachweis von Neutrino-Oszillationen [75] ein.
- In einem Experiment am Paul-Scherrer-Institut (Schweiz) wird der Einfang von Myonen durch Protonen mit einer Wasserstoff-TPC, die bei 10 bar betrieben wird, studiert [299].
- Es gibt auch zylindrische TPCs, bei denen das elektrische Feld senkrecht zum Magnetfeld orientiert ist, wobei die Auslesekammern auf dem Zylindermantel angebracht sind (siehe zum Beispiel [39]). Obwohl diese Anordnung Vorteile für die Spurrekonstruktion hat, sind die erreichbaren Auflösungen im Allgemeinen schlechter.

7.11 Alterungseffekte

Mit dem Begriff 'Alterung' (*aging*) werden bei Detektoren Erscheinungen zusammengefasst, die eine im Allgemeinen negative Veränderung des Detektorverhaltens nach einer gewissen Betriebszeit bewirken. Zu den negativen Effekten gehören:

- Reduktion der Gasverstärkung,
- Anwachsen von Dunkelströmen,
- Auftreten von sich selbst erhaltenden Strömen,
- Korrosion von Elektroden,
- Beschädigung der isolierenden Elektrodenhalterungen und anderer mechanischer Strukturen.

Fast immer wird eine solche Alterung durch Strahlenbelastung und dabei vornehmlich durch den damit verbundenen erhöhten Ladungstransport zu den Elektroden verursacht. In gasgefüllten Detektoren mit hohen elektrischen Feldern zur Gasverstärkung treten Alterungseffekte in der Regel durch die Zersetzung des Gases in der Verstärkungslawine und nachfolgende Ablagerungen der verschiedenen chemischen Bestandteile auf den Elektroden auf. Verursacher der Alterungen sind damit vor allem die komplexeren Moleküle,

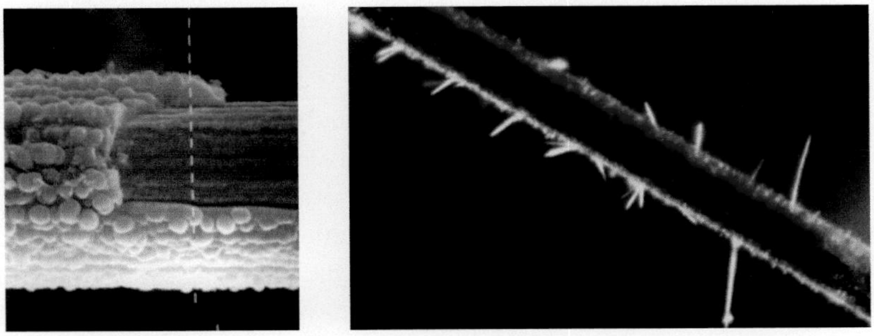

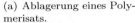

(a) Ablagerung eines Polymerisats.

(b) Polymerisationsfäden (*whiskers*).

Abb. 7.54 Mikroskopaufnahmen von typischen Alterungserscheinungen auf Anodendrähten (aus den Vortragsfolien zu [709]).

wie die Kohlenwasserstoffe, die in den Gasmischungen zur Einstellung des Arbeitspunkts oder als Löschgas benutzt werden (siehe Abschnitt 7.5). Häufig entstehen die Probleme aber auch durch Verunreinigungen im Gassystem.

Die Ablagerungen an den Elektroden sind vorwiegend Polymerisate, die entweder isolierend oder leitfähig sein können. Durch ausgedehnte Strahlungstests an Prototypen versucht man, die Strahlenfestigkeit der Detektoren sicherzustellen, und kontrolliert während des Betriebs kontinuierlich, ob Veränderungen der Betriebsparameter auftreten, die auf Alterung hindeuten. Trotz der intensiven Forschungen und des damit einhergehenden besseren Verständnisses der Alterungsprozesse basiert Vieles auf diesem Gebiet auf reiner Erfahrung, und häufig sind Ergebnisse nicht reproduzierbar. Einen guten Überblick über die Problematik geben die Berichte der 'Aging Workshops' [480, 441].

7.11.1 Maße für 'Alter' und Alterungseffekte

Integrierte Ladung Das wichtigste Maß für das 'Alter' einer Kammer ist die über die Betriebszeit integrierte Ladung, die auf den Anodendrähten oder -streifen pro Länge deponiert wurde. Es sind Kammern entwickelt worden, die integrierte Ladungen bis in die Größenordnung von mehreren C/cm aushalten. Das bedeutet bei etwa 10^5 Elektronen pro Signalpuls, dass die Kammer in ihrer Lebenszeit mehr als 10^{14} Teilchen pro cm Drahtlänge gesehen hat, entsprechend 1 MHz/cm bei einer Laufzeit von 10^8 s (das sind effektiv etwa 10 Jahre). Wenn die Driftzelle 1 cm breit ist (± 0.5 cm Driftstrecke), entspricht das einem Teilchenfluss von 1 MHz/cm^2.

Bei Parallelplattenanordnungen wie RPCs (Abschnitt 7.7.3) wird das Alter in integrierter Ladung pro Fläche angegeben. 'Gute' Kammern halten Ladungsmengen von etwa 10 C/cm^2 und mehr aus. Die gleiche Ladung pro Fläche ergibt sich für eine 5 mm Drahtkammerzelle mit 5 mm Durchmesser bei einer Ladung pro Drahtlänge von 5 C/cm. Allerdings ist wegen der im Allgemeinen höheren Gasverstärkung der RPCs die der Ladung entsprechende Teilchenzahl bei RPCs um etwa einen Faktor 10 bis 100 geringer als bei der Driftzelle.

Abhängigkeit von der Strahlungsart Während traditionell die akkumulierte Ladung normiert auf die Länge oder Fläche einer Elektrode als hinreichendes Kriterium für das 'Alter' eines Detektors galt, haben Messungen mit Detektoren von Hochratenexperimenten gezeigt, dass auch andere Parameter, wie Strahlungsart, Bestrahlungsdauer, Gasaustausch oder Ausdehnung des Bestrahlungsbereichs, die Lebensdauer eines Detektors mitbestimmen. Insbesondere hat sich gezeigt, dass Strahlung mit räumlich und zeitlich hoher Ionisationdichte, die zum Beispiel durch langsame schwere Ionen erzeugt wird, wesentlich schlimmere Effekte haben kann, als wenn die gleiche Dosis beispielsweise mit Röntgenstrahlung verabreicht wird. So werden die in Abb. 7.28 gezeigten Zerstörungen von Mikrostreifen einer MSGC durch hochionisierende langsame Teilchen ausgelöst, wie gezielte Tests mit α-Strahlung zeigen. In [110] wird berichtet, dass Driftkammern die in Labortests mit Röntgenstrahlung akkumulierten Ladungen von mehreren C/cm ohne Schaden überstanden haben, aber in der Umgebung von Strahlung, die in einem Target von einem Protonstrahl erzeugt wurde, nach nur etwa einem Tausendstel der akkumulierten Ladung nicht mehr gebrauchsfähig waren (durch den 'Malter-Effekt', siehe nächster Abschnitt).

Verstärkung und Dunkelstrom als Kontrollgrößen Um frühzeitig Alterungserscheinungen bemerken zu können, werden relative Veränderungen der Gasverstärkung und des Kammerstroms mit der akkumulierten Ladung registriert, wie zum Beispiel in Abb. 7.55. Die Änderung der Gasverstärkung wird auf die akkumulierte Ladung pro Einheitslänge, Q, bezogen:

$$\eta_G = -\frac{1}{G_0}\frac{dG}{dQ}\,. \tag{7.74}$$

In einer 'gesunden' Kammer sollte der Strom I_{HV}, der der Spannungsversorgung entnommen wird, proportional zu einer extern zu messenden Rate α_r des Strahlungsuntergrunds sein. Die zu beobachtende Größe ist also:

$$\eta_I = -\frac{1}{(I/\alpha_r)_0}\frac{d(I/\alpha_r)}{dQ}\,. \tag{7.75}$$

Der Strom wird häufig als Kontrollgröße für die automatische Sicherheitsabschaltung eines Detektors ausgenutzt.

7.11.2 Bildung von Polymerisaten

Methoden der Plasmachemie werden benutzt, um mit Hilfe von Entladungen Polimerisate zu erhalten [837]. So ist es eigentlich nicht erstaunlich, wenn in den Gasverstärkungslawinen Ablagerungen auf Elektroden erzeugt werden. Bei Entladungen in Kohlenwasserstoffen (oder Gasen, die diese enthalten) treten Ablagerungen durch Polymerisation auf. Zum Beispiel tritt Dissoziation von Methan durch Elektronstöße bei einer Schwelle von 4.5 eV auf, während die Ionisationsschwelle bei 12.6 eV liegt. Bei Argon, dem Methan

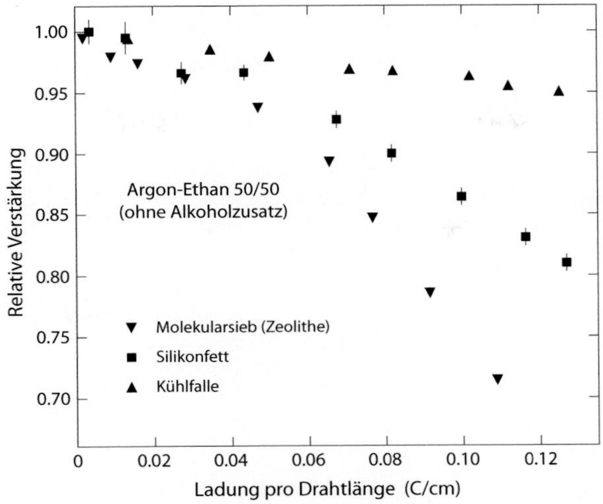

Abb. 7.55 Testmessungen zu Alterungserscheinungen der zentralen Driftkammer (CTC) des CDF-Detectors (nach [163], mit freundl. Genehmigung von Elsevier; um die Abbildung übersichtlich zu halten, sind hier weniger Tests dargestellt als im Original). Das Driftgas ist Argon-Ethan (50:50) ohne einen Zusatz zur Verhinderung der Ablagerungen, um den Einfluss verschiedener Verunreinigungen besser testen zu können. Mit einem Zusatz von Alkohol ist die Alterungsrate um mindestens eine Größenordnung geringer. Bei den Tests sind gezielt Verunreinigungen in das Gassystem gebracht worden: ein Molekularsieb (Zeolithe), Silikonfett, was häufig für Dichtungen verwendet wird, und eine Kühlfalle, an der sich flüchtige Verunreinigungen ablagern können. Die Alterung aufgrund verschiedener Verunreinigungen ist relativ dramatisch und in allen Fällen für das Experiment nicht akzeptabel.

häufig als Löschgas zugesetzt wird, liegt die Ionisationsschwelle bei 15.8 eV. Um also eine Lawine durch Sekundärionisation auszubilden, müssen die Elektronen den Energiebereich durchlaufen, in dem Dissoziationen ausgelöst werden können.

In Dissoziationsprozessen von Kohlenwasserstoffen werden reaktionsfreudige Radikale erzeugt, also Moleküle mit ungepaarten Valenzelektronen, die sich durch Bildung von Molekülketten als Polymerisate auf den Elektroden ablagern können. Zum Beispiel kann das CH_2-Radikal in Methan durch Elektronenstoß entsprechend der Reaktionsgleichung

$$e^- + CH_4 \to CH_2 + H_2 + e^- \qquad (7.76)$$

gebildet werden [791]. Dieses Radikal ist der Ausgang für die Bildung von Polyethylen mit der vereinfachten Ketten-Strukturformel $[-H_2C-CH_2-]_n$, das bekanntlich ein guter Isolator ist. Da das CH_2-Radikal ein großes Dipolmoment hat, heftet es sich bevorzugt an die polarisierenden Elektroden an, wo sich dann durch Kettenbildung wachsende Polymerisationsschichten bilden.

Ablagerungen auf Anoden Mikroskopaufnahmen von Ablagerungen auf Anodendrähten sind als Beispiele in Abb. 7.54 gezeigt.

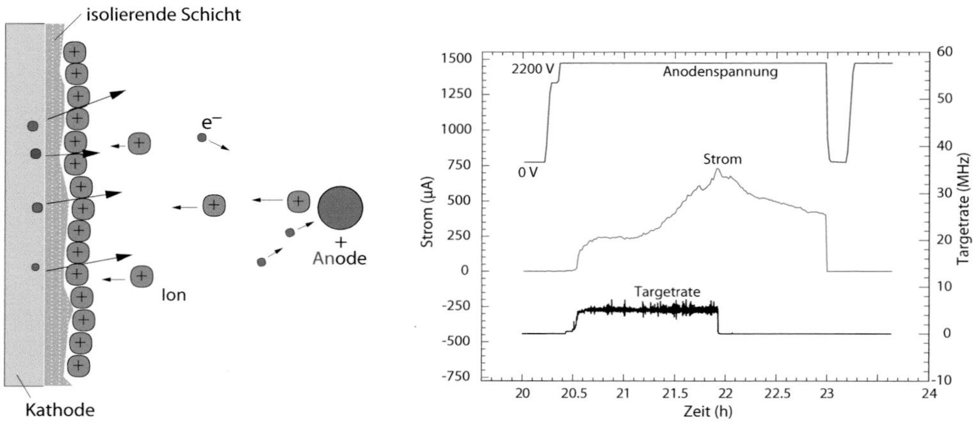

(a) Malter-Effekt. (b) Malter-Strom.

Abb. 7.56 (a) Schematische Darstellung des Malter-Effekts [723]: Isolierende Ablagerungen auf der Kathode führen durch Anlagerung von Ionen auf dieser Schicht zu einem Feld zwischen dieser Schicht und der Anode. Dieses Feld kann wegen des geringen Abstands der Schicht von der Kathode so stark werden, dass Elektronen aus der Kathode emittiert werden. Die Elektronen driften zu der Anode und erzeugen dort durch Gasverstärkung weitere Ionen und damit einen ständigen Strom, den 'Malter-Strom'. (b) Charakteristika eines Malter-Stromes ([62], mit freundl. Genehmigung von Elsevier): Bei einer konstanten Targetrate (hier Wechselwirkungen von Protonen in einem nuklearen Target) ist zunächst der Kammerstrom konstant und steigt dann durch den einsetzenden Malter-Effekt. Bei Abschaltung der Targetrate geht der Strom nicht mehr auf null zurück, wie vor dem Einsetzen des Malter-Stromes.

Leitfähige Ablagerung: Ablagerung eines leitfähigen Polymerisats (Abb. 7.54(a)) auf der Anode führt durch Verdickung des Drahtes zur Reduktion der Verstärkung. Dieser Effekt kann durch ständige Kontrolle der Gasverstärkung frühzeitig bemerkt werden.

Isolierende Ablagerung: Ablagerung eines isolierenden oder gering-leitfähigen Polymerisats auf der Anode führt zum Aufbau eines Gegenfelds durch Ladungsansammlung auf der Schicht und damit zum Einbruch der Verstärkung.

Bildung spitzer Strukturen: Ausbildung von Polymerisationsfäden auf der Anode (*whiskers*, Abb. 7.54(b)) führt zu Spitzenentladungen (von gelegentlichen 'Spratzern' bis zu einem dauerhaften Dunkelstrom).

Ablagerungen auf Kathoden, 'Malter-Effekt' Isolierende Ablagerungen auf der Kathode führen zu dem so genannten Malter-Effekt [573], schematisch dargestellt in Abb. 7.56(a). Durch Anlagerung von Ionen auf der Isolationsschicht wird zwischen dieser Schicht und der Kathode ein Feld erzeugt, das so stark werden kann, dass Elektronen aus der Kathode extrahiert werden ('Dünnschicht-Feldemission'). Solange das Potenzial der Anode höher liegt als das der Ionenschicht, können die Elektronen durch die Ionenschicht zur Anode driften, erzeugen dort durch Gasverstärkung weitere Ionen und damit einen ständigen Strom, den 'Malter-Strom'. In Abb. 7.56(b) ist das charakteristische Verhalten des Malter-Stromes dargestellt. Die Anlagerung der Ionen an der isolierenden Schicht erfolgt in einem Gleichgewichtsprozess zwischen Neutralisierung der Ionen durch Elektronen und Verstärkung der Elektronen an der Anode. Ein Anwachsen der Ionenschicht verringert die Potenzialdifferenz zwischen der Ionenschicht und der Anode und damit auch die Verstärkung.

Maßnahmen gegen Ablagerungen Einige allgemeinen Regeln, wie Ablagerungen auf den Elektroden vermieden werden können, sind:

- Vermeide Kohlenwasserstoffe. Allerdings sind Kohlenwasserstoffe gute Löschgase und in Driftkammern zur Einstellung der Driftgeschwindigkeit notwendig. Als Ersatz kann häufig CO_2 eingesetzt werden, das zwar als Löschgas nicht ganz optimal ist, dafür aber nicht zu Polymerisation neigt. Eine Möglichkeit der Verbesserung der Löschgaseigenschaften ist die Beimischung von CF_4, was aber potenziell andere Probleme hat (siehe Abschnitt 7.11.3).
- Vermeide Verunreinigung des Gases. Abbildung 7.55 zeigt als Beispiel den Verstärkungsverlust als Effekt von Verunreinigungen. Stabiler Detektorbetrieb verlangt eine peinliche Sauberkeit des Systems und beim Bau der Detektoren die unbedingte Vermeidung ausgasender Materialien (Klebstoffe, Leiterplatinen, Lötzinn, ...). Insbesondere muss Silizium vermieden werden, weil es nichtflüchtige Verbindungen eingeht, die zu Polymerisation neigen. Silizium kommt unter anderem in Silikonöl vor, was manchmal zum Einperlen geringer Zusätze zum Detektorgas (über einen '*bubbler*') benutzt wird. Das Gassystem, bevorzugt mit ölfreien Edelstahlrohrverbindungen und ohne ausgasende Dichtungen, sollte dicht gegen die Umgebung sein. Wenn das bei großen Systemen nicht absolut möglich ist, hilft ein leichter Gasüberdruck. Verunreinigungen können durch Gasspektroskopie kontrolliert werden, wobei dieser Aufwand meistens nur in großen Systemen betrieben wird, in denen das Gas in einem geschlossenen Kreislauf gereinigt und zurückgeführt wird.
- Zusatz von nicht-polymerisierenden Gasen: Auch wenn Kohlenwasserstoffe wegen ihrer guten Eigenschaften als Löschgas nicht zu vermeiden sind, können Ablagerungen an den Elektroden durch Zusätze zum Gas unterdrückt werden. Damit gefährliche Radikale und Moleküle nicht zu den Elektroden transportiert werden, sollte die Ladung auf Moleküle, die nicht zu Polymeristation neigen, übertragen werden. In Ladungsaustauschreaktionen können die positiven Ionen durch Elektronen aus Molekülen mit niedrigerem Ionisationpotenzial neutralisiert werden. Als geeignete Zusätze für den Ladungstransfer haben sich Alkohol (Ethanol, Propanol), Methylal, Wasser und auch Sauerstoff erwiesen (siehe auch Abschnitt 7.5 zu der Zusammensetzung von Kammergasen).

Nachdem sich bereits Ablagerungen gebildet haben, kann eine Kammer eventuell durch Spülen mit reaktiven Gasen wie Sauerstoff oder CF_4 'geheilt' werden. Ein Wasserzusatz kann eine isolierende Schicht manchmal leitfähig machen, es besteht aber die Gefahr, dass Kriechströme über die Elektrodenhalterungen anwachsen. Nur ausgiebige Test unter möglichst realistischen Bedingungen können einigermaßen sicherstellen, dass eine Maßnahme

Erfolg verspricht und nicht etwa zu weiteren Problemen führt. Allerdings sind in den meisten Fällen mindestens die Bestrahlungsintensität und/oder -dauer nicht realistisch, da die Tests in der Regel nicht so lange dauern können wie das eigentliche Experiment, sondern beschleunigt durchgeführt werden müssen.

7.11.3 Beschädigung von Elektroden und Kammerstrukturen

Durch Strahlung können auch mechanische Strukturen, wie die Elektroden oder die isolierenden Halterungen der Elektroden, angegriffen werden. Insbesondere durch Zerlegung von fluor-haltigen Gasen wie CF_4 oder Freon kann es zur Bildung von ätzenden Gasen oder Flüssigkeiten kommen. Zum Beispiel kann Fluorwasserstoff (HF) entstehen, der mit eventuell vorhandenem Wasser als Flusssäure sehr aggressiv ist (Flusssäure wird industriell zum Ätzen von Glas und Silizium eingesetzt). Schädigungen durch Verätzung werden sowohl bei Drahtelektroden (bis zum Abschälen von Goldbeschichtungen) als auch auf Elektrodenflächen, zum Beispiel bei RPCs (Abschnitt 7.7.3), beobachtet [791, 709]. Eine Schädigung der Elektroden oder Elektrodenhalterungen kann zur Deformierung der elektrischen Feldkonfiguration und zu erhöhtem Dunkelstrom und Überschlägen führen.

In Gläsern mit geringer Leitfähigkeit, die mikrostrukturierte Leiterbahnen als Elektroden tragen, wie bei MSGCs (Abschnitt 7.9.1), ist unter Bestrahlung die Ausbildung von anwachsenden Strömen (Ionenströme) beobachtet worden [449]. Dadurch wird es schwierig, die Felder zwischen den Elektroden und damit auch eine konstante Gasverstärkung aufrecht zu erhalten. Siehe dazu auch die Ausführungen in dem Abschnitt 7.9.1 über MSGCs.

8 Halbleiterdetektoren

Übersicht

8.1 Einleitung

Halbleiterdetektoren werden bereits seit den frühen 1960er Jahren in der Kernphysik vor allem zur Energiemessung von Gammastrahlung eingesetzt (siehe zum Beispiel [507]). In diesem Kapitel konzentrieren wir uns allerdings auf ortsempfindliche Halbleiterdetektoren der Teilchenphysik, die seit den 1980er Jahren entwickelt werden. Ähnlich wie die Erfindung der Vieldrahtkammern zwanzig Jahre zuvor die elektronische Messtechnik für Teilchenphysikexperimente revolutionierte (siehe Kapitel 7), erfolgte ein ähnlicher Qualitätssprung durch die Entwicklung ortsauflösender Halbleiterdetektoren mit einer Elektrodenstrukturierung im Bereich 50–100 µm. Mit ihnen konnte die Genauigkeit der Ortsmessung um 1–2 Größenordnungen im Vergleich zu den bis dahin fast ausschließlich verwendeten Drahtkammern verbessert werden. Dadurch wurde erstmals die Messung von Sekundärvertices und damit von Lebensdauern schwerer Fermionen möglich. Zwei Beispiele dazu seien erwähnt:

– τ-Leptonen zerfallen mit einer Lebensdauer von $\tau_\tau \simeq 290$ fs in Endzustände mit einem geladenen Teilchen (z. B. $\tau^- \to e^-\overline{\nu}_e\nu_\tau$) oder mehreren geladenen Teilchen (z. B. $\tau^- \to \pi^-\pi^+\pi^-\nu_\tau$). Die dabei zurückgelegte Flugstrecke ist

$$d = \gamma\beta c\tau\,,$$

H. Kolanoski, N. Wermes, *Teilchendetektoren*, DOI 10.1007/978-3-662-45350-6_8

wobei βc die Geschwindigkeit des Teilchens und γ den Lorentz-Faktor für die Transformation vom τ-Ruhesystem in das Laborsystem darstellt. In dem Elektron-Positron-Speicherring LEP wurden τ^+ und τ^- bei einer Schwerpunktsenergie von $\approx$91 GeV paarweise produziert in der Reaktion

$$e^+e^- \to Z^0 \to \tau^+\tau^- .$$

In 'natürlichen' Einheiten ($\hbar = c = 1$) ist für τ-Leptonen mit Masse m, Energie E und Impuls p:

$$\gamma\beta = \frac{E}{m}\frac{p}{E} = \frac{p}{m} \quad = \quad \frac{45.5\,\text{GeV}}{1.78\,\text{GeV}} \simeq 25.6$$

und damit

$$\gamma\beta c\tau \simeq 2.2\,\text{mm} .$$

Der typische Abstand zwischen dem Wechselwirkungspunkt der Kollision und dem Zerfallspunkt der τ-Leptonen liegt also im mm-Bereich. Abb. 8.1 zeigt ein Ereignis dieses Typs und eine Ausschnittvergrößerung der inneren Zone. Mit Hilfe von Silizium-Mikrostreifendetektoren wurde die Extrapolation der Teilchenspuren in einem Großdetektor von mehreren Metern Durchmesser zum Wechselwirkungspunkt mit einer Genauigkeit im Bereich 10–100 μm möglich.

– Ähnliche Anforderungen entstehen bei der Erkennung von Sekundärvertices in Teilchenbündeln, 'Jets' genannt, zum Beispiel in der Reaktion $pp \to t\bar{t} \to (b\,\mu^+\nu)\ (\bar{b}\ e^-\bar{\nu})$ wie in Abb. 8.2 in einer Computerrekonstruktion eines Kollisionsereignisses in einem LHC-Detektor gezeigt. Hier geht es darum, Jets mit Teilchen, die nicht vom Primärvertex, das heißt vom Kollisionspunkt der Reaktion, sondern von einem Sekundärvertex stammen, zu unterscheiden von solchen, die Ihren Ursprung im Primärvertex haben. Die Abkürzungen t und $\bar{t}$ sowie b und $\bar{b}$ in Abb. 8.2 bezeichnen Top/Bottom und Anti-Top/Anti-Bottom-Quarks. Die Top-Quarks zerfallen und gehen in Hadronen mit b-Quarkinhalt über, die eine Lebensdauer τ im Bereich von 1.5 ps besitzen und nach einer von ihrem Impuls abhängigen Wegstrecke $l = \beta\gamma c\tau$ zerfallen, die im mm- bis cm-Bereich liegt.

Ein idealisierter Detektor Um darzulegen, welche Parameter für einen Mikrovertexdetektor aus Siliziumdetektoren entscheidend sind, betrachten wir einen vereinfachten zweilagigen Mikrostreifendetektor, der außerhalb des Strahlrohrs nahe dem Wechselwirkungspunkt eines Speicherringexperiments installiert ist. Jede Lage des zylindrischen Detektors habe einen bestimmten Abstand vom Wechselwirkungspunkt der Reaktion r_1, r_2 und eine endliche Ortsauflösung σ_1, σ_2. Wir betrachten das Problem vereinfacht mit geraden Spuren und ebenen Detektoren und beschränken uns auf den Einfluss der Detektorauflösung. Coulomb-Vielfachstreuung wird zuerst vernachlässigt. Ihr Einfluss auf die Sekundärvertexauflösung ist in Kapitel 3 behandelt, siehe Abb. 3.30 auf Seite 73.

Wir nehmen zuerst an, Detektor 2 sei perfekt ($\sigma_2 = 0$) und Detektor 1 habe die Auflösung $\sigma_1 > 0$. Dann kann die Auflösung des Stoßparameters σ_b direkt aus der Skizze in Abb. 8.3(a) als Abbildungsmaßstab entnommen werden:

$$\frac{\sigma_b}{\sigma_1} = \frac{r_2}{r_2 - r_1} .$$

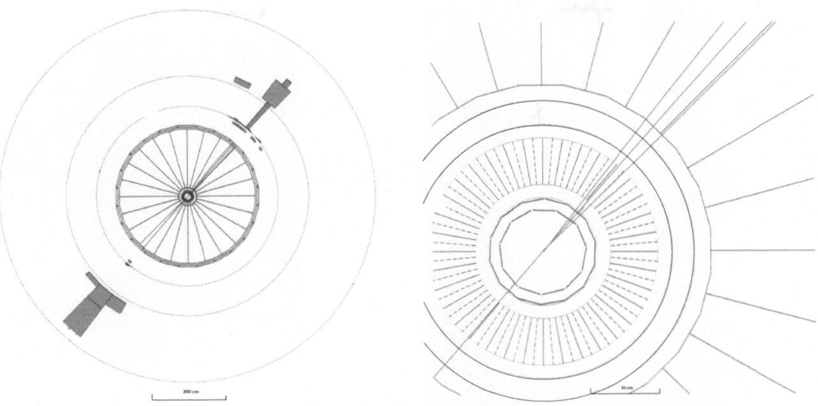

(a) Rekonstruktion eines τ-Paar-Ereignisses (b) Ausschnittvergrößerung (20:1).

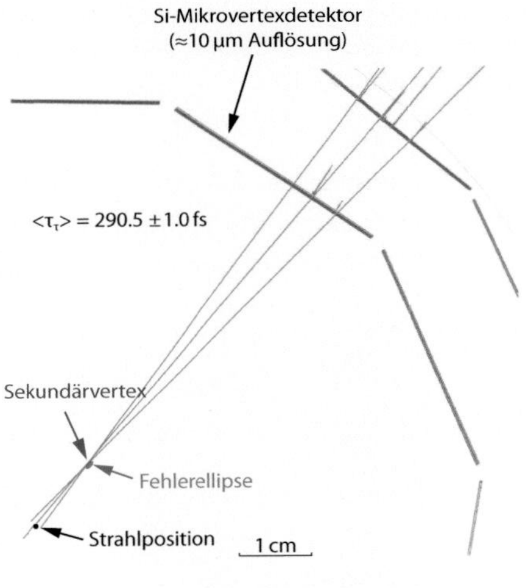

(c) Ausschnittvergrößerung (200:1).

Abb. 8.1 Ereignisdarstellung der Reaktion $e^+e^- \to Z^0 \to \tau^+\tau^-$, bei der eines der beiden τ-Leptonen in drei Pionen zerfällt. Abbildungen 8.1(b) und 8.1(c) zeigen Ausschnittvergrößerungen, aus denen die präzise Messung von Spurpunkten im Silizium-Mikrovertexdetektor und die Erkennung eines so genannten 'Sekundärvertex' deutlich werden (OPAL-Detektor am Speicherring LEP, Quelle: CERN).

Nehmen wir umgekehrt an, dass Detektor 1 ideal sei (Abb. 8.3(b)), so gilt:

$$\frac{\sigma_b}{\sigma_2} = \frac{r_1}{r_2 - r_1} .$$

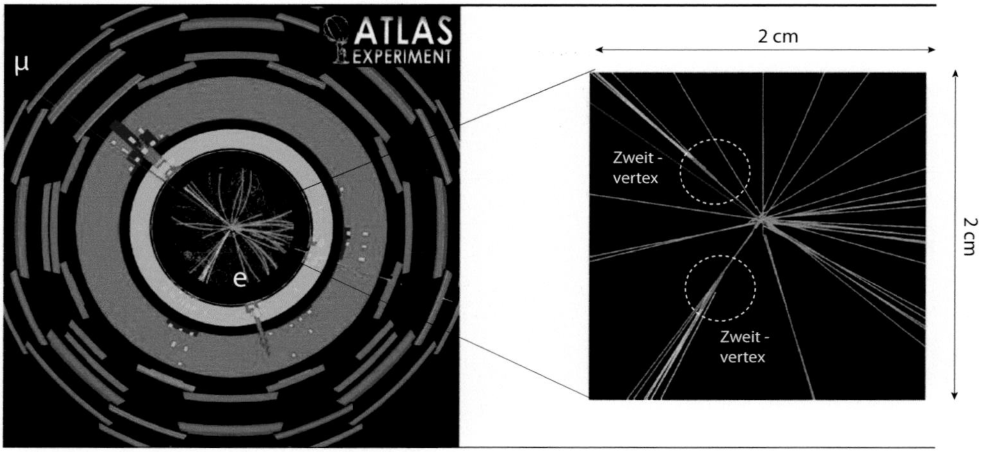

Abb. 8.2 Top-Antitop-Quark-Paarerzeugung in einer pp-Kollision am LHC (ATLAS-Experiment). Die beiden Top-Quarks zerfallen in Elektron (e) plus Neutrino (unsichtbar) beziehungsweise Myon (μ) plus Neutrino (unsichtbar) sowie je einem langlebigen b- oder $\bar{b}$-Quark. In der Ausschnittvergrößerung erkennt man die Sekundärvertices der b-Quark-*Jets*, die nicht am Kollisionspunkt entstanden sind. (Quelle: CERN)

Insgesamt erhalten wir durch quadratische Addition der beiden Auflösungen und eines weiteren Fehlerterms σ_{ms}, der von der Coulomb-Vielfachstreuung (multiple scattering) im Material des Strahlrohrs und der Siliziumdetektoren selbst herrührt (siehe Abschnitt 3.4):

$$\sigma_b^2 = \left(\frac{r_1}{r_2 - r_1}\,\sigma_2\right)^2 + \left(\frac{r_2}{r_2 - r_1}\,\sigma_1\right)^2 + \sigma_{\text{ms}}^2\,. \tag{8.1}$$

Folgende Konsequenzen ergeben sich für einen optimalen Vertexdetektor:

– Der Vorfaktor von σ_1 ist dominant. Daher muss die Auflösung von Detektor 1 so gut wie möglich sein.

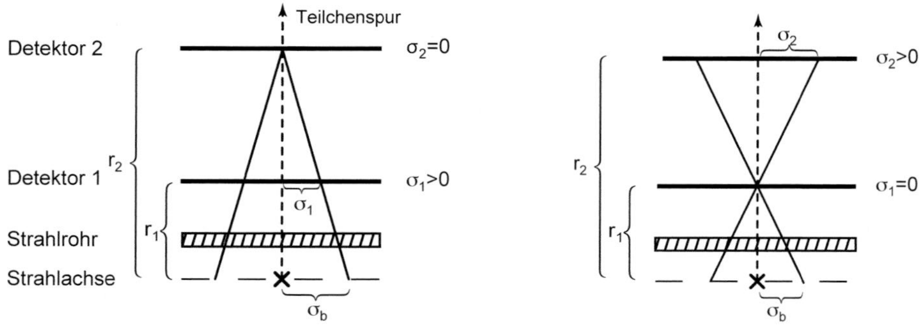

(a) Detektor 2 ist als ideal angenommen. (b) Detektor 1 ist als ideal angenommen.

Abb. 8.3 Vereinfachter 2-Lagen-Detektor in ebener Geometrie. Das Zeichen $\times$ markiert den Wechselwirkungspunkt, und σ_b bezeichnet den extrapolierten Messfehler der Spur am Wechselwirkungspunkt.

– Der 'Hebelarm' $r_2 - r_1$ sollte möglichst groß sein, um den Abbildungsmaßstab klein zu machen.
– r_1 sollte klein sein. Deshalb muss die erste Lage des Vertexdetektors möglichst nahe am Wechselwirkungspunkt angebracht werden.
– Strahlrohr und Detektor 1 müssen so dünn wie möglich sein, und ein Material mit großer Strahlungslänge sollte verwendet werden, um den Anteil der Vielfachstreuung klein zu halten.

Halbleiterdetektoren in Verbindung mit ASIC-Chips (**A**pplication **S**pecific **I**ntegrated **C**ircuit, siehe Abschnitt 17.6) ermöglichen die Umsetzung dieser Forderungen im Auflösungsbereich weniger Mikrometer. Im Vergleich zu Gasdetektoren unterscheiden sich Halbleiterdetektoren vor allem durch folgende Charakteristika:

- Die Dichte von Festkörpern ist etwa drei Größenordnungen größer als die von Gasen. Bei gleicher Dicke resultiert daraus beim Durchgang eines geladenen Teilchens ein entsprechend größerer Energieverlust ($\frac{dE}{dx} \propto \rho$) und damit ein größerer Energieeintrag im Detektor, der zur Ladungsträgererzeugung bereit steht. Allerdings ist die Wahrscheinlichkeit für unerwünschte Wechselwirkungen in dem Detektormaterial auch entsprechend größer: Die Strahlungslänge X_0 ist bei gleicher Dicke viel kleiner.
- Die mittlere benötigte Energie zur Erzeugung eines Elektron-Loch-Paares bei Halbleitern im Vergleich zu der eines Elektron-Ion-Paares in Gasen ist etwa 5-mal kleiner. Daher wird mehr Ladung pro deponierter Energie im Detektor freigesetzt. Die erreichbare Auflösung bei der Messung der deponierten Energie ist demzufolge besser.
- Es ist kein Behälter zur Installation des Detektors notwendig, wie dies bei Gasen als Detektormedium meistens der Fall ist.
- Durch Mikrostrukturierung[1] der Elektroden können eine hohe Granularität und eine ausgezeichnete Ortsauflösung erzielt werden.
- Große Detektorvolumina beziehungsweise -flächen sind allerdings mit Halbleiterdetektoren nur sehr aufwändig herzustellen (siehe zum Beispiel die Spurdetektoren der LHC-Experimente).

Halbleiterdetektoren werden in einer Vielzahl von Bereichen eingesetzt, außerhalb der Elementarteilchenphysik beispielsweise auch in der Biomedizin zur Röntgendiagnostik oder für die Autoradiographie sowie bei der Echtzeit-Dosiskontrolle in der Strahlentherapie oder der Materialprüfung.

8.2 Halbleitergrundlagen

In diesem Abschnitt werden die grundlegenden Eigenschaften von Halbleitern, soweit sie für Detektoren relevant sind, zusammengefasst. Für detailliertere und weiter gehende

[1] Mikrostrukturierung wird inzwischen allerdings auch in gasgefüllten Detektoren verwendet, siehe Abschnitt 7.9 über *Micro-Pattern-Gas*-Detektoren.

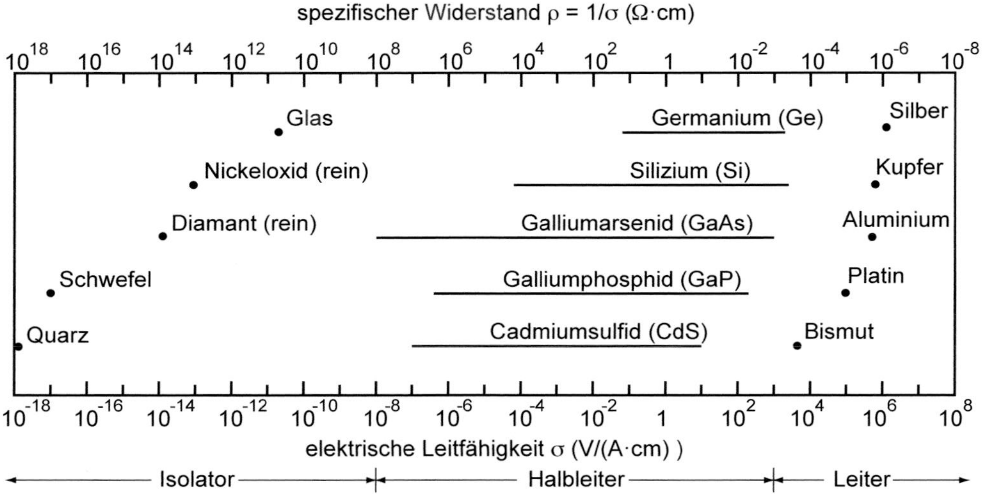

Abb. 8.4 Leiter, Halbleiter und Isolatoren (nach [767]).

Darstellungen wird auf die einschlägige Literatur (zum Beispiel [767, 766, 731, 204]) verwiesen.

8.2.1 Halbleitermaterialien für Detektoren

Alle Festkörper lassen sich hinsichtlich ihrer elektrischen Leitfähigkeit in Leiter, Halbleiter und Isolatoren einteilen. Abbildung 8.4 gibt einen vereinfachten Überblick. Der typische Bereich des spezifischen Widerstands von Halbleitern liegt zwischen 10^{-3} und $10^{8}\,\Omega\,\text{cm}$. Neben Silizium und Germanium als reinen Elementhalbleitern sind auch die Verbindungshalbleiter aus Elementen der dritten und der fünften Hauptgruppe (so genannte III-V-Halbleiter) oder aus der zweiten und der sechsten Hauptgruppe des Periodensystems (II-VI-Halbleiter) für Halbleiterdetektoren interessant. Tabelle 8.1 gibt einen Überblick.

Die für Detektoren zum Nachweis von Teilchen oder Strahlung (Röntgen- oder Gammastrahlung) wichtigsten Halbleiter sind Silizium (Si), Germanium (Ge), Galliumarsenid (GaAs) und Cadmiumtellurid (CdTe). Als Detektormaterialien werden Silizium und

Tab. 8.1 Element- und Verbindungshalbleiter.

Element	IV-IV Verbindungen	III-V Verbindungen	II-VI Verbindungen	IV-VI Verbindungen
(C)	SiC	AlP, AlAs, AlSb,	CdS, CdSe, CdTe,	PdS, PbTe
Si	SiGe	BN, GaAs, GaP,	ZnS, ZnSe, ZnTe,	
Ge		GaSb, InAs, InP,	HgS, HgSe, HgTe	
		InSb		

Tab. 8.2 Eigenschaften von Silizium, Germanium, Galliumarsenid, Cadmiumtellurid und Diamant. D = Diamant-Gitterstruktur, ZB = Zinkblende-Gitterstruktur bei 300 K

Eigenschaften	Si	Ge	GaAs	CdTe	Diamant
Ordnungszahl (Z)	14	32	31/33	48/52	6
Atommasse (u)	28.09	72.60	72.32	120.0	12.01
Dichte ρ (g/cm^3)	2.328	5.3267	5.32	5.85	3.51
Kristallstruktur	D	D	ZB	ZB	D
Gitterkonstante (Å)	5.431	5.646	5.653	6.48	3.57
HL-Typ	indirekt	indirekt	direkt	direkt	indirekt
Bandlücke E_{gap} (eV)	1.12	0.66	1.424	1.44	5.5
intrins. Ladungsträgerd. (cm^{-3})	$1.01{\cdot}10^{10}$	$2.4{\cdot}10^{13}$	$2.1{\cdot}10^{6}$	10^7	≈ 0
spez. Widerstand (Ω cm)	$2.3{\cdot}10^5$	47	10^8	10^9	$\approx 10^{16}$
Dielektrizitätszahl (ϵ)	11.9	16	13.1	10.2	5.7
Strahlungslänge X_0 (cm)	9.36	2.30	2.29	1.52	12.15
mittlere Energie zur (e/h)-Erzeugung (eV)	3.65	2.96	4.35	4.43	13.1
Wärmeleitf. (300 K) ($\frac{\mathrm{W}}{\mathrm{cmK}}$)	1.48	0.6	0.55	0.06	>18
Beweglichkeit ($\frac{\mathrm{cm}^2}{Vs}$)					
Elektronen μ_n	1450	3900	8500	1050	≈1800
Löcher μ_h	500	1800	400	90	≈2300
Lebensdauer					
Elektronen τ_e	>100 µs	∼ms	1-10 ns	0.1-2 µs	≈100 ns
Löcher τ_h	>100 µs	∼ms	20 ns	0.1-1 µs	≈50 ns

Germanium seit langem intensiv untersucht. GaAs und CdTe sind insbesondere wegen ihrer hohen Ordnungszahlen und der damit verbundenen guten Absorptionseigenschaften für Röntgenstrahlung interessant. In jüngerer Zeit hat auch (synthetischer) Diamant als Detektormaterial wegen seiner hohen Strahlungsfestigkeit das Interesse der Detektorphysiker gefunden. Diamant ist als Isolator klassifiziert. In Tabelle 8.2 sind die für Detektoren relevanten Eigenschaften dieser Halbleiter zusammengefasst.

Silizium ist mit Abstand das meistverwendete Material für Halbleiterdetektoren. Auslesechips sind nahezu ausschließlich aus Silizium hergestellt. Nach Sauerstoff ist Silizium das auf der Erde am weitesten verbreitete Element. Die Erdkruste besteht zu circa 28 % aus Silizium. Dort kommt es jedoch nur als Oxid (SiO_2) oder in Silikatform vor. Reines Silizium ist hochreaktiv und oxidiert sofort mit Luftsauerstoff.

Technisch wird Silizium aus SiO_2 mit einem Reinheitsgehalt von mehr als 95 % durch Reduktion mit reinem Kohlenstoff in Lichtbogenöfen hergestellt. Zur (chemischen) Darstellung des (reinen) Siliziums wird das Siliziumdioxid in dazu geeignetere Si-haltige Verbindungen wie Monosilan oder Trichlorsilan ($SiHCl_3$) überführt. Der technisch dominierende Prozess für die Si-Erzeugung ist die Wasserstoffreduktion des Trichlorsilan an heißen Siliziumstäben.

Die physikalische Hochreinigung erfolgt durch Zonenschmelzen, dabei wird im Vakuum durch einen aufrecht stehenden Siliziumstab mit Hilfe einer Induktionsspule eine schmelzflüssige Zone mehrmals von unten nach oben gezogen. Durch Absonderung der Verunreinigungen (Segregation) und Abdampfung kann man einen hohen Reinheitsgrad erzielen. Die Einkristallzüchtung erfolgt nach der so genannten Czochralski-Methode [763], wobei ein Keimkristall in einer Schmelze unter Drehung nach oben gezogen wird, oder nach dem Schwebezonenverfahren (*float zone technique, FZ*) [771], bei der ein polykristalliner Stab senkrecht durch eine Spule geschoben wird, die einen Wirbelstrom in dem Stab erzeugt, ihn dadurch erwärmt und zonenweise schmilzt. Bei der Erkaltung entsteht ein Einkristall.

Die fertigen, hoch reinen Kristalle ($\rho > \mathrm{k}\Omega$ cm) werden für die Verwendung als Detektoren in dünne Scheiben (*wafer*) von 200 µm bis 300 µm Dicke und 10 cm oder 15 cm Durchmesser geschnitten und weiter verwendet. Chip-Wafer sind weniger hochohmig und werden in Größen bis 30 cm und Dicken bis 800 µm geliefert.

8.2.2 Kristallgitter und Energiebänder

Gitterstrukturen Si und Ge kristallisieren in der Diamantgitterstruktur (Abb. 8.5(a)), GaAs, CdTe und andere Verbindungshalbleiter in der Zinkblendestruktur (Abb. 8.5(b)) oder in der Zinksulfidstruktur (hexagonal). Im Gegensatz zu den Metallen bilden die Halbleiter keine dichtesten Kugelpackungen, die Zahl der unmittelbaren Nachbarn pro Atom ist also vergleichsweise gering mit einem typischen Gitterabstand von etwa 5.5 Å.

Die Diamantgitterstruktur (Abb. 8.5(a)) kann man sich als zwei sich durchdringende, kubisch flächenzentrierte (fcc, *face-centered cubic*) Zellen vorstellen, die entlang der Diagonalen des Würfels um ein Viertel der Diagonalenlänge verschoben sind (siehe zum Beipiel [94, 517]). Alle Atome sind identisch, wogegen in der Zinkblendestruktur jeweils eine der fcc-Zellen aus den anderen Atomen der Verbindung besteht (Abb. 8.5(b)). In GaAs zum Beispiel liegen die Galliumatome in der Mitte eines aus Arsen-Atomen geformten Tetraeders und umgekehrt. Jedes Atom hat vier direkte Nachbarn, mit denen es kovalente Bindungen eingeht. Die Packungsdichte ist nur halb so groß wie die Packungsdichte des kubisch raumzentrierten Gitters (bcc, *body-centered cubic*).

Wichtig für manche Anwendungen ist, bei welcher Schnittrichtung durch den Kristall man die dichteste Packung von Atomen an der Oberfläche erhält. Zur Beschreibung der Kristallorientierung werden die 'Miller-Indizes' zur Darstellung von Gitterebenen verwendet, die eine Ebenenorientierung im Kristall durch ein Zahlentriplett beschreiben (siehe zum Beispiel [94], [765]). Abbildung 8.6 zeigt ausgezeichnete Kristallebenen, die auch häufig als Schnittebenen verwendet werden. Die (111)-Ebene ist die Ebene mit der dichtesten Packung der Gitteratome in einem fcc-Gitter.

Energiebänder Durch die dichte, periodische Anordnung der Atome des Festkörpers im Gitterverbund sind die Energieniveaus der Einzelatome durch den Einfluss vieler Nachbaratome aufgespalten. Die einzelnen Energieniveaus liegen energetisch so dicht

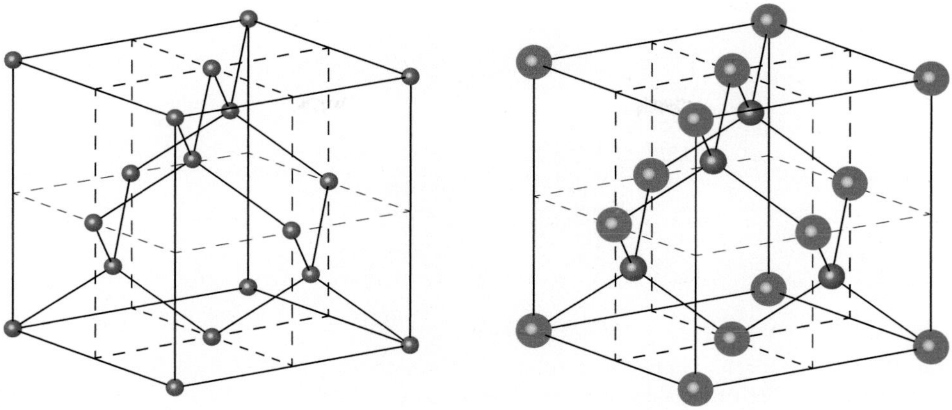

(a) Diamantgitter (Si, Ge). (b) Zinkblende (GaAs, CdTe).

Abb. 8.5 Kubisch flächenzentrierte Gitterstrukturen von wichtigen Halbleitermaterialien. (a) Elementarzelle des Diamantgitters mit identischen Atomen. Die Kohlenstoffatome sitzen an den Ecken, an den Mittelpunkten der Würfelflächen und an den Zentren derjenigen vier der acht Oktanten, die nicht direkt nebeneinander liegen (nach [815]). (b) Im Zinkblendegitter (Verbindungen) sind die vier Zentren der nicht-verbundenen Oktanten durch das andere Atom ersetzt. Kubische Gitter besitzen nur einen Gitterparameter bzw. eine Gitterkonstante, der dem Abstand der Gitterebenen entspricht. Er beträgt 5.43Å (Si), 5.66Å (Ge), 5.65Å (GaAs) und 6.48Å (CdTe) (nach [820]).

beieinander (meV), dass man von 'Energiebändern' spricht, die wiederum durch einen Energieabstand ('Bandlücke', *gap*) voneinander separiert sind. Die am höchsten liegenden Bänder, Valenz- und Leitungsband genannt, bestimmen die elektrischen Leitungseigenschaften von Halbleitern. In den Bändern liegen die Energieniveaus so dicht, dass Übergänge leicht möglich sind und die Leitungseigenschaften von der Besetzung der Bänder und ihrer relativen Lage abhängt. Abbildung 8.7 gibt einen schematischen Überblick über die Bandstrukturen von Leitern, Halbleitern und Isolatoren.

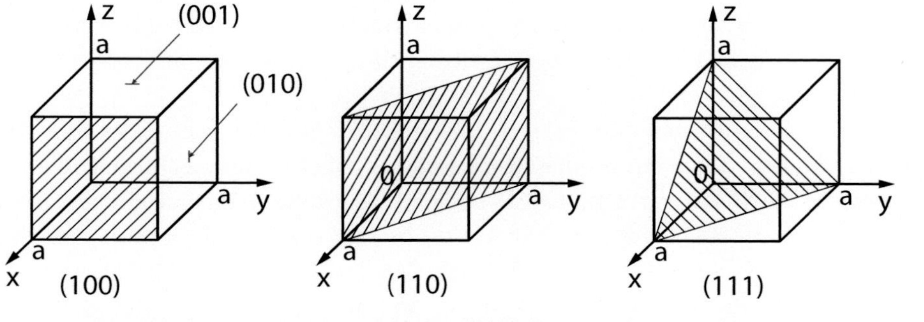

Abb. 8.6 Ausgezeichnete Gitterebenen, die in Halbleitern oft als Schnittebenen dienen (nach [767]).

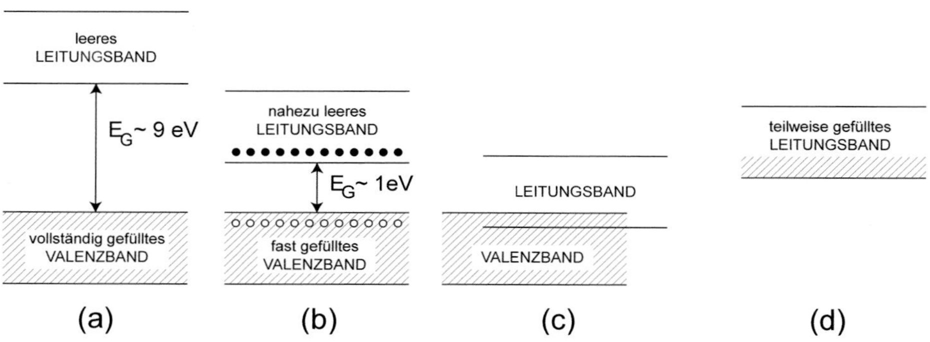

Abb. 8.7 Schematische Energiebandstruktur von Isolatoren (a), Halbleitern (b) und Leitern (c,d). Mit E_g ist der Energieabstand der Bandlücke bezeichnet.

In Isolatoren bilden die Elektronen im Valenzband sehr starke Bindungen zwischen benachbarten Atomen aus, die nur schwer aufbrechen. Das Pauli-Prinzip lässt nur zwei Elektronen mit entgegen gesetzten Spins in einem Energieniveau zu. Die Valenzelektronen benachbarter Elektronen sind nicht frei und tragen daher nicht zur Leitung bei. Alle Zustände des Valenzbands sind besetzt, während die Zustände des Leitungsbands leer sind. Zwischen dem Valenzband und dem Leitungsband existiert in Isolatoren eine sehr große Bandlücke (typisch ist etwa 9 eV, Abb. 8.7(a)). Durch thermische Anregung kann daher nur sehr unwahrscheinlich ein Elektron aus dem Valenz- in das Leitungsband gehoben werden. Stromfluss ist nicht möglich.

In Halbleitern sind die Bindungen zwischen Nachbaratomen weniger stark als in Isolatoren, was zu einer kleineren Bandlücke führt (1.12 eV in Silizium, Abb. 8.7(b)), so dass der energetische Abstand durch thermische Vibrationen oder durch äußere elektrische Felder überwunden werden kann. Die Bindung wird aufgebrochen; ein freies Elektron und ein freies Loch bleiben zurück. Dadurch sind frei bewegliche Elektronen im Leitungsband (und Löcher im Valenzband) vorhanden, die im elektrischen Feld zu Stromfluss führen.

Im Falle von Leitern (Metalle) ist das Leitungsband entweder teilweise gefüllt (Abb. 8.7(d)), oder Valenz- und Leitungsband überlappen (Abb. 8.7(c)), so dass keine Bandlücke existiert. Übergänge zwischen den Niveaus der Bänder sind durch ein externes elektrisches Feld ohne Weiteres möglich; Stromleitung erfolgt mit minimalem Energieaufwand.

Der energetische Abstand der Bänder, die Größe der Bandlücke E_{gap}, ist vom Gitterabstand abhängig. Temperatur oder Druck nehmen daher Einfluss auf ihre Größe (siehe zum Beispiel [767]). Mit wachsendem Druck und steigender Temperatur verringert sich die Bandlücke von Halbleitern. Für Si (GaAs) beträgt sie 1.12 eV (1.42 eV) bei Raumtemperatur, bei $T = 0\,K$ ist sie 1.17 eV (1.52 eV), und bei $T = 800\,K$ fällt sie auf 0.92 eV (1.19 eV). Druck verringert den Atomabstand im Gitter und die davon abhängige Größe der Bandlücke um etwa 2 meV pro bar. Bei sehr niedriger Temperatur befinden sich die meisten (*alle* wären es nur bei $T = 0\,K$) Elektronen eines Halbleiters im Valenzband und stehen nicht für die Leitung zur Verfügung. Bei höheren Temperaturen werden

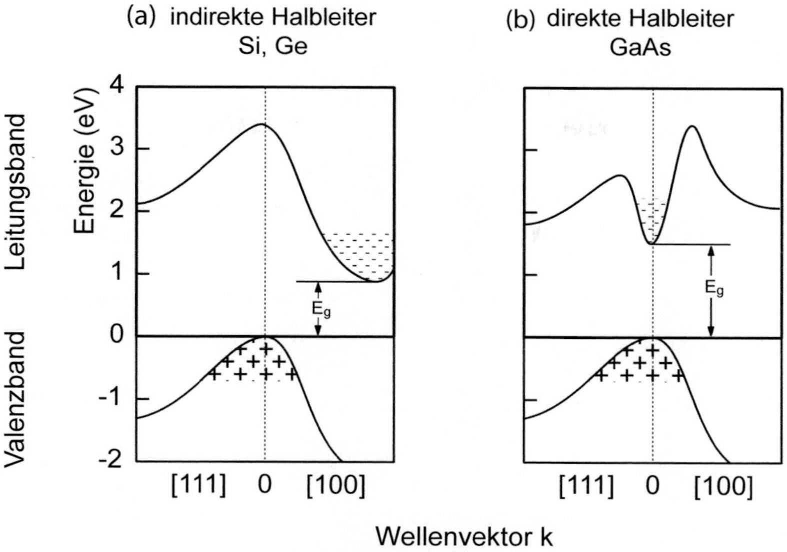

Abb. 8.8 Bandstruktur bei Germanium, Silizium umd Galliumarsenid (nach [767]). Durch die Miller Indizes [- - -] wird die Kristallrichtung bezeichnet. [100] entspricht in kubischen Gittern der $\vec{x}$-Richtung, [111] bezeichnet die $(\vec{x} + \vec{y} + \vec{z})$-Richtung. Für die Definition von Kristallrichtungen siehe zum Beispiel [93]. Ge und Si sind indirekte, GaAs ist ein direkter Halbleiter. Für Leitungsphänomene sind bei Halbleitern vor allem die Zustände in der Nähe der Bandkanten von Bedeutung.

jedoch einige Elektronen durch die verfügbare thermische Energie angeregt und wechseln in das Leitungsband, der Halbleiter wird leitend. Die Elektronen lassen Löcher im Valenzband zurück. Diese tragen ebenfalls zur Leitfähigkeit bei und werden als positive Ladungsträger interpretiert.

Direkte und indirekte Halbleiter Für ein umfassenderes Bild der Bandstruktur muss die Energie-Impuls-(E-k)-Beziehung der Elektronen als Funktion der Kristallrichtung betrachtet werden. Bei 'indirekten' Halbleitern (wie zum Beispiel Si oder Ge) haben die Elektronen in den Senken des Leitungsbands (im Impulsraum) einen anderen Kristallimpuls $\hbar k$ als die Löcher in den Maxima des Valenzbands (Abb. 8.8(a)). Für einen Übergang muss daher ein Impulstransfer an das Kristallgitter stattfinden. Bei Galliumarsenid, einem 'direkten' Halbleiter, ist das nicht der Fall. Die Erzeugung von e/h-Paaren und deren Rekombination können ohne Impulsübertrag an das Gitter stattfinden (Abb. 8.8(b)). Lichterzeugung durch Rekombination ist dadurch effizienter, weshalb GaAs für die LED-Herstellung eines der bevorzugten Grundmaterialien ist. Für eine tiefer gehende Behandlung der Thematik wird der Leser auf die Literatur verwiesen, zum Beispiel [743, 767, 765].

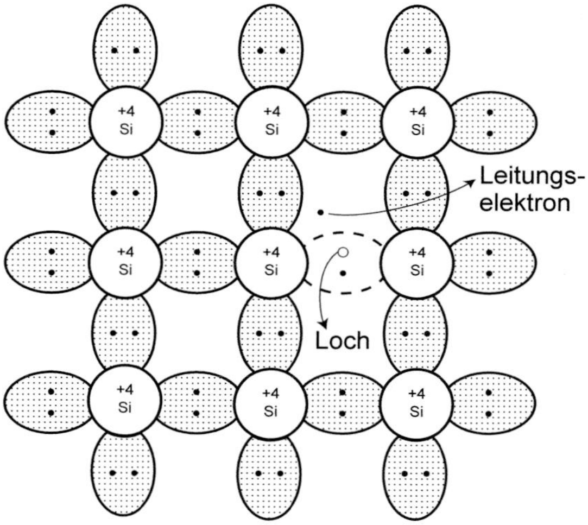

Abb. 8.9 Intrinsische Leitung. Ein Elektron und ein Loch werden thermisch erzeugt. Sie bewegen sich frei im Festkörper (nach [765]).

8.2.3 Eigenleitung, intrinsische Halbleiter

In diesem Abschnitt werden die Leitungseigenschaften von Halbleitern, meist am Beispiel von Silizium, ohne spezielle Dotierung besprochen. Dotierte Halbleiter werden in Abschnitt 8.2.4 besprochen. Bei $T > 0\,\mathrm{K}$ können in Halbleitern Bindungen aufbrechen; Valenzelektronen werden frei und hinterlassen 'Löcher'. Im Bändermodell ausgedrückt, werden die Valenzelektronen vom Valenzband in das Leitungsband gehoben und tragen so zum Stromfluss bei (Elektronenleitung). Analog kann ein Loch von einem Valenzelektron besetzt werden, das wiederum ein freies Loch an anderer Stelle hinterlässt; man spricht von Löcherleitung. Elektronen und Löcher sind somit wie freie Teilchen, nur mit unterschiedlichen 'effektiven' Massen behandelbar.

Die effektive Masse ergibt sich als Konsequenz der Abhängigkeit der Elektronenenergie ($\mathrm{E}(\vec{k})$) vom Kristallimpuls $\vec{p} = \hbar\vec{k}$ ($\vec{k}$ = Wellenzahlvektor), das heißt seiner Bewegung in Gegenwart eines elektrischen Feldes, verursacht durch ein periodisches Gitter. Bei Betrachtung zunächst einer eindimensionalen Bewegung eines Elektronenwellenpakets gilt für dessen Gruppengeschwindigkeit

$$v = \frac{d\omega}{dk} = \frac{1}{\hbar}\frac{dE}{dk}$$

und für seine Beschleunigung:

$$a = \dot{v} = \frac{1}{\hbar}\left(\frac{d^2E}{dk^2}\right)\frac{dk}{dt}\,. \tag{8.2}$$

In einem elektrischen Feld $\mathcal{E}$ nimmt die Bewegung des Elektrons die Energie

$$dE = e\mathcal{E}v dt = \frac{e\mathcal{E}}{\hbar}\frac{dE}{dk}dt \tag{8.3}$$

auf. Mit $dE = \frac{dE}{dk}dk$ folgt für die Beschleunigung a mit (8.2) und (8.3):

$$a = \underbrace{\frac{1}{\hbar^2}\frac{d^2E}{dk^2}}_{1/m_{\text{eff}}} e\mathcal{E} \,. \tag{8.4}$$

Die damit definierte 'effektive Masse' m_{eff} hängt von der Bandkrümmung (d^2E/dk^2) im Impulsraum ab. Im Allgemeinen ist sie ein Tensor,

$$\frac{1}{m_{\text{eff,ij}}} = \frac{1}{\hbar^2}\frac{\partial^2 E(k)}{\partial k_i \partial k_j} \,, \tag{8.5}$$

und abhängig von der Richtung der Elektronenbewegung im Kristall. Für Germanium und Silizium ergeben sich richtungsabhängig zwei verschiedene Werte für die effektive Masse für Elektronen, für GaAs nur ein Wert. Die Werte der effektiven Masse für Elektronen in Silizium bei 4 K, longitudinal und transversal zur [100]-Achse des Kristalls sind $m_{\text{eff,e}}^{\text{long}} = 0.92\,m_e$ und $m_{\text{eff,e}}^{\text{trans}} = 0.19\,m_e$ [411], wobei $m_e = 511\,\text{keV/c}^2$ die Elektronmasse ist. Ebenso erhält man für Löcher mehrere effektive Massen; hier spricht man von 'schweren' ($m_{\text{eff,p}}^{\text{heavy}} = 0.53\,m_e$) und 'leichten' ($m_{\text{eff,p}}^{\text{light}} = 0.16\,m_e$) Löchern [411].

Ladungsträgerkonzentration im thermischen Gleichgewicht

Um die Ladungsträgerkonzentration $n(E)$ im thermischen Gleichgewicht zu berechnen, muss man die Dichte der Energiezustände $Z(E)$ und deren Besetzungswahrscheinlichkeiten $f(E)$ kennen:

$$n(E)\,dE = Z(E)\,f(E)\,dE \,. \tag{8.6}$$

Dichte der Zustände Die Dichte der erlaubten Energiezustände $Z(E)$ gibt die Anzahl (pro Volumen und Energie) der Zustände an, die von Elektronen besetzt werden können. Dazu überlegen wir zunächst, wie viele Impulszustände es zwischen zwei Kugelschalen mit den Radien p und $p + dp$ im Impulsraum gibt. Das eingeschlossene Impulsvolumen beträgt $4\pi p^2\,dp$. Die Elementarzelle im Phasenraum, die von genau einem Orts-Impuls-Zustand belegt werden kann, hat die Größe h^3. Da Elektronen sich in zwei verschiedenen Spin-Zuständen befinden können, ergibt sich, normiert auf ein Einheitsvolumen $V = 1$ des Ortsraumanteils, die Impulszustandsdichte zu:

$$Z(p)\,dp = 2\frac{4\pi p^2\,dp}{h^3} \,.$$

Mit

$$\frac{dE}{dp} = \frac{d}{dp}\left(\frac{p^2}{2m_{\text{eff}}}\right) = \frac{p}{m_{\text{eff}}}$$

$$\Rightarrow dp = \frac{m_{\text{eff}}}{p}\,dE = \frac{m_{\text{eff}}}{\sqrt{2m_{\text{eff}}E}}\,dE$$

$$\Rightarrow 4\pi p^2\,dp = 4\pi(2m_{\text{eff}}E)\frac{m_{\text{eff}}}{\sqrt{2m_{\text{eff}}E}}\,dE$$

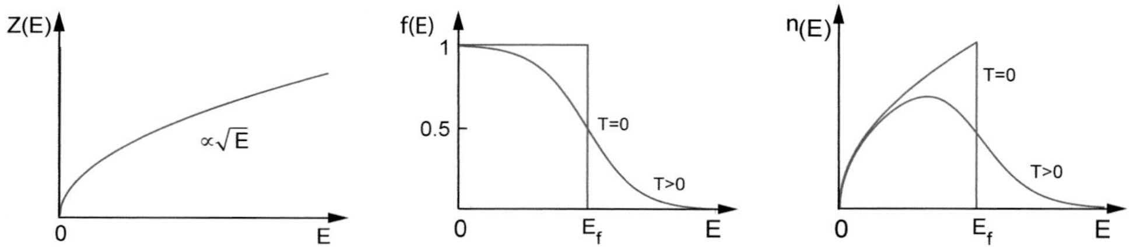

(a) Zustandsdichte (b) Fermi-Dirac-Verteilung (c) Elektronendichte

Abb. 8.10 Verlauf von (a) Zustandsdichte, (b) Fermi-Verteilung und (c) Besetzungsdichte (für Elektronen) in Festkörpern.

ergibt sich die Energiezustandsdichte zu:

$$Z(E)\,dE = 4\pi \left(\frac{2m_{\text{eff}}}{h^2}\right)^{3/2} \sqrt{E}\,dE\,. \tag{8.7}$$

Die Anzahl der Zustände pro Volumen und Energieeinheit, die von Elektronen besetzt werden können, wächst proportional zur Wurzel aus der Energie des Zustandes (siehe Abb. 8.10(a)): $Z(E) \propto \sqrt{E}$.

Fermi-Dirac-Verteilung Als Spin-1/2-Teilchen verteilen sich die Elektronen des Festkörpers auf die Quantenzustände des Bändermodells nach der Fermi-Dirac-Verteilung (Abb. 8.10(b)):

$$f_n(E) = \frac{1}{\exp\left(\frac{E-E_f}{kT}\right) + 1}\,, \tag{8.8}$$

mit k = Boltzmann-Konstante, T = Temperatur, E_f = 'Fermi-Energie', auch 'Fermi-Niveau' genannt. Der Index n in (8.8) bezeichnet die Verteilung für negative Ladungsträger (Elektronen), p in (8.9) für positive Ladungsträger (Löcher). Für $T = 0\,\text{K}$ besetzen die Elektronen die Bänder vollständig von der niedrigsten Energie bis zum Fermi-Niveau. Darüber liegende Zustände sind nicht besetzt. Bei $T > 0\,\text{K}$ wird E_f durch die Energie mit einer Besetzungswahrscheinlichkeit von 50 % definiert (Abb. 8.10(b)). Bei intrinsischen Halbleitern liegt E_f etwa in der Mitte der Bandlücke, bei $T = 0\,\text{K}$ exakt in der Mitte. Die Besetzungswahrscheinlichkeit für Löcher im Valenzband ist analog:

$$f_p(E) = \frac{1}{\exp\left(\frac{E_f-E}{kT}\right) + 1}\,. \tag{8.9}$$

Das Produkt aus Zustandsdichte und Besetzungswahrscheinlichkeit ergibt die Ladungsträgerdichte (Abb. 8.10(c)).

In dem Falle, dass wie bei Halbleitern ein 'verbotener' Bereich ohne Energieniveaus existiert, erhalten wir für die Zustandsdichte für Elektronen im Leitungsband beziehungsweise für Löcher im Valenzband (der Index L steht für Leitungsband, V für Valenzband):

$$Z(E)dE = 4\pi \left(\frac{2m^*}{h^2}\right)^{3/2} \sqrt{E - E_L} \quad \Theta(E - E_L)\, dE\,, \tag{8.10}$$

$$Z(E)dE = 4\pi \left(\frac{2m^*}{h^2}\right)^{3/2} \sqrt{E_V - E} \quad \Theta(E_V - E)\, dE\,. \tag{8.11}$$

Die Stufenfunktion Θ trägt dem abrupten Übergang von der Bandlücke in das Leitungsband beziehungsweise in das Valenzband Rechnung. Durch Multiplikation von $Z(E)dE$ mit der jeweiligen Fermi-Dirac-Verteilung (8.8) bzw. (8.9) erhält man $n(E)dE$ und $p(E)dE$ für den Halbleiter unter Berücksichtigung der Bandlücke. Nach Integration der Ladungsträgerdichten über die Energiebereich des Leitungs- beziehungsweise des Valenzbands erhält man die Anzahldichten n der Elektronen im Leitungsband und p der Löcher im Valenzband p:

$$n = 2\left(\frac{m_{\text{eff},n}\, kT}{2\pi\hbar^2}\right)^{\frac{3}{2}} \exp\left(-\frac{E_L - E_f}{kT}\right) = N_L \cdot \exp\left(-\frac{E_L - E_f}{kT}\right), \tag{8.12}$$

$$p = 2\left(\frac{m_{\text{eff},p}\, kT}{2\pi\hbar^2}\right)^{\frac{3}{2}} \exp\left(-\frac{E_f - E_V}{kT}\right) = N_V \cdot \exp\left(-\frac{E_f - E_V}{kT}\right), \tag{8.13}$$

wobei mit[2]

$$N_L = 2\left(\frac{m_{\text{eff},n}\, kT}{2\pi\hbar^2}\right)^{\frac{3}{2}} \approx 3.05 \cdot 10^{19}\,\text{cm}^{-3}\,,$$

$$N_V = 2\left(\frac{m_{\text{eff},p}\, kT}{2\pi\hbar^2}\right)^{\frac{3}{2}} \approx 2.55 \cdot 10^{19}\,\text{cm}^{-3} \tag{8.14}$$

die effektiven Zustandsdichten im Leitungs- beziehungsweise im Valenzband definiert werden, mit den Zahlenwerten für Silizium bei 300 K. Hierbei sind für die effektiven Massen Zahlenwerte zu benutzen, die sich aus den auf Seite 281 erwähnten verschiedenen effektiven Massen für Elektronen und Löcher je nach der Zahl und Form der beitragenden Bandminima und -maxima an den Bandkanten berechnen. Die Werte $m_{\text{eff,n}} = 1.14\, m_e$ und $m_{\text{eff,p}} = 1.01\, m_e$ sind Mittelwerte mehrerer Berechnungen mit ähnlichen Resultaten (siehe [544], Seite 94). Die diskutierten Verhältnisse für einen intrinsischen Halbleiter sind in Abb. 8.11 dargestellt.

[2] Bei der Berechnung nähern wir zunächst den Ausdruck für $f_n(E)$ unter der Annahme, dass E_f ungefähr in der Mitte der Bandlücke liegt und damit $(\mathrm{E} - \mathrm{E}_f) \gg kT$ ist:

$$f_n(E) = \frac{1}{\mathrm{e}^{\frac{E-E_f}{kT}} + 1} \approx \mathrm{e}^{-\frac{E-E_f}{kT}}$$

Die Integration über den Leitungsbandbereich kann bis ∞ erfolgen. Da f_n bzw. f_p exponentiell abfallen, ist dies eine erlaubte Näherung. Unter Berücksichtigung von $f_n(E) + f_p(E) = 1$ kann man diese Berechnung ebenso für die Löcher durchführen.

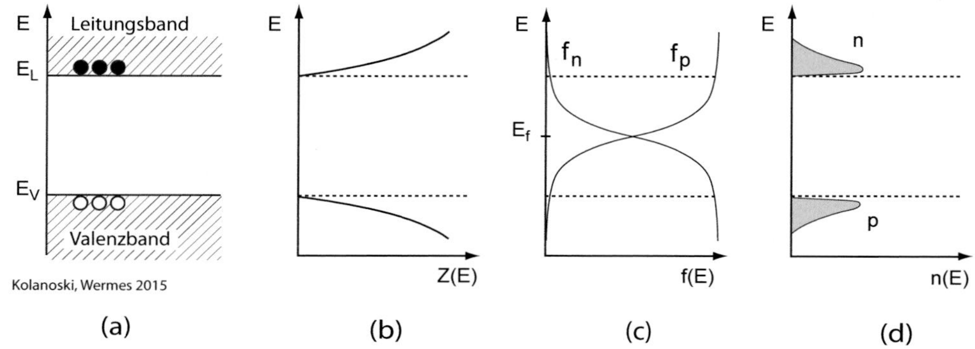

Abb. 8.11 Bändermodellverhältnisse in undotiertem Silizium (schematisch): (a) Banddiagramm, (b) Zustandsdichten, (c) Verlauf der Besetzungswahrscheinlichkeiten, (d) Ladungsträgerdichten im Leitungs- bzw. im Valenzband.

Das aus der Chemie bekannte Massenwirkungsgesetz (siehe [818]) gilt auch hier: Im thermischen Gleichgewicht halten sich Generations- und Rekombinationsprozesse von Elektronen im Leitungsband und von Löchern im Valenzband die Waage, das heißt es ist $n = p = n_i$ oder

$$n \cdot p = n_i^2 = const\,. \tag{8.15}$$

Gleichung (8.15) gilt auch, wenn eine Ladungsträgerart überwiegt, zum Beispiel hervorgerufen durch Dotierung (Abschnitt 8.2.4), weil die Generations-Rekombinations-Raten proportional zum Produkt der Ladungsträgerdichten sind. Je mehr Löcher bei einer gegebenen Zahl von Elektronen existieren, umso leichter ist es für ein Elektron, ein Loch zu finden.

Mit (8.12) und (8.13) erhalten wir aus (8.15):

$$\begin{aligned} n_i^2 &= n\,p = N_L\,N_V\,\exp\left(-\frac{E_L - E_V}{kT}\right) \\ &= N_L\,N_V\,\exp\left(-\frac{E_G}{kT}\right)\,. \end{aligned} \tag{8.16}$$

Zu beachten ist die starke Temperaturabhängigkeit ($\propto T^3$) des Produkts der Ladungsträgerdichten, da N_L und N_V temperaturabhängig sind. Für Silizium erhält man mit den Zahlenwerten von (8.14) bei 300 K eine 'intrinsische' Ladungsträgerdichte[3] von (siehe auch Tabelle 8.2):

$$n_i \approx 1.01 \cdot 10^{10}\,\mathrm{cm}^{-3}\,. \tag{8.17}$$

n_i hängt von der Bandlücke $E_G = E_L - E_V$ und von der Temperatur ab, aber nicht von der Fermi-Energie E_f.

[3]In der Literatur wurde lange $n_i = 1.45 \cdot 10^{10}\,\mathrm{cm}^{-3}$ geführt, ein Wert, der nach neueren Berechnungen [392, 750, 544] in Übereinstimmung mit Messungen des Widerstands von intrinsischem Silizium [751] nicht mehr haltbar ist.

Da in einem intrinsischen Halbleiter die Konzentration der Löcher gleich der Konzentration der Elektronen ist ($n = p$), folgt mit (8.12) und (8.13):

$$m_{\mathrm{eff},n}^{3/2} \exp\left(-\frac{E_L - E_f}{kT}\right) = m_{\mathrm{eff},p}^{3/2} \exp\left(-\frac{E_f - E_V}{kT}\right)$$

$$\Rightarrow E_f = \frac{E_L + E_V}{2} + \frac{3kT}{4} \ln\left(\frac{m_{\mathrm{eff},p}}{m_{\mathrm{eff},n}}\right). \tag{8.18}$$

Die Fermi-Energie liegt also für $T = 0\,\mathrm{K}$ genau in der Mitte der Bandlücke. Eine geringe Abweichung ergibt sich bei endlicher Temperatur durch das Verhältnis der effektiven Massen von Löchern und Elektronen.

Leitfähigkeit in intrinsischem Silizium Die Leitfähigkeit intrinsischen Siliziums ist gegeben durch:

$$\sigma_i = n_i\, e\, (\mu_e + \mu_h) \simeq 2.8 \cdot 10^{-4}\, (\Omega\mathrm{m})^{-1}\,, \tag{8.19}$$

wobei die intrinsische Ladungsträgerkonzentration $n_i \approx 1.01 \cdot 10^{10}$ und die in Tab. 8.2 angegebenen Werte für die Mobilitäten benutzt wurden. Zum Vergleich: Die Leitfähigkeit von Kupfer beträgt $\sigma_{\mathrm{Cu}} = 10^8\, (\Omega\mathrm{m})^{-1}$.

8.2.4 Dotierung, extrinsische Halbleiter

Durch den Einbau von Fremdatomen in einen Halbleiter lassen sich dessen Leitungseigenschaften gezielt verändern. Bringt man beispielsweise Atome eines 5-wertigen Elements (P, As, Sb) in einen 4-wertigen Halbleiter, so kommt es zu einem Überschuss an Leitungselektronen gegenüber den vorhandenen Löchern (n-Dotierung, Abb. 8.12(a)). Die Dotierung mit 3-wertigen Atomen (B, Al) führt zu einem Überschuss an Löchern (p-Dotierung, Abb. 8.12(b)). Dotierte Halbleiter werden in Gegenüberstellung zu intrinsischen Halbleitern auch extrinsische Halbleiter genannt. Natürlich bleibt der Halbleiter bei der Dotierung mit neutralen Atomen elektrisch neutral. Lediglich die für Leitungseigenschaften zur Verfügung stehende Anzahl der Ladungsträger wird erhöht oder erniedrigt. Die Erhöhung der Anzahl einer Ladungsträgerart durch Dotierung bewirkt eine Verminderung der Anzahl der anderen. Bei einem Überschuss von Elektronen zum Beispiel kann es leichter zur Rekombination und damit zur Vernichtung von Löchern kommen. Thermisch stellt sich ein Gleichgewicht zwischen den Ladungsträgerkonzentrationen ein. Wie im vorigen Abschnitt erläutert gilt das Massenwirkungsgesetz (8.15) auch in dotierten Halbleitern. Die Erhöhung der Dichte einer Ladungsträgerart verringert diejenige der anderen durch Rekombination.

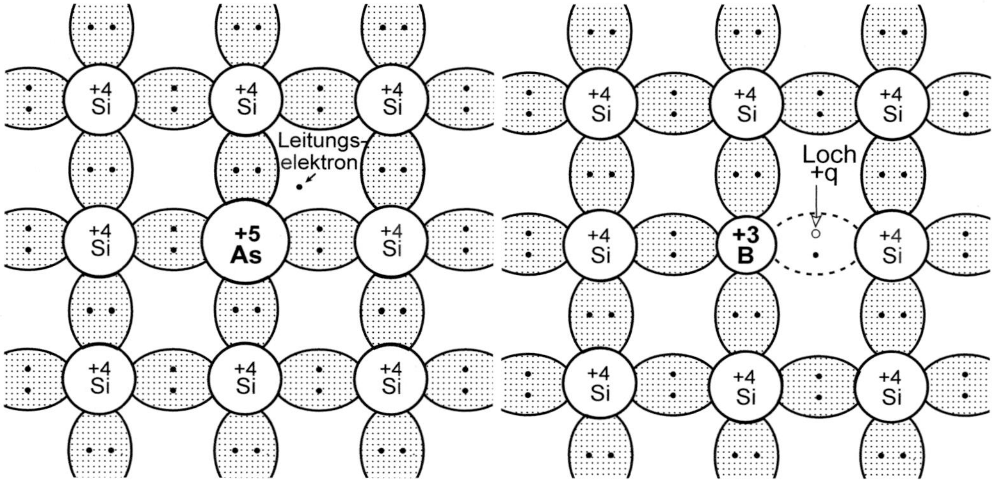

Abb. 8.12 Schematische Darstellung der Bindungsverhältnisse in n- und in p-dotierten Halbleitern (nach [765]).

Ein Beispiel verdeutlicht typische Verhältnisse in Silizium. Wir nehmen an, ein reiner Siliziumkristall sei mit $N_D = 10^{16}\,\text{cm}^{-3}$ Arsenatomen dotiert worden. Nach (8.15) folgt dann für die Ladungsträgerdichten:

$$\begin{aligned} n &= N_D + n_i \approx 10^{16}\,\text{cm}^{-3}\,, \\ p &= \frac{n_i^2}{n} \approx \frac{10^{20}}{10^{16}} = 10^4\,\text{cm}^{-3}\,. \end{aligned} \tag{8.20}$$

Im Bändermodell liegt das Energieniveau des 5. Valenzelektrons (Donatorniveau, E_D) dicht unter dem Leitungsband (Abb. 8.13(a)). Es gibt neue Zustände in der Zustandsdichteverteilung (Abb. 8.13(b)). Die Energiedifferenzen zwischen Donatorniveau und Leitungsband sind von der Größenordnung 10^{-2} eV, so dass bei Zimmertemperatur die meisten Donatoren ionisiert sind. Dadurch wird das Fermi-Niveau von seinem intrinsischen Wert E_f auf den Wert mit Dotierung E_F angehoben (Abb. 8.13(c)). Die Besetzungszahlen verschieben sich zugunsten der Elektronen im Leitungsband (Abb. 8.13(d)).

Für n-Dotierung erhalten wir:

$$\begin{aligned} n \approx N_D &= N_L \exp\left(-\frac{E_L - E_F}{kT}\right) = N_L \exp\left(-\frac{E_L - E_f}{kT}\right) \exp\left(-\frac{E_f - E_F}{kT}\right) \\ &= n_i \exp\left(\frac{E_F - E_f}{kT}\right) \end{aligned} \tag{8.21}$$

und für p-Dotierung:

$$p \approx N_A = n_i \exp\left(\frac{E_f - E_F}{kT}\right). \tag{8.22}$$

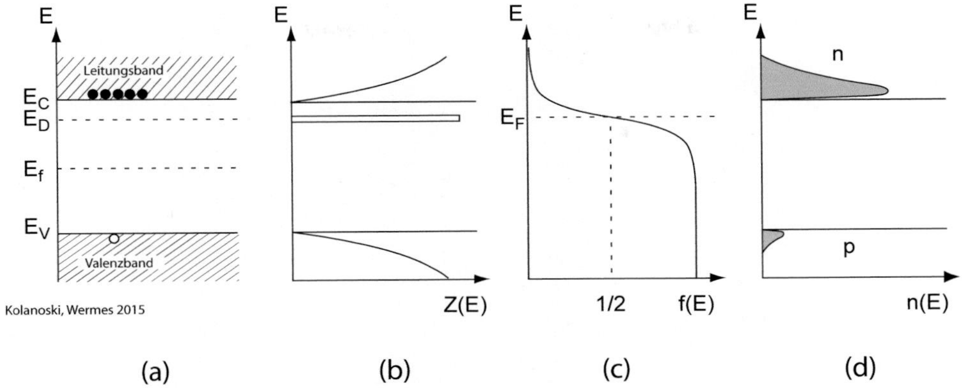

Abb. 8.13 Die Verhältnisse in Silizium mit n-Dotierung (schematisch): (a) Bandstruktur mit zusätzlichem Donatornievau, (b) Zustandsdichten in Leitungs- und Valenzband sowie Donatorzustände, (c) Fermi-Dirac-Besetzungswahrscheinlichkeit von Elektronen unter Berücksichtigung des Donatorniveaus, (d) Besetzungszahldichten von Elektronen im Leitungsband und von Löchern im Valenzband.

Der Abstand zwischen dem Fermi-Niveau E_F und dem intrinsischen Fermi-Niveau E_f ist also ein Maß für die Abweichung des Halbleitermaterials vom intrinsischen Material.

Für die Energieabstände ergibt sich entsprechend mit den Zahlenwerten des Beispiels (8.20) (für $T = 300\,\mathrm{K}$):

$$\begin{aligned} E_F - E_f &= kT \ln \frac{N_D}{n_i} = 0.348\,\mathrm{eV}\,, \\ E_L - E_F &= kT \ln \frac{N_L}{N_D} = 0.209\,\mathrm{eV}\,, \\ E_F - E_V &= 1.12\,\mathrm{eV} - 0.209\,\mathrm{eV} = 0.911\,\mathrm{eV}\,. \end{aligned} \tag{8.23}$$

Für p-Dotierung sind entsprechende Ersetzungen in (8.23) durchzuführen: $N_D \to N_A$, N_L, $E_L \to N_V$, E_V, und die Vorzeichen der Differenzen sind umzukehren. Bei gleichzeitiger Anwesenheit von Donatoren und Akzeptoren und/oder für hohe Dotierungskonzentrationen sind die Verhältnisse komplizierter und die in (8.12) und (8.13) auf Seite 283 angesetzten Näherungen sind nicht mehr gültig. Das Fermi-Niveau E_F kann auch zwischen dem Donatorniveau E_D und der Leitungsbandkante E_L liegen. Bei $T = 0$ und n-Dotierung liegt E_F per Definition zwischen E_D und E_L. Außerdem ist die Wahrscheinlichkeit, dass aus einem Fremdatom ein Dotierungszustand wird, der ionisiert werden kann, für Donatoren und Akzeptoren nicht gleich groß (siehe dazu [767]).

Außer durch gezielte Dotierung verursachen auch andere Verunreinigungen durch Fremdatome in reinen Halbleitern zusätzliche Energieniveaus, die als Donatoren oder als Akzeptoren wirken können, je nach ihrer Lage in der Bandlücke. Niveaus in der Mitte der Bandlücke können als Generations-Rekombinations-Zentren zur Erhöhung des so genannten Detektorleckstroms beitragen, der dem Sperrstrom einer in Sperrrichtung geschalteten Diode entspricht. Abb. 8.14 zeigt die energetische Lage verschiedener Ver-

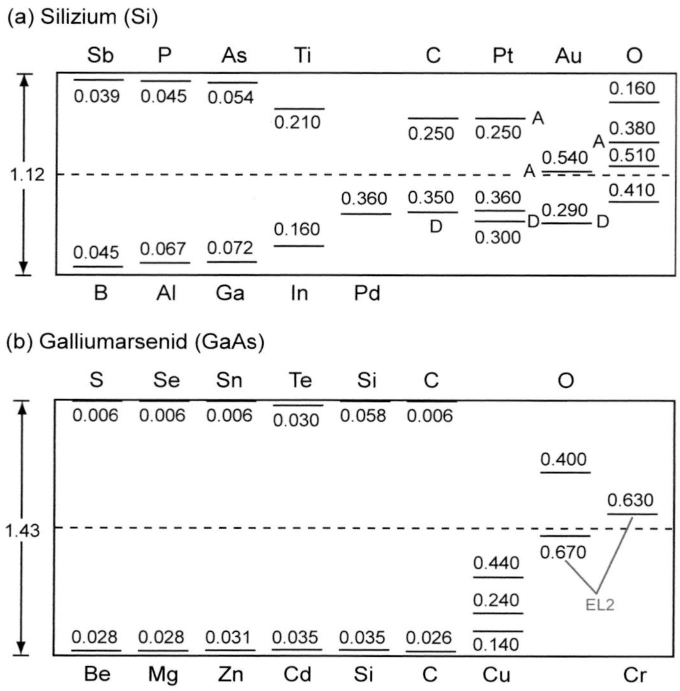

Abb. 8.14 Ionisationsenergien (in eV) von verschiedenen Verunreinigungen in Silizium (a) und Galliumarsenid (b). Alle Angaben in eV. Zu beachten sind die EL2 genannten Zustände in der Mitte der Bandlücke bei GaAs (nach [767]).

unreinigungen in der Bandlücke von Silizium und von Galliumarsenid. Die beiden EL2 genannten Zustände in der Nähe der Bandmitte bei GaAs kommen dadurch zustande, dass ein Ga-Atom auf einen As-Platz sitzt und umgekehrt. Da sie in der Mitte der Bandlücke liegen, spielen sie eine wichtige Rolle beim Betrieb von GaAs-Sensoren (siehe Abschnitt 8.12.2). Abbildung 8.15 zeigt die Konzentrations- und Temperaturabhängigkeit der Lage des extrinsischen Fermi-Niveaus E_F als Differenz zum intrinsischen Fermi-Niveau: $E_F - E_f$. Mit abnehmender Konzentration von Fremdatomen wird die Differenz kleiner, ebenso mit zunehmender Temperatur. Vor allem Ersteres spielt eine Rolle bei der Wahl von Dotierungsprofilen.

8.3 Grenzflächen

Ein Halbleiterdetektor ist eine spezielle Form einer Diode, die aus der Halbleiterelektronik als Schaltelement bekannt ist. Zum Verständnis dieser Detektorart ist insbesondere die Physik der Grenzflächen wichtig, und zwar nicht nur Halbleiter-Halbleiter-Übergänge, sondern auch Metall-Halbleiter- und Metall-Isolator-Halbleiter-Übergänge. Die weitaus meisten Halbleiterdetektoren in der Teilchenphysik haben als Grundma-

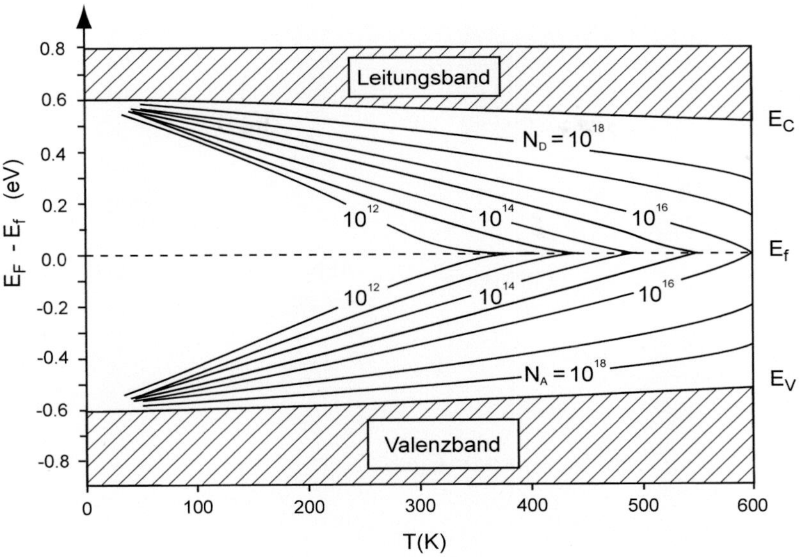

Abb. 8.15 Abhängigkeit der Differenz von intrinsischer (E_f) und extrinsischer (E_F) Fermi-Energie von der Temperatur und von der Konzentration von Fremdatomen (nach [403]).

terial dotiertes Silizium. Ihr Verhalten wird vornehmlich durch die Eigenschaften der Grenzschicht zwischen p- und n-dotiertem Silizium (pn-Grenzschicht) bestimmt. Metall-Halbleiter-Grenzschichten treten bei Verbindungen mit der Außenwelt (Metallkontakte) auf. Metall-Oxid-Halbleiter-Schichten, die die Mikroelektronik revolutioniert haben (MOS-Transsistoren), sind wichtig für spezielle Detektortypen und -auslegungen (zum Beispiel CCDs) und sind unverzichtbar für die in der Auslese verwendete Mikroelektronik (ASIC-Chips). MOS-Schichten werden aber häufig auch unvermeidbar an Kontakten geformt, da Silizium in Luft leicht oxidiert. In den nachfolgenden Abschnitten werden wir Halbleiter-Halbleiter-, Halbleiter-Metall- und Halbleiter-Oxid-Metall-Übergänge eingehender behandeln.

8.3.1 Der pn-Übergang als Halbleiterdetektor

Bringt man p- und n-dotiertes Halbleitermaterial in Kontakt, so spricht man von einem pn-Übergang. Im Bändermodell kann er wie in Abb. 8.16 unter der Annahme eines abrupten Übergangs vereinfachend dargestellt werden. Im p-dotierten Teil des Kristalls dominieren die Löcher als Ladungsträger, die Fermi-Energie liegt nahe am Valenzband. Im n-dotierten Teil des Übergangs sind die Verhältnisse genau umgekehrt: Die Majoritätsladungsträger sind hier die Elektronen, und die Fermi-Energie liegt nahe am Leitungsband. Durch das starke Konzentrationsgefälle der beiden unterschiedlichen Ladungsträgerarten an der Grenzfläche kommt es zu einem Diffusionsstrom I_{diff} (siehe Abschnitt 4.4.1), das heißt, die Elektronen des n-dotierten Teils werden in den p-dotierten Teil des Kristalls

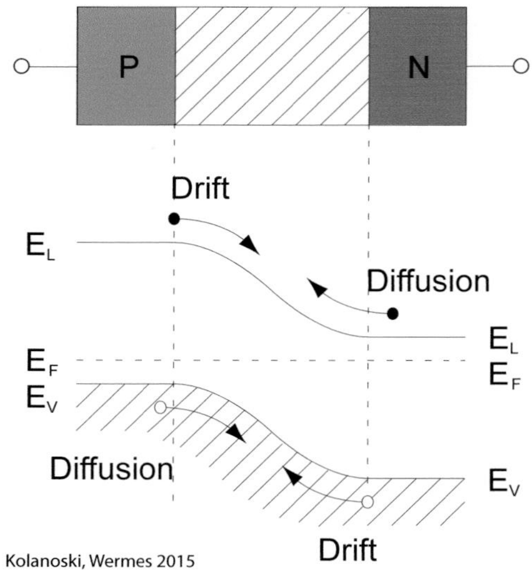

Abb. 8.16 Drift- und Diffusionsstrom an einer pn-Grenzschicht.

diffundieren, die Löcher vom p-dotierten in den n-dotierten Teil. An der Grenzschicht kommt es durch Rekombination der Ladungsträger zu der Ausbildung einer an freien Ladungsträgern verarmten Zone, Verarmungszone oder auch Depletionszone (*depletion zone*) genannt.

Die Verarmungszone ist bestimmt durch die ionisierten Atomrümpfe und ist daher nicht neutral. Die p-Grenzschicht hat eine negative, die n-Grenzschicht eine positive Raumladungsdichte $\rho(x)$. Daher hat die Verarmungszone auch den Namen 'Raumladungszone' . Es bildet sich durch die Raumladung ein intrinsisches elektrisches Feld aus, welches einen Driftstrom I_{drift} in entgegengesetzter Richtung zum Diffusionsstrom I_{diff} bewirkt.

Eine eindimensionale Betrachtung ist hinreichend. Abb. 8.17 zeigt den Verlauf von Ladungsdichte, elektrischem Feld und Potenzial für einen abrupten Übergang. Verursacht durch die Raumladungszone ist das elektrische Feld linear ansteigend mit einem Maximum $\vec{\mathcal{E}}_{max}$ an der Grenze zwischen p- und n-Leiter, im Gegensatz zu einer mit einem Dielektrikum gefüllten Parallelplattenanordnung, die ein konstantes Feld besitzt. Die dadurch entstehende intrinsische Spannung oder Diffusionsspannung U_{bi} (engl. *built-in voltage*) liegt bei Silizium bei etwa 0.6 V, bei GaAs bei etwa 1.2 V, logarithmisch abhängig von der Dotierungsstärke (vgl. Gl. (8.30)). Ohne externe Spannung sind Drift- und Diffusionsstrom im thermischen Gleichgewicht.

Die Raumladungszone ist im Gleichgewicht nur von der Dotierung der Halbleiter abhängig. Die Ladungsdichte $\rho(x)$ ist gegeben durch:

$$\rho(x) = \begin{cases} -eN_A & \text{für} \quad -x_p < x < 0\,, \\ +eN_D & \text{für} \quad 0 < x < x_n\,. \end{cases} \tag{8.24}$$

Daraus können das elektrische Feld $\mathcal{E}(x)$ und die Potenzialdifferenz U_{bi} berechnet werden. Da der Halbleiter in den Gebieten außerhalb der Raumladungszone elektrisch neutral ist

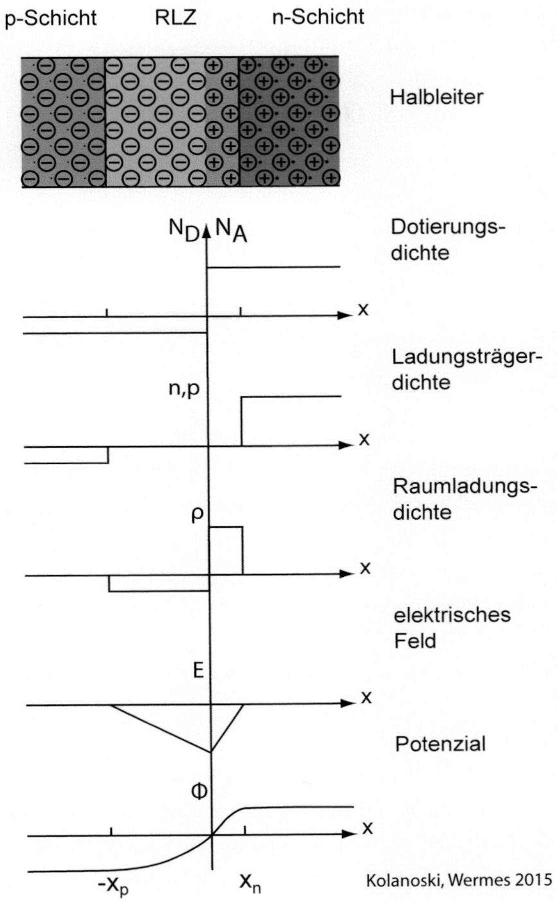

Abb. 8.17 Dotierungs- und Raumladungsdichten, Feldstärke und Potenzialverlauf in einem abrupten pn-Übergang. RLZ = Raumladungszone.

und dort kein Feld herrscht, fordern wir als Randbedingungen $\mathcal{E}(-x_p) = \mathcal{E}(+x_n) = 0$, wobei x_p und x_n die Eindringtiefen der Raumladungszone im p- beziehungsweise im n-dotierten Teil des Halbleiters sind.

Um die Neutralität des Halbleiters insgesamt zu wahren, müssen die Ladungsträgerzahlen in beiden Teilen der Raumladungszone gleich sein. Es gilt die 'Neutralitätsbedingung':

$$N_A x_p = N_D x_n \,. \tag{8.25}$$

Die Raumladungszone breitet sich daher stärker in das schwächer dotierte Gebiet aus. Mit der eindimensionalen Maxwell-Gleichung für das $\mathcal{E}$-Feld und (8.24) sowie (8.25) folgt mit den Randbedingungen $\mathcal{E}(-x_p) = \mathcal{E}(+x_n) = 0$:

$$\frac{d\mathcal{E}}{dx} = \frac{1}{\epsilon\epsilon_0}\rho(x) \tag{8.26}$$

$$\Rightarrow \mathcal{E}(x) = \begin{cases} \frac{-eN_A}{\epsilon\epsilon_0}(x + x_p)\,, & -x_p < x < 0\,, \\ \frac{+eN_D}{\epsilon\epsilon_0}(x - x_n)\,, & 0 < x < x_n\,. \end{cases} \tag{8.27}$$

Das maximale Feld liegt bei $x = 0$:

$$\mathcal{E}_{\max} = -\frac{eN_A}{\epsilon\epsilon_0}x_p = \frac{eN_D}{\epsilon\epsilon_0}(-x_n)\,. \tag{8.28}$$

Der Spannungsabfall über der Verarmungszone, die Diffusionsspannung U_{bi}, kann als Differenz der Potenziale im n- bzw. im p-Gebiet außerhalb der Raumladungszone direkt aus den Ladungsträgerdichten gewonnen werden: $\mathrm{U}_{bi} = \phi_p - \phi_n$, wobei $\phi_p = \phi(-x_p)$ und $\phi_n = \phi(x_n) =$ die Potenziale an den Grenzen der Verarmungszone sind, welche gleichzeitig die Integrationsgrenzen für die Berechnung des Potenzialverlaufs darstellen:

$$\phi(x) = \begin{cases} \phi_p + \frac{eN_A}{2\epsilon\epsilon_0}(x + x_p)^2\,, & -x_p < x < 0\,, \\ \phi_n - \frac{eN_D}{2\epsilon\epsilon_0}(x - x_n)^2\,, & 0 < x < x_n\,. \end{cases} \tag{8.29}$$

Das Potenzial verläuft quadratisch über den Bereich der Raumladungszone und ist konstant außerhalb. Die Diffusionsspannung U_{bi} hängt mit der Differenz der intrinsischen (E_f) und der extrinsischen (E_F) Fermi-Energien in den jeweiligen n- und p-Gebieten zusammen: $E_f - E_F^p = -e\phi_p = kT \ln \frac{N_A}{n_i}$ und $E_F^n - E_f = -e\phi_n = kT \ln \frac{N_D}{n_i}$ und ergibt sich damit zu:

$$U_{bi} = \frac{kT}{e} \ln \frac{N_A N_D}{n_i^2} \overset{Si}{\approx} 0.6 - 0.8\,V\,, \tag{8.30}$$

wobei der Wertebereich typisch für Silizium mit üblichen Dotierungskonzentrationen in Halbleiterelektronikbauteilen ist.

In Abhängigkeit von den Verarmungstiefen x_p und x_n ist die Spannungsdifferenz gegeben als:

$$\begin{aligned} U_{bi} &= -\int_{-x_p}^{x_n} \mathcal{E}(x)dx = \frac{e}{2\epsilon\epsilon_0}(N_A x_p^2 + N_D x_n^2) \\ &= \frac{e}{2\epsilon\epsilon_0} x_p^2 \frac{N_A}{N_D}(N_A + N_D)\,. \end{aligned} \tag{8.31}$$

Im letzten Schritt der obigen Ableitung wurde die Neutralitätsbedingung (8.25) verwendet, mit der x_p auch durch x_n ersetzt werden kann. Aus (8.31) erhält man die Eindringtiefen der Verarmungszone in die Teilgebiete der Grenzschicht:

$$x_p = \sqrt{\frac{2\epsilon\epsilon_0}{e} U_{bi} \frac{N_D}{N_A \cdot (N_D + N_A)}}, \tag{8.32}$$

$$x_n = \sqrt{\frac{2\epsilon\epsilon_0}{e} U_{bi} \frac{N_A}{N_D \cdot (N_D + N_A)}}, \tag{8.33}$$

$$\frac{x_p}{x_n} = \sqrt{\frac{N_D}{N_A \cdot (N_D + N_A)} \cdot \frac{N_D \cdot (N_D + N_A)}{N_A}} \approx \frac{N_D}{N_A}, \tag{8.34}$$

im Einklang mit (8.25). Die ladungträgerfreie Verarmungszone ist größer auf der schwächer dotierten Seite der pn-Grenzschicht.

Typisch für Halbleiterdetektoren sind Dotierungen und damit verbundene Breiten der Verarmungszonen in der Größenordnung:

$$\begin{aligned} N_A &= 10^{19}\,\mathrm{cm}^{-3} \qquad \mathrm{N_D} = 2.3 \cdot 10^{12}\,\mathrm{cm}^{-3} \\ \Rightarrow x_p &\approx \sqrt{\frac{2\epsilon\epsilon_0}{e} U_{bi} \cdot \frac{N_D}{N_A^2}} = 4 \cdot 10^{-6}\,\mu\mathrm{m} \\ \Rightarrow x_n &\approx x_p \cdot \frac{N_A}{N_D} \approx 20\,\mu\mathrm{m}\,. \end{aligned}$$

Man kann also den Beitrag von x_p zur Verarmungszone vernachlässigen, so dass für die Breite der Verarmungszone d gilt:

$$\begin{gathered} N_A \gg N_D \Rightarrow x_p \ll x_n\,, \\ d \approx x_n \approx \sqrt{\frac{2\epsilon\epsilon_0}{e} U_{bi} \frac{1}{N_D}}\,. \end{gathered} \tag{8.35}$$

Die Verarmungszone breitet sich von der Grenzschicht hauptsächlich in die schwächer dotierte Zone des Halbleiterdetektors aus.

Fermi-Niveau über der Grenzschicht Ein wichtiger Grundsatz, der zur Betrachtung von Energieniveaus an Grenzschichten allgemein herangezogen werden kann, ist, dass im thermischen Gleichgewicht (das heißt zum Beispiel ohne extern angelegte Spannung) das Fermi-Niveau über der Grenzschicht konstant ist.

Der Beweis kann über die Betrachtung der Stromdichten in Halbleitern nach Gl.(4.127) in Kapitel 4, Seite 127, geliefert werden. Zum Beispiel gilt für Löcher (für Elektronen analog) im thermischen Gleichgewicht, dass kein Löcherstrom mehr fließt:

$$j_p = j_{p,\mathrm{Drift}} + j_{p,\mathrm{Diff}} = +e\mu_p p\,|\vec{\mathcal{E}}| - eD_p \frac{dp}{dx} = 0\,, \tag{8.36}$$

wobei p und μ_p Löcherdichte bzw. Löcherbeweglichkeit bezeichnen, $\vec{\mathcal{E}}$ die elektrische Feldstärke und D_p den Diffusionskoeffizienten für Löcher. Mit (8.22) gilt für die Ableitung:

$$\frac{dp}{dx} = \frac{p}{kT}\left(\frac{dE_f}{dx} - \frac{dE_F}{dx}\right). \tag{8.37}$$

Das elektrische Feld $|\vec{\mathcal{E}}|$ ist der Gradient der ursprünglichen Energieniveaus (E_f oder E_L, E_V), geteilt durch die Ladung:

$$|\vec{\mathcal{E}}| = \frac{1}{e}\frac{dE_f}{dx}\,. \tag{8.38}$$

Die Löcherdichte $p(x)$ ist nach (8.37) durch den Abstand der Fermi-Energie E_F vom intrinsischen Fermi-Niveau E_f bestimmt und verändert sich über der Grenzschicht. Unter Verwendung der Einstein-Relation (Gleichung (4.132) auf Seite 128) folgt aus (8.36), (8.37) und (8.38):

$$j_p = \mu_p p\left(\frac{dE_f}{dx} - \frac{dE_f}{dx} + \frac{dE_F}{dx}\right) = 0 \;\Rightarrow\; \frac{dE_F}{dx} = 0\,.$$

Im thermischen Geichgewicht ist das Fermi-Niveau E_F über einer Grenzschicht konstant.

Kontinuitätsgleichung Die Stromdichtegleichungen (4.127) und (8.36) im vorigen Abschnitt gelten für stationäre Gleichgewichtsbedingungen. Zur Beschreibung von Ladungsträgerinjektionen, das heißt hier Generation und Rekombination von Ladungsträgern, sind die Kontinuitätsgleichungen maßgeblich. Die Änderung der Ladungsträgerkonzentration ist die Differenz aus Generations- und Rekombinationsraten plus dem Nettostrom, der in und aus dem betrachteten Bereich fließt:

$$\begin{aligned} \frac{\partial n}{\partial t} &= G_n - R_n + \frac{1}{e}\vec{\nabla}\vec{j}_n\,, \\ \frac{\partial p}{\partial t} &= G_p - R_p + \frac{1}{e}\vec{\nabla}\vec{j}_p\,, \end{aligned} \tag{8.39}$$

wobei $G_{n,p}$ und $R_{n,p}$ die Generations- beziehungsweise Rekombinationsraten sind (Einheit $\mathrm{cm}^{-3}\,\mathrm{s}^{-1}$), verursacht durch externe Einflüsse wie Energiedeposition durch Teilchen oder durch Licht, oder durch Generations-Rekombinations-Zentren in der Bandlücke, zum Beispiel verursacht durch Gitterdefekte. Für den uns interessierenden, weitgehend eindimensionalen Fall können die Gleichungen explizit wie folgt geschrieben werden:

$$\begin{aligned} \frac{\partial n}{\partial t} &= G_n - R_n + n\mu_n\frac{\partial \mathcal{E}}{\partial x} + \mu_n\mathcal{E}\frac{\partial n}{\partial x} + D_n\frac{\partial^2 n}{\partial x^2}\,, \\ \frac{\partial p}{\partial t} &= G_p - R_p + p\mu_p\frac{\partial \mathcal{E}}{\partial x} + \mu_p\mathcal{E}\frac{\partial p}{\partial x} + D_p\frac{\partial^2 p}{\partial x^2}\,, \end{aligned} \tag{8.40}$$

mit den Bezeichnungen wie in (8.36). Eine Lösung dieser Gleichungen erfolgt in aller Regel numerisch durch computergestützte Programme[4].

pn-Grenzschicht unter externer Spannung Legt man eine externe Spannung U_{ext} zwischen der n- und p-Seite, so ändert sich die Breite der Verarmungszone abhängig von der Größe und der Polung der angelegten Spannung (Abb. 8.18). Das System ist nicht mehr im thermischen Gleichgewicht, und (8.15) verändert sich zu $np > n_i^2$ beziehungsweise $np < n_i^2$. Ist die angelegte Spannung U_{ext} an der p-Seite positiv relativ zur n-Seite

[4] Ein Beispiel für ein Computerprogramm zur Lösung der Kontinuitätsgleichungen (8.39) ist das Programm TCAD [764].

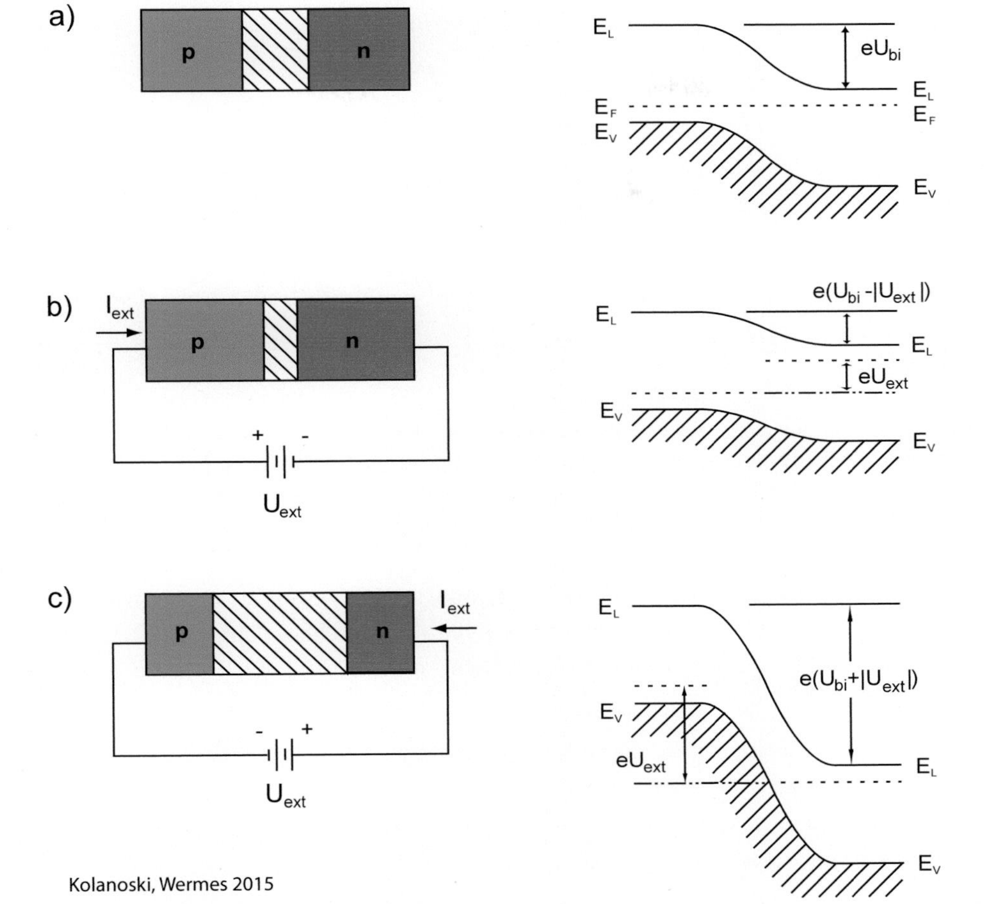

Abb. 8.18 Diode ohne und mit externer Spannung: a) ohne externe Spannung, b) mit externer Spannung: in Durchlassrichtung, c) mit externer Spannung: in Sperrrichtung (Betrieb von Halbleiter-Detektoren).

($U_{ext} > 0$, Durchlassrichtung), so verringert sich das elektrostatische Potenzial U_{bi} über der Verarmungszone um U_{ext}, und der Driftstrom wird im Vergleich zum Diffusionsstrom reduziert. Im Vergleich zur Gleichgewichtssituation diffundieren mehr Elektronen von der n-Seite auf die p-Seite und mehr Löcher von der p-Seite auf die n-Seite (Minoritätsladungsträgerinjektion). Die Verarmungszone wird kürzer (vergleiche (8.32) und (8.33)). Bei Anlegen einer Sperrspannung mit demselben Vorzeichen wie U_{bi} ($U_{ext} < 0$, negative Spannung an der p-Seite oder positive an der n-Seite, relativ zur jeweils anderen Seite) wird das elektrostatische Potenzial im Vergleich zum Gleichgewichtszustand erhöht und wirkt dem Diffusionsstrom entgegen, welcher kleiner wird. Die Verarmungszone wird breiter. In den Gleichungen (8.32), (8.33) und (8.35) muss U_{bi} durch $U_{bi} - U_{ext}$ ersetzt werden, wobei U_{ext} negativ für die Sperrrichtung anzusetzen ist.

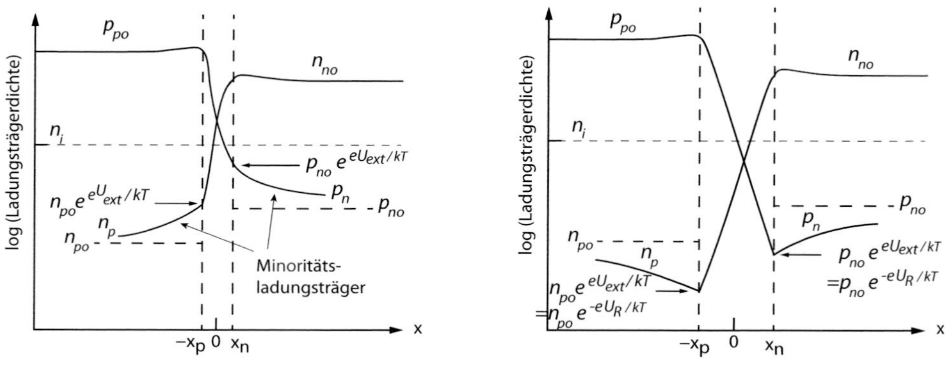

(a) Durchlassrichtung (b) Sperrrichtung

Abb. 8.19 Verlauf der Ladungsträgerkonzentration einer in (a) Durchlass- und (b) Sperrrichtung (Betrieb für Halbleiterdetektoren) betriebenen pn-Grenzschicht in logarithmischer Darstellung (nach Shockley [741, 767]). U_R in (b) bezeichnet die Sperrspannung, mit umgekehrtem Vorzeichen zu U_{ext} im Durchlassfall.

Abbildung 8.19 zeigt den Verlauf der Ladungsträgerkonzentrationen über der pn-Grenzschicht, den wir nachfolgend für die Fälle der Durchlassrichtung (Abb. 8.19(a)) und der Sperrrichtung (Abb. 8.19(b)) berechnen wollen. Dazu nutzen wir die Annahmen aus, dass [765]:

1. die Grenzen zwischen der Raumladungszone und den äußeren neutralen Bereichen als abrupt angenommen werden können,
2. die Ladungsträgerdichten an den Grenzen der Verarmungszone durch das elektrostatische Potenzial $U_{bi} - U_{ext}$ bestimmt sind,
3. die injizierten Minoritätsladungsträger eine viel kleinere Dichte besitzen als die Majoritätsladungsträger und letztere daher anzahlmäßig nahezu unverändert bleiben,
4. dass keine Rekombinations- oder Generationsströme in der Verarmungszone auftreten und die Elektronen- und Löcherströme daher in der Verarmungszone konstant sind.

Damit können die Ladungsträgerdichten zunächst an den Grenzen der Verarmungszone und mit Hilfe der Boltzmann-Transportgleichung dann auch in der Verarmungszone berechnet werden [765].

In den neutralen Bereichen außerhalb der Raumladungszone können annähernd Gleichgewichtsverhältnisse angenommen werden. Die Konzentrationen der Majoritätsladungsträger sind auch dort durch die Dotierungsdichten N_A und N_D gegeben. Nach (8.30) kann U_{bi} dann durch

$$U_{bi} = \frac{kT}{e}\ln\frac{N_A N_D}{n_i^2} \approx \frac{kT}{e}\ln\frac{p_{po}n_{no}}{n_i^2} = \frac{kT}{e}\ln\frac{n_{no}}{n_{po}} = \frac{kT}{e}\ln\frac{p_{po}}{p_{no}} \tag{8.41}$$

ausgedrückt werden, wobei (8.15) verwendet wurde. Dabei sind $n_{no} \approx N_D$ und $p_{po} \approx N_A$ die Majoritätsladungsträgerkonzentrationen (Elektronen im n-Bereich, Löcher im p-Bereich); der Index o indiziert die Verhältnisse im thermischen Gleichgewicht. Die Minoritätsladungsträgerdichten im Gleichgewicht sind entsprechend n_{po} und p_{no}. Nach den Majoritätsladungsträgerkonzentrationen aufgelöst erhalten wir:

$$n_{no} = n_{po} \exp(eU_{bi}/kT) , \tag{8.42}$$

$$p_{po} = p_{no} \exp(eU_{bi}/kT) . \tag{8.43}$$

Diese Gleichungen stellen den Zusammenhang zwischen den Ladungsträgerkonzentrationen an der Grenze der Raumladungszone und U_{bi} her. Mit der Bedingung bzw. Annahme (2) von Seite 296 können wir nun schließen, dass dieselbe Beziehung gültig bleibt, wenn das elektrostatische Potenzial um U_{ext} vergrößert oder verkleinert wird, so dass wir für die Majoritätsladungsträgerdichten an den Grenzen der Verarmungzone im Nicht-Gleichgewichtszustand folgende Beziehungen erhalten:

$$n_n = n_p \exp(e(U_{bi} - U_{ext})/kT) \approx n_{no} \tag{8.44}$$

$$p_p = p_n \exp(e(U_{bi} - U_{ext})/kT) \approx p_{po} \tag{8.45}$$

Hierbei wurde Annahme (4) von Seite 296 benutzt, die besagt, dass die durch U_{ext} verursachte Minoritätsladungsträgerinjektion die Majoritätsladungsdichten nahezu unverändert lässt. Einsetzen von (8.42) und Auflösung nach n_p ergibt für die Elektronenkonzentration an der Grenze der Verarmungszone im p-Bereich ($x = -x_p$) und analog für die Löcherkonzentration p_n am Ende der Verarmungszone ($x = x_n$) auf der n-Seite:

$$n_p = n_{po} \exp(eU_{ext}/kT) , \tag{8.46}$$

$$p_n = p_{no} \exp(eU_{ext}/kT) . \tag{8.47}$$

Über der Verarmungszone nehmen die Majoritätsladungsträgerkonzentrationen über viele Zehnerpotenzen ab, eine Folge der exponentiellen Abhängigkeiten in den Gleichungen dieses Abschnitts (man beachte auch die logarithmische Darstellung in Abb. 8.19). Ihre Konzentrationen liegen am Ende der Raumladungszone deutlich unterhalb der Gleichgewichtsminoritätsladungsträgerkonzentrationen. Abhängig von der Höhe der Sperrspannung können die Ladungsträgerkonzentrationen dort verschwindend klein werden.

Der weitere Verlauf der Dichten in den neutralen äußeren Zonen ist durch die Diffusionslängen (charakteristische Strecke bis zur Rekombination) der Ladungsträger (L_n und L_p) bestimmt und kann aus den Boltzmann-Transport-Gleichungen (siehe auch Kapitel 4) berechnet werden [767, 725]:

$$n_p(x \leq -x_p) = n_{po} + n_{po} \left(\exp\left(eU_{ext}/kT\right) - 1\right) \cdot \exp\left(\frac{x + x_p}{L_n}\right) , \tag{8.48}$$

$$p_n(x \geq x_n) = p_{no} + p_{no} \left(\exp\left(eU_{ext}/kT\right) - 1\right) \cdot \exp\left(-\frac{x - x_n}{L_p}\right) . \tag{8.49}$$

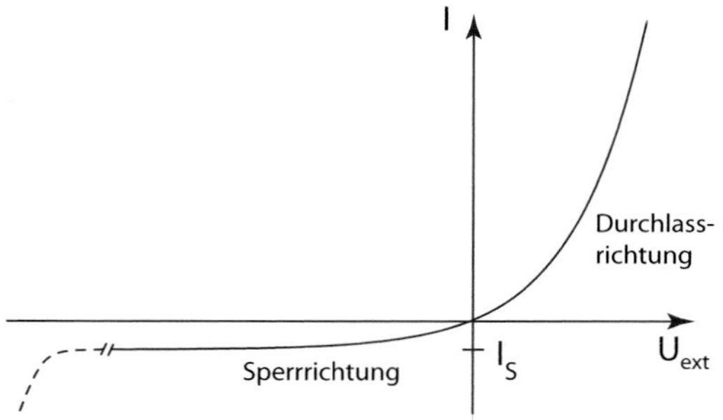

Abb. 8.20 Ideale Diodenkennlinie nach der Schottky-Gleichung (8.50). Die gestrichelte Linie kennzeichnet den Durchbruch bei hohen Sperrspannungen, der nicht in (8.50) enthalten ist.

Innerhalb der Verarmungszone nimmt die Ladungsträgerkonzentration vom Majoritätswert p_p (n_n) auf der einen Seite der Zone zum Minoritätswert p_n (n_p) auf der anderen Seite ab. Der Konzentrationsverlauf in der Verarmungszone wird in sehr guter Näherung durch die Konzentrationswerte an den Enden der Verarmungszone am Übergang zum neutralen Bereich bestimmt, also durch die Dotierungsdichten und die angelegte äußere Spannung. Für Halbleiterdetektoren typische Dotierungskonzentrationen sind auf Seite 293 angegeben.

Strom-Spannungs-Charakteristik Unter den angesetzten idealisierenden Annahmen wird in der Verarmungszone kein Strom erzeugt; er kommt ausschließlich aus den Außenbereichen ohne Raumladung [765]. Der Gesamtstrom ist konstant über dem Halbleiter und ist bestimmt durch die Minoritätsladungsträgerdichten und deren Diffusionscharakteristika, wie zum Beispiel für Löcher durch die Stromdichte j_p in (8.36). Der Strom weist ein von der extern angelegten Spannung abhängiges exponentielles Verhalten auf [765, 566], was von den ebenfalls exponentiellen Abhängigkeiten der Ladungsträgerkonzentrationen herrührt:

$$I = I_S \left(e^{eU_{ext}/kT} - 1 \right) , \tag{8.50}$$

mit dem Sättigungssperrstrom

$$I_S \;=\; eA \left(\frac{D_n n_{po}}{L_n} + \frac{D_p p_{no}}{L_p} \right) \;\approx\; eA \left(\frac{D_n n_i^2}{L_n N_A} + \frac{D_p n_i^2}{L_p N_D} \right) ,$$

wobei A die Querschnittsfläche und $D_{n,p}$ die Diffusionskonstanten für Elektronen beziehungsweise Löcher darstellen. Die Bedeutungen der anderen Größen wurden bereits weiter oben angegeben. Der zweite Term ergibt sich aus (8.15) mit $N_A \approx p_{po}$ und $N_D \approx n_{no}$. Gleichung (8.50) ist als Shockley-Gleichung [741] (Kennlinie einer idealen Diode) bekannt und in Abbildung 8.20 dargestellt.

Halbleiterdetektoren werden in Sperrrichtung betrieben (positives Potenzial an dem n-dotierten Teil der Diode), um eine möglichst große Verarmungszone zu bekommen, die das Volumen für den Teilchennachweis darstellt (siehe Abschnitt 8.4). Die externe Spannung U_{ext} hat dann dasselbe Vorzeichen wie U_{bi}. In der Verarmungszone absorbierte Energie erzeugt Elektron/Loch-Paare. In einem Detektor ohne Verarmungszone würden

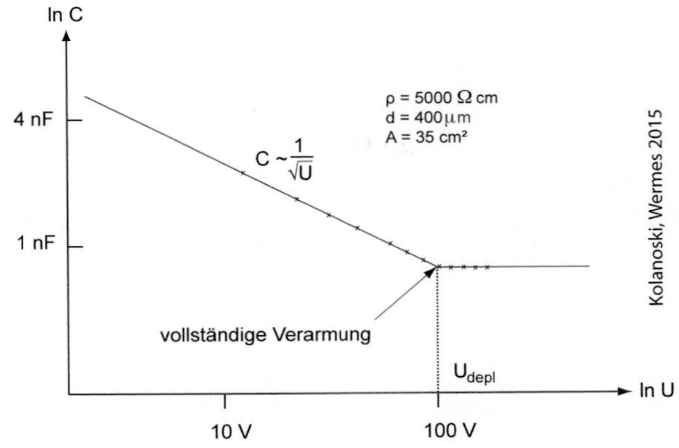

Abb. 8.21 Bestimmung der Verarmungsspannung aus dem Kapazitätsverlauf einer Diode.

diese schnell rekombinieren und kein Signal auf den Elektroden des Detektors erzeugen, in einem von Ladungträgern verarmten Detektor jedoch ist die Wahrscheinlichkeit einer Rekombination gering. Die e/h-Paare driften daher im E-Feld verlustfrei zu den Elektroden und erzeugen ein Ladungs/Strom-Signal (siehe Kapitel 5).

Mit angelegter äußerer Spannung ändert sich Gleichung (8.35) zu:

$$d \approx x_n \approx \sqrt{\frac{2\epsilon\epsilon_0}{e}\frac{1}{N_D}(U_{bi}+U_{ext})} \approx 3.6\cdot 10^3\sqrt{\frac{U_{ext}}{N_D(\mathrm{V\,cm})}}\,. \tag{8.51}$$

Um die Dicke des Detektors (für einen Silizium-Detektor typisch ist $d = 300\,\mu\mathrm{m}$) vollständig zu verarmen, muss bei einer gegebenen Substratdotierung von $2.3 \cdot 10^{12}$ cm^{-3} eine Spannung von $U_{ext} \approx 160\,V$ angelegt werden.

Diodenkapazität Eine Flächendiode kann aufgrund der ladungsfreien Zone hinsichtlich ihrer Kapazität als ein mit einem Dielektrikum gefüllter Plattenkondensator betrachtet werden. Die Kapazität zur Rückseite ist:

$$\frac{C}{A} = \frac{\epsilon\cdot\epsilon_0}{d}\,.$$

Dabei ist A die Fläche und d die Breite der Verarmungszone. Die relative Dielektrizitätszahl ϵ hat für Silizium den Wert 11.9 (Tabelle 8.2). Für eine 300 µm dicke Flächendiode aus Silizium ist

$$\frac{C}{A} \simeq 35\,\frac{\mathrm{pF}}{\mathrm{cm}^2}\,.$$

Da die ladungsträgerfreie Zone d nach (8.51) von der externen Spannung abhängt, ist es möglich, aus der Messung der Kapazität die Verarmungsspannung zu bestimmen. Abbildung 8.21 zeigt die Abhängigkeit der Kapazität C von der externen Spannung. Nähert sich die Kapazität einem konstanten Wert, so ist die Spannung zur vollständigen Verarmung des Detektors erreicht, denn die Verarmungszone kann nicht größer werden als die Dicke des Detektors.

Leckstrom Bei einer in Sperrrichtung betriebenen Diode oder einem Halbleiterdetektor beobachtet man einen so genannten Leckstrom I_L, der sowohl Volumen- als auch Oberflächenanteile besitzen kann, die von verschiedenen Ursachen herrühren. Die wichtigste Ursache für den Volumenleckstrom ist die thermische Erzeugung von Elektron-Loch-Paaren in der Verarmungszone, deren Stärke durch das Vorhandensein von Rekombinations- und Einfangzentren in der Bandlücke stark beeinflusst wird. Die Größe dieses Generationsstroms ist proportional zum Volumen $V = A \cdot d$, wobei A der Querschnitt und d die Breite der Verarmungszone ist, und ist damit nach (8.51) von $\sqrt{U_{ext}}$ abhängig:

$$I_L^{gen} = eV \frac{n_i}{2\tau}, \tag{8.52}$$

wobei mit τ die mittlere Lebensdauer der Ladungsträger bezeichnet wird. Ein weiter Beitrag zum Leckstrom rührt von der Bewegung der Minoritätsladungsträger durch die Grenzschicht her, zum Beispiel von Elektronen aus dem p-Bereich in den n-Bereich (I_S in Gleichung (8.50)).

Der Leckstrom ist stark temperaturabhängig:

$$I_L^{gen} \propto T^2 e^{-\frac{E_G}{2kT}}, \tag{8.53}$$

wobei die T^2-Abhängigkeit charakteristisch für thermionische Emission von Ladungsträgern mit kinetischen Energien $\frac{1}{2} m_{\text{eff}} v^2$ über eine Barriere ist (siehe zum Beispiel [767], Seite 154).

In einem Halbleiterdetektor liegt die typische Größenordnung des Leckstroms bei Raumtemperatur im nA/cm^{-2}-Bereich [544], kann aber µA/cm^{-2} erreichen, wenn er einem hohen Fluss an Stahlung ausgesetzt wird. Die Leckstrommessung ist daher eine wichtige Methode zur Charakterisierung von Strahlenschädigungen (siehe Abschnitt 8.11).

Oberflächenbeiträge zum Leckstrom haben meist herstellungs- oder behandlungsbedingte Ursachen wie Oberflächenschädigungen oder Ablagerungen. Eine Unterscheidung der Beiträge (Oberfläche oder Volumen) ist im Prinzip durch die unterschiedlichen charakteristischen Abhängigkeiten von der Betriebsspannung möglich, der Volumenbeitrag ist proportional zum Volumen unter der Elektrode, also $\propto \sqrt{U}_{\text{ext}}$, während der Oberfächenbeitrag eher linear mit der angelegten Spannung verläuft; Letzteres hängt allerdings auch von der Geometrie der Oberflächenstrukturen ab. In der Regel ist der Volumenbeitrag zum Leckstrom dominant.

8.3.2 Die $\mathrm{n^+n}$- oder $\mathrm{p^+p}$-Grenzschicht

Grenzschichten desselben Dotierungstyps, aber mit unterschiedlicher Dotierungsstärke[5] (n^+n oder p^+p) erzeugen ebenfalls ein Potenzialgefälle ähnlich wie bei einer pn-Struktur. Wie Abb. 8.22 für eine abrupt angenommene n^+n-Struktur zeigt, entsteht auch in diesem Fall eine Raumladungszone, wenn wegen des Konzentrationsunterschieds Elektronen von

[5] Es ist in der Literatur üblich, starke (bzw. schwache) oder sehr starke (bzw. sehr schwache) Dotierungskonzentrationen mit $\mathrm{n^+}$ ($\mathrm{n^-}$) und $\mathrm{n^{++}}$ ($\mathrm{n^{--}}$) relativ zu der Dotierung n des Substrats anzuzeigen, entsprechend für p-Dotierung.

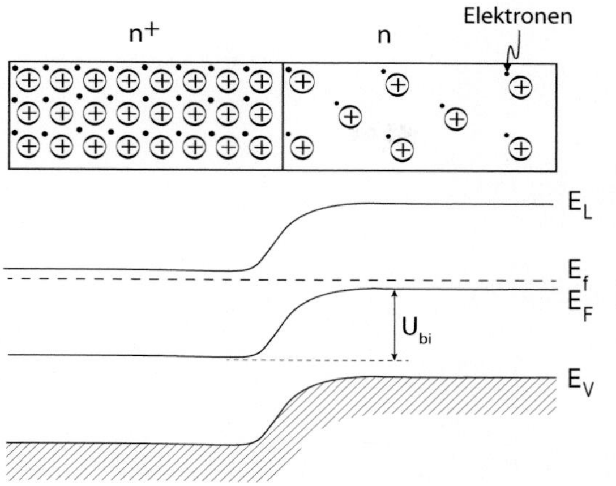

Abb. 8.22 n$^+$n-Übergang: (a) Kontakt zweier verschieden dotierter n-Halbleiterschichten, (b) Darstellung im Bändermodell (nach [566], mit freundl. Genehmigung von Springer Science+Business Media).

der n^+-Region in die n-Region diffundieren und dadurch die n-Seite negativ wird, während die n^+-Seite positiv wird. Das entstehende elektrische Feld bringt die Diffusion zum Erliegen. Im Bändermodell ist das Fermi-Niveau E_F nach Einstellung des thermischen Gleichgewichts über der Struktur gleich, die Bänder verbiegen sich. Wie in der pn-Schicht entsteht eine Diffusionspannung U_{bi}.

8.3.3 Der Metall-Halbleiter-Übergang

An den metallischen Auslesekontakten eines Halbleiterdetektors entsteht eine andere Art Grenzschicht, der Metall-Halbleiter-Übergang. Das Verhalten dieser Grenzschicht hängt sowohl von der Art des Metalls als auch von der Dotierungsart und -stärke des Halbleiters ab. Die nachfolgenden charakteristischen Eigenschaften von Metallen sind zum Verständnis von Metall-Halbleiter Kontakten wesentlich:

- Anders als beim Halbleiter ist das Leitungsband von Metallen teilweise mit Elektronen gefüllt (siehe Abb. 8.7). Daher liegt das Fermi-Niveau nicht in der Bandlücke, sondern innerhalb des Leitungsbands des Metalls.
- Die Zahl der Leitungselektronen im Metall ist vergleichsweise groß (Größenordnung $10^{23}\,\mathrm{cm}^{-3}$). In einem perfekten Leiter kann sich kein elektrisches Feld einstellen ($\vec{E} = 0$) und es kann keine Potenzialdifferenz zwischen den Enden des Leiters entstehen. Die Beschreibung der metallischen Grenzfläche ist daher allein durch die Oberflächenladungen bestimmt.

Abbildung 8.23 erläutert die energetischen Verhältnisse bei einem Metall-Halbleiter-Übergang. Unter der 'Austrittsarbeit' (*work function*) versteht man die Energie, die nötig ist, um ein Elektron von der Fermi-Energie ins 'Kontinuum', auch 'Vakuum' genannt, zu befördern: $e\Phi = E_{vac} - E_F$. Für Metalle ($e\Phi_M$) ist sie abhängig von der Art des Metalls, für Halbleiter($e\Phi_S$) von Art und Grad der Dotierung. Eine für die Halbleiterseite der Grenzschicht ebenfalls wichtige Größe ist die 'Elektronenaffinität' $e\chi_S$. Sie

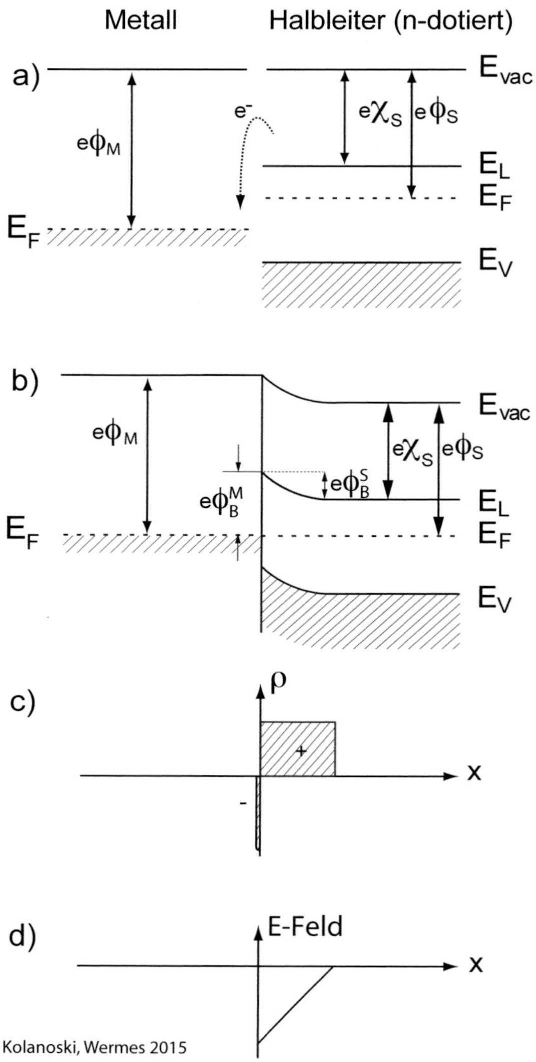

Abb. 8.23 Schottky-Kontakt: (a) Metall und n-dotierter Halbleiter vor dem Kontakt in separatem thermischem Gleichgewicht, (b) Kontakt ohne externe Spannung im thermischen Gleichgewicht nach Elektronentransport (mit resultierender Bandverbiegung), (c) Verteilung der Ladungsdichte, (d) elektrisches Feld.

beschreibt den Unterschied in der Energie eines freien Elektron zu seiner Energie, wenn es in den Gitterverbund eingetreten ist, und entspricht der Energiedifferenz zwischen Leitungsbandunterkante und Kontinuum (Vakuum): $E_{vac} - E_L$; $e\chi_S$ ist unabhängig von der Dotierung und kleiner als $e\Phi_S$.

Schottky-Kontakt Wir betrachten zuerst den Fall, dass $e\Phi_M > e\Phi_S$ ist. Man spricht dann von einem 'Schottky-Kontakt'. Dieser Fall ist in Abb. 8.23 für den Übergang vom Metall zu n-Silizium dargestellt. Die Verhältnisse für p-Silizium findet man in der einschlägigen Literatur (zum Beispiel in [767]). Abbildung 8.23(a) zeigt die Grenzflächen vor der Berührung in separatem thermischem Gleichgewicht. Nach dem Kontakt fließen die Elektronen des Halbleiters aufgrund der Energiedifferenz in das Metall, bis auch hier wieder ein thermisches Gleichgewicht hergestellt ist und die Fermi-Niveaus im Metall und im Halbleiter gleich sind ($E_F^M = E_F^S$). Die Bänder biegen sich, von der Grenzschicht aus gesehen, im Halbleiter nach unten (Abb. 8.23(b)). Im Metall bildet sich eine negative Oberflächenladung aus. Im Halbleiter entsteht durch das Abwandern der Elektronen eine ladungsträgerfreie positive Raumladungszone (Abb. 8.23(c)). Abbildung 8.23(d) zeigt den Verlauf des resultierenden elektrischen Feldes. Die Verhältnisse erinnern an die einer Diode (pn-Übergang) mit Barrierenausbildung an der Grenzschicht. Die Differenz zwischen Metall-Austrittsarbeit und Elektronenaffinität, $e(\Phi_M - \chi_S) =: e\Phi_B^M$, zwei von äußeren Einflüssen unabhängigen Materialparametern, ergibt die Höhe der Barriere, die Elektronen im Metall überwinden müssen, um in den Halbleiter zu kommen. Ihre Höhe wird durch eine externe Spannung nicht verändert (siehe zum Beispiel [766], S. 164). Die Barrierenhöhe für Elektronen im Halbleiter, $e(\Phi_M - \Phi_S) := e\Phi_B^S$, hingegen, ist durch die Größe der Bandverbiegung gegeben. Ihre Höhe ist die 'eingebaute Spannung' $U_{bi} = \Phi_B^S$, analog zum pn-Übergang, die durch eine externe Spannung wie dort verstärkt oder abgeschwächt wird und damit einen gleichrichtenden Kontakt (*Schottky contact*) ermöglicht.

Im thermischen Gleichgewicht halten sich der Strom von Elektronen in den Halbleiter und der entgegengesetzte Strom vom Halbleiter in das Metall die Waage. Bei angelegter externer Spannung U_{ext} wird der Potenzialunterschied an der Grenze entweder reduziert (Vorwärtsspannung) oder erhöht (Rückwärtsspannung). Der Strom aus dem Metall in den Halbleiter ist unverändert im Vergleich zum thermischen Gleichgewichtsfall, da die Barrierenhöhe unverändert bleibt. Der Stromfluss aus dem Halbleiter zum Metall jedoch ändert sich exponentiell, ähnlich wie bei der pn-Grenzschicht (8.50):

$$I = I_S \left(e^{eU_{ext}/kT} - 1 \right) , \tag{8.54}$$

mit dem Sättigungssperrstrom

$$I_S = A_R^* \, T^2 e^{-e\Phi_B^M/kT} ,$$

wobei A_R^* die effektive Richardson-Konstante, $A_R^* = 110\,(32)\,\mathrm{A\,K^{-2}cm^{-2}}$ für n-Silizium (p-Silizium) ist [765]. Die externe Spannung ist positiv bzw. negativ, für Vorwärts- beziehungsweise Sperrbetrieb. Im Gegensatz zur pn-Grenzschicht, in der die Kennlinie hauptsächlich von den Minoritätsladungsträgerdichten bestimmt wird (Seite 298), sind in einem Metall-Halbleiter-Kontakt die Majoritätsladungsträger für die Strom-Spannungs-Charakteristik (8.54) verantwortlich.

Ohm'scher Kontakt In dem Fall, dass die Austrittsarbeit im Metall kleiner als im Halbleiter ist, $e\Phi_M < e\Phi_S$, spricht man von einem 'ohmschen Kontakt', definiert durch einen verschwindend kleinen Kontaktwiderstand, da keine oder nur verschwindend kleine Barrieren für Elektronen existieren (Abb. 8.24(a)). Elektronen fließen vom Metall in den n-Halbleiter und erzeugen dort eine negative Nettoladung. Die Bänder biegen sich von der Grenzschicht weg nach oben. Es wird keine ladungsträgerfreie Raumladungszone gebildet, und die Potenzialbarriere für Elektronenfluss vom Metall zum Halbleiter ist klein. Es sind nur kleine externe Spannungen nötig, damit Elektronen sich in beide Richtungen durch

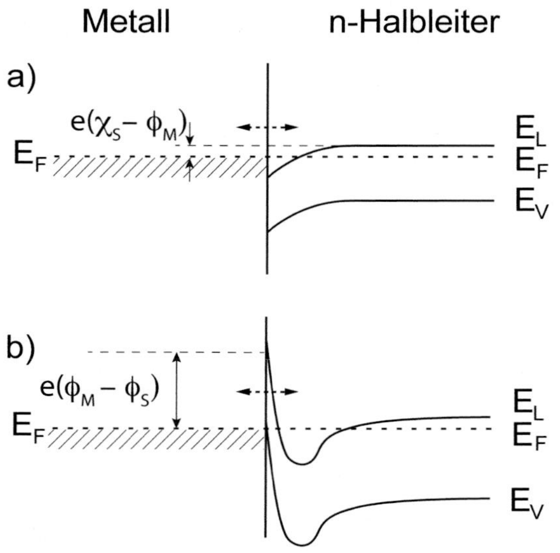

Abb. 8.24 Ohm'scher Kontakt: a) verschwindender Kontaktwiderstand, b) durchtunnelbare Barriere bei hoher Dotierung des Halbleiterrandes.

die Grenzfläche bewegen können. Abbildung 8.24(a) zeigt diesen Fall nach Herstellung des thermischen Gleichgewichts ($E_F^M = E_F^S$).

Häufig ist es schwierig, ein geeignetes Metall zu finden, das bei Kontakt mit einem dotierten Halbleiter keine Barriere aufbaut und gleichzeitig so beschaffen ist, dass es als Kontakt am Halbleiter gut haften bleibt. Daher wird meist eine andere Methode verwendet, um einen ohmschen Kontakt zu erhalten. Durch eine sehr hohe n^+-Dotierung ($\gtrsim 10^{19}\,\text{cm}^{-3}$) von etwa 10 nm Tiefe wird in diesem Bereich das Fermi-Niveau E_F^S fast bis zur Leitungsbandkante hochgezogen. Nach Kontaktierung mit dem Metall ist dadurch Φ_M kleiner als Φ_S. An dem dem Metall zugewandten Rand des n-Halbleiters entsteht eine räumlich sehr schmale Barriere, die von den Elektronen bei Anbringung einer Spannung durchtunnelt werden kann (Abb. 8.24 (b)) und eine nahezu lineare Strom-

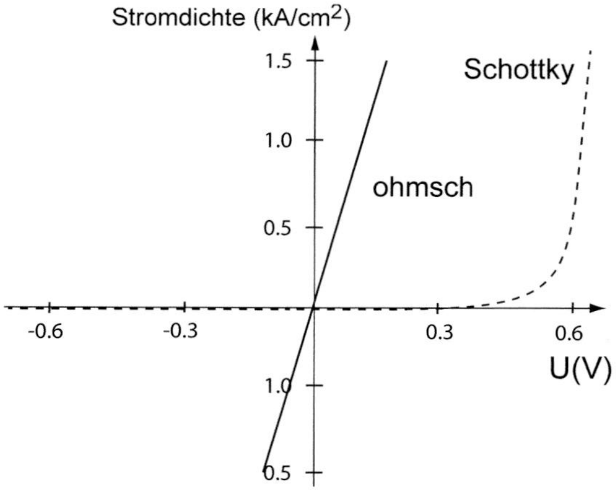

Abb. 8.25 Typische Strom-Spannungs-Kennlinien für einen gleichrichtenden (Schottky: GaAs, Dotierungskonzentration $10^{15}/\text{cm}^3$, gestrichelte Linie) und einen ohmschen ($10^4\ \Omega\,\text{cm}^2$, durchgezogene Linie) Metall-Halbleiter-Übergang.

Spannungs-Charakteristik aufweist. Der weitere Verlauf der Bandstruktur folgt dem einer n^+n-Struktur wie in Abschnitt 8.3.2 beschrieben.

In Abb. 8.25 sind die Strom-Spannungs-Kennlinien für beide Fälle dargestellt. Für den Schottky-Übergang ergibt sich ein gleichrichtender Kontakt wie bei einer Diode, für den ohmschen Kontakt erhält man ein lineares Verhalten wie bei einem Widerstand.

8.3.4 Der MOS-Übergang

Unter einem MOS-Übergang (MOS = *Metal Oxide Semiconductor*) versteht man eine Doppelgrenzschicht aus drei Materialien: Metall-Oxid-Halbleiter [819]. Die MOS-Struktur spielt eine herausragende Rolle in der Mikroelektronik, weil sie die Struktur für Feldeffekt-Transistoren (FET) ist. Für eine ausführliche Beschreibung verweisen wir den Leser auf die vielfältige Literatur, zum Beispiel [744, 767, 204].

Der weitaus größte Teil der Chip-Elektronik zur Auslese von Detektoren (siehe Abschnitt 17.6) basiert auf MOSFETs, die als Kombination von NMOS- und PMOS-Transistoren auf demselben Substrat realisiert sind (CMOS-Prozess) und die 'komplementäre' CMOS-Logik für komplexe Schaltkreise ermöglichen (siehe zum Beispiel [814]). CMOS-Technologie verwendet sowohl p-Kanal- als auch n-Kanal-MOSFETs auf einem gemeinsamen Substrat und stellt heute für integrierte Schaltkreise die am häufigsten genutzte Logikfamilie dar. Um in einem Substrat beide Transistortypen unterzubringen, wird ein Transistortyp in speziell dotierten Bereichen, so genannten Wannen, eingebettet. Zum Beispiel sind PMOS-Transistoren in p-Substraten in N-Wannen untergebracht. Ein wesentlicher Vorteil der CMOS-Technologie besteht darin, dass sie ohne Widerstände auskommt und dass digitale Schaltelemente so ausgelegt werden können, dass die Transistoren nur im Umschaltmoment Strom ziehen und die Verlustleistung daher im Wesentlichen nur von der Taktfrequenz abhängt. Für weitere Vertiefung der Thematik sei auf die einschlägige Literatur verwiesen.

Besonders stark verzahnt sind Sensor und Auslese-Chip bei Pixeldetektoren[6] (Abschnitte 8.7 und 8.10). Auch andere Halbleitersensoren besitzen MOS-Strukturen: MOS-CCDs (Abschnitt 8.9) zum Beispiel verwenden sie, um die Ladung in einer CCD-Zelle zum Ausleseknoten zu schieben. DEPFET-Pixeldetektoren (Abschnitt 8.10.2) haben einen einzelnen MOSFET in jedem Pixel zur Verstärkung der Signalladung. Die Steuerwirkung von MOSFETs kann auch bei der Spannungsversorgung von Mikrostreifendetektoren ausgenutzt werden (Abschnitt 8.5.4).

Perspektivansicht und Querschnitt einer MOS-Struktur sind in Abb. 8.26 zu sehen. Heute wird bei Transistoren statt des Metalls fast ausschließlich stark dotiertes Polysilizium (n^+ oder p^+) verwendet, da es höhere Temperaturen aushält, ohne mit dem Oxid zu reagieren. Die Physik der MOS-Struktur ist dadurch unverändert, und der Name ist geblieben. Kontaktierungen von Halbleiterdetektoren, wenn Sie nicht direkt zum Halbleiter, sondern über eine Oxidschicht erfolgen, sind typisch Al-SiO_2-Si -MOS-Strukturen.

---

[6] Der Begriff 'Pixel' ist aus der Abkürzung für *picture element* entstanden. Pixel sind 2-dimensionale Sensoreinheiten. Im Sprachgebrauch werden sie als viel kleiner verstanden als *pads*.

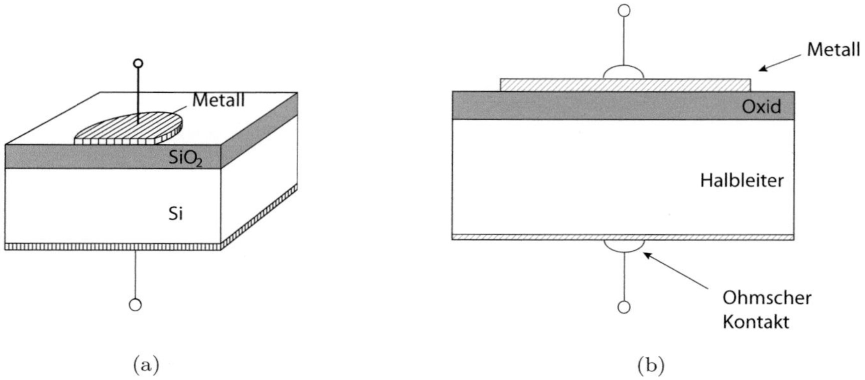

Abb. 8.26 Perspektivansicht (a) und Querschnitt (b) einer MOS-Struktur.

Im Unterschied zu den bisher diskutierten Grenzschichten Halbleiter-Halbleiter und Metall-Halbleiter liegt jetzt also ein Isolator zwischen Metall und Halbleiter. Durch diesen fließt bei anliegender externer Spannung in sehr guter Näherung kein Gleichstrom. Wir können daher Metall und Halbleiter separat im thermischen Gleichgewicht betrachten. Das Bändermodell liefert unter der Annahme eines abrupten Übergangs eine gute Beschreibung der Phänomene, die von der angelegten Spannung U_{ext} abhängen. Um dies zu illustrieren, betrachten wir in den Abbildungen 8.27 bis 8.32 MOS-Strukturen mit einem n-dotierten Halbleiter (entspricht der Ausgangssituation für einen PMOS-Transistor), entsprechend unserer bevorzugten Wahl in diesem Kapitel. Für die in der Literatur meistens gewählte Beschreibung mit p-dotiertem Halbleiter (Situation für NMOS-Transistoren) gelten gleiche Überlegungen mit geeigneten Vorzeichenwechsel (siehe zum Beispiel [766]).

Wir betrachten zunächst eine ideale MOS-Struktur, definiert durch die (nicht realistische) Annahme, dass die Austrittsarbeiten im Metall und im Halbleiter gleich groß sind, $e\Phi_M = e\Phi_S$, und dass neben den Ladungen im Halbleiter nur an der Metalloberfläche weitere Ladungen existieren, also insbesondere, dass im Oxid oder an den Grenzflächen keine (festen) Ladungen existieren [767]. Das heißt, dass die Struktur ohne externe Spannung feldfrei ist und an den Grenzflächen keine Bandwölbung auftritt. Die Bänder sind 'flach' (Abb. 8.27(b)). Aus der Abbildung entnehmen wir:

$$0 = e\Phi_M - e\Phi_S = e\Phi_M - \left(e\chi_S + \frac{E_G}{2} - e\psi_B\right),$$

wobei angenommen wird, dass das intrinsische Fermi-Niveau des Halbleiters E_f in der Mitte der Bandlücke liegt (siehe Gl. (8.18)). Die Bezeichnungen sind wie in Abschnitt 8.3.3: χ_S = Elektronenaffinität, E_G = Energiewert der Bandlücke, ψ_B ist die Differenz zwischen extrinsischem und intrinsischem Fermi-Niveau im Substrat (engl. *bulk*) des Halbleiters.

Reale MOS-Strukturen unterscheiden sich von der idealen Struktur der Abb. 8.27 derart, dass die Differenz der Austrittsarbeiten nicht verschwindet und dass in der Regel

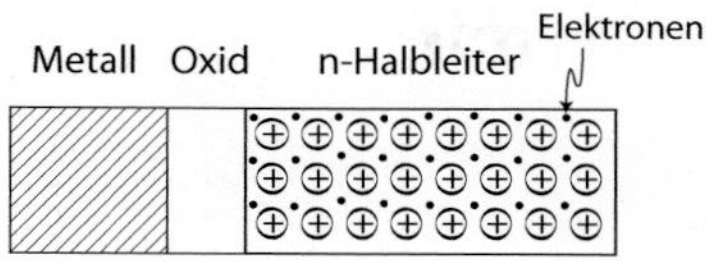

(a) Aufbau

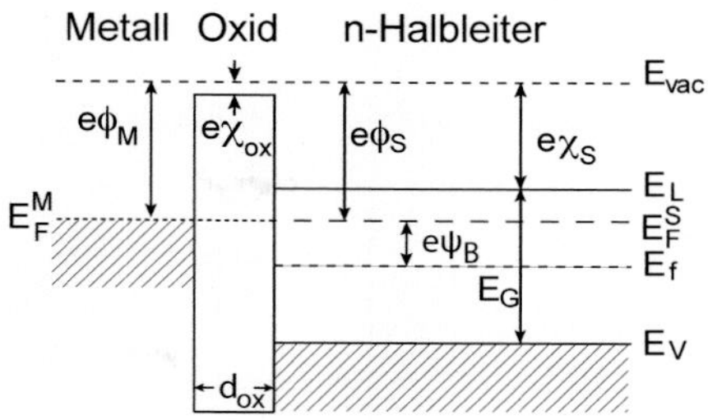

(b) Bandschema

Abb. 8.27 Ideale MOS-Struktur, in der kein elektrisches Feld herrscht (nach [767] und [566]).

Ladungen im Oxid oder an den Grenzflächen vorhanden sind. Letzteres ist insbesondere bei Strahlenschädigungen wichtig (siehe Abschnitt 8.11). Hier vernachlässigen wir Oxidladungen zunächst. Die Größe der Austrittsarbeit im Halbleiter $e\Phi_S$ hängt von Art und Höhe der Dotierung ab. Sie liegt bei Silizium typisch zwischen 4.1 eV und 5.2 eV. Für Aluminium als ein typisches Kontaktmetall bei Siliziumdetektoren ist die Austrittsarbeit im Metall $e\Phi_M$ mit 4.1 eV meist kleiner als im Silizium (Abb. 8.28(a)):

$$e\Phi_{MS} = e\Phi_M - e\Phi_S < 0\,. \tag{8.55}$$

Die Spannung $U = \Phi_{MS}$ entspricht der Diffusionsspannung U_{bi} in Gl. (8.30) bei der pn-Grenzschicht. Im Oxid ist die Elektronenaffinität deutlich geringer als im Metall oder im Halbleiter, in SiO_2 beträgt sie $e\chi_{ox} = 0.9$ eV.

Bringt man die Schichten in Kontakt, so gleichen sich die Fermi-Niveaus im Metall E_F^M und im Halbleiter E_F^S an, wie auf Seite 293 beschrieben. Das Vakuum-Niveau bleibt zusammenhängend. Die Bänder der einen Seite verschieben sich relativ zur anderen Seite (Abb. 8.28(b)). Die Bandverbiegung wird verursacht durch eine Ladungsträgerumverteilung (Anreicherung oder Verarmung) an der Halbleitergrenzschicht, da durch das Oxid (Isolator) keine Ladung von der einen auf die andere Seite fließen kann. Der Verlauf des Potenzials (und der Energiebänder) im Oxid ist linear, da das Feld im Oxid konstant ist; im Halbleiter ist die Abhängigkeit quadratisch bis in den Bereich ohne Ladungsanhäufung beziehungsweise -verarmung, in dem die Bänder konstant sind. Um den Zustand mit flachen Bändern wieder herzustellen, muss eine Spannung (das ist beim MOS-Transistor die Gate-Spannung) der Größe

$$U_{ext} = U_{FB} = -\,\Phi_{MS} \tag{8.56}$$

extern angelegt werden, welche 'Flachbandspannung' heißt. Das System kommt dadurch aus dem thermischen Gleichgewicht ($E_F^M \neq E_F^S$). Vorsicht ist bei den Vorzeichen der Potenziale und der Spannungen geboten: Wir legen U_{ext} an der Metallseite relativ zum Erdpotenzial an. Φ_{MS} ist die Potenzialdifferenz zwischen Metall und Halbleiter, die durch $U_{ext} = U_{FB}$ (am Metallkontakt) kompensiert wird, um den Flachbandzustand einzustellen. U_{FB} ist positiv bei n-Silizium als Substratmaterial (PMOS-Transistor), negativ bei p-Substrat (NMOST).

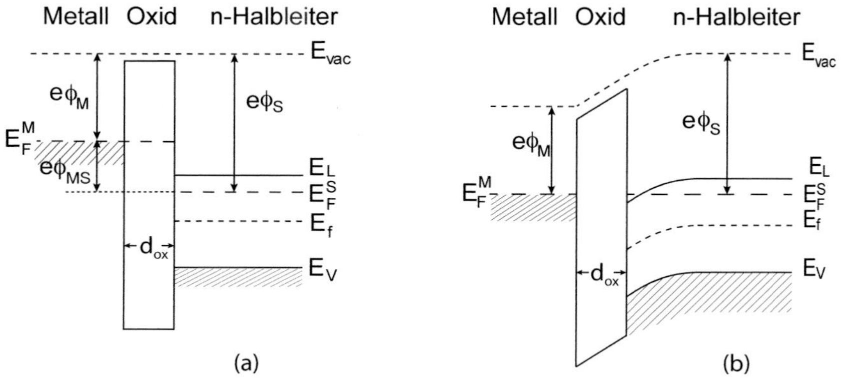

Abb. 8.28 Reale MOS-Struktur ohne externe Spannung. (a) Bandstruktur vor der Kontaktierung; (b) MOS-Struktur nach Kontakt im thermischen Gleichgewicht mit Wölbung der Bänder (nach [767] und [566]).

Ausgehend von diesen Verhältnissen, unterscheiden wir die folgenden Zustände des MOS-Übergangs in Abhängigkeit von der angelegten externen Spannung zwischen Metall und Halbleiter:

Flachbandzustand $U_{ext} = U_{FB}$ (Abb. 8.29):
: Es gibt keine Wölbung der Bänder. Die freien Ladungsträger des Halbleiters sind bis zur Grenzschicht homogen im Kristall verteilt.

Anreicherung $U_{ext} > U_{FB}$ (Abb. 8.30):
: Das positive Potenzial (relativ zum Gleichgewichtszustand) an der Metallseite bewegt auch das Potenzial an der Oxid-Halbleiter-Grenze in positive Richtung und zieht die beweglichen Elektronen des Halbleiters in Richtung des Isolators. Es

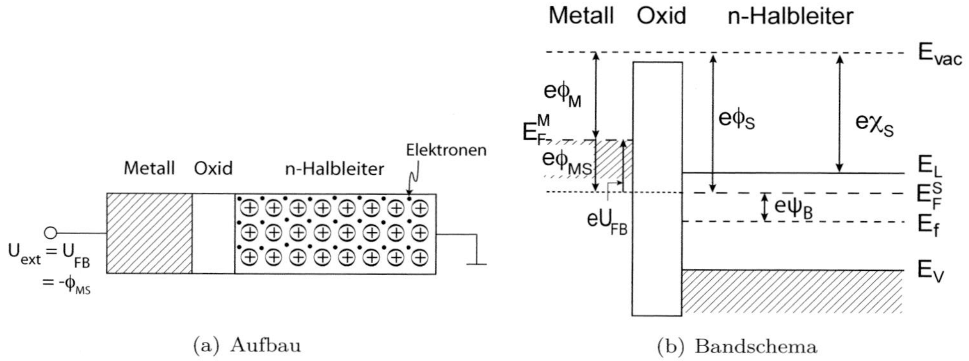

Abb. 8.29 MOS-Struktur nach Anlegung einer externen Spannung $U_{ext} = U_{FB} = -\Phi_{MS}$: Flachbandzustand (nach [767] und [566]).

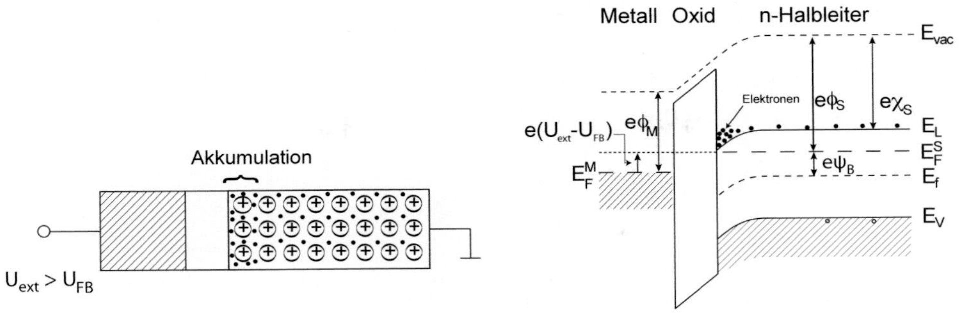

(a) Aufbau (b) Bandschema

Abb. 8.30 MOS-Struktur: Anreicherung. Elektronen werden von der positiven externen Spannung an die Grenzschicht gezogen (nach [767] und [566]).

entsteht eine (noch stärkere) Elektronenanreicherung an der Halbleiter-Isolator-Schicht. Es kommt zu einer Aufwölbung der Bänder von der Grenzschicht in Richtung Halbleiter. Da kein Strom durch die Struktur fließt, gibt es im Halbleiter kein Potenzialgefälle, und die Energieniveaus bleiben weiter entfernt von der Grenzschicht konstant. An der Grenzschicht des Halbleiters zum Oxid wird der Abstand des Leitungsbands zur Fermi-Energie geringer. Aufgrund der exponentiellen Abhängigkeit der Elektronenkonzentration (8.21), $n_n = n_i \exp((E_f - E_F)/kT)$, ist die Elektronen-Anreicherungsschicht so dünn, dass sie durch eine Oberflächenladungsdichte approximiert werden kann:

$$Q_{acc} = -\,\epsilon_{ox}\epsilon_0 \frac{U_{ext} - U_{FB}}{d_{ox}} = -\,C_{ox}\,(U_{ext} - U_{FB})\;, \tag{8.57}$$

wobei

$$C_{ox} = \epsilon_{ox}\epsilon_0 / d_{ox} \tag{8.58}$$

die Oxidkapazität pro Fläche ist.

Verarmung $U_{ext} < U_{FB}$ (Abb. 8.31)

Das negative Potenzial (relativ zum Gleichgewichtszustand) stößt die Elektronen vom Isolator ab. Es entsteht eine Verarmungszone an der Grenzfläche zwischen Isolator und Halbleiter. Es kommt zu einer Abwölbung der Bänder, von der Grenzschicht aus gesehen. Der Abstand des Valenzbands zur Fermi-Energie E_F^S wird dort geringer. Zum Verständnis der elektrischen Verhältnisse in der Struktur sind folgende Berechnungen nützlich. Oberflächenladung, elektrisches Feld $\mathcal{E}_S$ (positive Richtung ist vom Metall zum Halbleiter) und Potenzial ψ_S an der Grenzfläche des Halbleiters können in eindimensionaler Näherung recht einfach in Abhängigkeit von der Verarmungstiefe d_S angegeben werden, wenn man annimmt, dass das Potenzial tief im Halbleitersubstrat null ist und keine Oxidladungen vorhanden sind [566]:

$$Q_S = eN_D d_S\,, \qquad \mathcal{E}_S = -\frac{eN_D}{\epsilon_S\epsilon_0} d_S\,, \qquad \psi_S = \frac{eN_D}{2\epsilon_S\epsilon_0} d_S^2\,. \tag{8.59}$$

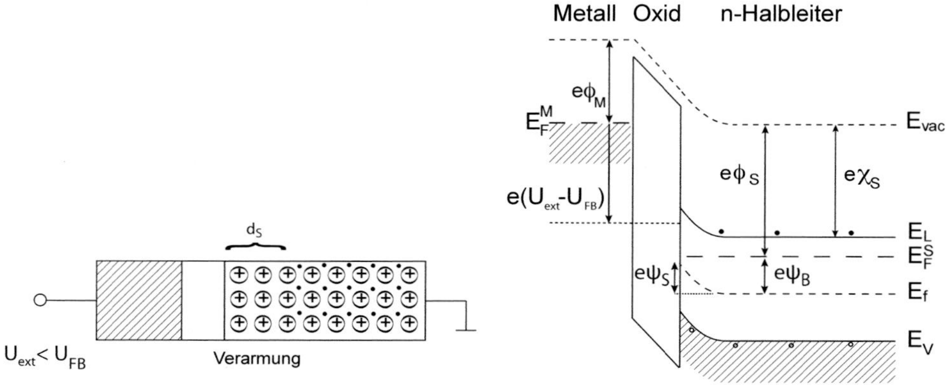

(a) Aufbau (b) Bandschema

Abb. 8.31 MOS-Struktur: Verarmung. Die negative externe Spannung drückt die Elektronen im n-Halbleiter von der Grenzschicht weg (nach [767] und [566]).

Das Potenzial ψ_S charakterisiert die Stärke der Bandverbiegung (Abb. 8.31(b)). Das Feld im Oxid E_{ox} ist konstant und nach dem Gauß'schen Satz direkt proportional zum Feld an der Halbleiteroberfäche:

$$\mathcal{E}_{ox} = \frac{\epsilon_S}{\epsilon_{ox}} \mathcal{E}_S = -\frac{eN_D}{\epsilon_{ox}\epsilon_0} d_S \,. \tag{8.60}$$

Damit beträgt die Differenz zwischen externer Spannung und Flachbandspannung:

$$U_{ext} - U_{FB} = -\psi_S + \mathcal{E}_{ox} d_{ox} = -\frac{eN_D}{\epsilon_0} d_S \left(\frac{d_S}{2\epsilon_S} + \frac{d_{ox}}{\epsilon_{ox}} \right) . \tag{8.61}$$

Die Dicke der Verarmungsschicht ergibt sich in Abhängigkeit von der angelegten Spannung relativ zur Flachbandspannung und von den Oxidparametern zu:

$$d_S = \sqrt{\frac{2\epsilon_S \epsilon_0}{eN_D}(U_{FB} - U_{ext}) + \left(\frac{\epsilon_S}{\epsilon_{ox}} d_{ox} \right)^2} - \frac{\epsilon_S}{\epsilon_{ox}} d_{ox} \,. \tag{8.62}$$

Inversion $U_{ext} \ll U_{FB}$ (Abb. 8.32)

Wählt man eine externe Spannung, die deutlich negativer als die Flachbandspannung ist, so wird die Bandwölbung noch stärker, bis das intrinsische Fermi-Niveau E_f an der Grenzfläche Isolator-Halbleiter höher liegt als das extrinsische Fermi-Niveau E_F^S in der Mitte das Halbleiters, das heißt $e\psi_S > e\psi_B$. Der effektive Leitungstyp an der Si-SiO_2-Grenzfläche wechselt von n- nach p-leitend. Die Minoritätsladungsträgerkonzentration (hier: Löcher im n-Gebiet) an der Grenzfläche (bezeichnet durch (0)),

$$p_n^S = n_i \exp\left(\frac{E_f(0) - E_F^S(0)}{kT} \right) , \tag{8.63}$$

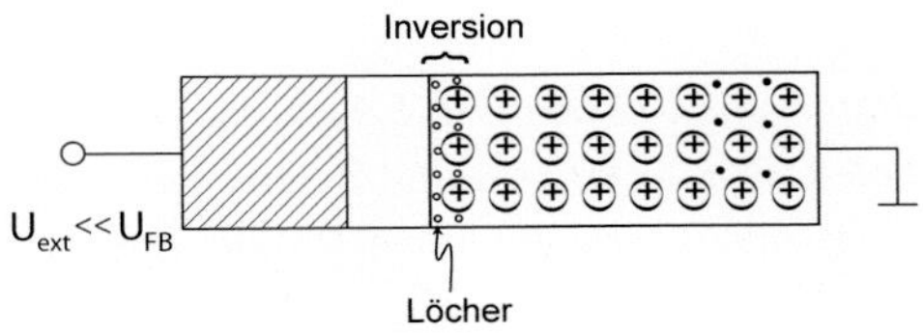

(a) Aufbau

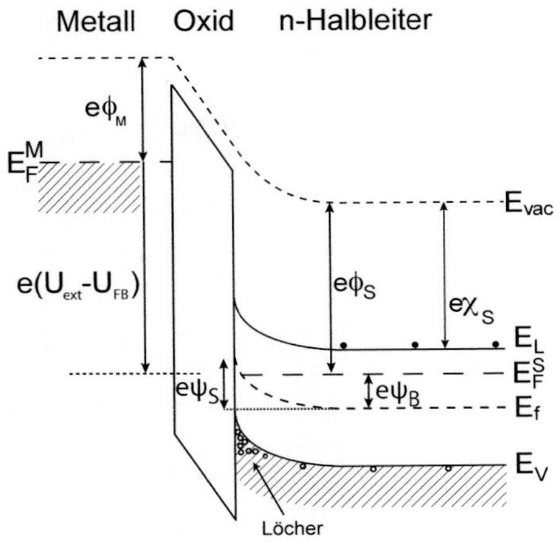

(b) Bandschema

Abb. 8.32 MOS-Struktur: Inversion. Die externe Spannung ist so groß, dass die Elektronen weit in den Halbleiter, weg vom Oxid, gedrückt werden und thermisch erzeugte Löcher sich an der Grenzschicht zum Oxid häufen (nach [767] und [566]).

wächst jetzt exponentiell. Thermisch entstehende Minoritätsladungsträger (Löcher) werden aus dem Substrat zur Isolatorschicht gesaugt, die Ladungsträgerschicht unmittelbar am Halbleiter-Oxid-Übergang ist invertiert (Minoritätsladungen statt Majoritätsladungen) und schirmt die sich anschließende verarmte Zone im Halbleiter von der externen Spannung ab.

Inversion ist der Zustand der MOS-Struktur, der für Feldeffekt-Transistoren wesentlich ist [817]. Der Strom im Transistorkanal fließ zwischen den *Source* bzw. *Drain* genannten Anschlüssen und wird von dem *Gate*-Anschluss gesteuert. Die Gate-Spannung entspricht unserer externen Spannung U_{ext}. Bei Inversion wird der Drain-Strom durch Minoritätsladungsträger (bei n-Substrat also Löcher) gebildet. Man spricht von 'schwacher' Inversion, wenn $e\psi_S \gtrsim e\psi_B$ gilt, was bedeutet, dass an der Halbleiteroberfläche zum Oxid $E_f \gtrsim E_F^S$ ist. Dann ist dort die Löcherkonzentration so groß wie oder größer als die intrinsische Elektronenkonzentration n_i. 'Starke' Inversion tritt ein, wenn die Löcherkonzentration in der Inversionsschicht p_n^S größer wird als die Elektronenkonzentration im Substrat des Halbleiters, die von der Dotierungsstärke bestimmt wird ($n_n^B \approx N_D$). Dies ist der Fall, wenn gilt:

$$\begin{aligned} p_n^S &= n_i \exp\left(\frac{e\psi_S - e\psi_B}{kT}\right) \gtrsim n_n^B \approx N_D = n_i \exp\left(\frac{e\psi_B}{kT}\right) \\ &\Rightarrow \psi_S - \psi_B \gtrsim \psi_B \\ &\Rightarrow \psi_S \gtrsim 2\psi_B \,. \end{aligned} \tag{8.64}$$

Die Verarmungstiefe ist dann nahezu maximal, weil eine weitere Erniedrigung von U_{ext} wegen des Abschirmeffekts der Inversionlage vor allem eine Erhöhung der

Ladung Q_{inv} dieser Schicht bewirkt, und beträgt mit (8.59) und den Annahmen dazu:

$$d_{max} = \sqrt{\frac{2\epsilon_S\epsilon_0(2\psi_B)}{eN_D}}\,, \tag{8.65}$$

mit typischen Werten im 10-nm-Bereich. Das elektrische Feld an der Halbleiteroberfläche zum Oxid beträgt entsprechend:

$$\mathcal{E}_S = -\frac{eN_D}{\epsilon_S\epsilon_0} d_{max} = -\sqrt{\frac{2eN_D(2\psi_B)}{\epsilon_S\epsilon_0}}\,. \tag{8.66}$$

Das Feld im Oxid ist konstant und kann wie in (8.60) aus $\mathcal{E}_S$ durch Skalierung mit dem Verhältnis der Dielektrizitätskonstanten von Oxid und Silizium gewonnen werden, wenn die Ladungsdichte der Inversionslage an der Oxid-Halbleiter-Grenze zusätzlich berücksichtigt wird:

$$\mathcal{E}_{ox} = -\frac{1}{\epsilon_{ox}\epsilon_0}\left(eN_D\, d_{max} + Q_{inv}\right)\,. \tag{8.67}$$

Das Potenzial der angelegten Spannung U_{ext} fällt somit vom Kontakt über der Struktur bis zur Halbleiteroberfläche wie folgt ab (mit $\Phi_{MS} = -U_{FB}$ aus (8.55)):

$$\begin{aligned} U_{ext} &= \Phi_{MS} - 2\psi_B + \mathcal{E}_{ox} d_{ox} \\ &= \Phi_{MS} - 2\psi_B - \frac{d_{ox}}{\epsilon_{ox}\epsilon_0}\left(eN_D\, d_{max} + Q_{inv}\right) \qquad (8.68) \\ &= \underbrace{\Phi_{MS} - 2\psi_B - \frac{\sqrt{2e\ \epsilon_S\epsilon_0 N_D(2\psi_B)}}{C_{ox}}}_{U_T} - \frac{Q_{inv}}{C_{ox}}\,, \qquad (8.69) \end{aligned}$$

wobei im letzten Schritt d_{max} aus (8.65) und C_{ox} aus (8.58) verwendet wurden. Gleichung (8.68) definiert die Schwellenspennung U_T als die externe Spannung, die zum Erreichen 'starker Inversion' notwendig ist. Durch Vergrößerung von $|U_{ext}|$ wächst die Ladung der Inversionsschicht gemäß

$$Q_{inv} = (U_T - U_{ext}) \cdot C_{ox}\,. \tag{8.70}$$

Ortsfeste Oxidladungen Dieses Bild der Beschreibung der MOS-Struktur wird durch die Gegenwart von ortsfesten Ladungen in der Oxidschicht gestört. Da der Strom im Kanal von MOS-Transistoren außer von der *Gate*-Spannung auch von den Ladungen an den Grenzen oder in der MOS-Struktur abhängt, kann die Erzeugung zusätzlicher Ladungen das Transistor-Schaltverhalten beeinflussen. Durch verschiedene Effekte, vor allem durch Strahlungseinflüsse von außen, können unterschiedliche Ladungsarten entstehen (siehe Abschnitt 8.11):

Unbewegliche positive Oxidladungen: Dies sind positive Si-Ionen unmittelbar in der Si-SiO_2-Grenzschicht, die während des Oxidationsprozesses entstehen. Durch Reaktionen mit Si-O- und Si-Si-Komplexen an der Oberfläche der Oxidschicht werden sie ortsfest.

Ortsfeste SiO_x-Defekte: Diese Gitterdefekte können während der Oxidation an der Grenzschicht entstehen, oder während des Detektorbetriebs durch Strahlenschäden in der gesamten Oxidschicht. Sie wirken als Ladungsfallen.

Ortsfeste Grenzflächenladungen: Diese können durch Kristallfehler wie beispielsweise nicht abgesättigte Bindungen an der Grenzschicht entstehen.

Bewegliche Ladungen: Überwiegend Na^+- oder K^+-Ionen in der Oxidschicht oder an der Si-SiO_2-Grenzschicht zwischen Oxid und Halbleiter, die durch Verunreinigungen entstehen.

Diese störenden Ladungen werden im Folgenden unter dem Namen Oxidladungen zusammengefasst. Sie erzeugen ein elektrisches Feld, welches die Flachbandspannung verändert:

$$U_{FB} = -\Phi_{MS} - \frac{\Sigma Q_i^{ox}}{C_{ox}}, \tag{8.71}$$

mit C_{ox} aus (8.57) als Kapazität pro Fläche der Oxidschicht mit der Dicke d_{ox}.

Es ist wichtig, die Ladungsdichte im Siliziumdioxid und die Grenzflächenladungsdichte zu kennen, um das Detektorverhalten zum Beispiel nach Schäden durch Strahlung berechnen zu können. Während die Oxidladungsdichte aus der Veränderung der Flachbandspannung nach der Bestrahlung bestimmt werden kann, können Grenzflächenladungen mit einer speziellen Diode, die über ein außen liegendes MOS-Gate kontrolliert wird (*gate controlled diode*, GCD), gemessen werden [131]. Ihre Funktionsweise wird nachfolgend anhand von Abb. 8.33 erläutert.

Eine kreisförmige pn-Diode ist umgeben von einem ringförmigen *Gate*, das auf einer Oxidschicht aufgebracht ist und somit eine MOS-Struktur bildet. Liegt eine positive Gate-Spannung an, wie auf Seite 308 für den Fall der 'Anreicherung' definiert, so besteht der Strom I_D nur aus dem Leckstrom $I_{vol,bulk}$ der Diode, der nur von der Ausdehnung der Verarmungsszone unter der Diode abhängt (Abb. 8.33 (c)). Verringert man die Gate-Spannung bis zur Flachbandspannung und darüber hinaus, so beginnt auch die MOS-Struktur zu verarmen und sich mit der Verarmungszone der Diode zu verbinden (Abb. 8.33 (d)). Der mit negativ werdender Gate-Spannung erfolgende Stromzuwachs erhält Anteile sowohl durch die um den MOS-Bereich vergrößerte Verarmungszone ($I_{vol,gate}$) als auch durch die Rekombinations-Generations-Zentren an der Si-SiO_2-Grenzschicht (I_{ox}). Erreicht die Gate-Spannung allerdings die Inversion, so wird der Grenzflächenstrombeitrag I_{ox} durch die Inversionslage wieder abgetrennt und trägt nicht mehr zu I_D bei (Abb. 8.33 (e)). Der Diodenstrom ist jetzt wieder unabhängig von der Gate-Spannung, aber er ist größer als in Abb. 8.33 (c), weil die Verarmungszone jetzt um den Bereich der MOS-Struktur größer ist. Für die zur Inversion nötige Spannung gilt:

$$U_{\text{gate}}^{\text{inv}} = -\Phi_{MS} + U_D - 2\frac{E_F - E_f}{e} - \frac{\Sigma Q_i^{ox}}{C_{ox}}, \tag{8.72}$$

wobei U_D die Spannung an der Diode ist. Der Faktor 2 vor der Differenz der Fermi-Niveaus rührt von der Definition (8.64) der starken Inversion her. Der Beitrag des Stromes I_{ox} (siehe Abb. 8.33) ist proportional zur Dichte der Grenzflächenzustände.

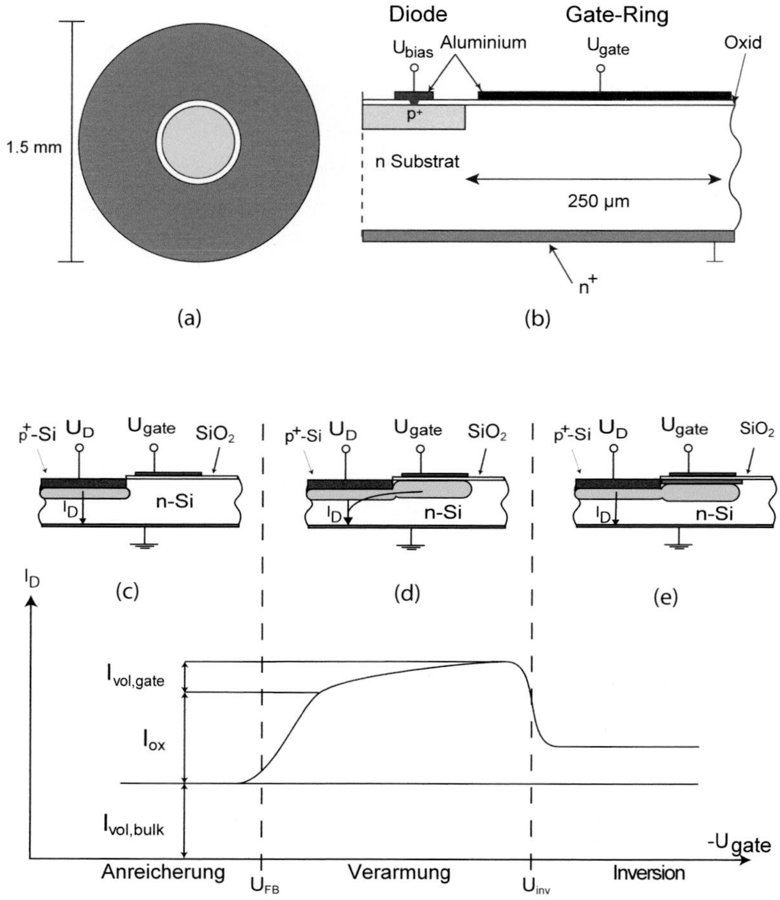

Abb. 8.33 *Gate Controlled Diode* (GCD) zur Messung von Oxidladungen. Die kreisförmige Diode (a) ist von einer ringförmigen MOS-Struktur umgeben; (b) Seitenansicht. (c)–(e) Verarmungszonen (oben) und Verlauf des Diodenstroms (unten), nach [404, 131]). Erläuterungen im Text.

8.4 Teilchennachweis mit Halbleiterdetektoren

Bei Energieverlust eines geladenen Teilchens durch Ionisation oder bei Absorption eines Photons (siehe Kapitel 3) werden von einem Teil der im Halbleiter deponierten Energie Elektron-Loch-Paare freigesetzt. Die Ladungsträgerpaare werden im elektrischen Feld eines hinreichend ladungsträgerarmen Halbleitersubstrats getrennt und erzeugen bei ihrer Drift zu den Elektroden ein Influenzsignal. Dies ist ausführlich in Kapitel 5 beschrieben. Das elektronische Signal wird in Größe und Form von der deponierten Ladungsmenge und der Geschwindigkeit der Ladungsdrift bestimmt. Die Geschwindigkeit hängt nach dem

Drude-Modell [297] von der Ladungsträgerbeweglichkeit μ und der Größe des elektrischen Feldes im Halbleiter ab:

$$v_D = \mu \cdot E\,,$$

wobei wir hier vernachlässigen, dass auch die Mobilität feldabhängig sein kann und die Driftgeschwindigkeit bei hohen Feldstärken in Sättigung geht (siehe Abschnitt 4.7.1). Die Abhängigkeit über einen großen Feldstärkebereich ist in Gleichung (4.123) in Abschnitt 4.7.1 angegeben. In Silizium ist bei vollständiger Verarmung (ohne Überspannung) das mittlere elektrische Feld wegen des linearen Verlaufs der Feldstärke gerade die Hälfte des maximalen Feldes; bei Überspannung addiert sich ein konstanter Feldbetrag dem linearen Verlauf hinzu (siehe Abb. 5.10 auf Seite 154).

Ortsempfindliche Halbleiterdetektoren (Mikrostreifen- oder Pixeldetektoren), die in der Hochenergiephysik verwendet werden, sind meistens sehr dünn (typisch 200–300 µm). Die in Detektoren typischen Geschwindigkeiten sind von der Größenordnung 50 µm/ns. Die maximale Zeit, die die Ladungsträger brauchen, um die Verarmungszone zu durchqueren, ist typisch:

$$t = \frac{d}{v_D} \approx \frac{300\,\mu\text{m}}{50\,\mu\text{m/ns}} \approx 6\,\text{ns}\,.$$

Verglichen mit anderen Detektortypen ist dies eine sehr kurze Zeit. Halbleiterdetektoren sind 'schnell'.

Um die Größe des Ladungssignals, die beim Durchgang eines hochenergetischen geladenen Teilchens in einem 300 µm dicken Siliziumdetektor im Mittel erzeugt wird, zu berechnen, benötigen wir den mittleren Energieverlust und die Energie w_i, die im Mittel aufgewendet werden muss, um ein Elektron/Loch-Paar zu erzeugen (Tabelle 8.2). Letztere ist größer als die Bandlücke ΔE, da ein Teil der deponierten Energie nicht zur Erzeugung von Ladungträgern verwendet wird, sondern an das Kristallgitter (Phononanregungen) abgegeben wird.

Der Energieverlust eines ionisierenden Teilchens wird durch die asymmetrische 'Landau-Verteilung' beschrieben (Abb. 14.9 auf Seite 547). Der wahrscheinlichste Wert (*most probable value*, MPV) ist vom Mittelwert verschieden. Der mittlere Energieverlust für ein minimal ionisierendes Teilchen in einem 300 µm dicken Siliziumdetektor beträgt $\frac{dE}{dx} \approx 0.39\,\text{keV}/\mu\text{m} = 117\,\text{keV}/300\,\mu\text{m}$, der wahrscheinlichste Wert (MPV) ist 84 keV/300 µm. Entsprechend erhalten wir:

$$\frac{dE}{dx}\frac{300\mu\text{m}}{w_i} = \frac{117 \cdot 10^3\,\text{eV}}{3.65\,\text{eV}} \approx 32\,000\,e/h \mathrel{\widehat{=}} 5\,\text{fC} \qquad \text{(Mittelwert)}$$

oder

$$= \frac{84 \cdot 10^3\,\text{eV}}{3.65\,\text{eV}} \approx 23\,000\,e/h \mathrel{\widehat{=}} 3.7\,\text{fC} \qquad \text{(MPV)}\,.$$

Die mittlere Energie für ein Elektron-Loch-Paar w_i ist temperaturabhängig [400]. Der gebräuchliche Wert für w_i bei 300 K beträgt etwa 3.65 eV.

Der zeitliche Verlauf des Stromsignals für eine verarmte Siliziumdiode mit Raumladung ist durch Gleichung (5.83) in Kapitel 5, Abschnitt 5.4, gegeben:

$$i_S(t) = \frac{e}{d}\left(\frac{a}{b} - x_0\right)\left(\frac{1}{\tau_e}e^{-t/\tau_e}\,\Theta(T^- - t) + \frac{1}{\tau_h}e^{t/\tau_h}\,\Theta(T^+ - t)\right), \tag{8.73}$$

wobei Θ die Stufenfunktion bezeichnet, x_0 den Entstehungsort des Ladungspaars und a, b Parameter zur Beschreibung des Feldes darstellen, die in Abschnitt 5.4, Gleichung (5.72) definiert sind. $\tau_{e,h}$ sind charakteristische Ladungssammlungszeiten für Elektronen bzw. Löcher. Das Ladungssignal ergibt sich entsprechend nach Integration (Abschnitt 5.4, Gl. (5.84)). Es kann, solange die Ladungsträger die Elektroden noch nicht erreicht haben, in der kurzen Form

$$Q_S(t) = -e\,\frac{a - b\,x_0}{b\,d}\left(e^{\,t/\tau_h} - e^{-t/\tau_e}\right) \quad \text{für} \;\; t < T^- \text{ und } t < T^+ \tag{8.74}$$

geschrieben werden. Hierbei sind T^+ und T^- die jeweiligen Ankunftszeiten für Elektronen und Löcher. Bei einer Teilchenspur muss über alle Strom- beziehungsweise Ladungsbeiträge entlang der Spur bis zu ihrer Ankunft an den Elektroden integriert werden (siehe Abschnitt 5.4.2).

Abbildungen 8.34(a), (b) zeigen den gemessenen zeitlichen Verlauf des Stromsignals in einem Siliziumdetektor nach Einschuss von α-Teilchen an der der Sammelelektrode abgewandten Seite für Elektronen und für Löchersammlung [333]. Alpha-Teilchen mit geringer Reichweite werden verwendet, um eine sehr lokale Ladungsdeposition zu erzielen und um gezielt nur Elektronen (bei Bestrahlung von der p-Seite) beziehungsweise Löcher (bei Bestrahlung von der n-Seite) zur Signalentstehung beitragen zu lassen. Der charakteristische Verlauf gemäß Gleichung (8.73) ist erkennbar. Der Abfall (Anstieg) der Stromamplitude für Elektronen (Löcher) als Funktion der Zeit rührt ursächlich von dem linearen Abfall des elektrischen Feldes im Silizium her, der durch die Raumladung in der verarmten Zone verursacht wird. Aus dem Verlauf können Driftgeschwindigkeit und Mobilität der Ladungsträger bestimmt werden (vergleiche auch Tabelle 8.2).

Zum Vergleich dazu ist in Abb. 8.34(c), (d) der Stromsignalverlauf in einem Einkristall-Diamantdetektor gezeigt (siehe Abschnitt 8.12.4), der keine Raumladungszone im Inneren aufweist, im Gegensatz zu Silizium. Die Stromamplitude ist zeitlich konstant als Folge des konstanten elektrischen Feldes im Inneren des Diamanten, in dem im Gegensatz zu verarmtem Silizium keine Raumladung existiert. Die Mobilität der Löcher ist hier um etwa 20% höher als die der Elektronen.

Ortsmessung In Streifen- oder in Pixelgeometrie strukturierte Elektroden erlauben eine genaue Ortsbestimmung des Teilcheneintritts. Liegt nur eine digitale Information vor (1 = Treffer, 0 = Nicht-Treffer) so ist die erzielbare Auflösung hauptsächlich durch den Abstand p der Elektroden gegeben. Die mittlere quadratische Abweichung vom wahren Eintrittsort bei senkrechtem Teilchendurchtritt und unter Vernachlässigung von Diffusion beträgt:

$$\sigma_x^2 = \frac{1}{p}\int_{-p/2}^{-p/2} x^2 dx = \frac{p^2}{12}\,. \tag{8.75}$$

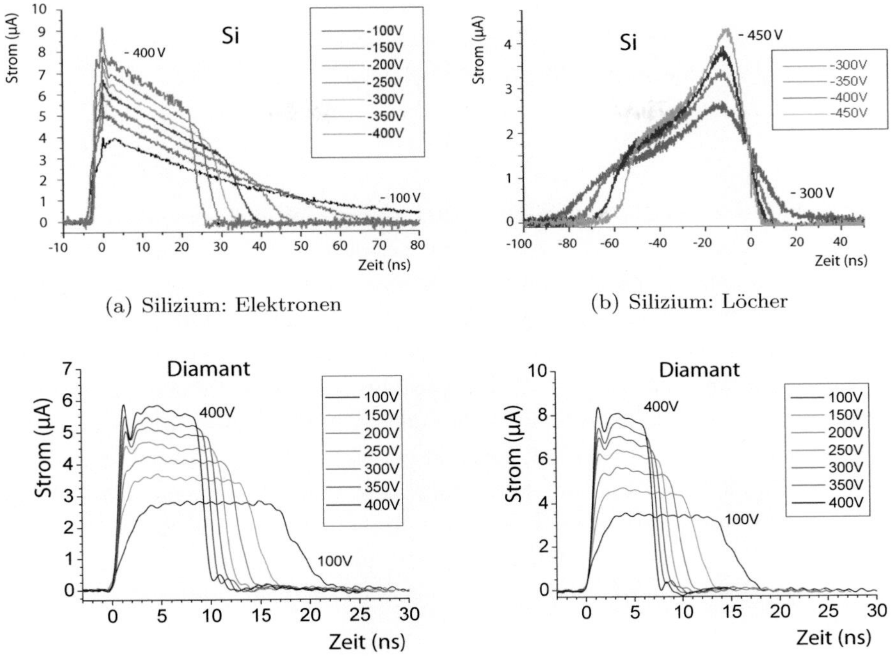

(a) Silizium: Elektronen

(b) Silizium: Löcher

(c) Diamant: Elektronen

(d) Diamant: Löcher

Abb. 8.34 Gemessene Stromsignale in einem Siliziumdetektor (1mm dick) und einem Einkristall-Diamantdetektor (500 µm) für verschiedene Detektorspannungen [333]: (a), (b) Silizium, (c), (d) Diamant. Die Signale werden durch Beschuss mit α-Teilchen auf der der Elektrode abgewandten Seite erzeugt. α-Teilchen, zum Beispiel aus einer ^{241}Am-Quelle (siehe Tabelle A.1), haben eine geringe Reichweite, so dass eine sehr lokale Ladungserzeugung erfolgt.

Eine detaillierte Betrachtung der Ortsauflösung in Detektoren mit segmentierten Elektronen ist in Anhang E zu finden. Mit Mikrostreifen- und Pixeldetektoren mit typischen Elektrodenabständen zwischen 20 µm und mehreren 100 µm werden für die binäre Auflösung (das heißt ohne Verwendung von Pulshöheninformation) Werte bis hinunter zu etwa 10 µm erreicht.

Bei analoger Auslese können die Ladungen auf den ausgelesenen Streifen zu einer genaueren Bestimmung des Ortes durch gewichtete Mittelung zwischen den Streifen herangezogen werden. Voraussetzung dafür ist, dass die Breite der Ladungswolke an den Elektroden in einer ähnlichen Größenordnung liegt wie der Abstand zwischen den Elektroden. Für typisch 250–300 µm dünne Mikrostreifendetektoren der Teilchenphysik erreicht die Ladungswolke durch Diffusion feldstärkenabhängig eine Ausdehnung von 5–15 µm. Daher erfolgt die Mittelung meist zwischen zwei Streifen:

$$x = \frac{S_1 x_1 + S_2 x_2}{S_1 + S_2}, \tag{8.76}$$

wobei mit $S_{1,2}$ die Signale (Ladungen) zweier benachbarter Streifen bezeichnet sind. Mit einem sehr vereinfachenden und unvollständigen Ansatz ergibt sich die Genauigkeit der Ortsbestimmung mit einfacher Fehlerfortpflanzung zu

$$\sigma_x = \left(\frac{N}{S}\right) \cdot p \cdot \sqrt{\beta}\,, \tag{8.77}$$

wobei als Fehler der Signalmessung das Signalrauschen N angenommen wurde. (S/N) ist das Signal-zu-Rausch-Verhältnis; β ist ein Faktor zwischen 0.5 und 1, der von der Aufteilung der Gesamtladung auf die beiden Streifen abhängt: $\beta = 1 - 2a_1(1 - a_1)$, wenn mit a_1 der Bruchteil der Ladung auf Streifen 1 bezeichnet ist. Für (8.77) wurde nur unkorreliertes Rauschen der einzelnen Auslesekanäle betrachtet und keine gemeinsamen Rauschanteile (*common mode noise*). Eine ausführlichere Behandlung der erzielbaren Ortsauflösung mit strukturierten Elektroden findet sich in Anhang E.

Im nächsten Abschnitt wird gezeigt, dass mit der Methode kapazitiver Ladungsteilung auch über Abstände von Auslesestreifen interpoliert werden kann, die weit größer als die Breite der Ladungswolke sind. Korrelierte Rauschbeiträge, die in (8.76) ignoriert wurden, sind in [565] behandelt. Weitere Effekte, die die Auflösung beeinflussen, sind der Einfluss von Diskriminatorschwellen und von Schwankungen in der Verstärkung der Auslesekanäle.

8.5 Einseitig strukturierte Siliziumdetektoren

Wir unterscheiden und gliedern im Folgenden nach einseitig- und doppelseitig strukturierten und entsprechend prozessierten Detektoren. Die Unterscheidung bezieht sich darauf, ob die zur Detektorfertigung verwendeten Siliziumwafer nur auf einer Seite oder auf beiden Seiten Technologieschritte zur Mikrostrukturierung benötigen. Ersteres ist technologisch weitaus einfacher und kostengünstiger. Prozessierung der Siliziumwafer von beiden Seiten ermöglicht eine Strukturierung der Elektroden beider Detektoroberflächen. Dies wiederum erlaubt eine größere Variabilität bei der Konzeption von Teilchenspurdetektoren. Außerdem kann dieselbe Materialschicht für die Bestimmung zweier Koordinaten des Teilchendurchtritts verwendet werden. Die doppelseitige Prozessierung ist allerdings auch deutlich teurer als eine einseitige, da spezielle Vorkehrungen zum Schutz der bereits prozessierten Seite getroffen werden müssen. Daher werden einseitig prozessierte Detektoren oft bei Großdetektoren bevorzugt, wenn große Flächen mit Halbleiterdetektoren instrumentiert werden sollen. Die gezielte Dotierung lokaler Volumina mit Fremdatomen, meist an der Oberfläche der Halbleiterdetektoren, erfolgt anstelle der in der Mikroelektronik oft verwendeten Diffusionstechnik meist durch Ionen-Implantierung, das heißt durch Beschuss mit Ionen, deren Energie die Eindringtiefe bestimmt.

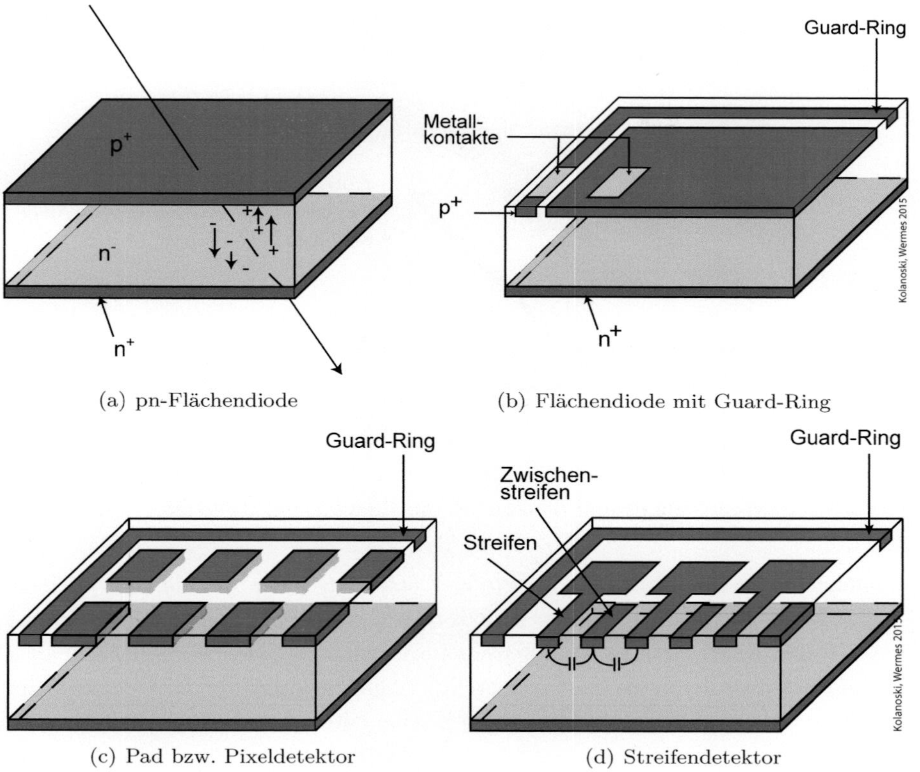

Abb. 8.35 Bauformen einseitig prozessierter pn-Detektoren (nach [337]).

8.5.1 Geometrien

Im Folgenden stellen wir die wichtigsten Bauformen einseitig strukturierter Halbleiterdetektoren vor.

pn- oder Flächendiode: Die einfachste Detektorform ist die Flächendiode. Sie kann in der Größenordnung von einigen cm^2 hergestellt werden und besteht typischerweise aus einer 300 µm dicken Si-Fläche, die, wie in Abb. 8.35(a) gezeigt, dotiert ist. Die Bezeichnung n^+ bzw. n^- steht wieder für stark/schwach n-dotiert, entsprechend für p-Dotierung. Die aktive Detektorfläche wird in der Regel mit einem Schutzring (*guard ring*) umgeben, der Oberflächenströme am Rand der Diode, die insbesondere durch die Schnittkanten entstehen können, aufnimmt und dadurch das Rauschverhalten der Diode verbessert (Abb. 8.35(b)).

Pad- und Pixeldetektoren: Man kann den Wafer in kleinere Flächen (*pads*) unterteilen. Erreichen die Pads eine Kantenlänge im 100 µm-Bereich, so spricht man von einem Pixeldetektor (Abb. 8.35(c)). Pixeldetektoren in Experimenten haben entweder rechteckig längliche (zum Beispiel 50 µm × (250)400 µm in ATLAS) oder eher

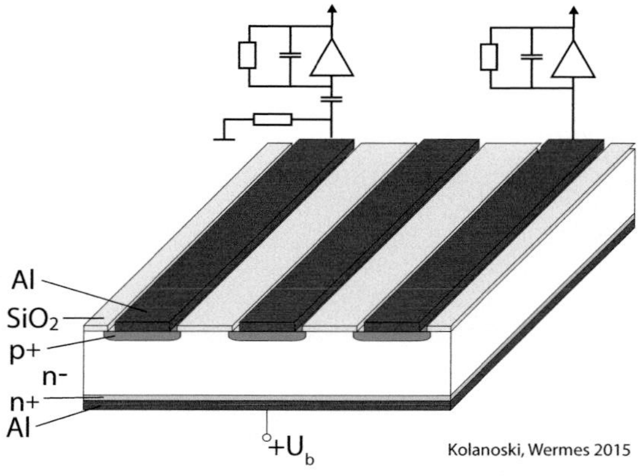

Abb. 8.36 Direkt (DC, rechts) und kapazitiv (AC, links) gekoppelte Auslese eines Streifendetektors.

quadratische (zum Beispiel 100 μm × 150 μm in CMS) Pixel. Auch bei Pad- und Pixeldetektoren umgibt ein Schutzring die aktive Detektorfläche.

Streifendetektoren: Unterteilt man die Wafer-Fläche in Streifen mit einem typischen Abstand von 50 μm bis 100 μm, so spricht man von einem Mikrostreifendetektor. Dieser liefert zwar nur eine eindimensionale Ortsinformation des Teilchens, ist aber einfacher auszulesen als ein Pixeldetektor. Man benötigt nur N Auslesekanäle gegenüber N^2 beim Pixeldetektor. Beim Streifendetektor kann man die Kontakte zur Chip-Elektronik am Rand des Detektors platzieren.

8.5.2 DC- und AC-Kopplung

Abbildung 8.36 zeigt einen Mikrostreifendetektor im Querschnitt, der rechts durch eine direkte (DC) und links durch eine kapazitive (AC) Ankopplung an den Vorverstärker ausgelesen wird. Das Substratmaterial ist hier schwach n-dotiert (n^-), die Streifen an der Oberfläche sind stark p-dotiert (p^+), und der Rückkontakt besitzt eine n^+-Lage zur ohmschen Ankopplung an den metallischen Rückkontakt (siehe dazu Abschnitt 8.3.3). Auf den p^+-Implantationen befinden sich Al-Streifen und zwischen diesen eine Oxidschicht. Bei DC-Auslese muss der Vorverstärker den thermisch erzeugten Detektorleckstrom I_L aufnehmen und zum Beispiel durch einen Strom mit umgekehrtem Vorzeichen kompensieren. Bei AC-Auslese wird der Leckstrom über die Spannungsversorgung abgeführt; nur das Kleinsignal erreicht den Verstärker über die Kapazität.

Prinzipielle Nachteile einer DC-Auslese, die von der Größe und der Variation des Leckstroms abhängig ist, sind Verschiebungen und Schwankungen der Nulllinie des Signals (*pedestal shifts*), eine Verringerung des Wertebereichs der Auslese ('dynamischer Bereich') und möglicherweise Sättigungseffekte in der Elektronik. Eine Verbindung mit dem Vorverstärker über einen Koppelkondensator (AC-Kopplung) vermeidet diese Nachteile. AC-Kopplung zwischen Elektrode und Vorverstärker ist bei Mikrostreifendetek-

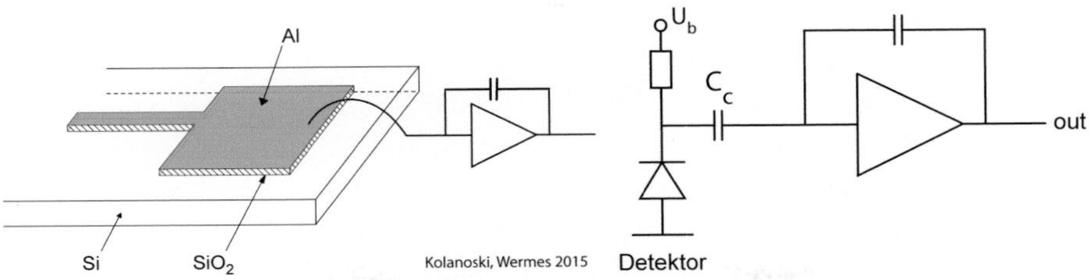

(a) Aufbau (Vorwiderstand nicht gezeigt) (b) Ersatzschaltbild

Abb. 8.37 AC-Kopplung bei Mikrostreifendetektoren.

toren allerdings nicht durch Zwischenschaltung diskreter Kondensatoren möglich, weil die Abstände zwischen den Streifen dafür zu klein sind. Eine geeignete Methode ist es, zwischen der Elektrodenimplantation des Mikrostreifens und der Kontaktmetallisierung eine dünne SiO_2-Schicht aufzuwachsen. Die Si-SiO_2-Al-Struktur stellt einen Kondensator dar, der, wie in Abb. 8.37 gezeigt, mit einem Verstärker verbunden ist. Ein Nachteil der AC-Kopplung ist die Gefahr von Mikroschäden im Oxid der Kapazität (*pin holes*), die zu Kurzschlüssen führen können und den Verstärker dann auf DC-Potenzial legen. Die Gefahr dazu wächst mit der Fläche der Oxidschicht.

8.5.3 Kapazitive Ladungsteilung

Beim Durchtritt eines Teilchen durch einen Mikrostreifendetektor zeigt nicht nur der getroffene Streifen (das heißt der Streifen mit der maximalen Influenzladung) ein Signal, sondern auch die Nachbarelektroden, da sie mit diesem über das Substratmaterial kapazitiv gekoppelt sind (C_i), wie Abb. 8.38 zeigt. Bei kapazitiver Ladungsteilung wird diese Kopplung ausgenutzt, um nur einen Bruchteil der Streifen mit einem Verstärkerkanal

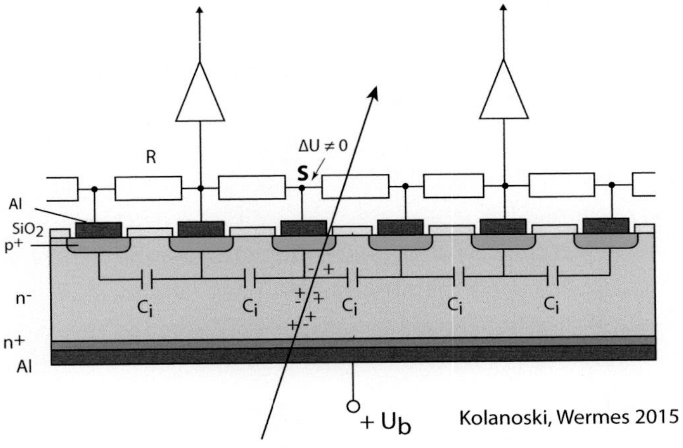

Abb. 8.38 Prinzip der kapazitiven Ladungsteilung bei der Auslese von Mikrostreifendetektoren.

bestücken zu müssen. Durch die Widerstände wird das Potenzial der Elektroden zeitlich konstant gehalten. Sei nun ein Streifen S getroffen und Q die auf dessen Elektrode gesammelte Ladung, die eine kurzzeitige Potenzialänderung hervorruft. Durch kapazitive Kopplung dieser Potenzialänderung erscheinen an den Verstärkereingängen links und rechts von S dann die Ladungen $Q_L = \frac{2}{3}Q$ und $Q_R = \frac{1}{3}Q$ im Verhältnis der Serienkapazitäten C_i zu jeder Seite. Hierbei wurden nur die Zwischenstreifenkapazitäten zum nächsten Nachbarn berücksichtigt und weitere Kapazitäten (zum Beispiel zur Rückseite) demgegenüber vernachlässigt. Aus der durch Ladungsteilung auf zwei Auslesestreifen gemessenen Information kann auf den Ort des Teilchendurchtritts zurück geschlossen werden. Die nicht ausgelesenen Streifen heißen Zwischenstreifen.

8.5.4 Versorgung mit Spannung (*Biasing*)

Halbleiterdetektoren, bei denen sich nur auf einer Seite mikrostrukturierte Elektroden befinden, können durch einen einzelnen Kontakt auf der unstrukturierten Seite mit Spannung versorgt werden. Die ausgelesenen Elektroden müssen allerdings auf ein definiertes Potenzial (zum Beispiel Erdpotenzial) gelegt werden. Dies kann unter Umständen über den angeschlossenen Verstärkerchip erfolgen (virtuelle Masse). Häufig sind aber weitergehende Technologien notwendig, zum Beispiel um die Sensorelemente der Detektoren auch vor der Verbindung mit der Ausleseelektronik elektrisch testen zu können (siehe auch Abschnitt 8.5.5). Bei doppelseitig strukturierten Detektoren (Abschnitt 8.6) ist die explizite Spannungsversorgung der Mikroelektroden unerlässlich. Wir beschreiben daher hier allgemeiner Technologien der Spannungsversorgung (*bias voltage*, Arbeitspunkteinstellung) und Verarmung des Halbleitersubstrats bei mikrostrukturierten Elektroden. Die Spannungsversorgung muss hochohmig erfolgen, damit der Stromfluss durch den Detektor begrenzt wird und da sie eine parallele Rauschquelle darstellt, die für kleine Widerstände höhere Rauschbeiträge bewirkt (siehe Abschnitt 17.10.3). Es werden verschiedene Methoden verwendet, um eine hochohmige Anbindung der (Hoch)-Spannung zu erreichen.

Polysiliziumwiderstände (Abb. 8.39): Polykristallines Silizium, das auf SiO_2 aufgebracht wird, hat die Eigenschaften eines Leiters mit Flächenwiderständen von bis zu 100 kΩ. Die Leitungsbahn wird in einer Mäanderstruktur auf den Kristall aufgebracht, um sie so lang wie möglich zu machen. Spannungsvorwiderstände von 50–200 MΩ können auf diese Weise erreicht werden.

Ein Nachteil dieser Methode ist, dass es aus Platzgründen nicht leicht ist, große Widerstände zu erzielen (für Streifendetektoren ist dies noch eher möglich als für Pixeldetektoren), und dass die Widerstandswerte von Wafer zu Wafer variieren können. Außerdem erfordert das Aufbringen des Polysiliziums auf den Wafer einen speziellen Prozessschritt, der die Kosten erhöht.

Punch-Through-Biasing (Abb. 8.40): Die Verarmungszone unter einer Implantation dehnt sich auch in lateraler Richtung aus. Dies wird beim *Punch-Through-Biasing* aus-

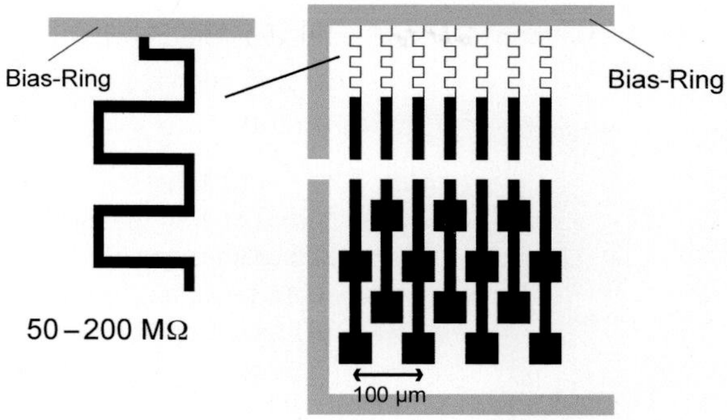

Abb. 8.39 Mäanderförmige Poly-Silizium-Widerstände zur Spannungsversorgung eines Siliziumdetektors (*poly silicon biasing*).

genutzt [493]. Die Verbindung von Elektrodenstreifen (in der Abbildung links) und Bias-Streifen oder -Ring (rechts) erfolgt durch die Verarmungszone, die unter dem Bias-Ring entsteht. Ohne angelegte Spannung bilden sich unter den p^+-Implantationen nur die intrinsischen Verarmungszonen aus. Bei Erhöhung der Spannung am Bias-Streifen wächst die Verarmungszone in das Gebiet der Elektrodenstreifen hinein. Sie berührt die Verarmungszone der Streifen bei einer *Punch-Through*-Spannung von $U_B = U_{PT}$. Wird die Bias-Spannung größer als U_{PT}, so wachsen die Verarmungszonen ineinander. Ladungsträger können sich in dieser Zone frei bewegen. Die leitende Verbindung entsteht durch thermische Emission von Ladungsträgern (*thermionic emission*) aus dem *punch-through*-Kontakt. Das Potenzial des unkontaktierten Streifens folgt dem des Bias-Streifens abzüglich der *punch-through*-Spannung, die über der Verarmungsdistanz abfällt und von der Größe des Leckstroms abhängig ist. Bei weiterer Erhöhung der Bias-Spannung wächst dann auch die zum Betrieb des Streifendetektors notwendige Verarmungszone im Substrat unter den Streifen in das Detektionsvolumen hinein (bis zur vollständigen Verarmung des Detektors).

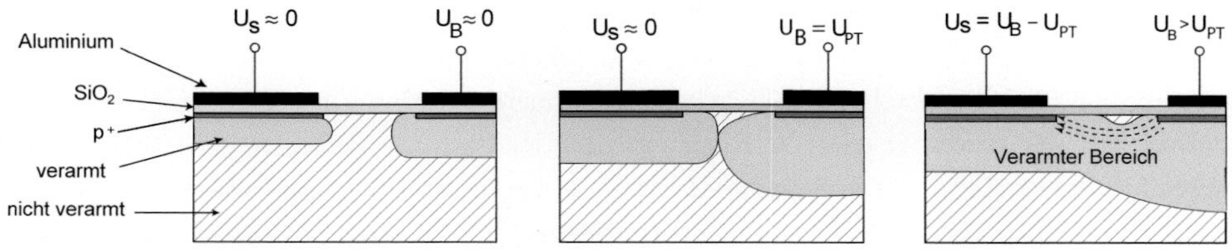

(a) Detektor ohne angelegte Spannung

(b) Sperrspannung gleich groß wie *Punch-Through*-Spannung

(c) Sperrspannung größer als *Punch-Through*-Spannung

Abb. 8.40 Spannungsversorgung der Streifen oder Pixel eines Siliziumdetektors durch die *Punch-Through*-Technik. Die Elektroden (Streifen) des Detektors werden durch Anlegen der Spannung U_{PT} an den *Punch-Through*-Kontakt (zum Beispiel eine außen implantierte Streifenelektrode) auf das gewünschte Potenzial gebracht (siehe Text).

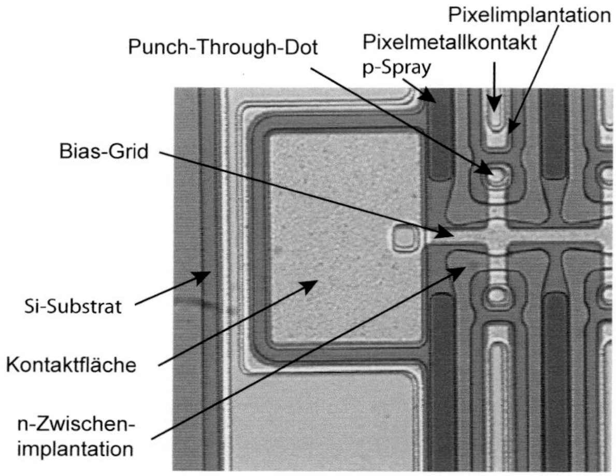

Abb. 8.41 Foto eines Pixelsensors [1] (Aufsicht Randbereich). Über das für die Potenzialversorgung zuständige Zuleitungsgitter (*Bias-Grid*) werden durch den *Punch-Through*-Effekt die einzelnen Pixelimplantationen auf ein definiertes Potenzial gebracht.

Der Vorteil dieser Form der Spannungsversorgung liegt in der Tatsache, dass weniger Platz nötig ist als bei der Versorgung durch Widerstände. Außerdem wird kein zusätzlicher Technologieschritt benötigt.

Durch einen zusätzlichen Metallkontakt auf dem Feldoxid[7] (FOX) als Gate zwischen dem Bias-Streifen und dem Elektrodenstreifen könnte zusätzlich eine Kontrolle des Stromflusses zwischen diesen vorgenommen werden (FOXFET-Biasing, nicht in Abb. 8.40 gezeigt).

8.5.5 Spannungsversorgung von Pixeldetektoren

Bei Pixeldetektoren stellt sich die Frage, wie die von einander isolierten Pixel, deren Anzahl pro Detektormodul in Größenordnungen von 10^4–10^5 kommen kann, auf ein festes Potenzial gelegt werden können. Bei 'hybriden' Pixeldetektoren, bei denen eine in Pixel strukturierte pn-Diode (Sensor) und ein gleich strukturierter Auslese-Chip getrennte Einheiten sind (siehe Abschnitt 8.7), wird die Verarmungsspannung über einen einzelnen Kontakt auf der unstrukturierten Rückseite des Halbleitersensors angelegt. Die Pixelelektroden der strukturierten Seite sind durch Mikrolötverbindungen (*bump bonds*) mit dem Auslese-Chip verbunden [697] und erhalten bei DC-Kopplung durch diese Verbindung ein definiertes Potenzial. Bevor diese Verbindung besteht, sind die einzelnen Pixel im allgemeinen aber nicht auf einem definierten Potenzial. Dies ist vor allem beim Testen des Sensors vor der Bestückung mit Auslese-Chips sehr von Nachteil. Dem kann durch ein *Bias-Grid* abgeholfen werden, das zwischen allen Pixeln verläuft und die einzelnen Pixelimplantationen durch *Punch-Through-Biasing* auf ein festes Potenzial legt (Abb. 8.41).

[7] In der Halbleitertechnologie bezeichnet das Feldoxid eine mehrere 100 nm dicke Oxidschicht, die zunächst ganzflächig durch thermische Oxidation aufgebracht wird und später nasschemisch strukturiert wird. Es dient vornehmlich zur seitlichen Isolation von Transistoren, im Gegensatz zum (dünnen) Gate-Oxid.

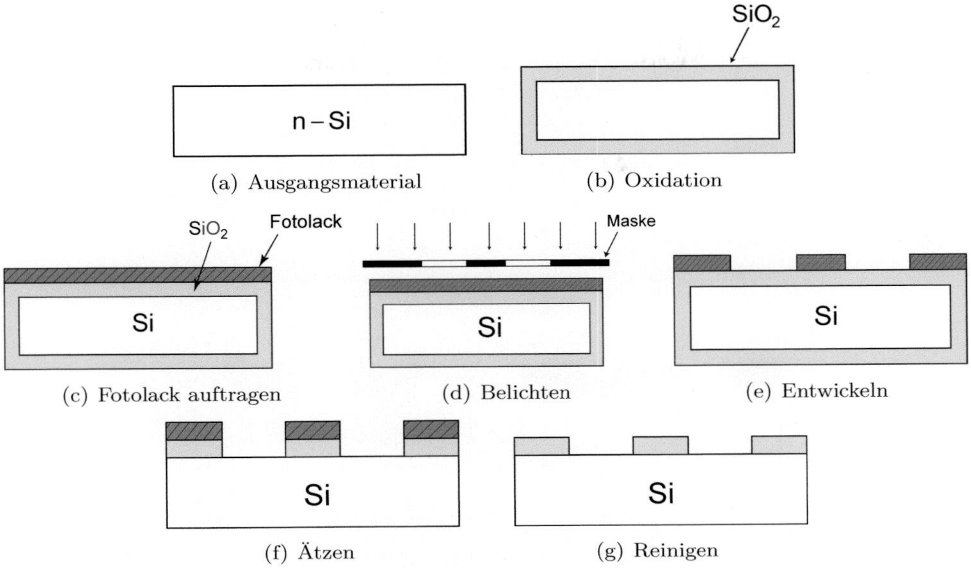

Abb. 8.42 Prozessschritte der Fotolithografie

8.5.6 Strukturierungstechniken

Die für die Spannungsversorgung, die Auslese der Signale und die Elektronik-Chips benötigten Mikrostrukturen auf dem Si-Wafer werden fotolithografischhergestellt.Die Arbeitsschritte des Fotolithografieprozesses und der Strukturierung des ursprünglichen Halbleiter-Wafers werden hier anhand der Abbildungen 8.42 und 8.43 für p-Elektroden auf n-dotiertem Siliziumsubstrat kurz erläutert. Für Details dieser wichtigen Technologie wird auf die einschlägige Literatur, zum Beispiel [662], verwiesen.

– Die ursprünglich schwach n-dotierte Siliziumscheibe wird im Ofen bei 1035°C oxidiert. Dadurch ensteht eine Oxidschicht gleichmäßiger Dicke auf dem gesamten Wafer (Abb. 8.42(b)).
– In der Oxidschicht werden die Fenster, durch die die Dotierung stattfinden soll, durch Fotolithografie geöffnet (Abb. 8.42):
  - Auf die Oxidschicht wird UV-empfindlicher Fotolack aufgebracht (Abb. 8.42(c)).
  - Durch eine Maske, welche die Form der zu erzeugenden Struktur hat, wird der Fotolack belichtet (Abb. 8.42(d)).
  - Bei der Entwicklung werden die belichteten Stellen des Fotolacks entfernt, das Oxid kommt wieder zum Vorschein (Abb. 8.42(e)).
  - Durch Ätzen wird die Oxidschicht überall dort abgetragen, wo sie nicht durch den verbliebenen Fotolack geschützt wird (Abb. 8.42(f)).
  - Danach wird der Fotolack wieder entfernt. Zurück bleibt der Wafer mit einem Negativ der Maske als Oxidschicht (Abb. 8.42(g)).

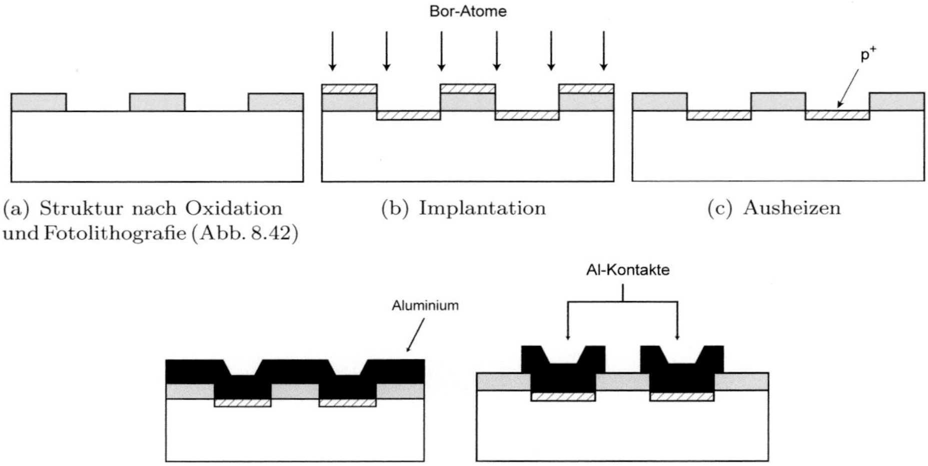

(a) Struktur nach Oxidation und Fotolithografie (Abb. 8.42) (b) Implantation (c) Ausheizen

(d) Metall auftragen (e) nach Ätzung und weiterer Fotolithographieprozessierung

Abb. 8.43 Prozessschritte zur Halbleiterstrukturierung (hier: p-Elektroden auf n-Substrat).

- Der Wafer wird jetzt p^+-dotiert. Bei der Ionenimplantation wird er mit $5 \times 10^{14}\,\text{cm}^{-2}$ Bor-Atomen beschossen, welche auf 15 keV beschleunigt werden.
- Das Material wird für 30 min auf 600°C erhitzt. Hierbei verdampfen die Bor-Atome, die auf der Oxidschicht niedergegangen sind. Außerdem heilen auch die durch den Beschuss entstandenen Fehlstellen im Si-Gitter aus.
- Um die Kontakte herzustellen, wird eine Aluminiumschicht aufgedampft.
- In einem weiteren Fotolithografieprozess wird auch die Aluminiumschicht in Elektroden strukturiert.

Derartige Technologieschritte werden unter anderem bei der Herstellung von CMOS-Chips zur Auslese der Detektoren, von Leiterbahnen für die Spannungsversorgung des Detektors sowie zur Strukturierung der Oberfläche des Sensors verwendet (Streifen, Pixel, Pads). Die kostenintensiven Schritte hierbei sind diejenigen, für die eine Maske benötigt wird.

8.5.7 Zweidimensionale Ortsinformation

Um zweidimensionale Ortsinformationen zu erhalten, kann man mehrere gekreuzte Streifenebenen einführen. Nachteilig hierbei ist, dass die Materialdicke dabei verdoppelt wird, was mehr Coulomb-Vielfachstreuung und Sekundärwechselwirkungen zur Folge hat. Streifendetektoren, die von beiden Seiten prozessiert worden sind, werden im nachfolgenden Abschnitt behandelt.

Häufig ist es günstiger, die Streifen auf beiden Seiten nicht in einem 90°-Winkel anzuordnen. Gründe dafür können zum Beispiel sein, alle Auslese-Chips zu einer Seite

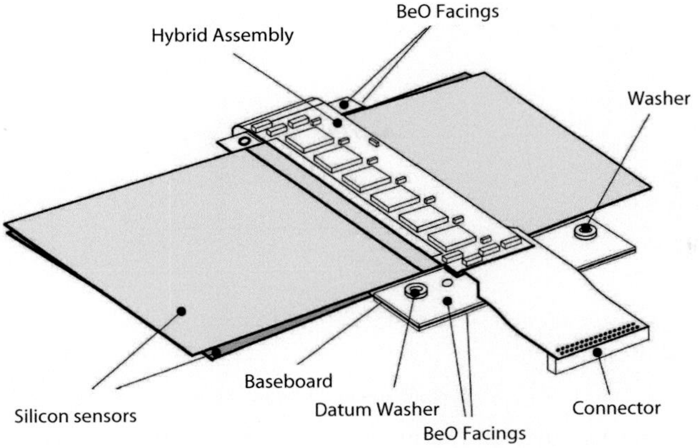

Abb. 8.44 Technische Zeichnung eines Moduls des ATLAS-Mikrostreifendetektors SCT [2]. Zwei einseitig strukturierte Mikrostreifendetektoren sind in einem Kreuzungswinkel von 40 mrad gegeneinander verdreht (aus [2], Quelle: CERN).

auszurichten und so anzuordnen, dass sie möglichst außerhalb der aktiven Nachweisfläche anderer Sensoren liegen. Befindet sich der Spurdetektor in einem Magnetfeld, das parallel zur Strahlrichtung orientiert ist (typisch für Collider-Experimente), so kann in Magnetfeldrichtung (meistens die Strahlrichtung) eine schlechtere Auflösung als in der Ebene senkrecht dazu, in der die Impulse bestimmt werden, akzeptiert werden, so dass mit deutlich kleineren Kreuzungswinkeln (*stereo angle*) gearbeitet werden kann. Im ATLAS-Experiment besteht der SCT genannte 4-lagige Mikrostreifendetektor [2] aus einseitig strukturierten Silizium-Streifendetektoren, die um einen Kreuzungswinkel von nur 40 mrad gegeneinander versetzt sind. Die Konstruktion eines Moduls aus zwei gegeneinander verdrehten Mikrostreifendetektoren ist in Abb. 8.44 gezeigt.

Bei zwei und erst recht bei mehreren gleichzeitig auftretenden Treffern treten bei Detektoren mit gekreuzten Streifenebenen Mehrdeutigkeiten auf, die eine eindeutige Festlegung der wahren Trefferposition erschweren und die effektive Belegungsdichte des Detektors deutlich erhöhen. Abbildung 8.45 zeigt das Auftreten von unechten Treffern (Geister) bei orthogonaler Anordnung (Abb. 8.45(a)) der Streifen und bei kleineren Stereowinkeln (Abb. 8.45(b)). Man erkennt, dass kleinere Stereowinkel die Dichte der falschen Trefferzuordnungen verringert, was die Mustererkennung bei der Spurfindung vereinfacht. Siehe dazu auch die Stereo-Anordnungen von Vieldrahtkammern in Abb. 7.42 in Kapitel 7.

Speziell Spurtrigger (siehe Kapitel 18) profitieren enorm von einer Beschränkung in der Zahl der ausgelesenen Detektoreinheiten. Bei kleinen Teilchenraten kann die Mustererkennung der Offline-Software mit dem Problem mehrfacher Trefferzuordnungen zurecht kommen. Bei hohen Teilchenmultiplizitäten jedoch, typisch wenn die Belegungswahrscheinlichkeit (*occupancy*) einer Ausleseelektrode pro Lesezyklus die Größenordnung von 1% erreicht, können die Rekonstruktionssoftware und die Datennahme insgesamt an ihre Grenzen stoßen. Hier sind kürzere Streifen, beziehungsweise generell kleinere Elektroden (Pixeldetektoren), ein Ausweg, die *occupancy* zu reduzieren. Die Materialdicke wird dabei nicht erhöht, wohl aber die Zahl der Auslesekanäle und damit die notwendige Komplexität der Elektronik (siehe Abschnitt 8.7).

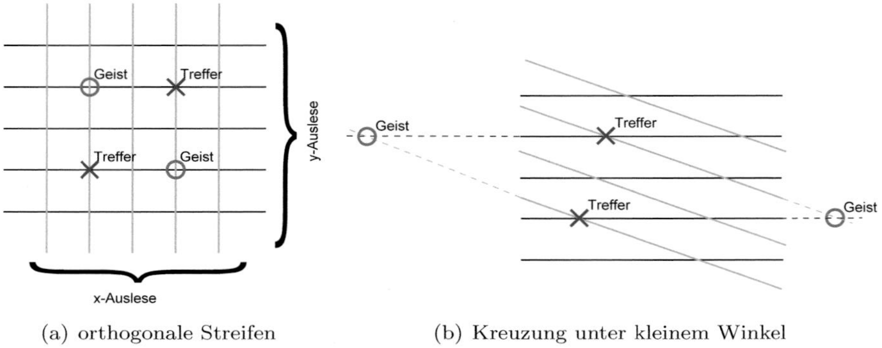

Abb. 8.45 Mehrdeutigkeiten (Geisterbilder) bei der Zuordnung zeitgleicher Treffer. (a) orthogonale Streifen, (b) Kreuzung unter kleinerem Winkel. In (b) ist die Dichte der Mehrdeutigkeiten geringer.

8.6 Doppelseitig strukturierte Mikrostreifendetektoren

Mikrostreifendetektoren, die beidseitig strukturiert wurden, liefern beide Koordinaten des Teilchendurchgangs aus derselben Ladungssammlung in einer Detektordicke. Die auf beiden Seiten registrierten Treffer sind zudem miteinander korreliert, da sie von derselben Signalladungsdeposition herrühren. Dies kann zur Reduzierung der in Abschnitt 8.5.7 beschriebenen Mehrdeutigkeiten verwendet werden.

Abbildung 8.46 zeigt den Aufbau eines doppelseitigen Mikrostreifendetektors, der durch *Punch-Through-Biasing* über speziell dafür vorgesehene Streifen auf beiden Seiten des Detektors mit Spannung versorgt wird.

Die Herstellungskosten sind für doppelseitig prozessierte Detektoren deutlich höher als für einseitig prozessierte. Der Wafer benötigt aufgrund seiner beidseitig sensitiven Flächen spezielle Maßnahmen zum Schutz bei der Handhabung. Weiterhin sind mehrere zusätzliche Maskenschritte nötig, um Kurzschlüsse zwischen den Streifen auf der zweiten Seite auszuschließen (siehe nachfolgenden Abschnitt).

8.6.1 Besondere Anforderungen doppelseitiger Detektoren

Isolation der n-Seite Bei den zuvor behandelten einseitig prozessierten Streifendetektoren isoliert die nach Anlegung der Betriebsspannung entstehende Raumladungszone zwischen den Streifen und dem Substrat auch die p-Streifen untereinander (siehe Abb. 8.47). Wir bleiben hier und im Folgenden zur Veranschaulichung zunächst bei p-in-n-Detektoren mit p-Streifen-Implantationen in n-Substrat. Möchte man nun auf der anderen Seite des Substrats eine zweite Ebene von Streifenelektroden anbringen, so stellt sich die Frage, wie diese zu dotieren sind. p^+-Streifen scheiden aus, da man damit zwei Dioden gegen-

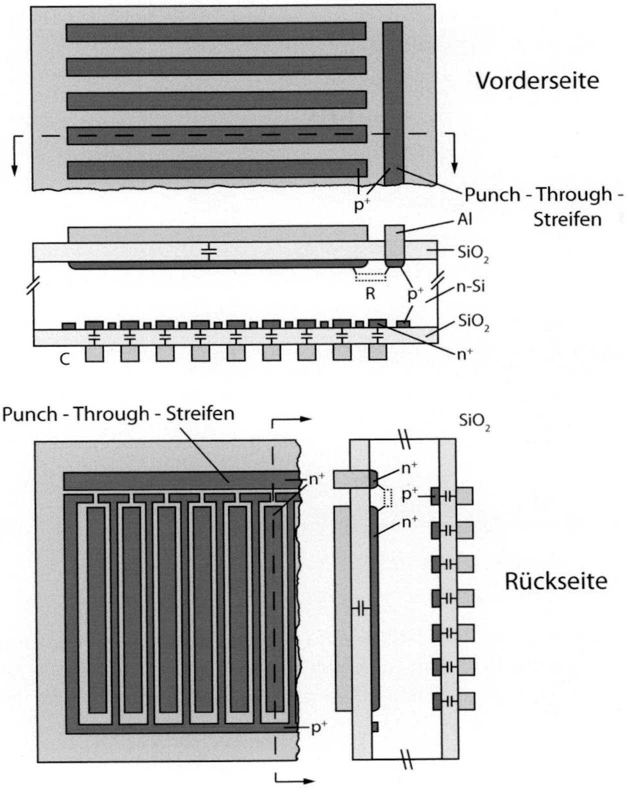

Abb. 8.46 Layout eines doppelseitigen Mikrostreifendetektors mit *Punch-Through-Biasing* über dedizierte Streifen auf beiden Seiten des Detektors ([566], mit freundl. Genehmigung von Springer Science+Business Media).

einander schalten würde, das heißt p-Streifen in n-Substrat auf beiden Seiten[8]. Eine Möglichkeit ist die Verwendung von Streifen, die stärker n-dotiert sind als das Substrat, also n^+-Streifen. Die n^+-Streifen bilden allerdings im n^--Substrat keine Raumladungszone aus und sind daher nicht gegeneinander isoliert. Wie Abb. 8.48(a) zeigt, bildet sich unter der Siliziumdioxid-Schicht zwischen zwei Streifen eine Elektronen-Akkumulations-Schicht aus, die die n^+-Streifen kurzschließt. Ursache dieser Akkumulationsschicht sind durch aufgebrochene Bindungen vorhandene positive Ladungen an der Si-SiO_2-Grenzschicht, die Elektronen unter diese Schicht ziehen. Auf der gegenüber liegenden Seite mit p-Streifen in n-Substrat tritt dieses Problem nicht auf, da diese pn-Regionen als Dioden Verarmungszonen bilden, die ladungsträgerfrei sind.

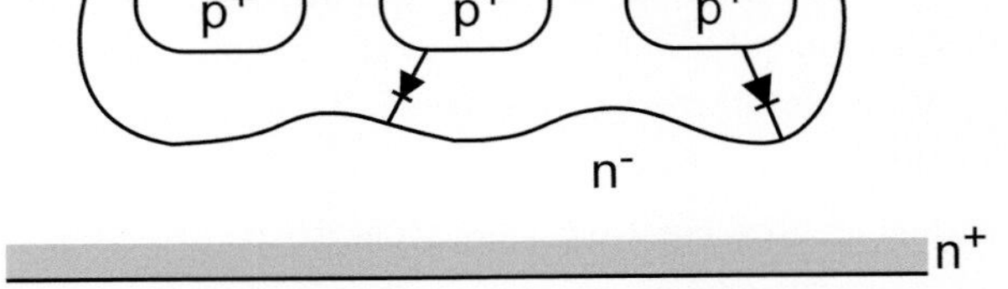

Abb. 8.47 An der 'Diodenseite' des Detektors (hier p in n) ist die Isolation durch die Raumladungszone an der pn-Grenzschicht gegeben.

[8]Solch eine Anordnung wird allerdings bei Silizium-Driftkammern verwendet, s. Abschnitt 8.8.

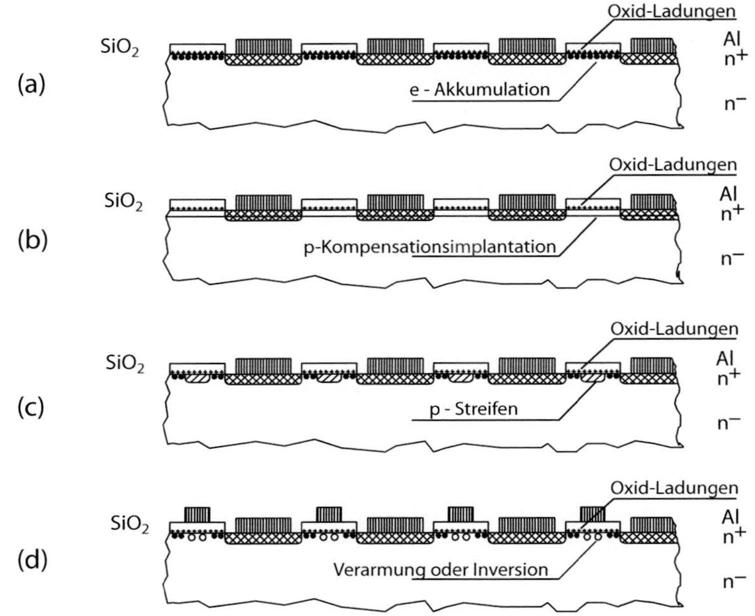

Abb. 8.48 Isolationsproblem und Abhilfen für n^+-in-n-Streifen: (a) ohne Kompensation erfolgt Kurzschluss; (b) p-Spray-Isolation; (c) p-Stop-Isolation; (d) Field-Plate-Isolation; MOS-Struktur ([566], mit freundl. Genehmigung von Springer Science+Business Media). Erläuterungen im Text.

Es gibt verschiedene Verfahren, um die Isolation der n-Streifen gegeneinander sicherzustellen und die Akkumulationsschicht zu unterbrechen. Sie sind in Abb. 8.48 dargestellt:

p-Spray (Abb. 8.48(b)) bezeichnet ein Verfahren, bei dem der Wafer vor dem Aufbringen der n^+-Dotierung für die Streifen an der Oberfläche großflächig p^--dotiert wird. Die Ansammlung der Elektronen wird hier durch die p-Dotierung kompensiert. Die Dotierungskonzentration muss hierbei sorgfältig eingestellt werden. Dotiert man zu wenig, so bleiben Elektronen an der Si-SiO_2-Grenze übrig, die zum Kurzschluss der Streifen führen können; dotiert man zu stark, entstehen an den p^--n^+-Kontaktstellen sehr hohe elektrische Felder. Einen guten Kompromiss kann man finden, indem die Dosierung der Dotierung in der Mitte zwischen den Streifen höher als am Rand gewählt wird ([697] und Referenzen darin). Das *p-Spray*-Verfahren ist zudem kostengünstiger als die beiden folgenden.

p-Stop (Abb. 8.48(c)) bezeichnet ein Verfahren, bei dem ein p^+-Streifen zwischen die n^+-Streifen aufgebracht wird. Mit dem n-Substrat bildet er eine Diode. Die e^--Akkumulations-Schicht wird dadurch unterbrochen. Zur Herstellung sind zwei zusätzliche Maskenschritte notwendig.

Field-Plate (Abb. 8.48(d)): Zwischen den n^+-Streifen wird eine MOS-Struktur erzeugt. Durch Anlegen einer geeigneten Spannung kann ein elektrisches Feld im Substrat erzeugt werden, das die Elektronen der Akkumulationslage in das Substrat drückt.

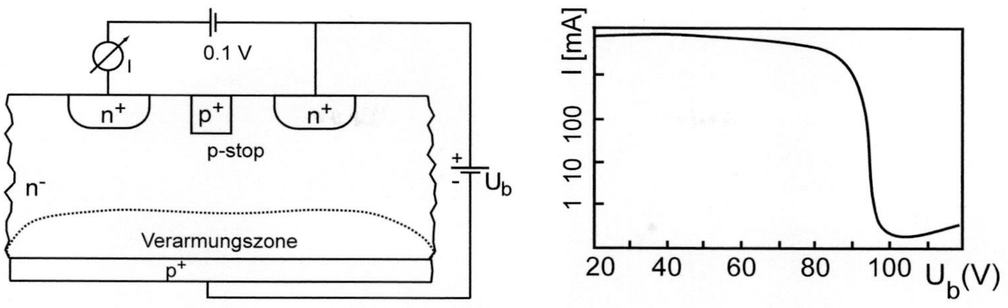

(a) Die Raumladungszone breitet sich bei steigender Spannung U_b im Substrat aus

(b) Strom-Spannungs-Kurve

Abb. 8.49 Methode zur Messung der Abschnürspannung durch Strommessung zwischen benachbarten Streifen (nach [566] und Referenzen darin).

Messung der Abschnürspannung Möchte man die Verarmungsspannung (*bias voltage*) zwischen den beiden Seiten des Detektors so einstellen, dass sich die Raumladungszone gerade vollständig ausbildet, so kann man im Falle von Sensoren mit n^+-in-n Streifenelektroden zu einer eleganten Methode greifen. Man misst den Widerstand zwischen zwei benachbarten n^+-Streifen (siehe Abb. 8.49). Solange sich die Verarmungszone nicht vollständig ausgebildet hat, was bedeutet, dass es im n^--Substrat im Bereich der n^+-Streifen noch freie Ladungsträger gibt, so kann zwischen den Streifen noch Strom fließen. Misst man diesen Strom gegen die angelegte Spannung U_b, so lässt sich die vollständige Ausbildung der Raumladungszone (vollständige Verarmung) an einem sprunghaft anwachsenden Widerstand beziehungsweise einem abfallenden Strom erkennen, da die Verarmungszone den Strom zwischen den Elektroden abschnürt. Diese Messung ist auch während des Betriebs des Detektors möglich. Damit lässt sich die nötige Verarmungsspannung dynamisch einstellen, und Effekte zum Beispiel durch Strahlenschädigung können kompensiert werden.

8.6.2 Siliziumstreifendetektoren als Vertexdetektoren

Si-Mikrostreifendetektoren werden in Experimenten der Hochenergiephysik vor allem als so genannte Vertexdetektoren eingesetzt, mit denen Zerfallspunkte (Vertices) längerlebiger Teilchen, die bis zu ihrem Zerfall einige hundert µm bis einige mm weit fliegen, nachgewiesen werden können. Prominente Beispiele sind b-Quarks oder τ-Leptonen mit Lebensdauern im Bereich von Pikosekunden (siehe auch Abschnitt 8.1). Abbildung 8.50 zeigt Beispiele für ein Experiment mit festem Target und für ein Collider-Experiment. Für die LHC-Experimente geht die Verwendung der Streifendetektoren über die Erkennung von Sekundärvertices hinaus. Da konventionelle Gasdetektoren aufgrund der hohen Teilchenraten bei Proton-Proton-Kollisionen nur in hinreichend großer Entfernung vom Kollisionspunkt verwendet werden können, werden siliziumbasierte Streifen- und Pixel-

(a) *Fixed Target* Experiment (HERA-B)

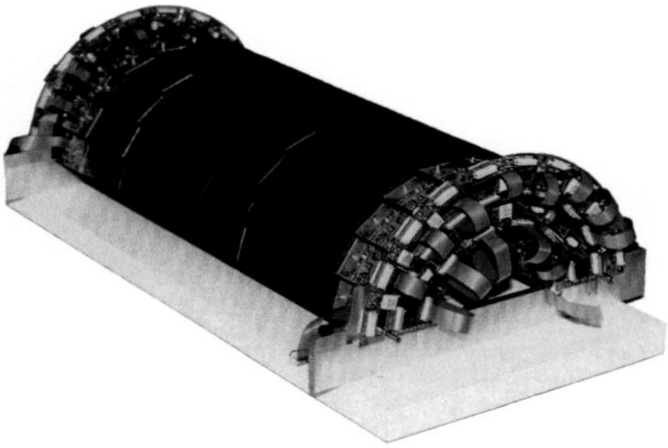

(b) *Collider*-Experiment (H1)

Abb. 8.50 Beispiele von Mikrostreifendetektoren als Vertexdetektoren: (a) Si-Streifendetektoren des HERA-B-Experiments zur präzisen Identifizierung von Sekundärvertices [129]. Die Detektoren waren nur 26 mm vom Strahl entfernt platziert. (b) Zweilagiger Si-Vertexdetektor des H1-Experiments, dessen innerste Lage 5.75 cm von der Strahllinie entfernt betrieben wurde [655]. Quelle: DESY.

detektoren für den Nachweis von Spuren geladener Teilchen als *Tracking*-Detektoren eingesetzt, wobei den Pixeldetektoren dominant die Aufgabe der Sekundärvertexerkennung zufällt.

Das LHC-Experiment CMS besitzt einen Spurdetektor aus Siliziumstreifen mit einer Fläche von fast $200\,\mathrm{m}^2$ [239]. Abbildung 8.51(a) zeigt das Arrangement der Detektormodule in der Endkappe (TEC) des Streifendetektors. Das LHCb-Experiment am LHC ist spezialisiert auf den Nachweis langlebiger bottom-Hadronen, die Sekundärvertices im Abstand weniger mm vom Produktionspunkt haben. Dazu wurde ein Vertexdetektor aus Mikrostreifendetektoren, VELO-Detektor genannt, entwickelt [73, 632], der bis auf 7 mm Abstand an den Strahl herangefahren wird (Abb. 8.51(b)).

Die Größenverhältnisse von Halbleiterdetektoren in Collider-Experimenten ist in Abb. 8.52 veranschaulicht. In den Anfängen wurden Halbleiterstreifendetektoren als reine Vertexdetektoren eingesetzt, bei den LHC-Experimenten ATLAS und CMS bestehen die Spurdetektoren ganz (CMS) oder teilweise (ATLAS) aus Streifen- und Pixeldetektoren.

8.7 Hybride Pixeldetektoren

Pixeldetektoren [697] ermöglichen eine echte dreidimensionale Ortsbestimmung selbst bei hohen Teilchenflüssen. Bei LHC treten Teilchenflüsse von bis zu 10^{11} Teilchen pro Sekunde im Nachweisvolumen der Spurdetektoren auf. Bei einer angenommenen Luminosität (Design-Luminosität) von $10^{34}\,\mathrm{cm}^{-2}\,\mathrm{s}^{-1}$ fliegen bei jeder Strahlkreuzung im zeitlichen Abstand von 25 ns etwa 1200 geladene Teilchen durch den Spurdetektor. Die Belegungsdichte (*occupancy*) der kollisionsnahen Detektoren ist entsprechend hoch, und für die Rekonstruktion der Ereigniskollision ist eine Vielzahl von unabhängigen Sensor-Elementen nötig. Bis zu radialen Abständen von etwa 15 cm vom Wechselwirkungpunkt sind daher

(a) CMS-Tracker-Endkappe (TEC) (b) VELO Detektor von LHCb

Abb. 8.51 Mikrostreifendetektoren in LHC-Experimenten: (a) Der Endkappen-Detektor (TEC) des CMS-Experiments ist in 9 Ebenen mit trapezförmigen Sektoren (*petals*) unterteilt, die überlappende Streifenmodule auf der Vorder- und der Rückseite enthalten [239] (Quelle: CERN/CMS Collaboration); (b) Silizium-Streifendetektoren im *Vertex Locator* (VELO) des LHC-Experiments LHCb [632, 73] zur präzisen Messung von Sekundärvertices (Quelle: CERN/LHCb Collaboration).

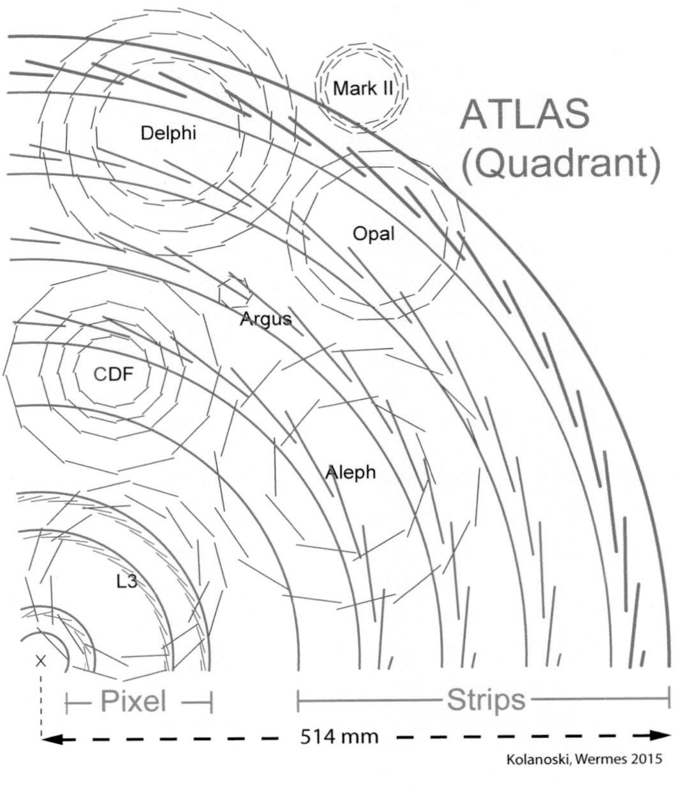

Abb. 8.52 Größenvergleich verschiedener Silizium(vertex)-detektoren, die in Collider-Experimenten bisher zum Einsatz kamen. Der hier nicht gezeichnete Spurdetektor des CMS-Experiments [628, 239] aus Siliziumstreifen- und Pixeldetektoren hat einen Außenradius von 1.25 m.

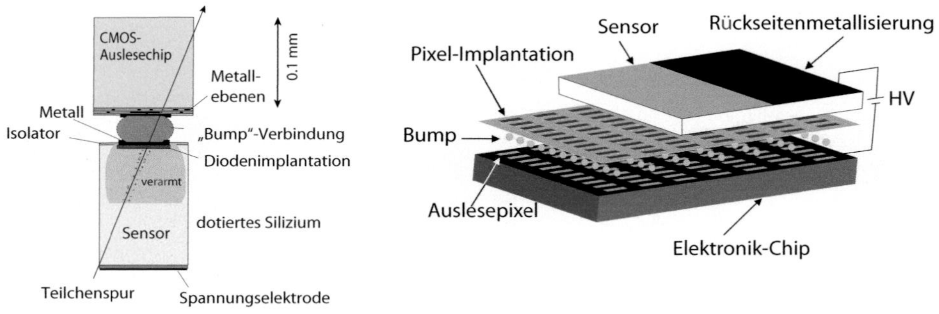

(a) Hybride Pixelzelle (b) Pixelmatrix

Abb. 8.53 Hybrider Pixeldetektor: (a) Aufbau einer individuellen Pixelzelle mit Sensor- und Elektronikzelle, (b) hybride Pixelmatrix. Sensor und Elektronik-Chip besitzen Pixel gleicher Größe, die mit *Bump*-Kontakten miteinander verbunden sind. Die Pixelimplantation ist zur besseren Darstellung vom Si-Sensor getrennt dargestellt, anders als in der Realität.

Pixeldetektoren das Nachweisinstrument der Wahl. Die Pixel haben typische Abmessungen im 100 µm×100 µm-Bereich, quadratisch oder rechteckig (50 µm×400 µm). So genannte 'hybride' Pixeldetektoren sind (im Gegensatz zu monolithischen, Abschnitt 8.10) aus zwei oder mehr Teilkomponenten aufgebaut, die exakt zueinander passen: dem Pixel-Sensor, einem in Pixelzellen strukturierten Siliziumdetektor (siehe Abb. 8.35(c)), und einem oder mehreren Pixel-Elektronik-Chips. Sensor und Chip sind in jedem Pixel durch eine leitende Mikroverbindung (*bump bond*) miteinander verbunden. Abbildung 8.53(a) zeigt den Aufbau einer einzelnen Pixelzelle, Abb. 8.53(b) den einer Matrix mit vielen Pixelzellen.

Der gesamte Pixeldetektor ist modular aufgebaut. Abbildung 8.54 zeigt den Aufbau eines Moduls anhand des ATLAS-Pixeldetektors. Ein Modul besteht aus einem Siliziumsensor, in dem durchgehende Teilchen Ladung erzeugen, 16 signalverstärkende und detektierende Auslese-Chips, die die Zeilen- und die Spaltenadresse des Treffers sowie eine Zeitmarke generieren und bis zum Ereignistrigger speichern, sowie aus weiterer Versorgungs- und Steuerungselektronik. Die Auslese von Pixeldetektoren ist in Kapitel 17 beschrieben. Ausführliche Literatur zu Pixeldetektoren findet man in [697, 1].

Pixel- und Streifensensoren bei hohen Teilchenflüssen Bei LHC treten am Ort der innersten Detektoren nahe am Wechselwirkungspunkt Teilchenflüsse von bis zu 10^{14} Teilchen pro cm^{-2} und Jahr auf. Nach einem integrierten Teilchenfluss (Fluenz) von etwa 2–3 $\times\, 10^{12}\,\mathrm{cm}^{-2}$ tritt bei den verwendeten Siliziumsensoren (mit Substratdotierung $N_D \approx 2 \times 10^{12}\ \mathrm{cm}^{-3}$) eine 'Typinversion' (siehe Abschnitt 8.11.1 und Abb. 8.81) auf, das heißt aus dem n-dotierten Si-Material wird effektiv p-dotiertes Silizium. Die effektive Ladungsträgerdichte und auch die zur vollständigen Verarmung notwendige Spannung nehmen ab, um danach wieder mit wachsender Teilchenfluenz anzusteigen. Dies ist in Abb. 8.81 in Abschnitt 8.11 gezeigt.

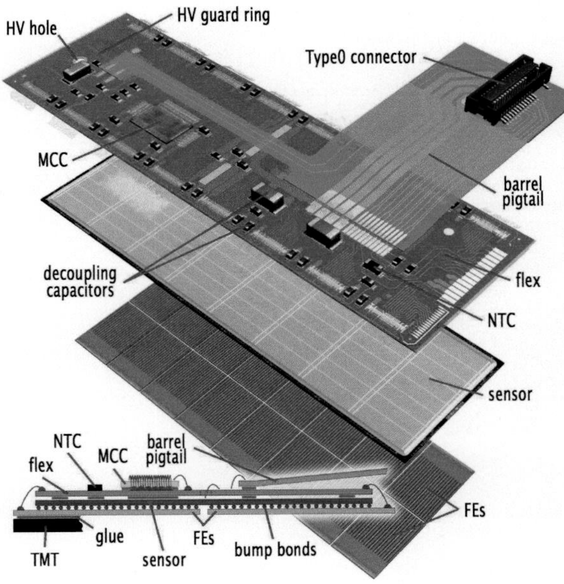

Abb. 8.54 Aufbau eines ATLAS-Pixelmoduls [1], perspektivisch und als Querschnitt (unten). Der Aufbau besteht aus drei Ebenen: Chipebene (unten), Sensorebene (Mitte), Verdrahtungsebene (oben). Chip- und Sensorebene sind durch Bump- und Flipchip-Technologie verbunden, eine Feinstleiterplantine zur Verdrahtung der Signale ist auf die Rückseite des Sensors geklebt. Ein weitere flexible Leiterbahn (ganz oben) verbindet das Modul mit externen Anschlüssen. Die Abmessungen betragen 6.08 × 1.64 cm^2 (aktive Fläche). (Quelle: CERN/ATLAS).

Die (p^+n^-)-Grenzschicht (Diode) eines p^+-n^--n^+-Pixeldetektors 'wandert' daher nach Wechsel des Ladungsvorzeichens der Raumladungszone (von p^+-n^--n^+ zu p^+-p^--n^+) von der ursprünglichen Seite zu der gegenüberliegenden Seite, mit entsprechend geänderter Ausbildung der Verarmungszone. Diese wächst dann mit steigender Verarmungsspannung von der neuen n^+p^--Grenzschicht aus in den Sensor hinein.

Aus diesem Grunde sind die LHC-Pixeldetektoren als n^+-n^--p^+-Sensoren ausgelegt, die nach Typinversion zu n^+-p^--p^+ Strukturen werden [697, 1]. Der Vorteil einer solchen Anordnung liegt darin, dass nach hoher Strahlenbelastung der Sensor von der Seite mit den Pixelelektroden aus verarmt wird (Abb. 8.55) und somit auch dann den Betrieb erlaubt, wenn keine vollständige Verarmung in der gesamten Senortiefe mehr möglich ist. Hochspannung wird auf der Rückseite appliziert. Über Guard-Ringe wird das Potenzial zum Rand hin abgebaut, damit über die in der Regel leitenden Schnittkanten keine hohe Spannnung an die Pixelseite gelangt, die mit den empfindlichen Vorverstärkereingängen in Kontakt steht. Die Isolation der n^+-in-n-Pixel erfolgt bei den LHC-Detektoren durch die *p-Spray*-Technik (siehe Abschnitt 8.6) mit einem optimierten Dotierungsprofil [1]. Diese Technik weist nach Bestrahlung niedrigere Feldstärken an den Pixel-Substrat-Übergängen auf als alternative Techniken und ist daher durchbruchfester.

Um die Pixelsensoren bereits vor der Chip-Bestückung testen zu können, müssen alle Pixelimplantationen auf ein festes Potenzial gebracht werden. Dies erfolgt durch eine spezielle, über sämtliche Pixel verteilte Metallgitterstruktur (*bias grid*, Abb. 8.41), mit deren Hilfe ein Spannungskontakt an jede Zelle durch *punch-through* erfolgt (siehe Abschnitt 8.5.5).

Pixeldetektoren können höhere Bestrahlungen tolerieren als Streifendetektoren, da sie feiner segmentiert sind. Die Schädigung durch Strahlung führt zu einem Leckstrom, der

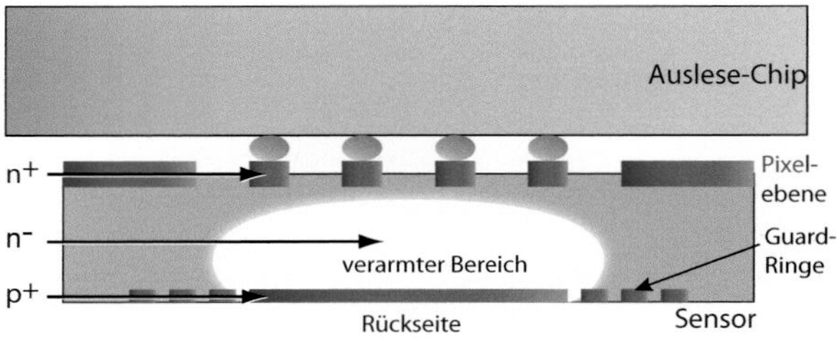

(a) n$^-$-Substratdotierung vor der Bestrahlung.

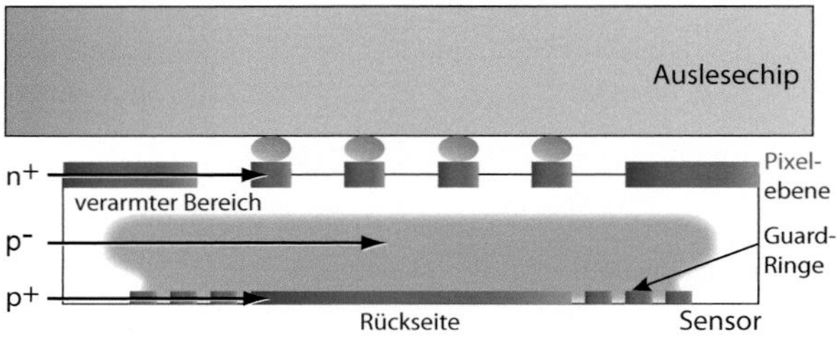

(b) p$^-$-Subatratdotierung nach der Bestrahlung.

Abb. 8.55 n^-- nach p^--Typinversion im Falle von n$^+$-in-n$^-$-Pixelsensoren: (a) vor der Bestrahlung, (b) nach der Bestrahlung mit mehr als 3×10^{12} Teilchen pro cm^2 (Fluenz der Typinversion bei typischer Anfangsdotierung). Die Guard-Ringe an der Sensorunterseite bringen das Potenzial zum Rand hin auf Erdpotenzial.

das Rauschen erhöht und letztlich die Nachweiseffizienz des Detektors herabsetzt. Die Größe des Leckstroms I_L is proportional zu dem Volumen des Sensors und teilt sich auf die Elektroden auf. Bei Pixeldetektoren wird der Leckstrom daher von vergleichsweise vielen Zellen (Vorverstärkern) verarbeitet und ist pro Auslesezelle im Vergleich zu Streifendetektoren klein. Abbildung 8.56 zeigt das Layout der Zellen der ATLAS-Pixelsensoren sowie das Antwortverhalten des Detektors nach einer Bestrahlung mit mehr als 10^{15} Teilchen pro cm^2. Man erkennt eine weitgehend homogene Ladungssammlung über der gesamten Fläche mit Ausnahme der Region zwischen den Pixeln, wo sich das in Abschnitt 8.5.5 beschriebene *bias-grid* befindet, sowie am Rand, wo sich die Bump-kontakte befinden. Doch auch in diesen Bereichen ist der Detektor noch ausreichend sensitiv, das heißt, das Signal ist um ein Vielfaches größer als das Rauschen.

8.8 Seitwärtsverarmung und Silizium-Driftkammer

Durch eine Technik, die Seitwärtsverarmung oder Seitwärtsdepletion genannt wird, werden neue Detektortypen möglich. Auf einem n^--dotierten Halbleiter werden auf Ober- und Unterseite p^+-dotierte Gebiete (Streifen oder Ringe) implantiert (Abb. 8.57(a)). Zusätzlich wird auf einer Seite eine isolierte n^+-Region angebracht. Legt man an die beiden p^+-Regionen eine negative Spannung, so erzeugt man zwei Verarmungszonen innerhalb

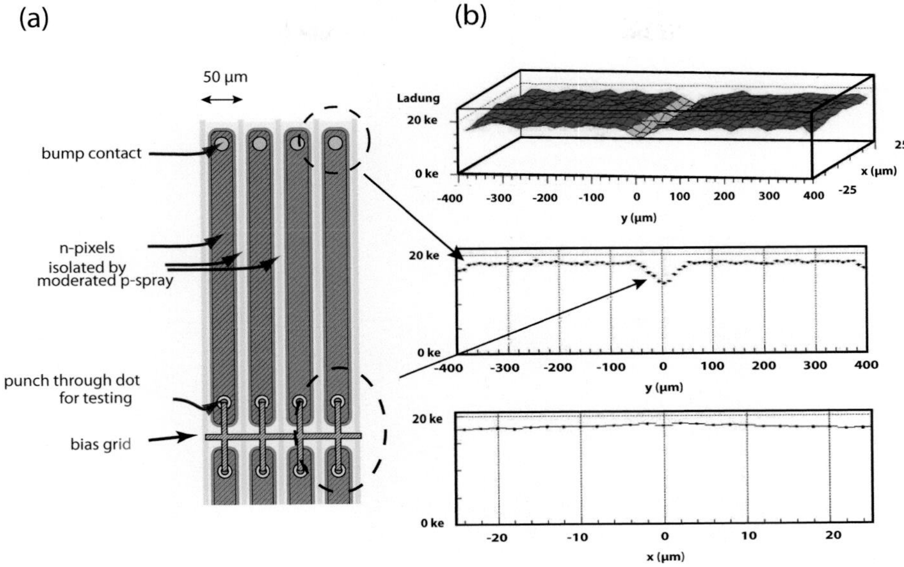

Abb. 8.56 (a) Layout der ATLAS-Pixelsensorzellen (n^+ in n, frühe Variante) [1]. Die Zellen werden über das *bias grid* durch *punch-through* zwischen *punch-through dot* und Pixelimplantation mit Spannung versorgt. Der Sensor ist über die *bump* Kontakte mit dem Elektronikchip verbunden. (b) gemessene Ladung (in Einheiten von tausend Elektronen, ke) in einer Doppelpixelzelle (zwei Kopf an Kopf gespiegelte, hintereinander liegende Einzelzellen mit dem *bias grid* als Spiegelachse in der Mitte) nach Bestrahlung mit 2×10^{15} Protonen/cm^2 (~600 kGy). Dargestellt ist die nachgewiesene Ladung in der Zelle bei Durchtritt eines minimal ionisierenden Teilchens (Dicke des Sensors 250 µm) in 2-dimensionaler Darstellung (oben) und in Projektion (Mitte und unten). Quelle CERN/ATLAS.

des Halbleiters, jeweils zwischen p^+- und n^--Region. Erhöht man den Wert der Spannung weiter (Abb. 8.57(b)), so berühren sich die beiden ladungsfreien Zonen. Es entsteht eine Situation, als wären zwei Dioden (np-pn) miteinander verbunden. Das elektrische Feld fällt linear bis zur Mitte ab und steigt dann wieder linear an. Das Potenzial ist parabelförmig mit einem Minimum (für Elektronen) in der Mitte.

Werden durch Strahlung Elektron-Loch-Paare erzeugt, so driften die positiv geladenen Ladungsträger zu den p^+-Elektroden an den Seiten, die Elektronen driften in das Potenzialminimum in der Mitte des Halbleiters. Legt man an die p^+-Regionen verschiedene Spannungen an, so kann die Position des Minimums innerhalb des Halbleiters verschoben werden (Abb. 8.57(c)).

Um die zur vollständigen Verarmung notwendige Spannung zu bestimmen, wird die Kapazität zwischen dem n^+-Kontakt und der gegenüberliegenden Rückseite des Detektors gemessen. Abbildung 8.58(a) zeigt die Idee hinter dieser Messung: Die Kapazität ist abhängig von der Breite der Verarmungszone und kann mit der angelegten Spannung reguliert werden. Im Kapazitäts-Spannungs-Diagramm (C-V-Diagramm, Abb. 8.58(b))

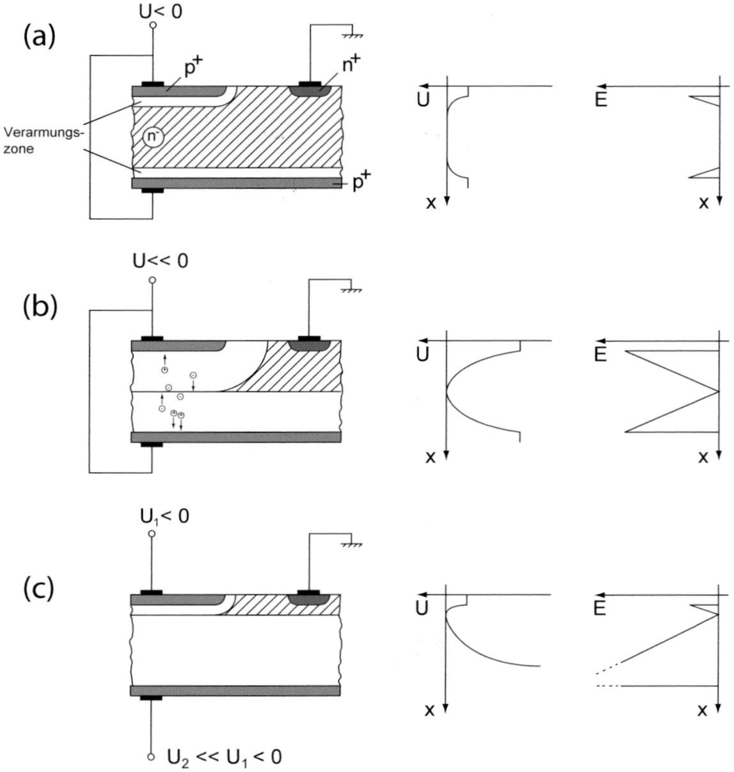

Abb. 8.57 Prinzip der Seitwärtsdepletion. (a) U $<$ 0, der Sensor ist noch nicht verarmt, (b) U $\ll$ 0, die Verarmungszonen berühren sich, (c) Verschiebung des Potenzialminimums unter die Oberfläche.

wird diese Abhängigkeit deutlich. Der Knick bei $-75\,\text{V}$ lässt auf den Kontakt der beiden Verarmungszonen schließen.

Silizium-Driftkammer Auf dem Prinzip der Seitwärtsdepletion basiert die *Silizium-Driftkammer* [371, 675]. Eine schematische Zeichnung ist in Abb. 8.59(a) zu sehen. Das n-Substrat erhält durch streifenförmige p-Implatationen an Ober- und Unterseite bei geeigneter Spannungsversorgung eine lineare Feldformung, die die Elektronen zu segmentierten n-Anoden führt. Wir wählen wie bisher die x-Koordinate für die Detektortiefe. Die Driftrichtung der Elektronen sei die z-Koordinate. In y-Richtung sei der Detektor als unendlich ausgedehnt angenommen. Die Potenzialverhältnisse in x-Richtung werden durch die eindimensionale Poisson-Gleichung beschrieben:

$$\frac{\partial^2 \phi}{\partial x^2} = -\frac{\rho}{\epsilon_0 \epsilon_r}, \tag{8.78}$$

wobei ρ die Raumladungsdichte im Inneren des Sensors ist. Mit den Randbedingungen $\phi(x = -\frac{d}{2}) = \phi(x = \frac{d}{2}) = U_0(z)$ bei gegebener Detektordicke d und Betriebsspannung

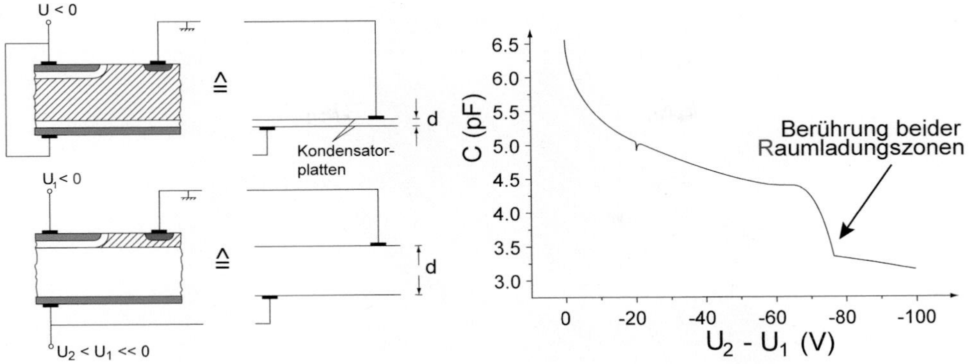

(a) Kapazitätsmessung. (b) C-V-Diagramm bei Seitwärtsdepletion.

Abb. 8.58 Prinzip der Kapazitätsmessung bei Seitwärtsdepletion: (a) Messanordnung, (b) C-V-Messkurve [606].

$U_0(z)$, ergibt sich bei vollständiger Verarmung senkrecht zur Detektoroberfläche die Lösung:

$$\phi(x, z) = U_0(z) - \frac{\rho}{2\epsilon_0 \epsilon_r}\left(x^2 - \frac{d^2}{4}\right), \tag{8.79}$$

wobei $U_0(z)$ zur Formung eines überlagerten linearen Potenzials z-abhängig ist. Dies ist ein parabelförmiger Potenzialverlauf.

Im Detektorvolumen erzeugte negative Ladungsträger werden im Minimum der Parabel gesammelt; Löcher driften zu den Oberflächenelektroden. Durch Überlagerung eines linearen Potenzials in z-Richtung durch eine Spannungsteilerkette, die die p-Streifen in Abb. 8.59(a) mit unterschiedlichen Spannungen versorgt, wird ein konstantes Driftfeld in dieser Richtung erzeugt, in dem die im Minimum gesammelten Elektronen zu den Auslese-Anoden driften. Die Koordinaten der Ladungserzeugung können durch Messung der Driftzeit und der in y-Richtung segmentierten Anodenkoordinate gewonnen werden. In Abb. 8.59 ist der Potenzialverlauf in der Driftregion (Abb. 8.59(b)) sowie in der Region in der Nähe der Anoden (Abb. 8.59(c)) zusammen mit dem Driftverlauf von Elektronen gezeigt. Die Elektronen folgen dem Potenzialgradienten, bis sie in der Anodenregion zur Anode gelenkt werden.

Die erzielbaren Ortsauflösungen liegen bei 20–40 µm in der Driftrichtung und bei etwa 1/5 des Anodenabstands (typisch: <50 µm) in der Richtung senkrecht dazu. Probleme bereitet die starke Temperaturabhängigkeit der Beweglichkeit der Ladungsträger im Halbleiter, so dass eine Eichung der Driftzeit schwierig ist. Auch die Erzeugung präziser Potenzialgradienten für das Driftfeld mittels integrierter Widerstände bedarf großer Sorgfalt.

Die Vorteile von Silizium-Driftkammern gegenüber anderen Halbleiterdetektoren sind zum einen die vergleichsweise geringe Zahl der Auslesekanäle, welche zur 2-dimensionalen Ortsbestimmung benötigt werden. Die Sammelelektroden (Anoden) können außerdem geometrisch sehr klein ausgeführt werden, mit kleiner Kapazität, was ein gutes Signal-

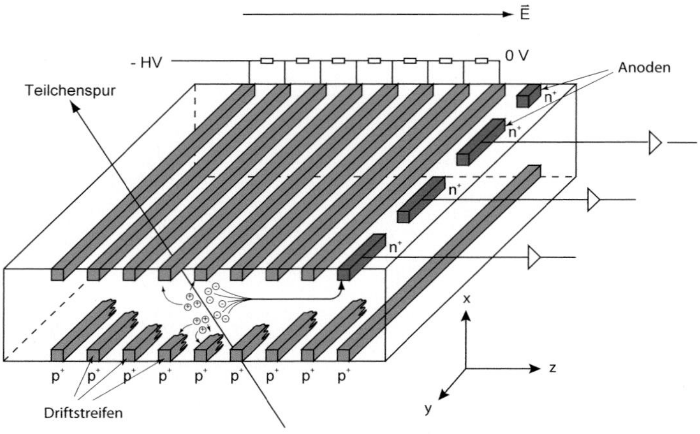

(a) Prinzip einer Silizium-Driftkammer

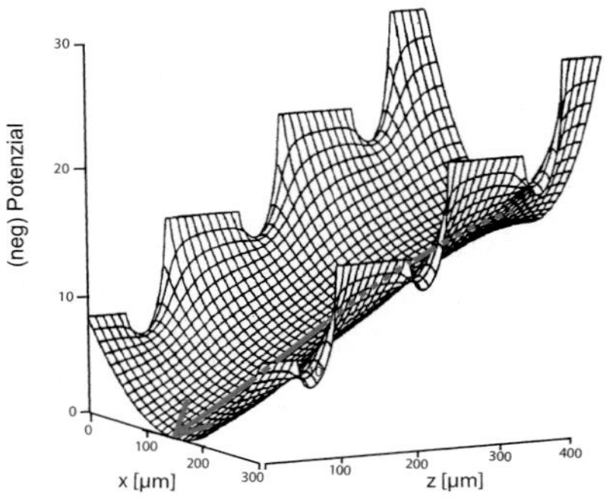

(b) Feldstreifenregion

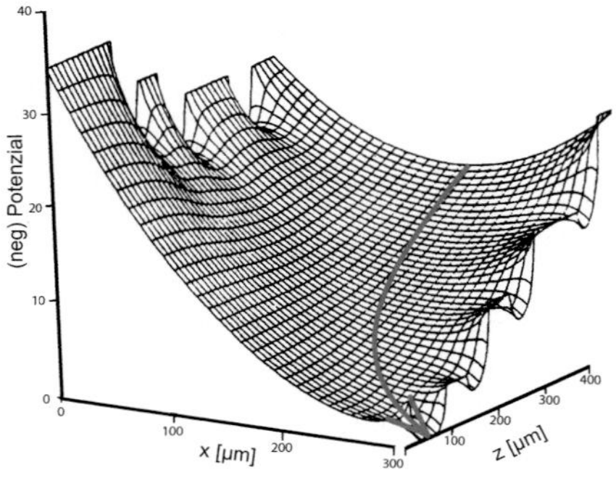

(c) Anodenregion

Abb. 8.59 (a) Aufbau einer Silizium-Driftkammer; (b,c) Potenzialverlauf in der Silizium-Driftkammer (nach [760, 757], mit freundl. Genehmigung von Elsevier). Die Elektronen driften aufgrund des Potenzialgradienten in Richtung der Anode (b), an welcher sie dann gesammelt werden (c).

zu-Rausch-Verhältnis ermöglicht. Wegen der vergleichsweise langen Zeiten für die Elektronensammlung (typisch im μs-Bereich) eignet sich die Siliziumdriftkammer nicht für Hochratenanwendungen. Die gute zweidimensionale Ortsauflösung (typisch ca. 20×20 μm^2) und gute Trennung eng benachbarter Teilchen ($<50\,\mu m$ [249]) ermöglicht allerdings ausgezeichnet die Vermessung von Ereignissen mit hohen Teilchenmultiplizitäten. Eine typische Anwendung sind Schwerionenreaktionen (siehe zum Beispiel [242]).

Neben der in Abb. 8.59(a) gezeigten Form der Silizium-Driftkammer ist eine zylindrische Form möglich [242]. Abbildung 8.60(a) zeigt einen solchen Aufbau: Auf eine n^--dotierte Halbleiterscheibe werden p^+-Ringe aufgebracht. Die Anoden können wie in der Abbildung nach außen oder alternativ als Sammeldiode nach innen gelegt werden (Abb. 8.61), je nachdem, ob der ortsaufgelöste Teilchennachweis (Anoden außen) oder spektroskopische Anwendungen mit hoher Energieauflösung (Anode innen) im Fokus der Anwendung stehen.

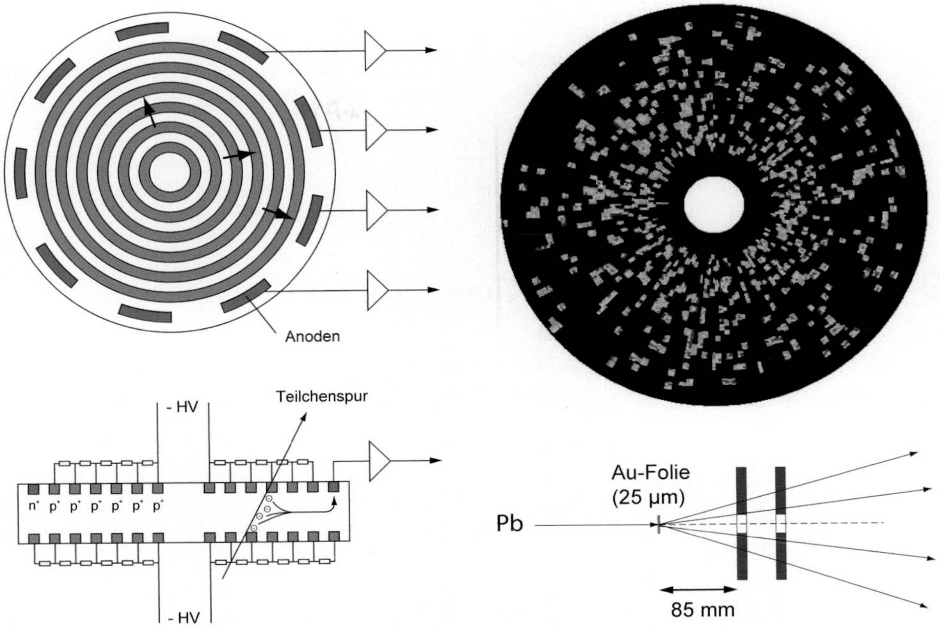

(a) Aufbau (b) Aufnahme einer Pb-Au-Reaktion

Abb. 8.60 Zylindrische Silizium-Driftkammer [242]: (a) Aufbau der SiDC, (b) Treffer von Teilchenspuren einer Schwerionen-Kollision (mit freundl. Genehmigung der CERES/NA45 Collaboration).

Die Variante mit innen liegender Anode [494] (Abb. 8.61) bietet die Möglichkeit einer großen Sammelfläche für Strahlung bei gleichzeitig kleiner Kapazität der Sensorelektrode (wegen der sehr kleinen geometrischen Abmessungen der fast punktförmigen Anode), was sehr gute Rauscheigenschaften zur Folge hat (siehe Abschnitt 17.10.3). In [536] wurden Energieauflösungen von 152 eV bei 6 keV deponierter Energie und bei –20°C erzielt mit Dioden, die aktive Flächen von mehreren Quadratzentimetern besitzen.

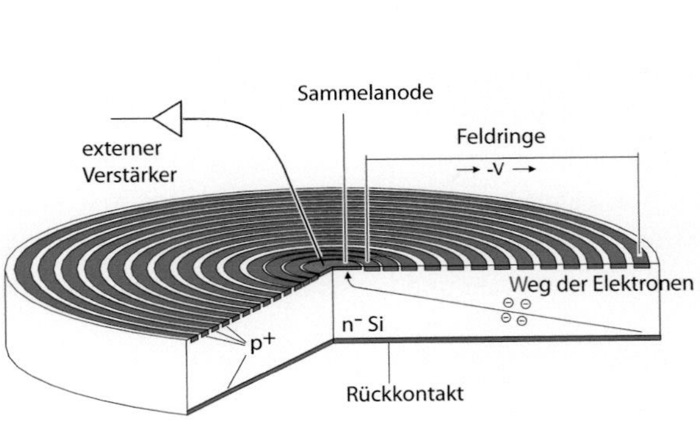

Abb. 8.61 Kreisförmige Silizium-Driftkammer (Silizium-Drift-Diode) mit nur einer zentralen Anode für spektroskopische Anwendungen (nach [536], mit freundl. Genehmigung von Elsevier).

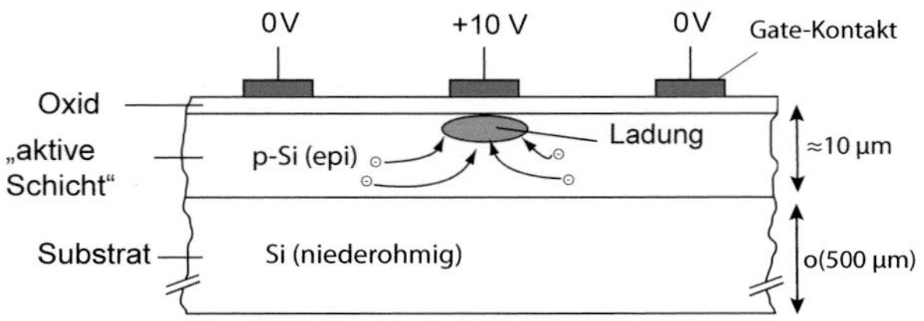

Abb. 8.62 Prinzipieller Aufbau einer CCD-Zelle. Ladung (hier Elektronen), die durch Absorption von Licht unter dem Oxid erzeugt wird, wird unter dem positiven Potenzial des Gate-Kontakts gesammelt und von dort weiter transportiert.

8.9 Charge-Coupled Devices (CCDs)

Charge-Coupled Devices, kurz CCDs, wurden 1970 erfunden [198] und sind als optische Sensoren schon lange im Einsatz in der Medientechnik, zum Beipiel als Video-Kameras (CCD-Kameras). Erst in jüngerer Zeit wurden sie von CMOS-Kameras weitgehend verdrängt.

8.9.1 MOS-CCDs

Abbildung 8.62 zeigt schematisch das Prinzip einer CCD. Die in einer 'aktiven' Schicht (Raumladungszone) erzeugte Ladung wird zuerst lokal in einem Potenzialminimum gespeichert und dann zu einem Ausleseknoten (siehe Abb. 8.64) transportiert. Bei MOS-CCDs wird das Potenzialminimum durch eine MOS-Struktur mit Metallkontakten als Gates auf der SiO_2-Schicht des Siliziumsubstrats erzeugt. In konventionellen MOS-CCDs werden Minoritätsladungsträger (zum Beispiel Elektronen in p-Silizium) gesammelt und unmittelbar in der Grenzschicht zwischen Oxid und Halbleiter zum Ausgang transportiert (siehe unten). In weiterentwickelten Techniken, unter anderen *Buried-Channel*-CCDs, erfolgen Speicherung und Transfer in einer geringfügig tiefer liegenden Schicht. Wir verweisen dazu auf die einschlägige Literatur, zum Beispiel [444, 767].

In der Standard-CCD wird eine auf einem Substrat aufgewachsene Lage epitaxialen[9], meist p-dotierten Siliziums (epi-Si) als photoaktive Schicht nach oben hin von einer Oxidschicht begrenzt, auf der sich Elektroden (*Gates*) befinden (Abb. 8.62). Epitaktisches Silizium wird in der Chip-Elektronik vor allem für optische Anwendungen als Absorptionslage für (optische) Photonen verwendet. Das Dotierungsprofil lässt sich darin gut kontrollieren, und epi-Silizium kann weitgehend frei von Verunreinigungen wie Sauerstoff oder Kohlenstoff aus einer Gasatmosphäre abgeschieden und dadurch sehr hochohmig gemacht werden, was eine höhere Mobilität der durch einfallendes Licht erzeugten Ladungsträger zur Folge hat. Die Gate-Elektroden werden mit einer geeigneten Spannungskonfiguration versehen, so dass von dem absorbierten Licht in der aktiven Schicht erzeugte Ladungen unter der Oxidoberfläche gehalten und kontrolliert verschoben werden können.

[9]Unter epitaktischem Silizium versteht man eine auf einem kristallinen Siliziumsubstrat aufgewachsene Siliziumschicht, welche die kristallographische Orientierung des Substrats beibehält.

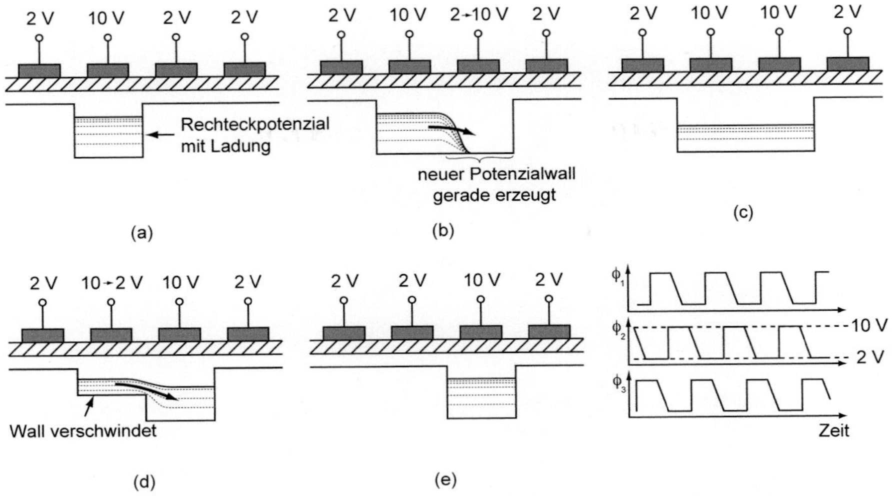

Abb. 8.63 Eimerkettenprinzip der Auslese eines CCD-Detektors (nach [153][503][697]).

Die aktive (epi)-Schicht ist sehr dünn, typisch 10 µm, maximal etwa 30 µm. Sie wird von den Potenzialen zwischen dem Rückseitenkontakt des Substrats und einem Diodenstreifen (n^+-Kontakt an der Oberseite in Abb. 8.65(a)) verarmt. Die metallischen Gate-Elektroden sind als Streifen (ähnlich denen eines Mikrostreifendetektors) ausgebildet. Beim Durchgang einzelner hochenergetischer Teilchen werden in dieser dünnen Schicht nur vergleichsweise wenige Ladungsträger erzeugt (einige 100), die sich unter den Elektroden sammeln. Für den Nachweis einzelner geladener Teilchen mit MOS-CCDs werden daher hohe Anforderungen an die Rauscheigenschaften der Auslesekette gestellt. Für Licht (viele Photonen) ist die Ausbeute an Ladungsträgern in der Regel allerdings groß genug, um ein ausreichendes Signal zu erhalten und weiter zu verarbeiten.

Um das Signal auslesen zu können, werden die Ladungsträger schrittweise in Richtung einer Auslese-Elektrode gebracht. Dies geschieht durch eine geschickte Taktung der Elektroden ('Eimerketten'-Prinzip), wie in Abb. 8.63 dargestellt: (a) Unter einer der Elektroden (10V) befindet sich Ladung in einem Potenzialtopf. Der Potenzialtopf wird durch die beiden Nachbarelektroden begrenzt, an die eine geringere Spannung angelegt ist (2 V). (b) Die rechte Nachbarelektrode wird von 2 V auf 10 V gesetzt, der Potenzialtopf wird damit breiter. Die Ladungsträger fließen nach rechts (c). Der Potenzialtopf hat nun eine größere räumliche Ausdehnung. (d) Die ursprünglich auf 10 V beschaltete Elektrode wird nun auf ein Potenzial von 2 V gebracht, die Elektronen fließen nun in den rechten Teil des Topfes. (e) Schließlich befinden sich alle Elektronen unter der rechten Elektrode, die Ladung ist insgesamt um eine Position nach rechts verschoben worden.

Um eine zweidimensionale Auflösung zu erreichen, werden mehrere Eimerketten und eine Auslese-Anode verwendet. Dieses Prinzip ist in Abb. 8.64 dargestellt: Die Ladungsträger werden zeilenweise nach unten verschoben. Die letzte Zeile wird am Ende des Sammelprozesses zur Auslese-Anode geschoben.

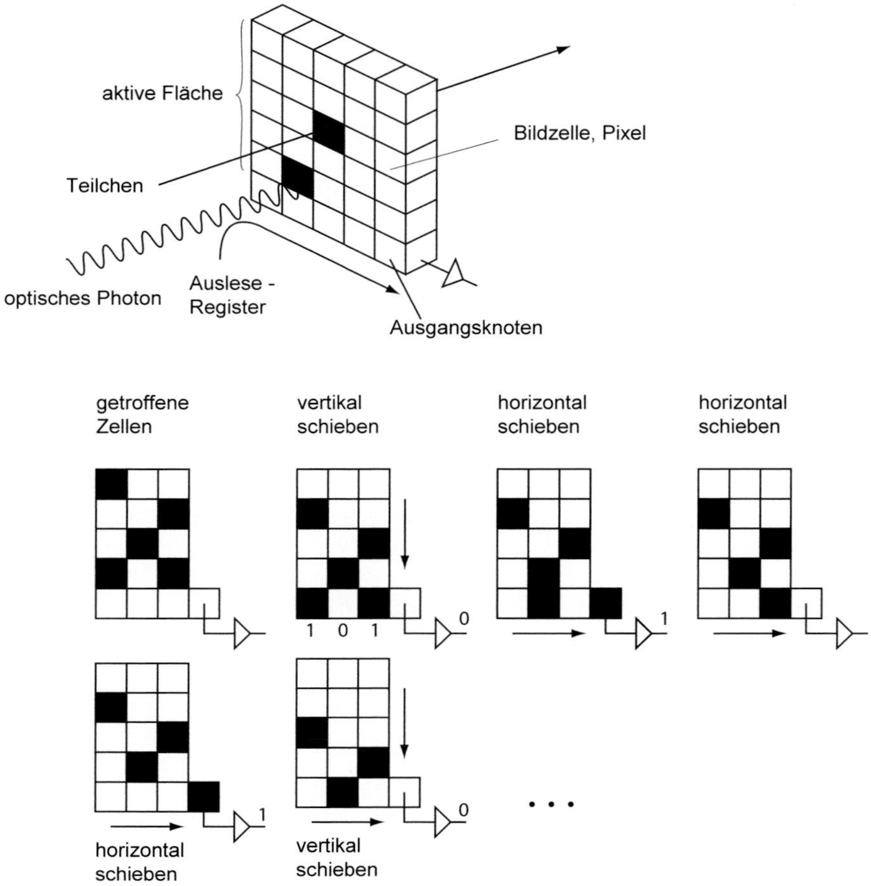

Abb. 8.64 Ausleseprinzip einer CCD-Matrix. Die Ladung wird zunächst in vertikale Richtung verschoben, parallel in allen Zellen; die unterste Reihe wird dann horizontal weitergetaktet (nach [566], mit freundl. Genehmigung von Springer Science+Business Media).

Eine schnellere, aber schaltungstechnisch aufwendigere Auslese erfolgt parallel, das heißt an jeder Zeile oder Spalte befindet sich eine Auslese-Elektrode. Die räumliche Auflösung für den Nachweis geladener Teilchen ist gegeben durch die Größe der Pixel. Diese liegt typisch bei Dimensionen von 10–20 μm, womit Ortsauflösungen im Bereich weniger μm erzielbar sind.

Das Takten der CCDs mit Taktraten im MHz-Bereich ist zwar mit einer sehr guten Effizienz möglich (die Verluste sind auf dem 10^{-5}-Niveau), allerdings ist der gesamte Auslesevorgang vergleichsweise langsam. Für Anwendungen, in denen eine hohe Aufnahmerate verlangt wird, wie dies häufig bei Experimenten der Teilchenphysik der Fall ist, sind CCDs in der Regel nicht verwendbar. Ein weiteres Problem sind so genannte Geistertreffer, die auftreten, wenn der Detektor getroffen wird, während die Auslese noch erfolgt. Man kann die Geistertreffer aber durch das Kopieren der Daten in spezi-

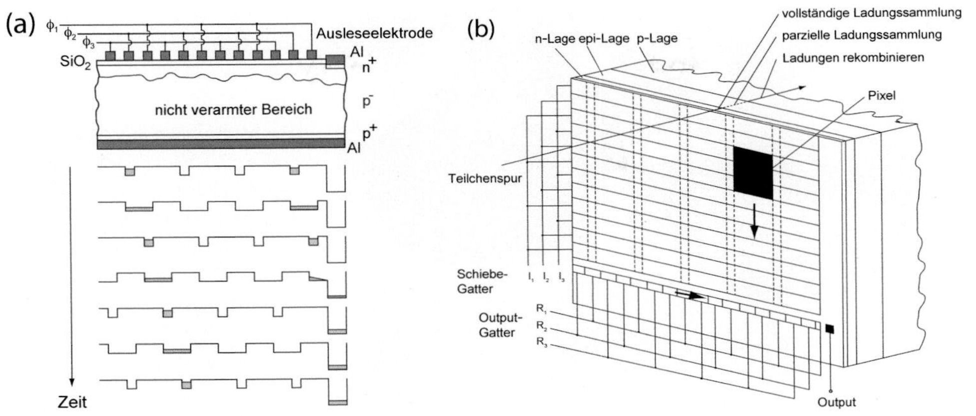

Abb. 8.65 (a) Ausleseprinzip einer 3-Phasen-MOS-CCD, (b) Auschnitt aus einer 2-dim. CCD-Matrix (nach [566], mit freundl. Genehmigung von Springer Science+Business Media). Reale CCDs benötigen überlappende Gate-Elektroden, um Barriereneffekte zu vermeiden.

elle, jeder CCD-Zelle zugeordnete Speicherzellen (so genannte vertikale Schieberegister) eliminieren. Abbildung 8.65(a) zeigt das Ausleseprinzip in einer eindimensionalen Anordnung. Dabei werden drei Taktsignale verwendet (*3-Phasen-MOS-CCD*). Abb. 8.65(b) zeigt einen Ausschnitt einer großen 2-dimensionalen CCD-Matrix.

In Experimenten der Hochenergiephysik wurde die CCD-Technologie im SLD-Detektor am Beschleuniger SLC, Stanford (siehe Tabelle 2.2), eingesetzt [111, 271, 270]. Die CCD-Technologie wurde hier in Konkurrenz zu Mikrostreifendetektoren gewählt, da sie eine bessere Ortsauflösung besitzen (Zellengröße $22{\times}22\ \mu m^2$, Ortsauflösung $\approx 5\ \mu m$) und da beim SLC zwischen dem Eintreffen aufeinanderfolgender Kollisionsereignisse ausreichend Zeit zur Auslese zur Verfügung stand (160 ms). Bei den CCD-Detektoren wird sehr wenig Ladung ($\lesssim 1600\ e^-$) in den etwa 20 µm dünnen epi-Si-Lagen deponiert, allerdings ist das Rauschen des CCD-Systems mit etwa $30\,e^-$ ebenfalls sehr gering. Eine Kühlung auf etwa –80°C wegen der Leckstromproduktion ist notwendig. Abbildung 8.66 zeigt die beiden Halbschalen des SLD-Vertexdetektors aus MOS-CCDs, der unmittelbar außerhalb des Strahlrohrs (r=13 mm) eingesetzt wurde.

Für Experimente an Beschleunigern wie LEP, HERA oder gar LHC sind CCD-Detektoren allerdings viel zu langsam. In Tabelle 8.3 sind einige Eigenschaften von MOS-CCDs als Detektoren im Vergleich zu Mikrostreifendetektoren und hybriden Pixeldetektoren aufgeführt.

8.9.2 pn-CCDs

MOS-CCDs haben den Nachteil, dass die für die Ladungssammlung aktive Schicht sehr dünn ist und daher für hochenergetische geladene Teilchen in der Regel zu wenig Signalladung ergibt. pn-CCDs [589] werden im Gegensatz dazu auf einem vollständig verarmten,

Abb. 8.66 Die beiden Halbschalen des CCD-basierten Vertexdetektors des SLD-Experiments [271]. Der Detektor bestand aus vier konzentrischen Lagen und besaß etwa 250 CCD-Detektoren.

hochohmigen Siliziumsubstrat aufgebaut (Abb. 8.67). Der Aufbau basiert wie bei der Silizium-Driftkammer auf dem Prinzip der Seitwärtsdepletion. Anders als bei der MOS-CCD ist das Substrat hochohmig und vollständig durch Vorder- und Rückseitenkontakte verarmt. Die Elektroden sind p^+n-Übergänge. Durch asymmetrische Spannungswerte wird das Potenzialminimum in die Nähe der Detektoroberfläche verschoben, wo die Schiebe-Elektroden sitzen. Neben der vorteilhaften Ladungssammlung in dem ganzen, vollständig verarmten Sensor ist ein weiterer Vorteil, dass durch ein dünnes, großflächiges p^+-Eintrittsfenster auf der Rückseite Röntgenphotonen niedriger Energie ($\lesssim 10$ keV) mit räumlich homogener Empfindlichkeit nachgewiesen werden können. Anwendung findet diese Technik zum Beispiel im Röntgen-Satelliten XMM-Newton [759].

8.10 Monolithische Pixeldetektoren

8.10.1 Einführung

Die in Abschnitt 8.7 eingeführten Pixeldetektoren sind Hybridstrukturen, bei denen der 'aktive' Sensor und der Auslese-Chip (auch *front end chip* genannt) getrennte Komponenten sind, die durch Mikro-Verbindungstechnologie miteinander verbunden werden. Dieser Typ von Pixeldetektoren wurde sehr erfolgreich in Experimenten eingesetzt und ist spe-

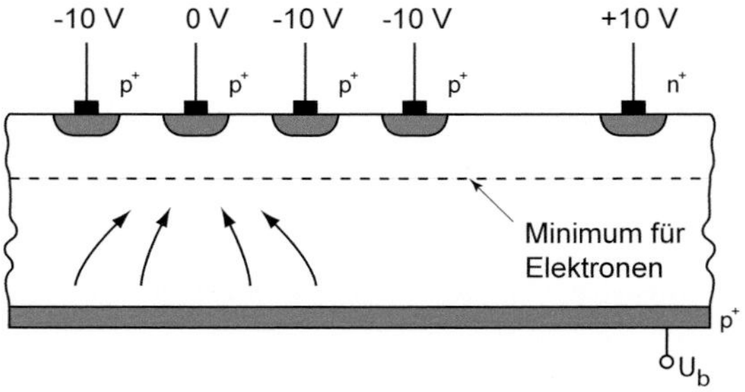

Abb. 8.67 pn-CCD, bei der die Signalelektronen in einem Potenzialminimum gesammelt und durch externe Elektroden geführt werden.

Tab. 8.3 Einige Parameter und Kenngrößen bei Mikrostreifen- und Pixeldetektoren sowie CCD-Detektoren im Vergleich.

	Mikrostreifen	(hybride) Pixel	(MOS)-CCD
typ. Dicke	$300\,\mu m$	$250\,\mu m$	$15\,\mu m$ aktiv $+ (< 100\,\mu m)$ passiv
typ. Elektrodenabstände	$(50-100)\,\mu m$	$(50-100)\,\mu m$	$10\,\mu m$
typ. Modulfläche	$20\,cm^2$	$10\,cm^2$	$4\,cm^2$
Energieverlust (MIP)	$120\,keV$	$100\,keV$	$3\,keV$
Rauschäquivalent	$8\,keV$	$1\,keV$	$0.21\,keV$
Signal : Rauschen	$>$ 10:1	100:1	15:1
Dimensionalität	max. 2×1 dim.	2 dim.	2 dim.
Ortsauflösung	$(5-10)\,\mu m$	$(10-15)\,\mu m$	$(2-5)\,\mu m$
Doppeltrefferauflösung	$(40-60)\,\mu m$	$(50-100)\,\mu m$	$(20-40)\,\mu m$
typ. Modulauslesezeit (größenabhängig)	schnell µs	schnell µs	langsam ms

ziell bei LHC bisher die einzige Detektortechnologie, die bei den nahe am Kollisionspunkt herrschenden hohen Teilchenflüssen betrieben werden kann. Vorteil des hybriden Aufbaus ist die separate Entwicklung und Optimierung von Sensor und Auslese-Chip. Beides sind komplexe Einheiten für sich selbst, mit Entwicklungszeiten von typisch mehreren Jahren, verbunden mit hohen Kosten. Durch den hybriden Aufbau kann ein einmal zur Reife entwickelter Auslese-Chip (siehe Abschnitt 17.6.3) für verschiedene Sensortypen verwendet werden: zum Beispiel für planare Sensoren (Seite 332), 3D-Si-Sensoren (Seite 373) oder für Pixelsensoren aus Diamant (Seite 380).

Nachteile hybrider Pixel bestehen zum einen in dem aufwendigen Aufbau, insbesondere der kosten- und ausbeute-intensiven Verbindung von Pixelsensor und Pixelauslese-Chip, und zum anderen in der vergleichsweise großen Materialdicke, die allerdings nicht nur durch den hybriden Aufbau, sondern auch durch die Halterungs- und Kühlungskonstruktion zustande kommt. Die Materialdicke wirkt sich wegen erhöhter Coulomb-Vielfachstreuung (Abschnitt 3.4) und anderer Sekundärwechselwirkungen (siehe Kapitel 3) nachteilig auf die Spurrekonstruktion und Impulsauflösung aus. Die hybriden Pixeldetektoren der LHC-Experimente ATLAS und CMS zum Beispiel stellen eine Materialdicke von mehr als 3% einer Strahlungslänge X_0 pro Detektorlage dar.

Natürlich ist es prinzipiell möglich (und ist eines der Ziele neuerer Entwicklungen), einen auf Strahlung empfindlichen Pixeldetektor monolitisch, das heißt Sensor und Ausleseelektronik in einer Einheit, zu fertigen. Integriert man die Tragestruktur und sogar die Kühlung ebenfalls in das Siliziummaterial, so kann auch die Materialstärke um etwa eine Größenordnung gegenüber hybriden Pixeldetektoren reduziert werden.

Die Schwierigkeit, integrierte Schaltkreise auf sensorfähigem Ausgangsmaterial zu realisieren, liegt in der Verfügbarkeit und den Details industrieller Chip-Technologien und nicht zuletzt in der Dauer und Kostenintensivität solcher Entwicklungen. Die folgenden, zum Teil sich einander widersprechenden Anforderungen sind dabei zu beachten:

- Ausnutzung industriell verfügbarer IC-Prozesse: Das bedeutet bis dato vor allem CMOS-Technologie (siehe Seite 305).
- Ein gutes Signal-zu-Rausch-Verhältnis: Das bedeutet eine hinreichend große Verarmungszone (großes Signal) und kleine Elektrodenkapazität (geringes Rauschen, siehe Abschnitt 17.10).
- Kurze Entwicklungszeiten, um verschiedene Ansätze verfolgen und optimieren zu können;
- Hohe Strahlenresistenz (speziell für Pixeldetektoren der LHC-Experimente) gegen ionisierende Strahlung (Auslese-Chip, Dosis im MGy-Bereich) und gegen nicht-ionisierende Strahlung (Sensor, Fluenzen im $> 10^{15} n_{eq}\,\mathrm{cm}^{-2}$-Bereich).

Diesen Anforderungen stehen die folgenden Fakten entgegen: Die industriellen CMOS-Chip-Technologien werden vom Verbrauchermarkt bestimmt. Ihre Produkte sind in aller Regel nicht auf Spezifizierungen und Anforderungen von Kunden aus dem wissenschaftlichen Umfeld zugeschnitten. Ob und in welcher Weise eine kommerziell verfügbare Technologie auch als Teilchendetektor verwendet werden kann, hängt sehr stark davon ab, ob die durch Energiedeposition erzeugte Ladung in hinreichender Qualität ein Signal auf einer Sammelelektrode erzeugen kann.

Kommerziell verfügbare CMOS-Technologien basieren bisher nahezu ausschließlich auf der Verwendung von preiswertem, niederohmigem und nicht verarmtem Siliziumsubstrat[10]. Erst in jüngerer Zeit gibt es Hersteller, die die Prozessierung auch hochohmiger Substrate und/oder Prozesse, die für höhere Spannungen ausgelegt sind, anbieten, bei denen Verarmungstiefen im Bereich von 20–80 µm möglich sind.

Es wird auch ausgenutzt, dass in manchen CMOS-Technologien (vor allem für optische Anwendungen, CMOS-Kameras) die CMOS-Lage für die Transistorprozessierung in einer dünnen (typisch $\approx 10\,\mu\mathrm{m}$), epitaxial aufgewachsenen Siliziumlage untergebracht ist, die hochohmiger als das Trägersubstrat ist und in der optische Photonen absorbiert werden können, und die dadurch frei gesetzte Ladung nachgewiesen werden kann. Die deponierte Ladung eines durchgehenden geladenen Teilchens ist allerdings proportional zur Verarmungstiefe und daher typisch sehr klein ($\lesssim 1000\,\mathrm{e}^-$). Außerdem existiert in der epi-Schicht in der Regel kein Driftfeld, so dass die Ladung nur (unvollständig) durch Diffusion zu einer sensitiven Elektrode gelangt. Die Gesamtdicke von Sensor und Elektronik kann dabei sehr gering sein, typisch 50 µm, so dass prinzipiell Pixeldetektoren mit sehr kleinem Materialbudget realisierbar sind.

Zum Zeitpunkt der Erstellung dieses Buches befindet sich die Pixeltechnologie in einem Umbruch. Während für die Hochratenexperimente mit hoher Strahlenbelastung an LHC die hybride Technologie als einzige ausgereift genug ist, um den hohen Anforderungen zu genügen, werden bei niedrigeren Raten, geringerer Strahlenbelastung und bei kleinen Teilchenimpulsen, bei denen die Vielfachstreuung signifikant zur Impuls- und Vertexauflösung beiträgt, bereits jetzt monolithische oder teilmonolithische Ansätze gewählt. Diese Entwicklungen werden zunehmend auch für Hochratenexperimente interessant.

---

[10] Die Verarmungstiefe d ist propostional zu der Wurzel aus dem spezifischen Widerstand ρ des Materials.

Die Größe von Pixeleinheiten (Module) ist vor allem durch die Chipausbeute bestimmt, welche heute Chips auf eine Fläche von einigen Quadratzentimetern begrenzt[11]. Pixelmodul-Einheiten sind aus 1 bis 16 Chips aufgebaut [1, 453, 488, 7]. Auslese-Chips für Hochratenexperimente wie am LHC besitzen üblicherweise 10–20 Millionen Transistoren pro cm^2. Die Entwicklung derartiger Chips erfolgt durch eine Abfolge von Simulationen und Tests an einzelnen Elektronikblöcken bis zur endgültigen Fertigung. Die Zahl der kostenintensiven CMOS-Prozessierungen sollte dabei minimal bleiben. Es ist daher selbst bei aktivem CMOS-Sensor (Größenordnung 100 Transistoren pro Pixel) und CMOS-Auslese-Chip (Größenordnung 10^8 Transistoren pro Chip) abzuwägen, ob es effizienter ist, beide getrennt zu entwickeln.

Nachfolgend werden einige Entwicklungen beschrieben, die monolithische oder zumindest partiell monolithische Ansätze aufweisen. DEPFET-Detektoren (Abschnitt 8.10.2) besitzen nur einen Transistor in jedem Pixel. Eine spezielle, nicht-kommerzielle Technologie[12] wird zu ihrer Herstellung verwendet. MAPS (*Monolithic Active Pixel Sensors*, Abschnitt 8.10.3) basieren auf kommerziellen CMOS-Technologien, wobei entweder die Epitaxieschicht oder verarmte Bereiche des Substrats (DMAPS) als Nachweisregionen genutzt werden.

8.10.2 DEPFET-Pixeldetektoren

Bei einem DEPFET-Pixeldetektor [493] ist ein einzelner Verstärkungstransistor in jede Pixelzelle implantiert, wie die Abbildungen 8.68(a) und (b) zeigen. Das Substrat des Sensors ist mit der Methode der Seitwärtsdepletion (siehe Abschnitt 8.8) verarmt, so dass die bei Teilchen- oder Strahlungseintritt erzeugten Primärelektronen in ein Potenzialminimum driften, während die Löcher zu dem rückseitigen p^+-Kontakt wandern. Der Transistor ist ein p-Kanal-MOSFET mit einem Löcherstrom von Source nach Drain, der mit dem (externen) Gate eingestellt und kontrolliert werden kann. Zusätzlich besitzt die DEPFET-Struktur eine etwa 1 μm unter dem Transistorkanal liegende, tiefe n^+Dotierung (*deep-n*). Durch Verschiebung des Potenzialminimums aus der Mitte nach oben (durch Wahl der Spannungen am Substrat- und am Rückkontakt (Abb. 8.68(a)) und speziell durch die *deep-n*--Implantation entsteht ein lokales Minimum für die Elektronensammlung unmittelbar unter dem Kanal des Transistors, welches wie eine zweite Gate-Elektrode wirkt (*internal gate*).

Der Transistor ist somit sowohl durch das externe Gate als auch durch das interne Gate steuerbar und ist elektronisch gesehen ein Schaltungsteil mit fünf Elektroden, wenn man den Substratkontakt einschließt (Abb. 8.68(c)). Primärelektronen, die im internen Gate gesammelt werden und dort bleiben, bis sie wieder entfernt werden, modulieren durch ihre Ladung den Stromfluss des DEPFET-Transistors. Sie werden nach dem Messprozess durch Anlegen einer positiven Spannung an den *Clear*-Kontakt (Abb. 8.68(a)) wieder

---

[11]Der Pixelauslese-Chip des ATLAS-Experiments (FE-I3) hat eine Fläche von knapp $1\,cm^2$, der Nachfolger (FE-I4) von knapp $4\,cm^2$

[12]Technologie des Halbleiterlabors der Max-Planck-Gesellschaft, München

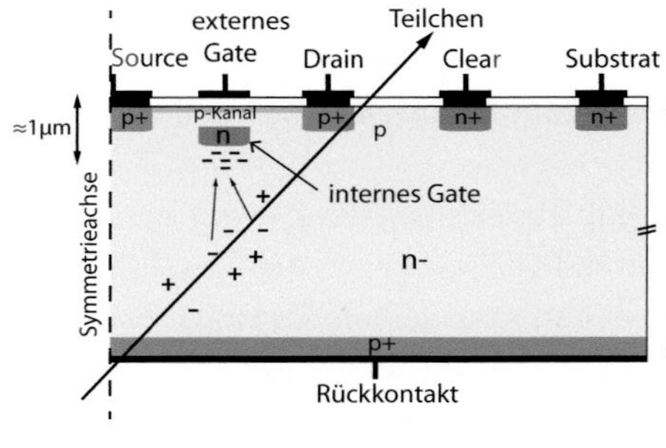

(a) Ladungssammlung im internen Gate

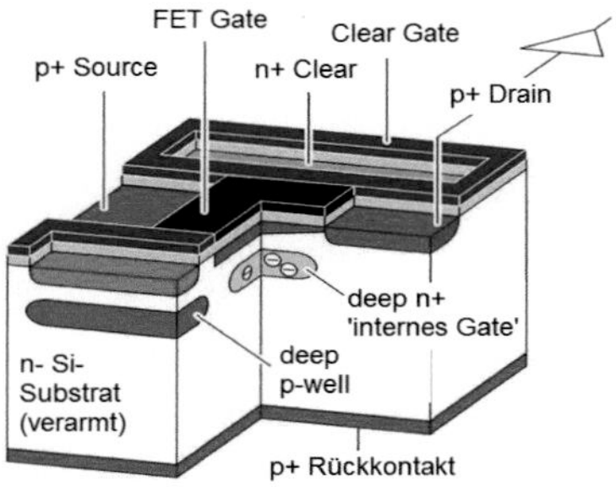

(b) 3-dimensionale Ansicht

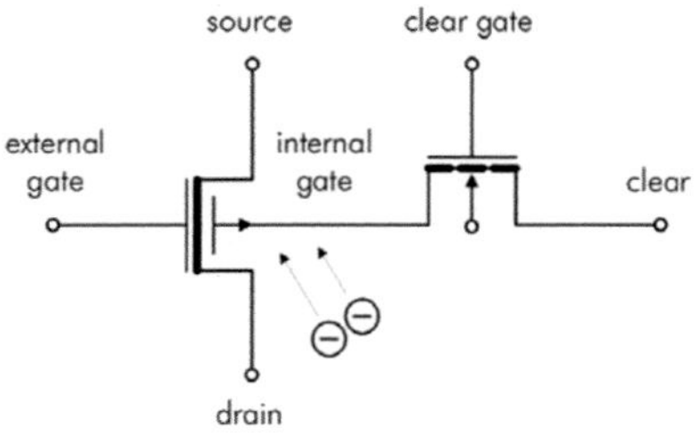

(c) Elektronisches Schaltsymbol

Abb. 8.68 DEPFET-Pixel: (a) Querschnitt der Hälfte einer runden Pixelzelle mit eingezeichneter Symmetrieachse; (b) 3-dimensionale rechteckige DEPFET-Struktur mit weiteren zum Betrieb notwendigen Elementen wie dem Clear-Gate (nach [580]), (c) elektronisches Schaltsymbol.

aus dem internen Gate entfernt. Weitere Elemente der Struktur in Abb. 8.68(b), die in Abb. 8.68(a) nicht gezeigt sind, dienen der Potenzialformung beziehungsweise Abschirmung (*deep p-well*) oder zur besseren Steuerung der Schaltungsabläufe (*Clear-Gate*). Da DEPFETs sehr rauscharm sind (siehe weiter unten), genügt eine Dicke von etwa 50 µm, um ein ausreichendes S/N-Verhältnis zu erreichen.

Ein MOSFET in Sättigung besitzt einen Drainstrom

$$I_D = \frac{W}{2L}\mu C_{ox}\,(V_G - V_{th})^2\ ,$$

der durch die Gate-Breite W und Gate-Länge L, die Oxid-Flächenkapazität C_{ox} sowie durch die Gate-Spannung V_G oberhalb der Schwellenspannung V_{th} gegeben ist; μ ist die Ladungsträgerbeweglichkeit. Die Verstärkung des Transistors wird durch die Transkonduktanz

$$\begin{aligned} g_m &= \frac{dI_D}{dV_G} = \frac{W}{L}\mu C_{ox}\,(V_G - V_{th}) \\ &= \sqrt{\frac{2\mu C_{ox} I_D W}{L}} \end{aligned}$$

angegeben.

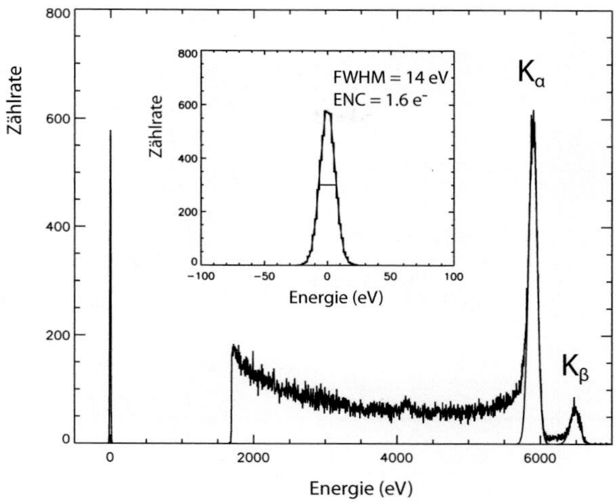

Abb. 8.69 Messung des ^{55}Fe-Röntgenspektrums mit einem DEPFET-Pixeldetektor [567]. Die Mn-K_α- und K_β-Linien sind deutlich getrennt. Das eingesetzte Bild vergrößert den Ausschnitt um den Rauschpeak bei 0 eV. Die gemessene äquivalente Rauschladung (ENC) beträgt 1.6 e^-.

Eine im internen Gate des DEPFET-Sensors gesammelte Ladung q_S koppelt kapazitiv eine Ladung αq_S ($\alpha < 1$ aufgrund von Streukapazitäten) in den Kanal des Transistors. Diese Ladung bewirkt eine Änderung der Gate-Spannung um

$$\Delta V_G = \frac{\alpha q_S}{C} = \frac{\alpha\, q_S}{C_{ox} W L},$$

wobei mit C die Koppelkapazität zwischen internem Gate und dem Transistorkanal bezeichnet ist. Die Änderung der Gate-Spannung ändert den Kanalstrom zu

$$I_D = \frac{W}{2L} \mu C_{ox} \left(V_G + \frac{\alpha\, q_S}{C_{ox} W L} - V_{th} \right)^2 . \tag{8.80}$$

Die Änderung des Drainstromes, bezogen auf die Ladung im internen Gate, ist die für DEPFET-Sensoren relevante Konversionsgröße (Verstärkung):

$$\begin{aligned} g_q = \frac{dI_D}{dq_S} &= \frac{\alpha\, \mu}{L^2} \left(V_G + \frac{\alpha\, q_S}{C_{ox} W L} - V_{th} \right) \\ &= \alpha \sqrt{\frac{2 \mu I_D}{L^3 W C_{ox}}} \\ &= \alpha \frac{g_m}{W L C_{ox}} = \alpha \frac{g_m}{C} . \end{aligned} \tag{8.81}$$

Typische Werte für g_q sind 400–500 pA pro Elektron im internen Gate. Durch die kleine Kapazität der Sammelelektrode (internes Gate) ist das Rauschen des Sensors gering (siehe Abschnitt 17.10.3). Selbst bei Raumtemperatur werden mit DEPFET-Strukturen, wenn sie mit langen Filterzeiten ($\approx \mu$s, siehe Kapitel 17) der nachfolgenden Elektronik betrieben werden (siehe Kapitel 17), Rauschwerte von nur wenigen Elektronen ($\lesssim 2e^-$) erzielt [658]. Abbildung 8.69 zeigt die Aufnahme des Röntgenspektrums [567] einer ^{55}Fe-Quelle ($K_\alpha = 5.89$ keV, $K_\beta = 6.49$ keV des Mangan-Tochterkerns) mit einem DEPFET-Pixeldetektor. Das Bild wurde mit einer Filterzeit von 6 µs aufgenommen. Die beiden

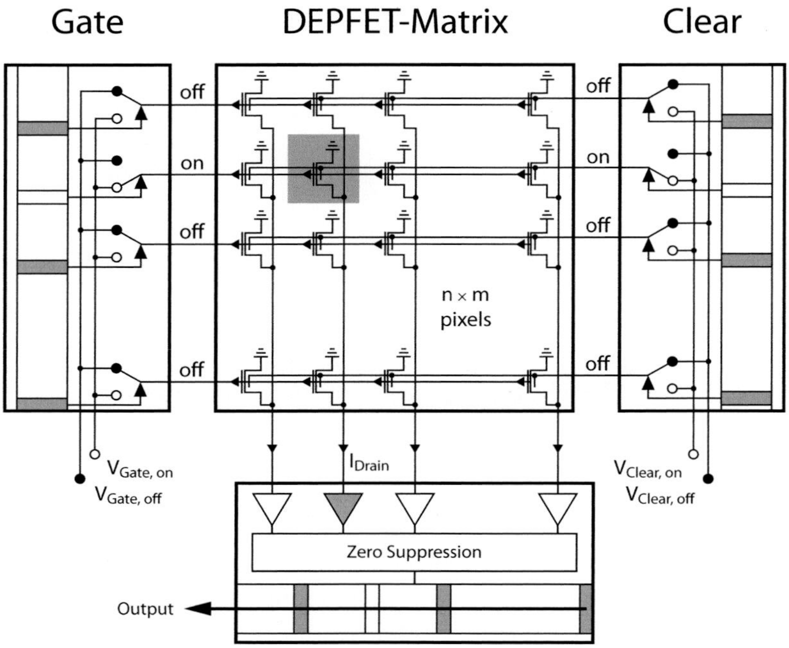

Abb. 8.70 Ausleseschema einer DEPFET-Matrix. Die Gate-Chips steuern jeweils eine Zeile an und legen die Transistorausgänge spaltenweise an den Auslese-Chip (unten). Danach werden die Ladungen der Zeile gelöscht (Clear).

K-Linien des Spektrums sind deutlich getrennt erkennbar, was die gute Energieauflösung unter Beweis stellt. Das eingesetzte Bild zeigt, dass der Rauschpeak eine Breite (σ) von nur 1.6 e^- besitzt.

Die Auslese einer Matrix aus vielen Pixeln unterscheidet sich wesentlich von der Auslese hybrider Pixeldetektoren. Eine typische Anordnung einer DEPFET-Pixelmatrix ist in Abb. 8.70 gezeigt. Die Drains der einzelnen DEPFET-Transistoren sind miteinander spaltenweise, die (externen) Gate-Leitungen sowie die Clear-Leitungen zeilenweise verbunden. Die Matrix wird zeilenweise angesteuert durch Einschalten der DEPFET-Transistoren über ihr externes Gate. Die Auslese erfolgt nach Selektion der Zeile dann spaltenweise über die Drains der Transistoren durch einen stromempfindlichen Auslese-Chip (in der Abb. 8.70 unten gezeigt). Im 'Aus'-Zustand fließt in den Pixeln kein Strom. Nach der Auslese werden über die Clear-Leitung die internen Gates aller DEPFET-Transistoren der Zeile geleert. Es ist möglich, die Zeile in einem zweiten Messzyklus nochmals auszulesen, um die Sockelwerte (*pedestals*) zu bestimmen und im Auslese-Chip zu subtrahieren.

DEPFET-Pixeldetektoren zeichnen sich durch ein großes Ladungssignal, gewonnen in einem vollständig veramten Detektorsubstrat, und durch ein geringes Rauschen, bedingt durch die kleine Eingangskapazität und die sofortige *In-pixel*-Verstärkung aus. Bei

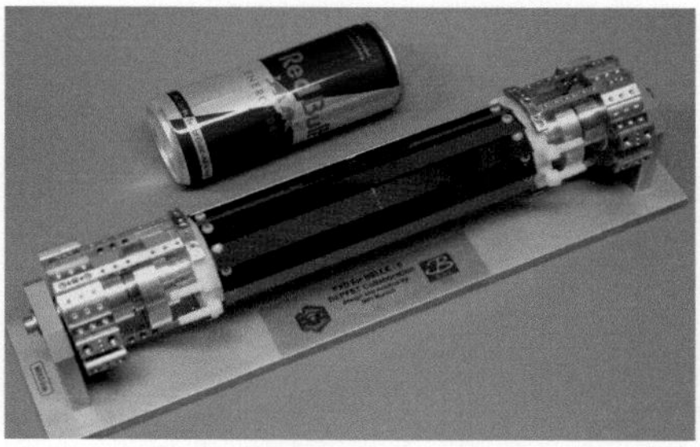

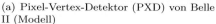

(a) Pixel-Vertex-Detektor (PXD) von Belle II (Modell)

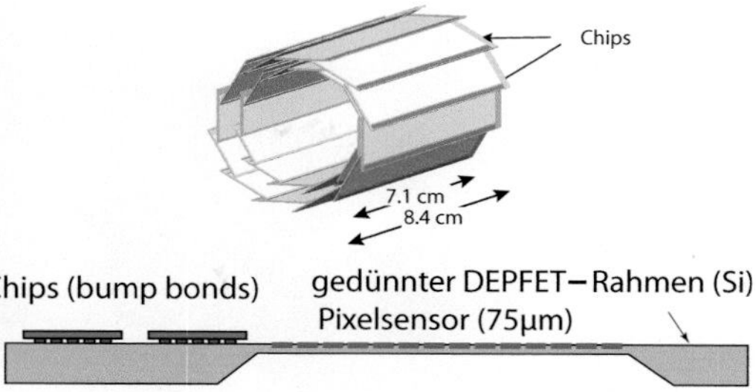

(b) Gedünntes DEPFET-Pixel-Modul

Abb. 8.71 DEPFET-Pixelvertexdetektor PXD (Belle II). (a) Modell (Quelle: Belle II PXD Collaboration); (b) Querschnitt durch ein Pixelmodul senkrecht zum Strahl. Die aktive Fläche des Sensors wird durch ein rückseitiges Ätzverfahren auf 75 µm gedünnt [79]. Die dicken Bereiche dienen als Tragestruktur. Auf ihnen sind gleichzeitig die Steuer- und Auslese-Chips angebracht.

Hochratenexperimenten mit Filterzeiten im 50–100ns-Bereich (siehe dazu Abschnitt 17.3 können solch geringe Rauschwerte allerdings nicht aufrecht erhalten werden.

Der Vertexdetektor des Experiments Belle II [16] am Speicherring SuperKEKB in Japan besteht aus DEPFET-Pixeldetektoren [352]. Hier wird das gute Signal-zu-Rausch-Verhältnis der DEPFETs ausgenutzt, um dünne Detektoren verwenden zu können. Detektoren mit wenig Material im Strahlengang der Teilchen sind für die Impulsmessung von Teilchen mit niedrigen Impulsen ($\lesssim 2\,\text{GeV}$) wegen der in diesem Bereich dominant beitragenden Coulomb-Vielfachstreuung sehr wichtig. Im Fall des Belle-II-Detektors wird die Materialverringerung ohne große Einbußen der Steifigkeit des Detektors dadurch erreicht, dass die DEPFET-Sensoren im aktiven Flächenbereich von der Rückseite durch ein anisotropes Ätzverfahren auf 75 µm gedünnt werden [79] (Abbildung 8.71(b)). Die gesamte Fläche des Detektors ist durch die aktiven, dünnen Bereiche homogen abgedeckt (Verkippung der Module). Die dicken Bereiche, auf denen die Chips aufgebracht sind, liegen an den Modulrändern und verleihen der Gesamtstruktur Steifigkeit. Ein 1:1-Modell des Detektors ist in Abb. 8.71(a) gezeigt.

Außer in der Teilchenphysik finden DEPFET-Pixeldetektoren Anwendung in der Röntgenastronomie [758]. Insbesondere für niederenergetische kosmische Röntgenstrahlung mit Energien bis unterhalb von 1 keV sind sie sehr gut geeignet [781], da die Quantenraten gering sind und DEPFET-Detektoren mit langen Filterzeiten entsprechend extrem rauscharm ausgelesen werden können. Auch für biomedizinische Fragestellungen, zum Beispiel in der Tritiumautoradiographie, sind DEPFET-Pixeldetektoren sehr geeignet. Tritium ist ein begehrter Radiomarker, da es in biologischen Molekülen als Wasserstoff-Ersatz eingesetzt werden kann. Abbildung 8.72 zeigt die Aufnahme der räumlichen ^{3}H-Verteilung in einem mit ^{3}H radiomarkierten Blatt einer Pflanze [787]. Der Nachweis von Tritium, das durch β-Zerfall zerfällt, ist deshalb sehr schwierig, weil die Endpunktenergie des β-Spektrums nur 18.6 keV beträgt und die wahrscheinlichste Elektronenenergie 2.5 keV, was in Silizium etwa 680 erzeugten e/h-Paaren entspricht.

Abb. 8.72 Aufnahme der Radioaktivitätsverteilung eines Tritium-markierten Blattes einer Pflanze, aufgenommen mit einem DEPFET-Pixeldetektor [787]. Links Fotografie des Blattes, rechts grau-kodierte Aktivität (hell bedeutet höhere Aktivität).

8.10.3 MAPS-Pixeldetektoren

Unter dem Akronym MAPS (*monolithic active pixel sensors*) werden Pixeldetektoren verstanden, die kommerzielle CMOS-Elektronik und die Ladungssammlung des Sensors in einer Einheit vereinen. Die Details sind je nach verwendeter Technologie verschieden.

Kommerzielle Technologien verwenden preiswerte, niederohmige Substratwafer, auf die häufig eine epitaxiale Siliziumschicht (epi-Schicht, siehe Seite 342) aufgewachsen wird. Doping-Profil und Leitungstyp der epi-Schicht können unabhängig vom Substrat kontrolliert werden und können preiswert chemisch reiner und hochohmiger als das Substrat erzeugt werden. Die Dicke der epi-Schicht liegt typisch im 1–20 µm-Bereich. Vor allem Prozesstechnologien für CMOS-Kamera-Chips verwenden epi-Wafer aufgrund der besseren Nachweiseffizienz für optische Photonen (weil hochohmiger). Die Prozessierung der Schaltungselektronik erfolgt ausschließlich in der epi-Schicht.

Für den Nachweis einzelner geladener Teilchen in CMOS-Chips ist die auf einer Elektrode sammelbare Ladung in aller Regel sehr gering. Dies liegt vor allem an dem nicht vorhandenen oder nur sehr kleinen Volumen verarmten Siliziums, in dem die durch Teilchendurchtritt erzeugten Ladungen durch Drift (und nicht nur durch Diffusion) in einem elektrischen Feld vollständig zu einer Ausleseelektrode gelangen können. In den anderen Bereichen ist die Ladungssammlung unvollständig oder sogar verschwindend klein.

Im Gegensatz dazu treffen beim Nachweis von Licht viele Photonen homogen verteilt in eine Pixelzelle ein, und es spielt keine Rolle, wenn nur ein Bruchteil der von ihnen erzeugten Ladung nachgewiesen wird, solange dieser im Mittel konstant ist. Der effektiv aktive Anteil der Pixelfläche (*fill factor*) bei CMOS-Kamera-Chips kann daher ohne Effizienzverlust deutlich kleiner als 100% sein.

Die Ansätze, CMOS-Pixeltechnologie als ortsempfindliche Teilchendetektoren zu entwickeln, zielen daher darauf ab, die Ladungssammlung in der epi-Schicht zu verbessern oder aber deponierte Ladung in verarmten Substratbereichen (bei Verwendung von Nicht-Standard-Wafer-Optionen) nachzuweisen. Wichtig dabei ist, dass gleichzeitig die CMOS-Funktionalität der Elektroniklage erhalten bleibt.

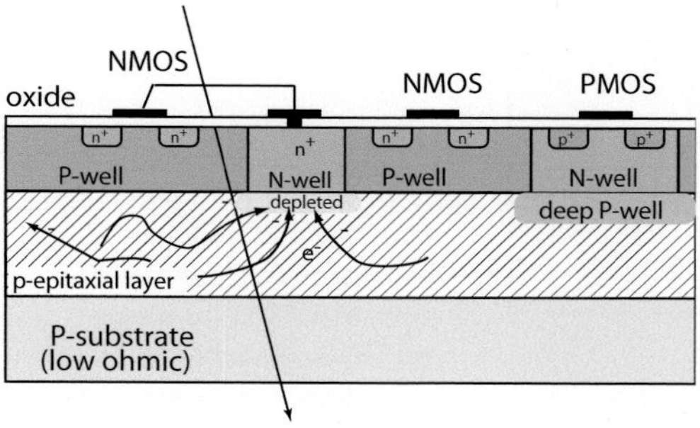

Abb. 8.73 Monolithischer Pixeldetektor mit Ladungssammlung in einer Silizium-Epitaxieschicht (MAPS-epi). Die Ladungssammlung erfolgt durch Diffusion in der epi-Schicht, hier an einem n^+-Kontakt (N-Wanne). Weitere N-Wannen (zum Beispiel für PMOS-Transistoren) stehen dazu in Konkurrenz (für die Ladungssammlung) und müssen zum Beispiel durch eine tiefe P-Wanne abgeschirmt werden.

MAPS-Detektoren mit Ladungssammlung in einer Epitaxieschicht Abbildung 8.73 zeigt das Prinzip monolithischer Pixeldetektoren, die eine Epitaxieschicht zur Ladungssammlung verwenden [288, 786]. Das Substrat des CMOS-Wafers ist nicht verarmt. In der epi-Schicht existiert in erster Näherung kein gerichtetes elektrisches Feld. Elektronen, die durch eintreffende Strahlung in der epi-Lage freigesetzt werden, können weitgehend durch Diffusion zu einem n^+-dotierten Bereich gelangen, der als Sammelelektrode fungiert und in der CMOS-Technologie durch eine N-Wanne[13] (*N-well*) realisiert wird. Die Ladungssammlung durch Diffusion ist in der Regel nur dann vollständig, wenn die Ladung unmittelbar an der Sammelelektrode deponiert wird, in deren Nähe eine Verarmungszone (*depleted region*) existiert.

Da es kein Driftfeld gibt, ist die Ladungssammlung durch Diffusion vergleichsweise langsam ($\approx 100\,\text{ns}$). Das Signal eines minimal ionisierenden, hochenergetischen Teilchens führt in dieser sehr dünnen epi-Schicht zu typisch etwa 1000 Elektronen. Dementsprechend niedrig muss das Rauschen der Ausleseelektronik sein, damit Signal-zu-Rausch-Verhältnisse von mehr ≈ 10 erreicht werden. Da die Sammelelektrode in Abb. 8.73 ein N-Kontakt ist, stehen andere N-Wannen für die Ladungssammlung in Konkurrenz dazu. Daher ist es nicht möglich, in der Pixelzelle PMOS-Transistoren, die in eine N-Wanne eingebettet werden müssen, zu verwenden. Komplexere CMOS-Elektronik mit NMOS- und PMOS-Transistoren kann daher in konventionellen MAPS nur außerhalb der aktiven Fläche am Rand des Pixel-Chips realisiert werden. Um auch PMOS-Transistoren in der aktiven Pixelfläche verwenden zu können, werden weitere (tiefe[14]) Wannenoptionen in einer CMOS-Technologie benötigt (siehe zum Beispiel [115, 673]). In Abb. 8.73 wird eine tiefe, hoch dotierte P-Wanne zur Abschirmung unter die N-Wanne von PMOS-Transistoren gelegt. Das Substrat wird nicht explizit kontaktiert. Der p-dotierte Bereich nimmt gegenüber der n^+-Sammelelektrode ein negativeres Potenzial ein und hat für Elektronen eine abstoßende Wirkung, so dass die abgeschirmte N-Wanne nicht mehr in Konkurrenz zu der Sammelelektrode steht.

[13] Wannen sind dotierte Bereiche, in die MOSFETs eingebettet werden, die bei einem gegebenen Substrattyp andernfalls nicht realisierbar sind: zum Beispiel N-Wannen, um pMOSFETs auf p-Substrat zu realisieren, P-Wannen für nMOSFETs in n-Substrat.

[14] 'tief' bedeutet hier: tiefer unter der Oberfläche als die Transistorwannen

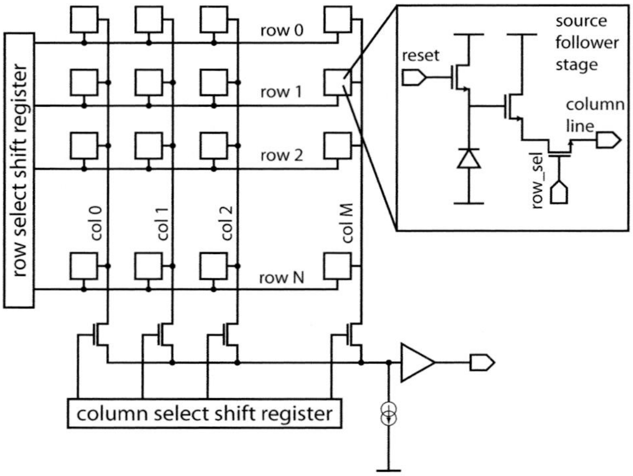

Abb. 8.74 Einfaches 3-Transistor-Ausleseschema einer MAPS-Pixelmatrix mit Zeilenanwahl (*select*), Löschen (*reset*) und Sourcefolger-Ausgang.

In einem anderen Ansatz [673] (Abb. 8.75(a)) wird mit Hilfe einer großflächigen tiefen N-Wanne erreicht, dass die Ladungssammlung schneller und vollständiger erfolgt als in Abb. 8.73. Gleichzeitig wird dadurch eine Möglichkeit geschaffen, sowohl NMOS- als auch (eingeschränkt, siehe nächster Absatz) PMOS-Transistoren im aktiven Bereich der Pixelfläche zu platzieren. Dadurch kann bereits eine einfache Signalprozessierung (Verstärker, Shaper, Diskriminator) in der Pixelzelle implementiert werden. In Prozessen, die höhere Spannungen (HV-Prozess) erlauben oder hochohmigeres Substrat verwenden (HR-Prozess), kann die Ladungssamlung statt in der epi-Schicht in einem verarmten Bereich unter der N-Wanne erfolgen (ebenfalls Abb. 8.75(a)). Die PMOS-Transistoren in der großflächigen N-Wanne sind nicht so wie die NMOS-Transistoren abgeschirmt (dazu wäre ein weiterer tiefer P-Bereich zwischen der tiefen und der lokalen N-Wanne notwendig), so dass die CMOS-Schaltkreise einigen Einschränkungen unterliegen. Außerdem muss ein Randbereich gelassen werden, in dem Schaltkreisteile untergebracht werden, die empfindlich auf Substrateffekte[15] reagieren. Die aktive Pixelfläche beträgt daher nicht 100%
.

Für vergleichsweise zeit-unkritische Anwendungen kann die Auslese mit nur wenigen NMOS-Transistoren, die in der Pixelzelle sitzen, realisiert werden wie Abb. 8.74 zeigt. Die einfache Drei-Transistor-Schaltung besitzt eine Zeilenanwahl (*select*), den Signalausgang, der über einen Sourcefolger niederohmig (ohne Verstärkung) ausgegeben wird, und einen Löscheingang (*reset*). Weitere CMOS-Prozessierung erfolgt außerhalb der aktiven Pixelfläche, wie zum Beispiel Diskriminierung des Signals und Nullunterdrückung. Für LHC-Pixeldetektoren ist diese Auslesemethode zu langsam, um die hohen Datenraten zu verarbeiten.

MAPS-Detektoren mit Ladungssammlung in verarmtem Substrat Um monolithische Pixeldetektoren gegebenenfalls auch in Hochratenumgebungen wie bei LHC einzusetzen, kommt eine wesentliche Anforderung hinzu: der schnelle (in der Größenordnung von et-

[15] Anhängigkeit der Transistorschwellenspannung vom Potenzial zwischen Source und Substrat.

wa 10 ns) und vollständige Nachweis der beim Teilchendurchgang deponierten Ladung. Dazu ist die Kombination der CMOS-Schicht für die elektronischen Strukturen mit einer verarmten Sensorschicht notwendig, in der die Ladung im elektrischen Feld durch Drift (statt durch Diffusion) vollständig gesammelt wird. Allerdings werden weder verarmbare (hochohmige) Substrate noch zusätzliche Rückseitenkontakte, durch die ein elektrisches Feld im Substrat erzeugt werden kann, in den üblichen CMOS-Technologien angeboten. Spezielle Technologieänderungen und Schaltungsentwürfe sind notwendig, damit die Funktionalität von Sensor und Elektroniklage zusammen realisiert werden kann.

Die Verarmungstiefe d im Si-Substrat unter einer Wanne hängt vom spezifischen Widerstand des Substrats und von der erlaubten angelegten Spannung ab (Gl. (8.51)):

$$d \propto \sqrt{\rho U}\,.$$

Man muss daher Prozesstechnologien verwenden, die für höhere Betriebspannungen ausgelegt sind [638], oder solche, die die Verwendung hochohmigen Ausgangsmaterials erlauben [732, 424], oder eine Kombination von beidem. Abbildung 8.75 zeigt verschiedene Möglichkeiten.

HVCMOS In HV-Technologie kann unter einer tiefen N-Wanne (Abb. 8.75(a)), in die sowohl PMOS- als auch NMOS-Transistoren eingebettet sind, ein verarmtes Volumen mit einer Tiefe von etwa 10–20 µm erzeugt werden, in dem vollständige und schnelle Ladungssammlung in einem Driftfeld – im Gegensatz zu der (unvollständigen) Sammlung durch Diffusion – erfolgt. Wegen des kurzen Driftweges versprechen HV-MAPS auch höhere Strahlenhärte als *epi*-MAPS [638] (siehe auch Abschnitt 8.11). Kleine Verarmungstiefen bedeuten allerdings auch kleine Signale.

DMAPS Durch Verwendung hochohmigen Substratmaterials kann der Bereich unter der CMOS-Lage tiefer (50–100 µm) oder sogar vollständig verarmt werden und damit ein größeres Signal liefern (*depleted MAPS*, DMAPS). Wenn zusätzlich eine hinreichende Zahl (vier bei Typ A, Abb. 8.75(b), drei bei Typ B, Abb 8.75(c)) von (tiefen) N- und P-Wannen zur Einbettung der Transistoren und zur Abkopplung vom Substrat in der Technologie zur Verfügung stehen, ist die Verwendung von PMOS- und NMOS-Transistoren nicht limitiert, so dass komplexe CMOS-Schaltkreise auch in der aktiven Pixelfläche realisiert werden können [424].

In Abbildungen 8.75(b),(c) sind zwei Geometrien von DMAPS-Pixeldetektoren gezeigt. In Abb. 8.75(b) erfolgt die Ladungssammlung ähnlich wie in Abb. 8.75(a) in einer tiefen, relativ großen N-Wanne, die gleichzeitig die Transistoren der Schaltungsebene beinhaltet. In Abb. 8.75(c) wird das Feld auf einen kleineren n^+-Sammelkontakt fokussiert, der nur eine kleine Kapazität besitzt, wodurch das Rauschen gesenkt wird (siehe auch Abschnitt 17.10.3 über Rauschen). Allerdings müssen hierbei vergleichsweise lange Driftwege in Kauf genommen werden (nachteilig für die Strahlenresistenz).

SOI-MAPS In der *Silicon-on-Insulator*-Technik (SoI-Technik) werden die Transistoren durch eine Siliziumoxidschicht (*buried oxide*, BOX) zwischen der Elektroniklage und dem Trägerwafer (*handling wafer*) sowie durch vertikale Oxidabgrenzungen (*trenches*) einzeln

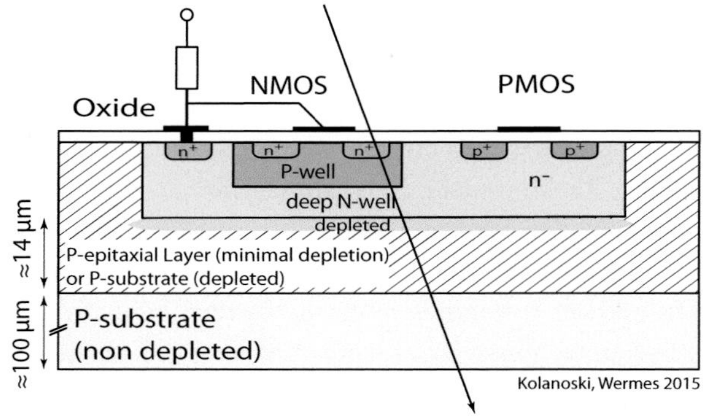

(a) HV-MAPS-Detektor mit tiefer N-Wanne

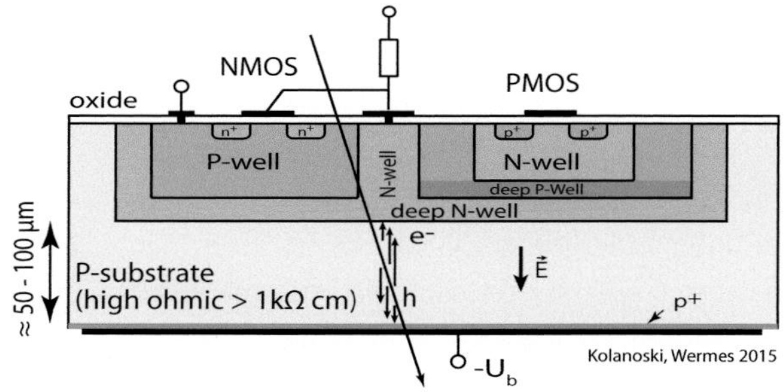

(b) Verarmter DMAPS-Detektor: Variante A

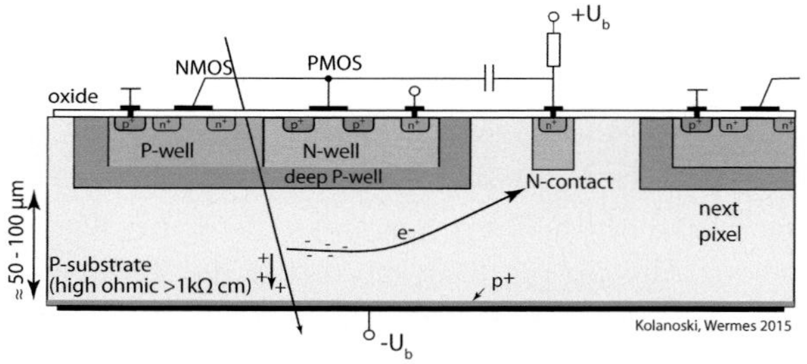

(c) Verarmter DMAPS-Detektor: Variante B

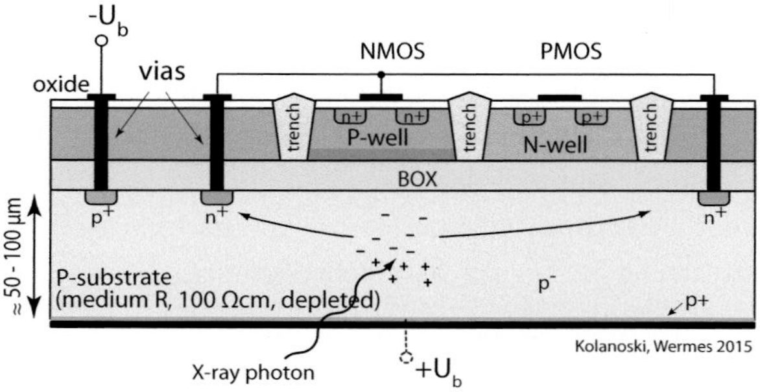

(d) SOI-MAPS-Detektor

Abb. 8.75 Verschiedene Ansätze zur Realisierung monolithischer Pixeldetektoren mit CMOS-Funktionalität: (a) HV-MAPS: Verwendung einer tiefen N-Wanne gleichzeitig zur Ladungssammlung und zur Einbettung von PMOS-Transistoren. Die Wanne kann in die Epitaxieschicht eingebettet sein [673] oder auf einem verarmbaren Substratbereich (HV-Technologie) sitzen, in dem die Ladungssammlung durch Drift anstatt durch Diffusion erfolgt [638]. (b) DMAPS-A: Hochohmiges Substrat mit Rückseitenkontakt: Die Verarmungszone wird zwischen der tiefen N-Wanne und dem Rückseitenkontakt ausgebildet. Die Ladungssammlung erfolgt durch die tiefe N-Wanne. (c) DMAPS-B: Das elektrische Feld fokussiert die Ladungssammlung auf einen separaten N-Kontakt. (d) SOI-MAPS: Konzept auf *Silicon-on-Insulator*-Basis. Die CMOS-Elektroniklage und die verarmte, Ladung sammelnde Sensorlage sind durch eine 'tiefe' ($\approx 1\,\mu$m) Siliziumdioxidschicht (BOX) getrennt, und die Transistoren sind durch vertikale *trenches* isoliert. In dem Beispiel wird die deponierte Energie durch ein absorbiertes Röntgenphoton dargestellt. Applikation eines elektrischen Feldes durch einen (optionalen) Rückseitenkontakt verbessert die Ladungssammlung.

isoliert (Abb. 8.75(d)). Der Trägerwafer kann aus hochohmigem Silizium bestehen, das verarmt werden kann. Damit kann CMOS-Technologie für die Ausleseelektronik verwendet werden, während ein (relativ großes) Ladungssignal in der hochohmigen Si-Schicht erzeugt wird. Ein dedizierter vertikaler Kontakt durch die CMOS-Schicht (*via*) verbindet die Elektroniklage mit der Substratlage. Eine besondere Schwierigkeit bei diesem Ansatz besteht darin zu verhindern, dass das elektrische Feld in der Sensorlage kapazitiv über die BOX in die CMOS-Elektroniklage einkoppelt. Dies kann zu erheblichen Schwellenverschiebungen führen und verhindern, dass die Sensorlage ausreichend verarmt werden kann[90]. Eine wichtige Fragestellung ist auch die Strahlentoleranz, insbesondere inwieweit Ladungstrapping in der BOX ebenfalls zu Schwellenverschiebungen in der CMOS-Elektronik führt. Mit verschiedenen Technologievarianten können diese Probleme jedoch beseitigt oder zumindest abgemildert werden [593, 432].

8.11 Strahlenschädigung

Ein Teilchendetektor ist im Experimentierbetrieb in der Regel einem mehr oder weniger konstanten Fluss geladener und neutraler Teilchen sowie Gamma- und Röntgenstrahlung ausgesetzt. Je nach Höhe des Teilchenflusses führt dies mit der Zeit zu Beschädigungen des Materials, so genannten Strahlenschäden, die wir hier für Silizium – mit Einschränkungen auch für andere Halbleiterdetektormaterialien – diskutieren. Halbleiterdetektoren befinden sich oft nahe am Target oder Kollisionspunkt von Beschleuniger-Experimenten und sind daher besonders hohen Teilchenflüssen ausgesetzt. Wir unterscheiden im Folgenden:

- Schädigungen der Oberfläche und der Grenzflächen (Si-SiO_2) von Halbleitersensoren und Auslese-Chips durch Ionisierungsenergieverlust von Strahlung (*ionizing energy loss*, IEL).
- Volumenschädigung des Siliziumkristalls durch Energiedeposition im Material, die dominant nicht-ionisierender Natur ist (*non-ionizing energy loss*, NIEL), das heißt, durch Stöße mit den Gitterkernen verursacht wird. Diese führen einerseits zu Phononanregungen, die das Gitter nicht schädigen, aber auch zu Atomversetzungen und anderen Beschädigungen des Kristallgitters.

Die Substratschädigungen im Kristallvolumen wirken sich auf die Eigenschaften der Sensoren aus, vor allem für die Ladungssammlung, während die Oberflächen- und Grenzflächenschädigungen vor allem für Schwellenverschiebungen in der CMOS-Elektronik und für parasitäre, ungewollte Ströme zwischen Transistoren verantwortlich sind, die die Funktionsweise der Elektronik beeinträchtigen.

Die für die Siliziumsensoren bedeutende NIEL-Substratschädigung durch Teilchenstrahlung wird üblicherweise per Konvention auf die Schädigungswirkung von Neutronen von 1 MeV umgerechnet (siehe Abschnitt 8.11.1). Die Strahlungsfluenz, das ist die

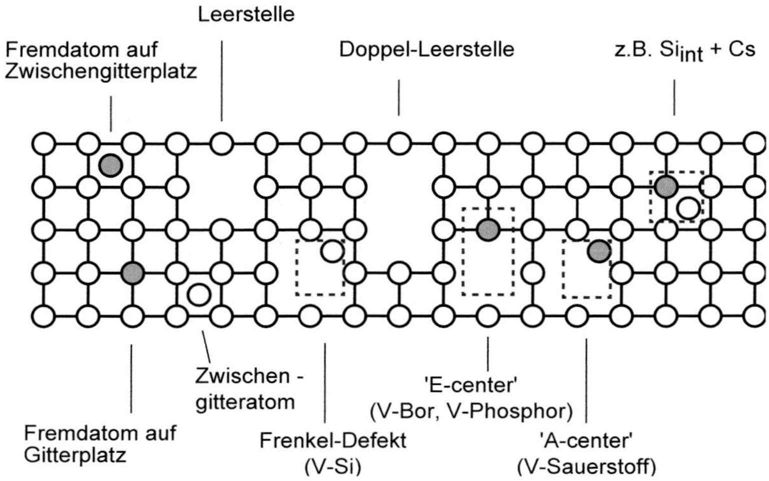

Abb. 8.76 Verschiedene Störstellenarten im Si-Gitter durch Strahlenschädigung. Die grau unterlegten Kreise stellen Fremdatome dar. Komplexere Defekte sind durch die schraffierten Reckt-ecke gekennzeichnet. V bedeutet Leerstelle (*vacancy*), Si$_{int}$ ist ein Si-Zwischengitterplatz. Fremdatome gelangen zum Beispiel durch Verunreinigungen bei der Kristallzucht in das Gitter.

Zahl der durch ein Material gegangenen Teilchen pro cm^2, wird daher in n_{eq}/cm^2 (*neutron equivalent*) angegeben. Bei LHC zum Beispiel liegt die Fluenz ϕ_{eq} nach 10-jähriger Laufzeit je nach Abstand vom Kollisionspunkt in folgender Größenordnung: $\phi_{eq} \approx 10^{15}$ $\text{n}_{eq}/\text{cm}^2$ für die innersten Pixeldetektoren (im Abstand $r > 4\,\text{cm}$), $\phi_{eq} \approx 10^{14}$ $\text{n}_{eq}/\text{cm}^2$ für Mikrostreifendetektoren ($r > 20\,\text{cm}$). In der geplanten Hochluminositätsausbaustufe des LHC sind diese Zahlen mit einen Faktor von ungefähr 10 zu multiplizieren.

8.11.1 Substratschädigung

Schädigungsprozesse Je nach Art der Strahlung treten in Halbleitermaterialien unterschiedliche Defektmechanismen auf, deren Entstehungswahrscheinlichkeit auch von der Energie der Strahlung abhängt. Energieverlust durch Ionisation ist ein dominanter Verlustprozess für alle geladenen Teilchen (siehe auch Abschnitt 3.2). Da Ionisation in Halbleitern aber ein reversibler Prozess ist, bleibt außer an Isolations- und an Grenzschichten keine Schädigung im Kristall zurück.

Anders verhält es sich bei nicht-ionisierender Schädigung, ausgelöst durch direkte Kollisionen mit den Atomkernen des Kristallgitters. Diese können Atome aus ihrem Gitterplatz herausschlagen, wodurch Leerstellen (*vacancies*) und Atome auf Zwischengitterplätzen (*interstitials*) als primäre Punktdefekte erzeugt werden, wie Abb. 8.76 zeigt. Ferner können Neutroneinfänge und Kerntransmutationen entstehen. Ein erheblicher Teil der primären Punktdefekte ist nicht stabil und löst sich durch Rekombination wieder auf. Da sie prinzipiell im Gitter beweglich sind, können sie aber auch mit vorhandenen Fremdatomen stabile Defektkomplexe bilden (Abb. 8.76, siehe auch [752]).

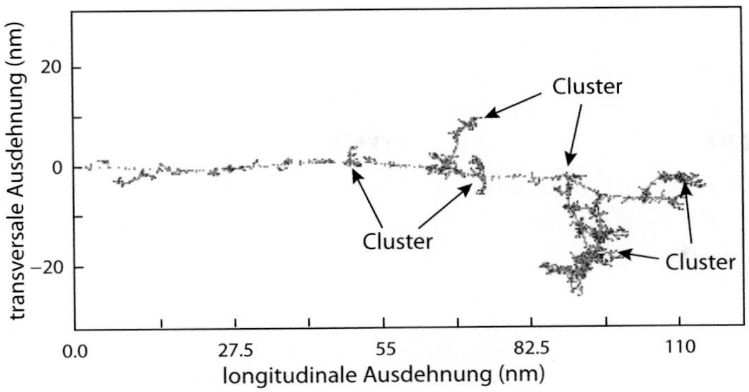

Abb. 8.77 Simulation [454] einer Gitterschädigung, ausgelöst durch ein bei (x,y) = (0,0) herausgeschlagenes primäres Gitteratom von 50 keV Energie, was einer typischen Rückstoßenergie für 1-MeV-Neutronen entspricht.

Die Art der Kollisionsprozesse sind Coulomb-Streuung am Kern (für Elektronen, geladene Pionen und Protonen) sowie elastische (auch inelastische) Kernstreuung für Neutronen. Um ein Atom aus einem Siliziumgitter mit mehr als 50% Wahrscheinlichkeit herauszuschlagen, wird eine Mindestenergie von 25 eV benötigt [552]. Die auf ein Teilchen mit Masse M bei einem zentralen elastischen Stoß durch ein nicht-relativistisches Teilchen mit kinetischer Energie T und Masse m übertragbare Maximalenergie T_{max} ist gegeben durch:

$$T_{max} = 4\frac{Mm}{(M+m)^2}T\,.$$

Sie liegt für Nukleonen und Kerne um mehr als drei Größenordnungen über der Mindestenergie von 25 eV (siehe Tab. 8.4). Das herausgeschlagene Atom kann daher noch weitere Gitteratome aus dem Gitterverbund herausschlagen, bevor es zur Ruhe kommt, und die sekundär herausgeschlagenen Atome ebenso. Es kommt statt eines Punktdefekts zu einem Defektcluster mit typischen Flächenausdehnungen von 10 nm × 200 nm längs der Stoßrichtung, der aus einer Anhäufung von Leerstellen und Zwischengitterdefekten besteht. Abbildung 8.77 zeigt die Simulation einer Schädigung in Silizium durch ein ausgelöstes Gitteratom. Für Elektronen entspricht die Formel für die maximal auf das Gitteratom übertragbare kinetische Energie der in Abschnitt 3.2 in Gleichung (3.19) abgeleiteten relativistischen Formel für den Energieübertrag bei Ionisation, wobei jetzt die Rollen der Streupartner Elektron und schweres Teilchen vertauscht sind. Der maximale Energieübertrag eines Elektrons mit kinetischer Energie T_e auf ein Atom,

$$T_{max} \approx 2\frac{T_e + 2m_e}{M}T_e\,,$$

ist um etwa drei Größenordnungen kleiner als bei Proton- oder Neutronstößen (Tab. 8.4).

Während für elastische Neutron-Kern-Streuung eine nahezu flache Verteilung des Energieübertrags vorliegt, fällt der Wirkungsquerschnitt für Coulomb-Streuung gemäß der Rutherford-Streuformel von kleinen zu hohen Energieüberträgen auf das Gitteratom steil ab, so dass der über den Wirkungsquerschnitt gemittelte Energieübertrag $\langle T\rangle$ für Protonen sehr viel kleiner ist als für Neutronen. Der totale Wirkungsquerschnitt ist für Coulomb-Streuung allerdings sehr viel größer als für elastische Neutronenstreuung am Kern. Tabelle 8.4 stellt die kinetischen Energien und Wirkungsquerschnitte, integriert

Tab. 8.4 Vergleich von maximalem und mittlerem Energieübertrag sowie Wirkungsquerschnitte (integriert von einer Schwellenenergie $T = 25$ eV bis T_{max}) für Elektronen, Protonen und Neutronen sowie für (angestoßene) Siliziumkerne mit kinetischen Energien von 1 MeV. Siliziumkern-Querschnitte sind für die Entstehung von Schädigungs-Clustern relevant (nach [832] und darin angegebenen Referenzen).

Teilchensorte Wechselwirkung	Elektronen Coulomb-Str.	Protonen Coulomb-Str.	Neutronen elast. Kernstr.	Si^+-Kerne Coulomb-Str.
T_{max}	155 eV	134 keV	134 keV	1 MeV
$\langle T \rangle$	46 eV	210 eV	50 keV	265 eV
σ (10^{-24} cm^2)	44	17 950	3.7	502 500

von einer für Schädigung nötigen Minimalenergie T_{min} bis T_{max}, zusammen. Als unmittelbare Konsequenz ergibt sich, dass Elektronen (und auch Gammastrahlung) sowie Protonen (und auch geladene Pionen) wesentlich mehr Punktdefekte erzeugen als Neutronen.

Eine Vorstellung von der unterschiedlichen Stärke der Schädigung nach einer Fluenz von 10^{14} Teilchen pro cm^2 in einem 1 μm^3 großen Volumen gibt Abb. 8.78 für Protonen von 10 MeV, 24 GeV und für 1-MeV-Neutronen.

NIEL-Hypothese Für das Detektormaterial Silizium stellt die so genannte NIEL-Hypothese eine gute Beschreibung der beobachteten Schädigungseffekte in Siliziumdetektoren dar, insbesondere des Leckstromverhaltens (siehe Seite 365). Die Hypothese besagt, dass sämtliche Strahlungsschäden im Siliziumkristall auf Punkt- und Clusterdefekte und deren Häufigkeitsverhältnis zurückzuführen sind. Mit dieser Annahme können die beobachteten Unterschiede der Schädigung durch Neutronen, Protonen, Pionen und Elektronen inein-

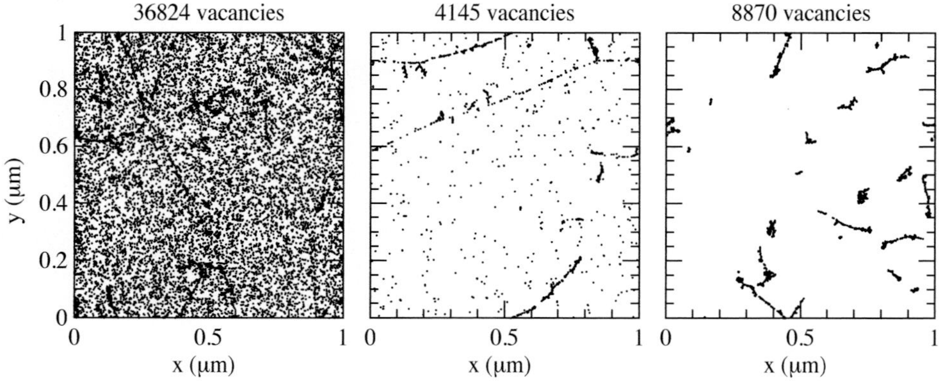

Abb. 8.78 Anfangsverteilung von Gitterfehlstellen in einem 1 μm^3 großen Siliziumvolumen für (a) 10-MeV-Protonen, (b) 24-GeV-Protonen und (c) 1-MeV-Neutronen nach einer Fluenz von 10^{14} Teilchen pro cm^2. Dargestellt ist die Projektion in einer Tiefe von 1 μm (nach [454], mit freundl. Genehmigung von Elsevier).

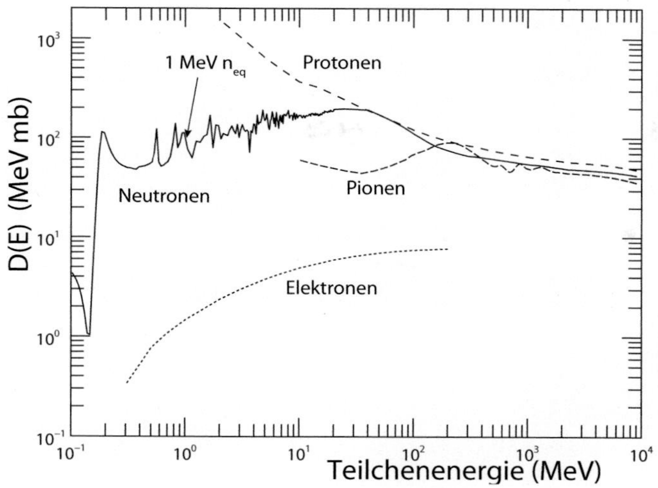

Abb. 8.79 Schädigungsfunktion $D(E)$ für Gitterversetzung für verschiedene Teilchenarten: Neutronen, Protonen, Pionen, Elektronen (nach [551], mit freundl. Genehmigung von Elsevier). Markiert ist der Normierungspunkt für 1-MeV-Neutronen.

ander umgerechnet werden. Eine energieabhängige Schädigungsfunktion $D(E)$ berücksichtigt Wirkungsquerschnitte, die Wahrscheinlichkeit für NIEL, Wahrscheinlichkeiten für Primärdefekterzeugung und die Schädigungswirkung der beteiligten Effekte [535]:

$$D(E) = \sum_i \sigma_i(E) \int_{E_d}^{E_R^{max}} f_i(E, E_R)\, E_{\mathrm{dam}}(E_R)\, dE_R \,. \tag{8.82}$$

Dabei sind E, E_R die Energien des einlaufenden Teilchens bzw. des Rückstoßatoms. Der Index i läuft über alle Reaktionen mit Wirkungsquerschnitt σ_i, die möglich sind. $f_i(E, E_R)$ gibt die Wahrscheinlichkeit an, mit der bei Reaktion i ein Rückstoßatom mit der Energie E_R entsteht, und $E_{\mathrm{dam}}(E_R)$ ist die Energie, die für die Bildung von Versetzungsdefekten zur Verfügung steht. Letztere ist nicht gleich E_R, weil die primär herausgeschlagenen Gitteratome auch Energie durch Ionisation verlieren. Bei kleinen Energien ($<$ keV) liegt der Anteil E_{dam}/E_R im Bereich von 80–90%, während er bei MeV-Energien auf unter 20% fällt (siehe [832]).

Die Schädigungskurven der Funktion $D(E)$ für Silizium sind in Abb. 8.79 für Neutronen, Protonen, Pionen und Elektronen dargestellt. Die Schädigungswirkung der Normierungsschädigung durch 1 MeV Neutronen beträgt $D_n(1\text{ MeV}) = 95\,\text{MeV mb}$ [550]. Sie wird zur Umrechnung für Schädigung durch andere Strahlung benutzt. Die Schädigungseffizienz verschiedener Teilchen mit individuellen Energien wird durch das Verhältnis κ von D_x für eine Teilchenart x bei einer Energie E zu D_n bei 1 MeV definiert:

$$\kappa = \frac{\int_{E_{min}}^{E_{max}} D_x(E)\phi(E)dE}{D_n(1MeV)\int_{E_{min}}^{E_{max}} \phi(E)dE}\,, \tag{8.83}$$

und als 'Härtefaktor' κ bezeichnet. Zum Beispiel ist für Protonen bei 24 GeV $\kappa = 0.6$, bei 25 MeV ist $\kappa = 1.85$ [549].

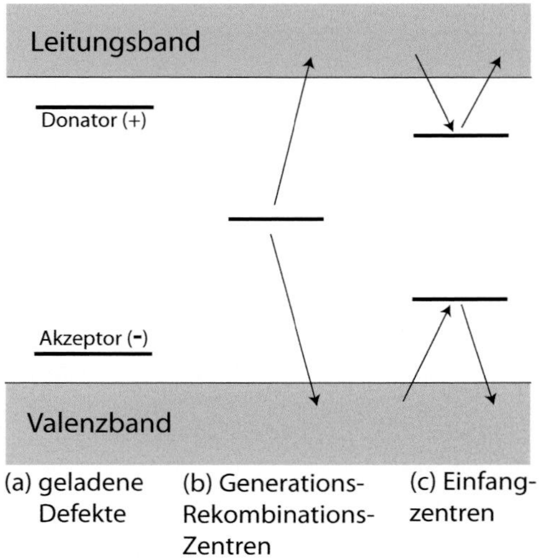

Abb. 8.80 Energieniveaus von Defekten, verursacht durch Strahlenschädigung, und ihre Lagen in der Bandlücke von Silizium.

Auswirkung der Substratschädigung Durch die Schädigung können neue Energieniveaus in der Bandlücke des Siliziums entstehen, die 'elektrisch wirksam' werden können, d.h. frei bewegliche Ladungen durch Übergänge in das Leitungs- oder das Valenzband generieren oder absorbieren können. Je nach ihrer Lage innerhalb der Bandlücke, das heißt ihrem Donator- oder Akzeptorcharakter, und ihrer Erzeugungsquerschnitte sind ihre Auswirkungen unterschiedlich. Die dominierenden Effekte sind in Abb. 8.80 schematisch dargestellt.

1. *Erzeugung von Akzeptor- und Donator-Zentren*
   Durch Gitterschädigung können Defekte entstehen, die geladen sind und als Donator- oder Akzeptor-Zentren wirken. Dadurch ändert sich mit der Schädigungsdauer die effektive Dotierungskonzentration $N_{eff} = N_D - N_A$. Die Ladung der Raumladungszone ändert sich und damit auch die zu vollständiger Verarmung notwendige Spannung. Durch die Strahlung können zum einen Donator- oder Akzeptoratome der ursprünglichen Dotierung deaktiviert werden, sei es, dass sie aus dem Gitter entfernt werden oder durch Reaktion mit beweglichen Defekten elektrisch neutral werden. Zum anderen können neue donator- oder akzeptorartige Zustände erzeugt werden. Ihre Konzentration ist proportional zur Strahlungsfluenz. Es kann dadurch sogar zu einem Wechsel des Raumladungsvorzeichens ('Typinversion') kommen (siehe auch Abschnitt 8.7), bei der anfängliches n-Typ-Silizium durch die Bestrahlung effektiv zu p-Typ-Silizium wird (Abb. 8.81). Dies kann bei hochohmigem Sensormaterial bereits nach Fluenzen von $\phi_{eq} \approx 10^{12-13}\ n_{eq}\ \mathrm{cm}^{-2}$ erfolgen und liegt vor allem daran, dass akzeptorartige Defekte, die Elektronen aus dem Valenzband einfangen, zu einer negativen Raumladung (wie bei p-Dotierung) beitragen (siehe zum Beispiel [653]). Liegen diese Defekte in der Mitte der Bandlücke (*deep level defect*), so tragen sie durch Ladungsgeneration darüber hinaus zur Leckstromerzeugung bei (siehe unten).

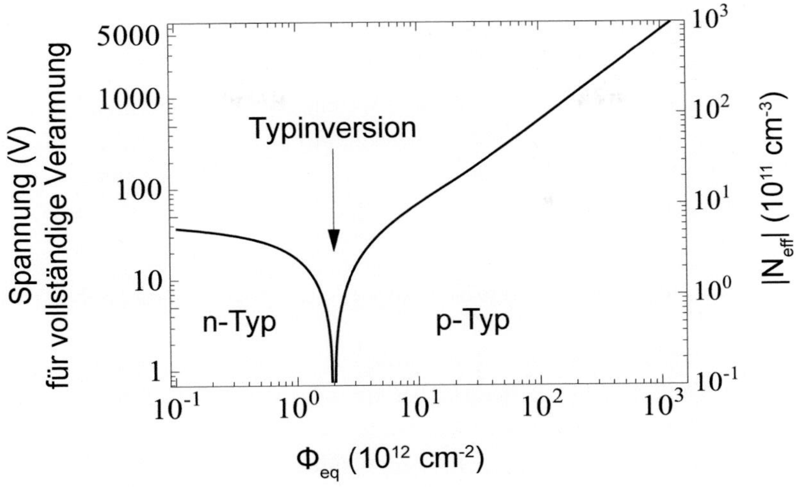

Abb. 8.81 Effektive Ladungsträgerkonzentration (linke Achse) und Spannung für vollständige Verarmung des Detektors (rechte Achse) als Funktion der Teilchenfluenz, normiert auf die Schädigung von 1-MeV-Neutronen (nach [832]).

Bei den Strahlungsflüssen der LHC-Experimente erfolgt eine Typinversion je nach Luminosität bereits nach wenigen Jahren Betriebszeit (siehe auch Abschnitt 8.7). Die effektive Dotierungskonzentration ändert sich mit der Strahlungsfluenz. Die zur vollständigen Verarmung notwendige Betriebsspannung ist am Inversionspunkt am niedrigsten. Da die effektive Raumladung durch Bestrahlung immer höher wird (normalerweise negativer), steigt die für vollständige Verarmung des Detektors notwendige Spannung wieder an (Abb. 8.81, linke Ordinate). Im Extremfall erlaubt die zur Verfügung stehende Maximalspannung nur noch eine teilweise Verarmung des Detektors, was eine entsprechende Verringerung des Ladungssignals zur Folge hat.

2. *Erzeugung von Generations-Rekombinations-Zentren*
Niveaus in der Mitte der Bandlücke wirken als Generations- oder Rekombinations-Zentren, da durch sie die thermische Erzeugung eines Elektron-Loch-Paares über ein Zwischenniveau erleichtert wird (Generation) oder ein Elektron und ein Loch aus ihren jeweiligen Bändern rekombinieren können. Wegen der exponentiellen Abhängigkeit der thermischen Ladungsträgergeneration vom Energieabstand zum Leitungs- beziehungsweise Valenzband (siehe Abschnitt 8.2.3) sind diese Prozesse bei Bandmittenniveaus viel wahrscheinlicher als bei 'flachen' Niveaus, die energetisch nahe den Bandkanten liegen. Sie ändern damit direkt die Ladungsträgerkonzentration. Generationszentren bewirken einen erhöhten Strom im Sensorsubstrat (Detektorleckstrom). Der Leckstrom trägt direkt zu höherem Detektorrauschen bei (*shot noise*, siehe Abschnitt 17.10.3). Außerdem erwärmt sich durch den Stromfluss der Detektor, und es besteht die Gefahr des *thermal runaway*, einer Kettenreaktion, verursacht durch einen leckstrom-bedingten

Temperaturanstieg, welcher wiederum mehr thermisch generierten Leckstrom produziert. Dieser Effekt kann letztlich den Detektor zerstören.

3. *Erzeugung von Einfangzentren (trapping)*
Elektronen und Löcher können von Fehlstellen eingefangen und verzögert wieder frei gegeben werden. Folgen sind sinkende Lebensdauern und freie Weglängen der Ladungsträger und damit Signalverlust, wenn die Freigabe der Ladungsträger länger als die Signalformungszeit dauert.

8.11.2 Makroskopische Auswirkungen auf den Detektorbetrieb

Änderung der Substratdotierung Makroskopische Konsequenzen der Strahlenschäden sind messbar als Veränderung des Antwortverhaltens des Halbleiterdetektors. Die Änderung der effektiven Dotierungskonzentration führt, wie beschrieben, gegebenenfalls sogar zu einer Typinversion und stellt damit eine bedeutsame Änderung der elektrischen Eigenschaften der Detektoren dar. In Siliziumdetektoren ändert sich dadurch der Feldstärkeverlauf, und auch die Wachstumsrichtung der Verarmungszone kehrt sich um. Bei hohen Fluenzen werden sehr hohe Spannungen ($\mathcal{O}(1000\,\text{V})$) benötigt, um vollständige Verarmung des Detektors zu erreichen, und bei Fluenzen oberhalb von etwa $5{\times}10^{15}$ cm^{-2} ist eine vollständige Verarmung im Allgemeinen nicht mehr möglich. Für Pixeldetektoren werden aus diesem Grunde häufig so genannte n$^+$-in-n-Sensoren verwendet, weil dann nach der Typinversion die Verarmungszone an der Elektrodenseite (Pixel) beginnt und der Detektor dann auch unvollständig verarmt betrieben und ausgelesen werden kann (siehe Abschnitt 8.7).

Leckstrom Durch Generationszentren erhöht sich der Detektor-Leckstrom proportional zur Fluenz:

$$\Delta I_{leak} = \alpha \cdot \, \phi_{eq} \cdot V\,, \tag{8.84}$$

wobei mit V das Volumen unter der Elektrode, mit ϕ_{eq} die (1 MeV) neutronen-äquivalente Fluenz und mit α die 'Schädigungsrate' bezeichnet wird, die gemäß (8.84) durch Leckstrommessung bestimmt werden kann. Für eine feste Ausheilzeit und -temperatur (siehe Abschnitt 8.11.4) ist die auf eine bestimmte Messtemperatur (20 °C) normierte Größe α eine universelle Konstante, die weder von der Art des Siliziummaterials (Kristallzucht) noch von der Dotierung oder der schädigenden Strahlung (Neutron, Proton, Pion) abhängt [550]. Sie beträgt $\alpha_{80/60} = 4.0 \times 10^{-17}\,\text{A cm}^{-1}\,(\pm\,5\%)$ für 80 min bei 60 °C Ausheilung, Vergleichsbedingungen, die per Konvention festgelegt wurden [550]. Für den Anstieg des Volumenlecktroms I_L sind die Bandmittendefekte verantwortlich, die als Generations-Rekombinations-Zentren wirken. Die für I_L relevante Größe ist die Ladungsträgerlebensdauer $\tau_{e/h}$, die umgekeht proportional zur Konzentration der Bandmittendefekte ist [832], die mit der Fluenz ϕ skalieren:

$$\frac{1}{\tau_{e/h}} = \frac{1}{\tau_0} + k_\tau \phi \tag{8.85}$$

($\tau_0 =$ Lebensdauer vor der Schädigung), wodurch die 'Schädigungskonstante' k_τ definiert wird, die mit α zusammenhängt,

$$\alpha = \frac{en_i}{2}\, k_\tau\,, \tag{8.86}$$

mit n_i = intrinsische Ladungsträgerkonzentration. Wegen n_i ist α stark temperaturabhängig, k_τ hingegen nur wenig, weshalb k_τ die grundlegendere Größe zur Schädigungscharakterisierung ist [832].

Ladungssammlungseffizienz In Silizium ist selbst bis zu Fluenzen von $\phi_{eq} = 10^{15}$ cm^{-2} die Ladungssammlung in einem verarmten Volumen nahezu 100% effizient. In anderen Sensormaterialien (für Teilchendetektoren mit hohen Teilchenflüssen ist hier vor allem Diamant relevant, siehe Abschnitt 8.12.4), ist Ladungseinfang (*trapping*) dominant für die Verschlechterung des Detektorbetriebs nach Bestrahlung verantwortlich.

Die Größe des induzierten Signals wird bestimmt von der Dauer der Trennungsbewegung von Elektronen und Löchern, das heißt der mittleren Lebendauer $\tau_{e/h}$ bis zum Einfang. In dieser Zeit entfernen sich die Ladungsträger voneinander um die Strecke

$$\begin{aligned} d_{sep} = v_e\tau_e + v_h\tau_h &= (\mu_e\tau_e + \mu_h\tau_h)\, E \\ &= \mu\tau E\,, \end{aligned} \tag{8.87}$$

mit

$$\mu = \frac{\mu_e\tau_e + \mu_h\tau_h}{\tau}\,, \tag{8.88}$$

wobei τ die mit der Mobilität gewichtete Lebensdauer ist. Die Strecke d_{sep} ist die Summe der mittleren freien Weglängen $\lambda_{e/h}$ beider Ladungsträger und wird auch *charge collection distance* (CCD) genannt. In einem Detektor der Dicke d mit unstrukturierten Elektroden (parallelen Elektroden mit konstantem Wichtungsfeld, siehe Kapitel 5) und für $d_{sep} \ll d$ entspricht d_{sep}/d dem Anteil des maximal induzierten Signals. In diesem Fall kann die CCD experimentell sehr einfach bestimmt werden:

$$CCD \approx \frac{Q_{det}}{Q_{ion}}\, d = CCE \times d\ . \tag{8.89}$$

Dabei sind Q_{ion} und Q_{det} die erzeugte Ionisations- beziehungsweise nachgewiesene Influenzladung, deren Verhältnis Ladungssammlungstiefe (*charge collection efficiency*, CCE) genannt wird.

Der allgemeine Zusammenhang zwischen d_{sep} und CCD nach (8.89) kann unter vereinfachenden Annahmen, wie sie zum Beispiel für kristallinen Diamant, aber nur sehr eingeschränkt auch für Silizium gelten[16], abgeleitet werden [843]:

$$CCD = \sum_{i=e,h} \lambda_i \left(1 - \frac{\lambda_i}{d}\left(1 - e^{-d/\lambda_i}\right)\right)\,. \tag{8.90}$$

---

[16] Vernachlässigung der Ladungsgeneration G, Ansatz der Rekombination durch $R_e = n_{e/h}/\tau_{e/h}$ und einer divergenzfreien Stromdichte $\vec{\nabla}\vec{j} = 0$, das heißt Vernachlässigung der Raumladung

Signalverlust durch Ladungsträgereinfang nach Strahlenschädigung ändert die mittleren freien Weglängen:

$$\frac{1}{\lambda_{e/h}(\phi)} = \frac{1}{\lambda_{e/h}(\phi = 0)} + k_{trap}\phi\,, \tag{8.91}$$

wodurch mit k_{trap} die Schädigungskonstante durch Ladungseinfang definiert wird. Je größer k_{trap}, umso stärker die Schädigung.

Die Schädigungskonstante k_{trap} ist anders als k_τ in (8.85) von der Art der Strahlung (Neutronen, Protonen, Pionen) und ihrer Energie abhängig und kann aus der Messung des Signalverlusts als Funktion der Strahlungsfluenz mit (8.89), (8.90) und (8.91) bestimmt werden [784]: k_{trap} liegt für Diamant im Bereich von 3×10^{-18} cm^2 μm^{-1} (25-MeV-Protonen) bzw. 0.7×10^{-18} cm^2 μm^{-1} (24-GeV-Protonen) und ist etwa 2–3 mal kleiner als für Silizium (siehe auch Abschnitt 8.12.4).

8.11.3 Oberflächenschädigung

Oberflächenschädigungen sind Schäden an den Passivierungsschichten, speziell an der Si-SiO_2-Grenzschicht. Auch hier kommt es durch Strahlung zu Ionisation und zu Versetzungseffekten. Inbesondere in Transistorstrukturen liegen häufig starke elektrische Felder im Gate-Oxid vor, was eine Trennung der Ladungsträger bewirkt und die unmittelbare Rekombination derselben verhindert. Außerdem besitzen insbesondere Löcher in SiO_2 eine sehr geringe Mobilität und verweilen lange in der Oxidschicht. Sie spielen daher als Ionisationsschäden eine dominierende Rolle. Versetzungsdefekte hingegen werden in einer ohnehin amorphen Struktur nicht elektrisch wirksam.

Bei Schädigungen in der Oxidschicht bleiben vor allem die erzeugten Löcher nahezu ortsfest, da ihre Mobilität in Siliziumdioxid etwa 10^6-mal geringer ist als die Beweglichkeit von Elektronen, bedingt durch den hohen Einfangquerschnitt für Löcher in 'flachen' Einfangniveaus des Siliziumoxids. Sie bewegen sich nur langsam in Richtung des elektrischen Feldes zur Si-SiO_2-Grenzschicht, wo sie in tiefen Einfangniveaus langfristig gefangen bleiben und zu ortsfesten Oxidladungen beitragen. Die Ladungen beeinflussen bei MOS-Transistoren die Transistor-Schwellenspannung gemäß Gleichung (8.71) in Abschnitt 8.3.4 oder können sogar neue parasitäre Transistorstrukturen erzeugen, die die Funktion integrierter Schaltungen signifikant stören [697].

Die rapide fortschreitende Miniaturisierung der Chip-Elektronik hat die Entwicklung strahlenresistenter Elektronik sehr positiv beeinflusst. Kleine Strukturgrößen in modernen Chip-Technologien besitzen sehr dünnes Gate-Oxid, das nur wenige Nanometer dick ist. Bei diesen dünnen Strukturen können die erzeugten, fast unbeweglichen Löcher durch Tunneleffekt aus dem Oxid entweichen, so dass sie zu Schwellenverschiebungen nicht mehr beitragen und ihr Einfluss auf die Transistorkennlinie deutlich reduziert ist. An besonders kritischen Transistorknoten kann man statt der üblichen linearen Transistorgeometrie (das heißt, dass das Gate durch eine rechteckige Struktur zwischen Source und Drain realisiert wird, Abb. 8.82(a)) eine 'runde' Transistorgeometrie wählen, bei der die *Drain*-Implantation innen liegt und von *Gate* und *Source* umschlossen wird (Abb. 8.82(b)). Pa-

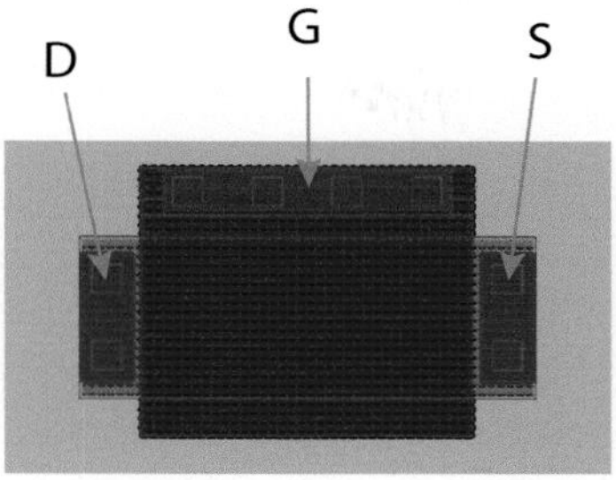

(a) Lineares Layout

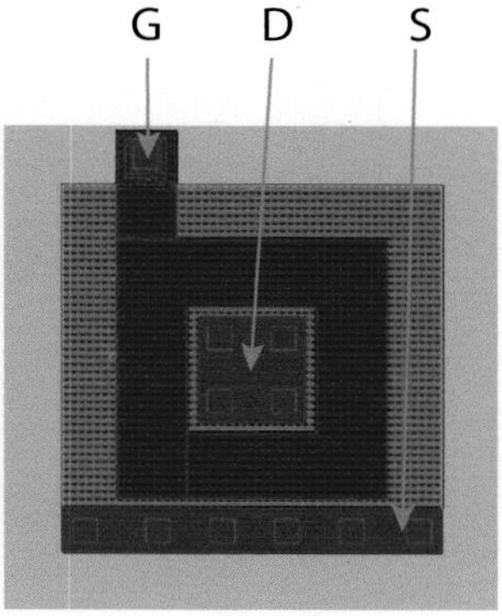

(b) Rundes Layout

Abb. 8.82 Lineare (a) und runde (b) geometrische Anordnung eines MOSFET-Transistors (*layout*) mit Kennzeichnung von Source (S, grün), Drain (D, grün) und Gate (G, rot). Die blauen Flächen stellen die Metallkontakte zu den darunter liegenden S,G,D-Implantationen dar.

rasitäre Leckströme, die bei linearer Geometrie am Gate vorbei fließen und unerwünschte Schalteffekte in anderen Transistoren des Schaltkreises erzeugen können, sind bei runden Strukturen stark unterdrückt.

Während Oberflächenschädigungen für integrierte elektronische Schaltkreise die dominanten Störeffekte darstellen, treten sie als Schädigung für die Funktionalität des Sensorteils des Halbleiterdetektors im Vergleich zu den oben erwähnten Substratschäden in den Hintergrund.

8.11.4 Maßnahmen zur Strahlenhärtung

Der Betrieb von Halbleiterdetektoren (insbesondere Silizium) in strahlungsintensiven Umgebungen war und ist insbesondere seit der Entwicklung von Detektoren für die LHC-Experimente Gegenstand intensiver Forschungs- und Entwicklungsarbeit. Die oben beschriebenen Schädigungen sind alle temperaturabhängig. Eine Erwärmung des Kristallgitters kann daher dazu beitragen, Schädigungen wieder zu beheben. Dies wird als Ausheilung (*annealing* oder *beneficial annealing*) bezeichnet. Der Mechanismus besteht sehr wahrscheinlich in der Erzeugung von Donatoren, weniger in der Entfernung von Akzeptoren [651]. Hält man den Kristall jedoch zu lange auf einer höheren Temperatur, so können sich Fehlstellen, die bisher keinen Einfluss auf den Detektorbetrieb nahmen, zu störenden Zentren entwickeln und den Detektor stärker schädigen als durch *beneficial annealing* gewonnen wurde. Diesen Effekt nennt man *reverse annealing* [550]. Um die ver-

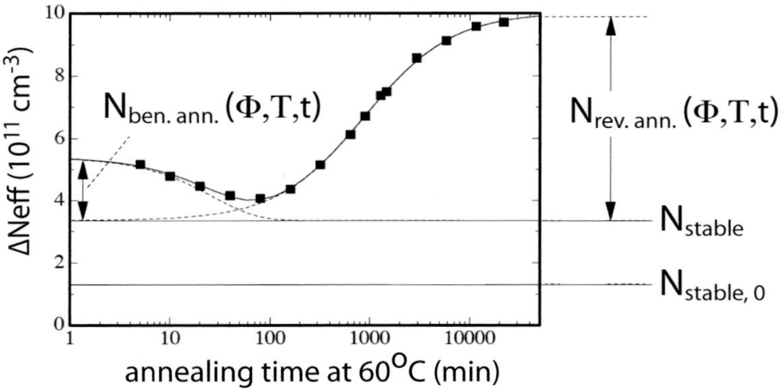

Abb. 8.83 Ausheilungsverhalten der effektiven Dotierungskonzentration bei einer Temperatur von 60 °C (nach [596], mit freundl. Genehmigung von Elsevier). Die Ordinate zeigt die Differenz der effektiven Dotierungskonzentration vor und nach der Bestrahlung. Die Verringerung der effektiven Dotierungskonzentration auf der linken Seite der Abbildung bezeichnet man als *beneficial annealing*, den Anstieg auf der rechten Seite als *reverse annealing*.

schiedenen zeit- und temperaturabhängigen Ausheilprozesse zu beschreiben, verwendet man den Ansatz [596]:

$$N_{\text{eff}}(t) = N_{\text{eff}}^{\phi=0} - \underbrace{\left[N_{\text{stable}}(\phi) + N_{\text{ben.ann.}}(t;\phi,T) + N_{\text{rev.ann.}}(t;\phi,T)\right]}_{\Delta N_{\text{eff}}(t;\phi,T)} . \tag{8.92}$$

Darin wird die Änderung der effektiven Dotierungskonzentration N_{eff} durch drei Terme beschrieben, die jeweils wieder parametrisierbar sind [596, 697]. Die Schädigung durch Donatordeaktivierung ist zeitlich stabil und hängt auch nicht von der Temperatur ab. Der zweite Term (*beneficial annealing*) beschreibt die temperaturabhängige Ausheilung der Gitterschädigung. Der dritte Term (*reverse annealing*) bezeichnet den messbaren Effekt, dass die für vollständige Verarmung notwendige Spannung mit der Zeit erhöht werden muss, da die Schädigung temperaturabhängig wieder zunimmt. Dieses Verhalten ist in Abb. 8.83 gezeigt. Um *reverse annealing* zu unterdrücken, werden zum Beispiel bei den LHC-Experimenten die Siliziumdetektoren bei Temperaturen von –6 bis –10 °C betrieben und auch in den Messpausen auf niedriger Temperatur gehalten..

Weitere Maßnahmen zur Erhöhung der Strahlentoleranz sind:

– Nach der Typinversion soll der Detektor immer noch funktionsfähig sein. Dazu ist es von Vorteil, wenn nach Inversion die n^+p-Grenzschicht auf der Seite der Ausleseelektroden liegt. Dies erreicht man zum Beispiel durch so genannte n^+-in-n-Sensoren (oder auch n^+ in p, weil p-Typ-Silizium keiner Inversion unterliegt) mit n-Implantationen für Pixel- oder Streifenelektroden in schwach dotiertem n- oder p-Substrat (siehe Abb. 8.55 in Abschnitt 8.7). Nach der Inversion liegen die Ausleseelektroden an der Diodenseite. Der Detektor kann daher auch unvollständig verarmt betrieben werden.

- Wegen der notwendigen hohen Spannungen, die man nach Strahlenschädigung für vollständige Verarmung benötigt, muss der Potenzialabbau zum Rand des Sensors hin durch geeignete Feldführungselektroden (*guard rings*) gestützt werden.
- Stärkere n-Dotierung dient als Reserve, die die Typinversion hinauszögern kann, falls dies gewünscht ist.
- Um große Feldstärken an n^+n-Grenzflächen zu vermeiden, verwendet man anstelle von p-stop-Implantationen p-spray-Techniken (siehe Abschnitt 8.6.1).

Die Auswirkungen der Strahlungsschäden steigen mit der Fläche der Ausleseelektroden und begünstigen daher Pixeldetektoren gegenüber großflächigeren Pad- oder Streifendetektoren. Ferner ist bei Pixeldetektoren das Signal-zu-Rausch-Verhältnis vergleichsweise groß, weil neben der kleinen Eingangskapazität auch der Leckstrom, der proportional zum Volumen unter der Elektrode ist, nach der Strahlenschädigung zum Rauschen weniger beiträgt als bei großflächigeren Elektroden.

Sauerstoffanreicherung des Detektorsiliziums Man hat durch eingehende Studien festgestellt [550, 420, 653], dass sich Anreicherung des Silizium-Substratmaterials mit Sauerstoff (zum Beispiel durch Kristallzüchtung in einer sauerstoff-angereicherten Atmosphäre oder durch lange Oxidation der geschnittenen Wafer vor der Prozessierung) positiv auf den Detektorbetrieb nach der Substrat-Schädigung auswirkt und – je nach Bestrahlungsart – die Typinversion unterdrücken oder sogar verhindern kann. Die physikalische Ursache dafür ist nach heutigem Kenntnisstand [653] auf ein komplexes Zusammenwirken von akzeptorartigen und donatorartigen Defekten zurückzuführen. Dies soll nachfolgend in den wesentlichen Zügen erläutert werden.

Zum Verständnis der auftretenden Gitterveränderungen müssen Punktdefekte separiert von Clusterdefekten studiert werden, was zum Beispiel durch γ-Bestrahlung mit einer ^{60}Co-Quelle, die keine Clusterdefekte erzeugt, erfolgen kann. Hier treten dabei dominant zwei Punktdefekte auf: (a) Der so genannte I_p-Defekt, der in einem Zweite-Ordnung-Prozess erzeugt wird und als ein Leerstelle-Sauerstoff-Komplex (V_2O) angesehen wird [538, 653], mit einem akzeptorartigen Zustand in der Bandmitte, sowie (b) ein 'flacher', in der oberen Hälfte der Bandlücke liegender Donator, der BD-Zentrum *bistable donor*) genannt wird.

Nun wird wichtig, dass das I_p-Zentrum durch hohe Sauerstoff-Anteile anzahlmäßig verringert wird, während das BD-Zentrum in sauerstoff-angereichertem Material vermehrt erzeugt wird. Das 'tiefe' Akzeptorniveau des I_p-Defekts erzeugt eine (p-artige) negative Raumladung und trägt außerdem, wie in Abb. 8.80 skizziert, zur Erhöhung des Leckstroms durch Ladungsträgererzeugung bei. Die 'flachen' Donator-Defekte sind für eine Erhöhung der positiven Raumladung (n-artig) verantwortlich. In sauerstoff-angereichertem Material dominiert bei γ-Strahlung die Erzeugung von BD-Zentren, die den Einfluss des I_p-Zentrums auf die Raumladung überkompensieren, so dass stark mit Sauerstoff angereicherte Detektoren aus n-Substratmaterial ihre positive Raumladung auch bei hohen Strahlungsdosen[17] beibehalten und nicht typ-invertieren.

[17] getestet bis 5 MGy [653]

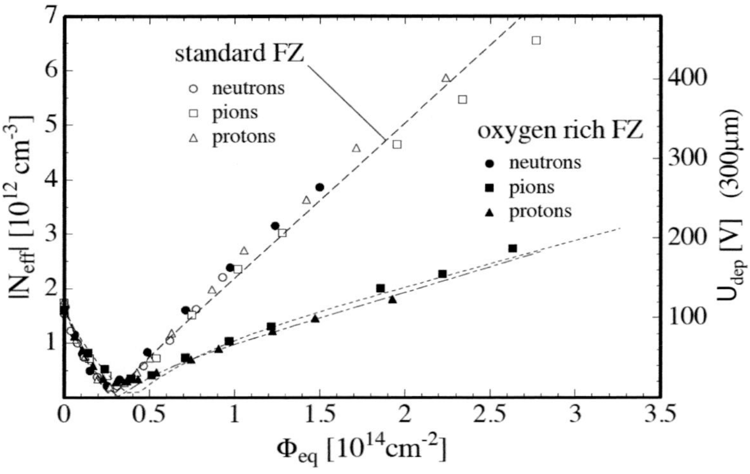

Abb. 8.84 Notwendige Spannung zur vollständigen Verarmung eines 300 µm dicken Siliziumdetektors in Abhängigkeit von der Strahlungsfluenz (1-MeV-Neutron-Äquivalent) für Standard- im Vergleich zu sauerstoff-angereichertem Silizium, in beiden Fällen mit der *Float-zone*-Methode [821] (FZ) hergestellt. Zur Bestrahlung wurden Reaktorneutronen sowie Pionen und Protonen aus Beschleunigern verwendet. Neben der bereits in Abb. 8.81 beschriebenen Typinversion zeigt die Abbildung, dass die Sauerstoffanreicherung im Falle von Protonen oder Pionen zu einer deutlich geringeren effektiven p-Dotierung führt, während für Neutronen kein Unterschied zu Standard-FZ-Material beobachtet wird (aus [550], mit freundl. Genehmigung von Elsevier).

Bei Bestrahlung sauerstoff-angereicherten Materials mit Hadronen werden Clusterdefekte (siehe Seite 361) zusätzlich zu den Punktdefekten für Detektorveränderungen wirksam. Diese werden durch mehrere Defektzentren[18] charakterisiert, die als Einfangzentren für Löcher fungieren und daher als Akzeptoren wirksam werden. Ferner wird zusätzlich ein als flacher Donator (wie das BD-Zentrum) n-artig wirkender Punktdefekt E(30K) bei Bestrahlung mit geladenen Hadronen mit hoher Rate erzeugt und kompensiert zum Teil das p-artige Vorzeichen der Raumladungsänderung nach Bestrahlung.

Bei Neutronen hingegen spielen die dominant durch Coulomb-Streuung erzeugten Punktdefekte relativ zu den Clusterdefekten (siehe 361) eine untergeordnete Rolle (siehe Tabelle 8.4). Damit wird auch das E(30K)-Zentrum wesentlich weniger stark erzeugt als bei Protonen und Pionen, und die akzeptorartigen Defekte bleiben dominant wirksam. Dies hat zur Folge, dass nach Schädigung von sauerstoffangereichertem Material mit Neutronen kein Unterschied zu Standardmaterial beobachtet wird (Abb. 8.84), während für Protonen- oder Pionenbestrahlung eine signifikant kleinere Änderung der Raumladung durch Bestrahlung erfolgt. Bei hinreichender Sauerstoffanreicherung kann die Typinversion für Proton- und Pionbestrahlung sogar vollständig unterdrückt werden.

Auch das oben erwähnte *Reverse-annealing*-Phänomen wird denselben Akzeptordefekten (speziell Clusterdefekten), deren Erzeugungsrate mit der Zeit anwächst, als Verursacher zugeschrieben [652]. Bei den LHC-Spurdetektoren sind in den strahlnahen Bereichen

[18] H(116K), H(140K), H(152K) [653]

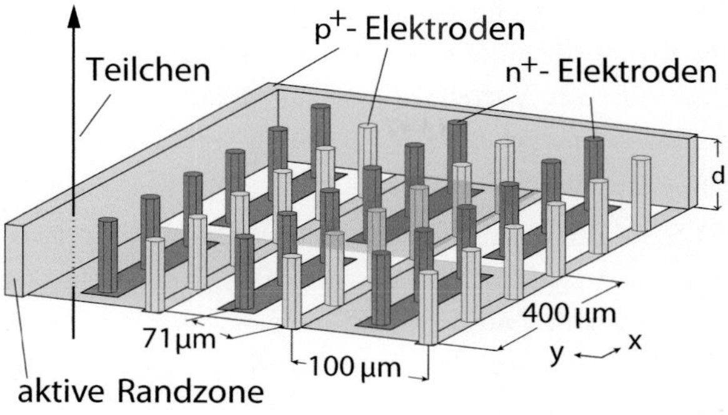

Abb. 8.85 Schematische Zeichnung eines Silizium-Pixelsensors [495] mit einer speziellen Elektrodenanordnung (3D-Si) (nach [583]). p^+ und n^+-Implantationen sind senkrecht im Volumen des n^--Substrats angeordnet. Die Seiten des Sensors sind als p^+-Implantationen ausgebildet, wodurch der Sensor bis zum Rand für den Nachweis von Teilchen aktiv bleibt.

vor allem Pionen und Protonen für Strahlenschäden verantwortlich, da diese Teilchen weit häufiger als Neutronen in den Kollisionen erzeugt werden. In den weiter außen liegenden Bereichen ist allerdings die Rückstreuung von Neutronen aus den Kalorimetern, in denen die Primärteilchen hadronischen Wechselwirkungen mit Atomkernen unterliegen, dominant.

Säulenförmige Sammelelektroden: 3D-Si-Pixeldetektoren Durch eine veränderte Anordnung der feldformenden Elektroden werden in so genannten '3D-Si'-Pixelsensoren [495, 268] (Abb. 8.85) kürzere Driftwege und schnellere Ladungssammlung erzielt, wodurch die Strahlenhärte von Siliziumdetektoren deutlich erhöht wird. Im Unterschied zu konventionellen 'planaren' Pixeldetektoren (mit den Pixelelektroden an der Oberfläche) verläuft eine senkrecht zum Sensor eintretende Teilchenspur parallel zu den Elektroden. Der Abstand der säulenförmigen n-Elektroden von den p-Elektroden beträgt in beiden Richtungen 71 µm. Das Sensorvolumen kann daher mit vergleichsweise kleinen Spannungen vollständig verarmt werden, auch nach Bestrahlung. Die mittlere Feldstärke ist bei typischen Betriebspannungen höher als bei planaren Detektoren. Die in Abhängigkeit von der Strahlungsfluenz durch Ladungseinfang kürzer werdende Driftlänge $\lambda_{e/h}$ der Ladungsträger führt zu Signalverlust, wenn die Driftstrecke bis zur Sammelelektrode in der gleichen Größenordnung wie $\lambda_{e/h}$ liegt, für 3D-Si-Sensoren also erst bei höheren Strahlungsfluenzen als für planare Siliziumsenoren mit 250–300 µm Sensordicke. Der gemessene Signalverlust für 3D-Si-Sensoren nach $\phi_{eq} = 10^{16}$ cm^{-2} ist kleiner als für konventionelle Siliziumdetektoren [269, 512]. Für sehr hohe Feldstärken (>10 V/µm [789]) wurde sogar eine Erhöhung des Signals durch Ladungsmultiplikation beobachtet [512].

8.12 Weitere Halbleitermaterialien für den Strahlungsnachweis

Für die meisten Anwendungen ist Silizium das am besten geeignete Halbleitermaterial zum Nachweis von Teilchen oder Strahlung. Seine Merkmale sind:

- Silizium besitzt eine kleine Dichte und eine große Strahlungslänge im Vergleich zu anderen Halbleitern. Während dies wegen der relativ niedrigen Ordnungszahl ($Z = 14$) für Experimente der Teilchenphysik von Vorteil ist, ist die damit verbundene vergleichsweise geringe Absorptionswahrscheinlichkeit für Photonen, zum Beispiel bei Verwendung als Röntgendetektoren, ein Nachteil.
- Als Substratmaterial können große Siliziumkristalle[19] verwendet werden, die relativ wenige Verunreinigungen und Gitterinhomogenitäten aufweisen. Dies hat eine große Lebensdauer der Ladungsträger und eine hohe Ladungssammlungseffizienz zur Folge, so dass die erzeugte Ladung vollständig gesammelt wird, sofern diese Eigenschaften nicht durch Strahlenschädigung geändert werden.
- Silizium ist kostengünstig und leicht verfügbar. Seine wirtschaftliche Nutzung und industrielle Prozessierung ist über Jahrzehnte gereift.
- Silizium kann gezielt n- und p-dotiert werden. Dadurch kann das elektrische Feld im Inneren für spezielle Wege der Ladungssammlung geformt werden.
- Die Anzahl der erzeugten e/h-Paare pro MeV deponierter Energie ist vergleichsweise groß (etwa 23 000 e/h-Paare für ein minimal ionisierendes Teilchen bei 300µm Materialdicke).

Andere Halbleitermaterialien werden als Detektoren attraktiv, wenn spezielle Anforderungen vorliegen, die die genannten Vorteile von Silizium überwiegen. Häufig ist eine hohe Absorptionswahrscheinlichkeit von hochenergetischen (> keV) Photonen verlangt, die Silizium nicht aufweist. Eine andere spezielle Anforderung ist die Toleranz des Materials gegenüber hoher Strahlenbelastung wie sie zum Beispiel am LHC auftritt. Bei sehr hoher Luminosität treten Teilchenflüsse in der Größenordnung von einigen 10^{15} Teilchen pro cm^2 oder mehr über 5–10 Jahre auf, die für Siliziumdetektoren, aber auch für andere Halbleitermaterialien, wegen der hohen Dichte der durch die Strahlung erzeugten Einfangzentren für Ladungsträger ein großes Problem darstellen (siehe Abschnitt 8.11).

Für Anwendungen in der Röntgenbildgebung sind vor allem Verbindungshalbleiter mit hohem Z attraktiv, insbesondere CdTe beziehungsweise CdZnTe ($Z \approx 50$) sowie GaAs ($Z = 32$), die größere Wirkungsquerschnitte für Photoabsorption aufweisen als Silizium (siehe Abschnitt 3.5.1). Germanium wird ausschließlich in Experimenten verwendet, bei denen eine sehr gute Energieauflösung der absorbierten Strahlung verlangt wird, wie zum Beispiel in Experimenten zum Nachweis schwach wechselwirkender Teilchen in der Kernphysik oder in der Astroteilchenphysik (siehe Kapitel 16).

Für Teilchenphysik-Experimente ist auch künstlicher Diamant als Material interessant, das in der Widerstandsdefinition von Abb. 8.4 sogar als Isolator klassifiziert wird. Diamant besitzt eine Bandlücke von 5.5 eV und hat daher ein vergleichsweise kleines Ladungssignal für minimal ionisierende Teilchen. Wegen seiner großen Strahlungslänge, seiner hohen Strahlentoleranz und auch wegen seiner ausgezeichneten Wärmeleitfähigkeit

[19] Siliziumwafer mit Detektorqualität werden derzeit mit Durchmessern von bis zu 15 cm (6 Zoll) hergestellt, Chipwafer mit bis zu 30 cm (12 Zoll) Durchmesser.

ist Diamant insgesamt attraktiv für Teilchendetektoren, insbesondere in Hochstrahlungsumgebungen.

Nachfolgend geben wir eine Übersicht über Halbleitermaterialien, die neben Silizium als Teilchendetektoren Verwendung finden.

8.12.1 Germanium

Als Elementhalbleiter wird neben Silizium auch Germanium für Detektoren verwendet. Im Vergleich zu Silizium (siehe Tabelle 8.2 auf Seite 274) besitzt Germanium insbesondere eine kleinere Bandlücke von 0.7 eV und zwei- bis dreifach höhere Ladungsträgermobilitäten. Die kleine Bandlücke und die damit verbundene kleinere mittlere Energie zur Erzeugung eines e/h-Paares von $w_i = 2.96$ eV (und damit die pro Energieeintrag größere Zahl von erzeugten Ladungsträgern) sind für die bessere Energieauflösung von Germanium im Vergleich zu Silizium verantwortlich. Aus demselben Grund müssen Germaniumdetektoren gekühlt betrieben werden, um den thermisch erzeugten Leckstrom klein zu halten. Als Detektor mit hoher Energieauflösung wird Germanium in der Kernphysik und für Photosensoren im nahen Infrarotbereich eingesetzt, gelegentlich auch für den Röntgennachweis wegen der hohen Kernladungszahl $Z = 32$. Als ortsauflösender Detektor in der Teilchenphysik wird Germanium wenig verwendet. Eine Ausnahme sind Experimente, die eine hohe Empfindlichkeit für kleine Signale benötigen, zum Beispiel in Experimenten zum Doppelbetazerfall oder um den Rückstoß eines Atomkerns durch Kollision mit einem WIMP-Teilchen[20] nachzuweisen. Die erwartete, durch Ionisation deponierte Energie des (geladenen) Rückstoßkerns liegt im 10-keV-Bereich, die zum Beispiel im CDMS-II-Experiment mit Ge-Detektoren nachgewiesen werden kann [431] (siehe Abschnitt 16.7.2).

8.12.2 Galliumarsenid

Galliumarsenid (GaAs) ist ein III-V-Verbindungshalbleiter. Es besitzt die Bandstruktur direkter Halbleiter, in denen Übergänge zwischen Valenz- und Leitungsband ohne Impulsübertrag möglich sind (siehe Abschnitt 8.2.2). Die Bandlücke ist mit 1.43 eV (siehe Abb. 8.14 und Tabelle 8.2) größer als die von Silizium. Für die Verwendung in Detektoren sind die hohen Kernladungszahlen interessant (Ga $Z = 33$, As $Z = 31$). GaAs enthält Massenanteile von 48.2 % Gallium und 51.8 % Arsen. Die Einkristallzüchtung von GaAs ist schwieriger als bei Silizium. Die für Si etablierten Verfahren müssen so modifiziert werden, dass die Aufrechterhaltung des Gleichgewichtsdampfdrucks in der Schmelze gewährleistet ist.

Fertige GaAs-Kristalle sind wie alle Verbindungshalbleiter vergleichsweise unrein. Sie haben Verunreinigungen in der Größenordnung von etwa $10^{15}\,\text{cm}^{-3}$, die zu sehr kurzen Ladungsträgerlebensdauern nur von wenigen 10 ns führen. Die intrinsische Ladungsträ-

---

[20] WIMP = *weakly interacting massive particle*

gerkonzentration ohne Dotierung bei Raumtemperatur beträgt etwa $n_{\mathrm{intr}} \simeq 2\times10^6\,\mathrm{cm}^{-3}$. Sie ist um vier Größenordungen kleiner als die von Silizium und liegt in ähnlicher Größenordnung wie die Konzentration der Ladungsträger in der Verarmungszone einer pn-Grenzschicht in Silizium (siehe Abb. 8.19 auf Seite 297). Undotiertes GaAs kann also (im Gegensatz zu Silizium und Germanium) bereits als arm an freien Ladungsträgern bezeichnet werden. Ladungsträgerbewegung und -verlust werden daher weniger durch Rekombination als vielmehr durch Wechselwirkung und Einfang an Verunreinigungen und Störstellen bestimmt.

Die wichtigsten Störstellen sind in Abb. 8.14 auf Seite 288 dargestellt. Kohlenstoff wirkt als 'flacher' Akzeptor mit geringem Abstand zum Valenzband, Silizium wirkt in GaAs als flacher Donator. Die EL2 genannte Störstelle, bei der ein Ga-Kristallplatz mit einem As-Atom besetzt ist, wirkt als 'tiefer' Donator ($\Delta E = 0.75\,\mathrm{eV}$), da sie ungefähr in der Mitte der Bandlücke liegt. Die Umkehrung (Ga-Atom auf As-Platz) erzeugt einen flachen Akzeptor. Vor allem die EL2-Störstellen steuern die Detektoreigenschaften eines GaAs-Substrats, da sie Regionen unterschiedlicher Feldstärken innerhalb des Sensors zur Folge haben, wie weiter unten erläutert wird. Die EL2-Konzentration wird deshalb bei der Charakterisierung des Materials immer angegeben.

Die Störstellenladungsträgerdichte ist in GaAs typisch um etwa neun Größenordnungen größer als die intrinsische Ladungsträgerdichte. Während in Silizium der Detektor durch eine in Sperrrichtung betriebene pn-Diode mit unterschiedlichen Dotierungen der beiden Hälften erzeugt wird, werden GaAs-Detektoren daher normalerweise im Schottky-Modus betrieben (siehe Abschnitt 8.3.3). Die Energiebänder sind zu der Metall-Halbleiter-Grenze hin hochgebogen, wie Abb. 8.86 zeigt. Dadurch entstehen Zonen, in denen die EL2-Niveaus oberhalb des Fermi-Niveaus E_{F} liegen und daher ionisiert sind, und solche, in denen sie unterhalb von E_{F} liegen. Die entstehende Raumladungsdichte führt zu Gebieten hoher bzw. niedriger Feldstärke, die entsprechend zu Bereichen großer bzw. geringer Ladungssammlungseffizienz (aktive/passive Zonen) führen. In den Bereichen niedriger Feldstärke werden die Signalladungsträger nicht schnell genug abgeführt, so dass sie verstärkt rekombinieren und Ladungsverluste entstehen.

In jüngerer Zeit wurden Verfahren erfolgreich angewendet [107], die die störenden EL2-Defekte nach der GaAs-Kristallzucht durch Dotierung mit Chrom durch Eindiffusion bei hoher Temperatur kompensieren [266]. Chromatome auf Gallium-Gitterplätzen wirken als tiefe Akzeptoren in GaAs. Wenn die Dichte der Chromatome N_{Cr} größer gewählt wird als die Dichte N_D vorhandener (flacher) Donatorniveaus, so können die EL2-Defekte von den N_D-Elektronen gefüllt werden und deren Wirkung durch die N_{Cr}-Akzeptoren kompensiert werden (siehe [415], Seite 48). Es entsteht hochohmiges p-dotiertes GaAs, das detektorfähig ist.

GaAs findet wegen seiner hohen Sättigungsdriftgeschwindigkeit und Mobilität für Elektronen Einsatz für schnelle Elektronikanwendungen. Als direkter Halbleiter (siehe Abschnit 8.2.3) absorbiert und emittiert GaAs Photonen effizienter als Silizium und wird daher in der Photonik eingesetzt (LEDs, Laser, Solarzellen). In der Teilchenphysik wurde GaAs als Detektormaterial in den 90er Jahren intensiv studiert, vor allem wegen seiner potenziellen Strahlenresistenz im Vergleich zu Silizium auf Grund der größeren

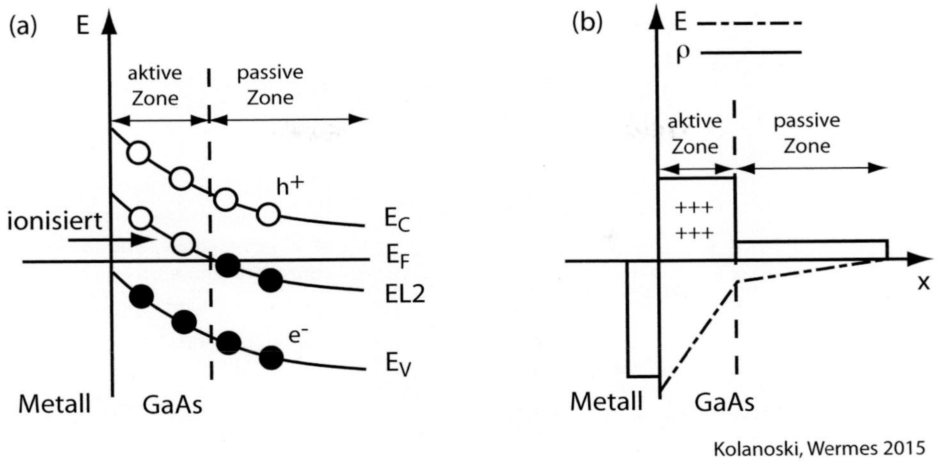

Abb. 8.86 Wirkung der EL2-Verunreinigung in einer GaAs Schottky-Diode: (a) Banddiagramm, (b) resultierende Raumladungsdichte und elektrisches Feld als Funktion der Tiefe (nach [697]).

Bandlücke und des damit verbundenen besseren Leckstromverhaltens. Die hohe Anzahl an Verunreinigungen verursachte aber kurze Ladungsträgerlebensdauern und erschwerte eine vollständige Ladungssammlung auf Grund von Ladungsträgereinfang (*trapping*).

Die Qualität von GaAs als Detektor wird durch die in Gleichung (8.89) auf Seite 367 definierte Ladungssammlungseffizienz (*charge collection efficiency, CCE) oder durch die Ladungssammlungstiefe (*charge collection distance, CCD)) charakterisiert. CCEs von $90-100\%$ und CCDs von mehr als $250\,\mu\text{m}$ wurden mit GaAs-Detektoren in einzelnen Detektoren erreicht [690].

GaAs erweist sich als strahlenhart für Gammastrahlung und Elektronen, weshalb es als Material für Elektronik und Sensoren für militärische Anwendungen interessant ist. In Umgebungen mit hohem Strahlungsfluss durch Hadronen wie am LHC ist allerdings die NIEL-Schädigung relevant. Sie ist in GaAs um eine Größenordnung größer als in sauerstoff-angereichertem Silizium [596].

Ein weiteres Problem von GaAs als Teilchendetektor liegt darin, dass die Driftgeschwindigkeit für Elektronen ein Maximum bei einer bestimmten Feldstärke hat (Abb. 8.87), das elektrische Feld in einem GaAs-Detektor aber nicht konstant ist, sondern stark variiert (siehe Abb. 8.86). Daher können Elektronen mit verschiedenen Driftgeschwindigkeiten unterwegs sein, was bei der Ladungssammlung und Signalzuordnung zu Komplikationen führen kann.

8.12.3 Cadmiumtellurid und Cadmium-Zink-Tellurid

Die II-VI-Verbindungshalbleiter CdTe und $\text{Cd}_{1-x}\text{Zn}_x\text{Te}$ (als CZT bezeichnet) sind in Zusammenhang mit Halbleiterdetektoren vor allem für die Röntgenbildgebung wegen der hohen Kernladungszahlen ($Z_{\text{Cd}} = 48$, $Z_{\text{Te}} = 52$, $Z_{\text{Zn}} = 30$) und der damit ver-

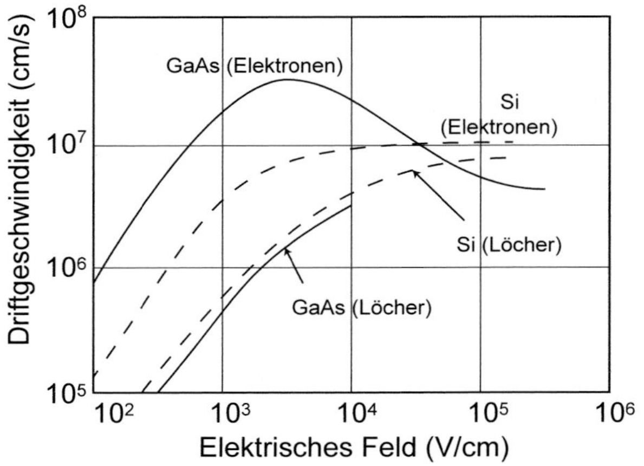

Abb. 8.87 Driftgeschwindigkeit der Ladungsträger (nach [765]) in Si (gestrichelt) und GaAs (durchgezogene Linie).

bundenen guten Photoabsorptionseigenschaften, bei gleichzeitig guter Energieauflösung, interessant. Die Bandlücke wächst von 1.44 eV für reines CdTe auf 2.2 eV für reines ZnTe (ohne Cd-Anteil) an; Werte dazwischen hängen vom Zn-Anteil ab. Gebräuchlich sind CdTe-Detektoren (ohne Zn), die entweder ohmsch oder als Schottky-Detektoren betrieben werden, sowie ohmsche CdZnTe-Detektoren mit einem Zink-Anteil x von bis zu 15%, was einer Bandlücke von ≈ 1.6 eV entspricht. Die Zahl der erzeugten e/h-Paare ist in CdTe vergleichbar mit der in Silizium. Die mittlere notwendige Energie zur Erzeugung eines e/h-Paares beträgt 4.43 eV, nur etwa 20% mehr als bei Silizium (vergleiche Tabelle 8.2 auf Seite 275). Die Energieauflösung bei einer Energiedeposition von 100 keV, verursacht durch die statistische Schwankung der Ladungsträger und unter Vernachlässigung von elektronischem Rauschen, beträgt unter Verwendung eines Fano-Faktors von 0.089 (siehe Abschnitt 17.10.2 auf Seite 788) etwa 200 eV.

Charakteristische Eigenschaften von CdTe und CdZnTe sind die niedrige Löcherbeweglichkeit (100 cm^2/Vs) und das kleine Beweglichkeits-Lebensdauer-Produkt für beide Ladungsträgerarten:

$$(\mu\tau)_e \approx 10^{-3}\,\text{cm}^2/\text{V}\,,$$
$$(\mu\tau)_h \approx 10^{-4}\,\text{cm}^2/\text{V}\,.$$

Zum Vergleich, das $\mu\tau$-Produkt für Silizium ist um 2–3 Größenordnungen größer.

Die intrinsische Ladungsträgerkonzentration n_{intr} liegt in der Größenordnung von 10^7, was eine zusätzliche Verarmung durch Dotierung ähnlich wie bei GaAs erübrigt. Jedoch wird die intrinsische Ladungsträgerkonzentration beim Herstellungsprozess meist nicht erreicht, da freie Ladungsträger durch Gitterfehler und Verunreinigungen die intrinsische Konzentration überwiegen. Häufig wird Chlor oder Indium als Dotierung mit Donator-Charakter verwendet, um Kristalldefekte durch Bildung von Chlor-Leerstellen-Komplexen zu kompensieren [798]. Während in GaAs ionisierte EL2-Störstellen dafür verantwortlich sind, dass hohe und niedrige Feldregionen im Detektor existierten, hängt in CdTe die Stärke des elektrischen Feldes vom Besetzungszustand der Einfangzentren

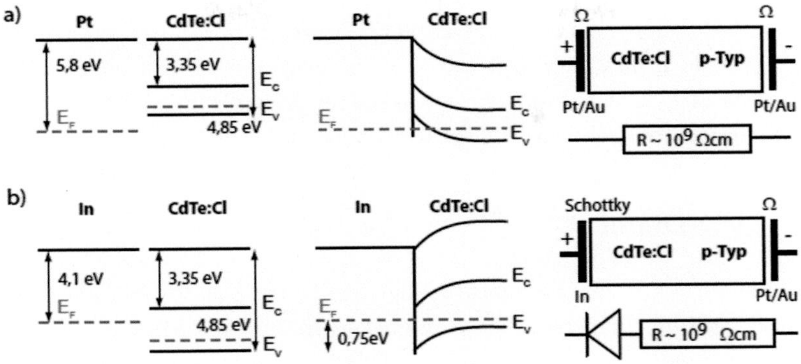

Abb. 8.88 Ohmsche (a) und Schottky- (b) Kontakte in Chlor-kompensiertem, p-dotiertem Cadmiumtellurid: links Bandverhältnisse vor der Kontaktierung, in der Mitte Bandwölbung nach der Kontaktierung, rechts Kontaktanordnung und Ersatzschaltbild. Angegeben sind die Bandkanten E_L und E_V, das Fermi-Niveau E_F für p-Dotierung sowie die Abstände zum Kontinuum. Die Art des Kontakts hängt vom Metall ab, hier Platin bzw. Indium (nach [331]).

(siehe auch Abschnitt 8.11.1) und damit von der Zeit ab, die der Detektor der Strahlung ausgesetzt ist. Im Vergleich zu Siliziumdetektoren weisen CdTe- und CZT-Detektoren häufig unvollständige und inhomogene Ladungssammlungseigenschaften auf.

CdTe-Detektoren können durch Wahl der Elektrodenmetalle ohmsch oder im Schottky-Modus betrieben werden, je nachdem in welcher Relation die Austrittsarbeit $e\phi_m$ des Metalls und die Elektronenaffinität $e\chi_s$ im Verhältnis zueinander stehen (siehe Abschnitt 8.3.3). Abbildung 8.88 zeigt ohmsche und Schottky-Kontakte für schwach p-dotiertes, Cl-kompensiertes Cadmium-Tellurid, eine typische Wahl für CdTe. Die Elektronenaffinität $e\chi_S$ in CdTe ist 3.35 eV, und für ein typisches Kontaktmetall wie Platin ist $e\phi_m = 5.8\,\text{eV}$. Für die Kontaktcharakteristik sind für p-Dotierung (Löcher) die Verhältnisse an der Valenzbandkante relevant. Nach der Kontaktierung existiert bei schwacher Dotierung für Löcher keine nennenswerte Potenzialbarriere in beiden Richtungen an der Grenzfläche. Der Kontakt ist ohmsch (Abb. 8.88(a)). Wird der Platin-Kontakt auf einer Seite durch Indium ersetzt, das eine relativ niedrige Austrittsarbeit von 4.1 eV hat, so entsteht eine Potenzialbarriere an der Grenzfläche, die verhindert, dass Löcher aus dem Metall in den Halbleiter (das heißt Elektronen vom Halbleiter in das Metall) fließen. Es entsteht ein gleichrichtender Schottky-Kontakt, wie in Abschnitt 8.3.3 für Elektronen beschrieben[21]. Durch Anlegen einer Sperrspannung kann der Leckstrom durch einen CdTe-Detektor im Schottky-Modus sehr klein gehalten werden, wodurch der Widerstand um eine Größenordnung gegenüber dem ohmschen Kontakt erhöht werden kann. ($\approx 10\,\text{G}\Omega\text{cm}$). Solche CdTe-Schottky-Detektoren bilden jedoch negative Raumladungszonen aus, verursacht durch Ladungsinjektion am Schottky-Kontakt, die das elektrische Feld im Sensor zeitabhängig verändern. Dies führt zu einer zeitlichen

[21] Für n-dotiertes CdTe sind die Kontaktverhältnisse umgekehrt wie für p-CdTe: ohmsch für n-CdTe/In, Schottky für n-CdTe/Pt oder n-CdTe/Au [767].

Abnahme der Signalhöhe, die zum Beispiel durch periodisches Depolarisieren (Wegnahme der Betriebsspannung) auf einer Skala von Minuten behoben werden kann [127]. Man findet daher beide Kontaktierungsarten in der Anwendung. Pixeldetektoren mit CdTe als Substratmaterial sind besonders interessant für Anwendungen in der Röntgenastronomie [802] und als bildgebende Röntgendetektoren [557, 807, 216].

8.12.4 CVD-Diamant

Kohlenstoff in der Form des Diamantkristallgitters ist ein Isolator mit einem Widerstand von 10^{13}–$10^{16}\,\Omega$m, der auf die große Bandlücke von 5.5 eV zurückzuführen ist. Natürlicher Diamant kommt in Umgebungen mit Drücken um 50 000 bar und Temperaturen um 1300 K im Erdmantel und unterhalb stabiler Kontinentalplatten vor. Diamanthaltiges Gestein gelangt durch vulkanische Aktivität in für den Abbau zugängliche Erdtiefen. Ein Verfahren zur Herstellung künstlicher Diamanten, das 1962 erstmals erfolgreich angewendet wurde, ist die Abscheidung von Diamant aus der Dampfphase (*chemical vapour deposition*, CVD) in Schichten, die sich auf einer Unterlage abscheiden (siehe zum Beispiel [503][476]). Das Wachstum beginnt durch Nukleation (Keimbildung) von Kohlenstoff aus einem Gasgemisch aus Methan (CH_4), molekularem Wasserstoff (H_2) und optional einer sauerstoffhaltigen Verbindung wie Aceton $(CH_3)_2CO$ auf einem Keimsubstrat aus Silizium oder einem Metall. Durch Mikrowelleneinstrahlung wird ein Plasma mit heißen Elektronen (5000 K) erzeugt, welche die Gaskomponenten aktivieren. Kohlenstoffatome werden dabei durch Entfernung der Wasserstoffatome aus dem Methan erzeugt und schlagen sich auf dem Substrat nieder. Details der Gasphasenchemie dieses Verfahrens werden in [629] beschrieben. Polykristalline Diamantstrukturen können in dem Verfahren in Dicken von bis zu etwa 1 mm erzeugt werden. Der Wachstumsprozess bedingt vertikale Strukturen im Kristall, verursacht durch die Ursprungskörnung, wie in Abb. 8.89 gezeigt. Die typische Ausdehnung dieser Strukturen beträgt an der Oberseite (Richtung des Wachstums) etwa 100 µm [534], an der Substratseite ist sie deutlich kleiner.

Diamant kann aufgrund der starken Bindungen des Kristallgitters nicht durch Fremdatome dotiert werden. Darüber hinaus ist die Energie, die notwendig ist, ein Atom aus dem Gitterverbund herauszuschlagen, mit 43 eV [513] deutlich höher als bei Silizium (25 eV [552]). Beides zusammen macht Diamant prinzipiell zu einem sehr strahlenharten Material. Entsprechend sind die Schädigungsfaktoren (siehe Abschnitt 8.11.1, Seite 368) kleiner als bei Silizium [784]).

Die kleine Kernladungszahl ($Z = 6$) macht Diamant wenig attraktiv für den Photonennachweis, dafür aber umso mehr für Spurdetektoren, da die Strahlungslänge umgekehrt proportional zu Z^2 ist. Im Vergleich zu Silizium ($n_i \approx 10^{10}\,\text{cm}^{-3}$, aber auch im Vergleich zur Dichte in der Verarmungszone) ist Diamant frei von Ladungsträgern[22] ($n_i \approx 0$, Tab. 8.2). Außerdem ist wegen der um einen Faktor 2 größeren Massendichte

[22] Diamant ohne Verunreinigungen mit den effektiven Zustandsdichten (siehe Gl. (8.14)) $N_L \approx 10^{20}\,\text{cm}^{-3}$ und $N_V \approx 10^{19}\,\text{cm}^{-3}$ sowie einer Bandlücke von $E_G = 5.5\,\text{eV}$ besitzt bei 300 K eine Ladungsträgerdichte von $n_i \approx 10^{-27}\,\text{cm}^{-3}$

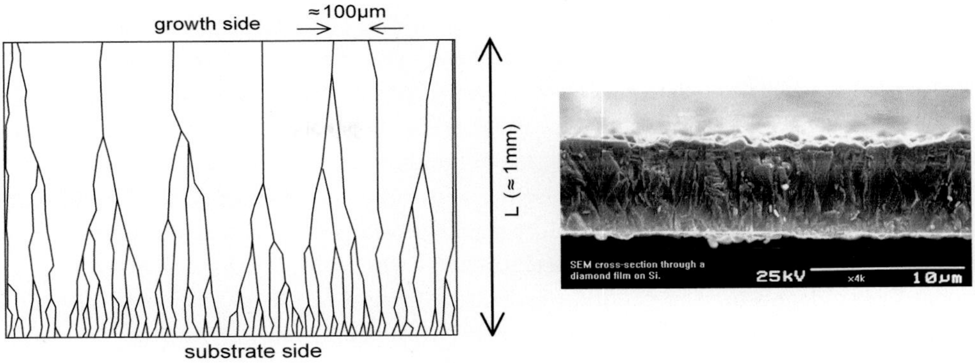

Abb. 8.89 Wachstumsstruktur von CVD-Diamant durch Abscheidung aus der Gasphase (links: schematisch, rechts: Mikroaufnahme durch Elektronenscan [586]). Der Prozess erzeugt vertikale Kristallgrenzen.

die Verteilung der deponierten Energie (Landauverteilung) für gleich dicke Detektoren bei Diamant schmaler als bei Silizium.

Zur Erzeugung eines Elektron/Loch (e/h)-Paares sind in Diamant im Mittel 13.1 eV notwendig, also fast 4-mal soviel wie in Silizium. Dadurch bedingt ist die pro Energieeinheit erzeugte Ladungsmenge deutlich geringer als bei Silizium. Wegen der höheren Dichte ist die pro Wegstrecke durch Ionisation deponierte Energie eines hochenergetischen Teilchens (MIP) allerdings größer. Pro Mikrometer werden in Diamant 36 e/h-Paare erzeugt[23].

Die Beweglichkeiten beider Ladungsträgerarten sind sehr hoch ($1800\,\text{cm}^2/\text{Vs}$ für Elektronen, $1600\,\text{cm}^2/\text{Vs}$ für Löcher) allerdings mit einer geringen Ladungsträgerlebensdauer ($\approx$1 ns), siehe Tabelle 8.2. Die Herausforderung für Diamantdetektoren liegt daher darin, Sensorsubstrate mit Ladungssammlungstiefen (CCD) von mehr als etwa 200 μm herzustellen.

Die Herstellung und Entwicklung künstlicher Diamanten als Teilchendetektoren gelang zuerst in polykristalliner Form (pCVD) [481, 38, 118] und später auch als monokristalline (scCVD, *single crystal CVD*) künstliche Diamanten [118], bei denen sukzessiv zuerst winzige, dann größere Einkristalle als Keime für das Aufwachsen neuer monokristalliner Strukturen verwendet werden. Detektorfähiges pCVD-Material kann in Wafergröße hergestellt werden [481].

Das undotierte Substratmaterial bildet keine Raumladungszonen aus, wenn es mit Metall in Kontakt gebracht wird. Eine typische Elektrodenkonfiguration benutzt eine Ti/W-Lage, die mit Gold überzogen ist, auf das gut ein Kontakt (zum Beispiel ein *bump-bond*, siehe Abschnitt 8.5.5) hergestellt werden kann (Lotbenetzung). Diamantdetektoren verhalten sich wie Parallelplattendetektoren (siehe Abschnitt 5.3.1), die mit einem Dielektrikum gefüllt sind. In einem reinen, monolithischen Kristall ist das elektrische Feld im Sensor konstant. Die erwähnten herstellungsbedingten, vertikalen Kristallstrukturen

[23] Dieser Wert gilt für das Maximum der Landau-Verteilung (MPV). Im Mittel sind es 46 e/h-Paare pro μm.

in polykristallinem Diamant fangen Ladungen an den Grenzflächen ein, die zu einem Polarisationsfeld innerhalb des Detektors führen, das dem angelegten Driftfeld überlagert ist. Dies führt zu systematischen Verzerrungen bei der Ortsrekonstruktion [534]. Die laterale, senkrecht zur Richtung des nachzuweisenden Teilchens verlaufende, Ausdehnung der polykristallinen Strukturen ist herstellungsbedingt unterschiedlich. Die mittlere Strukturgröße wurde an der Elektrodenseite zu etwa 100 µm gemessen [534]. Ihre unregelmäßige Anordnung überlagert sich dem regelmäßigen Muster der Elektroden (Pixel oder Streifen), wodurch die Ortsauflösung beeinträchtigt wird. Für pCVD-Pixeldetektoren mit einem Elektrodenabstand von 50 µm wurden Auflösungen um 20 µm gemessen [117], was mit der binären Auflösung (Gl. (8.75) auf Seite 316) von $50\,\mu\text{m}/\sqrt{12} \approx 15\,\mu\text{m}$ verglichen werden muss. Einkristall-Diamanten zeigen diese Effekte nicht.

Von besonderem Interesse ist die Strahlenhärte von Diamant für Strahlungsfluenzen in der Größenordnung von mehr als $10^{15}\,\text{n}_{eq}\,\text{cm}^{-2}$. Wegen der großen Bandlücke sind Diamantdetektoren frei von Leckstrom und können sogar nach intensiver Bestrahlung noch bei Raumtemperatur betrieben werden. Außerdem ist das Diamantgitter wegen des vergleichsweise großen nötigen Energieübertrags zur Herauslösung eines Atoms (43 eV) robuster als zum Beispiel Silizium. Signalverluste sind hauptsächlich auf Ladungseinfang (*trapping*) zurückzuführen. Allerdings werden bei moderater Bestrahlung von pCVD-Diamanten insbesondere die Einfangzentren an den vertikalen Kristallgrenzen, die lange Relaxationszeiten haben, elektrisch neutralisiert, so dass das beobachtete Ladungssignal während der Bestrahlung zunächst anwächst. Dieser Effekt wird *Priming* oder *Pumping* genannt. Bei hohen Strahlungsflüssen werden Signalverluste durch Ladungseinfang erst ab Fluenzen von mehr als 5×10^{14} Neutronen/cm^2, 2×10^{15} Pionen/cm^2 bzw. 5×10^{15} Protonen/cm^2 beobachtet [118].

Abbildung 8.90 zeigt den Schädigungsverlauf von Diamant in Abhängigkeit von der Fluenz für Protonenbestrahlung mit Strahlenergien von 25 MeV (Abb. 8.90(a)) und von 24 GeV (Abb. 8.90(b)) [784]. Die Stärke der Schädigung ist charakterisiert durch die aus der Messung der Ladungssammlungstiefe (CCD) nach (8.90) bestimmte mittlere Driftstrecke für Elektronen und Löcher $\lambda = \lambda_e + \lambda_h$. Die Schädigung ist stärker für die niederenergetischeren Protonen. Es ist ersichtlich, dass die mittleren freien Weglängen zwischen $\phi = 10^{15}$ cm^{-2} und 10^{16} cm^{-2} um Faktoren 3 bis 5 absinken und sich für Diamant und Silizium bei sehr hohen Fluenzen annähern.

Die Strahlenhärte des monokristallinen CVD-Materials übertrifft die von pCVD-Diamant (Abb. 8.90), wobei die Fluenzabhängigkeit für beide (pCVD und scCVD) den gleichen Verlauf zeigt [591, 784], wenn man die pCVD-Kurven in der Fluenz je nach Energie der schädigenden Strahlung um $(1.0 - 3.8)\times10^{15}\,\text{cm}^{-2}$ nach rechts verschiebt. Das heißt, dass der Signalverlust in pCVD-Diamant von scCVD-Material erst bei entsprechend höheren Fluenzen erreicht wird [784]. pCVD-Diamant kann daher hinsichtlich der Strahlentoleranz als ein bereits geschädigter scCVD-Diamant aufgefasst werden; er besitzt eine kleinere mittlere Driftstrecke $\lambda_{e/h}$ (8.91) als vor der Bestrahlung $\lambda_{e/h}(\phi = 0)$.

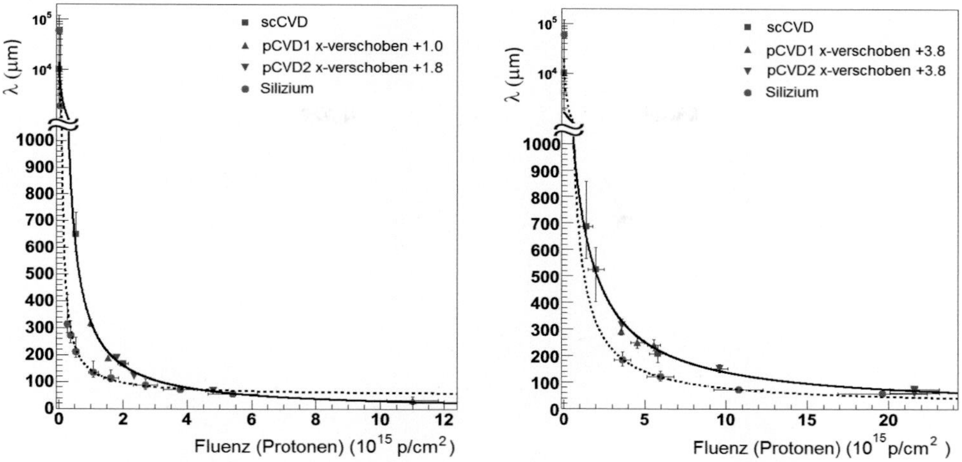

(a) Schädigung durch 25-MeV-Protonen (b) Schädigung durch 24-GeV-Protonen

Abb. 8.90 Schädigungsverlauf von Silizium- und Diamantsensoren, ausgedrückt durch die mittlere Driftstrecke λ in Abhängigkeit von der Strahlungsfluenz für Protonen mit kinetischen Energien im (a) MeV-Bereich (25 MeV, stark schädigend) und im (b) GeV-Bereich (24 GeV, weniger stark schädigend). Die Diamantdaten enthalten sowohl Messungen an pCVD- als auch an scCVD-Detektoren. Die pCVD-Messpunkte wurden um die angegebenen Fluenzwerte auf der Abszisse nach rechts verschoben. Die Ordinate ist für Fluenzen unterhalb von $1{\times}10^{15}$ cm^{-2} abgeschnitten (aus [784], © SISSA Medialab Srl., mit freundl. Genehmigung von IOP Publishing.).

9 Spurrekonstruktion und Impulsmessung

Übersicht

9.1 Geladene Teilchen in einem Magnetfeld

Die Rekonstruktion der Spur eines geladenen Teilchens, das in einem Magnetfeld abgelenkt wird, erlaubt die Bestimmung des Impulsvektors $\vec{p}$, also von Impuls und Richtung des Teilchens. Ein Teilchen mit der Ladung q und der Geschwindigkeit $\vec{v}$ wird in einem Magnetfeld $\vec{B}$ durch die Lorentz-Kraft,

$$\vec{F} = \dot{\vec{p}} = q\left(\vec{v} \times \vec{B}\right) \qquad \Rightarrow \qquad \dot{\vec{v}} = \frac{q}{\gamma m}\left(\vec{v} \times \vec{B}\right), \tag{9.1}$$

abgelenkt. Die Lösung dieser Differenzialgleichung beschreibt einen rotierenden Geschwindigkeitsvektor $\vec{v}_T$ in der Ebene senkrecht zu $\vec{B}$, während die Komponente parallel zum Magnetfeld unverändert bleibt. Wenn wir uns auf homogene Magnetfelder beschränken, ergibt sich in einem Kordinatensystem, in dem das Magnetfeld nur eine Komponente hat ($B_1 = B_2 = 0,\ B_3 = B > 0$):

$$\begin{aligned} v_1 &= v_T \cos(\eta\,\omega_B\,t + \psi_0)\,, \\ v_2 &= -v_T \sin(\eta\,\omega_B\,t + \psi_0)\,, \qquad (9.2) \\ v_3 &= v_3\,. \qquad (9.3) \end{aligned}$$

Dabei ist ω_B die Zyklotronfrequenz (oder Gyrationsfrequenz), η das Ladungsvorzeichen und v_T der Betrag der Geschwindigkeitskomponente senkrecht zum Magnetfeld:

$$\omega_B = \frac{|q|\,B}{\gamma m}, \qquad \eta = \frac{q}{|q|}, \qquad v_T = \sqrt{v_1^2 + v_2^2}\,. \tag{9.4}$$

H. Kolanoski, N. Wermes, *Teilchendetektoren*, DOI 10.1007/978-3-662-45350-6_9

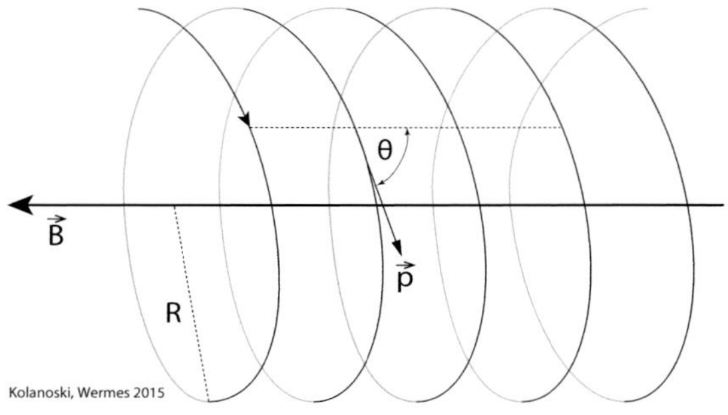

Abb. 9.1 Helixbahn eines positiv geladenen Teilchens in einem Magnetfeld. Für positive Ladungen ist der Drehsinn, wenn man in Richtung des B-Feldes blickt, entgegen dem Uhrzeigersinn. Eingezeichnet ist auch der Winkel zwischen dem Impuls und einer Geraden parallel zu dem Magnetfeld.

Die Lösungen gelten trotz der nicht kovarianten Form von (9.1) auch für relativistische Geschwindigkeiten (eine ausführliche Diskussion findet man zum Beispiel in [467]). Ein relativistischer Effekt erscheint nur in Form des Lorentz-Faktors γ und damit in der Zyklotronfrequenz $\omega_B = q\,B/(\gamma m)$, die im nicht-relativistischen Fall konstant ist ($\gamma \approx 1$) und im relativistischen Fall abhängig von der Energie γm ist.

Durch Integration von (9.2) ergibt sich die Teilchenbahn im Ortsraum:

$$x_1 = \frac{v_T}{\eta\,\omega_B}\sin(\eta\,\omega_B\,t + \psi_0) + x_{10}\,,$$

$$x_2 = \frac{v_T}{\eta\,\omega_B}\cos(\eta\,\omega_B\,t + \psi_0) + x_{20}\,, \tag{9.5}$$

$$nonumber x_3 = v_3\,t + x_{30}\,. \tag{9.6}$$

Das ist die Darstellung einer Helix (Abb. 9.1), deren Projektion auf die Ebene senkrecht zu $\vec{B}$ einen Kreis mit dem Radius

$$R = \sqrt{(x_1 - x_{10})^2 + (x_2 - x_{20})^2} = \frac{v_T}{\omega_B} = \frac{\gamma\,m\,v_T}{|q|\,B} = \frac{p_T}{|q|\,B} \tag{9.7}$$

beschreibt. Für einen gegebenen Impuls ist der Radius außer von der Ladung unabhängig von anderen Eigenschaften des Teilchens, zum Beispiel von der Masse. Mit der Messung von R bestimmt man die so genannte Steifigkeit (*rigidity*), das ist das Verhältnis p_T/q, woraus bei Kenntnis der Ladung der Transversalimpuls folgt. In der Teilchenphysik kann man in der Regel $q = \pm e$ annehmen, in anderen Gebieten, wie Kern-, Schwerionen- oder Astroteilchenphysik, muss die Ladung unabhängig bestimmt werden. Zum Beispiel ist der Energieverlust nach der Bethe-Bloch-Formel (3.25) proportional zur Ladung, die daraus bei gemessenem Impuls bestimmt werden kann (siehe auch Abb. 14.8 über Teilchenidentifikation und die Beispiele in Abschnitt 16.2 über Messungen von kosmischer Strahlung).

Da die Komponente p_3 des Impulses parallel zum Magnetfeld und der Betrag des Transversalimpulses p_T sich nicht mit der Zeit ändern, ist das Verhältnis

$$\tan\theta = \frac{p_T}{p_3} \qquad \text{oder} \qquad \sin\theta = \frac{p_T}{p} \tag{9.8}$$

eine Konstante der Bewegung. Der Winkel θ ist der Winkel zwischen augenblicklicher Impulsrichtung und Richtung des Magnetfelds. Auf dem abgerollten Zylindermantel der

Helix ist θ der Winkel zwischen Teilchentrajektorie und Magnetfeld. Der komplementäre Winkel $\lambda = \pi/2 - \theta$ ist der Steigungswinkel der Helix (*dip angle*), für den gilt:

$$\cos\lambda = \frac{p_T}{p} \,. \tag{9.9}$$

Der Winkel θ wird in Speicherringexperimenten mit dem Magnetfeld in Strahlrichtung bevorzugt, weil er dann der Polarwinkel des Teilchens relativ zu den Strahlen ist. In Experimenten mit dem Magnetfeld senkrecht zum Strahl ist dieser Polarwinkel der Steigungswinkel λ.

Durch Rekonstruktion der Helix lassen sich aus dem Krümmungsradius R und dem Neigungswinkel θ nach (9.7) und (9.8) der Transversalimpuls und der Gesamtimpuls bestimmen:

$$p_T = 0.3\, z\, B\, R\,, \qquad p = \frac{p_T}{\sin\theta} \,. \tag{9.10}$$

Die erste Gleichung gilt für die Einheiten: p_T in GeV/c, B in m und R in T; z ist die Teilchenladung in Einheiten der Elementarladung, $z = q/e$; der Faktor 0.3 ist (leicht abgerundet) die Lichtgeschwindigkeit in Einheiten von 10^9 m/s ($0.3 \approx c/(10^9\,\text{m/s})$).

9.2 Magnetfelder

Moderne Teilchenexperimente haben Magnete mit Volumina bis zu vielen Kubikmetern und mit Feldstärken von einigen Tesla. Hohe Feldstärken sind notwendig, um eine gute Impulsauflösung zu erreichen, und große Volumina, um Teilchenreaktionen in einem großen Raumwinkel möglichst vollständig messen zu können. In der Regel versucht man, ein möglichst homogenes Feld in einem Luftvolumen zu erreichen und das Feld über Eisenjoche mit hoher Permeabilität zurückzuführen (die magnetischen Feldlinien müssen geschlossen sein). Man benutzt aber auch Magnetfelder, die nur in Eisen verlaufen (magnetisiertes Eisen), vor allem als Myonspektrometer ('Spektrometer' ist hier eine Apparatur zur Impulsmessung).

Man entscheidet sich zwischen verschiedenen Magnetkonfigurationen je nach Anforderungen des Experiments. In Fixed-Target-Experimenten (Abschnitt 2.2.2) werden in der Regel Dipolmagnete eingesetzt, die Teilchen in Vorwärtsrichtung messen. Dagegen werden in Speicherring-Experimenten in der Regel Solenoidmagnete mit dem Feld in Strahlrichtung eingesetzt, weil damit die Impulse transversal zum Strahl symmetrisch und mit guter Raumwinkelabdeckung gemessen werden können. Die höchsten Magnetfelder werden mit supraleitenden Magneten erreicht [835].

9.2.1 Dipolmagnet

Abbildung 9.2 zeigt einen typischen Dipolmagneten. Das nutzbare Volumen für die Impulsmessung ist der Luftspalt (*gap*) zwischen den Polschuhen. Das Magnetfeld in diesem

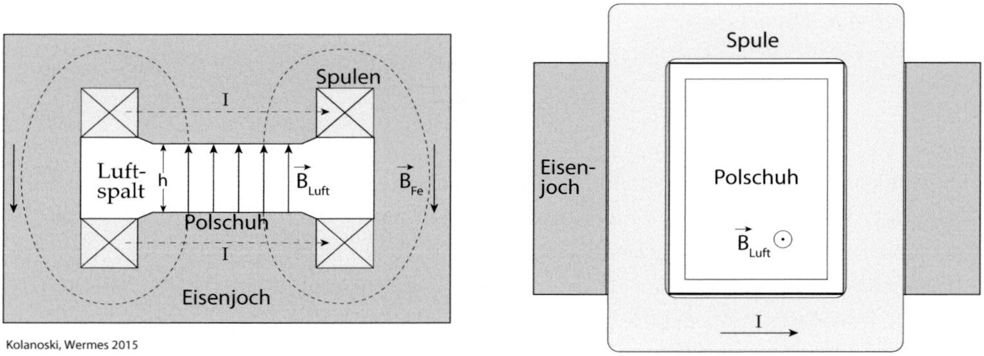

Abb. 9.2 Schnittbilder eines typischen Dipolmagneten. Links: Schnitt senkrecht zu den Polschuhflächen, Sicht in Vorzugsrichtung der Teilchen. In einem Luftspalt zwischen zwei Polschuhen wird ein annähernd homogenes Magnetfeld durch Ströme, die um die Polschuhe (Spulen) laufen, erzeugt. Die Magnetfeldlinien werden beiderseits durch ein Eisenjoch geschlossen. Rechts: Schnitt parallel zu den Polschuhflächen.

Spalt wird durch Spulen erzeugt, die um die Polschuhe gewickelt sind und durch die ein Strom I mit insgesamt N Windungen läuft. Nach dem Ampere'schen Gesetz gilt

$$N\,I = \frac{1}{\mu_0\,\mu_{\mathrm{Luft}}} \int_{\mathrm{Luft}} \vec{B}\,d\vec{l} + \frac{1}{\mu_0\,\mu_{\mathrm{Fe}}} \int_{\mathrm{Fe}} \vec{B}\,d\vec{l}. \tag{9.11}$$

Dabei ist $\mu_0 = 4\,\pi \cdot 10^{-7}\,\frac{\mathrm{N}}{\mathrm{A}^2}$ die Vakuumpermeabilität, und μ_{Luft} und μ_{Fe} sind die relativen Permeabilitäten in Luft beziehungsweise Eisen. Die Integrationswege durch Luft und Eisen bilden zusammen einen geschlossenen Weg. Für $\mu_{\mathrm{Luft}} \approx 1 \ll \mu_{\mathrm{Fe}} \approx 1000$–$10000$ gilt näherungsweise für das Magnetfeld im Luftspalt mit der Höhe h:

$$B \approx \frac{\mu_0\,N\,I}{h}\,. \tag{9.12}$$

Der um das Magnetfeld laufende Strom I hat N Windungen. Der Luftspalt soll groß genug sein, um eine möglichst gute Winkelakzeptanz zu gewährleisten, und in der Regel auch, um Detektoren in das Feldvolumen installieren zu können. Allerdings wachsen auch die inhomogenen Randbereiche mit der Vergößerung des Feldvolumens. Inhomogenitäten können durch angepasste Formung der Eisenstrukturen (Polschuhe, Joch) oder durch zusätzliche Spulen reduziert werden ('*shimming*').

9.2.2 Solenoidmagnet

Das Magnetfeld in einem Solenoidmagneten (Abb. 9.3) wird von einer stromdurchflossenen Spule erzeugt. Auch hier wird in der Regel das magnetische Feld über ein Eisenjoch zurückgeführt. Mit einem ähnlich Ansatz wie Gleichung (9.11) für Dipolmagnete ergibt sich für das Magnetfeld im Inneren des Solenoiden:

$$B \approx \frac{\mu_0\,N\,I}{L}\,. \tag{9.13}$$

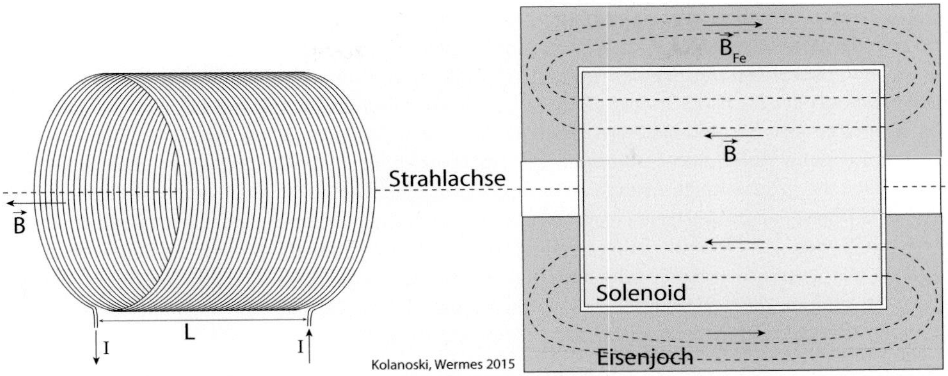

Abb. 9.3 Solenoidmagnet. Links: Eine Spule mit N Windungen auf einer Länge L, durch die ein Strom I fließt, erzeugt ein Magnetfeld $\vec{B}$ in ihrem Inneren. Rechts: Querschnitt durch einen Solenoiden mit Eisenjoch. Der Solenoid kann bis auf eine Öffnung zur Strahldurchführung von einem Eisenjoch zur Rückführung des Feldes umgeben werden. Durch das Eisenjoch mit hoher Permeabilität wird die Feldstärke erhöht, und das Feld wird in den Randbereichen homogener. In Speicherring-Detektoren wird das Eisen in der Regel auch als Hadron-Absorber zum Nachweis von Myonen genutzt. In diesem Fall sind außerhalb des Eisens noch Spurkammern angebracht. Häufig wird das Eisenjoch in mehrere Lagen aufgeteilt, zwischen denen Detektoren zum Myon-Nachweis und zur Messung der Spurkrümmung in dem magnetisierten Eisen installiert werden.

Der Strom I wird mit N Windungen über eine Länge L um das Magnetfeld geleitet. Das Magnetfeld ist umso homogener, je länger die Spule relativ zu ihrem Durchmesser ist. Inhomogenitäten an den Spulenenden können durch eine gute Anpassung des Eisenjochs in dem relevanten Bereich für den Spurennachweis stark reduziert werden.

Solenoide werden dort verwendet, wo die Teilchen im Magnetfeld erzeugt werden. Das ist vornehmlich bei Speicherring-Experimenten der Fall, wo in der Regel der Wechselwirkungspunkt im Zentrum des Solenoids liegt; die Solenoidachse und das Magnetfeld weisen in Strahlrichtung. Innerhalb des Solenoids sind Spurdetektoren installiert, häufig bestehend aus zylindrischen Driftkammern oder zylindrisch angeordneten Halbleiterdetektoren und Vertexdetektoren (siehe Kapitel 7 und Abschnitt 14.6.2). Die Abmessungen eines Solenoidmagneten sind typisch einige Meter in Durchmesser und Länge. Charakteristische Daten einiger Solenoidmagnete sind in Tabelle 9.1 angegeben. Während große Solenoidmagnete mit normalleitenden Spulen Feldstärken unter 1 T erreichen, begrenzt durch die Sättigung des Eisens und die zum Betrieb notwendige Leistung, erreicht man mit supraleitenden Spulen typisch 2 T. Der bisher in Volumen und Feldstärke größte Solenoidmagnet ist im CMS-Experiment zu finden.

9.2.3 Toroidmagnet

Wenn man die Spule eines Solenoidfelds so verbiegt, dass sich Anfang und Ende treffen, werden die Feldlinien in sich selbst zurückgeführt, und es ergibt sich ein toroidales Magnetfeld (Abb. 9.4(a)). Wenn die Stromspule kreisförmig gebogen ist, werden aus

Tab. 9.1 Daten verschiedener Solenoidmagnete (Experimente mit einem * sind nicht mehr im Betrieb). Solenoidmagnete für Experimente an Speicherringen werden seit etwa 30 Jahren fast nur noch mit supraleitenden Spulen gebaut, die Beispiele dafür sind [621] entnommen. Wenn das elektromagnetische Kalorimeter (Abschnitt 15.5) außerhalb der Spule ist, ist die Spulendicke in Einheiten der Strahlungslänge eine wichtige Spezifikation (ohne Angabe, falls sich das elektromagnetische Kalorimeter innerhalb der Spule befindet). Für die Sicherheit supraleitender Magnete sind die gespeicherte Energie und die Energie pro Masse (E/M) wichtige Größen. Die Energie pro Masse ist proportional zur Temperaturerhöhung im Falle eines sprunghaften Überganges von Supra- zu Normalleitung, einem so genannten Quench. In den Spulen wird dann schlagartig die gesamte magnetische Energie in Wärme umgewandelt. Zum Vergleich werden auch Daten einiger normalleitender Solenoide gezeigt [201, 23, 60, 52]. Hier ist als kritische Größe statt der gespeicherten Energie die Betriebsleistung P in MW angegeben.

Experiment	Labor	B [T]	Radius [m]	Länge [m]	x/X_0	Energie [MJ]	E/M [kJ/kg]	P [MW]
			Supraleitende Solenoidmagnete					
CDF*	Tsukuba/Fermi	1.5	1.5	5.07	0.84	30	5.4	
CLEO-II*	Cornell	1.5	1.55	3.8	2.5	25	3.7	
ALEPH*	Saclay/CERN	1.5	2.75	7	2	130	5.5	
DELPHI*	RAL/CERN	1.2	2.8	7.4	1.7	109	4.2	
ZEUS*	INFN/DESY	1.8	1.5	2.85	0.9	11	5.5	
H1*	RAL/DESY	1.2	2.8	5.75	1.8	120	4.8	
BELLE*	KEK	1.5	1.8	4		42	5.3	
ATLAS	CERN	2	1.25	5.3	0.66	38	7	
CMS	CERN	4	6	12.5		2600	12	
			Normalleitende Solenoidmagnete					
TASSO*	DESY	0.5	1.35	4.4	1.2			2.8
MARK II*	SLAC	0.5	1.56	4.05	1.3			1.8
ARGUS*	DESY	0.8	1.4	2.8				2
OPAL*	CERN	0.435	2.18	6.3	1.7			5

Symmetriegründen auch die Feldlinien kreisförmig geschlossen sein. Das Integral über das Magnetfeld entlang eines geschlossenen Weges, den wir hier entlang einer Feldlinie mit Radius r wählen, ergibt

$$N\,I = \frac{1}{\mu_0\,\mu} \oint \vec{B}\,d\vec{l} = \frac{1}{\mu_0 \mu}\,B(r)\,2\pi r\,. \tag{9.14}$$

Das heißt, dass das Feld innerhalb des Torus eine $1/r$-Abhängigkeit hat:

$$B(r) = \frac{\mu_0\,\mu\,N\,I}{r}\,. \tag{9.15}$$

Dabei ist μ die Permeabilität des Materials im Magnetfeld, in der Regel $\mu \approx 1$ für Luft oder $\mu \approx 10000$ für Eisen

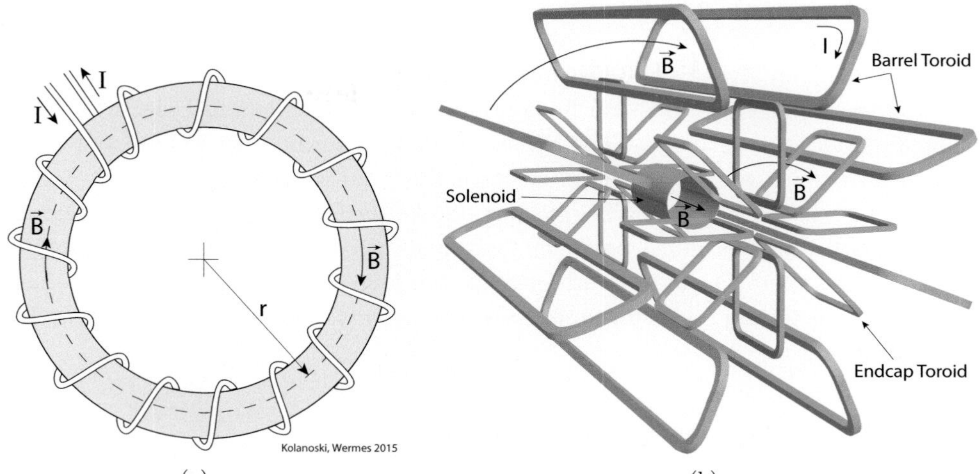

(a) (b)

Abb. 9.4 Toroidmagnet. (a) Prinzip eines toroidalen Magnetfelds. Die Magnetfeldlinien verlaufen innerhalb der Spule, deren Anfang und Ende zusammengeführt sind, so dass keine Eisenjoche für die Feldrückführung notwendig sind. Das Magnetfeld ist vollständig innerhalb der Spule eingeschlossen. (b) Magnetspulen des ATLAS-Detektors, innen eine Solenoidspule und außen Toroidspulen [2]: Die Toroidspulen decken den zentralen Bereich (*barrel toroid*) und die Bereiche in Richtung der Strahlen (*endcap toroids*) mit jeweils acht separaten Spulen ab. In jeder Spule, die jeweils einer Windung in der Prinzipskizze (a) entspricht, läuft ein Strom um, der zu dem Magnetfeld beiträgt. Während die Solenoidspule ein Magnetfeld in Strahlrichtung erzeugt, erzeugen die Toroidspulen Magnetfelder, die senkrecht zu den Strahlen konzentrisch die Strahlachse umlaufen. In den Toroidmagnetfeldern ist eine genaue Impulsmessung der Myonen mit wenig Vielfachstreuung möglich. Quelle: ATLAS Experiment, CERN.

Toroidmagnete werden zum Beispiel zur Ergänzung von Solenoidmagneten in Vorwärts- und Rückwärtsrichtung relativ zum Wechselwirkungspunkt eingesetzt, wobei die unter kleinen Winkeln vom Wechselwirkungspunkt kommenden Teilchen das Magnetfeld nahezu senkrecht kreuzen, unabhängig von dem Winkel um die Strahlachse (Azimutwinkel). Ein Dipolmagnet hätte zwar auch die richtige Feldrichtung, aber nicht die azimutale Symmetrie.

Eher ungewöhnlich ist der Einsatz von Toroidmagneten im ATLAS-Experiment: Abbildung 9.4(b) zeigt die Geometrie der Magnetspulen des ATLAS-Detektors, die innen ein Solenoidfeld und außen Toroidfelder, die den ganzen Detektor umgeben, erzeugen. Der zentrale Toroidmagnet (*barrel toroid*) hat acht separate Spulen, die parallel zur Strahlachse etwa 25 m lang und radial etwa 5 m breit sind. Durch die Spulen verläuft ein Magnetfeld von im Mittel 0.5 T (0.15–2.5 T) kreisförmig um die Strahlachse. Das Magnetfeldvolumen ist mit Driftrohren und RPCs (siehe Abschnitt 7.7.3) zum Vermessen und Triggern von Myonen bestückt. Der Toroid enthält keinen Eisenkern, wie sonst bei Myonspektrometern üblich, damit eine präzise Impulsmessung mit wenig Vielfachstreuung möglich ist. Die sonst von Eisenschichten übernommene Aufgabe als Hadronabsorber wird hier von den innerhalb des Toroids liegenden Kalorimetern übernommen.

9.2.4 Magnetisiertes Eisen

Zum Nachweis von Myonen wird Eisen als Hadronabsorber benutzt. Wenn das Eisen magnetisiert wird und Detektoren zur Spurvermessung in Zwischenräume plaziert werden, können gleichzeitig die Impulse der Myonen gemessen werden. Die Feldstärken liegen typisch im Bereich von 1 T, wobei in weichem Eisen die Sättigungspolarisation bei bis zu etwa 2 T) liegen kann. Ein Beispiel für die Anwendung magnetisierten Eisens ist das Eisenjoch von Solenoidmagneten an einem Speicherring, wie in Abb. 9.3 rechts und für das CMS-Experiment in Abb. 2.11 gezeigt. Ein Fixed-Target-Experiment mit einem Myonspektrometer mit magnetisiertem Eisen ist das in [442] beschriebene Neutrino-Experiment.

9.2.5 Vermessung von Magnetfeldern

In den wenigsten Fällen können Magnetfelder als homogen angenommen werden. Da an Feldrändern Inhomogenitäten nicht vermieden werden können, kann man homogene Felder am ehesten noch annehmen für Magnete, bei denen die Teilchen im Magnetfeld entstehen, wie zum Beispiel bei einem Magnetfeld um den Wechselwirkungspunkt an einem Speicherring. Aber auch in den Solenoidmagneten solcher Exprimente treten Inhomogenitäten im Prozentbereich auf, während die Anforderungen für die Impuls- und Richtungsrekonstruktion eher im Promillebereich liegen. Deshalb müssen in der Regel Magnetfelder vermessen, kartographiert und für die Rekonstruktionsalgorithmen parametrisiert werden.

Die absolute Feldstärke wird üblicherweise mit einer Kernspinresonanzsonde gemessen. Die Resonanzfrequenz, für das ^{1}H-Isotop $\nu = 42.5759\,\text{MHz/T}$ [425], kann mit einer Genauigkeit von besser als 10^{-6} bestimmt werden. Um die Präzision ausnutzen zu können, sind verschiedene Bedingungen einzuhalten, zum Beispiel muss die Homogenität des Feldes in dem Sondenvolumen ($O(\text{cm}^3)$) in der gleichen Größenordnung wie die gewünschte Präzision sein.

Um auch in inhomogenen Bereichen alle Feldkomponenten messen zu können, benutzt man Hall-Sonden, die man in drei orthogonalen Richtungen orientieren kann [703]. Die Hall-Daten werden in der Regel benutzt, um die Parameter eines Feldmodells zu bestimmen, das bereits den Strom- und Materialverteilungen und den von den Maxwell-Gleichungen gelieferten Bedingungen Rechnung trägt. Die Feldmodelle werden mit entsprechenden Programmen, zum Beispiel MAFIA [805], berechnet. Als Beispiel für die Anwendung dieser Methode ist in [773] die Vermessung eines Dipolmagneten beschrieben.

Die Parameter eines Feldmodells kann man auch mit so genannten *Floating-Wire*-Messungen bestimmen (siehe zum Beispiel [77]). Diese Methode nutzt aus, dass ein Magnetfeld eine Kraft auf einen Strom ausübt. Dazu wird ein stromdurchflossener Draht, der unter einer bestimmten mechanischen Spannung steht, durch ein Magnetfeld geführt.

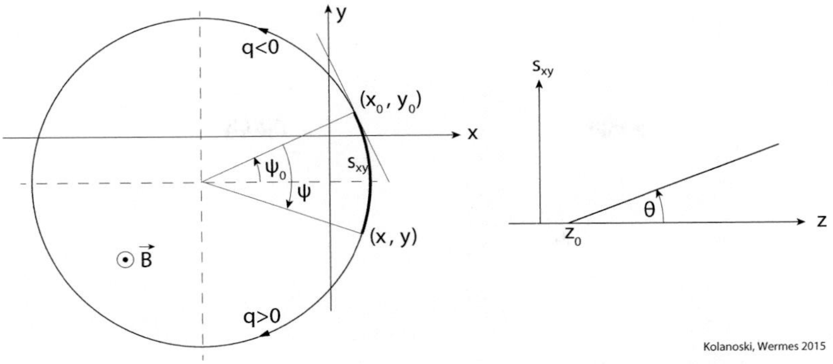

Abb. 9.5 Darstellung der Parameter einer Teilchentrajektorie in einem homogenen Magnetfeld entsprechend Gleichung (9.17). Siehe auch die Erläuterungen dazu im Text.

Die Auslenkung des Drahtes wird mit Messmikroskopen bestimmt und mit den Feldmodellvorhersagen verglichen.

9.3 Messung von Teilchentrajektorien in Magnetfeldern

9.3.1 Parametrisierung der Trajektorien

Eine Teilchentrajektorie beschreibt in einem feldfreien Raum eine Gerade und in einem homogenen Magnetfeld eine Helix. Eine Gerade im Raum wird mit vier Parametern beschrieben, zum Beispiel jeweils Achsenabschnitt und Steigung für die beiden Projektionen:

$$\begin{aligned} y &= t_{yx}x + y_0\,, \\ z &= t_{zx}x + z_0\,. \end{aligned} \tag{9.16}$$

Als Bezugssystem wird hier das in Abschnitt 9.1 definierte, mit dem Magnetfeld in z-Richtung, benutzt. Für jede Projektion sind mindestens zwei Messpunkte notwendig, um die Parameter in (9.16) zu bestimmen.

Für die Parametrisierung der Helix in einem homogenen Magnetfeld greifen wir auf die Darstellung (9.5) zurück. Da der zeitliche Durchlauf der Helix nicht gemessen wird, drücken wir die Phase $\omega_B t$ durch einen positiven Winkel ψ aus, der den Wert $\psi = 0$ am Startpunkt (x_0, y_0, z_0) hat und der die Umlaufrichtung eines positiven Teilchens beschreibt (Abb. 9.5). Der Startpunkt in der x-y-Ebene ist um einen Winkel ψ_0 gegen die x-Achse im mathematisch positiven Sinn gedreht. Damit hat die Helixgleichung die Form (Abb. 9.5):

$$\begin{aligned} x &= x_0 + R\,(\cos(\psi_0 - \eta\psi) - \cos\psi_0)\;, \\ y &= y_0 + R\,(\sin(\psi_0 - \eta\psi) - \sin\psi_0)\;, \\ z &= z_0 + \frac{\psi\, R}{\tan\theta}\;. \end{aligned} \tag{9.17}$$

Die Projektion der Spurlänge auf die xy-Ebene ist $s_{xy} = \psi\, R$. Die Umlaufrichtung ist durch $\psi \geq 0$ und das Vorzeichen der Ladung $\eta = q/|q|$ gegeben. Für positive Teilchenladungen ist der Umlauf im Gegenuhrzeigersinn, wenn man in Richtung des B-Feldes blickt und für negative Ladungen ist er im Uhrzeigersinn. In der Darstellung (9.17) ist der Punkt (x_0, y_0, z_0) der Startpunkt auf der Helixbahn, und der Kreismittelpunkt liegt bei $(x = x_0 - R\cos\psi_0,\; y = y_0 - R\sin\psi_0)$. Die Helix hat sechs Parameter: die drei Startkoordinaten x_0, y_0, z_0, die beiden Winkel ψ_0, θ und die Krümmung

$$\kappa = -\eta/R \qquad (\eta = q/|q| = \pm 1)\,, \tag{9.18}$$

deren Vorzeichen wie angegeben von der Ladung abhängt.

Die Projektion der Helix auf die Ebene senkrecht zum Magnetfeld beschreibt einen Kreisbogen, der durch die drei Parameter x_0, y_0 und R beschrieben wird. Die Darstellung

$$y = y_0 + \sqrt{R^2 - (x - x_0)^2} \tag{9.19}$$

hängt nicht-linear von den Parametern x_0 und R ab. Die Entwicklung von (9.19) für große Radien R, großen Impulsen entsprechend,

$$y = y_0 + R\left(1 - \frac{(x - x_0)^2}{2R^2} + \ldots\right) = \left(y_0 + R - \frac{x_0}{2R^2}\right) + \frac{x_0}{R}\,x - \frac{1}{2R}\,x^2 + \ldots\,, \tag{9.20}$$

führt zu einer parabolischen Approximation der Trajektorie, die als eine lineare Funktion von drei Parametern geschrieben werden kann:

$$y = a + bx + \frac{1}{2}cx^2\,. \tag{9.21}$$

Die neuen Parameter a, b, c sind Funktionen der Parameter x_0, y_0, R entsprechend Gleichung (9.20). Die Lösung für die Parameter a, b, c für die Anpassung an Messdaten y_i an den Positionen x_i lässt sich mit Hilfe des Matrixformalismus, beschrieben in Anhang F, berechnen.

Zur Beschreibung von Teilchentrajektorien in inhomogenen Magnetfeldern werden häufig stückweise Helixbahnen aneinandergehängt, wobei eine mittlere Feldstärke und -richtung in dem jeweiligen Abschnitt angenommen wird.

9.3.2 Detektoranordnungen in Magnetspektrometern

Eine Anordnung eines oder mehrerer Magnete mit Spurdetektoren, die zur Impulsbestimmung dient, nennt man Magnetspektrometer oder einfach Spektrometer. In Abb. 9.6 werden Magnetspektrometer mit typischen Detektoranordnungen zur Messung von Raumkoordinaten gezeigt.

Vorwärtsspektrometer: Die Anordnung in Abb. 9.6(a) mit einem Dipolmagneten ist typisch für ein Fixed-Target-Experiment. Sie wird Vorwärtsspektrometer genannt, weil die Teilchen, vom Targetpunkt (x_0, y_0, z_0) ausgehend, auf Grund des Lorentz-Boosts vorwiegend in einem engen Raumwinkel um die Strahlrichtung auslaufen. Die Detektoren werden vornehmlich senkrecht zur Strahlrichtung (hier die x-Achse) installiert und liefern Messpunkte y_i und z_i bei festem x_i. Als Messpunkt kann auch der Wechselwirkungspunkt im Target, wenn er genau genug lokalisiert ist, genutzt werden. In einem homogenen Magnetfeld sind die Teilchentrajektorien Helixbahnen entsprechend (9.17) und vor und hinter dem Magneten Geraden entsprechend (9.16).

Eine minimale Anzahl von Messpunkten sind drei Punkte in der Ebene der Impulsablenkung (xy) und zwei Punkte in der dazu senkrechten Ebene. Zum Beispiel können in der Anordnung wie in Abb. 9.6(a) in der xy-Ebene ein Punkt vor dem Magneten und zwei hinter dem Magneten liegen. Die Gerade durch die zwei Punkte hinter dem Magneten bestimmt den Austrittspunkt aus dem Magneten und ist die Tangente an den Kreisbogen in diesem Punkt. Entsprechend ist die Gerade, die durch den Messpunkt vor dem Magneten und dem (noch unbestimmten) Eintrittspunkt in den Magneten geht, eine Tangente an den Kreisbogen. Die Forderung, dass diese Gerade eine Tangente ist, erlaubt eine analytische Bestimmung des Eintrittspunkts. In der xz-Projektion erlaubt die Invarianz des Steigungswinkels (bei homogenem Magnetfeld) die Bestimmung des Startwinkels am Ursprung. Mit den gemessenen Koordinaten z_1, z_2 ist die Steigung der Geraden $t_{xz} = (z_2 - z_1)/s_{xy}$, wobei s_{xy} die in die xy-Ebene projizierte Bahnlänge zwischen den Detektoren bei x_1 und x_2 ist.

Solenoidspektrometer: Die Anordnung in Abb. 9.6(b) mit einem Solenoidmagneten zur Impulsanalyse ist typisch für ein Speicherring-Experiment, bei dem die Strahlen sich im Mittelpunkt des Solenoids kreuzen. Die Strahlausdehnung in der Ablenkebene xy ist typisch etwa 100 µm oder weniger, so dass die Mitte des Strahlquerschnitts als Messpunkt in der xy-Ebene betrachtet werden kann. Im Allgemeinen wird diese Strahlbedingung (*beam constraint*) nicht benutzt, um Spuren von Zerfällen, die nicht vom Primärvertex kommen (siehe zum Beispiel Abb. 3.30), ebenfalls rekonstruieren zu können.

In vielen Detektoranordnungen werden die Spuren im Inneren des Solenoids mit zylindrischen Spurdetektoren gemessen. Die Messkoordinaten sind (r_i, z_i, ϕ_i). In zylindrischen Drahtkammern (Abschnitt 7.10) oder entsprechend angeordneten Halbleiterdetektoren (Abschnitt 8.4) liegen die Detektorzellen auf Zylindermänteln mit festen Radien r_i, während in TPCs (Abschnitt 7.10.10) die (r, ϕ)-Koordinaten von der Auslesestruktur an den Endplatten abhängen und die z-Koordinate von der Driftzeitmessung.

9.3.3 Anpassung an ein Spurmodell

Die parametrisierte Beschreibung einer Teilchentrajektorie nennt man Spurmodell. Solche Spurmodelle können eine Kombination von einfachen Geraden und Helixbahnen sein, wie in (9.16) und (9.17) angegeben, oder allgemeiner bei inhomogenen Feldern stückwei-

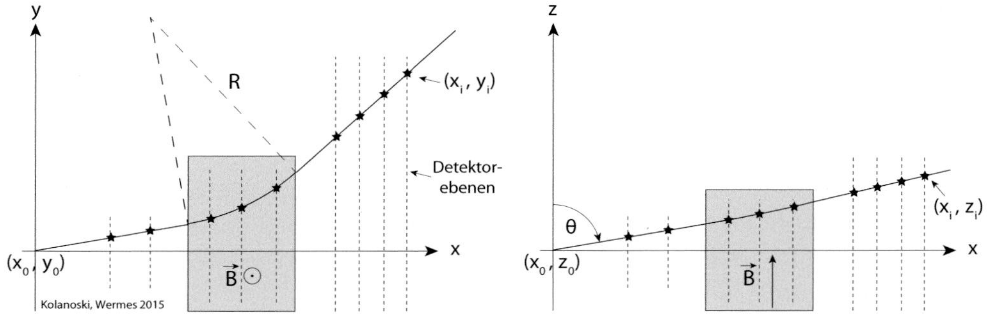

(a) Spur in einem Dipolspektrometer. Die Detektoren sind parallel zu den vorderen und den hinteren Magnetflächen vor, in und nach dem Magneten installiert. In der xz-Ebene (rechts), die das Magnetfeld enthält, ist die Spur nahezu geradlinig.

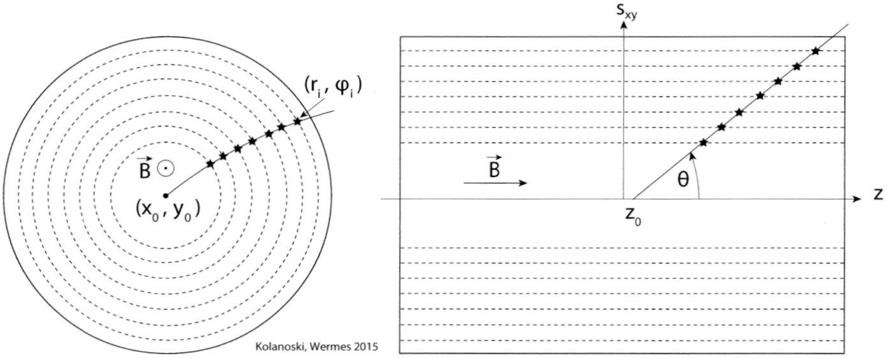

(b) Spur in einem Solenoidmagnetfeld. Bei Solenoidfeldern wird in der Regel auf festen Radien die azimutale Koordinate gemessen ($(r\phi)$-Messung in zylindrischen Kammern). Die gestrichelten Linien stellen die Drahtlagen einer solchen Kammer dar. Die Impulsmessung in $(r\phi)$ hat in der Regel die bessere Auflösung als die z-Koordinate (siehe Abschnitt 7.10.4).

Abb. 9.6 Teilchentrajektorien in (a) Dipol- und (b) Solenoid-Magnetspektrometern. Das Magnetfeld zeigt jeweils in Richtung der z-Achse; links ist jeweils die Ebene senkrecht zu dem Magnetfeld und rechts eine Ebene, die das Magnetfeld enthält, dargestellt. Die gestrichelten Linien deuten die Detektorlagen an. Die Messpunkte entlang der Spuren sind durch Sterne (*) markiert.

se Helixbahnen oder Approximationen wie zum Beispiel die parabolische Entwicklung in (9.21). Oft versucht man auch Richtungs- und Impulsänderungen durch Vielfachstreuung und Bremsstrahlung zu berücksichtigen. Bei starker Streuung oder energiereicher Abstrahlung kann man bei genügender Auflösung einen Knick (*kink*) in der Spur beobachten, der in der Spuranpassung berücksichtigt werden kann. Solche Knicke werden auch bei Zerfall eines geladenen Pions, $\pi \to \mu\nu$, beobachtet (bei niedrigen Energien besonders ausgeprägt, siehe Abb. 16.2). Auch der Zerfall von langlebigen Teilchen wie $K_s^0 \to \pi^+\pi^-$, bei dem die Pionen nicht vom Wechselwirkungspunkt kommen, sollte in einem Detektor rekonstruiert werden können. Für die Rekonstruktion von Zerfällen von Charm- und

Bottom-Hadronen sowie τ-Leptonen sind spezielle Vertexdetektoren (Abschnitt 14.6.2) notwendig.

Das Spurmodell hängt von einem Satz von m Parametern $\theta = (\theta_1, \ldots, \theta_m)$ ab, die bei der Spurrekonstruktion an die N Messpunkte angepasst werden. Die Anpassung geschieht üblicherweise nach der Methode der kleinsten Quadrate durch Minimierung des Ausdrucks (Details finden sich in Anhang F)

$$S = \sum_{i=1}^{N} \frac{(\xi_i^{\text{mess}} - \xi_i^{fit}(\theta))^2}{\sigma_i^2} . \tag{9.22}$$

Das Minimum von S bezüglich des Parametersatzes θ folgt einer χ^2-Verteilung, wenn die Messwerte ξ_i^{mess} um ihren Erwartungswert $\hat{\xi}_i^{\text{mess}}$ normalverteilt mit Standardabweichungen σ_i sind. Die Erwartungswerte $\hat{\xi}_i^{\text{mess}}$ werden durch die $\xi_i^{fit}(\theta)$ abgeschätzt, die sich aus dem Spurmodell durch optimale Anpassung der Parameter θ ergeben.

9.3.4 Teilchentrajektorien in Vorwärtsspektrometern

Das Spurmodell für ein Vorwärtsspektrometer wie in Abb. 9.6(a) besteht im einfachsten Fall, wenn das Feld innerhalb eines Kastens als homogen angenommen werden kann ('Kastenfeldmodell'), aus den beiden Geraden vor und hinter dem Magneten und einer Helixbahn im Magneten mit den Zwangsbedingungen, dass die Kurven jeweils am Magnetfeldrand stetig ineinander übergehen. Die Zwangsbedingungen kann man analytisch in die Kurvenbeschreibung einbeziehen, oder man kann zu dem χ^2-Ausdruck in (9.22) einen Lagrange-Multiplikator-Term[1] hinzufügen.

Im allgemeinen Fall eines inhomogenen Magnetfelds braucht man eine genaue Magnetfeldkarte (Abschnitt 9.2.5), so dass eine Spur stückweise verfolgt und der Parametersatz des Spurmodells bestimmt werden kann. Als Parameter werden meistens die Steigungen und Achsenabschnitte sowie der Impuls am Wechselwirkungspunkt, $(y_0, z_0, t_{yx}(y_0), t_{zx}(z_0)), q/p)$, gewählt. In jeder Zelle i werden die lokalen Parameter $(y_i, z_i, t_{yx}(y_i), t_{zx}(z_i), q/p)$ benutzt, um die Spur in die nächste Zelle $(i+1)$ zu verfolgen und dort erneut zu berechnen. Die Parameter werden iterativ durch Anpassung an die Messpunkte bestimmt (siehe zum Beispiel [577]).

9.3.5 Trajektorien in zylindersymmetrischen Anordnungen

Wir betrachten nun die Rekonstruktion von Spuren in einem Solenoidspektrometer wie in Abb. 9.6(b) mit dem Magnetfeld parallel zu der Solenoidachse und dem Wechselwirkungspunkt im Zentrum des Magneten. Die Detektoren sind in der Regel zylindrische Anordnungen, die Messpunkte $(r_i,\ \phi_i)$ in der Ebene senkrecht zum Magnetfeld ((r, ϕ)-Ebene) sowie Raumpunkte $(r_i,\ \phi_i,\ z_i)$ liefern (für die dritte Koordinate siehe zum Beispiel Abschnitt 7.10.4). Im Inneren eines Solenoidmagneten ist das Magnetfeld relativ

[1] Siehe dazu die Literatur über Klassische Mechanik, zum Beispiel [386].

homogen, so dass eine Helixbahn als Spurmodell eine gute Näherung ist. Wenn Inhomogenitäten, Energieverluste und Streuung berücksichtigt werden sollen, muss das Modell verfeinert werden.

Weil der Anfangspunkt der Helix nicht rekonstruierbar ist, können nur fünf der sechs Parameter in (9.17) bestimmt werden. Eine mögliche Wahl der Parameter ist:

$\kappa = -\frac{\eta}{R}$ Krümmung in der $r\phi$-Ebene entsprechend (9.18) ($\eta = q/|q|$);

ψ_0 Winkel in der $r\phi$-Ebene zwischen der x-Achse und dem Vektor vom Kreismittelpunkts zum Ort des kürzesten Abstands vom Urprung;

d_0 kleinster Abstand der Helix vom Ursprung in der $r\phi$-Ebene; $d_0 > 0$ ($d_0 < 0$), wenn der Ursprung innerhalb (außerhalb) des Kreises liegt (Abb. 9.7);

θ Neigungswinkel der Spur gegen die z-Achse am Ort des kürzesten Abstands vom Urprung; dieser Winkel ist eine Invariante auf dem abgerollten Zylindermantel, auf dem die Helix liegt;

z_0 Koordinate auf der z-Achse in der rz-Projektion der Spur.

Damit wird der Anfang der Helix in der xy-Projektion auf den Punkt des geringsten Abstands vom Ursprung in der $r\phi$-Projektion gelegt. Die entsprechenden Koordinaten x_0, y_0 lassen sich mit dem Winkel ψ_0 (Abb. 9.7) zu

$$x_0 = d_0 \cos\psi_0 \,, \qquad y_0 = d_0 \sin\psi_0 \tag{9.23}$$

berechnen.

In der Regel werden zunächst die ersten drei Parameter aus den gemessenen Punkten in der $r\phi$-Projektion an einen Kreis angepasst. Im zweiten Schritt werden dann die, im Allgemeinen schlechter gemessenen, Punkte in der rz-Projektion benutzt, um die beiden übrigen Parameter zu bestimmen. Dieses Vorgehen erleichtert meistens die Mustererkennung (*pattern recognition*), das heißt die Zuordnung von Messpunkten zu Spuren. Eine gleichzeitige Anpassung der Spur an die Messungen in den beiden Projektionen ist auch möglich und wird bevorzugt nach dem Mustererkennungsschritt gemacht.

9.3.6 Mustererkennung

Um die Spuren eines von einem Detektor aufgezeichneten Ereignisses rekonstruieren zu können, müssen die Messpunkte individuellen Spuren zugeordnet werden. Diese Prozedur gehört zu der allgemeinen Thematik der 'Mustererkennung' (*pattern recognition*), das sind Methoden, um in Datenmengen, die unvollständig und verrauscht sein können,

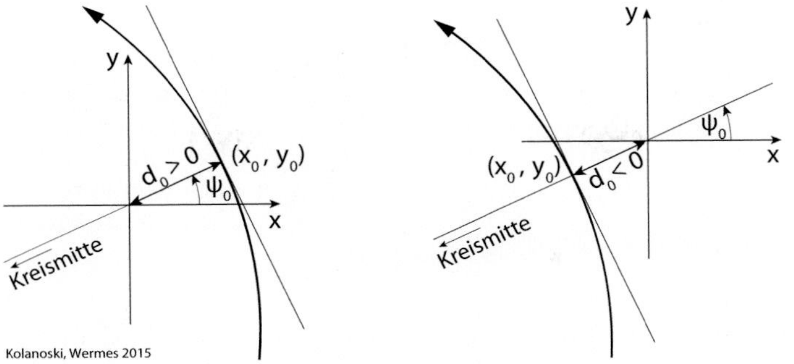

Abb. 9.7 Darstellung des kleinsten Abstands der Spur vom Wechselwirkungspunkt, der hier im Ursprung liegen soll. Die angegebene Vorzeichenkonvention für die Fälle, dass der Ursprung innerhalb (links) beziehungsweise außerhalb (rechts) des Kreises liegt, entspricht der Berechnung des Punktes x_0, y_0 nach (9.23).

Ähnlichkeiten oder Gesetzmäßigkeiten zu erkennen. Methoden der Mustererkennung finden in vielen Bereichen, wie Bild-, Sprach- und Schrifterkennung, Radarüberwachung und auch Teilchenphysik [402, 576], Anwendung.

Die Mustererkennung ist umso schwieriger und wichtiger, je höher die Teilchendichte in einem Detektor und entsprechend je höher die Anzahl der Messpunkte ist. Die einfachste Lösung ist, jede Kombination von Punkten in verschiedenen Lagen auf Konsistenz mit einem Spurmodell zu prüfen. Das Verfahren wird aber sehr schnell sehr ineffizient oder nicht mehr mit endlichem Rechenaufwand machbar, weil die Anzahl der Kombinationen mit der Teilchenzahl schnell sehr groß wird. Zum Beispiel ist die Anzahl der Kombinationen bei 10 Teilchen in 4 Detektorlagen 10^4, und bei 100 Teilchen wäre sie bereits $100^4 = 10^8$.

Es ist also wichtig, die Anzahl der Kombinationsmöglichkeiten der Messpunkte möglichst früh zu reduzieren. Eine Möglichkeit besteht darin, nur lokale Verknüpfungen zuzulassen und die möglichen Verknüpfungen einzuschränken. Zum Beispiel kann man Verknüpfungen von zwei oder drei Messpunkten darauf beschränken, dass die entsprechende Gerade innerhalb eines Toleranzbereichs auf den Wechselwirkungspunkt weist (Abb. 9.8). Solche Spurelemente (Dubletts oder Tripletts) können dann in der nächsten Stufe kom-

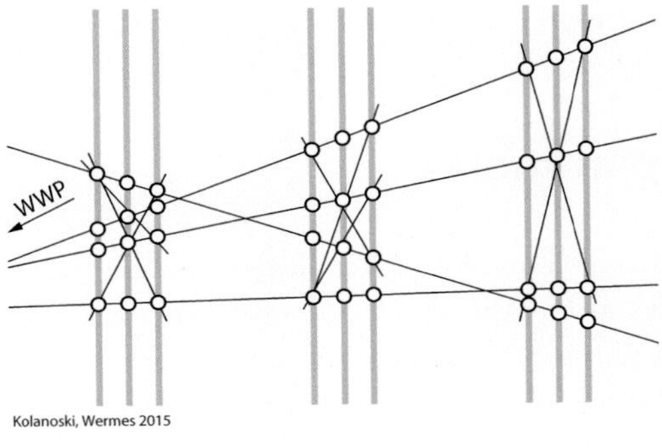

Abb. 9.8 Triplettkombinationen von Treffern in 9 Detektorlagen, von denen jeweils drei als so genannte Superlagen nahe aufeinander folgen. In jeder Superlage können Tripletts gebildet werden, die in den Bereich des Wechselwirkungspunkts (WWP) weisen sollen. Man sieht, dass viele mögliche Kombinationen nach diesem Kriterium ausgeschlossen werden können.

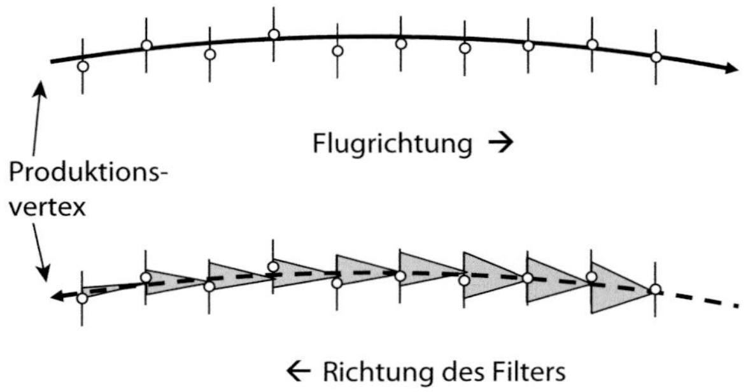

Abb. 9.9 Darstellung einer Spursuche nach der Kalman-Filter-Methode: Ausgehend von dem äußersten Punkt auf der Spur wird in Richtung Produktionsvertex gehend der jeweils nächste Punkt vorhergesagt. Mit den gefundenen Punkten werden die Vorhersagen verfeinert.

biniert werden. Eine wichtige Eigenschaft eines Mustererkennungsalgorithmus ist Fehlertoleranz bei unvollständigen und verrauschten Daten. Zum Beispiel muss es erlaubt sein, dass Messpunkte in einer oder mehreren Detektorlagen fehlen. Ausreißer (*outliers*), das sind Punkte die mehrere (zum Beispiel drei) Standardabweichungen von der Anpassungskurve weg liegen, werden verworfen. Der Algorithmus muss auch Ambiguitäten, wie die Rechts-Links-Ambiguität in Driftzellen (Abschnitt 7.10.4) auflösen und Messpunkte in verschiedenen Projektionen zuordnen können.

Eine systematische Methode der Mustererkennung, die gleichzeitig eine Spuranpassung liefert, ist der Kalman-Filter-Algorithmus [353]: Von einen Startpunkt (*seed*) ausgehend, meistens von dem am weitesten von dem Produktionsvertex einer potenziellen Spur entfernten Messpunkt, wird ein Bereich für den nächsten Punkt vorhergesagt (Abb. 9.9). Der Suchbereich wird durch bestimmte Bedingungen eingeschränkt, zum Beispiel, dass die Spur innerhalb einer Toleranz vom Target kommen soll. Wird ein Punkt gefunden, so wird die Vorhersage für die nächste Lage verfeinert. Das wiederholt sich so lange bis die letzte Lage vor dem Wechselwirkungspunkt erreicht ist, wo dann die gesamte Information aller durchlaufenen Messpunkte zur Verfügung steht und damit die Spurparameter und die zugehörigen Fehler bestimmt sind.

Die bisher besprochenen Methoden sind lokal in dem Sinne, dass nur Verknüpfungen zu nächsten Nachbarn betrachtet werden. Globale Methoden der Mustererkennung versuchen, alle Messpunkte so aufzuteilen, dass gleichzeitig ein Bild aller Spuren entsteht, ähnlich wie es auch mit dem Auge gesehen wird (siehe zum Beispiel [576]). Zu diesen Methoden gehören unter anderem neuronale Netze, adaptive Schablonen (*templates*) oder Transformationen vom Orts- in den Parameterraum ('Hough-Transformation').

9.4 Auflösungen der Spurparameter

Die Impuls- und Richtungsauflösungen sind die wesentlichen Qualitätsmerkmale eines Magnetspektrometers. Im Allgemeinen liefert die Anpassung der Messwerte an ein Spurmodell (siehe Abschnitt 9.3.3), zum Beispiel durch Minimierung der quadratischen Abweichungen entsprechend dem Ausdruck (9.22), die volle Kovarianzmatrix der Parameter des Spurmodells, das sind die Fehler der Parameter und die Korrelationen. Aus der Kovarianzmatrix können dann die Auflösungen für Impuls, Richtung und extrapolierte Orte berechnet werden. Für die detaillierte Behandlung der Spuranpassung im Matrixformalismus und die Diskussion der Kovarianxmatrix der Parameter verweisen wir auf die einschlägige Literatur, zum Beispiel [576, 177, 104]. Eine Zusammenfassung der 'Methode der kleinsten Quadrate' mit einer Darstellung des Matrixformalismus zur Lösung linearer Probleme sowie Anwendungen auf Geraden und parabolische Funktionen ist in Anhang F zu finden.

Zu den Fehlern, die durch die Ortsauflösungen der Detektoren verursacht werden, kommen Fehler durch Vielfachstreuung in dem Material entlang der Spurtrajektorie. Die Vielfachstreuung wurde in Abschnitt 3.4 besprochen. Die charakteristische Größe, die auch im Folgenden benutzt wird, ist die Standardabweichung des auf eine Ebene projizierten Streuwinkels, definiert in Abschnitt 3.4. Wir benutzen hier die Formel (3.101) ohne die logarithmische Korrektur,

$$\theta_0 = \frac{13.6\,\mathrm{MeV/c}}{p\beta} z \sqrt{\frac{x}{X_0}}\,, \tag{9.24}$$

wobei x/X_0 die Weglänge in dem streuenden Material in Einheiten der Strahlungslänge X_0 ist.

In diesem Abschnitt soll an einigen einfachen Beispielen gezeigt werden, wovon die Auflösungen von Impuls, Richtung und Vertex abhängen und was beim Detektorbau zur Optimierung berücksichtigt werden sollte. In den Ableitungen werden wir uns auf die für die Parameterbestimmung notwendige minimale Anzahl von Messpunkten beschränken. Die Verallgemeinerung auf viele Messpunkte ist in Anhang F dargestellt. Für viele Fälle findet man diese Formeln in dem Standardartikel von Gluckstern [384], auf den wir uns im Weiteren häufig beziehen werden.

9.4.1 Impulsauflösung

Messpunkte außerhalb des Magnetfelds

Wir betrachten ein Spektrometer wie in Abb. 9.6(a), aber ohne Detektoren in dem Magneten, so dass die Teilchentrajektorien nur vor und hinter dem Magneten gemessen werden. Dann wird der Impuls aus der Richtungsablenkung α bestimmt. Der Abb. 9.10 entnimmt man:

$$\alpha = \frac{L}{R} = \frac{q}{p_T} L\,B\,, \tag{9.25}$$

wobei L die Länge des Weges im Magneten ist (wir betrachten hier nur die Projektion auf die Ebene senkrecht zum Magnetfeld). Die rechte Seite der Gleichung folgt aus (9.7). Das Ablenkvermögen des Magneten (*bending power*) ist also proportional zu LB oder bei einem inhomogenen Feld allgemeiner proportional zu dem Wegintegral über die impulsablenkende Feldkomponente:

$$\alpha \propto \int_L B\,dl\,. \tag{9.26}$$

Fehler durch Ortsmessung Nach Abb. 9.10 ist der Winkel α durch die Differenz der Steigungswinkel der Geraden hinter und vor dem Magneten, $\alpha = \gamma - \beta$, gegeben. Die Geraden vor und hinter dem Magneten sollen jeweils mit der minimalen Anzahl von zwei Messpunkten festgelegt sein. Die Steigungswinkel ergeben sich dann zu (Bezeichnungen in Abb. 9.10):

$$\tan\beta = \frac{y_2 - y_1}{x_2 - x_1} = \frac{y_2 - y_1}{D_1}, \qquad \tan\gamma = \frac{y_4 - y_3}{x_4 - x_3} = \frac{y_4 - y_3}{D_2}. \tag{9.27}$$

Dabei sind $D_1 = x_2 - x_1$ und $D_2 = x_4 - x_3$ die festen Abstände der Messebenen, in denen bei fester x-Koordinate die y-Koordinate mit der Auflösung σ_{mess} gemessen wird. Unter der Annahme, dass die Auflösungen σ_{mess} alle gleich sind, sind die Fehler der Steigungen:

$$\sigma_{\tan\beta} = \sqrt{2}\,\frac{\sigma_{\text{mess}}}{D_1}, \qquad \sigma_{\tan\gamma} = \sqrt{2}\,\frac{\sigma_{\text{mess}}}{D_2}. \tag{9.28}$$

In der Näherung kleiner Winkel ergibt sich dann für den Ablenkwinkel α:

$$\alpha = \gamma - \beta \approx \frac{y_4 - y_3}{D_2} - \frac{y_2 - y_1}{D_1}. \tag{9.29}$$

Der Fehler von α ergibt sich mit Fehlerfortpflanzung zu

$$\sigma_\alpha = \sqrt{2}\,\sigma_{\text{mess}}\sqrt{\frac{1}{D_1^2} + \frac{1}{D_2^2}} \tag{9.30}$$

oder für gleiche Abstände der Messebenen ($D_1 = D_2 = D$) zu

$$\sigma_\alpha = \frac{2\,\sigma_{\text{mess}}}{D}. \tag{9.31}$$

Die Auflösung ist also proportional zu der Ortsauflösung σ_{mess} eines Messpunkts und umgekehrt proportional zu dem Hebelarm D, über den die Geraden gemessen werden. Man kann allerdings die Auflösung durch Vergrößerung von D nicht beliebig verbessern, weil es immer Randbedingungen gibt, die die Größe eines Detektors beschränken. Zum Beispiel wird bei größerem Abstand vom Wechselwirkungspunkt die Winkelakzeptanz eines gegebenen Magneten kleiner. Bei großen Abständen der Messebenen kann auch die Vermessung der Position der Detektoren ungenauer werden und den Gewinn durch den Hebelarm kompensieren.

Für N gleichverteilte Messpunkte ist mit der Gleichung (F.11) im Anhang die Auflösung der Geradensteigung

$$\sigma_{\text{Steigung}} = \frac{\sigma_{\text{mess}}}{D}\sqrt{\frac{12(N-1)}{N(N+1)}}. \tag{9.32}$$

Man kann sich überzeugen, dass die Gleichung für $N = 2$ in die Gleichungen (9.28) übergeht. Für große N wird der Fehler wie $1/\sqrt{N}$ kleiner, wie bei Mittelwertbildungen zu erwarten.

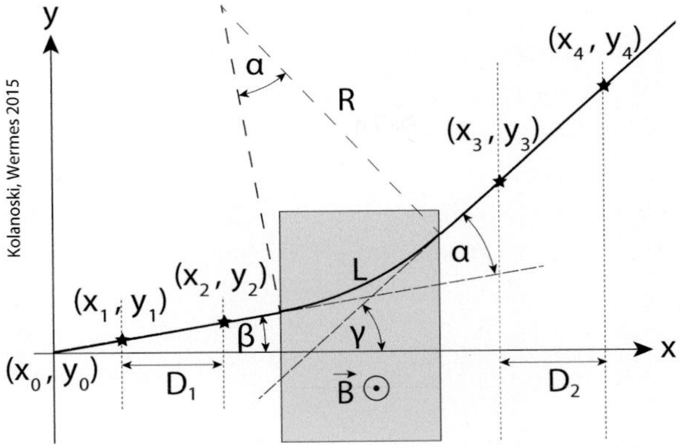

Abb. 9.10 Messung der Teilchentrajektorie in feldfreiem Raum vor und hinter dem Magneten. Der Impuls wird über den Ablenkwinkel α bestimmt, den Winkel zwischen den beiden Geraden.

Bei gleicher Anzahl von Messpunkten N vor und nach dem Magneten ergibt sich dann für den Fehler der Ablenkung (für zwei Messpunkte in (9.31)):

$$\sigma_\alpha = \sqrt{\frac{24(N-1)}{N(N+1)}}\,\frac{\sigma_{\text{mess}}}{D} \tag{9.33}$$

Für $N = 2$ Messpunkte entspricht das Gleichung (9.31).

Die resultierende Impulsauflösung wird durch Fehlerfortpflanzung mit Hilfe von (9.25) zu

$$p_T = \frac{q}{\alpha}\,L\,B \qquad \Rightarrow \qquad dp_T = \frac{p_T^2}{qLB}d\alpha \tag{9.34}$$

bestimmt. Damit ergibt sich mit (9.33) für den relativen Impulsfehler

$$\frac{\sigma_{p_T}}{p_T} = \frac{\sigma_{\text{mess}}\,p_T}{0.3\,|z|\,L\,B\,D}\sqrt{\frac{24(N-1)}{N(N+1)}}\,, \tag{9.35}$$

wobei wie in Gleichung (9.10) der Impuls in Einheiten GeV/c, die Längen in Meter und das Magnetfeld in Tesla anzugeben sind. Die Gleichung gilt für die Messung vor und hinter dem Ablenkmagneten mit jeweils N über eine Länge D gleichverteilten Messpunkten.

Beispiel: Es seien $N = 5$ Messpunkte mit der Auflösung $\sigma_{\text{mess}} = 100\,\mu\text{m}$ jeweils vor und hinter dem Magneten über eine Länge $D = 1\,\text{m}$ verteilt; die Magnetfeldstärke sei $B = 1.5\,\text{T}$ und die Magnetfeldlänge sei $L = 2\,\text{m}$. Das ergibt für ein Teilchen mit der Ladung $q = e$ die Auflösung

$$\frac{\sigma_{p_T}}{p_T} = 0.2 \cdot 10^{-3}\,p_T/(\text{GeV/c})\,, \tag{9.36}$$

das sind 0.2% bei Impulsen von 10 GeV/c und 2% bei 100 GeV/c.

Fehler durch Vielfachstreuung Wir wollen den Fall betrachten, dass die Teilchen nur im Magnetfeld durch Coulomb-Vielfachstreuung (Abschnitt 3.4) gestreut werden und die Streuung in den Detektoren dagegen vernachlässigt werden kann. Ein wichtiges Beispiel dafür ist ein Myonspektrometer mit magnetisiertem Eisen, das gleichzeitig zur Absorption von Hadronen und zur Impulsanalyse dient (siehe Abschnitt 9.2.4)).

Der Ablenkwinkel α bekommt dann eine zusätzliche Unsicherheit $\Delta\alpha = \theta_0$, die Standardabweichung des projizierten Streuwinkels, gegeben durch Gleichung (9.24). Damit ergibt sich der Impulsauflösungsbeitrag der Vielfachstreuung mit (9.34) zu

$$dp_T = \frac{p_T^2}{qLB}\theta_0 = \frac{p_T^2}{qLB}\,\frac{0.0136\,\text{GeV/c}}{p\beta}\,z\sqrt{\frac{L/\sin\theta}{X_0}}\,, \tag{9.37}$$

wobei θ der Winkel zwischen Teilchenbahn und Magnetfeld ist, $p_T = P\sin\theta$, siehe (9.8), und X_0 die Strahlungslänge der streuenden Materialschicht. Der Term $L/(\sin\theta\, X_0)$ ist die gesamte Bahnlänge in Einheiten der Strahlungslänge. Der Impulsauflösungsbeitrag durch Vielfachstreuung ist damit

$$\frac{\sigma_{p_T}}{p_T} = \frac{0.0136\,\sin\theta}{0.3\,L\,B}\sqrt{\frac{L/\sin\theta}{X_0}}, \qquad [L] = \text{m},\ [B] = \text{T}\,. \tag{9.38}$$

Dieser Beitrag ist also p_T-unabhängig und wird deshalb bei kleinen Impulsen dominant gegenüber dem Beitrag durch die Ortsmessung, der proportional zu p_T ist. Eine größere Feldlänge L verbessert die Auflösung wie $1/\sqrt{L}$, weil die Streuung zwar mit $\sqrt{L}$ anwächst, aber die Ablenkung mit L stärker wird. Die Eisendicke legt aber auch die Impulsschwelle für die Myonen fest.

Beispiel: Ein Myonspektrometer bestehe aus magnetisiertem Eisen der Länge $L = 2\,\text{m}$ (das entspricht der Reichweite von Myonen mit Impulsen von etwa 2.6 GeV [634]) und dem Feld $B = 1.5\,\text{T}$; die Strahlungslänge von Eisen ist $X_0 = 1.76\,\text{cm}$; die Teilchen sollen sich näherungsweise in der Ebene senkrecht zum Magnetfeld bewegen ($\sin\theta \approx 1$). Damit ergibt sich

$$\frac{\sigma_{p_T}}{p_T} = 16\%\,. \tag{9.39}$$

Wir sehen, dass dieser Fehler bis zu Impulsen von einigen 100 GeV/c viel größer ist als der Fehler durch die Ortsmessung in dem Beispiel auf Seite 403 mit 5 Messpunkten. Detektoren mit Ortsauflösungen im Millimeterbereich oder mit weniger Messpunkten würden in diesem Fall die Gesamtauflösung nicht wesentlich beeinflussen.

Messpunkte im Magnetfeld

Wir betrachten jetzt den Fall, dass die Krümmung einer Spur im Magnetfeld direkt gemessen wird. Der Zusammenhang zwischen dem Transversalimpuls p_T und der Krümmung κ, definiert in (9.18), ist

$$p_T = |q|\,B\,R = \frac{q\,B}{\kappa}\,. \tag{9.40}$$

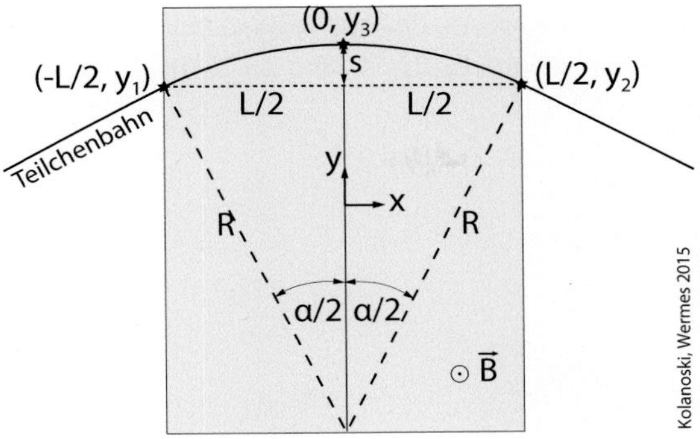

Abb. 9.11 Geometrische Verhältnisse bei der Ablenkung eines geladenen Teilchens in einem homogenen Magnetfeld der Länge L. Eingezeichnet sind die Sagitta s des Kreisbogens im Magnetfeld und der Ablenkwinkel α des Teilchens.

Fehler durch Ortsmessung Die Messung eines Impulses in einem homogenen Magnetfeld läuft auf die Bestimmung der Sagitta hinaus, das ist der größte senkrechte Abstand der Bahnkurve von der Verbindungslinie zwischen dem Eintritt des Teilchens in das Magnetfeld und dem Austritt (Abb. 9.11). Sie berechnet sich anhand der Abbildung wie folgt:

$$\frac{R-s}{R} = \cos\frac{\alpha}{2} \approx 1 - \frac{\alpha^2}{8}\,, \tag{9.41}$$

$$\frac{L}{2\,R} = \sin\frac{\alpha}{2} \approx \frac{\alpha}{2}\,. \tag{9.42}$$

Die Näherungen gelten für kleine Ablenkwinkel beziehungsweise große Impulse. Daraus ergibt sich für die Sagitta

$$s \approx \frac{R\,\alpha^2}{8} = \frac{1}{8}\frac{L^2}{R} = \frac{1}{8}\,L^2\,|\kappa|\,. \tag{9.43}$$

Die Sagitta s ist also proportional zu der Krümmung κ, und damit ist auch der Fehler der Sagittabestimmung proportional zu dem Fehler der Krümmung,

$$\sigma_\kappa = \frac{8}{L^2}\,\sigma_s\,, \tag{9.44}$$

über die der Impuls bestimmt wird.

Zur Bestimmung einer Kreisbahn braucht man mindestens drei Messpunkte, die man optimal an Anfang, Ende und Mitte des Magnetfelds legt, wie in Abb. 9.11 dargestellt (die drei Punkte sind durch ihre Koordinaten in der Ablenkebene angegeben). Die Punkte sollen mit drei Detektorebenen gemessen werden, die senkrecht zu der Vorzugsrichtung der Teilchenbahn (x-Richtung) bei $x = -L/2,\ 0,\ L/2$ positioniert werden. Der Detektor legt die y-Koordinate mit einem Fehler σ_{mess} (für alle drei Punkte gleich) fest. Aus den gemessenen Punkten bestimmt sich die Sagitta durch

$$s = y_3 - \frac{y_1 + y_2}{2} \qquad \Rightarrow \qquad \sigma_s = \sqrt{\sigma_{\text{mess}}^2 + \frac{1}{4}\,2\,\sigma_{\text{mess}}^2} = \sqrt{\frac{3}{2}}\,\sigma_{\text{mess}}\,. \tag{9.45}$$

Damit ergibt sich mit (9.44) für den Fehler der Krümmung

$$\sigma_\kappa = \sqrt{\frac{3}{2}}\,\frac{8}{L^2}\,\sigma_{\text{mess}} = \frac{\sqrt{96}}{L^2}\,\sigma_{\text{mess}}\,. \tag{9.46}$$

Der Faktor $\sqrt{96}$ gilt bei einer Anzahl von $N = 3$ Messungen. Die allgemeine Formel für diesen Faktor bei N gleichmäßig verteilten Messungen lautet (siehe dazu die Gleichung (F.16) im Anhang)[2]

$$\sigma_\kappa = \frac{\sigma_{\text{mess}}}{L^2}\sqrt{\frac{720(N-1)^3}{(N-2)N(N+1)(N+2)}}\,. \tag{9.47}$$

Für sehr viele Messpunkte ($N \gtrsim 10$) gilt:

$$\sigma_\kappa \approx \frac{\sigma_{\text{mess}}}{L^2}\sqrt{\frac{720}{N+4}}\,. \tag{9.48}$$

Aus dem Zusammenhang zwischen Transversalimpuls und Krümmung in (9.40) berechnet sich die Auflösung des Transversalimpulses durch Fehlerfortpflanzung zu

$$\sigma_{p_T} = \frac{p_T^2}{|q|\,B}\sigma_\kappa \qquad \text{beziehungsweise} \qquad \sigma_{p_T} = \frac{p_T^2}{0.3\,|z|\,B}\sigma_\kappa\,, \tag{9.49}$$

wobei auf der rechten Seite wieder wie in Gleichung (9.10) der Impuls in Einheiten GeV/c, die Längen in Meter und das Magnetfeld in Tesla angegeben wird. Bei der Herleitung der p_T-Auflösung durch Gauß'sche Fehlerfortpflanzung ist zu beachten, dass der Fehler des Transversalimpulses nicht normalverteilt ist (im Gegensatz zu dem Fehler in der Krümmung), insbesondere bei sehr hohen Impulsen (mehr dazu weiter unten). Für N gleichverteilte Punkte und im Grenzfall großer N ergibt sich mit (9.48) die Transversalimpulsauflösung ('Gluckstern-Formel')

$$\left(\frac{\sigma_{p_T}}{p_T}\right)_{\text{mess}} = p_T \frac{p_T}{0.3|z|}\frac{\sigma_{\text{mess}}}{L^2 B}\sqrt{\frac{720}{N+4}}\,, \qquad [p_T] = \text{GeV/c},\ [L] = \text{m},\ [B] = \text{T}\,. \tag{9.50}$$

Die Impulsauflösung σ_{p_T} hängt von der Ortsauflösung σ_{mess} der Punkte in der Ebene der Impulsablenkung, der Anzahl N der Messpunkte und der Länge L der Spur in der Projektion senkrecht zum Magnetfeld ab. Die Abhängigkeiten der Gleichung von den einzelnen Parametern geben Hinweise, wie die Impulsauflösung optimiert werden kann:

$\propto \sigma_{\text{mess}}$: Die Detektorauflösung sollte so weit optimiert werden, bis andere Auflösungsbeiträge, zum Beispiel von Vielfachstreuung, dominieren. Allerdings wird man für große Detektoren (Volumina von Kubikmetern) eine nicht wesentlich bessere Genauigkeit als $\sigma_{\text{mess}} \approx 100\mu\text{m}$ erreichen, weil zum Beispiel mechanische Toleranzen und Temperaturabhängigkeiten hier limitieren.

$\propto 1/L^2$: Einen großen Gewinn hinsichtlich der Impulsauflösung bringt die Länge der vermessenen Spur, das heißt durch einen großen Detektor. Allerdings skalieren zum Beispiel für Detektoren an Speicherringen die Kosten mindestens wie L^2.

---

[2]Die Formel geht auf Gluckstern [384] zurück. Es ist zu beachten, dass in [384] die Messungen von 0 bis N nummeriert werden, so dass die Anzahl der Messungen $N+1$ ist, während hier die Anzahl der Messungen N ist.

$\propto 1/B$: Ein stärkeres Magnetfeld führt bei gleichem Impuls zu einer stärkeren Krümmung der Spur. Die relative Auflösung in p_T wird dadurch besser. Allerdings sind zu große Krümmungen für die Mustererkennung hinderlich (hohe Trefferzahl durch aufgespulte niederenergetische Teilchen, '*curlers*').

$\propto 1/\sqrt{N}$: Eine große Anzahl von Messpunkten erhöht die Auflösung, aber eben nur mit der Wurzel der Anzahl. Viele Messpunkte sind aber auch hilfreich für eine gute Mustererkennung und für Messungen der spezifischen Ionisation (dE/dx-Messungen, siehe Abschnitt 14.2.2).

$\propto p_T$: Für hohe Impulse werden die Spuren immer gerader und sind schließlich nicht mehr von einer Geraden zu unterscheiden. Die Auflösungsfunktion ist deshalb auch nicht symmetrisch in p_T und insbesondere nicht normalverteilt. Annähernd normalverteilt ist dagegen die Auflösungsfunktion der Krümmung: $|\kappa| = 1/R \propto 1/p_T$, weshalb man in der Regel bei Simulationen κ normalverteilt erzeugt und dannn auf p_T umrechnet.

Die höchsten auflösbaren Impulse kann man durch die Forderung definieren, dass das Vorzeichen der Krümmung noch mit n Standardabweichungen (zum Beispiel $n = 2$) bestimmt werden kann:

$$|\kappa| = \frac{0.3\,|z|\,B}{p_T} > n\sigma_\kappa \quad \Rightarrow \quad p_T < \frac{0.3\,z\,B}{n\sigma_\kappa}\,. \tag{9.51}$$

Für eine große Zahl von Messpunkten folgt dann mit (9.48):

$$p_T < \frac{0.3\,z\,B\,L^2}{n\sigma_{\text{mess}}}\sqrt{\frac{N+4}{720}}\,. \tag{9.52}$$

Beispiel: Für einen Spurdetektor mit $N = 15$, $\sigma_{\text{mess}} = 100\,\mu\text{m}$, $B = 1\,\text{T}$, $L = 1\,\text{m}$ ist der maximale Impuls bei $|z| = 1$ etwa 250 GeV/c, wenn man $n = 2$ fordert.

Fehler durch Vielfachstreuung Wir betrachten zunächst wieder den einfachsten Fall, dass die Kurve durch drei Punkte geht wie in Abb. 9.11. Durch die Streuung wird ein zusätzlicher Beitrag zur Sagitta vorgetäuscht, der dem mittleren maximaler Versatz $\langle s_{plan}\rangle$ in Abb. 3.29 auf Seite 72 entspricht. Aus (3.105) ergibt sich

$$\langle s_{plan}\rangle = \frac{1}{4\sqrt{3}}\,L\,\theta_0\,, \tag{9.53}$$

wobei θ_0 die Standardabweichung des projizierten Streuwinkels und L die Streuerdicke ist, siehe Gleichung (9.24). Nimmt man $\langle s_{plan}\rangle \approx \sigma_s$ als Fehler der Sagitta durch Streuung an, dann ergibt sich mit (9.44) für den Fehler der Krümmung

$$\sigma_\kappa = \frac{8}{L^2}\sigma_s = \frac{8}{L^2}\frac{1}{4\sqrt{3}}\,L\,\theta_0 = \sqrt{\frac{4}{3}}\frac{\theta_0}{L} = \frac{0.0136\,\text{GeV/c}}{p\,\beta\,L}\,z\sqrt{\frac{L/\sin\theta}{X_0}}\,\sqrt{1.33}\,. \tag{9.54}$$

Hier wurde x in der Gleichung (9.24) auf $x = L/\sin\theta$ gesetzt, das ist die Gesamtlänge der Spur, die für die Streuung maßgeblich ist. Der Faktor $\sqrt{1.33}$ ergibt sich hier für die Abschätzung von $\sigma_s \approx \langle s_{plan} \rangle$ mit drei Messpunkten. Der allgemeine Fall von N gleichverteilten Messpunkten wird in [384] behandelt, wo man auch die entsprechenden Faktoren tabelliert findet (Tab. 2 in [384]), die sich aber nicht sehr stark unterscheiden. Für große N ist die Auflösung für die Krümmung angegeben als:

$$\sigma_\kappa = \frac{\theta_0}{L}\sqrt{1.43} = \frac{0.0136\,\mathrm{GeV/c}}{p\beta L}\, z\sqrt{\frac{L/\sin\theta}{X_0}}\,\sqrt{1.43}\,. \tag{9.55}$$

Aus (9.55) berechnet sich die relative Impulsauflösung mit (9.49) zu

$$\left(\frac{\sigma_{p_T}}{p_T}\right)_{\mathrm{streu}} = \frac{0.054}{L\,B\,\beta}\sqrt{\frac{L/\sin\theta}{X_0}}\,, \qquad [p_T] = \mathrm{GeV/c},\ [L] = \mathrm{m},\ [B] = \mathrm{T}\,. \tag{9.56}$$

Interessant ist, dass auch hier die Auflösung proportional zu $1/B$ ist. Die Interpretation ist, dass bei stärkerer Krümmung der Einfluss der Streuung relativ geringer ist.

Gesamte Impulsauflösung Insgesamt ist die Transversalimpulsauflösung

$$\frac{\sigma_{p_T}}{p_T} = \sqrt{\left(\frac{\sigma_{p_T}}{p_T}\right)^2_{\mathrm{mess}} + \left(\frac{\sigma_{p_T}}{p_T}\right)^2_{\mathrm{streu}}}\,. \tag{9.57}$$

Dies ist in Abb. 9.12 graphisch dargestellt. Die Auflösung erreicht bei kleinen Impulsen einen Sättigungswert, der durch die Vielfachstreuung gegeben ist. Bei hohen Impulsen dominiert der erste Term. Mit dem zentralen Spurkammersystem eines modernen Speicherring-Detektors erreicht man typisch bei hohen Impulsen:

$$\frac{\sigma_{p_T}}{p_T} \approx (0.1 - 0.2\%)\,p_T\,.$$

Als Beispiel soll die Auflösung angegeben werden, die mit der zentralen Jet-Kammer des OPAL-Experiments erreicht wurde. Die relevanten Parameter des Detektors sind: $L = 1.6\,\mathrm{m}$, $B = 0.435\,\mathrm{T}$, $N = 159$, $\sigma_{\mathrm{mess}} = 135\,\mu\mathrm{m}$. Daraus ergibt sich für den von der Messgenauigkeit abhängigen Beitrag $\sigma_{p_T}/p_T = 8.5 \cdot 10^{-4} p_T$. Die von OPAL tatsächlich gemessene Aufösung ist [161]:

$$\frac{\sigma_{p_T}}{p_T} = \sqrt{(0.0015\,p_T)^2 + (0.02)^2} \qquad (p_T \text{ in GeV/c})\,. \tag{9.58}$$

9.4.2 Richtungsauflösung

Um den Impulsvektor vollständig rekonstruieren zu können, müssen neben p_T auch zwei unabhängige Richtungswinkel am Wechselwirkungspunkt gemessen werden. Wir betrachten die beiden Fälle, dass diese Winkel 1) in einem feldfreien Raum durch Geraden (Abb. 9.10) bestimmt werden oder 2) in einem Magnetfeld durch Extrapolation der Teilchentrajektorie auf den Wechselwirkungspunkt (beziehungsweise den Eintrittsort in das Magnetfeld) berechnet werden.

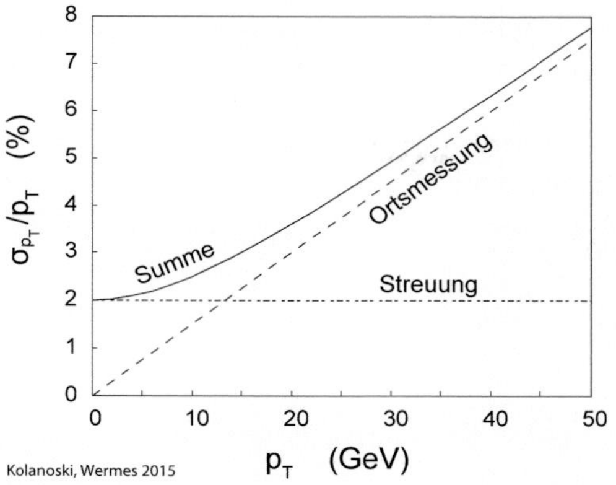

Abb. 9.12 Schematische Darstellung der Impulsauflösung nach (9.57), zusammengesetzt aus einem Anteil der Ortsauflösung des Detektors und einem weiteren durch Vielfachstreuung. Die Zahlenwerte dieses Beispiels entsprechen der Auflösung der OPAL-Jetkammer in (9.58) [161].

Fehler durch Ortsmessung Für eine Gerade $y = a + bx$ ist der Fehler der Steigung b für N Messungen bereits in Gleichung (9.32) angegeben:

$$\sigma_b = \frac{\sigma_{\text{mess}}}{L\sqrt{N}} \sqrt{\frac{12(N-1)}{(N+1)}} \,. \tag{9.59}$$

Für sehr viele Messpunkte N verbessert sich die Auflösung der Steigung etwa mit $1/\sqrt{N}$.

Zur Bestimmung der Richtungsauflösung bei Messungen in einem Magnetfeld wie in Abb. 9.6 greifen wir auf die linearisierte Form (9.21) der Kreisbahn zurück:

$$y = a + bx + \frac{1}{2}cx^2 \,. \tag{9.60}$$

Im Anhang F werden für N in x gleichverteilte Messpunkte die Fehler von a, b, c bestimmt für den Fall, dass der Ursprung der x-Achse im Schwerpunkt der Messungen liegt. Im allgemeinen Fall möchte man aber die Steigung bei einer beliebigen x-Koordinate x_0 bestimmen, das heißt die Ableitung der Funktion (9.60) bei $x = x_0$:

$$\left.\frac{dy}{dx}\right|_{x_0} = b + c\,x_0 = b' \qquad \Rightarrow \qquad \sigma_{b'}\big|_{x_0} = \sqrt{\sigma_b^2 + \sigma_c^2\,x_0^2 + 2\,\sigma_{bc}\,x_0} \,. \tag{9.61}$$

Im Fall gleichverteilter Messpunkte mit ihrem Schwerpunkt im Ursprung von x ergibt sich der Fehler von b' aus den Standardabweichungen von b und c und ihrer Korrelation, die im Anhang durch (F.15) bis (F.17) angegeben sind:

$$\sigma_{b'}\big|_{x_0} = \sqrt{\sigma_b^2 + \sigma_c^2\,x_0^2} = \frac{\sigma_{\text{mess}}}{L\sqrt{N}} \sqrt{\frac{12(N-1)}{N+1} + \frac{x_0^2}{L^2}\frac{720(N-1)^3}{(N-2)(N+1)(N+2)}} \,. \tag{9.62}$$

Bei der angegebenen Verteilung der Messpunkte ist die Kovarianz $\sigma_{bc} = 0$.

Die Richtung des Teilchens bei seiner Erzeugung ist in der betrachteten Konfiguration durch die Richtung am Eintritt in das Magnetfeld bei $x = x_1$ bestimmt (Abb. 9.11). Dann ist der Richtungsfehler für $x_0 = x_1 = -L/2$ zu bestimmen:

$$\sigma_{b'}\big|_{x_0 = x_1} = \frac{\sigma_{\text{mess}}}{L\sqrt{N}} \sqrt{\frac{12(2N-1)(8N-11)(N-1)}{(N-2)(N+1)(N+2)}} \,. \tag{9.63}$$

Die Auflösung der Richtung in der Ebene der Magnetablenkung ist somit proportional zu σ_{mess}/L, also zur Ortsungenauigkeit, bezogen auf die Länge, über die gemessen wird.

Fehler durch Vielfachstreuung Im feldfreien Raum kann der Fehler in der Steigung einer Geraden durch die Standardabweichung des Winkels zwischen den Richtungen bei Eintritt in das streuende Material und bei Austritt daraus (siehe Abb. 3.29) nach Gleichung (3.105) auf Seite 72,

$$\sigma_b \approx \langle \psi_{plan} \rangle = \frac{1}{\sqrt{3}}\,\theta_0\,, \tag{9.64}$$

mit θ_0 aus (9.24) abgeschätzt werden.

Um den Richtungsfehler mit Berücksichtigung der Krümmung zu bestimmen, müssen in Gleichung (9.61) σ_b, σ_c und σ_{bc} für Vielfachstreuung eingesetzt werden. In [384] wird dafür angegeben:

$$\sigma_b^2 = \theta_0^2\,E_N\,, \qquad \sigma_c^2 = \frac{\theta_0^2}{L^2}\,C_N\,, \qquad \sigma_{bc} = 0\,. \tag{9.65}$$

Damit ist der Beitrag der Vielfachstreuung zur Richtungsauflösung

$$\sigma_{b'}\Big|_{x_0} = \theta_0\sqrt{E_N + x_0\frac{C_N}{L^2}}\,. \tag{9.66}$$

Die Faktoren E_N und C_N sind in [384] tabelliert. Sie variieren für verschiedene Werte von N um weniger als $\pm 20\%$ und erreichen für sehr große N die Werte $E_N = 0.229$ und $C_N = 1.43$.

9.4.3 Stoßparameterauflösung

In Hochenergieexperimenten signalisieren Sekundärvertices den schwachen Zerfall von schweren Quarks und Leptonen (siehe Abschnitt 14.6.2). In Abb. 9.13 ist als Beispiel ein Ereignis am LHC-Speicherring gezeigt, das einen Jet enthält, in dem ein Bottom-Hadron zerfällt (siehe auch Abb. 14.31 auf Seite 573). Spurtrajektorien, deren Extrapolationen den primären Wechselwirkungspunkt (häufig durch die Strahlposition gegeben) verfehlen, deuten auf das Vorhandensein eines Sekundärvertex hin. Das Verfehlen des Primärvertex wird durch den Stoßparameter d_0, den kürzesten Abstand zum Wechselwirkungspunkt in der impulsablenkenden Ebene (siehe Abb. 9.13 und 9.7), quantifiziert. Die Signifikanz der Bestimmung eines Stoßparameters ist durch das Verhältnis des Messwerts relativ zu seiner Auflösung, d_0/σ_{d_0}, gegeben (siehe auch Abschnitt 14.6.2). Diese Signifikanz wird als Selektionskriterium für Spuren, die an einem Sekundärvertex entstehen, benutzt (zum Beispiel $d_0/\sigma_{d_0} > 2, 3, \ldots$).

Die Auflösung des Stoßparameters ist ein Maß für die Fähigkeit eines Detektors, Vertices zu rekonstruieren. In Speicherringexperimenten sind seit den 1980er Jahren spezielle Vertexdetektoren (siehe Kapitel 8 und 14) integriert, die sehr nahe am Strahl mit Ortsauflösungen im Bereich von 10 µm Vertexseparationen von einigen 100 µm rekonstruieren können.

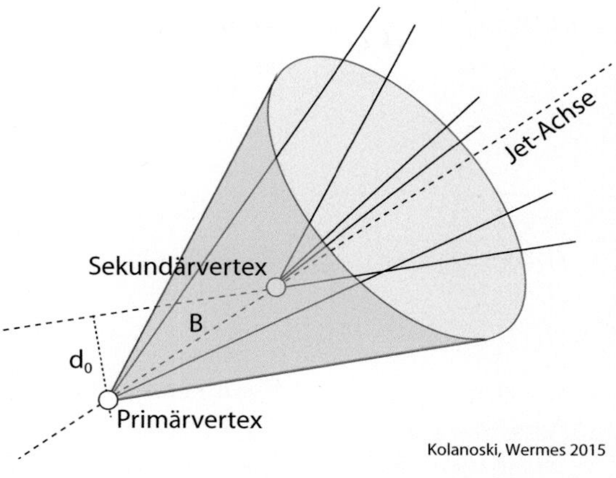

Abb. 9.13 Darstellung eines b-Quark-Jets in einem Collider-Experiment. In dem Jet zerfällt ein Bottom-Hadron an einem Sekundärvertex, der hier in der Ebene senkrecht zum Strahl dargestellt ist. Der Primärvertex kann im Allgemeinen mit den restlichen Spuren des Ereignisses in dieser Projektion auf einige Mikrometer genau bestimmt werden. Mit dem kleinsten Abstand vom Primärvertex, dem Stoßparameter d_0, wird für jede Spur bestimmt, ob sie möglicherweise von einem Sekundärvertex kommen kann.

Fehler durch Ortsmessung Wir betrachten zunächst wieder eine Projektion der Teilchentrajektorie als Gerade, $y = a + bx$. Diese Näherung ist auch mit Magnetfeld bei hohen Impulsen und kleinen Abständen zum Wechselwirkungspunkt meistens ausreichend, um die Auflösungen abzuschätzen. Mit der Extrapolation zu einer x-Koordinate x_0 (zum Beispiel zum Wechselwirkungspunkt) lässt sich der Abstand in y vom Sollwert y_0 bestimmen. Der Fehler von $d_0 \approx y - y_0$ ist nach (F.12):

$$\sigma_{d_0} = \sigma_y = \sqrt{\sigma_a^2 + x_0^2 \sigma_b^2} = \frac{\sigma_{\text{mess}}}{\sqrt{N}} \sqrt{1 + \frac{12(N-1)}{(N+1)} r^2} = \frac{\sigma_{\text{mess}}}{\sqrt{N}} Z_{lin}(r, N) . \tag{9.67}$$

Der Parameter $r = x_0/L$ ist das Verhältnis des Extrapolationsarms zu der Länge der Messpunktverteilung. Die Messpunkte sollen auch hier wieder gleichverteilt in x mit dem Schwerpunkt im Ursprung sein, so dass für die Kovarianz $\sigma_{ab} = 0$ gilt (siehe (F.11)). Während also $\sigma_{\text{mess}}/\sqrt{N}$ die intrinsische Ortsauflösung angibt, charakterisiert $Z_{lin}(r, N)$ die Geometrie der Anordnung (der Index deutet auf die lineare Extrapolation hin). Bei gegebenem L sollte man also möglichst nahe an den Punkt, zu dem extrapoliert werden soll, herangehen. In der Regel ist die minimale Distanz vorgegeben durch ein Strahlrohr, dessen Radius wiederum wegen des Strahlungsuntergrunds in Strahlnähe nicht zu klein sein darf.

Beispiel: Mit dem Pixeldetektor des ATLAS-Experiments werden die Primär- und Sekundärvertices entsprechend der Abb. 9.13 bestimmt. Die Daten des Pixeldetektors sind:

$$\begin{gathered} N = 3,\ \sigma = 10\,\mu\text{m}, \\ x_1 = 4.7\,\text{cm},\ x_2 = 9.1\,\text{cm},\ x_3 = 13.5\,\text{cm} \\ \Rightarrow L = 8.8\,\text{cm},\ r = x_2/L = 1.03,\ Z_{lin}(r, N) = 2.65 . \end{gathered} \tag{9.68}$$

Damit ergibt sich für die Stoßparameterauflösung:

$$\sigma_{d_0} = 15.7\,\mu\text{m} . \tag{9.69}$$

Der Extrapolationsfehler unter Berücksichtigung der Bahnkrümmung ist im Anhang durch Gleichung (F.19) gegeben:

$$\begin{aligned}
\sigma_{d_0} = \sigma_y &= \sqrt{\sigma_a^2 + x_0^2\,\sigma_b^2 + \frac{1}{4}x_0^4\,\sigma_c^2 + x_0^2\,\sigma_{ac}} \\
&= \frac{\sigma_{\text{mess}}}{\sqrt{N}}\sqrt{1 + r^2\frac{12(N-1)}{(N+1)} + r^4\frac{180(N-1)^3}{(N-2)(N+1)(N+2)} + r^2\frac{30N^2}{(N-2)(N+2)}} \\
&= \frac{\sigma_{\text{mess}}}{\sqrt{N}}\,Z_{par}(r,N)\,.
\end{aligned} \tag{9.70}$$

Der Faktor Z_{par} charakterisiert die Geometrie der Anordnung bei parabolischer Extrapolation. Die zwei letzten Terme in dem Wurzelausdruck kommen zusätzlich durch die Unsicherheit der Krümmung hinein, was zu einer Verschlechterung der Auflösung relativ zu der linearen Extrapolation führt.

Beispiel: Wir wollen für das obige Beispiel des ATLAS-Pixeldetektors sehen, wie sich die Auflösung verändert, wenn die Krümmung ebenfalls gemessen wird. Mit den Daten in (9.68) ergibt sich in der parabolischen Näherung $Z_{par}(r,N) = 7.63$ und damit eine Verschlechterung um einen Faktor $Z_{par}(r,N)/Z_{lin}(r,N) \approx 2.9$. In der Regel wird aber die Krümmung unabhängig in einem größeren Detektor bestimmt, so dass die d_0-Auflösung doch wieder ähnlich der beim feldfreien Fall (9.67) ist.

Fehler durch Vielfachstreuung Der Einfluss der Vielfachstreuung auf die Stoßparameterauflösung wurde in Abschnitt 3.4 diskutiert. Dort wurde gezeigt, dass bei sehr guter Detektorauflösung für die bestmögliche Stoßparameterauflösung gilt:

$$\Delta d_0 = \theta_0\, r_B\,, \tag{9.71}$$

wobei r_B der Radius des Strahlrohrs ist und θ_0 der mittlere projizierte Streuwinkel nach (3.101), der sich aus dem Strahlrohrmaterial und der ersten Detektorlage ergibt. In Tabelle 3.6 findet man für 5-GeV-Pionen bei einem 1 mm dicken Aluminiumstrahlrohr mit Radius 5 cm einen Auflösungsbeitrag durch Streuung von 15 μm, was vergleichbar ist mit der Auflösung durch Ortsmessung in (9.69).

10 Photodetektoren

Übersicht

Unter Photodetektoren verstehen wir in diesem Buch Detektoren für Photonen mit Wellenlängen im UV und im optischen Bereich (etwa 200 nm bis 700 nm). Prinzipiell sind nach dieser Definition darunter alle Instrumente zu verstehen, die durch Lichteinwirkung elektrische Signale oder chemische Veränderungen (auf einem Film) erzeugen – einschließlich Kameras und Photozellen.

Für den Teilchennachweis wichtig sind Photodetektoren zum Nachweis von Licht, das zum Beispiel in Szintillations- oder Cherenkov-Detektoren erzeugt wird. Wir beschränken uns in diesem Kapitel daher auf Photodetektoren, die in Detektorsystemen in Experimenten der Teilchen- oder Astroteilchenphysik verwendet werden. Die Kriterien für die Wahl eines bestimmten Photodetektortyps differieren – selbst in diesem beschränkten Anwendungsgebiet – mitunter erheblich, abhängig davon, ob zum Beispiel viele Lichtphotonen in

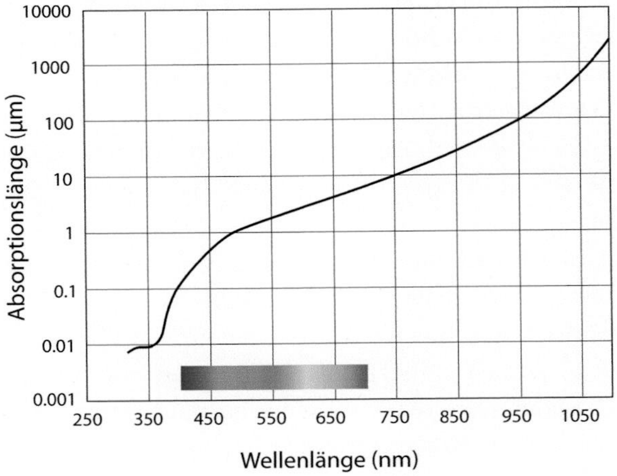

Abb. 10.1 Absorptionstiefe von Photonen im optischen Wellenlängenbereich in Silizium. Im Bereich blauen Lichts (470 nm) ist die Absorptionstiefe etwa 0.6 µm, im roten Bereich (625 nm) etwa 2.9 µm.

H. Kolanoski, N. Wermes, *Teilchendetektoren*, DOI 10.1007/978-3-662-45350-6_10

einer gegebenen Ausleseeinheit detektiert werden (zum Beispiel 10 000 Szintillationsphotonen in einer Flächendiode) oder ob einzelne Photonen (ortsempfindlich) nachgewiesen werden müssen (zum Beispiel ein einzelnes Photon in einem Cherenkov-Ring).

Der beim Photonnachweis ausgenutzte physikalische Prozess ist der Photoeffekt (siehe Abschnitt 3.5.2), bei dem ein Photon absorbiert wird und dabei nachweisbare Ladungsträger erzeugt. Zu beachten ist in diesem Kapitel, dass im optischen Bereich die Eindringtiefe von Licht in Materialien sehr stark mit der Wellenlänge variiert, wie Abb. 10.1 für das Material Silizium zeigt, das Ausgangsmaterial der meisten Halbleiter-Photodetektoren. Die Eindringtiefe beträgt für 470 nm Wellenlänge etwa 0.6 µm, während sie für 1050 nm bereits fast 1 mm beträgt, das heißt größer ist als die typische Dicke (200–500 µm) von Silizumdetektoren.

10.1 Systeme mit Photokathode und Elektronenvervielfachung

10.1.1 Photovervielfacher

Der Photovervielfacher oder Photomultiplier (*photomultiplier tube*, PMT) ist das Paradebeispiel eines über viele Jahrzehnte sehr erfolgreich in Experimenten eingesetzten Photodetektors, der laufend weiter perfektioniert wird und immer noch für viele Anwendungen konkurrenzlos ist, weil er sehr rauscharm ist und für kleine Intensitäten bis hin zum Einzelphotonnachweis geeignet ist.

Abbildung 10.2 zeigt das Funktionsprinzip eines PMT, der aus einer Photokathode, einem Verstärkungssystem aus so genannten 'Dynoden' und einer Anode besteht, deren Signal extern ausgekoppelt wird. Auch die Signale einiger Dynoden können meist extern abgegriffen werden. Licht fällt durch das Fenster der Vakuumröhre auf die Photokathode, die von innen auf das Glas der Röhre aufgedampft ist. Durch den Photoeffekt (siehe Abschnitt 3.5.2) werden einzelne Photoelektronen in das Vakuum der Röhre emittiert (Photoemission) und im elektrischen Feld einer Hochspannung auf die erste Dynode hin fokussiert, wo sie durch die Emission von Sekundärelektronen vervielfacht werden. Dieser Prozess wiederholt sich an allen folgenden Dynoden, bis die Sekundärelektronen der letzten Dynode an der Anode gesammelt werden. Ein einzelnes Photoelektron wird so bis zu etwa 10^9-fach (typisch eher 10^5–10^7-fach) verstärkt und ist als elektrisches Signal weiter verarbeitbar.

Gebräuchliche Materialien für Photokathoden sind Bialkali- und Multialkali-Verbindungen wie SbCs und SbKCs oder SbNaKCs. Bialkali-Verbindungen besitzen vom Ultravioletten bis zu $\gtrsim 650$ nm eine im Vergleich mit anderen Materialien große Effizienz für die Absorption eines Photons unter Emission eines Elektrons, das das Material verlässt. Der Spektralbereich von Multialkali-Verbindungen reicht sogar bis ins nahe Infrarot hinein, allerdings mit entsprechend erhöhten Rauschraten (größere Grenzwellenlängen ent-

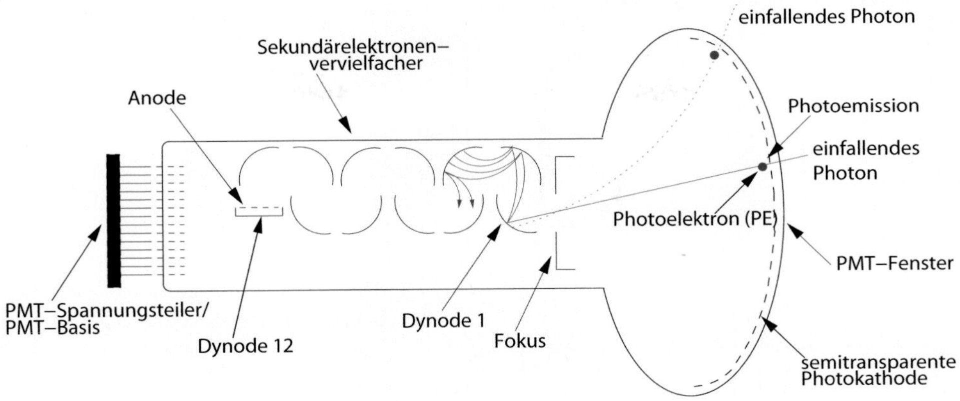

Abb. 10.2 Funktionsprinzip eines Photovervielfachers. Über den 'Sockel' werden die Spannungen für die Elektroden (Kathode, Anode, Dynoden) zugefügt und die Ausgänge von der Anode und von einigen Dynoden bereit gestellt (aus [718]).

sprechen kleineren Austrittsarbeiten, so dass Elektronen leichter thermisch ins Vakuum emittiert werden können).

Als Fenstermaterial wird häufig Borosilikatglas eingesetzt, dessen untere Grenzwellenlänge mit etwa 300 nm allerdings recht hoch ist. Borosilikatglas ist leicht zu verarbeiten und preisgünstig. Wenn der Wellenlängenbereich in den UV-Bereich ausgedehnt werden soll, wird meist UV-Borosilikat- (Grenzwellenlänge etwa 185 nm) sowie Quarz- oder Saphirglas (Grenzwellenlänge etwa 150 nm) verwendet.

Der Sekundärelektronenvervielfacher (SEV), das heißt das System der Dynoden und der Anode, zeichnet sich durch hohe und schnelle Verstärkung bei einem recht niedrigen Rauschen aus. Abbildung 10.3(a) zeigt einen sehr gebräuchlichen Sekundärelektronenvervielfacher, während Abb. 10.3(b) einen SEV mit schlitzartigen, lamellenförmigen Dynoden (*venetian blinds*) zeigt. Der SEV reagiert empfindlich auf Magnetfelder, die den Verstärkungsmechanismus des Dynodensystems beeinflussen. Zur Abschirmung kann bei nicht zu großen Magnetfeldern eine Ummantelung aus μ-Metall verwendet werden (siehe Seite 497 in Kapitel 13).

Spannungsteiler (Basis)

Um die Elektronen im SEV zu fokussieren und zu beschleunigen, werden ansteigend große Spannungen an die Kathode, die Dynoden und die Anode angelegt, die in der Praxis durch einen Widerstands-Spannungsteiler von der Betriebshochspannung U_A abgeleitet werden. Ein typisches Spannungsteilersystem ist in Abb. 10.4 gezeigt.

Die Wahl des Gesamtwiderstands des Spannungsteilers $R_B = \sum R_i$ orientiert sich bei Anwendungen mit gepulsten Lichtquellen am mittleren Anodenpulsstrom $\langle I_A \rangle$. Der Strom I_B sollte einerseits klein bleiben, um keine hohe Dauerleistung darzustellen, an-

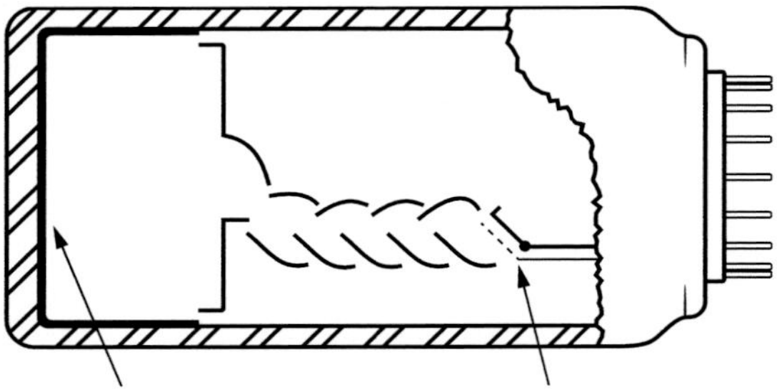

(a) Fokussierende Dynoden

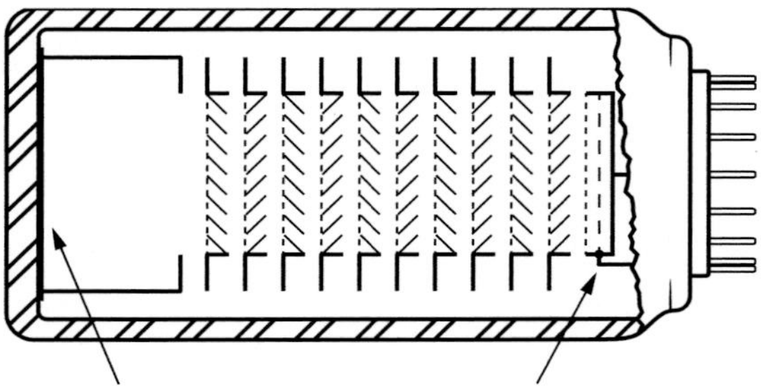

(b) Photovervielfacher mit schlitzartigen Dynoden

Abb. 10.3 Verschiedene Formen des Sekundärelektronenvervielfachers. Quelle: EMI Photomultiplier Catalog [303].

dererseits aber groß im Verhältnis zu $\langle I_A \rangle$ sein, um die Spannungsverhältnisse auf den Dynoden stabil zu halten (zum Beispiel $I_B \gtrsim 100 \langle I_A \rangle$). Problematisch sind sehr helle Lichtpulse, bei denen die letzten Dynoden größere Ströme als I_B benötigen, weshalb man diese Dynoden kurzfristig mit Strom aus zusätzlichen Puffer-Kondensatoren versorgt. Ihre Größe hängt von Maximalwert und Dauer dieser Stromspitzen und dem verkraftbaren Verlust in der Verstärkung ab. Typisch sollte die Kapazität $C_i \approx 100/2^{(n+1)-i} \cdot Q_A/U_i$ entsprechen, wobei n die Anzahl der Dynoden, Q_A die maximale Pulsladung an der Anode und U_i die Spannung über dem jeweiligen Kondensator ist [718].

Normalerweise betreibt man Photovervielfacher mit der Kathode auf (negativer) Hochspannung relativ zur Anode, die auf Erdpotenzial liegt, um eine mögliche Potenzialdifferenz zwischen der Anode und der externen Beschaltung zu vermeiden. Insbesondere bei großen Photovervielfachern mit hohen Spannungen weicht man häufig davon ab, damit die Kathode nicht auf einem hohen Potenzial relativ zur geerdeten Umgebung (Gehäuse, µ-Metall-Käfig, siehe Seite 497, etc.) liegt. Andernfalls könnten Elektronen von der Kathode zum Gehäuse abgelenkt werden und zu Szintillationen im PMT-Glas führen, was nicht nur die Rauschrate steigert, sondern langfristig auch den PMT durch kleine Überschläge beschädigt. Es ist dann besser, die Kathode mit dem Massepotenzial und die Anode mit einer positiven Hochspannung zu verbinden, wie in Abb. 10.4 gezeigt. Damit die Elektronik nicht auf Hochspannungspotenzial liegt, werden in diesem Fall die elektrischen Signale an der Anode über einen Kondensator ausgekoppelt.

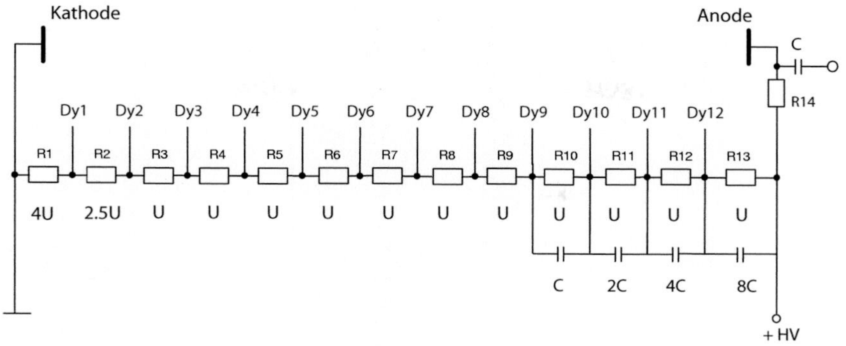

Abb. 10.4 Typische 'Basis' eines Sekundärelektronenvervielfachers, mit der ein Potenzialgefälle an den Dynoden erzeugt wird. Über die Widerstände wird die Hochspannung (typisch 1.8 kV) für die (Dynoden) heruntergeteilt. Durch die Kondensatoren über den letzten Dynodenstufen wird die Spannung bei hohen Strömen (durch helle Signale) gepuffert.

PMT-Quantenausbeute und Elektronen-Sammeleffizienz

Die Quanteneffizienz (*Quantum Efficiency*) QE (häufig auch Quantenausbeute genannt) bezeichnet die Signalausbeute pro einfallendem Photon, das heißt die Wahrscheinlichkeit (angegeben in Prozent), dass ein einfallendes Lichtquant (Photon) ein Elektron auslöst. Mit der Quantenausbeute hängt die so genannte 'Strahlungsempfindlichkeit' (*photocathode radiant sensitivity*) QS eng zusammen, die in der Einheit A/W angegeben wird. Die einfallende Gesamtenergie $E = N_{ph} \times h\nu$ (Einheit Ws) von N_{ph} Photonen mit Energien $h\nu$ wird in N_{pe} Photoelektronen mit der Gesamtladung $N_{pe} \times e$ (Einheit As) umgewandelt:

$$QS = \frac{N_{pe} \cdot e}{N_{ph} \cdot h\nu} . \tag{10.1}$$

Quantenausbeute und Strahlungsempfindlichkeit sind wellenlängenabhängig. Abbildung 10.5 zeigt den Verlauf beider Größen in Abhängigkeit der Wellenlänge für einen typischen Photovervielfacher [305]. Der Spektralbereich wird bei großen Wellenlängen durch das Kathodenmaterial und bei kleinen Wellenlängen durch die Durchlässigkeit des Eintrittsfensters begrenzt.

Photovervielfacher besitzen Quanteneffizienzen von typisch ca. 25% bis maximal etwa 40% bei kleinen Rauschraten (siehe zum Beispiel [780] und [414]). Das Maximum liegt in der Regel bei Wellenlängen zwischen 300 nm und 600 nm. Die Quanteneffizienz kann durch die Wahl spezieller Photokathoden und Eintrittsfenster verändert und entweder in den ultravioletten Bereich (zum Beispiel durch Quarzfenster und Bialkali-Kathode) oder den infraroten Bereich verschoben werden. Der Empfindlichkeitsbereich des Photovervielfachers muss auf das einfallende Photonenspektrum angepasst werden, wie in Abb. 10.6 dargestellt. Zum Beispiel liegt das Maximum der Lichtemission bei den meisten Szintillatoren zwischen 400 nm und 500 nm, wie für die Beispiele CsI(Tl) und CsI(Na)

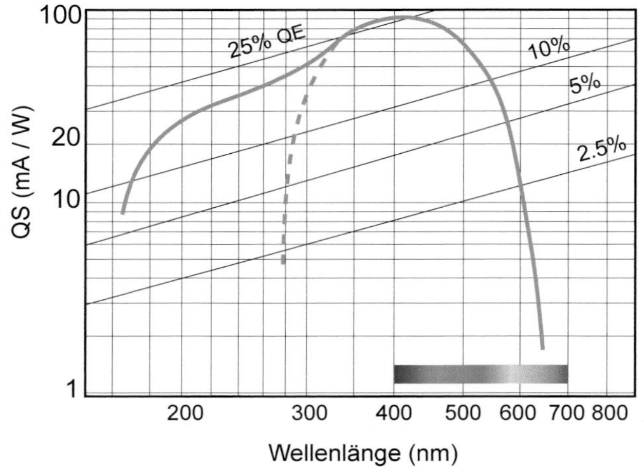

Abb. 10.5 Typische Strahlungsempfindlichkeit QS (mA/W) eines Photovervielfachers mit (durchgezogene Linie) und ohne (gestrichelte Linie) UV-durchlässiges Eintrittsfenster. Ebenfalls eingezeichnet sind Linien der QE, angegeben in %.

in Abb 10.6 gezeigt (siehe auch Tabelle 13.3 in Abschnitt 13.3.2). Es gibt aber auch für den schnellen Teilchennachweis wichtige Kristalle wie BaF_2, das im UV-Bereich emittiert.

Als (Elektronen-)Sammeleffizienz α bezeichnet man die Wahrscheinlichkeit dafür, dass Photoelektronen auf die effektive Sammelfläche der ersten Dynode gelangen. Nachfolgende Verluste sind demgegenüber zu vernachlässigen. Die Effizienz α wird von der Potenzialdifferenz zwischen Photokathode und erster Dynode sowie durch deren Geometrie, Abstand und Größenverhältnis und dazu durch die Verteilung der Anfangsgeschwindigkeiten der Photoelektronen und das äußere Magnetfeld beeinflusst. Eine typische Größenordnung für α ist 70–90%, wenn Magnetfeldeffekte eliminiert werden können.

Große Photovervielfacher herzustellen, die ein homogenes Antwortverhalten besitzen, ist eine technische Herausforderung. Die bisher größten Photovervielfacher (Abb. 10.7) wurden für das Super-Kamiokande-Experiment hergestellt (siehe Abschnitt 16.6.1 auf Seite 699), mit dem Neutrino-Oszillationen nachgewiesen wurden.

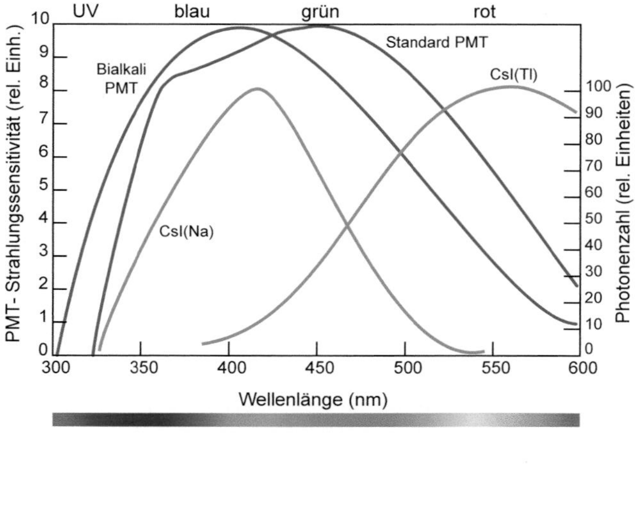

Abb. 10.6 Photonemissionsspektren von CsI(Tl) und CsI(Na)(grüne Linien, rechte Ordinate) im Vergleich mit der spektralen Strahlungsempfindlichkeit eines Standard-PMT und eines PMT mit einer Bialkali-Photokathode (rote Linien, linke Ordinate).

Abb. 10.7 Großer Photovervielfacher (Hamamatsu R3600) mit einem Kathodendurchmesser von 51 cm für das Super-Kamiokande Experiment (mit freundl. Genehmigung von Hamamatsu Inc.)

Zusammenfassend können folgende charakteristische Eigenschaften von Photovervielfachern hervorgehoben werden:

- hohe Verstärkung ($\gtrsim 10^6$),
- sehr geringes Rauschen,
- Nachweis von Einzelphotonen möglich,
- im Vergleich eher mäßige Quantenausbeute von typisch etwa 25%,
- gute Zeitauflösung im Bereich $\lesssim 200$ ps,
- kommerziell erhältlich in zahlreichen Varianten für vielfältige Einsatzszenarien,
- hinsichtlich Form und Größe unhandlich im Vergleich zu Alternativen.

Photovervielfacher sind insbesondere interessant, wenn die nachzuweisende Lichtintensität sehr gering ist oder sogar Einzelphotonen nachgewiesen werden sollen (siehe auch Abschnitt 10.5).

10.1.2 Vakuumphototriode

Vakuumphototrioden (VPT, ohne Abb.) werden eingesetzt, wenn der Betrieb von PMTs mit einem Dynodensystem in starken Magnetfeldern nicht möglich ist. VPTs sind 1-stufige Photovervielfacher, bestehend aus einer Photokathode hinter UV-Glas und einem feinen Anodengitter [138], das vor einer Dynode sitzt. Photoelektronen treten zu einem Teil (typ. 50%) durch das Anodengitter hindurch und erzeugen an der Dynode Sekundärelektronen, die an der Anode gesammelt werden. Der Verstärkungsfaktor liegt bei etwa 10, das heißt dass sie nicht für den Nachweis von Einzelphotonen (wie zum Beispiel bei Cherenkov-Ringen) geeignet sind, sondern eher für die Auslese von Kristallen in Kalorimetern für hochenergetische Photonen ($\gtrsim$ GeV), die viel Licht in den Kristallen erzeugen. Die Quantenausbeute liegt bei typisch 20–25%.

Die Endkappenbereiche der elektromagnetischen Kalorimeter der Experimente OPAL bei LEP (Bleiglas) [52] und CMS bei LHC ($PbWO_4$) [138, 239] spüren Felder der Magnete für die Spurdetektoren und werden mit VPTs ausgelesen.

10.1.3 Mikrokanalplatte

Die Mikrokanalplatte [830] (micro channel plate, MCP, Abb. 10.8) ist ein zusätzlich ortsauflösender, üblicherweise aber mit etwas geringerer Verstärkung (10^4 bis 10^7) als ein PMT arbeitender Photovervielfacher. Sie besteht aus 0.4–2 mm dicken Glasplatten, in denen sich Kanäle von etwa 10 µm Durchmesser mit wenigen Mikrometern Abstand befinden, die mit Photokathodenmaterial beschichtet sind. Eine typische 2-stufige Anordnung ist in Abb. 10.8(c) dargestellt. Die Kanäle (Abb. 10.8(a)) bewirken einen räumlich empfindlichen, 2-dimensionalen Lichtnachweis und wirken durch Anlegen von Hochspannung gleichzeitig als kontinuierliche Dynoden. Oft sind sie wie in Abb. 10.8(c) gewinkelt zueinander ausgerichtet, um einen direkten Durchgang von Elektronen zu vermeiden.

Mikrokanalplatten wurden für den empfindlichen Photonennachweis (auch für Einzelphotonen) entwickelt und besitzen Quanteneffizienzen von bis zu 25% bei räumlichen Auflösungen im mm-Bereich. Wegen der kurzen Durchlaufzeit und der daraus resultierenden geringen zeitlichen Streuung besitzen MCPs eine ausgezeichnete Zeitauflösung, bei einstufigen Ausführungen im Bereich von etwa 20 Pikosekunden [329, 621].

Anwendung finden Mikrokanalplatten auch als Bildverstärker, um lichtschwache Bildaufnahmen in optischen Systemen in der Intensität zu verstärken (zum Beispiel bei Nachtsichtgeräten). In Teilchendetektoren findet man sie als Alternative zu PMTs, wenn räumliche und/oder sehr gute zeitliche Auflösungen erforderlich sind, zum Beispiel bei der Auslese von Cherenkov-Photonen in den Quarzstäben eines DIRC-Cherenkov-Detektors [330] (siehe Kapitel 11). Auch die weit größere Unempfindlichkeit gegenüber Magnetfeldern machen MCPs gegenüber PMTs für manche Einsatzbereiche attraktiv. Ein Nachteil ist eine relativ große Erholzeit pro Kanal, die im Bereich von 10–20 ms liegt, und die im Vergleich zu anderen Photodetektoren geringe Lebensdauer.

10.2 Halbleiterbasierte Photodetektoren

Ähnlich wie in der Elektronik haben Halbleiter seit den 1950–60er Jahren die Entwicklung auf dem Gebiet der Lichterzeugung und des Lichtnachweises revolutioniert. Die bis dahin für den schnellen Photonnachweis nahezu ausschließlich verwendete Elektronenröhrentechnik erhielt durch Halbleiter-Photodetektoren starke Konkurrenz. Dabei spielen neben einigen, in den folgenden Abschnitten besprochenen, unterschiedlichen Nach-

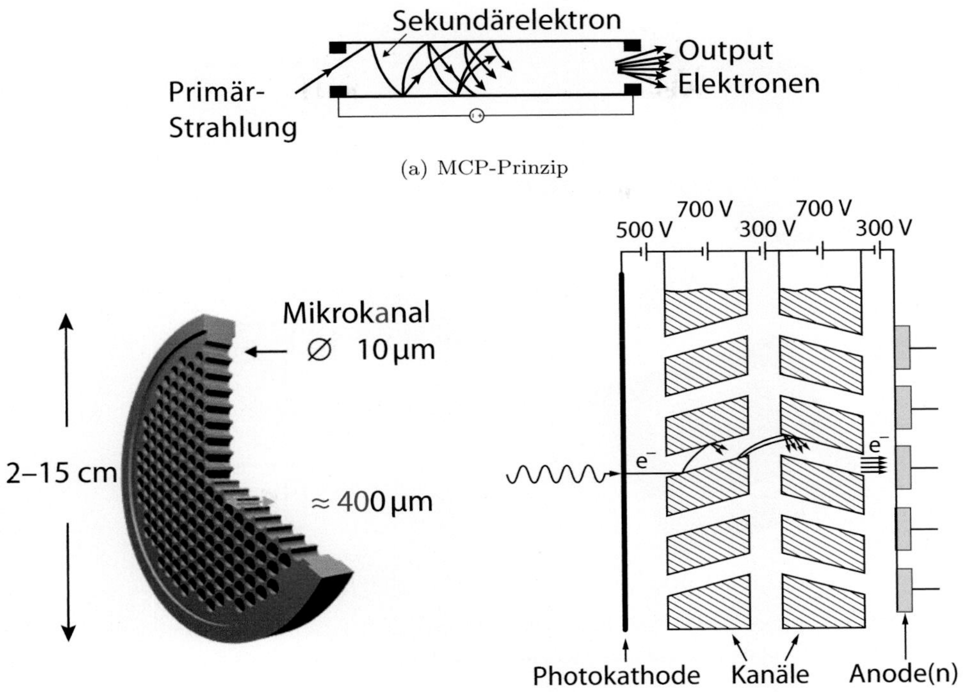

(a) MCP-Prinzip

(b) Aufschnitt einer MCP

(c) Chevron-Kanalstruktur

Abb. 10.8 Mikrokanal-Platten-Photovervielfacher (MCP). (Abbildung (c) aus [286], mit freundl. Genehmigung, © 1977 IEEE).

weiseigenschaften beider Techniken auch die kleineren Abmessungen und der Preis von Halbleiter-Photodetektoren für viele Anwendungen eine große Rolle.

10.2.1 Photodiode

Die Photodiode ist die vom Konzept her einfachste Halbleiter-Realisierung für die Umwandlung von Licht in elektrischen Strom unter Ausnutzung des Photoeffekts. Ein häufig verwendeter Typ ist die so genannte PIN-Photodiode, deren Aufbau und Funktion sehr ähnlich wie bei den in Kapitel 8 beschriebenen großflächigen Halbleiterdetektoren sind. Abbildung 10.9(a) zeigt den Aufbau. Zwischen zwei p- beziehungsweise n-dotierten Bereichen befindet sich eine undotierte Zone, deren freie Ladungsträgerdichte durch die Dichte der Materialverunreinigungen statt durch gezielte Dotierung bestimmt ist. Diese Zone wird daher 'intrinsische' Zone genannt. Bei Anlegung einer Sperrspannung dehnt sich die (quasi ladungsträgerfreie) Verarmungszone in diese intrinsische Zone weit hinein aus, so dass dort absorbierte Lichtquanten bewegliche e/h–Paare erzeugen, die durch das elektrische Feld (Abb. 10.9(b)) zu den Elektroden abgesaugt werden und auf ihnen durch

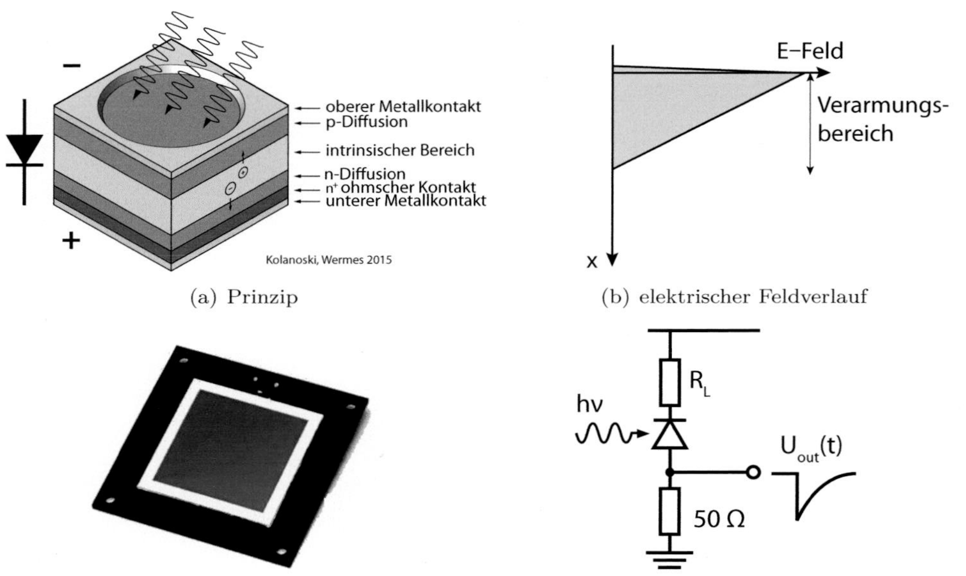

(a) Prinzip (b) elektrischer Feldverlauf

(c) Photo (d) Ersatzschaltbild

Abb. 10.9 PIN-Photodiode: (a) Prinzipieller Aufbau, (b) Verlauf des elektrischen Feldes, (c) großflächige Photodiode (mit freundl. Genehmigung von Hamamatsu Inc.), (d) Ersatzschaltbild.

Influenz das Signal erzeugen. Abbildungen 10.9(c) und 10.9(d) zeigen eine großflächige Ausführung und das Ersatzschaltbild.

Im Vergleich zu PMTs besitzen Si-Photodioden eine deutlich größere Quantenausbeute über einen großen Wellenlängenbereich von 190 nm in speziellen UV-empfindlichen Dioden bis 1100 nm (siehe Abb. 10.10). Die Photodiode erreicht Effizienzen von über 70%, während PMTs typische Werte um 25% erzielen. Die effiziente Überdeckung des großen Wellenlängenbereichs wird in Abb. 10.10 deutlich, in der zum Vergleich auch die Quanteneffizienzkurve eines PMT und das Emissionsspektrum eines CsI(Tl)-Szintillationskristalls eingezeichnet sind.

Neben Preis- und Kompaktheitsvorteilen gehören die geringe notwendige Versorgungsspannung und die deutlich größere Unabhängigkeit von äußeren Magnetfeldern zu den positiven Merkmalen der Photodiode. Wegen der fehlenden intrinsischen Verstärkung sind die geringere Empfindlichkeit bei kleinen Intensitäten und die schlechtere Zeitauflösung sowie die vergleichsweise kleine Fläche als Nachteile anzusehen (siehe auch Abschnitt 10.5).

Anders als bei PMTs müssen die Ausgangssignale der Photodiode in der Regel verstärkt werden, um ein hinreichend großes Messsignal zu erhalten. Die Rauscheigenschaften von Photodiodensystemen sind durch die der Verstärkungselektronik dominiert, wobei die Kapazität der Photodiode und ihr Dunkelstrom die dominanten Rauschbeiträge liefern (siehe Abschnitte 13.4.2 und 17.10.3).

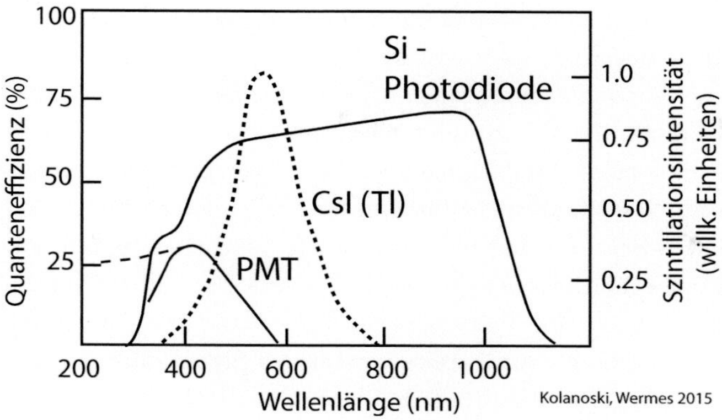

Abb. 10.10 Typische Quanteneffizienz (linke Skala) von Photodioden im Vergleich zu Photovervielfachern (PMT) (durchgezogene Linien, gestrichelt: UV-empfindliche Photokathode). Zum Vergleich: ein typisches Emissionsspektrum eines CsI(Tl)-Szintillationskristalls (gepunktete Linie).

10.2.2 Avalanche-Photodiode

Die Entwicklung von Avalanche-Photodioden (APDs) hatte zum Ziel, auch in Halbleitern eine intrinsische Verstärkung zu erreichen, wie dies bei PMTs durch das Dynodensystem erfolgt (Abschnitt 10.1.1). Im Unterschied zu der mehrstufigen Vervielfachung an den Dynoden erfolgt die Verstärkung in der Regel lawinenartig in einer Hochfeldzone im Inneren der Diode – ähnlich der Gasverstärkung bei gasgefüllten Detektoren (Kapitel 7). Der Verstärkungsfaktor von kommerziell erhältlichen APDs liegt in der Größenordnung von zehn bis mehreren hundert; speziell für hohe Verstärkung entwickelte APDs erreichen Faktoren größer als 1000.

APDs besitzen im Vergleich zu normalen Photodioden eine zusätzliche pn-Grenzschicht (*metallurgical junction*[1]) mit hoher p- und n-Dotierung, wie in Abb. 10.11 gezeigt. Die hohe Dotierung erzeugt an der Grenzschicht ein hohes elektrisches Feld (siehe Abschnitt 8.3.1), dessen Betrag proportional zur Dotierungsstärke ist. Die APD ist für die Absorption von Photonen in dem dicken, schwächer dotierten und verarmten n-Bereich (Raumladungsbereich) sensitiv. Erzeugte Signalelektronen driften zur Ausleseelektrode und durchqueren dabei den Hochfeldbereich (typisch etwa 1 kV/mm), in dem die La-

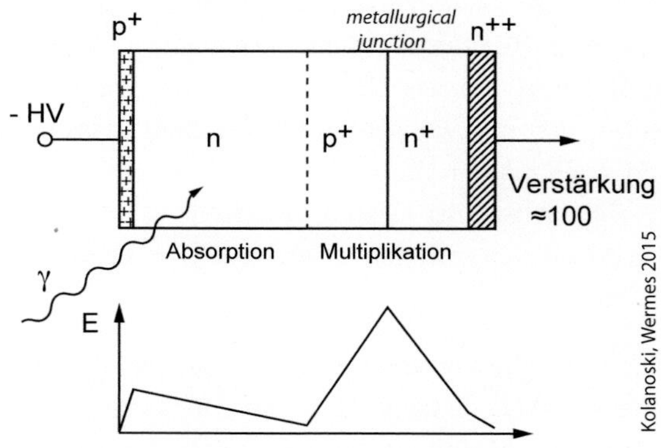

Abb. 10.11 Dotierungsbereiche und Feldverhältnisse in einer Avalanche-Photodiode (schematisch). Photonabsorption erfolgt in der breiteren Niedrigfeldregion, Lawinenbildung im Hochfeldbereich der *metallurgical junction*. Der Hochfeld- ist im Vergleich zum Niedrigfeldbereich breiter als in der Realität dargestellt.

[1] Historisch definiert als pn-Übergang mit gleich starker p- und n-Dotierung ($N_A = N_D$).

winenvervielfachung stattfindet. Die vervielfachte Ladung wird auf der Ausleseelektrode influenziert und dort in der Regel nochmals nachverstärkt.

Die meisten APDs sind so genannte *Reach-Through*-Strukturen, bei denen das Licht von der n-Seite (positive Seite) durch die Verstärkungszone zum Absorptionsbereich gelangt. Diese Strukturen sind über einen Wellenlängenbereich von typisch 450 nm bis 1000 nm sensitiv. Strukturen mit Empfindlichkeit für kürzere Wellenlängen bis ins UV haben den Lichteintritt auf der p-Seite (geringere Eindringtiefe) und sind typisch von 200–800 nm sensitiv. Kommerziell erhältliche APDs haben Durchmesser von 100 µm bis etwa 1.5 cm.

Da APDs im Gegensatz zu Photodioden ein bereits verstärktes Signal an den nachfolgenden Verstärker liefern, ist das Signal-zu-Rausch-Verhältnis (S/N) in der Regel von der APD selbst und nicht vom Verstärker bestimmt. Zusätzlich zum thermisch generierten Leckstrombeitrag I_0, der Schrotrauschen erzeugt (siehe Abschnitt 17.10.3) und in allen Halbleiterstrukturen präsent ist, besitzt der Lawinenprozess einen eigenen Schrotrauschbeitrag (*excess noise*), der von statistischen Fluktuationen im Lawinen-Verstärkungsprozess herrührt. Er wird durch einen 'Exzessrauschfaktor' F, mit dem der Leckstrom multipliziert wird, beschrieben und verschlechtert das Rauschverhalten von APDs im Vergleich zu PIN-Photodioden ohne Verstärkung. Während der Oberflächenanteil des Leckstroms nicht in die Verstärkungszone gelangt, wird der Anteil des Leckstroms, der im Raumladungsbereich (Absorptionsbereich) erzeugt wird, ebenso wie das Signal verstärkt.

Insgesamt erhalten wir folgenden Beitrag [755] zum Schrotrauschen (vergleiche Gleichung (17.81) auf Seite 794):

$$d\langle i^2\rangle_{\text{shot}} = 2e\,\langle\, I_{0S} + I_{0B}\, M^2\, F\,\rangle\, df\,, \tag{10.2}$$

wobei I_{0S} und I_{0B} Oberflächen- und Volumenanteile des Leckstroms bezeichnen und M der Verstärkungsfaktor (*gain*) ist. Der Schrotrauschbeitrag durch den Volumenleckstrom steigt mit der Verstärkung an und führt dazu, dass es eine optimale Verstärkung M für maximales S/N gibt, wie Abb. 10.12 erläutert.

Obwohl die APD bereits ein verstärktes Signal ausgibt, ist das S/N-Verhältnis nicht in jedem Fall besser als bei einer Photodiode ohne Verstärkung. Einen Vorteil haben APDs dennoch bei kleinen Lichtintensitäten, für deren Nachweis mit einer Photodiode die Verstärkung der Nachfolgeelektronik vergrößert werden müsste (durch Vergrößerung des Rückkoppelwiderstands R_f). Das hat den unerwünschten Begleiteffekt, dass erstens die Signalantwort langsamer wird und zweitens der thermische Rauschbeitrag zur Ausgangsspannung ($d\langle u^2\rangle_{\text{therm}} = 4kT\,R_f$, siehe Abschnitt 17.10.3, Gleichung (17.80)), größer wird. In solchen Fällen können heutige APDs mit geringem Exzessrauschen Photodioden im S/N-Verhältnis insgesamt übertreffen.

G-APDs Abbildung 10.13 zeigt schematisch die Verstärkungskennlinie einer Avalanche-Photodiode über einen großen Spannungsbereich. Je nach angelegter Hochspannung können APDs im linearen Modus oder im Geiger-Modus betrieben werden. Bei Betrieb im Geiger-Modus wird eine Spannung eingestellt, die ca. 10–20% oberhalb der nominellen

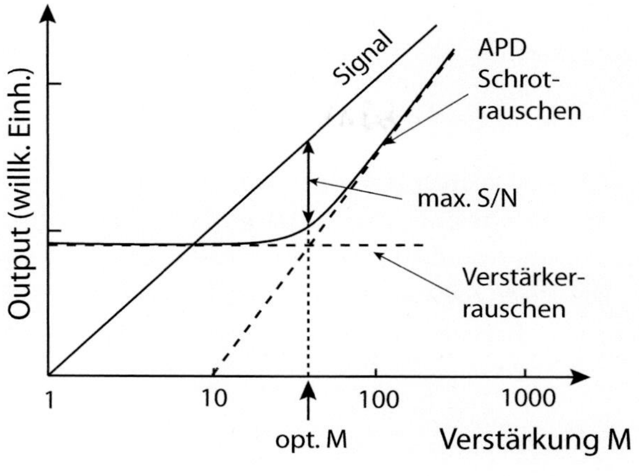

Abb. 10.12 Signal und dominante Rauschbeiträge einer Avalanche-Photodiode in Abhängigkeit von der Verstärkung. Die Rauschbeiträge (gestrichelt) sind (konstantes) thermisches Rauschen des nachfolgenden Verstärkers und Schrotrauschen (Leckstrom- und 'Exzess'-Rauschen) der APD (nach [755], mit freundl. Genehmigung von Hamamatsu Inc.).

Durchbruchspannung liegt, so dass die APD bei Signaleintritt durchbricht (das heißt einen sehr großen Entladungsstrom liefert), und zwar unabhängig von der Größe der Primärionisation. Sie wird in diesem Modus daher zu einem zählenden Nachweisinstrument für Einzelphotonen (*Single Photon Avalanche Diode*, SPAD). Nach dem Durchbruch wird die Entladung durch passive oder aktive Löschmaßnahmen gestoppt (*quenching*), wobei meist die angelegte Hochspannung reduziert wird. Vorteile dieser Betriebsart sind neben einem großen, stets nahezu gleichen Ausgangssignal die hohe Sensitivität sogar für Einzelphotonen (ab Verstärkungen von etwa $M > 10^5$) mit exzellenter Zeitauflösung ($\ll 1$ ns) und die Unempfindlichkeit gegenüber Magnetfeldern im Vergleich zu APDs, die im linearen Bereich betrieben werden.

Die Photonnachweiswahrscheinlichkeit (*photon detection efficiency*, P_{det}) setzt sich näherungsweise aus dem Produkt aus Quantenausbeute QE, der Wahrscheinlichkeit P_G für den Geiger-Prozess (nicht jedes Photon löst einen Durchbruch aus) und dem photoakti-

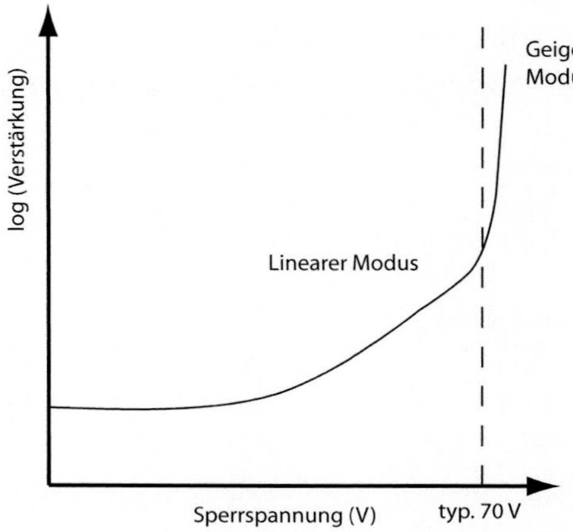

Abb. 10.13 Verstärkungskurve einer Avalanche-Photodiode mit Kennzeichnung der beiden Betriebsmodi 'linear' und 'Geiger'.

von Flächenanteil (*fill factor*) f_A der APD zusammen (Reflexion an der SiPM-Oberfläche und Zell-Erholungszeiten sind hierbei vernachlässigt),

$$P_{\text{det}} = QE \times f_A \times P_G\,, \qquad (10.3)$$

und nimmt typische Werte von 60% (50%) im blauen (grünen) Wellenlängenbereich an.

Mit der deutlich gestiegenen technischen Qualität von APDs seit den späten 90er Jahren ist deren Verwendung für die Auslese von Detektoren sehr gestiegen (siehe dazu auch Abschnitte 10.3 und 10.4). Die $PbWO_4$-Kristalle im Barrelbereich des CMS-Kalorimeters [239] bei LHC werden zum Beispiel mit APDs ausgelesen (siehe Abschnitt 15.5.2 auf Seite 610).

10.3 Hybride Photodetektoren

Die rasante Entwicklung von Halbleiterdetektoren sowohl für den Nachweis von geladenen Teilchen als auch von Licht hat eine Weiterentwicklung des Standardphotovervielfachers eingeleitet, die zu verschiedenen hybriden Ausleseeinheiten geführt hat. Mit diesen Hybrid-Entwicklungen werden bestimmte Nachteile der Einzelsysteme für manche Anwendungen behoben. Zum Beispiel kann der Wellenlängenbereich von Photodioden durch eine Bialkali-Photokathode zu kurzen Wellenlängen ausgedehnt werden. Andererseits kann durch Wegfall der Dynoden im PMT und Ersatz durch einen Halbleiter der Einfluss des Magnetfelds verringert werden. Ferner kann die Möglichkeit zur Strukturierung von Halbleiterdioden ausgenützt werden, um Anoden mit ortsauflösenden Pad- oder Pixelstrukturen zu erhalten, die Vorteile im S/N-Verhalten durch kleine Kapazitäten (Pixelstruktur) und/oder durch Verstärkung in einer einzelnen Stufe (APDs) besitzen.

Ersetzt man das Dynodensystem eines Sekundärelektronenvervielfachers durch eine in Pixeln strukturierte Photodiode oder eine in Pads strukturierte Avalanche-Photodiode (Abb. 10.14), so erhält man eine Hybride (Avalanche-)Photodiode (HPD beziehungsweise HAPD) [762, 485]. Dabei wird ausgenutzt, dass die in einer Photokathode erzeugten Elektronen in Halbleiterdioden durch Ionisation ein Signal liefern, das einer Verstärkung des Photoelektronsignals entspricht (Abschnitte 10.3.1 und 10.3.2). Aber auch nicht-hybride, pixelierte Halbleiter-Photodetektoren ohne explizite Photokathode wurden entwickelt, so genannte Siliziumphotomultiplier (SiPMs, Abschnitt 10.4).

10.3.1 Hybride Avalanche-Photodiode (HAPD)

Eine Hybrid-APD besteht (HAPD) aus einer photoempfindlichen Kathode und einem Array (typisch 12×12) aus Avalanche-Phototodioden mit Abmessungen im Bereich von etwa 5×5 mm^2 pro Zelle. Abbildung 10.15(a) zeigt das Prinzip des Aufbaus. In der Photokathode erzeugte Photoelektronen werden in einem hohen Feld über eine kurze Distanz beschleunigt und deponieren ihre kinetische Energie (einige keV) in der Halbleiterdiode.

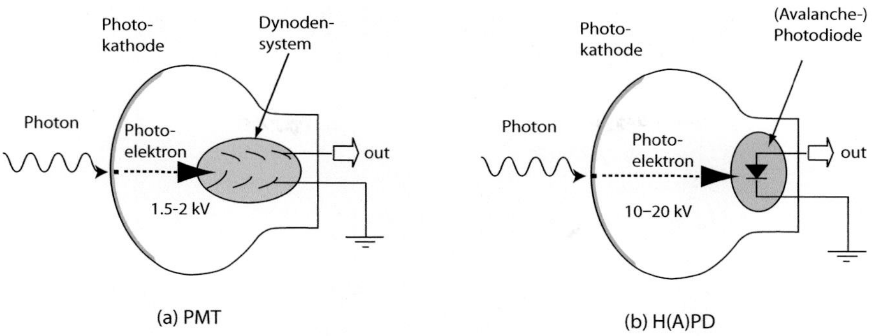

Abb. 10.14 Prinzip des Photovervielfachers (PMT) (a) im Vergleich zu einer hybriden Anordnung von Photokathode + Vakuum + Photodiode oder (b) zu einer APD.

Die erzeugten e/h-Paare entsprechen bereits einer Verstärkung um einen Faktor von etwa 10^3. In der im linearen Modus (siehe Abb. 10.13) arbeitenden APD wird eine weitere Verstärkung um einen Faktor von typisch 40–50 erzielt, insgesamt also etwa 5×10^4. Das hohe Feld reduziert außerdem die Magnetfeldabhängigkeit.

Der APD-Array hat eine aktive Fläche von typisch 70% der Gesamtfläche des Eintrittsfensters. Die Quantenausbeute wird wie beim PMT hauptsächlich durch die QE der Photokathode auf etwa 25% begrenzt. Die hohe Verstärkung in nur einer Stufe ist dafür verantwortlich, dass eine etwas bessere Energieauflösung für Einzelphotonen als bei

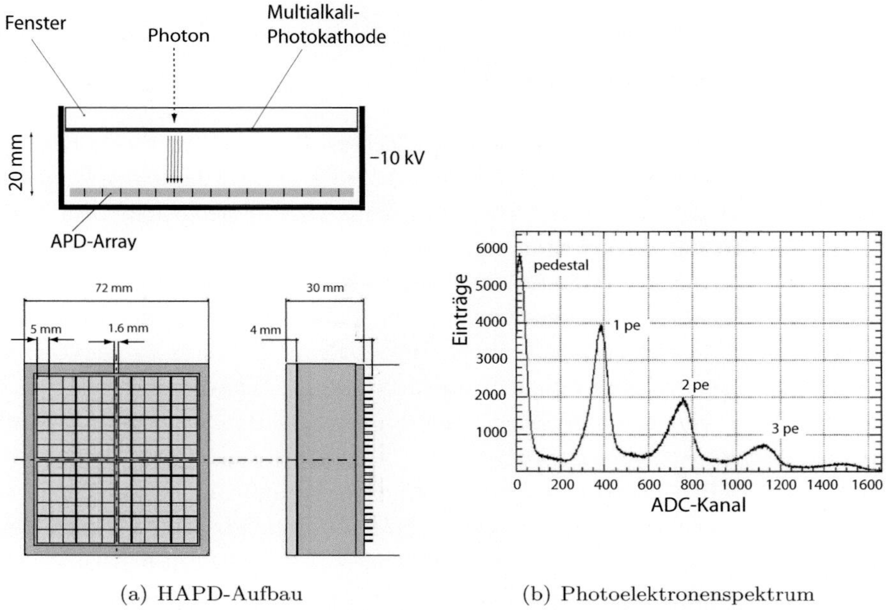

Abb. 10.15 Hybrid-Avalanche-Photodiode (HAPD): (a) Aufbau, (b) Signalspektrum (siehe Text). Aus [33], mit freundl. Genehmigung von Elsevier.

	13" HAPD	13" PMT (R8055)
1γ Zeitauflösung	190 ps	1400 ps
1γ Energieauflösung	24%	70%
Sammeleffizienz	97%	70%
Quantenausbeute	$\approx 20\%$	$\approx 20\%$
Verstärkung	$\approx 10^5$	$\approx 10^7$
Leistungsverbrauch	$\ll 700\,\mathrm{mW}$	700 mW

Tab. 10.1 Gegenüberstellung gleich großer (13") HAPD- und PMT-Photovervielfacher (Hamamatsu, R8055) [15].

einem Photovervielfacher erzielt wird. Einzelne Photoelektronensignale in Abb. 10.15(b) sind gut unterscheidbar.

HAPDs können auch in Magnetfeldern über 1 T eingesetzt werden. Für das Projekt Hyper-Kamiokande [603] entwickelt die Firma Hamamatsu eine im Durchmesser 33 cm große HAPD, die direkt mit einem konventionellen Photovervielfacher derselben Größe (R8055) vergleichbar ist [782]. Die HAPD liefert bei gleicher Quantenausbeute bessere Zeit- und Energieauflösung sowie höhere Sammeleffizienz der Photoelektronen, wie Tabelle 10.1 zeigt. Allerdings ist die Gesamtverstärkung geringer, was eine Nachverstärkung durch externe Verstärker notwendig macht.

Die Wahl zwischen HAPD und PMT zur Lichtauslese kann nicht bei jeder Anwendung eindeutig auf der Basis technischer Kriterien getroffen werden. Häufig spielen Platzbedarf, Lebensdauer und Preis eine entscheidende Rolle.

10.3.2 Hybride Photodiode (HPD)

Eine weitere Hybridvariante des Photovervielfachers, die statt der Verstärkerstufe in der HAPD eine geometrisch möglichst kleine Elektrode (Pixel) und einen kleinen Dunkelstrom zum Ziel hat, ist die Hybride Photodiode (*hybrid photodiode* oder *pixel hybrid photodiode*, HPD). Hierbei wird der APD-Array der HAPD-Auslese mit mm-großen Zellen durch einen (nicht verstärkenden) Pixeldetektor mit Pixelgrößen im Bereich von $100 \times 100\,\mu\mathrm{m}^2$ ersetzt, die aufgrund ihrer kleinen Kapazität ein geringes Rauschen und daher ein gutes S/N-Verhältnis aufweisen. Außerdem ist der Dunkel- oder Leckstrom, der proportional zum Siliziumvolumen pro Elektrode ist, entsprechend reduziert. Eine Signalverstärkung wird dadurch erzielt, dass das erzeugte Photoelektron auf dem Weg zum Pixeldetektor beschleunigt wird.

Die Auslese des Pixeldetektors erfolgt mit einem separaten Chip, der durch *Bonding-* und *Flip-Chip*-Technologie (siehe Abschnitt 8.7) mit dem Pixelsensor verbunden ist. HPD-Photodetektoren werden im LHCb-Experiment zur Auslese des RICH-Detektors eingesetzt [342]. Aufbau, Pixelsensor und ein Foto der Gesamt-HPD sind in Abb. 10.16 gezeigt. Die Beschleunigungsspannung zwischen Photokathode und Pixeldetektor beträgt bis zu 20 kV, um den Elektronen eine hohe kinetische Energie mitzugeben, die im Silizi-

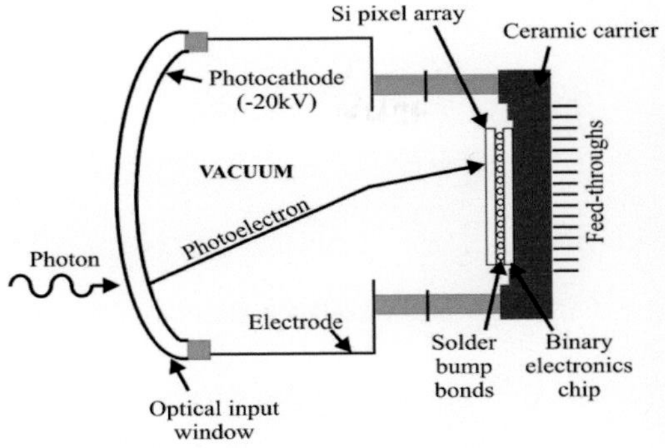

(a) HPD-Aufbauschema

(b) Pixelsensor

(c) Foto: HPD des LHCb-RICH

Abb. 10.16 (a) Aufbau einer Hybrid-Photodiode (HPD); (b) Pixelsensor mit 1024 Pixels, $500\times500\ \mu\text{m}^2$ groß; (c) Foto einer HPD, wie sie zur Auslese des RICH-Detektors im LHCb-Experiment verwendet wird [73, 342] (Quelle: LHCb Collaboration und CERN).

um des Pixeldetektors dissipiert wird und dort typisch 5000 e/h-Paare erzeugt [73]. Mit einem Eintrittsfenster aus Quarzglas überdeckt die HPD den für Cherenkov-Strahlung besonders interessanten Wellenlängenbereich von 200 nm bis 600 nm.

10.4 SiPM: Siliziumphotomultiplier

Eine vergleichsweise neue Photodetektor-Entwicklung sind Pixel-Arrays von APD-Zellen, die in einem Photonen zählenden Modus betrieben werden. Sie werden MRS-APD (*Metal Resistive Layer Semiconductor* APD), MPPC (*Multi Photon Counter*), G-APD (Geiger-APD) oder SiPM (*Silicon Photomultiplier*) genannt. Die Bezeichnung Siliziumphotomultiplier hat sich durchgesetzt, auch wenn PMT-typische Charakteristika wie Photokathode und Vakuumgehäuse bei SiPMs nicht benötigt werden.

Die APD-Matrizen des Siliziumphotovervielfachers werden im (begrenzten) Geiger-Modus bei einer Verstärkung von etwa 10^6 betrieben [191, 217]. In diesem Modus ist

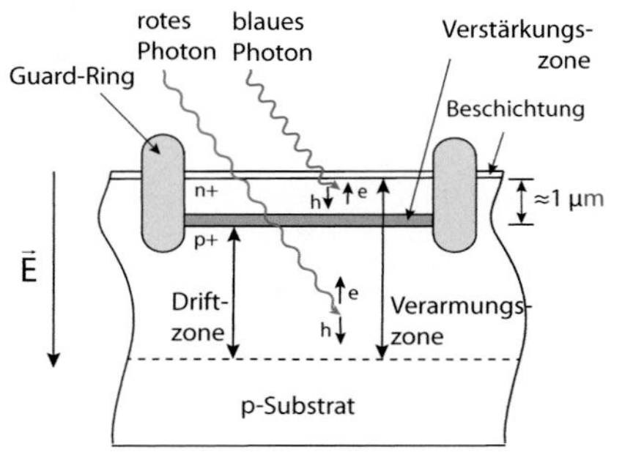

(a) SiPM-Zelle

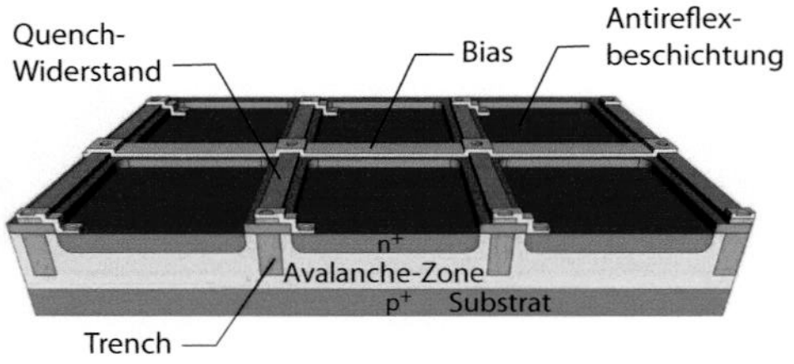

(b) SiPM-Array-Struktur

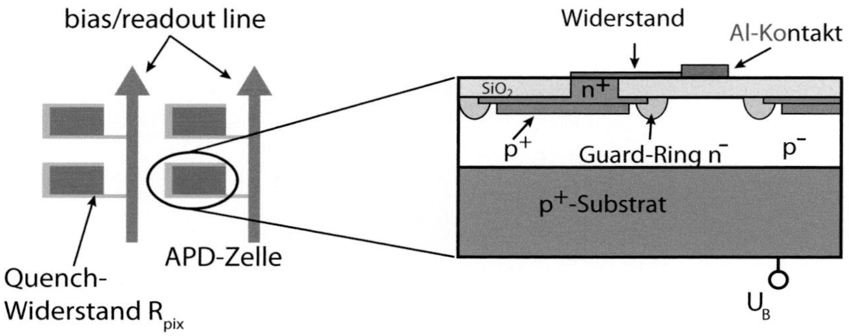

(c) APD-Zellen mit Quench-Struktur.

Abb. 10.17 Silizium-Photomultiplier (SiPM): (a) Struktur einer SiPM-Zelle, bei der Photonen verschiedener Wellenlänge in unterschiedlichen Tiefen absorbiert werden. Die Vervielfachung der Ladungsträger erfolgt in der Verstärkungszone der APD. (b) SiPM-Pixelzelle (Quelle: Ketek GmbH [497]): Die Zellen sind durch Abschirmungsstrukturen (*trenches*) optisch voneinander entkoppelt; (c) APD-Zellen mit Quench-Struktur, rechts Detailansicht (nach [217]).

die APD ein 'binär' (ja/nein) arbeitender Photodetektor. Die Pixelzellen sind klein, mit typischen Abmessungen im 15–70 µm-Bereich [217]. Durch die hohe Dichte der Zellen ist die Wahrscheinlichkeit, dass eine einzelne Zelle innerhalb des durch die Zeitauflösung vorgegebenen Zeitfensters von mehreren Photonen getroffen wird, gering. Die Zahl der getroffenen Pixel ist daher proportional zu der Zahl der eintreffenden Photonen.

Das SiPM-Konzept ist in Abb. 10.17 dargestellt. In Abb. 10.17(a) ist die Struktur einer Zelle gezeigt. Die Eindringtiefe von Licht in Silizium (siehe Abb. 10.1) beträgt zwischen 0.6 µm (blau, $\lambda = 470$ nm) und 2.9 µm (rot, $\lambda = 625$ nm). Die in der Verarmungszone erzeugten Ladungsträger driften im elektrischen Feld in die Verstärkungszone. Nach Lawinenverstärkung influenzieren die Ladungträger ein hinreichend großes Signal auf einer Ausleseelektrode (Abb. 10.17(c)). Abbildung 10.17(b) zeigt eine kommerzielle Struktur mit Antireflex-Beschichtung und mit so genannten tiefen 'Trench'-Abtrennungen[2] zwi-

[2]Trench-Abschirmungen sind mit Dielektrika (zum Beispiel SiO_2) gefüllte Abtrennstrukturen, die für tiefe Strukturen durch ein spezielles Ätzverfahren (*deep resistive ion etching*, DRIE) hergestellt werden.

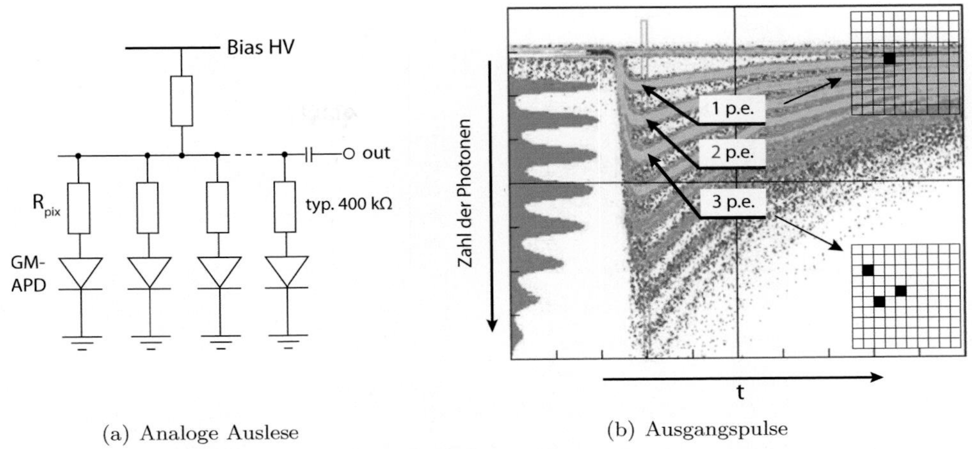

Abb. 10.18 Analog-SiPM: (a) Analoge Zusammenführung des Ausgangssignals bei einem SiPM. Die APD-Zellen des SiPM werden über die Quench-Widerstände R_{pix} zusammengeführt. (b) Ausgangspulse für verschiedene Anzahlen getroffener SiPM-Pixel; links: Pulshöhenspektrum (Quelle: Hamamatsu Inc., mit freundl. Genehmigung)

schen den APD-Zellen, um Übersprechen durch Photonen, die in eine Nachbarzelle gelangen, zu unterdrücken [497].

Die Betriebsspannung des APD-Arrays (typisch < 80 V) ist etwa 10–15% höher eingestellt als die Durchbruchspannung. Die Entladung wird durch Polysiliziumstreifen als Quench-Widerstand ($R_{\text{pix}} \approx 400$ kΩ) in jedem Pixel gelöscht (Abb. 10.19), indem durch den Spannungsabfall über R_{pix} bei Stromfluss die Durchbruchspannung unterschritten wird. Der Widerstand entkoppelt zudem die einzelnen Pixel voneinander und bestimmt die Zerfallszeit des Pulses (typisch ist $C_{\text{pix}}\,R_{\text{pix}} \approx 30$–100 ns). Die Anstiegszeit hingegen ist durch den sehr schnellen Lawinenprozess bestimmt, sodass die Pulsform einen schnellen spitzenförmigen Anstieg (≈ 0.5 ns) und eine typisch 30 ns bis >100 ns lange abfallende Flanke aufweist. Die Erholungszeit nach Eintreffen des Signals ist vergleichsweise kurz (< 100 ns).

Analoge SiPMs

Die Ausgänge der APD-Zellen werden üblicherweise über die Quench-Widerstände R_{pix} zu einem einzigen Ausgangsknoten zusammengeführt, wie Abb. 10.18(a) zeigt. Das Ausgangssignal ist somit proportional zu der Anzahl der gefeuerten Zellen (Abb. 10.18(b)). Der dynamische Bereich beginnt beim Einzelphotonnachweis und ist limitiert durch die Gesamtzahl N_{pix} der Pixel des SiPM-Sensors. In [217] wird der dynamische Bereich mit $N_{ph} \approx 0.6\,N_{pix}$ angegeben. Die Abhängigkeit des Ausgangssummensignals von der einfallenden Lichtintensität ist bei hohen Intensitäten stark nicht-linear, weil dann Mehrfachtreffer eine Rolle spielen.

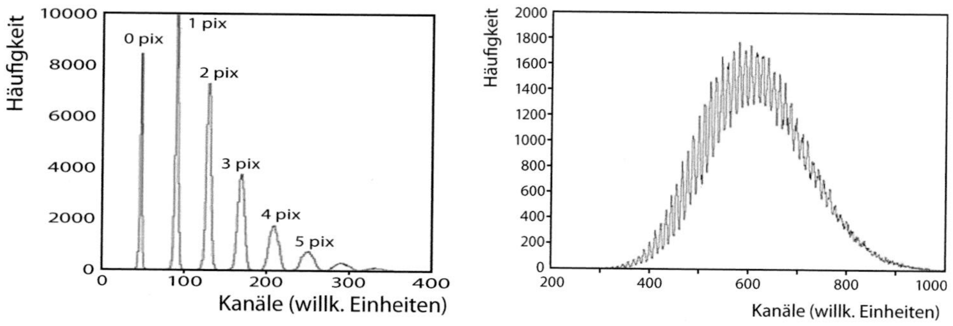

(a) SiPM: Einzelphotonenspektrum (b) SiPM: Signal eines Lichtpulses

Abb. 10.19 Siliziumphotomultiplier (SiPM). (a) Einzelphotonenspektrum, (b) Signalverteilung von Lichtpulsen mit im Mittel 46 Photoelektronen ([218], mit freundl. Genehmigung von Elsevier).

Die Photonnachweiswahrscheinlichkeit eines SiPM-Detektors folgt denselben Kriterien wie eine Einzel-APD und ist durch Gleichung (10.3) gegeben. Der Füllfaktor f_A liegt im Bereich von 20% bis 80%, designabhängig[3]. Zusammen mit der hohen Quantenausbeute für Halbleiterphotodetektoren (70–80%) und einer Geiger-Wahrscheinlichkeit P_G von etwa 90% werden Photonnachweiswahrscheinlichkeiten P_{det} von bis zu 60% erreicht.

Die Fähigkeit, Einzelphotonen durch Pixeltreffer zu zählen, wird in Abb. 10.19(a) deutlich. Das Ausgangsspektrum (Abb. 10.19(b)) als Antwort auf einen Lichtpuls, der im Mittel 46 Photoelektronen im Detektor erzeugt, zeigt ein Maximum, das dieser Zahl entspricht. Die Quantisierung der Einzelpixelbeiträge ist auch hier noch deutlich erkennbar.

Die Pixel der SiPM-Zellen besitzen eine Kapazität von typisch 100 fF. Die nachgewiesene Ladung pro Pixel ist $Q_{\text{pix}} = C_{\text{pix}} \cdot \Delta U$, wobei $\Delta U = U_{\text{bias}} - U_{\text{breakdown}}$ der Abstand zur Geiger-Durchbruchspannung ist, der im Bereich einiger Volt liegt. Das Signal liegt daher im Bereich einiger 100 fC, was einer Verstärkung der Photoelektronladung um etwa 10^6 entspricht [217]. SiPMs besitzen eine hohe Zeitauflösung auch für Einzelphotonen von $\sigma_t^{1\gamma} \approx 100$ ps. Wegen der hohen Verstärkung ist das Rauschen durch die Nachfolgeelektronik vernachlässigbar. SiPMs können bei Raumtemperatur in Magnetfeldern bis 7 Tesla betrieben werden und benötigen nur circa 50 V Betriebsspannung.

Die Verwendung von SiPMs als Photondetektoren wird einzig durch die auftretenden Dunkelraten beeinträchtigt, die um mehrere Größenordnungen höher (20–50 MHz/cm^2) als bei PMTs (< 1 kHz/cm^2) sind. 'Dunkelpulse' haben bei zählenden SiPMs folgende physikalische Ursachen:

– thermische generierte Ladungsträgergeneration in der sensitiven Zone im Substrat oder in verarmten Bereichen der Oberfläche, begünstigt durch die hohen elektrischen

[3]Kleinere Füllfaktoren haben ein kleineres Signal, besitzen aber dafür kleinere Kapazitäten und damit geringere Rauschen.

Felder in der Verstärkungszone; dies verursacht ebenfalls eine starke Temperaturabhängigkeit,
- 'Nachpulse', das sind verzögerte Pulse (*after-pulses*) erzeugt durch Ladungsträger, die während der Lawinenverstärkung eingefangen wurden und nach einer charakteristischen Einfangzeit von typisch mehreren hundert Nanosekunden wieder frei werden und dabei neue Lawinen auslösen;
- optische Übersprecher, herrührend von Photonen, die bei dem Verstärkungsprozess erzeugt werden, in eine benachbarte SiPM-Zelle gelangen und dort eine neue Lawine auslösen.

Die Dunkelrate pro Fläche $\dot{N}_{\text{dark}}$, multipliziert mit der Ansprech- plus Löschzeit Δt_{tot} einer SiPM-Zelle, bestimmt die Belegungswahrscheinlichkeit (*occupancy*) P_{occ} des SiPM mit Rauschtreffern:

$$P_{\text{occ}} = \frac{\dot{N}_{\text{dark}}}{n_{pix}} \Delta t_{\text{tot}} , \tag{10.4}$$

wobei n_{pix} die SiPM-Zellen-Dichte ist. Bei 20 MHz/cm^2 Dunkelrate, $50 \times 50\,\mu\text{m}^2$ großen Zellen und einer Löschzeit von 100 ns ist $P_{\text{occ}} = 5\times10^{-5}$. Übersprecher zwischen Nachbarzellen verletzen allerdings die in Gl. (10.4) zugrunde gelegte Unabhängigkeit der Zellen.

Um die Dunkelrate zu unterdrücken, wird ausgenutzt, dass ein echtes Lichtpulssignal die SiPM-Zellen koinzident feuert und daher ein vergleichsweise großes 'Energiesignal' erzeugt (Schwellenmethode, Abb. 10.20(a)). Der Beitrag zur Dunkelrate durch Übersprecher kann, wie oben bereits erwähnt, durch vertikale Abschirmstrukturen (*trenches*) verringert werden.

Siliziumphotomultiplier werden in jüngerer Zeit immer häufiger anstelle von Photovervielfachern oder anderen Photodetektoren in Experimenten der Teilchen- und Astroteilchenphysik eingesetzt, insbesondere für die Auslese in Kalorimetern, sowohl in homogenen Kristall-Kalorimetern als auch in Sampling-Kalorimetern (siehe Kapitel 15). Ein Beispiel ist die Entwicklung des CALICE-Kalorimeters [43] für den ILD-Detektor [135] an einem zukünftigen Linear Collider.

Digitale SiPMs

Im Geiger-Modus operierende, auf Einzelphotonen sensitive APDs (*Single-Photon-Avalanche-Photodiodes*, SPAD) sind binäre Schalter, die mit konventioneller CMOS-Elektronik auf demselben Chip integriert werden können. In digitalen SiPMs (dSiPM) [347, 348] wird statt des analogen Summensignals ein digitales Ausgangssignal aus der Summe der gefeuerten Zellen gebildet. Jede SPAD-Zelle ist dabei eine eigenständige Einheit, die auch abgeschaltet werden kann, wenn zum Beispiel ihre Dunkelrate zu hoch ist. Sie kann genau ein Photon nachweisen und speichern. Nach dem Photonnachweis wird der Quench-Vorgang für die getroffene Zelle sofort gestartet, realisiert durch einen Transistor anstelle passiver Quench-Widerstände, die auf Mikrochips wegen ihrer Größe schwer realisierbar sind. Wenn die Spannung eine untere Schwelle unterschritten hat und der Stromfluss durch die Diode gestoppt ist, wird die SPAD durch einen weiteren Transis-

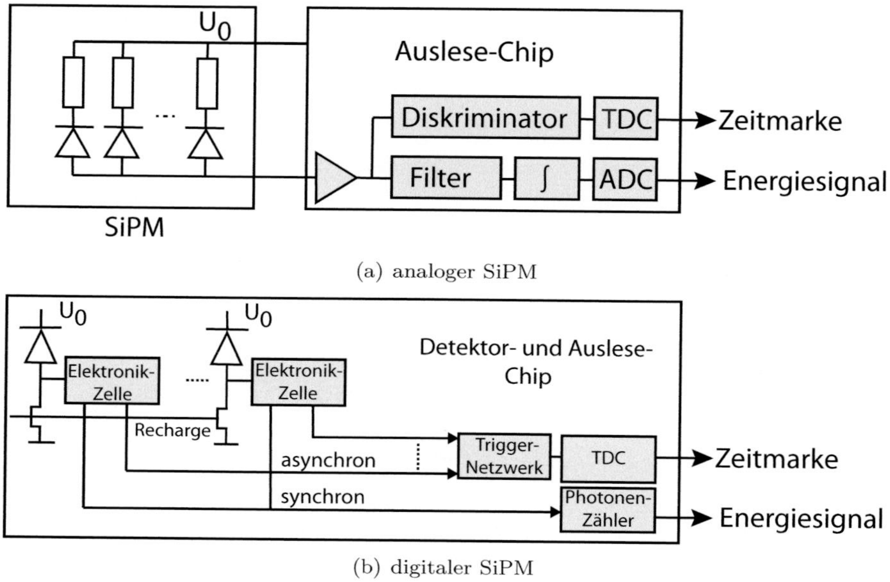

Abb. 10.20 Elektronischer Aufbau (schematisch) von (a) analogen und (b) digitalen SiPMs (aus [346], © SISSA Medialab Srl., mit freundl. Genehmigung von IOP Publishing).

tor wieder für den Geiger-Modus scharf geschaltet, das heißt auf eine Spannung knapp oberhalb der Durchbruchspannung gebracht.

Der Vorteil digitaler SiPMs liegt in der Integration aller Komponenten auf einem Chip, dem schnellen Quench-Vorgang und der Möglichkeit, Zellen einfach zu deaktivieren oder zusätzliche intelligente Schaltblöcke zu integrieren. Mögliche Nachteile liegen im erhöhten Leistungsverbrauch und anderen Konsequenzen der Integration von Sensor und Chip (zum Beispiel mögliches Übersprechen).

Aufbau und Logik von dSiPMs sind in Abb. 10.20(b) im Vergleich zu analogen SiPMs dargestellt [348]. Jede Zelle liefert ein schnelles, asynchrones Triggersignal, das von einem *On-Chip*-Triggernetzwerk empfangen wird, und ein langsameres, binäres Ausgangssignal, das mit den übrigen Zellen synchronisiert ausgegeben wird. Das Triggernetzwerk startet einen TDC (siehe Abschnitt 17.7.3) entweder mit dem ersten Photon oder (einstellbar) nach einer Mindestanzahl von Photonsignalen, falls die Dunkelrate zu hoch ist. Jeder auf das erste Triggerphoton nachfolgende Durchbruch einer SPAD-Zelle wird als Dunkelhit angesehen und automatisch gelöscht (falls er nicht nach höchstens 15 ns zu einem Trigger führt). Eine einstellbare Zeitdauer nach dem Triggersignal wird das langsamere Photonenanzahlsignal mit einer Schwellenzahl verglichen und ausgegeben.

Digitale SiPMs wurden zunächst für Lichtpulse mit hinreichend vielen Photonen entwickelt, sie sind aber auch auf Einzelphotonen sensitiv. Zum Beispiel können Cherenkov-Photonen mit sehr guter Zeitauflösung (140 ps) und geringer Dunkelrate nachgewiesen werden [346]. Die Quantenausbeute liegt allerdings etwas unter der analoger SiPMs oder von Photodioden, da die CMOS-Chiplagen und Verdrahtungsebenen Photonen absorbieren und dadurch die Ausbeute verringern [346].

10.5 Vergleichende Charakterisierung

Die Wahl des Photodetektors für die Auslese eines Licht erzeugenden Teilchendetektors in einem Experiment hängt von vielen Faktoren ab, nicht zuletzt auch von der Größe des Detektors, der Umgebung (verfügbarer Platz, Magnetfeld) und dem Preis. In Tab. 10.2 stellen wir die wichtigsten Merkmale der in den vorigen Abschnitten beschriebenen Photodetektoren vor, ohne Anspruch auf Vollständigkeit zu erheben. Der Übersicht halber sind die Angaben auf typische, charakteristische Werte beschränkt; Abweichungen davon – zum Teil auch erhebliche – sind durch spezielle Designs für bestimmte Anforderungen möglich.

Generell kann man die beschriebenen Photodetektoren in solche mit Alkali-Metall-Photokathoden und in Halbleiter-basierte Photodetektoren unterteilen. Photokathoden limitieren die Quantenausbeute auf etwa 25–30% und sind im unteren sichtbaren Wellenlängenbereich (300–550 nm) sensitiv, während Halbleiter-Photodetektoren einen größeren Wellenlängenbereich ab etwa 400 nm bis 1000 nm überdecken und eine höhere Quantenausbeute ($\approx 70\%$) besitzen.

Photovervielfacher und Varianten sind hinsichtlich Platzbedarf und Kompaktheit den Photodioden und den APDs unterlegen, sind aber immer noch unerreicht, wenn kleine Lichtintensitäten mit hoher Sensitivität nachgewiesen werden sollen. Sie sind kommerziell in großer Vielfalt und vor allem in vielen Größen (siehe zum Beispiel Abb 10.7) erhältlich und sind einfach zu handhaben, allerdings sind sie auch sehr teuer. Mikrokanalplatten (MCP) sind hinsichtlich Zeitauflösung unerreicht.

Die viel kompakteren und preiswerteren, im Geiger-Modus betriebenen Avalanche-Photodioden in SiPMs sind im Begriff, den PMTs für viele Anwendungen Konkurrenz zu bieten. Photodioden oder linear arbeitende APDs werden oft vorgezogen, wenn genügend Lichtintensität zur Verfügung steht. In der Teilchenphysik finden sie vor allem in Kristallkalorimetern von Großexperimenten Verwendung, bei denen auch der Preis und der Platzbedarf eine wichtige Rolle spielen oder Magnetfelder den Elektronentransport in den Dynoden von PMTs stören. Beispiele sind die Kalorimeter (Abschnitt 15.5.2) der Experimente Crystal Barrel (CsI(Tl)-Kristalle, Wellenlängenschieber mit PD-Auslese) [55] und CMS ($PbWO_4$-Kristalle, APD-Auslese) [239].

Hybride Photodetektoren kommen zur Anwendung, wenn ein bestimmter Nachteil einer PMT oder (A)PD-Lösung umgangen werden soll. Ein Beispiel ist der Nachweis von Licht geringer Intensität in einem Magnetfeld, wofür die hybride Photodiode mit einer Photokathode aber mit einer magnetisch unempfindlicheren einstufigen Verstärkung durch Beschleunigung des Photelektrons auf eine pixelierte Halbleiterdiode entwickelt wurde.

Der Abstand von Signal und Rauschen ist ein Maß für die Reinheit der Messung von Photonensignalen. Das Signal hängt für alle Sensorarten allgemein von der Eintrittsfläche A des Sensors, der Quantenausbeute QE und der Verstärkung M ab sowie von der Zahl N_{γ_1} der primär erzeugten Signalphotonen:

$$S \propto N_{\gamma_1} \times A \times M \times QE\,. \tag{10.5}$$

Tab. 10.2 Charakteristika verschiedener Photodetektoren im Vergleich. Die Angaben sind 'typische' Werte ohne Anspruch auf Vollständigkeit und Berücksichtigung sämtlicher Detektorvarianten. Die Abkürzungen bedeuten: PMT = Photovervielfacher, VPT = Vakuumphototriode, MCP = Mikrokanalplatte, PD = Photodiode, APD = Avalanche-Photodiode betrieben im linearen Modus, HAPD = hybride APD (linearer Betriebsmodus), HPD = hybride Photodiode, SiPM = Siliziumphotomultiplier (APD-Arrays im Geiger-Modus). Ferner bedeuten: QE = Quantenausbeute bei λ_{max}, PDE = Photon Detection Efficiency nach (10.3) bei λ_{max}, $\Delta\lambda$ = empfindlicher Wellenlängenbereich (bei halber QE), *gain* = intrinsische Verstärkung, DR = Dunkelrate bei Raumtemperatur, falls Einzelphoton-empfindlich, S/N (1γ) = Signal-zu-Rausch-Verhältnis, bezogen auf ein Primärphoton (typisch, abh. von der Bandbreite), σ_t = Zeitauflösung, A = typische (maximale) sensitive Fläche, U_{op} = Betriebsspannung, v/k = Angabe, ob Detektor typisch eher voluminös oder klein/kompakt ist, sens. 1γ = Einzelphotonnachweis möglich (j/n), sens. B = B-Feld-Empfindlichkeit, sens. T = Temperaturempfindlichkeit (gain), Preis = hoch-/mittel/niedrig für kleine Flächen.

	PMT	VPT	MCP	PD	APD	HAPD	HPD	SiPM
QE (%)	25	25	25	75	75	25	25	75
$\Delta\lambda$ (nm)		300 – 550		400 – 1000		300 – 550		400 – 1000
gain	10^{5-9}	10	10^{4-6}	1	50	10^{4-5}	3000	10^6
DR ($\frac{\mathrm{MHz}}{\mathrm{cm}^2}$)	$< 10^{-3}$		$< 10^{-3}$			$< 10^{-2}$		50
$\frac{S}{N}$ (1γ)	10^{2-3}	$3 \cdot 10^{-4}$	10^{1-2}	$5 \cdot 10^{-4}$	$3 \cdot 10^{-4}$	≈15	≈20	>100
σ_t (ps)	200	1000	10	2000	20	200	50	100
A (cm^2)	< 2000	< 50	< 200	< 5	< 1	50	2.5	1
U_{op}	1.5 kV	1 kV	2.5 kV	< 50 V	400 V	> 10 kV	< 20 kV	50 V
vol/komp	v	v	v/k	k	k	v/k	v	k
sens. 1γ	ja	nein	ja	nein	nein	ja	ja	ja
sens. B	hoch	niedrig	mittel	niedrig	niedrig	mittel	niedrig	niedrig
sens. T	hoch	mittel	hoch	niedrig	hoch	hoch	niedrig	niedrig
Preis	hoch	hoch	hoch	niedrig	mittel	mittel	mittel	mittel

Zum Vergleich ist in Tab. 10.2 bei der S/N-Angabe $N_{\gamma_1} = 1$ angenommen. Photodetektoren mit intrinsischer Verstärkung besitzen ein besseres S/N-Verhältnis für Einzelphotonen, wenn die Rauschbeiträge nicht oder weniger verstärkt werden.

Die Rauschbeiträge enthalten Anteile des Photosensors zum Leckstrom I_0 (gegebenenfalls multipliziert mit einen Faktor F durch Exzess-Rauschen des Lawinenprozesses, siehe Seite 424) als auch Anteile N_{amp} des gegebenenfalls nachfolgenden Verstärkers (zum Beispiel bei der Photodiode, dominiert von der Diodenkapazität C_D, siehe Abschnitt 17.10.3) in quadratischer Addition ($\otimes$):

$$N_{tot} \propto \sqrt{I_0 F} \otimes N_{amp}(C_D) , \tag{10.6}$$

wobei hier mit N Rauschanteile (zum Beispiel in der Einheit mV) bezeichnet sind. Die S/N-Einträge in Tab. 10.2 spiegeln die Eignung der jeweiligen Photodetektoren für Einzelphotonen beziehungsweise für Anwendungen mit viel Licht wieder.

Für kleine Ausleuchtungsflächen sind Photodioden am preiswertesten. Mit Hilfe von Wellenlängenschiebern können auch größere Flächen als die Fläche der Diode abgedeckt werden (siehe Abb. 13.17 in Abschnitt 13.4.2).

11 Cherenkov-Detektoren

Übersicht

Der Cherenkov-Effekt basiert auf dem bemerkenswerten Phänomen, dass Teilchen mit relativistischen Geschwindigkeiten beim Durchgang durch Materie elektromagnetische Strahlung emittieren, wenn ihre Geschwindigkeit die des Lichts in diesem Medium übersteigt.

Zur Unterscheidung von geladenen Teilchen mit verschiedenen Massen (Teilchenidentifikation, siehe auch Kapitel 14) sind Cherenkov-Detektoren seit vielen Jahrzehnten in Experimenten der Hochenergiephysik im Einsatz. Darüber hinaus hat die Cherenkov-Strahlung als ein nachweisbarer Begleiteffekt kosmischer Luftschauer in Experimenten der Astroteilchenphysik und Neutrino-Astronomie große Bedeutung erlangt (siehe dazu auch Kapitel 16). In diesem Kapitel wird auf Cherenkov-Strahlung als physikalisches Phänomen und insbesondere auf ihre Anwendung zur Unterscheidung von Teilchen eingegangen.

11.1 Der Cherenkov-Effekt

Durchquert ein geladenes Teilchen mit einer Geschwindigkeit v ein Medium mit dem Brechungsindex n und ist diese Geschwindigkeit größer als die Phasengeschwindigkeit des Lichtes im Medium, $c_n = c_0/n$, so wird elektromagnetische Strahlung emittiert. Man nennt diese Strahlung 'Cherenkov-Strahlung', nach Pavel A. Cherenkov, der 1958 den Nobelpreis für die 1934 publizierte Entdeckung und Erklärung dieses Effekts [231, 232] erhielt. Die quantentheoretische Behandlung erfolgte 1937 durch Frank und Tamm [350].

H. Kolanoski, N. Wermes, *Teilchendetektoren*, DOI 10.1007/978-3-662-45350-6_11

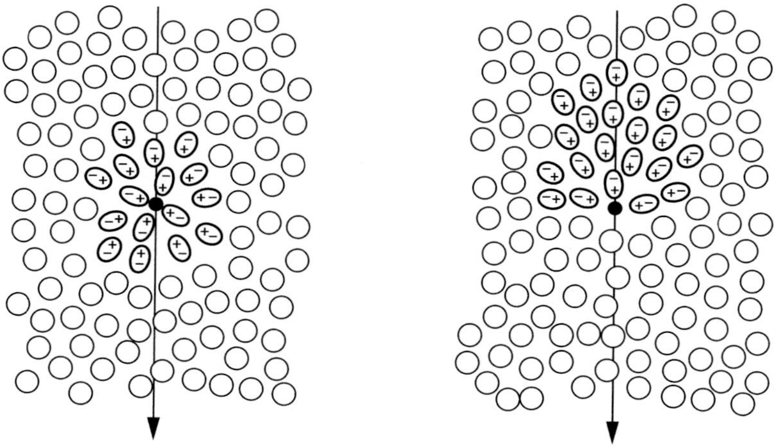

Abb. 11.1 Cherenkov-Effekt: (a) Das Teilchen hat eine Geschwindigkeit, die klein gegenüber der Lichtgeschwindigkeit im Medium ist. Das Medium wird symmetrisch polarisiert. Die lokalen Dipolfelder heben sich in der Ferne gegenseitig auf. Keine Strahlung wird beobachtet. (b) Die Teilchengeschwindigkeit liegt in derselben Größenordnung wie die Lichtgeschwindigkeit im Medium. Das Medium ist asymmetrisch entlang der Flugbahn polarisiert. Ein resultierendes (momentanes) Polarisationsfeld ist auch in der Entfernung wirksam. Bei kohärenter Überlagerung der resultierenden Elementarwellen von vielen Emissionspunkten entsteht Cherenkov-Strahlung ([474], mit freundl. Genehmigung von Elsevier).

Anschaulich kann der Cherenkov-Effekt durch die asymmetrische Polarisation eines dielektrischen Mediums vor und hinter dem durchfliegenden Teilchen erklärt werden, wie in Abb. 11.1 dargestellt [474]. Die nahezu sphärischen Atome des Mediums werden durch die Wechselwirkung mit dem elektromagnetischen Feld des vorbei fliegenden Teilchens kurzzeitig polarisiert und elliptisch gestreckt. Sie relaxieren dann sofort wieder in ihre ursprüngliche Form, während das Teilchen weiter fliegt und weitere Atome polarisiert. Jeder infinitesimale Bereich des Mediums erhält dadurch einen kurzen elektromagnetischen Impuls.

Bei Teilchengeschwindigkeiten v, die klein gegenüber der Ausbreitungsgeschwindigkeit c_n elektromagnetischer Felder in dem Medium sind, ist das Polarisationsfeld symmetrisch, sowohl azimutal als auch entlang der Flugachse (Abb. 11.1(a)). Die Wirkungen der Dipole an einem entfernten Punkt heben sich gegenseitig auf, und integriert über viele Bereiche der Spur ist in größerer Entfernung kein resultierendes Feld und keine Strahlung bemerkbar.

Sobald v vergleichbar mit c_n wird, ändert sich das Bild (Abb. 11.1(b)). Fortbewegung und Polarisationswirkung des Teilchens liegen nun zeitlich in derselben Größenordnung. Die Dipole in Flugrichtung können sich nicht mehr schnell genug entwickeln, so dass das momentane Polarisationsfeld an einem Punkt P nicht mehr axialsymmetrisch ist. Auch in der Entfernung ist ein resultierendes Feld wirksam. Kurze elektromagnetische Impulse entstehen durch die Erzeugung und Relaxation der Atome nacheinander in jedem

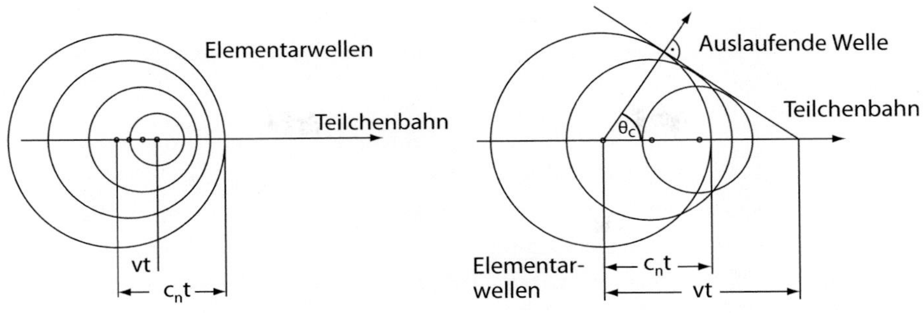

(a) $v < c_n$ (b) $v > c_n$

Abb. 11.2 Fliegt ein geladenes Teilchen mit einer Geschwindigkeit größer als die Lichtgeschwindigkeit in einem Medium, so entsteht durch konstruktive Interferenz eine elektromagnetische Welle, die sich unter dem Winkel θ_c fortpflanzt: (a) $v < c_n$, keine Strahlung, (b) $v > c_n$, Cherenkov-Strahlung unter einem festen Winkel θ_c.

Zeitintervall entlang der Flugstrecke. Die Strahlung enthält ein Spektrum an Frequenzen, die den Fourier-Komponenten der erzeugten Pulse entsprechen.

Die Cherenkov-Beziehung Die an den einzelnen Punkten der Teilchenspur erzeugten Elementarwellen überlagern sich gemäß dem Huygens'schen Prinzip. Im allgemeinen Fall interferieren sie destruktiv, so dass auch bei asymmetrischer Polarisation an einem Punkt in einer Entfernung keine Nettointensität gemessen wird. Wenn jedoch die Teilchengeschwindigkeit größer wird als die Phasengeschwindigkeit des Lichtes c_n in dem Medium, können sich die Elementarwellen von verschiedenen Punkten der Flugbahn an bestimmten Orten konstruktiv überlagern (Wellenfront), und Cherenkov-Strahlung entsteht. Das Phänomen ist analog zu der Erzeugung eines Mach'schen Schallkegels wie er im Fall von Schallwellen zum Beispiel bei Überschallflugzeugen beobachtet werden kann (bei einer Schwellengeschwindigkeit von etwa $v = 1240$ km/h).

In Abb. 11.2(b) ist eine Momentaufnahme von Elementarwellen entlang der Teilchenbahn gezeigt. Diese breiten sich mit der Mediumlichtgeschwindigkeit $c_n = c_0/n$ aus und interferieren konstruktiv zu einer Wellenfront unter einem festen Winkel θ_c, dem Cherenkov-Winkel, der anhand der Abbildung einfach berechnet werden kann:

$$\cos\theta_c = \frac{\frac{c_0}{n}\,t}{v\,t} = \frac{1}{\beta n}\,. \tag{11.1}$$

Hierbei wurde der Rückstoß durch die Photonemission vernachlässigt. Exakte, quantenmechanische Berechnungen [582] zeigen aber, dass die verwendete Näherung in den meisten Fällen zulässig ist. Der Brechungsindex ist frequenzabhängig $n = n(\omega)$ (Dispersion). Die einfache Beziehung (11.1) für elektromagnetische Abstrahlung mit der Frequenz ω ist gültig, falls

1. die Teilchengeschwindigkeit größer ist als die Phasengeschwindigkeit elektromagnetischer Wellen dieser Frequenz in dem Medium, also $v > c_0/n(\omega)$;

2. das Radiatormedium optisch transparent ist und seine Länge L viel größer ist als die Wellenlänge der Strahlung $\lambda \ll L$, so dass kohärente Überlagerung der Einzelwellen stattfinden kann.

Der Emissionswinkel θ_c ist wegen $n = n(\omega)$ außer von β auch von der Frequenz der emittierten Strahlung abhängig. In hinreichender Entfernung von der Teilchenspur sind die Wellen transversal. Die Ausbreitungsrichtung ist durch den Poynting-Vektor[1] $\vec{S} = c^2\epsilon_0(\vec{E} \times \vec{B})$ gegeben. Cherenkov-Strahlung ist somit vollständig linear polarisiert in der Ebene, die die Strahlungsrichtung und die Teilchenflugrichtung enthält. Eine theoretische Abhandlung der Cherenkov-Strahlung im Rahmen der klassischen Elektrodynamik findet sich zum Beispiel in [467].

Die Cherenkov-Schwelle Aus der Cherenkov-Beziehung (11.1) können wir weitere für den Entwurf und den Bau von Detektoren relevante Relationen ableiten. Zum einen lässt sich der maximale Winkel der Cherenkov-Strahlung angeben, da die Geschwindigkeit des geladenen Teilchens maximal Vakuumlichtgeschwindigkeit erreichen kann ($\beta = 1$):

$$\cos\theta_{max} = \frac{1}{n}\,. \tag{11.2}$$

Der maximale Cherenkov-Winkel ist nur vom durchlaufenen Medium abhängig.

Zum anderen folgt aus (11.1) und $\cos\theta_c \leq 1$, dass für Cherenkov-Strahlung $\beta \geq 1/n$ gelten muss und (unter der Annahme eines konstanten Brechungsindex n) die Schwellengeschwindigkeit (*threshold velocity*)

$$\beta_{th} = \frac{1}{n} \tag{11.3}$$

ist. Der β_{th} entsprechende Emissionswinkel ist $\theta_{th} = 0°$. Erst ab der Cherenkov-Schwelle β_{th} wird Strahlung emittiert, deren Intensität mit wachsendem β zunimmt. Von einem bestimmten Punkt auf einer Teilchentrajektorie ausgehend liegt die Richtung der Strahlung einer festen Frequenz auf einem Kegel mit dem Öffnungswinkel θ_c (Abb. 11.3), der mit zunehmender Teilchengeschwindigkeit größer wird, bis zu dem maximalen Öffnungswinkel θ_{max} in Gl. (11.2). Innerhalb oder außerhalb des Kegels existiert keine Strahlung. Die in Abb. 11.2(b) gezeigte Wellenfront bildet ebenfalls einen Kegel (mit dem Öffnungswinkel $90° - \theta_c$), dessen Mantel der Ort gleicher Zeit der von einer geraden Spur abgestrahlten Photonen ist.

Die zu θ_{max} gehörende Schwellenenergie des Teilchen kann durch den Lorentz-Faktor γ an der Schwelle ausgedrückt werden:

$$\frac{E_{th}}{mc^2} = \gamma_{th} = \frac{1}{\sqrt{1-\beta_{th}^2}} = \frac{n}{\sqrt{n^2-1}}\,, \tag{11.4}$$

wobei (11.3) benutzt wurde. Mit (11.2) folgt:

$$\sin\theta_{max} = \sqrt{1-\cos^2\theta_{max}} = \sqrt{1-\frac{1}{n^2}} = \frac{1}{\gamma_{th}}\,. \tag{11.5}$$

[1] gerichtete Energieflussdichte der Strahlung

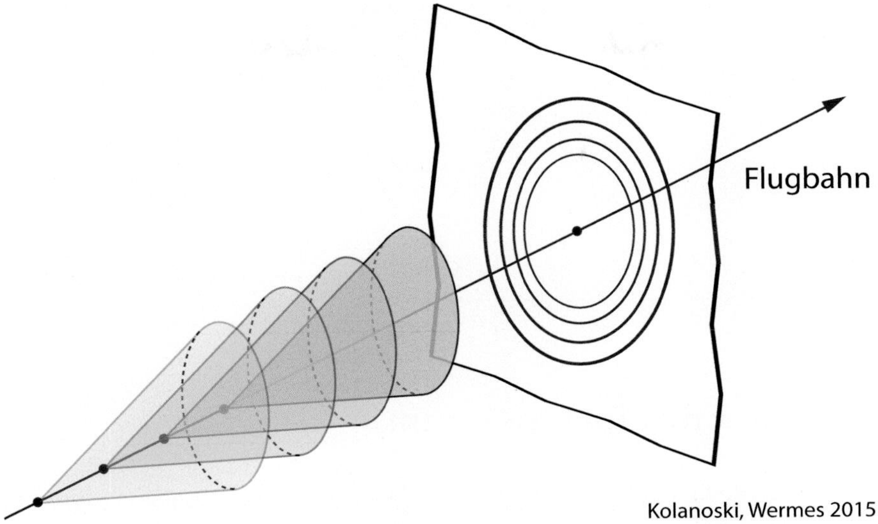

Abb. 11.3 Von einem festen Punkt auf einer Teilchenbahn aus liegen die Abstrahlungsrichtungen der Cherenkov-Strahlung einer Frequenz ω auf Kegelmänteln mit festem Öffnungswinkel θ_c, deren Projektionen auf eine Ebene senkrecht zur Bahn Kreise (Cherenkov-Ringe) sind.

Eine Relation zwischen dem aktuellen Winkel der Abstrahlung θ_c und dem maximalen möglichen Winkel θ_{max} 'asymptotisch' schneller Teilchen ($\beta \to 1$, $\gamma \to \infty$) ergibt sich mit (11.4) und (11.5):

$$\begin{aligned} \sin^2\theta_c &= 1 - \cos^2\theta_c = 1 - \frac{1}{\beta^2 n^2} = 1 - \frac{\beta_{th}^2}{\beta^2} = \frac{1}{\gamma_{th}^2}\frac{\gamma^2 - \gamma_{th}^2}{\gamma^2 - 1} \\ &= \sin^2\theta_{max}\,\frac{\gamma^2 - \gamma_{th}^2}{\gamma^2 - 1}\,. \end{aligned} \tag{11.6}$$

Für relativistische Teilchen ($\gamma^2 \gg 1$) und kleine Cherenkov-Winkel (typisch für Anwendungen mit Gas-Radiatoren) erhalten wir für den Abstrahlungswinkel eines Teilchens gegebener Energie $\gamma = E/m$ relativ zu der nur vom Brechungsindex n des Radiators abhängenden Größe θ_{max}:

$$\frac{\theta_c}{\theta_{max}} = \frac{R_c}{R_{max}} \approx \sqrt{1 - \frac{\gamma_{th}^2}{\gamma^2}}\,, \tag{11.7}$$

wobei R_c und R_{max} den aktuellen beziehungsweise den maximalen Radius eines projizierten Cherenkov-Ringes (siehe Abb. 11.3) bezeichnen. Der dynamische Bereich einer Messung von γ durch Messung von Cherenkov-Ringen ist wegen (11.7) bei gegebener Ringauflösung rasch limitiert, wie Abb. 11.4 zeigt. Bei $\gamma = 2\gamma_{th}$ hat die Ringgröße bereits 87 % der asymptotischen Ringgröße θ_{max} erreicht. Zur experimentellen Auflösung von Cherenkov-Ringen siehe Abschnitt 11.3.

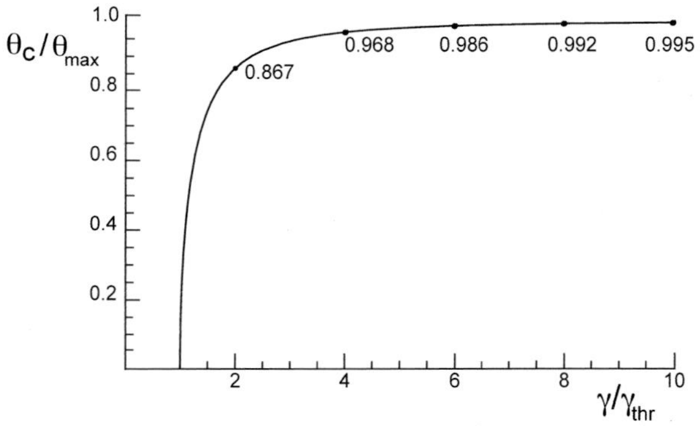

Abb. 11.4 Abhängigkeit des relativen Abstrahlungswinkels θ_c/θ_{max} von γ/γ_{th}. Die Werte der Ordinate für $\gamma = 2,4,6,8,10$ sind an der Kurve angegeben, um die Limitierung des dynamischen Bereichs bei einer Messung von θ_c zu verdeutlichen.

11.2 Das Emissionsspektrum

Die pro Wegstrecke und Frequenzintervall als Cherenkov-Strahlung abgestrahlte Energie ist zum Beispiel in Jackson, Classical Electrodynamics [467] berechnet. Die Originalberechnung stammt von Frank und Tamm [350]:

$$\frac{d^2E}{d\omega dx} = \frac{z^2e^2}{4\pi\epsilon_0 c^2}\,\omega\,\underbrace{\left(1 - \frac{1}{\beta^2 n^2(\omega)}\right)}_{\sin^2\theta_c(\omega)}. \tag{11.8}$$

Strahlung erfolgt, falls $\beta^2 n^2(\omega) > 1$ ist, andernfalls ist die Klammer negativ. Der Brechungsindex $n(\omega)$ wird üblicherweise durch

$$n^2(\omega) = 1 + a \sum_i \frac{f_i}{\omega_{0i}^2 - \omega^2} \tag{11.9}$$

dargestellt, mit $a = n_a e^2/(\epsilon_0 m_e)$, n_a = Atomdichte, m_e = Elektronenmasse und atomaren Resonanzen bei ω_{0i} mit der Stärke f_i, bei denen $n^2(\omega) = 1$ gilt [474, 358]. Reale Medien zeigen immer Dispersion, so dass Abstrahlung nur in Frequenzbändern $\Delta\omega$ erfolgt, für die $n(\omega)^2 > 1/\beta^2$ erfüllt ist, wie Abb. 11.5 zeigt. Diese Bänder liegen immer in Frequenzbereichen unterhalb von Bereichen anomaler Dispersion. Für β gegen 1 werden die Abstrahlungsbänder breiter.

Der generelle Verlauf der Dispersionskurve über einen großen Frequenzbereich für typische im optischen Bereich transparente Medien ist in Abb. 11.6 dargestellt. Im sichtbaren Bereich des Spektrums ist die Abstrahlung zu ultravioletten Wellenlängen hin durch Absorptionsbänder begrenzt, und die abgestrahlte Intensität ist proportional zu ω. Daher erscheint Cherenkov-Strahlung zum Beispiel von Elektronen aus Neutronzerfällen im Kühlwasser von Kernreaktoren bläulich. Im Spektrumsbereichen mit $n(\omega) < 1$ wie im fernen UV ist Strahlung verboten, während im fernen Infrarot und im Radiobereich Abstrahlungsbänder möglich sind. Allerdings ist darüber hinaus Cherenkov-Strahlung auch bei diskreten Energien möglich [474].

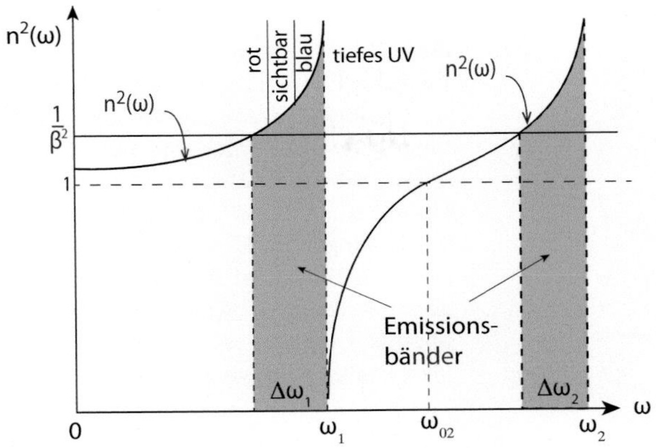

Abb. 11.5 Verlauf von $n^2(\omega)$ als Funktion der Frequenz (schematisch) in einem idealen Medium ohne Dämpfungsterme. Cherenkov-Strahlung erfolgt in Frequenzbändern $\Delta\omega$, bei denen $n^2 > 1/\beta^2$ gilt (nach [467]).

Durch Division von (11.8) durch die Energie $E = \hbar\omega$ der abgestrahlten Photonen und mit $\alpha = e^2/(4\pi\epsilon_0\hbar c)$ erhalten wir das Photonenanzahlspektrum:

$$\frac{d^2N}{d\omega dx} = \frac{\alpha}{c} z^2 \left(1 - \frac{1}{\beta^2 n^2(\omega)}\right) . \tag{11.10}$$

Die Wellenlängenabhängigkeit ergibt sich aus (11.10) mit $\omega = 2\pi c/\lambda$ zu[2]:

$$\frac{d^2N}{d\lambda dx} = \frac{2\pi z^2 \alpha}{\lambda^2} \left(1 - \frac{1}{\beta^2 n^2(\lambda)}\right) = \frac{2\pi z^2 \alpha}{\lambda^2} \sin^2 \theta_c(\lambda) . \tag{11.11}$$

Das Photonenanzahlspektrum ist also flach in der Frequenz beziehungsweise der Photonenergie $\hbar\omega$. Als Funktion von λ besitzt es einen $1/\lambda^2$-Verlauf. Durch Integration über x erhalten wir das Wellenlängenspektrum (das heißt die Anzahl der im Cherenkov-Radiator emittierten Photonen pro Wellenlänge):

$$\frac{dN}{d\lambda} = \frac{2\pi z^2 \alpha}{\lambda^2} L \sin^2 \theta_c , \tag{11.12}$$

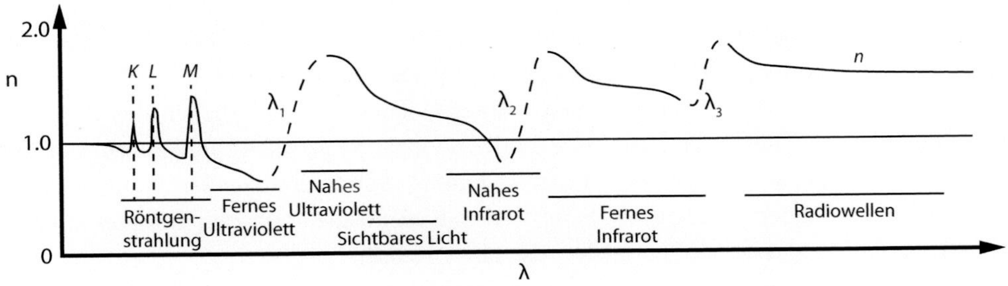

Abb. 11.6 Typische Dispersionskurve für ein transparentes Medium über einen großen Bereich des elektromagnetischen Spektrums. Die Bereiche anomaler Dispersion sind gestrichelt gezeichnet (nach [474], mit freundl. Genehmigung von Elsevier).

[2] Das beim Übergang von (11.10) nach (11.11) durch die gegenläufige Abhängigkeit des Spektrums von λ im Vergleich zu ω auftretende Minuszeichen wird nicht berücksichtigt.

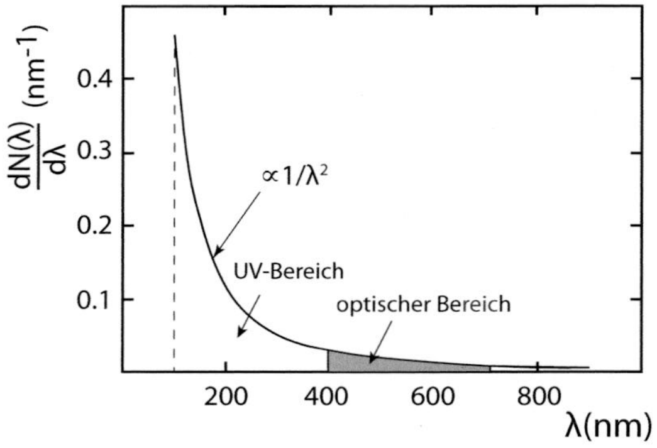

Abb. 11.7 Schematische Darstellung des Cherenkov-Photonspektrums in Abhängigkeit von der Wellenlänge. Der grau unterlegte Bereich entspricht der Emission optischer Photonen ($\lambda = 400\,\text{nm}$–700 nm). Bei Wellenlängen im Bereich von etwa $\lambda = 100$–200 nm ist das Spektrum abgeschnitten. Hier beginnt der Bereich anomaler Dispersion, und n^2 wird kleiner als $1/\beta^2$ (siehe Text).

das für asymptotische Teilchenenergien ($\gamma \to \infty$, $\theta_c \to \theta_{max}$) mit (11.5) in

$$\frac{dN_\infty}{d\lambda} = \frac{2\pi z^2 \alpha}{\lambda^2} L \frac{1}{\gamma_{th}^2} \tag{11.13}$$

übergeht. L ist hierbei die Länge das Radiators.

Abbildung 11.7 zeigt das Spektrum als Funktion der Wellenlänge. Bei Wellenlängen um $\lambda \approx 100$–200 nm liegt der Bereich anomaler Dispersion, das heißt in (11.8) wird n^2 kleiner als $1/\beta^2$. Es tritt keine Emission auf. Das Maximum der Intensität liegt im Bereich kleiner Wellenlängen (blau bis ultraviolett).

11.3 Nachweis von Cherenkov-Strahlung

Cherenkov-Strahlung wird für den Bau von Teilchendetektoren auf verschiedene Weise benutzt. Dabei wird vor allem ausgenutzt, dass die Strahlung prompt und charakteristisch gerichtet emittiert wird, im Gegensatz zum Beispiel zu Szintillationslicht, das verzögert und in alle Richtungen ausgestrahlt wird (siehe Kapitel 13).

In Experimenten der Teilchenphysik kommt es meistens darauf an, durch Nachweis der Cherenkov-Strahlung verschiedene Teilchen voneinander zu unterscheiden, zum Beispiel um Pionen von Elektronen zu trennen (siehe Abschnitt 14.2.3). Verschiedene Cherenkov-Detektortypen werden danach unterschieden, ob sie lediglich den Nachweis der Cherenkov-Strahlung zum Ziel haben oder ob auch die explizite Rekonstruktion von Cherenkov-Ringen angestrebt wird. Darüber hinaus wird Cherenkov-Strahlung zur kalorimetrischen Energiemessung statt Szintillationslicht ausgenutzt, zum Beispiel in Kalorimetern aus Bleiglas-Kristallen (siehe Abschnitt 15.5.2).

Da hochenergetische Teilchen Cherenkov-Strahlung auch in natürlich vorkommenden transparenten Medien wie Wasser, Eis und Luft hervorrufen, wird sie in Experimenten der Neutrino-Astronomie, TeV-Gamma-Astronomie und der kosmischen Strahlung zum Nachweis und zur Charakterisierung von kosmischen Luftschauern in der Atmosphäre ausgenutzt (siehe Kapitel 16). Cherenkov-Teleskope, die das prompte Cherenkov-

Licht aus der Wechselwirkung von kosmischer Gammastrahlung in der Atmosphäre, das heißt den dabei erzeugten Elektronen und Positronen, aufnehmen (Abschnitt 16.5), sowie Hochenergie-Neutrino-Detektoren (Abschnitt 16.6.5) nutzen die prompte Emission der Cherenkov-Strahlung in kosmischen Schauern für zeitkritische Messungen. Ankunftzeit und Verteilung der Cherenkov-Strahlung auf der Erdoberfläche sagen etwas über den Entstehungsort der Strahlung aus und fließen in die Rekonstruktion des kosmischen Schauers ein.

Photonenausbeute Integriert man (11.12) über optische Wellenlängen von 400 nm bis 700 nm, so erhält man die Anzahl der in diesem Bereich emittierten Photonen:

$$N_{opt} = \int_{optisch} d\lambda \, \frac{dN}{d\lambda} = N_1 \, z^2 \, L \, \sin^2 \theta_c \,, \tag{11.14}$$

wobei

$$N_1 = \int_{optisch} \frac{2\pi\alpha}{\lambda^2} \, d\lambda = \text{ 491 Photonen/cm} \tag{11.15}$$

ist. An dem numerischen Wert für N_1 sieht man, dass die Zahl der nachweisbaren Cherenkov-Photonen in der Regel nicht sehr groß ist, besonders wenn Gas als Radiator benutzt wird (kleiner Brechungsindex n, kleines θ_c). Eine Rekonstruktion der ringförmigen Abstrahlung der Photonen (Cherenkov-Ringe) ist daher eine detektortechnische Herausforderung (siehe Abschnitt 11.6). Die Auswahl der Detektorkomponenten (Spiegel, Fenster, Photondetektor) muss auf maximale Photonenausbeute optimiert werden. Bei Verwendung von Photovervielfachern sind zum Beispiel UV-durchlässige Eintrittsfenster und UV-sensitive Kathoden wichtig. Um die gemessene Anzahl der Photonen zu ermitteln, die zum (oft ortsempfindlichen) Nachweis in der Regel zunächst in Photoelektronen konvertiert werden, müssen Photonenverluste auf dem Weg in den Detektor und die Photonen-Nachweiswahrscheinlichkeit inklusive Konversion der Photonen in Photoelektronen berücksichtigt werden. Gleichung (11.14) ist daher für die Anzahl der Photoelektronen N_{pe} zu ersetzen durch:

$$\begin{aligned} N_{pe} &= 2\pi\alpha \, z^2 \, L \, \sin^2 \theta_c \int_{\lambda_1}^{\lambda_2} \frac{d\lambda}{\lambda^2} \, T(\lambda) \, Q(\lambda) \, R(\lambda) \\ &=: N_0 \, z^2 \, L \, \sin^2 \theta_c \end{aligned} \tag{11.16}$$

mit

$$N_0 = 2\pi\alpha \int_{\lambda_1}^{\lambda_2} \frac{1}{\lambda^2} \, T(\lambda) Q(\lambda) R(\lambda) \, d\lambda \,. \tag{11.17}$$

Dabei ist $T(\lambda)$ die Transmissionseffizienz des Detektoreintrittsfensters, $Q(\lambda)$ die Quanteneffizienz des Detektors und $R(\lambda)$ die Reflektivität der verwendeten Spiegel zur Fokussierung der Photonen (siehe Abschnitt 11.3). N_0 wird als Maß für die Qualität des Cherenkov-Nachweises angesehen (Gütefaktor, *figure of merit*) und ist bei gleichem Wellenlängenbereich um den Effizienzverlust durch T, Q und R kleiner als N_1 in (11.15).

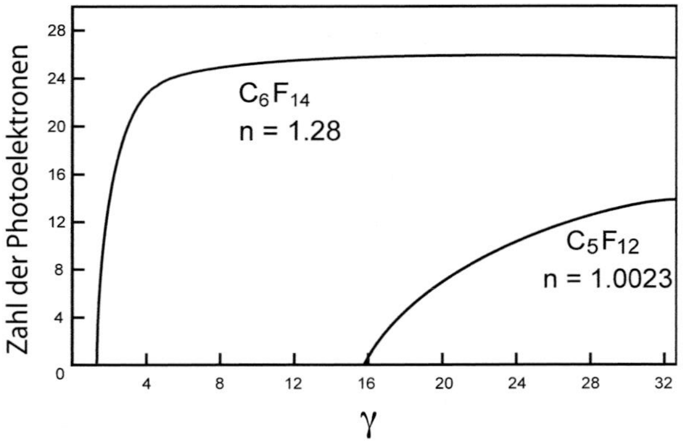

Abb. 11.8 Photoelektronenausbeute für zwei Fluorkohlenstoffe ($L = 20$ cm) mit verschiedenen Brechungsindizes und einer Gesamtausbeute $Q \times T \times R$ von 35% als Funktion des Lorentz-Faktors $\gamma = 1/\sqrt{1-\beta^2}$.

Mit der Näherung $\sin\theta_c \approx \theta_c$ und (11.7) erhält man für das Verhältnis der nachgewiesenen Photonen zu denjenigen bei asymptotischen Geschwindigkeiten (N_∞):

$$\frac{N_\gamma}{N_\infty} \approx \frac{\theta_c^2}{\theta_{max}^2} \approx 1 - \frac{\gamma_{th}^2}{\gamma^2} . \tag{11.18}$$

Abbildung 11.8 illustriert die Abhängigkeit der Photonenzahl vom Brechungsindex für zwei Fluorkohlenstoffe, Perfluorhexan (C_6F_{14}), das bei Raumtemperatur flüssig ist (Siedepunkt bei 57 °C), und Perfluorpentan (C_5F_{12}), das einen niedrigeren Siedepunkt bei 28 °C hat und als Dampf einen deutlich niedrigeren Brechungsindex besitzt (siehe Tabelle 11.1).

Der durch Cherenkov-Strahlung bewirkte Energieverlust des strahlenden Teilchens ist in dem durch die Bethe-Bloch-Formel, Gl. (3.25), angegebenen Energieverlust enthalten [70]. Er spielt jedoch als Beitrag zum Gesamtenergieverlust eine geringe Rolle im Vergleich zur Ionisation. In Gasen mit $Z > 7$ bleibt der Energieverlust durch Cherenkov-Strahlung stets unter 1% des Verlustes durch Ionisation. Für leichte Gase wie Wasserstoff und Helium erreicht der Anteil bis zu 5% (siehe [405] und darin angegebene Referenzen). Im Vergleich zu anderen Detektionsmechanismen, die ebenfalls Licht erzeugen, wie zum Beispiel die Szintillation, ist die Intensität des Cherenkov-Lichts gemessen an der Zahl der erzeugten Photonen typisch um mehrere Größenordnungen kleiner als die des Szintillationslichts.

In den nachfolgenden Abschnitten werden wir einige Detektortypen, basierend auf Cherenkov-Strahlung, vorstellen. Wir unterscheiden dabei vor allem solche, die lediglich auf die Gesamtintensität der Cherenkov-Strahlung empfindlich sind und strahlende von nicht-strahlenden Teilchen unterscheiden können (Schwellen-Cherenkov-Detektor) und solche, die explizit die Abstrahlung auf dem Cherenkov-Kegel als Ring auf einer Detektorfläche nachweisen wie in Abb. 11.23 (RICH-Detektoren).

Tab. 11.1 Tabelle einiger typischer Cherenkov-Radiatormaterialien mit Brechungsindex n bei 589.29 nm (Mittelwert der D-Linien des Natriums), wenn nicht anders angegeben [657], Cherenkov-Schwelle γ_{th}, sowie den Schwellenimpulsen für Kaonen, Pionen und Elektronen. Die in den RICH-Detektoren von DELPHI [37] und LHCb [41] verwendeten Fluorkohlenstoff-Radiatoren sind bei $\lambda = 180$ nm angegeben [540]. Freon 114 ist der Handelsname für $C_2Cl_2F_4$. STP = *Standard Temperature and Pressure*, hier definiert wie in [634].

Medium	Brechungs-index	γ_{th}	p^p_{th} (GeV/c)	p^K_{th} (GeV/c)	p^π_{th} (GeV/c)	p^e_{th} (GeV/c)
Festkörper / Flüssigkeiten						
Eis	1.310	1.55	1.1	0.58	0.16	$6.0 \cdot 10^{-4}$
NaF	1.325	1.52	1.1	0.57	0.16	$5.9 \cdot 10^{-4}$
Quarzglas	1.458	1.37	0.9	0.47	0.13	$4.8 \cdot 10^{-4}$
Borosilikatglas	1.474	1.36	0.8	0.46	0.13	$4.7 \cdot 10^{-4}$
Plexiglas	1.492	1.35	0.8	0.45	0.13	$4.6 \cdot 10^{-4}$
Plast.-Szint.	1.580	1.29	0.8	0.40	0.11	$4.2 \cdot 10^{-4}$
Bleiglas	1.670	1.25	0.7	0.37	0.10	$3.8 \cdot 10^{-4}$
NaI	1.775	1.21	0.6	0.34	0.10	$3.5 \cdot 10^{-4}$
CsI	1.787	1.21	0.6	0.33	0.09	$3.5 \cdot 10^{-4}$
C_6F_{14} (180 nm)	1.283	1.60	1.2	0.61	0.17	$6.4 \cdot 10^{-4}$
Wasser	1.333	1.51	1.1	0.56	0.16	$5.8 \cdot 10^{-4}$
Alkohol	1.361	1.47	1.0	0.53	0.15	$5.5 \cdot 10^{-4}$
Paraffinöl	1.444	0.69	1.39	0.9	0.47	$4.9 \cdot 10^{-4}$
Aerogel	1.24 –1.007	1.69 –8.50	1.3 –7.9	0.7 –4.2	0.19 –1.18	0.7–4.3 $\times 10^{-3}$
Gase (1 bar, 0°C, C_5F_{12} bei 40°C)						
He	1.000035	119.7	112.3	59.1	16.7	0.061
Ne	1.000066	87.0	81.6	43.0	12.1	0.044
H_2	1.000132	61.6	57.7	30.4	8.6	0.031
Ar	1.000282	42.1	39.5	20.8	5.9	0.022
Luft	1.000292	41.4	38.8	20.4	5.8	0.021
Luft (STP)	1.000289	42.5	39.8	21.0	5.9	0.022
CH_4	1.000444	33.6	31.5	16.6	4.7	0.017
CO_2	1.000449	33.4	31.3	16.5	4.7	0.017
CF_4 (180 nm)	1.00053	30.7	28.8	15.2	4.3	0.016
Freon 114	1.00140	18.9	17.7	9.3	2.6	0.010
C_4F_{10} (180 nm)	1.00150	18.3	17.1	9.0	2.5	0.009
C_5F_{12} (180 nm)	1.00172	16.2	15.1	8.0	2.3	0.008

11.4 Cherenkov-Schwellendetektoren

Der Cherenkov-Schwellendetektor benutzt zur Teilchentrennung die Abhängigkeit der Schwellengeschwindigkeit $\beta_{th} = 1/n$ von Teilchen einer gegebenen Energie von ihrer Masse bei gegebenem Brechungsindex n des Radiatormaterials. Hierbei ist die explizite Messung der Cherenkov-Ringe nicht von Bedeutung, sondern lediglich der integrierte Nachweis (oder Nicht-Nachweis) von Cherenkov-Photonen. Lange Zeit war dies die einzige Möglichkeit, Cherenkov-Strahlung für die Identifikation von Teilchen auszunutzen, da der ortsempfindliche Nachweis von einzelnen Photonen zu schwierig war. Es ist außerdem eine Nachweismethode mit geringem technischen Aufwand. Abbildung 11.9 veranschaulicht das Prinzip, wobei das erzeugte Licht durch diffuse Reflexion zu einem photoempfindlichen Detektor (hier ein Photovervielfacher, PMT) gelangt.

Für Teilchen unterschiedlicher Massen ist der Schwellenimpuls

$$p_{th} = mc^2 \left(\beta\gamma\right)_{th} = \frac{mc^2}{\sqrt{n^2 - 1}} , \tag{11.19}$$

unterhalb dessen keine Cherenkov-Strahlung emittiert wird. Durch geeignete Wahl des Radiatormediums mit Brechungsindex n lassen sich Zähler aufbauen, die bei gegebenem Impuls nur auf Teilchen ansprechen, die leicht genug sind, dass ihre Geschwindigkeit die Cherenkov-Schwelle überschreitet. Häufig verwendete Radiatormaterialien mit ihren Brechungsindizes und Cherenkov-Schwellen γ_{th} sind in Tabelle 11.1 zusammengestellt. Aerogel ist ein leichtes, nano-poröses Silica-Gel aus SiO_2 und Wasser, mit einem dichteabhängigen Brechungsindex, das die Lücke im Brechungsindex zwischen Festkörpern bzw. Flüssigkeiten und Gasen im Bereich um $n = 1.03$ überbrückt [499]. Die Dichte von Aerogel kann von etwa 0.001 g/cm^3 bis 0.5 g/cm^3 variiert werden und ermöglicht somit die Einstellung des Brechungsindex zwischen $n = 1.007$ und $n = 1.24$.

Man erkennt aus Tabelle 11.1, dass feste oder flüssige Radiatoren hauptsächlich zur Trennung von p,K,π mit Impulsen im Bereich von etwa 1 GeV bis typisch etwa 10 GeV/c gewählt werden, während Gasradiatoren meistens für Teilchentrennung bei großen Lorentz-Faktoren γ zur Anwendung kommen, zum Beispiel wenn Elektronen von Hadronen getrennt werden sollen.

Statt diffuser Lichtsammlung wird häufig ein Spiegel verwendet, der das Cherenkov-Licht auf den Photondetektor fokussiert. Abbildung 11.10 zeigt ein Beispiel von drei hintereinander aufgebauten Schwellen-Cherenkov-Zählern zur Teilchentrennung, eine Anordnung, die im TASSO-Experiment[3] verwendet wurde [214]. Im ersten der Zähler erfolgt der Nachweis diffus, in den beiden dahinter durch Reflexion an Spiegeln. Ein zu identifizierendes Teilchen durchdringt alle drei Schwellenzähler mit verschiedenen Brechungsindizes (Aerogel, Freon, CO_2). Die Kombination der Zählerantworten lässt Rückschlüsse auf die Teilchenart zu. Pionen konnten mit dem System im gesamten auftretenden Impulsbereich identifiziert werden und Kaonen außerhalb eines Impulsbereichs von 5.5 bis 9.5 GeV/c, in dem Verwechslungen mit Protonen möglich sind [214].

[3] Der TASSO-Detektor [201] wurde in den 80er Jahren am e^+e^--Speicherring PETRA bei DESY eingesetzt. Er wird hier erwähnt wegen der Kombination dreier Schwellen-Cherenkov-Zähler zur Teilchenidentifikation.

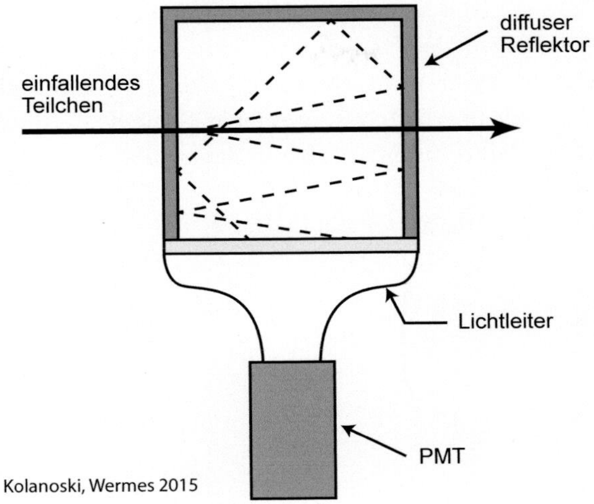

Abb. 11.9 Prinzip eines Cherenkov-Schwellenzählers mit Lichtnachweis durch diffuse Reflexion.

Die nachfolgenden Zahlenbeispiele erläutern einige grundlegende Überlegungen beim Entwurf von Schwellen-Cherenkov-Detektoren. Eine typische nachgewiesene Photonenanzahl in einem nicht-fokussierenden Schwellendetektor für ein einfach geladenes Teilchen ($z = 1$) ist nach (11.16) und (11.15) etwa

$$N_{ph} \approx 491/\text{cm}\,\text{QT L}\sin^2\theta_c \approx 150/\text{cm L}\,\theta_c^2 \,, \tag{11.20}$$

wobei die Effizienzen Q und T hier als Mittelwerte über das Wellenlängenspektrum zu verstehen sind, L die Radiatorlänge bezeichnet und θ_c in Radian anzugeben ist. Für Q und T wurden hierbei typische Werte von 40% beziehungsweise 80% angenommen. Mögliche Verluste, falls das Licht über Reflexionen in den Photondetektor gelangt, sind in Q enthalten ($R \approx 1$).

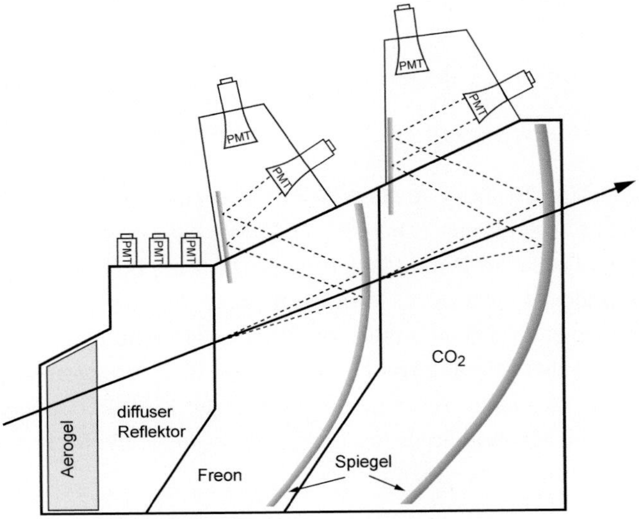

Abb. 11.10 Cherenkov-Detektoren im TASSO-Experiment (schematisch) (aus [214, 201], mit freundl. Genehmigung von Elsevier). Gezeigt sind drei aufeinander folgende Schwellen-Cherenkov-Detektoren mit verschiedenen Cherenkov-Schwellen, die von geladenen Teilchen durchlaufen werden.

Wollen wir mit dem Schwelleneffekt zwei Teilchen mit gleichem Impuls p und mit Massen $m_1 < m_2$ unterscheiden, so wählen wir das Radiatormedium so, dass Teilchen m_2 gerade unterhalb der Schwelle ist und daher nicht abstrahlt, also $\gamma_2 = \gamma_{th}$, und $\sin^2\theta_2 = 0$, $\beta_2 = 1/n$ ist. Teilchen m_1 strahlt oberhalb der Cherenkov-Schwelle β_{th} und liefert gemäß (11.14) eine Zahl von $N_\gamma(1)$ Photonen im sichtbaren Spektralbereich:

$$\begin{aligned} N_\gamma(1) &= N_0\, L \sin^2\theta_c = N_0\, L \left(1 - \frac{1}{\beta_1^2 n^2}\right) = N_0\, L \left(1 - \frac{E_1^2}{p^2c^2n^2}\right) \\ &= N_0 L \left(\frac{n^2 - \frac{E_1^2}{p^2c^2}}{n^2} + \frac{m_1^2c^4}{p^2c^2n^2} - \frac{m_1^2c^4}{p^2c^2n^2}\right) = N_0 L \left(\frac{n^2-1}{n^2} - \frac{m_1^2c^4}{p^2c^2n^2}\right) \\ &= N_0 L \left(\frac{m_2^2c^2}{p^2n^2} - \frac{m_1^2c^2}{p^2n^2}\right) = N_0 L\, \frac{\Delta m^2 c^2}{p^2n^2}\,, \end{aligned} \tag{11.21}$$

wobei $\beta_1^2 = p_1^2c^2/E_1^2$ ist und im vorletzten Schritt die Schwelle von Teilchen 2, gemäß Gl. (11.19), verwendet wurde.

Nehmen wir an, dass im Mittel mindestens etwa 10 Photonen (typisch für Gasradiatoren) nachweisbar sein sollen, so ergibt sich mit (11.20):

$$L/\mathrm{cm} > \frac{p^2n^2}{15\,\Delta m^2c^2}\,.$$

Um zum Beispiel Elektronen ($m_1 = 0.511$ MeV) und Pionen ($m_2 = 140$ MeV) bei einem Impuls von 10 GeV trennen zu können, braucht man eine Radiatorlänge von mindestens

$$L = \frac{(10\,\mathrm{GeV})^2\, n^2}{15 \cdot 0.019\,\mathrm{GeV}^2} = 3.5\,\mathrm{m} \cdot n^2\,.$$

Pionen mit einem Impuls von 10 GeV haben einen Lorentz-Faktor

$$\gamma_2 = \frac{\sqrt{p^2c^2 + m_2^2c^4}}{m_2c^2} \approx 72\,,$$

so dass mit (11.4) und $\gamma_2 < \gamma_{th}$ ein Brechungsindex von

$$n < 1.0002$$

für die Aufgabe in Frage kommt. Man benötigt in diesem Fall also einen gasförmigen Radiator wie Helium oder Wasserstoff (vergleiche Tabelle 11.1). Dieser hat einen zusätzlichen Vorteil gegenüber einem festen Radiator: Durch Änderung des Druckes im Radiatorvolumen lässt sich der Brechungsindex n verändern. Man kann damit für die Teilchentrennung einen Bereich für verschiedene Teilchenimpulse durch Druckänderung einstellen. Diese Methode wird bei der Charakterisierung von Detektoren im Beschleunigerteststrahl verwendet, um zum Beispiel aus einem Teilchenmischstrahl, der aus Elektronen und schwereren Teilchen (π, K, p) mit einstellbarem Impulsbereich besteht, die leichten Elektronen herauszufiltern.

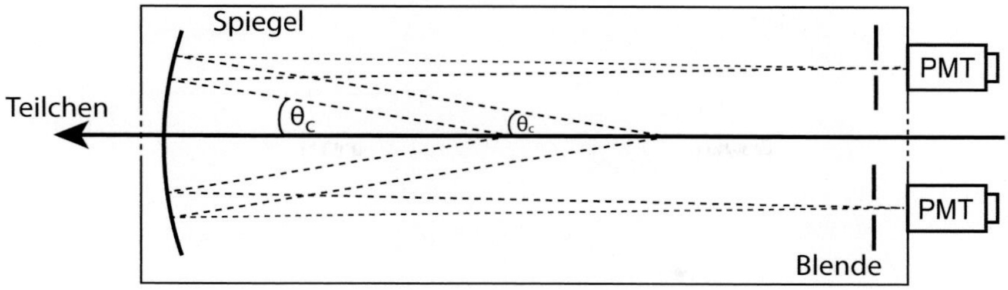

Abb. 11.11 Prinzip des differenziellen Cherenkov-Zählers. Ein sphärischer Spiegel reflektiert und fokussiert das unter θ_c emittierte Cherenkov-Licht auf einen durch eine Blende bedeckten (kreisförmig angeordneten) Photon-Detektor. Durch die Blende erzeugen nur Teilchen, die eine entsprechende Ringgröße besitzen, ein Signal im Photondetektor.

11.5 Differenzieller Cherenkov-Detektor

Beim differenziellen Cherenkov-Detektor wird der Emissionswinkel der Cherenkov-Strahlung ausgenutzt, um die Trennschärfe des Nachweises zu erhöhen, ohne Cherenkov-Ringe explizit zu rekonstruieren. Er stellt somit eine Vorstufe für die im nächsten Abschnitt vorgestellten *Ring-Imaging-* oder RICH-Detektoren dar, besitzt aber ansonsten in Aufbau und Auslesemethode die Charakteristika der Schwellenzähler.

Das vom Teilchen unter dem Winkel θ_c abgestrahlte Cherenkov-Licht wird als ringförmiges Bild mit Radius $R = f_S \tan \theta_c$ (f_S = Brennweite) durch einen sphärischen Spiegel auf den Photondetektor (zum Beispiel mehrere PMTs) fokussiert, wie Abb. 11.11 zeigt. Mit einer Ringblende am Fokus wird nur ein kleiner Bereich des Emissionswinkels ausgewählt, der zu einem entsprechenden Geschwindigkeitsbereich des Teilchens gehört. Durch Veränderung des Radius der Ringblende können verschiedene Emissionswinkel θ_c und damit Geschwindigkeiten β des strahlenden Teilchens überstrichen werden.

11.6 Cherenkov-Ring-Detektoren

Die vollständige Rekonstruktion von Cherenkov-Ringen wird in so genannten *Ring Imaging Cherenkov Counters* (RICH) durchgeführt. Die Entwicklung dieses aufwändigen Detektorkonzepts geht auf Ypsilantis und Seguinot zurück [733]. Die unter dem Cherenkov-Winkel $\theta_c = \arccos(1/\beta n)$ entlang der Teilchenflugbahn abgestrahlten Photonen werden durch eine fokussierende Optik in der Fokalebene als Ringe abgebildet, in der sich ein photoempfindlicher Detektor befindet. Abbildung 11.12(a) erläutert das RICH-Prinzip.

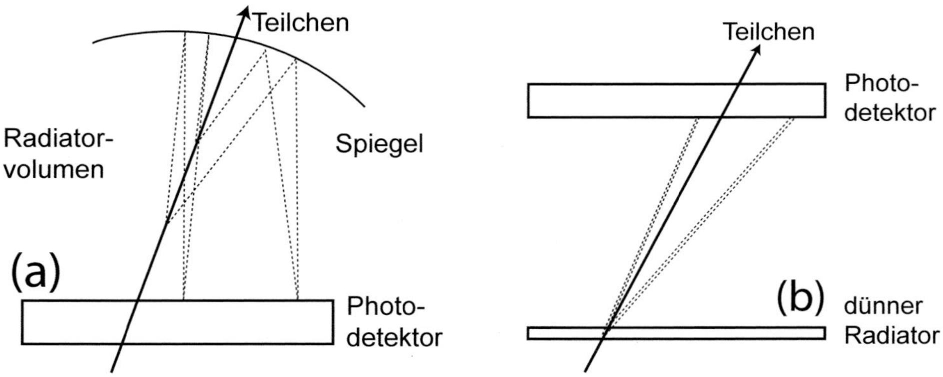

Abb. 11.12 Nachweis von Cherenkov-Ringen mit RICH-Detektoren. (a) Fokussierung der Cherenkov-Strahlung durch einen Spiegel auf einen Photondetektor, (b) dünner Radiator mit '*Proximity*'-Fokussierung, bei der die Abbildung lediglich aus einem Schnitt durch den Cherenkov-Kegel besteht.

Für einen sphärischen Spiegel mit dem Kugelradius R_s und der Brennweite $\mathrm{f}_s = R_s/2$ gilt näherungsweise für den Cherenkov-Ringradius R_c in der Fokalebene:

$$R_c = f_s \cdot \theta_c = \frac{R_s \cdot \theta_c}{2} \quad \Rightarrow \quad \theta_c = \frac{2R_c}{R_s} \,.$$

Damit lässt sich die Teilchengeschwindigkeit mit (11.1) aus dem Ringradius bestimmen. Mit

$$p = \beta\gamma mc \tag{11.22}$$

erhält man bei bekanntem Impuls die Masse des Teilchens:

$$m = \frac{p}{c}\sqrt{\frac{1}{\beta^2} - 1} = \frac{p}{c}\sqrt{(n\cos\theta_c)^2 - 1} \,. \tag{11.23}$$

In vielen Experimenten wird der Impuls in einem Magnetspektrometer gemessen, und die Messung des Cherenkov-Ringes wird mit (11.23) zur Teilchenidentifikation verwendet.

Bei RICH-Zählern werden verschiedene Methoden zur Fokussierung des emittierten Lichts benutzt:

- Fokussierung durch Spiegel (Abb. 11.12(a)): Ein Spiegel fokussiert wie oben beschrieben die parallelen Lichtstrahlen verschiedener Cherenkov-Kegel auf einen Kreis auf der Oberfläche des Photon-Detektors.
- 'Proximity'-Fokussierung (Abb. 11.12(b)): Hierbei ist der Radiator dünn, in der Regel ein Festkörper oder eine Flüssigkeit, so dass die entlang der Teilchenbahn im Radiator erzeugte Cherenkov-Strahlung näherungsweise als von *einem* Ort kommend angesehen werden kann (Lochkameraprinzip). Ihre Projektion auf die Detektoroberfläche stellt dann auch ohne fokussierende Elemente einen Ring dar. Seine Breite hängt vor allem von der Dicke des Radiators und vom Abstand zum Detektor ab. Die Ringauflösung des Detektors, das heißt vor allem die Granularität der Auslese, muss darauf angepasst sein.

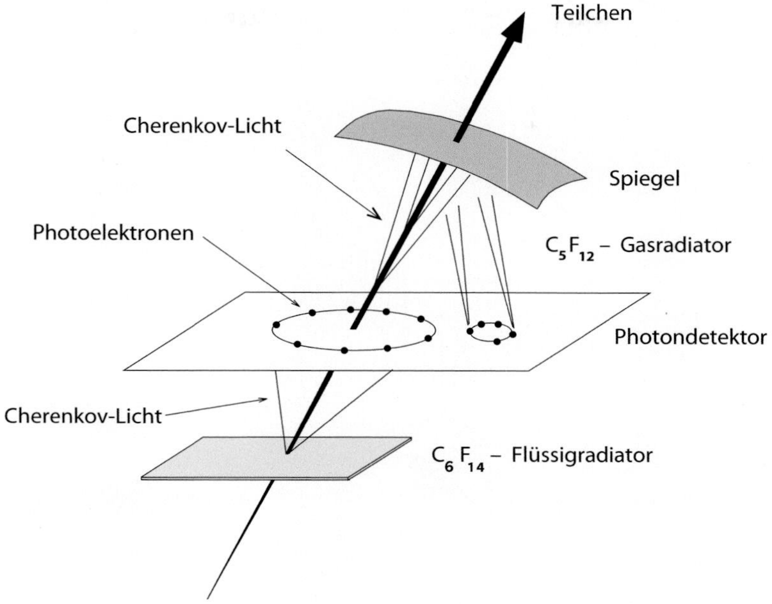

Abb. 11.13 Doppel-RICH-System: Schematische Darstellung eines RICH-Detektors mit zwei Radiatoren (flüssig, gasförmig). Die Cherenkov-Ringe aus beiden Radiatoren werden in dem Photondetektor zwischen ihnen nachgewiesen (nach [280]). Diese Technik wurde zum Beispiel im DELPHI-Experiment angewendet [37] (Abschnitt 11.6.3).

Beide Fokussierungstechniken können in Kombination benutzt werden, um eine Trennung sowohl zum Beispiel von π/K mit einem Flüssigkeitsradiator als auch von e/π durch einen Gasradiator durchzuführen. Abbildung 11.13 veranschaulicht diese Methode.

11.6.1 Photondetektoren für Cherenkov-Ringe

Der Nachweis der Ringe in einem RICH-Zähler ist eine experimentell sehr anspruchsvolle Aufgabe. Oft, speziell bei Gasradiatoren, werden nur wenige Cherenkov-Photonen mit Wellenlängen im sichtbaren bis ultravioletten Bereich erzeugt, die einem Cherenkov-Ring mit bestimmtem Radius zuzuordnen sind. Die Ringrekonstruktion wird erheblich erleichtert, wenn auch die Richtung der Teilchenspur gemessen wird und der Eintrittsort in den Cherenkov-Radiator bekannt ist.

Die Photondetektoren müssen Einzelphotonen ortsempfindlich nachweisen. Experimentell wird dies durch Konversion der Cherenkov-Photonen in Photoelektronen erzielt, entweder in einer mit Gas und photosensitiven Dämpfen gefüllten Drahtkammer oder mit Kathodenebenen, die mit einer photoempfindlichen Schicht (zum Beispiel CsI) überzogen sind, oder durch direkten Nachweis zum Beispiel mit Photovervielfachern. Welche Methode verwendet wird, hängt von der Anwendung im Experiment ab, insbesondere von den zu

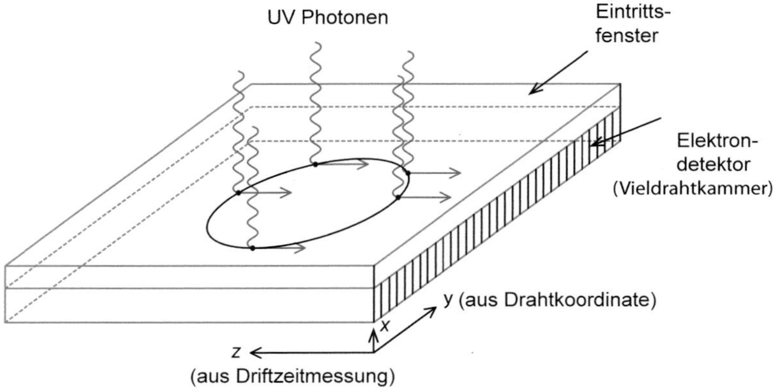

(a) Prinzipskizze

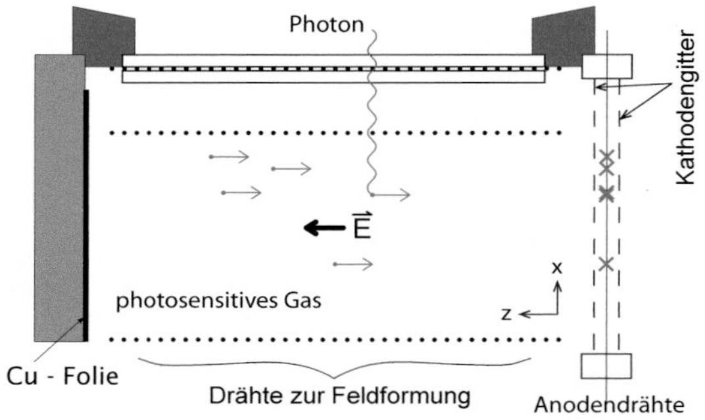

(b) Seitenansicht

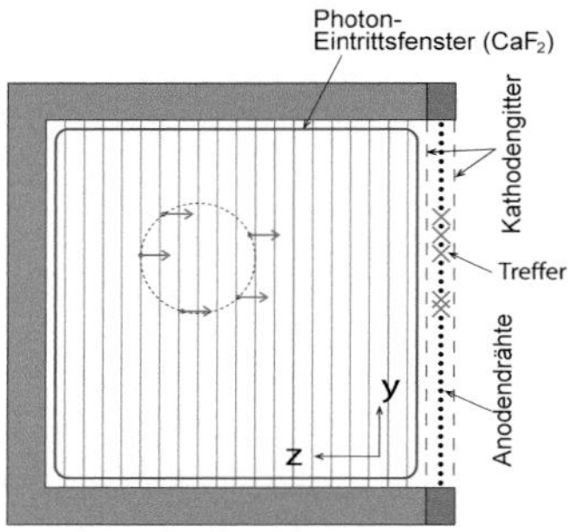

(c) Ansicht von oben

Abb. 11.14 Nachweis von Cherenkov-Ringen mit einer gasgefüllten Vieldrahtkammer (TPC-Prinzip) (aus [125] mit freundl. Genehmigung von Elsevier): (a) Prinzipskizze, in der die Absorption der Cherenkov-Photonen und die Driftbewegung der Elektronen gezeigt werden; (b) Seitenansicht und (c) Draufsicht der echten Anordnung, die als Durchbruch für den Cherenkov-Ring-Nachweis durch Einzelphotondetektion angesehen werden kann. Die Treffer in (b) werden auf verschiedenen, in der Zeichnung hintereinander angeordneten Drähten der Kammer registriert; die Kreuze kennzeichnen die Positionen der Elektronenankunftsorte. Die Gasfüllungen sind Kohlenwasserstoff-Mischungen (zum Beispiel 75% Methan, 25% Ethan), denen ein Photonen absorbierender Dampf beigemischt ist, um die Cherenkov-Photonen in Photoelektronen zu konvertieren.

erwartenden Teilchenraten und notwendigen Auflösungen. Die rasante Entwicklung auf dem Gebiet der Halbleiterdetektoren und der VLSI-Elektronik (siehe Abschnitt 17.6) hat dabei zu neuen Messtechniken geführt, die eine Anpassung an die Vorgaben des Experiments erleichtern. Beispiele sind die Einführung von Vielkanal-Photovervielfachern bis hin zu Pixeldetektor-basierten Siliziumphotomultipliern (siehe Abschnitt 10.4). Wir besprechen hier einige Techniken, die die Vielfalt des Nachweises von Cherenkov-Photonen und Cherenkov-Ringen demonstrieren.

Die experimentelle Herausforderung besteht darin, aus etwa 10 (für Gasdetektoren typisch) oder sogar weniger ortsempfindlich nachgewiesenen Photonen den Cherenkov-

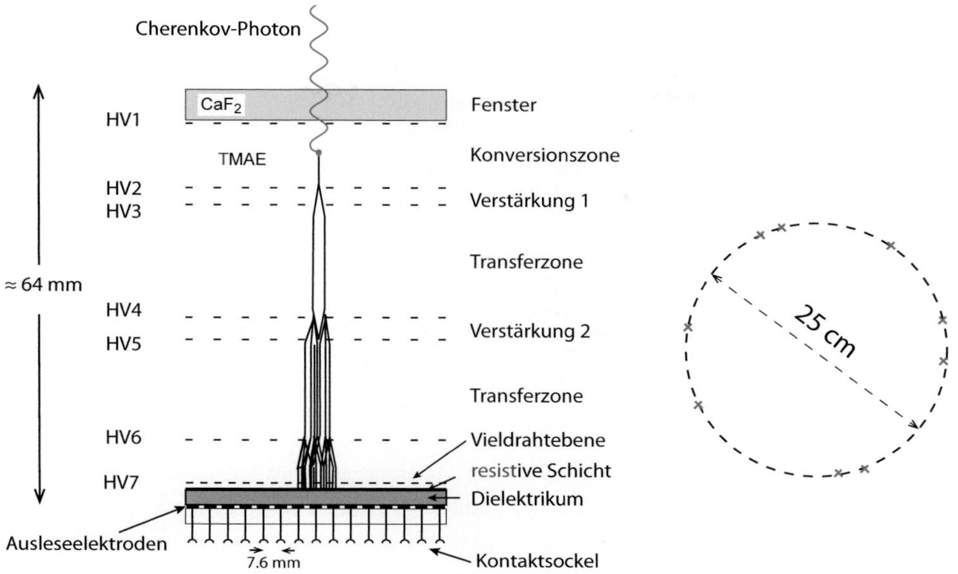

Abb. 11.15 Das Prinzip eines Photondetektors für Cherenkov-Photonen mit einer Parallelplattenanordnung, wie sie im CERES-Experiment verwendet wurde ([130], mit freundl. Genehmigung von Elsevier). Ein Gasradiator (CH_4) und das Spiegelsystem befinden sich außerhalb der Abbildung (siehe Abb. 11.22). Die Detektoren sind mit einer Gasmischung aus He/C_2H_6 und TMAE-Dampf gefüllt. Die Cherenkov-Photonen werden in der Regel innerhalb des Konversionsvolumens absorbiert. Gasverstärkung erfolgt in drei Stufen zwischen Drahtgitterebenen (HV2-HV3 und HV4-HV5) und einer abschließenden Vieldrahtebene. Rechts: ein typischer Cherenkov-Ring aus wenigen nachgewiesenen Photonen (siehe auch Abb. 11.23).

Ring zu rekonstruieren. Abbildung 11.14 skizziert einen Photondetektor [125], bei dem die Photonen in einem Gasvolumen mit einer Vieldrahtkammerauslese an einer Seite nachgewiesen werden. Das Prinzip entspricht dem einer Zeitprojektionskammer (TPC, siehe Abschnitt 7.10.10 sowie Abb. 7.33). Die durch Photonabsorption erzeugten (einzelnen) Elektronen driften durch die als Gitter ausgelegte Kathodenebene zu den Anodendrähten der Kammer und werden dort in Drahtnähe gasverstärkt und nachgewiesen. Die Zeit bis zum Eintreffen der Elektronen am Draht relativ zur Erzeugung des strahlenden Teilchens (bei Collider-Detektoren der Kollisionszeitpunkt) wird gemessen. Ankunftszeit und Drahtnummer ergeben z- und x-Koordinate des Cherenkov-Treffers. Aus mehreren Treffern kann (meist offline) ein Kreis rekonstruiert werden, dessen Größe nach (11.7) der Teilchengeschwindigkeit (γ oder β) entspricht. Als Elektrondetektor können auch andere ein- oder sogar zweidimensional ortsauflösende Detektoren gewählt werden, zum Beispiel mikrostrukturierte Gasdetektoren (Abschnitt 7.9) oder Halbleiter-Photodetektoren wie HPDs, SiPMs (Abschnitte 10.3 und 10.4) und andere.

Abbildung 11.15 zeigt eine Parallelplattenanordnung (Kap. 7) für den Nachweis von Cherenkov-Photonen, wie sie im Schwerionen-Experiment CERES (NA45, Abb. 11.22) am CERN verwendet wurde [130] (siehe Abschnitt 11.6.3). Das Cherenkov-Photon tritt

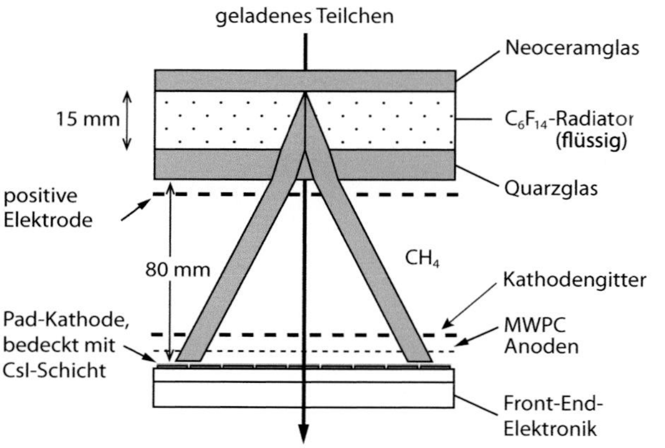

Abb. 11.16 RICH-Photondetektor (HMPID) des ALICE-Experiments, bei dem die Konversion der Cherenkov-Photonen in Elektronen durch eine mit CsI beschichtete Kathode der MWPC erfolgt [258] (siehe Text).

durch ein UV-durchlässiges Quarz- oder CaF_2-Fenster in ein mit einer Gasmischung aus He + 6% C_2H_6 zuzüglich TMAE-Dampf gefülltes Volumen ein und erzeugt in der Konversionszone mit einer bestimmten Wahrscheinlichkeit ein Elektron. Dieses driftet durch mehrere Gasverstärkungszonen, erzeugt durch hohe elektrische Felder zwischen Gitterebenen, die durch Transferzonen mit niedrigeren Feldstärken separiert sind (Abb. 11.15), und wird in der letzten Verstärkungstsufe in ein nachweisbares Elektronenlawinensignal verwandelt. Der Ort des Signals wird durch eine segmentierte Anode gemessen. Eine Verstärkung in mehreren Stufen mit Transferzonen dazwischen verringert die Wahrscheinlichkeit für Lawinenauslösung durch im Verstärkungsprozess erzeugte Photonen, die erneut Lawinen auslösen würden (Photon-Feedback). Eine Drahtgitterebene vor der Ausleseebene wirkt als dritte Verstärkungsebene. Das elektrische Signal wird auf den Elektroden auf der Rückseite des Dielektrikums influenziert und über Kontakte herausgeführt.

Ein Beispiel für Photonkonversion durch eine mit CsI beschichtete Kathode einer Vieldrahtkammer ist in Abb. 11.16 gezeigt, die im RICH-Detektor des Schwerionenexperiments ALICE an LHC verwendet wird [258]. Cherenkov-Photonen des Flüssigradiators werden auf die segmentierte, mit 300 nm CsI-Film beschichtete Kathode abgebildet (*Proximity*-Fokussierung). CsI besitzt eine vergleichsweise hohe Quanteneffizienz Q im UV-Bereich von etwa 25% bei 175 nm [200] und hat sich als Kathodenbeschichtung bewährt. Die in der CsI-Schicht erzeugten Photoelektroden driften zu den Anodendrähten und erzeugen ein nachweisbares gasverstärktes Signal (siehe Abschnitt 7.4.1) im CH_4-Gas der MWPC. Die Effizienz für den Photoelektronnachweis liegt im 80–90%-Bereich. Im Mittel werden etwa 14 Photonen nachgewiesen für Teilchen mit $\beta \approx 1$. Das Influenzsignal auf der 2-dimensional strukturierten unteren Kathode (8×8.4 mm^2 große Pads) dient zur Bestimmung der Koordinate des Cherenkov-Photons. Die positive Elektrode nahe dem Austrittsfenster des Radiators saugt Elektronen ab, die von unerwünschten ionisierenden Teilchen in dem Abbildungsvolumen erzeugt werden und die andernfalls im Volumen der MWPC ebenfalls gasverstärkt würden.

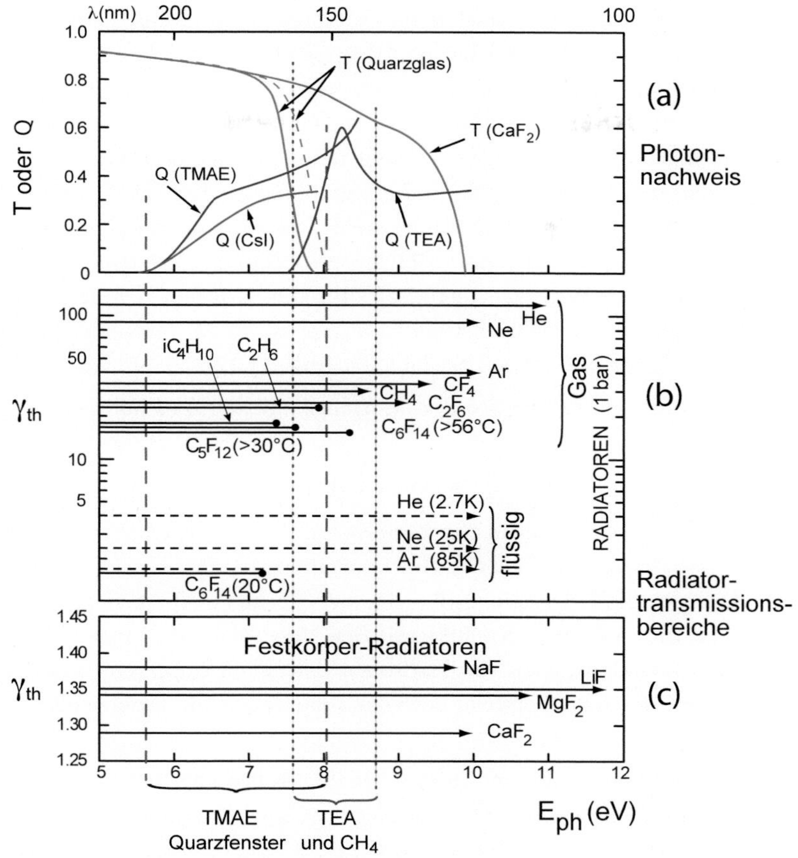

Abb. 11.17 (a) Quanteneffizienz (Q) für TMAE, TEA und CsI [729] sowie Transmission (T) für Photonen im Fenstermaterial. In den unteren beiden Abbildungen ist der transparente Bereich verschiedener Materialien für Cherenkov-Photonen markiert: (b) für Gas- und Flüssigradiatoren, (c) für Festkörper-Radiatoren. Aufgetragen ist der Lorentz-Faktor an der Cherenkov-Schwelle (γ_{th}) gegen die Energie des Photons. Die Materialien, die eine für TEA ausreichende Transparenz aufweisen, sind mit einem Pfeil markiert. Der durch die gepunkteten vertikalen Linien angezeigte Bereich bezeichnet den Energiebereich nachweisbarer Photonen in TEA mit Methan als Radiator, der durch gestrichelte Linien gekennzeichnete Bereich den für TMAE mit Quarz als Eintrittsfenster (aus [563]).

Optimierung des Photonnachweises Für den Photonnachweis müssen eine Reihe von Parametern optimiert werden:

1. Die Anzahl der Cherenkov-Photonen beziehungsweise Photoelektronen, Gl. (11.16), ist für viele Anwendungen (vor allem bei Gasradiatoren) äußerst gering. Das Produkt der wellenlängenabhängigen Größen T, Q und R liegt häufig im Bereich von 30% oder darunter. Die Quanteneffizienz $Q(\lambda)$ der photoabsorbierenden Dampfzusätze ist erst ab recht hohen Energieschwellen (zum Beispiel 5.4 eV für TMAE) verschieden von null und in dem für Quarzfenster durchlässigen Spektralbereich deutlich kleiner als 50%

(siehe Abb. 11.17). Festkörperbeschichtete Kathoden wie zum Beispiel CsI erzielen für Wellenlängen unterhalb von 185 nm Quanteneffizienzen von etwa 20–35% [729]. Daher sieht der Photondetektor oft nur sehr wenige Photonen (typisch etwa 10 bis 20) zur Ringrekonstruktion. Um das Spektrum der Cherenkov-Photonen bis in den UV-Bereich zum Nachweis auszunutzen, müssen besondere Anforderungen an die Wahl der Materialien gestellt werden. Falls die Photonkonversion im Gas des Detektors erfolgt, müssen spezielle Moleküldämpfe, wie Tetrakisdimethylaminoethylen (TMAE $= C_2(N(CH_3)_2)_4$) oder Triethylamin (TEA $= N(CH_2CH_3)_3$) verwendet werden, die einen besonders hohen Wirkungsquerschnitt für die Reaktion $\gamma + M \rightarrow M^{+*} + e^-$ haben. Die jeweiligen Schwellenenergien sind $E_{th} = 7.5$ eV (165 nm) für TEA und $E_{th} = 5.4$ eV (230 nm) für TMAE (siehe auch Abb. 11.17).

2. Nach (11.14) ist die Anzahl der pro Radiatorlänge emittierten Photonen proportional zu $\sin^2\theta_c$:
$$\frac{dN}{dx} \propto \sin^2\theta_c \approx 1 - \frac{1}{n^2}\,. \tag{11.24}$$
Ein Radiatormaterial mit großem Brechungsindex n liefert eine höhere Zahl von Photonen als ein Radiator mit kleinem Brechungsindex. Außerdem ist die Cherenkov-Schwelle niedriger, und der Ringradius ist bei gleichem Abstand größer. Je nach Anwendung ist dies jedoch in Konflikt mit den Vorgaben zur Teilchenidentifikation. Wenn zum Beispiel Elektronen von Hadronen bei hohen Impulsen separiert werden sollen, muss die Cherenkov-Schwelle hoch sein, damit nur die Elektronen Cherenkov-Strahlung emittieren.

3. Der Brechungsindex eines Mediums hängt von der Wellenlänge der Strahlung ab (Dispersion), was zu chromatischen Abbildungsfehlern führt. Um diese so klein wie möglich zu halten, kann man zwar den Wellenlängenbereich einschränken (zum Beispiel durch die Wellenlängenempfindlichkeit der Photokathode), wodurch sich aber die Anzahl der zur Detektion verfügbaren Photonen verringert.

11.6.2 Auflösung von RICH-Detektoren

Die Unterscheidung von Teilchen verschiedener Geschwindigkeiten hängt davon ab, wie gut ihre Cherenkov-Ringe getrennt aufgelöst werden können. Die Schärfe des Ringnachweises wird durch Effekte bei der Erzeugung der Cherenkov-Strahlung und bei ihrer Abbildung auf den Photondetektor sowie durch die Ortsauflösong des Nachweissystems beeinflusst.

In dichten Medien, fest oder flüssig, bei denen die Zahl der erzeugten Cherenkov-Photonen auch über eine kurze Radiator-Distanz hinreichend groß ist, kann Proximity-Fokussierung verwendet werden. Die erzielbare Auflösung ist dabei dominiert durch das Verhältnis von Radiatordicke d und dem Abstand zum Photondetektor l, wie Abb. 11.18 zeigt:
$$\frac{\sigma_{\theta_c}}{\theta_c} = \frac{\Delta R}{R} = d/l\,. \tag{11.25}$$

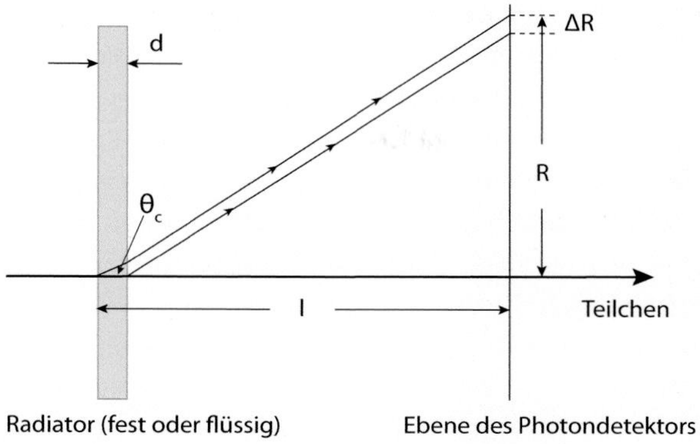

Abb. 11.18 Zeichnung der Abbildung eines Cherenkov-Detektors mit Proximity-Fokussierung bei einer dünnen Radiatorlage. Die Auflösung ist durch das Verhältnis von Radiatordicke d und Abbildungsabstand l gegeben.

Eine kritische Bedeutung hat die Cherenkov-Winkelauflösung vor allem für hohe γ-Werte, bei denen die relative Änderung in θ_c klein ist. Das ist der Anwendungsbereich von Gas-Cherenkov-Detektoren, bei denen in der Regel ein ausgedehnteres Volumen und eine Fokussierungsoptik (Spiegel) verwendet werden, womit die von Teilchenspuren ausgehende parallele Strahlung als Ringe auf den Photondetektor abgebildet wird. Der Detektor muss möglichst präzise in der Brennebene der Spiegel liegen. Das Zentrum der Ringe ist in erster Näherung nur von der Teilchenrichtung und nicht vom Emissionsort der Strahlung abhängig. Wir betrachten daher im Folgenden beispielhaft die erzielbare Auslösung für die Massenmessung bei gegebenen Impuls durch Messung von Cherenkov-Ringen speziell für gasgefüllte Radiatoren. Der Brechungsindex liegt hierfür sehr nahe bei eins ($n - 1 \lesssim 10^{-3}$), und die Verwendung von Näherungen ist ohne große Einschränkungen möglich. Eine gute Ringauflösung ist besonders bei großen γ/γ_{th} wichtig, weil dort die Variation der Ringgröße mit γ klein ist (vergleiche Abb. 11.4). Die relative Messunsicherheit in β ergibt sich aus (11.1) zu

$$\frac{\sigma_\beta}{\beta} = \frac{1}{\beta}\left[\left(\frac{\partial\beta}{\partial\theta_c}\sigma_{\theta_c}\right)^2 + \left(\frac{\partial\beta}{\partial n}\sigma_n\right)^2\right]^{\frac{1}{2}} = \tan\theta_c\,\sigma_{\theta_c} \oplus \frac{1}{n}\sigma_{\mathrm{n}}\,, \tag{11.26}$$

wobei $\oplus$ die quadratische Addition der beiden Terme bezeichnet. Der erste Term der Gleichung beschreibt den Beitrag zum Messfehler von β, der von der Ringauflösung stammt. Er wird bei den meisten RICH-Detektoren nur durch die Auflösung der abbildenden Messapparatur (Spiegel, Photondetektor etc.) bestimmt. Fluktuationen bei der Emission der Stahlung, zum Beispiel durch Vielfachstreuung des emittierenden Teilchens, sind im Vergleich dazu in der Regel vernachlässigbar. Der zweite Term berücksichtigt die Variation des Brechungsindex mit der Wellenlänge, die zu einer Verschmierung des Cherenkov-Rings führt, die nicht von der Geschwindigkeit des strahlenden Teilchens, sondern von der Energie des nachgewiesenen Cherenkov-Photons abhängt (dispersive oder chromatische Aberration). Mit (11.1) und $\beta \approx 1$ ergibt sich:

$$\sigma_{\theta_c} = \frac{d\theta}{dn}\sigma_n = \frac{1}{n\tan\theta}\frac{dn}{d\lambda}\,\Delta\lambda\,. \tag{11.27}$$

Die chromatisch bedingte Winkelauflösung hängt also direkt vom Dispersionsverhalten $dn/d\lambda$ und dem zugelassenen Wellenlängenbereich $\Delta\lambda$ ab. Ersteres kann durch Wahl eines Radiators mit geringer Dispersion (zum Beispiel Helium) klein gehalten werden. Letzteres, der Wellenlängenbereich, kann nur auf Kosten der Photonenzahl beschränkt werden. Andere Möglichkeiten zur Verringerung dieses Fehlerbeitrags gibt es zumindest bei Detektoren mit großer Apertur (hier: Winkelakzeptanz) nicht. Bei Detektoren mit eingeschränkter Apertur (zum Beispiel bei differenziellen Cherenkov-Detektoren, Abb. 11.11 auf Seite 451) kann man durch Korrekturlinsen die chromatische Aberration reduzieren.

Die Fähigkeit zur Teilchentrennung (siehe auch Kapitel 14) lässt sich durch Umformung von (11.1) und mit $\beta = p/E$ (c=1) als

$$\sin^2\theta_c = 1 - \frac{1}{\beta^2 n^2} = 1 - \frac{p^2 + m^2}{p^2} = 1 - \frac{1}{n^2} - \frac{m^2}{p^2\, n^2} \tag{11.28}$$

angeben, wobei m und p Masse bzw. Impuls des abstrahlenden Teilchens sind. Die Trennschärfe für zwei Teilchen mit Ladung $z = 1$ und Massen m_1 und $m_2 > m_1$, angegeben in Einheiten der Standardabweichung, ist dann:

$$n_\sigma = \frac{\sin^2\theta_c(1) - \sin^2\theta_c(2)}{\sigma_{\sin^2\theta_c}} = \frac{\sin^2\theta_c(1) - \sin^2\theta_c(2)}{\sigma_{\sin^2\theta_i}/\sqrt{N}} = \frac{m_2^2 - m_1^2}{p^2 n^2}\left(\frac{\sqrt{N}}{\sigma_{\sin^2\theta_i}}\right), \tag{11.29}$$

wobei $\sigma_{\sin^2\theta_i}$ der Messfehler von $\sin^2\theta_c$ für ein nachgewiesenes Photon beziehungsweise Photoelektron ist und $\sigma_{\sin^2\theta_i}/\sqrt{N}$ der Messfehler für $N = N_{pe}$ Photoelektronen. Wegen

$$\sigma_{\sin^2\theta_i} = 2\sin\theta_c\cos\theta_c\;\sigma_{\theta_i} = \frac{2\sin\theta_c}{\beta n}\;\sigma_{\theta_i} \tag{11.30}$$

und mit (11.16) werden m_1 und m_2 mit n_σ Standardabweichungen getrennt bei einem Impuls von

$$p = \sqrt{\frac{m_2^2 - m_1^2}{n_\sigma n^2}\;\frac{\sqrt{N_0\, L \sin^2\theta_c}\,\beta n}{2\sin\theta_c\,\sigma_{\theta_i}}} = \sqrt{\frac{m_2^2 - m_1^2}{2\, n_\sigma\, k_R}}\,. \tag{11.31}$$

Hier wird mit

$$k_R = \frac{n\,\sigma_{\theta_i}}{\beta\sqrt{N_0\, L}} \approx \tan\theta_c\,\frac{\sigma_{\theta_i}}{\sqrt{N}} = \tan\theta_c\,\sigma_{\theta_c} \tag{11.32}$$

die RICH-Konstante definiert, wobei (11.1) und (11.16) sowie $\beta \approx 1$ verwendet wurden. Sie gibt nach (11.26) direkt den Anteil an der Geschwindigkeitsauflösung durch Winkelmessung an:

$$\frac{\sigma_\beta}{\beta} = k_R\,. \tag{11.33}$$

Mit (11.26) und (11.22) ergibt sich bei bekanntem Impuls der Fehler der Massenmessung zu:

$$\begin{aligned}\frac{\sigma_m}{m} &= \gamma^2\frac{\sigma_\beta}{\beta} = \gamma^2 k_R \,\oplus\, \gamma^2\frac{1}{n}\sigma_n \approx (\beta\gamma)^2\left(\frac{k_R}{\beta^2} \,\oplus\, \frac{1}{\beta^2}\frac{dn}{d\lambda}\Delta\lambda\right)\\ &= \left(\frac{p}{mc}\right)^2\left(\frac{k_R}{\beta^2} \,\oplus\, \frac{1}{\beta^2}\frac{dn}{d\lambda}\Delta\lambda\right).\end{aligned} \tag{11.34}$$

Den Fehlerbeitrag der Dispersion zur Massentrennung schätzen wir nun ab, indem wir zur Vereinfachung einige Näherungen verwenden, die insbesondere für Gasradiatoren gültig sind, das heißt für chromatische Fehlerbeiträge kleiner als $(n-1)/n \approx 2 \times 10^{-3}$ (siehe Tabelle 11.1). Für den asymptotischen Cherenkov-Winkel θ_{max} gilt:

$$\theta_{max} \approx \sin\theta_{\max} = \frac{1}{\gamma_{th}} = \sqrt{1-\frac{1}{n^2}} \approx \sqrt{2(n-1)}\,, \tag{11.35}$$

$$1-\frac{\theta_c}{\theta_{max}} \approx 1-\sqrt{1-\frac{\gamma_{th}^2}{\gamma^2}} \approx \frac{1}{2}\frac{\gamma_{th}^2}{\gamma^2}\,. \tag{11.36}$$

In (11.35) wurde $n+1 \approx 2n \approx 2$ genähert. Die relative Winkelauflösung erhalten wir daraus mit

$$\sigma_{\theta_c} = \frac{\partial\theta_c}{\partial n}\sigma_n \approx \frac{\partial\theta_{max}}{\partial n}\sigma_n \approx \frac{\partial\sqrt{2(n-1)}}{\partial n}\sigma_n = \frac{1}{\sqrt{2(n-1)}}\sigma_n\,, \tag{11.37}$$

$$\frac{\sigma_{\theta_c}}{\theta_c}\Big|_{\text{chrom}} = \frac{1}{\sqrt{2(n-1)}}\,\frac{\sigma_n}{\sqrt{2(n-1)}} = \frac{1}{2}\frac{\sigma_n}{n-1}\,. \tag{11.38}$$

Bei Gasradiatoren ist die relative Streuung des Cherenkov-Winkels durch chromatische Aberration also halb so groß wie die relative Schwankung des Brechungsindex.

Wir vergleichen nun die relative Differenz der Cherenkov-Winkel $(\theta_1-\theta_2)/\theta_{max}$ zweier Teilchen $m_1 < m_2$ bei gleichem Impuls p mit der Winkelauflösung (11.38), die besser als diese sein muss, um θ_1 von θ_2 zu trennen:

$$\begin{aligned}
\frac{\theta_1-\theta_2}{\theta_{max}} &= \underbrace{\left(1-\frac{\theta_2}{\theta_{max}}\right)-\left(1-\frac{\theta_1}{\theta_{max}}\right)} > \frac{\sigma_{\theta_c}}{\theta_c}\Big|_{chrom} = \frac{1}{2}\frac{\sigma_n}{n-1}\,,\\
&\approx \frac{1}{2}\frac{\gamma_{th}^2}{\gamma_2^2} - \frac{1}{2}\frac{\gamma_{th}^2}{\gamma_1^2} = \frac{1}{4(n-1)}\left(\frac{1}{\gamma_2^2}-\frac{1}{\gamma_1^2}\right)\\
\Longrightarrow \quad & \frac{1}{4(n-1)}\left(\frac{m_2^2-m_1^2}{E^2}\right) > \frac{1}{2}\frac{\sigma_n}{n-1}\,,
\end{aligned} \tag{11.39}$$

wobei $E_1 \approx E_2 \approx E$ mit $p^2 \gg m_{1,2}^2$ angenommen wurde. Aufgelöst nach $E \approx p$ erhalten wir dasselbe Ergebnis wie in (11.31) mit dem Unterschied, dass k_R durch σ_n ersetzt ist.

Zwei Massen m_1 und m_2 können also mit n_σ Standardabweichungen bei einem Impuls von

$$p \approx E = \sqrt{\frac{m_2^2-m_1^2}{2n_\sigma\sigma}} \tag{11.40}$$

getrennt werden, wobei $\sigma = \sqrt{k_R^2+\sigma_n^2}$ die Auflösungsbeiträge durch Winkelmessung und Dispersion beschreibt.

Weiteres zur Teilchentrennung mit RICH-Detektoren, insbesondere π/K- und e/π-Trennung im Kontext mit anderen Methoden zur Teilchenidentifikation in Experimenten, ist in Abschnitt 14.2 behandelt.

Insgesamt kann man die Anforderungen an einen RICH-Detektor wie folgt zusammenfassen:

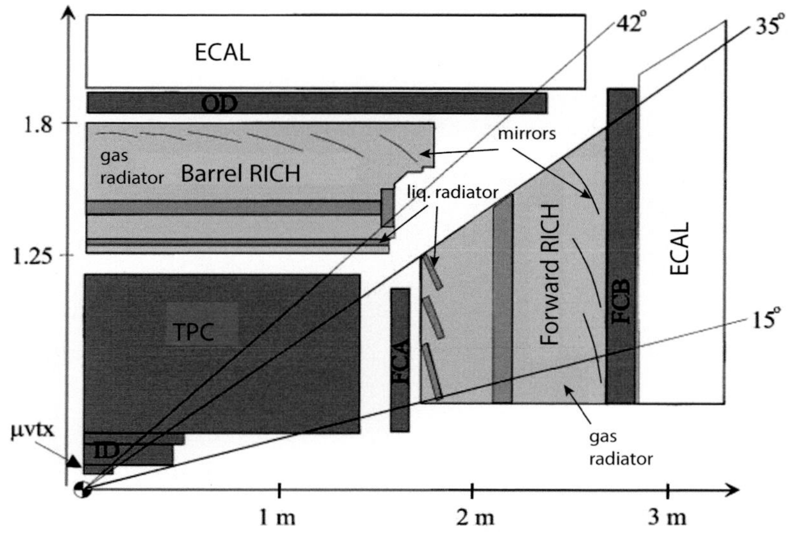

Abb. 11.19 Einsatz von RICH-Detektoren im DELPHI-Experiment am Elektron-Positron-Speicherring LEP ([59], mit freundl. Genehmigung von Elsevier). Gezeigt ist ein Viertel des DELPHI-Detektors in einem Schnitt parallel zur Strahlachse. Der Wechselwirkungspunkt liegt im Koordinatenurpsrung. Sowohl im 'Barrel'- als auch im 'Vorwärts'-Winkelbereich des Experiments sind die Doppel-RICH-Systeme zu sehen, bei denen die Cherenkov-Ringe je eines Gas- und eines Flüssigkeitsradiators auf denselben Photonendetektor wie in Abb. 11.13 abgebildet werden, in dem die Cherenkov-Ringe rekonstruiert werden.

- Der Messfehler des Radius des Cherenkov-Rings $\sigma_R/R = \sigma_{\theta_c}/\theta_c$ muss möglichst klein sein, da der relative Fehler auf γ oder β davon abhängt. Die Ortsauflösung des Photondetektors sollte daher vergleichbar mit oder besser sein als die Auflösungsbeiträge durch andere Imperfektionen, zum Beipiel durch chromatische Dispersion oder die Oberflächenbeschaffenheit der Spiegel.
- Die chromatische Dispersion $\frac{dn}{d\lambda}\,\Delta\lambda$ sollte möglichst klein sein. Die kleinste Dispersion besitzen leichte Edelgase wie He oder Ne sowie Fluorkohlenstoffgase mit einer Dispersion von $\sigma_n/(n-1) \approx$ 2–3% bei einem Energiefenster von 6.5–7.5 eV (165–190 nm) [302].
- Um eine möglichst große Anzahl von Cherenkov-Photonen zu erhalten, muss $N_0\,L$ groß sein. Das erreicht man unter anderem, indem das Produkt $T \times R \times Q$ aus Transmissionsfunktion, Spiegelreflektivität und Quanteneffizienz durch optimale Wahl der Detektormaterialien und Oberflächen maximiert wird.

11.6.3 RICH-Detektoren im Experiment

RICH-Detektoren im DELPHI-Experiment Im DELPHI-Experiment [8], das am Elektron-Positron-Speicherring LEP (Tab. 2.2 auf Seite 16) bis 2001 installiert war,

Tab. 11.2 Mittlere Photonen- beziehungsweise Photoelektronen-Ausbeute für ($\beta \approx 1$)-Teilchen der Cherenkov-Detektoren im DELPHI-Experiment [35, 540]. Aus den durch Cherenkov-Strahlung asymptotisch erzeugten Photonen N_∞^γ würden laut Simulation nach Verlusten in Radiator, Spiegelsystem und Eintrittsfenster $N_{\text{erz}}^{\text{pe}}$ Photoelektronen in der Fokalebene des Photondetektors (ohne Akzeptanzeinschränkung) erzeugt werden. Nach Akzeptanz-, Totzeit- und Schwelleneffektverlusten verbleiben davon für den Vorwärts-RICH $N_{\text{sim}}^{\text{pe}}$ nachgewiesene Photoelektronen. Die gemessene Ausbeute beträgt $N_{\text{meas}}^{\text{pe}}$[35, 59]. $\langle\lambda\rangle$ ist die mittlere Wellenlänge der detektierten Cherenkov-Photonen.

Radiator	Brechungsindex	θ_c (β=1)	N_∞^γ	$N_{\text{erz}}^{\text{pe}}$	$N_{\text{sim}}^{\text{pe}}$	$N_{\text{meas}}^{\text{pe}}$	$\langle\lambda\rangle$
C_6F_{14} (flüss., Vorw.)	1.2827	38.8°	≈ 300	27.0	9.7	7.8	193.1 nm
C_6F_{14} (flüss., Barrel)	1.2827	38.8°				15	
C_4F_{10} (gasf., Vorw.)	1.00150	3.2°	≈ 150	17.1	9.9	10.9	189.7 nm
C_5F_{12} (gasf., Barrel)	1.00192	3.4°				9	

wurde die RICH-Technik intensiv zur Teilchenidentifikation eingesetzt [37, 59]. Abbildung 11.19 zeigt die Anordnung der RICH-Detektoren außerhalb des Innendetektors, aber noch innerhalb der Kalorimeter und innerhalb der Spule des Solenoid-Magneten im DELPHI-Detektor. In der als Doppel-RICH-Anordnung (siehe Abb. 11.13) entworfenen Konstruktion werden die Cherenkov-Ringe, die in einem Flüssigkeitsradiator entstehen, und diejenigen, die in einem Gasradiator entstehen, auf einen gemeinsamen Photondetektor abgebildet. Der Flüssigradiator ist Perfluorhexan (C_6F_{14}) mit einem Brechungsindex von $n = 1.28$, der Gasradiator besteht aus aus Perfluorbutan (C_4F_{10}, $n = 1.00150$) im Vorwärtsbereich und aus Perfluorpentan (C_5F_{12}, $n = 1.00192$) im Barrelbereich. Im Vorwärtsbereich wurde aus Platzgründen ein anderes Gas als im Barrel-Bereich gewählt, um bei kürzerer Radiatorlänge die gleiche Anzahl von Cherenkov-Photonen zu erhalten. Die Flüssigradiatoren sind nur 1 cm dick, so dass Proximity-Fokussierung verwendet werden kann. Die Cherenkov-Kegel der Gasradiatoren werden durch ein Spiegelsystem auf denselben Photondetektor fokussiert. Letzterer besteht aus mehreren gasgefüllten Kammern mit Quarz-Eintrittsfenstern, die ähnlich Abb. 11.14 in der Art von Zeitprojektionskammern (Abschnitt 7.10.10) ausgelegt sind. Die Gasfüllungen sind Kohlenwasserstoffmischungen (zum Beispiel 75% Methan, 25% Ethan), denen 0.1% TMAE-Dampf beigemischt ist, um die Cherenkov-Photonen in Photoelektronen zu konvertieren.

Die Photonenausbeute ist in Tabelle 11.2 zusammengefasst. Die Anzahl der erzeugten Photonen hängt nach (11.12) vom Cherenkov-Winkel θ_c und der Radiatorlänge L ab. Bei $\theta_c \approx 38.8°$ (Vorwärts-RICH) und einer Flüssigradiatorlänge von 1 cm werden etwa 300 Cherenkov-Photonen in dem nachweisbaren Wellenlängenbereich (175–230 nm) erzeugt [35]. Für die 60 cm langen Gasradiatoren sind es 150 Photonen im Bereich 165–230 nm bei einem Winkel von 3.2° [35]. Nach Multiplikation mit den über λ integrierten Effizienzfaktoren Q, T und R aus Gleichung (11.16) ergeben sich die in Tabelle 11.2 angegebenen Zahlen der im Photondetektor erzeugten Photoelektronen N_{pe}.

Abbildung 11.20 zeigt die Auflösung bei der Messung des Cherenkov-Winkels für Myonen aus dem Zerfall $Z^0 \to \mu^+\mu^-$, die $\beta \approx 1$ besitzen. In Abb. 11.20(a) ist das gemessene

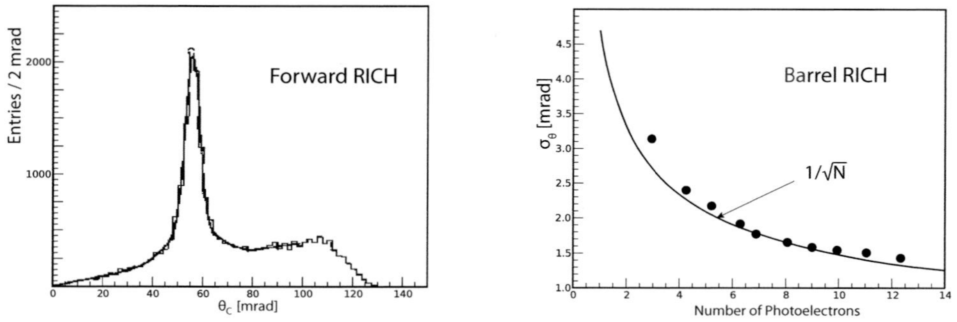

(a) θ_c-Spektrum DELPHI-RICH (b) Auflösung als Funktion von N_{pe}

Abb. 11.20 Cherenkov-Winkel-Auflösung für Myonen aus dem Zerfall $Z^0 \to \mu^+\mu^-$, gemessen mit den beiden DELPHI-RICH-Detektoren (aus [36], mit freundl. Genehmigung von Elsevier). (a) Gemessenes θ_c-Spektrum im Gasradiator (C_4F_{10}) des Vorwärts-RICH. Im Mittel werden etwa 10 Photonen pro strahlendem Myon nachgewiesen. Der Mittelwert des auf einem Untergrund sitzenden Peaks ist 55.6 mrad, die Standardabweichung beträgt 2.85 mrad pro Photoelektron (Gauß-Anpassung). (b) Auflösung von θ_c im Gasradiator (C_5F_{12}) des Barrel-RICH in Abhängigkeit von der Zahl der Photoelektronen. Die durchgezogene Linie zeigt den Verlauf gemäß $1/\sqrt{N_{pe}}$.

Winkelspektrum für Einzelphotonen im Vorwärts-RICH gezeigt. Abb. 11.20(b) zeigt für den Barrel-RICH die Winkelauflösung für den gesamten Cherenkov-Ring in Abhängigkeit von der Zahl der auf dem Ring nachgewiesenen Photonen (d. h. Photoelektronen). Die Winkelauflösung pro Photon liegt im Bereich von 7% für die Gasradiatoren und von 2% für die Flüssigradiatoren [24]. Die daraus resultierende Fähigkeit, Kaonen und Protonen von Elektronen, Pionen und Myonen zu trennen, ist in Abb. 11.21 dargestellt (siehe auch Kapitel 14). Nahezu der gesamte Impulsbereich der bei LEP in der ersten Ausbaustufe (LEP 1) auftretenden Hadronen bis oberhalb von 10 GeV wird überdeckt.

Für die LHC-Experimente ALICE und LHCb wurde die RICH-Technik zur Teilchenidentifikation über weite Impulsbereiche weiterentwickelt. Dies ist in Kapitel 14 beschrieben.

'Hadronen-blinder' Elektronennachweis im CERES-Experiment In dem Experiment CERES (NA45)) [130] am Schwerionenstrahl des CERN-SPS wurden e^+e^--Paare in Schwerionen-Kollisionen (zum Beispiel S+Au oder Pb+Pb) als Signatur für ein mögliches heißes Plasma aus Quarks und Gluonen nachgewiesen. Bei den Kollisionen werden geladene und neutrale Hadronen in sehr hoher Dichte erzeugt, bei zentralen Kollisionen der Ionen bis zu mehreren hundert im Akzeptanzbereich des Detektors [49]. Das Ziel ist der Nachweis thermisch produzierter e^+e^--Paare in Gegenwart von π^0-Zerfällen, die 10^5-mal häufiger sind und außer in zwei Photonen auch in $e^+e^-\gamma$ (Dalitz-Zerfall) zerfallen. Die π^0-Zerfallsphotonen können außerdem im Detektormaterial in Elektron-Positron-Paare konvertieren.

Das Ziel des Experiments war daher eine weitgehende, fast vollständige Unterdrückung von Hadron-Signalen ('Hadron-blinder' Nachweis) unter Verwendung von Detektoren

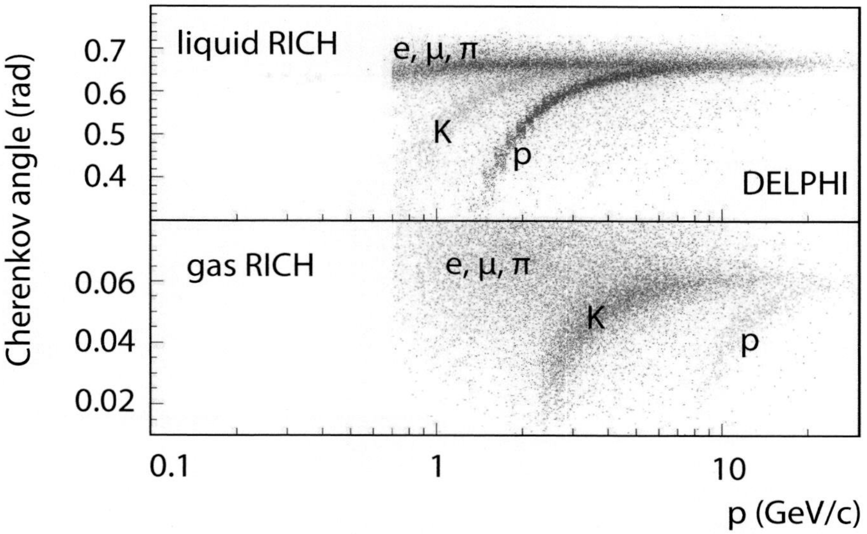

Abb. 11.21 Teilchenidentifikation mit dem RICH-System des DELPHI-Experiments. Aufgetragen ist der Cherenkov-Winkel als Funktion des Impulses für verschiedene Teilchenarten (aus [280]).

möglichst geringer Materialdicke zur Verringerung von Photonkonversionen. Dies wurde durch den gleichzeitigen Nachweis von paarweise erzeugten Elektronen und Positronen in zwei mit Methan (CH_4) gefüllten Gas-RICH-Detektoren erzielt, deren Cherenkov-Schwelle $\gamma_{th} \approx 32$ bei den in den Reaktionen gegebenen Impulsverhältnissen für Elektronen bereits ab Impulsen von etwa 16 MeV/c erreichbar ist. Von Pionen erzeugte Cherenkov-Ringe ($p_{th} \approx 4.5$ GeV/c) sind stark unterdrückt und weisen erst für Impulse oberhalb von 20 GeV/c Ringradien auf, die von den asymptotischen Cherenkov-Ringen der Elektronen bzw. Positronen nicht mehr getrennt werden können.

Abbildung 11.22 zeigt den Aufbau des Experiments [49], in dem die beiden RICH-Systeme ineinander geschachtelt sind. Cherenkov-Strahlung emittierende Teilchen erzeugen Ringe in beiden RICH-Detektoren. Die supraleitenden Spulen erzeugen ein lokales Magnetfeld, dessen ablenkende Wirkung im Wesentlichen auf ein kleines Volumen zwischen RICH-1 und RICH-2 beschränkt ist. Elektronen und Positronen werden dort in der transversalen Ebene in verschiedene Richtungen abgelenkt, so dass aus der Ringversetzung zwischen UV-Detektor 1 und UV-Detektor 2 Ladungsvorzeichen und Impuls bestimmt werden können. Mit Hilfe der Korrekturspulen wird dafür gesorgt, dass in Strahlrichtung vor den Hauptspulen nahezu kein Magnetfeld existiert und hinter ihnen der Feldverlauf nahezu parallel zu den Trajektorien der aus dem Target kommenden Teilchen ist, so dass dort keine Ablenkung erfolgt. Die mit UV-durchlässigen Eintrittsfenstern versehenen und mit He + C_2H_6 + TMAE gefüllten Photondetektoren weisen die Cherenkov-Ringe nach. Das Ausleseprinzip folgt dem in Abb. 11.15 auf Seite 455 erläuterten mehrstufigen Schema eines Parallelplattendetektors.

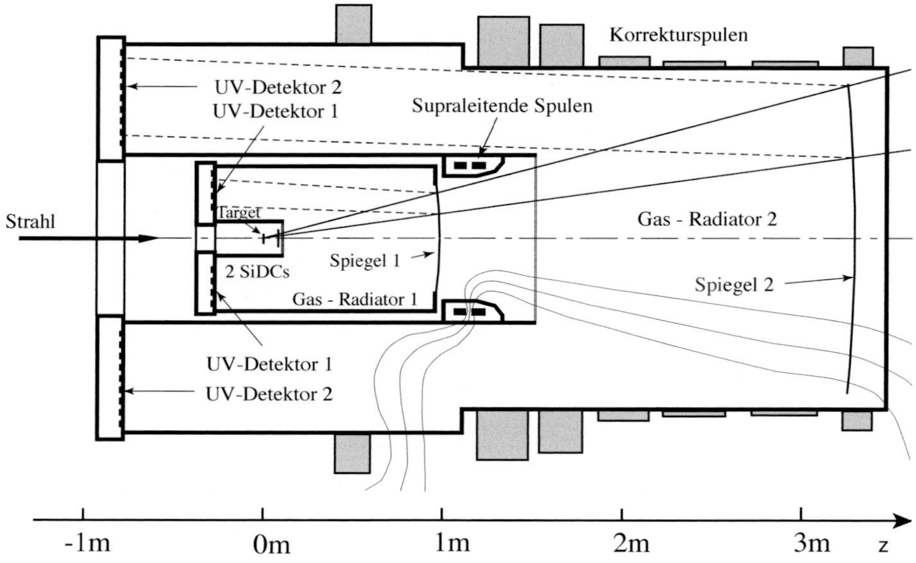

Abb. 11.22 'Hadronblindes' Experiment CERES (NA45) am Schwerionen-Strahl des CERN SPS (*fixed target*-Experiment) [50] (mit freundl. Genehmigung von Elsevier). Die Hauptelemente sind zwei ineinander gesetzte Gas-Cherenkov-Detektoren. Cherenkov-Strahlung wird über Spiegel auf zwei UV-RICH-Detektoren fokussiert. Die strahlenden Elektronen bzw. Positronen werden durch ein Magnetspektrometer zwischen RICH-1 und RICH-2 sehr lokal azimutal abgelenkt (siehe Text). Die UV-Detektoren sind in Abb. 11.15 gezeigt.

Abbildung 11.23 zeigt Cherenkov-Ringe in den beiden RICH-Detektoren des CERES-(NA45)-Experiments. Gezeigt sind Cherenkov-Ringe von e^+e^--Paaren in einer p+Be - Kollision (a),(b), die wenig Untergrund hat, und einer S+Au - Kollision (c),(d), bei der die e^+e^--Ringe aus einem Untergrund von Pionen erkannt werden müssen. Die Ringmittelpunkte sind in UV-Detektor 2 jeweils weiter voneinander entfernt als in UV-Detektor 1, verursacht durch das lokale Magnetfeld zwischen RICH-1 und RICH-2.

Aerogel-RICH des Belle-II-Experiments mit Proximity-Fokussierung Wird Proximity-Fokussierung bei RICH-Detektoren verwendet, so kann die Photonenausbeute durch einen dickeren Radiator erhöht werden. Dies hat allerdings den Nachteil, dass die Winkelauflösung für Einzelphotonen verschlechtert wird, weil der Emissionspunkt in einem dickeren Radiator schlechter aufgelöst wird (vergleiche Abb. 11.18 und Gleichung(11.25)). Diese Limitierung der Auflösung kann überwunden werden, wenn man den Radiator so aufbaut, dass der Brechungsindex in Stufen ansteigt, wie in Abb. 11.24 gezeigt. In Aerogel ist es möglich, durch Variation der Dichte den Brechungsindex nahezu kontinuierlich zu variieren. Durch ein Radiatordesign wie in Abb. 11.24 wird eine fokussierende Wirkung der Cherenkov-Strahlung bewirkt [525]. Ein derartiges Konzept mit einem Aerogel-Radiator mit zwei Schichten ist für das 2016 in Betrieb gehende Belle-II-Experiment am e^+e^--Speicherring SuperKEKB in Japan im Aufbau [459, 645].

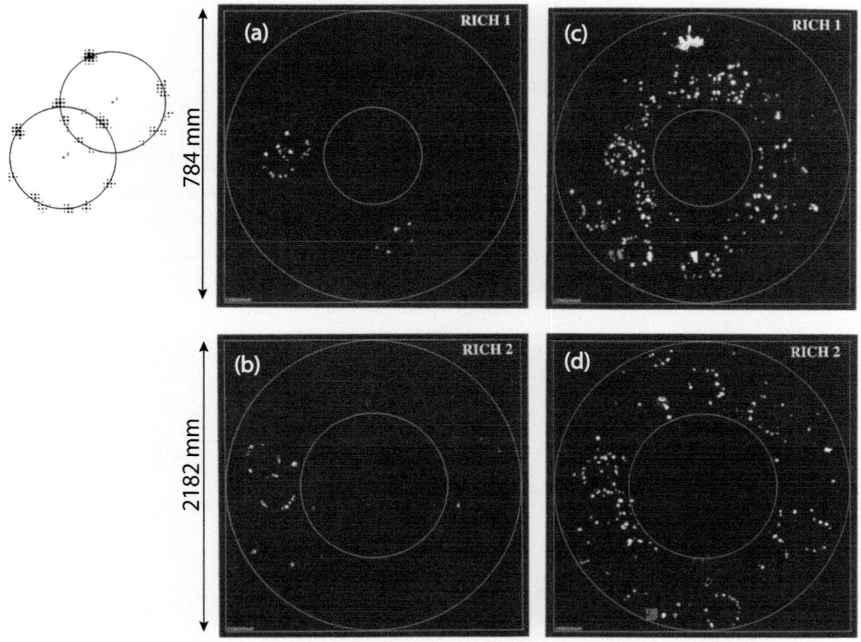

Abb. 11.23 Cherenkov-Ringe in den beiden RICH-Detektoren des CERES(NA45)-Experiments ([130], mit freundl. Genehmigung von Elsevier). Gezeigt sind Cherenkov-Ringe von e^+e^--Paaren in einer nahezu untergrundfreien p+Be - Kollision aus dem Zerfall von $\pi^0 \to e^+e^-\gamma$ (a),(b) und einer S+Au - Kollision (c),(d) mit Untergrund von Pionen, jeweils in RICH-1 (a),(c) und RICH-2 (b),(d). Links ist eine vergrößerte Darstellung der Ringe in (a) gezeigt, bei der die Elektroden des UV-Detektors (siehe Abb. 11.15) gezeigt sind, die ein Signal oberhalb einer Schwelle haben. Ringpaare erscheinen in RICH-1 und RICH-2 an etwa gleichen Positionen (etwa bei einer Uhrzeigerposition von 9h in allen Bildern). In (c),(d) sind weitere asymptotische Einzelringe sichtbar.

Verwendung der RICH-Technik zum Neutrino-Nachweis Ein Beispiel für einen Cherenkov-Detektor, der das RICH-Prinzip zum direkten Nachweis von Neutrino-Reaktionen verwendet, ist das Super-Kamiokande-Experiment in Japan [356], mit dem Neutrino-Oszillationen entdeckt wurden, und zwar sowohl mit Neutrinos aus der Atmosphäre [355] als auch mit Sonnenneutrinos [448] (siehe auch Abschnitt 16.6). Das Experiment und sein Vorgänger Kamiokande wurden ursprünglich konzipiert für die Untersuchung des Protonzerfalls in der Reaktion $p \to \pi^0 + e^+$, bei der das Positron Cherenkov-Strahlung erzeugt.

Der Detektor besteht aus einem großen, 1000 m unter der Erdoberfläche installierten, zylindrischen Wassertank (50 000 t ultrareines Wasser) von etwa 42 m Höhe und 39 m Durchmesser (Abb. 16.25 auf Seite 699). Das Wasservolumen ist zur Unterdrückung des Untergrundes durch eine schwarze Folie optisch in ein inneres und ein äußeres Volumen unterteilt, und Lichtsignale werden von insgesamt circa 13 000 großen Photovervielfachern (PMT) ausgelesen, die auf der Wand des Tanks installiert sind (Abb. 10.7 auf Seite 419).

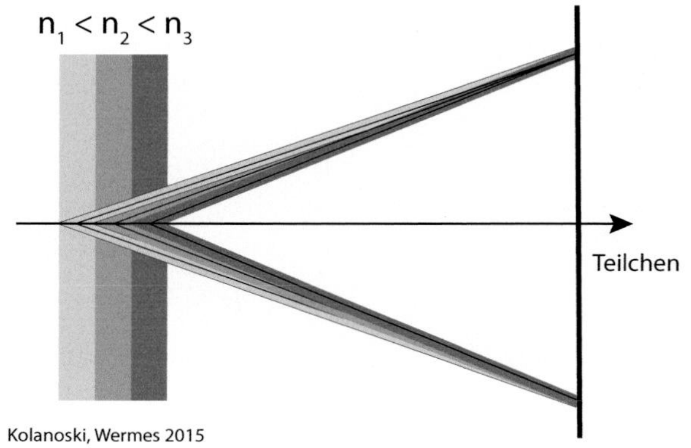

Abb. 11.24 Fokussierungseffekt durch inhomogene Aerogel-Radiatorschichtung [614].

Das Ziel des Experiments sind der Nachweis und die Unterscheidung von Elektron- und Myon-Neutrinos durch die Reaktionen

$$\nu + e^- \rightarrow e^- + \nu \tag{11.41}$$

$$\nu + \mathrm{N} \rightarrow l^- + X \tag{11.42}$$

also Streuung von $\nu = \nu_{e,\mu,(\tau)}$ an Hüllenelektronen oder Kernen N des Wassermoleküls. Das erzeugte Lepton im Endzustand der Reaktionen (11.42) lässt auf die Art des Neutrinos schließen, welches die Reaktion ausgelöst hat.

Es gibt keine fokussierenden Elemente in dem Super-Kamiokande-Detektor. Das an der Tankwand registrierte Licht hat seinen Ursprung aus der kegelförmig über der gesamten Laufstrecke der erzeugten Elektronen oder Myonen im Tank emittierten Cherenkov-Strahlung. Es sind daher keine scharf abgebildeten Ringe wie in den vorherigen RICH-Detektor-Beispielen, sondern sie sind laufstreckenabhängig verbreitert.

Die interessierenden Signale in Super-Kamiokande sind GeV-Myon- oder Elektron-Neutrinos, die in der Atmosphäre entstehen, und MeV-Elektron-Neutrinos aus der Sonne. Die atmosphärischen ν_μ wechselwirken mit den Wasserstoff- beziehungsweise Sauerstoffkernen des Wassertanks und erzeugen dabei Myonen, die oft noch im Detektorvolumen

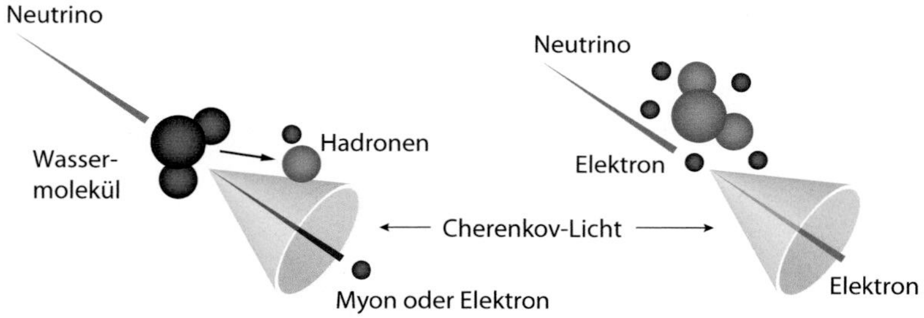

Abb. 11.25 Neutrino-induzierte Reaktionen [761] im Super-Kamiokande-Detektor. Neutrinos streuen an Kernen (links) oder an Hüllenelektronen (rechts) und erzeugen Elektronen oder Myonen im Endzustand, die Cherenkov-Strahlung kegelförmig abstrahlen.

nach einer kurzen Flugstrecke stoppen (*fully contained*). Myonen oder Elektronen, die aus dem kosmischen Schauer und nicht aus einer Neutrinoreaktion in den Detektor gelangen sind Untergrund. Niederenergetische Neutrino-Reaktionen (E $\lesssim$ 1 GeV) sind in der Regel quasi-elastisch und haben nur das Lepton (μ oder e) im Endzustand (zum Beispiel wie in Abb. 11.25(b)). Bei höheren Energien können auch einzelne Pionen oder mehrere Hadronen zusätzlich zu dem Lepton erzeugt werden (Abb. 11.25(a)). Höherenergetische Myonen können auch den Detektor verlassen (*partially contained*), Elektronen in der Regel nicht.

Ringförmige Muster mit scharfem äußerem Rand werden durch *Fully-contained*-Myonen aus Neutrinoreaktionen erzeugt. Hochenergetischere Myonen aus der kosmischen Strahlung, die meist eine größere Strecke im Detektorvolumen durchlaufen, erzeugen Lichtsignale in vielen PMTs innerhalb ihres Cherenkov-Kegels und können bereits dadurch als Untergrund erkannt werden. Außerdem erzeugen sie Licht in beiden Detektorvolumina, während für Neutrino-induzierte Signale verlangt wird, dass sie aus einem Bereich des inneren Volumens (*fiducial volume*) stammen und kein Signal in dem äußeren Volumen erzeugt haben.

Streuung der strahlenden Teilchen (Elektron oder Myon) verursacht weitere Formveränderungen der Ringe. Elektronen verlieren im Wassertank Energie durch Bremsstrahlung und können aufschauern (Abb. 11.26(a)). Myonen werden nur durch Coulomb-Vielfachstreuung abgelenkt (Abb. 11.26(b)).

Die Schärfe des äußeren Randes eines Cherenkov-Ringes kann effizient genutzt werden, um ν_e-induzierte von ν_μ-induzierten Reaktionen zu unterscheiden, was das entscheidende Kriterium für die ν-Oszillations-Messungen ist. Die Ringidentifikation erlaubt eine Rekonstruktion der Richtung von zum Beispiel Elektronen aus Sonnenneutrino-Reaktionen (Abb. 11.26(a)) mit einer Auflösung von etwa 25° bei 10 MeV [448].

11.7 Der DIRC-Detektor (Detection of Internally Reflected Cherenkov-Light)

Eine spezielle Art von RICH-Detektor wurde für die π/K-Trennung im BaBar-Experiment am Stanford Linear Accelerator Center (SLAC) entwickelt [257, 34]. Das Prinzip ist in Abb. 11.27 dargestellt [34].

Der so genannte DIRC-Detektor (*Detection of Internally Reflected Cherenkov-light*) führt das Cherenkov-Licht winkelerhaltend durch Totalreflexion in Quarzstäben aus dem Detektorvolumen heraus. Außerhalb wird es auf eine dicht gepackte flächige Anordnung von Photovervielfachern abgebildet, auf der die Cherenkov-Ringe rekonstruiert werden. Auf der nicht ausgelesenen Seite sind die Quarzstäbe verspiegelt, so dass dorthin totalreflektiertes Licht gespiegelt und ebenfalls auf die Ausleseflächе abgebildet wird. Der DIRC-Detektor ist speziell für die wissenschaflichen Fragestellungen an einer so genannten B-Mesonen-Fabrik konstruiert, einem e^+e^- -Speichering (siehe Tab. 2.2 auf Seite 16)

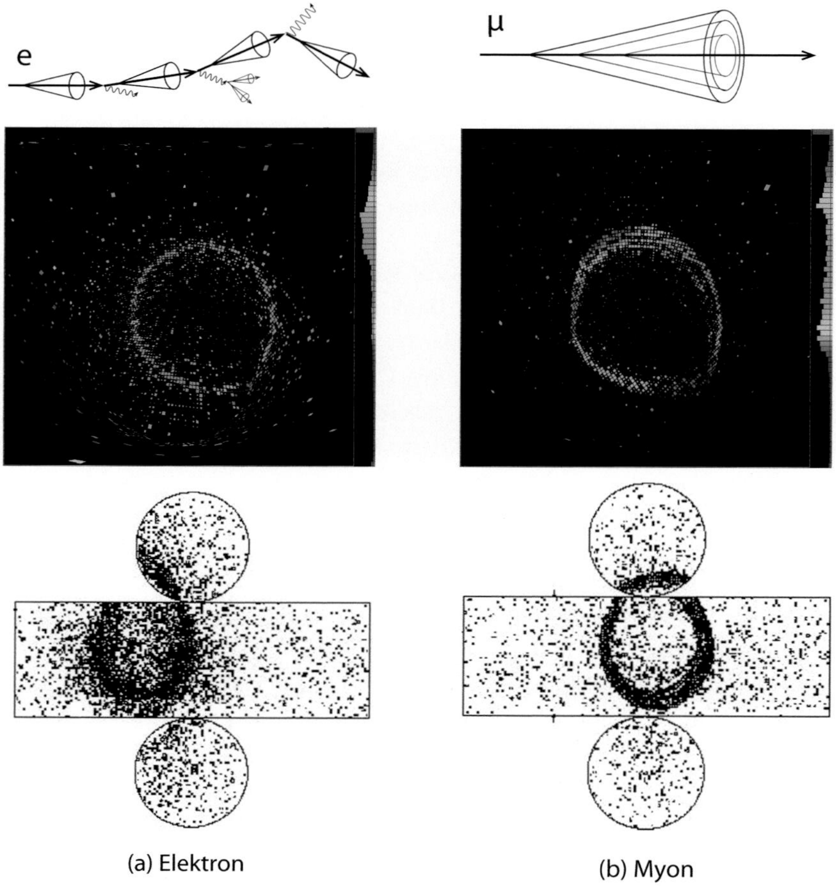

Abb. 11.26 Beispiele von je zwei verschiedenen Elektron- und Myon-Ereignissen im Super-Kamiokande-Experiment. (a) Elektronen verlieren Energie durch Bremsstrahlung und können aufschauern (oben). Die Ränder der Cherenkov-Ringe sind unscharf, wie die beiden Beispiele verschiedener Ereignisse (Mitte und unten [482]) zeigen. (b) Myonen erzeugen Ringe, wenn sie gestoppt werden, was der auf Seite 453 besprochenen Proximity-Fokussierung entspricht, oder sie erzeugen Kegel beziehungsweise gefüllte Ringe (hochenergetische Myonen, oben). Die Ränder sind vergleichsweise scharf (Mitte und unten [482]). Quelle: Kamioka Obs., Univ. Tokyo, und Super-Kamiokande.

mit Schwerpunktenergien um 10 GeV, bei dem eine sehr gute π/K-Trennung im Impulsbereich bis etwa 5 GeV/c notwendig ist.

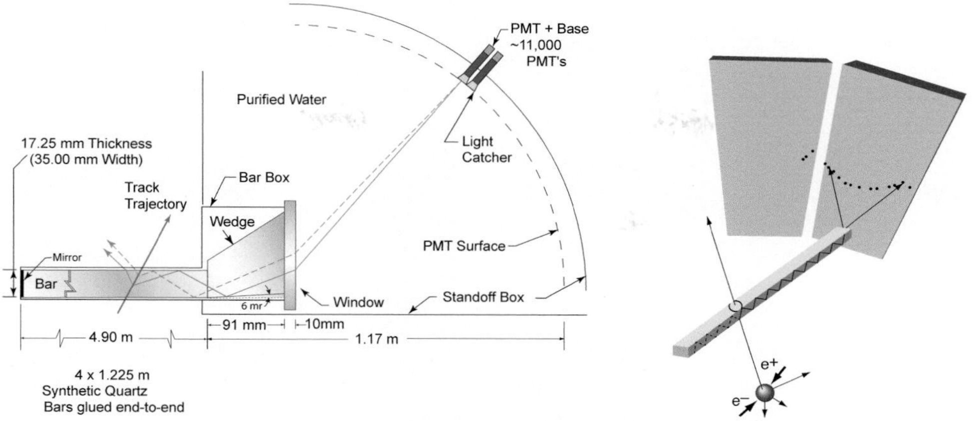

Abb. 11.27 Das Prinzip des DIRC-Detektors (nach [34]). Geladene Teilchen erzeugen im Quarzstab Cherenkov-Licht, das winkelerhaltend nach außen geführt und auf den Photondetektor abgebildet wird. Lichtanteile, die nicht total reflektiert werden, gehen verloren. (Abdruck mit freundl. Genehmigung der BaBar-Kollaboration).

Die Bedingung für Totalreflexion bei einem Übergang von einem Material mit Brechungsindex $n > 1$ zu Luft ($n_0 \approx 1$) ist $\sin\alpha > 1/n$. Im Fall des senkrechten Eintritts eines geladenen Teilchens in den rechtwinkligen Stab (Abb. 11.28(a)) gilt:

$$\begin{aligned} \sin\alpha_1 &= \sin\theta_c = \sqrt{1 - \frac{1}{\beta^2 n^2}} > \frac{1}{n} \\ \Longrightarrow \quad \text{für } \beta = 1: &\quad 1 - \frac{1}{n^2} > \frac{1}{n^2} \Rightarrow n > \sqrt{2}\,. \end{aligned} \tag{11.43}$$

Für ein Radiatormaterial mit einem Brechungsindex (ausreichend) größer als $\sqrt{2}$ wird daher immer ein Teil der durch geladene Teilchen ausgelösten Cherenkov-Strahlung an der Grenzfläche total reflektiert und wird durch Mehrfachreflexionen zum Ende des Stabes transportiert. Anders als bei senkrechtem Eintritt geht für geneigte Spuren (Abb. 11.28(b)) etwa die Hälfte der Cherenkov-Strahlung verloren, wenn die Totalreflexionsbedingung nicht mehr erfüllt ist, die andere Hälfte erfüllt die Bedingung aber in jedem Fall, so dass immer ein Anteil des Lichtes den Photondetektor erreicht, wenn (11.43) erfüllt ist.

Quarz mit einem Brechungsindex von $n = 1.47$ (bei $\lambda = 400$ nm) ist daher als Radiator sehr gut geeignet. Darüber hinaus besitzt Quarz für Licht im Bereich des Cherenkov-Spektrums (UV) eine große Absorptionslänge, geringe chromatische Aberration und gute Eigenschaften für die optische Bearbeitung.

Eine Zahl von 144 fast 5 m langen, rechteckigen Quarzstäben (17.25×35 mm^2) sind außerhalb der zentralen Driftkammer ringförmig angeordnet und decken den Barrel-Bereich des BaBar-Detektors ab (Abb. 11.29(a)). Das Licht wird an dem nicht-verspiegelten Ende über ein Auskoppelprisma in ein mit sehr reinem Wasser gefülltes Volumen auf die Matrix von Photovervielfachern (PMTs) abgebildet. Wasser hat einen Brechungsindex, der nahe genug an dem von Quarz liegt, so dass die Reflexionsverluste an der

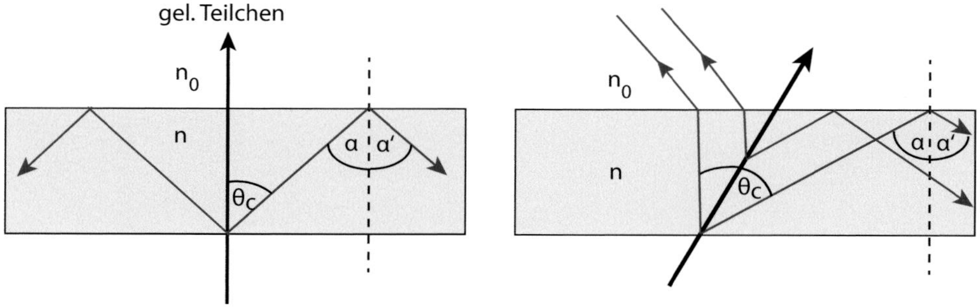

(a) senkrechter Einfall (b) schräger Einfall

Abb. 11.28 Zusammenhang zwischen Cherenkov-Winkel und Totalreflexion. (a) bei senkrechtem Einfall eines geladenen Teilchens; (b) bei schrägem Einfall.

Quarz/Wasser-Grenzfläche tolerierbar sind. Eine Abschrägung der Prismaunterseite von 6 mrad (siehe Abb. 11.27) bewirkt, dass die Reflexion an dieser Fläche fokussierend wirkt und Cherenkov-Photonen aus derselben Quelle weitgehend auf denselben Photovervielfacher abgebildet werden. Diese Art der Auskopplung vermeidet zusätzliche Spiegel und verringert die notwendige Detektorfläche.

Bei senkrechtem Teilchendurchgang ($\beta \approx 1$) werden etwa 1000 Cherenkov-Photonen im Quarzstab erzeugt. Weniger als die Hälfte wird im Stab durch Totalreflexion behalten. Nach Vielfachreflexion und Auskopplung erreichen etwa 10–20 Photonen den Photonde-

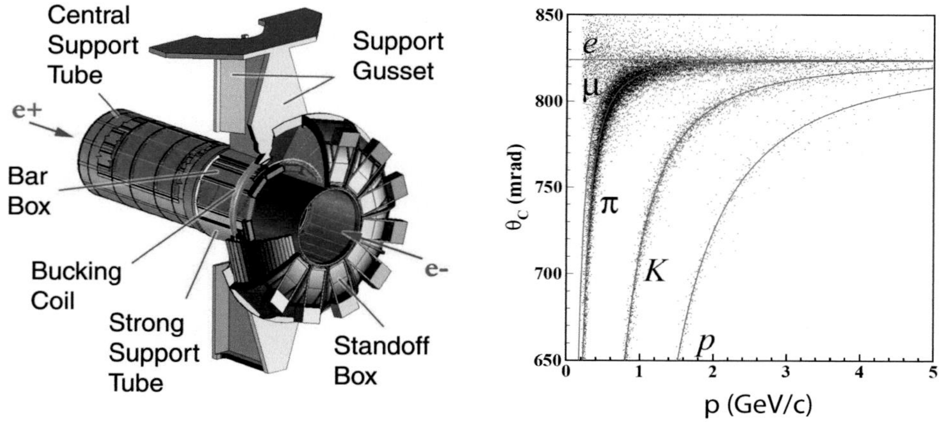

(a) BABAR-DIRC (b) Teilchentrennung mir dem DIRC

Abb. 11.29 (a) Anordnung des DIRC-Detektors im BaBar-Experiment. Die Quarzstäbe sind tonnenförmig in der *Bar Box* über die ganze Länge des Detektors angeordnet. Das Cherenkov-Licht wird in die mit Photovervielfachern gefüllte *Standoff Box* abgebildet. (b) Erreichte Teilchenidentifikation mit dem DIRC-Detektor von BaBar. Gezeigt sind die gemessenen Cherenkov-Winkel für e, μ, π, K, p als Funktion des Teilchenimpulses [34]. (Quelle: BaBar-Kollaboration und SLAC.)

tektor, bei sehr steilem Einfallswinkel des Teilchens (mit deutlich größerer Weglänge im Radiator) bis zu 80 Photonen [728].

Die Photovervielfacher auf der Nachweisfläche messen Ort und Zeit relativ zur Strahlkollision der eintreffenden Cherenkov-Photonen, woraus der Cherenkov-Winkel der emittierten Strahlung rekonstruiert wird. Die Zeitmessung gibt Information über den zurückgelegten Lichtweg im Quarzstab ($\sigma_z \approx 10$ cm), der wiederum in direktem Zusammenhang mit dem Anfangswinkel der Photonen relativ zur Staboberfläche steht, weil steilere Winkel mehr Reflexionen und längere Wege zur Folge haben. Da der Auftreffwinkel des geladenenen Teilchens bekannt ist, stellt somit die Photonlaufzeitmessung bei hinreichender Auflösung prinzipiell eine unabhängige Bestimmung des Cherenkov-Winkels dar [141].

In Abbildung 11.29(a) ist die Anordnung des DIRC-Detektors im BABAR-Experiment gezeigt, und in Abb. 11.29(b) sind gemessene Cherenkov-Winkel für verschiedene geladene Teilchen als Funktion des Impulses dargestellt. Eine π/K-Teilchentrennung ($2\,\sigma$) wird über einen Impulsbereich bis 4.2 GeV/c erreicht [34].

Weitere Experimente, die Ring-abbildende Cherenkov-Detektoren zur Teilchenidentifikation verwenden, sind in Kapitel 14 erläutert.

11.8 Cherenkov-Strahlung in Astroteilchenphysik-Experimenten

In der Astroteilchenphysik findet Cherenkov-Strahlung als Nachweistechnik vielfältige Anwendung. Dabei wird neben Wasser oder Eis auch die Erdatmosphäre als Radiator verwendet, in der hochenergetische Teilchen Luftschauer auslösen. Die geladenen Teilchen des Schauers, deren Geschwindigkeit oberhalb der Cherenkov-Schwelle liegt (vornehmlich Elektronen und Positronen), strahlen Cherenkov-Strahlung ab, die als Strahlung insgesamt (kalorimetrisch) oder auch abbildend nachgewiesen werden kann.

Man kann die Experimente der Astroteilchenphysik, die Cherenkov-Strahlung verwenden, danach einteilen, wie die Strahlung für die jeweiligen wissenschaftlichen Ziele eingesetzt wird:

– Experimente wie das im Abschnitt 11.3 auf Seite 467 besprochene Super-Kamiokande-Experiment, bei dem Cherenkov-Ringe zum Nachweis und zur Identifikation von nieder- bis mittelenergetischen Neutrinoreaktionen gemessen werden.
– Experimente mit Hochenergie-Neutrinos wie IceCube [514] oder ANTARES [263], die die Richtung und die Ankunftszeit der Cherenkov-Strahlung ausnutzen, um die aus der Neutrinoreaktion stammende Teilchenspur oder -kaskade räumlich zu rekonstruieren. Die Experimente nutzen riesige Volumina im Polareis beziehungsweise im Meerwasser, in denen die Cherenkov-Strahlung nachgewiesen wird.
– So genannte *Imaging Atmospheric Cherenkov Telescopes* (IACTs), die das Cherenkov-Licht fokussierend abbilden, um ein Bild des Luftschauers zu erhalten, die aber keine Cherenkov-Ringe explizit rekonstruieren. Diese Methode wird für den Nachweis hoch-

energetischer (oberhalb von 100 GeV) Gammastrahlung verwendet. Eines oder mehrere Cherenkov-Teleskope tasten den von der Cherenkov-Strahlung des Luftschauers überdeckten Abstrahlungskegel ab, wie in Abb. 16.22 auf Seite 694 dargestellt. Beispiele für diese Messmethodik sind H.E.S.S. [434], MAGIC [570] und VERITAS [794].

- Experimente, die das Cherenkov-Licht als Maß für den Energieverlust von Schauerteilchen nutzen (AUGER [20], IceTop [11]). Die Teilchen eines Luftschauers mit $\gamma > 1.34$ beziehungsweise $\gamma > 1.31$ (siehe Tab. 11.1) erzeugen Cherenkov-Licht in Wasser- (AUGER) oder Eistanks (IceTop). Die Lichtmenge ist etwa proportional zum Energieverlust dE/dx der Teilchen in dem Detektorvolumen. Die in allen Tanks insgesamt deponierte Energie lässt Rückschlüsse auf die Energie des den Schauer auslösenden Primärteilchens zu.
- Experimente, die in klaren Nächten das Cherenkov-Licht aus Luftschauern nicht-fokussierend zur kalorimetrischen Bestimmung der Energie des Schauers detektieren. Das TUNKA-Experiment [212] am Baikalsee ist ein Beispiel.

Für eine ausführlichere Beschreibung von Experimenten der Astroteilchenphysik wird auf Kapitel 16 verwiesen.

12 Übergangsstrahlungsdetektoren

Übersicht

Eine Änderung elektromagnetischer Felder führt zur Emission elektromagnetischer Strahlung. Im Falle eines bewegten geladenen Teilchens kann dies durch eine Geschwindigkeits- und/oder Richtungsänderung (Bremsstrahlung an Atomkernen oder Synchrotronstrahlung bei Ablenkung einer Ladung im Magnetfeld, auch im Vakuum) erfolgen oder durch eine Änderung der dielektrischen Umgebung des umgebenden Mediums. Strahlung wird ebenfalls emittiert, wenn ein geladenes Teilchen von einem Medium mit bestimmten elektromagnetischen Eigenschaften (charakterisiert durch ϵ, μ oder den Brechungsindex $n = \sqrt{\epsilon\mu}$) plötzlich in ein anderes Medium übergeht. Bei dem Übergang müssen sich die elektromagnetischen Felder, charakteristisch für das Teilchen und seine jeweilige Umgebung, (selbst bei gleichförmiger Bewegung) umorganisieren. Bei diesem Änderungsprozess werden Anteile des elektromagnetischen Feldes in Form von Strahlung abgegeben.

Vereinfacht kann man sagen, dass die Änderung des Verhältnisses

$$\frac{\vec{v}}{c_{ph}} = \vec{v}\,\frac{n}{c_0} \tag{12.1}$$

zu Brems- oder Synchrotronstrahlung führt, wenn die Teilchengeschwindigkeit $\vec{v}$ sich ändert. Die Änderung der Phasengeschwindigkeit c_{ph} in einem Medium durch Änderung von n führt zu Übergangsstrahlung (*Transition Radiation*, TR) [379].

Da die Intensität der Übergangsstrahlung mit dem Lorentz-Faktor γ eines Teilchens steigt (bis zu einer Sättigung), kann Übergangsstrahlung ausgenutzt werden, um hochenergetische geladene Teilchen mit Geschwindigkeiten $\gamma \gg 100$ zu identifizieren, bei denen Cherenkov-Strahlung unattraktiv wird (siehe dazu Abschnitt 14), weil mit steigendem γ nur noch kleine Änderungen im Cherenkov-Winkel $\Delta\theta_c$ auftreten (siehe Abb. 11.4 auf Seite 442). Detaillierte Abhandlungen zur Übergangsstrahlung und zu Übergangsstrahlungsdetektoren sind in [290, 92] zu finden.

H. Kolanoski, N. Wermes, *Teilchendetektoren*, DOI 10.1007/978-3-662-45350-6_12

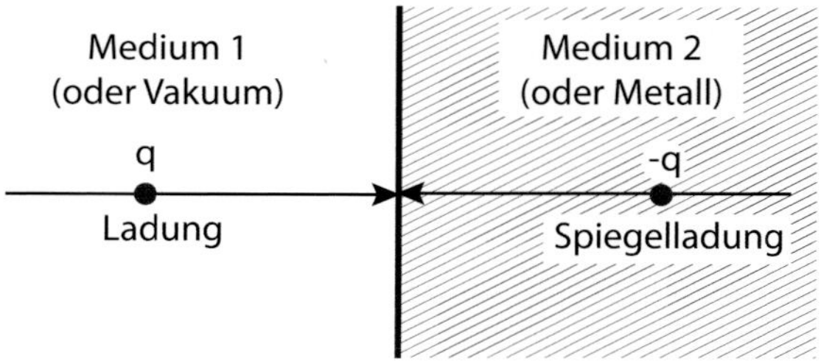

Abb. 12.1 Zur anschaulichen Erklärung der Übergangsstrahlung bei Annäherung einer Ladung an eine Grenzfläche. Die Kombination Vakuum/Metall entspricht einem idealen 'Spiegel' [379].

12.1 Emission von Übergangsstrahlung

Übergangsstrahlung wird emittiert, wenn schnelle geladene Teilchen durch die Grenzfläche von zwei Medien mit unterschiedlichen Brechungsindices treten. Sie wurde 1946 von Ginzburg und Frank [349] vorhergesagt und 1959 von Goldsmith und Jelley [385] erstmals im optischen Wellenlängenbereich beobachtet. Die Abstrahlung im Röntgenbereich durch ultra-relativistische geladene Teilchen und damit die Möglichkeit zur Verwendung für Detektoren wurde 1958 von Garibian [366] gezeigt. Alikhanian [68] führte in den sechziger Jahren wichtige experimentelle Studien zum weiteren Verständnis der Übergangsstrahlung und ihres Nachweises durch.

Die plötzliche Änderung der dielektrischen Eigenschaften des Mediums verlangt eine Änderung des elektrischen Feldes des durchfliegenden Teilchens, damit ein kontinuierlicher Übergang der elektromagnetischen Feldverhältnisse an der Grenzfläche gewährleistet ist, wie ihn die Maxwell-Gleichungen fordern. Übergangsstrahlung mit zum Nachweis hinreichender Intensität resultiert aus einer Überlagerung interferierender Strahlungsfelder von vielen Grenzschichten. Bei geeigneter Abfolge der Grenzschichten hinsichtlich Dicke und Abstand bleibt aus der Vielfachüberlagerung der Strahlungsfelder eine für den Nachweis ausreichende Netto-Intensität übrig. Die Gesamtenergie W der Übergangsstrahlung nimmt mit der Geschwindigkeit γ des durchlaufenden Teilchens zu, bei einer einzelnen Grenzfläche proportional zu γ (siehe Abschnitt 12.4). Wie Bremsstrahlung ist Übergangsstrahlung stark nach vorne gerichtet.

Für eine anschauliche Vorstellung der Übergangsstrahlung betrachten wir eine Ladung in einem Medium, die sich auf ein anderes Medium zu bewegt [379, 290] und seine Umgebung dabei polarisiert. Das Feld von Ladung und polarisierter Umgebung kann als Überlagerung des Feldes der echten Ladung und seiner Spiegelladung, die sich im angrenzenden Medium bewegt, konstruiert werden (Abb. 12.1). In dem Augenblick, in dem die Ladung die Grenzfläche erreicht, erfolgt eine (teilweise) Annihilation mit der Spiegelladung, was Strahlung erzeugt. In dem extremen, nicht-relativistischen Grenzfall einer sich mit konstanter Geschwindigkeit v senkrecht auf eine Metallgrenzfläche zu bewegenden und am Metall komplett gestoppten Ladung ist das Spektrum der Übergangsstrahlung gleich dem von Bremsstrahlung, und die aus der Annihilation von Ladung und Spiegelladung abgestrahlte Energie W pro Raumwinkel $d\Omega$ und Frequenzintervall $d\omega$ entspricht der eines Dipols [349, 378]:

$$\frac{d^2W}{d\omega\, d\Omega} = \frac{\hbar\alpha\, v^2}{\pi^2 c^2} \sin^2\theta\,. \tag{12.2}$$

Für ein relativistisches Teilchen und bei einem Übergang von einem dielektrischen Medium ($\epsilon \neq 1, \mu = 0$) zum Vakuum ($\epsilon = 1$) gilt die Ginzburg-Frank-Formel [349, 290] für die Abstrahlcharakteristik:

$$\frac{d^2W}{d\omega\, d\Omega} = \frac{\hbar\alpha}{\pi^2}\beta^2 \frac{\sin^2\theta\cos^2\theta}{(1-\beta^2\cos^2\theta)^2} \times \left[\frac{(\epsilon-1)(1-\beta^2-\beta\sqrt{\epsilon-\sin^2\theta})}{(1-\beta\sqrt{\epsilon-\sin^2\theta})(\epsilon\cos\theta+\sqrt{\epsilon-\sin^2\theta})}\right]^2 . \tag{12.3}$$

Übergangsstrahlung ist polarisiert, das heißt die Richtung des E-Vektors liegt in der Ebene, die durch die Richtung des emittierenden Teilchens und die der Strahlung aufgespannt wird.

Für hochrelativistische Teilchen ($\gamma > 1000$) wird Übergangsstrahlung mit Energien bis in den harten Röntgenbereich emittiert. Diese Energie ist viel größer als die Bindungsenergie der Elektronen im Festkörper und liegt weit oberhalb der Resonanzfrequenzen eines Mediums. Hier kann das Medium als Elektronengas betrachtet werden, dessen Eigenschaften durch die 'Plasmafrequenz' ω_p beziehungsweise durch die 'Plasmaenergie' charakterisiert werden [467] (in SI-Einheiten):

$$\hbar\omega_p = \sqrt{\frac{e^2 n_e}{m_e \epsilon_0}}\,, \tag{12.4}$$

mit der Elektronendichte n_e (3.16) und der Elektronenmasse m_e. Die Plasmafrequenz ω_p ist die Frequenz kollektiver Schwingungen der Elektronen des Mediums (siehe auch Kapitel 3, Seite 38). Benutzt man die Massendichte ρ in der Einheit g/cm^3 so gilt:

$$\hbar\omega_p \approx 28.8\,\mathrm{eV}\sqrt{\frac{\rho}{\mathrm{g\,cm^{-3}}}\frac{\mathrm{Z}}{\mathrm{A}}}\,. \tag{12.5}$$

Für Luft und einige in Übergangsstrahlungsdetektoren häufig verwendete Materialien wie Mylar[1], Rohacell[2] und andere sind die Plasmaenergien:

Material	Luft	He	Li	Al	Polyethylen	Polypropylen	Mylar	Rohacell
$\hbar\omega_p$ (eV)	0.71	0.26	13.8	32.8	20.53	20.51	24.6	23.09

Weit oberhalb der Resonanzfrequenzen des Mediums kann die Dielektrizitätskonstante ε wie folgt genähert werden [290]:

$$\varepsilon(\omega) = 1 - \frac{\omega_p^2}{\omega^2} =: 1 - \xi_p^2\,, \tag{12.6}$$

[1] Handelsname für Polyethylen-Terephthalat (PET) $C_{10}H_8O_4$

[2] Handelsname für Polymethylmethacrylat (PMMA) $(CH_2CCH_3(COOCH_3)_n$

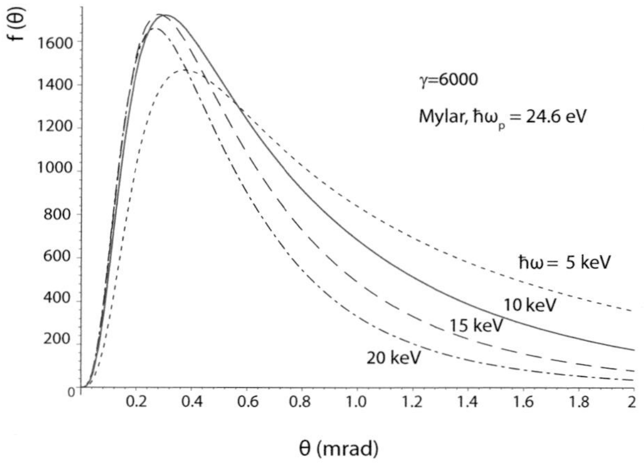

Abb. 12.2 Winkelverteilung der Übergangsstrahlung gemäß (12.8), integriert über ϕ, für eine Luft-Mylar-Grenzschicht; $\theta =$ Winkel der Abstrahlung relativ zur Teilchenflugrichtung (aus [290]).

wobei im Röntgenbereich immer $\xi_p \ll 1$ gilt.

In den nachfolgenden Abschnitten betrachten wir zunächst Abstrahlungscharakteristik und Energiespektrum einer einzelnen Grenzschicht zwischen zwei Medien. Danach gehen wir zu einer Folie (zwei Grenzflächen) und schließlich zu vielen Übergängen über.

12.2 Abstrahlungscharakteristik

Bei einem Übergang zwischen zwei Medien (zum Beispiel Luft/Mylarfolie) bezeichnen wir die jeweiligen Plasmafrequenzen mit ω_{p1} (Luft) und ω_{p2} (Folie). Diese sind die einzigen verbleibenden Materialparameter bei einer einzelnen Grenzfläche. Die Frequenz ω ohne Index bezeichnet die Frequenz der Übergangsstrahlungsphotonen; $\gamma = \frac{E}{m}$ bezieht sich immer auf das geladene, durch die Grenzschicht fliegende Teilchen.

Das Spektrum der Energie W pro Raumwinkel $d\Omega$ und Frequenzintervall $d\omega$, die unter dem Winkel θ abgestrahlt wird, ist näherungsweise gegeben durch [92, 322]:

$$\frac{d^2W}{d\omega d\Omega} \approx z^2 \frac{\hbar\alpha}{\pi^2} \theta^2 \left(\frac{1}{\gamma^{-2} + \xi_{p1}^2 + \theta^2} - \frac{1}{\gamma^{-2} + \xi_{p2}^2 + \theta^2} \right)^2 \tag{12.7}$$

$$\Rightarrow \quad \frac{d^2W}{d\omega d\theta} \approx 2z^2 \frac{\hbar\alpha}{\pi} f(\omega, \theta)\,, \tag{12.8}$$

mit den Näherungen $\gamma \gg 1$; $\omega \gg \omega_{p2} \gg \omega_{p1}$; $\theta \ll 1$ und den Abkürzungen $\xi_{p1} = \omega_{p1}/\omega \ll 1$ und $\xi_{p2} = \omega_{p2}/\omega \ll 1$. Der zweite Term in der Klammer dominiert für kleine Winkel und für $\omega \approx 5$–$20\,\text{keV}$. In (12.8) wurde über ϕ integriert und die Näherung $d\Omega \approx \theta\, d\theta\, d\phi$ verwendet, was eine θ^3-Abhängigkeit von $f(\omega, \theta)$ vor der Klammer erzeugt. Abbildung 12.2 stellt die Verteilung $f(\omega, \theta)$ für verschiedene Photonenergien $\hbar\omega$ bei einer Luft/Mylar-Grenzschicht dar.

Übergangsstrahlung wird azimutal symmetrisch in einem Kegel (ohne scharfen Rand) um die Flugbahn des emittierenden Teilchens abgestrahlt, mit einer maximalen Intensität bei einem durch die Teilchengeschwindigkeit und die Plasmafrequenzen ω_{p1}, ω_{p2}

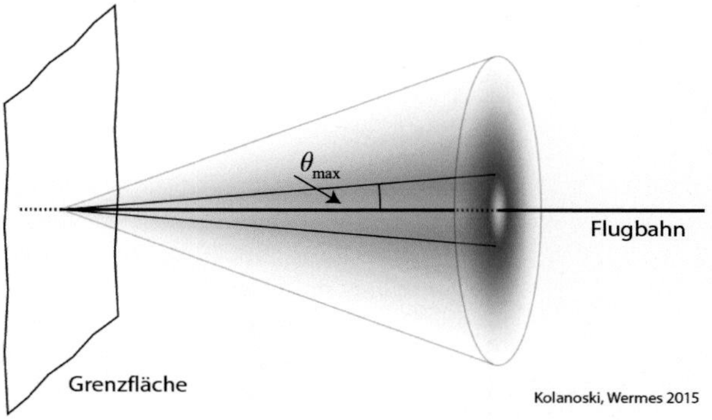

Abb. 12.3 Perspektivische Darstellung der Abstrahlungscharakteristik bei Übergangsstrahlung. θ_{max} ist der Winkel, unter dem die Intensität der Abstrahlung maximal ist.

gegebenen Winkel und nach außen abfallender Intensität. Anders als bei der Cherenkov-Strahlung (Kapitel 11) erfolgt die Abstrahlung nicht bei einem festen Winkel, sondern gemäß der in (12.7) angegebenen Verteilung, wie in Abb. 12.3 dreidimensional dargestellt. Falls, wie häufig der Fall, $\omega_{p2} \gg \omega_{p1}$ ist, liegt der wahrscheinlichste Abstrahlwinkel (*most probable value*, mpv) ungefähr bei [244]

$$\theta_{\text{mpv}} \approx \sqrt{\gamma^{-2} + \left(\frac{\omega_{p1}}{\omega}\right)^2} \approx \frac{1}{\gamma}, \tag{12.9}$$

wobei die letzte Näherung nur bei einem entsprechenden Verhältnis von Teilchengeschwindigkeit γ und Abstrahlenergie ω/ω_{p1} gilt, zum Beispiel bei harter Röntgenabstrahlung (> einige keV) und $\gamma \approx 1000$. Die Verteilung dehnt sich größenordnungsmäßig bis

$$\theta_{\text{rms}} \approx \sqrt{\gamma^{-2} + \left(\frac{\omega_{p2}}{\omega}\right)^2} \tag{12.10}$$

aus [290].

Gleichung(12.7) gilt ebenfalls für schrägen Eintritt des Teilchens auf die Grenzfläche [367], sofern man den Winkel θ relativ zur Richtung des strahlenden Teilchens (und nicht zur Grenzfläche) definiert.

12.3 Energiespektrum

Integration von Gleichung (12.7) über Ω ergibt das Energiespektrum [245, 92]:

$$\frac{dW}{d(\hbar\omega)} \approx z^2 \, \frac{\alpha}{\pi} \left[\left(\frac{\omega_{p2}^2 + \omega_{p1}^2 + 2\omega^2/\gamma^2}{\omega_{p2}^2 - \omega_{p1}^2} \right) \ln \left(\frac{\omega_{p2}^2 + \omega^2/\gamma^2}{\omega_{p1}^2 + \omega^2/\gamma^2} \right) - 2 \right]. \tag{12.11}$$

In Abbildung 12.4 ist das Spektrum für eine Grenzfläche Polyethylen-Vakuum dargestellt. Abhängig von dem Verhältnis $\omega/\gamma\omega_p$ erkennen wir drei Bereiche:

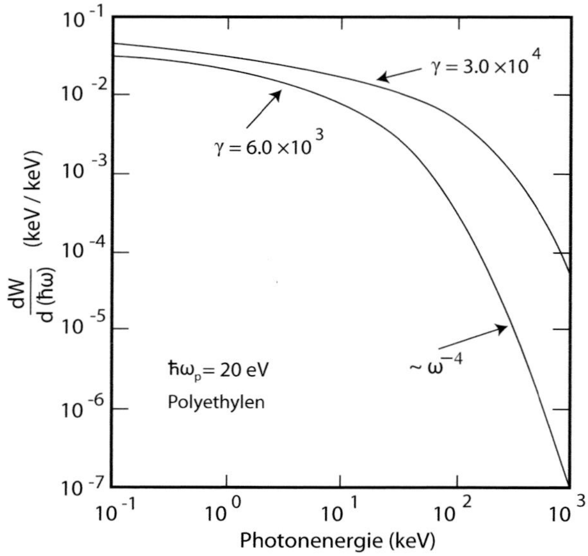

Abb. 12.4 Spektrale Energieverteilung der Übergangsstrahlung für Polyethylen und zwei verschiedene Teilchenenergien γ (aus [290], mit freundl. Genehmigung von Elsevier).

1. $\omega \ll \gamma\omega_{p2}$: In diesem Bereich (typischer Röntgenbereich von etwa 0.1 keV bis 10 keV) ist die Abhängigkeit von ω schwach. Die Intensität ist nahezu konstant und ist für $\omega_{p2} \gg \omega_{p1}$ gegeben durch

$$\frac{dW}{d(\hbar\omega)} \approx 2z^2 \frac{\alpha}{\pi} \left[\ln\left(\frac{\omega_{p2}}{\omega_{p1}}\right) - 1 \right] . \tag{12.12}$$

Die Ausdehnung dieses nahezu flachen Bereichs wächst mit steigendem γ des strahlenden Teilchens.

2. $\gamma\omega_{p1} < \omega < \gamma\omega_{p2}$: Die Intensität steigt logarithmisch mit γ und fällt logarithmisch mit ω ab:

$$\frac{dW}{d(\hbar\omega)} \approx 2z^2 \frac{\alpha}{\pi} \left[\ln\left(\frac{\gamma\omega_{p2}}{\omega}\right) - 1 \right] . \tag{12.13}$$

3. $\omega \gg \gamma\omega_{p2}$: Die Intensität steigt mit der vierten Potenz von γ und fällt mit der vierten Potenz von ω:

$$\frac{dW}{d(\hbar\omega)} \approx z^2 \frac{\alpha}{6\pi} \left(\frac{\gamma\omega_{p2}}{\omega}\right)^4 . \tag{12.14}$$

Diese Abhängigkeit ergibt sich, wenn man den Logarithmus von $1 + z$ für kleine $z = \omega_{p2}^2\gamma^2/\omega^2$ bis zur dritten Ordnung entwickelt.

Die Größe $\gamma\omega_{p2}$ stellt somit für den einfachen Übergang eine obere Frequenzgrenze für die Intensitätsausbeute dar.

12.4 Photonenausbeute

Integration von (12.11) über $\hbar\omega$ ergibt die insgesamt abgestrahlte Energie der Übergangsstrahlung für *einen* Übergang:

$$W = z^2 \frac{\hbar\alpha}{3} \gamma \frac{(\omega_{p2} - \omega_{p1})^2}{\omega_{p2} + \omega_{p1}} \approx \frac{z^2\alpha}{3} \gamma \, \hbar\omega_{p2} \,, \tag{12.15}$$

wobei für die rechte Seite $\omega_{p2} \gg \omega_{p1}$ verwendet wurde. Die Gesamtintensität ist direkt proportional zum Lorentzfaktor γ des Teilchens und zur Plasmafrequenz des Mediums mit dem größeren ω_p.

Die Abfolge der Schichten des Übergangs spielt für die Gesamtintensität keine Rolle; der Übergang Folie/Luft liefert den gleichen Beitrag wie der bei Luft/Folie. Die insgesamt abgestrahlte Energie wächst linear mit $\gamma = \frac{E}{m}$ des Teilchens, was daraus resultiert, dass das Spektrum für höhere γ weniger steil abfällt (Abb. 12.4).

Um die mittlere Photonenausbeute zu berechnen, nehmen wir an, dass Photonen mit einer Frequenz kleiner als $\omega_{\min}$ (zum Beispiel wegen Absorption oder einer Nachweisschwelle im Detektor) nicht nachgewiesen werden. Für einen Folie/Vakuum-Übergang mit der Plasmafrequenz der Folie ω_{p2} erhalten wir [621, 467]:

$$\langle N_\gamma \rangle_{\omega > \omega_{\min}} = \int\limits_{\hbar\omega_{\min}}^{\infty} \frac{1}{\hbar\omega} \frac{dW}{d(\hbar\omega)} d(\hbar\omega) = z^2 \frac{\alpha}{\pi} \left[\left(\ln \frac{\gamma\omega_{p2}}{\omega_{\min}} - 1 \right)^2 + \frac{\pi^2}{12} \right] . \tag{12.16}$$

Die Zahl der abgestrahlten Photonen für einen einzelnen Übergang ist von der Größenordnung $\alpha = \frac{1}{137}$, also sehr gering. Für eine Polyethylenfolie mit $\hbar\omega_{p2} \approx 20\,\text{eV}$ und bei einer Schwellenenergie von 1 keV erhalten wir für ein 5-GeV-Elektron ($\gamma = 10^4$) eine mittlere Photonenzahl von $\langle N_\gamma \rangle \approx 6.7\,\alpha \approx 0.05$. Für den Bau eines Übergangsstrahlungsdetektors reicht daher ein einzelner Übergang nicht aus. Man benötigt sehr viele (einige hundert) Übergänge, die zum Beispiel in Form von Folienstapeln oder – in neueren Übergangsstrahlungsdetektoren – als Fasern oder Schäume aus Polypropylen oder ähnlichen Materialien, in denen ungeordnete, aber viele Grenzflächen auftreten, realisiert sein können. Damit ein Nettosignal entsteht, müssen die Beiträge der Einzelübergänge sich überwiegend konstruktiv überlagern (siehe Abschnitt 12.5.3 und Detektorbeispiele in Kapitel 14).

Wenn Impuls oder Energie des strahlenden Teilchens unabhängig gemessen werden, kann seine Identität (Massenbestimmung) durch Messung der Übergangsstrahlung ermittelt werden. Der lineare Anstieg der Gesamtausbeute mit γ wie in Gleichung (12.15) ist in der Praxis für Übergangsstrahlungsdetektoren allerdings nicht gegeben. Denn das Photonenspektrum wird durch Schwelleneffekte (siehe nachfolgende Abschnitte) aufgehärtet, was die exakte Linearität zerstört.

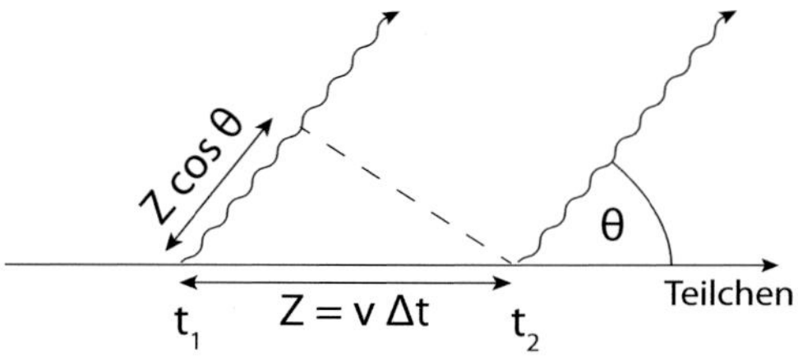

Abb. 12.5 Zur Definition der Formationslänge (siehe Text) [322].

12.5 Übergangsstrahlung an Mehrfachgrenzschichten

Um eine nachweisbare TR-Intensität zu erzeugen, sind viele, entlang einer Teilchentrajektorie aufeinander folgende Grenzschichten nötig. In diesem Abschnitt werden zuerst zwei Schichten (eine Folie) und dann mehrere Folien behandelt. Von großer Bedeutung ist dabei die 'Formationszone' [772], eine charakteristische Länge für den Aufbau des elektromagnetischen Feldes der Strahlung und entscheidend für konstruktive Überlagerung der Wellen zweier Grenzflächen.

12.5.1 Die Formationszone

Die von den Polarisationsänderungen an verschiedenen Grenzschichten entlang einer Teilchentrajektorie ausgesandten Wellen überlagern sich und können an einem Beobachtungspunkt überhöhte oder verringerte Intensitäten erzeugen. Die Formationszone definiert einen Bereich entlang der Spur des emittierenden Teilchens, in dem der Phasenabstand zwischen zwei an verschiedenen Punkten der Spur ausgesandten Wellenzügen nicht größer als die Wellenlänge der Strahlung ist.

Wir betrachten dazu ein Teilchen, das sich mit $\vec{v} = \vec{\beta}c$ in einem Medium mit Brechungsindex n bewegt und Strahlung entlang seiner Bahn aussendet (Abb. 12.5). Wir interessieren uns für die Strecke $Z = v\Delta t$, nach der die Phasendifferenz zwischen zwei zu Zeitpunkten t_1 und t_2 emittierten Wellenzügen 2π beträgt. Der Phasenfaktor ist $e^{i(\vec{k}\vec{r}-\omega t)}$. Aus Abb. 12.5 entnehmen wir:

$$\Delta\phi = |\phi_{t_1} - \phi_{t_2}| = |\omega\Delta t - k\,Z\cos\theta| = \left|\omega\frac{Z}{v} - \frac{\omega n}{c}\,Z\cos\theta\right| := 2\pi$$

$$\begin{aligned} \Rightarrow \quad Z &= \frac{2\pi\beta c}{\omega\,|1-\beta n\cos\theta|} = \frac{\lambda\beta n}{|1-\beta n\cos\theta|} \\ &= \frac{2\pi c}{\omega\left|\left(1-\frac{1}{\gamma^2}\right)^{-1/2} - \sqrt{1-\xi_p^2}\,\cos\theta\right|} \approx \frac{\pi c}{\omega\left|\gamma^{-2}+\xi_p^2+\theta^2\right|}, \end{aligned} \tag{12.17}$$

mit der Wellenlänge im Medium $\lambda = 2\pi c/n\omega$ und $n = \sqrt{\epsilon} = \sqrt{1-\xi_p^2}$, $\xi_p = \omega_p/\omega$. Die Wurzelterme sowie $\cos\theta$ im Nenner von (12.17) wurden hierbei Taylor-entwickelt. Die Größe Z heißt Formationslänge oder Formationszone nach [772]. Für hoch-relativistische

Teilchen ($\gamma \gg 1$, $\cos\theta \approx \cos 1/\gamma \approx 1$) gilt mit $n = \mathcal{O}(1)$: $Z \gg \lambda$. Die Formationszone charakterisiert die Strecke, die benötigt wird, damit sich das Feld des Teilchens in dem nach dem Grenzübergang neuen Medium re-adjustiert und sich das Strahlungsfeld (TR-Photon) von dem Feld des Mutterteilchens separiert.

Die in der Literatur übliche Definition der Formationszone unterscheidet sich nur geringfügig von der einfachen Ableitung in (12.17) (vergleiche [290, 245]):

$$Z(\omega) \approx \frac{2c}{\omega\left(\gamma^{-2} + \theta^2 + \xi_p^2\right)} . \tag{12.18}$$

Abbildung 12.6 zeigt die Formationslänge Z bei $\theta = 1/\gamma$ als Funktion der Photonenergie für Luft ($\omega_p \approx 0.7$) und Polyethylen ($\omega_p \approx 20$) sowie für verschiedene γ-Werte. Für große ω und für $\theta \approx 1/\gamma$ ist

$$Z(\omega) \approx \frac{c\gamma^2}{\omega} , \tag{12.19}$$

und der Maximalwert von Z liegt bei $\omega \approx \gamma\omega_{p2}/\sqrt{2}$ und beträgt:

$$Z_{max} = \frac{2\sqrt{2}c}{\gamma\omega_{p2}}\left(2\gamma^{-2} + \left(\frac{\sqrt{2}}{\gamma}\right)^2\right)^{-1} \approx \frac{c\gamma}{\sqrt{2}\omega_{p2}} = 139.5 \times 10^{-9}\frac{\gamma}{\hbar\omega_{p2}/\mathrm{eV}}\ \mathrm{m} ,$$

wobei $\hbar c = 197\,\mathrm{MeV\,fm}$ benutzt wurde und $\hbar\omega_{p2}$ in eV anzugeben ist. Typische Werte für Z liegen im Bereich einiger zehn bis einiger hundert Mikrometer: $Z(\text{Polyethylen}) \approx 7\,\mu\mathrm{m}$, $Z(\text{Luft}) \approx 700\,\mu\mathrm{m}$. Für Dicken bzw. Abstände sehr viel kleiner als die Formationslänge ist die Intensitätsausbeute reduziert.

12.5.2 Übergangsstrahlung bei zwei Grenzschichten (Folie)

Beim Durchgang des geladenen Teilchens durch eine Folie mit zwei Grenzflächen (zum Beispiel Luft/Folie – Folie/Luft) interferieren die abgestrahlten Wellenzüge konstruktiv oder destruktiv, abhängig von der Foliendicke im Verhältnis zur Formationszone Z (Abb. 12.7). Da Z außerdem von ω (und θ) abhängt, treten außerdem ω-abhängige Oszillationen auf.

Für eine einzelne Folie der Dicke l_2 erhält man unter Vernachlässigung von Absorption in der Folie die Ausbeute einer einzelnen Grenzfläche, multipliziert mit dem Interferenzterm [92, 322]:

$$\left.\frac{d^2W}{d\omega d\Omega}\right|_{\text{Folie}} = \left.\frac{d^2W}{d\omega d\Omega}\right|_{\substack{\text{einzelne}\\ \text{Grenzfläche}}} \times 4\sin^2\frac{\Delta\phi_{21}}{2} , \tag{12.20}$$

wobei die Phasendifferenz $\Delta\phi_{21}$ das Verhältnis von Dicke zu Formationslänge (12.18) ist:

$$\Delta\phi_{21} = \frac{l_2}{Z_2} . \tag{12.21}$$

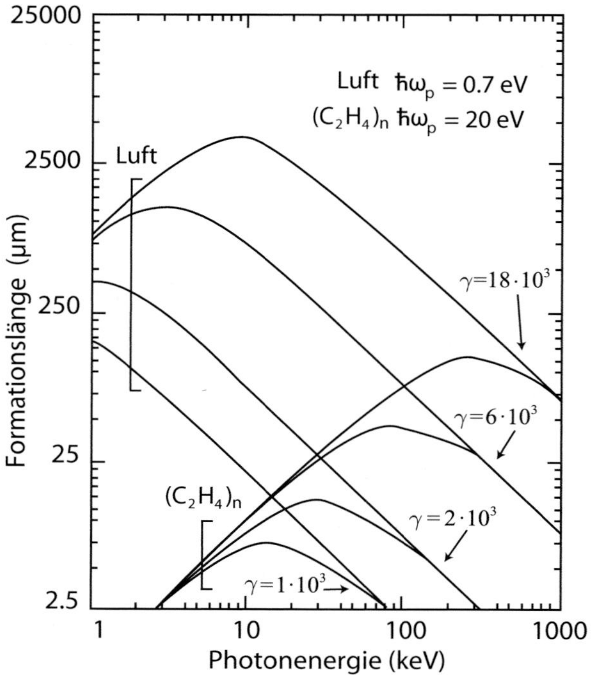

Abb. 12.6 Formationslänge für Übergangsstrahlung als Funktion der Photonenergie gemäß (12.18) für Luft und Polyethylen $(C_2H_4)_n$) und für verschiedene γ-Werte des durchfliegenden Teilchens. Die beiden Klammern zeigen die Bereiche der Formationslängen an, die für Luft und für Polyethylen für verschiedene γ-Werte und typische Photonenergien überstrichen werden. Die Formationslänge in Luft ist etwa zwei Größenordungen größer als in Polyethylen (nach [290], mit freundl. Genehmigung von Elsevier).

Da der Wellenzug an der hinteren Grenzfläche wegen der invertierten Abfolge der Dielektrika eine zusätzliche Phasenverschiebung von π zum vorderen Wellenzug besitzt, ergibt sich für $\Delta\phi_{21} = 2n\pi$ destruktive, für $\Delta\phi_{21} = (2n+1)\,\pi$ konstruktive Interferenz. Ferner ist für Dicken l_2, die viel kleiner als die Formationslänge Z_2 sind, die Photonenausbeute stark unterdrückt. Für den umgekehrten Extremfall $l_2 \gg Z_2$ oszilliert der Interferenzterm in ω im Vergleich zu der Änderung der Intensität der einzelnen Grenzfläche, und

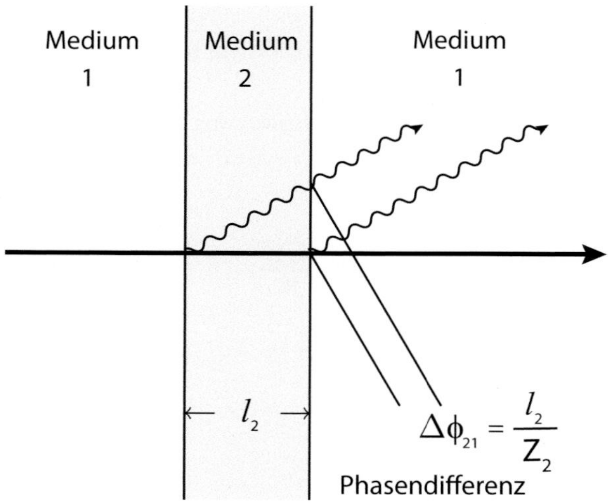

Abb. 12.7 Interferenz der Übergangsstrahlung an zwei Grenzschichten einer Folie.

zwar in der Regel nicht auflösbar schnell. Die Intensität bei einer Folie nimmt dann einen Mittelwert von etwa 2-mal dem der Einzelgrenzfläche an [245]. Die Ausbeute ist dann doppelt so groß wie im Fall einer einzelnen Grenzschicht. Wenn l_2 in derselben Größenordnung wie Z_2 liegt, so spielen die Interferenzmaxima (vor allem das Maximum niedrigster Ordnung) eine Rolle und müssen beim Detektorbau beachtet werden.

Vernachlässigen wir (für nicht zu große ω) in (12.18) θ^2 und $1/\gamma^2$ gegenüber $\xi_p^2 = \omega_p^2/\omega^2$, so erhalten wir

$$\sin^2\left(\frac{\Delta\phi_{21}}{2}\right) \approx \sin^2\left(\frac{l_2\omega_{p2}^2}{4c\,\omega}\right) \tag{12.22}$$

und können die Maxima in der Ausbeute bei Frequenzen ω_n identifizieren:

$$\frac{l_2\omega_{p2}^2}{4c\,\omega_n} = \frac{\pi}{2} + n\,\pi \quad \Rightarrow \quad \omega_n = \frac{l_2\omega_{p2}^2}{2\pi c}\frac{1}{1+2n}\,, \qquad n \in \mathbb{N}_0\,, \tag{12.23}$$

wobei ω_{p2} die Plasmafrequenz der Folie ist.

Das Maximum für $n = 0$ liegt bei der höchsten Frequenz. Es ist für die Ausbeute am wichtigsten, weil die Photonen der Maxima bei kleineren Frequenzen ($n > 0$) stärker in der Folie (besonders bei mehreren Folien, siehe nächster Abschnitt) absorbiert werden. Die obere Frequenzgrenze $\gamma\omega_{p2}$ von Seite 480 (Gleichung(12.13) für den Einzelübergang wird damit durch eine neue, tiefer liegende Grenze $\omega_s = \pi\omega_0 = l_2\omega_{p2}^2/2c$ ersetzt[3] [322], die um die halbe Breite des 0-ten Maximums höher liegt als sein Scheitelwert und unabhängig von γ, aber abhängig von der Foliendicke l_2 ist.

Diese neue Grenze ist ab einem bestimmtem Wert von γ kleiner als die Frequenzgrenze für den Einzelübergang $\gamma\omega_{p2}$, nämlich ab

$$\gamma_s\omega_{p2} = \pi\omega_0 \quad \Rightarrow \quad \gamma_s = \frac{l_2\omega_{p2}}{2c}\,, \tag{12.24}$$

weshalb γ_s einen Sättigungswert für die Ausbeute an Übergangsstrahlung darstellt [322]. Der Sättigungswert wird typisch (bei $\hbar\,\omega_{p2} \approx 20$ eV) erreicht für γ-Werte ab $\gamma_s \approx 50\,l_2/\mu\text{m}$.

Durch diesen 'Formationszoneneffekt' liegt daher die obere Frequenzgrenze für die praktisch relevante Photonenausbeute durch Übergangsstrahlung bei

$$\omega < \omega_s = \min\left(\gamma\omega_{p2}, \frac{l_2\omega_{p2}^2}{2c}\right)\,, \tag{12.25}$$

und auch zu kleineren Frequenzen unterhalb von ω_0 fällt die Intensität unterhalb des Maximums zunächst über einen größeren Frequenzbereich ab und steigt erst dann wieder zum Maximum der folgenden Ordnung.

Die Abbildungen 12.8 und 12.9 erläutern den Formationszoneneffekt. Abbildung 12.8(a) zeigt die Ausbeute einer Grenzfläche und einer Folie, bei der Interferenz auftritt, im Vergleich, gerechnet für eine Propylenfolie von 20 µm Dicke [322]. In Abb. 12.8(b) ist die totale Intensität (integriert über Winkel und Energie) als Funktion von γ dargestellt, bei der das Sättigungsverhalten der Ausbeute sichtbar wird, für eine Grenzfläche, eine

[3] Der Faktor π entspricht der halben Breite einer Resonanzkurve.

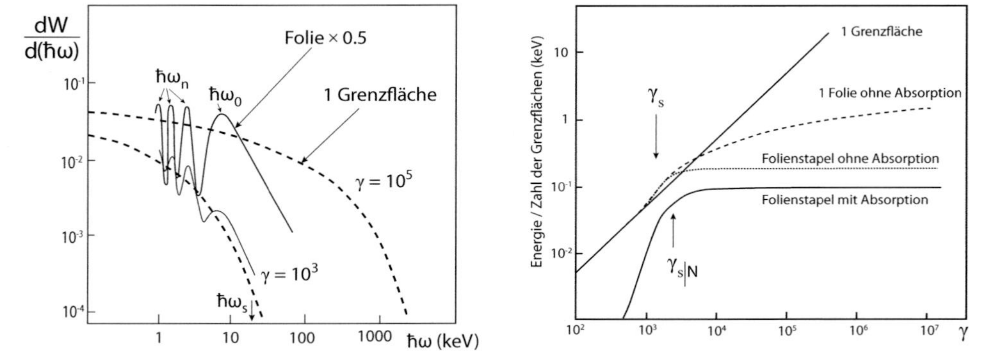

(a) TR-Photonspektrum (b) TR-Intensität als Funktion von γ.

Abb. 12.8 (a) Gerechnetes TR-Photonspektrum [322] für eine Polypropylenfolie (20 µm dick) in Helium. Gezeigt ist die Ausbeute von einer einzelnen Grenzfläche (gestrichelt), verglichen mit einer Folie (durchgezogene Linien), normiert auf eine Grenzfläche, für zwei verschiedene γ-Werte. (b) Totale Ausbeute als Funktion von γ, gezeigt sowohl für eine Grenzfläche, als auch für eine Folie sowie für einen Folienstapel aus 400 Folien im Abstand von 180 µm mit und ohne Absorption (nach [322]). Das Sättigungsverhalten wird deutlich etwa ab Werten von γ_s (Folie) und $\gamma_{s|N}$ (N Folien, siehe Text und Gleichung (12.29)).

Folie und für einen Folienstapel aus 400 Polypropylenfolien in Helium mit 180 µm Abstand. Die strikte Proportionalität der TR-Intensität zu γ aus (12.15) gilt also nur für einen einzelnen Übergang, nicht für mehrere Grenzflächen. Das Sättigungsverhalten in der Intensität beziehungsweise der Photonenzahl ist die wichtigste Konsequenz der Interferenzphänomene bei der Übergangsstrahlung und muss beim Entwurf von Detektoren berücksichtigt werden (Abschnitt 12.6).

Abbildung 12.9 stellt den Einfluss des Formationszoneneffekts in der γ-ω-Ebene dar [92]. Die schraffierten Flächen zeigen Bereiche mit geringer Photonenausbeute an. Die gestrichelt eingezeichnete Linie entspricht dem Kriterium für die Formationslänge $Z(\omega)$ aus (12.19) mit der Annahme $l_2 \approx 2Z_2$. Für γ-Werte größer als $\gamma_s = l_2\omega_{p2}/2c$ wird die Frequenzgrenze durch den Formationszoneneffekt bestimmt; bei hohen ω und niedrigen γ-Werten profitiert die Ausbeute nicht von den Interferenzmaxima (unterer schraffierter Bereich).

12.5.3 Übergangsstrahlung bei vielen Grenzschichten

Um die Photonenausbeute in nachweisbare Intensitäten zu steigern, sind Vielfachübergänge nötig. Eine Möglichkeit besteht darin, viele Folien der Dicke l_2 im Abstand l_1 zu einem Stapel aneinander zu fügen, wobei l_2 üblicherweise mehrere Formationslängen Z_2 dick ist, jeweils getrennt durch gasgefüllte Zwischenräume im Abstand l_1. Dies führt zu einer weiteren Modulation des Photonspektrums im Vergleich zu dem einer einzelnen Folie. Neben dem nach wie vor vorhandenen Formationszoneneffekt, der sowohl in

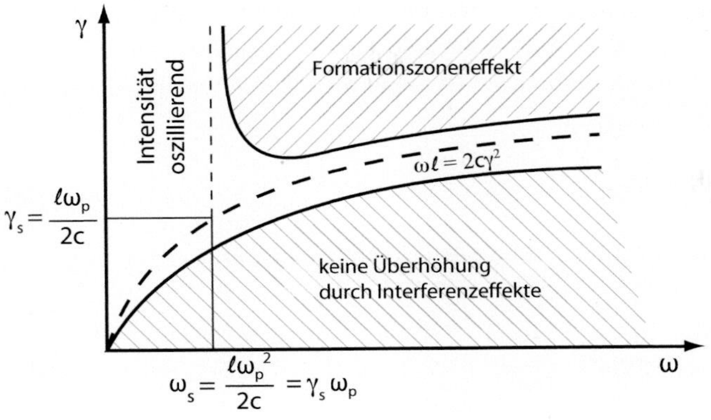

Abb. 12.9 Regionen hoher (helle Flächen) und geringer (schraffierte Flächen) Photonenausbeute aufgrund des Formationszoneneffekts oder aufgrund nicht-kohärenter Überlagerung der Wellenzüge in der von ω und γ aufgespannten Ebene (nach [92], mit freundl. Genehmigung der American Physical Society).

der Photonenergie als auch als Funktion von γ die Ausbeute begrenzt, ist zu beachten, dass die Folien des Stapels die emittierte Strahlung energieabhängig teilweise absorbieren. Es tritt dadurch bei Erhöhung der Folienzahl ein weiterer Sättigungseffekt für die nachweisbare TR-Intensität ein.

Für mehrere Lagen ergibt sich neben der Resonanzbedingung für eine Folie (Maxima bei halbzahligen Vielfachen der Wellenlänge wegen entgegengesetzter Phasen an den Grenzflächen),

$$\frac{l_2}{Z_2} = \frac{2n+1}{2}\,\pi\,, \qquad n = 0, 1, 2, \ldots\,, \tag{12.26}$$

die Bedingung für ein Luft/Folie-System [244]:

$$\frac{l_1}{Z_1} + \frac{l_2}{Z_2} = n\,\pi\,, \qquad n = 1, 2, 3\ldots\,, \tag{12.27}$$

wobei $Z_{1,2}$ die Formationslängen der beiden Medien sind.

Vernachlässigen wir zunächst die Absorption der Strahlung, so erhält man bei N Lagen [245, 244] eine Gesamtintensität

$$\frac{d^2W}{d\omega d\Omega} = \underbrace{\left.\frac{d^2W}{d\omega d\Omega}\right|_{\substack{\text{einzelne}\\ \text{Grenzfläche}}} \times 4\sin^2\left(\frac{l_2}{2Z_2}\right)}_{\text{einzelne Folie}} \times \frac{\sin^2\left[N\left(l_1/Z_1 + l_2/Z_2\right)\right]}{\sin^2\left(l_1/Z_1 + l_2/Z_2\right)} \,. \tag{12.28}$$

Der letzte Term ist der neue Interferenzterm, analog zu den Beugungsphänomenen an Spalt und Gitter in der Optik. Ein Folienstapel besitzt ebenso Sättigungsverhalten als Funktion von γ wie die Einzelfolie, ausgedrückt durch (12.24) (siehe Abb. 12.8(b)). Eine Abschätzung des Sättigungswerts γ_s bei einem Folienstapel [244] für eine Photonenergie nahe dem Maximum bei der Frequenz ω_0 in ergibt:

$$\left.\gamma_s\right|_N \approx 0.6\,\omega_{p2}\frac{\sqrt{l_1\,l_2}}{c}\,. \tag{12.29}$$

Außerdem erfolgt Absorption der Übergangsstrahlung in den nachfolgenden Folien, die zu einem zusätzlichen Faktor in (12.28) führt und sich aus der exponentiellen Absorption der Röntgenphotonen und der Annahme einer gleichverteilt an den Foliengrenzen erfolgenden Emission berechnen lässt [244]:

$$\eta(\omega) = \frac{1 - e^{-N\sigma}}{N\sigma}, \tag{12.30}$$

mit $\sigma(\omega) = \mu_1 \rho_1 l_1 + \mu_2 \rho_2 l_2$, wobei μ und ρ Absorptionskoeffizient und Dichte sind. Aus (12.28) wird

$$\frac{d^2W}{d\omega d\Omega} = \eta(\omega) \left. \frac{d^2W}{d\omega d\Omega} \right|_{\substack{\text{ohne} \\ \text{Absorption}}} . \tag{12.31}$$

Äquivalente analytische Darstellungen findet man in [244, 82]. Da die abgestrahlte Intensität nach (12.5) nur eine $\sqrt{Z}$-Abhängigkeit besitzt, während die Absorption durch den Photoeffekt dominiert wird und mit einer hohen Potenz von Z ($\approx Z^{3.5}$ für E_γ zwischen 5 und 25 keV) wächst (siehe Abschnitt 3.5.5), sollte das Radiatormaterial niedriges Z besitzen ($Z \approx 6$ für Polyethylen).

Eine hinreichende Ausbeute verlangt, dass die Folien einen Abstand von mindestens der Größe der Formationslänge des Zwischenraummaterials (etwa 0.5 – 2 mm für Luft) besitzen. Für Abstände deutlich größer als Z_2 ergibt sich als Ausbeute ungefähr die Summe der Photonenzahlen einer Einzelfolie (inkohärent addiert). Die Absorption reduziert die für die Photonenausbeute wirksame Folienzahl auf [336, 290]:

$$N_{\text{eff}} = \frac{1 - e^{-N\sigma}}{1 - e^{-\sigma}}, \tag{12.32}$$

die für $N \to \infty$ gegen die Sättigungszahl $N_{\text{eff}} \to (1 - e^{-\sigma})^{-1}$ geht. Es lohnt sich also nicht, mehr als etwa $2 \times N_{\text{eff}}$ Folien zu nehmen.

Abbildung 12.10 zeigt das Intensitätsspektrum für 15-GeV-Elektronen bei einem Folienstapel [245] (25 µm Mylar/1.5 mm Luft), und zwar sowohl das Produktionsspektrum pro Grenzfläche für (i) eine Grenzfläche und (ii) für 188 Folien, als auch das Spektrum nach Absorption in einem nachfolgenden Detektor (siehe Abschnitt 12.6). Um die Übergangsstrahlung nachzuweisen, sind Röntgendetektoren erforderlich. Wenn man dazu gasgefüllte Kammern auswählt, werden diese mit einem Gas hoher Ordnungszahl gefüllt, meist mit Xenon oder Krypton, um die Nachweiswahrscheinlichkeit für Röntgenphotonen zu erhöhen. Abbildung 12.10 zeigt neben dem typisch oszillatorischen Verhalten bei mehreren Grenzflächen, dass das nachweisbare Spektrum sowohl am niederenergetischen (von der Absorption im Folienstapel) als auch am hochenergetischen Ende (durch die mit der Energie fallende Nachweiswahrscheinlichkeit für Röntgenquanten) stark gedämpft wird und bei einer Photonenenergie von 10–20 keV sein Maximum hat. Das Maximum liegt nach (12.23) für $n = 0$ etwa bei:

$$\omega_{\max} \approx \frac{l_2 \omega_{p2}^2}{2\pi c}, \tag{12.33}$$

falls $\omega_{p2} \gg \omega_{p1}$ und $l_1 \gg l_2$ ist, wie für Übergangsstrahlungsdetektoren typisch.

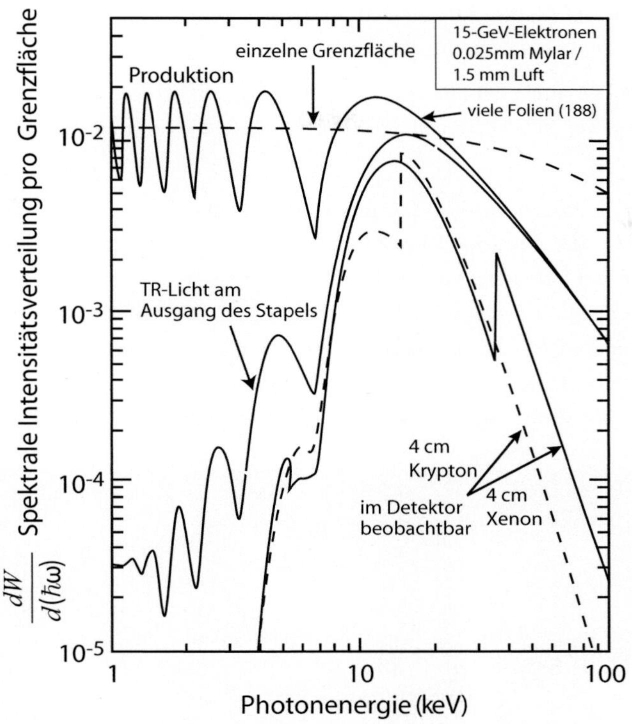

Abb. 12.10 Spektrale Intensität der Übergangsstrahlung für einen Aufbau aus einem Radiator und einem Röntgendetektor wie zum Beispiel in Abb. 12.12. Gezeigt ist die produzierte Intensität für eine einzelne Grenzfläche (gestrichelt oben) und für viele Folien (Intensität pro Grenzfläche) sowohl ohne als auch mit Absorption in dem Stapel (durchgezogene Linien). Die unteren Kurven zeigen die Ausbeute durch Absorption (ohne Detektoreffizienz) in Röntgendetektoren, gefüllt mit Xenon (durchgezogene Linie) beziehungsweise Krypton (gestrichelt). Aus [245], mit freundl. Genehmigung der American Physical Society.

12.6 Detektoren für Übergangsstrahlung

Für einen Nachweis von Übergangsstrahlung mit ausreichender Intensität können die Ausführungen in den vorangehenden Abschnitten zusammengefasst werden:

- Die totale Intensität der Übergangsstrahlung steigt bei niedrigen Teilchenenergien mit γ, sättigt aber für viele Grenzflächen wegen des Formationszoneneffekts bei einem Sättigungswert (siehe Abb. 12.8(b)), der typisch bei $\gamma_s \gtrsim 10^4$ liegt. Er kann nur wenig mit anderen Parametern (wie Abstand und Dicke der Folien) verändert werden, ohne andere Nachteile (zum Beispiel eine zu starke Aufhärtung des Spektrums) nach sich zu ziehen. Der effektiv nutzbare γ-Bereich ist daher auf Werte um γ_s herum beschränkt (bis maximal eine Größenordnung darunter).
- Um hinreichend viele TR-Photonen zu erhalten, die zum Beispiel zur Identifikation eines strahlenden Teilchens benutzt werden können, muss eine ausreichende Zahl von Röntgenphotonen erzeugt werden, die einerseits den Radiator verlassen, ohne absorbiert zu werden, aber andererseits in einem Röntgendetektor absorbiert und nachgewiesen werden können. Diese Bedingungen, zusammen mit den Interferenzmaxima und dem steilen Intensitätsabfall ($\propto \omega^{-4}$) bei hohen ω schneiden bei Teilchenenergien um γ_s aus dem Frequenzspektrum einen Bereich um das energetisch am höchsten

liegende nullte Maximum heraus (siehe Abb. 12.10). Er liegt typisch bei etwa 5-20 keV.

– Diese Bedingungen entsprechen einer effektiven Schwelle γ_{th} für Übergangsstrahlungsdetektoren, ab der bei einer gegebenen Detektorlänge L erst der Nachweis von Übergangsstrahlung möglich ist.

Viele Übergänge sind nötig, um ausreichend TR-Intensität zu erzielen. Seit einiger Zeit werden statt der – insbesondere für Collider-Experimente – manchmal unhandlichen Folienstapel als Radiator auch Faser- oder Schaumstoffe aus Polypropylen oder ähnlichen Materialien verwendet (Abb. 12.11), die als Füllmaterial direkt in die Spurdetektoren integriert werden (ein Beispiel ist weiter unten gegeben). Sie bestehen aus ungeordneten Plastikmaterial/Gas-Schichten, die bei geeigneter Wahl im Mittel die Anforderungen an l_1 und l_2 erfüllen, damit einige TR-Röntgenphotonen pro Teilchenspur erzeugt werden.

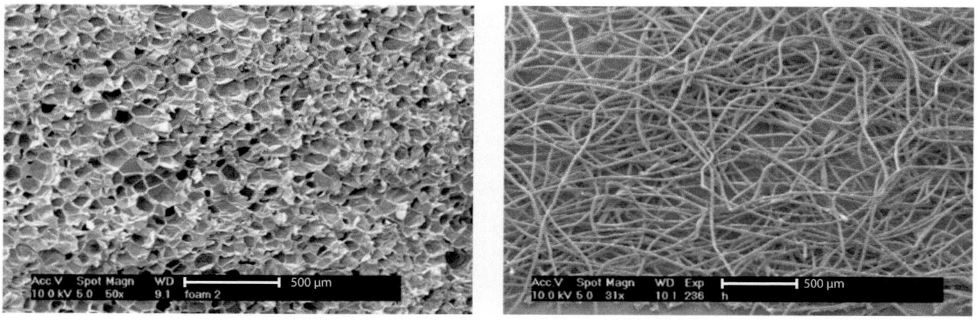

(a) Rohacell-Schaum (b) Polypropylenfaser

Abb. 12.11 Elektronenmikroskopaufnahmen von Rohacell-Schaum und Polypropylenfasern (siehe Tabelle auf Seite 477), die häufig als Ersatz für Folienstapel zur Erzeugung von Übergangsstrahlung verwendet werden (Quelle: CERN/ALICE CDS record 628225).

Wichtige Parameter für die Wahl des Radiators sind die Folien- beziehungsweise Faserdicke l_2 und der Abstand der Folien l_1 in einem Luft- oder Gasvolumen relativ zu den entsprechenden Formationslängen $Z_{1,2}$ sowie die Plasmafrequenz ω_{p2} des Folienmaterials:

Foliendicke

Die Frequenz des Ausbeutemaximums ist gemäß (12.33) proportional zur Foliendicke. Dickere Folien führen zu einem härteren, stärker durchdringenden Spektrum. Allerdings nimmt die Absorption der Röntgenphotonen ebenfalls mit der Foliendicke zu. Typische Folien- beziehungsweise Faserdicken liegen im Bereich von 10–20 µm.

Folienabstand

Der Lorentz-Faktor γ_s, bei dem Sättigung auftritt, ist proportional zu $\sqrt{l_1 l_2}$, gemäß (12.23). Die Größe der Poren in Radiatorschäumen, beziehungsweise der mittlere Faserabstand der Radiatorfasern, sollte größer als die Formationszone Z_1 im Gaszwischenraum sein, damit die Ausbeute nicht zu klein wird. Zum Beispiel ergibt sich für 20 µm dicke Mylar-Folien bei $\gamma = 10^4$ und $\hbar\omega_{max} \approx 10\,\text{keV}, Z_1 \approx 2.2$

mm, $\gamma_s \approx 19000$ ein zu wählender Abstand von $l_1 \approx 5\,\text{mm}$. Bei kleineren γ wird Z_1 kleiner, und es können kleinere, für Fasern/Schäume geeignetere Abstände l_1 gewählt werden.

Material

Der Unterschied zwischen den Plasmafrequenzen der beteiligten Schichten sollte hoch sein ($W \propto \Delta\omega_p$), was effektiv ein großes ω_{p2} erfordert. Hohe Plasmafrequenzen erhält man bei hohen Elektronendichten des Mediums. Sie bedingen damit auch eine große Materialdichte ρ, was wiederum erhöhte Photonenabsorption nach sich zieht. Zur Reduzierung der Selbstabsorption im Folienstapel sind Folien mit kleinem Z bevorzugt. Als typische Materialien für Übergangsstrahlungsdetektoren findet man Lithium, Mylar und Polypropylen-Fasern.

Bei geeigneter Wahl dieser Parameter kann (ohne Berücksichtigung des Nachweises) grob eine Photonenausbeute von N_{eff} mal der Ausbeute einer Einzelfolie erzielt werden, wenn N_{eff} die effektive Anzahl der Folien nach (12.32) ist.

Die nachweisbare Übergangsstrahlung hängt von vielen Parametern ab. Daher ist eine analytische Vorgabe zur Optimierung von Übergangsstrahlungsdetektoren schwer zu erstellen, und zum Entwurf von Detektoren sind numerische Simulationsrechnungen unerlässlich. In [253] und in [92, 290] werden praxisnahe Formeln zur Optimierung von Übergangsstrahlungsdetektoren entwickelt. Eine einfachere Formel als (12.28) für die Photonenausbeute eines Folienstapels mit N Folien ist [316]:

$$\frac{dW^{(N)}}{d\hbar\omega} = \frac{4\alpha}{\sigma(\kappa+1)}\left(1 - e^{-N\sigma}\right) \times \sum_n \theta_n \left(\frac{1}{\rho_1+\theta_n} - \frac{1}{\rho_2+\theta_n}\right)^2 (1 - \cos(\rho_2 + \theta_{\text{n}}))\,, \tag{12.34}$$

mit

$$\rho_i = \frac{\omega l_2}{2\beta c(\gamma^{-2}+\xi_i^2)}\,, \qquad \kappa = \frac{l_1}{l_2}\,, \qquad \theta_n = \frac{2\pi n - (\rho_2 + \kappa\rho_1)}{1+\kappa} > 0\,.$$

Dabei bezieht sich der Index n auf die Maxima des Spektrums.

In [92] wird gezeigt, dass eine Beschreibung der TR-Ausbeute durch die dimensionslosen Variablen

$$\Gamma = \gamma/\gamma_2 \quad \text{mit} \quad \gamma_2 = \frac{l_2\omega_{p2}}{2c}\,, \qquad \text{und} \qquad \nu = \frac{\omega}{\gamma_2\omega_{p2}}$$

sowie κ möglich ist. Ein Radiator mit guter Ausbeute sollte Werte von etwa $\Gamma \approx 1$, $\nu \approx 0.3$ und $\kappa \approx 5$–20 haben.

Üblicherweise werden die aus dem Radiator austretenden TR-Photonen mit einer stark Photonen absorbierenden (hohes Z), gasgefüllten Drift- oder Proportionalkammer nachgewiesen (Abb. 12.12(a)). Das strahlende Teilchen geht dabei ebenfalls durch die Kammer und hinterlässt ein Ionisationssignal. Die Winkelverteilung der abgestrahlten Photonen folgt Abb. 12.2 mit einem Maximum bei $\theta_{max} \approx 1/\gamma$ (siehe Gl. (12.9)). Bei typischen Lorentzfaktoren von $\gamma > 1000$ und entsprechend kleinen θ_{max} im Bereich von mrad wird eine räumliche Trennung des Übergangsstrahlungssignals und des Spursignals daher

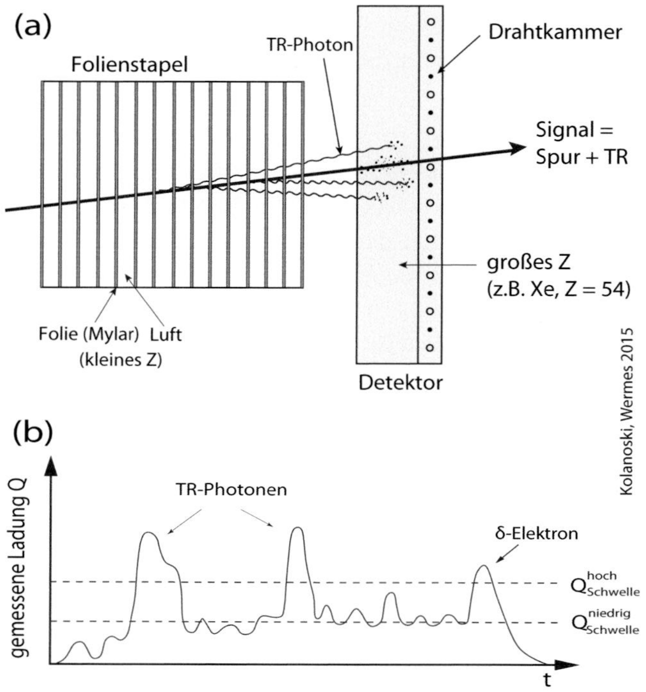

Abb. 12.12 (a) Schematischer Aufbau eines Übergangsstrahlungsdetektors. Sowohl die Teilchenspur als auch die TR-Röntgenstrahlung werden nachgewiesen. Die Strahlung erfolgt kegelförmig um die Teilchenspur mit kleinem Öffnungswinkel (siehe Abb. 12.3). Der Detektor ist hier als Vieldrahtkammer (zum Beispiel Driftkammer), gefüllt mit einem schweren Gas, dargestellt. (b) Mögliche Pulsfolge auf einem Draht, die das Auftreten von erhöhten Signalen durch Übergangsstrahlung zeigt, die durch eine hohe Schwelle erkannt werden können. Auch δ-Elektronen können große Signale hervorrufen.

meist nicht angestrebt. Nachgewiesen wird die Übergangsstrahlung lediglich als zusätzliche Ladungsdeposition, die zu der durch Ionisation deponierten Energieverlustladung der Spur erkennbar hinzukommt. Abbildung. 12.12(b) zeigt eine mögliche Signalfolge an einem Draht der Kammer, ausgelöst durch Drift von im Gas deponierten Ionisationsladungen inklusive stark ionisierender δ-Elektronen (siehe Abschnitt 3.2.2 auf Seite 41), von Übergangsstrahlungs-Absorption sowie von Rauschsignalen.

Umgekehrt kann man den gleichzeitigen Nachweis von TR-Strahlung und Spursignal ausnutzen, um Übergangsstrahlungsdetektoren kombiniert als Spurdetektoren und zur Elektronenidentifikation zu verwenden. Für Elektronen ist die Trennung wegen des großen $\Delta\gamma$-Abstands zu Hadronen mit gleichem Impuls am einfachsten. Die Großdetektoren ZEUS [136] an HERA sowie ATLAS [2, 98] und ALICE [625] an LHC besitzen bzw. besaßen solche kombinierten Übergangsstrahlungs- und Spurdetektoren (siehe weiter unten und Abschnitt 14.2.4).

Der getrennte Nachweis der Übergangsstrahlung ist bei ausreichender Trennung des Ortes der Ladungsdeposition des TR-Photons und der Spur (ab etwa 50–200 µm, vergrößert zum Beispiel durch ein die Spur ablenkendes Magnetfeld) möglich, wie zum Beispiel in [233] mit einer Drahtkammer und in [359] durch Verwendung eines hochauflösenden ($\sigma < 5\,\mu$m) DEPFET-Pixeldetektors (siehe Abschnitt 8.10.2) gelungen.

Abbildung 12.13 zeigt, wie die Vervielfachung einer TR-Anordnung aus Folienstapel und Nachweiskammer – gefüllt mit Xenon oder Krypton – die Trennung zwischen Pionen und Elektronen verbessert. Während Pionen keine Übergangsstrahlung erzeugen und nur

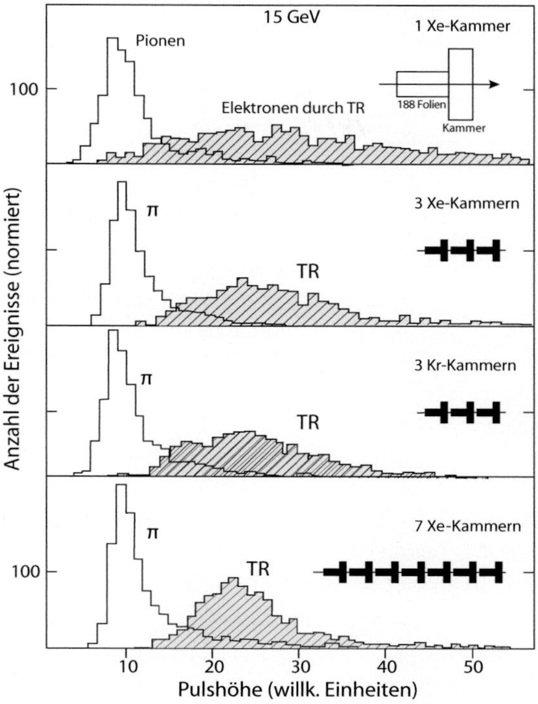

Abb. 12.13 Pulshöhenspektren von 15-GeV-Pionen und -Elektronen in verschiedenen Konfigurationen von Folienstapel (188 Folien 25μ dick, 1.5 mm Luft) und gasgefüllten Kammern (Xe oder Kr). Durch Verwendung mehrerer TR-Einheiten (Folienstapel und Photondetektor, gekennzeichnet durch das entsprechende Symbol) lässt sich eine schmalere Verteilung für Elektronen und damit bessere e/π–Trennung erzielen (aus [246], mit freundl. Genehmigung von Elsevier).

ein Ionisationssignal in der Kammer hinterlassen, ist das Gesamtsignal für Elektronen größer und – abhängig von der Anzahl der TR-Einheiten und der Gasfüllung – unterschiedlich breit, aber trennbar von dem durch Pionen erzeugten Spektrum.

Der Übergangsstrahlungsdetektor des ATLAS-Experiments Im ATLAS-Experiment dient der *Transition Radiation Tracker* (TRT) [2] als Spurdetektor im äußeren Bereich des Innendetektors und kann Elektronen von Hadronen (vor allem von Pionen) durch Nachweis von TR-Photonen in einem Impulsbereich von 1 GeV/c bis 200 GeV/c trennen.

Der TRT-Detektor (Abb. 12.14) besteht aus zylindrisch (im Zentralbereich) oder radial (im Vorwärtsbereich) angeordneten Driftrohren von 4 mm Durchmesser, die von 19 μm dicken Polypropylen-Fasern (im Barrel-Bereich) beziehungsweise von -Folien (in den Endkappen) als Radiatoren umgeben sind. Die Folien sind 15 μm dick und werden durch ein Netz aus Polyimid-Fasern auf einen mittleren Abstand von 250 μm gehalten [2]. Als Füllgas wird eine Xe-CO_2-O_2 Mischung (70%, 27%, 3%) verwendet. Im zentralen Bereich des ATLAS-TRT werden immer mindestens 36 Driftrohre von einer Spur durchlaufen. Zusätzliche TR-Signale werden von 'normalen' Ionisationssignalen durch die Definition zweier Schwellen (niedrig/hoch) elektronisch unterschieden (Abb. 12.14). Obwohl auch δ-Elektronen (siehe Abschnitt 3.2.2) große Signalpulse erzeugen, lässt eine hohe Anzahl von Treffern, die die obere Schwelle überschritten haben, mit hoher Wahrscheinlichkeit darauf schließen, dass es sich bei der Teilchenspur um ein Elektron handelt.

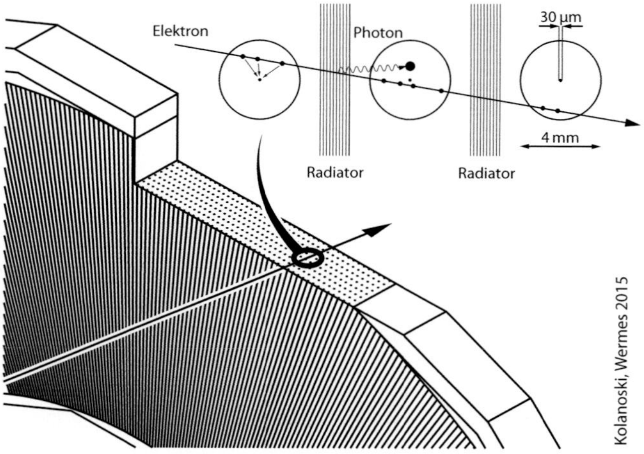

Abb. 12.14 Schematische Darstellung und Nachweisprinzip mit Driftrohren und Übergangsstrahlungsradiatoren im *Transition Radiation Tracker* (TRT) von ATLAS. Die Zeichnung zeigt die Geometrie und die Anordnung der Driftrohre in den Endkappen.

Die mit Übergangsstrahlungsdetektoren erzielbare Trennung vor allem von Elektronen und Pionen ist in Kapitel 14, Abschnitt 14.2.4, beschrieben.

Übergangsstrahlung findet auch in Experimenten zur kosmischen Strahlung Verwendung, zum Beispiel im Ballon-Experiment CREAM [53] zur Messung ultra-relativistischer Ionen mit Energien um 10^{15} eV. In Abb. 16.6 in Abschnitt 16.2.1 ist dargestellt, wie das Summensignal aus Übergangsstrahlung und Ionisation (dE/dx) in Kombination mit dem Ionisationssignal allein eine Bestimmung von Lorentz-Faktor γ (aus dem TR-Signal) und Ladung (aus dem dE/dx-Signal) der Ionen und damit ihrer Energie und Masse (Identitfikation) erlaubt.

Das AMS-Experiment auf der Internationalen Raumstation ISS [562] (siehe Abschnitt 16.2.2 auf Seite 671), das die Suche nach Antimaterie im Universum zum Ziel hat, besitzt ebenfalls einen Übergangsstrahlungsdetektor, vor allem zur Trennung von Positronen und Protonen.

13 Szintillationsdetektoren

Übersicht

13.1 Überblick

Ionisierende Strahlung durch Szintillationslicht (Lichtblitze) nachzuweisen, das in bestimmten Materialien bei Teilchenabsorption entsteht, gehört zu den ältesten Techniken für den Strahlungsnachweis. Rutherford wies um 1910 α-Teilchen als Lichtblitze mit dem Auge nach, die beim Auftreffen auf einen mit Zinksulfid beschichteten Schirm entstehen. Heute werden Szintillationsphotonen elektronisch registriert.

Unter 'Szintillation' versteht man die Erzeugung von 'Lumineszenz' durch die Absorption ionisierender Strahlung. Lumineszenz bezeichnet die Emission von Licht mit einem charakteristischen Spektrum aus angeregten Zuständen eines Moleküls und umfasst die – je nach der zeitlichen Verzögerung der Emission – (prompte) Fluoreszenz, Phosphoreszenz oder verzögerte Fluoreszenz genannten Emissionsprozesse (siehe Abschnitt 13.2).

Wir unterscheiden als Szintillatoren anorganische Kristalle (zum Beispiel NaI, $PbWO_4$, Abschnitt 13.3) und organische Materialien. Zu Letzteren gehören organische Kristalle (zum Beispiel Anthrazen oder Stilben), aber auch Flüssigkeiten (zum Beispiel Xylol) oder in Flüssigkeiten gelöste organische Szintillatoren wie zum Beispiel p-Terphenyl ($C_{18}H_{14}$) in Benzol (C_6H_6), manchmal auch mit Zugabe eines Wellenlängen schiebenden Materials (siehe Seite 501) wie POPOP ($C_{24}H_{16}N_20_2$). Durch Polymerisation können Flüssigszintillatoren als Festkörper in fast jede geometrische Form gebracht werden (Plastikszintillator, Abschnitt 13.2.2).

Lumineszenz durch ionisierende Strahlung Im Falle geladener Teilchen entsteht Lumineszenz durch Ionisation mit anschließender Rekombination in dem szintillierenden Medium oder durch Molekülanregung mit anschließender Abregung in den Grundzu-

H. Kolanoski, N. Wermes, *Teilchendetektoren*, DOI 10.1007/978-3-662-45350-6_13

stand unter Aussendung von Licht. Die Rekombination kann direkt oder indirekt, das heißt nach Abfolge weiterer Prozesse, erfolgen.

Beim Nachweis von Photonen im Röntgen- (keV) oder Gamma-Energiebereich (MeV) entsteht Szintillationslicht indirekt durch Elektronen, die im Szintillationsmedium via Photoeffekt, Compton-Effekt oder Paarbildung entstanden sind und ihrerseits Energie an Atome durch Ionisation beziehungsweise Anregung abgeben.

Neutronen werden indirekt nachgewiesen dadurch, dass Photonen in (n,γ)-Reaktionen entstehen oder Protonen in (n,p)-Reaktionen angestoßen werden und wie oben beschrieben Licht erzeugen.

Szintillatoren zum Teilchennachweis sollten idealerweise die folgenden Eigenschaften haben:

- Die im Szintillator deponierte Energie soll mit hoher Effizienz in Licht umgewandelt werden.
- Die Lichtausbeute $L_S = \langle N_{ph} \rangle / E$, definiert als die Anzahl der Photonen einer bestimmten Wellenlänge pro deponierter Energie E, soll proportional zur abgegebenen Energie sein (Linearität).
- Das Szintillationsmedium sollte transparent für die Wellenlänge des Szintillationslichts sein.
- Die Zerfallszeit der Lumineszenz, das heißt die Dauer des Anregungs- und Lichtemissionsprozesses, sollte möglichst kurz sein, damit ein schneller Signalpuls entsteht.
- Der Brechungsindex des Szintillatormaterials sollte nahe dem der Ausleseeinheit sein, damit eine effiziente Ankopplung möglich ist. Bei Verwendung eines Photovervielfachers ist dies Glas mit $n \simeq 1.5$.
- Die Lichtsammlungseffizienz sollte so groß wie möglich sein.
- Je nach Anwendung sollte das Szintillationsmedium hohes (für gute Photonabsorption) oder niedriges Z (zum Beispiel für den Nachweis für Neutronen) haben.

Anwendungsbereiche von Szintillationsdetektoren sind zum einen die Energiemessung von Photonen, Elektronen oder Neutronen mit total absorbierenden Detektoren, zum anderen die Erzeugung schneller elektrischer Signale geladener Teilchen zur Zeitmarkierung, die zum Beispiel in Flugzeitmessungen oder für einen schnellen Trigger verwendet werden können. Für die beiden Anwendungsbereiche werden verschiedene Arten von Szintillatormaterialien eingesetzt (siehe Abschnitt 13.5): vorzugsweise organische Szintillatoren für zeitkritische Anwendungen, anorganische Kristalle für die Energiemessung.

Abbildung 13.1 zeigt den typischen Aufbau eines Szintillationsdetektors, der aus folgenden Komponenten besteht:

- *Szintillator:* Ein Szintillator wandelt ionisierende Strahlung in Licht um. Damit kein Licht aus dem Szintillator entweicht oder von außen eindringt, wird er lichtdicht und mit nach innen reflektierender Folie umhüllt, zum Beispiel mit einer Aluminiumfolie oder einer diffus rückstreuenden weißen Folie.

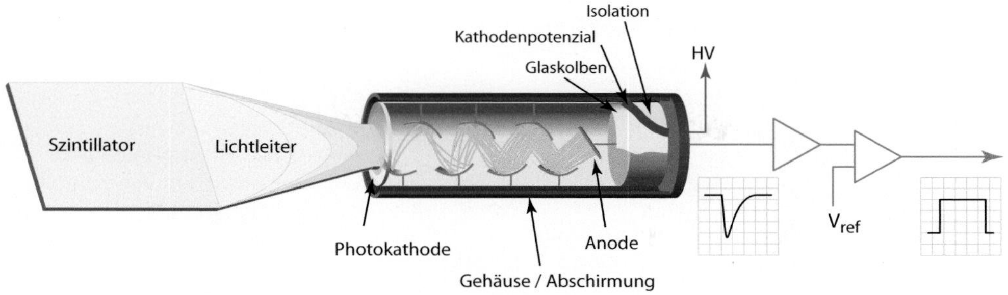

Abb. 13.1 Szintillator (hier ein Plastikszintillator) mit Signalverarbeitungskette (Photovervielfacher, gegebenenfalls Verstärker, Diskriminator)

- *Lichtleiter:* Die Auskoppelfläche des Szintillators hat oft eine andere Geometrie als das Eintrittsfenster des Photovervielfachers. Ein Lichtleiter, meist aus Plexiglas, kann in diesem Fall als Übergang dienen, wenn eine direkte Ankopplung an den Photovervielfacher nicht möglich ist.
- *Photovervielfacher:* Der Photovervielfacher (*Photomultiplier Tube*, PMT) wandelt in einer Photokathode Photonen in Elektronen um und führt gleichzeitig eine rauscharme Verstärkung über ein 'Dynodensystem' durch. Die Elektronen werden um einen Faktor von bis zu etwa 10^{8-9} vervielfacht und erzeugen einen Strompuls am Ausgang (Anode) des PMT (Abschnitt. 13.4.1).
- *Verstärker:* Der Ausgangsimpuls des Photovervielfachers kann meist ohne elektronische Verstärkung weiter verarbeitet werden. Nur bei geringer Lichtausbeute wird er gegebenenfalls nochmals verstärkt, diskriminiert und an die weiter verarbeitende Elektronik weitergegeben.

Die gesamte Anordnung der Abb. 13.1 ist mit lichtundurchlässigem Material, zum Beispiel schwarzem Klebeband, umhüllt. Zur Abschirmung gegen Magnetfeldeinflüsse (selbst bei schwachen Feldern wie dem Erdmagnetfeld) muss der Photovervielfacher abgeschirmt werden (zum Beispiel durch einen Zylinder aus μ-Metall, einer weichmagnetischen Fe-Ni-Legierung mit hoher Permeabilität), da die Elektronenwege innerhalb des Dynodensystems und damit die Verstärkung sehr empfindlich auf Magnetfeldeinflüsse reagieren.

Szintillationsmechanismus Der Erzeugungsmechanismus für Szintillationslicht hängt von der Art des Szintillatormaterials ab und ist verschieden für organische und für anorganische Szintillatoren. Die absorbierte Energie führt zu Anregung von Zuständen in Atomen/Molekülen beziehungsweise Kristallen, deren Abregung zur Emission von Licht führt. Das emittierte Licht kann im Szintillator wieder absorbiert werden, jedoch sind die Emissionsübergänge energetisch kleiner als oder höchstens gleich groß wie die der Lichtabsorption (siehe Abb. 13.4 in Abschnitt 13.2 und Abb. 13.10 in Abschnitt 13.3). Demzufolge sind die Wellenlängen des emittierten Szintillationslichts zu längeren Wellenlängen hin verschoben (Stokes-Verschiebung, Abb. 13.2). Für Detektoren wird eine

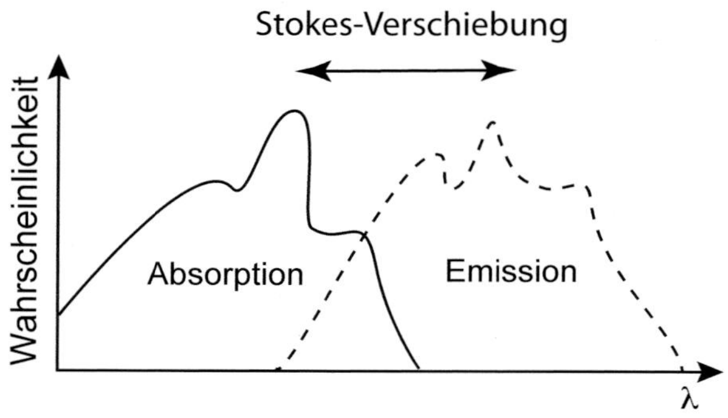

Abb. 13.2 Absorptions- und Emissionsspektrum von Szintillatoren (schematisch).

hohe Lichtausbeute mit geringer Selbstabsorption angestrebt. Die Wellenlängenbereiche für Absorption und Emission sollten daher so wenig wie möglich überlappen.

13.2 Organische Szintillatoren

13.2.1 Szintillationsmechanismus in organischen Materialien

Der Szintillationsmechanismus organischer Materialien ist weitgehend von der Elektronenstruktur des Kohlenstoffatoms bestimmt. Um die resultierenden Emissionsmechanismen zu verstehen, betrachten wir die in Kohlenstoffverbindungen auftretenden Termschemata.

Das Kohlenstoffatom besitzt 6 Elektronen, die die K-Schale ($1s$) vollständig und die L-Schale ($2s$ und $2p$) teilweise füllen. Die Konfiguration ist: $1s^2$, $2s^2$, $2p^2$. In Verbindungen ändert sich diese Konfiguration oft in $1s^2, 2s^1, 2p^3$, das heißt, ein $2s$-Niveau wird durch den Einfluss der Verbindungsatome auf die Energie eines $2p$-Niveaus angehoben. Es sind drei verschiedene Mischorbitalkonfigurationen (Hybridisierungen) möglich, je nachdem, ob die entstehenden s-p-Mischorbitale energetisch gleichwertig sind (sp^3-Hybridisierung) oder ob nur zwei beziehungsweise eines der drei $2p$-Orbitale mit dem $2s$-Orbital mischen (sp^2- beziehungsweise sp-Hybridisierung). Lumineszente Übergänge findet man in Materialien mit sp^2- oder mit sp-Hybridisierungen, bei denen mindestens ein p-Orbital im Vergleich zum ungebundenen Atom unverändert bleibt. Die Elektronen in diesen p-Niveaus heißen π-Elektronen. Die Elektronen der gemischten Orbitale heißen σ-Elektronen. Sie bilden eine starke kovalente Bindung. Die schwächer gebundenen π-Elektronen liegen in Orbitalen orthogonal zu den σ-Orbitalen (Abb. 13.3).

Für Lumineszenz sind Übergänge zwischen Niveaus der molekularen π-Elektronen verantwortlich. In Abb. 13.4 ist das π-Energieniveauspektrum eines organischen Moleküls mit zwei voneinander nahezu unabhängigen Termschemata (Singulett und Triplett) dargestellt. Die Hauptniveaus sind in Unterniveaus aufgespalten, die verschiedenen Vibrationszuständen entsprechen. Die Abstände zwischen den Hauptniveaus S_0 und S_1 liegen im Bereich von etwa 3–4 eV, entsprechend etwa 400–300 nm.

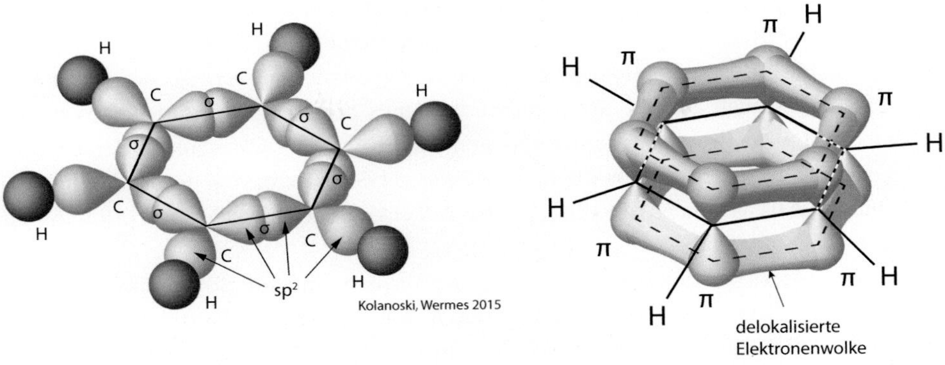

(a) σ-Hybrid Orbitale (b) π-Hybrid Orbitale

Abb. 13.3 Elektronenorbitale des Kohlenstoffs beim Benzol (C_6H_6). (a) σ-Elektronen (C–C und C–H) sind stark gebunden, weil ihre Elektronenorbitale stark überlappen. Sie liegen hexagonal angeordnet in einer Ebene. (b) Orthogonal zu dem σ-Orbital-Hexagon (Mitte) liegen die π-Orbitale (Keulenform). Die Aufenthaltswahrscheinlichkeit ihrer Elektronen erstreckt sich auch auf benachbarte Bindungen des Ringes (Delokalisierung).

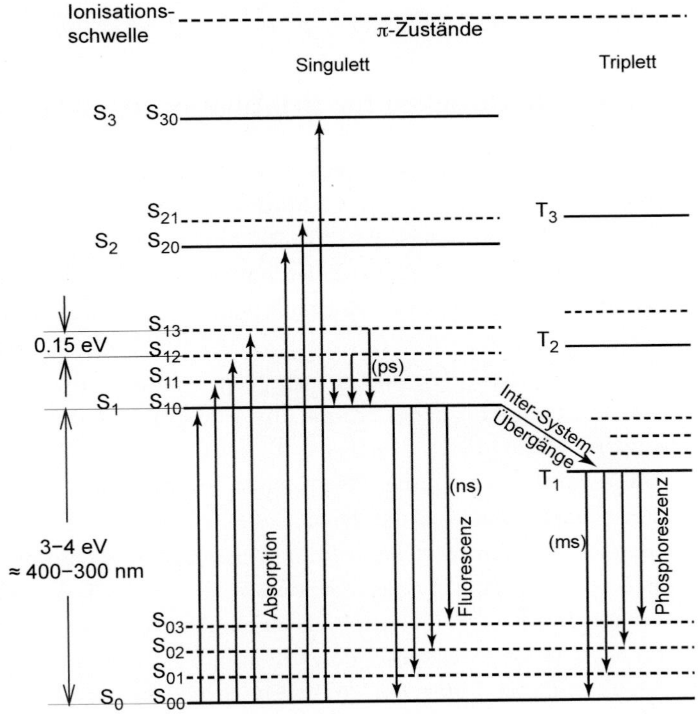

Abb. 13.4 π-Energieniveau-Übergänge bei organischen Molekülen (nach [165], mit freundl. Genehmigung von Elsevier).

Energieabsorption im Szintillator führt zu einer Anregung vom Grundzustand S_{00} auf höhere Niveaus (S_{1i}, S_{2i}, S_{3i} ...). Die Abregung von den S_{1i}-Niveaus auf das S_{10}-Niveau erfolgt strahlungslos im Pikosekundenbereich (ebenso von S_{2i} nach S_{20} etc.). Der Übergang von dort zurück auf die Grundzustandsniveaus S_{0i} erfolgt auf der Nanosekunden-Zeitskala und wird prompte Fluoreszenz genannt. Er ist der für schnelle Szintillationssignale wichtigste Übergang. Da die Energiedifferenz der Niveaus bei der Emission kleiner ist als bei der Absorption (Abb. 13.4), ist die Wellenlänge relativ zur Absorption 'Stokes'-verschoben.

Übergänge zwischen Singulett- und Triplett-Termen sind für Strahlung 'Spin-verboten'. Für einen Bruchteil der Moleküle können die T_{1i}-Triplett-Zustände[1] aber durch strahlungslose Übergänge bevölkert werden (Intersystem-Übergänge). Die T_{1i}-Zustände sind metastabil, und die nachfolgenden Abregungen in den Grundzustand S_{0i} erfolgen im ms-Bereich (Phosphoreszenz).

Während der Besetzung der metastabilen T-Niveaus können durch erneute Energieaufnahme – zum Beispiel thermisch oder durch weitere Ionisation – Übergänge zurück in das S-Termschema auftreten, mit sofortiger Abregung. Dies führt im Mittel zu einer *verzögerten* Fluoreszenz (µs bis ms).

Phosphoreszenz und verzögerte Fluoreszenz sollen möglichst vermieden werden. In sehr reinen organischen Materialien sowie in anorganischen Kristallen (siehe Abschnitt 13.3) sind sie unterdrückt.

13.2.2 Organische Materialien für Szintillationsdetektoren

In fester Form vorliegende, kristalline organische Szintillatoren sind Naphthalen ($C_{10}H_8$), Anthrazen ($C_{14}H_{10}$) und Stilben ($C_{14}H_{12}$). Anthrazen weist von diesen die größte Lichtausbeute auf, mit etwa 15 000 optischen ($\lambda \approx 300$–700 nm) Photonen pro MeV abgegebener Energie. Sie sind allerdings leicht zerbrechlich und schwer in großen Stücken erhältlich. Außerdem variiert die Szintillationseffizienz mit dem Einfallswinkel des ionisierenden Teilchens [507].

In geeigneten Lösungsmitteln (Aromaten wie zum Beispiel Benzol oder Xylol) aufgelöst, liegen viele organische Szintillatoren als Flüssigszintillatoren vor. Beispiele sind p-Terphenyl ($C_{18}H_{14}$), PBD ($C_{24}H_{22}N_2O$), DPO ($C_{15}H_{11}NO$) sowie POPOP ($C_{24}H_{16}N_2O_2$). Die Aromaten sind in der Regel selbst Szintillatoren, allerdings mit geringer ausnützbarer Quanteneffizienz, das heißt, sie liefern wenig Photonen mit nachweisbarer Wellenlänge und kurzer Zerfallszeit. Polymerisiert können daraus 'Plastikszintillatoren' in beliebiger fester Form hergestellt werden, die wegen ihrer ausgezeichneten Handhabbarkeit in der Teilchen- und Kernphysik häufig Verwendung finden. Ausgangsmaterialien hierfür sind meist Polystyrol, Polyvinyltoluol oder Polymethylacrylat mit Dichten im Bereich von 1.03 bis 1.20 g/cm^3 [621]. Einige gängige organische Szintillator-

[1] Die Triplett-Zustände verkleinern wegen der antisymmetrischen Spinausrichtung den *s*-Orbital-Radius und sind stärker gebunden (liegen energetisch tiefer als die Singulett-Zustände).

	kommerzieller Name	Dichte (g/cm^3)	λ_{em}: Max. der Emission (nm)	Photonen pro MeV	τ_{decay} (ns)
Anthrazen $C_{14}H_{10}$		1.25	447	16 000	29
Stilben $C_{14}H_{12}$		1.16	410	8 000	5
Naphthalen $C_{10}H_8$		1.14	348	<5 000	11
Plastikszintillator	NE102	1.032	423	10 000	2
Plastikszintillator	BC-420	1.032	391	10 500	1.5
Flüssigszintillator	EJ-301, BC-501A	0.874	425	12 500	3.2

Tab. 13.1 Eigenschaften einiger ausgewählter, organischer Szintillatoren (nach [838, 507]).

materialien, ihre Eigenschaften und ihre kommerziellen Bezeichnungen sind in Tab. 13.1 aufgeführt (siehe auch [572]).

Plastikszintillatoren mit Wellenlängenschieber Damit ein Szintillator transparent ist, muss die Stokes-Verschiebung zwischen Emissions- und Absorptionswellenlängen groß sein. Außerdem liegt das Maximum der Quanteneffizienz der meisten Photovervielfacher bei größeren Wellenlängen (typisch mit einem Maximum bei 400 nm, siehe Abb. 10.5 auf Seite 418) als dem Emissionsmaximum des szintillierenden Basismaterials (Lösungsmittel). Größere Stokes-Verschiebungen kann man dadurch erzielen, dass dem Basismaterial weitere zwei oder mehr szintillierende Stoffe zugegeben werden.

Die meisten Plastikszintillatoren haben als Basisszintillator Polyvinyltoluol (*polyvinyltoluene*, PVT) oder Polystyrol (*polystyrene*, PS). Eine häufig verwendete Kombination ist PVT (Lösungsmittel, erster Szintillator) – p-Terphenyl (Primärzusatz, zweiter Szintillator) – POPOP (Sekundärzusatz, dritter Szintillator, Wellenlängenschieber genannt). Weitere Kombinationen sind in Tab. 13.2 zusammengestellt.

Der Primärzusatz sorgt für eine höhere Ausbeute und eine kürzere Anstiegszeit, wenn er mit maximaler Löslichkeit (typisch etwa 1% oder mehr Massenkonzentration), mit guter Quanteneffizienz und mit guter spektraler Anpassung (das Emissionsspektrum des Basismaterials muss mit dem Absorptionsspektrum überlappen) dem Basismaterial zugegeben wird. Dann liegen die mittleren Abstände der Moleküle von Basismaterial und Primärzusatz im Bereich von etwa 10 nm, kleiner als die Lichtwellenlänge. Bei diesen Abständen ist eine strahlungslose Dipol-Dipol-Wechselwirkung (Förster-Übergang [344]) die stärkste und schnellste Kopplung zwischen Basis-Szintillator und Zusatz und sorgt für kurze Anstiegszeiten im Nanosekundenbereich sowie bei maximaler Zugabe für eine effiziente Ausbeutenerhöhung, so dass Abschwächungslängen von 3–4 m erreicht werden können [572].

Um ausreichend Transparenz zu erzielen, ist die Sekundärzugabe eines 'Wellenlängenschiebers' (WLS, zum Beispiel POPOP) notwendig. Die Konzentration ist klein (typisch etwa 0.05% in der Masse), um die Selbstabsorption zu minimieren. In Abb. 13.5(a) ist das Prinzip der Wellenlängenänderung in organischen Szintillatoren dargestellt. Abbildung 13.5(b) zeigt die Absorptions- und Emissionsspektren für einen typischen Plastik-

Tab. 13.2 Häufige Kombinationen organischer Szintillatoren in Flüssig- und Plastikszintillatoren. Die Abkürzungen stehen für: PBD = $C_{24}H_{22}N_2O$; DPO = $C_{15}H_{11}NO$; BPO = $C_{21}H_{15}NO$; TBP = $C_{12}H_{27}O_4P$; BBO = $C_{27}H_{19}NO$ oder sind im Text angegeben.

Flüssigszintillator	Benzol	p-Terphenyl	POPOP
	Toluol	DPO	BBO
	Xylol	PBD	BPO
Plastikszintillator	Polyvinylbenzol (PVB)	p-Terphenyl	POPOP
	Polyvinyltoluol (PVT)	DPO	TBP
	Polystyrol (PS)	PBD	BBO/DPS

szintillator aus drei häufig verwendeten szintillierenden Bestandteilen. Man erkennt, dass Basis-Szintillator und Primärzusatz in Emission und Absorption stark überlappen, während der Sekundärzusatz in Bereichen mit größeren Wellenlängen emittiert. Die insgesamt erzielte Stokes-Verschiebung (Pfeil in Abb. 13.5(b)) trennt die Wellenlängenbereiche von Absorption und Emission weitgehend, so dass eine gute Transparenz erreicht wird.

Wenn der Szintillationsprozess lokal (und schnell) bleiben soll – zum Beispiel in dünnen (< 1 mm) szintillierenden Fasern (siehe Abschnitt 13.6) – , so wird meist nur der Primärzusatz zugegeben (nur Förster-Übergänge).

Plastikplättchen oder andere geometrische Formen (oft salopp einfach 'Wellenlängenschieber' genannt), die mit hoher Effizienz Licht absorbieren und re-emittieren, werden zur Verbesserung der Lichtsammlung in komplexeren oder in platz-eingeschränkten Geometrien (zum Beispiel in Kalorimetern, Abschnitt 15.5.2) eingesetzt. Die isotrope Emission des WLS kann ausgenutzt werden, um – wie in Abb. 13.17(b)) auf Seite 521 gezeigt – das Licht eines Szintillationskristalls effizient auf die Fläche einer (kleinen) Photodiode zu bringen und gleichzeitig in der Wellenlänge auf deren Effizienzspektrum anzupassen. Typische Lichtsammlungseffizienzen mit Wellenlängenschiebern liegen nur bei etwa 1%, was aber in vielen Anwendungen, wie zum Beispiel bei Kalorimetern mit genügend Szintillationslicht, akzeptabel ist.

Plastikszintillatoren werden zum Nachweis vor allem von geladenen Teilchen und Neutronen (Nachweis des Protons aus einer (n,p)-Reaktion) verwendet. Sie zeichnen sich durch die einfache Handhabung und preiswerte Herstellung in nahezu beliebiger Form, Robustheit und Zuverlässigkeit aus. Nachteilig sind Alterungseffekte und Empfindlichkeit gegenüber einigen Lösungsmitteln und Fetten, ferner gegenüber Strahlenschäden und hohen Temperaturen. Außerdem ist die Ortsauflösung bei Plastikszintillatoren durch die Größe des Szintillators typisch auf bestens mm^2 bis cm^2 begrenzt. Mit szintillierenden Fasern (Abschnitt 13.6) können höhere Ortsauflösungen erzielt werden.

Zum Test von Plastikszintillatoren bietet sich das radioaktive β^+(EC)-Isotop $^{207}_{83}$Bi an (siehe Tabelle A.1 in Anhang A.2). Das Zerfallsschema hat zwei monoenergetische Linien bei 975 keV und bei 481 keV von Konversionselektronen aus innerer Konversion des angeregten Tochterkerns $^{207}_{82}$Pb. Sie werden typischerweise in einem Plastikszintillator von einigen Millimetern Dicke absorbiert und dienen als Eichnormale zur Kalibrierung

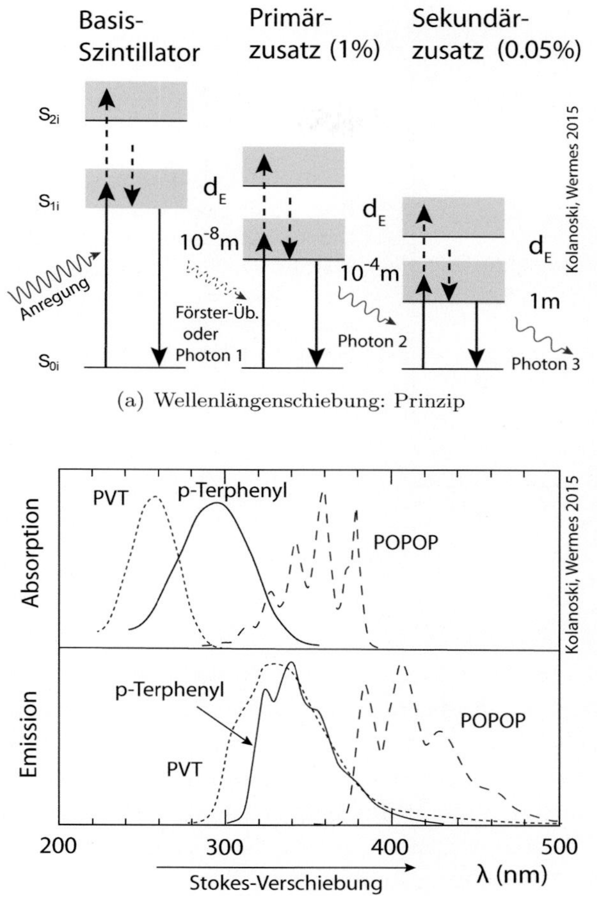

(a) Wellenlängenschiebung: Prinzip

(b) Absorptions- und Emissionsspektren

Abb. 13.5 Wellenlängenschiebung in einem Plastikszintillator (schematisch) bestehend aus einem Basismaterial (hier Polyvinyltoluol PVT), einem Primärzusatz (hier p-Terphenyl) und einem Sekundärzusatz (hier POPOP): (a) Prinzip der Absorption und Emission mit größer werdenden Wellenlängen. Ebenfalls angegeben ist der mittlere Abstand bis zum Energietransfer d_E. Der Basis-Primär-Übergang kann ein schneller Förster-Übergang sein mit kurzem d_E. (b) Absorptions- und Emissionsspektren der drei Szintillatormaterialien. Die Kurven in (b) sind nicht absolut kalibriert. Die (linearen) y-Achsen haben willkürliche Achseneinteilungen und Einheiten.

der Apparatur. Abbildung 13.6 zeigt ein mit einem Plastikszintillator aufgenommenes ^{207}Bi-Spektrum.

Flüssigszintillatoren Für Flüssigszintillatoren gilt das im vorigen Abschnitt über Plastikszintillatoren Gesagte: Ein Primärzusatz wird zur Ausbeutenerhöhung in einem aromatischen Lösungsmittel gelöst. Quench-Effekte müssen optimiert werden, die einerseits lange Zerfallszeiten eliminieren können, aber andererseits die Lichtausbeute drastisch verringern. Insbesondere gelöster Sauerstoff ist ein aggressiver Quencher, weil auf ihn mit hohem Wirkungsquerschnitt strahlungslos Energie übertragen werden kann. Auch Wasserdampf zerstört die Szintillationseigenschaften. Flüssigszintillatoren werden daher unter trockener Stickstoffatmospäre betrieben.

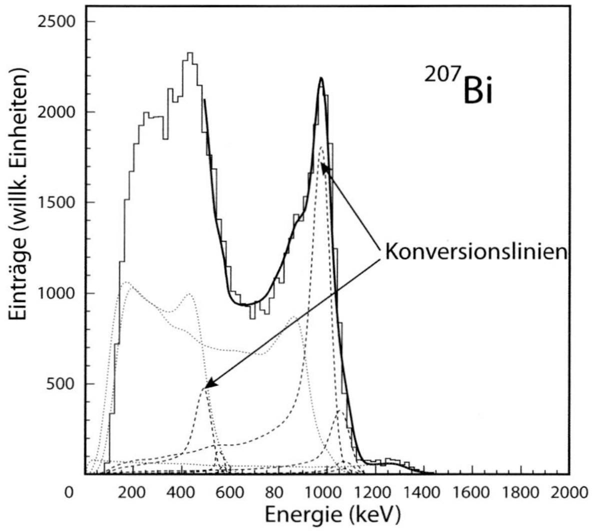

Abb. 13.6 Spektrum des ^{207}Bi-Isotops, aufgenommen mit einem Plastikszintillator (PVT) [602]. Man erkennt die prominente monoenergetische Elektron-Konversionslinien bei 975 keV.

13.2.3 Lichtausbeute

In organischen Materialien entstehen im Ionisationsprozess UV-Photonen, die die Anregungsübergänge in Abb. 13.4 bewirken. Die Ausbeute an Szintillationslicht durch Ionisation ist weitaus geringer (im Bereich von 5%) als bei direkter Anregung durch UV-Licht (50–90%) [165]. Der Rest der deponierten Energie wird strahlungslos dissipiert, hauptsächlich in Wärme. Typische Ausbeuten sind etwa 1 Photon pro 100 eV durch Ionisation deponierter Energie [621]. In einem Plastikszintillator von 1 cm Dicke werden von einem minimal ionisierenden Teilchen etwa 20 000 Photonen erzeugt.

Die Lichtausbeute L (hier: Anzahl der Photonen einer Wellenlänge λ) organischer Szintillatoren beim Durchgang geladener Teilchen ist in erster Näherung proportional zur spezifischen Ionisationsdichte (siehe Abschnitt 3.2) entlang der Wegstrecke des Teilchens durch den Szintillator [165]:

$$\frac{dL}{dx} = S\frac{dE}{dx}\,, \tag{13.1}$$

mit der Szintillationseffizienz S als Proportionalitätsfaktor. Dieses lineare Verhalten gilt praktisch für alle minimal ionisierenden Teilchen, allerdings nur eingeschränkt für langsame Protonen oder schwerere Teilchen unter 100 MeV Impuls. Allerdings muss zusätzlich berücksichtigt werden, dass eine hohe Ionisationsdichte entlang der Teilchenspur zu Quench-Effekten führt, verursacht durch bereits angeregte oder ionisierte Moleküle, welche die Lichtausbeute insgesamt reduzieren. Dies ist wiederum proportional zum spezifischen Energieverlust mit der 'Quench'-Stärke k_B. Zusammen ergibt sich die empirische 'Birks-Formel' [165]

$$\frac{dL}{dx} = \frac{S\frac{dE}{dx}}{1 + k_B\frac{dE}{dx}}\,, \tag{13.2}$$

die ursprünglich von Birks für organische Szintillatoren vorgeschlagen wurde, aber auch für anorganische Kristalle gilt (siehe [165], Kap. 11 und [102, 103]). Erweiterungen von (13.2) um Effekte höherer Ordnung [260] beinhalten einen weiteren Term im Nenner ($C \cdot (dE/dx)^2$) mit einer empirisch anzupassenden Konstanten C. Die Ionisierungsdichte hängt quadratisch von der Ladung der eintreffenden Teilchenart ab (vgl. Abschnitt 3.2.1). Für hochenergetische, einfach geladene Teilchen mit Energien sehr viel größer als die Ruhemasse des Teilchens sowie für Gammastrahlung können wir annehmen, dass Energieverlust und Ionisierungsdichte vergleichsweise klein sind. Gleichung (13.2) reduziert sich dann auf (13.1). Für stark ionisierende Strahlung, zum Beispiel für α-Teilchen im MeV-Energiebereich, dominiert in (13.2) der dE/dx-Term, so dass die Lichtausbeute

$$\left.\frac{dL}{dx}\right|_{\alpha} = \frac{S}{k_B} \tag{13.3}$$

wird. Der Wert von k_B muss für jeden Szintillator experimentell bestimmt werden, was zum Beispiel aus der Messung des Verhältnisses der Lichtausbeuten für Elektronen und für α-Teilchen

$$k_B = \frac{(dL/dx)_e}{(dL/dx)_\alpha} \frac{1}{(dE/dx)_e} \tag{13.4}$$

erfolgen kann. Für den gebräuchlichen Szintillatortyp NE102 liegt k_B im Bereich von $k_B \approx 10^{-2}$ g cm^{-2} MeV^{-1} [165], wenn dE/dx in (13.4) auf die Dichte normiert ist, und S liegt bei ungefähr 10 000 Photonen ($\lambda \approx 423$ nm, blau) pro MeV deponierter Energie.

13.2.4 Signalform

Die zeitliche Impulsantwort szintillierender organischer Moleküle ist überwiegend bestimmt durch prompte Fluoreszenz mit einem daraus folgenden exponentiellen Zerfallsgesetz für die Intensität

$$I(t) = I_0\, e^{-\frac{t}{\tau_f}}\ , \tag{13.5}$$

wobei τ_f die Zerfallskonstante ($\tau_f = \tau_{\mathrm{decay}}$ in Tab. 13.1) für prompte Fluoreszenz ist und $I(t)$ sowie I_0 die Lichtintensitäten zur Zeit t beziehungsweise $t = 0$ darstellen. Für sehr schnelle Szintillatoren ist zu beachten, dass die die Zeit zur Besetzung der Energieniveaus S_{1i} in Abb. 13.4 in der Größenordnung mehrerer hundert Pikosekunden liegt, so dass auch die Anstiegszeit (*rise time*) berücksichtigt werden muss. Dies kann durch Einführung einer weiteren Zeitkonstanten τ_r oder durch Multiplikation mit einer Gauß-Funktion $g(t)$ geschehen:

$$I(t) = I_0\, (e^{-\frac{t}{\tau_f}} - e^{-\frac{t}{\tau_r}}) \qquad \text{oder} \qquad I(t) = I_0\; g(t)\, e^{-\frac{t}{\tau_f}}\ . \tag{13.6}$$

Bei vielen Szintillatoren beobachtet man auch den Intensitätsbeitrag mit längerer Zerfallszeit durch verzögerte Fluoreszenz in der Größenordnung mehrerer hundert Nanosekunden, so dass die Intensitätskurve aus einem prompten, dominanten Anteil mit einer

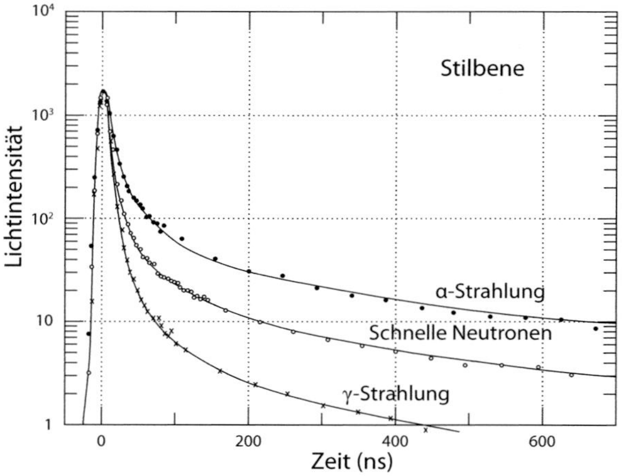

Abb. 13.7 Zeitlicher Verlauf der Intensität in einem organischen Szintillator (Stilben) bei Anregung durch verschiedene Strahlungsarten mit verschiedenen Ionsiationsdichten [189]. Die Kurven sind im Maximum aufeinander normiert.

Zerfallskonstanten τ_f im ns-Bereich und einem geringeren, langsamen Anteil mit einer Zerfallskonstanten τ_d im 100 ns- bis 1 µs-Bereich entsteht:

$$I(t) = I_1\, g(t)\, e^{-\frac{t}{\tau_f}} + I_2\, e^{-\frac{t}{\tau_d}} . \tag{13.7}$$

Die relativen Anteile I_1, I_2 der beiden Komponenten hängen häufig von der Art der eintreffenden Strahlung $(\mathrm{p}, \alpha, \mathrm{n}, \gamma)$ über ihre verschiedenen Ionisationsdichten ab. Es gibt starke Anzeichen dafür, dass dies an der Wiederanregung der für die verzögerte Fluoreszenz verantwortlichen Triplettzustände (Abb. 13.4, T_{1i}-Niveaus) liegt. Ihre Abregung erfolgt über intermolekuläre Wechselwirkungen zwischen zwei angeregten Molekülen, wobei verzögerte Fluoreszenz auftritt [507]. Die Wahrscheinlichkeit dafür hängt von der Ionisationsdichte ab und ist umso stärker, je größer der spezifische Energieverlust des Teilchens ist. Dies kann man ausnutzen, um verschiedene Teilchen, die dieselbe Energie im Szintillator deponieren, zu unterscheiden (*pulse shape discrimination*). Man kann elektronische Zeitfenster setzen, in denen die Intensität des Pulsausläufers zu langen Zeiten gemessen wird. Abbildung 13.7 zeigt verschiedene Pulsformen (schematisch) mit unterschiedlichen Ausläufern für Teilchen mit verschieden starken spezifischen Energieverlusten.

Eine typische Auslesekette – hier mit einem zusätzlichen Verstärker, dessen Wirkung für den Signalverlauf zum Beispiel auch durch die Zeitkonstante eines Oszillographen ersetzt werden kann – ist in Abb. 13.8 dargestellt. Gehen wir von einem allgemeinen Zerfallsverlauf mit der Zerfallskonstanten τ_f aus, so gilt für den Strom:

$$i(t) = \frac{u(t)}{R} + C\frac{du}{dt} \;\Rightarrow\; \dot{u} + \frac{1}{\tau_{RC}}u = \frac{i_0}{C}\, e^{-\frac{t}{\tau_f}} , \tag{13.8}$$

wobei τ_{RC} die RC-Zeitkonstante des Verstärkereingangs ist. Die Differenzialgleichung (13.8) hat folgende Lösung:

$$u(t) = \frac{\tau_{RC}}{\tau_{RC} - \tau_f}\frac{Q_0}{C}\left(e^{-t/\tau_{RC}} - e^{-t/\tau_f}\right) , \tag{13.9}$$

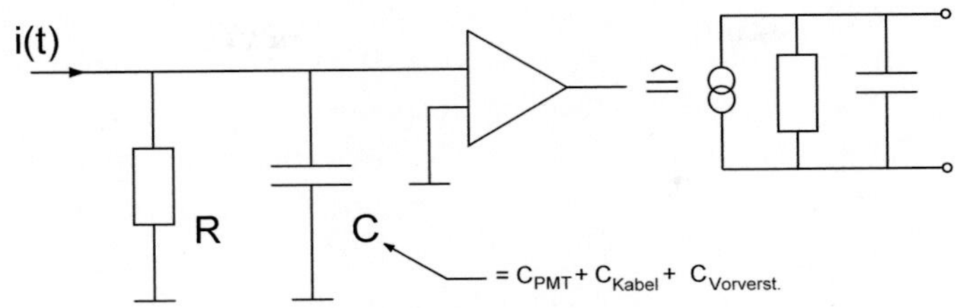

Abb. 13.8 Typische Auslesekette bei einem Szintillator. C bezeichnet sämtliche auftretenden Kapazitäten der Auslesekette (PMT, Kabel, Verstärker). Das Ersatzschaltbild (rechts) besteht aus einer Stromquelle mit parallelen R und C.

mit $Q_0 = \int i dt$ als Gesamtladung des im Vorverstärker integrierten Stromes.

Für die beiden Extremfälle ergeben sich folgende Vereinfachungen:

$$\text{Falls} \quad \tau_{RC} \gg \tau_f \quad \Rightarrow \quad u(t) \approx \frac{Q_0}{C}(1 - e^{-t/\tau_f})$$

und die Anstiegszeit des Impulses wird durch τ_f bestimmt.

$$\text{Falls} \quad \tau_{RC} \ll \tau_f \quad \Rightarrow \quad u(t) \approx \frac{\tau_{RC}}{\tau_f}\frac{Q_0}{C}(1 - e^{-t/\tau_{RC}}) \ ,$$

ist wegen $\tau_{RC}/\tau_f \ll 1$ das Signal klein, aber die Anstiegszeit kann prinzipiell kurz sein, bestimmt durch τ_{RC}.

13.3 Anorganische Kristalle

13.3.1 Szintillationsmechanismen in anorganischen Kristallen

Im Unterschied zu der molekularen Ursache für Szintillation bei organischen Materialien ist der Szintillationsmechanismus bei anorganischen Kristallen in der Gitterstruktur begründet und hängt wesentlich von den Eigenschaften der Bandstruktur (siehe auch Kapitel 8) und den existierenden Energiezuständen durch Fremd- oder Eigenionen oder -komplexe in der Bandlücke ab. Eine vollständige Behandlung der zugrunde liegenden vielfältigen Prozesse sprengt den Rahmen dieses Buches. Eine umfangreiche Abhandlung über Szintillationsmechanismen in anorganischen Kristalle ist [537]. Wir geben hier eine Übersicht über die wesentlichen Szintillationsmechanismen und besprechen Szintillationskristalle, die für Teilchendetektoren wichtig sind.

In einem perfekten nicht-metallischen Kristall befinden sich die Elektronen in getrennten Energiebändern – dem Valenzband sowie darunter liegenden Atomrumpfbändern –, die aus extrem dicht liegenden einzelnen Energieniveaus bestehen. Das Leitungsband liegt energetisch über dem Valenzband und ist im Fall von Isolatoren nicht mit Elektronen besetzt. Alle Energieniveaus des Valenzbandes sind hingegen mit Elektronen gefüllt; die Elektronen sind unbeweglich, da alle Plätze im Band besetzt sind. Frei bewegliche

Löcher im Valenzband (und Elektronen im Leitungsband) entstehen bei Anregung eines Valenzband-Elektrons in das Leitungsband durch Energiezufuhr (siehe auch Kapitel 8). Die Bandlücke in Szintillationkristallen liegt ungefähr bei 4–12 eV und ist damit deutlich größer als bei Halbleitern, so dass die bei der Rekombination von Elektron und Loch frei werdende Energie einer Photonwellenlänge entspricht, die in der Regel außerhalb des sichtbaren Bereichs liegt.

Mit Szintillationskristallen in Teilchenphysikexperimenten werden vornehmlich hochenergetische Elektronen oder Gammastrahlung im > MeV-Bereich nachgewiesen. Photonen wechselwirken durch Photo-, Compton-Effekt oder Paarbildung (siehe Abschnitt 3.5) und erzeugen Elektronen bzw. Elektronen und Positronen. Bei noch höheren Energien erzeugen sowohl Photonen als auch Elektronen einen elektromagnetischen Schauer (siehe Abschnitt 15.2). Die (verglichen mit den Elektronen des Gitters) hochenergetischen Elektronen bzw. Positronen wechselwirken mit den Atomen des Kristallgitters und regen Elektronenübergänge vom Valenzband in das Leitungsband an, wenn dazu genügend Energie an den Kristall abgegeben wird.

Lumineszenzzentren Damit ein Kristall szintilliert, muss er so genannte Lumineszenzzentren besitzen, deren Energieniveaus kleiner als die Bandlücke sind und Strahlungsübergänge im sichtbaren Bereich haben. Lumineszenzzentren können von außen zum Beispiel durch Dotierung erzeugt werden ('extrinsische' Lumineszenz, siehe auch Seite 511), können aber auch durch kristalleigene Ionen oder durch Kristalldefekte – oft durch den Wechselwirkungsprozess mit der nachzuweisenden Strahlung selbst erzeugt – entstehen (eigenaktivierte, 'intrinsische' Lumineszenz). Dotierung von Kristallen zur Erhöhung der Lichtausbeute findet man bei Krsitalldetektoren häufig. Ein bekanntes Beispiel ist mit Thallium dotiertes Natriumiodid, NaI (Tl).

Die Potenzialverhältnisse eines Lumineszenzzentrums sind in Abb. 13.9 als Funktion einer Gitterkonfigurationskoordinate[2] dargestellt. Im freien Raum, ohne Existenz einer Festkörperumgebung, lägen die Verläufe der potenziellen Energie von Grund- und angeregtem Zustand in dieser Koordinate übereinander. Durch Polarisation der Umgebung des Zentrums jedoch wird die Lage des Minimums von Grund- und angeregtem Zustand des Zentrums relativ zur Minimumsposition der normalen Gitteratome (Nullpunkt) verändert. In der Regel ist der Abstand von der Nullpunktkonfiguration in der Konfigurationskoordinate für den angeregten Zustand größer (stärkerer Einfluss auf die Umgebung) als für den Grundzustand [537], was zu der in Abb 13.9 dargestellten Verschiebung führt. Thermische Anregungen erlauben Abweichungen von den exakten Minimumspositionen A und B. Durch Absorption eines Elektrons und eines Loches oder durch Einfang eines Exzitons (siehe weiter unten) erfolgt ein Übergang in den Anregungszustand, der auf einer kürzeren Zeitskala erfolgt als die Zeitspanne, in der eine Bewegung der Atomkerne möglich ist (Franck-Condon-Prinzip), und daher als senkrechte Linie AC in Abb. 13.9 dargestellt werden kann. Der Übergang von C nach B erfolgt durch thermische Abregung. Der optische Übergang BD ist der Lumineszenzübergang. Er erfolgt

[2] Mit der 'Konfigurationskoordinate' fasst man die Änderungen aller Gitterkoordinaten zwischen den beiden Gitterkonfigurationen formal zusammen [569].

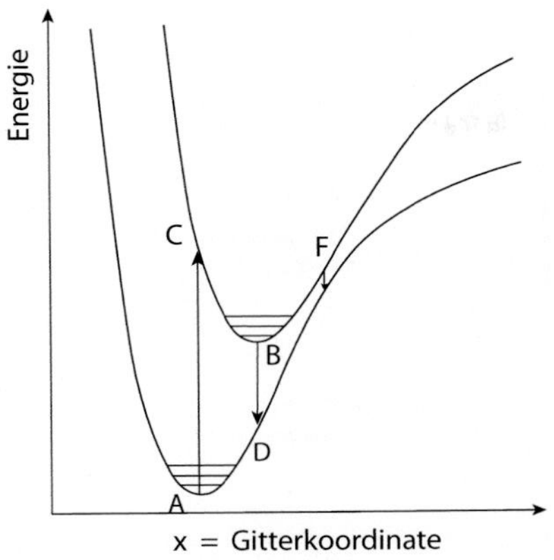

Abb. 13.9 Verlauf der potenziellen Energie von Grundzustand und Anregungszustand bei einem Lumineszenzzentrum (nach [165]). Erläuterungen siehe Text.

ebenfalls nicht direkt in das Minimum A des Grundzustands, so dass die Strecke BD in Abb. 13.9 kleiner ist als AC und die entsprechenden Wellenlängen daher unterschiedlich sind (Stokes-Verschiebung). Dies vermeidet die Re-Absorption des emittierten Lichtes durch Lumineszenzzentren.

Quenching Außer durch Strahlung kann ein Übergang auch strahlungslos erfolgen (Quench-Zentrum). Die geschieht dann mit größerer Wahrscheinlichkeit, wenn in Abb. 13.9 Punkt F durch Anregung erreicht werden kann, an dem sich die Potenzialkurven so stark annähern, dass ein nicht-strahlender Übergang (zum Beispiel thermisch) möglich wird.

Trapping Ein Elektron kann in einem Energieniveau auch eine Zeit lang festgehalten werden (*trapping center*), bis es in das Leitungsband durch thermische Anregung zurückkehrt oder strahlungslos in das Valenzband übergeht. Die Energie der eintreffenden Strahlung oder eines Teilchens wird somit zu einem bestimmten Anteil in eine Anzahl von Photonen mit Wellenlängen im sichtbaren oder im UV-Bereich konvertiert.

Abbildung 13.10 zeigt eine sehr vereinfachte Darstellung des Szintillationsphänomens in einem szintillierenden anorganischen Kristall mit Valenz- und Leitungsband.

Exzitonen Angeregte Elektronen können auch an ein Loch im Valenzband gebunden sein, oder bei Anregung können beide gebunden bleiben. Dieser Zustand wird 'Exziton' genannt (Frenkel 1931) und entspricht einem (Elektronen-)Energieniveau, das in der Regel unterhalb des Leitungsbandes liegt. Exzitonen können durch relativ geringe Energiezufuhr leicht in ein Elektron im Leitungsband und ein Loch im Valenzband verwandelt werden. Umgekehrt können Elektronen im Leitungsband und Löcher im Valenzband in Exziton-Zustände rekombinieren. Wie Elektronen und Löcher kann sich auch der Exziton-Zustand im Festkörper frei bewegen und radiativ zerfallen.

Lokalisierung Neben *traps*, verursacht durch Gitterdefekte, können räumlich feste Zentren auch durch eine starke lokale Wechselwirkung zum Beispiel eines Loches mit dem (durch die Ladung des Loches polarisierten) Gitter entstehen, welche das Loch lokal fi-

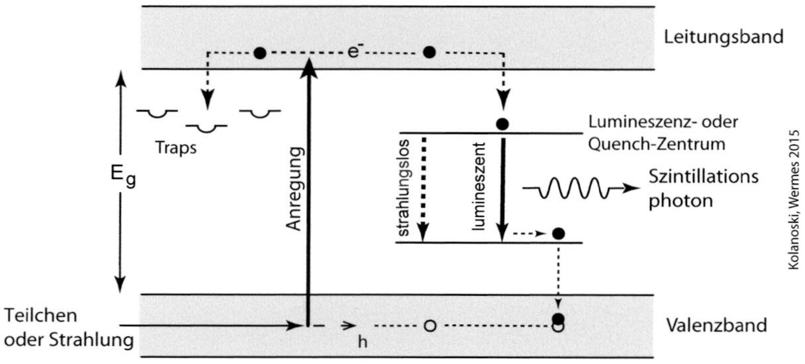

Abb. 13.10 Vereinfachte Zusammenstellung des Szintillationsmechanismus in anorganischen Kristallen (nach [165]).

xiert (*self trapped hole*, V_k-Zentrum). Auch Exzitonen können so lokalisiert werden (*self trapped exciton*).

Lumineszenzübergang Die Grund- und Anregungszustände der Zentren können von Elektronen aus dem Leitungsband und von Löchern aus dem Valenzband energetisch leicht erreicht werden, so dass die e/h-Rekombination über das Zentrum erfolgt und zu Abstrahlung vom Anregungs- zum Grundzustand führt. Falls das Lumineszenzzentrum neutral ist, erfordert Szintillation den gleichzeitigen Einfang eines Elektrons aus dem Leitungsband und eines Loches aus dem Valenzband oder eben eines Exzitons. Exzitonische Zustände wirken ebenfalls als Lumineszenzzentren, da sie rekombinieren können. Effizienter ist allerdings die Kopplung eines Exzitons an ein Lumineszenzzentrum, wobei Energie- oder Ladungstransfer vom Exziton auf das Zentrum erfolgt.

Zeitliche Abfolge des Szintillationsprozesses Abbildung 13.11 erläutert den zeitlichen Ablauf für einen eigenaktivierten intrinsischen Szintillator, bei dem die Szintillation über ein Aktivator-Zentrum (zum Beispiel ein Ion, einen anionischen Komplex oder einen Exziton-Zustand) erfolgt: Die erzeugten Löcher sind in der Regel 'tief', die Elektronen 'heiß', das heißt, sie liegen nicht unmittelbar an der Bandkante, sondern können im Fall der Löcher sogar in den Atomrumpfbändern entstehen. Elektronen und Löcher bewegen sich quasi frei in den jeweiligen Bändern. Die Elektronen streuen dabei inelastisch mit den Gitterphononen und erzeugen dadurch sekundäre Anregungen von Elektronen im Leitungsband beziehungsweise von Löchern in Valenz- oder Rumpfbändern. Die Ladungsträger thermalisieren auf einer Zeitskala von 10^{-16} s bis 10^{-14} s zu niedrigeren Energien, die Elektronen durch inelastische e-e-Streuung bis unterhalb der Schwelle für diesen Prozess von $2E_{gap}$. Die Thermalisierung der Löcher erfolgt durch eine Abfolge von Auger-Prozessen (siehe Abschnitt 3.5.2), bei denen die an die Atome abgegebene Energie in Elektronenanregungsenergie übertragen wird. Weitere Thermalisierung erfolgt auf einer Zeitskala bis 10^{-12} s durch Gitterstreuung (Phononenerzeugung), nach der die La-

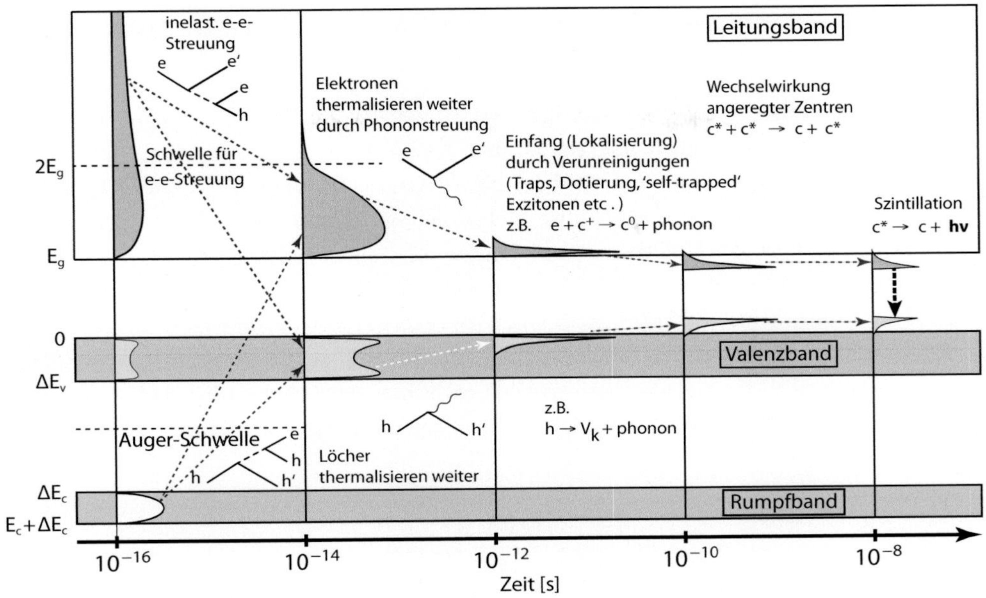

Abb. 13.11 Vereinfachter zeitlicher Ablauf des Szintillationsprozesses (hier für intrinsische Szintillation). Zur Vereinfachung ist nur ein Atomrumpfniveau gezeichnet. Mit c in den Beschriftungen sind Einfangzentren bezeichnet, V_k bezeichnet das *self trapped hole center*. Die gestrichelt gezeichneten Pfeile deuten die Bevölkerungsänderung der Energiebänder durch die beitragenden Prozesse an; siehe dazu die Ausführungen im Text (nach [537], mit freundl. Genehmigung von Springer Science+Business Media).

dungsträger bis zur Unterkante des Leitungsbandes (Elektronen) beziehungsweise bis zur Oberkante des Valenzbandes (Löcher) gekühlt sind.

Der zeitlich nächste Schritt nach der Thermalisierung ist die Lokalisierung der Ladungsträger durch Zentren auf einer Zeitskala von 10^{-10} s bis 10^{-8} s. Die Energieniveaus der Zentren liegen zwischen den Bändern nahe den Bandkanten. Aus den angeregten Zuständen der Zentren heraus erfolgt schließlich der Strahlungsübergang (10^{-8} s) der Szintillation.

Im Gegensatz zu Cherenkov- oder Übergangsstrahlung entsteht Szintillationslicht aus einer ganzen Kette unterschiedlicher, komplexer Prozesse, die durch verschiedene Zeitkonstanten charakterisiert sind. Hier nicht erwähnt sind noch komplexere Vorgänge, die durch induzierte Zentren (induziert durch Sekundärerzeugung und -anregung von Lumineszenzzentren, thermische Aktivierung oder Elektrontunnelung bewirkt werden (siehe dazu [537]). Eine Klassifizierung nach den wichtigsten Prozessen bei Kristallen wird weiter unten beschrieben.

Dotierung mit Aktivatorzentren Die Lichtemission durch Exzitonerzeugung und -zerfall über ein Lumineszenzzentrum ist in undotierten Kristallen häufig ein ineffizienter Prozess. Um die Wahrscheinlichkeit sichtbarer Photoemission beim Zerfall des Exziton-Zustandes zu erhöhen, werden die Kristalle oft mit Aktivatorzentren dotiert.

Bei NaI und CsI wird meist Thallium (Tl) verwendet, bei halogeniden Kristallen meist Cer (Ce). Die Dotierungskonzentration beträgt typisch etwa 0.1% molar.

Pulsform-bestimmende Zeitkonstanten Die Pulsform des nachgewiesenen Szintillationslichts wird durch mehrere Zeitkonstanten bestimmt [537]: (i) die Zeit bis zur Erzeugung von (heißen) Elektronen und Löchern im Kristall ($\tau_1 = 10^{-18}$ bis 10^{-9} s), (ii) die Thermalisierungszeit durch Kühlprozesse mit dem Gitter ($\tau_2 = 10^{-16}$ bis 10^{-12} s), (iii) die Transferzeit der Elektronen und Löcher oder eines Exzitons zu einem Lumineszenzzentrum ($\tau_3 = 10^{-12}$ bis 10^{-8} s) und (iv) die Zerfallszeit des Lumineszenzzentrums ($\tau_4 > 10^{-10}$ s).

Eine wichtige Rolle bei der Pulsform spielt die Erzeugung der erwähnten sekundären Zentren. Wenn wir die charakteristische Zeit zwischen Primär- und Sekundärerzeugung von Lumineszenzzentren und deren Wechselwirkung mit τ_{int} bezeichnen, so dominiert für den Fall, dass

$$\tau_{int} \approx \tau_3 \ll \tau_4$$

ist, die direkte Szintillation mit einer sehr schnellen Anstiegszeit und einer einzelnen exponentiellen Zerfallszeit. Falls jedoch gilt:

$$\tau_{int} \gg \tau_3 \qquad \text{und} \qquad \tau_{int} \gg \tau_4\,,$$

was häufig der Fall bei realen Kristallen ist, so wird die direkte Szintillation von einem verzögerten Zerfall eines sekundären Lumineszenzzentrums begleitet (Phosphoreszenz) mit Zeitkonstanten im > 100-ns- bis µs-Bereich. Wegen der Wechselwirkung von Lumineszenzzentren untereinander und mit Ladungsträgern stößt die Beschreibung durch einfache exponentielle Gesetzmäßigkeiten an ihre Grenzen, und mehr Parameter sind notwendig. Es ist trotzdem allgemeine Praxis, die Pulsformen von Kristallszintillatoren durch eine Summe von Exponentialtermen zu beschreiben [537].

Diese Komplexität finden man bei Szintillationsprozessen in Flüssigkeiten oder Dämpfen bzw. Gasen nicht, weil in erster Näherung keine Wechselwirkung zwischen den Teilchen des Mediums stattfindet. Die Zerfallszeit des Lumineszenzzentrums bestimmt hier den Szintillationsprozess.

Lichtausbeute Der Einfang des Exziton-Zustands durch Quench- oder Tapping-Zentren führt zu Verlusten in der Lichtausbeute. Auch andere Ursachen für Quenching existieren (siehe zum Beispiel [51]). Die Ausbeutenreduktion hängt von der Anzahl der Kristallverunreinigungen und der Konzentration der Aktivatorzentren, aber auch zum Beispiel von der Temperatur ab. Auch hohe Ionisationsdichten saturieren die Lumineszenzausbeute (Ionisations-Quenching).

Die Lichtausbeute L kann nach diesen Überlegungen in Abhängigkeit von der absorbierten Energie E_{abs} und der mittleren Energie $w_{e/h}$ für die Erzeugung eines e/h-Paares durch weitere charakterisierende Größen durch

$$L = \frac{E_{abs}}{w_{e/h}}\, S\, Q \tag{13.10}$$

angegeben werden [537], wobei S die Energieübertragungs-Effizienz von den (thermalisierten) e/h-Paaren auf die Lumineszenzzentren und Q die Quantenausbeute (Wahrscheinlichkeit für Strahlungszerfall) des Zentrums angibt. Wegen $w_{e/h} \propto E_{gap}$ ist es von Vorteil, ein Material mit kleiner Bandlücke zu wählen. Allerdings wächst dann auch die Wahrscheinlichkeit, dass die Grund- oder Anregungsniveaus der Zentren sehr dicht an den Bandkanten liegen und leicht ionisiert werden können, anstatt lumineszent zu zerfallen.

Die maximal theoretisch erzielbare Ausbeute wurde von Dorenbos zu 140 000 Photonen pro MeV deponierter Energie für einen idealen, mit Ce^{3+} -dotierten Kristall (zum Beispiel $LaBr_3{:}Ce^{3+}$) mit kleiner Bandlücke, in die der optische Übergang gerade hinein passt, berechnet [537].

13.3.2 Szintillationkristalle: Klassifizierung und Vergleich

In Tabelle 13.3 sind einige gebräuchliche anorganische Szintillationskristalle aufgeführt, zusammen mit charakteristischen Eigenschaften, die für die Benutzung in Experimenten wichtig sind. Ein typischer Plastikszintillator ist als Referenzstandard in die Tabelle ebenfalls aufgenommen worden.

Merkmale, die je nach Einsatz von Szintillatoren ausschlaggebend sind, sind vor allem Dichte, Lichtausbeute und Signalabklingzeit. Während Plastikszintillatoren Signale mit kurzen Anstiegs- und Abklingzeiten im ns-Bereich liefern, sind beide für anorganische Kristalle typischerweise länger (Ausnahmen siehe weiter unten). Insbesondere Kristalle mit hoher Lichtausbeute wie NaI (Tl) und CsI (Tl) besitzen oft Abklingzeiten im Bereich mehrerer hundert Nano- bis Mikrosekunden.

Anorganische Kristalle werden in der Teilchenphysik meist zur Energiemessung von hochenergetischen Photonen und Elektronen mit Energien, die typisch größer als einige zehn MeV sind, eingesetzt, die in den Kristallen einen elektromagnetischen Schauer bilden (siehe auch Kapitel 15). Für höhere Energien oberhalb einiger GeV stellt die Lichtausbeute keine große Einschränkung für die Messung mehr dar. Dafür sind hohe Dichte und hohe Kernladungszahl (kleine Strahlungslänge X_0) wichtig, um den Schauer in geringer Kristalltiefe effizient zu absorbieren.

Unterscheidung nach Szintillationsmechanismen Um eine weitere Klassifizierung vorzunehmen, kann man nach den zu Grunde liegenden Szintillationsmechanismen unterscheiden [537]. Dabei ist die Kopplung mit Energietransfer zwischen dem Gitter und den Lumineszenzzentren entscheidend. Insbesondere die Lage der Energiezustände der Zentren innerhalb der Bandlücke ist von Bedeutung, welche von der Art des Einbaus eines Ions in das Gitter abhängt und daher in verschiedenen Wirtsgittern – abhängig vom Abstand des Niveaus eines Zentrum zu den Bandkanten – zu verschiedenen Szintillationseigenschaften führen kann.

In dem einfachsten Strahlungsprozess ohne zusätzliche Lumineszenzzentren rekombinieren Elektronen und Löcher, die sich energetisch nahe der Bandkanten befinden, also nach ihrer Thermalisierung. Elektronen kühlen durch inelastische Wechselwirkung mit

Material	Dichte (g/cm^3)	X_0 (cm)	λ_{em} (nm)	Anz. Phot. pro MeV	τ_{decay} (ns)	Bemerkung
Plastikszint.	1.03	42.5	423	10 000	≈ 2	leichte Handhabung
NaI(Tl)	3.67	2.59	410	43 000	245	hygroskopisch
CsI(Tl)	4.51	1.86	550	52 000	1220	etwas hygroskopisch
BaF_2	4.89	2.03	220	1 430	0.8	schnelle Komponente
			310	9 950	620	langsame Komponente
$LaBr_3$(Ce)	5.29	1.88	356	61 000	17-35	hygroskopisch
CeF_3	6.16	1.77	330	4 500	30	strahlungsres. $> 10^5$ rad
GSO	6.71	1.38	430	9 000	56	strahlungsres. $> 10^5$ rad
BGO	7.13	1.12	480	8 200	300	
LYSO (Ce)	7.1	1.14	420	33 000	40	hygroskopisch
LSO (Ce)	7.40	1.14	402	27 000	41	strahlungsres. $> 10^5$ rad
$PbWO_4$	8.30	0.89	425	130	30	strahlungsres. $> 10^5$ rad

Tab. 13.3 Eigenschaften häufig verwendeter Szintillatorkristalle im Vergleich zu einem typischen Plastikszintillator [537, 621]. λ_{em} bezeichnet das Maximum der Emissionswellenlänge. Abkürzungen: BGO = $Bi_3Ge_4O_{12}$, GSO = Gd_2SiO_5, LSO = Lu_2SiO_5, LYSO = $Lu_{1.8}Y_{0.2}SiO_5$.

dem Gitter, 'tiefe' Löcher durch Auger-Prozesse ab. Lumineszenz erfolgt dann entweder nach zwischenzeitlicher Bildung eines Exziton-Bindungszustands oder unter Benutzung eines anderen Zentrums aus dem Gitterverbund (zum Beispiel eines Ions), deren Energieniveaus nahe der Bandkanten liegen und deshalb leicht erreichbar sind. Die Lumineszenzzentren können übrigens auch durch Energie aus dem Ionisationsprozess direkt angeregt werden und bei der Abregung Photonen emittieren.

Es gibt jedoch Konfigurationen der Valenz- und der darunter liegenden Atomrumpfbänder, in denen die Thermalisierung der Löcher durch Auger-Prozesse nicht stattfinden kann. In diesem Fall ist die direkte Rekombination eines 'tiefen' Loches aus einem Atomrumpfband mit einem Elektron aus dem Valenzband wahrscheinlicher, was zu schneller (typisch ≈ 1 ns) und energiereicher Lichtemission (meist im UV-Bereich wegen der Bandabstände) führt und unter dem Begriff *cross luminescence* [471] oder *core-valence luminescence* [689, 688] bekannt ist (siehe Abb. 13.12(c)). In der Regel besitzen diese Kristalle auch eine langsamere Komponente aus einem konventionellen Mechanismus.

In [537] wird daher eine Klassifizierung anorganischer Szintillatoren nach den Szintillationsmechanismen vorgeschlagen:

- eigenaktivierte (durch den Wechselwirkungsprozess) intrinsische Szintillation: Abb. 13.12(a);
- Szintillation durch (externe) Aktivator-Zentren (zum Beispiel durch Dotierung): Abb. 13.12(b);
- Szintillation durch *cross luminescence*: Abb. 13.12(c).

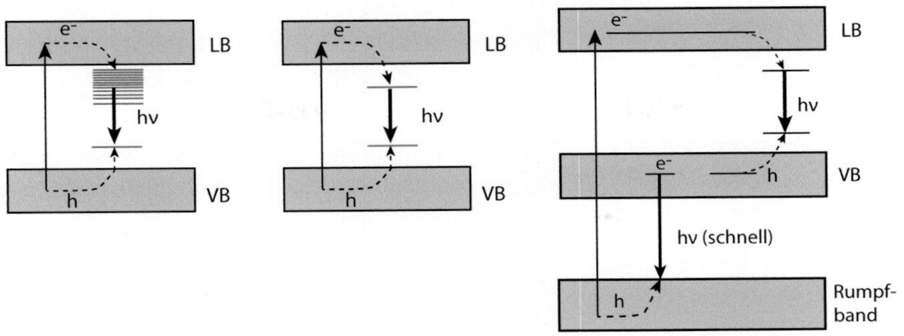

(a) eigenaktiviert (b) extern aktiviert (c) cross luminescence

Abb. 13.12 Zur Klassifizierung von Szintillationskristallen nach Szintillationsmechanismen (siehe Text): (a) intrinsische Aktivierung (zum Beispiel durch Exzitonanregung), (b) extrinsische Aktivierung (zum Beispiel durch Dotierung), (c) (schnelle) Strahlung durch *cross luminescence*.

Kombiniert man diese Einteilung mit weiteren physikalisch-chemischen Eigenschaften, zum Beispiel der Dotierung mit spezifischen Ionen, so kann man zwei wichtige Klassen unterscheiden: Halogenide (Verbindungen mit F, Cl, Br, I) und oxidische Kristalle (zum Beispiel mit (WO_4)-, (SiO_5)- oder (Ge_4O_{12})-Gruppen). Eine ausführliche Zusammenstellung findet sich in [537]; die wichtigsten Kristalle für Experimente der Teilchenphysik sind auch in Tabelle 13.3 aufgeführt.

Fluoride besitzen allgemein eine große Bandlücke ($E_{gap} > 7$ eV), was eine Voraussetzung für mögliche *cross luminescence* ist. Der bekannteste Vertreter dieser Klasse ist BaF_2, ein Szintillationskristall, der eine schnelle ($\tau_{decay} = 0.8$ ns) und eine langsame ($\tau_{decay} = 620$ ns) Strahlungskomponente besitzt. Die schnelle Komponente ist attraktiv für Experimente mit hohen Raten. Leider liegt das hierbei emittierte Licht im UV-Bereich und bedarf besonderer Nachweismethoden (zum Beispiel eines Photovervielfachers mit

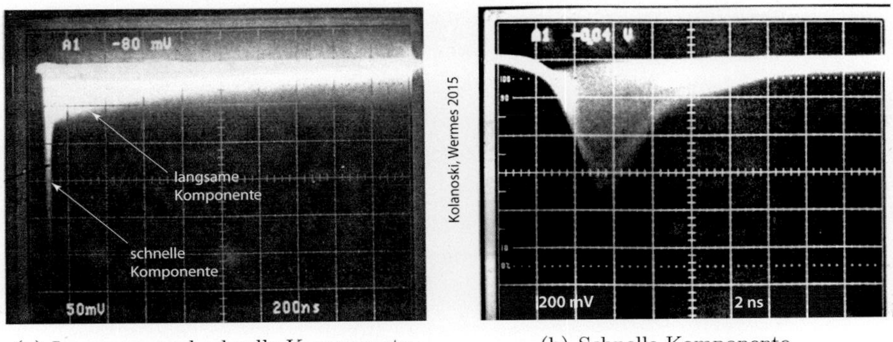

(a) Langsame und schnelle Komponente (b) Schnelle Komponente

Abb. 13.13 Oszillographensignal von Strahlung aus einer ^{137}Cs-Quelle (662 keV γ), gemessen mit einem BaF_2-Kristall: (a) langsame und schnelle Komponente (Einstellung 200 ns pro Gitterabstand), (b) schnelle Komponente (Einstellung 2 ns pro Gitterabstand).

Quarz-Eintrittsfenster). Abbildung 13.13 zeigt Oszillographenbilder von BaF_2-Pulsen: In Abb. 13.13(a) sind die schnelle (Spitze ganz links) und die langsame Komponente zu sehen; in Abb. 13.13(b) sieht man nur die schnelle Komponente im Bereich weniger Nanosekunden, bestimmt durch die Anstiegszeit des Photovervielfachers.

Unter den eigenaktivierten Kristallen sticht CeF_3 heraus als ein guter Kandidat für kalorimetrische Messungen in Experimenten. Jedoch ist seine Strahlungslänge X_0 mit 1.77 cm immer noch recht groß, so dass andere Kristallmaterialien bei den LHC-Experimenten CMS und ALICE den Vorzug erhielten. Ein für den CMS-Detektor entwickelter Szintillationskristall ist Bleiwolframat ($PbWO_4$), das hohe Dichte, kurze Strahlungslänge und gute Strahlenresistenz bei sehr kurzer Signaldauer aufweist. Die geringe Lichtausbeute kann bei den vergleichsweise hohen Photonenergien bei LHC ($>$ mehrere GeV) in Kauf genommen werden. Kristalle auf der Basis von Oxidgruppen haben den weiteren Vorteil, dass sie im Gegensatz zu Halogeniden (insbesondere Fluoriden) mechanisch stabiler, chemisch inert und nicht hygroskopisch sind.

Kristalle, dotiert mit seltenen Erden, speziell mit Cer, haben im Vergleich zu Oxid-Kristallen eine hohe Lichtausbeute. Ein gutes Beipiel ist Cer-dotiertes (5–10%) Lanthanbromid, $LaBr_3$ [558]. Dieser Szintillator kombiniert hohe Lichtausbeute (61 000 Photonen pro MeV) mit einem schnellen Signal ($\approx$20 ns). Allerdings ist das Material hygroskopisch.

Bleiglas (*lead glass*) wird häufig in ähnlichen Anwendungen wie Szintillationskristalle verwendet, zum Beispiel als homogenes elektromagnetisches Kalorimeter (siehe Abschnitt 15.5.2 und Abb. 15.22). Darin wird aber nicht Szintillationslicht, sondern Cherenkov-Licht (Kap. 11) erzeugt, das die Elektronen und Positronen im elektromagnetischen Schauer in dem Bleiglas-Kristall aussenden. Die Lichtausbeute ist typisch um 2–3 Größenordnungen geringer als die von Szintillationskristallen, was zu einer entsprechend geringeren Energieauflösung führt. Siehe dazu auch Abschnitt 15.5.2.

13.4 Lichtsammlung und Auslesetechniken

Szintillationsdetektoren benötigen sekundäre Photondetektoren zum Nachweis des erzeugten Szintillationslichts. Photodetektoren sind in Kapitel 10 ausführlich beschrieben. Im Gegensatz zu Cherenkov-Detektoren ist bei Szintillatoren in der Regel keine Einzelphotonsensitivität notwendig. Dennoch sind je nach der Menge der im Szintillator deponierten Primärenergie, den Auflösungsansprüchen und dem verfügbaren Platz unterschiedliche Auslesetechniken notwendig.

Ein typisches Szintillations-Detektorsystem, das vor allem bei Plastikszintillatoren, aber auch bei anorganischen Kristallen verwendet wird, besteht aus (Abb. 13.14):

- dem Szintillator,
- gegebenenfalls einem Lichtleiter,
- einer Konversionseinheit, in der das Szintillationslicht in Elektronen umgewandelt wird (zum Beispiel eine Photokathode im Photovervielfacher (PMT) oder eine Photodiode),

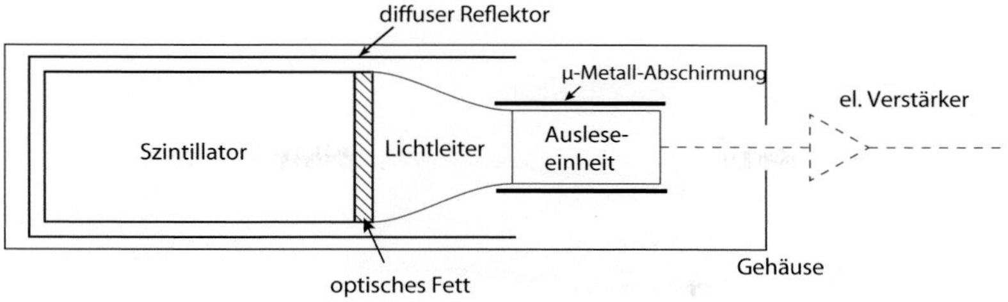

Abb. 13.14 Schema eines typischen Szintillationsdetektors mit Lichtleiter und Ausleseeinheit, meist realisiert durch einen PMT. Diese Kombination wird häufig bei Plastikszintillatoren verwendet. Bei Verwendung eines PMT zur Auslese ist der Verstärker dahinter in der Regel nicht nötig. Zur Abschirmung gegen (selbst schwache) äußere Magnetfelder wird meist ein zusätzlicher μ-Metall-Zylinder (siehe Seite 497) eng an das empfindliche Dynodensystem des PMT gelegt.

- einer oder mehreren Verstärkerstufen (Sekundärelektronenvervielfacher oder/und gegebenenfalls einem elektronischen Verstärker).

Je nach Ausleseart sind Teilfunktionen von Konversionseinheit und Verstärkereinheit auch zusammengefasst, zum Beispiel beim Photovervielfacher oder bei einer Avalanche-Photodiode (Abschnitt 10.2.2) oder einem SiPM (*silicon photomultiplier*, Abschnitt 10.4). Der Lichtleiter kann entfallen, wenn eine direkte, großflächige Ankopplung des Szintillators an die Photonkonversionseinheit möglich ist.

Die Lichtsammlungseffizienz eines Szintillatorsystems wird bestimmt durch den Bruchteil des Lichtes, der auf die nachweisende Fläche (Photokathode eines PMT oder Photodiode) auftrifft. Die dort erfolgende Umwandlung der Photonen in Elektronen beziehungsweise Elektronen/Loch-Paare wird durch die Quantenausbeute (*quantum efficiency*, QE, siehe Abschnitt 10.1) charakterisiert. Die sich anschließenden Verstärkerelemente sollen eine hohe und rauscharme Vervielfachung der Elektronen des Signals (zum Beispiel im Sekundärelektronenvervielfacher) besorgen.

Im Folgenden stellen wir zwei verschiedene, häufig gewählte Szintillatorankopplungs- und -auslesesysteme vor, eines typisch für die Auslese mit einem Photovervielfacher und das zweite typisch für die Auslese mit Halbleiter-Photodetektoren.

13.4.1 Das System Szintillator – Lichtleiter – Photovervielfacher

Ein Aufbau aus Szintillator, Lichtleiter und Photovervielfacher wird besonders häufig bei Verwendung von flächenartigen Plastikszintillatoren verwendet (Abb. 13.15). Das Szintillationslicht wird durch den Lichtleiter auf die Photokathode eines Photovervielfachers geleitet und dort in ein Elektronensignal umgewandelt, welches im Sekundärelektronenvervielfacher (siehe unten) des PMT verstärkt wird. Das Szintillator-Lichtleiter-System wird oft in einen diffusen Reflektor, zum Beispiel aus Magnesiumoxidfolie, gehüllt (Abb. 13.14). Zur Ankopplung der Kontaktflächen zwischen Szintillator und Photovervielfacher sowie zwischen Lichtleiter und PMT wird 'optisches' Fett oder 'optischer'

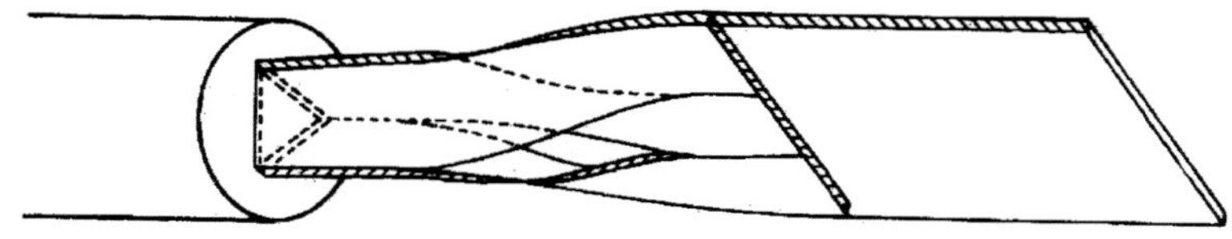

(a) Szintillator-Lichtleiter-PMT-System

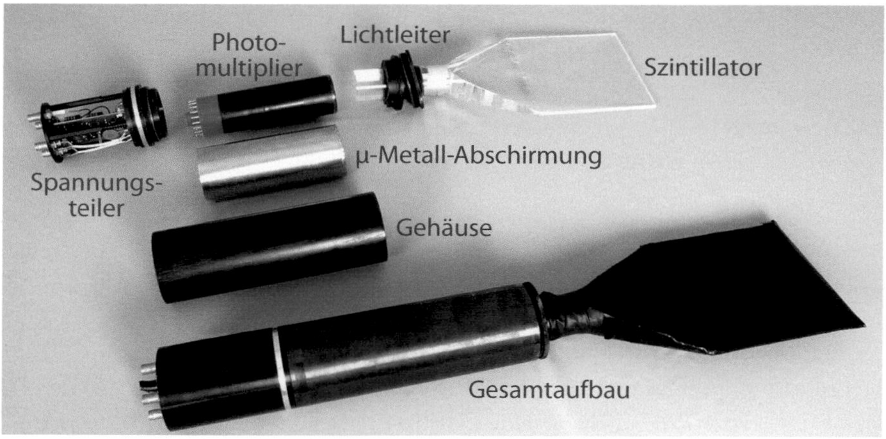

(b) Einzelkomponenten und Gesamtaufbau

Abb. 13.15 Szintillationsdetektorsystem: (a) Aufbau mit Szintillator, Lichtleiter und Photovervielfacher [507]. Durch so genannte 'adiabatische' Formung des Lichtleiters mit nur graduellen Formveränderungen wird der Lichtverlust minimiert. (b) Bauteilkomponenten und Gesamtaufbau (Quelle: DESY).

Kleber verwendet. 'Optisch' weist hierbei darauf hin, dass der Brechungsindex des Kontaktklebers nahe den Brechungsindices der verbundenen Teile liegt, um Verluste zu minimieren.

Die Kombination Szintillator-Photovervielfacher beziehungsweise Szintillator-Lichtleiter-Photovervielfacher wird in Experimenten nicht zuletzt wegen ihrer einfachen Handhabung oft verwendet. Abbildung 13.15(a) zeigt eine spezielle Lichtleitergeometrie (Erläuterung weiter unten) und Abb. 13.15(b) die einzelnen Komponenten eines Aufbaus. Photovervielfacher als Detektor für Szintillationslicht sind bereits seit den 1940er Jahren in der Entwicklung. Sie sind in Abschnitt 10.1.1 ausführlich beschrieben. Die Photokathodenempfindlichkeit des PMT muss auf das Emissionsspektrum des Szintillationslichts angepasst sein. CsI (Tl) hat ein Emissionsmaximum bei 540 nm (Abb. 10.10 auf Seite 423), während die erwähnte schnelle ($\tau = 0.8\,\text{ns}$) Komponente von BaF_2 bei 220 nm, also tief im UV-Bereich, emittiert (siehe auch Tab. 13.3). Für BaF_2 müssen daher spezielle

Photovervielfacher mit Quarzfenster mit besserer Durchlässigkeit für UV-Licht und mit speziellen Photokathoden verwendet werden, damit die schnelle Komponente von BaF_2 mit hinreichender Quantenausbeute nachgewiesen werden kann.

Lichtleiter Um das Licht aus einem Szintillator an den Photovervielfacher zu koppeln, ist ein Lichtleiter als verbindendes Element effizienter als eine direkte Ankopplung,

– wenn die Geometrie der Lichtaustrittsfläche des Szintillators schwer auf die Abmessungen der Photokathode des PMT anzupassen ist, und/oder
– wenn der Photovervielfacher aus Platzgründen nicht unmittelbar an den Szintillator gekoppelt werden kann, sondern nur in einem Abstand.

Komplizierte geometrische Verhältnisse im Detektor verlangen dabei oft komplexe Formen des Lichtleiters, zum Beispiel wenn zusätzlich auch eine Bündelung oder Umlenkung des Lichtes notwendig ist. Das Szintillationslicht muss mit möglichst geringen Verlusten auf die Eintrittsfläche des PMT gelangen. Dabei treten unvermeidlich Verluste auf, wie Abb. 13.16(a) für einen einfachen Lichtleiter zeigt, der wegen seiner Form 'Fischschwanz' genannt wird.

Eine verlustfreie Abbildung der Lichtintensität von der Szintillatoraustrittsfläche auf eine kleinere Fläche des Photovervielfachers würde das 'Liouville-Theorem' verletzen (siehe auch [368]), welches verlangt, dass das Phasenraumvolumen konstant bleibt. Für zwei Dimensionen, wie in Abb. 13.16(b) dargestellt, kann der Phasenraum als das Produkt aus maximaler transversaler Koordinatenausdehnung x_T^{max} und maximaler Divergenz ($\sin\theta^{max}$) jeweils am Eingang und am Ausgang des Lichtleiters angegeben werden, wobei die maximale transversale Ausdehnung durch die jeweiligen Querschnitte bestimmt wird:

$$d_{\text{sc}} \sin\theta_1^{max} = d_{\text{PMT}} \sin\theta_2^{max} \quad \Rightarrow \quad \sin\theta_1^{max} = \frac{d_{\text{PMT}}}{d_{\text{sc}}} \sin\theta_2^{max}\,, \tag{13.11}$$

wobei $\theta_{1,2}^{max}$ die Maximalwinkel an Eintritts- beziehungsweise Austrittsfläche des Lichtleiters sind. Eine verlustfreie Bündelung des Lichtes auf eine kleinere Fläche ist nicht möglich. Der Bruchteil f_{det} des nachgewiesenen Lichtes ist immer kleiner oder gleich dem Verhältnis aus Lichteintrittsfläche A_{in} zu Austrittsfläche A_{out}

$$f_{\text{det}} \leq \frac{A_{out}}{A_{in}}\,,$$

so dass der effektive Auslesequerschnitt einer Apparatur durch die Ankopplungsfläche an den Photovervielfacher gegeben ist.

Das Licht wird im Lichtleiter hauptsächlich durch Totalreflexion geführt (Abb. 13.16(b)). Durch Umwicklung mit einer reflektierenden Folie kann die Ausbeute noch etwas erhöht werden. Aus einem Medium mit Brechungsindex n in Luft (n_0) austretend, wird das Licht mit Winkel α zum Lot auf die Grenzfläche zu größeren Winkeln β hin gebrochen (bei nur geringer Reflexion), bis der Brechungswinkel von 90° erreicht wird und Totalreflexion eintritt:

$$\sin\alpha_c = n_0/n\,, \tag{13.12}$$

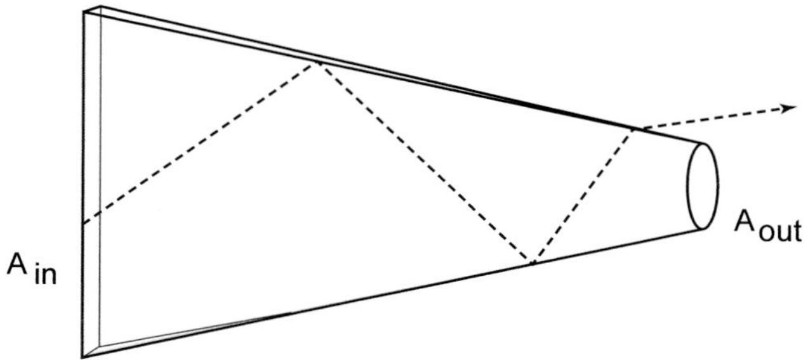

(a) Lichtleiter in Form eines Fischschwanzes (*fish tail*)

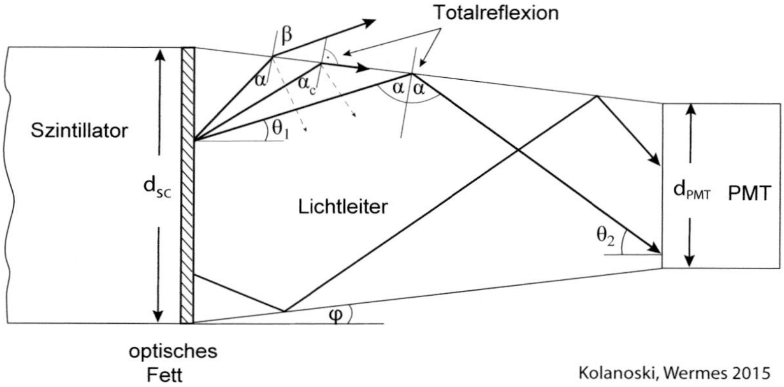

(b) Lichtleitung durch Totalreflexion

Abb. 13.16 Illustration von Verlusten in Lichtleitern: (a) Eintritts- und Austrittsfläche bei einem Lichtleiter in Fischschwanzform; (b) Lichtleitung durch Totalreflexion (siehe Text).

mit $\alpha_c =$ Grenzwinkel. Der α_c entsprechende maximal erlaubte Photon-Eintrittswinkel in den Photovervielfacher ist

$$\theta_2^{max} = \frac{\pi}{2} - \phi - \alpha_c\,, \tag{13.13}$$

wobei mit ϕ der Verjüngungswinkel des Lichtleiters bezeichnet ist.

Daraus folgt mit $n_0 \approx 1$ und $\phi \ll \alpha_c$:

$$\begin{aligned}
\sin\theta_2^{max} &= \sin\left(\frac{\pi}{2} - \phi - \alpha_c\right) = \cos\left(\alpha_c + \phi\right) \\
&= \sqrt{1 - \sin^2\left(\alpha_c + \phi\right)} \approx \sqrt{1 - \sin^2\alpha_c} \approx \sqrt{1 - \frac{1}{n^2}} \approx 0.75 \\
\Rightarrow \quad \theta_2^{max} &\approx 48^\circ \\
\Rightarrow \sin\theta_1^{max} &= \frac{d_{\mathrm{PMT}}}{d_{\mathrm{sc}}}\sqrt{1 - \frac{1}{n^2}} \approx \frac{d_{\mathrm{PMT}}}{d_{\mathrm{sc}}} \times 0.75\,,
\end{aligned} \tag{13.14}$$

wobei (13.11) verwendet und für einen typischen Lichtleiter aus Plexiglas $n \approx 1.5$ angenommen wurde.

Um Verluste durch Überschreitung des Grenzwinkels klein zu halten, sollte der Brechungsindex möglichst groß sein. Den Winkelbereich unterhalb des Grenzwinkels α_c nennt man Verlustkegel.

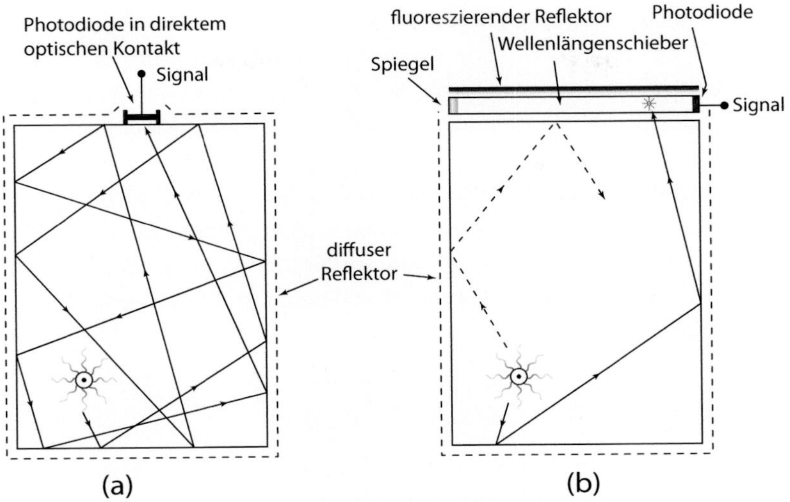

Abb. 13.17 Mögliche Anordnungen bei der Auslese eines Szintillators mit einer Photodiode: (a) Direkte Anbringung der Photodiode auf den Szintillationskristall; (b) Vergrößerung der Lichtsammelfläche durch Verwendung einer Wellenlängenschieber-Photodioden-Konfiguration.

Den Anteil f an dem halben Raumwinkel, den das in den Lichtleiter eintretende Licht maximal ausfüllen kann (Abb. 13.16(b)), kann man mit (13.14) abschätzen:

$$f = \frac{\Delta\Omega}{2\pi} = \frac{1}{2\pi}\int_{\theta=0}^{\theta_1^{max}} d\Omega = 1 - \sqrt{1-\sin^2\theta_1^{\text{max}}} = 1 - \sqrt{1-\left(\frac{d_{\text{PMT}}}{d_{\text{sc}}}\right)^2\left(1-\frac{1}{n^2}\right)}\,. \tag{13.15}$$

Für $n = 1.5$ und $d_{\text{PMT}}/d_{\text{sc}} = 0.5$ ergibt sich $f = 7.2\,\%$.

Beste Ergebnisse bei komplexeren Lichtleiterformen wie zum Beispiel in Abb. 13.15(a) erzielt man mit so genannten 'adiabatischen' Lichtleitern[3], die ihre Form kontinuierlich nur graduell ändern und keine engen Krümmungen oder Knicke aufweisen. Ausführlichere Betrachtungen zur Lichtführung findet man in [492].

13.4.2 Das System Szintillator – (Wellenlängenschieber) – Photodiode

Photodioden und Avalanche-Photodioden (Abschnitte 10.2.1 und 10.2.2) eignen sich als Photodetektoren für Szintillationslicht, vor allem wenn die Eingangslichtintensität ausreichend hoch ist. Ein Beispiel ist der total absorbierende Nachweis von Photonen im Gammaenergiebereich (von etwa 300 keV bis GeV) mit anorganischen Kristallszintillatoren. Neben Einfachheit und Preis ist die Unempfindlichkeit von äußeren Magnetfeldern ein großer Vorteil von Photodioden bei der Szintillatorauslese.

[3]'adiabatisch' bedeutet hier 'ohne Lichtverlust' ($\delta Q = 0$)

Die Ausgangssignale der Photodiode müssen allerdings nachverstärkt werden, um ein gut messbares Signal zu erhalten. Die Verstärkungselektronik bestimmt weitgehend die Rauscheigenschaften des Gesamtsystems, welche in der Regel durch die Anteile durch die Größe der Diodenkapazität dominiert werden (thermischer Rauschbeitrag, siehe Abschnitt 17.10.3).

Flächenmäßig größere Photodioden besitzen zwar eine größere Lichtsammelfläche als kleinere, allerdings auch eine flächenproportional größere Kapazität. Da das Rauschen zu dieser Kapazität direkt proportional ist und die Kapazität bei großflächigen Dioden in etwa mit der Fläche skaliert, ist das Verhältnis von Signal zu Rauschen flächenunabhängig (Groom's Theorem [396]):

$$\frac{S}{N} \sim \frac{\text{Lichtmenge}}{\text{Rauschbeitrag}} \simeq \frac{\text{Diodenfläche}}{\text{Kapazität}} \approx \text{const.}$$

Die Photodiode kann, wie in Abb. 13.17 (a) gezeigt, entweder direkt auf den Kristall geklebt werden oder über einen Wellenlängenschieber WLS (Abb. 13.17(b)) zur Auslese des Szintillationslichts verwendet werden.[4]

Die Eigenschaften von Wellenlängenschiebern sind in Abschnitt 13.2.2 beschrieben. In dem Beispiel in Abb. 13.17(b) wird ausgenutzt, dass die Emission in alle Richtungen isotrop erfolgt. Mit einer kostengünstigen Photodiode vergleichsweise kleiner Fläche kann das Licht einer größeren Sammelfläche als die Fläche der Diode selbst ausgelesen werden. Die Lichtverluste im WLS zusammen mit dem geringeren Rauschen der kleineren Photodiode sind im Vergleich zu einer alternativen, großflächigen Photodiode zu optimieren.

13.5 Szintillatoren als Teilchendetektoren

Während organische Plastik- oder Flüssigszintillatoren wegen ihrer kurzen Zerfallszeiten für die Szintillation vor allem bei zeitkritischen Anwendungen eingesetzt werden, werden anorganische Kristalle wegen ihrer guten Energieauflösung meistens zum Nachweis von (Endzuständen mit) Photonen eingesetzt.

13.5.1 Schnelle Plastikszintillatoren

Plastikszintillatoren sind einfach aufzubauen und liefern ein schnelles Signal im Sub-Nanosekunden-Bereich. Sie eignen sich daher für Zeitmessungen und für die Bereitstellung von Signalen zur Festlegung einer Zeitmarke oder Zeitfensters (Trigger, Gate). Die Anwendung von Plastikszintillatoren zur Teilchenidentifikation mittels Flugzeitmessung ist ausführlich in Abschnitt 14.2.1 beschrieben.

[4] Natürlich findet man auch Systeme Szintillator – WLS – PMT, die WLS verwenden. Sie sind insbesondere bei Sampling-Kalorimetern eine geeignete Kombination (siehe Kap. 15).

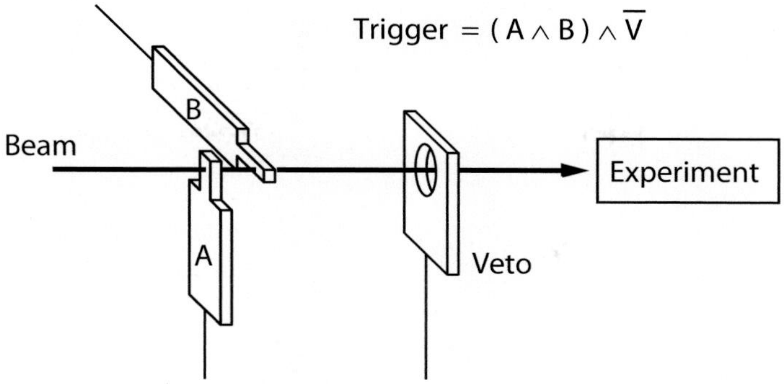

Abb. 13.18 Verwendung von Plastik-Szintillationszählern in einem Triggeraufbau.

Zur Erzeugung schneller Trigger- oder Gate-Signale werden Plastikszintillatoren vor allem bei Fixed-Target-Experimenten oder bei Aufbauten für Detektortests in Beschleunigerstrahlen eingesetzt. Ein Beispiel ist in Abb. 7.25(a) auf Seite 224 gezeigt. Dabei können sie als gekreuzt aufgebaute 'Fingerzähler' zur Auswahl eines wohldefinierten Teils des einkommenden Strahls verwendet werden oder als *Veto-Zähler* (Szintillatoren mit einem Loch für den Strahldurchgang) zur Abtrennung von unerwünschten Teilchen, die nicht unmittelbar aus dem Strahl kommen. Die logische Verknüpfung der Signale aus Abbildung 13.18 ist

$$\text{Trigger} = (A \wedge B) \wedge \overline{V}\,.$$

Die in Abschnitt 14.2.1 beschriebenen TOF-Systeme in Collider-Experimenten eignen sich ebenfalls zur Triggerung, wenn verschiedene Zählerkonfigurationen (zum Beispiel 180° gegenüberliegende Zähler) als Koinzidenzsignale zusammengefasst und der Trigger-Hardware zur Verfügung gestellt werden.

13.5.2 Szintillationsdetektoren zur Energiemessung von Photonen

Während organische Plastikszintillatoren meist zur Erzeugung eines schnellen Teilchensignals verwendet werden (Abschnitt 13.5.1), werden anorganische Kristallszintillatoren häufig zur Energiemessung von Gammaquanten eingesetzt. Der Anwendungsbereich überstreicht Energien ab etwa 10 keV in kernphysikalischen Anwendungen bis zu mehr als 100 GeV an Hochenergiebeschleunigern. Bei niedrigen Energien innerhalb dieses Bereichs spielen hauptsächlich Photoeffekt (Abschnitt 3.5.2) und Compton-Streuung (Abschnitt 3.5.3) für die Photonabsorption eine Rolle, sowie oberhalb von 1 MeV auch die Paarbildung (Abschnitt 3.5.4), die bei Energien weit oberhalb von 1 MeV dominant ist, so dass andere Prozesse vernachlässigt werden können (siehe auch Abschnitt 15.2).

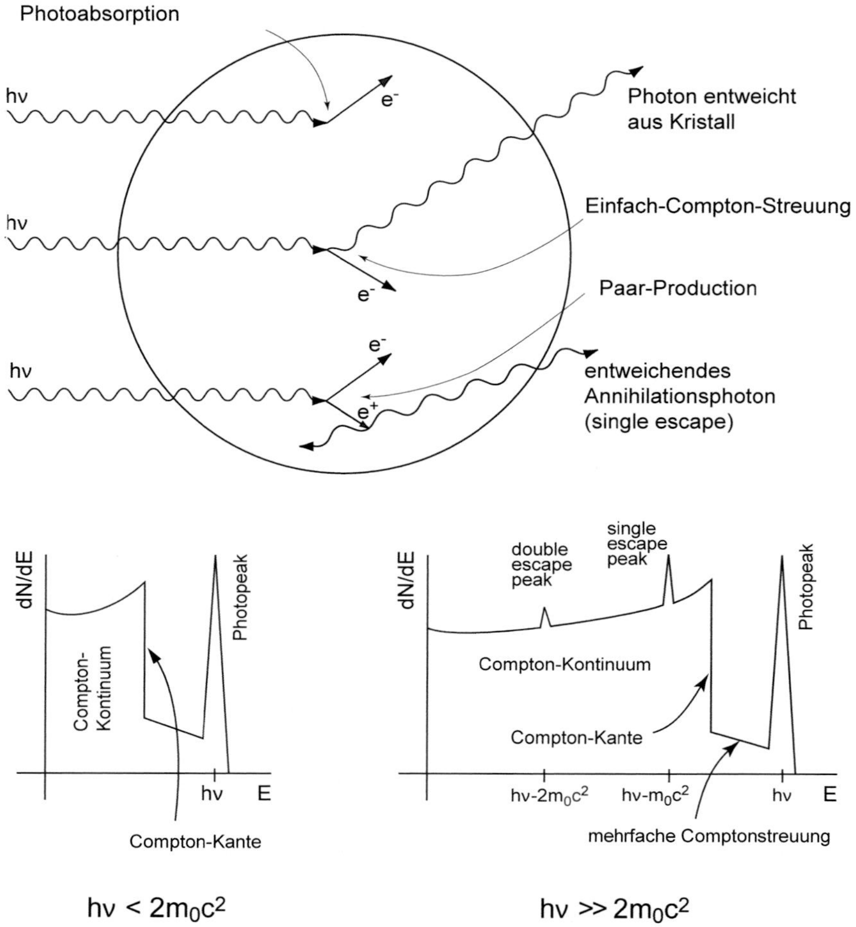

Abb. 13.19 Zusammenhang von Photonmessspektren mit Photabsorptionsprozessen in einem anorganischen Szintillationskristall als Detektor (nach [507]). Erläuterungen im Text.

Photonspektren in anorganischen Kristallen

Das Energiespektrum, das man im Detektor misst, hängt außer von der Gammaenergie auch von der Geometrie und der Größe des Kristalls ab und davon, ob aus dem Kristall entweichende Energie verloren geht oder von benachbarten Kristalldetektoren gemessen wird.

Bei einem isolierten Kristalldetektor, dessen Abmessungen klein gegenüber der Photonabsorptionslänge sind, können die folgenden Prozesse auftreten (Abb. 13.19):

- Das Photon wird durch Photoeffekt absorbiert und emittiert ein Elektron der Atomhülle (in der Regel aus der K-Schale), welches die um seine Bindungsenergie verminderte Energie $E_e = E_\gamma - E_B$ erhält. Das erzeugte Elektron ionisiert den Szintillationskristall, der dadurch zur Erzeugung von Szintillationslicht angeregt wird. Falls das Elektron im Detektor verbleibt und auch die Bindungsenergie zum Signal beiträgt (zum Beispiel durch Absorption des Übergangsquants in der Regel von der L- auf die K-Schale) oder vernachlässigbar ist, so erzeugt dieser Prozess im gemessenen Energiespektrum den sogenannten 'Photopeak' .

- Wechselwirkt das Photon stattdessen durch Compton-Effekt und das gestreute Photon verlässt den Kristall ohne weitere Wechselwirkung, so wird die gemäß Compton-Kinematik (Gleichung (3.120) in Abschnitt 3.5.3) auf das Elektron übertragene Energie im Detektor gemessen, die immer kleiner ist als die Energie des Photopeaks und für Photonrückstreuung ($\theta = 180°$) maximal wird. Es bildet sich das so genannte 'Compton-Kontinuum' mit der scharfen Compton-Kante im gemessenen Spektrum aus.
- Bei Energien oberhalb von 1 MeV ist auch Paarbildung mit weiter folgenden Prozessen möglich. Ein häufig vorkommender Fall ist die Paarbildung mit anschließender Annihilation des Positrons mit einem Kristallelektron, ein System, welches eine Gesamtenergie von etwa $E = 2m_ec^2$ besitzt, da die kinetischen Energien der Partner demgegenüber vernachlässigt werden können. Die Annihilation erfolgt in zwei Photonen, von denen eines oder sogar beide aus dem Detektor entweichen können. Dies erzeugt jeweils Peaks im Spektrum bei der Photopeak-Energie, abzüglich der einfachen ($h\nu - m_ec^2$) beziehungsweise zweifachen ($h\nu - 2m_ec^2$) Elektronmasse (*single* beziehungsweise *double escape peak*, siehe Abb. 13.19).

Falls der Szintillationskristall groß genug ist, so dass sämtliche Endprodukte (Elektronen, Positronen und Photonen) letztlich vollständig in dem Detektorkristall absorbiert werden und Szintillationslicht proportional zu der Gesamtenergie entsteht, so misst man immer den so genannten Gesamtenergie-Peak, *full energy peak*, der so wie der oben erwähnte Photopeak der vollständigen Energie des einlaufenden Ursprungsphotons entspricht. In der Praxis treten die erwähnten Peaks und die Comptonkante zusammen mit weiteren Prozessen auf, die sich im Energiespektrum widerspiegeln: Vielfach-Compton-Prozesse erzeugen ein Kontinuum im Energiespektrum zwischen Compton-Kante und Photopeak. Weitere Energieverluste der Ursprungsenergie treten auf, wenn einzelne Photonen oder Elektronen aus dem Kristall entweichen (*escapes*). Rückstreuungen an den Wänden des Kristallgehäuses reflektieren außerdem Photonen in den Kristall zurück.

Abbildung 13.20 zeigt mit einem $1 \times 1 \times 1\,\text{cm}^3$ großen CsI (Tl)-Kristall gemessene Spektren von γ-Quanten aus zwei verschiedenen radioaktiven Quellen. In Abb. 13.20(a) werden die beiden Photonen aus dem ^{60}Co-Zerfall (1.3 MeV bzw. 1.1 MeV) in einem Szintillationskristall (CsI) nachgewiesen. In Abb. 13.20(b) ist das Spektrum des ^{137}Cs-Zerfalls ($E_\gamma = 662$ keV) zu sehen. Die Spektren sind mit derselben Apparatur aufgenommen und sind daher direkt vergleichbar. Die Abszissen sind um einen Faktor zwei unterschiedlich.

In Abb. 13.21 sind die Spektren derselben ^{60}Co-Quelle, gemessen mit drei verschiedenen Szintillationskristallen, ausgelesen mit einem Photovervielfacher und identischer Auslesekette, direkt miteinander verglichen. Die Wahrscheinlichkeiten für Photoeffekt ($\propto Z^5$) im Vergleich zu Compton-Effekt ($\propto Z$) und Paarbildung ($\propto Z^2$) sind abhängig

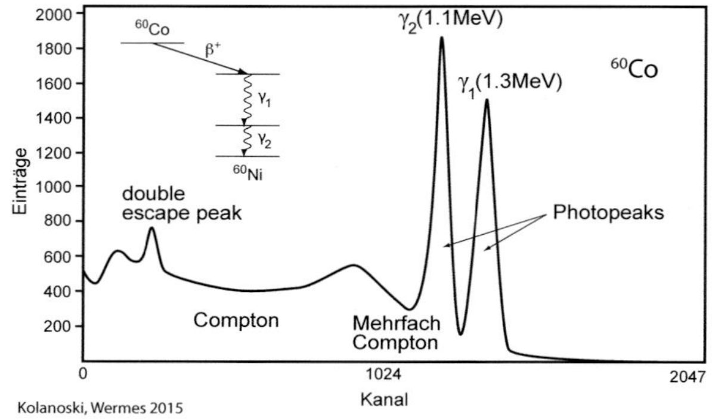

(a) ^{60}Co-Spektrum

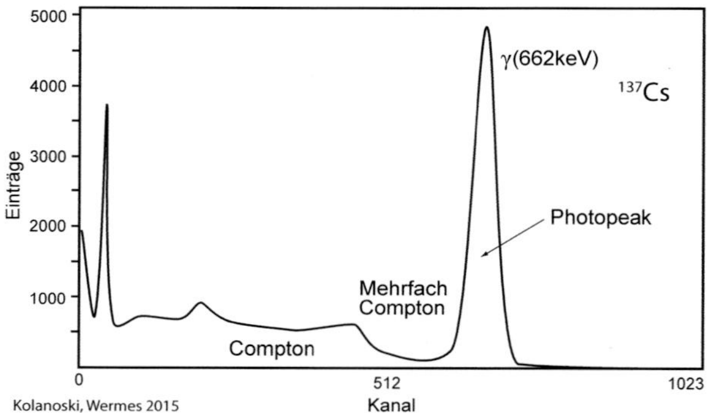

(b) ^{137}Cs-Spektrum

Abb. 13.20 Spektren zweier verschiedener radioaktiver γ-Quellen (^{60}Co, 1.1 MeV und 1.3 MeV; ^{137}Cs, 662 keV), gemessen mit einem CsI (Tl)-Detektor. Die Skalen der Abszissenachsen sind um den Faktor 2 unterschiedlich [528].

von der Ordnungszahl (siehe Abschnitt 3.5). Die Lichtausbeuten für die drei Szintillationsmaterialien sind voneinander verschieden. Bismutgermanat ($Bi_4Ge_3O_{12}$), genannt BGO ($Z_{\text{eff}} = 62.5$, siehe Tab. 13.3), besitzt im Vergleich zu CsI ($Z_{\text{eff}} = 54$) geringere Lichtausbeute pro MeV deponierter Energie und wegen des hohen Z-Wertes ein großes Photo- zu Compton-Verhältnis. Das wegen seiner schnellen Komponente für manche Anwendungen interessante BaF_2 ($Z_{\text{eff}} = 45.8$) besitzt eine geringe Lichtausbeute und hat ein geringeres Z im Vergleich zu BGO und CsI.

Energieauflösung von Kristallszintillatoren

Betrachtungen zur Energieauflösung von total absorbierenden Detektoren werden ausführlich im Kapitel 15 über Kalorimeter behandelt, in Abschnitt 15.4.3 sowie speziell in Abschnitt 15.5.5 zu elektromagnetischen Kalorimetern, zu denen auch die Kristallkalorimeter gehören. Wie gehen daher hier nur kurz auf einige Aspekte ein, die spezifisch für Szintillationskristalle sind.

Die Erzeugung von Szintillationsphotonen unterliegt statistischen Fluktuationen. Wenn keine anderen Rauschquellen dominieren, so hängt die Energieauflösung domi-

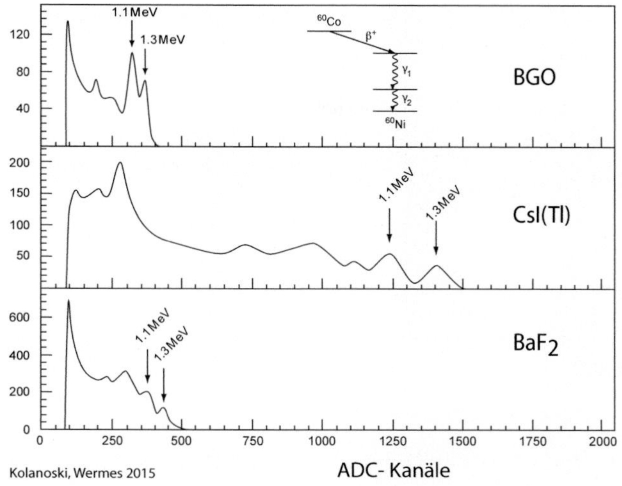

Abb. 13.21 ^{60}Co-Spektren, aufgenommen mit verschiedenen Szintillationskristallen in derselben Messapparatur [528]. Die beiden Peaks aus den γ-Übergängen des ^{60}Ni bei 1.1 MeV und 1.3 MeV sind markiert. Gezeigt ist die gemessene Lichtintensität ohne Korrektur auf die Verschiedenheit der Emissionsspektren.

nant von der Anzahl der erzeugten Szintillationsphotonen ab, und wegen $N_\gamma \propto E$ ergibt sich ein Verhalten gemäß

$$\frac{\sigma_E}{E} \propto \frac{1}{\sqrt{N_\gamma}} \propto \frac{1}{\sqrt{E}} \,. \tag{13.16}$$

Daher findet man für Detektoren, die auf der Erzeugung von statistisch fluktuierenden Anzahlen von Quanten beruhen, Parametrisierungen der Energieauflösung in der Form (siehe auch Gleichung (15.40)):

$$\frac{\sigma_E}{E} = \frac{a}{\sqrt{E}} \oplus \frac{b}{E} \oplus c \,. \tag{13.17}$$

Der stochastische Term $a/\sqrt{E}$ beschreibt die Fluktuationen in der Zahl der primären Quanten, der zweite Term b/E parametrisiert den energieunabhängigen Rauschbeitrag der Elektronik, der zur relativen Energieauflösung daher proportional $1/E$ beiträgt, und der konstante Term c beschreibt den Beitrag weiterer Einflüsse auf die Energiemessung wie zum Beispiel Kalibrationsfehler oder nicht-homogenes Antwortverhalten.

Für Szintillationskristalle mit großer Lichtausbeute, wie zum Beispiel NaI (Tl) oder CsI (Tl) mit etwa 50 000 Photonen pro MeV deponierter Energie, ist die Unsicherheit durch statistische Schwankungen der Photonenzahl in der Regel klein im Vergleich zu systematischen Effekten und zum Rauschen der Elektronik. Für sie findet man daher meist eine Parametrisierung, die schwächer mit der Eingangsenergie abfällt und die systematischen Messfehlerbeiträge der Kalibrierung und Elektronik zum Teil einschließt:

$$\frac{\sigma_E}{E} \propto \frac{a}{E^{1/4}} \,. \tag{13.18}$$

Als Beispiele seien BGO mit etwa 8200 Photonen pro MeV und CsI (Tl) mit etwa 52 000 Szintillationsphotonen pro MeV (siehe Tab. 13.3) miteinander verglichen. Die in Kristall-

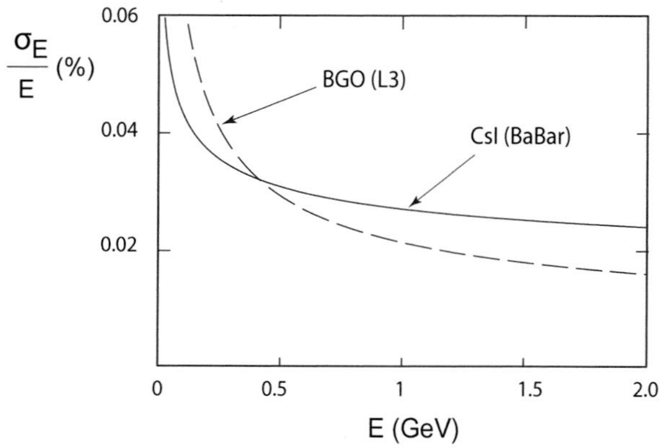

Abb. 13.22 Energieauflösung als Funktion der Photonenergie für die im Text angegebenen Energieauflösungen für BGO und CsI(Tl).

kalorimetern in Experimenten erzielten Energieauflösungen für Photonen im Bereich von >10 MeV bis >GeV sind [621]:

$$\text{BGO:} \quad \frac{\sigma_E}{E} = \frac{2\%}{\sqrt{E/\text{GeV}}} \oplus 0.7\% \qquad (\text{L3, Photodiodenauslese})$$

$$\text{CsI (Tl):} \quad \frac{\sigma_E}{E} = \frac{2.3\%}{(E/\text{GeV})^{1/4}} \oplus 1.4\% \qquad (\text{BaBar, PMT-Auslese})$$

Der Verlauf dieser Energieauflösungen ist in Abb. 13.22 gezeigt. Die Auflösung wird bei niedrigen Energien von den Quantenfluktuationen (1. Term) bestimmt, während bei hohen Energien der konstante Term dominiert.

Kristalldetektoren für Viel-Photon-Endzustände

Anorganische Kristalle hinreichender Tiefe sind zur Messung der totalen Energie von Photonen geeignet, wenn diese vollständig darin absorbiert werden. Abhängig von der Energie des absorbierten Photons erfolgt die Absorption durch wenige sukzessive Wechselwirkungsprozesse (Photoeffekt, Compton-Streuung, Paarbildung), wie im vorigen Abschnitt gezeigt, oder aber durch eine Abfolge von Paarbildungs- und Bremsstrahlungsprozessen, die zur Ausbildung eines elektromagnetischen Schauers führen (siehe Abschnitt 15.2.1). Beispiele von Kristallkalorimetern in Collider-Experimenten sind in Abschnitt 15.5 beschrieben. Experimentaufbauten, deren Hauptkomponente aus Szintillationskristallen aufgebaut ist, sind zum Beispiel der Crystal-Ball-Detektor (NaI(Tl)-Kristalle) [440, 176], der Crystal-Barrel-Detektor (CsI (Tl)-Kristalle) [55] oder das BaF_2-Kalorimeter TAPS [616]. Wir beschreiben hier den Crystal-Ball-Detektor, mit dem ab 1978 zunächst Charmonium ($c\bar{c}$-Bindungszustände) am Speicherring SPEAR in Stanford und ab 1982 Bottomonium ($b\bar{b}$-Bindungszustände) am Speicherring DORIS in Hamburg untersucht wurde. Später wurde er zu spektroskopischen Untersuchungen in Synchrotron-Experimenten am Brookhaven National Laboratory und in Mainz eingesetzt.

Im Crystal-Ball-Detektor wird durch eine kugelförmige Anordnung von 672 luftdicht verpackten NaI(Tl)-Kristallen (Abb. 13.23(a)) eine Kristallkugel geformt, die zusam-

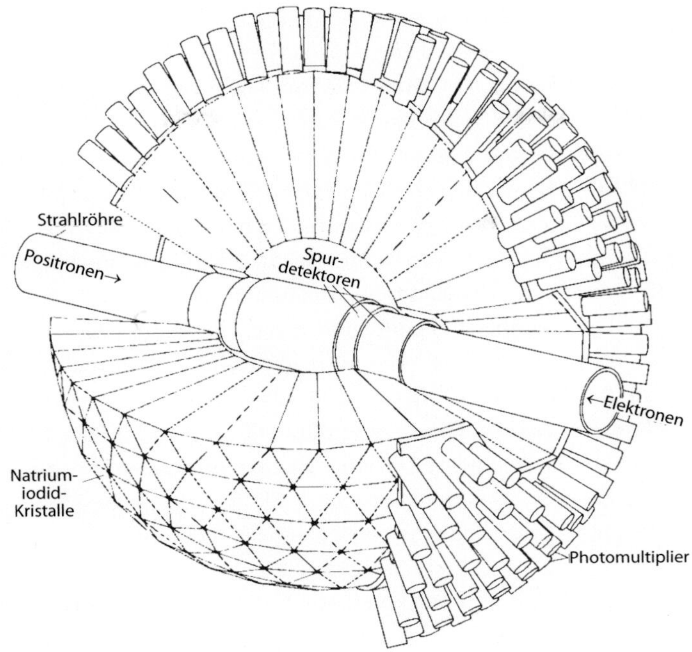

(a) Crystal-Ball-Detektor

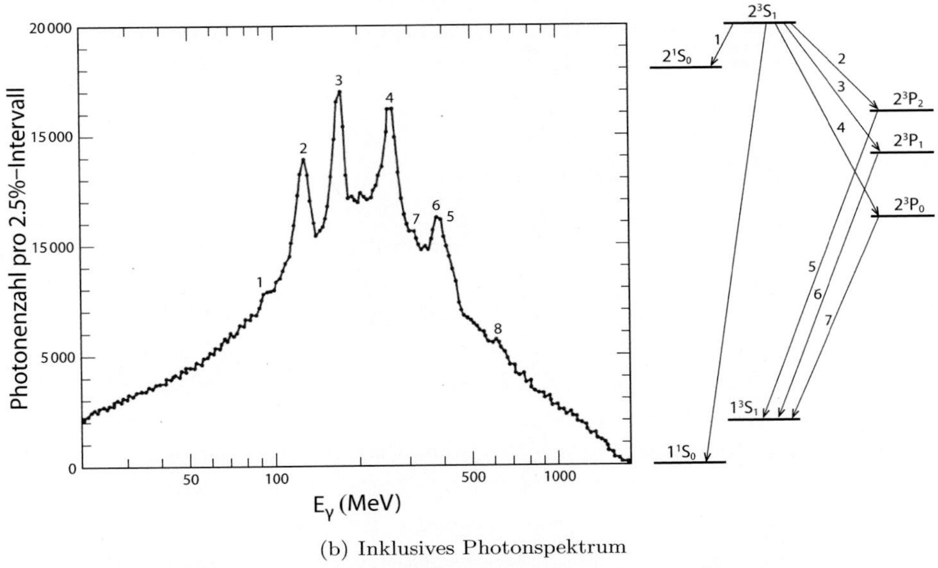

(b) Inklusives Photonspektrum

Abb. 13.23 (a) Anordnung von 672 NaI(Tl)-Kristallen im Crystal-Ball-Experiment (Durchmesser 132 cm) zum Nachweis von Endzuständen mit Photonen; (b) gemessenes Photonspektrum, bei dem die γ-Übergänge des Charmoniumsystems deutlich sichtbar sind. Nach [175, 176], mit freundl. Genehmigung des SLAC National Accelerator Laboratory.

men mit speziellen Kristallen in den Strahlrohrbereichen des Colliders innerhalb 98% des Raumwinkels Photonen nachweisen. Eine typische Energieschwelle liegt bei etwa 20 MeV, um Untergrund von den Strahlen zu unterdrücken. Die Tiefe der Kristalle beträgt 16 X_0. Die im Experiment gemessene Auflösung ist $\sigma_E/E = 2.8\%\ E/\mathrm{GeV}^{-1/4}$ [623]. Der Detektor besaß in den 1970er Jahren eine um Größenordnungen bessere Energieauflösung für elektromagnetisch wechselwirkende Teilchen als vergleichbare Speicherring-Detektoren dieser Zeit. Daher war er ein ausgezeichnetes Instrument zum Nachweis von Endzuständen, die aus mehreren Photonen bestehen, wie dies häufig in Zerfällen von schweren Quark-Antiquark-Zuständen (Charmonium, Bottomonium) der Fall ist. So konnten insbesondere das $c\bar{c}$-Charmonium-Spektrum und seine Übergänge mit dem Crystal-Ball-Detektor sehr gut vermessen werden. Die gute Auflösung des Detektors erlaubt sowohl die Erkennung von Teilchen, die in Photonen zerfallen wie $\pi^0/\eta \to \gamma\gamma$, als auch die Identifizierung von Photonen aus den Charmoniumübergängen. Abbildung 13.23(b) zeigt das inklusive Photonspektrum, gemessen bei einer Schwerpunktsenergie von 3.686 GeV, die der Masse des ψ' entspricht. Das Spektrum lässt die verschiedenen Übergänge zwischen den Charmoniumenergieniveaus, die zu verschiedenen Drehimpulsanregungen gehören, erkennen.

In den 1980er Jahren war die Entwicklung von CsI (Tl)-Kristallen so weit fortgeschritten, dass sie die Stellung der NaI (Tl)-Kristalle in Detektoren übernehmen konnten. Der Crystal-Barrel-Detektor [55] am LEAR-Speicherring des CERN und später am ELSA-Beschleuniger in Bonn ist ein Beispiel. Diese Kristalle (wie auch BGO und andere) haben den großen Vorteil, deutlich weniger hygroskopisch als NaI (Tl) zu sein und kleinere Strahlungslängen und Molière-Radien zu besitzen (vergleiche Tabelle 13.3).

13.6 Szintillierende Fasern

In feine Fasern gezogene und dann gebündelte Szintillatoren finden in Experimenten als Spurdetektoren und auch zur Auslese von Kalorimetern Verwendung. Die Fasern können Durchmesser von deutlich weniger als 100 µm haben und haben daher Vorteile gegenüber anderen Spurdetektoren wie Gas- oder Halbleiterdetektoren, wenn hohe Robustheit des Aufbaus bei sehr guter Ortsauflösung Vorrang hat vor der Materialdicke.

Als Materialien kommen szintillierende Gläser, Plastikszintillatoren sowie mit Flüssigszintillator gefüllte Kapillaren in Frage. Typische Faserabmessungen sind in Abb. 13.24 dargestellt. Häufig wird eine szintillierende Faser an eine Transmissionsfaser zur Weiterleitung des Lichtes bis zum Photosensor verwendet. Die Fasern sind meist mit ein- oder mehrfacher Mantelbeschichtung zur Verbesserung der Reflexionseigenschaften und zur Verminderung von Übersprechen versehen. Die Faserdurchmesser können je nach Anwendung von weniger als 20 µm bis zu mm betragen. Licht wird durch Totalreflexion innerhalb der Faser propagiert:

$$\sin\,\theta_{\mathrm{grenz}} = \frac{n_{\mathrm{Mantel}}}{n_{\mathrm{Kern}}}\,.$$

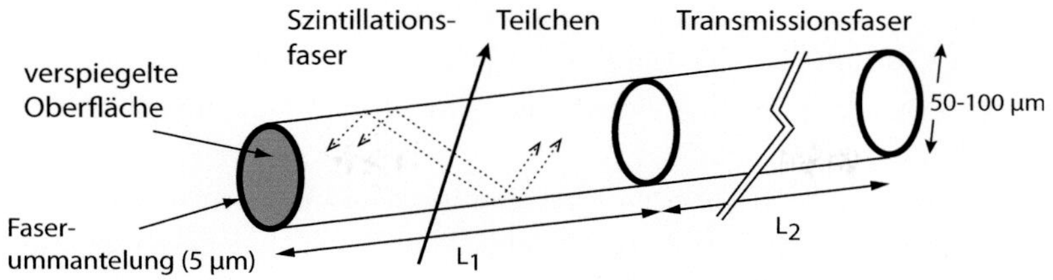

Abb. 13.24 Aufbau einer szintillierenden Faser mit Anschlussfaser zur Lichttransmission mit typischen Abmessungen (nach [699]).

Die physikalisch-technischen Herausforderungen bei der Verwendung szintillierender Fasern als Detektoren sind die folgenden:

- Bei senkrechtem Durchtritt eines Teilchens durch eine Faser muss genügend Licht erzeugt werden, das durch Totalreflexion in der Faser verbleibt und am Ende der Faser nachgewiesen werden kann.
- Die Selbstabsorption des Lichtes in der Faser muss gering sein, so dass Transmissionslängen in der Größenordnung mehrerer Meter erreicht werden.
- Die Erzeugung des nachzuweisenden Szintillationslichts sollte möglichst nahe am Ort der Energiedeposition (dE/dx) durch das Teilchen erfolgen und nicht delokalisiert werden (Wahl des Szintillators).
- Die optische Transmission zwischen benachbarten Fasern muss verschwindend gering sein.
- Die optische Ankopplung von der szintillierenden Faser in eine sich gegebenenfalls anschließende optische Transmissionsfaser muss sehr gut sein.
- Die Faserdicke muss hinsichtlich Ortsauflösung (kleiner Durchmesser) und Lichtausbeute (großer Durchmesser, weniger Reflexionen) optimiert werden.
- Am Ende der Faser müssen die Photonen mit hoher Quanteneffizienz (und gegebenenfalls mit hoher Rate) nachgewiesen werden.
- Die Position der Fasern im Spurdetektor muss genau bekannt sein.

Viele organische Szintillationsmaterialien haben mehrere Farbstoffzusätze als Wellenlängenschieber (ternäre oder quaternäre Systeme, siehe Seite 501 in Abschnitt 13.2.2). Die Übertragungslänge zwischen Emission und Reabsorption vom ersten auf den zweiten Farbstoff liegt typisch in der Größenordnung von 200 µm. Während dies bei großvolumigen Szintillatoren ohne gute Ortsauflösung kein Problem darstellt, führt es bei szintillierenden Fasern zu dem so genannten 'Nicht-Lokalitäts'-Problem: Das Szintillationslicht kann in benachbarte Fasern übersprechen, was die Ortsauflösung und die Nachweiseffizienz verringert.

Geeignete Verbindungen wurden gefunden, die dieses Problem nicht aufweisen. Im Wesentlichen muss man auf den zweiten Farbstoffzusatz verzichten, mit dem ein Energietransfer mit in der Regel großen Transferlängen verbunden ist, und das Licht des ersten Farbstoffs verwenden, auf den mit schnellen Förster-Übergängen transferiert wird (siehe Seite 501 in Abschnitt 13.2.2). Ein geläufiges Beispiel ist PMP (1-Phenyl-3-Mesityl-2-Pyrazolin), das erfolgreich auch in Fasern mit sehr kleinen Durchmessern ($< 50\,\mu$m) verwendet wird [699].

Fasern aus organischem Szintillatormaterial sind hinsichtlich Geschwindigkeit, Materialdicke und Ausbeute den Glasfasern vorzuziehen. Von diesen sind Plastikszintillatorfasern einfacher und robuster als mit Flüssigszintillator gefüllte Kapillaren. Eine typische szintillierende Faser besteht aus dem Basismaterial (zum Beispiel Polystyrol), versetzt mit PMP-Farbstoff, der im Violetten (430 nm) mit einer kurzen Zerfallszeit (< 1 ns) emittiert (binäres System). Der Brechungsindex ist $n = 1.59$. Die Mantelschicht besteht häufig aus zwei Schichten: innen aus PMMA (Polymethylacrylat, $n = 1.49$) und außen aus Fluoracrylat-Polymer ($n = 1.42$). Die innere Lage dient als Verbindungsschicht zwischen den andernfalls mechanisch inkompatiblen Materialien von Kern und Außenmantel.

Die mittlere Zahl der im Ausleseelement nachgewiesenen Photelektronen ist durch folgenden Ausdruck bestimmt:

$$\langle N_{pe} \rangle = \int_{\lambda_1}^{\lambda_2} S(\lambda) \cdot T(\lambda) \cdot Q(\lambda)\, d\lambda \approx \langle S \rangle \langle T \rangle \langle Q \rangle\, \Delta\lambda\,. \tag{13.19}$$

$S(\lambda)$ bezeichnet die Fluoreszenzphotonenzahl des Szintillationsprozesses pro Wellenlänge, $T(\lambda)$ gibt die Lichttransfer- und Sammelcharakteristik an, und $Q(\lambda)$ ist die Quantenausbeute des Photodetektors. Integriert wird über das Spektrum der Emissionswellenlängen von λ_1 bis λ_2. Häufig hängen die zu $\langle N_{pe} \rangle$ beitragenden Terme hinreichend schwach von der Wellenlänge ab, so dass die in (13.19) angegebene Näherung gültig ist. Die mittlere 'Quellstärke' $\langle S \rangle$ ist das Produkt aus mittlerer Energiedeposition des Primärteilchens und der Anzahl der Photonen pro Energieeinheit:

$$\langle S \rangle = \left\langle \frac{dE}{dx} \right\rangle \Delta x \left\langle \frac{\Delta N_\gamma}{\Delta E} \right\rangle . \tag{13.20}$$

Abbildung 13.25(a) zeigt die spektralen Abhängigkeiten der Fluoreszenzemission, der Transmission und einer typischen Quantenausbeute. In Abb. 13.25(b) ist die Abschwächungslänge in Abhängigkeit von der Wellenlänge für eine typische Faser dargestellt.

Für eine numerische Abschätzung [699] nehmen wir eine typische Faser aus Polystyrol von $830\,\mu$m aktivem Durchmesser d an, mit einer Ummantelungsdicke von $30\,\mu$m. Der Faserkern hat $770\,\mu$m Durchmesser. Ein Teilchen passiert im Mittel eine Faserkernstrecke $\Delta x = \pi/4 \cdot d = 605\,\mu$m bei senkrechtem Durchgang und deponiert im Mittel $\langle dE/dx \rangle = 2\,$MeV/cm, das heißt 120 keV auf der Strecke durch einen Faserkern. Für eine Anregung in Polystyrol werden 4.8 eV Energie benötigt, die Ausbeute an Fluoreszenzlicht bei der Abregung beträgt etwa 4%. Damit werden etwa 10^3 Photonen mit einer Peakwellenlänge von etwa 530 nm gemäß einem Spektrum wie in Abb. 13.25(a) emittiert. Die Transfereffizienz $\langle T \rangle$ kann wie folgt abgeschätzt werden, wenn man eine Anordnung mit

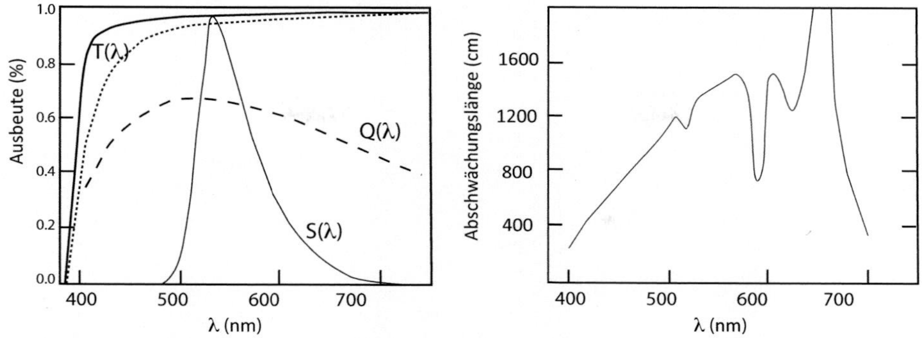

(a) Quellstärke S, Transmission T und Quantenausbeute Q (nach [699])

(b) Abschwächungslänge (nach [699])

Abb. 13.25 (a) Darstellung typischer spektraler Verhältnisse in szintillierenden Fasern (zum Beispiel Polystyrol mit PTP und 3HF): Fluoreszenzspektrum S (dünne durchgezogene Linie, willkürlichen Einheiten), Transmissionskurve T vor (dicke durchgezogene Linie) und nach Strahlenschädigung (gepunktete Linie), typische Quantenausbeute Q eines Photondetektors (gestrichelt). (b) Abschwächungslänge (Beispiel) als Funktion der Wellenlänge für eine zweifach mantelbeschichtete Faser (nach [699]).

einer szintillierenden Faser der Länge L_1 und einer optischen Anschlussfaser der Länge L_2 (siehe Abb. 13.24) zugrunde legt:

$$\langle T \rangle = \frac{\Delta\Omega}{4\pi}\,[A(x) + R \cdot A(2L_1 - x)] \cdot T_1\, A_2(L_2)\, T_2\,, \tag{13.21}$$

wobei mit x der Ort der Ionisation bezeichnet wird. $T_{1,2}$ sind die jeweiligen Transmissionen der szintillierenden beziehungsweise optischen Faser, R repräsentiert den Reflexionsanteil bei einseitiger Verspiegelung, und $A(x)$ beschreibt die Absorption in den Fasern. Mit den folgenden typischen Werten [699]:

$$A_1(x = 3\text{m}) = A_1(2L_1 - x = 3\text{m}) = 0.55 \qquad A_2(5\text{m}) = 0.45$$
$$R = 0.9 \qquad T_1 = T_2 = 0.9$$
$$\Delta\Omega/4\pi = 0.05$$

und einer Quantenausbeute von 70% für den Photosensor erhalten wir $\langle T \rangle = 1.5\%$ und $N_{pe} \approx 10$, eine Größenordnung, die klar macht, dass die Minimierung der verschiedenen Verlustbeiträge wichtig ist.

Faserbündel von typisch 10^5 bis 10^6 Fasern eignen sich sowohl als ortsempfindliche Spurdetektoren als auch als so genannte 'aktive Targets' in Experimenten, bei denen Targetmaterial und Detektor eine Einheit bilden. Dies ist zum Beispiel in τ-Neutrino-Nachweis-Experimenten erwünscht, wenn in einem ν_μ-Strahl das Auftreten eines τ-Leptons im Target eine Umwandlung $\nu_\mu \to \nu_\tau$ anzeigt. Dabei wird das τ-Lepton durch

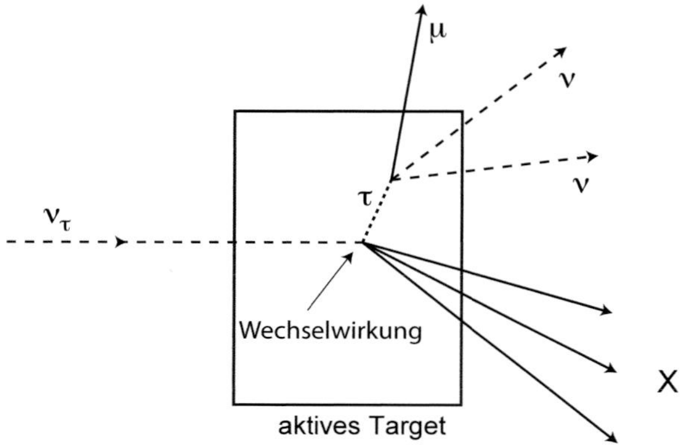

Abb. 13.26 ν_τ-Nachweis in einem 'aktiven Target'. Hier ist der Zerfall $\tau \to \mu\nu\nu$ angenommen.

den Nachweis des Zerfallsvertex detektiert, dessen Länge im Submillimeter- bis Millimeterbereich liegt, wie in Abb. 13.26 gezeigt:

$$\nu_\mu \longrightarrow \nu_\tau + N \to \tau + X \quad . \\ \hookrightarrow \mu\bar{\nu}\nu$$

Das τ-Lepton zerfällt nach wenigen hundert Mikrometern und kann durch Detektion der Zerfallsstrecke identifiziert werden.

Ein Ende der Fasern ist häufig verspiegelt, während das andere Ende mit einem Bildverstärker oder einem anderen photosensitiven Element versehen ist, das ein spezielles für das Faserbündel geeignetes Eintrittsfenster besitzt. Abbildung 13.27 zeigt ein derartiges Faserbündelsystem, das hier mit einer CCD-Kamera ausgelesen wird.

Als robuste Spurdetektoren werden szintillierende Fasern als zylindrische Tracker in Collider-Experimenten eingesetzt, zum Beispiel in den Experimenten UA(2) [361],

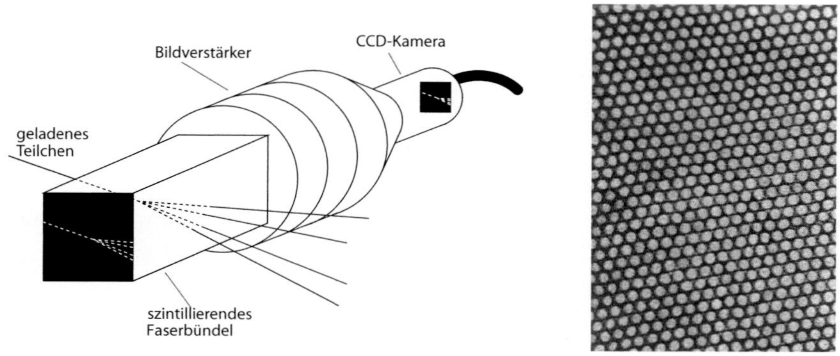

(a) Faserbündeldetektor (b) Kapillarenbündel

Abb. 13.27 Ein szintillierendes Faserbündel als Spurdetektor (schematisch). Die gleichmäßig angeordneten Fasern werden von einem Bildverstärkersystem erfasst und von einer CCD-Kamera ausgelesen. Abbildung (b) zeigt einen Ausschnitt eines Kapillarenbündels mit einem Einzeldurchmesser der Fasern von 20 μm und einer Wandstärke von 2 μm.

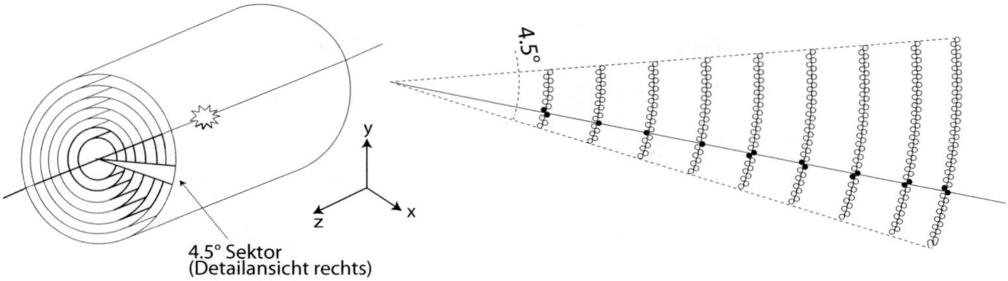

Abb. 13.28 Einsatz von szintillierenden Fasern als Spurdetektor in einem Collider-Experiment (D0) (aus [746], mit freundl. Genehmigung von Elsevier).

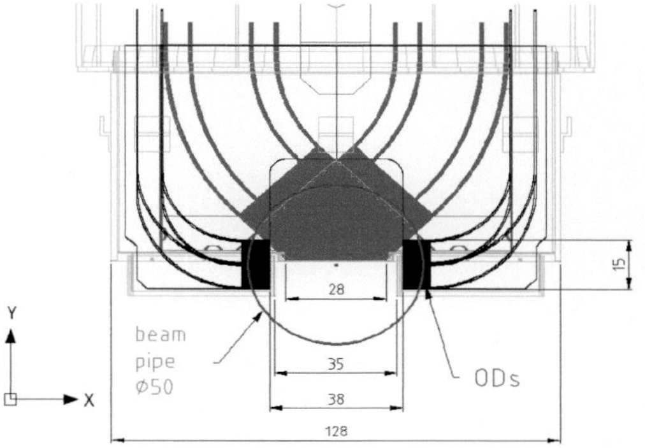

(a) Vorwärtsspektrometer ALFA aus Faserdetektoren

(b) Foto der Faserführung

Abb. 13.29 Einsatz von szintillierenden Fasern (0.5×0.5 mm^2) als Spurdetektor in extremer Vorwärtsrichtung: Kleinstwinkel-Vorwärtsspektrometer ATLAS/ALFA am LHC [579]: Der Faserdetektor wird in 10 Ebenen mit jeweils zwei um 45°versetzten Faserflächen (graue Flächen) auf weniger als einen Millimeter an den Protonenstrahl herangefahren. Der Kreis zeigt das Strahlrohr. Die Fasern werden herausgeführt (Bild rechts) und mit Multianoden-PMTs ausgelesen (Quelle: CERN/ATLAS ALFA Collaboration).

D0 [209, 746] und L3 [40]. Abbildung 13.28 zeigt den Faserspurdetektor (CFT) des D0 Experiments [209] am $p\bar{p}$ Collider Tevatron. Etwa 80 000 zwischen 1.66 m und 2.52 m lange Fasern sind in 8 konzentrischen Doppellagen im Abstand zwischen 20 und 52 cm um den Wechselwirkungspunkt angeordnet. Die Faserdicke beträgt 835 µm. Die erzielte Ortsauflösung liegt im 100 µm-Bereich. Die Fasern werden mit einer Vorläufervariante (VLPCs [803]) der in Abschnitt 10.4 diskutierten Siliziumphotomultiplier ausgelesen, basierend auf 1 mm^2 großen Pixeln, die im linearen Modus mit Verstärkungen um 10^4 betrieben werden.

Wegen ihrer mechanischen Robustheit und vor allem wegen ihrer Unempfindlichkeit gegenüber elektromagnetischen Einstreuungen sind Faserdetektoren attraktiv in extremen Vorwärtsregionen von Collider-Detektoren nahe am Beschleunigerstrahl, zum Beispiel zum präzisen Nachweis elastisch gestreuter Protonen zur Luminositätsbestimmung. In

Abbildung 13.29 sind eine schematische Zeichnung und ein Foto des Vorwärtsspektrometers ALFA dargestellt, das unter sehr kleinen Winkeln gestreute Protonen in ATLAS (LHC) in 240 m Abstand vom Wechselwirkungspunkt mit einer Auflösung von etwa ± 20 μm registriert.

14 Teilchenidentifikation

Übersicht

14.1 Überblick

14.1.1 Identität eines Teilchens

Unter 'Teilchenidentifikation' verstehen wir die Bestimmung der Masse und der Lebensdauer sowie der Quantenzahlen eines Teilchens wie Ladung, Spin, Parität, Flavor und so weiter. Für die Klassifizierung eines neu entdeckten Teilchens möchte man möglichst viele dieser Quantenzahlen bestimmen. Zwei historische Beispiele sind in Abb. 14.1 gezeigt.

Teilchen, die so kurzlebig sind, dass sie unmittelbar nach ihrer Erzeugung zerfallen und nicht mit dem Detektor in Kontakt kommen, können nur indirekt über ihre Zerfallsprodukte identifiziert werden. Umso wichtiger ist die Identifizierung der langlebigen Teilchen wie Photonen, Elektronen, Myonen, Pionen, Protonen oder Kaonen, die entweder stabil sind oder eine Zerfallslänge aufweisen, die größer ist als die Abmessungen des Detektors. Die Bestimmung der Identität von Teilchen direkt aus dem Signal eines oder mehrerer Detektorkomponenten ist unter dem Begriff 'Teilchenidentifikation' in diesem Kapitel zu verstehen. Ihre Identität wird aus ihrem Verhalten bei der Wechselwirkung mit der Materie der Detektoren, wie zum Beispiel der Schauerentwicklung eines Elektrons oder Photons, dem spezifischen Energieverlust oder der Abstrahlung eines geladenen Teilchens oder der Durchdringungsfähigkeit eines Myons erschlossen. Darüber hinaus können auch Teilchen mit Lebensdauern, die lang genug sind, so dass eine messbare Strecke bis zum Zerfall zurückgelegt wird, identifiziert werden.

H. Kolanoski, N. Wermes, *Teilchendetektoren*, DOI 10.1007/978-3-662-45350-6_14

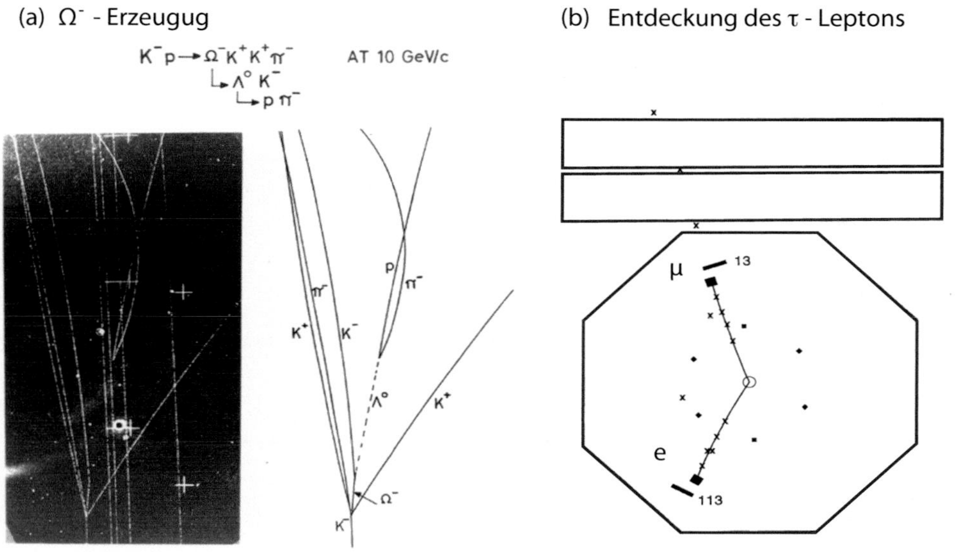

Abb. 14.1 Zwei historische Beispiele für die Identifizierung von neuen Teilchen: (a) Das Ω^--Baryon [123] kann durch seine lange Lebensdauer, die kinematisch rekonstruierte Masse und die assoziiert produzierte Strangeness mit Hilfe einer Blasenkammer identifiziert werden [229] (Quelle: CERN). (b) τ-Lepton-Paare wurden erstmals in e^+e^--Kollisions-Ereignissen mit einer Myon- und einer Elektronspur in einer zylindrischen Proportionalkammer identifiziert [642, 641]. Die Impulse der Spuren sind nicht balanciert, was auf nicht nachgewiesene Teilchen (Neutrinos) hindeutet. Die obere Spur wird als Myon identifiziert, weil sie das Eisen durchdringt, und die untere als Elektron, weil sie im Schauerzähler 113 Einheiten Energie deponiert hat, während das Myon nur 13 Einheiten aufweist. Aus SLAC Report SLAC-PUB-5937 mit freundl. Genehmigung durch SLAC National Accelerator Laboratory.

14.1.2 Methoden der Teilchenidentifikation

Zur Identitätsbestimmung werden charakteristische Eigenschaften eines Teilchens gemessen. Die wichtigsten Identifizierungsmethoden, die in Beschleuniger- und Astroteilchen-Experimenten eingesetzt werden, können wie folgt zusamengefasst werden:

(a) Geladene Teilchen: Durch die Messung von Impuls und Geschwindigkeit lässt sich die Masse bestimmen:

$$m = \frac{p}{\gamma\beta} . \qquad (14.1)$$

Die Lorentz-Variablen β, γ oder $\beta\gamma$ lassen sich mit folgenden Methoden bestimmen:

- Impulsmessung im Magnetfeld (Kapitel 9),
- Messung der Flugzeit (*time of flight*, Abschnitt 14.2.1),
- Messung des spezifischen Ionisationsverlusts dE/dx (Abschnitt 3.2.1),
- Messung der Cherenkov-Strahlung (Kapitel 11),

- Messung der Übergangsstrahlung (Kapitel 12).

(b) Massen (und eventuell andere Quantenzahlen) von zerfallenden Teilchen lassen sich aus der kinematische Rekonstruktion der Zerfallsprodukte bestimmen (p_i sind die Vierer-Impulse der Zerfallsprodukte):

$$m = \sqrt{\left(\sum_i p_i\right)^2} \, . \tag{14.2}$$

(c) Elektronen und Photonen erzeugen elektromagnetische Schauer. Für Elektronen bzw. Positronen ist das Verhältnis der gemessenen Schauerenergie zum (magnetisch bestimmten) Impuls $E/p \approx 1$. Photonen hinterlassen keine Spur im Ionisationsdetektor.

(d) Für Myonen ist ihre Fähigkeit, Absorbermaterialien zu durchdringen, charakteristisch.

(e) Hadronen können (bei genügend hoher Energie) über die Erzeugung hadronischer Schauer erkannt werden.

(f) Teilchen mit Lebensdauern im Bereich von 10^{-10} s wie K_S^0 und Λ haben eine charakteristische V-förmige Zerfallstopologie nach mehreren zehn Zentimetern Flugstrecke.

(g) Teilchen, die auf einer Zeitskala von Pikosekunden zerfallen (zum Beispiel schwache Zerfälle von schweren Bottom- oder Charm-Quarks oder von τ-Leptonen), können über eine Messung der bis zum Zerfall zurückgelegten Flugstrecke identifiziert werden.

Die angewendeten experimentellen Techniken zur Teilchenidentifikation ändern sich mit der Energie der zu identifizierenden Teilchen. Die bei Experimenten mit niederenergetischen Teilchen sehr erfolgreich verwendeten Methoden, wie zum Beispiel die Flugzeit- oder die dE/dx-Methode, sind bei hohen Energien – wie zum Beispiel für die in pp-Kollisionan an LHC erzeugten Teilchen – nicht geeignet oder zu aufwändig (zum Beispiel Cherenkov-Detektoren), wenn man den gesamten Raumwinkel überdecken möchte. Deshalb beschränkt man sich bei den LHC-Detektoren ATLAS und CMS vor allem auf die Erkennung von

- Jets als Signaturen von Quarks oder Gluonen,
- Leptonen (Elektronen, Myonen),
- Photonen,
- Sekundärvertices als Signaturen für schwere Quarks oder schwere Leptonen (*heavy flavor tagging*).

Eine typische Abfolge von Detektoren in Hochenergie-Experimenten und deren Möglichkeiten, verschiedene Teilchenarten zu unterscheiden, sind in Abb. 14.2 schematisch dargestellt.

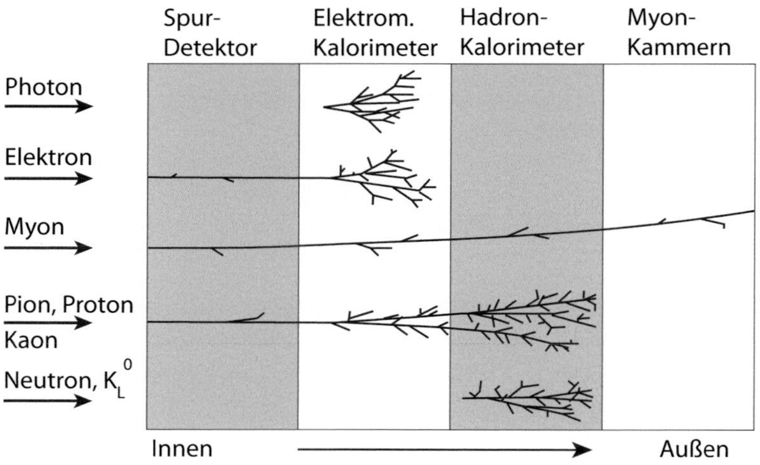

Abb. 14.2 Schematische Darstellung der Teilchenidentifikation in einem Detektor an einem Hochenergiebeschleuniger wie zum Beispiel LHC (nach [555]).

14.2 Identifizierung langlebiger geladener Teilchen

In diesem Abschnitt werden die Methoden zur Identifizierung von langlebigen ('stabilen') Teilchen beschrieben. Die physikalischen Grundlagen und Nachweistechniken dazu wurden zum Teil bereits in den entsprechenden Kapiteln beschieben: Kapitel 3 (dE/dx-Messung), Kapitel 11 (Cherenkov-Strahlung), Kapitel 12 (Übergangsstrahlung).

14.2.1 Flugzeitmessung

Die Flugzeit zwischen zwei Detektoren (TOF, *time of flight*) ergibt direkt die Geschwindigkeit des Teilchens. Zum Beispiel ist die Flugzeit zwischen zwei Detektoren im Abstand von 2 m für π, K, p mit jeweils einem Impuls von 500 MeV/c entsprechend 6.2 ns, 8.5 ns, 12.7 ns (das Licht braucht dafür 6 ns).

Das Prinzip der Flugzeitmessung ist in Abb. 14.3 gezeigt. Ein Teilchen mit Impuls p und Masse m durchfliegt zwei im Abstand L voneinander entfernte Detektoren. Einer der Detektoren erzeugt das Startsignal, der andere das Stopsignal, deren Zeitdifferenz mit der durch eine Zeituhr (clock) gegebenen Auflösung im TDC (*time-to-digital converter*, Abschnitt 17.7.3) digitalisiert wird. Aus der Flugzeit

$$\Delta t = \frac{L}{\beta c} = \frac{L}{c}\sqrt{\frac{p^2+m^2}{p^2}}, \tag{14.3}$$

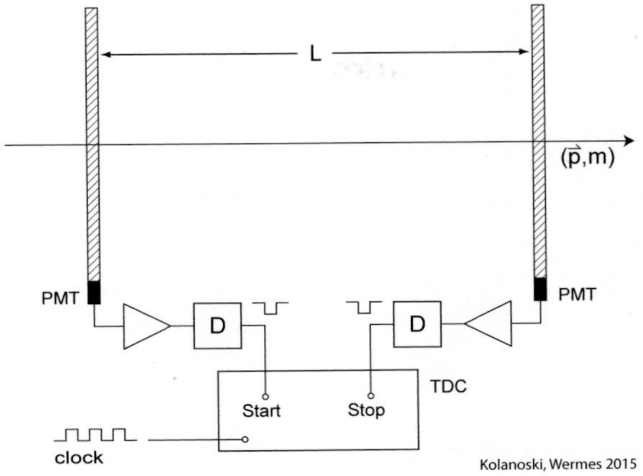

Abb. 14.3 Prinzip der Flugzeitmessung (time-of-flight, TOF), in diesem Beispiel durch Plastikszintillatoren mit PMT-Auslese.

mit m, p in der Einheit eV, ergibt sich die Geschwindigkeit $\beta = \frac{L}{\Delta t\, c}$ und mit Kenntnis des Impulses ($\beta = p/m\gamma$) das Quadrat der Masse:

$$m_{\mathrm{TOF}}^2 = p^2 \left[\left(\frac{\Delta t\, c}{L} \right)^2 - 1 \right] . \tag{14.4}$$

Wegen der endlichen Messgenauigkeit kann das Quadrat der durch die Messung bestimmten Masse m_{TOF}^2 im Allgemeinen auch negativ sein. Es ist also nicht sinnvoll, die Wurzel zu ziehen.

Die Differenz der Flugzeiten zweier Teilchen mit gleichem Impuls, aber verschiedenen Massen $m_2 > m_1$ ergibt mit (14.3) und in relativistischer Näherung ($p^2 \gg m^2$):

$$\frac{\Delta t_2 - \Delta t_1}{L} \approx \frac{1}{2c\, p^2} \left(m_2^2 - m_1^2 \right) = 1667 \, \frac{m_2^2 - m_1^2}{p^2} \, \frac{\mathrm{ps}}{\mathrm{m}} . \tag{14.5}$$

In Abb. 14.4 sind Flugzeitdifferenzen verschiedener Teilchensorten für eine Länge $L = 1\,\mathrm{m}$ gezeigt. Für 1-GeV-Pionen ($m = 139\,\mathrm{MeV}$) ergibt sich im Vergleich zu Kaonen ($m = 494\,\mathrm{MeV}$) eine Flugzeitdifferenz von $\approx 1.9\,\mathrm{ns}$ über eine Strecke von $L = 5\,\mathrm{m}$.

Die mit der Flugzeitmethode erzielbare Massenauflösung ist direkt proportional zur Zeitauflösung:

$$\frac{\sigma_m}{m} = \frac{\sigma_t}{\Delta t} = \frac{\beta c}{L} \sigma_t , \tag{14.6}$$

wobei Δt die Flugzeit ist. Um bei typischen Δt im Nanosekundenbereich Massenauflösungen von 10% oder besser zu erzielen, müssen Zeitauflösungen unter hundert Pikosekunden angestrebt werden. Als Detektortypen kommen dafür zum Beispiel schnelle Szintillatoren, meist Plastikszintillatoren oder dünne, gasgefüllte Detektoren wie RPCs (*resistive plate chambers*, siehe Abschnitt 7.7.3) in Frage.

Die technisch erreichbare Zeitauflösung von Flugzeitdetektoren limitiert die Anwendung der TOF-Technik für die Teilchenidentifikation an Collider-Experimenten auf solche mit Schwerpunktenergien kleiner als etwa 10 GeV, wie zum Beispiel bei den Experimenten

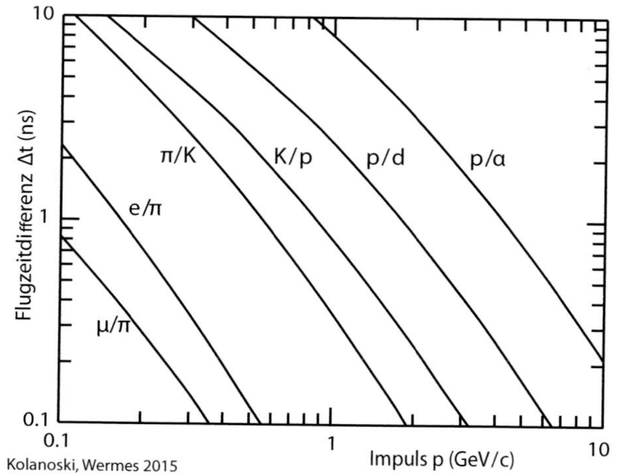

Abb. 14.4 Flugzeitdifferenzen zwischen jeweils zwei verschiedenen Teilchensorten bei einer Flugstrecke von $L = 1\,\mathrm{m}$.

an den Speicherringen CESR, PEPB, KEKB oder auch bei den Schwerionenexperimenten an RHIC und LHC, wo die erzeugten Teilchen Impulse besitzen, die eine Trennung durch Flugzeitmessung erlauben. Bei den Hochenergie-Collidern LEP, Tevatron oder LHC (mit Ausnahme der Schwerionenexperimente) wird die Flugzeittechnik nicht mehr verwendet.

Die TOF-Detektoren werden in 1–2 m Abstand vom Wechselwirkungspunkt parallel zur Strahlachse zylinderförmig angebracht (Abb. 14.5). Das TOF-Startsignal wird durch ein der Kollision der Teilchenstrahlen zeitlich fest zugeordnetes Signal gegeben, das das Strahlpaket an im Strahlrohr eingebauten Elektroden beim Vorbeiflug induziert (*Beam-pick-up*-Signal). Das Stopsignal ist das Signal der TOF-Szintillationszähler oder anderer Detektoren, die eine präzise Zeitmarke liefern können. Die in großen Systemen erzielte Zeitauflösung liegt zwischen 80 ps und 200 ps. Die TOF-Messung zur Teilchentrennung ist daher bei üblichen Abständen zum Wechselwirkungspunkt von 1–2 m nur bis zu Impulsen von $\lesssim 2\,\mathrm{GeV}$ möglich.

Abbildung 14.6(a) zeigt die mit der Apparatur in Abb. 14.5 aus der Zeitdifferenzmessung berechnete Teilchengeschwindigkeit β als Funktion des Impulses, und Abb. 14.6(b) zeigt das nach (14.4) berechnete Massenquadrat [210]: Protonen, Kaonen und Pionen sind bis etwa 1.2 GeV/c mit 2σ trennbar.

Die Massenauflösung σ_m/m in (14.6) ist bestimmt durch die Zeitauflösung σ_t. Diese erhält Beiträge von intrinsischen Schwankungen in dem signalerzeugenden Prozess σ_{gen} (zum Beispiel die Lichterzeugung im Falle von Szintillationsdetektoren), geometrischen Lichtlaufzeitunterschieden, verursacht durch verschiedene Eintrittsorte und Winkel der Teilchen in den Detektor σ_{ll}, von Laufzeitschwankungen im Auslesesystem (zum Beispiel den Schwankungen in der Ankunftszeit der Photoelektronen in einem Photovervielfacher σ_{PMT}) sowie Zeitschwankungen σ_{el} in der Elektronik [410]:

$$\sigma_t = \sqrt{\frac{\sigma_{\mathrm{gen}}^2 + \sigma_{\mathrm{ll}}^2 + \sigma_{\mathrm{PMT}}^2}{N_{\mathrm{eff}}} + \sigma_{\mathrm{el}}^2}\,. \tag{14.7}$$

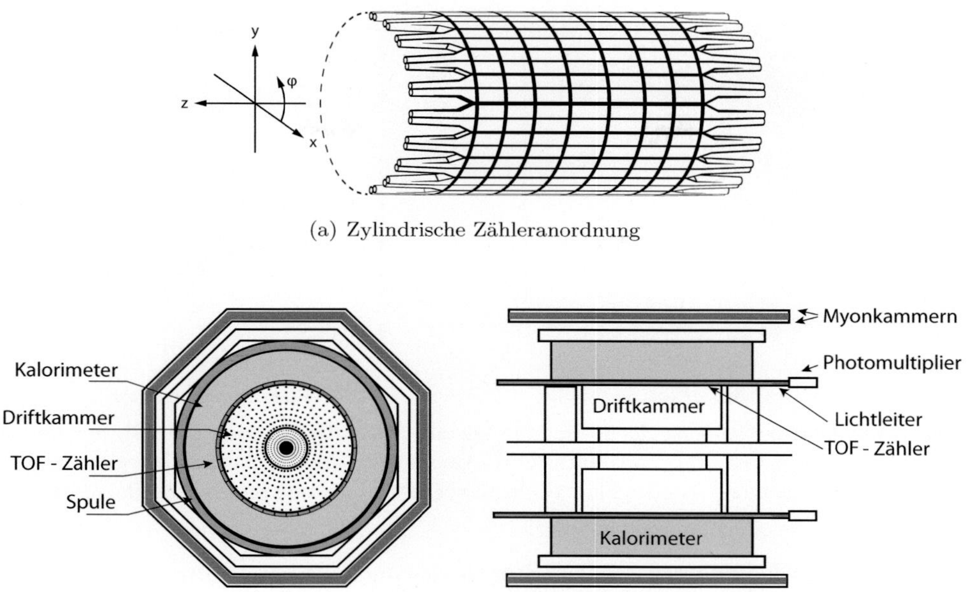

(a) Zylindrische Zähleranordnung

(b) Detektor-Front- und -Seitenansicht

Abb. 14.5 Beispiel eines Flugzeitzählersystems eines Collider-Detektors (Mark III–Detektor [147] am 4-GeV-Speicherring SPEAR in Stanford). Die Flugzeitzähler befinden sich zwischen der zentralen Driftkammer und dem Kalorimeter. Aus [210], mit freundl. Genehmigung von Elsevier.

N_{eff} ist dabei die Zahl der effektiv zum zeitkritischen Signal beitragenden Photonen beziehungsweise Photoelektronen.

Aus (14.4) kann mit $\Delta t \approx \frac{L}{c}\,(1+\frac{1}{2}\,m^2/p^2)$ die Trennkraft (ausgedrückt als Anzahl der Standardabweichungen in der Zeitdifferenzmessung) für die Trennung zweier Teilchen mit Impuls p und Massen $m_2 > m_1$ quantifiziert werden:

$$n_\sigma(\text{TOF}) \approx \frac{\Delta t_2 - \Delta t_1}{\sigma_{\text{TOF}}} = \frac{L}{2c\,p^2\,\sigma_{\text{TOF}}}\,\left(m_2^2 - m_1^2\right)\,, \tag{14.8}$$

wobei $\sigma_{\text{TOF}} = \sqrt{\sigma_{t_1}^2 + \sigma_{t_2}^2}$ sowie L der Abstand der Detektoren und $\Delta t_{1,2}$ die Zeitdifferenzmessungen sind. Für ein TOF-System mit vielen Zählern kommen weitere Fehlerquellen hinzu, zum Beispiel die Schwankungen in der Verteilung der Zeitmarke (*clock*) auf alle Detektoreinheiten sowie Interkalibrierungsfehler. In einem Collider-Experiment ist σ_{t_1} die Unsicherheit in der Kenntnis des Kollisionszeitpunkts t_1.

In typischen TOF-Detektor-Systemen wie dem in Abb. 14.5(a) werden 2–3 m lange Plastikszintillatoren verwendet, die relativ dick (3–5 cm) sind, um eine hohe Lichtausbeute pro durchgehendem Teilchen zu erzielen. Um Zeitauflösungen im Bereich von 120–180 ps zu erzielen, werden die Zähler an beiden Seiten R, L ausgelesen und der Zeitpunkt des Teilchendurchtritts (TOF-Stopsignal) durch elektronische Mittelwertbildung (*mean timer*) $t_{\text{stop}} = (t_R + t_L)/2$ ermittelt. Dadurch wird die Abhängigkeit vom Eintrittsort z des Teilchens in den Zähler weitgehend eliminiert.

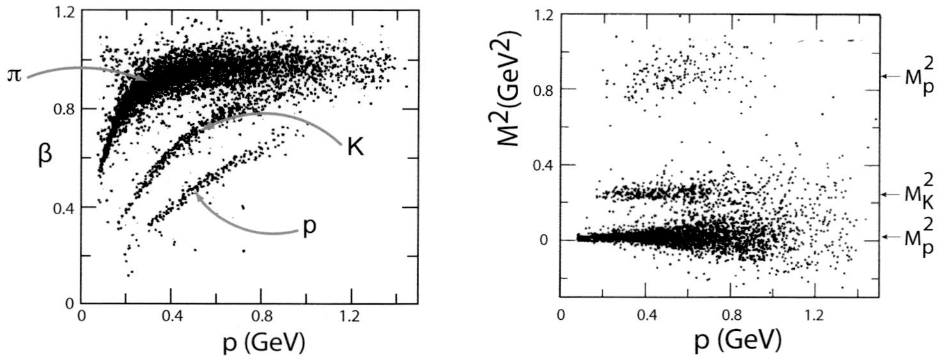

(a) β-p - Plot (b) TOF-Massenquadrat

Abb. 14.6 π,K, p-Trennung durch Flugzeitmessung (Mark III Experiment [210], mit freundl. Genehmigung von Elsevier): zweidimensionale Darstellung der Teilchengeschwindigkeit β (a) und des Massenquadrats aus der Flugzeitmessung (b) als Funktion des Teilchenimpulses.

Schnelle Signale und präzise Zeitmarken können auch mit gasgefüllten Detektoren mit dünnen Gasvolumina und Elektroden mit hohem Widerstand erzielt werden (siehe Abschnitt 7.7.3). Im STAR-Experiment am Ionenspeicherring RHIC werden in einem Teil des zentralen Detektorzylinders *Multigap Resistive Plate Chambers* (MRPCs) zur Messung einer präzisen Zeitmarke über eine Flugstrecke von etwa 5.4 m in (d+Au)-Kollisionen eingesetzt [831]. Die Zeitauflösung beträgt ungefähr 120 ps. Abbildung 14.7(a) zeigt die gemessene Geschwindigkeit, dargestellt als $1/\beta$, als Funktion des Teilchenimpulses. Man erkennt die klare Trennung von Protonen, Kaonen und Pionen bis zu einem Impuls von etwa 1 GeV/c, während Elektronen von Pionen kaum unterschieden werden können. Letzteres kann durch eine gleichzeitige Messung der spezifischen Ionisation erreicht werden [831] (siehe unten und Abb. 14.7(b)).

Das ALICE-Experiment am LHC erzielt mit einem TOF-Detektor-System aus MRPCs, die in zwei Stapeln von je 6 Ebenen mit Zwischenräumen (*gaps*) von 250 µm aufgebaut sind, Zeitauflösungen von etwa 85 ps im System bei einer intrinsischen Auflösung von 50 ps [66].

14.2.2 Messung der spezifischen Ionisation (dE/dx)

In Kapitel 3 wurde der Energieverlust $\langle dE/dx \rangle$ eines geladenen Teilchens durch Ionisation des durchquerten Mediums, ausgedrückt durch die Bethe-Bloch-Formel (3.25), beschrieben. Für alle Teilchen desselben Ladungsbetrags ist die Abhängigkeit des Energieverlusts von $\beta\gamma$ gleich (Abb. 3.5). Daher kann die von der Teilchenmasse abhängige Impulsabhängigkeit ($p = \beta\gamma\, m$) des mittleren Energieverlusts zur Teilchenidentifikation benutzt werden (siehe auch Gleichung (3.35).

Zur Messung des Energieverlusts in einem Medium können Detektoren verwendet werden, bei denen das gemessene Signal proportional zum Energieverlust in dem Detektorme-

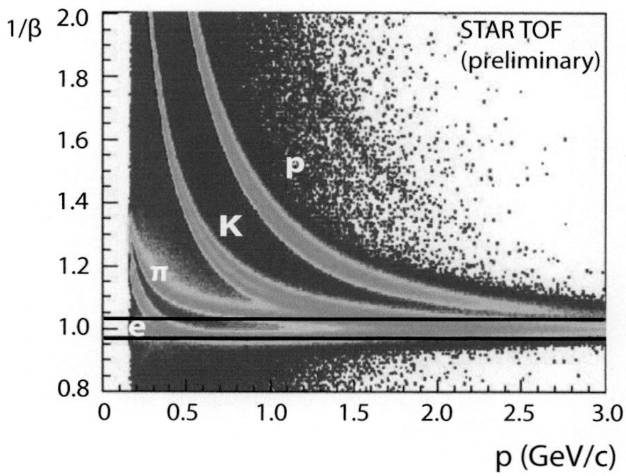

(a) TOF-Messung

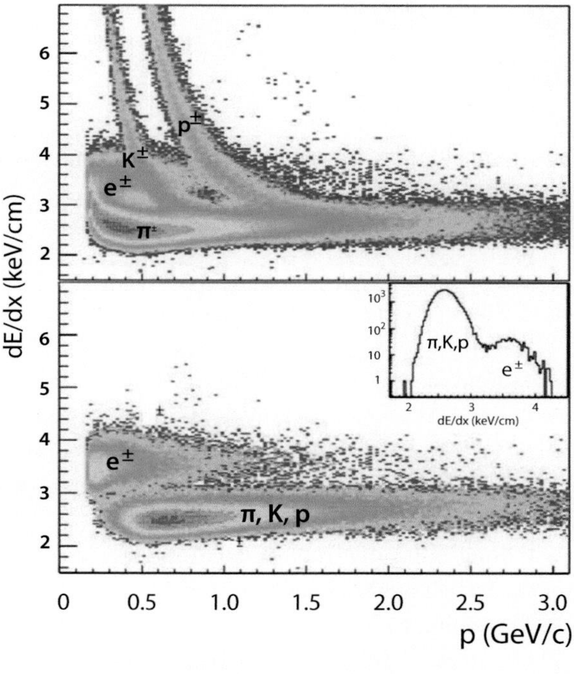

(b) dE/dx-Messung

Abb. 14.7 Teilchentrennung im STAR-Experiment (aus [826], mit freundl. Genehmigung von IOP Publishing): (a) Messung der Flugzeit mit MRPC-Kammern und (b) Messung der spezifischen Ionisation. Im unteren Bild in (b) wurde ein Schnitt in der Flugzeit von $|1 - 1/\beta| < 0.03$ angebracht (Linienpaar in (a)).

dium ist: zum Beispiel Lichterzeugung (in Szintillatoren), die Schwärzung fotografischer Platten (in Emulsionen, Abb. 14.8) oder Ladungserzeugung und Trennung (in Driftkammern oder Halbleiterdetektoren). Ein Messwert des mittleren Energieverlusts $\langle dE/dx \rangle$ oder des wahrscheinlichsten Energieverlusts (MPV, siehe Abschnitt 3.2.3) wird benutzt,

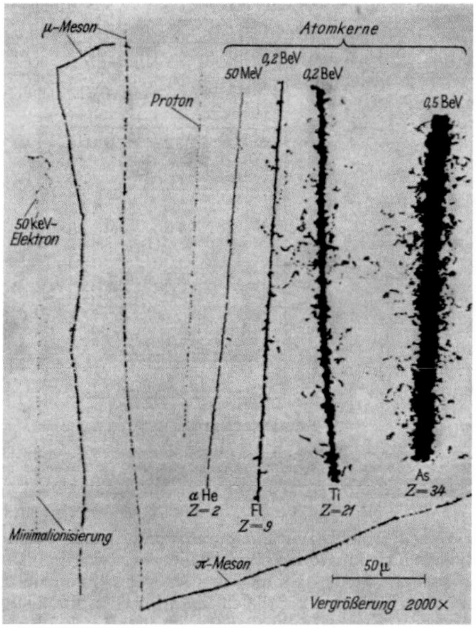

Abb. 14.8 Energieverlust durch Ionisation: Spuren von Teilchen mit unterschiedlichen Massen und Energien in einer Fotoplatte. Die angegebenen Energien sind Energien je Nukleon. Die veraltete amerikanische Energieeinheit BeV entspricht der Einheit GeV (nach [542] aus [334], mit freundl. Genehmigung von Springer Science+Business Media).

um daraus die Geschwindigkeit β zu bestimmen und bei bekanntem Impuls auf die Masse von langlebigen Teilchen (e, μ, π, K, p, d, α) zu schließen:

$$m^2_{dEdx} = p^2(1/\beta^2_{dE/dx} - 1)\,, \tag{14.9}$$

wobei mit $\beta_{dE/dx}$ die aus $\langle dE/dx \rangle$ mit Hilfe der Bethe-Bloch-Formel (3.25) bestimmte Geschwindigkeit gemeint ist.

Der Energieverlust ΔE in einem Medium der Dicke Δx folgt näherungsweise einer Landau-Verteilung (Abb. 14.9, siehe auch Abschnitt 3.2.3), die unsymmetrisch ist, mit weiten Ausläufern zu großen Energieverlustwerten. Bei der Bildung des Mittelwerts $\langle dE/dx \rangle$ aus Messwerten führen die sporadisch auftretenden großen ΔE-Werte zu größeren Fluktuationen.

Um den Mittelwert $\langle dE/dx \rangle$ der Verteilung mit guter Auflösung zu messen, muss neben einer hinreichend großen Zahl von statistisch unabhängigen dE/dx-Messungen auch der Einfluss des Ausläufers der Landau-Verteilung zu hohen Energieverlust-Werten minimiert werden, was mit der in Abb 14.9 erläuterten Methode des *truncated mean* erreicht werden kann. In Hochenergie-Experimenten bietet sich dazu für einzelne Teilchenspuren die vielfache Messung des Energieverlusts pro Wegstreckenintervall entlang der Spur zum Beispiel an mehreren Drähten einer Driftkammer an, wie in Abb. 14.10 erklärt. Die an 50 äquidistanten Drähten gemessenen Signalhöhen sind individuelle dE/dx-Messungen (Abb. 14.10 (a)), die Landau-verteilt sind (Abb. 14.10(b)) und auf die die Methode des *truncated mean* angewendet wird. Die Größe

$$\left\langle \frac{dE}{dx} \right\rangle_\alpha = \frac{1}{N} \sum_{i=1}^{N} \left(\frac{dE}{dx} \right)_i\,, \tag{14.10}$$

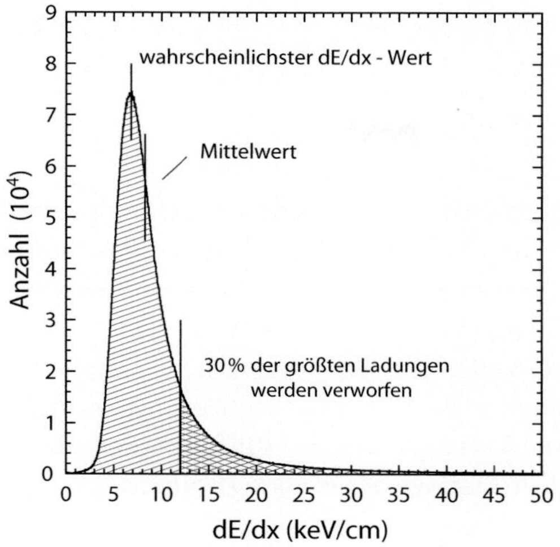

Abb. 14.9 Verteilung von dE/dx-Messwerten von minimal ionisierenden Pionen ($p = 400$–$800\,\text{MeV}$) [415]. Eingezeichnet sind neben dem wahrscheinlichsten dE/dx-Wert beim Maximum der Verteilung (bei 6.8 keV/cm) auch der Mittelwert sowie der Wert, oberhalb dessen 30% der höchsten Einträge liegen. Wenn man einen gewissen Prozentsatz der höchsten Werte (oft 30%) weglässt und dann den Mittelwert bildet ('truncated mean'), so wird die Messung des Mittelwerts der neuen Verteilung statistisch stabiler und liegt in der Nähe des wahrscheinlichsten Werts.

mit $\frac{dE}{dx}_{(i)} \leq \frac{dE}{dx}_{(i+1)}$ für i $= 1, \ldots, N$ und $N \leq \alpha N_{tot}$, $\alpha \in [0.5, 0.85]$, folgt einer fast perfekten Gauß-Verteilung [555] mit einer Breite $\sigma_{dE/dx}$, die der Auflösung entspricht.

Die erzielbare dE/dx-Auflösung ist in erster Linie von der statistischen Schwankung des Mittelwerts der freigesetzten Ladungsträger abhängig, $\sigma_{dE/dx} \propto 1/\sqrt{N_e}$, und ist daher für Gase druckabhängig, $\sigma_{dE/dx} \propto 1/\sqrt{P}$, sowie abhängig von der Zahl N_{meas}

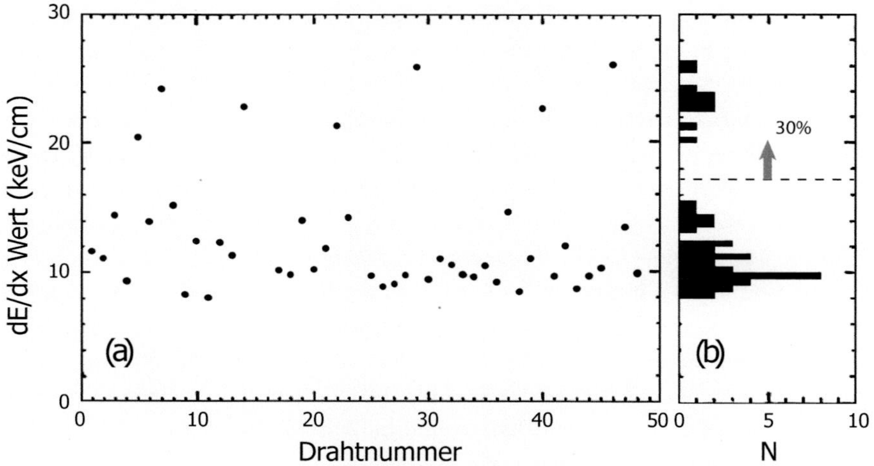

Abb. 14.10 Messung der spezifischen Ionisation eines Teilchens durch 50 Einzelmessungen (50 Kammerdrähte) [797]. (a) Messwerte für jeden Kammerdraht; (b) Projektion der Messwerte als Histogramm und Kennzeichnung der 30%-Schnittlinie.

der unabhängigen Messungen. Eine für Gasdetektoren durch Anpassung an Messungen empirisch ermittelte Formel [799, 836], ergibt:

$$\frac{\sigma_{\mathrm{dE/dx}}}{\langle \frac{dE}{dx} \rangle} = 0.41\, N_{meas}^{-0.43}\, (\Delta x P)^{-0.32}\ ,$$

wobei Δx die durchlaufene Detektorlänge eines Messintervalls in Metern und P den Druck in bar angibt. Die Abweichung von einem $N_{meas}^{-1/2}$-Verhalten zeigt, dass die Messpunkte entlang einer Spur nicht völlig unabhängig voneinander sind. Die Formel zeigt außerdem, dass für eine feste Detektorlänge $L = \Delta x\, N_{meas}$ eine bessere Auflösung erzielt wird, je mehr Messpunkte es gibt[1] (statt Δx zu erhöhen) und je höher der Druck im Kammergas ist. Für eine dE/dx-Messung bei hohen Impulsen ist die Höhe des Druckes (abgesehen von technischen Grenzen) zu optimieren gegen die Verminderung des Energieverlusts durch den Dichteeffekt im Bereich des relativistischen Anstiegs (siehe auch Abschnitt 3.2.1 auf Seite 30).

Die Trennkraft für zwei Teilchen (1) und (2) kann wie üblich in Einheiten der Auflösung $\sigma_{dE/dx}$ angegeben werden:

$$n_\sigma(dE/dx) = \frac{|\langle \frac{dE}{dx} \rangle(1) - \langle \frac{dE}{dx} \rangle(2)|}{\sigma_{dE/dx}}\ , \tag{14.11}$$

wobei die dE/dx-Mittelwerte durch die Bethe-Bloch-Formel (3.34) gegeben sind und $\sigma_{dE/dx}$ den Mittelwert der Auflösungen für die beiden Teilchen bezeichnet. In der Praxis wird statt des Mittelwerts $\langle dE/dx \rangle$ der Schätzwert (14.10) genommen. Typische Werte für dE/dx-Trennungen liegen im Bereich zwischen 3% und 12% [422]. Die Gesamtlänge L des Detektors geht in die Auflösung ein, da sie bei festem N_{mess} die Signalhöhe der Einzelmessungen bestimmt.

Wegen des charakteristischen Verlaufs der Bethe-Bloch-Kurve (Abb. 3.5) ist meist (vor allem für die π/K-Trennung) eine Trennung bei niedrigen Impulsen im so genannten $1/\beta^2$-Bereich möglich oder bei hohen Impulsen im Bereich des 'relativistischen Anstiegs' (siehe Seite 38), während im Bereich mittlerer Impulse die Trennkraft reduziert ist.

Abbildung 14.11 zeigt dE/dx-Messungen, aufgenommen mit der Jetkammer des OPAL-Detektors [52] als Funktion des mit derselben Kammer gemessenen Impulses von Teilchenspuren [423]. Die Jetkammer (siehe Abschnitt 7.10 und Tab. 7.7) wurde bei einem Druck von 4 bar betrieben und lieferte dE/dx-Messpunkte auf bis zu 159 Drähten entlang einer Spur. Die durchgezogenen Linien in Abb. 14.11 (a) und (b) zeigen die theoretisch erwarteten dE/dx-Mittelwerte; die Punkte sind individuelle Messwerte, deren Dichte die Häufigkeit der auftretenden Teilchensorte wiedergibt.

Die Kurven in Abb. 14.11(b) stellen die Fähigkeit zur Trennung von e/π, π/K, π/p und K/p dar, in der Abb. (oben) als Histogramm der gemessenen Signalhöhen und (unten) als Differenzen der Mittelwerte in Einheiten der Auflösung σ. Man erkennt, dass über weite Impulsbereiche eine gute Trennung verschiedener Teilchenarten möglich ist (die Trennkraft gemäß (14.11) ist etwa 3–4% [423]), speziell bei niedrigen und bei hohen

[1] Die Zahl der Messpunkte wird nach oben durch die minimale nachweisbare Signalhöhe begrenzt.

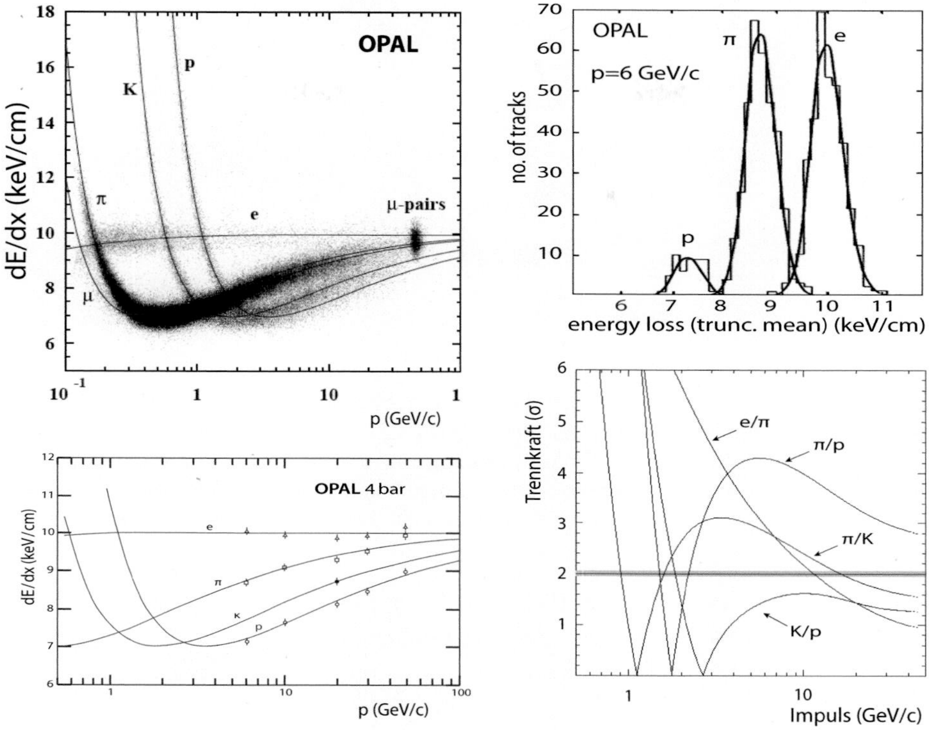

(a) dE/dx-Messung (b) erzielbare Trennkraft

Abb. 14.11 Ionisationsmessung mit der gasgefüllten zentralen Jet-Kammer des OPAL-Detektors bei hohem Druck (4 bar) [52]. (a) Individuelle Messungen von $\langle dE/dx \rangle$ (Punkte) von geladenen Spuren als Funktion des Impulses (oben). Die theoretische Erwartung ist durch die durchgezogenen Linien angezeigt und darunter zur Verdeutlichung separat gezeichnet (aus [206], mit freundl. Genehmigung von Elsevier); (b) Trennkraft der Ionisationsmessung (siehe auch [206, 423]) dargestellt (oben) als dE/dx-Histogramm für Protonen, Pionen und Elektronen bei einem Impuls von 6 GeV/c und (unten) als Abstandskurven in Einheiten der Auflösung σ_{dEdx}. Die 2σ-Trennung ist durch die schattierte horizontale Linie gekennzeichnet.

Impulsen in den Bereichen außerhalb des Minimums der Bethe-Bloch-Kurve (Abb. 3.5), im Bereich um das Minimum jedoch nicht. So ist zum Beispiel die Trennung zwischen π, K, und p für Impulse zwischen 1 und 3 GeV/c nur schlecht möglich.

Bei den LHC-Experimenten wird die dE/dx-Technik im ALICE-Experiment bei niedrigen Impulsen ($\lesssim 2\,\mathrm{GeV/c}$) und auch bei Impulsen im Bereich des relativistischen Anstiegs verwendet. Die zentrale *Time Projection Chamber* (TPC [71], siehe auch Abschnitt 7.10.10) liefert bis zu 159 Ionisationsmessungen pro Teilchenspur auf kleinen Ausleseelektroden (typisch 4×7.5 mm^2) und erzielt damit insgesamt eine dE/dx-Auflösung von etwa 5% [71, 555]. Abbildung 14.12(a) demonstriert die Trennkraft der TPC-Messung für Impulse im GeV-Bereich bei Pb-Pb-Kollisionen, bei denen auch Deuterium-, Tritium- und Heliumkerne identifiziert werden. Zusammen mit der TOF-Messung

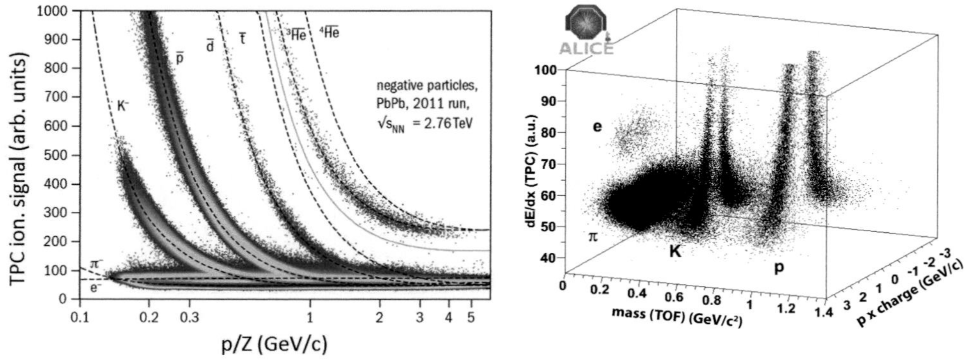

(a) dE/dx-Messung (b) dE/dx- und TOF-Messung

Abb. 14.12 Teilchenidentifikation mit der ALICE-TPC [71]. (a) Messung des Ionisationssignals als Funktion des Teilchenimpulses [18] (©2013 CERN, for the ALICE Collaboration). (b) Rekonstruierte Teilchenmasse aus Flugzeitmessung (TOF) und Impuls × Ladung aus der Ionisationsmessung (dE/dx) in zweidimensionaler Darstellung, wodurch auch Elektronen von π, K und p getrennt werden können (aus [555], mit freundl. Genehmigung von Elsevier).

(Abschnitt 14.2.1) können auch Elektronen von Pionen getrennt werden [555], wie Abb. 14.12(b) in einer zweidimensionalen Darstellung zeigt.

Auch mit Halbleiterdetektoren kann bei kleinen Impulsen eine gute dE/dx-Teilchentrennung erzielt werden. Abbildung 14.13 zeigt dies für den Silizium-Pixeldetektor des ATLAS-Experiments [5] bei Impulsen $\lesssim 1\,\text{GeV/c}$. Der Pixeldetektor ist in Kapitel 8, Abschnitt 8.7 beschrieben. Die dE/dx-Messungen erfolgen hier in drei Detektorlagen mit Silizium-Pixelsensoren von 250 µm Dicke. Das relativistische Plateau für den (eingeschränkten) Energieverlust (*restricted energy loss*, Abb. 3.13 auf Seite 49) ist für Festkörper wegen des Dichteeffekts nur wenig höher ($\lesssim 10\%$) als das Minimum der Kurve. Daher ist Teilchentrennung mit Halbleiterdetektoren nur im $1/\beta^2$-Bereich der Bethe-Bloch-Kurve (3.25) bei niedrigen Impulsen möglich.

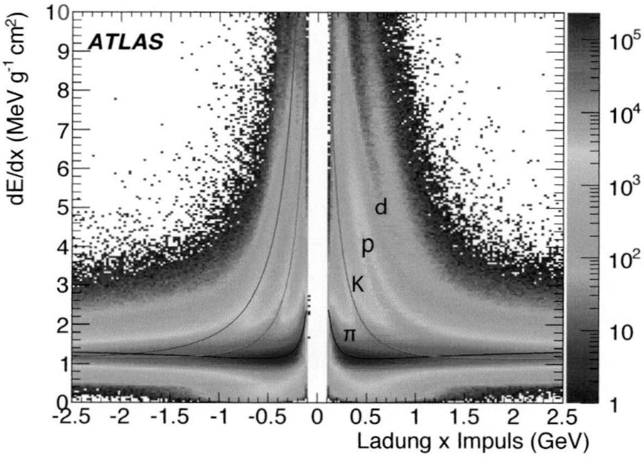

Abb. 14.13 Identifikation geladener Teilchen bei kleinen Impulsen im Pixeldetektor des ATLAS-Experiments durch Messung der spezifischen Ionisation dE/dx (aus [5], mit freundl. Genehmigung von Elsevier).

14.2.3 Teilchenidentifikation mit Cherenkov-Detektoren

Cherenkov-Detektoren und ihre physikalischen Grundlagen sind in Kapitel 11 ausführlich beschrieben: Der Cherenkov-Effekt beruht auf der Erzeugung von Strahlung, wenn Teilchen in einem Medium schneller als die Lichgeschwindigkeit in dem Medium sind. Cherenkov-Licht wird gemäß der Cherenkov-Beziehung (11.1),

$$\cos\theta_c = \frac{1}{\beta n}, \tag{14.12}$$

auf einem Kegel mit dem Öffnungswinkel θ_c abgestrahlt, was eine Messung der Teilchengeschwindigkeit β erlaubt. Abhängig davon, ob Cherenkov-Strahlung abbildend, das heißt als Cherenkov-Ringe, nachgewiesen wird oder ob lediglich die Emission von Cherenkov-Strahlung zum Nachweis verwendet wird, unterscheiden wir abbildende RICH- oder DIRC-Detektoren von Schwellen-Cherenkov-Detektoren (siehe auch Kapitel 11, in dem auch die Verwendung von Cherenkov-Detektoren in Experimenten beispielhaft besprochen wird). Cherenkov-Strahlung zeichnet sich vor allem dadurch aus, dass sie prompt und gerichtet erscheint. Dies wird beim Entwurf von Detektoren zur Teilchenidentifikation ausgenutzt, zum Beispiel dadurch, dass eine mit der Cherenkov-Strahlung zeitgleiche Spurinformation eines geladenen Teilchens zur Rekonstruktion von Cherenkov-Ringen verwendet werden kann.

In modernen Beschleuniger-Experimenten werden meist abbildende Detektoren verwendet. Die Masse eines Teilchens wird in diesem Fall aus der Beziehung

$$m^2_{\text{cherenkov}} = \frac{p^2}{c^2}\,\frac{1}{(\beta\gamma)^2} = \frac{p^2}{c^2}\,\left(n^2\cos^2\theta_\text{c} - 1\right) \tag{14.13}$$

bestimmt. Die in einem Radiator erzeugte Cherenkov-Strahlung wird durch eine optische Fokussierung auf einen Detektor abgebildet und dort als Cherenkov-Ring nachgewiesen. Die erreichbare Massenauflösung wurde in Kapitel 11, Gleichung (11.34), abgeleitet:

$$\frac{\sigma_m}{m} = \gamma^2\frac{\sigma_\beta}{\beta} = \left(\frac{p}{mc}\right)^2\left(\frac{k_R}{\beta^2} \oplus \frac{1}{\beta^2}\frac{dn}{d\lambda}\Delta\lambda\right), \tag{14.14}$$

mit der RICH-Konstanten k_R aus (11.32) auf Seite 460 sowie dem Dispersionsverlauf $dn/d\lambda$ und dem zugelassenen Wellenlängenbereich $\Delta\lambda$. Die Gesamtauflösung setzt sich (in quadratischer Addition, $\oplus$) zusammen aus der Auflösung, mit welcher der Öffnungswinkel der Cherenkov-Ringe durch das abbildende System und den Photondetektor gemessen werden kann,

$$\sigma_{\theta_c} = \frac{\sigma_{\theta_i}}{\sqrt{N}} \qquad \text{bzw.} \qquad \sigma_{\sin^2\theta_\text{c}} = \frac{\sigma_{\sin^2\theta_\text{i}}}{\sqrt{N}}, \tag{14.15}$$

sowie durch die chromatische Verschmierung der Ringe, weil der Brechungsindex in (14.12) wellenlängenabhängig ist. In (14.15) ist σ_{θ_c} der Winkelfehler für N nachgewiesene Photonen beziehungsweise Photoelektronen, und σ_{θ_i} ist die Winkelauflösung für ein einzelnes Cherenkov-Photon.

Die erzielbare Trennkraft in Einheiten des Fehlers für zwei Teilchen mit der Ladung $z = 1$ und mit $m_2 > m_1$ folgt aus (11.29) mit (11.30):

$$n_\sigma(\text{Cherenkov}) = \frac{\sin^2\theta_c(1) - \sin^2\theta_c(2)}{\sigma_{\sin^2\theta_c}} = \frac{\sin^2\theta_c(1) - \sin^2\theta_c(2)}{\sigma_{\sin^2\theta_i}/\sqrt{N}}$$
$$= \frac{m_2^2 - m_1^2}{2p^2\,\sigma_{\theta_i}}\frac{\beta}{n}\sqrt{N_0 L} \approx \frac{m_2^2 - m_1^2}{2p^2\,\sigma_{tot}}\frac{1}{\sqrt{n^2-1}}, \qquad (14.16)$$

wobei $N = N_0 L \sin^2\theta_c$ (11.16) und in der zweiten Zeile $n\sin\theta_c = \sqrt{n^2-1}$ nach (11.5) mit der Näherung $\beta \approx 1$ sowie (14.15) verwendet wurden. Mit σ_{tot} ist der Gesamtfehler der Winkelmessung bezeichnet, der sich gemäß

$$\sigma_{tot} = \sqrt{\frac{\sigma_{\theta_i}^2}{N} + \sigma_{\text{sonst}}^2}$$

aus den Einzelphotonauflösungen σ_{θ_i} (Winkelmessung und Dispersion) sowie anderen Beiträgen σ_{sonst} zusammensetzt [555]: Geometriefehler und Detektorausrichtung, Vielfachstreuung der Teilchenspur, Rausch- und Untergrundtreffer im Photondetektor, Rekonstruktionsfehler bei der Spur- und Ringrekonstruktion. Die Einzelphotonauflösungen erhalten Beiträge von der Ortsauflösung des Photondetektors σ_{θ_r}, meist bestimmt durch die Granularität der Elektroden (Pixel), von der Verschmierung des Emissionspunkts $\sigma_{\theta_{em}}$ der Strahlung vor allem bei Proximity-Fokussierung (Abb. 11.18 auf Seite 459) und von der chromatischen Aberration σ_{θ_n}:

$$\sigma_{\theta_i} = \sqrt{\sigma_{\theta_r}^2 + \sigma_{\theta_{em}}^2 + \sigma_{\theta_n}^2}\,.$$

Als Beispiele für die Verwendung von Cherenkov-Strahlung für die Teilchentrennung in modernen Großexperimenten der Teilchen- und Schwerionenphysik sollen hier die abbildenden Cherenkov-Detektoren in den LHC-Experimenten ALICE und LHCb vorgestellt werden, in denen zwei moderne Techniken zum Nachweis der Cherenkov-Photonen zur Anwendung kommen: Drahtkammern mit CsI-beschichteten photoempfindlichen Kathoden (ALICE-HMPID, siehe auch Abschnitt 11.6 auf Seite 456) beziehungsweise (hybride) Photovervielfacher mit Bialkali-Photokathodenbeschichtung (LHCb-RICH, siehe auch Abschnitt 10.3).

Teilchenidentifikation durch RICH-Detektoren im ALICE-Experiment Der Zweck des RICH-Detektors HMPID (*High Momentum Particle IDentification*) in ALICE ist, in einem begrenzten Raumwinkelbereich eine über die dE/dx-Technik der TPC hinaus erhöhte Trennkraft für K/π beziehungsweise K/p im Impulsbereich bis zu 3 GeV, respektive 5 GeV/c, zu erzielen und auch leichte Kerne zu identifizieren. Er besteht aus sieben etwa 1.5×1.5 m^2 großen RICH-Modulen, die die in einem Flüssigradiator (C_6F_{14}, n=1.283) erzeugten Cherenkov-Ringe über *Proximity*-Fokussierung in einem Vieldrahtgasdetektor mit CsI-Kathodenbeschichtung nachweisen. Die Technik ist in Kapitel 11 auf Seite 456 beschrieben.

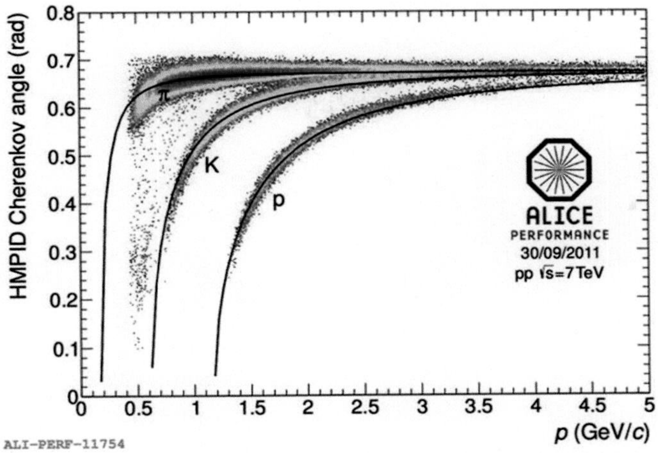

Abb. 14.14 Trennung von Pionen, Kaonen und Protonen mit dem ALICE-HMPID-RICH-Detektor als Funktion des Impulses (aus [17], © CERN).

Die für Einzelphotonen erreichte Auflösung beträgt $\sigma_{\theta_i} \approx 12$ mrad; für senkrecht eintreffende asymptotische ($\beta = 1$) Spuren wird eine Cherenkov-Winkelauflösung von $\sigma_{\theta_c} \approx 3.5$ mrad erreicht [555]. Abbildung 14.14 demonstriert die Trennkraft für π/K/p, die allein durch die RICH-Detektoren erzielt wird. Um die Trennung auf höhere Impulsbereiche bis etwa 30 GeV/c auszudehnen, ist eine Erweiterung um RICH-Detektoren mit Gas-Radiator geplant.

Teilchenidentifikation durch RICH-Detektoren im LHCb-Experiment Bei LHC-Energien umfasst das Impulsspektrum für Baryonen und Mesonen einen Bereich bis etwa 100 GeV/c und darüber. Von besonderer Bedeutung ist ihre Identifizierung im LHCb-Experiment, welches das detaillierte Studium von B-Meson-Zerfällen zum Ziel hat, wofür Teilchenidentifikation (insbesondere π/K-Trennung) bis zu Impulsen von etwa 100 GeV/c besonders wichtig ist. Der LHCb-Detektor [73] hat zu diesem Zweck zwei Gas-RICH-Detektoren zur Teilchentrennung in zwei unterschiedlichen Impulsbereichen [41]. Zusätzlich ist zur Abdeckung des Bereichs niedriger Impulse ein Aerogel-Radiator in einem der Detektoren angebracht (RICH-1).

Ein Querschnitt des LHCb-Experiments ist in Abb. 14.15(a) gezeigt. RICH-1 für Impulse zwischen 2 und 40 GeV/c besitzt einen Radiator aus Perfluorbutan (C_4F_{10},

Radiator	n	θ_∞	σ_θ	N^{pe}_{meas}	Impulsbereich
Aerogel, RICH-1	1.03	13.9°	±0.3°	≈ 5	einige GeV
C_4F_{10}, RICH-1	1.0015	3.03°	±0.1°	≈ 25	10 GeV bis 65 GeV
CF_4, RICH-2	1.00053	1.81°	±0.04°	≈ 20	15 GeV bis >100 GeV

Tab. 14.1 Charakteristika der beiden RICH-Detektoren des LHCb-Experiments am LHC [41]: Brechungsindex, asymptotischer Cherenkov-Winkel, Winkelauflösung, Zahl der gemessenen Photoelektronen, Impulsbereich für Teilchentrennung [546].

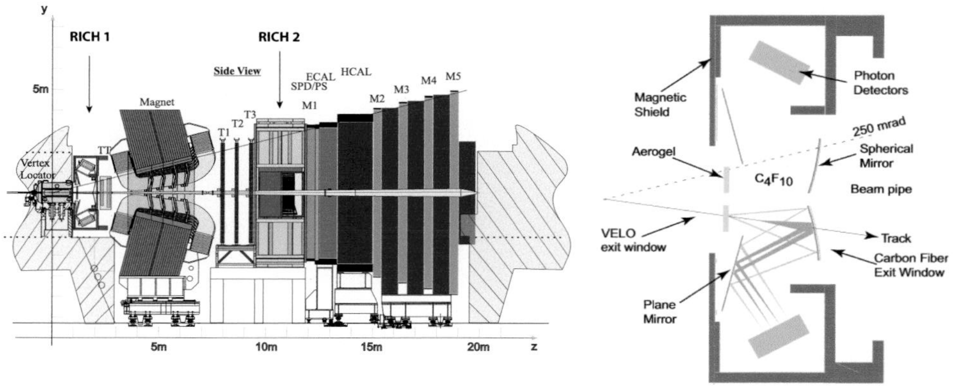

(a) Das LHCb-Experiment (b) RICH-1

Abb. 14.15 (a) Das LHCb-Experiment an LHC mit den beiden RICH-Cherenkov-Systemen zur Teilchenidentifikation; (b) RICH-1 ist mit C_4F_{10} gefüllt und wird mit hybriden Photodetektoren (HPD) ausgelesen (Quelle: LHCb Collaboration und CERN).

$n = 1.0015$) und einen zusätzlichen Radiator aus Aerogel mit $n = 1.03$ (Abb. 14.15(b)); RICH-2 für Impulse zwischen 15 und 100 GeV/c ist mit Tetrafluormethan (CF_4, $n = 1.00053$) gefüllt. Diese Gase haben geringe chromatische Dispersion ($\sigma_n/(n-1) \approx 2$–3%, vergleiche Abschnitt 11.6 auf Seite 458). Die Auslese des Cherenkov-Lichts erfolgt in beiden Systemen mit hybriden Photovervielfachern (HPD, siehe Abschnitt 10.3), basierend auf pixelierten ($2.5{\times}2.5$ mm^2) Photodioden. Die Charakteristika der LHCb-RICH-Detektoren sind in Tabelle 14.1 zusammengefasst.

Die Wahl der Radiatoren zur Teilchentrennung in verschiedenen Impulsbereichen ist in Abb. 14.16(a) in Abhängigkeit vom Impuls dargestellt. Die mit dem RICH-System von LHCb mögliche Teilchenidentifikation ist in Abb. 14.16(b) dargestellt (nur RICH-1). Die Trennung von p, K, π und sogar μ (bei kleinen Impulsen) ist durch die gleichzeitige Messung des Teilchenimpulses in dem Magnetspektrometer von LHCb und des Cherenkov-Winkels über sehr weite Impulsbereiche möglich (Tab. 14.1).

14.2.4 Elektronen-Identifizierung mit Übergangsstrahlungs-Detektoren

Relativistische Teilchen, die die Grenzfläche zweier Medien mit unterschiedlichen Dielektrizitätskonstanten ϵ_1, ϵ_2 passieren, strahlen Photonen mit Wellenlängen vorwiegend im Röntgenbereich ab. Die Intensität dieser Übergangsstrahlung (*transition radiation*, TR) steigt mit dem Lorentz-Faktor γ des Teilchens bis zu einem Sättigungswert γ_s (siehe Seite 487), und der wahrscheinlichste Abstrahlwinkel ist umgekehrt proportional zu γ:

$$\text{Intensität} \propto \gamma\,, \qquad \theta_{\text{mpv}} \propto \frac{1}{\gamma}\,.$$

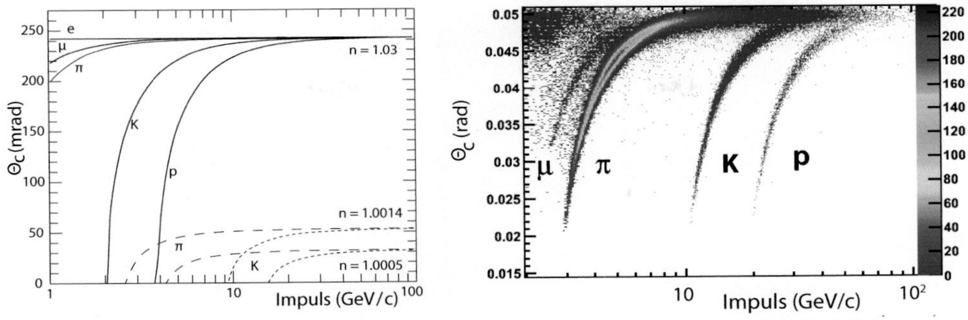

(a) θ_c verschiedener Radiatoren

(b) Erreichte Trennung mit RICH-1

Abb. 14.16 Teilchenidentifikation mit den RICH-Detektoren des LHCb-Experiments [546]. Aufgetragen ist der Cherenkov-Winkel als Funktion des Teilchenimpulses. In (a) sind die berechneten Winkel für Pionen und Kaonen für drei verschiedene Brechungsindizes gezeigt, für $n = 1.03$ (Aerogel) sind zusätzlich die Winkel für e, μ und p gezeigt. In (b) ist die erzielte Trennung mit RICH-1 allein demonstriert [41].

Die Grundlagen der Übergangsstrahlung und ihre Anwendung für Detektoren werden in Kapitel 12 beschrieben.

Wegen der zunächst linearen, dann sättigenden Abhängigkeit von γ wird die Übergangsstrahlung in der Teilchenphysik vor allem zur Trennung von hochenergetischen Pionen und Elektronen, die einen fast 300-fach größeren γ-Faktor als Pionen bei gleichem Impuls haben, genutzt. Dies wird auch aus Abb. 14.22(b) auf Seite 560 ersichtlich.

Die Zahl der Röntgenphotonen erreicht ein Maximum in Abhängigkeit von der Anzahl und der Wahl der Dicken der abfolgenden, beteiligten Medien (siehe Abb. 12.10 auf Seite 489), wodurch auch ein Frequenzbereich ausgewählt wird, der γ-abhängig ist (Abb. 12.8(a) auf Seite 486). Ferner ist für einen signifikanten Nachweis der Übergangsstrahlung begleitend zu einer geladenen Teilchenspur eine Mindestintensität der Übergangsstrahlung notwendig, die zusätzlich durch die Interferenzmaxima und -minima bei der Überlagerung der Übergangsstrahlung in einem Radiator aus vielen Grenzflächen moduliert wird. Aus diesen Gründen weist auch Übergangsstrahlung ähnlich wie Cherenkov-Strahlung eine Schwelle für die Nachweisbarkeit auf (siehe dazu Kapitel 12).

Die verwendeten Übergangsstrahlungsdetektoren sind schichtweise aus Materialien mit zwei unterschiedlichen Dielektrizitätskonstanten aufgebaut (Abb. 12.12 auf Seite 492), die ein zu optimierendes Dicke-Abstand-Verhältnis besitzen, damit im statistischen Mittel erhöhte Übergangsstrahlung durch konstruktive Interferenz der an den Grenzschichten jeweils erzeugten Strahlung entsteht (siehe Abschnitt 12.5 auf Seite 482).

Alternativ werden schaum- oder faserartige Materialien verwendet, die Hohlräume (Poren) mit einer homogenen mittleren Dichte besitzen und so im statistischen Mittel ebenfalls ein System mit vielen gleichartigen Grenzschichten darstellen (siehe Abschnitt 12.6). Je mehr Grenzschichten hintereinander liegen, desto mehr Photonen werden erzeugt. Um den Einfluss der Selbstabsorption in den nachfolgenden Folien zu verringern, können An-

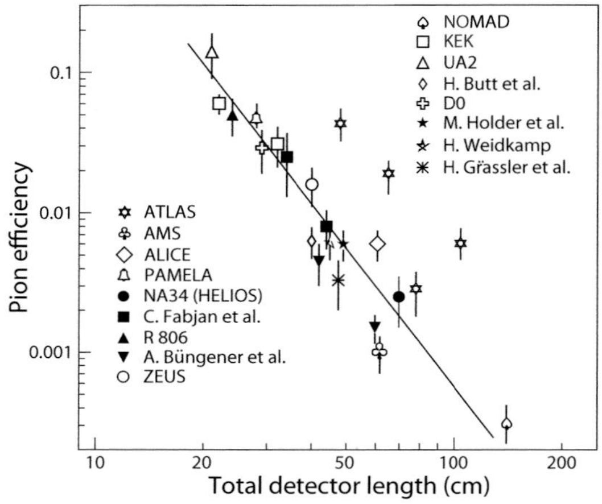

Abb. 14.17 Güte der Elektron-Pion-Trennung mit TR-Detektoren: Ansprechwahrscheinlichkeit für Pionen bei einer Nachweiseffizienz für Elektronen von 90% als Funktion der Detektorlänge für verschiedene Experimente [621].

ordnungen mit mehrere TR-Stufen verwendet werden, die jeweils einen Photondetektor haben. Die Trennkraft von Elektronen und Pionen hängt dann von der Gesamtlänge des Detektors ab (siehe Abb. 14.22(b)). Experimentell verifiziert ist dies in Abb. 14.17 gezeigt.

Die Trennkraft kann wieder wie

$$n_\sigma(\mathrm{TR}) = \frac{|\langle \mathrm{N}_\gamma \rangle(\mathrm{e}) - \langle \mathrm{N}_\gamma \rangle(\pi)|}{\sqrt{\langle \mathrm{N}_\gamma \rangle(\mathrm{e})}} \tag{14.17}$$

definiert werden, wobei $\langle N_\gamma \rangle$ die nachgewiesene Anzahl der TR-Photonen für Elektronen (e) bzw. Pionen (π) ist. In typischen Anwendungen erzeugen in erster Näherung nur Elektronen Röntgenphotonen, so dass die Trennkraft direkt von der Übergangsstrahlungsintensität für Elektronen abhängt. Eine größere Detektorlänge L, verteilt auf mehrere Ausleseeinheiten, erhöht die Photonenzahl und damit die Trennkraft gegenüber Pionen (und erst recht gegenüber schwereren Hadronen) bei gleichem Impuls, wobei die Sättigung in der Photonenzahl in einem Radiator ab einem γ-Wert etwas unterhalb von 10^4 (siehe Abb. 12.8(b) in Abschnitt 12.5.2) zu berücksichtigen ist.

Für LHC-Reaktionen ist der Nachweis von hochenergetischen geladenen Leptonen sehr wichtig. Für Elektronen bieten sich neben elektromagnetischen Kalorimetern dazu Übergangsstrahlungs-Detektoren an, die zusätzlich eine unmittelbare Zuordung zu einer geladenen Spur liefern können. Nachfolgend erläutern wir daher zwei bei LHC eingesetzte Detektorkonzepte: den TRT-Detektor von ATLAS und den TRD-Detektor des ALICE-Experiments.

Der *Transition Radiation Tracker* des ATLAS-Experiments Der so genannte *Transition Radiation Tracker* (TRT) [2] in ATLAS erfüllt zwei Aufgaben gleichzeitig. Er dient als Spurdetektor im äußeren Bereich des ATLAS-Innendetektors (Abb. 14.18) und liefert gleichzeitig die Möglichkeit, Elektronen von Hadronen (vor allem von Pionen) durch Erkennung von Signalen der Übergangsstrahlung in einem Impulsbereich von 1 GeV/c bis 200 GeV/c zu trennen.

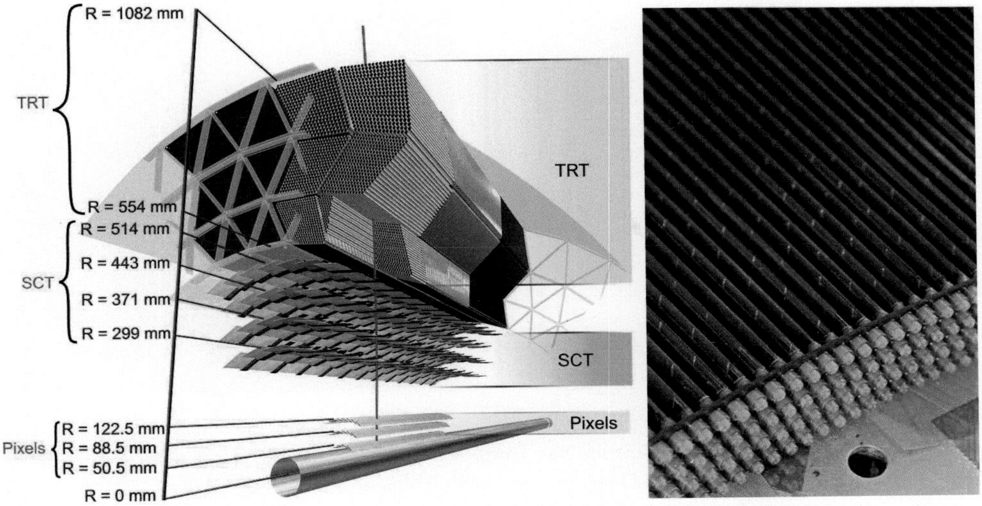

Abb. 14.18 Ausschnitt des Barrel-Bereichs des ATLAS-Innendetektors (links), in dem der *Transition Radiation Tracker* (TRT) den äußeren Bereich abdeckt. Rechts: Lagen aus Driftrohren, die sich mit Radiatorlagen aus Polypropylenfolien abwechseln, dienen als Spurdetektor und Übergangsstrahlungsdetektor gleichzeitig [2] (Ausschnitt aus einem Endcap-Modul, Quelle: CERN/-ATLAS Collaboration).

Der ATLAS-TRT-Detektor ist in Abschnitt 12.6 auf Seite 493 beschrieben. Er besteht aus zylindrisch (Barrel) bzw. radial (Endcap) angeordneten Driftrohren, zwischen denen der TR-Radiator als Faserradiator beziehungsweise als Lagen von Folienstapeln integriert ist. Im zentralen Bereich des ATLAS-TRT werden immer mindestens 36 Driftrohre von einer Spur durchlaufen. Zusätzliche TR-Signale werden von 'normalen' Ionisationssignalen durch die Definition zweier Schwellen (niedrig/hoch) elektronisch unterschieden (Abb. 12.14).

Abbildung 14.19(a) zeigt die Verteilung des Anteils der Spuren, die oberhalb der oberen TR-Schwelle nachgewiesen wurden. Für Elektronen ist dies wesentlich häufiger der Fall als für Pionen. Bei einer Nachweiseffizienz von 90% für Elektronen werden Pionen um einen Faktor 20 bis 50 unterdrückt [98]. Abbildung 14.19(b) zeigt ein LHC-Kollisions-Ereignis, in dem ein W-Boson erzeugt wird, das in ein Elektron und ein Neutrino zerfällt. Die Elektronspur weist 7 TR-Treffer auf.

Der *Transition Radiation Detector* des ALICE-Experiments Im Unterschied zur TR-Anwendung in ATLAS, wo Elektronidentifikation bei Impulsen bis über 200 GeV/c das Ziel ist, wird im Schwerionenexperiment ALICE eine Elektronidentifikation mit sehr starker Pionunterdrückung (Faktor 100) im Bereich von etwa 2 bis 10 GeV/c angestrebt. Unterhalb von 1 GeV/c erfolgt in ALICE eine gute Elektronidentifikation durch Ionisationsmessungen mit der TPC [7, 625]. Der in 18 großen Modulen arrangierte TRD-Detektor besteht aus insgesamt 540 Driftkammern, die mit einer Photonen absorbierenden Gasmischung aus 85% Xenon und 15% CO_2 gefüllt sind. Das Prinzip einer Kammer-

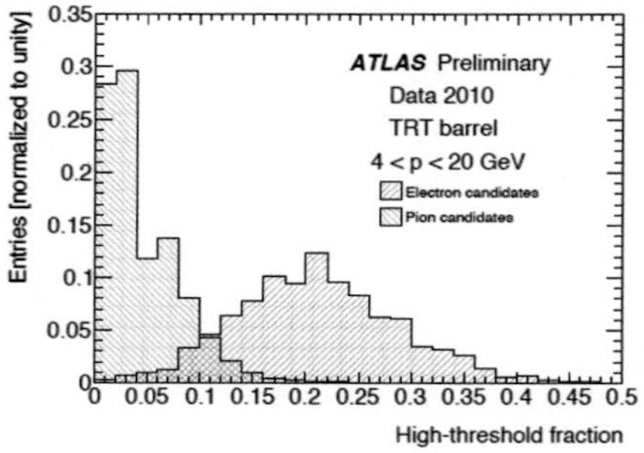

(a) Trefferverteilung ATLAS-TRT

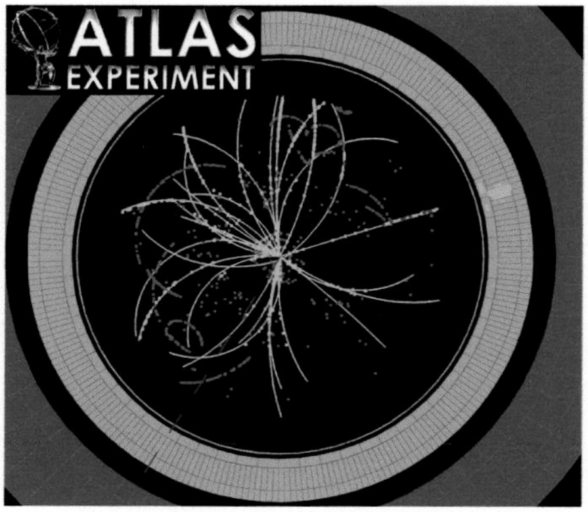

(b) Elektronerkennung im W $\to e\nu$-Zerfall

Abb. 14.19 (a) Verteilung der Anteile der Treffer oberhalb der oberen TR-Schwelle für Spuren im ATLAS-TRT [98]; (b) Event-Display eines LHC Kollisions-Ereignisses (Run 152409, Event 5966801), in dem der Zerfall des W-Bosons, W $\to e\nu$, beobachtet wird. Das Elektron im Zerfall wird deutlich durch mehrere Treffer oberhalb der oberen Trefferschwelle (siehe Text) im TRT-Detektor nachgewiesen. Außerdem zeigt das elektromagnetische Kalorimeter eine für Elektronen typische Antwort. (Quelle: CERN/ATLAS Collaboration)

einheit ist in Abb. 14.20 gezeigt. Mit der Driftkammer werden die Ladungen, die durch TR-Photonen erzeugt werden, zusätzlich zu den Ladungen, die durch die Ionisation der geladenen Spur entstehen, orts- und zeitaufgelöst mittels Kathodenauslese (siehe Kapitel 7) nachgewiesen. Die Kammer arbeitet bei moderater Gasverstärkung, um Raumladung durch zurück driftende Ionen im Kammervolumen zu vermeiden. Da die Absorption der TR-Photonen vorwiegend an der dem Radiator zugewandten Seite erfolgt, ist die Laufzeit der TR-Ladungen vergleichsweise groß und sorgt für eine Überhöhung des Zeitspektrums bei großen Zeiten (Abb. 14.21(a)). Elektronen unterscheiden sich daher von Pionen bei kleinen Impulsen durch größere Ionisationssignale und zusätzliche TR-Beiträge, wie Abb. 14.21(a) zeigt. Im GeV/c-Impulsbereich werden Pion-Unterdrückungs-Faktoren von etwa 80 bis 150 (abhängig von der verwendeten Analysetechnik) erreicht [17] (Abb. 14.21(b)).

14.2.5 Charakteristische Detektorlänge

Die in den vorangehenden Abschnitten beschriebenen Methoden zur Teilchenidentifikation, die auf Gleichung (14.1) zurückgehen, benötigen mit wachsendem Impuls beziehungsweise wachsender Teilchengeschwindigkeit größer werdende Detektoraufbauten. Die für eine bestimmte Trennungsauflösung (zum Beispiel 2σ oder 3σ) charakteristischen Detektorlängen (zum Beispiel der Abstand der TOF-Detektoren zur Messung der Flugzeit oder die Radiatorlänge bei Cherenkov-Messung) sind in Abb. 14.22 unter bestimmten, typischen Annahmen skizziert.

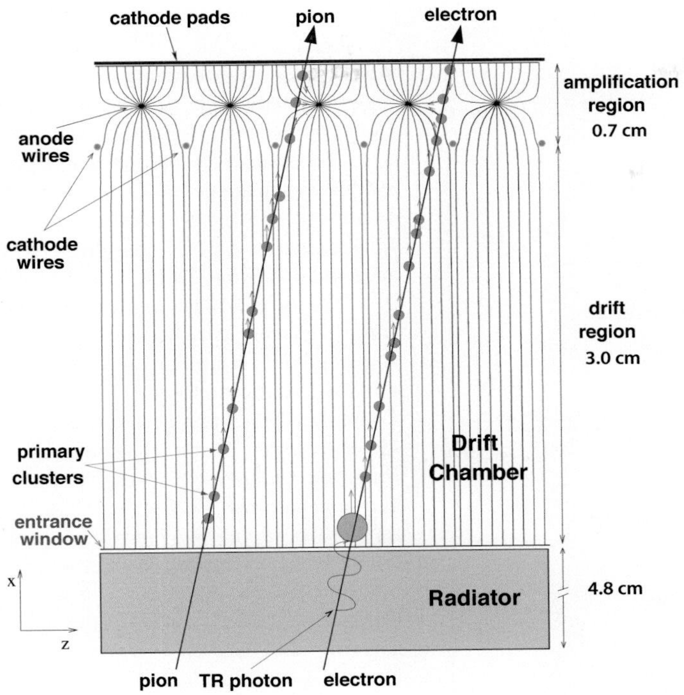

Abb. 14.20 Funktionsprinzip eines Moduls des ALICE-TRD-Detektors, bestehend aus einem TR-Radiator, kombiniert mit einer Driftkammer (aus [7], Quelle: CERN/ALICE Collaboration).

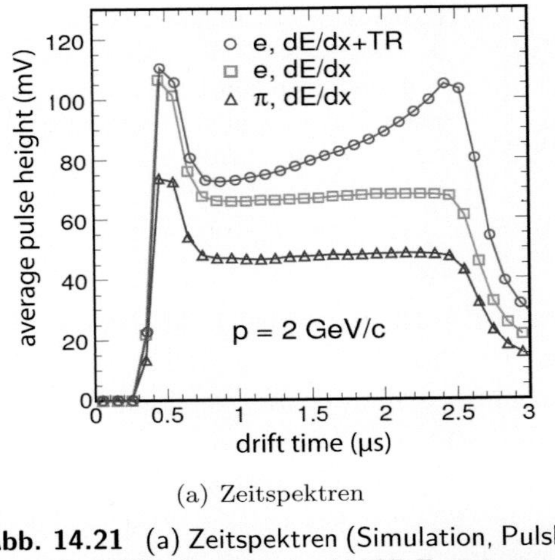

(a) Zeitspektren

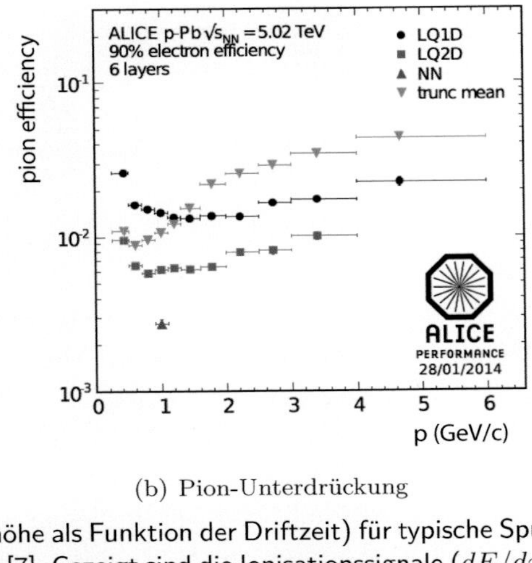

(b) Pion-Unterdrückung

Abb. 14.21 (a) Zeitspektren (Simulation, Pulshöhe als Funktion der Driftzeit) für typische Spuren in der TRD-Kammer des ALICE-Experiments [7]. Gezeigt sind die Ionisationssignale (dE/dx) für Pionen und Elektronen allein sowie die Summe von dE/dx- und TR-Signal für Elektronen. (b) Inverser Unterdrückungsfaktor (*pion efficiency*) für Pionen bei einer Nachweiseffizienz für Elektronen von 90% als Funktion des Impulses, gemessen aus selektierten Elektron- beziehungsweise Pion-Datensätzen unter Verwendung verschiedener Analysetechniken (*truncated mean*, Likelihood-Verfahren und Neuronales Netz) [17]. Quelle: CERN/ALICE Collaboration.

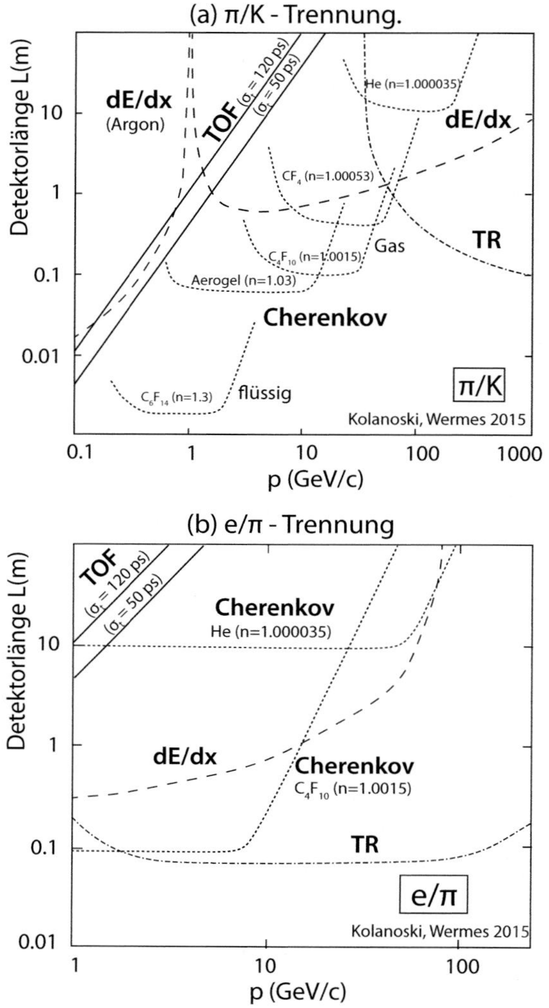

Abb. 14.22 Abschätzung der notwendigen Detektorlänge für die Trennung (3σ) von Teilchen: (a) π/K - und (b) e/π -Trennung als Funktion des Impulses für verschiedene im Text erläuterte Methoden und typische Annahmen: Flugzeitmessung (TOF, durchgezogene Linien) mit Zeitauflösungen $\sigma_t = 120$ ps und 50 ps; Ionisationsmessung (dE/dx, gestrichelte Linien), Argon-gefüllte Kammer bei 1 bar mit 3% Ladungsauflösung. Für die Cherenkov-Messung (gepunktete Linien) wurden für verschiedenen Radiatoren folgende Winkelauflösungen angenommen: C_6F_{14} ($n = 1.3$, $\sigma_{\theta_c} = 20$ mrad, $\sigma_{\theta_n} = 12$ mrad); Aerogel ($n = 1.3$, $\sigma_{\theta_c} = 2$ mrad, $\sigma_{\theta_n} = 1$ mrad); und für die Gasradiatoren C_4F_{10} ($n = 1.0015$, $\sigma_{\theta_c} = 0.5$ mrad), CF_4 ($n = 1.00053$, $\sigma_{\theta_c} = 5$ mrad), He ($n = 1.000035$, $\sigma_{\theta_c} = 0.2$ mrad), jeweils mit einer chromatischen Dispersion nach (11.38) mit $\sigma_n/(n-1) = 3\%$. Für Übergangsstrahlung (Strichpunkt-Linien) sind TR-Stationen mit 100 Folien und einer Minimalenergie für den Nachweis für Übergangsstrahlungsphotonen von 1 keV angenommen sowie Sättigung in der Photonenzahl ab $\gamma \approx 8 \times 10^3$ [290].

Aufgetragen ist die notwendige charakteristische Detektorlänge (zum Beispiel der Abstand der TOF-Detektoren zur Messung der Flugzeit oder die Radiatorlänge bei Cherenkov-Messung) als Funktion des Teilchenimpulses unter der Annahme typischer Auflösungen. Betrachtet sind die Trennung von π/K in Abb. 14.22(a) und von e/π in Abb 14.22(b). Für die TOF-Messung zum Beispiel folgt die Abhängigkeit direkt aus Gleichung (14.8) auf Seite 543 in diesem Kapitel. Für den Nachweis durch Cherenkov-Strahlung steckt die Detektorlänge in der für die Auflösung notwendigen Photonenzahl, die proportional zur Radiatorlänge anwächst (Gleichung (14.16)). In der Abbildung sind Längen für verschiedene Radiatortypen (flüssig, Aerogel, gasförmig) für typische Auflösungen eingezeichnet, die den großen Bereich der Teilchenidentifikation mit Cherenkov-Strahlung charakterisieren. Der konstante chromatische Beitrag zur Auflösung (Abschnitt 11.6.2) ist die untere Grenze für die erreichbare Auflösung, was in Abb. 14.22

zu der Ausbildung eines unteren Plateaus in der Kurve für die Cherenkov-Strahlung führt.

Für Übergangsstrahlung ist die nachweisbare Photonenzahl durch Gleichung (12.16) in Kapitel 12 gegeben, und die Trennkraft folgt aus (14.17). Eine ausreichende Photonenzahl wird durch Folienstapel mit vielen Folien (hier 100) erzielt, deren Anzahl aber durch die Selbstabsorption im Stapel begrenzt ist (Abschnitt 12.5.3). Durch mehrere Stapel/Detektor-Stationen wird der Detektor länger und die Trennkraft größer. Da die Photonenzahl bei einem Wert γ_s gemäß Gl. (12.29) sättigt, erreicht die Trennkraft in Abb. 14.22(b) eine untere Grenze und wird wieder schlechter, wenn konkurrierende Teilchen (hier Pionen) beginnen zu strahlen. Übergangsstrahlung ist für übliche Teilchenimpulse ausschließlich zur e/π-Trennung nützlich. Erst bei sehr hohen Impulsen ist prinzipiell auch π/K-Trennung möglich.

Bei der dE/dx-Methode ist ein Gasvolumen (Argon, 1 bar) einer typischen Vieldrahtkammer angenommen, über das das Ionisationssignal gemessen und die Trennkraft nach (14.11) auf Seite 548 berechnet wird.

14.3 Identifikation von Myonen

Elektronen und Myonen spielen eine wichtige Rolle in Hochenergieexperimenten, weil sie eine 'Signatur' für schwere Quarks oder Leptonen und/oder exotische Teilchen sind und weil durch sie erzeugte Detektorsignale sich gut zur Verwendung im Trigger eines Experiments eignen (siehe Kapitel 18). Viele neutrale Teilchen zerfallen in Leptonpaare. Prominente Beispiele sind die Zerfälle von Z^0-Bosonen oder von Quark-Antiquark-Zuständen wie $\rho(770)$, J/ψ und Υ in ein e^+e^-- oder $\mu^+\mu^-$-Paar. $W^\pm$-Bosonen und semileptonisch zerfallende schwere Quarks emittieren Leptonen unter vergleichsweise großen Winkeln relativ zur Flugrichtung des Mutterteilchens und sind dadurch eine Signatur für sie.

Elektronen können je nach Energie durch die in dem vorigen Abschnitt beschriebenen Methoden identifiziert werden und außerdem durch Detektorsysteme mit Spurkammern und einem elektromagnetischen Kalorimeter (siehe Abschnitt 15.5 und Abb. 14.2). Myonen sind durch die Techniken in Abschnitt 14.2 weniger gut zu identifizieren, auch deshalb, weil der Massenunterschied zu Pionen nur 33 MeV/c^2 beträgt. Möglichkeiten zur Myonerkennung unter bestimmten experimentellen Bedingungen sind in anderen Abschnitten dieses Buches beschrieben: aus der Form von Cherenkov-Ringen in Neutrino-Reaktionen auf Seite 470 in Abschnitt 11.6.3, aus dem Energieverlust bei hohen Energien in Abschnitt 3.3.4 sowie in Luftschauern in Abschnitt 16.4.

Mit einer Lebensdauer von 2.2 µs fliegen GeV-Myonen viele Kilometer weit, bevor sie zerfallen. Um sie in Experimenten der Hochenergiephysik zu identifizieren, wird ausgenutzt, dass sie bis zu Impulsen von mehreren hundert GeV/c vor allem durch Ionisation Energie verlieren. Die kritische Energie E_k^μ, bei der der Energieverlust durch Ionisation gleich dem durch Strahlungsprozesse ist, beinhaltet im Unterschied zur Definition für Elektronen in (3.91) auch Paarbildung und photonukleare Beiträge unter den Strahlungsprozessen. Sie ist in Gleichung (3.95) in Abschnitt 3.3.4 definiert und kann für Festkörper durch

$$E_k^{\mu} \approx \frac{5.7\,\mathrm{TeV}}{(Z+1.47)^{0.838}} \tag{14.18}$$

approximiert werden [621].

Die Reichweite von Myonen variiert stark mit dem Impuls (siehe Abb. 3.18): bei 10 GeV/c beträgt sie in Eisen etwa 7 m, bei 100 MeV/c nur 5.5 cm. Ab einem von der Absorberdicke abhängigen Schwellenimpuls im Bereich von typisch 1 GeV/c werden Myonen auch in dicken Absorbern wie zum Beispiel Kalorimetern nicht absorbiert. Ihre Erkennung kann dann dadurch erfolgen, dass die Spur eines geladenen Teilchens sowohl vor dem Absorber als auch dahinter gemessen wird. Der Impuls wird oft aus einer kombinierten Messung der Spurkrümmung in den Magnetfeldern vor, in und hinter dem Absorber bestimmt, nachdem eine Korrektur für den Energieverlust im Absorber vorgenommen wurde (siehe Abb. 3.15 und 3.16 auf Seite 52/53). Die Methode benötigt eine Mindesttiefe des Kalorimeters von etwa 10 hadronischen Absorptionslängen λ_a (etwa 16.8 cm in Eisen, siehe Abschnitt 3.6).

Die Wahrscheinlichkeit, dass Pionen das Kalorimeter durchdringen, fällt exponentiell mit der Absorberdicke gemäß (3.140) auf Seite 89. Unter dem Begriff *hadronic punch through* versteht man, dass Hadronen den Absorber durchdringen und ein Myonsignal im Myonspektrometer vortäuschen. Die Ursache können Debris aus dem hadronischen Schauer sein oder sekundäre Myonen aus Zerfällen von Pionen und Kaonen. Letzteres ist für dicke Absorber ($\gtrsim 10\lambda_a$) der dominante Beitrag. Um den Untergrund für eine Messung zu bestimmen, muss die Punch-Through-Wahrscheinlichkeit mit der A-priori-Häufigkeit der Hadronen relativ zu Myonen multipliziert werden. In typischen LHC-Reaktionen sind Hadronen um Größenordungen häufiger (je nach Endzustand und Ereignisauswahl) als Myonen. Trotzdem kann der Beitrag von Spuren, die durch *punch through* als Myonen identifiziert werden, zum Beispiel im CMS-Experiment (für Myonen mit Transversalimpulsen größer als 20 GeV/c) auf ein Niveau von unter 1% gedrückt werden, wenn strenge Kriterien an die Qualität der Myonspuren angelegt werden [241].

In vielen Experimenten der Teilchenphysik sind dedizierte 'Myonspektrometer' als eigenständige Detektoreinheiten installiert, zum Beispiel in den LHC-Experimenten ATLAS [2] und CMS [239] (siehe auch [428], Kapitel 19 in [409]).

Wie in Abschnitt 9.1 in den Gleichungen (9.7) und (9.10) beschrieben, ist die senkrecht zur Flugrichtung projizierte Trajektorie eines einfach geladenen Teilchens in einem homogenen Magnetfeld $\vec{B}$ ein Kreis mit dem Krümmungsradius

$$R = \frac{p_T}{eB} = \frac{1}{0.3}\,\frac{p_T}{B}\,, \tag{14.19}$$

wobei p_T in GeV/c die Impulskomponente des Myons senkrecht zu $\vec{B}$ ist sowie R in m und B in T anzugeben ist. Die Krümmungsrichtung bestimmt das Ladungsvorzeichen. Die Messmethode und die erzielbare Genauigkeit werden in Kapitel 9 beschrieben. Wegen der häufig großen abzudeckenden Flächen und Volumina werden meist großflächige gasgefüllte Kammern (Kapitel 7) zum Ortsnachweis der Myonspuren verwendet.

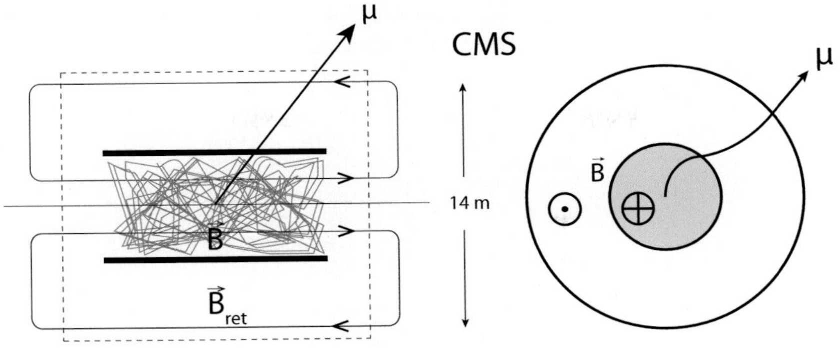

(a) CMS

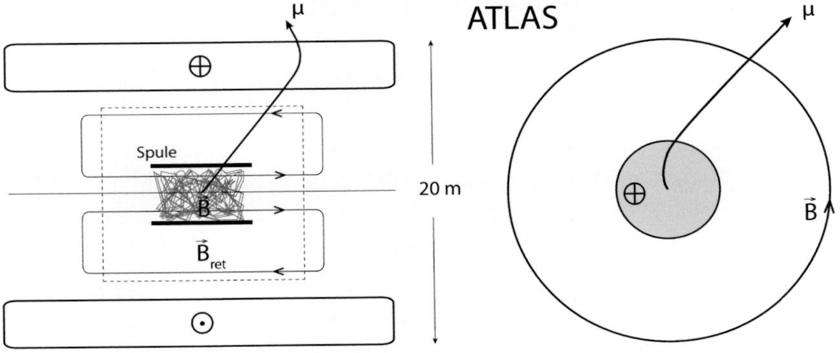

(b) ATLAS

Abb. 14.23 Magnetspektrometer (a) des CMS-Experiments und (b) des ATLAS-Experiments an LHC. Dargestellt ist jeweils die Krümmung der Teilchenspur in der Ebene senkrecht zur Richtung des LHC-Strahls (so genannte 'r-ϕ'-Ebene, jeweils rechts) und in einer Ebene senkrecht dazu, die den LHC-Strahl beinhaltet (so genannte 'r-z'-Ebene, jeweils links). Die durchgezogenen Linien mit Pfeilen (links) zeigen die Orientierung des Magnetfelds an. Das gestrichelt gezeichnete Rechteck skizziert den Bereich des magnetischen Rückflusses (nach [428], mit freundl. Genehmigung von Springer Science+Business Media).

Die Magnetspektrometer der LHC-Experimente verwenden Solenoid-Magnete, die ein B-Feld parallel zum Strahl des Beschleunigers erzeugen. Myonen aus der Kollision der Strahlen werden in der Ebene senkrecht zum Strahl ('r-ϕ'-Ebene) auf einer Kreisbahn abgelenkt (Abb. 14.23). ATLAS besitzt im Außenraum Toroid-Magnete (Abschnitt 9.2.3). Im Barrel-Bereich ist der Toroid aus acht großen Spulen aufgebaut (Abb. 9.4(b)) und erzeugt ein kreisförmiges Magnetfeld um den ATLAS-Detektor. Myonen, die das Kalorimetermaterial durchdrungen haben, werden hier ein zweites Mal abgelenkt, diesmal in einer Ebene, die den LHC-Strahl beinhaltet ('r-z'-Ebene, Abb. 14.23(b)). Die Myon-Kammern von CMS sind im Rückführeisen des CMS-Magneten platziert, dessen Magnetfeld eine Ablenkung der Spur in umgekehrter Richtung bewirkt, wie auch die Ablenkung in der Spule, so dass die Myonen insgesamt einer S-förmigen Trajektorie folgen (Abb. 14.23(a)).

Bei ATLAS erfolgt die Solenoidfeld-Rückführung innerhalb des Hadron-Kalorimeters. Mit den Myonspektrometern (plus inneren Spurdetektoren) werden folgende Impulsauflösungen erreicht [287, 240]:

$$\begin{aligned} &\text{ATLAS:} \quad && \frac{\sigma_{p_T}}{p_T} \approx 3.5\% \; (10\%) \quad && \text{bei 50 GeV (1 TeV)} \,, \\ &\text{CMS:} \quad && \frac{\sigma_{p_T}}{p_T} \approx 2.3\% \; (10\%) \quad && \text{bei 50 GeV (1 TeV)} \,. \end{aligned}$$

14.4 Trennung von Elektronen, Myonen und Hadronen in Kalorimetern

Teilchentrennung ist auch durch die charakteristischen Formen der Schauer, die verschiedene Teilchen in Kalorimetern auslösen, möglich.

Die Ausdehnung elektromagnetischer Schauer (Abschnitt 15.2) in longitudinaler und in transversaler Richtung wird durch die Strahlungslänge X_0 (Gleichung (3.87) in Kapitel 3) bestimmt, die Ausdehnung hadronischer Schauer (Abschnitt 15.3) durch die nukleare Absorptionslänge λ_a, definiert in (3.141). Da λ_a für alle Absorbermaterialien mit $Z \gtrsim 6$ deutlich größer ist als X_0 (siehe Tabelle 15.3 in Kapitel 15), ist die Ausdehnung hadronischer Schauer ebenfalls größer, sowohl in der Breite als auch in der Tiefe. Außerdem beginnt ein elektromagnetischer Schauer in der Regel weniger tief im Absorber als ein durch ein Hadron ausgelöster Schauer. Beispiele für beide Arten von Schauern sind in Abb. 15.10 auf Seite 593 gezeigt. Abbildung 14.24 zeigt das longitudinale Schauerprofil von elektromagnetischen und Hadronschauern in Eisen im Vergleich [410].

Zur Trennung von Hadronen und Elektronen in Kalorimetern kann neben dem Anfangspunkt des Schauers und dem Verhältnis von deponierter Energie im vorderen Teil des Kalorimeters zu der im hinteren Teil oder relativ zum (unabhängig gemessenen) Teilchenimpuls auch die deutlich größere Breite des Schauers herangezogen werden. Beispielsweise ist ein elektromagnetischer Schauer in Blei transversal zu 95% in einem Zy-

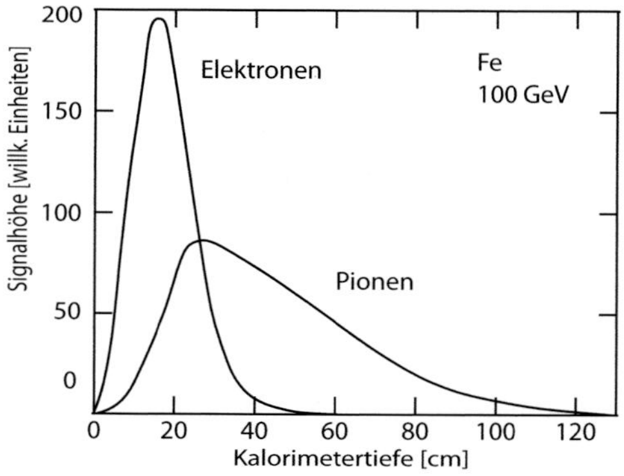

Abb. 14.24 Longitudinale Schauerentwicklung von durch Elektronen im Vergleich zu Pionen ausgelösten elektromagnetischen beziehungsweise hadronischen Schauern (aus [410]).

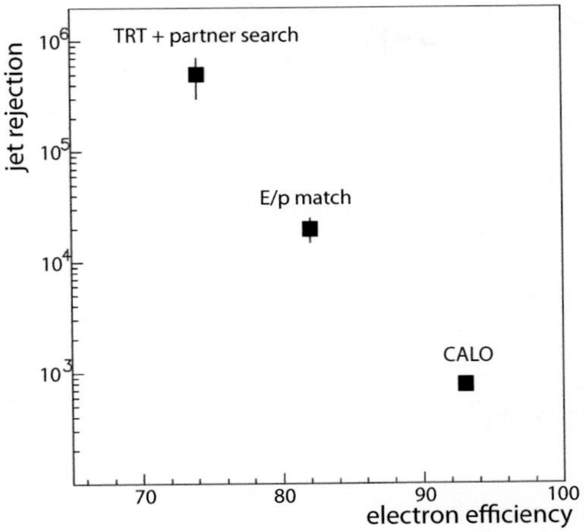

Abb. 14.25 Trennung von Elektronen und Hadron-Jets im ATLAS-Detektor (Simlation): Jet-Unterdrückungsfaktoren als Funktion der Nachweiswahrscheinlichkeit (*efficiency*) für Elektronen unter Verwendung (i) von Schauerprofilen im Kalorimeter (CALO), (ii) der zusätzlichen Bedingung, dass eine Spur ähnlichen Impulses (p) im Innendetektor auf den Schauer mit der Energie E zeigt (*E/p-match*) und (iii) bei zusätzlicher Verwendung des Übergangsstrahlungsdetektors TRT, um Elektronen mit Partner-Positronen als Photonkonversionen zu erkennen (*TRT + partner search*). Aus [313], mit freundl. Genehmigung der American Physical Society.

linder von 3.2 cm enhalten, während ein hadronischer Schauer eine 95%-Ausdehnung von 17.6 cm hat (vergleiche Abschnitte 15.2.2 und 15.3.3).

Üblicherweise werden Elektronen und Hadronen oder Jets aus Schauerformen durch Anpassung des gemessenen Schauerprofils an typische Profile energieabhängig voneinander unterschieden (*Likelihood*-Anpassung). Abbildung 14.25 zeigt für das Kalorimeter des ATLAS-Detektors, dass bereits mit dem Kalorimeter allein Jet-Unterdrückungsfaktoren von etwa 1000 bei einer Nachweiseffizienz für Elektronen von 90% erzielt werden. Durch zusätzliche Informationen aus dem Spurdetektor und dem Übergangsstrahlungsdetektor kann eine Unterdrückung um einen Faktor von etwa 10^5 bei einer Nachweiseffizienz von etwa 70% erreicht werden [313], ein Wert, der bei dem Jet/Elektron-Häufigkeitsverhältnis notwendig ist, um zum Beispiel hinreichend untergrundfreie $W \to e\nu$ – Zerfälle zu erhalten [6].

Myonen initiieren bei üblichen Energien weder elektromagnetische noch hadronische Schauer, sondern verlieren vornehmlich Energie durch Ionisation (dE/dx). Abbildung 14.26 verdeutlicht die sehr viel geringere Energiedeposition durch Myonen im Vergleich zu der durch hadronisch wechselwirkende Teilchen wie Pionen oder elektromagnetisch aufschauernde Elektronen. Für isolierte Teilchen ist dies ein sehr wichtiges Merkmal um Myonen von elektromagnetisch oder hadronisch aufschauernden Teilchen zu unterscheiden. Schwieriger ist die Identifikation von Myonen innerhalb von Jets. Eine Abtrennung der Myonen von Hadronen verlangt dazu die Kombination von Messinformationen aus den Kalorimetern und den Spurdetektoren, wie in Abschnitt 14.3 erläutert.

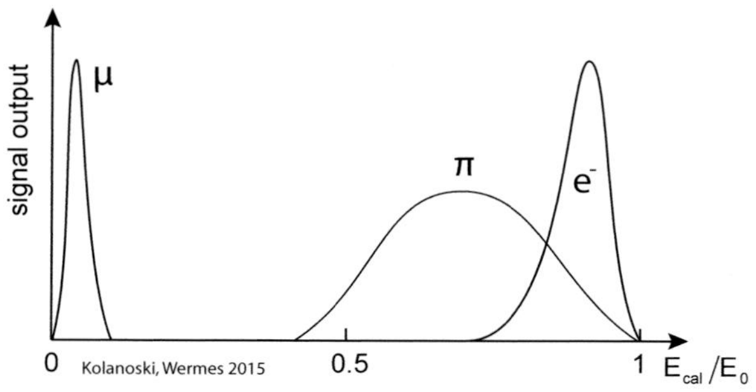

Abb. 14.26 Energieeinträge von Elektronen, Pionen und Myonen in absorbierenden Kalorimetern (schematisch). Aufgrund der unterschiedlichen Wechselwirkungen sind die Energieeinträge sehr verschieden.

14.5 Nachweis von Neutronen

Die Bedeutung des Neutronennachweises hat in den letzten Jahrzehnten sehr zugenommen. Neben den gestiegenen Anforderungen in der Reaktorsicherheit und im Strahlenschutz (siehe beispielsweise [408]) sind auch wissenschaftliche Projekte vermehrt am Neutronennachweis interessiert. Ein Beispiel ist das weltweite Netzwerk von Neutronen-Monitoren, das die Beobachtung des kosmischen Neutronenflusses zur Bestimmung des Energiespektrums der primären kosmischen Strahlung und von Weltraumwettervorhersagen zum Ziel hat [615]. Ausführliche Darstellungen zum Nachweis von Neutronen findet man zum Beispiel in [676] und [507].

Als neutrale Teilchen wechselwirken Neutronen nicht durch Ionisation mit den Atomen der Materie. Stöße mit Atomkernen können allerdings geladene Reaktionsprodukte erzeugen, welche ihrerseits durch Ionisation direkt nachweisbar sind. Viele neutroneninduzierte Reaktionen mit Kernen erfolgen nach dem Schema, dass das Neutron zuerst in den Kern eingebunden wird, der dann zerfällt. Häufig entsteht auch ein angeregter Kern, der durch Emission eines Gammaquants in den Grundzustand geht ((n,γ)-Reaktion). Daneben gibt es elastische n-p-Stöße. Die Wirkungsquerschnitte der für den Neutronennachweis relevanten Reaktionen sind stark von der (kinetischen) Neutronenenergie T_n abhängig. Für niedrige Energien folgen sie näherungsweise einem $\sigma \propto 1/T_n$-Gesetz. Folgende für den Neutronennachweis wichtige Reaktionen können nach der Energie der Neutronen klassifiziert werden (siehe auch Abb. 14.27):

– Bei Neutronenenergien $\mathrm{T}_n < 20$ MeV treten neben (n,γ)-Einfangreaktionen vor allem auf:

  (a) $\mathrm{n} + {}^{6}\mathrm{Li} \to \alpha + {}^{3}\mathrm{H}$,

  (b) $\mathrm{n} + {}^{10}\mathrm{B} \to \alpha + {}^{7}\mathrm{Li}$,

  (c) $\mathrm{n} + {}^{3}\mathrm{He} \to \mathrm{p} + {}^{3}\mathrm{H}$,

  (d) $\mathrm{n} + {}^{235}\mathrm{U} \to {}^{236}\mathrm{U}^{*} \to$ Spaltprodukte.

  In diesen Energiebereich fallen sowohl kalte und ultrakalte Neutronen ($\mathrm{T}_n < 2$ meV), thermische und langsame Neutronen (2 meV $< \mathrm{T}_n <$ 1 eV) als auch mittlere und schnelle Neutronen (1 eV $< \mathrm{T}_n <$ 20 MeV).

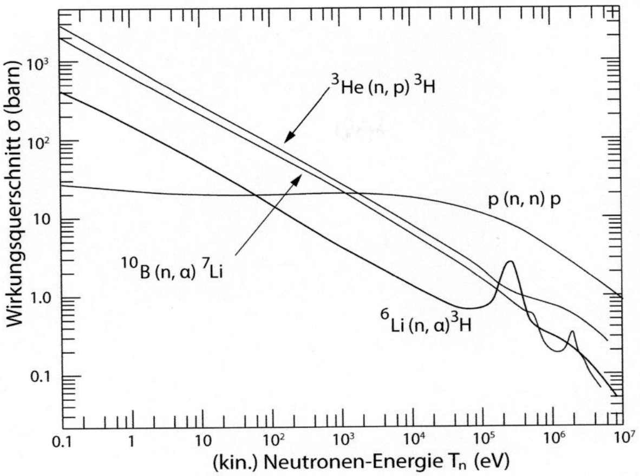

Abb. 14.27 Wirkungsquerschnitt für neutroninduzierte Reaktionen als Funktion der kinetischen Energie der Neutronen (nach [609]).

- Für Energien zwischen $T_n > 20$ MeV und 1 GeV sind elastische (n,p)-Reaktionen am häufigsten.
- Hochenergetische Neutronen mit Energien $T_n > 1$ GeV lösen hadronische Schauer aus.

Allen Nachweismethoden ist gemeinsam, dass der Wirkungsquerschnitt der ausgenutzten Reaktion mit wachsender Energie stark abfällt, auch für die elastische (n,p)-Reaktion oberhalb von 100 keV. Bei kleinen Energien (< 1 eV) erreicht der Wirkungsquerschnitt Werte von mehr als 1000 barn. Moderation der Neutronen erhöht daher die Nachweiseffizienz. Dies kann am effektivsten durch elastische Stöße mit hohem Energieübertrag auf Stoßpartner gleicher Masse, also Nukleonen oder leichte Kerne, erfolgen.

Thermische und langsame Neutronen Zum Nachweis thermischer und langsamer Neutronen können sowohl gasgefüllte Detektoren als auch Halbleiterdetektoren oder Szintillatoren verwendet werden, bei denen ^{3}He (nur bei Gasen), Lithium oder Bor im Detektormaterial enthalten sind und damit die Reaktionen (a),(b) oder (c) ausgenützt werden können. Mit BF_3-Gas gefüllte Kammern oder Röhren, die als Ionisationskammern oder im Proportionalbereich arbeiten (zu den Betriebsmodi siehe Abschnitt 7.4.2 auf Seite 193), werden daher als Neutronendetektoren verwendet. Zur Erhöhung der Nachweiseffizienz (größerer Wirkungsquerschnitt bei kleinerer Energie) wird oft eine äußere Ummantelung mit einem Moderator, zum Beispiel aus Paraffin oder aus Wasser, hinzugefügt.

Lithium-beschichtete Halbleiterdetektoren nützen dasselbe Prinzip aus: Die erzeugten α-Teilchen oder Tritium aus Reaktion (a) werden nachgewiesen. Bei Szintillatoren bietet sich an, einen Lithium-Iodid-Szintillator (LiI(Eu)) zu verwenden, bei dem das Europium als Aktivator (siehe Abschnitt 13.3) dient, ähnlich wie Thallium in NaI(Tl) [410]. Da thermische Neutronen einen großen Wirkungsquerschnitt für Kernspaltung besitzen, eignen sich auch Spaltungsreaktionen (d) zum Neutronennachweis. Abb. 14.28(a) zeigt einen Neutronenzähler, bei dem ein Proportionalzähler eine ^{235}U-beschichtete Kathode besitzt. Die Spaltprodukte werden von einem Zählrohr nachgewiesen. Die Anordnung

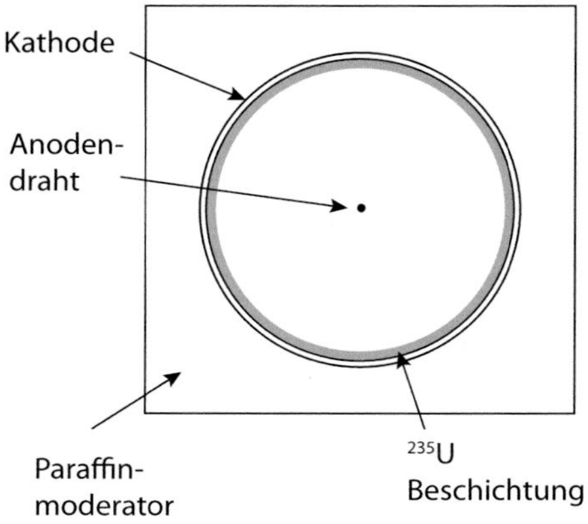

(a) n-Zähler (Spaltungsreaktionen)

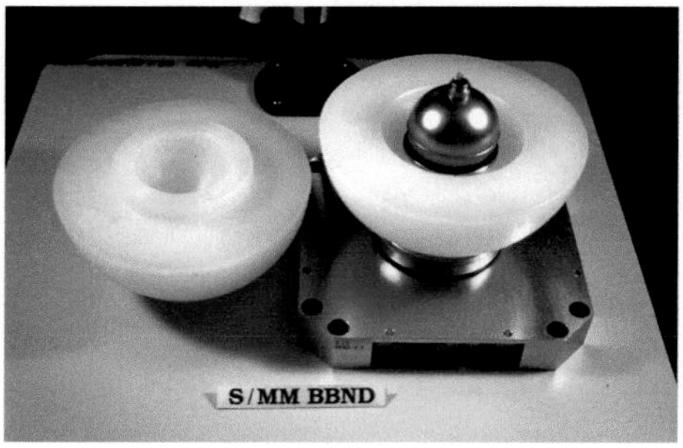

(b) n-Zähler (^{3}He-Reaktionen)

Abb. 14.28 (a) Neutronenzähler auf der Basis eines Proportionalzählrohrs. Das Zählrohr ist an der Kathodenseite mit ^{235}U beschichtet, in dem Spaltreaktionen ausgelöst werden. Die äußere Paraffinhülle sorgt für die Abbremsung der Neutronen (nach [712]); (b) Foto eines kugelförmig ausgelegten Neutronenzählers (Proportionalzähler) mit ^{3}He-Füllung bei 6.1 bar, der die elastische (n,p)-Reaktion ausnutzt; Durchmesser 23 cm, Mantelstärke 9 cm [834].

ist umgeben von einem Paraffin-Moderator (C_nH_{2n+2}, $n = 18$-32) zur Abbremsung der Neutronen.

Häufig werden Proportional- oder Geigerzählrohr-Detektoren, die in einer Polyäthylen-Kugel eingebettet sind, als Neutronendetektoren verwendet. Um Reaktion (c) zu nützen, werden als Zählrohrgas spezielle Gasfüllungen, zum Beispiel ^{3}He/CH_4 oder reines ^{3}He, verwendet. Ein Foto eines Neutronendetektors dieser Bauweise (Bonner Ball Neutron Detector) zeigt Abb. 14.28(b) [587]. Der unter hohem Druck (etwa 6 bar reines ^{3}He) arbeitende Proportionalzähler im Zentrum ist mit einem 9 cm dicken Polyäthylen-Mantel umgeben. Der massive Polyäthylen-Moderator verhindert, dass außer Neutronen andere Strahlung (α, β, γ) in das Proportionalrohr eindringt, so dass diese Art von Neutronenzählern zuverlässig zur Neutronmessung in allgemeinen Strahlungsumgebungen einsetzbar sind.

Schnelle Neutronen So genannte schnelle Neutronen im MeV-Bereich bis etwa 100 MeV werden effizient mit organischen Szintillatoren nachgewiesen, indem die elastische (n,p)-Reaktion ausgenutzt wird. Dabei sollte der Neutronenzähler Abmessungen besitzen, die groß gegen die mittlere freie Weglänge λ_n der Neutronen sind, damit sie mit hoher Wahrscheinlichkeit nachgewiesen werden. Auch oberhalb von 100 MeV bis in den GeV-Bereich ist die elastische (n,p)-Reaktion ausnutzbar, allerdings sinkt die Nachweiseffizienz mit steigender Neutronenenergie stark wegen der Energieabhängigkeit des elastischen Wirkungsquerschnitts, der nur bis etwa 100 keV annähernd konstant ist (vergleiche Abb. 14.27). Für Neutronen mit $T_n = 10\,\text{MeV}$ ist $\sigma(n,p) \approx 1$ barn; in einem 1 cm dicken Plastikszintillator ($\rho = 1.2\,\text{g/cm}^3$) mit einem molaren Anteil von Protonen von etwa 30%

Tab. 14.2 Lebensdauern einiger durch Zerfallslängenmessung identifizierbarer Teilchen [621]. Bei den geladenen Teilchen ist nur der positive Ladungszustand aufgelistet.

	m (GeV/c^2)	τ	$c\tau$	l (p = 10 GeV/c)	
τ^+	1.776	0.290×10^{-12} s	87 µm	0.5 mm	Lepton
K_S^0	0.498	0.895×10^{-10} s	2.68 cm	54 cm	Meson ($d\bar{s}$)
Λ	1.116	2.632×10^{-10} s	7.89 cm	71 cm	Baryon (uds)
D^0	1.865	0.410×10^{-12} s	123 µm	0.7 mm	Meson ($c\bar{u}$)
D^+	1.869	1.040×10^{-12} s	312 µm	1.7 mm	Meson ($c\bar{d}$)
Λ_c^+	2.286	0.200×10^{-12} s	60 µm	0.3 mm	Baryon (udc)
B^0	5.279	1.519×10^{-12} s	456 µm	0.9 mm	Meson ($d\bar{b}$)
B^+	5.279	1.641×10^{-12} s	492 µm	0.9 mm	Meson ($u\bar{b}$)
Λ_b	5.619	1.425×10^{-12} s	427 µm	0.8 mm	Baryon (udb)

erhält man damit eine Wechselwirkungslänge $\lambda_n = (n\,\sigma)^{-1}$ von 2.2 mm, das heißt eine Nachweiseffizienz von maximal 22%.

Hochenergetische Neutronen Neutronen mit GeV-Energien oder mehr lösen wie andere stark wechselwirkende Teilchen hadronische Schauer aus, die in Kalorimetern nachgewiesen werden können (siehe Abschnitt 15.3 auf Seite 588). In Hochenergieexperimenten mit Hadronkalorimetern wie zum Beispiel am LHC besteht eine typische Signatur für ein Neutron aus einem nachgewiesenen Schauer im Hadronkalorimeter, dem weder eine Spur eines geladenen Teilchens aus dem Spurdetektor noch ein Eintrag im elektromagnetischen Kalorimeter zugeordnet werden kann, wie Abb. 14.2 zeigt.

14.6 Nachweis von Teilchen mit messbaren Zerfallslängen

Teilchen mit Lebensdauern viel kürzer als 10^{-12} s bis 10^{-13} s können in typischen Collider- oder Fixed-Target-Experimenten nur über eine Rekonstruktion des Zerfalls durch Messung der Zerfallsprodukte identifiziert werden. Für längere Lebensdauern kann die Flugstrecke l eines Teilchens bis zum Zerfall zur Identifikation hinzugezogen werden:

$$l = \beta\gamma c\tau\,, \tag{14.20}$$

wobei $\beta\gamma c = \frac{p}{m}c$ (p = Impuls) die Geschwindigkeit des Teilchens im Laborsystem und τ seine Lebensdauer (im Ruhesystem des Teilchens) sind.

In Tab. 14.2 sind die Lebensdauern einiger wichtiger Leptonen, Mesonen und Baryonen, für die die Messung der Zerfallslänge wichtig zur Identifikation ist, zusammengestellt.

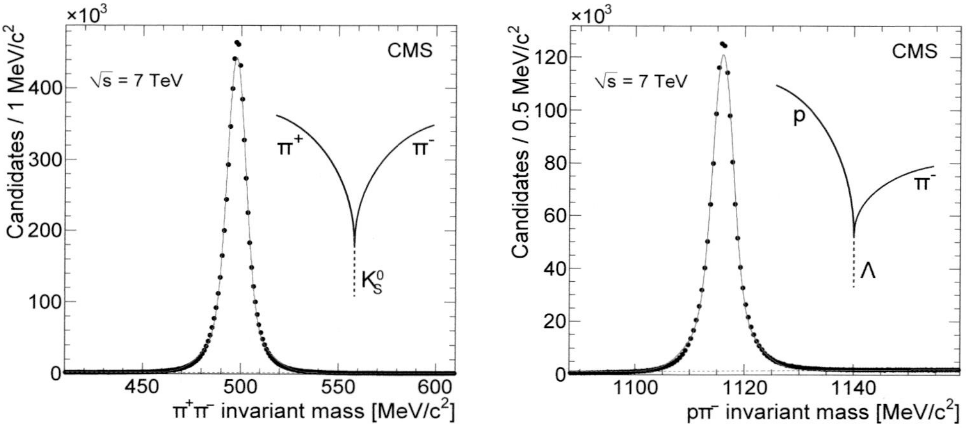

(a) K_S^0-Peak. (b) Λ-Peak.

Abb. 14.29 (a) $\pi^+\pi^-$-Spektrum (b) $p\pi^-$-Spektrum, aufgenommen mit dem Spurdetektor des CMS-Experiments bei LHC nach Auswahl von 'V'-förmig auseinander laufenden Spuren mit Zerfallslängen im Bereich von Zentimetern [498]. Die experimentellen Auflösungen betragen 8.2 MeV respektive 3.4 MeV bei sehr geringem Untergrund (gestrichelte Linien). (Quelle: CMS, ©CERN, CC-BY 3.0). Eingezeichnet in (a) und (b) sind typische Zerfallstopologien von K_S^0- und Λ-Zerfällen.

14.6.1 Nachweis von K_S^0-Mesonen und Λ-Baryonen

Das K_S^0-Meson und das Λ-Baryon haben Lebensdauern im Bereich von 10^{-10} s. Abhängig vom Impuls liegt die Flugstrecke bis zum Zerfall typisch im Bereich von mehreren zehn Zentimetern (siehe Tab. 14.2). Die dominanten Zerfallsmoden haben zwei geladene Teilchen im Endzustand:

$$K_S^0 \to \pi^+\pi^- \quad (70\%)\,, \tag{14.21}$$

$$\Lambda \to p\pi^- \quad (64\%)\,. \tag{14.22}$$

Die Signatur eines solchen Zerfalls ist die Entstehung von zwei als Spuren in einem Spurdetektor sichtbaren Teilchen, die in Form eines 'V' auseinanderlaufen. Die Impulse der Zerfallsprodukte sind in der Regel gut messbar, und unter der Annahme der Massen der Zerfallsteilchen[2] in (14.21) und (14.22) kann die invariante Masse berechnet werden. Meist lassen sich K_S^0 und Λ auf diese Weise sauber vom Untergrund unterscheiden, wie Abb. 14.29 zeigt.

[2] Beim Λ-Zerfall ist das Pion in der Regel das Zerfallsteilchen mit dem kleineren Impuls.

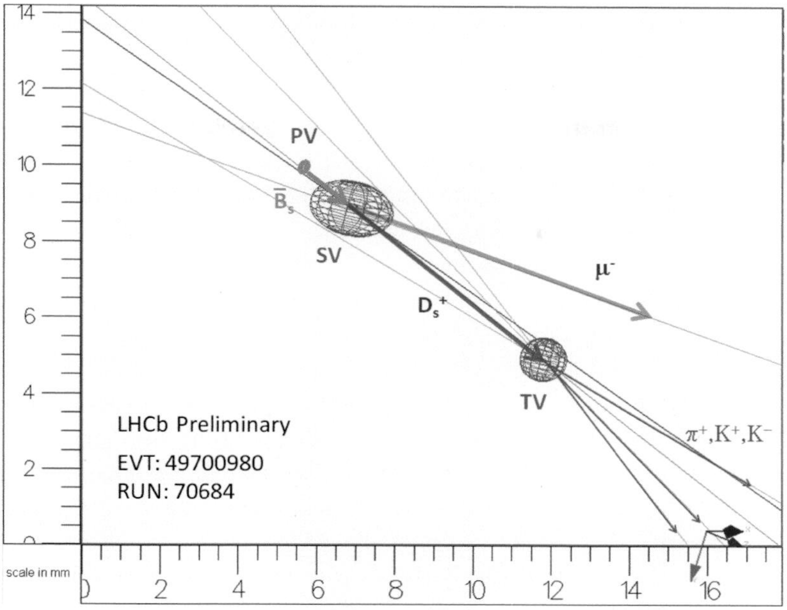

Abb. 14.30 Kollisionsereignis, das mit dem LHCb-Experiment in einer pp-Kollision aufgenommen wurde [546]: $pp \to B_s^0 + X \to D_s^+ \mu^- \bar{\nu}_\mu + X \to K^+ K^- \pi^+ + \mu^- \bar{\nu}_\mu + X$. Ausgehend vom Primärvertex PV wird ein B_s^0-Meson ($s\bar{b}$-Zustand) zusammen mit vielen, hier nicht gezeigten Teilchen erzeugt. Nach etwa 1.5 mm Flugstrecke zerfällt das B_s^0 als Sekundärvertex (SV) in ein μ^- und ein D_s^+-Meson ($c\bar{s}$-Zustand) und ein nicht nachgewiesenes Neutrino. Das D_s^+ wiederum zerfällt nach einer Flugstrecke von 6.5 mm in einem tertiären Vertex (TV) in $K^+K^-\pi^+$.

14.6.2 Nachweis von Quarks und Leptonen mit Lebensdauern im Pikosekundenbereich

Bei Lebensdauern im Pikosekundenbereich liegt die Zerfallslänge (impulsabhängig) im Bereich um 1 mm oder sogar darunter. Die Erkennung eines sekundären Zerfallsvertex gehört zu den präzisen Messmethoden der Vertexdetektoren (siehe auch Abschnitt 8.1). Von Bedeutung ist dieser Bereich von Lebensdauern vor allem deshalb, weil die τ-Leptonen und die Bindungszustände mit schweren Quarks (c,b) darunter fallen (Tab. 14.2).

Die zugehörige Länge $c\tau$ liegt im Bereich einiger hundert Mikrometer. Die Impulsspektren schwerer Teilchen an hochenergetischen Beschleunigern können Lorentz-Faktoren von $\gamma > 10$ liefern, sodass die Zerfallslängen im Bereich von Millimetern liegen. Diese sind durch präzise Ortmessung von Spurpunkten möglichst nahe am Kollisionspunkt mit so genannten Vertexdetektoren bestimmbar. Die gemessenen Spuren werden dazu auf ihren Ursprung zurück extrapoliert, und ein gegebenenfalls gemeinsamer Schnittpunkt, der vom Primärvertex verschieden ist, wird bestimmt (siehe auch Kapitel 8 auf Seite 269).

Als Vertexdetektoren eignen sich vor allem halbleiterbasierte Mikrostreifen- oder Pixeldetektoren, die Ortsauflösungen für einen Spurpunkt im Bereich 5–10 μm besitzen. In den 1980er Jahren, vor der Etablierung der Mikrostreifendetektoren, wurden auch gasgefüllte Vertexkammern entwickelt, die Ortsauflösungen im Bereich von 50 µm erzielen (siehe zum Beispiel [223]).

Man erkennt aus Tabelle 14.2 auch, dass es sehr schwierig ist, bestimmte Teilchen allein aus der Messung der Zerfallslänge zu identifizieren oder Teilchen mit *bottom*-Quark-Inhalt von solchen mit *charm*-Quark-Inhalt zu unterscheiden. Für Letzteres sollte entweder aus der Reaktion bekannt sein, dass die untersuchten Vertices dominant von c- oder b-Quarks herrühren oder dass eine Zerfallskascade (b → c → s) mit einem zeitlich früher entstandenen b-Sekundärvertex und einem tertiären c-Vertex vorliegt (Abb. 14.30).

Die Zerfälle von Hadronen mit schweren Quarks werden weitgehend von dem schwachen Zerfall des schweren Quarks selbst bestimmt (zum Beispiel $b \to c + l\nu$). Die anderen Quarks des Hadrons sind an dem Zerfall im Wesentlichen unbeteiligt (Zuschauermodell). Schwere Quarks (und τ-Leptonen) zerfallen häufig unter Emission eines Leptons mit vergleichsweise hohem Impuls senkrecht zur Flugrichtung des Quarks. Dies rührt daher, dass schwere Quarks massiv sind und den Zerfallsteilchen hohe Impulse (in alle Richtungen) mitgeben können, die hohe Transversalimpulse relativ zur Flugrichtung des schweren Quarks nach sich ziehen. Leptonen mit hohen Transversalimpulsen zusammen mit signifikant von null verschiedenen Zerfallslängen werden daher zur Identifikation von schweren Quarks verwendet.

Die im Laufe der Zeit entwickelten Techniken zur Messung von Sekundärvertices und zur Zuordnung von Quark-*Flavor*-Inhalten von Teilchen oder Jets (Flavor-Tagging) benutzen eine Vielzahl von Algorithmen, zum Beispiel Neuronale Netze oder ähnliche multivariate Algorithmen. Eine Übersicht findet man zum Beispiel in [196, 716]. Wir beschränken uns hier auf die wesentlichen Merkmale und Methoden, die zur Entwicklung von Tagging- oder Identifikationsobservablen verwendet werden.

Abbildung 14.30 zeigt die Aufgabenstellung der Vertexidentifikation anhand eines Ereignisses aus der Kollision $pp \to \mathrm{B}_s + \mathrm{X}$, bei der das B_s-Mesonen in ein D_s-Meson mit *charm*-Quark-Inhalt zerfällt [546]. Zur Identifikation von Teilchen, die mit hoher Wahrscheinlichkeit aus dem Zerfall eines langlebigen Mesons mit *bottom*- oder *charm*-Quark-Inhalt stammen, werden im Wesentlichen zwei Methoden angewendet: die Stoßparameter-Methode (*impact parameter method*) und die explizite Rekonstruktion der Zerfallslänge l.

Der Stoßparameter d_0 definiert den kürzesten senkrechten Abstand einer Teilchenspur vom Primärvertex (siehe auch Abschnitt 9.4.3 und Abb. 9.13 auf Seite 411). Spuren mit Stoßparametern signifikant größer als die experimentelle Auflösung dieser Größe sind ein Hinweis auf die Existenz eines Sekundärvertex. Abbildung 14.31(a) zeigt Spuren, die zum Teil aus einem Sekundärvertex kommen (zum Beipiel Spur 1). Spur 2 zum Vergleich ist eine schlecht gemessene Spur aus dem Primärvertex. Ein Vorteil der Stoßparametermethode ist, dass d_0 für jede Spur angegeben werden kann, also auch, wenn es nur eine Spur vom Sekundärvertex ausgehend gibt, wie zum Beispiel beim Zerfall $\tau^- \to \mu^- + \bar{\nu}_\mu + \nu_\tau$.

Meistens wird d_0 nur in der Ebene senkrecht zum Magnetfeld (xy-Ebene), in der die Auflösung oft besser ist, gemessen. Die Zerfallslänge in dieser Ebene ist $L_{xy} = \beta\gamma c\tau \sin\theta_\mathrm{B}$, und der Stoßparameter ist:

$$d_0 = L_{xy} \sin\psi = \beta\gamma c\tau \sin\theta_\mathrm{B} \sin\psi\,, \tag{14.23}$$

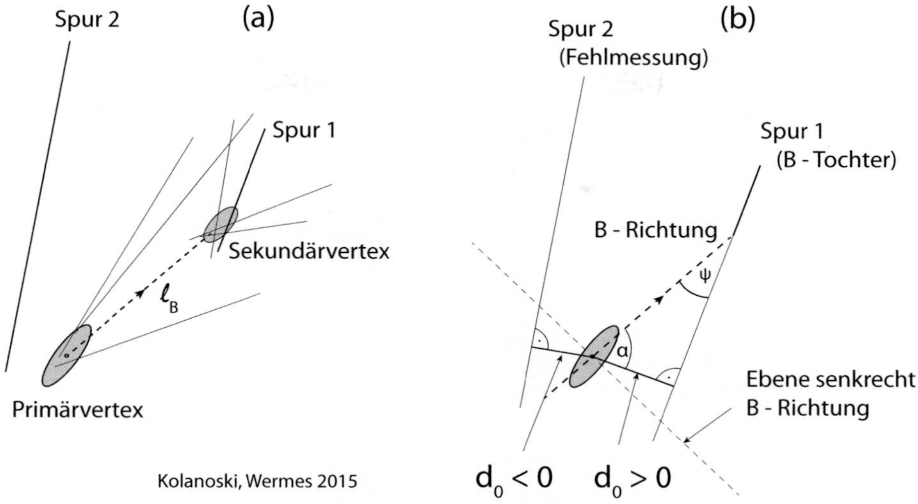

Abb. 14.31 (a) Spuren einer Reaktion mit einem sekundären Zerfallsvertex (hier: Zerfall eines B-Mesons). Die Ellipsen kennzeichnen die Messgenauigkeiten der Vertices. Spur 1 stammt aus dem Sekundärvertex. Spur 2 ist eine schlecht gemessene Spur aus dem Primärvertex. (b) *Impact parameter*: Die Stoßparameter d_0 der Spuren sind positiv oder negativ definiert, je nachdem, ob der Winkel α zwischen der Spur und der angenommenen Flugrichtung des B-Mesons (Jet-Richtung) kleiner oder größer als 90° ist.

wobei θ_B der Polarwinkel des B-Mesons (approximiert durch die Richtung der Zerfallsteilchen) relativ zur Strahlachse und $\psi = \phi - \phi_B$ der Winkel zwischen der B-Flugrichtung (experimentell mit der Jet-Richtung gleich gesetzt) und der Spur in der transversalen Ebene ist.

Für unpolarisierte Mutterteilchen ist wegen $\sin\psi \propto 1/\gamma$ und isotroper Winkelverteilung der Zerfallsteilchen die Stoßparameter-Verteilung unabhängig vom γ-Faktor. Der mittlere Stoßparameter $\langle d_0 \rangle$ ist daher in erster Näherung direkt zur Lebensdauer proportional,

$$\langle d_0 \rangle \approx \frac{\pi}{2} c\tau , \tag{14.24}$$

und hängt nicht vom Impuls des zerfallenden Teilchens ab.

In Hochenergieexperimenten wird die von null verschiedene Fluglänge schwerer Hadronen in Jets als Kennzeichen für das Auftreten schwerer Quarks als 'Mutterteilchen' des Jets verwendet (b- oder c-Tagging). Viele Algorithmen verwenden die Stoßparameter $\pm d_0$ der Spuren eines Jets zur Identifikation, wobei das Vorzeichen von d_0 wie in Abb. 14.31(b) definiert wird.

Abbildung 14.32(a) zeigt eine Verteilung der Stoßparameter der Spuren von Jets verschiedener Quark-Flavor [97]. Die Lebensdauer von b-Quarks ist typisch etwa dreimal größer als die von c-Quarks (siehe Tabelle 14.2). Mit Hilfe der Vorzeichendefinition ist es möglich, Auflösungs- und Untergrundbeiträge zur gemessenen Verteilung von d_0 von den Beiträgen durch die Zerfallslänge zu trennen. Im rechten Teil der Verteilung mit

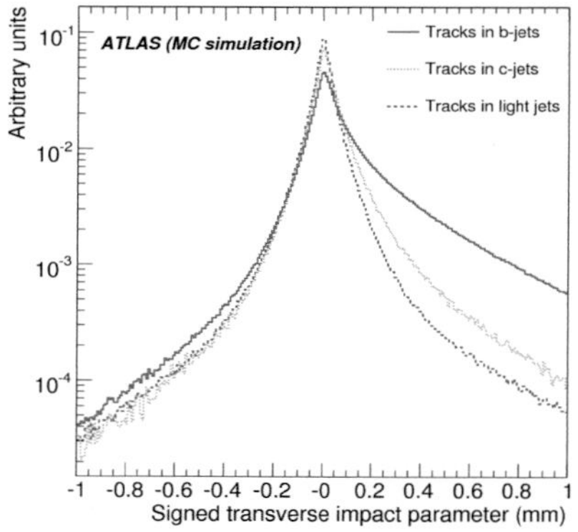

(a) Stoßparameter

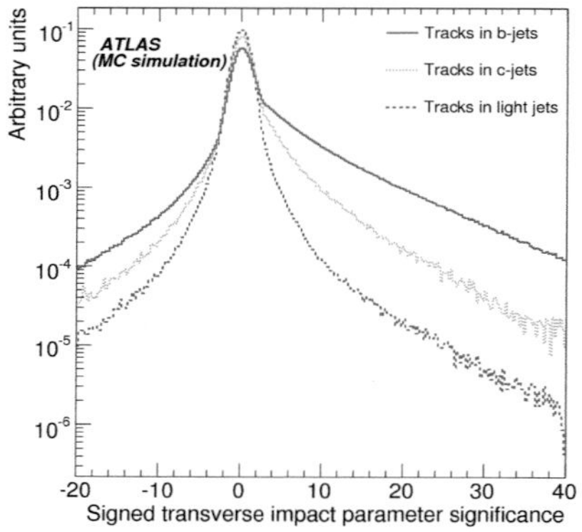

(b) Stoßparametersignifikanz

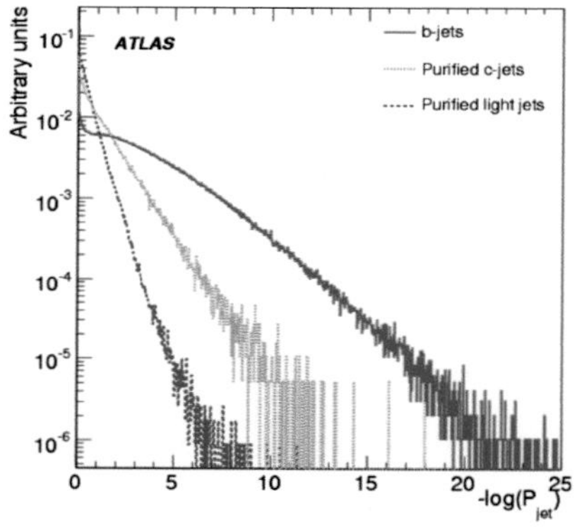

(c) Jet-Wahrscheinlichkeit

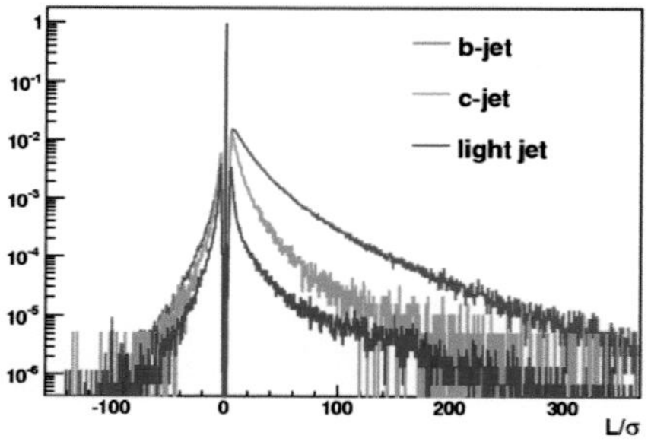

(d) Zerfallslängensignifikanz

Abb. 14.32 *Impact parameter tagging*: (a) Monte-Carlo-Simulation des Stoßparameters $\pm d_0$ von Spuren in der xy-Ebene des ATLAS-Detektors für b-Quarks (rot), c-Quarks (grün) und 'leichte' uds-Quarks (blau), (b) Stoßparametersignifikanz derselben Spuren (gleiche Farbzuordnungen) und (c) daraus ermittelte Jet-Flavor-Wahrscheinlichkeit [3]; (d) Zerfallslängen-Signifikanzverteilungen.

positiven Werten, $+d_0$, für den Stoßparameter sind überwiegend Spuren aus dem Sekundärvertex eines langlebigen b- oder c-Quarks enthalten, während negative, $-d_0$, von Untergrundbeiträgen oder von Fehlmessungen herrühren, die die Auflösung des Detektors widerspiegeln und auf beiden Seiten der Verteilung in Abb. 14.31(b) beitragen. Dies erlaubt eine Kalibrierung von Auflösung und Untergrundanteil aus der negativen Flanke, ohne auf Monte-Carlo-Simulationen zurückgreifen zu müssen. Aus der positiven Flanke kann man dann die Nachweiseffizienz für schwere Quarks und das Rückweisungsvermögen von leichten Quarks bestimmen.

Die Auflösung des Stoßparameters σ_{d_0} variiert stark mit den Impulsen und den Winkeln der Spuren zur Strahlachse, der Zahl der für die Spurbestimmung zur Verfügung stehenden Treffer und dem Beitrag der Vielfachstreuung. Die Stoßparameter-Signifikanz (*impact parameter significance*)

$$S_{d_0} = \frac{d_0}{\sigma_{d_0}} \tag{14.25}$$

berücksichtigt im Nenner die von Jet zu Jet variierende Auflösung. Die Wahrscheinlichkeit, dass eine Spur bei gegebener Auflösung aus dem Primärvertex und nicht aus dem Zerfallsvertex stammt (genauer die Wahrscheinlichkeit, dass eine Signifikanz S_{d_0} negativer als die oder gleich der gemessenen beobachtet wird), ist dann durch die negativen Signifikanzwerte gegeben:

$$P(S_{d_0}) = \int_{-\infty}^{S_{d_0}} R(s)ds\,, \tag{14.26}$$

wobei $R(s)$ die Auflösungsfunktion ist, die man aus einer Anpassung der linken Flanke in Abb. 14.32(b) erhält [97].

Um Jets, die von einem schweren Quark herrühren und bevorzugt nicht aus dem Primärvertex stammen, von Jets aus leichten Quarks zu trennen, kann zum Beispiel eine Jet-Wahrscheinlichkeit berechnet werden [97]:

$$P_{jet} = P_0 \sum_{j=0}^{N_{trk}-1} \frac{(-\ln P_0)^j}{j!} \quad , \quad P_0 = \prod_{i=1}^{N_{trk}} P_i(S_{d_0})\,, \tag{14.27}$$

mit $P_i(S_{d_0})$ aus (14.26). Dies ist das Produkt der einzelnen Spurwahrscheinlichkeiten, vom Primärvertex zu stammen, multipliziert mit einem Gewichtsfaktor, der von der Anzahl der Spuren im Jet abhängt. Die Verteilung dieser Größe ist flach für Jets aus leichten Quarks, während sie für Jets aus schweren b- oder c-Quarks häufiger kleine Werte nahe null besitzt.

Diese Information, zusammen mit gewählten Anforderungen an S_{d_0}, führt dann zu einer Darstellung der *b-tagging*-Eigenschaften eines Detektors wie in Abb. 14.33 dargestellt [351], in der auf der x-Achse die Nachweiswahrscheinlichkeit (*efficiency*) für einen b-Jet angegeben ist und auf der y-Achse ein Maß für die Unterdrückung von Jets leichter Quarks (1-*light jet efficiency*). Die *light jet efficiency* sollte möglichst klein sein. Für eine gewählte b-Jet-Nachweiswahrscheinlichkeit von zum Beispiel 60% beträgt die Unterdrückung etwa 96% (97% bei Algorithmus-2).

Wenn mehr als eine Spur vom Zerfallsvertex kommt, kann statt des Stoßparameters die Zerfallslänge l als Observable dazu benutzt werden, schwere Quarks oder τ-Leptonen zu identifizieren [196, 3]. Abbildung 14.32(d) zeigt die ähnlich wie in (14.25) ermittelte Zerfallslängensignifikanz $S_l = l/\sigma_l$ für verschiedene Quark-Flavor. Durch statistischen Vergleich von Musterverteilungen mit experimentellen Daten werden Likelihood-Größen oder Likelihood-Verhältnisse gebildet, aus denen Wahrscheinlichkeiten für die jeweiligen Quark-Flavor b, c oder (uds) berechnet werden (siehe zum Beispiel [3]). Multivariate Analysemethoden (MVA) werden verwendet, um die Fähigkeit zum Beispiel der LHC-Detektoren für b-Tagging zu optimieren.

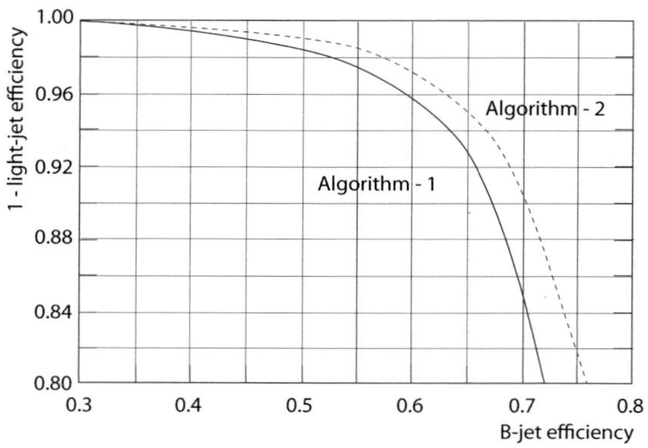

Abb. 14.33 Unterdrückung (1-*light jet efficiency*) von Jets aus leichten Quarks, aufgetragen gegen die Nachweiswahrscheinlichkeit von b-Quark-Jets (nach [351]). Die beiden Kurven zeigen die Qualitäten verschiedener Algorithmen: Algorithmus-2 ist besser als Algorithmus-1.

15 Kalorimeter

Übersicht

15.1 Einführung

Die Bestimmung der Energie hochenergetischer Teilchen wird 'Kalorimetrie' und die entsprechenden Detektoren werden 'Kalorimeter' genannt. Der Nachweis von Teilchen in Kalorimetern ist destruktiv: Gewöhnlich wird in einer Kette von inelastischen Reaktionen im Detektormaterial die Energie des einlaufenden Teilchens auf viele sekundäre Teilchen verteilt, was zu der Ausbildung eines Teilchenschauers führt. Am Ende der Reaktionskaskade werden die geladenen Teilchen des Schauers dann vor allem durch Ionisation des Detektormaterials gestoppt. Trotz der Bezeichnung 'Kalorimeter' wird im Allgemeinen nicht etwa die im Detektor erzeugte Wärme gemessen, sondern es werden die durch Ionisation erzeugte Ladung oder das Szintillationslicht oder manchmal auch das im Schauer erzeugte Cherenkov-Licht gemessen. Die durch Dissipation der Teilchenenergie erzeugte Temperaturerhöhung ist in den hier besprochenen Detektoren nicht messbar (im Gegensatz zu den 'Kryo-Detektoren' in Abschnitt 16.7.2). Ein Kalorimeter sollte so ausgelegt werden, dass in dem betrachteten Energiebereich die messbaren Signale möglichst proportional zur Energie sind.

Nach der Art der Schauerentwicklung unterscheiden sich elektromagnetische Kalorimetrie für Elektronen, Positronen und Photonen und hadronische Kalorimetrie für Hadronen (einzeln und in Jets). Für die Entwicklung elektromagnetischer Schauer ist die Strahlungslänge ein charakteristisches Längenmaß (Abschnitt 3.3.2), während bei hadronischen Schauern die hadronische Absorptionslänge diese Rolle spielt (Abschnitt 3.6). Ausführliche Darstellungen über Kalorimeter findet man zum Beispiel in [812, 313].

Für geladene Teilchen besteht auch die Möglichkeit, die Energie durch eine Impulsmessung in einem Magnetfeld zu bestimmen. Die relative Impulsauflösung verschlechtert

H. Kolanoski, N. Wermes, *Teilchendetektoren*, DOI 10.1007/978-3-662-45350-6_15

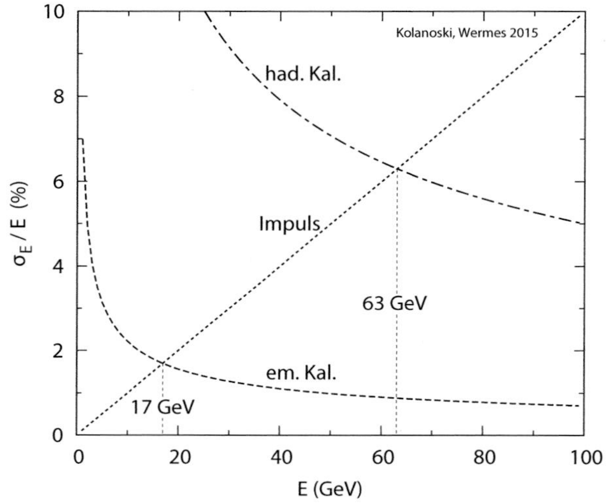

Abb. 15.1 Vergleich von typischen Energieauflösungen in einem Detektor: In dem Beispiel wurden die Energieauflösungen in elektromagnetischen und in hadronischen Kalorimetern zu $\sigma_E^{em}/E = 7\,\%/\sqrt{E}$ beziehungsweise $\sigma_E^{had}/E = 50\,\%/\sqrt{E}$ angenommen. Für die Energiebestimmung durch eine Impulsmessung wurde eine Impulsauflösung von $\sigma_p/p = 0.1\,\%\,p$ angenommen. Damit wird die Energiebestimmung durch eine kalorimetrische Messung jeweils bei 17 GeV und 63 GeV besser als durch eine Impulsmessung.

sich mit steigendem Impuls proportional zum Impuls, typisch etwa wie (siehe Abschnitt 7.10.9)

$$\frac{\sigma_p}{p} \approx 0.1\ldots 1\,\%\,p/\mathrm{GeV}, \tag{15.1}$$

während die Energieauflösung mit steigender Energie etwa wie

$$\frac{\sigma_E}{E} \approx \begin{cases} \dfrac{2\text{–}15\,\%}{\sqrt{E/\mathrm{GeV}}} & \text{elm.} \\[2ex] \dfrac{35\text{–}120\,\%}{\sqrt{E/\mathrm{GeV}}} & \text{had.} \end{cases} \tag{15.2}$$

besser wird, wobei die Zahlenwerte den Bereich der meisten Kalorimeter abdecken[1]. Die für total absorbierende Kalorimeter typische $1/\sqrt{E}$-Abhängigkeit der relativen Energieauflösung ist auf die Poisson-Statistik der Schauerteilchen zurückzuführen. Dagegen verschlechtert sich die Impulsbestimmung durch Messung der Spurkrümmung in einem Magnetfeld mit wachsendem Impuls (Abschnitt 9.4.1). Daher gibt es bei hohen Energien einen Kreuzungspunkt der Auflösungen, ab dem die Kalorimetrie besser als die Impulsmessung ist (Abb. 15.1). Die Wahl des Kreuzungspunkts wird bei Detektoren, die sowohl Spurdetektoren als auch Kalorimeter besitzen, meistens durch Kostenbetrachtungen bestimmt: Die Impulsauflösung ist nach Gleichung (9.50) (Seite 406) proportional zu $1/(B\,L^2)$, das heißt, bei gegebenem Magnetfeld B muss die vermessene Spurlänge L quadratisch anwachsen, um die Auflösungsverschlechterung bei wachsendem Impuls zu kompensieren. Dagegen wächst die Schauergröße, wie im Folgenden ausgeführt wird, nur logarithmisch mit der Energie. Da man grob sagen kann, dass die Kosten eines Detektors proportional zu dessen Volumen wachsen, ist bei höheren Energien schon aus Kostengründen die Kalorimetrie bevorzugt.

[1] Die Impuls- und die Energieabhängigkeiten in (15.1) und (15.2) gelten im Bereich mittlerer Energien beziehungsweise Impulse. Zusätzliche Terme, die das Verhalten bei großen beziehungsweise kleinen Energien beschreiben, werden später ausführlich diskutiert (siehe Abschnitt 15.4.3).

Ein weiterer, wesentlicher Vorteil ist die Sensitivität von Kalorimetern auf alle elektromagnetisch und stark wechselwirkenden Teilchen, insbesondere also auch auf neutrale Teilchen wie Photonen, Neutronen oder neutrale Kaonen. Damit sind Kalorimeter die geeigneten Detektoren zur Messung hochenergetischer hadronischer Jets, die im Allgemeinen aus einer Mischung von geladenen und neutralen Teilchen bestehen. Für die Vermessung von Jets ist es wichtig, dass alle Teilchen, unabhängig von ihrer Wechselwirkung mit dem Detektor, bei gleicher Energie das gleiche Signal liefern. Das ist für die hadronische Kalorimetrie eine große Herausforderung (siehe Abschnitt 15.6.3).

Dieses Kapitel ist wie folgt aufgebaut: Nach dieser Einführung folgt in den beiden nächsten Abschnitten eine Beschreibung der Entwicklung elektromagnetischer und hadronischer Schauer. Daran schließt sich ein Überblick über die Kriterien an, die beim Bau eines Kalorimeters zu beachten sind und die die Qualität eines Kalorimeters bestimmen. In den beiden folgenden Abschnitten werden nacheinander verschiedene Konstruktionen elektromagnetischer und hadronischer Kalorimeter diskutiert, um dann typische Beispiele vollständiger Kalorimetersysteme in Experimenten an Beschleunigern zu vergleichen.

In diesem Kapitel wollen wir uns auf Kalorimetrie in Detektoren an Teilchenbeschleunigern und auf genügend hohe Energien (größer als etwa 10 MeV bei elektromagnetischen Schauern und größer als etwa 1 GeV bei hadronischen Schauern) beschränken. Die Anwendung kalorimetrischer Methoden in Experimenten, die nicht an Beschleunigern betrieben werden, zum Beispiel zum Nachweis von Luftschauern oder von Kernrückstößen bei Reaktionen Dunkler Materie, wird in Kapitel 16 beschrieben. In der Kernphysik werden Energien unter anderem auch durch Reichweitemessungen bestimmt, siehe Abschnitt 3.2.4 und Abb. 3.21.

15.2 Elektromagnetische Schauer

Hochenergetische Elektronen, Positronen und Photonen bilden bei Durchlaufen dichter Materie so genannte elektromagnetische Schauer aus, die im Wesentlichen durch wiederholte Abstrahlung von Photonen durch die geladenen Teilchen und die Paarbildung durch die Photonen beschrieben werden können. Im Folgenden werden wir Modelle und charakteristische Parameter zur Beschreibung von elektromagnetischen Schauern betrachten.

15.2.1 Modelle der Schauerentwicklung

Für die Beschreibung der Entwicklung elektromagnetischer Kaskaden bezieht man sich auch heute noch häufig auf Rossis analytische Berechnungen in seinem inzwischen klassischen Buch von 1952 „High Energy Particles“ [695]. Die wesentlichen Eigenschaften eines Schauers werden durch Rossis 'Approximation B' (Kapitel 5 in [695]) sehr gut wiedergegeben. Die wichtigsten Annahmen sind:

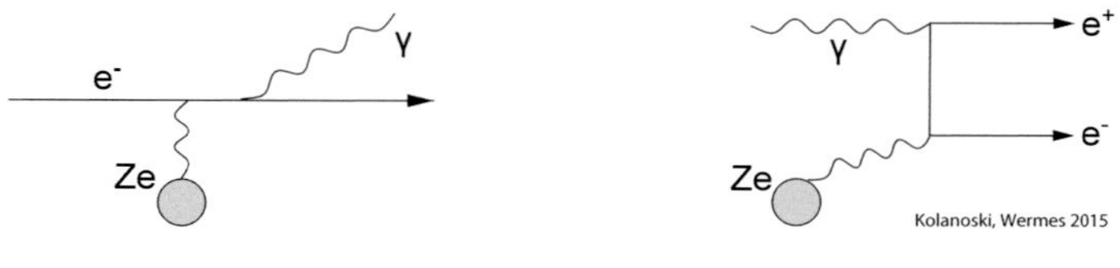

(a) Bremsstrahlung (b) Paarbildung

Abb. 15.2 Diagramme für Bremsstrahlung und Paarbildung, die wichtigsten Prozesse bei der Ausbildung von elektromagnetischen Schauern.

(i) nur Bremsstrahlung und Paarbildung werden berücksichtigt, wobei die Näherungen der Wirkungsquerschnitte für asymptotische Energien benutzt werden (Abschnitte 3.3 und 3.5.4),

(ii) Energieverlust durch Ionisation ist energieunabhängig und gleich der kritischen Energie pro Strahlungslänge (Abschnitt 3.3.3),

(iii) Vielfachstreuung wird vernachlässigt, und die Schauerentwicklung wird eindimensional behandelt.

Mit diesen Annahmen kann man sehr gute Abschätzungen über die charakteristischen Eigenschaften der longitudinalen Schauerentwicklung erhalten. Eine wichtige Eigenschaft ist die annähernde Materialunabhängigkeit der Schauerprofile, wenn man Längen in Einheiten der in Kapitel 3 eingeführten Strahlungslänge (Gleichung (3.88)) misst.

Die analytische Berechnung, wie sie zum Beispiel in [695] dargestellt wird, war lange Zeit die einzige Möglichkeit, experimentelle Daten, bei denen elektromagnetische Schauer eine Rolle spielen, auszuwerten. Inzwischen gibt es dafür sehr ausgereifte Simulationsprogramme, in denen kaum mehr einschränkende Annahmen gemacht werden müssen (es sei denn, um die Rechenzeit zu verkürzen) und die sehr gut experimentelle Daten beschreiben (siehe dazu die Beschreibung auf Seite 582). Die analytischen Rechnungen haben aber zu einem tieferen Verständnis der für eine Detektorkonstruktion wesentlichen Schauerparameter und zu der Entwicklung einfacher Formeln für die Schauerbeschreibung geführt. Sie dienen daher im Folgenden auch dazu, ein grundlegendes Verständnis und einige wichtige Faustformeln für die Schauerentwicklung zu vermitteln.

Die wichtigsten Schauerprozesse Entsprechend Rossis 'Approximation B' [695] sind die wichtigsten Prozesse für die Entwicklung elektromagnetischer Schauer für Elektronen und Positronen die Bremsstrahlung und für Photonen die Paarbildung (Abb. 15.2, siehe auch die Abschnitte 3.3 und 3.5.4), die jeweils im Feld eines Kernes mit der Ladungszahl Z geschehen.

Da die Wirkungsquerschnitte in beiden Prozessen proportional zum Quadrat der Kernladung ansteigen,

$$\sigma \propto Z^2 \qquad \text{(Paarproduktion, Bremsstrahlung)}\,, \tag{15.3}$$

sollten Detektormaterialien ein hohes Z haben. Bevorzugt sind Blei, Wolfram oder Uran. In beiden Prozessen werden die Sekundärteilchen mit wachsender Energie immer mehr in Vorwärtsrichtung produziert:

$$\theta \propto \frac{1}{\gamma} = \frac{m_e}{E} \,. \tag{15.4}$$

Die charakteristische Länge für die beiden Prozesse ist die Strahlungslänge $X_0 \propto 1/Z^2$ (siehe Gleichung (3.87) und Tab. 3.4). Für Photonen ist die Absorptionslänge bei hohen Energien proportional zur Strahlungslänge

$$\lambda \approx \tfrac{9}{7} X_0 \,, \tag{15.5}$$

und für Elektronen bestimmt X_0 den relativen Energieverlust pro Weglänge:

$$\frac{dE}{E} = \frac{dx}{X_0} \,. \tag{15.6}$$

Mit der kritischen Energie E_k, der Energie, bei der der Energieverlust durch Bremsstrahlung gleich dem durch Ionisation ist (siehe Abb. 3.24 und Gleichung (3.91)), ergibt sich aus (15.6):

$$\left.\frac{dE}{dx}\right|_{ion} (E_k) \approx \frac{E_k}{X_0} \,. \tag{15.7}$$

Ein einfaches Modell der Schauerentwicklung Zur Veranschaulichung der Entwicklung elektromagnetischer Schauer greift man gern auf ein sehr vereinfachtes Modell von Heitler [430] zurück (siehe auch die Beschreibung von Rossi in [695]). Als Modell nimmt man an, Elektronen und Photonen wechselwirken mit der Materie nur über Bremsstrahlung und Paarbildung, bis die kritische Energie E_k erreicht ist. Danach sollen die verbleibenden Elektronen ihre Energie nur noch durch Ionisation verlieren. Aus diesem Modell ergibt sich, dass die gesamte deponierte Energie E_0 proportional zur Gesamtzahl der produzierten Elektronen und Positronen und proportional zu deren gesamten Weglängen im Material ist:

$$\text{Gesamtzahl:} \qquad N_{tot} \approx \frac{E_0}{E_k} \,, \tag{15.8}$$

$$\text{Gesamtspurlänge:} \qquad s_{tot} \approx \frac{E_0}{E_k} X_0 \,. \tag{15.9}$$

Weiter wollen wir annehmen, dass jeweils nach einer Strahlungslänge einer der beiden Prozesse stattfindet, wobei die Energie der ausgehenden Teilchen jeweils die Hälfte derjenigen des eingehenden Teilchens sein soll (Abb. 15.3):

$$\text{Bremsstrahlung:} \qquad E_e(n\,X_0) = E_\gamma(n\,X_0) = \frac{1}{2} E_e\,[(n-1)\,X_0] \,, \tag{15.10}$$

$$\text{Paarbildung:} \qquad E_{e^+}(n\,X_0) = E_{e^-}(n\,X_0) = \frac{1}{2} E_\gamma\,[(n-1)\,X_0] \,. \tag{15.11}$$

Wenn in dieser Kaskade die Elektronen und Positronen die Energie E_k erreicht haben, deponieren sie ihre gesamte verbliebene Energie ohne weitere Strahlungsprozesse.

Nach einer Wegstrecke $s = t\,X_0$ sind die Anzahl und die Energie der Teilchen:

$$N = 2^t, \qquad E = \frac{E_0}{2^t} \,. \tag{15.12}$$

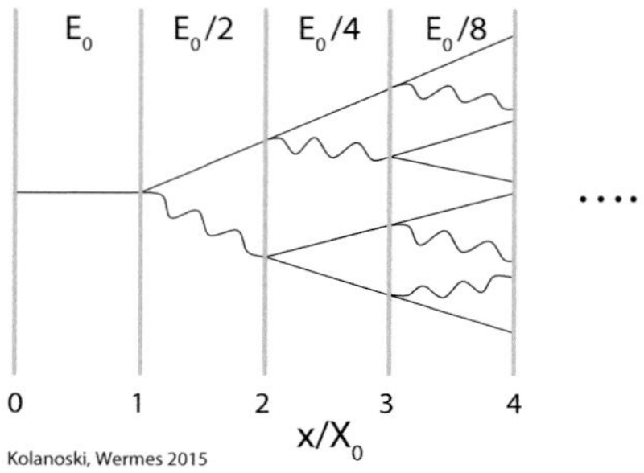

Abb. 15.3 Vereinfachtes Modell der Schauerentwicklung, bei dem sich nach jedem Schritt der Länge X_0 die Anzahl der Teilchen verdoppelt und die Energie jedes Teilchens halbiert.

Die maximale Zahl der Teilchen und die maximale Reichweite des Schauers ergibt sich für

$$E = E_k = \frac{E_0}{2^{t_{max}}}, \tag{15.13}$$

und man erhält:

$$N_{max} = \frac{E_0}{E_k}, \tag{15.14}$$

$$t_{max} = \frac{\ln E_0/E_k}{\ln 2}. \tag{15.15}$$

Die wichtigen Ergebnisse sind, dass N_{max} linear von der Energie E_0 abhängt und somit als Messgröße für die Energie genutzt werden kann und dass t_{max} nur logarithmisch mit der Energie wächst (was natürlich besonders bei höheren Energien die Kalorimetrie attraktiv macht):

$$N_{max} \propto E, \qquad t_{max} \propto \ln E + const. \tag{15.16}$$

Dieses stark vereinfachte Modell gibt bereits die wesentlichen Züge der Entwicklung eines elektromagnetischen Schauers wieder. Für ein genaueres Verständnis braucht man Messungen und Simulationen.

Simulation von elektromagnetischen Schauern Wie bereits angesprochen, ist die Entwicklung elektromagnetischer Schauer theoretisch gut bekannt und kann deshalb auch sehr genau simuliert werden. Ein verbreitetes Simulationsprogramm für elektromagnetische Schauer ist der EGS-Code (EGS = *electron-gamma shower*) [491], der auf Elektron-Photon-Transport spezialisiert ist. Daneben gibt es entsprechende Programmteile zum Beispiel in dem Geant4-Programmpaket (siehe Abschnitt 3.7).

15.2.2 Charakteristische Größe elektromagnetischer Schauer

Die Ausdehnung von Schauern bestimmt wesentlich die Konstruktion von Kalorimetern. Im Folgenden geben wir empirische Formeln zur Berechnung von Schauergrößen an, deren Parameter durch Daten oder Simulationen bestimmt werden.

Tab. 15.1 Parameter für die Entwicklung elektromagnetischer Schauer für vier verschiedene Materialien (Materialparameter nach [634]). Die Werte für t_{max} und $t^{98\%}$ wurden nach der 'Longo-Formel' (15.17) mit den Beziehungen (15.18), (15.19) und dem Parameter b, wie in der Tabelle angegeben (zum Teil der entsprechenden Abbildung in [160] entnommen), berechnet.

Material	Z	X_0 (mm)	E_k (MeV)	b	t_{max} 10 GeV	t_{max} 100 GeV	$t^{98\%}$ 10 GeV	$t^{98\%}$ 100 GeV	R_M (mm)	R_M/X_0
H_2O	1,8	361	78.6	0.63	4.3	6.6	13.8	17.3	83	0.23
Al	13	89	42.7	0.58	5.0	7.3	15.4	18.8	45	0.51
Fe	26	17.6	21.7	0.53	5.6	7.9	17.1	20.6	18	1.02
Pb	82	5.6	7.4	0.50	6.7	9.0	19.3	22.7	16	2.86

Longitudinales Schauerprofil

Eine empirische Formel für die longitudinale Energieverteilung in einem Schauer wurde von Longo und Sestili [561] aufgestellt:

$$\frac{dE}{dt} = E_0 \frac{b^a}{\Gamma(a)} t^{a-1} \mathrm{e}^{-bt} . \tag{15.17}$$

Das entspricht einer Gamma-Verteilung, die aber in diesem Zusammenhang häufig auch 'Longo-Formel' genannt wird. In der Formel sind a und b Parameter, die von E_0 und Z abhängen, Γ ist die Gamma-Funktion [840, 806]. Das Maximum der Funktion (15.17) entspricht dem 'Schauermaximum' und liegt bei:

$$t_{max} = \frac{a-1}{b} . \tag{15.18}$$

Eine Faustformel für t_{max} ist [621]

$$t_{max} = \ln \frac{E_0}{E_k} + \begin{cases} -0.5 & \text{(Elektronen)} \\ +0.5 & \text{(Photonen)} . \end{cases} \tag{15.19}$$

Der Parameter b in (15.17), der den Abfall nach dem Schauermaximum bestimmt, liegt etwa bei 0.5 bei schweren Elementen mit relativ geringer Energieabhängigkeit. In [621] sind für einige Detektormedien aus Simulationen bestimmte b-Werte als Funktion der Energie grafisch dargestellt (Fig. 32.21 in [621], siehe auch Tab. 15.1). Wenn man b als bekannt annimmt, erhält man aus (15.18) auch a und kann damit die Longo-Formel (15.17) auswerten. In Abb. 15.4 werden die Schauerprofile simulierter Elektronenschauer für verschiedene Energien mit Anpassungen der Longo-Formel verglichen.

Da die Verteilung sehr lange Ausläufer hat, muss man Leckverluste in Kauf nehmen, um auf eine vernünftige Länge des Detektors zu kommen. Für einen 98%-Nachweis der deponierten Energie erhält man als grobe Abschätzung [312]:

$$t^{98\%} \approx t_{max} + 13.6 \pm 2.0 . \tag{15.20}$$

Beispiele für Schauerparameter sind für vier Materialien und zwei Energien in Tab. 15.1 zusammengestellt.

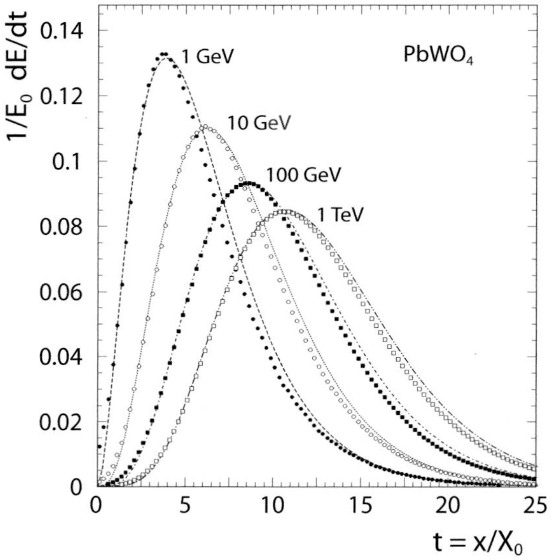

Abb. 15.4 Longitudinale Profile von simulierten Elektronenschauern in $PbWO_4$-Kristallen (Tab. 3.4) mit verschiedenen Primärenergien [571]. An die Simulationen wurden Kurven entsprechend der Longo-Formel (15.17) angepasst. Die Anpassung gibt das wesentliche Verhalten richtig wieder, auch wenn sie nicht ganz perfekt ist. Die Schauermaxima, die sich aus den angepassten Parametern a und b nach (15.18) berechnen lassen, stimmen innerhalb von weniger als 7% mit Abschätzungen nach (15.19) überein.

Laterales Schauerprofil

Die beiden dominierenden Schauerprozesse streuen die Teilchen bei hohen Energien unter einem sehr kleinen Winkel, der proportional zu $1/\gamma$ ist (siehe (15.4)). Die laterale Schauerausdehnung wird deshalb durch die Vielfachstreuung der nieder-energetischen geladenen Teilchen und Compton-Streuung der Photonen bestimmt. Das Maß für die laterale Schauerausdehnung ist der 'Molière-Radius'

$$R_M = \frac{E_s}{E_k} X_0 \,. \tag{15.21}$$

Wegen des Zusammenhangs mit der Vielfachstreuung (Abschnitt 3.4) ist die Energie $E_s = 21.2\,\text{MeV}$ in dieser Gleichung die gleiche, die bei der Berechnung des Streuwinkelparameters in (3.99) auftritt. Innerhalb eines Zylinders mit dem Radius R_M um die Schauerachse werden etwa 90% der Energie deponiert (Tab. 15.2). Um den Ort eines Schauers bestimmen zu können, braucht man also eine Granularität des Schauerdetektors auf der Skala eines Molière-Radius oder feiner.

Da die longitudinale Ausdehnung mit der Strahlungslänge X_0 skaliert, wird die Form eines Schauers durch das Verhältnis

$$\frac{R_M}{X_0} \propto \frac{1}{E_k} \propto Z \tag{15.22}$$

bestimmt. Das Anwachsen dieses Verhältnisses mit Z bedeutet zum Beispiel, dass ein Schauer in Aluminium schlanker als in Blei ist (letzte Spalte in Tab. 15.1). Allerdings

R/R_M	1	2	3.5
$\Delta E/E_0$ [%]	90	95	99

Tab. 15.2 Bruchteile des Schauers in einem Zylinder mit einem Radius, der in Einheitendes Molière-Radius angegeben ist.

ist der Al-Schauer absolut etwa 3-mal breiter als der Pb-Schauer (vorletzte Spalte in Tab. 15.1).

LPM-Effekt

Hier soll noch der Landau-Pomeranchuk-Migdal-Effekt (LPM-Effekt) erwähnt werden, der für die longitudinale Schauerausdehnung bei sehr hohen Energien (ab etwa 1 PeV in Wasser und 10 TeV in Blei) wesentlich wird. Der Effekt beruht auf einer Unterdrückung der beiden wichtigsten Prozesse der Schauerentwicklung, Bremsstrahlung und Paarbildung, mit steigender Energie auf Grund einer destruktiven quantenmechanischen Interferenz. Diese Unterdrückung führt zu einer Streckung der longitudinalen Schauerausdehnung bei gleichzeitigem Anwachsen der Fluktuationen. Die Auswirkung ist für den Teilchennachweis an Beschleunigern selbst bei den höchsten Energien noch gering, kann aber beim Nachweis kosmischer Strahlung eine Rolle spielen (siehe das Beispiel am Ende dieses Abschnitts). Eine Beschreibung des LPM-Effekts und ähnlicher Effekte findet man in [504]; siehe auch [621].

Für die quantenmechanische Beschreibung spielt die Formations- oder Kohärenzlänge l_f der entsprechenden Wechselwirkung eine Rolle. In dem Bremsstrahlungsprozess ist die Formationslänge die Strecke, über die die relativen Phasen der ein- und der auslaufenden Elektronen- und Photonenwellen etwa gleich bleiben. Wird die Phasenkohärenz über diese Strecke gestört, beeinflusst das die Wechselwirkungswahrscheinlichkeit, meistens destruktiv. Bei der Schauerentwicklung können die Phasenstörungen durch Vielfachstreuung der Elektronen auftreten, wenn die Formationslänge über mehrere Atome reicht.

Die Formationslänge l_{f0} ohne Störung entspricht im Fourier-Raum dem longitudinalen Impulsübertrag $q_{\|}$ auf das Streuzentrum (in Abb. 15.2 auf den Kern):

$$l_{f0} = \frac{\hbar}{q_{\|}} \stackrel{\hbar=1}{=} \frac{1}{q_{\|}} . \tag{15.23}$$

Bei Vernachlässigung des Emissionswinkels des Photons ergibt sich $q_{\|}$ aus den (longitudinalen) Impulsen des einlaufenden und des auslaufenden Elektrons p_e und p_e' sowie des Photons p_γ zu:

$$q_{\|} = p_e - p_e' - p_\gamma = \sqrt{E^2 - m_e^2} - \sqrt{(E-k)^2 - m_e^2} - k . \tag{15.24}$$

Dabei sind E und $E-k$ die Energien des ein- beziehungsweise des auslaufenden Elektrons $E_\gamma = p_\gamma = k$ die Photonenergie. Damit entspricht $q_{\|}$ genau dem in Gleichung (3.71) berechneten Impulsübertrag und der daraus folgenden Formationslänge (für $m_e/E \ll 1$ und $m_e/(E-k) \ll 1$):

$$l_{f0} = \frac{1}{q_{\|}} \approx \frac{2E(E-k)}{m_e^2\, k} . \tag{15.25}$$

Wenn die primäre Elektronenenergie E groß ist gegenüber der abgestrahlten Energie, wird l_{f0} groß gegenüber atomaren Abständen. In amorphen Medien setzt die Unterdrückung der Bremsstrahlung ein, wenn l_{f0} größer wird als die charakteristische Länge zwischen zwei Wechselwirkungen, die die Kohärenz zerstören.

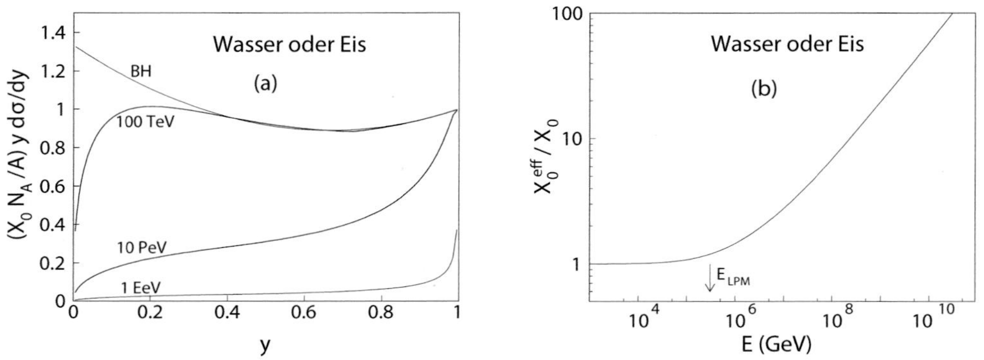

Abb. 15.5 (a) Bremsstrahlungsspektren für Elektronen in Wasser oder Eis als Funktion der relativen abgestrahlten Energie $y = k/E$ für verschiedene Primärenergien E. Als Referenz für niedrige Energien ist der Bethe-Heitler-Wirkungsquerschnitt ('BH') ebenfalls angegeben. Die vertikale Achse gibt die auf einer Strahlungslänge in einem y-Intervall abgestrahlte und mit y multiplizierte Anzahl der Photonen an. In der Beschriftung der Ordinate ist X_0 gemessen in Masse pro Fläche einzusetzen. Die LPM-Kurven wurden nach den quantenmechanischen Berechnungen von Migdal [590] mit den numerischen Approximationen von [753] berechnet. (b) Die effektive Strahlungslänge, wie im Text definiert, in Einheitender Strahlungslänge als Funktion der Energie.

In vielen Fällen dominiert Vielfachstreuung diesen Effekt. Die Unterdrückung wird merklich, wenn der Streuwinkel größer wird als die Ablenkung durch den Abstrahlungsprozess:

$$\theta_{ms} > \theta_{rad} \,. \tag{15.26}$$

Der Literatur folgend (siehe zum Beispiel [504]) nehmen wir für den Streuwinkel den mittleren Streuwinkel auf der halben Formationslänge und den charakteristischen Abstrahlungswinkel $1/\gamma$ für Bremsstrahlung. Damit ergibt sich aus (15.26)

$$\theta_{ms} = \sqrt{\langle \theta_{ms}^2 (l_{f0}/2) \rangle} = \frac{E_s}{E} \sqrt{\frac{l_{f0}}{2\,X_0}} > \frac{1}{\gamma} = \frac{m_e}{E} \,. \tag{15.27}$$

Als mittlerer Streuwinkel wurde hier der Streuwinkelparameter θ_0, wie in (3.99) definiert, eingesetzt. Setzt man l_{f0} wie in (15.25) ein, lässt sich (15.27) in eine Bedingung für die Photonenergie, unterhalb der die LPM-Unterdrückung einsetzt, umschreiben [504]:

$$k < \frac{E^2}{E + \frac{m_e^4}{E_s^2} X_0} = \frac{E^2}{E + E_{\mathrm{LPM}}} = \frac{E}{1 + \frac{E_{\mathrm{LPM}}}{E}} \,. \tag{15.28}$$

Dabei wurde mit E_{LPM} eine charakteristische Energie definiert, die die Skala angibt, auf der der unterdrückte Bereich der Photonenergien als Funktion der Primärenergie anwächst (siehe Abb. 15.5 (a)). Für $E \gg E_{\mathrm{LPM}}$ werden zunehmend Photonen nur nahe der maximal möglichen Energie abgestrahlt. Die Energie E_{LPM} hängt nur über die Strahlungslänge von dem Medium ab[2]. Ausgehend von (15.28) benutzen wir zur numerischen Berechnung die Beziehung

$$E_{\mathrm{LPM}} = \frac{m_e^4}{E_s^2} X_0 = m_e^2 \frac{\alpha}{4\pi} X_0 = 7.7\,\mathrm{TeV}\,\frac{X_0}{\mathrm{cm}}\,. \tag{15.29}$$

Die SI-Einheiten auf der rechten Seite werden durch Multiplikation mit dem Faktor $c^4/(\hbar c)$ eingeführt. Die Energie E_s wurde in (3.100) definiert. Da hier physikalische Abstände eingehen, tritt die Strahlungslänge in absoluten Längeneinheiten, hier in cm, auf. Zum Beispiel sind die charakteristischen Energien von Blei ($X_0 = 0.56\,\mathrm{cm}$) und Wasser/Eis ($X_0 = 36.1\,\mathrm{cm}$):

$$E_{\mathrm{LPM}} = \begin{cases} 4.3\,\mathrm{TeV} & \text{Blei} \\ 305\,\mathrm{TeV} & \text{Wasser oder Eis.} \end{cases} \tag{15.30}$$

Eine ähnliche Unterdrückung auf der gleichen Energieskala tritt auch für andere elektromagnetische Elektron-Photon-Prozesse auf. Wichtig ist für die Ausbildung hochenergetischer Schauer insbesondere auch die Paarbildung durch Photonen. Hier ist die Unterdrückung am stärksten für eine relativ symmetrische Aufteilung der Energie auf Elektronen und Positronen, so dass die Energieverteilung stark asymmetrisch wird, siehe zum Beispiel [504]. Der Bevorzugung hochenergetischer Photonen bei der Bremsstrahlung entspricht bei der Paarbildung die Tendenz, dass entweder das Elektron oder das Positron fast die gesamte Energie erhält. Beides führt dazu, dass ein Schauer in die Länge gezogen wird und tendenziell aus wenigen hochenergetischen Teilschauern besteht, deren Energiedepositionen über die Schauerlänge stark fluktuieren. Diese Verhalten wird anhand des folgenden Beispiels quantitativ dargestellt.

Beispiel: Als Beispiel für den Einfluss des LPM-Effekts nehmen wir den Nachweis elektromagnetischer Schauer mit dem IceCube-Detektor (Abschnitt 16.6.5 und Abb. 16.32) im antarktischen Eis [190] (die entsprechenden Schauerparameter sind in Tab. 15.1 auf Seite 583 enthalten). Mit dem IceCube-Detektor können hochenergetische elektromagnetische Schauer, die von Elektron- oder τ-Neutrinos ausgelöst werden (*cascade events*) über die im Schauer erzeugte Cherenkov-Strahlung nachgewiesen werden.

Abbildung 15.5 a zeigt für hochenergetische Elektronen in Eis den normierten differenziellen Wirkungsquerschnitt für Bremsstrahlung als Funktion der relativen abgestrahlten Energie $y = k/E$ für verschiedene Primärenergien E. Mit der gewählten Normierung gibt die vertikale Achse die auf einer Strahlungslänge in einem y-Intervall abgestrahlte und mit y multiplizierte Anzahl der Photonen an, also den Anteil der Primärenergie, der in dem y-Intervall abgestrahlt wurde. Man sieht, dass niedrige k/E-Werte mit steigender Energie zunehmend unterdrückt werden und dass insgesamt die Wahrscheinlichkeit für Abstrahlung geringer wird.

---

[2]Die Definition der charakteristischen Energie E_{LPM}, die hier der in [504] folgt, ist etwas willkürlich (weil die Unterdrückung ganz allmählich einsetzt) und wird in der Literatur mit einem Faktor 2 bis 8 unterschiedlich angegeben.

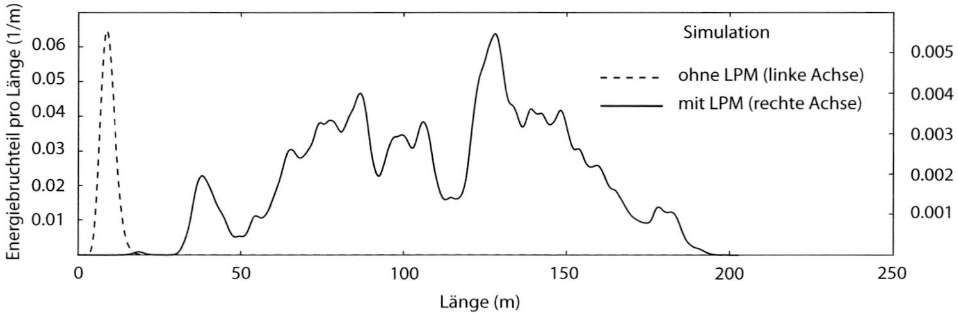

Abb. 15.6 Simulation des Schauers eines 10-EeV-Elektrons in Eis: longitudinales Schauerprofil ohne und mit Berücksichtigung des LPM-Effekts. Autor: B. Voigt (siehe auch [795])

Teil (b) der Abbildung zeigt bei der jeweiligen Energie das Verhältnis des Integrals über die Bethe-Heitler-Kurve in (a) zu dem Integral über die jeweilige unterdrückte Kurve als Funktion der Primärenergie E. Dieses Verhältnis kann als effektive Strahlungslänge X_0^{eff} in Einheiten der Strahlungslänge X_0 interpretiert werden. Das Anwachsen der effektiven Strahlungslänge beginnt etwa bei der Energie E_{LPM}, also für Eis bei etwa 305 TeV. Damit ergibt sich eine Streckung der Schauer, mit der ein Anwachsen der statistischen Fluktuationen entlang der Bahn des einfallenden Elektrons einhergeht (Abb. 15.6). Mit der Unterdrückung niederenergetischer Abstrahlungen und symmetrischer Paarbildung treten relativ häufiger, aber in größeren Abständen, hochenergetische Schauerteilchen auf, die dann einen lokalen Schauer mit großer Teilchendichte erzeugen können. In Abb. 15.6 sind die Schauer für eine Energie von 10 EeV (10^{19} eV) etwa 200 m lang, und die Energie ist im Mittel relativ gleichmäßig über die gesamte Strecke verteilt. Allerdings kann dieses zufällige Beispiel nicht verallgemeinert werden, denn die Variationen von Schauer zu Schauer sind groß. Ohne den LPM-Effekt ergäbe sich ein Schauerprofil wie in Abb. 15.4 mit einem Schauermaximum bei etwa 9 m und einer 98%-Energiedeposition nach etwa 14 m. Ein solcher Schauer ähnelt eher einer der lokalen Fluktuationen in Abb. 15.6.

Mit der enormen Streckung des Schauers bei relativ gleicher Energiedichte über die Schauerlänge kann die Richtungsauflösung für hochenergetische Schauer erheblich verbessert werden. Das hat zum Beispiel bei der Suche nach astronomischen Punktquellen durch Nachweis von Elektronneutrinos, die Elektronenschauer in einem Eis- oder Wasserdetektor erzeugen, erhebliche Vorteile [190].

15.3 Hadronschauer

Auch hochenergetische Hadronen bilden beim Durchgang durch dichte Medien Teilchenschauer aus, die eine Energiemessung in Kalorimetern erlauben. Allerdings sind im Fall der Hadronen die beteiligten Reaktionen weitaus vielfältiger als im elektromagnetischen Fall, und deshalb sind die theoretische Beschreibung und die Simulation von hadroni-

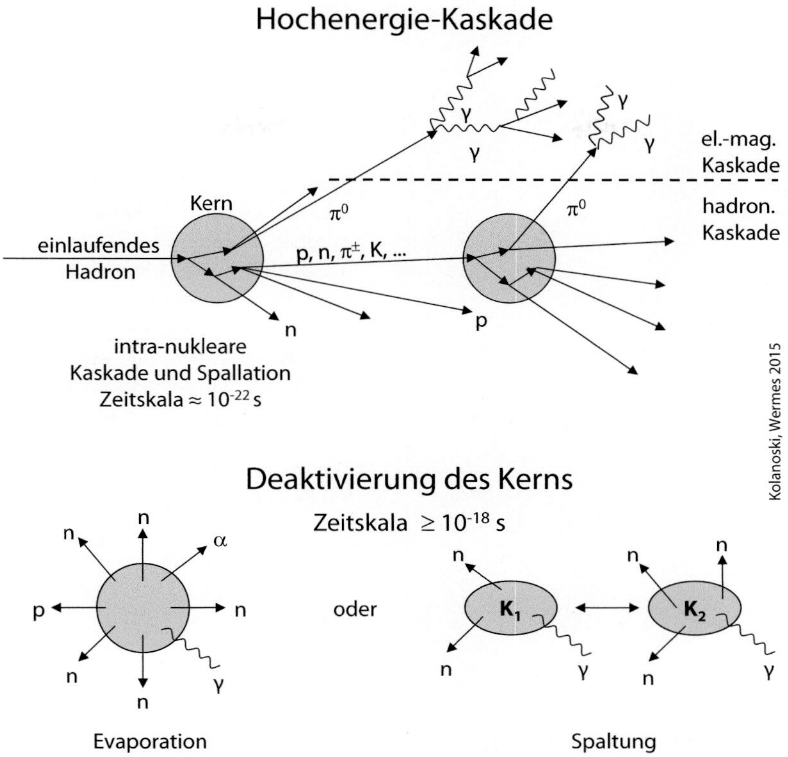

Abb. 15.7 Entwicklung einer hadronischen Kaskade in einem dichten Medium: Das einlaufende Hadron macht eine inelastische Wechselwirkung an einem einzelnen Nukleon eines Kernes, bei der hochenergetische Teilchen bevorzugt in Vorwärtsrichtung erzeugt werden. Diese Teilchen, soweit sie nicht spontan in Photonen zerfallen, wie neutrale Pionen, machen wiederum inelastische Wechselwirkungen an Kernen und bilden so eine hadronische Kaskade aus. Die Photonen aus π^0- und η-Zerfällen starten elektromagnetische Kaskaden, die sich unabhängig von dem hadronischen Schauer entwickeln. Der zurückgebliebene Kern ist hoch angeregt und gibt zunächst seine Energie in einem Spallationsprozess durch spontane Aussendung von Nukleonen und Kernfragmenten mit Energien um 100 MeV ab. Wenn die verbliebenen Anregungsenergien in den Bereich der Bindungsenergien im Kern kommen, wird die restliche Energie durch Abdampfen, Evaporation genannt, von Nukleonen, vornehmlich Neutronen, und leichten Kernfragmenten dissipiert. Statt des Abdampfens kann auch, besonders bei schweren Kernen wie Uran und Blei, eine Kernspaltung stattfinden, mit anschließender Abstrahlung von Neutronen und Gammas.

schen Schauern sehr viel schwieriger. Inbesondere stellen die Fluktuationen der Beiträge verschiedener Reaktionen mit zum Teil sehr unterschiedlichen Signaleffizienzen ein großes Problem für die Erreichung guter Energieauflösungen dar.

Wir stellen in diesem Abschnitt die wesentlichen Eigenschaften hadronischer Schauer dar, insbesondere auch die Fluktuationen der Schauerentwicklung, und werden im Abschnitt 15.6 diskutieren, wie mit Hadronkalorimetern die Energie mit möglichst guter Auflösung gemessen werden kann.

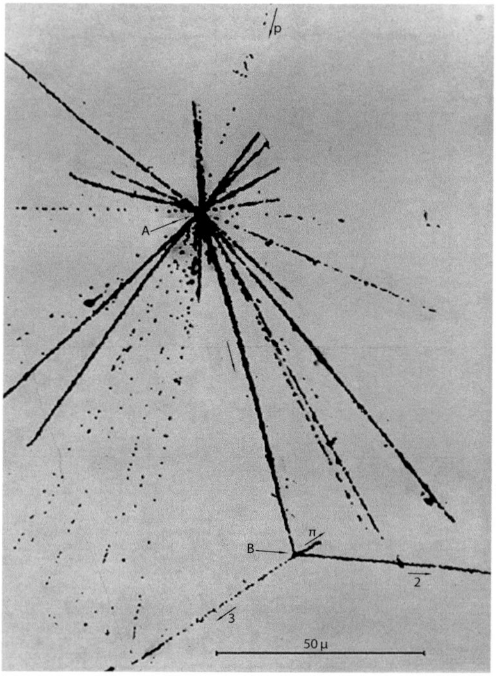

Abb. 15.8 Nuklearer Stern, der durch Wechselwirkung hochenergetischer kosmischer Strahlung (von oben kommend, bezeichnet mit 'p') mit einem Silberkern einer Photoemulsion erzeugt wurde. Die dünneren Spuren stammen aus der hochenergetischen Kaskade und aus der Spallation. Die dicken Spuren sind stark ionisierende langsame Nukleonen und Kernfragmente aus dem Evaporationsprozess. Abdruck aus [273], mit freundl. Genehmigung von Taylor & Francis Ltd.

15.3.1 Schauerentwicklung

In einem dichten Medium entwickelt sich eine hadronische Kaskade schematisch wie in Abb. 15.7 dargestellt:

Hochenergetische Kaskade Ein einlaufendes hochenergetisches Hadron macht eine inelastische Wechselwirkung mit dem Kern und erzeugt dabei hochenergetische Teilchen, vorwiegend in Vorwärtsrichtung. Wenn diese sekundären Teilchen mit genügend Energie den Kern verlassen, können sie wieder an einem Kern inelastisch Teilchen erzeugen, so dass sich schließlich eine Kaskade entwickelt.

Spallation und intra-nukleare Kaskade Die Teilchen der hochenergetischen Kaskade werden durch das einlaufende Hadron vorwiegend an einem einzelnen Nukleon eines Kernes erzeugt, während die übrigen Nukleonen die Rolle von 'Zuschauern' einnehmen. Durch den Stoß und die Wechselwirkung der erzeugten Hadronen mit den übrigen Nukleonen wird der Kern hoch angeregt und gibt in der ersten Stufe, der so genannten Spallation, die Energie durch Emission von Nukleonen und leichten Kernfragmenten ab (Abb. 15.8). Dieser Prozess wird häufig als Ausbildung einer 'intra-nuklearen Kaskade' beschrieben, bei der die erzeugten Teilchen so lange im Kern streuen und Teilchen erzeugen, bis entweder ihre Energie unter eine Schwelle für inelastische Reaktionen gesunken ist oder sie den Kern verlassen. Die Spallationsnukleonen und -fragmente haben kinetische Energien in der Größenordnung von 100 MeV mit Ausläufern bis in den GeV-Bereich und wer-

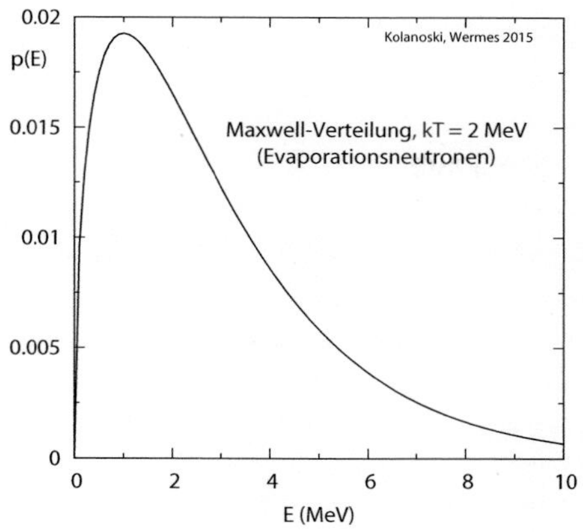

Abb. 15.9 Energieverteilung von Neutronen aus der Kernevaporation, hier angenähert durch eine Maxwell-Verteilung mit $kT = 2\,\text{MeV}$.

den auf einer Zeitskala von 10^{-22} s emittiert. Neutronen sind etwa 1.5-mal häufiger als Protonen, etwa entsprechend dem Häufigkeitsverhältnis in den Target-Kernen [812]. Die geladenen Spallationsprodukte, vornehmlich Protonen, tragen durch Ionisation wesentlich zu der gesamten Energiedeposition in dem Medium bei. Die Spallationsneutronen lösen in dem Kalorimetermedium weitere Kernreaktionen aus, die unter anderem zur Produktion weiterer Neutronen führen. Letztlich führen auch die 'schnellen' Neutronen zu Evaporationsprozessen (Abb. 15.7 unten) mit Energien im MeV-Bereich (siehe Beschreibung im nächsten Paragraphen). In Kalorimetern mit schweren Kernen wie Uran oder Blei können Spallationsneutronen auch Kernspaltungen induzieren, in denen neben den kurzreichweitigen Kernfragmenten auch Neutronen und Gammaquanten erzeugt werden.

Evaporation Wenn die Spallation abbricht, bleibt ein hoch angeregter Kern zurück, der nach etwa 10^{-18} s seine Energie durch Abdampfen von Nukleonen und Kernfragmenten, manchmal auch durch Spaltung, abgibt (Abb. 15.7 unten). Die Energien der Evaporationsprodukte liegen im Bereich weniger MeV, also von Bruchteilen der Bindungsenergie pro Nukleon in dem Kern. Die kinetischen Energien folgen etwa einer Maxwell-Verteilung (Gleichung (4.87)) mit mittleren Energien um 2 MeV (Abb. 15.9). Bei schweren Kernen wie Blei und Uran, deren Coulomb-Barriere für Protonen und geladene Kernfragmente hoch ist, werden in diesem Stadium ganz überwiegend Neutronen abgegeben. Dagegen ist das Neutron/Proton-Verhältnis zum Beispiel bei Eisen relativ ausgeglichen. Die Neutronen können durch Stöße gekühlt werden, bevor sie in einem Kern eingefangen werden. Die entsprechende Energiedeposition kann erheblich verzögert auftreten, wie auch die von Gammastrahlung aus radioaktiven Zerfällen der Restkerne und Fragmente. Die für das Aufbrechen der Kernbindungen aufgewandte Energie geht dem weiteren Prozess als 'unsichtbare Energie' verloren.

Die geladenen Kernfragmente sind stark ionisierend und haben eine kurze Reichweite, wobei in den für Hadronkalorimeter typischen Sampling-Anordnungen (Abschnitt 15.6.1), in denen sich dichte 'passive' Medien mit leichteren 'aktiven' Medien abwechseln, in der Regel nur die schnelleren Protonen aus den Spallationen eine Chance haben, in das aktive Medium zu wechseln. Neutronen machen elastische Stöße, bei denen Energie auf geladene Teilchen übertragen werden kann, umso effizienter, je kleiner die Kernmasse des Targets ist. Thermalisierte Neutronen können von Kernen eingefangen werden, wobei die durch die Bindung im Kern frei werdende Energie hauptsächlich in Form von Gammastrahlung abgegeben wird. Reaktionen, die von thermalisierten Neutronen ausgelöst werden, sind um gößenordnungsmäßig Mikrosekunden verzögert gegenüber den primären Reaktionen, so dass für den Signalbeitrag in einem Kalorimeter die Integrationszeit des Signals eine Rolle spielt. Neutronen, deren Zahl stark mit den Bindungsenergieverlusten korreliert ist, spielen eine wichtige Rolle bei der Idee der 'Kompensation' der nicht nachweisbaren Bindungsenergie (siehe Abschnitt 15.6.3).

Elektromagnetische und schwache Prozesse in einem Schauer Die in der inelastischen Wechselwirkung erzeugten hochenergetischen Hadronen machen wieder inelastische Wechselwirkungen oder zerfallen. In dichten Kalorimetern, wie sie an Beschleunigern eingesetzt werden, spielen nur die elektromagnetischen Zerfälle kurzlebiger Teilchen, wie die neutraler Pionen oder η-Mesonen, eine wesentliche Rolle.

In der hochenergetischen Kaskade werden am häufigsten Pionen erzeugt, von denen 1/3 neutrale Pionen sind. Die neutralen Pionen zerfallen mit kurzer Lebensdauer ausschließlich in Photonen und Elektronen, davon zu etwa 98.8 % in zwei Photonen:

$$\pi^0 \to \gamma\gamma \qquad (\tau \approx 10^{-16}\,\mathrm{s})\,. \tag{15.31}$$

Die Photonen erzeugen innerhalb des hadronischen Schauers elektromagnetische Teilschauer. Die geladenen Pionen haben eine große Chance, in starker Wechselwirkung wieder Pionen zu erzeugen, von denen wieder 1/3 in elektromagnetischen Schauern enden. Diese elektromagnetischen Teilschauer tragen im Wesentlichen nicht mehr zu dem hadronischen Schauer bei, deshalb kann man die beiden Schaueranteile getrennt betrachten. Je höher die anfängliche Energie ist, umso häufiger kann die Abspaltung eines elektromagnetischen Anteils aus der hadronischen Kaskade geschehen, so dass auf diese Weise ein erheblicher Anteil der Energie durch elektromagnetische Wechselwirkungen deponiert werden kann (siehe die anschließende Diskussion der Schauerfluktuationen).

In nicht sehr dichten Medien können die Zerfallswahrscheinlichkeiten für instabile Teilchen, wie geladene Pionen und Kaonen, mit der Wechselwirkungswahrscheinlichkeit in dem Medium konkurrieren. Das spielt zum Beispiel für die durch kosmische Strahlung erzeugten Luftschauer eine wichtige Rolle (Kapitel 16). In schwachen Zerfällen wie $\pi^\pm \to \mu^\pm \overset{(-)}{\nu}_\mu$ und $K^\pm \to \mu^\pm \overset{(-)}{\nu}_\mu$ tragen die Neutrinos aus dem Detektorvolumen Energie weg, die im Wesentlichen nicht nachgewiesen werden kann. In dichten Kalorimetern tragen die Neutrinos aus schwachen Zerfällen von geladenen Pionen, Kaonen und anderen mit nur etwa 1% der hadronisch deponierten Energie zu der nicht-beobachtbaren Energie bei [812].

Diese Kombination verschiedener Prozesse – hadronischer, elektromagnetischer und schwacher Reaktionen – in der Schauerentwicklung führen zu stärkeren Schauerfluktuationen und im Allgemeinen schlechterer Energieauflösung als bei elektromagnetischen Schauern. Abbildung 15.10 zeigt die Simulation von Elektron- und Hadronkaskaden in

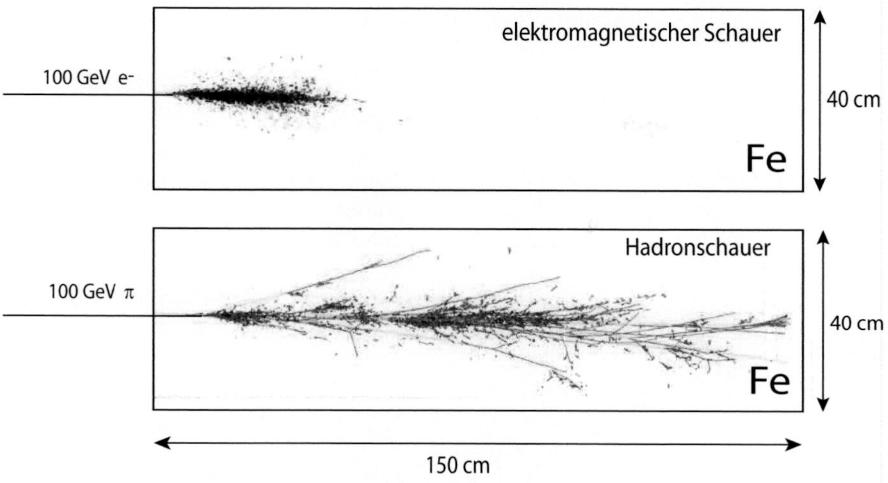

Abb. 15.10 Simulation von Schauern in einem Eisenblock, wobei ein Elektron und ein Pion bei der gleichen Energie von 100 GeV verglichen werden. Autor: Sven Menke.

einem Eisenblock bei gleicher Energie von 100 GeV. Offensichtlich ist der Elektronenschauer viel kürzer und dabei auch viel gleichmäßiger als der Hadronschauer. Die Stellen höherer Dichte im Hadronschauer deuten auf elektromagnetische Schauer hin, die von neutralen Pionen ausgelöst wurden.

15.3.2 Schauerkomponenten und Schauerfluktuationen

Wie bereits oben angesprochen, sind bei hadronischen Schauern die Fluktuationen viel stärker als bei elektromagnetischen Schauern. Der Grund dafür sind die verschiedenen Komponenten in einem Schauer, deren Anteile f_i an der gesamten deponierten Energie stark fluktuieren. Die in einem Materieblock deponierte Energie setzt sich aus folgenden Komponenten zusammen:

$$E_{dep} = \left(f_{em} + \underbrace{f_{ion} + f_n + f_\gamma + f_B}_{f_h} \right) E\,. \tag{15.32}$$

Dabei ist f_{em} der elektromagnetische Anteil (überwiegend von π_0-Zerfällen) und $f_h = 1 - f_{em}$ der hadronische Anteil. Die anderen Bezeichnungen werden weiter unten erklärt. Weil in einer hadronischen Kaskade immer wieder π^0-Mesonen erzeugt werden, die dann in Photonen zerfallen, wächst der mittlere elektromagnetisch umgesetzte Energieanteil f_{em} mit der Teilchenmultiplizität in der Kaskade und deshalb mit der Energie an:

$$f_{em} \approx 1 - \left(\frac{E}{E_0} \right)^{k-1} . \tag{15.33}$$

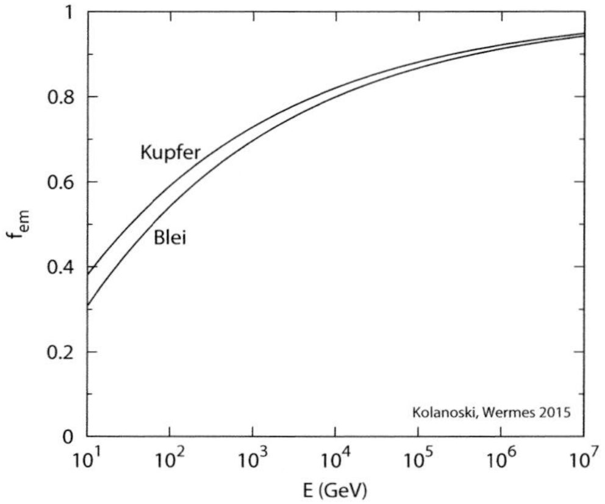

Abb. 15.11 Der Anteil f_{em} der elektromagnetisch deponierten Energie in Kupfer und in Blei als Funktion der Energie. Die Kurven wurden mit Gleichung (15.33) mit den Parametern $k = 0.82$ und $E_0 = 0.7\,\text{GeV}$ für Kupfer und $E_0 = 1.3\,\text{GeV}$ für Blei berechnet.

Die Form dieser Gleichung wird in [812] hergeleitet, wobei E_0 und k als freie Parameter an Daten oder Simulationen angepasst werden. Der Parameter k ist mit der Teilchenmultiplizität in den Kernwechselwirkungen verknüpft und wird zu $k \approx 0.82$ abgeschätzt; der Parameter E_0 hat die Bedeutung der mittleren Energie, die für die Erzeugung eines π^0 notwendig ist, und ergibt sich aus Anpassungen zu $E_0 = 0.7\,\text{GeV}$ für Kupfer und $E_0 = 1.3\,\text{GeV}$ für Blei [812]. In Abb. 15.11 ist die daraus berechnete Energieabhängigkeit von f_{em} für Kupfer und für Blei gezeigt. Während bei 10 GeV der elektromagnetische Anteil etwa dem π^0-Anteil in einer inelastischen Reaktion von etwa 1/3 entspricht, wächst er auf etwa 70% bei 1 TeV und etwa 90% bei 1 PeV an. Die höchsten Energien sind insbesondere für den Nachweis kosmischer Strahlung durch Schauerentwicklung in der Atmosphäre relevant (siehe Kapitel 16).

Der hadronische Anteil in (15.32) ist wiederum aufgeteilt in Beiträge, die sich in der Art des Nachweises unterscheiden:

f_{ion}: Geladene Teilchen übertragen durch Ionisation Energie auf das Medium, wobei zu unterscheiden ist zwischen 'relativistischen' Teilchen, die etwa minimal-ionisierend sind, und 'nicht-relativistischen' Teilchen (langsame Protonen und Kernfragmente), die stark ionisierend sind und deshalb in Sampling-Kalorimetern geringe Chancen haben, das aktive Medium zu erreichen. Bei der Analyse von Teilchenreaktionen in Photoemulsionen werden diese Teilchen als 'dünne' beziehungsweise als 'dicke' Spuren gesehen (Abb. 15.8).

f_n: Neutronen übertragen die Energie durch elastische Stöße oder Kernreaktionen. Die Effizienz des Signalbeitrags durch elastische Stöße hängt von dem Energieübertrag und damit von der Kernmasse ab. In wasserstoffreichen aktiven Medien kann der Beitrag relativ groß werden (siehe dazu 'Kompensation' in Abschnitt 15.6.3). Zusätzliche Neutronen können in Kernspaltungsreaktionen, induziert von Spallationsneutronen, erzeugt werden. Nach Thermalisierung in elastischen Streuungen können Neutronen von Kernen eingefangen werden, wodurch verzögerte Gammastrahlung entsteht. Für einen solchen Beitrag zum Gesamtsignal hängt die Nachweiseffizienz dann von der Integrationszeit des Signals ab.

f_γ: Die Photonen aus Kernreaktionen werden zu dem 'hadronischen' Anteil der Energie gezählt, weil sie in Kernreaktionen entstehen und stark mit den anderen hadronischen Energien korrelieren. Sie haben etwas bessere Chancen als Kernfragmente, die aktiven Medien zu erreichen und dort, bevorzugt über Compton-Streuung oder Photoeffekt, Energie zu deponieren. Diese Komponente kann mit starker Verzögerung von Mikrosekunden und mehr auftreten.

f_B: Die Bindungsenergie, die zum Aufbrechen eines Kernes benötigt wird, wird nicht nachgewiesen, so dass der letzte Term in (15.32) zu einem Kalorimetersignal nicht beiträgt. In diesen Term werden meistens auch die entweichenden Neutrinos einbezogen.

Der Anteil der elektromagnetisch deponierten Energie f_{em} in einem Hadronschauer schwankt sehr stark zwischen den Extremen 0% und 100%, bei denen in den ersten Wechselwirkungen entweder keine oder nur neutrale Pionen erzeugt werden. Diese Fluktuationen stellen die größte Herausforderung für die Hadronkalorimetrie dar.

Andererseits ist die hadronische Komponente für sich genommen in ihrer Zusammensetzung weitgehend unabhängig von der Energie und der Teilchensorte, wie man an der Aufstellung in Abb. 15.12 erkennen kann. Zwischen 10 und 500 GeV sind die Anteile der totalen Ionisation (das ist die durch geladene Teilchen deponierte Energie), der niederenergetischen Neutronen, der Gammastrahlung und die Verluste durch die Bindungsenergien erstaunlich konstant. Das bedeutet, dass jede einzelne Komponente ein Maß für die hadronische Energie ist. Allerdings ist die hadronisch deponierte Energie wiederum kein gutes Maß für die Gesamtenergie, weil die hadronischen und die elektromagnetischen Anteile stark fluktuieren und dazu noch deren Mittelwerte nach (15.33) energieabhängig sind.

Hier zeichnen sich bereits zwei mögliche Wege für die Erreichung von guten Energieauflösungen in Hadronkalorimetern ab, die wir dann in Abschnitt 15.6 im Detail besprechen werden: Entweder man misst die Aufteilung zwischen hadronisch und elektromagnetisch deponierter Energie oder man versucht, die Signalantwort eines Kalorimeters für beide Komponenten gleich zu machen. Letzteres läuft im Wesentlichen auf eine 'Kompensation' der Bindungsverluste hinaus, wobei für die praktische Umsetzung dieser Idee die Proportionalität zwischen Bindungsverlusten und den anderen hadronischen Komponenten, insbesondere der Neutronrate, genutzt wird.

15.3.3 Charakteristische Größe hadronischer Schauer

Die Längenskala für die Entwicklung von Hadronschauern ist die nukleare Absorptionslänge, die bereits in (3.141) angegeben wurde:

$$\lambda_a = \frac{A}{N_A\,\rho\,\sigma_{inel}} \approx 35\,\frac{\mathrm{g}}{\mathrm{cm}^2}\,\frac{A^{\frac{1}{3}}}{\rho}\,, \tag{15.34}$$

wobei für den inelastischen Wirkungsquerschnitt eine $A^{2/3}$-Abhängigkeit angenommen wurde (siehe dazu auch Abschnitt 3.1). In Tabelle 15.3 sind für einige Materialien Absorp-

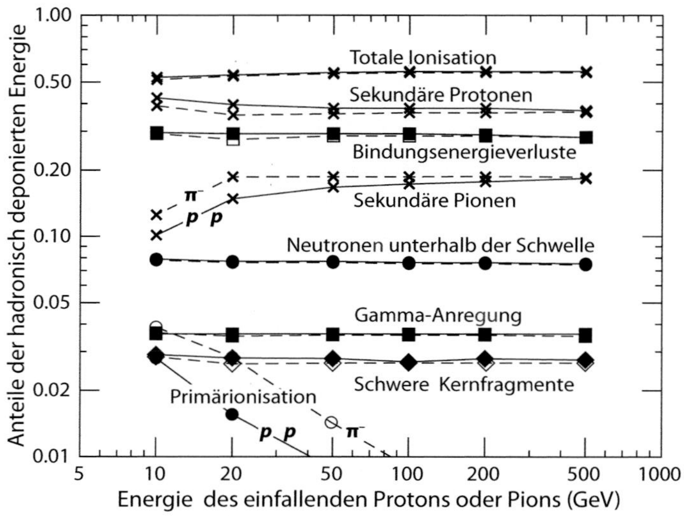

Abb. 15.12 Aufteilung des gesamten hadronischen Anteils f_h der deponierten Energie auf ihre verschiedenen Beiträge als Funktion der Energie für Protonen (durchgezogene Linien) und negative Pionen (gestrichelte Linien) in einem Eisenblock. Die Simulationen sind mit dem Programm CALOR durchgeführt worden (aus [360], mit freundl. Genehmigung von Elsevier).

tionslängen angegeben[3]. Die $A^{1/3}$-Abhängigkeit in (15.34) wird nicht unbedingt durch ein Anwachsen der Dichte kompensiert, so dass zum Beispiel Eisen eine leicht kürzere Absorptionslänge hat als Blei. Die Größe elektromagnetischer und hadronischer Schauer wächst in beiden Fällen mit $\ln E$ und skaliert mit X_0 beziehungsweise mit λ_a. Das Verhältnis von λ_a zu X_0 (Tab. 15.3) steigt etwa proportional zu Z an:

$$\frac{\lambda_a}{X_0} \approx 0.37\,Z\,. \tag{15.35}$$

Da λ_a für dichtere Medien sehr viel größer als X_0 ist (Tab. 15.3), müssen hadronische Kalorimeter im Allgemeinen viel größer sein als elektromagnetische (siehe das Beispiel in Abb. 15.10).

Für den Nachweis von hadronischen Schauern mit guter Auflösung ist es wichtig, dass die elektromagnetischen und die hadronischen Komponenten bei gleicher deponierter Energie etwa gleiche Signale liefern (siehe dazu die Ausführungen in Abschnitt 15.6). Annähernd lässt sich das durch Einsatz von Materialien mit kleinen A- und Z-Werten in Hadronkalorimetern erreichen. Mit kleineren Z-Werten wird das Verhältnis der Absorptionslänge zur Strahlungslänge kleiner, wie aus Tabelle 15.3 ersichtlich ist. Von diesem Gesichtspunkt her wäre nach der Tabelle Beryllium am günstigsten. Allerdings haben die leichten Elemente sehr große absolute Absorptionslängen, was für den praktischen

[3]Die Daten wurden dem Review of Particle Properties [621] entnommen. Die nukleare Absorptionslänge ist dort als diejenige für Neutronen mit einem Impuls von 200 GeV/c definiert [398]. Da die Energieabhängigkeiten und auch die Abhängigkeiten von der Hadronsorte nicht vernachlässigbar und die Definitionen nicht eindeutig sind, findet man in der Literatur etwas unterschiedliche Werte für die Absorptions- und Wechselwirkungslängen.

Tab. 15.3 Strahlungslängen, hadronische Absorptionslängen und deren Verhältnisse in Materialien mit den angegebenen Dichten (aus [621, 634]).

Material	Z	ρ $(\mathrm{g/cm^3})$	X_0 (cm)	A	λ_a (cm)	λ_a/X_0	$dE/dx\|_{min}$ (MeV/cm)
H_2O	1,8	1.00	36.1	18	83.3	2.3	1.99
Luft	7,8	$1.205 \cdot 10^{-3}$	$3.0 \cdot 10^4$	14.3	$7.5 \cdot 10^4$	2.5	$2.19 \cdot 10^{-3}$
Be	4	1.85	35.3	9	42.1	1.2	2.95
C	6	2.21	19.3	12	38.8	2.0	3.85
Al	13	2.70	8.9	27	39.7	4.5	4.36
Fe	26	7.87	1.76	56	16.8	9.5	11.42
Cu	29	8.96	1.43	64	15.3	10.7	12.57
W	74	19.30	0.35	184	9.9	28.3	22.10
Pb	82	11.35	0.56	207	17.6	31.4	12.73
U	92	18.95	0.32	238	11.0	34.4	20.48

Einsatz in der Regel sehr unerwünscht ist. Deshalb ist Eisen ein bevorzugtes passives Medium in Hadronkalorimetern. Außer der Ähnlichkeit von Absorptions- und Strahlungslänge gibt es weitere Aspekte, die berücksichtigt werden können, um Gleichheit der Signale der elektromagnetischen und der hadronischen Komponente zu erhalten. Das bringt dann wieder die schweren Elemente, insbesondere Uran und Blei, ins Spiel, wie in dem Abschnitt 15.6.3 über 'kompensierende Kalorimeter' ausgeführt wird.

Ähnlich wie bei den elektromagnetischen Schauern kann man allgemeine Eigenschaften des Schauerprofils angeben. Im Folgenden geben wir empirische Abschätzungen an, die im Bereich von einigen GeV bis einige 100 GeV gültig sind [312]. Die Lage des Schauermaximums hängt auch hier linear von dem Logarithmus der Energie ab (t = Länge in Einheiten von λ_a):

$$t_{max} \approx 0.2 \ln(E/\mathrm{GeV}) + 0.7 \,. \tag{15.36}$$

Im Mittel werden 95% der Energie longitudinal innerhalb

$$t_{95\%} \approx t_{max} + 2.5\,\lambda_a \left(\frac{E}{\mathrm{GeV}}\right)^{0.13} \tag{15.37}$$

deponiert. Es ist aber zu beachten, dass die Fluktuationen um diese Mittelwerte sehr viel stärker als bei elektromagnetischen Schauern sind.

Die laterale Verteilung der deponierten Energie ist charakterisiert durch einen dichten Kern, der durch die elektromagnetischen Teilschauer dominiert wird, und einen verhältnismäßig weiten Ausläufer, der besonders von Neutronen verursacht wird. Der laterale Einschluss von 95% der deponierten Energie lässt sich sehr grob als ein Zylinder mit dem Radius

$$R_{95\%} \approx \lambda_a \tag{15.38}$$

angeben. Hier sind allerdings auch Materialabhängigkeiten zu beachten [812].

15.3.4 Simulation von hadronischen Schauern

Die Simulation von hadronischen Schauern ist komplizierter und weniger genau möglich als die von elektromagnetischen Schauern (siehe Seite 582). Viele Reaktionen können nur im Rahmen von Modellen mit experimentell zu bestimmenden Parametern beschrieben werden. Es gibt deshalb eine größere Auswahl von Programmen, die zum Teil auf bestimmte Aspekte, wie hohe oder niedrige Energien, Teilchenphysik- oder Kernreaktionen, optimiert sind. Die Programmpakete Geant4 [373] und FLUKA [128, 325] bieten verschiedene Optionen, um die Simulation verschiedenen Fragestellungen anpassen zu können.

Für die Simulation von Luftschauern, die durch kosmische Strahlung ausgelöst werden, sind spezielle Programme entwickelt worden, die wir in Kapitel 16 beschreiben.

15.4 Allgemeine Prinzipien bei Konstruktion und Betrieb von Kalorimetern

Die Entwicklung von elektromagnetischen und hadronischen Schauern wird in Kalorimetern gemessen. Die grundlegenden Anforderungen an ein Kalorimeter beziehungsweise ein Kalorimetersystem sind optimale Energie- und Ortsauflösungen und in der Regel auch eine vollständige, hermetische Abdeckung eines Raumwinkelbereichs. Bei der praktischen Ausführung kommen viele andere Anforderungen und Einschränkungen, wie zum Beispiel die Kosten, hinzu. In der Regel können Anforderungen auf unterschiedliche Weise, aber meistens auch nur mit Kompromissen zwischen verschiedenen Anforderungen, erfüllt werden. Im Folgenden sollen einige wesentliche Parameter einer Kalorimeterkonstruktion besprochen werden.

15.4.1 Bauweise

Bei einem Kalorimeter unterscheidet man das **passive Medium**, in dem sich der Schauer entwickelt, und das **aktive Medium**, in dem elektronisch registrierbare Signale[4] der Schauerteilchen entstehen (zum Beispiel durch Ionisationsladung, Szintillations- oder Cherenkov-Licht). In homogenen Kalorimetern (zum Beispiel Szintillationskristallen oder Bleiglas) werden beide Funktionen von einem einzigen Medium erfüllt. In inhomogenen, so genannten Sampling-Kalorimetern, sind beide Funktionen getrennt, meistens eine passive Schicht im Wechsel mit einer aktiven Schicht, siehe Abb. 15.13. Aus Gründen, die später noch ausgeführt werden, werden Hadronkalorimeter praktisch immer als Sampling-Kalorimeter gebaut, während man für elektromagnetische Kalorimeter beides findet.

---

[4] Wir konzentrieren uns hier auf elektronisch ausgelesene Kalorimeter, wie sie in modernen Hochenergie-Experimenten verwendet werden, obwohl zum Beispiel die optische Darstellung eines Schauers in einer Blasen- oder Nebelkammer mit Konverterplatten (Abb. 15.24) für die Anschaulichkeit sehr hilfreich ist.

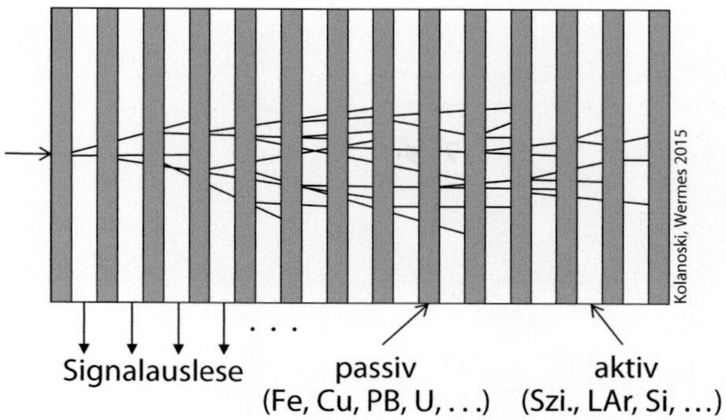

Abb. 15.13 Schema eines Sampling-Kalorimeters, hier als 'Sandwich-Anordnung'.

Bei größeren Experimenten sind Kalorimeter in Module unterteilt, die je nach Experiment als Kugel (zum Beispiel Crystal Ball, Abb. 13.23 auf Seite 529), als Zylinder (bei den meisten Speicherringdetektoren im zentralen Bereich, Beispiele in den Abb. 15.20 und 15.22) oder planar (in der Regel bei Experimenten an festen Targets, zum Beispiel in Abb. 15.26) angeordnet werden. Neben der konstruktionsbedingten Aufteilung in mechanische Module gibt es eine Segmentierung der Auslese. Bei homogenen Kalorimetern ist ein Modul in der Regel gleichzeitig auch eine Ausleseeinheit. Sampling-Kalorimeter bieten mehr Freiheit, die Auslesestruktur an physikalische Anforderungen wie Auflösungen und Teilchenseparation anzupassen.

Weiterhin ist zu entscheiden, ob die Anordnung 'projektiv' sein soll, das heißt, ob die Module auf den nominalen Wechselwirkungspunkt ausgerichtet sein sollen (*pointing geometry*). Abbildung 15.14 zeigt Skizzen von nicht-projektiven und projektiven Anordnungen. Der Vorteil einer projektiven Anordnung liegt vor allem in einer optimalen und über den Detektor gleichmäßigen Ortsauflösung für die rekonstruierten Schauer. Ein in der Praxis wichtiger Nachteil ist, dass viele verschiedene Modulformen zu fertigen sind. Wenn sich zwischen den Modulen Material, zum Beispiel von Trägerstrukturen, befindet, können bei einer *pointing geometry* auch Photonen ohne aufzuschauern das Kalorimeter durchqueren. Deshalb wird, wenn es auf eine hermetische Abgeschlossenheit des Detektors ankommt, auch bewusst eine nicht-projektive Geometrie, oder zumindest eine nicht exakt projektive Geometrie, gewählt.

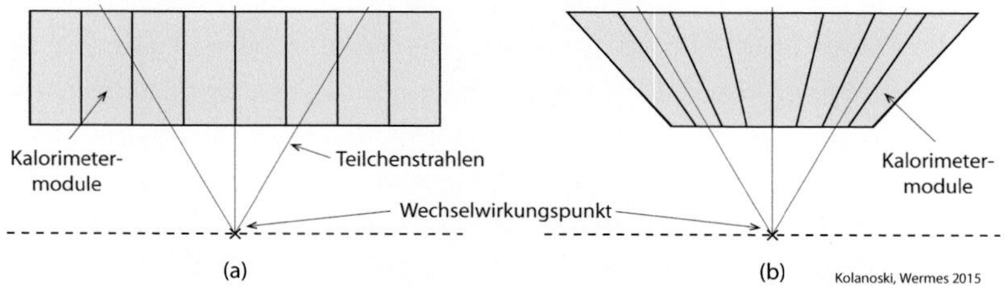

Abb. 15.14 Vergleich einer nicht-projektiven (a) und einer projektiven (b) Ausrichtung von Kalorimetermodulen auf den Wechselwirkungspunkt.

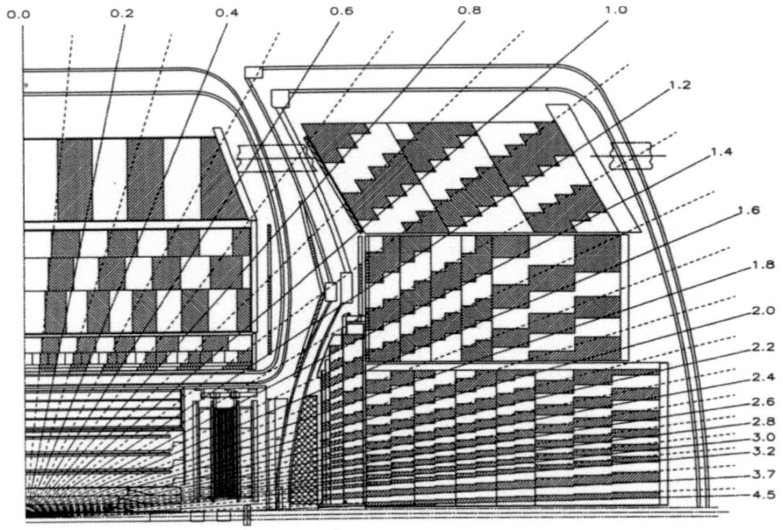

Abb. 15.15 Die *Trigger-Tower*-Struktur des D0-Detektors ([9], mit freundl. Genehmigung von Elsevier). Die abwechselnd weiß und grau gezeichneten Segmente sind elektronisch als UND-Logik verknüpft.

Die Signale von Kalorimetern werden häufig in einem schnellen Trigger benutzt. Dazu fasst man mehrere Module eines Kalorimeters als *trigger towers*, die etwa die Größe der zu erkennenden Schauer haben, zusammen. Als Beispiel sind in Abb. 15.15 die *trigger towers* in dem D0-Detektor gezeigt.

15.4.2 Größe und Granularität eines Kalorimeters

Longitudinale Struktur

Die Größe eines Kalorimeters sollte so gewählt werden, dass ein möglichst großer Anteil der Schauerenergie nachgewiesen werden kann. Die Leckverluste verschlechtern die Auflösung, wie die Beispiele in Abb. 15.16 zeigen. Die Wahl der longitudinalen Dimension eines Kalorimeters hängt von dem Energiebereich ab, für den es optimiert werden soll. Verlangt man zum Beispiel einen Nachweis von 98% des elektromagnetischen Schauers, so kann man die notwendige Detektortiefe $t^{98\%}$ durch die Formel (15.20) abschätzen. Einige Werte für die 98%-Abdeckung sind in Tab. 15.1 auf Seite 583 angegeben. So werden zum Beispiel in Blei die 98%-Abdeckung für Elektronen von 10 GeV mit 18.8 Strahlungslängen und für 100 GeV mit 22.2 Strahlungslängen erreicht. Für hadronische Schauer ist eine Näherungsformel für einen Nachweis von 95% in Gleichung (15.37) angegeben.

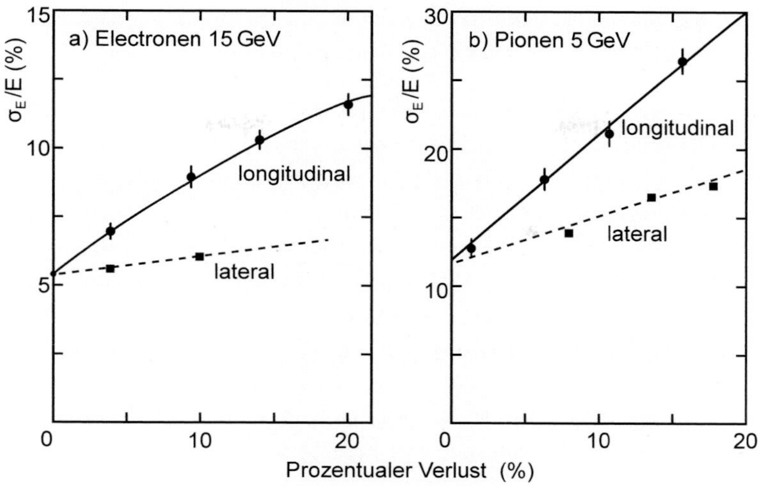

Abb. 15.16 Simulationen von Energieauflösungen in Abhängigkeit von dem prozentualen Schauerverlust (longitudinal und lateral) für (a) 15-GeV-Elektronen und (b) 5-GeV-Pionen (aus [74], © The Royal Swedish Academy of Sciences, mit freundl. Genehmigung von IOP Publishing).

Longitudinale Segmentierung Für die Signalauslese ist ein Kalorimeter in der Regel in Segmente aufgeteilt. In elektromagnetischen Kalorimetern ist eine longitudinale Segmentierung notwendig für eine gute Hadron-Elektron-Separation (siehe Kapitel 14) und in hadronischen Kalorimetern für eine Verbesserung der Auflösung (siehe 'Software-Korrektur' in Abschnitt 15.6.3).

Tail catcher Falls Schauerverluste unvermeidbar sind, kann bereits eine recht grobe Messung des Verlusts durch einen so genannten *Tail Catcher* eine deutliche Verbesserung der Auflösung bewirken. Das Schema ist in Abb. 15.17 dargestellt: Hinter dem Kalorimeter misst ein weiterer Detektor mit grober Auflösung den Schauerrest, der nicht im Kalorimeter absorbiert wurde. Bei Hadronkalorimetern benutzt man dazu häufig auch einen eventuell folgenden Myondetektor oder instrumentiert das Eisen eines hinter dem Kalorimeter liegenden Joches eines Magneten. Selbst durch eine solch grobe Messung des Leckverlusts kann eine Korrektur angebracht werden, die insgesamt die Energieauflösung deutlich verbessert. Den Einfluss der Leckverluste und eventueller Korrekturen

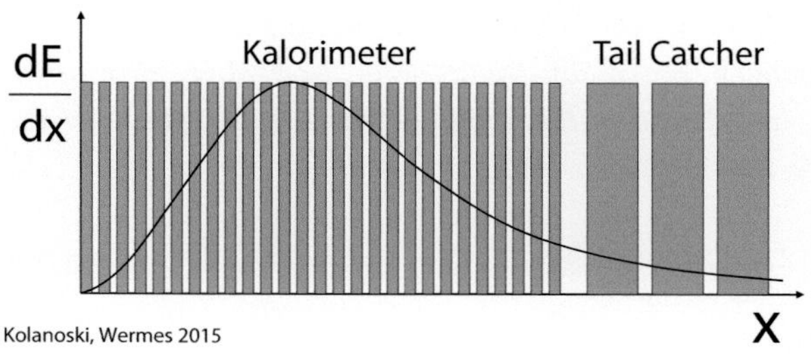

Abb. 15.17 Messung des Schauerverlusts durch einen nachfolgenden Detektor.

auf die Auflösung werden in den Abschnitten 15.5.5 (Seite 632) für elektromagnetische und 15.6.5 (Seite 652) für hadronische Kalorimeter diskutiert.

Presampler Die meisten Detektoren haben vor den Kalorimetern noch Spurdetektoren und eventuell Detektoren zur Identifikation geladener Teilchen. Obwohl diese Detektoren grundsätzlich 'nicht-destruktiv', das heißt mit möglichst wenig Material, konzipiert sind, kann sich die Materialdicke bis zu den Kalorimetern durchaus zu einer Strahlungslänge und sogar mehr addieren (zum Beispiel in den LHC-Detektoren). Dann ergibt sich eine hohe Wahrscheinlichkeit, dass der Schauer bereits vor dem Kalorimeter beginnt und damit insbesondere das elektromagnetische Kalorimeter an Auflösung einbüßt. Dem kann man durch die Installation so genannter 'Presampler' begegnen, die entweder nur feststellen, ob ein Schauer bereits begonnen hat (wichtig für Photonen), oder bereits eine grobe Energiemessung liefern. Ein Presampler kann einfach eine erste, separat auslesbare Lage eines Kalorimeters sein (Beispiel: ATLAS-EM-Kalorimeter (EM steht für 'elektromagnetisch'), beschrieben in Abschnitt 15.5.3 auf Seite 618) oder ein spezieller Detektor, zum Beispiel eine Szintillator-, Silizium- oder Drahtkammerlage.

Laterale Struktur

Die lateralen Energieverluste können für elektromagnetische Schauer durch die Ausdehnung des Kalorimeters in Einheitendes Molière-Radius (siehe Gleichung (15.21) und Tab. 15.2) abgeschätzt werden. Entsprechend Abb. 15.16(a) sind 1 bis 2 Molière-Radien bereits ausreichend, um die Auflösung nicht wesentlich zu verschlechtern. Für hadronische Schauer lässt sich nach (15.38) auf Seite 597 der 95%-Einschluss zu etwa einer Absortionslänge abschätzen.

Die laterale Segmentierung, also die Aufteilung in einzelne Segmente für die Signalauslese, ist wichtig für die Trennbarkeit einzelner Schauer und für die Ortsauflösung der Schauerachse (Abschnitt 15.4.5). Algorithmen zur Trennung zweier Schauer erfordern in der Regel, dass zwischen den Schauern ein Minimum der deponierten Energie in wenigstens einem Detektormodul beziehungsweise Auslesesegment zwischen zwei Energie-Clustern zu sehen ist.

15.4.3 Energieauflösung

Die Energieauflösung ist das wichtigste Gütekriterium eines Kalorimeters. In den meisten Kalorimetern ist die Energieauflösung durch stochastische Schwankungen der geladenen Schauerteilchen, die zum Signal beitragen, bestimmt. Wenn deren Anzahl N_S proportional zur Primärenergie ist, $N_S \propto E$, und N_S nach der Poisson-Statistik die Standardabweichung $\sqrt{N_S}$ hat, dann ergibt sich für die Auflösung:

$$\frac{\sigma_E}{E} \propto \frac{\sqrt{N_S}}{N_S} = \frac{1}{\sqrt{N_S}} \propto \frac{1}{\sqrt{E}} \,. \tag{15.39}$$

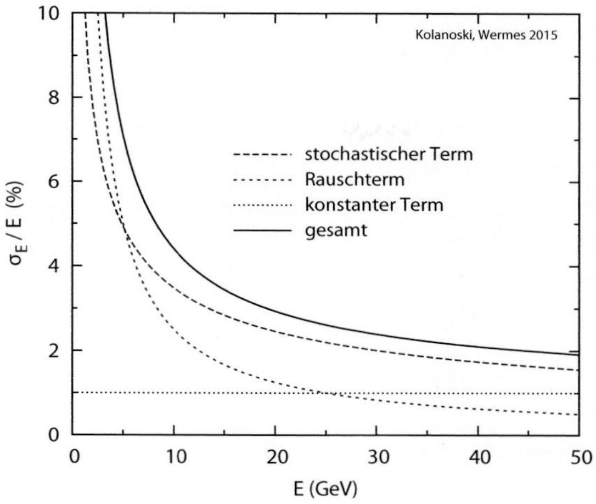

Abb. 15.18 Beispiel für die Energieabhängigkeit der Auflösung eines Kalorimeters mit den einzelnen Beiträgen der Auflösungsterme wie in Gleichung (15.40), mit $a = 0.11/\sqrt{\text{GeV}}$, $b = 250\,\text{MeV}$, $c = 0.01$.

In einem realistischen Kalorimeter treten allerdings zu dem stochastischen Term weitere Terme mit unterschiedlichen Energieabhängigkeiten auf. In einem relativ allgemeinen Ansatz werden drei Beiträge quadratisch addiert:

$$\frac{\sigma_E}{E} = \sqrt{\frac{a^2}{E} + \frac{b^2}{E^2} + c^2} = \frac{a}{\sqrt{E}} \oplus \frac{b}{E} \oplus c\,. \tag{15.40}$$

Die rechte Seite zeigt eine gängige Schreibweise für die quadratische Addition von Auflösungen. Die dominierenden Quellen für die einzelnen Beiträge sind (Abb. 15.18):

a stochastische Fluktuationen der Schauerentwicklung, die bei Sampling-Kalorimetern durch das unvollständige Abtasten verstärkt werden,

b elektronisches Rauschen, dessen energieunabhängige absolute Fluktuationen zu einem $1/E$-Beitrag zu der relativen Auflösung führen,

c mechanische und elektronische Unregelmäßigkeiten, Fluktuationen in den Leckverlusten, Interkalibrationsfehler und andere, deren absoluter Beitrag mit der Energie ansteigt.

Die ersten beiden Terme werden bei höheren Energien immer kleiner, bis schließlich der konstante Term die Auflösung begrenzt. Bei kleinen Energien ist die Begrenzung gegeben durch den Rauschterm, durch den auch die Schwelle für die kleinste messbare Energie festgelegt ist. Der Koeffizient b in (15.40) wird 'äquivalente Rauschenergie' genannt und entspricht der Energie eines Teilchens, das das gleiche elektronische Signal wie die Standardabweichung des Rauschuntergrunds ergibt.

Wegen der charakteristischen Unterschiede in dem Verhalten von elektromagnetischen und hadronischen Kalorimetern werden deren Energieauflösungen getrennt in den Abschnitten 15.5.5 und 15.6.5 besprochen.

15.4.4 Linearität

Neben der Auflösung ist auch die Linearität, das heißt die lineare Abhängigkeit des gemessenen Signals von der Primärenergie, ein wichtiger Parameter von Kalorimetern. Die Linearität kann durch den Detektor eingeschränkt sein (zum Beispiel durch die mit $\ln E$ ansteigenden Leckverluste, siehe die Gleichungen (15.20) und (15.37)) oder durch die Elektronik (zum Beispiel durch Sättigung bei hohen Signalen). Die Linearität der Ausleseelektronik kann zwar mit einem geeignetem Testpulser-System bestimmt werden, in der Regel wird die Linearität des gesamten Kalorimeters aber mit Teststrahlen bekannter Energien zu messen sein.

15.4.5 Orts- und Richtungsauflösung

Wenn der Schauer ganz in einem Auslesesegment absorbiert wird, ist die Auflösung gegeben durch die lateralen Dimensionen des Segments. Zum Beispiel ist bei einem quadratischen Querschnitt mit der Seitenlänge a die Varianz einer rekonstruierten Koordinate $\sigma^2 = a^2/12$ (entspricht der Varianz einer Gleichverteilung über die Länge a, siehe Gleichung (E.4) im Anhang E). Die Ortsauflösung kann wesentlich verbessert werden, wenn die Schauerenergie über mehrere benachbarte Segmente verteilt ist und der Ort durch Anpassung an eine Modellverteilung bestimmt werden kann (siehe auch Anhang E). Dazu sollten die lateralen Abmessungen eines einzelnen Segments in der Größenordnung eines Molière-Radius für elektromagnetische Kalorimeter beziehungsweise einer Absorptionslänge für hadronische Kalorimeter oder darunter sein. Es lassen sich so Ortsauflösungen von einigen Millimetern für elektromagnetische Kalorimeter und einigen Zentimetern für hadronische Kalorimeter erreichen. Der Eintrittsort kann durch die Anpassung eines theoretischen lateralen Schauerprofils (unter Berücksichtigung der Eintrittsrichtung) an die gemessenen Energien in benachbarten Segmenten bestimmt werden.

Aus der Kombination des rekonstruierten Eintrittorts und des Entstehungsorts des schauernden Teilchens oder Jets lässt sich die Richtung bestimmen, die für kinematische Rekonstruktionen von Ereignissen benötigt werden. Zum Beispiel erhält man für die Auflösung des Polarwinkels θ (zwischen Teilchen und Strahlachse, die in der Regel als z-Achse definiert ist) mit der Ortsauflösung σ_z^{Kal} des Kalorimeters, dem Abstand d zwischen Ereignisvertex und Kalorimeterbezugspunkt und der Vertexauflösung σ_z^{Vx}:

$$\sigma_\theta = \frac{\sqrt{(\sigma_z^{Kal})^2 + (\sigma_z^{Vx})^2}}{d} \,. \tag{15.41}$$

15.4.6 Signalsammlung und Zeitauflösung

Je nach der gewählten Auslesemethode können Kalorimeter sehr unterschiedliche Signalsammelzeiten und Zeitauflösungen haben. Die Signalsammelzeiten gehen von einigen Nanosekunden bei organischen Szintillatoren, die in vielen Sampling-Kalorimetern eingesetzt werden, bis zu Mikrosekunden bei anorganischen Kristallen (wie NaI oder CsI) und Flüssig-Argon. Eine gute Energieauflösung verlangt genügend lange Sammelzeiten, um Fluktuationen zwischen frühen und späten Signalanteilen auszugleichen und/oder Rauschen zu unterdrücken. In den so genannten 'kompensierenden Hadronkalorimetern' (Abschnitt 15.6.3) legt die Signalsammelzeit auch die Signalbeiträge von nuklearen Neutronen fest.

Bei hohen Ereignisraten ist eine gute Zeitauflösung notwendig, um Signale einem bestimmten Ereignis, einer bestimmten Strahlkreuzung bei Collidern oder einem Strahlpaket bei festen Targets zuordnen zu können. Zum Teil muss diese gute Zeitauflösung bereits auf der Triggerebene verfügbar sein (Abschnitt 18.3). Für schnelle Trigger werden häufig die Signale auf einem separaten Pfad elektronisch verarbeitet, um durch Pulsformung (Abschnitt 17.3) eine gute Zeitauflösung, jedoch mit Einbußen bei der Energieauflösung, zu erreichen. Man kann dann Zeitauflösungen erreichen, die um Größenordnungen besser sind als die Sammelzeiten. Zum Beispiel werden bei Flüssig-Argon-Kalorimetern bei Sammelzeiten von etwa 1 µs Zeitauflösungen von etwa 10 ns für den Trigger erreicht.

15.4.7 Kalibration

Bei der Konstruktion eines Kalorimeters sollte immer gleichzeitig bedacht werden, wie das Kalorimeter kalibriert werden kann. Es ist nämlich in der Praxis nicht möglich, für Kalorimeter eine absolute Energieskala zu berechnen oder mit Simulationen zu bestimmen, sondern man ist immer auf experimentelle Kalibrationsverfahren angewiesen. Je nach Anwendungsgebiet und technischer Ausführung gibt es eine Reihe unterschiedlicher Verfahren, von denen man am besten mehrere kombiniert, um systematische Fehler bestimmen zu können. Grundsätzlich kann man zwischen der Benutzung von Teststrahlen und der Ausnutzung kinematischer Zwangsbedingungen bei der Rekonstruktion kinematischer Prozesse unterscheiden. Als Teststrahlen werden hochenergetische Elektron-, Myon- oder Hadronstrahlen an Beschleunigern genutzt, aber es werden auch niederenergetische Gammalinien radioaktiver Quellen für Kalorimeter mit niedrigem Rauschniveau eingesetzt.

15.4.8 Strahlenhärte

In Experimenten bei sehr hohen Energien und hohen Intensitäten, wie am LHC (siehe Tab. 2.2 auf Seite 16), kann auch noch im Bereich der Kalorimeter eine hohe Strahlungsbelastung herrschen. Bei den Entwicklungen für die LHC-Experimente wurde deshalb speziell auf die Strahlungshärte der Elektronik, der verwendeten Materialien und der Bauweisen geachtet. In diesem Zusammenhang besonders erwähnenswert ist die Entwicklung strahlenharter szintillierender Kristalle für das elektromagnetische Kalorimeter des CMS-Experiments [239] (siehe Beschreibung auf Seite 610ff).

Tab. 15.4 Typische Anforderungen an elektromagnetische Kalorimeter und die technischen Lösungen, die den jeweiligen Anforderungen am besten gerecht werden.

Anforderung	Lösungsoptimierung
Energieauflösung	homogene Kalorimeter, Kristalle
Orts- und Richtungsauflösung	hohe laterale Segmentierung
Elektron-Hadron-Separation	longitudinale Segmentierung
hermetische Abdeckung	dichte Modulpackung, wenig Trägermaterial, wenige Versorgungsleitungen zu den Detektoren vor dem Kalorimeter
Energieauflösung bei hohen Energien	kleiner konstanter Term, Minimierung der mechanischen Toleranzen, geringer Interkalibrationsfehler, stabile Kalibration (durch kontinuierliche Kontrolle)
gleiche Energieskala für Elektronen und Hadronen ($e/h \approx 1$)	kompensierende Kalorimeter (Abschnitt 15.6), einheitliche Technologie für das elektromagnetische und hadronische Kalorimeter
Jet-Energieauflösung	Granularität, abgestimmte Kombination der elektromagnetischen und hadronischen Kalorimeter
Linearität	ausreichende Tiefe des Kalorimeters, genügend großer dynamischer Bereich der elektronischen Signalauslese
absolute Kalibration	Teststrahlkalibration kombiniert mit In-situ-Kalibration
niedrige Kosten	wenige elektronische Kanäle, preisgünstige Materialien, geringes Volumen (das bedeutet im Allgemeinen, dass die inneren Spurdetektoren in ihrer Ausdehnung begrenzt werden müssen)

15.5 Elektromagnetische Kalorimeter

15.5.1 Überblick

Es gibt eine Vielzahl von Möglichkeiten, Kalorimeter zu bauen. Die Wahl der Technologie wird durch die Anforderungen bestimmt, wobei es für eine bestimmte Anforderung in der Regel auch eine optimale Lösung gibt (siehe Tabelle 15.4). Allerdings wird die Kombination verschiedener, sich eventuell widersprechender Anforderungen eine Lösungsoptimierung mit Kompromissen erfordern.

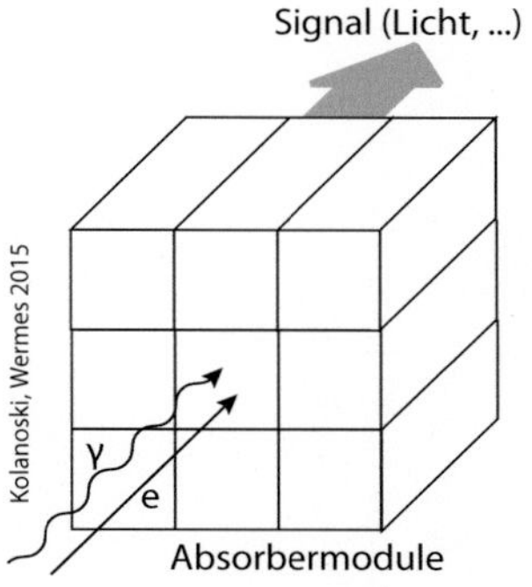

Abb. 15.19 Schematische Darstellung eines homogenen Kalorimeters. Eintreffende Strahlung erzeugt Licht, das durch geeignete Nachweiselemente (Photovervielfacher, Photodioden, APD; siehe Abschnitt 13.4) nachgewiesen wird.

In Tabelle 15.5 werden charakteristische Eigenschaften elektromagnetischer Kalorimeter verschiedener Experimente verglichen. Obwohl mit homogenen Kalorimetern die besten Energieauflösungen erreicht werden, können Anforderungen an hohe Granularität für Elektron-Hadron-Separation, Jet-Auflösung, Cluster-Separation und Ortsauflösung zusammen mit dem Kostenfaktor die Entscheidung zugunsten eines Sampling-Kalorimeters ausfallen lassen.

15.5.2 Homogene Kalorimeter

Detektormaterialien und Signalauslese

Die besten Energieauflösungen für elektromagnetische Schauer erreicht man mit homogenen Kalorimetern (Abb. 15.19), die entweder Szintillations- oder Cherenkov-Licht (selten Ionisationsladung) als Signal nutzen:

- Szintillatoren: Geeignet sind anorganische Kristalle wie NaI(Tl), CsI(Tl), BGO oder $PbWO_4$ (Tab. 13.3 auf Seite 514), deren Eigenschaften bereits in Abschnitt 13.3 besprochen wurden. Typische Auflösungen sind (siehe auch Abschnitt 13.5.2):

$$\frac{\sigma_E}{E} \approx \frac{(2\text{–}5)\%}{\sqrt[4]{E/\text{GeV}}} .$$

- Flüssige Edelgase mit hohem Z (Krypton, Xenon): Die kleinen Strahlungslängen und Molière-Radien von flüssigem Krypton und Xenon machen diese Edelgase interessant für die Kalorimetrie, siehe Tabelle 15.6. Während Flüssig-Argon als aktives Medium sehr gebräuchlich ist, aber wegen der langen Strahlungslänge als passives Medium weniger geeignet ist, können Krypton und Xenon sowohl als Konverter als auch als aktive Medien dienen. In beiden Gasen wird die deponierte Energie sowohl in Szintillationslicht als auch in freie Ladungen konvertiert. Die besten Auflösungen ergeben sich, wenn beide Komponenten gemessen werden (siehe dazu auch die Anwendungen zum Nachweis von Dunkler Materie in Abschnitt 16.7). Aus praktischen Gründen wird aber häufig nur eine der beiden Komponenten nachgewiesen. Die Ladung wird auf Elektroden gesammelt, die relativ dünn ausgelegt werden können, so dass wenig

Tab. 15.5 Parameter einiger elektromagnetischer Kalorimeter. Die Zahlenwerte wurden den entsprechenden Referenzen der einzelnen Detektoren und den Übersichten in [203], [812] und [621] entnommen. Die Angaben zu 'Abstand' und 'Stirnfläche' beziehen sich auf den Bereich des kürzesten (senkrechten) Abstandes vom Wechselwirkungspunkt. 'LAr' und 'LKr' bedeuten Flüssig-Argon beziehungsweise -Krypton. Die Parameter a, b, c der Energieauflösungen sind in Gleichung (15.40) definiert.

Typ	X_0	R_M	Abstand	Stirnfläche einer Zelle	Dicke/X_0		Auflösungen (E in GeV)				Experiment
					passive Lage	gesamt	$\sigma(E)/E$			σ_θ	
							a	b	c		
	(cm)	(cm)	(cm)	(cm^2)			(%),	(MeV)	(%)	(mrad)	
homogene Kalorimeter											
NaI(Tl)	2.59	4.8	25.4	12.9		15.7	$2.8/\sqrt[4]{E}$	≈ 0.05		26–35	C. Ball [623]
CsI(Tl)	1.85	3.5	92	4.7×4.7		16	$2.3/\sqrt[4]{E}$	≈ 0.15	1.4	$4.2/\sqrt{E}$	BaBar [101, 700]
BGO	1.12	2.3	50	2×2		22	$\approx 2/\sqrt{E}$		0.7	≈ 10	L3 [40, 207]
Pb-Glas	2.54	3.5	245	10×10		25	$6.3/\sqrt{E}$	11	0.2	4.5	OPAL [52]
$PbWO_4$	0.89	2.0	130	2.2×2.2		25.8	$2.8/\sqrt{E}$	120	0.3	≈ 0.7	CMS [239]
LKr	4.7	5.9	≈ 100 m	2.0×2.0		27	$3.2/\sqrt{E}$	90	0.42	0.001	NA 48 [788]
Sampling-Kalorimeter											
Pb/Szi	3.2	5.0	230	10×10	0.18	12.5	$6.5/\sqrt{E}$	<10	7.2	$6.5/\sqrt{E}$	ARGUS [60]
Pb/LAr	1.1	2.66	90	10–100	0.42	20–30	$11/\sqrt{E}$	150	0.6	$\approx 15/\sqrt{E}$ *	H1 [80, 81]
Pb/Szi$\vert_{\text{Schaschlik}}$	1.7	4.15	1350	5.59×5.59	0.54	20	$11.8/\sqrt{E}$		1.4	$1.0/\sqrt{E} \oplus 0.2$	HERA-B [105]
Pb/Szi$\vert_{\text{SPACAL}}$	0.9	2.55	150	4.05×4.05		28	$7.1/\sqrt{E}$		1.0	≈ 1 bei 30 GeV	H1 [88]
Pb/LAr	≈ 2	≈ 4.1	150	14.7×0.47	≈ 0.4	22–24	$10/\sqrt{E}$	190	0.5–0.7	$\approx 1/\sqrt{E}$	ATLAS [2]
U/Szi	0.56	1.66	120	115–200	1.0	25	$18/\sqrt{E}$			$\approx 40/\sqrt{E}$ *	ZEUS [265]

* Abgeschätzt aus Angaben über Ortsauflösungen.

Tab. 15.6 Eigenschaften von flüssigen Edelgasen, die für Kalorimeter benutzt werden [634].

	Z	Dichte (g/cm^3)	X_0 (cm)	R_M (cm)	E_k (MeV)
Ar	18	1.4	14.0	9.2	32.8
Kr	36	2.4	4.7	6.1	17.0
Xe	54	3.0	2.9	5.5	11.3

totes Material in den ansonsten homogenen Detektor eingebracht wird. Damit ist ein Schauer-Sampling mit hoher Granularität und damit eine hohe Ortsauflösung möglich. Mit einem solchen 'quasi-homogenen' Kalorimeter verbindet man also die Vorteile eines homogenen Kalorimeters mit denen eines Sampling-Kalorimeters. Typische Auflösungen sind:

$$\frac{\sigma_E}{E} \approx \frac{(3\text{–}5)\%}{\sqrt{E/\text{GeV}}} .$$

– Cherenkov-Detektoren: Als Absorber, die Cherenkov-Strahlung emittieren (Kapitel 11), werden zum Beispiel Bleiglas oder $\text{Pb}\,\text{F}_2$ in Beschleunigerexperimenten und Wasser oder Eis in Detektoren für kosmische Strahlung eingesetzt. Typische Auflösungen für Bleiglas sind:

$$\frac{\sigma_E}{E} \approx \frac{(5\text{–}10)\%}{\sqrt{E/\text{GeV}}} .$$

Die charakteristischen Eigenschaften homogener Kalorimeter einiger Detektoren sind in Tab. 15.5 aufgeführt.

Kristalle und Bleiglaszähler werden dicht gestapelt, wie schematisch in Abb. 15.19 dargestellt. Das Licht wird nach hinten herausgeführt und durch Photovervielfacher oder Photodioden (Abschnitt 13.4) in elektronische Signale gewandelt. Die bessere Energieauflösung in Szintillationskristallen im Vergleich zu Bleiglas kommt von der um Größenordnungen höheren Lichtausbeute bei Kristallen: zum Beispiel $4 \cdot 10^4$ Photonen pro MeV im CsI-Kalorimeter des BaBar-Experiments [101] gegenüber 60 Photonen pro MeV in Bleiglas (OPAL-Experiment [52]).

Beispiele für homogene Kalorimeter

Im Folgenden wird eine kleine Auswahl von homogenen Kalorimetern vorgestellt, die exemplarisch für ein Detektormaterial oder eine Bauweise sind. Charakteristische Eigenschaften solcher Kalorimeter sind in Tab. 15.5 zusammengestellt.

Crystal Ball Das NaI(Tl)-Kalorimeter Crystal Ball (Abb. 13.23), das am Elektron-Positron-Collider SPEAR in Stanford ab 1978 betrieben wurde, war ein Markstein für den Einsatz anorganischer Kristalle in Teilchenphysik-Experimenten. Als solcher wurde er auch in dem Kapitel über Szintillatoren in Abschnitt 13.5.2 auf Seite 523 beschrieben. Es war das erste Kristallkalorimeter an einem Speicherring mit nahezu vollständiger Raumwinkelabdeckung und wurde für den Nachweis und die genaue Vermessung der Photonübergänge im Charmonium-System mit einer bis dahin unerreichten Energieauflösung gebaut. Ohne Magnetfeld betrieben, war der Detektor spezialisiert auf die Beobachtung von Photonlinien in inklusiv gemessenen Spektren und die Rekonstruktion von Endzuständen mit hauptsächlich elektromagnetisch schauernden Teilchen (Photonen, Elektronen und Positronen), siehe Abb. 13.23 (b).

Mit der Entwicklung von CsI und anderen szintillierenden Kristallen, die weniger hygroskopisch als NaI sind und dabei ähnliche Energieauflösungen bei kleineren Strahlungslängen und Molière-Radien liefern, hat NaI seine Bedeutung in der Teilchenphysik verloren.

Das CsI(Tl)-Kalorimeter des BaBar-Detektors Der BaBar-Detektor wurde zur Entdeckung und Untersuchung der Verletzung der Materie-Antimaterie-Symmetrie (CP-Verletzung) in Bottom-Meson-Systemen gebaut und ab 1998 an dem Elektron-Positron-Collider PEP-II betrieben [101]. Das CsI(Tl)-Kalorimeter besteht aus 6580 Kristallen, die jeweils mit zwei Photodioden ausgelesen werden. Das Kalorimeter wurde optimiert, Photonen und Elektronen im Energiebereich zwischen 20 MeV und 9 GeV mit hoher Effizienz und Energie- und Winkelauflösung zu messen [700].

Abbildung 15.20 zeigt das CsI(Tl)-Kalorimeter, im unteren Bild als Schnitt in einer Ebene, die die Strahlachse enthält. Da PEP-II asymmetrische Strahlenenergien hat, ist auch der Detektor nicht symmetrisch im Polarwinkel, mit einer besseren Überdeckung in Richtung des hochenergetischen Strahls. Die Kristalle sind 'projektiv' im Azimutwinkel angeordnet, das bedeutet, dass in der Projektion auf die Ebene senkrecht zur Strahlachse alle Kristalle zum Wechselwirkungspunkt ausgerichtet sind (*pointing geometry*). Dagegen ist die Geometrie im Polarwinkel nicht exakt projektiv, wobei die Ausrichtung der Kristalle zwischen 14 und 45 mrad von der Richtung zum Wechselwirkungspunkt abweicht. Vor- und Nachteile von projektiven und nicht-projektiven Anordnungen wurden in Abschnitt 15.4.1 diskutiert.

Insbesondere wegen der sehr guten Energieauflösung werden CsI(Tl)-Kalorimeter für Mesonspektroskopie bei nicht zu hohen Energien (zum Beispiel bei Charm-, Bottom- und Tau-'Fabriken') bevorzugt.

Das $PbWO_4$-Kalorimeter des CMS-Detektors Der CMS-Detektor am LHC [239] (Abb. 2.11) besitzt ein elektromagnetisches Kalorimeter, das aus gezogenen Einkristallen aus dem sehr strahlungsresistenten Material $PbWO_4$ besteht. Die Wahl eines Kristallkalorimeters ist für ein Experiment, das bei TeV-Energien eingesetzt wird, eher etwas unerwartet. Die Entscheidung für ein homogenes Kalorimeter wurde getroffen, um die beste Massenauflösung für den Zwei-Photon-Zerfall eines leichten Higgs-Bosons zu erreichen. Da die bis dahin verwendeten szintillierenden Kristalle nicht die für den LHC-Betrieb notwendige Strahlenhärte vorweisen, wurde sehr viel Aufwand in die Entwicklung strahlenharter Kristalle investiert.

Da $PbWO_4$-Kristalle weit weniger Szintillationslicht pro deponierter Energie liefern als zum Beispiel CsI-Kristalle (Tab. 13.3), ist eine Auslese mit zusätzlicher Verstärkung einer solchen mit nicht-verstärkenden Photodioden vorzuziehen. Es werden im zentralen Bereich Silizium-Avalanche-Photodioden (APD) und im Endkappen-Bereich Vakuum-

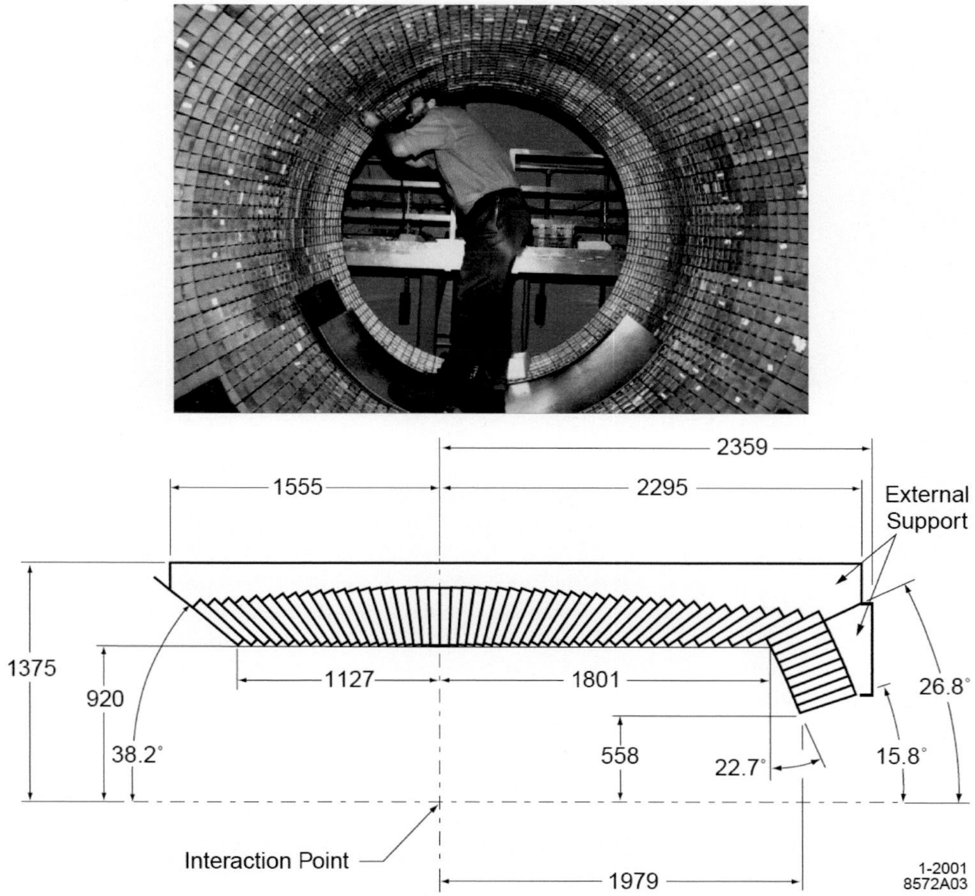

Abb. 15.20 Das elektromagnetische CsI(Tl)-Kalorimeter des BaBar-Detektors (aus [101], mit freundl. Genehmigung von Elsevier). Oben: Installation des Detektors. Unten: Stapelschema der Kristalle.

Phototrioden (VPT) eingesetzt [138] (siehe Abschnitt 13.4, Seite 419 und 423). Eine Messung der Energieauflösung ist in Abb. 15.21(b) gezeigt. Die äquivalente Rauschenergie (siehe Seite 603) wurde hier zu 120 MeV für eine (3×3)-Matrix bestimmt. Für einen einzelnen $PbWO_4$-Kristall ergibt sich eine Rauschenergie von etwa 40 MeV [239]; die entsprechende Rauschenergie für CsI(Tl)-Kristalle mit PIN-Dioden-Auslese ist etwa 250 keV [101]. Beim Vergleich dieser Zahlen ist aber zu berücksichtigen, dass die beiden Experimente in ganz unterschiedlichen Energiebereichen arbeiten.

Das Bleiglaskalorimeter des OPAL-Detektors Abbildung 15.22 zeigt das elektromagnetische Kalorimeter des OPAL-Detektors [52], mit dem bis 2001 am LEP-Speicherring Daten genommen wurden. Das Kalorimeter ist aus 9400 Blöcken aus Bleiglas ($PbO + SiO_2$) aufgebaut. In Bleiglas (Tab. 11.1) erzeugen Elektronen und Positronen Cherenkov-

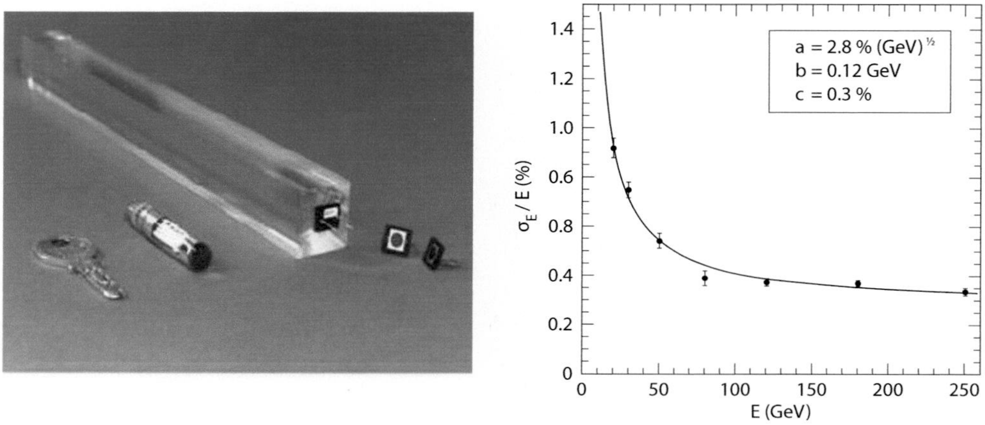

(a) (b)

Abb. 15.21 (a) $PbWO_4$-Kristall des CMS-Detektors mit Avalanche-Photodioden (*barrel*) und links daneben eine Vakuumphototriode (*endcaps*). (b) Energieauflösung des elektromagnetischen Kalorimeters des CMS-Detektors [239]. Die Messung wurde mit einer Matrix von 3×3 Kristallen in einem Elektronen-Teststrahl durchgeführt, wobei der Strahl immer auf den zentralen Kristall gerichtet war. An die gemessenen Auflösungswerte wurde die Funktion (15.40), also $\sigma_E/E = a/\sqrt{E} \oplus b/E \oplus c$, angepasst. Die Anpassungswerte für den stochastischen Term a, den Rauschterm b und den konstanten Term c sind in der Abbildung angegeben. Quelle: CERN/CMS Collaboration.

Licht (Schwelle $\beta_{th} < 1/n = 1/1.46 = 0.685$, entsprechend einer Elektronenenergie von 0.7 MeV). Die Lichtintensität pro deponierter Energie ist um etwa zwei Größenordnungen kleiner als die typischer Szintillationskristalle (Tab. 13.3), was jedoch ausreichend für den Nachweis von elektromagnetisch schauernden Teilchen im Energiebereich oberhalb einiger zehn MeV ist. In OPAL wurde eine Auflösung von ungefähr 6% bei 1 GeV erreicht, was einer Anzahl von etwa 300 Cherenkov-Photonen pro GeV entspricht. Weitere Eigenschaften des Kalorimeters findet man in Tab. 15.5.

Das Flüssig-Krypton-Kalorimeter des NA48-Experiments Als Beispiel für ein homogenes Flüssigkeitskalorimeter soll hier das Flüssig-Krypton-Kalorimeter des NA48-Experiments vorgestellt werden [788]. Mit diesem Experiment wurde direkte CP-Verletzung in Zerfällen neutraler Kaonen durch Vergleich der K_L- und K_S-Zerfallsraten in $\pi^0\pi^0$ mit denen in $\pi^+\pi^-$ gemessen [319]. Die Unterdrückung des Untergrunds in dem $\pi^0\pi^0$-Endzustand mit vier Photonen stellt sehr hohe Anforderungen an die Energie- und Ortsauflösung des elektromagnetischen Kalorimeters.

Das Kalorimeter besteht aus etwa 10 m^3 flüssigem Krypton, mit einer Tiefe von 127 cm entsprechend etwa 27 Strahlungslängen. Die durch die Schauerteilchen erzeugte Ionisationsladung wird auf dünnen Elektrodenstreifen im Abstand von etwa 1 cm gesammelt (wegen der zusätzlichen Elektroden in dem passiven Medium bezeichnet man dieses Kalorimeter auch als 'quasi-homogen'). Abbildung 15.23 zeigt die Anordnung der Elektroden: 40 μm dünne, 1.8 cm breite Kupfer-Beryllium-Bänder sind in longitudinaler Richtung

Abb. 15.22 Das Bleiglaskalorimeter des LEP-Detektors OPAL. Der Detektor ist auseinander gefahren, wodurch eine Hälfte der insgesamt 9400 Kristallblöcke sichbar ist. Quelle: CERN/OPAL.

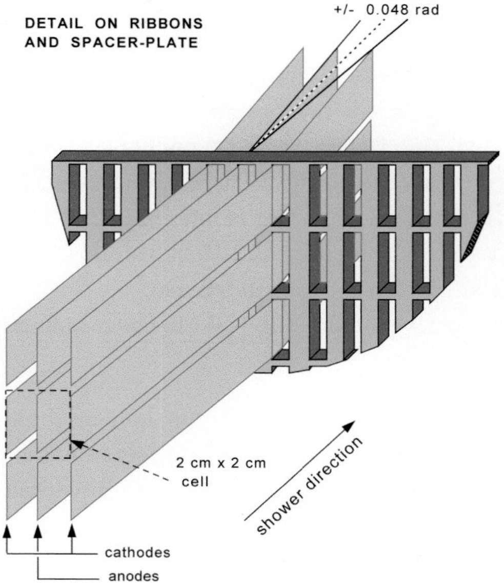

Abb. 15.23 Detail des Flüssig-Krypton-Kalorimeters des NA48-Experiments [788]: Bänderstruktur der Elektroden. Die Bänder verlaufen entlang der Schauerrichtung und werden von Abstandshaltern auf einer Zickzack-Linie fixiert (hier ist nur einer dieser Halter gezeigt). Die Ladungen von zwei Driftzellen werden jeweils auf einem Anodenband gesammelt.

in vertikalen Ebenen mit etwa 1 cm horizontalem Abstand und einem vertikalen 2-cm-Raster gespannt. Die Bänder werden durch Abstandshalter alle 21 cm (siehe Abbildung) fixiert und gleichzeitig auf eine Zickzack-Linie mit $\pm$48-mrad-Knicken gebracht, mit der die Schauerentwicklung entlang einer Elektrode vermieden wird. Die vertikalen Ebenen liegen abwechselnd auf Hochspannung (etwa 3000 V an der Anode) und auf Masse (Kathode). Die Bänder bilden transversal zur Schauerentwicklung Auslesezellen von 2 cm $\times$ 2 cm, die sich über die gesamte Tiefe erstrecken (kein longitudinales Sampling). Das Kalorimeter hat insgesamt 13 212 Auslesekanäle. Die maximale Driftzeit der Elektronen bei 3000 V ist etwa 3.2 µs, wobei allerdings die Signale nach Pulsformung nur noch eine Breite von 70 ns haben.

Mit diesem Kalorimeter wurden folgende Auflösungen erreicht (siehe auch Tab. 15.5):

- Ortsauflösung besser als 1 mm oberhalb von 25 GeV;
- Zeitauflösung pro Photon 500 ps und 250 ps für ein $\pi^0\pi^0$-Ereignis;
- Energieauflösung besser als 1% oberhalb von 20 GeV mit weniger als 0.5% konstantem Term.

15.5.3 Sampling-Kalorimeter

Technologien

In Sampling-Kalorimetern sind die Funktionen der Schauerausbildung in einem Medium mit hohem Z (passivem Medium) und die Signalerzeugung in einem Medium mit eher niedrigem Z (aktivem Medium) getrennt. Während der Schauer sich ausbreitet, wird er stichprobenartig abgetastet ('sampling'). Vorteile von Sampling-Kalorimetern gegenüber homogenen Kalorimetern sind die in der Regel geringeren Kosten und die prinzipiell bessere Möglichkeit, die Schauer longitudinal zu vermessen (zum Beispiel zur Elektron-Hadron-Separation, Abschnitt 14.4). Dagegen werden mit homogenen Kalorimetern die besseren Energieauflösungen erreicht. Als passive Materialien werden typischerweise Blei, Wolfram oder Uran verwendet. Die aktiven Lagen werden als Szintillationsdetektoren, Ionisationskammern (Ionisationsmedium: zum Beispiel flüssiges Argon oder Silizium) oder Proportionalkammern ausgebildet. Die Benutzung von Blasen- und Nebelkammern mit optischer Auslese (Abb. 15.24) wird nur noch zu Vorführzwecken gebraucht.

Im Folgenden sollen einige typische Bauformen von Sampling-Kalorimetern anhand von Abb. 15.25 vorgestellt werden:

- Sandwich-Kalorimeter: Bei dieser Bauweise sind Konverterplatten mit hohem Z abwechselnd mit aktiven Schichten in der Tiefe gestapelt. In der Nebelkammeraufnahme in Abb. 15.24 ist ein elektromagnetischer Schauer abgebildet. Der Schauer entwickelt sich in Bleiplatten, die nach dem Sandwich-Prinzip angeordnet sind. Alle Elektronen (oder Positronen), die das aktive Material erreichen, tragen zum Signal bei. Gängige Auslesemethoden für Sandwich-Kalorimeter sind:

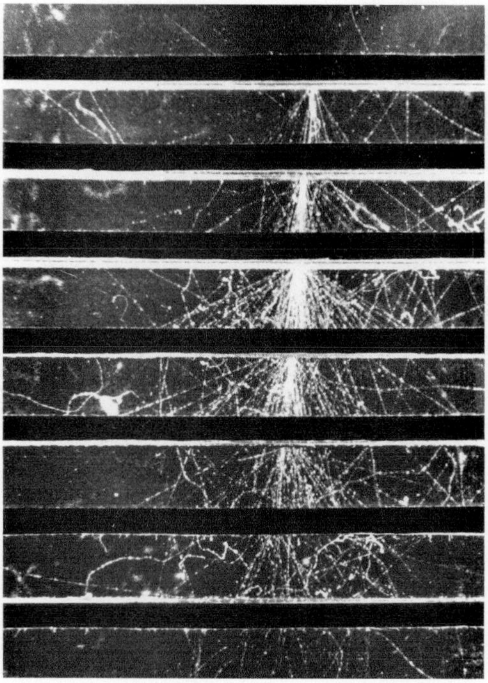

Abb. 15.24 Entwicklung eines elektromagnetischen Schauers, ausgelöst durch ein Photon mit einer Energie von etwa 4 GeV in einer Nebelkammer, die mit 1.3 cm dicken Bleiplatten als Konverter ausgestattet ist (aus [687], mit freundl. Genehmigung von Elsevier). Das Bild zeigt neben der hohen Ionisationsdichte im Schauerkern, in dem einzelne Spuren wegen der starken Vorwärtsbündelung nicht mehr aufgelöst werden können, auch die relativ geringe Anzahl von Spuren niederenergetischer Elektronen und Positronen, die wegen der starken Coulomb-Streuung von der Schauerachse weg diffundieren.

- Szintillatoren mit Auslese über Lichtleiter (Abb. 15.25 (a)). Die seitliche Herausführung der Lichtleiter erlaubt allerdings keine dichte Packung mehrerer Module.
- Szintillatoren mit Auslese über Wellenlängenschieber. Diese Anordnung erlaubt eine dichte Packung. Typisch für das Sampling ist zum Beispiel: 2–5 mm Pb + 3–5 mm Szintillator. Die Wellenlängenschieber sind wie in Abb. 15.25 (b) als Platten ausgelegt (zum Beispiel im ARGUS-Detektor [60]), oder es werden auch Fasern zur Auslese benutzt (Abb. 15.25 (f)).
- Drahtkammern, wie MWPC oder Streamer-Röhren (Abb. 15.25 (d)): Hier kann man zwar die Ionisationsladung messen, allerdings genügt auch die Zählrate, weil man annehmen kann, dass die mittlere Ionisationsenergie pro Teilchen konstant ist.
- Die Ionisationsladung kann man auch nach dem Ionisationskammerprinzip (ohne Gasverstärkung) messen (Abb. 15.25 (c)). Um genügend Ladung zu erhalten, benutzt man aber meistens nicht Gase, sondern unter anderem Flüssigkeiten wie flüssiges Argon (LAr) (zum Beispiel bei H1 und ATLAS). Das Argon muss bei etwa -185 °C in einem Kryostaten flüssig gehalten werden. Der Vorteil von Flüssig-Argon-Kalorimetern ist vor allem die Möglichkeit, eine hohe Ortsauflösung durch Segmentierung der aktiven Ebenen (Pad-Strukturen) erreichen zu können. Nachteile sind das zusätzliche Material wegen der Kryostatwände und der nicht unerhebliche Aufwand zur Reinhaltung des Argons, das möglichst frei von elektronegativen Beimischungen sein sollte, also insbesondere auch frei von Sauerstoff. Um den

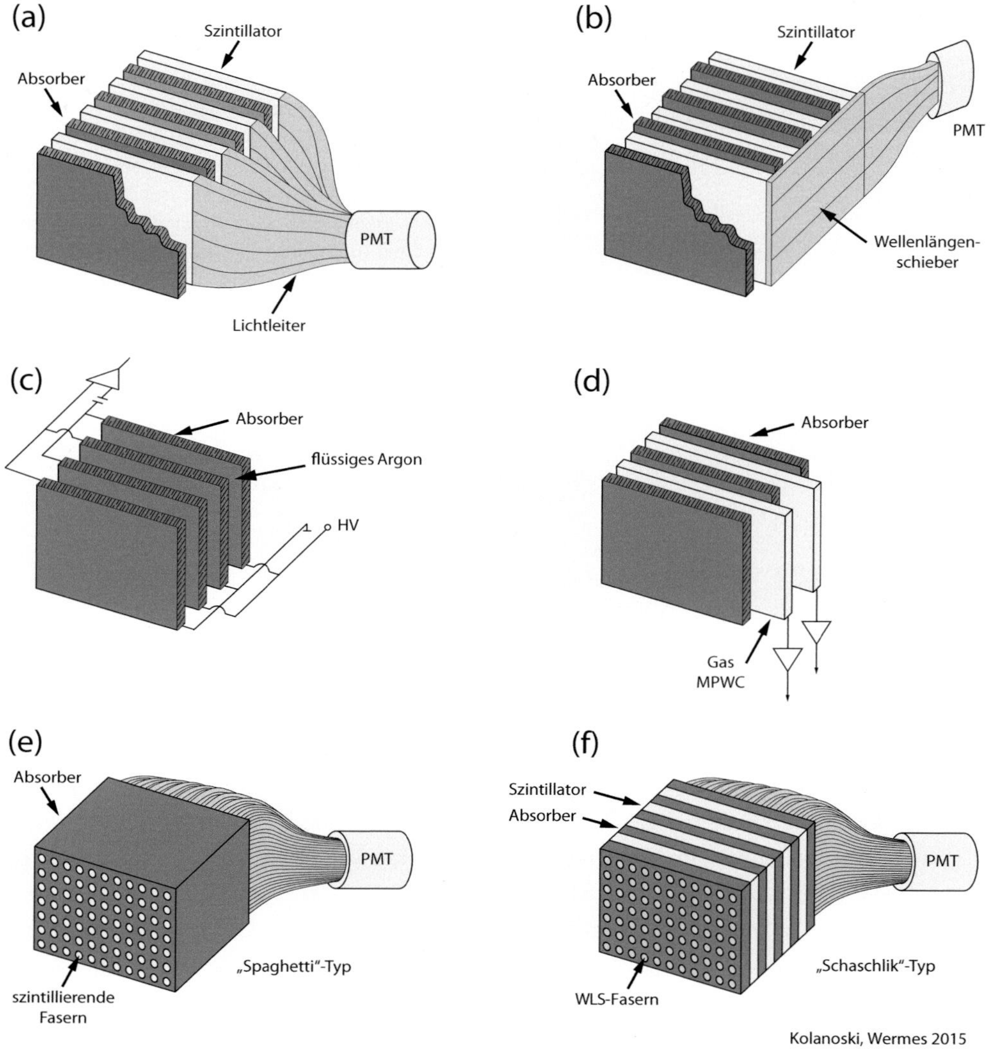

Abb. 15.25 Beispiele für Auslesemethoden von Sampling-Kalorimetern (nach [314]):
(a) Sandwich-Anordnung mit Szintillatormaterial als aktive Schicht und Lichtleiterauslese senkrecht zur Schauerachse.
(b) Wie (a), aber mit Wellenlängenschieber-Auslese, um das Licht in Schauerrichtung umzuleiten.
(c) Sandwich-Anordnung mit Ionisationskammern als aktive Schichten.
(d) Wie (c), mit Gas-Vieldrahtkammern als aktive Schichten.
(e) Szintillierende Fasern als aktives Medium, in Schauerrichtung durch den Absorber gezogen('Spaghetti'-Typ).
(f) Sandwich-Anordnung wie in (b), mit Wellenlängenschieber-Fasern, die durch alle Schichten gehen ('Schaschlik'-Typ).

Nachteil dicker Kryostatwände zu umgehen, werden auch Flüssigkeiten bei Zimmertemperatur eingesetzt [443]. Ein Beispiel ist das Hadronkalorimeter des Luftschauerexperiments KASCADE mit Tetramethylsilan (TMS) als Auslesemedium [304, 656]. Wegen der aufwändigeren Reinhaltung und geringeren Signalausbeute als bei Flüssig-Argon haben 'warme Flüssigkeiten' als Auslesemedium keine große Verbreitung gefunden.

  - Messung der Ionisation in Silizium-Detektoren. Die Detektoren werden für diese Zwecke flächig segmentiert (Pad-Struktur). Sampling-Detektoren mit Halbleiter-Auslese wurden bisher vor allem für besonders dichte Kalorimeter in schwierig abzudeckenden Bereichen, zum Beispiel nahe dem Strahlrohr, eingesetzt. Eine gängige Kombination ist Wolfram-Silizium, womit eine besonders hohe Dichte erreicht wird (siehe zum Beispiel das Kalorimeter in dem Ballonexperiment CREAM auf Seite 669).

– Spaghetti-Kalorimeter (Abb. 15.25 e): Durch das passive Medium werden szintillierende Fasern (etwa 0.5–1 mm dick) gezogen. Die Spaghetti-Fasern werden gebündelt über PMTs ausgelesen. Als Beispiel ist das Spaghetti-Kalorimeter des H1-Detektors auf Seite 618 beschrieben; siehe dazu auch die Anwendung als Hadronkalorimeter, diskutiert in Abschnitt 15.6.3.

Beispiele für Sampling-Kalorimeter

Wie bei den homogenen Kalorimetern in Abschnitt 15.5.2 soll auch eine kleine Auswahl von Sampling-Kalorimetern vorgestellt werden, die exemplarisch für passive und aktive Materialien oder eine Bauweise sind.

Das Schaschlik-Kalorimeter des HERA-B-Detektors Das Experiment HERA-B hat den 920-GeV-Protonstrahl von HERA (DESY, Hamburg) benuzt, um Wechselwirkungen von Protonen mit den Kernen feststehender Draht-Targets zu untersuchen. Das elektromagnetische Kalorimeter (Abb. 15.26) sollte Energien bis zu einigen 100 GeV messen können [105].

Das Kalorimeter ist aus Blei-Szintillator-Schichten mit Wellenschieberauslese aufgebaut. Die Wellenlängenschieber sind als Fasern durch die Platten gefädelt (daher die Bezeichnung 'Schaschlik' in Abb. 15.27). Das Herausführen des Lichtes in Schauerrichtung nach hinten erlaubt eine noch dichtere Packung der Module und eine fast beliebige Segmentierung der Auslese durch Zusammenfassung von Fasergruppen. Die Fasern werden hier ebenfalls auf Photovervielfacher geleitet, wobei es eine wesentliche Erleichterung ist, dass es im Fall von HERA-B im Bereich des Kalorimeters kein Magnetfeld gibt.

Das Kalorimeter ist unterteilt in Inner ECAL (Vorwärtsrichtung nahe dem Protonstrahl), Middle und Outer ECAL, mit anwachsend gröberer Segmentierung der Zellen. Das kompaktere Inner ECAL hat als passives Material statt Blei eine W-Ni-Fe-Legierung, wodurch der Molière-Radius mit 1.24 cm innen deutlich kleiner als außen mit 4.15 cm ist. In Tabelle 15.5 sind die Eigenschaften des Middle ECAL exemplarisch aufgeführt.

Abb. 15.26 Das elektromagnetische Kalorimeter des HERA-B-Experiments während der Installation der Photovervielfacherröhren. In der planaren Anordnung sieht man deutlich die drei Bereiche Inner, Middle und Outer ECAL (Quelle: DESY).

Das Spaghetti-Kalorimeter des H1-Experiments Dieses SPACAL genannte Kalorimeter [88] wurde vom H1-Experiment am Elektron-Proton-Speicherring HERA bei kleinen Winkeln der gestreuten Elekronen eingesetzt. Es hat einen elektromagnetischen und einen hadronischen Abschnitt, jeweils mit getrennter Auslese. Das passive Medium des SPACAL ist Blei, in das in Schauerrichtung szintillierende Fasern eingelegt sind (es wird also im Vergleich zu der Schaschlik-Anordnung die Lichterzeugung und -herausführung nicht getrennt). In der technischen Ausführung stellt es sich als zu schwierig heraus, die Löcher für die Fasern in einen langen Bleiblock zu bohren. Deshalb wird das Blei longitudinal in Scheiben unterteilt, in die Kerben gefräst werden, in die die Fasern eingelegt werden (siehe Abb. 15.28). Der elektromagnetische Teil (siehe Tabelle 15.5) besteht aus 0.5 mm dicken scintillierenden Plastikfasern, eingebettet in eine Bleimatrix mit einem Blei-Szintillator-Volumenverhältnis von 2.3 : 1. Im hadronischen Teil[5] sind 1.0 mm dicke Fasern in Blei eingebettet mit einem Verhältnis von 3.4 : 1.

Das ATLAS-Akkordeon-Kalorimeter Der größte Teil des akzeptierten Raumwinkels des ATLAS-Detektors [2] wird von einem Blei-Flüssig-Argon-Kalorimeter zum Nachweis elektromagnetischer Schauer abgedeckt (siehe Tabelle 15.5). Wie in Abb. 15.29 dargestellt, sind die passiven Lagen wie ein Akkordeon gefaltet, und zwar so, dass jede Lage entlang der Vorzugsrichtung der Schauerentwicklung orientiert ist. In der Mitte zwischen je zwei Bleilagen befindet sich jeweils eine Elektrodenlage, die den Abstand zwischen dem

[5] Siehe die Ausführungen in Abschnitt 15.6.3 zum optimalen Blei-Szintillator-Verhältnis bei Hadronkalorimetern. Die Kombination von elektromagnetischem und hadronischem Kalorimeter bei dem H1-SPACAL ist nicht diesem entsprechend optimiert, weil die Anforderungen hier andere Schwerpunkte hatten (Strahlnähe, optimale Auflösungen für elektromagnetische Schauer).

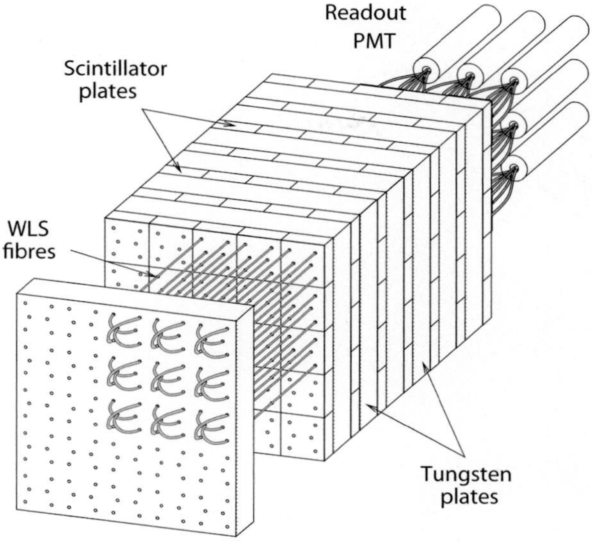

Abb. 15.27 Schematischer Aufbau eines Moduls des inneren Kalorimeters des HERA-B-Detektors (Quelle:DESY/HERA-B). Wellenlängenschieber-Fasern für den Lichttransport zum Photovervielfacher (PMT) sind durch die Blei-Szintillator-Sandwiches gezogen. Das Modul ist in 5×5 Ausleseeinheiten unterteilt, die jeweils durch ein Faserbündel mit einem Photovervielfacher verbunden sind.

Blei in zwei Drifträume mit jeweils 2.1 mm Breite teilt. Durch die Elektroden werden die Signale auf die Rückseite des Kalorimeters geleitet, was eine unkomplizierte transversale Segmentierung und eine annähernd lückenlose Abdeckung erlaubt. Diese Akkordeonfaltung hat auch den Vorteil, dass die Ionisierungswege der Schauerteilchen länger sind als der entsprechende Weg für die Ladungssammlung, die senkrecht zu den aktiven Schichten geschieht.

Wie in Abb. 15.29 zu sehen ist, hat das Kalorimeter drei longitudinale Abschnitte mit jeweils unterschiedlichen Granularitäten, die feinste zu Beginn des Schauers, die gröbste am Ende. Mit diesen aktiven Schichten werden die Funktionen eines Presamplers (Seite 602), die Elektron-Hadron-Trennung (Abschnitt 14.4), die logische Verknüpfung von Triggerzellen und eines Tail Catchers (Seite 601) ermöglicht.

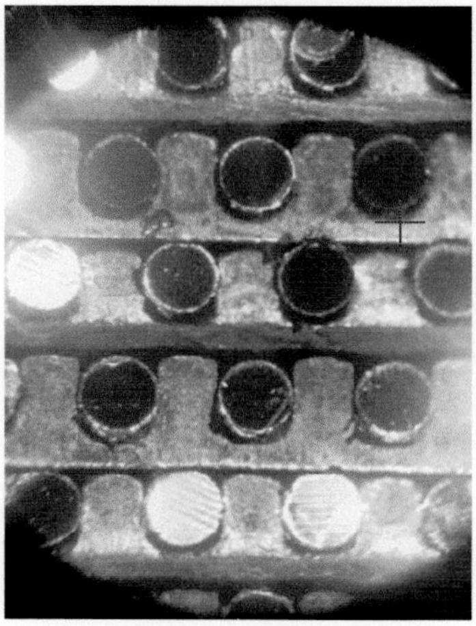

Abb. 15.28 Ausschnittvergrößerung aus einem Spaghetti-Kalorimeter (H1). Szintillierende Fasern sind mit Blei umgeben (aus [88], mit freundl. Genehmigung von Elsevier).

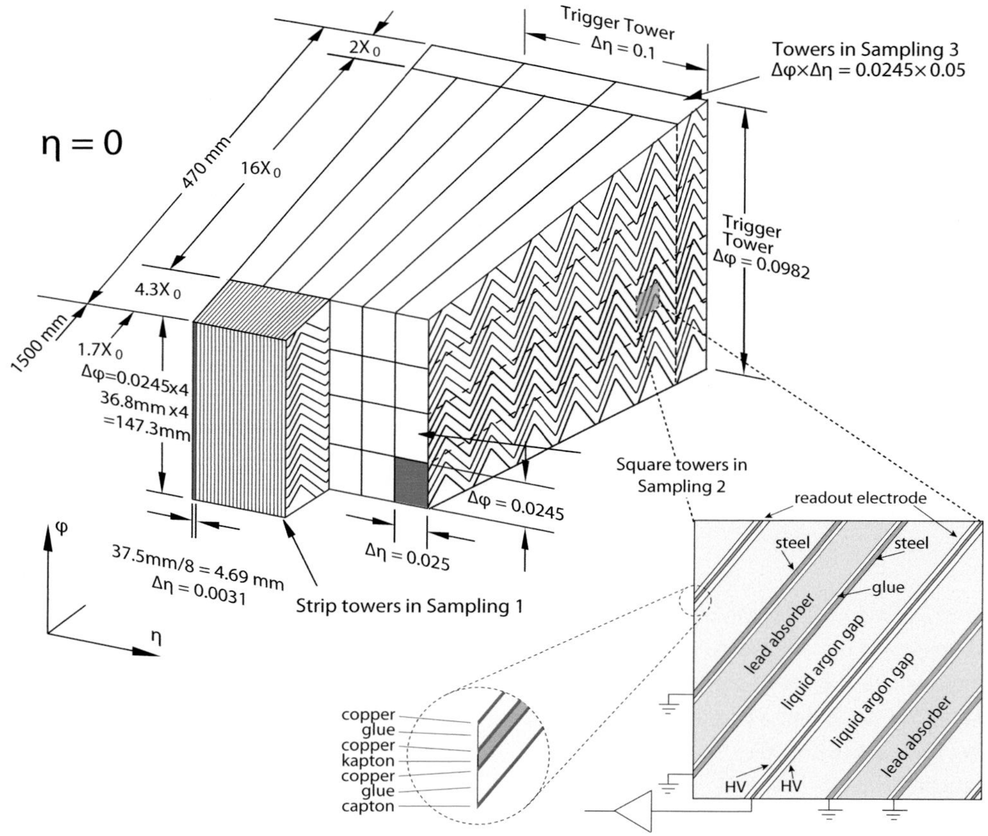

Abb. 15.29 Oben: Modul des Blei-Flüssig-Argon-Kalorimeters des ATLAS-Experiments (*Barrel*-Bereich) [2]. Man erkennt die drei Sampling-Schichten mit unterschiedlichen Granularitäten der Auslese. Dieses Kalorimetermodul überdeckt einen bestimmten Bereich im Azimutwinkel φ (um die Strahlrichtung) und in der Rapidität η, entsprechend einem Polarwinkelbereich ($\eta = 0$ entspricht der Richtung senkrecht zum Strahl). Unten rechts: Lagenstruktur des Flüssig-Argon-Kalorimeters von ATLAS (aus [4]). Die Teilchen kommen von links vom Wechselwirkungspunkt, die Signale werden nach rechts herausgeführt. Zwischen den Bleiabsorberplatten liegt jeweils ein doppelter Zwischenraum mit einer kapazitiven Auslese über die innere Kupferlagen. Quelle: CERN/ATLAS Collaboration.

15.5.4 Kalibration elektromagnetischer Kalorimeter

Elektromagnetische Kalorimeter werden mit Teststrahlen und durch Analyse kinematischer Prozesse kalibriert. Beispiele für Prozesse, die sich zu Kalibrationszwecken eignen und parallel zur Datennahme analysiert werden können, sind die Bhabha-Streuung in Elektron-Positron-Collidern, die π^0-Rekonstruktion aus Photon-Paaren und die Rekonstruktion von Resonanzen wie J/ψ oder Z^0 aus Elektron-Positron-Paaren. Auch das Signal minimal ionisierender Teilchen (MIP) wird zur Kalibration oder zumindest zur Kontrolle der Stabilität der Signale benutzt.

Quelle	Linien (MeV)
^{137}Cs	0.662
^{60}Co	1.173, 1.333
^{228}Th	0.239, 0.583, 2.614

Tab. 15.7 Radioaktive Quellen mit γ-Linien, die zur Kalibration von Kalorimetern mit geringem Rauschniveau eingesetzt werden (siehe Tab. A.1).

Bei Kalorimetern, deren Rauschniveau im keV-Bereich liegt, was in der Regel für elektromagnetische Kristallkalorimeter der Fall ist, kann man radioaktive Quellen mit bekannten Gammalinien zur Kalibrierung benutzen. Einige gängige Quellen sind in Tabelle 15.7 aufgeführt. Durch Einbau von Quellen in das Kalorimeter, eventuell mechanisch verschiebbar, kann man damit in situ kalibrieren. Allerdings sind die Gammaenergien zu niedrig, um damit die Kalibration zum Beispiel in den GeV-Bereich extrapolieren zu können. Es werden also weitere Kalibrationspunkte bei höheren Energien benötigt, die man zum Beispiel durch die oben erwähnten kinematischen Rekonstruktionen erhalten kann.

15.5.5 Energieauflösung von elektromagnetischen Kalorimetern

Energieabhängigkeiten von Beiträgen zur Auflösung

Die Energieauflösung kann im Allgemeinen durch die in Abschnitt 15.4.3 angegebene Formel (15.40) als Funktion der Energie beschrieben werden (Abb. 15.18):

$$\frac{\sigma_E}{E} = \frac{a}{\sqrt{E}} \oplus \frac{b}{E} \oplus c\,. \tag{15.42}$$

Die dominierenden Quellen für die einzelnen Beiträge wurden bereits in Abschnitt 15.4.3 angegeben: (a) stochastische Fluktuationen, (b) elektronisches Rauschen und (c) verschiedene Unvollkommenheiten in der Realisierung des Kalorimeters. Der konstante Term begrenzt die Auflösung bei hohen und der Rauschterm bei niedrigen Energien.

Beispiel: Zum Vergleich eines Kristallkalorimeters mit einem Sampling-Kalorimeter nehmen wir die Werte für das $PbWO_4$-Kalorimeter des CMS-Detektors und das Flüssig-Argon-Kalorimeter des H1-Detektors aus der Tabelle 15.5:

$$\begin{array}{llll} \text{CMS}: & a = 2.8\,\%\,\sqrt{\text{GeV}}, & b = 120\,\text{MeV}, & c = 0.3\,\%\,, \\ \text{H1}: & a = 11\,\%\,\sqrt{\text{GeV}}, & b = 150\,\text{MeV}, & c = 0.6\,\%\,. \end{array} \tag{15.43}$$

Für einen Schauer, der von einem 100-GeV-Elektron ausgelöst wird, erhält man

$$\begin{array}{lllll} \text{CMS}: & a/\sqrt{E} = 0.3\,\%, & b/E \approx 0, & c = 0.3\,\% & \Rightarrow \sigma/E \approx 0.4\,\%\,, \\ \text{H1}: & a/\sqrt{E} = 1.1\,\%, & b/E \approx 0 & c = 0.6\,\% & \Rightarrow \sigma/E \approx 1.3\,\%\,. \end{array} \tag{15.44}$$

Bei dieser Energie beginnt bei dem CMS-Kristallkalorimeter der konstante Term zu dominieren, während das bei dem H1-Sampling-Kalorimeter erst bei etwa 340 GeV der Fall wäre.

Im Folgenden werden die Quellen der einzelnen Beiträge zu der Auflösung im Detail diskutiert (siehe zum Beispiel [313]).

Stochastischer Term homogener Kalorimeter

In homogenen Kalorimetern sind die Fluktuationen in der deponierten Energie in der Regel klein, wenn die gesamte Energie im aktiven Volumen deponiert werden kann. Wenn zudem die Signalkonversion sehr effizient ist, wie zum Beispiel die Erzeugung und Verarbeitung von Licht in szintillierenden Kristallen (Abschnitt 13.3, siehe Lichtausbeute in Tab. 13.3), kann die Auflösung um den Fano-Faktor (siehe Abschnitt 17.10.2) besser werden, als bei einer Poisson-Statistik der Signalbeiträge, hier der Lichtquanten in dem Kristall, zu erwarten wäre.

In solchen Fällen kann die intrinsische Auflösung durch andere Faktoren, wie Ortsabhängigkeiten von Energiedeposition und Lichterzeugung und -transport, limitiert werden, wodurch sich die Auflösung mit der Energie langsamer als mit $1/\sqrt{E}$ verbessert, was häufig als eine $1/\sqrt[4]{E}$-Abhängigkeit darstellbar ist (zum Beispiel bei NaI- und CsI-Kalorimetern, siehe die Beschreibung homogener Kalorimeter in Abschnitt 15.5.2 und 13.5.2).

Dagegen ist die Lichtmenge in Bleiglas-Detektoren (Cherenkov-Licht) viel geringer (etwa 1000 Photonen pro GeV, also mehr als drei Größenordnungen weniger als bei den meisten anorganischen Szintillatoren, Tab. 13.3), so dass hier die $1/\sqrt{E}$-Abhängigkeit beobachtet wird. Zusätzlich zu der Photonstatistik ist auch die Fluktuation in der Anzahl oberhalb der Cherenkov-Schwelle liegender, abstrahlender Elektronen zu berücksichtigen. Eine typische Abschätzung beider Beiträge wird in [312] angegeben:

$$\sigma_{tot} = \sqrt{\sigma_{cut}^2 + \sigma_{ph}^2} = \sqrt{0.02^2 + 0.032^2} = 3.8\,\% \text{ bei } 1\,\text{GeV}\,. \tag{15.45}$$

Die tatsächlich gemessenen Auflösungen (Beispiele in Tabelle 15.5) liegen zwar tendenziell bei etwas größeren Werten, sind aber nicht allzu weit davon entfernt.

Stochastischer Term bei Sampling-Kalorimetern

In Sampling-Kalorimetern, in denen sich passive und aktive Medien abwechseln, kann die Energie, die in dem aktiven Medium deponiert wird und das Signal erzeugt, statistisch schwanken. Dadurch wird in solchen Kalorimetern die Energieauflösung in der Regel durch diese Sampling-Fluktuationen bestimmt. Der Anteil der gesehenen Energie, der Sampling-Anteil (*sampling fraction*)

$$f_s = \frac{E_{vis}}{E_{dep}}\,, \tag{15.46}$$

beträgt typischerweise nur wenige Prozent. Die Anzahl N_{vis} der Schauerteilchen, die in dem aktiven Medium die Energie E_{vis} deponieren, ist in einem linearen Kalorimeter proportional zur Primärenergie E. In erster Näherung kann die resultierende Energieauflösung durch die Poisson-Statistik der N_{vis} nachweisbaren Teilchen abgeschätzt werden:

$$\frac{\sigma_E}{E} \approx \frac{\sqrt{N_{vis}}}{N_{vis}} = \frac{1}{\sqrt{N_{vis}}} \,. \tag{15.47}$$

Im Folgenden wollen wir zunächst annehmen, dass die Fluktuationen in der Anzahl der Schauerteilchen den $1/\sqrt{E}$-Term dominieren.

Rossis 'Approximation B' Im Rahmen der in Abschnitt 15.2.1 vorgestellten 'Approximation B' (Seite 579) wird die Gesamtzahl N_{tot} der Schauerteilchen durch (15.8) und deren Weglänge s_{tot} im passiven Medium durch (15.9) abgeschätzt:

$$N_{tot} \approx \frac{E_0}{E_k}, \qquad s_{tot} \approx \frac{E_0}{E_k} X_0 \,. \tag{15.48}$$

Wenn die Dicke der passiven Schicht, gemessen in Strahlungslängen, $t = d/X_0$ ist (d ist die geometrische Dicke) und die Dicke einer aktiven Schicht dagegen vernachlässigbar ist, dann ist die Anzahl der Übergänge der Schauerteilchen von dem passiven in das aktive Medium:

$$N_{vis} \approx \frac{s_{tot}}{t\,X_0} = \frac{E_0}{t\,E_k} \,. \tag{15.49}$$

Der Term $1/t$ ist die Sampling-Häufigkeit (oder Sampling-Frequenz), die angibt, wie häufig der Schauer pro Strahlungslänge abgetastet wird. Damit kann man den Sampling-Beitrag der Auflösung abschätzen mit:

$$\left(\frac{\sigma_E}{E}\right)_{samp} = \frac{1}{\sqrt{N_{vis}}} = \sqrt{\frac{t\,E_k}{E_0}} = 3.2\,\%\sqrt{\frac{t\,E_k/\mathrm{MeV}}{E/\mathrm{GeV}}} = a_t\sqrt{\frac{t}{E/\mathrm{GeV}}} \,, \tag{15.50}$$

wobei die Prozentangabe $3.2\% \approx 1/\sqrt{1000}$ von der Festlegung der Einheiten MeV und GeV herrührt. Der Koeffizient a_t trägt den Index t, um ihn von dem Koeffizienten a in (15.42) zu unterscheiden: $a_t = a/\sqrt{t}$. Die Energieauflösung verbessert sich also mit geringerer Dicke $d = t\,X_0$ der passiven Schicht proportional zu $\sqrt{d}$, weil eine geringere passive Schichtdicke häufigeres Abtasten des Schauers in den aktiven Schichten bedeutet. Bei dieser Abschätzung spielen die Eigenschaften der aktiven Lagen, wie Dicke und Material, keine Rolle, weil die Energieeinträge in den aktiven Schichten vernachlässigt werden und somit die Teilchen, die eine Lage kreuzen, nur 'gezählt' werden.

Die Abschätzung (15.50) ergibt zum Beispiel für die kritischen Energie von Blei $8.6\% \sqrt{t/(E/\mathrm{GeV})}$ und von Eisen $15\% \sqrt{t/(E/\mathrm{GeV})}$, was den Anzahlen $N_{vis} = 136/t$ pro GeV für Blei und $N_{vis} = 45/t$ pro GeV für Eisen entspricht.

Notwendige Korrekturen zu 'Approximation B' Die Abschätzung der Energieauflösung in (15.50) ist als untere Grenze zu betrachten. Die experimentell beobachteten Auflösungen sind immer schlechter, selbst wenn die Voraussetzung einer effizienten Signalauslese zutrifft beziehungsweise die Fluktuationen der Signalquanten herausgerechnet werden. Die meisten Korrekturen zu Rossis Approximation B sind notwendig, weil die Annahmen (siehe Abschnitt 15.2.1) zu grob sind:

- Die Annahme, dass der Energieverlust durch Ionisation energieunabhängig und gleich der kritischen Energie pro Strahlungslänge ist, ist nicht korrekt. Vielmehr haben niederenergetische Teilchen einen viel höheren Energieverlust pro Weglänge. Der Anteil der Teilchen weit unterhalb der kritischen Energie ist wesentlich, wozu auch Elektronen aus Photoeffekt- und Compton-Prozessen beitragen, die in der Approximation vernachlässigt werden.
- Die Annahme eines konstanten Energieverlusts trägt den Landau-Fluktuationen nicht Rechnung.
- Die Annahme einer energieunabhängigen Absorption von Photonen, die ausschließlich durch Paarbildung erfolgt, ist nicht korrekt. Es treten viel mehr niederenergetische Elektronen und Photonen auf, als durch die 'Approximation B' angenommen. Das führt in dem aktiven Medium mit niedrigerem Z-Wert zu einer erhöhten Rate für Photoeffekt- und Compton-Prozesse mit entsprechend niederenergetischen Elektronen.
- Im Paarbildungsprozess werden Elektronen und Positronen gemeinsam erzeugt, was zu einer hohen Korrelation führt und im Extremfall die Poisson-Standardabweichung um einen Faktor $\sqrt{2}$ erniedrigen würde. Eine Erniedrigung dieses Parameters erwartet man auch, wenn die einzelnen Lagen so dünn sind, dass dasselbe Teilchen durch mehrere Lagen geht.
- Der Schauer breitet sich nicht nur longitudinal aus, sondern es treten gerade für niederenergetische Teilchen große Streuwinkel auf. Deshalb haben die Teilchen unterschiedliche Weglängen im aktiven Medium.
- Die Annahme, dass die Auflösung in (15.50) nur von der Dicke und den Eigenschaften der passiven Schicht abhängt, ist zu grob, unter anderem, weil sich die kritischen Energien und damit die Teilchenspektren am Übergang zwischen Materialien mit hohem und niedrigem Z ändern (*transition effect*).

In der 'Approximation B' wäre die Signalantwort ϵ eines Kalorimeters pro deponierter Energie für ein minimal ionisierendes Teilchen MIP und ein Elektron oder Photon gleich: $\epsilon_e/\epsilon_{MIP} \approx 1$. Tatsächlich beobachtet man aber immer

$$\frac{e}{MIP} < 1 \qquad (\text{typisch } \approx 0.5\text{–}0.7)\,. \tag{15.51}$$

Hier haben wir die Konvention $\epsilon_e/\epsilon_{MIP} = e/_{MIP}$, gesprochen *'e über MIP'*, benutzt. Wir werden auf dieses Verhalten bei der Diskussion hadronischer Kalorimeter zurückkommen (Abschnitt 15.6.2).

Der Übergang zu einem realistischen Schauerverhalten führt dazu, dass die Auflösung nicht nur schlechter, sondern auch, im Gegensatz zu Gleichung (15.50), abhängig von den Eigenschaften des aktiven Mediums wird. Diese Abhängigkeit ist in vielen Untersuchungen mit Experimenten und Simulationen bestätigt worden. Zum Beispiel wird in [756] mit 4.2 mm dicken Bleiabsorberplatten und 6.3 mm dicker Szintillatorauslese eine Auflösung von 12.9% (bei 1 GeV) gemessen, während sich bei einer Szintillatordicke von 12.6 mm die Auflösung auf 10.8% verbessert. Im Folgenden soll gezeigt werden, dass diese Unterschiede mit dem physikalischen Verhalten elektromagnetischer Schauer erklärt werden können.

Vorher muss allerdings noch der Beitrag zur Auflösung durch die Fluktuationen im Ausleseprozess diskutiert werden. Da diese Fluktuationen nicht direkt von der Schauerentwicklung in dem Kalorimeter abhängen, korrigiert man häufig die Auflösung um diese Effekte, um dann das Verhalten verschiedener Detektoren besser vergleichen zu können. Wir besprechen deshalb als nächstes die Auslesefluktuationen und nehmen dann für die weitere Diskussion an, dass die experimentellen Auflösungen durch quadratische Subtraktion dieses Beitrags korrigiert worden sind.

Der an den Details weniger Interessierte kann direkt zu der Zusammenfassung auf Seite 630 gehen.

Fluktuationen der Auslesequanten Die Anzahl N_Q der nachgewiesenen Quanten bei einer Primärenergie E, einem Sampling-Anteil f_S, einer Quantenausbeute n_Q pro deponierter Energie in dem aktiven Medium und einer Quanteneffizienz η_Q des Nachweises ist:

$$N_Q = n_Q\, f_s\, \eta_Q\, E\,. \tag{15.52}$$

In der Regel ist dieser Auflösungsbeitrag quadratisch zu den Sampling-Fluktuationen zu addieren:

$$\frac{\sigma_E}{E} = \sqrt{\left(\frac{a_S}{\sqrt{E}}\right)^2 + \left(\frac{a_Q}{\sqrt{E}}\right)^2}\,, \tag{15.53}$$

wobei a_S die Sampling- und a_Q die Signalquanten-Fluktuationen beschreiben. Wegen $a_Q/\sqrt{E} = 1/\sqrt{N_Q}$ folgt mit (15.52):

$$a_Q = \sqrt{\frac{1}{n_Q\, f_s\, \eta_Q}}\,. \tag{15.54}$$

Beispiel: Für ein Blei-Szintillator-Kalorimeter sei der Sampling-Term $a_S = 7\%$. Damit die Fluktuationen der Photoelektronenzahl vernachlässigbar sind, sollte die Anzahl der Signalquanten pro GeV deutlich größer als $1/0.07^2 \approx 200$ sein. Bei einem angenommenen Sampling-Anteil $f_s \approx 15\%$ erwartet man pro GeV primärer Energie also 150 MeV in dem aktiven Medium deponierte Energie. Mit etwa 10 000 Photonen pro MeV deponierter Energie in einem Szintillator (Tab. 13.1 auf Seite 501), Quanteneffizienzen der Photokathode von etwa 20% und einer Lichtsammeleffizienz von 10% wäre die Fluktuation der im Mittel 30 000 Photoelektronen pro GeV, entsprechend $a_Q = 0.6\%$, zunächst völlig vernachlässigbar. Mit der Photonauslese über Wellenlängenschieber, die für dichte Kalorimeterpackungen in der Regel notwendig ist, nimmt man so starke Einbußen in Kauf, dass man eher typische Werte um 1000 Photoelektronen pro GeV, oder sogar darunter, erhält (siehe Abschnitt 13.4). Mit $1/\sqrt{1000} \approx 3\%$ ist dieser Anteil nicht immer ganz vernachlässigbar. Zum Beispiel hat das Uran-Szintillator-Kalorimeter von ZEUS (Abschnitt 15.7.1) eine Lichtausbeute von „mindestens 100 Photoelektronen“ pro GeV für EM-Schauer [265], was mit etwa 10% einen nicht unwesentlichen Beitrag zu der Gesamtauflösung von etwa 18% ergibt.

Energieschwelle für Schauerteilchen In Rossis 'Approximation B' (Abschnitt 15.2.1) wird die Annahme gemacht, dass die Energiedeposition proportional zu der Gesamtweglänge s_{tot} aller geladenen Schauerteilchen ist, deren Energieverlust pro Weglänge konstant und gleich E_k/X_0 ist. Tatsächlich haben aber die Schauerteilchen ein Energiespektrum, in dem niederenergetische Teilchen mit hoher Ionsationsdichte bevorzugt sind. Für den Signalbeitrag niederenergetischer Teilchen ergibt sich aber häufig eine Energieschwelle, ab der sie effektiv 'gezählt' werden. Explizit treten Schwellen zum Beispiel als Cherenkov-Schwelle auf, wenn das Detektorsignal Cherenkov-Licht ist oder durch die Sättigung in Szintillatoren für niederenergetische, stark ionisierende Teilchen. Eine solche Schwelle verringert die Anzahl N_{vis} der nachweisbaren Teilchen. Eine Korrektur lässt sich nach [695] mit

$$N'_{vis} = F(\xi)\, N_{vis} \tag{15.55}$$

angeben, wobei die Funktion $F(\xi)$, mit

$$\xi = 4.58 \frac{Z}{A} \frac{E_{cut}}{E_k}\,, \tag{15.56}$$

von der minimalen kinetischen Energie der nachweisbaren Teilchen, E_{cut}, in Einheitender kritischen Energie abhängt. In [74] wird als Näherung der Funktion $F(\xi)$ für $\xi \leq 0.3$ angegeben:

$$F(\xi) \approx e^{\xi} \left[1 + \xi \ln \left(\frac{\xi}{1.529} \right) \right]. \tag{15.57}$$

Quantitative Auswertungen der Funktion finden sich in Tab. 15.8.

Streuwinkelverteilung Zu bedenken ist auch, dass die 'Approximation B' eine ein-dimensionale, longitudinale Schauerentwicklung annimmt. Tatsächlich erfahren niederenergetische Elektronen erhebliche Streuung, ein nicht unerheblicher Bruchteil wird sogar nach hinten gestreut. Die effektive Dicke der Sampling-Lage vergrößert sich dann im Mittel entsprechend

$$t' = \frac{t}{\langle \cos\theta \rangle}\,, \tag{15.58}$$

wobei $\cos\theta$ über die Verteilung der Streuwinkel θ gemittelt wird. In [74] wird für nicht zu große Abschneideenergien ($E_{cut} \lesssim 1\,\text{MeV}$) der Mittelwert von $\cos\theta$ zu

$$\langle \cos\theta \rangle = \cos \left(\frac{E_s}{\pi\, E_k} \right) \tag{15.59}$$

abgeschätzt, wobei $E_s = 21\,\text{MeV}$ der in der Molière-Theorie auftretende Energieparameter gemäß Gleichung (3.100) ist. Da die kritische Energie E_k etwa proportional zu $1/Z$ kleiner wird, wird auch $\langle \cos\theta \rangle$ mit Z kleiner. Das heißt, dass die effektiven Weglängen in den passiven Lagen durch Streuung stärker anwachsen als in den aktiven Lagen mit typischerweise niedrigerem mittlerem Z-Wert.

Tab. 15.8 Vergleich von gemessenen und berechneten Auflösungen für elektromagnetische Kalorimeter mit Szintillatorauslese (aus [74] mit zusätzlicher Spalte a_t). Die Spalten geben an: das Material der passiven Lage, die Dicke $t = d/X_0$ einer Sandwich-Lage, die Dicke x_a der aktiven Lage (die Zahlen entsprechen etwa cm, weil Szintillatoren ungefähr die Dichte 1 g/cm^3 haben), die experimentellen und die theoretischen Werte $a'_{t,exp}$ und $a'_{t,theo}$ für die modifizierte Konstante der Sampling-Auflösung a'_t, definiert in (15.60), wobei für $\langle\cos\theta\rangle$ die Näherung (15.59) benutzt wurde. Zum Vergleich ist in der letzten Spalte a_t aufgeführt, der in (15.50) eingeführte unkorrigierte Koeffizient.

pass. Med.	t	x_a $\left(\frac{\text{g}}{\text{cm}^2}\right)$	E (GeV)	$a'_{t,exp}$ (%)	E_{cut} (MeV)	ξ	$\frac{1}{\sqrt{F(\xi)}}$	$\frac{1}{\sqrt{\langle\cos\theta\rangle}}$	$a'_{t,theo}$ (%)	a_t (%)
Al	1.0	3.0	10–50	20	3.0	0.168	1.16	1.00	23.0	19.8
Fe	0.3–1.5	0.65	0.2–2.5	16.9	0.65	0.068	1.09	1.03	16.1	14.3
Pb	0.3–1.5	1.3	0.2–2.5	12.6	1.3	0.328	1.21	1.29	13.2	8.4

Mit den beiden Korrekturen (15.55) und (15.58) ergibt sich eine verbesserte Abschätzung der Energieauflösung (15.50) (die allerdings nicht für gasförmige aktive Medien gilt, siehe dazu die Ausführungen weiter unten):

$$\left(\frac{\sigma_E}{E}\right)_{samp} = 3.2\,\%\sqrt{\frac{t\,E_k/\text{MeV}}{F(\xi)\,\langle\cos\theta\rangle\,E/\text{GeV}}} = a'_t\sqrt{\frac{t}{E/\text{GeV}}}\,. \tag{15.60}$$

In die Faktoren $F(\xi)\,\langle\cos\theta\rangle$ können die oben diskutierten Abhängigkeiten von den Eigenschaften der aktiven Schicht effektiv berücksichtigt werden (und auch andere Einflüsse, wie zum Beispiel die angesprochene Korrelation zwischen Elektronen und Positronen). Wenn man die Auflösung mit einer effektiven Zahl nachgewiesener Teilchen beschreiben will, kann man ansetzen:

$$N'_{vis} = \frac{1}{t\,a'^2_t} = N_{vis}\,F(\xi)\,\langle\cos\theta\rangle\,. \tag{15.61}$$

In Tabelle 15.8 werden für Al-, Fe- und Pb-Kalorimeter mit Szintillatorauslese gemessene Auflösungen mit den nach (15.60) berechneten verglichen. Die Tabelle zeigt die Größe der verschiedenen Einflüsse. Während die Korrektur der Auflösung nach der Formel (15.60) bei dem leichtesten hier verwendeten Element Aluminium nicht sichtbar wird, ist der Effekt bei Eisen und Blei deutlich zu sehen. Bei Blei (hohes Z) verschlechtert sich die Auflösung dadurch um etwa 60%.

Spurlängen-Fluktuationen Im vorigen Paragraphen wurde gezeigt, dass für gestreute Teilchen die Dicke einer Lage entsprechend Gleichung (15.58) effektiv zunimmt. Während dieser Effekt unabhängig von den Eigenschaften der aktiven Schicht ist, weil nur die Strahlungslängen einer gesamten Schicht eingehen, diskutieren wir im Folgenden Auswirkungen der durch Streuung verursachten unterschiedlichen Spurlängen im aktiven Medium, die zu einer Abhängigkeit der Fluktuationen von der Dicke des aktiven Mediums führen.

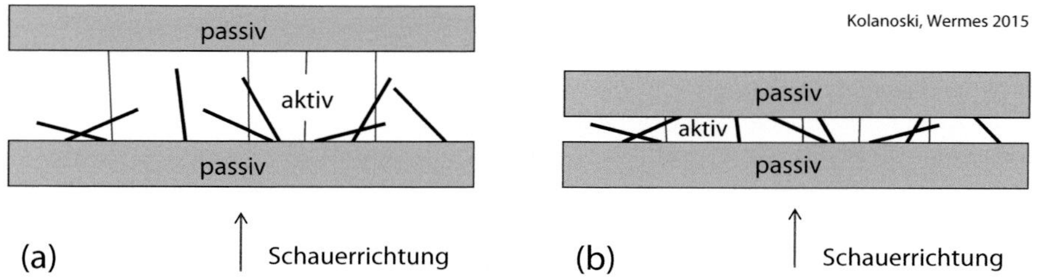

Abb. 15.30 Schematische Darstellung von Schauerteilchen, die eine dicke (a) und zum Vergleich eine dünne (b) aktive Schicht kreuzen. Hier wird angenommen, dass es nur zwei Klassen von Teilchen gibt: niederenergetische Teilchen mit einer isotropen Streuwinkelverteilung und hoher Ionisationsdichte, die in der dickeren aktiven Schicht absorbiert werden, und höherenergetische Teilchen, die in Vorwärtsrichtung gehen und Energie proportional zur Schichtdicke deponieren.

Es gibt eine starke Korrelation zwischen der Energie und dem mittleren Streuwinkel: Bei niedrigeren Energien wird die Streuwinkelverteilung isotroper, bei hohen Energien dominiert stark die Vorwärtsrichtung. Im Folgenden wollen wir uns an der schematischen Darstellung in Abb. 15.30 klar machen, dass durch Variation der Dicke der aktiven Schicht der Einfluss großer Streuwinkel verändert werden kann.

Zur Vereinfachung nehmen wir an, dass es nur zwei Sorten Teilchen gibt: niederenergetische, isotrop verteilte, und energetischere, nach vorne gerichtete. In der dickeren Ausleseschicht in der Skizze werden die niederenergetischen Teilchen absorbiert und geben deshalb immer ihre volle kinetische Energie ab. Die energetischeren Teilchen deponieren immer eine Energie proportional zur Schichtdicke. Wenn die Dicke der dünneren Schicht kleiner als die Reichweite der niederenergetischen Teilchen ist, hängt deren Energiedeposition stark von dem Kreuzungswinkel und damit von der Spurlänge in der aktiven Schicht ab. Mit dünner werdender aktiver Schicht wird das Signal der senkrecht kreuzenden höherenergetischen Teilchen immer geringer, und gleichzeitig werden die Fluktuationen der Signale der niederenergetischen Teilchen immer größer, weil das Signal winkelabhängig wird.

Bisher hatten wir angenommen, dass die Dicke der aktiven Schicht vernachlässigt werden kann oder nur in der Summe mit der passiven Schicht eingeht. Durch die Spurlängenfluktuationen ergibt sich eine explizite Abhängigkeit der Fluktuationen von der Dicke des aktiven Mediums, weil die Übergänge der Teilchen vom passiven zum aktiven Medium nicht nur gezählt werden, sondern mit der Spurlänge und der Ionisationsdichte gewichtet werden.

Die Verschlechterung der Auflösung durch Spurlängen-Fluktuationen wird in Abb. 15.31 (a) in einer Simulationsstudie eines Blei-Flüssig-Argon-Kalorimeters demonstriert [335]. Die Energieauflösung wird mit geringerer Dicke der aktiven Schicht immer schlechter, mit einem besonders starken Anstieg unterhalb von etwa 2 mm Flüssig-Argon.

Während bei Flüssig-Argon eine Schichtdicke unterhalb von etwa 2 mm eher nicht realistisch ist (technisch schwierig), können bei Gasen als aktives Medium dünne Schichten nicht vermieden werden, weil deren Dichten nur etwa ein Tausendstel der Dichte von

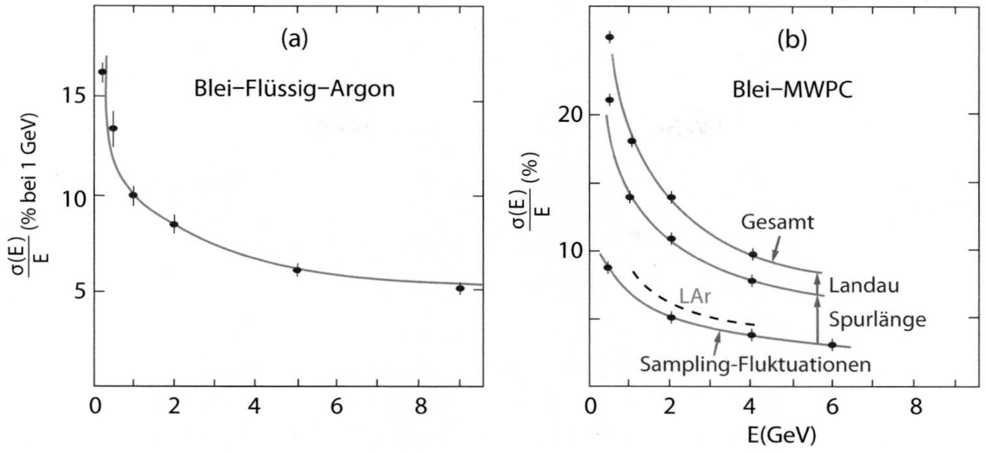

Abb. 15.31 Simulationen von Effekten der Ausleseschichtdicke (aus [335], mit freundl. Genehmigung von Elsevier): (a) Simulation der Energieauflösung eines Blei-Flüssig-Argon-Kalorimeters. Die Auflösung für 1 GeV Einfallsenergie ist als Funktion der Dicke der aktiven Flüssig-Argon-Schicht dargestellt, wobei die Dicke $X_0/3$ der passiven Bleischicht festgehalten wurde. (b) Die Beiträge der Sampling-, Landau- und Spurlängen-Fluktuationen zu der gesamten Energieauflösung eines Blei-MWPC-Kalorimeters. Die Kurven wurden mit Simulationen für 48 Schichten von je 1/3 Strahlungslängen Blei mit MWPC-Auslese berechnet. Die Auflösungsbeiträge bei 1 GeV sind etwa 7% (Sampling), 12% (Spurlänge), 12% (Landau). Die daraus berechnete gesamte Auflösung von 18% kann mit einer Auflösung von 8.8% für eine Flüssig-Argon-Auslese verglichen werden.

festen oer flüssigen Detektoren sind. Entsprechend ist in gasgefüllten Detektoren der Energieverlust pro minimal ionisierendem Teilchen nur einige keV, und auch die Ionisationsdichte so gering, dass hier Landau-Fluktuationen (siehe weiter unten) zusätzlich die Auflösung verschlechtern.

Dünne Schichten können auch bei Halbleiterdetektoren als aktive Lagen auftreten. Zum Beispiel können Wolfram-Silizium-Kalorimeter sehr kompakt gebaut werden, so dass sie häufig in räumlich engen Detektorbereichen, zum Beispiel nahe dem Strahlrohr, eingesetzt werden. In einem 300 µm dicken Siliziumdetektor verliert ein minimal ionisierendes Teilchen nur etwa 120 keV an Energie, so dass starke Spurlängen-Fluktuationen auftreten. Hier sind allerdings die statistischen Fluktuationen der Ladungserzeugung wegen der niedrigeren Ionisationsschwelle geringer als bei Gasen.

Landau-Fluktuationen Die Verteilung des Energieverlusts dE/dx wird durch die Landau-Verteilung (Abschnitt 3.2.3) beschrieben. Je dünner die Schicht ist, umso asymmetrischer wird die Verteilung auf Grund der Delta-Elektronen, die eventuell nicht mehr in der Schicht nachgewiesen werden. Zum Beispiel finden in 5 mm Argon, einer möglichen Schichtdicke bei Auslese mit einer Proportionalkammer, nur etwa 15 Primärionisationen pro MIP mit im Mittel jeweils etwa 3 Sekundärionisationen statt, wobei Anzahl und Energie der Teilchen stark fluktuieren (siehe Tabelle 7.1).

Eine Abschätzung der Energieauflösung durch Landau-Fluktuationen wird zum Beispiel in [312] nach dem in [489] entwickelten Modell gegeben:

$$\left(\frac{\sigma_E}{E}\right)_{\text{Landau}} \approx \frac{1}{\sqrt{N_{vis}}} \frac{3}{\ln(1.3 \times 10^4\, \Delta E/\text{MeV})} \,. \tag{15.62}$$

Dabei ist ΔE der mittlere Energieverlust einer Spur in einer Ausleseebene. Typischerweise findet man

$(\sigma_E/E)_{\text{Landau}} \approx 30\% \frac{1}{\sqrt{N_{vis}}}$ für $\Delta E = 1\,\text{MeV}$ (fest, flüssig),
$(\sigma_E/E)_{\text{Landau}} \approx 100\% \frac{1}{\sqrt{N_{vis}}}$ für $\Delta E \simeq 10^{-3}\,\text{MeV}$ (gasförmig).

In Abb. 15.31 (b) sind die Effekte der Landau- und der Spurlängen-Fluktuationen mit einer Simulation eines Blei-MWPC-Kalorimeters dargestellt. Der Vergleich mit einer entsprechenden Anordnung mit Flüssig-Argon-Auslese belegt die allgemeinen Beobachtungen, dass die mit gasförmigen aktiven Medien erzielten Energieauflösungen um das Zweifache oder mehr schlechter sind als die mit festen oder flüssigen aktiven Medien. Auch wenn MWPC oder Driftrohre für Kalorimeterauslesen sonst sehr attraktiv sind (sie sind zum Beispiel in großem Umfang für die Kalorimeter der LEP-Detektoren eingesetzt worden), so schränkt die schlechte Energieauflösung ihre Bedeutung für Beschleunigerexperimente sehr ein.

Zusammenfassung 'Stochastischer Term von Sampling-Kalorimetern' Für die Konzeption von Sampling-Kalorimetern ist es eines der wichtigsten Ziele, die Beiträge der Sampling-Fluktuationen zu der Energieauflösung zu minimieren. Deshalb wurden diese Beiträge im Vorangehenden relativ ausführlich diskutiert. Hier soll das Wesentliche noch einmal zusammengefasst werden.

Ausgehend von der einfachen Formel (15.50), basierend auf Rossis 'Approximation B',

$$\left(\frac{\sigma_E}{E}\right)_{samp} = 3.2\,\% \sqrt{\frac{t\,E_k/\text{MeV}}{E/\text{GeV}}} \,, \tag{15.63}$$

haben wir nacheinander folgende Korrekturen hinzugefügt:

- Fluktuationen der Auslesequanten: Dieser Beitrag ist unabhängig von der Schauerentwicklung und wird deshalb herausgerechnet, um dann die intrinsische Kalorimeterauflösung studieren zu können.
- Energieschwelle für Schauerteilchen: Sie vermindert die Anzahl N_{vis} der nachweisbaren Schauerteilchen nach Gleichung (15.55); durch eine effektive Energieschwelle ergibt sich hier auch eine Abhängigkeit von der Dicke der aktiven Schicht.
- Streuwinkelverteilung: Sie vergrößert effektiv die Dicke einer Sampling-Lage, Gleichung (15.58); die Z-Abhängigkeit der Streuung macht den Effekt unterschiedlich für die passiven und die aktiven Lagen.
- Spurlängen-Fluktuationen: Wegen der Energie-Winkel-Korrelation, dargestellt in Abb. 15.30, ist dieser Beitrag wesentlich in dünnen aktiven Schichten.
- Landau-Fluktuationen: Der Beitrag nach Gleichung (15.62) wird wesentlich in dünnen aktiven Schichten mit geringer Ionisationsstatistik.

Tab. 15.9 Parameter der Formel (15.64) für Sampling-Kalorimeter mit verschiedenen passiven und aktiven Medien [644].

passiv	aktiv	σ_0 [%]	α	β
C	Szint.	16.48±2.50	0.72±0.03	0.16±0.02
Al	Szint.	11.02±1.21	0.70±0.03	0.15±0.02
Fe	Szint.	6.33±0.52	0.62±0.03	0.21±0.02
Sn	Szint.	4.53±0.32	0.65±0.03	0.25±0.03
W	Szint.	3.61±0.17	0.70±0.03	0.29±0.03
Pb	Szint.	3.46±0.19	0.67±0.03	0.29±0.03
U	Szint.	3.28±0.15	0.67±0.03	0.30±0.03
Pb	Si	5.04±0.20	0.66±0.03	0.24±0.03
Pb	LAr	6.49±0.31	0.62±0.03	0.19±0.03

Die Auflösungsbeiträge lassen sich danach ordnen, ob sie von der Dicke der passiven Lage $x_p = t\,X_{0,p}$ oder von der Dicke der aktiven Lage $x_a = s\,X_{0,a}$ abhängen ($X_{0,p}$ und $X_{0,a}$ sind die entsprechenden Strahlungslängen). In [644] wurde eine kompakte Formel für diesen Zusammenhang aufgestellt:

$$\frac{\sigma_E}{E} = \frac{\sigma_0}{\sqrt{E}}\frac{t^\alpha}{s^\beta}, \tag{15.64}$$

mit den empirischen Parametern σ_0, α und β, die allerdings immer nur für eine bestimmte Kombination von passivem und aktivem Medium gelten. In Tabelle 15.9 sind einige Beispiele für die Parameter gängiger Sampling-Kalorimeter angegeben. Man sieht, dass mit $\alpha = 0.6$–0.7 etwa die $\sqrt{t}$-Abhängigkeit der Rossi-Formel (15.50) reproduziert wird. Auch die Abhängigkeit von der kritischen Energie ist ähnlich: Für ein bestimmtes aktives Medium, zum Beispiel den Szintillator in der Tabelle, ist die Abhängigkeit von der Absorberschicht in guter Näherung

$$\sigma_0 \propto \sqrt{E_k} \propto \frac{1}{\sqrt{Z}}. \tag{15.65}$$

Rauschterm

Das elektronische Rauschen der Ausleseelektronik hat eine konstante, energieunabhängige Varianz, so dass der Beitrag zur relativen Auflösung mit der Energie proportional zu $1/E$ abfällt. Der Koeffizient b in (15.40) wird 'äquivalente Rauschenergie' genannt (siehe Erläuterungen zu Gleichung (15.40), Seite 603) und legt die kleinste mit dem jeweiligen Kalorimeter messbare Energie fest. Zum Beispiel ergibt sich aus der Tabelle 15.5 für das Flüssig-Argon-Kalorimeter von ATLAS eine äquivalente Rauschenergie von 190 MeV, aber für das CsI-Kalorimeter von BaBar nur 150 keV. Bezüglich der Energieauflösung für den Nachweis von Photonen im MeV-Bereich ist daher CsI besser geeignet, dagegen spielen für GeV-Photonen andere Kriterien eine stärkere Rolle. Eine allgemeine Beschreibung des Einflusses von Rauschen auf Detektorauflösungen wird in Abschnitt 17.10 gegeben.

Der Einfluss des Rauschens hängt von der Stärke des primären Signals, also der Licht- oder Ladungsmenge pro deponierter Energie, und der weiteren Signalverarbeitung ab. Zum Beispiel ist bei einer Lichtauslese mit einem Photovervielfacher mit hoher Verstärkung das Rauschen häufig vernachlässigbar gegen andere Effekte, was bei einer Auslese mit Photodioden in der Regel nicht der Fall ist. Allerdings können Photodioden im Vergleich zu Photovervielfachern in kompakteren Geometrien und in einem Magnetfeld eingesetzt werden. Es wird deshalb intensiv an der Entwicklung von Photosensoren gearbeitet, die die positiven Eigenschaften beider Seiten verbinden (siehe dazu den Abschnitt 13.4 über Lichtauslese).

Wenn die primären Signale relativ klein sind, was insbesondere bei der Auslese nach dem Ionisationskammerprinzip der Fall ist (zum Beispiel Flüssig-Argon-Kalorimeter), kommt es sehr auf die Rauscharmut des Auslesesystems bis zur ersten Verstärkung des Signals an. Da das Rauschen mit der kapazitiven Last am Verstärker wächst (siehe Abschnitt 17.10.3), sollten die Kapazität eines Detektorkanals und alle Kabel- und Streukapazitäten minimiert werden. Außerdem wächst das Rauschen mit der Bandbreite des Verstärkers, so dass schnellere Signale höheres Rauschen bedingen. Durch Pulsformung und Filterung muss deshalb ein Optimum zwischen der durch die Teilchenraten geforderten Schnelligkeit und der Rauschunterdrückung gefunden werden.

Konstanter Term

Dieser Beitrag zur relativen Energieauflösung hängt nicht von der Energie ab und begrenzt deshalb bei hohen Energien die Auflösung eines Kalorimeters. Naturgemäß wird bei Kalorimetern in Experimenten bei den höchsten Energien der Minimierung des konstanten Terms die höchste Aufmerksamkeit geschenkt. Bei guten Kalorimetern werden Werte um 1% erreicht.

Mechanische Toleranzen und Interkalibrationsfehler Beiträge zum konstanten Term kommen vor allem von Unregelmäßigkeiten des Kalorimeters in unterschiedlichen Detektorbereichen, die durch mechanische oder elektronische Inhomogenitäten verursacht werden. Dazu tragen zum Beispiel fehlende Detektorabdeckung und 'totes Material' an Übergängen zwischen Detektormodulen sowie Unterstützungsmaterial für die Detektorinstallation bei. Insbesondere bei der Integration von Detektormodulen in ein großes System, wie bei typischen Speicherring-Experimenten, lassen sich solche Imperfektionen nicht vermeiden. Viele Abweichungen kann man durch richtige Kalibration verringen, es wird aber immer, insbesondere bei großen Systemen, ein so genannter Interkalibrationsfehler verbleiben, der in den konstanten Term der Auflösung eingeht. Da solche Fehler naturgemäß erst bei einem großen System sichtbar werden, ist es häufig problematisch, von Testmessungen mit Prototypen auf die Auflösung im endgültigen Detektor zu schließen.

Leckverluste Leckverluste entstehen, wenn das longitudinale oder transversale Profil des Schauers über die Detektordimensionen hinaus geht. Siehe zu diesem Thema auch die Diskussion der Konstruktionsanforderungen von Kalorimetern in Abschnitt 15.4.2.

Dort wird auch die Minderung der Fluktuationen durch Tail Catcher und Presampler besprochen.

Die longitudinalen Verluste tragen zur Energieauflösung stärker bei, weil die Schauerentwicklung in longitudinaler Richtung stärker fluktuiert als in transversaler (siehe dazu auch Abb. 15.16). Die Verluste können mit der Longo-Formel (15.17) abgeschätzt werden, wobei die Zielmarke von 98% Nachweis durch die Formel (15.20) näherungsweise gegeben ist. Der Beitrag der Fluktuationen im longitudinalen Verlust auf die Energieauflösung lässt sich wie folgt abschätzen [312]:

$$\left(\frac{\sigma_E}{E}\right) = \left(\frac{\sigma_E}{E}\right)_{f_{\mathrm{leak}}=0} \left(1 + 2\sqrt{E/\mathrm{GeV}}\, f_{\mathrm{leak}}\right), \tag{15.66}$$

wobei f_{leak} der relative Anteil der Leckenergie ist.

Bei einem gegebenen Kalorimeter steigen die Leckverluste f_{leak} etwa proportional zu dem Logarithmus der Energie an. Damit geht der Ausdruck (15.66) für hohe Energien nicht mehr in eine Konstante über und ist deshalb eigentlich nicht verträglich mit der Parametrisierung (15.42). Diese Parametrisierung nimmt auch Gauß'sches Verhalten der Auflösung an, was bei großen Leckverlusten nicht mehr der Fall ist, weil Verluste asymmetrische Verteilungen wegen der Begrenzung $f_{\mathrm{leak}} \geq 0$ haben. In der Praxis lässt sich allerdings bei den meisten elektromagnetischen Kalorimetern die Auflösung dennoch mit der Formel (15.42) parametrisieren.

15.6 Hadronkalorimeter

In einem Hadronkalorimeter werden hadronische Schauer (Abschnitt 15.3) ähnlich wie bei elektromagnetischen Kalorimetern über den Nachweis der Ionisation eines aktiven Mediums, manchmal auch über den Cherenkov-Effekt, vermessen. Im Vergleich zu elektromagnetischen Schauern ist allerdings die Entwicklung hadronischer Schauer sehr viel komplexer, und die Vielzahl der beitragenden Reaktionen mit häufig sehr unterschiedlichen Signalausbeuten führt zu starken intrinsischen Fluktuationen (Abschnitt 15.3.2). Dafür sind vor allem die starken Fluktuationen der elektromagnetischen und der hadronischen Anteile an der deponierten Energie zusammen mit den Bindungsenergieverlusten beim Aufbrechen der Kerne verantwortlich. Da im Allgemeinen die Signalantworten für die verschiedenen Anteile unterschiedlich sind, beeinflussen die Fluktuationen die Auflösungen hadronischer Kalorimeter, die im Allgemeinen schlechter als die von elektromagnetischen Kalorimetern sind (siehe dazu die Orientierungswerte in den Formeln (15.2)). Im Folgenden sollen die einzelnen Beiträge der inelastischen Reaktionen und deren Einflüsse auf das Messsignal und dessen Fluktuationen untersucht werden.

In den letzten Jahrzehnten ist sehr viel Entwicklungsarbeit geleistet worden, mit der die Eigenschaften von Hadronkalorimetern durch wachsendes Verständnis der grundlegenden Prozesse gezielt verbessert werden konnten [812, 313]. Wesentlich für die Verbesserung der Energieauflösung ist die Idee der 'Kompensation'. Das sind Methoden, mit denen der Effekt der Fluktuationen der verschiedenen Energieverlustbeiträge auf das Signal minimiert wird (Abschnitt 15.6.3).

15.6.1 Typischer Aufbau von Hadronkalorimetern

Hadronkalorimeter werden praktisch immer als Sampling-Kalorimeter ausgelegt. Homogene Kalorimeter würden nicht die Vorteile liefern wie für elektromagnetische Schauer, vor allem weil ein eventueller Gewinn an Energieauflösung durch die starken intrinsischen Fluktuationen in einem Hadronschauer zunichte gemacht würde. Außerdem wären die notwendigen Abmessungen technisch schwer zu realisieren.

Die Wahl von passiven und von aktiven Medien wird durch verschiedene Überlegungen beeinflusst. Tabelle 15.3 zeigt, dass Medien mit niedrigeren Kernladungen Z ein kleineres Verhältnis von nuklearer Absorptionslänge zur Strahlungslänge haben. Unter dem Gesichtspunkt einer möglichst ähnlichen Entwicklung der hadronischen und der elektromagnetischen Komponenten eines Schauers und gleichzeitig möglichst hoher Dichte, um das Kalorimeter kompakt zu halten, ist besonders Eisen ein bevorzugtes passives Medium.

Die 'Klassiker' unter den Kalorimetern haben 1 bis 2 cm starke Eisenplatten als passive Schicht und einige Millimeter Szintillator oder Flüssig-Argon als Auslese (zum Beispiel bei den Detektoren H1, CDF und ATLAS, siehe Tabelle 15.11 auf Seite 654).

Eine ganz andere Philosophie wird bei 'kompensierenden' Kalorimetern verfolgt. Hier führt die Forderung, dass die Signalausbeute für die elektromagnetische Komponente relativ zu der hadronischen gedämpft wird, zu der Wahl von passiven Schichten mit besonders hohen Z-Werten, wie bei Uran, Blei und Wolfram. Die dafür besonders abgestimmte Wahl der passiven und der aktiven Schichten und des Sampling-Anteils wird im Abschnitt 15.6.3 ausführlich besprochen.

15.6.2 Die Kalorimetersignale von Elektronen und Hadronen

In Abschnitt 15.3.2 haben wir die Fluktuationen der verschiedenen Anteile f_i an der deponierten Energie eines hadronischen Schauers in einem Materieblock besprochen. Wenn diese Anteile mit unterschiedlichen Effizienzen ϵ_i nachgewiesen werden, resultieren die Fluktuationen der f_i in Fluktuationen des Kalorimetersignals. Die stärksten Fluktuationen ergeben sich in dem elektromagnetischen Anteil f_{em} und entsprechend in dem hadronischen Anteil $f_h = 1 - f_{em}$, deren Nachweiseffizienzen ohne spezielle Maßnahmen im Allgemeinen sehr unterschiedlich sind (Abb. 15.32).

Definition von e/π und e/h Das in einem Kalorimeter durch ein Hadron (das Symbol π für ein Pion wird hier generisch für ein Hadron benutzt) erzeugte Signal setzt sich dann

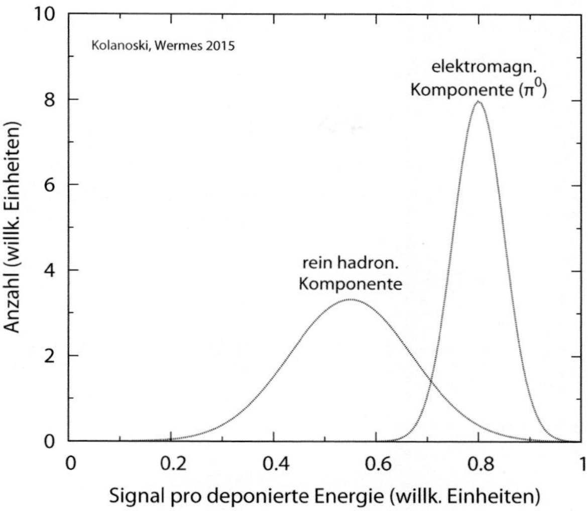

Abb. 15.32 Typische Verteilung von Signaleffizienzen für die hadronische und die elektromagnetische Komponente eines Hadronschauers (nach [809]). Die hier gezeigten Verhältnisse sind typisch für ein (nicht-kompensierendes) Eisen-Kalorimeter mit Szintillator- oder Flüssig-Argon-Auslese.

aus den Anteilen f_i der deponierten Energie E (siehe Gleichung (15.32)), multipliziert mit ihren jeweiligen Nachweiseffizienzen ϵ_i, zusammen:

$$S(\pi) = \left(f_{em}\,\epsilon_{em} + \underbrace{f_{ion,r}\,\epsilon_{ion,r} + f_{ion,nr}\,\epsilon_{ion,nr} + f_n\,\epsilon_n + f_\gamma\,\epsilon_\gamma + f_B\,\epsilon_B}_{f_h\,\epsilon_h} \right) E\,. \quad (15.67)$$

Die verschiedenen Anteile f_i wurden in Abschnitt 15.3.2 besprochen. Der in Gleichung (15.32) eingeführte Anteil f_{ion} wird hier aufgeteilt in Anteile für relativistische und nicht-relativistische Teilchen, $f_{ion} = f_{ion,r} + f_{ion,nr}$, weil die entsprechenden Nachweiseffizienzen sehr unterschiedlich sein können.

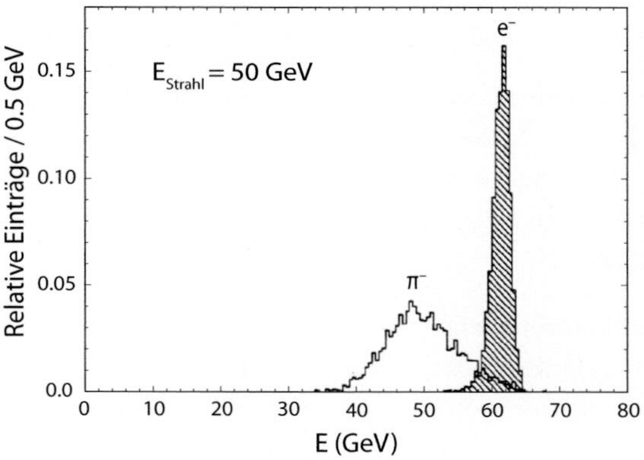

Abb. 15.33 Messung von e/π mit 50-GeV-Teststrahlen mit dem Flüssig-Argon-Kalorimeter von H1 [162]. Die gemessene Energie ist ausgedrückt auf der 'hadronischen Energieskala', so dass der Mittelwert der Pionverteilung bei 50 GeV liegt. Die Elektronen liefern hier ein um 22% höheres Signal, entsprechend $e/\pi = 1.22$.

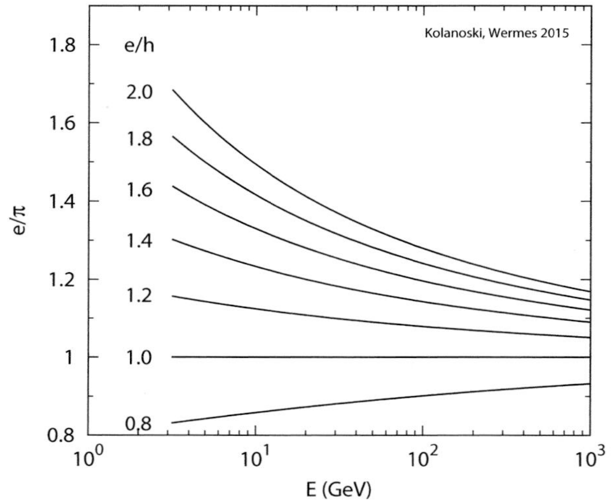

Abb. 15.34 Die Energieabhängigkeit von e/π, dem Verhältnis der Signale für Elektronen und Hadronen eines Kalorimeters, für verschiedene Werte des Parameters e/h. Das Verhältnis e/π wurde nach (15.68) berechnet, wobei die Energieabhängigkeit von f_{em} entsprechend (15.33) mit den Parametern $E_0 = 1$ GeV und $k = 0.82$ eingesetzt wurde.

Im Allgemeinen sind die Kalorimetersignale für Elektronen und Hadronen unterschiedlich:

$$\frac{S(e)}{S(\pi)} = \frac{\epsilon_{em}\,E}{(f_{em}\epsilon_{em} + f_h\epsilon_h)\,E} = \frac{\epsilon_{em}/\epsilon_h}{1 - f_{em}\left(1 - \frac{\epsilon_{em}}{\epsilon_h}\right)} . \tag{15.68}$$

Es ist dabei zu unterscheiden:

$$\begin{aligned} \frac{S(e)}{S(\pi)} &\stackrel{\text{Def}}{=} \frac{e}{\pi} \qquad \text{bestimmt mit } e^{\pm}\text{- und } \pi^{\pm}\text{-Teststrahlen (Abb. 15.33)}, \\ \frac{\epsilon_{em}}{\epsilon_h} &\stackrel{\text{Def}}{=} \frac{e}{h} \qquad \text{innere Kalorimetereigenschaft.} \end{aligned} \tag{15.69}$$

Diese Ausdrücke werden als 'e-über-π'- beziehungsweise 'e-über-h'-Verhältnis bezeichnet. Aus (15.68) entnimmt man:

$$\frac{e}{h} = 1 \Longrightarrow \frac{e}{\pi} = 1 . \tag{15.70}$$

Das bedeutet, dass Elektronen und Pionen gleicher Energie das gleiche Signal ergeben, wenn das Kalorimeter 'kompensierend' ist, das heißt, wenn $e/h = 1$ gilt. In Abb. 15.34 sieht man auch, dass für asymptotische Energien e/π gegen 1 strebt, unabhängig von dem e/h-Verhältnis, weil der elektromagnetische Anteil f_{em} in einem Hadronschauer mit der Energie ansteigt, siehe Gleichung (15.33).

Auflösung und Linearität eines Hadronkalorimeters Die Fluktuationen, vor allem zwischen der elektromagnetischen und der hadronischen Komponente, beeinflussen die Auflösung und die Linearität eines Hadronkalorimeters ungünstig. Für die Auflösung kann man etwa ansetzen [809]:

$$\frac{\sigma_E}{E} = \frac{a}{\sqrt{E/\text{GeV}}} + b\left(\frac{e}{h} - 1\right) . \tag{15.71}$$

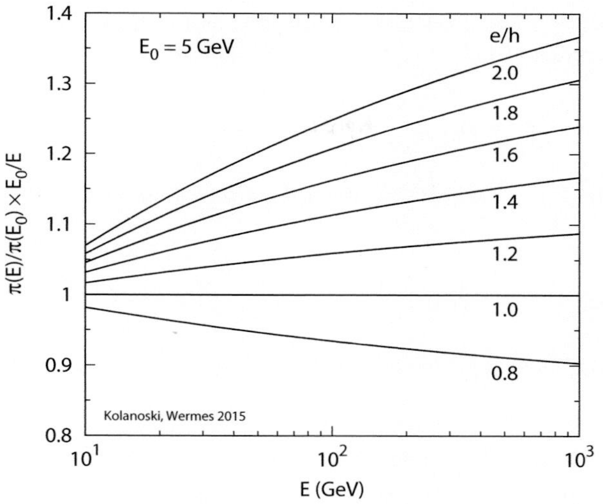

Abb. 15.35 Die nach (15.72) abgeschätzte Nichtlinearität von Hadronkalorimetern mit verschiedenen e/h-Werten (die Bezugsenergie E_0 ist jeweils 5 GeV).

Eventuell sind die beiden Terme auch quadratisch zu addieren. Der erste Term, das ist der stochastische Beitrag, gibt die Grenze der Auflösung eines voll 'kompensierenden' Kalorimeters mit $e/h = 1$ an. Zum Beispiel ist in kompensierenden Kalorimetern $a \approx 0.3$–0.35 erreicht worden. Der Parameter b ist von der Größenordnung 1, mit einer möglichen Energieabhängigkeit [812].

Ein Verhältnis $e/h \neq 1$ beeinflusst auch die Linearität des Kalorimeters, weil der elektromagnetische Anteil f_{em} energieabhängig ist (siehe Gleichung (15.33)). Die Nichtlinearität in Bezug auf eine Energie E_0 kann man wie folgt abschätzen [812]:

$$\frac{S(\pi(E))/E}{S(\pi(E_0)/E_0} = \frac{f_{em}(E) + (1 - f_{em}(E))\,(e/h)^{-1}}{f_{em}(E_0) + (1 - f_{em}(E_0))\,(e/h)^{-1}} \,. \tag{15.72}$$

In Abb. 15.35 ist mit der Parametrisierung (15.33) von f_{em} die Energieabhängigkeit der Nichtlinearität für verschiedene Werte von e/h gezeigt.

Das MIP-Signal als Referenz Da Art und Größe der Signale detektor-spezifisch sind, ist es üblich, sich als Referenz auf das Signal eines minimal-ionisierenden Teilchens (MIP) zu beziehen. Man kann dann eine Größe ϵ_{MIP} definieren, so dass ein MIP, das in dem betrachteten Detektor die Energie E deponiert, das Signal

$$S(MIP) = \epsilon_{MIP}\, E \tag{15.73}$$

erzeugt. Dieses Signal ist allerdings nicht direkt messbar, weil ein tatsächlich minimalionisierendes Teilchen beim Durchqueren eines Kalorimeters nicht mehr minimalionisierend wäre und auch die deponierte Energie nicht ohne Weiteres bekannt ist. Man kann aber zum Beispiel mit einem Myon-Strahl ein Kalibrationssignal bestimmen, aus dem man dann mit Hilfe von Simulationsrechnungen auf die interessierende Größe ϵ_{MIP}

umrechnen kann[6]. Die Signale anderer Teilchenstrahlen kann man dann dazu ins Verhältnis setzen. Das Signal eines Hadrons in (15.67) ist in 'MIP-Einheiten':

$$\frac{S(\pi)}{S(MIP)} = \frac{\pi}{MIP} = f_{em}\frac{\epsilon_{em}}{\epsilon_{MIP}} + f_{ion,r}\frac{\epsilon_{ion,r}}{\epsilon_{MIP}} + f_{ion,nr}\frac{\epsilon_{ion,nr}}{\epsilon_{MIP}} + f_n\frac{\epsilon_n}{\epsilon_{MIP}} + f_\gamma\frac{\epsilon_\gamma}{\epsilon_{MIP}}\,. \quad (15.74)$$

Wie in der Literatur üblich, wollen wir die Verhältnisse der Effizienzen analog zu e/h in (15.69) abkürzen:

$$\frac{S(\pi)}{S(MIP)} = \frac{\pi}{MIP} = f_{em}\frac{e}{MIP} + f_{ion,r}\frac{r}{MIP} + f_{ion,nr}\frac{nr}{MIP} + f_n\frac{n}{MIP} + f_\gamma\frac{\gamma}{MIP}\,. \quad (15.75)$$

In Sampling-Kalorimetern zeigen die einzelnen Signalbeiträge folgendes Verhalten (wir folgen hier weitgehend [812]):

e/MIP: Nach dem einfachen Modell für elektromagnetische Schauer wird die Schauerenergie als Ionisation durch Elektronen, die die kritische Energie erreicht haben, deponiert. Danach würde man erwarten, dass die Signaleffizienz etwa gleich der von MIP-Teilchen ist. Tatsächlich kann das Verhältnis e/MIP aber beträchlich unter 1 liegen, und zwar umso mehr, je höher die Kernladungszahl Z der passiven Schicht ist. Das hat folgenden Grund: Ein großer Anteil der Energie wird von Elektronen mit weniger als 1 MeV Energie deponiert. Diese Elektronen werden vorzugsweise von Photonen im MeV-Bereich durch Compton- und Photoeffekt erzeugt. Insbesondere wegen des mit Z sehr stark anwachsenden Wirkungsquerschnitts für den Photoeffekt (Abschnitt 3.5.2 und Abb. 3.44) haben die Photonen eine geringe Reichweite und wechselwirken bevorzugt noch in der passiven Schicht, in der sie erzeugt wurden. Auch die Elektronen haben wenig Chancen, die passive Schicht zu verlassen, weil die Reichweiten bei niedrigen Energien gering sind (zum Beispiel 691 µm für 1-MeV-Elektronen in Blei [462]).

Für Szintillatoren als aktives Material findet man für verschiedene passive Schichten (ab einer passiven Schichtdicke von etwa 3 mm nahezu unabhängig von den relativen Dicken der passiven und der aktiven Schicht) [211]: Uran und Blei $e/MIP \approx 0.6$; Eisen und Kupfer $e/MIP \approx 0.9$, entsprechend der Erwartung, dass bei Annäherung der Z-Werte von passiver und aktiver Schicht das Verhältnis e/MIP gegen 1 strebt. Für Kupfer ergibt sich mit einer Flüssig-Argon-Auslese, also höherem Z als bei Szintillator, e/MIP nahe 1 [211].

r/MIP: Bei relativistischen, geladenen Hadronen, die in der hochenergetischen Kaskade erzeugt werden, kann man annehmen, dass sie sich etwa so verhalten wie *MIPs*, also $r/MIP \approx 1$ ist.

[6] Die Umrechnung ist nicht ganz einfach, weil mit steigender Energie Myonen zunehmend energetischere δ-Elektronen erzeugen, die elektromagnetische Kaskaden ausbilden können, und bei sehr hohen Energien schließlich auch durch Bremsstrahlung und Paarbildung Energie verlieren. Dadurch kann man auch mit MIP-Signalen die Effizienzen ϵ_{ion} und ϵ_{em} nicht klar trennen.

$nr/\textsc{mip}$: Der Ionisationbeitrag zum Signal durch nicht-relativistische Teilchen stammt vorwiegend von Spallationsprotonen, die überwiegend kinetische Energien unterhalb von 1 GeV haben und damit nicht-relativistisch sind. Schwerere Fragmente haben ein geringe Chance, in das aktive Medium zu wechseln, und tragen damit kaum zum Signal bei. Die Neutronen werden im nächsten Punkt getrennt besprochen.

Protonen, die genügend Energie haben, mehrere aktive Schichten zu kreuzen, haben ein ähnliches Verhalten wie *MIPs*, weil sich das Verhältnis der in den passiven und den aktiven Schichten deponierten Energien etwa wie bei *MIPs* ergibt. Unterhalb einer Energie von etwa 50 MeV wird die Signalausbeute geringer, weil die Reichweite in den Bereich der passiven Schichtdicken kommen. Zum Beispiel ist die Reichweite von 50-MeV-Protonen in Uran 2.8 mm, in Blei 4.5 mm und in Eisen 4.3 mm. In Szintillatoren wird der Beitrag von niederenergetischen Teilchen auch durch Sättigungseffekte (siehe Birks-Gesetz in Abschnitt 13.2.3) verringert.

$n/\textsc{mip}$: Aus der Spallationsreaktion kommen in ähnlicher Anzahl wie die Protonen auch Neutronen, die Energien um 100 MeV haben und Kernreaktionen, einschließlich Kernspaltung bei den schweren Kernen, auslösen und elastisch streuen (siehe unten) können. Eine viel größere Anzahl Neutronen entsteht allerdings in dem anschließenden Verdampfungsprozess. Diese Neutronen haben Energien von wenigen MeV. Sie können Kerne zur Emission von geladenen Fragmenten wie Protonen oder α-Teilchen und von Gammastrahlung anregen. Die geladenen Kernfragmente tragen wieder wegen der geringen Reichweite praktisch nicht zum Signal bei. Die Gammastrahlung wird im nächsten Punkt gesondert besprochen.

Der häufigste Prozess ist die elastische Streuung der Neutronen an den Kernen. Der relative Energieübertrag bei der Streuung eines Neutrons an einem Kern mit der Massenzahl A ergibt sich zu (siehe zum Beispiel [283]):

$$\frac{\Delta E}{E_n} = \frac{2\,A\,(1-\cos\theta)}{(A+1)^2}\,. \tag{15.76}$$

Dabei ist θ der Streuwinkel im Schwerpunktsystem. Unter der Annahme einer im Schwerpunktsystem isotropen Winkelverteilung erhält man nach Mittelung über die Streuwinkel

$$\left\langle \frac{\Delta E}{E_n} \right\rangle = \frac{2\,A}{(A+1)^2}\,. \tag{15.77}$$

Für schwere Kerne ist dieser relative Energieverlust proportional zu $1/A$ und ergibt sich für Uran oder Blei zu etwa 1% und für Eisen zu etwa 3%, aber für Wasserstoff zu 50%. Wenn das aktive Medium also Wasserstoff enthält, kann die Neutronenergie sehr effizient auf Protonen übertragen werden, die dann ihre Energie durch Ionisation im aktiven Medium deponieren, und zwar sehr lokal wegen ihrer geringen Energie und damit kurzen Reichweite. Da gleichzeitig in der passiven Schicht auf diesem Wege fast keine Energie verloren geht, lassen sich dann Werte $n/\textsc{mip} \gg 1$ erreichen. Die erstaunliche Größe dieses Effekts sieht man an folgendem quantitativen Beispiel: In [812] wird eine unendlich ausgedehnte Sampling-Struktur betrachtet, die nur aus (flüssigem) Wasserstoff und Blei besteht. Bei einem Volumenverhältnis H_2(flüssig) : Pb von 1 : 99 ergibt sich für 1-MeV-Neutronen $n/\textsc{mip} = 1630$, und bei 50 : 50 ergibt sich $n/\textsc{mip} = 45$. Auch wenn Wasserstoff nur als Anteil in einem aktiven Medium, meistens einem Szintillator, enthalten ist und eventuell Sättigung des Szintillationssignals den Effekt dämpft, sind wirklich große $n/\textsc{mip}$-Werte zu erreichen. Das eröffnet die Möglichkeit zur gezielten Kompensation der nicht nachweisbaren Energie in Hadronschauern, wie im nächsten Abschnitt genauer besprochen wird.

Wenn Neutronen durch elastische Streuung an leichten Kernen thermalisiert werden, wird der Wirkungsquerschnitt für Neutroneneinfang groß, und die Neutronen werden dann mit einer Verzögerung eingefangen. Die Kerne geben die überschüssige Bindungsenergie bevorzugt durch Gammastrahlung ab, die ebenfalls verzögert gegenüber dem Primärsignal auftritt.

$\gamma/\textsc{mip}$: Signale durch Gammastrahlung, die bei den verschiedenen Kernreaktionen auftreten kann, sind wie die des elektromagnetischen Teils des Schauers unterdrückt, und damit ergibt sich $\gamma/\textsc{mip} < 1$. Das Besondere ist, dass diese Strahlung zum Teil stark verzögert auftritt. Das kann gezielt genutzt werden, wenn die Signale länger integriert werden und das aktive Medium ein relativ hohes Z hat (zum Beispiel ist Flüssig-Argon dafür besser geeignet als Szintillator). In der Praxis ist allerdings zu beachten, dass mit einer längeren Integration auch mehr Untergrundsignale beitragen und dadurch eventuell die Auflösung verschlechtern.

15.6.3 Kompensation

Auflösung und Linearität von Hadronkalorimetern lassen sich also wesentlich verbessern, wenn die Signale für elektromagnetische und für hadronische Energien angeglichen werden, wenn also $e/h \to 1$ angestrebt wird. Es zeigt sich, dass es tatsächlich möglich ist, $e/h = 1$ zu erreichen. Die verschiedenen Methoden, die dazu entwickelt wurden, werden unter dem Begriff 'Kompensation' zusammengefasst, dessen Bedeutung im Folgenden erläutert wird.

Die Idee der Kompensation der nicht nachweisbaren Energie in Kernreaktionen, die in Kalorimetern zu geringeren Signalen von Hadronen relativ zu Elektronen führen (Abb. 15.33), wurde erstmals von Fabjan, Willis und Mitarbeitern vorgeschlagen und untersucht [311]. In einem Testkalorimeter wurde die These überprüft, dass durch den höheren Wirkungsquerschnitt für die Erzeugung von Neutronen in ^{238}U im Vergleich zu Eisen die zusätzlich erzeugten Neutronen, Protonen und Gammas aus der Kernspaltung in dem aktiven Medium Energie deponieren und so mindestens teilweise die nicht nachweisbare Energie kompensieren. Der Test wurde mit einem Eisen- beziehungsweise Urankalorimeter mit Flüssig-Argon-Auslese durchgeführt. Tatsächlich wurde mit Uran eine annähernde Gleichheit der Signale von Elektronen und Hadronen gefunden und resultierend eine bessere Auflösung.

Diese Untersuchungen führten in der Folge zu der Konstruktion des ersten Urankalorimeters [57] für das Axial Field Spectrometer (R807) am Proton-Proton-Collider ISR im CERN [387]. Im Gegensatz zu dem Testkalorimeter fiel hier die Wahl für die Auslese auf Szintillatoren, offensichtlich aus Gründen, die nichts mit der Idee der Kompensation zu tun hatten. Inzwischen weiß man, dass die Kombination Uran–Szintillator bessere Möglichkeiten zur Kompensation bietet als Uran–Flüssig-Argon, wie wir im Folgenden ausführen werden.

Die Entwicklung von Kompensationsmethoden erfordert eine detaillierte Kenntnis der Signalerzeugung durch die verschiedenen Energiebeiträge, wobei zum Signal neben den hochenergetischen Teilchen und den Neutronen vor allem die niederenergetischen Teilchen am Ende einer Kaskadenkette durch starke Ionisation beziehungsweise Photoeffekt wesentlich beitragen. Grundlegende Arbeiten, vor allem von Wigmans und Brückmann, in den 1980er Jahren haben im Wesentlichen zu einem Verständnis der Kompensationsmechanismen geführt [809, 211].

Kompensation kann durch die Konstruktion des Kalorimeters sowie durch die Wahl der Materialien für die passiven und die aktiven Schichten und deren relative Abmessungen, erreicht werden. Es ist aber auch möglich, durch Software-Korrekturen der in einem Kalorimeter deponierten Energie, wenn diese Energie örtlich genügend fein aufgelöst gemessen wird, Kompensation zu erreichen. Im Folgenden sollen die verschiedenen Möglichkeiten der Kompensation vorgestellt und diskutiert werden.

Hardware-Kompensation

Ein Kalorimeter kann bereits so konstruiert werden, dass sich $e/h \approx 1$ ergibt. Da ohne gezielte Maßnahmen in der Regel $e/h > 1$ gilt, versucht man entweder, ϵ_{em} zu erniedrigen oder ϵ_h zu erhöhen, oder aber beides zu kombinieren:

ϵ_{em} *erniedrigen:* Bei der Diskussion von $e/\textsc{mip}$ im vorigen Abschnitt haben wir gesehen, dass für passive Schichten mit hohem Z die elektromagnetische Komponente weniger effizient nachgewiesen wird als bei niedrigerem Z; die Werte sind für Uran und Blei $e/\textsc{mip} \approx 0.6$–07 und für Kupfer und Eisen $e/\textsc{mip} \approx 0.9$–0.95 (beides mit Szintillatorauslese). Als Grund dafür hatten wir den Beitrag niederenergetischer Photonen (unterhalb 1 MeV) ausgemacht, die bevorzugt in der passiven Schicht Elektronen erzeugen, die meistens das aktive Medium nicht erreichen. Für ein kompensierendes Kalorimeter sollte man also eher passive Schichten mit hohem Z wählen.

Die Photonreaktionen finden bevorzugt in der passiven Schicht mit hohem Z statt. Compton- oder Photoelektronen ergeben nur ein Signal, wenn sie nahe dem Übergang zum aktiven Medium erzeugt werden. Durch ein Material mit niedrigerem Z, das zusätzlich auf die passive Schicht aufgebracht wird und gerade so dick ist, dass die Elektronen absorbiert werden, kann die Signalunterdrückung verstärkt werden (Abb. 15.36).

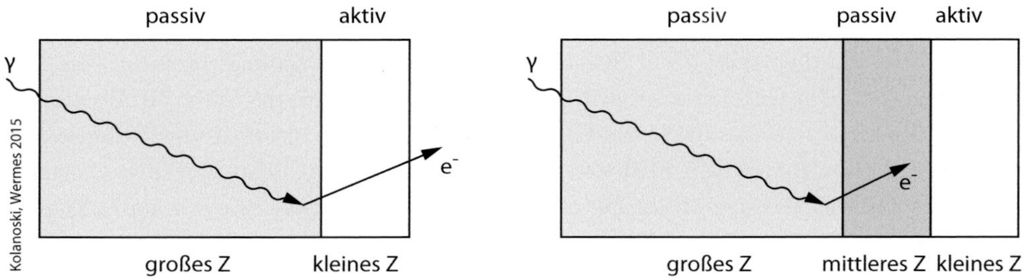

(a) Kalorimeter mit normaler Abfolge von passiven und aktiven Lagen

(b) Kalorimeter mit einer Zwischenlage mit mittlerem Z

Abb. 15.36 Unterdrückung der elektromagnetischen Signalkomponente in einem Hadronkalorimeter durch Einfügen einer Zwischenlage mit mittlerem Z zwischen der passiven (hohes Z) und der aktiven Lage (niedriges Z) (schematisch).

Dieser Effekt wurde für das Uran-Szintillator-Kalorimeter des ZEUS-Experiments (Abschnitt 15.7.1) beobachtet, bei dem das abgereicherte Uran aus Umweltschutzgründen in eine dünne Edelstahlfolie eingepackt werden musste (siehe Abb. 3.29 in [812]).

ϵ_h *erhöhen:* Die Anteile f_n, f_γ und f_B werden durch Kernspallationsprozesse festgelegt und sind deshalb stark positiv korreliert. Dabei ist es für die Kompensation wichtig, dass die Verhältnisse zwischen den hadronischen Beiträgen relativ energieunabhängig sind, wie in Abb. 15.12 auf Seite 596 gezeigt wurde. Deshalb kann man den Verlust der Bindungenergie kompensieren, indem Neutronen und/oder Photonen aus Kernreaktionen besonders effizient nachgewiesen werden.

Die elastische Neutronenstreuung im aktiven Medium hat sich als das am besten einstellbare Verfahren zur Kompensation von Hadronkalorimetern erwiesen, mit dem auch die besten Auflösungen erreicht wurden. Wegen ihrer grundsätzlichen Bedeutung soll diese Kompensationsmethode im Folgenden detaillierter besprochen werden.

Kompensation in passiven Schichten mit hohen Kernmassen Die hohe Neutronenproduktionsrate in passiven Schichten mit schweren Kernen, wie Uran oder Blei, kann so genutzt werden, dass das hadronische Signal verstärkt wird. Die Neutronen können ihre Energie an ionisierende Teilchen durch elastische Streuung an leichten Kernen in dem aktiven Medium übertragen, wo dann die Ionisationsenergie nachgewiesen wird.

Für ein Neutronenspektrum wie in Abb. 15.9 liegt der Wirkungsquerschnitt für elastische Neutronenstreuung in Uran-238 im Bereich von einigen barn (Abb. 15.37), wodurch sich freie Weglängen von wenigen Zentimetern ergeben. Damit können Neutronen in Sandwich-Kalorimetern durch mehrere passive und aktive Schichten gehen. Im passiven Medium verlieren sie nicht viel Energie, weil der Energieübertrag gemäß (15.76) wie $1/A$ von der Kernmasse A abhängt. Wenn man nun das aktive Medium mit Wasserstoff anreichert, kann man erreichen, dass dort die meiste Energie übertragen wird, im Mittel bei einem Stoß die Hälfte der Neutronenergie (Abb. 15.38). Als wasserstoffhalti-

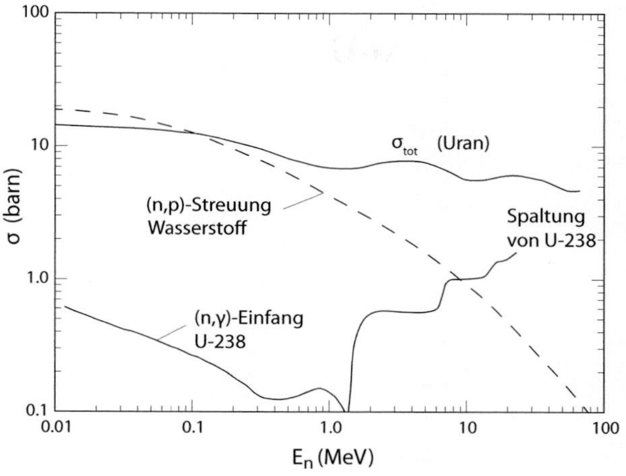

Abb. 15.37 Wirkungsquerschnitt für Neutronen in ^{238}U (aus [211], mit freundl. Genehmigung von Elsevier). Neben den ineleastischen (n, γ)- und den Spaltungsreaktionen trägt vor allem die elastische Streuung mit geringem Energieübertrag zum totalen Wirkungsquerschnitt bei. Zum Vergleich ist auch der Wirkungsquerschnitt für elastische Neutronenstreuung in Wasserstoff angegeben, wobei das Neutron sehr effizient Energie übertragen kann.

ge aktive Medien kommen organische Szintillatoren (Abschnitt 13.2) oder entsprechend wasserstoff-angereicherte Gase in Frage.

Wichtig ist noch, dass die übertragene Energie auch praktisch vollständig im aktiven Medium deponiert wird, weil die Reichweite der Protonen sehr gering ist, bei 1 MeV zum Beispiel nur 20 µm in Szintillatormaterial. Dieser Effekt und die Tatsache, dass Neutronen durch mehrere Lagen gehen und im Wesentlichen nur im aktiven Medium Energie verlieren, macht es möglich, die relativen Signale von elektromagnetischer und hadronisch deponierter Energie, also e/h, mit dem Sampling-Anteil f_S einzustellen. Für ein gegebenes Kalorimeter ist der Sampling-Anteil durch das Verhältnis der Dicken d_p und d_a der passiven und der aktiven Schichten gegeben:

$$R = \frac{d_p}{d_a} \propto \frac{1}{f_S} . \tag{15.78}$$

Während R das Verhältnis der geometrischen Dicken ist, gibt f_S das Verhältnis der im aktiven Medium zu der im passiven Medium deponierten Energie an.

Das Signal, das von der elektromagnetisch deponierten Energie herrührt, wird mit wachsendem R geringer, weil die Gesamtlänge ionisierender Spuren im aktiven Medium kleiner wird. Der Effekt wird zusätzlich überproportional verstärkt, weil die niederenerge-

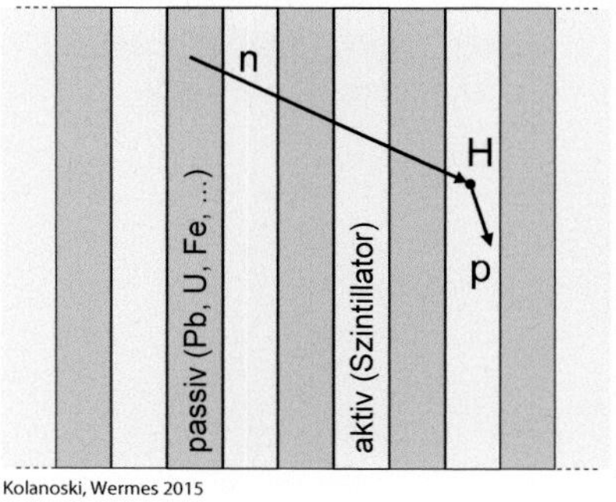

Abb. 15.38 Neutronennachweis durch Energieübertrag auf ein Proton in elastischer (n, p)-Streuung in der aktiven Lage eines Kalorimeters.

Tab. 15.10 Die Tabelle zeigt für Uran- und für Bleikalorimeter mit Szintillatorauslese das Verhältnis R der Dicken von passiver und aktiver Schicht, bei dem Kompensation, das heißt $e/h = 1$, erreicht wird (Simulationsrechnungen [812]), sowie die entsprechenden passiven Schichtdicken d_p und die dafür gemessenen intrinsischen Auflösungen. Die Szintillatordicke ist jeweils 2.5 mm. In der letzten Zeile ist die Anzahl der Neutronen mit Energien unter 20 MeV angegeben, die pro GeV deponierter Energie in einer hochenergetischen Kaskade produziert werden [211].

	Uran	Blei
R	1 : 1	≈4 : 1
d_p [cm]	0.25	1.0
$\frac{\sigma_{intr}}{E}\sqrt{E/\mathrm{GeV}}$	22%	13%
Neutronen/GeV	33	22

tischen Photonen am Ende eines Schauers wie beschrieben vorwiegend in dem Material mit hohem Z durch Photoeffekt avbsorbiert werden und die entstehenden Elektronen meistens nicht das aktive Medium erreichen. Es werden also entsprechend Gleichung (15.67) (auf Seite 635) die Effizienzen ϵ_{em} und ϵ_n gegeneinander variiert, bis das Verhältnis $e/h = 1$ erreicht ist. Tabelle 15.10 zeigt für Blei- und Uran-Kalorimeter mit Szintillatorauslese Beispiele für Verhältnisse R, bei denen das angestrebte $e/h = 1$ erreicht wird.

Eine Variation von R ändert sowohl e/h als auch den Sampling-Anteil f_s, nach (15.46) definiert als das Verhältnis der in den aktiven Lagen deponierten Energie E_{vis} zu der ins-

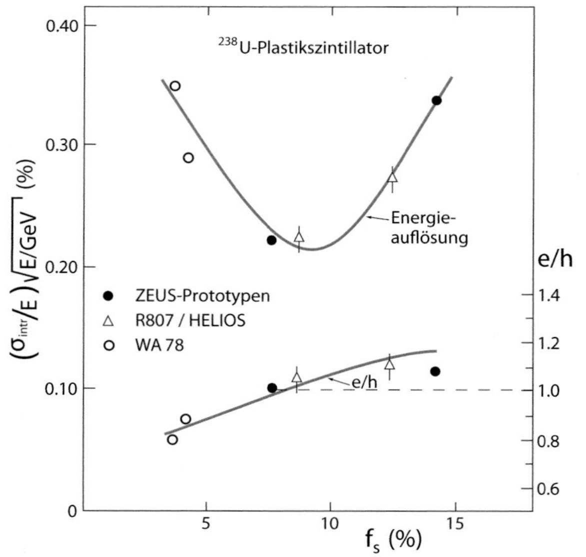

Abb. 15.39 Energieauflösung (linke Achse) und e/h-Verhältnis (rechte Achse) von Uran-Szintillator-Kalorimetern als Funktion des Sampling-Anteils f_s. Auf der linken vertikalen Achse ist die in (15.80) definierte intrinsische Energieauflösung aufgetragen, auf der rechten Achse ist das e/h-Verhältnis angezeigt. Nach [809], mit freundl. Genehmigung von Elsevier.

gesamt deponierten Energie E_{dep} ($E_{dep} \approx E$ bei vollständiger Absorption). Der Sampling-Beitrag zur relativen Energieauflösung ist mit $E_{vis} = f_s\, E$:

$$\frac{\sigma_{samp}}{E} \propto \frac{1}{\sqrt{f_s\, E}} \propto \sqrt{\frac{R}{E}}\,, \tag{15.79}$$

wobei die Proportionalität zu $1/\sqrt{f_s} \propto \sqrt{R}$ nur jeweils für eine bestimmte Kombination von passiven und aktiven Medien gilt. Man kann nun eine 'intrinsische Kalorimeterauflösung' gemäß

$$\sigma_{intr}^2 = \sigma^2 - \sigma_{samp}^2 \tag{15.80}$$

definieren, bei der die gemessene Auflösung σ um den Sampling-Beitrag korrigiert wird. Abbildung 15.39 zeigt Beispiele für intrinsische Auflösungen als Funktion von f_S, die für verschiedene Kalorimeter simuliert wurden [809]. Das eingestellte e/h-Verhältnis ist auf der rechten vertikalen Achse gezeigt. Kompensation $e/h = 1$ und damit optimale Energieauflösung wird für ein bestimmtes f_S erzielt. Für die Uran-Szintillator-Kombination in Abb. 15.39 ergibt sich eine optimale intrinsische Auflösung von etwa $22\%/\sqrt{E}$, die entsprechende intrinsische Auflösung für eine Blei-Szintillator-Kombination ergibt sich sogar zu $13\%/\sqrt{E}$. Der bessere Wert bei Blei wird dadurch erklärt, dass die Korrelation der Neutronen mit der Bindungsenergie bei Blei besser ist als bei Uran, weil bei Blei weniger Neutronen aus nachfolgenden Spaltungen kommen, die in geringerem Maße mit dem Aufbrechen von Kernen in der Teilchenkaskade zusammenhängen [812]. Bei Kernspaltung geht nämlich der überwiegende Teil der Energie in die kinetische Energie der Fragmente über, die ihre Energie lokal fast ausschließlich in dem passiven Medium deponieren und somit nicht zur Kompensation der Bindungsenergie beitragen.

Die gemessenen Auflösungen für Uran mit 3.2 mm Absorber und 3.0 mm Szintillator sind etwa $35\%/\sqrt{E}$ und für Blei mit 10 mm Absorber und 2.5 mm Szintillator, entsprechend dem geforderten $R = 4$, etwa $44\%/\sqrt{E}$ [295]. Während also bei Uran die intrinsische Auflösung etwa die gleiche Größenordnung wie der Sampling-Beitrag hat, ist die Auflösung eines Bleikalorimeters mit der gleichen Dicke der aktiven Schicht durch die Sampling-Fluktuationen dominiert. Um ein Blei-Szintillator-Kalorimeter kompensierend zu machen, ist nach Tabelle 15.10 ein Dickenverhältnis von $R = 4{:}1$ notwendig, was bei einer Szintillatordicke von 2.5 mm einem Sampling-Anteil von $f_s^{Pb} \approx 3\%$ entspricht (für ^{238}U ergibt sich $f_s^U \approx 10\%$ bei dem geforderten $R = 1{:}1$) [810]. Eine Verbesserung der Energieauflösung kann nur durch eine Erhöhung des Sampling-Häufigkeit mit dünneren Sampling-Schichten erreicht werden. Um gleichzeitig Kompensation zu erhalten, müssten dann die Szintillatorlagen ebenfalls dünner gemacht werden, was aber in der Sandwich-Bauweise aus technischen Gründen unter etwa 2 mm nicht möglich scheint.

Zumindest für Blei lässt sich dieses Problem umgehen: Mit dünnen szintillierenden Fasern als aktives Medium in Blei lassen sich das 4:1-Verhältnis und gleichzeitig eine kontinuierliche Auslese entlang der Schauerentwicklung erreichen. Dazu werden die etwa 1 mm dicken Fasern in longitudinaler Richtung wie in Abb. 15.28 (auf Seite 619) in das Blei eingelegt, was eine optische Auslese an der Rückseite des Kalorimeters erlaubt. Die SPACAL Collaboration [30, 31] erreichte damit eine Unterdrückung der Schauerfluktuationen um etwa einen Faktor 4, verglichen mit den oben angegebenen Werten für eine Sandwich-Anordnung. Die Energieauflösungen für Elektronen und Pionen wurden zu

$$\left(\frac{\sigma_E}{E}\right)_e = \frac{12.9\%}{\sqrt{E/\mathrm{GeV}}} \oplus 1.2\% \quad \text{und} \quad \left(\frac{\sigma_E}{E}\right)_\pi = \frac{27.7\%}{\sqrt{E/\mathrm{GeV}}} \oplus 2.5\% \tag{15.81}$$

gemessen [811].

Verzögerte Signale zur Einstellung von e/h Hadronische Kaskaden entwickeln sich auf einer Zeitskala, die der Schauerausbreitung in dem Kalorimeter entspricht, also innerhalb weniger Nanosekunden. Für die Signalmessung kommen noch die charakteristischen Zeiten der Auslesedetektoren hinzu, bei Szintillatoren ebenfalls wenige Nanosekunden, bei Flüssig-Argon-Auslese einige 100 ns.

Zusätzlich zu der Hauptkomponente einer Kaskade treten aber auch verzögerte Energiedepositionen auf, vornehmlich von Gammaübergängen der angeregten Kerne und thermalisierten Neutronen. Typische Verzögerungen dauern bis zu etwa 1 µs. Da diese verzögerten Beiträge auch mit dem Bindungsenergieverlust korrelieren, ist es grundsätzlich möglich, das e/h-Verhältnis zu beeinflussen, indem man die Integrationszeit des Signals verlängert. Andererseits bedeutet die Verlängerung der Integrationszeit, dass mehr Untergrundbeiträge, besonders von radioaktiven Zerfällen des Urans, gesammelt werden. In der Praxis hat sich gezeigt, dass die damit verbundene Verschlechterung der Energieauflösung nicht durch den Gewinn bei e/h kompensiert wird (Fig. 3.23 in [812]).

Konstruktionskriterien zur Erreichung von $e/h = 1$ Wir haben gesehen, dass es verschiedene Möglichkeiten bei der Konstruktion eines Kalorimeters gibt, um das Verhältnis $e/h = 1$ zu beeinflussen. Die wichtigsten Konstruktionsparameter und ihre Einflüsse sind:

Kernladungszahl Z der passiven Schicht: Vollständige Kompensation kann am ehesten mit passiven Medien mit hohen Kernladungen Z erreicht werden, wie zum Beispiel Uran, Blei und Wolfram. Der Grund sind die relative Unterdrückung des elektromagnetischen Signals und die hohe Produktionsrate von Neutronen, mit deren Signal gezielt die Bindungsenergieverluste kompensiert werden können.

Wasserstoff im aktiven Medium: Wenn eine hohe Neutronenrate genutzt werden soll, muss das aktive Medium Wasserstoff enthalten, an dessen Kernen Neutronen am effektivsten Energie übertragen können, die dann durch Ionisation zum Signal beiträgt.

Verhältnis der Dicken von passiver und aktiver Schicht: Bei einem bestimmten aktiven Medium mit festem Wasserstoffanteil (zum Beispiel Szintillator) kann mit den relativen Dicken von passiver und aktiver Schicht der Wert von e/h eingestellt werden.

Es muss immer experimentell verifiziert werden, dass tatsächlich volle Kompensation, das heißt $e/h = 1$, erreicht werden kann.

Pro und contra Hardware-Kompensation Die besten Auflösungen für hoch-energetische Hadronen und Jets sind bisher mit kompensierenden Kalorimetern erreicht worden. Dabei

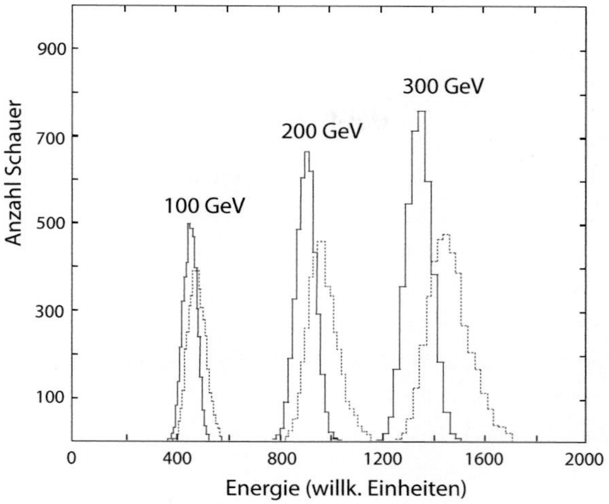

Abb. 15.40 Software-Kompensation: Verteilung der gemessenen Energien (gestricheltes Histogramm) für monoenergetische Pionen, gemessen mit einem Eisen-Szintillator-Kalorimeter [22]. Die durchgezogenen Histogramme sind die gleichen Verteilungen nach Anwendung von Wichtungen nach (15.82) [178]. Quelle: [506], mit freundl. Genehmigung von Springer Science+Business Media.

stehen an erster Stelle der SPACAL-Prototyp mit Blei-Szintillator-Strukturen (erreichte Auflösungen in (15.81)), der allerdings nie in einem laufenden Experiment eingesetzt wurde, und das ZEUS-Experiment mit einem Uran-Szintillator-Kalorimeter (siehe Tabelle 15.11), das sich in einem großen Detektor bewiesen hat. Tatsächlich sind aber bisher wenig voll kompensierende Kalorimeter gebaut worden, zum Beispiel hat keines der LHC-Experimente ein kompensierendes Kalorimeter. Dafür kann man zwei wesentliche Gründe angeben:

Neutronendiffusion: Die Diffusion der niederenergetischen Neutronen verbreitert die Schauer. Andererseits müssen die Signale möglichst aller Neutronen mitgenommen werden, um Kompensation zu erreichen. Dazu müssen die Signale innerhalb eines vergrößerten Bereichs um die Schauerachse gesammelt werden, was zu einem erhöhten Untergrundbeitrag führt und damit bei hohen Teilchendichten, wie in den LHC-Detektoren, einen großen Nachteil darstellt.

Elektromagnetische Auflösung: Das Kompensationskonzept verlangt die gleiche Detektortechnologie für die in Teilchenrichtung aufeinander folgenden elektromagnetischen und hadronischen Teile eines Kalorimeters. Diese Einschränkung verhindert es, optimale elektromagnetische Auflösung zu erreichen. Zum Beispiel war für die Konstruktion der ATLAS- und CMS-Detektoren ausschlaggebend, dass die beste Auflösung für Photonen erreicht werden sollte, optimiert hauptsächlich auf den Nachweis des Zwei-Photon-Zerfalls eines Higgs-Bosons mit kleiner Masse (120–130 GeV).

Weitere Gründe für die Wahl eines nicht-kompensierenden Kalorimeters können Kosten und bei Urankalorimetern auch Umweltaspekte sein.

Software-Korrektur

In verschiedenen Experimenten ist gezeigt worden, dass auch für Kalorimeter, die von der Konstruktion her zunächst nicht kompensierend sind (in der Regel mit $e/h > 1$) durch Korrektur der Energieeinträge die Auflösung und die Linearität verbessert werden können. Dabei wird ausgenutzt, dass lokal hohe Energiedichten hauptsächlich elektromagnetischen Ursprungs sind, weil die hadronischen Energieeinträge ausgedehntere räumliche Verteilungen haben. In einem Kalorimeter mit guter Segmentierung der Auslese kann man dann die Energieeinträge der einzelnen Zellen für jeden einzelnen Schauer so umwichten, dass im Mittel die Signale für die elektromagnetische und die hadronische Komponente gleich sind. Damit werden Linearität und Auflösung verbessert, allerdings wird man nicht die Werte der Kalorimeter mit guter intrinsischer Kompensation erreichen, weil die Energieeinträge statistische Fluktuationen haben und so die Software-Korrektur nur im Mittel richtig sein kann.

Die Wichtungsmethode wurde unter anderem für das Eisen-Sintillator-Kalorimeter des CDHS-Experiments (Neutrino-Experiment am CERN) entwickelt [22]. In der Formel für die Wichtung,

$$E_i' = E_i(1 - C\,\frac{E_i}{\sqrt{E_{tot}}})\,, \tag{15.82}$$

sind E_i und E_{tot} die in einer Zelle gemessene beziehungsweise die insgesamt in dem Schauer gemessene (ungewichtete) Energie, und E_i' ist die korrigierte Energie. Der Wichtungsterm $C/\sqrt{E_{tot}}$ berücksichtigt, dass die Korrektur mit wachsender Energie geringer wird, wobei der Parameter C so bestimmt wird, dass die Auflösung optimal wird. Abbildung 15.40 zeigt, dass durch die Wichtung die Auflösung für Hadronen um etwa 40% verbessert wird und dass die Energieverteilung um den Erwartungswert sehr gut einer Normalverteilung folgt.

'Teilchenfluss'-Konzept (*Particle Flow Concept*)

Im Rahmen der Studien für einen Detektor an einem Elektron-Positron-Collider bei hohen Energien (diskutiert werden 0.5 bis 3 TeV, für die Projekte 'International Linear Collider (ILC)' [460] und 'Compact Linear Collider (CLIC)' [252]) wurde ein Konzept entwickelt, um die höchsten Auflösungen für Jets zu erreichen: die Teilchenfluss-Analyse (PFA = *particle flow analysis*). Das Ziel ist, die Auflösung von Zwei-Jet-Zerfällen von Vektorbosonen vergleichbar mit oder kleiner als deren Massenbreite zu machen, was eine Energieauflösung von besser als $\sigma_E/E \approx 3$–4% oberhalb von $E_{jet} \approx M_Z/2$ verlangt. Die dafür notwendige Hard- und Software wird zur Zeit vor allem im Rahmen der CALICE Collaboration entwickelt und experimentell getestet (siehe zum Beispiel [42]).

Die Idee der PFA ist im Prinzip eine Weiterentwicklung der Wichtungsmethode mit besonders hoher Kalorimetersegmentierung, mit der Cluster im Kalorimeter einzelnen Teilchen zugeordnet werden können. So werden zu den mit Spurendetektoren rekonstruierten geladenen Teilchen und den als elektromagnetische Schauer erkannten Elektronen und Photonen die jeweils zugehörigen Cluster assoziiert. Damit wird bereits der größte Teil der deponierten Energie erfasst, da für Jet-Energien unterhalb von 250 GeV geladene Teilchen etwa 60%, Photonen etwa 30% und neutrale Hadronen etwa 10% zur deponierten Energie beitragen.

Simulationsstudien zeigen, dass $\sigma_E/E \approx 3.4\%$ für Jet-Energien von 45–250 GeV erreicht werden können [775]. Das ist für die niedrigeren Energien ($E_{jet} \approx M_Z/2$) deutlich besser, als mit bisherigen Kalorimetern erreicht wurde. Allerdings ist bei dieser Methode die Auflösung nicht proportional zu $1/\sqrt{E}$, weil mit wachsender Kollimierung des Jets die Teilchen schwerer zugeordnet werden können. Zum Beispiel wird für $E_{jet} = 250\,\text{GeV}$ die entsprechende Auflösung zu etwa $50\%/\sqrt{E/\text{GeV}}$ abgeschätzt.

Duale Auslese

Die unterschiedlichen Nachweiseffizienzen ($e/h \neq 1$) und die Fluktuationen der elektromagnetischen und hadronischen Komponenten eines Hadronschauers sind der hauptsächliche Grund für die Beschränkung der Energieauflösung von Hadronkalorimetern. Die bisher besprochenen Methoden zur Überwindung dieser Beschränkungen haben immer gewisse Nachteile:

Hardware-Kompensation ($e/h = 1$): Relativ schlechte Auflösung für rein elektromagnetische Schauer; das Signal muss über ein großes Kalorimetervolumen integriert werden.

Software-Korrektur: Die Wichtungsalgorithmen erreichen nicht die optimale Auflösung, die mit Hardware-Kompensation möglich ist.

Teilchenfluss: Der getrennte Nachweis von Teilchen in Jets ist bei Energien oberhalb einiger 100 GeV nicht mehr möglich.

Um diese Beschränkungen zu überwinden, wurden so genannte 'duale Auslesen' vorgeschlagen. Damit sollen die Signale, die jeweils von der elektromagnetischen und der hadronischen Komponente stammen, getrennt werden [829]. Das Konzept basiert auf der Beobachtung, dass die Energiedeposition in elektromagnetischen Schauern hauptsächlich durch relativistische Elektronen und Positronen erfolgt, während dieser Anteil in der hadronischen Komponente nur etwa 10–15% beiträgt. Eine Kombination von Auslesetechniken mit unterschiedlichen Sensitivitäten für relativistische und nicht-relativistische Teilchen, wie der gleichzeitige Nachweis von Cherenkov-Strahlung und von Ionisation, erlaubt eine Trennung beider Komponenten. Die gesamte Energie,

$$E = E_{em} + E_h \,, \tag{15.83}$$

lässt sich dann durch Auflösung der folgenden Gleichung nach den Komponenten E_{em} und E_h bestimmen [829]:

$$\begin{aligned} S_c &= \eta_c^h \, E_h + \eta_c^{em} \, E_{em} \,, \\ S_i &= \eta_i^h \, E_h + \eta_i^{em} \, E_{em} \,. \end{aligned} \tag{15.84}$$

Dabei sind die $S_{c,i}$ die gemessenen Cherenkov- beziehungsweise Ionisationssignale; die η-Faktoren mit den entsprechenden Indices geben jeweils die relativen Beiträge durch die deponierten Energien E_{em} und E_h zu den entsprechenden Signalen an. Das Gleichungssystem (15.84) liefert natürlich nur dann eine eindeutige Lösung, wenn für die beiden Komponenten das Verhältnis der relativen Signale nicht gleich ist.

Das Konzept wird im Rahmen eines Forschungs- und Entwicklungsprojekts, genannt 'DREAM' (*Dual REAdout Module*), untersucht (siehe zum Beispiel [813]). Unter anderem sind Auslesen nach dem SPACAL-Prinzip (siehe Seite 645) mit gleichzeitiger Auslese von szintillierenden Fasern zum Nachweis der Ionisation und nicht-szintillierenden Fasern zum Nachweis des Cherenkov-Lichtes getestet worden [813]. Man denkt hier auch an homogene Kalorimeter aus Materialien, die die gleichzeitige Messung von Ionisation und Cherenkov-Licht erlauben, wie zum Beispiel schwere flüssige Edelgase. Mit einer solchen Anordnung könnte man nahe an die theoretische Auflösungsgrenze von etwa $15\%/\sqrt{E}$ für Hadronen kommen, die durch die intrinsischen Schauerfluktuationen innerhalb der beiden Komponenten bestimmt ist [813].

15.6.4 Kalibration von Hadronkalorimetern

Noch mehr als bei elektromagnetischen Kalorimetern ist man bei Hadronkalorimetern auf Kalibrationen in Teststrahlen angewiesen. In der Regel ist das aber nur vor dem Einbau in den Detektor und auch nur exemplarisch möglich. Man ist daher auf Kalibrationsprozesse während der Datennahme (oder auch in speziellen Kalibrationsläufen) angewiesen.

Für Hadronkalorimeter, in der Regel in Kombinationen mit elektromagnetischen Kalorimetern, ist die Energieskala von Jets (JES = *jet energy scale*) eine wichtige Größe. Sie kann aus einer Kombination von Messungen einzelner Teilchen an Teststrahlen, der Extrapolation auf Jets mittels Simulationen und der Ausnutzung kinematischer Zwangsbedingungen in den Experimenten bestimmt werden. Bei dem Elektron-Proton-Collider HERA konnte die kinematische Beziehung zwischen dem gestreuten Elektron und dem hadronischen Endzustand genutzt werden, bei Hadronkollidern hoher Energie liefern die hadronischen Zerfälle von Vektorbosonen $W^{\pm}$ und Z^0 mit zwei Jets im Endzustand gute Kalibrationsmöglichkeiten. Man erreicht Genauigkeiten der Energieskala von Jets von etwa 5%.

15.6.5 Energieauflösung von Hadronkalorimetern

Wir haben gesehen, dass hadronische Schauer im Allgemeinen mit viel schlechterer Energieauflösung als elektromagnetische Schauer gemessen werden (siehe zum Beispiel Abb. 15.33). Das liegt an

- der Vielfalt der Beiträge zur Energiedeposition mit großen Fluktuationen in der Aufteilung;

- den generell unterschiedlichen Nachweiseffizienzen für die verschiedenen Komponenten eines hadronischen Schauers;
- einem relativ großen Anteil an nicht sichtbarer Energie (Bindungsenergie und Neutrinos);
- den potenziell größeren Leckverlusten, weil die hadronische Absorptionslänge viel größer als die Strahlungslänge ist und die Schauerprofile stärker fluktuieren.

Wesentlich ist der Unterschied in den Nachweiseffizienzen des elektromagnetischen und des hadronischen Anteils. weshalb die besten Energieauflösungen mit kompensierenden Kalorimetern, bei denen das Verhältnis e/h dieser beiden Effizienzen nahe 1 liegt, erzielt wurden.

In einem Detektor an einem Beschleuniger befindet sich in der Regel ein elektronmagnetisches vor dem hadronischen Kalorimeter. Da ein elektromagnetisches Kalorimeter größenordnungsmäßig etwa eine hadronische Absorptionslänge tief ist, müssen für Hadronen die Auflösungen mit der Kombination beider Kalorimeterteile bestimmt werden. In kompensierenden Kalorimetern sollten beide Teile eine Einheit bilden, mit gleichen mechanischen und elektronischen Eigenschaften.

Weiterhin ist zu bedenken, dass Hadronkalorimeter vor allem der Energiemessung von Jets dienen. An Teststrahlen werden in der Regel die absoluten Energieskalen und die Auflösungen für einzelne Teilchen, zum Beispiel für Elektronen und Pionen, bestimmt. Die entsprechenden Skalen und Auflösungen für Jets werden zunächst daraus mit Hilfe von Simulationen bestimmt, die dann aber experimentell, zum Beispiel durch Analyse überbestimmter Kinematiken, zu überprüfen und gegebenenfalls zu korrigieren sind. In Experimenten bei hohen Energien ist die genaue Kenntnis der Jet-Energieskala eine der wichtigsten Grundlagen für die Analyse der Daten, die hadronische Endzustände enthalten (Abschnitt 15.4.7).

In der Regel kann man die Energieabhängigkeit der Auflösung wie bei elektromagnetischen Kalorimetern in (15.40) mit drei Termen, die quadratisch addiert werden, beschreiben:

$$\frac{\sigma_E}{E} = \frac{a}{\sqrt{E}} \oplus \frac{b}{E} \oplus c\,. \tag{15.85}$$

Wie bei elektromagnetischen Kalorimetern sind die dominierenden Quellen für die einzelnen Beiträge (bezeichnet mit ihren Koeffizienten a, b, c): (a) stochastische Fluktuationen, (b) elektronisches Rauschen und (c) verschiedene Unvollkommenheiten in der Realisierung des Kalorimeters. Siehe dazu Abschnitt 15.4.3.

Stochastischer Beitrag Der stochastische Term lässt sich, wie bereits bei der Diskussion der Kompensation in (15.80) eingeführt, in einen Term für die intrinsische Kalorimeterauflösung und einen Term für die Sampling-Auflösung aufteilen:

$$\left(\frac{\sigma_{stoch}}{E}\right)^2 = \left(\frac{a}{\sqrt{E}}\right)^2 = \left(\frac{a_{intr}}{\sqrt{E}}\right)^2 + \left(\frac{a_{sampl}}{\sqrt{E}}\right)^2 . \tag{15.86}$$

Die intrinsischen Auflösungen wurden in Abschnitt 15.6.3 diskutiert, und in Tabelle 15.10 auf Seite 644 sind die optimal erreichbaren Werte für Uran und Blei aufgeführt.

Die Sampling-Auflösung kann allgemein als Funktion der in einer Sampling-Lage von einem minimal-ionisierenden Teilchen deponierten Energie ΔE_{MIP} angegeben werden [295]:

$$\frac{a_{sampl}}{\sqrt{E}} = 11.5\% \, \frac{\sqrt{\Delta E_{MIP}/\mathrm{MeV}}}{\sqrt{E/\mathrm{GeV}}} \,. \tag{15.87}$$

Für elektromagnetische Kalorimeter wurde eine entsprechende Abhängigkeit in (15.60) angegeben, wobei dort $t\,E_k$ wie hier ΔE_{MIP} den Energieverlust pro Lage beschreibt.

Die Sampling-Auflösung kann man im Prinzip mit der Sampling-Häufigkeit, entsprechend der Dicke der Absorberlage, fast beliebig verbessern. Das ist aber in der Praxis durch die Kosten und im Fall kompensierender Kalorimeter auch durch die Einhaltung des richtigen Dickenverhältnisses, für das sich $e/h = 1$ ergibt, begrenzt (siehe Tabelle 15.10). In der Regel wird man bestrebt sein, dass die Sampling-Auflösung nicht über die intrinsische Auflösung dominiert.

Rauschen Zum Rauschterm tragen elektronische Quellen und eventuell auch ein apparativ oder experimentell bedingter Untergrund bei. Zum Beispiel dominiert in Kalorimetern mit Flüssig-Argon-Auslese das elektronische Rauschen, das proportional zur Eingangskapazität des Auslesekanals ist (siehe Abschnitt 17.10). In Uran-Szintillator-Kalorimetern dominieren eher die Fluktuationen durch radioaktive Zerfälle. Die Größe des Rauschbeitrags zur Auflösung hängt stark von der Anzahl der summierten Einzelkanäle ab. Deshalb achtet man bei der Rekonstruktion von Schauern darauf, die Anzahl der beitragenden Kanäle auf ein Minimum zu beschränken (zum Beispiel durch die Forderung, dass ein Signal ein bestimmtes Vielfaches der Breite der Rauschverteilung haben muss). Beispiel: Bei der Rekonstruktion eines hadronischen Schauers ist der Rauschbeitrag in dem Flüssig-Argon-Kalorimeter von H1 etwa 900 MeV (vorwiegend elektronisches Rauschen) [80, 27] und in dem Uran-Kalorimeter von ZEUS weniger als 500 MeV (vorwiegend von radioaktiven Zerfällen) [842]. Der typische Rauschbeitrag bei Szintillatorauslese von Eisenkalorimetern, wie bei den LHC-Experimenten ATLAS und CMS, ist pro Auslesekanal etwa 50 MeV, was sich für Jets zu Werten im GeV-Bereich aufsummiert.

Bei den LHC-Experimenten trägt der Untergrund von vorwiegend weichen inelastischen Reaktionen, bei denen jedes Teilchen im Mittel einen transversalen Impuls von etwa 500 MeV hat, ähnlich wie das Rauschen bei. Bei der Design-Luminosität mit etwa 25 Reaktionen pro Strahlkreuzung ist der Untergrund von diesen so genannten Pile-Up-Ereignissen im gesamten Kalorimeter etwa 1 TeV.

Der konstante Term Der energieunabhängige Teil der relativen Auflösung wird durch mechanische Toleranzen, Interkalibrationsfehler, mangelnde Kompensation, Leckverluste und Anderes verursacht. Dieser konstante Term ist typischerweise ein bis einige Prozent. Er limitiert die Auflösung bei hohen Energien, und man versucht, ihn deshalb zu minimieren. Zum Beispiel dominiert Bei einem stochastischen Term von 35% und einem konstanten Term von 2% der konstante Beitrag bereits ab 300 GeV. Bei einer Halbierung auf 1% würde die Dominanz erst bei der 4-fachen Energie, also 1.2 TeV einsetzen.

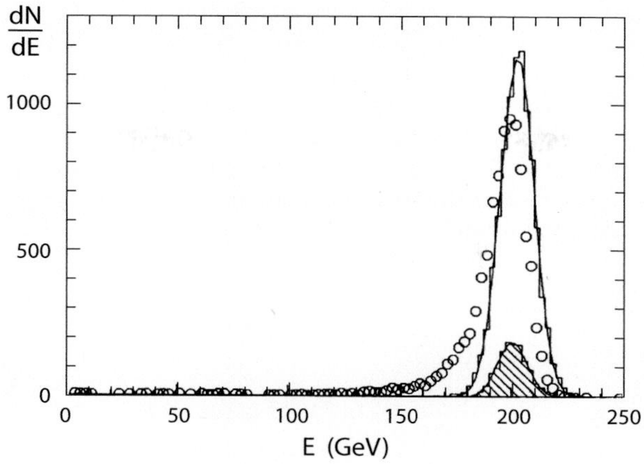

Abb. 15.41 Leckverlust und Auflösung: Verteilungen der rekonstruierten Energien von 205-GeV-Pionen, gemessen mit einem Testmodul des Flüssig-Argon-Kalorimeters des H1-Detektors (aus [27], mit freundl. Genehmigung von Elsevier). In diesem Modul folgte dem Flüssig-Argon-Kalorimeter mit insgesamt 6 Absorptionslängen ein Tail Catcher mit weiteren 4.5 Absorptionslängen. Dargestellt sind die Energieverteilungen mit Rekonstruktion ohne Tail Catcher (offene Punkte), mit Tail Catcher (offenes Histogramm) und wenn die Schauer völlig im Kalorimeter, ohne Energieeintrag im Tail Catcher, enthalten sind (schraffiertes Histogramm). Die eingezeichnete Kurve ist eine Normalverteilung mit einer Breite entsprechend den in Tab. 15.11 angegebenen Auflösungen.

Leckverluste tragen bei der Hadronkalorimetrie besonders bei, weil einerseits die Absorptionslängen groß sind und andererseits die Kalorimeter aus praktischen und Kostengründen in ihrer Länge beschränkt sind und zudem die Leckverluste besonders große Fluktuationen aufweisen. In der Praxis hat ein Kalorimeter kaum mehr als etwa 7 Absorptionslängen, was bei Eisen bereits etwa 1.2 m nur für die passiven Schichten ausmacht.

Die Fluktuationen lassen sich durch eine relativ grobe Messung der Leckverluste mit einem Tail Catcher (Seite 601) drastisch vermindern, wie zum Beispiel in Abb. 15.41 gezeigt wird. Die Abbildung zeigt, dass die Leckverluste eine asymmetrische Verteilung mit einem langen Ausläufer zu kleinen Energien zur Folge haben (offene Punkte, Rekonstruktion nur mit den Kalorimetersignalen). Die volle Auflösung kann erreicht werden, indem man entweder verlangt, dass keine Energie im Tail Catcher gemessen wird (schraffiertes Histogramm) oder dass die im Tail Catcher gemessene Energie in die Rekonstruktion einbezogen wird (offenes Histogramm). Offensichtlich ergibt erst die Berücksichtigung von Leckverlusten eine Gauß'sche Auflösungskurve. Ein Energieeintrag in einem Tail Catcher kann auch als Veto benutzt werden, um für die verbleibenden Schauer eine bessere Auflösung zu erhalten (schraffierte Verteilung in Abb. 15.41).

Die Fluktuationen im Leckverlust sind stark mit dem Beginn der Schauerentwicklung korreliert. In Abschnitt 15.4.2 hatten wir bereits darauf hingewiesen, dass eine Messung der ersten Wechselwirkung es erlaubt, die Leckverluste besser abzuschätzen und so die Auflösung zu verbessern.

Tab. 15.11 Eigenschaften von Kalorimetersystemen in Experimenten an den Collidern LEP ($e^+ e^-$), SLC ($e^+ e^-$), HERA ($e^\pm p$), Tevatron ($p\bar{p}$) und LHC ($p p$) jeweils für den elektromagnetischen (EM) und den hadronischen (HAD) Teil des zentralen Kalorimeters. Die Energieauflösungen sind für Elektronen und Photonen ('EM') sowie für Hadronen (Kombination von 'EM' und 'HAD'; einzelne Teilchen oder Jets) angegeben. Die e/h-Werte gelten gegebenenfalls vor einer Wichtungskorrektur. Die Auflösungswerte gelten nur exemplarisch, weil es größere Variationen in Abhängigkeit von dem speziellen Kalorimeterbereich und dem angewandten Selektions- und Rekonstruktionsalgorithmus gibt.

Experiment	Kal.	Struktur	e/h	Auflösung $\frac{\sigma_E}{E} = \frac{a}{\sqrt{E}}$ ⊕	$\frac{b}{E}$ ⊕	c
				a [% $\sqrt{\mathrm{GeV}}$]	b [MeV]	c [%]
ALEPH	EM	Pb/PWC		18	k. A.	1.9
[279, 215]	HAD	Fe/LST	k. A.	85	k. A.	k. A.
DELPHI	EM	Pb/TPC		23	k. A.	4.3
[8, 25]	HAD	Fe/LST	k. A.	120	k. A.	k. A.
L3	EM	BGO		2.2	k. A.	0.7
[40, 207]	HAD	U/PWC	k. A.	55	k. A.	k. A.
OPAL	EM	Pb-Glas		6.3	11	0.2
[52]	HAD	Fe/LST	k. A.	120	k. A.	k. A.
SLD	EM	Pb/LAr		15	k. A.	k. A.
[106, 14]	HAD	Pb/LAr, Fe/LST	k. A.	60	k. A.	k. A.
ZEUS	EM	U/Szin.		18	k. A.	k. A.
[842, 78]	HAD	U/Szin.	1.00	35	<500	2.0
H1	EM	Pb/LAr		11	250	1.0
[27]	HAD	Fe/LAr	1.4	51	900	1.6
CDF	EM	Pb/Szin.		14	k. A.	k. A.
[13]	HAD	Fe/Szin.	k. A.	80	k. A.	k. A.
D0	EM	U/LAr		16	k. A.	0.3
[9]	HAD	U/LAr	1.08	45	1300	4.0
CMS	EM	$PbWO_4$		2.8	120	0.3
[239]	HAD	Messing/Szin.	1.40	125	560	3.0
ATLAS	EM	Pb/LAr		10	245	0.7
[2]	HAD	Fe/Szin.	1.30	56	1800	3.0

Abkürzungen: EM, HAD: elektromagnetisches, hadronisches Kalorimeter; PWC: Proportionaldrahtkammern (*proportional wire chambers*); LST: *limited streamer tubes*; LAr: Flüssig-Argon (*liquid argon*); k. A.: keine Angaben.

Beispiele Tabelle 15.11 zeigt Beispiele für Auflösungen verschiedener Kalorimetersysteme. Mit nicht-kompensierenden Hadronkalorimetern erhält man Energieauflösungen von mehr als $50\%/\sqrt{E}$. Kompensierende Hadronkalorimeter (siehe Abschnitt 15.6.3) erreichen im Vergleich dazu Energieauflösungen von

$$\begin{aligned} \text{Pb/Szintillator (Sandwich):} \quad & \frac{\sigma_E}{E} \approx 45\%/\sqrt{E/\mathrm{GeV}} + 1\%\,, \\ \text{Pb/Szintillator (SPACAL):} \quad & \frac{\sigma_E}{E} \approx 28\%/\sqrt{E/\mathrm{GeV}} + 2.5\%\,, \\ \text{U/Szintillator:} \quad & \frac{\sigma_E}{E} \approx 35\%/\sqrt{E/\mathrm{GeV}} + 1\%\,. \end{aligned}$$

In verschiedenen Projekten werden neue Konzepte entwickelt, wie 'Teilchenfluss' (Seite 648) oder 'Duale Auslese' (Seite 649), um diese Auflösungen zu unterbieten.

15.7 Kalorimetersysteme zur Messung von Hadronen und Jets

Während elektromagnetische Kalorimeter zur Messung von Elektronen, Positronen und Photonen bereits bei relativ kleinen Energien (ab dem MeV-Bereich für Photonen) eingesetzt werden, sind Hadronkalorimeter erst für Energien von Hadronen oder Jets ab etwa 50 bis 100 GeV wichtige Detektorkomponenten. Für die Elektron-Positron-Speicherringe der 1980'er Jahre, PETRA, PEP und TRISTAN (Tabelle 2.2), mit Schwerpunktenergien bis zu etwa 60 GeV spielten Hadronkalorimeter praktisch keine Rolle. Bei diesen Energien lassen sich für Jets mit Hadronkalorimetern keine besseren Auflösungen erreichen, als man durch Messung der Impulse geladener Teilchen und der Energie der Photonen erhält[7]. Dagegen besaßen alle Experimente an dem Elektron-Positron-Speicherring LEP, mit Schwerpunktenergien bis zu etwa 200 GeV, Hadronkalorimeter, allerdings mit relativ schlechter Auflösung, weil deren Optimierung nicht im Mittelpunkt stand. An Proton-Beschleunigern und -Speicherringen, wie PS (Proton-Synchrotron, CERN), ISR, SPS, HERA, Tevatron und LHC (Tabelle 2.2), wurde die Hadronkalorimetrie mit größerem Nachdruck entwickelt. Zu den Protagonisten dieser Detektoren gehören vor allem auch Experimente mit hochenergetischen Neutrinostrahlen, in denen die Nukleonstruktur in geladenen oder neutralen Strömen,

$$\nu + \text{Kern} \to \mu + X \qquad \text{beziehungsweise} \qquad \nu + \text{Kern} \to \nu + X\,, \tag{15.88}$$

untersucht wird. Da die Neutrinos nicht beobachtbar sind, ist für die Rekonstruktion der Kinematik der Prozesse die genaue Vermessung des hadronischen Endzustands X ausschlaggebend.

Im Folgenden sollen exemplarisch einige Kalorimetersysteme in Experimenten an Beschleunigern vorgestellt werden.

15.7.1 HERA: Kalorimetrie bei H1 und ZEUS

Der Elektron-Proton-Speicherring HERA in Hamburg lief bis 2007 bei Strahlenergien von nominal 920 GeV für die Protonen und 27.5 GeV für die Elektronen oder Positronen. Die unterschiedlichen Energien führten zu asymmetrischen Detektorkonfigurationen mit einer Optimierung auf hohe Teilchenenergien in Protonrichtung ('Vorwärtsrichtung'). Die Zeit zwischen zwei Strahlkreuzungen war 96 ns, was bei der Signalverarbeitung für

[7] Eine Ausnahme ist der Nachweis der neutralen Hadronen K_L, n und $\bar{n}$, für den bereits bei niedrigeren Energien, wie zum Beispiel bei den B-Fabriken, Myonsysteme als grobe Kalorimeter benutzt werden.

die Zuordnung des Wechselwirkungszeitpunkts und für das Triggern eine gewisse Herausforderung war. Eine ausführliche Beschreibung der HERA-Maschine und des HERA-Physikprogramms sind in [559] zu finden, eine kompakte Zusammenfassung in [824].

Das wichtigste physikalische Ziel der HERA-Experimente H1 und ZEUS war die Vermessung der Struktur des Protons in der tief-inelastischen Elektron-Proton-Streuung

$$e + p \to e' + X \,. \tag{15.89}$$

Die typische Topologie des hadronischen Endzustands X besteht aus einem Quarkjet mit hohem Transversalimpuls, eventuell begleitet von Gluonabstrahlung, und den Resten des dissoziierten Protons, die in Vorwärtsrichtung (Protonrichtung) gehen und zum Teil im Strahlrohr verschwinden (Abb. 15.42). Die Rekonstruktion des hadronischen Systems mit typischen Jet-Energien in der Größenordnung von 100 GeV verlangt Hadronkalorimeterie mit guter Energie- und Richtungsauflösung bei guter Überdeckung bis nahe an die Strahlen heran. Für die Rekonstruktion des gestreuten Elektrons ist eine entsprechende elektromagnetische Kalorimetrie erforderlich. Die zum Teil redundante Messung des Elektrons und der Hadronen konnte mit Erfolg zur Kalibration der Kalorimeter, insbesondere der Jet-Energieskala (Abschnitt 15.4.7) genutzt werden. Energieauflösungen beider Experimente sind in Tabelle 15.11 aufgeführt.

Das ZEUS-Kalorimeter [78, 284] war so konzipiert, dass es bereits auf dem Hardware-Niveau Kompensation, das heißt $e/h = 1$, erreichen sollte. Basierend auf den Erfahrungen mit dem dem Uran-Szintillator-Kalorimeter des Axial Field Spectrometer (R807) am Intersecting Storage Ring (ISR) im CERN [57], fiel die Entscheidung für ein Sampling-Kalorimeter mit abgereichertem Uran (^{238}U) als passive Schicht und Plastikszintillator für die Auslese. Die Wahl von etwa einer Strahlungslänge für eine Sampling-Lage legte die Dicke von Uran auf 3.3 mm fest und damit auch die Wahl von 2.6 mm dickem Szintillator, um Kompensation zu erreichen (Abschnitt 15.6.3).

Abbildung 15.42 zeigt einen Längsschnitt des Kalorimeters und der Spurdetektoren innerhalb des Kalorimeters. Die verschiedenen Komponenten, die in Vorwärtsrichtung der Protonen eine größere Tiefe haben, schließen den Wechselwirkungspunkt nahezu vollständig ein. Das Kalorimeter enthält überall einen elektromagnetischen Abschnitt mit feinerer Segmentierung als im hadronischen Abschnitt, der getrennt ausgelesen wird. Im Zentral- (*barrel*) und im Vorwärts-Bereich ist der hadronische Teil nochmals in zwei longitudinale Ausleseabschnitte unterteilt. Die Auslese erfolgt über Wellenlängenschieber, die seitlich an den Modulen anliegen und das Licht auf Photovervielfacher leiten (entsprechend Abb. 15.25 b).

In Elektron- und Pion-Teststrahlen konnte für diese Kalorimeterkonstruktion $e/\pi \approx 1$, das heißt volle Kompensation, gezeigt werden. Damit werden eine sehr gute Energieauflösung für Hadronen und Jets von

$$\frac{\sigma_E}{E} = \frac{35\%}{\sqrt{E/\mathrm{GeV}}} \oplus (1\text{–}2)\% \tag{15.90}$$

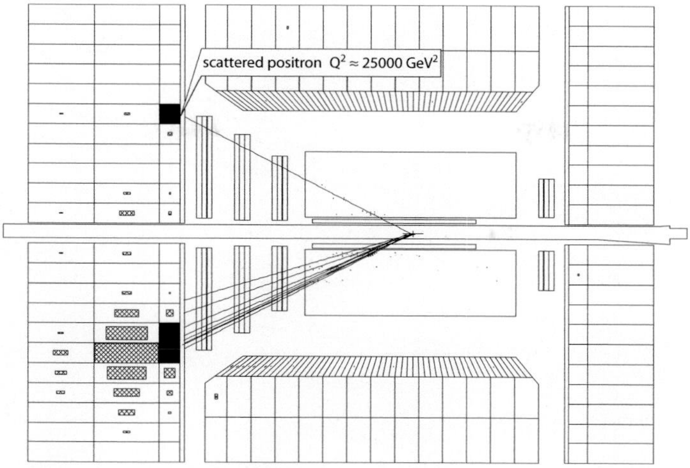

Abb. 15.42 Schnitt durch den ZEUS-Detektor mit Kalorimeter und inneren Spurenkammern (das Myonsystem ist hier nicht abgebildet) [842], in dem ein tief-inelastisches Elektron-Proton-Streuereignis (mit besonders hohem Impulsübertrag) gezeigt ist. Das Kalorimeter ist in drei Teile unterteilt, die den Vorwärts-, Zentral und Rückwärtsbereich abdecken. Die Vorwärts-Rückwärts-Asymmetrie trägt der Kinematik der Elektron-Proton-Kollisionen in HERA Rechnung. Für die Messung rein elektromagnetischer Schauer haben die inneren Kalorimeterbereiche eine feinere Granularität. Die verschiedenen Tiefen sind so optimiert, dass 90% der Jets mit der höchsten kinematisch erlaubten Energie mindestens 95% ihrer Energie im Kalorimeter deponieren. Die Tiefen entsprechen bei senkrechtem Eintritt 7, 5 beziehungsweise 4 Absorptionslängen, jeweils im Vorwärts-, Zentral und Rückwärtsbereich, wovon jeweils etwa 1 Absorptionslänge zu dem elektromagnetischen Abschnitt gehört.

und Linearität bis zu den höchsten auftretenden Energien erreicht. Zudem bietet das Ausleseschema die Elektron-Hadron-Trennung, eine Richtungsauflösung für Jets von besser als 10 mrad und eine Zeitauflösung von etwa 1 ns wegen der schnellen Szintillatorauslese.

15.7.2 LHC

Der Large Hadron Collider (LHC) soll in Proton-Proton-Kollisionen Schwerpunktenergien von 14 TeV erreichen. Bei diesen Energien spielt Kalorimetrie eine zentrale Rolle, insbesondere bei den *General- -Purpose*-Detektoren ATLAS und CMS. Bei Zeitabständen zwischen Strahlkreuzungen von 25 ns mit jeweils etwa 20 inelastischen pp-Wechselwirkungen sind die Kalorimeter, in Kombination mit dem Myonsystem, besonders geeignet, schnelle Trigger auf hochenergetische Teilchen, Jets und fehlende transversale Energie zu liefern. Die genaue Vermessung und Identifizierung von Elektronen, Photonen, Jets und nicht-wechselwirkenden Teilchen (Neutrinos und 'exotischen' Teilchen) ist eine der Voraussetzungen für die Entdeckung 'neuer Physik'.

Als Beispiel soll das ATLAS-Kalorimetersystem näher beschrieben werden. Die verschiedenen Kalorimeter des ATLAS-Detektors (Abb. 15.43) folgen unterschiedlichen Kon-

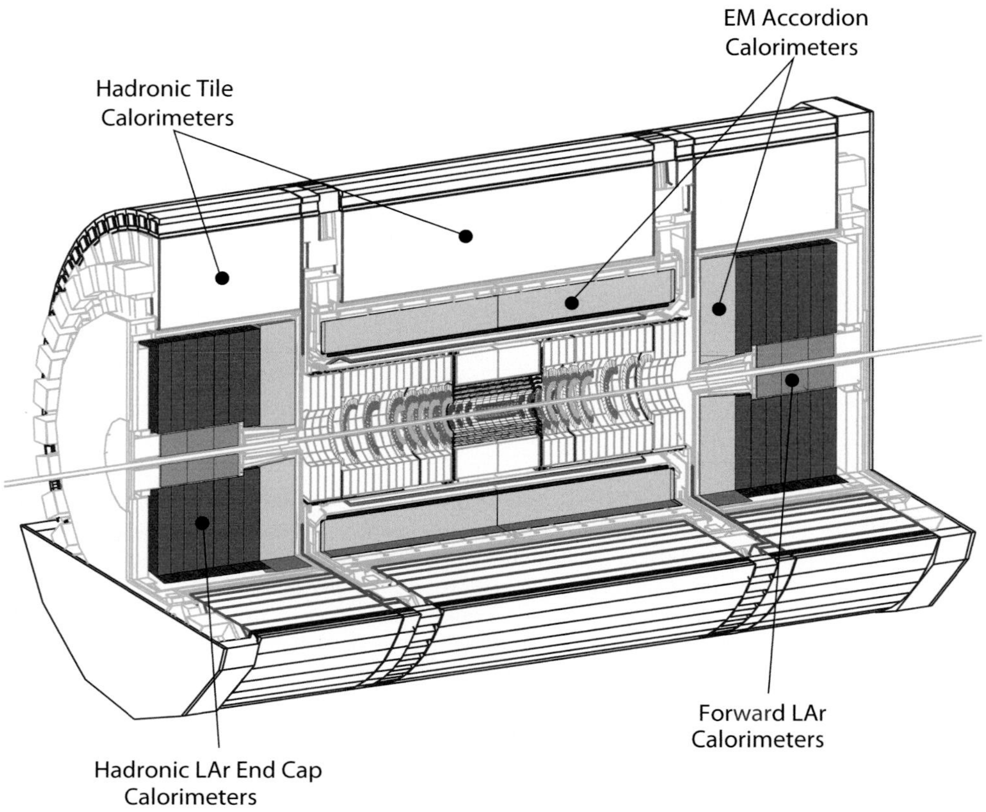

Abb. 15.43 Das ATLAS-Kalorimetersystem [2], siehe die Beschreibung im Text. Quelle:CERN/ATLAS Collaboration.

struktionsprinzipien: Der größte Teil des Raumwinkels wird in dem ATLAS-Detektor von einem elektromagnetischen Sampling-Kalorimeter mit Bleiabsorbern und Flüssigargon-Auslese abgedeckt. Dieses Kalorimeter mit der speziellen Akkordeonstruktur wurde bereits in Abschnitt 15.5.3 vorgestellt. Die Hadronkalorimeter bedecken einen Rapiditätsbereich (siehe Abschnitt 2.5.2) von $|\eta| < 4.9$ mit einem Eisen-Szintillator-Kalorimeter im zentralen Bereich, einem Kupfer-Flüssigargon-Kalorimeter im Endkappenbereich sowie einem Vorwärtskalorimeter mit Kupfer/Wolfram-Flüssigargon-Sampling. Die Endkappen- und Vorwärtskalorimeter sind zusammen mit den entsprechenden EM-Kalorimetern in zwei Kryostaten (in jeder der beiden Strahlrichtungen) untergebracht. Das zentrale EM-Kalorimeter hat einen getrennten Kryostaten (es ist also nur das zentrale Hadronkalorimeter nicht in einem Kryostaten untergebracht). Bei $\eta \approx 0$ hat das Hadronkalorimeter etwa 8 Absorptionslängen, wozu das EM-Kalorimeter etwa eine Absorptionslänge addiert.

Das zentrale Hadronkalorimeter, das so genannte ATLAS-Tile-Kalorimeter, ist zylindrisch in drei Komponenten (ein *barrel* und zwei *extended barrels*, siehe Abb. 15.43), um die Strahlen angeordnet. Die passiven Schichten aus 200 mm dickem Eisen und die 3 mm dicken Szintillatorscheiben (*tiles*) zur Auslese sind entlang der Schauerrichtung angeordnet. Diese unkonventionelle Anordnung der Sampling-Struktur erlaubt vor allem eine einfachere longitudinale und transversale Segmentierung und besonders eine effektive Auslese durch Wellenlängenschieber-Fasern. Die Segmentierung ist wesentlich für eine Software-Kompensation, wie in Abschnitt 15.6.3 beschrieben, mit der die Energieauflösung

$$\frac{\sigma_E}{E} = \left(\frac{0.42}{\sqrt{E/\mathrm{GeV}}} + 0.018 \right) \oplus \frac{1.8}{E/\mathrm{GeV}} \tag{15.91}$$

erreicht wird [58]. In Testmessungen mit Modulen des Hadronkalorimeters [44] wurde mit Elektron- und Pion-Strahlen die Energieabhängigkeit des Verhältnisses e/π bestimmt (siehe Abschnitt 15.6.2). Daraus lässt sich entsprechend Gleichung (15.68) (siehe auch Abb. 15.34) die Größe e/h zu etwa 1.36 bestimmen [44].

16 Nachweis kosmischer Teilchen

Übersicht

16.1 Einführung

In den letzten Jahrzehnten hat sich die Astroteilchenphysik als eigenständiges Gebiet zur Untersuchung der kosmischen Strahlung [362] etabliert[1]. Seine Wurzeln hat das Gebiet in der Entdeckung der kosmischen Strahlung durch Viktor Hess im Jahr 1912: Bei Ballonflügen (Abb. 16.1) stellte er fest, dass es neben einer Strahlung, die aus der Erde kommt, eine ionisierende Strahlung gibt, deren Intensität mit der Höhe zunimmt. Im weiteren Verlauf hat man herausgefunden, dass die Strahlung vorwiegend von hochenergetischen, positiv geladenen Teilchen erzeugt wird, die aus dem Weltall kommen und in Wechselwirkungen mit der Erdatmosphäre Teilchenschauer erzeugen (Pierre Auger, 1938). Bis in die 1950er Jahre wurden in dieser Teilchenstrahlung immer neue Teilchen entdeckt (siehe dazu auch Abschnitt 2.1). Die Messungen wurden auf hohen Bergen und während Ballonflügen vor allem mit Fotoemulsionen (Abschnitt 6.3, Abb. 16.2) und Nebelkammern (Abschnitt 6.1) gemacht. Die Entdeckung eines stetig wachsenden 'Teilchenzoos' in der kosmischen Strahlung hat die Entwicklung der Teilchenphysik angestoßen. Beginnend in den 1950er Jahren wurden Teilchenbeschleuniger, die kontrollierbare Experimente und hohe Raten bei stetig wachsenden Energien boten, für die Suche nach neuen Teilchen eingesetzt. Erst in jüngster Zeit sucht man wieder in der Strahlung aus dem Kosmos nach – meistens exotischen – Teilchen mit Namen wie WIMPs, Axionen oder magnetische Monopole.

Das Hauptanliegen der Astroteilchenphysik ist die Beantwortung der Frage nach Herkunft und Zusammensetzung der hochenergetischen kosmischen Strahlung. Aus dem

[1] Eine Einführung in die Astroteilchenphysik findet man zum Beispiel in dem Buch von C. Grupen [406] sowie von dem gleichen Autor in einer erweiterten englischen Version [407].

H. Kolanoski, N. Wermes, *Teilchendetektoren*, DOI 10.1007/978-3-662-45350-6_16

Abb. 16.1 Der Entdecker der kosmischen Strahlung, Viktor Hess (mit Schirmmütze in der Mitte), nach der Landung seines Ballons in Bad Saarow (nahe Berlin) am 7.August 1912 [726]. Quelle: Victor-Franz-Hess-Gesellschaft, Schloss Pöllau/ Österreich.

Weltraum erreichen die Erde Nukleonen, Kerne, Elektronen, Positronen, Photonen und Neutrinos. Der Anteil der Antimaterie bei den Nukleonen und Kernen ist gering und damit verträglich, dass sie in Sekundärreaktionen mit der interstellaren Materie erzeugt wird. Die Flüsse aller Komponenten fallen bei hohen Energien stark ab, so dass die Detektoren mit wachsender Energie der Teilchen größer werden müssen, um genügend hohe Ereignisraten zu erzielen.

Durch die geringe Durchlässigkeit der Erdatmosphäre ist der Nachweis der kosmischen Strahlung für fast alle Strahlungsarten erheblich erschwert. Nur für Neutrinos ist die Erdatmosphäre wegen ihrer geringen Wechselwirkung mit Materie nahezu vollständig transparent, was allerdings auch ihren Nachweis sehr schwierig macht. Während es für elektromagnetische Strahlung Fenster im Sichtbaren und im Radiowellenbereich gibt, haben primäre geladene Teilchen bei allen Energien keine Chance, die Erde zu erreichen. In

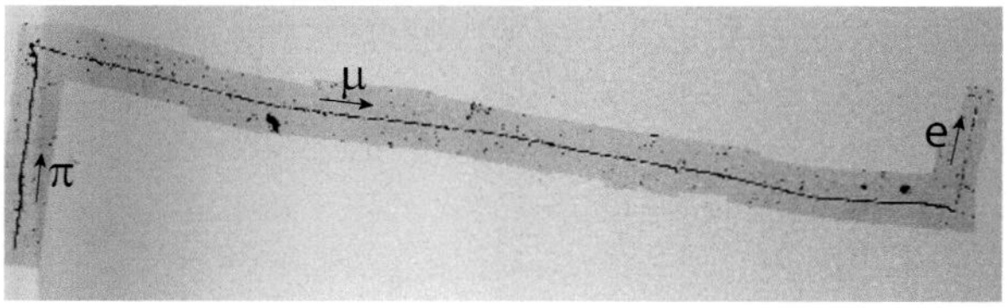

Abb. 16.2 Durch kosmische Strahlung erzeugte Teilchenspuren in einer Fotoemulsion (Abschnitt 6.3): Zerfall eines Pions in ein Myon und ein Neutrino; das Myon zerfällt dann weiter in ein Elektron und zwei Neutrinos ($\pi\mu e$-Zerfall). Quelle: Powell [660], mit freundl. Genehmigung von IOP Publishing.

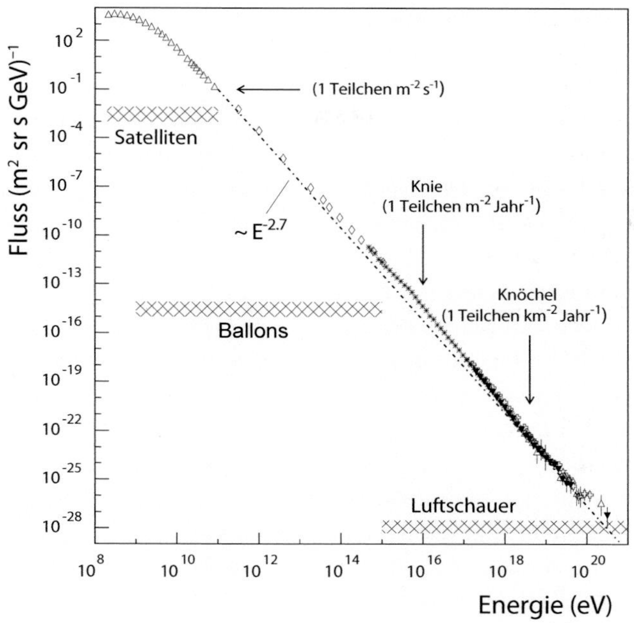

Abb. 16.3 Energiespektrum der geladenen Komponente der kosmischen Strahlung. Die gestrichelte Gerade soll nur als Referenz dienen. Eingezeichnet sind die Bereiche, in denen jeweils Daten vorwiegend von Satelliten-, Ballon- oder Luftschauerexperimenten stammen (nach [197]).

dem Bereich niedriger Energien, bei denen der Fluss hoch genug ist, kann man mit Ballon- und Satellitenexperimenten oberhalb der Atmosphäre direkt messen. Bei hochenergetischer Strahlung ist das wegen der geringen Flüsse und der begrenzten Detektorgrößen nicht mehr möglich. In diesem Bereich kann man die Sekundärwechselwirkungen in der Erdatmosphäre zum Nachweis ausnutzen.

Im engeren Sinne wird als 'kosmische Strahlung' häufig nur die geladene Komponente bezeichnet. Der gemessene Fluss der geladenen kosmischen Strahlung zeigt über einen riesigen Energiebereich von 100 MeV bis zu 10^{21} eV einen steilen Abfall um etwa einen Faktor 10^{30} (Abb. 16.3). Bei niedrigen Energien, bis zu einigen 10 GeV, führt der Einfluss des Erdmagnetfelds zu dem relativ flachen Verlauf, weil je nach Energie und Richtung zum Magnetfeld die Strahlung abgelenkt wird und eventuell die Erde nicht erreicht. Zu höheren Energien fällt der Fluss sehr steil ab und beträgt für Energien oberhalb von 10^{15} eV etwa $1/(\mathrm{m}^2 \cdot \mathrm{Jahr})$ und oberhalb von 10^{20} eV etwa $1/(\mathrm{km}^2 \cdot 100\,\mathrm{Jahre})$. Während bis fast 10^{15} eV direkte Messungen mit Ballon- und Satellitenexperimenten möglich sind, reichen die entsprechenden Detektorflächen für die kleinen Flüsse bei höheren Energien nicht mehr aus. In diesem Bereich wird ausgenutzt, dass ein hochenergetisches Teilchen in der Erdatmosphäre einen Schauer erzeugt, der mit großflächigen Detektoren auf der Erdoberfläche nachgewiesen werden kann.

Die Vermessung der elektromagnetischen Komponente der kosmischen Strahlung wurde im vorigen Jahrhundert vom sichtbaren Spektrum auf einerseits Radiowellen und andererseits auf Gammastrahlung, insgesamt in einem Wellenlängenbereich zwischen etwa 10 m und 10^{-21} m, ausgedehnt. Gammastrahlung wird mit Hilfe von Ballons und Satelliten gemessen, was bei den erwarteten Flüssen bis zu einigen 100 GeV möglich ist.

Darüber hinaus wird wie bei der geladenen kosmischen Strahlung die Atmosphäre als Kalorimeter genutzt, in diesem Fall entwickelt sich ein elektromagnetischer Schauer, der auf der Erdoberfläche nachgewiesen wird.

Die Neutrinophysik hat mit der Entdeckung von Oszillationen und von nicht-verschwindenden Massen der Neutrinos einen großen Aufschwung genommen, und es sind viele neue Experimente angestoßen worden. Der Nachweis von Neutrinos stellt wegen ihrer schwachen Wechselwirkung mit Detektormaterialien eine große Herausforderung dar, die für verschiedene Energiebereiche unterschiedlich gelöst werden. Die Bereiche kann man etwa folgendermaßen aufteilen: Neutrinos mit keV- bis MeV-Energien, die aus Kernprozessen in Sternen oder Kernreaktoren oder auch aus Kernzerfällen in der Erde stammen; GeV-Neutrinos aus der Wechselwirkung kosmischer Strahlung in der Atmosphäre (atmosphärische Neutrinos) und von Neutrinostrahlen an Beschleunigern; hochenergetische Neutrinos kosmischen Ursprungs mit TeV- bis EeV-Energien.

Im Folgenden stellen wir zunächst Detektoren für den Nachweis kosmischer Strahlung mit relativ niedrigen Energien oberhalb der Atmosphäre vor, beschreiben dann die Eigenschaften der Atmosphäre als Kalorimeter und die entsprechenden Nachweisinstrumente und beenden das Kapitel mit der Beschreibung von Detektoren zur Suche nach Dunkler Materie. Die Suche nach Dunkler Materie ist ein Beispiel für die Vielfalt von Experimenten der Teilchenphysik, die nicht an Beschleunigern gemacht werden, wie die Suche nach neutrinolosem doppeltem Betazerfall, dem Zerfall des Protons, nach Axionen oder nach magnetischen Monopolen.

16.2 Ballon- und Satellitenexperimente

Ballon- und Satellitenexperimente erlauben die Vermessung der kosmischen Strahlung unter weitgehender Umgehung der Absorption durch die Atmosphäre. Die entsprechenden Detektorflächen können aber höchstens die Größe von wenigen Quadratmetern haben. Wegen der stark abfallenden Flüsse (Abb. 16.3) beschränkt das den Energiebereich effektiv auf einige 100 TeV.

Verglichen mit Weltraummissionen sind Ballonflüge relativ preisgünstig, haben allerdings den Nachteil einer relativ kurzen Lebensdauer eines Experiments. Auf Satelliten oder Raumstationen dagegen kann die Dauer eines Experiments erheblich, in die Größenordnung von Jahren, ausgedehnt werden.

16.2.1 Ballonexperimente

Die für die Experimente benutzten Ballons (Abb. 16.4) können Volumina bis zu einer Million m^3 haben und bringen Nutzlasten von bis zu 3 Tonnen in Höhen von bis zu etwa 40 km. Am Erdboden ist die Ballonhülle nur zu einem kleinen Bruchteil gefüllt und dehnt sich bei einem Druck von beispielsweise 5 hPa in großer Höhe auf das 200-Fache aus. Mit einer Heliumfüllung ergibt sich bei Normalbedingungen ein Auftrieb von etwa $1\,\mathrm{kg/m^3}$,

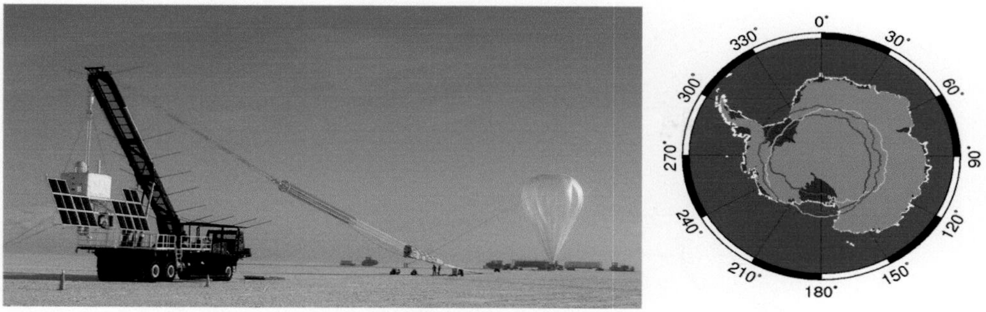

Abb. 16.4 Flug des Ballonexperiments CREAM in der Antarktis (aus [736], mit freundl. Genehmigung von Elsevier): Links: Beim Start des Ballons wird die Apparatur dem davonschwebendem Ballon auf einem Fahrzeug so lange nachgefahren, bis sie abhebt. Rechts ist eine Flugroute zu sehen, auf der die CREAM-Apparatur den Südpol in 37 Tagen dreimal umrundet hat.

das heißt, 1 m^3 Helium hält eine Masse von 1 kg in dieser Höhe. Damit ist für eine Last von 2000 kg eine Füllung von 2000 m^3 Helium am Boden und etwa 400 000 m^3 in der Höhe notwendig.

In den erreichbaren Ballonhöhen beträgt die verbleibende atmosphärische Tiefe[2] oberhalb des Experiments dann nur noch 3–5 $\mathrm{g/cm}^2$. Vergleicht man diese Zahl mit den etwa 90 $\mathrm{g/cm}^2$ für die mittlere freie Weglänge von Protonen in Luft (in Einheiten einer Massenbelegung gemäß Gleichung (3.28)), so erkennt man, dass die Ballonflughöhe der Weltraumbedingung sehr nahe kommt. Die typischen Flugdauern solcher Ballons reichen von etwa 24 Stunden bis zu wenigen Wochen. Die längsten Flugdauern werden auf Rundflügen um den Südpol erreicht. Wenn ein Ballon von der Küstenstation McMurdo gestartet wird, erreicht er mit der Stratosphärenströmung in westliche Richtung nach etwa 10 bis 14 Tagen fast den Ausgangspunkt (Abb. 16.4).

Mit Ballonexperimenten wurden erstmalig die Zusammensetzung der einfallenden kosmischen Strahlung und deren Energiespektren bestimmt. Die geladene Komponente kann bis zu einigen 100 TeV gemessen werden. Die Separation von Kernen verschiedener Massen gelingt durch die Kombination von Messungen verschiedener Observablen, zum Beispiel Energieverlust, Reichweite, Laufzeit, Cherenkov- und Übergangsstrahlung sowie Impuls (siehe dazu auch die Ausführungen zur Teilchenidentifikation in Kapitel 14). Wenn die Impulsmessung magnetisch möglich ist, kann auch Materie von Antimaterie unterschieden werden. Zur Messung von Elektronen und Gammastrahlung werden in der Regel Kalorimeter (Kapitel 15) eingesetzt.

Abbildung 16.5(a) zeigt exemplarisch die typische Größe und Komplexität eines modernen Ballonexperiments am Beispiel des ISOMAX-Experiments ('Isotope Magnet Experiment') [418]. Die Apparatur ist etwa 2.5 m hoch und hat eine Masse von 2000 kg. Im Zentrum dieses Experiments befindet sich ein Magnetspektrometer mit einem supralei-

---

[2] Das ist die über die tatsáchlich Tiefe integrierte Dichte angegeben in den Einheiten Masse pro Fläche, siehe Abschnitt 16.3.1

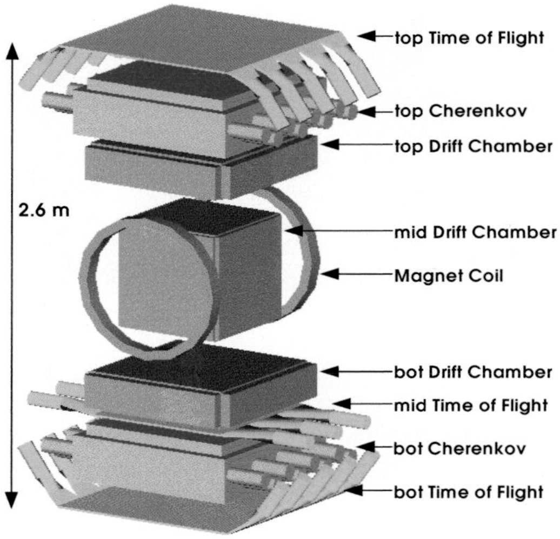

(a)

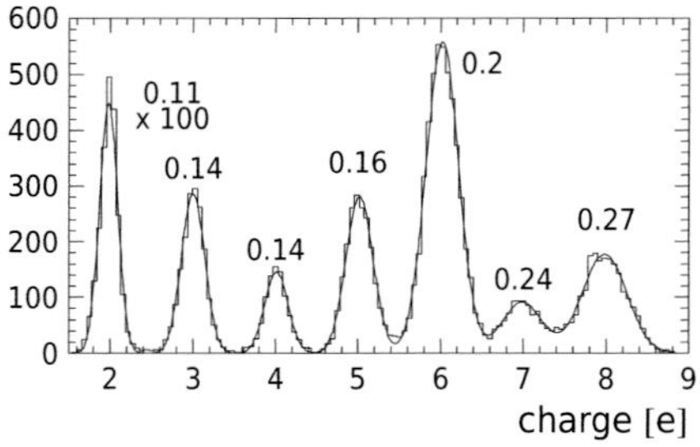

(b)

Abb. 16.5 Das Ballonexperiment ISOMAX [418]: (a) Schematische 3-D-Ansicht der ISOMAX-Apparatur. Der Detektor ist um eine Driftkammer in einem Magnetfeld nach oben und unten symmetrisch aus Flugzeitzählern, Cherenkov-Detektoren und weiteren Driftkammern aufgebaut. (b) Ladungsbestimmung mit ISOMAX für leichte Kerne aus Flugzeit- und dE/dx-Messungen mit Szintillatoren. Die Ladung ist in Einheiten der Elementarladung e angegeben. Die Zahlen an den Maxima bezeichnen die jeweilige Ladungsauflösung. Das erste Maximum bei $2\,e$ (Helium) ist um einen Faktor 100 untersetzt. Quelle: NASA/T. Hams.

tenden Magneten und Driftkammern zur Messung der Ablenkung. Tatsächlich wird mit dem Magnetspektrometer nur die 'magnetische Steifigkeit' (*rigidity*) R bestimmt,

$$R = \frac{p}{ze} = \rho\,B, \tag{16.1}$$

also der Impuls p pro Ladung ze aus dem gemessenen Krümmungsradius ρ in einem Magnetfeld B (Abschnitt 9.1). Entsprechend der Impulseinheit eV/c kann magnetische Steifigkeit in der Einheit V/c angegeben werden. Zur Identifikation der einfallenden Teilchen, das heißt zur Bestimmung von Masse und Ladung, wird das Spektrometer durch Szintillationszähler und Aerogel-Cherenkov-Detektoren (hier $n = 1.14$) ergänzt. Mit den Szintillationszählern werden Energieverlust (dE/dx) und Flugzeit (TOF = *Time-of-Flight*) gemessen. Für Teilchen, die von dem Detektor akzeptiert und rekonstruiert werden, definiert man den 'Geometriefaktor' (G) als das Integral über das Produkt aus dem Flächenelement $d\vec{S}$ des Eintrittsfensters des Detektors und dem jeweils akzeptierten Raumwinkelelement $d\Omega$:

$$G = \int d\vec{S}\,d\Omega\,. \tag{16.2}$$

Der Geometriefaktor von ISOMAX ist $G = 450\,\mathrm{cm}^2\,\mathrm{sr}$, begrenzt vor allem durch die Abmessungen des Magneten. Die zu erwartende Rate pro Energieband ist

$$\frac{dN}{dtdE} = F\,G\,, \tag{16.3}$$

wobei F der Fluss ist. Nimmt man zum Beispiel den Fluss in Abb. 16.3 bei 10 GeV, erhält man für ISOMAX eine Rate von etwa $3 \cdot 10^5$ pro Woche in einem Energieintervall von 1 GeV. In diesem Bereich dominiert Wasserstoff, gefolgt von Helium, den Fluss bei weitem, mit entsprechend geringeren Raten der schwereren Elemente. Zum Beispiel macht die Gruppe von Lithium bis Bor (3–5 e) weniger als 0.1% des Flusses aus (siehe den Übersichtsartikel 'Cosmic Rays' in [621]).

Durch eine Kombination der Messungen der magnetischen Steifigkeit im Magnetspektrometer, der Geschwindigkeit durch die Flugzeitzähler oder die Cherenkov-Detektoren und des Energieverlusts (dE/dx) in den Szintillationszählern können Energie, Masse und Ladung bestimmt werden (Methoden der Teilchenidentifikation werden in Kapitel 14 besprochen). Ein Beispiel für die Ladungstrennung bei leichten Elementen ist in Abb. 16.5(b) gezeigt. Die Ladung wird dabei für jedes beobachtete Teilchen aus der Geschwindigkeit β, bestimmt durch Flugzeitmessung, und Messungen des Energieverlusts in Szintillatoren berechnet. Der mittlere Energieverlust ist bei gegebenem β proportional zum Quadrat der Ladung des Teilchens (siehe Gleichung (3.25) auf Seite 34).

Um die sehr kleinen Flüsse bis zu Teilchenenergien nahe 10^{15} eV messen zu können, muss der Geometriefaktor erheblich vergrößert werden. Da ein Magnet mit entsprechend großer Apertur für ein Ballonexperiment zu schwer ist, wird die Energie- und Massenbestimmung durch großflächige Detektoren mit dE/dx- und β-Messungen erreicht (Kapitel 14). Für $\beta \to 1$ werden sowohl Flugzeit- als auch Cherenkov-Messungen unpraktikabel. Hier kann man die Übergangsstrahlung (TR) zur Messung des Lorentz-Faktors γ nutzen (siehe Kapitel 12). Das Prinzip ist in Abb. 16.6(a) gezeigt: Die Wurzel des Signals eines TR-Detektors wird gegen die Wurzel der spezifischen Ionisation, die in einem weiteren Detektor gemessen wird, aufgetragen (die Wurzel aus dem Ionisationssignal ist proportional zur Ladung). Ein TR-Detektor misst in der Regel die Summe aus dem Ionisations- und dem TR-Signal (siehe dazu auch Abb. 12.12 auf Seite 492). Punkte auf der eingezeichneten Diagonalen entsprechen Energien unterhalb der TR-Schwellen, die bei $\sqrt{dE/dx}$-Werten liegen, die proportional zur Ladung des jeweiligen Kernes sind:

$$Z \propto \left(\sqrt{dE/dx}\right)_{\text{TR-Schwelle}} . \tag{16.4}$$

Die Signale oberhalb der Schwelle erlauben eine Bestimmung des Lorentz-Faktors γ und damit auch der Energie, wenn die Masse des Kernes zum Beispiel als die mittlere Isotopenmasse bei der gemessenen Ladung Z angenommen wird. Es ist auch möglich, den logarithmischen Anstieg der dE/dx-Kurve unterhalb der TR-Schwelle für eine grobe γ-Messung zu nutzen.

Das sieht man an einem realistischen Beispiel in Abb. 16.6(b). Hier werden Simulationen für die Signale des TR-Detektors (TRD) des CREAM-Experiments (Abb. 16.7) als Funktion des Lorentz-Faktors γ mit Testmessungen verglichen. Die Messungen und Berechnungen sind mit und ohne TR-Radiator gezeigt, so dass man gut den Signalanteil der Ionisation und der TR-Strahlung unterscheiden kann. Für den CREAM-Detektor liegt die Schwelle bei $\gamma \approx 10^3$ (etwa 1 TeV für Protonen und 50 TeV für Eisen), und Sättigung wird bei $\gamma \approx 10^{4.5}$ (etwa 30 TeV für Protonen und 1.5 PeV für Eisen) erreicht. Bei den

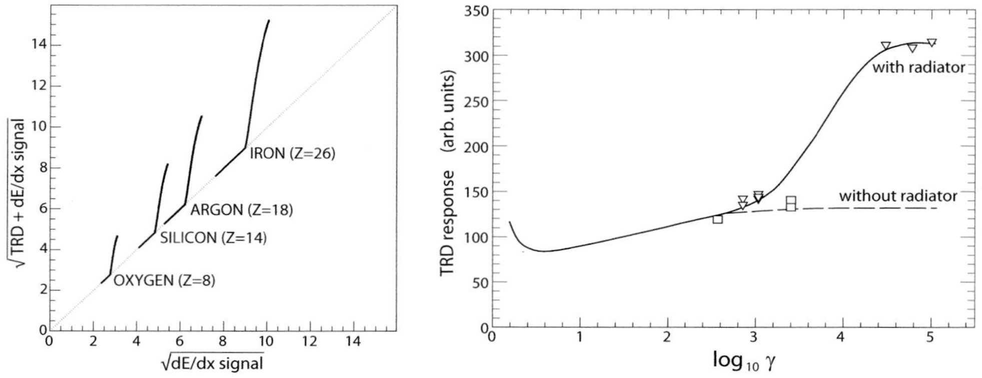

(a) (b)

Abb. 16.6 (a) Die Wurzel aus dem (TR+dE/dx)-Signal, aufgetragen gegen die Wurzel des dE/dx-Signals für verschiedene Elemente (schematisch, nach [446]). Das TR-Signal kann immer nur in der Summe mit dem dE/dx-Signal gemessen werden. Auf der Diagonale liegen die dE/dx-Messungen ohne TR-Strahlung, die bei einer bestimmten Energie einsetzt. Mit der Z^2-Abhängigkeit des dE/dx-Signals werden die verschiedenen Elemente getrennt, und mit der γ-Abhängigkeit des TR-Signals wird die Energie bestimmt. (b) Messung eines TR-Signals in einem Testmodul des CREAM-TR-Detektors als Funktion des Lorentz-Faktors γ (aus [53], mit freundl. Genehmigung von Elsevier). In Teststrahlen mit verschiedenen Teilchen (Protonen Pionen, Myonen, Elektronen) wurden Messungen mit (Dreiecke) und ohne Radiator (Quadrate) ausgeführt. Die Messungen werden mit entsprechenden Simulationen verglichen (Kurven).

schwereren Elementen sind die Messungen nicht durch die Sättigung, sondern durch den zu geringen Fluss begrenzt.

Als Beispiel für ein Ballonexperiment zum Nachweis von Teilchen möglichst hoher Energie ist in Abb. 16.7 der CREAM-Detektor dargestellt [53] (siehe dazu auch die Abb. 16.6(b) mit Testmessungen für CREAM und die Abb. 16.4 zu einem CREAM-Flug). Um einen möglichst großen Geometriefaktor bei geringem Gesamtgewicht (1143 kg) zu erhalten, wird auf ein Magnetfeld verzichtet. Die Energiemessungen erfolgen durch die insgesamt 8 Lagen des TR-Detektors. Eine TR-Lage besteht aus einem Block aus Polyethylen-Schaum als Radiator und mit einer Xenon-Methan-Mischung (95:5) gefüllten Proportionalrohren zur Auslese. Die TRD-Akzeptanz ($G \approx 2.2\,\mathrm{m^2\,sr}$) wird noch von Szintillationszählern, die eine genaue Zeit- und Ladungsmessung liefern, und einem Cherenkov-Detektor (Akrylglas, $n = 1.5$) abgedeckt. Beide Detektorkomponenten sind wichtig, um die Rückstreuung von dem darunter liegenden Kalorimeter zu unterdrücken. Alle Detektoren oberhalb des Kalorimeters haben insgesamt eine Massenbelegung von nur $7\,\mathrm{g/cm^2}$, was noch akzeptabel im Vergleich zu der geringen Dichte der darüberliegenden Atmosphäre ist. Wichtig für die Minimierung von Gewicht und Massenbelegung ist auch, dass diese Detektoren selbsttragend sind und keine Druckkapsel benötigen.

Das Kalorimeter (Kapitel 15) ist auf gute Energieauflösung bis zu Energien von einigen 100 TeV bei möglichst geringem Gewicht optimiert. Wegen der Gewichtslimitierung ist auch die Akzeptanz ($G \approx 0.3\,\mathrm{m^2\,sr}$) kleiner als für den TR-Detektor. Die Akzeptanz

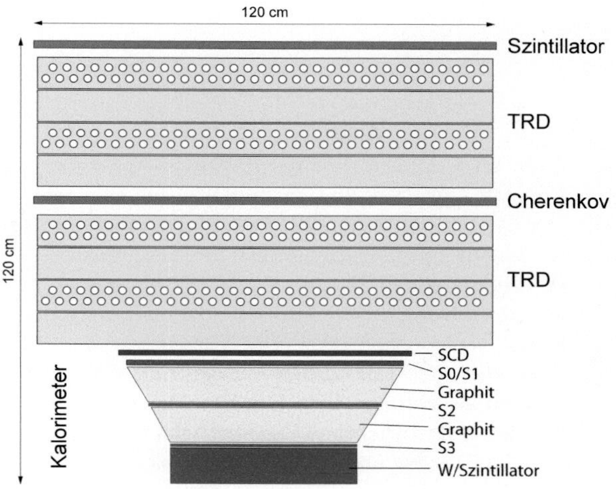

Abb. 16.7 Detektor des Ballonexperiments CREAM (nach [54], mit freundl. Genehmigung von Elsevier). Der obere Teil mit der größten Akzeptanz besteht aus einem Szintillationszähler, einem Cherenkov-Detektor und TRD-Modulen. Der untere Teil besteht aus einem Siliziumdetektor (SCD), mehreren Ebenen aus szintillierenden Fasern (S0-S3), zwei Graphitlagen und einem Wolfram-Szintillator-Kalorimeter. Siehe Beschreibung im Text.

wir durch einen Siliziumdetektor mit $2.12\,\text{cm}^2$ großen Auslesestrukturen abgedeckt. Das Kalorimeter besteht aus zwei Blöcken aus verdichtetem Graphit, zusammen 0.42 Wechselwirkungslängen oder etwa 1 Strahlungslänge dick, und einem Wolfram-Szintillator-Modul. In dem Graphit schauert ein Teil der Kerne auf, so dass der Schauer in dem Kalorimeter gemessen werden kann. Vor und zwischen den Modulen liegen Detektoren aus szintillierenden Fasern mit zwei-dimensonaler Ortsauflösung. Die aktiven Schichten des Kalorimeters bestehen ebenfalls aus szintillierenden Fasern. Damit werden bei einer Dicke von etwa 10 cm etwa 20 Strahlungslängen erreicht. Die TRD-Kalorimeter-Kombination erlaubt eine relative Energiekalibration beider Komponenten.

Das CREAM-Experiment hat wesentlich dazu beigetragen, dass die Energielücke zwischen den direkten Messungen der kosmischen Strahlung und den indirekten Messungen über erdgebundene Luftschauerdetektoren (Abschnitt 16.3) geringer wird.

16.2.2 Satellitenexperimente

Mit Experimenten auf Satelliten kann über mehrere Jahre gemessen werden, so dass damit geringe Flüsse, wie die von Antimaterie in der kosmischen Strahlung, messbar werden. Die ersten Satellitenexperimente für die Messung galaktischer kosmischer Strahlung (also nicht nur Teilchen von der Sonne) sind PAMELA [631] und AMS [562]. Beide Experimente sind als Magnetspektrometer ausgelegt und erlauben damit, als wesentliche Verbesserung gegenüber früheren Experimenten, eine bessere Impulsbestimmung und vor allem die Ladungstrennung und damit die Suche nach Antimaterie. Insbesondere die Messungen der Antiprotonen und der Positronen haben bisher unter geringer Statistik und dem Einfluss der Erdatmosphäre gelitten, da bis dahin alle Messungen mit Ballonexperimenten durchgeführt wurden.

Als weiteres Satellitenexperiment für kosmische Strahlung stellen wir das Gamma-Teleskop auf dem Fermi-Satelliten vor.

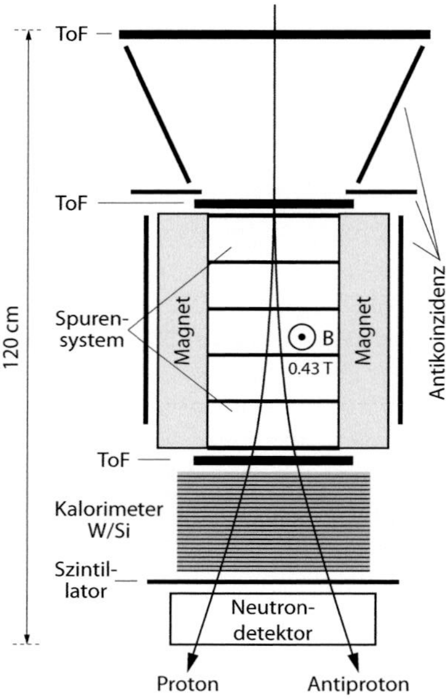

Abb. 16.8 Querschnitt der PAMELA-Apparatur (aus [45], mit freundl. Genehmigung von Elsevier). Der Detektor besteht aus einem Magnetspektrometer mit einem Permanentmagneten und Siliziumstreifenzählern, einem Silizium-Wolfram-Kalorimeter, Flugzeitzählern, einem Anti-Koinzidenz-System und einem Neutronendetektor. Der Trigger wird aus einer Koinzidenz der TOF-Zähler mit den Anti-Koinzidenz-Zählern als Veto gebildet. Der Detektor hat eine geometrische Akzeptanz (Geometriefaktor) von $G = 20.5\,\mathrm{cm}^2\,\mathrm{sr}$ und wiegt etwa 400 kg.

PAMELA PAMELA steht für 'Payload for AntiMatter Exploration and Light-nuclei Astrophysics' [45, 631]. Das wissenschaftliche Ziel der PAMELA-Mission sind vor allem die Messung von Antiprotonen und Positronen und die Bestimmung von Flussgrenzen für Antikerne.

PAMELA kreist seit Juni 2006 an Bord des russischen Satelliten Resurs-DK1 in einem nahezu polaren Orbit mit einer Inklination von 70.4° und einer Höhe zwischen 350 km und 600 km. Dieser Orbit erlaubt eine Messung der niederenergetischen galaktischen kosmischen Teilchenstrahlung in der Nähe der Pole, wo der Einfluss des Erdmagnetfelds gering ist.

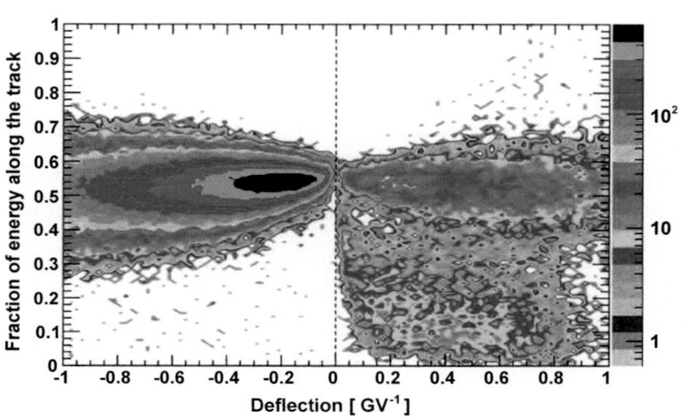

Abb. 16.9 Positron-Proton-Trennung mit dem PAMELA-Detektor (aus [47], mit freundl. Genehmigung von Elsevier). Aufgetragen ist der Anteil der im Kalorimeter innerhalb von 0.3 Molière-Radien um eine Teilchentrajektorie deponierten Energie als Funktion der Spurkrümmung. Die Farbskala gibt die Teilchendichte an. Hohe Energien mit wenig Krümmung im Magnetfeld liegen nahe dem Nullpunkt, der negative Ladungen (links) von positiven Ladungen (rechts) trennt.

Abbildung 16.8 zeigt schematisch den experimentellen Aufbau von PAMELA. Die wesentlichen Teile sind ein Magnetspektrometer zur Messung der Steifigkeit geladener Spuren, ein Wolfram-Silizium-Kalorimeter (16.3 Strahlungslängen, 0.6 hadronische Absorptionslängen), Flugzeit- und Antikoinzidenzzähler. Die kalorimetrische Messung wird durch einen Szintillationszähler, der als Tail Catcher (siehe Seite 601) dient, und einen Neutronenzähler unterstützt. Durch den Nachweis der aus dem Kalorimeter austretenden Neutronen wird die Elektron-Hadron-Separation verbessert, weil Hadronen etwa 10–20-mal mehr Neutronen produzieren [631].

Die PAMELA-Kollaboration hat einen unerwartet hohen Positronfluss relativ zu dem Elektronenfluss beobachtet [46]. Die experimentelle Methode zur Identifikation der Positronen, die insbesondere die Trennung von den stark dominierenden Protonen erfordert, ist in Abb. 16.9 demonstriert. Auf der Ordinate ist der Bruchteil der innerhalb von 0.3 Molière-Radien um eine Teilchentrajektorie im Kalorimeter deponierten Energie relativ zu der aus der Spurkrümmung bestimmten Energie aufgetragen. Der enge Bereich von 0.3 Molière-Radien berücksichtigt, dass elektromagnetische Schauer im Mittel enger als hadronische Schauer sind. Der Energiebruchteil sollte für Elektronen und Positronen eine Konstante, unabhängig von der Krümmung, ergeben. Die meisten Einträge auf der linken Seite stammen von Elektronen, die horizontale Fortsetzung zu positiven Ladungen entspricht den Positronen. Unterhalb der Positronen ist der Protonenuntergrund zu erkennen (auf der negativen Seite gegenüber sind aber nur sehr geringe Anzeichen für Antiprotonen zu sehen).

AMS-Experiment Seit Mai 2011 nimmt das Alpha Magnetic Spectrometer (AMS) auf der International Space Station (ISS) Daten auf. Mit dem Experiment werden ähnliche physikalische Ziele verfolgt wie mit dem PAMELA-Experiment: Vermessung von Spektrum und Zusammensetzung der kosmischen Strahlung bis zu Energien von einigen 100 GeV, Nachweis von Antimaterie und Suche nach Anzeichen für Dunkle Materie. Der AMS-Detektor ist aber ungleich größer und sensitiver auf kleine Flüsse und hohe Energien. Die Teilchentrennung, insbesondere die Positron-Proton-Trennung, wird zusätzlich zu den Flugzeitzählern und dem Kalorimeter durch Cherenkov- und TR-Detektoren wesentlich verbessert. Das Magnetfeld von 0.125 T wird von einem Permanentmagneten (1.2 t $Nd_2Fe_{14}B$) geliefert, der den ursprünglich vorgesehenen supraleitenden Magneten ersetzte, um eine lange Lebensdauer des Experiments (bis zu 20 Jahre) zu garantieren. In dem Magnetfeld befinden sich 8 Lagen Silizium-Streifendetektoren. Der 6.7 t schwere Detektor hat eine geometrische Akzeptanz von 0.45 m^2 sr. Die Daten werden in einem Datenstrom von 2 Mbit/s zur Erde gesandt, wobei die interne Datenrate von 10 Gbit/s zunächst von 600 Prozessoren an Bord komprimiert wird.

Fermi-Satellit Das Large Area Telescope (LAT), das Hauptinstrument der Satellitenmission 'Fermi Gamma-ray Space Telescope' (Fermi), ist ein abbildendes Gammastrahlungs-Teleskop, das den Energiebereich von weniger als 20 MeV bis mehr als 300 GeV abdeckt [100]. Mit dem Teleskop wird Gammastrahlung von diskreten und diffu-

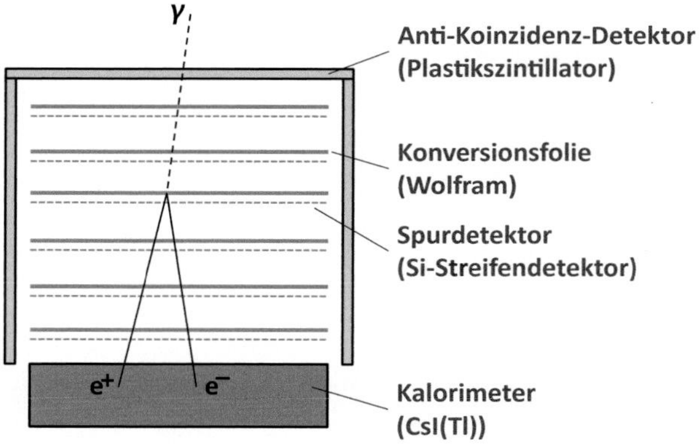

Abb. 16.10 Fermi-LAT: Vereinfachte Darstellung des LAT-Detektors auf dem Fermi-Satelliten (nach [324]). Siehe Erklärung im Text.

sen Quellen gemessen, werden transiente Ereignisse verfolgt und gegebenenfalls schnelle Alarme an andere Experimente versandt.

Das Prinzip des Detektors und der Messung von Photonen ist in Abb. 16.10 dargestellt. Ein Photon passiert einen Plastikszintillator, der als Antikoinzidenz-Detektor geladene Teilchen diskriminieren soll, und konvertiert in einer Folie, die zu einem Stapel von 16 Konversionsfolien und 18 Si-Steifendetektoren gehört. Die Energie des erzeugten Elektron-Positron-Paares wird in einem darunter liegenden Kalorimeter aus CsI(Tl)-Kristallen (8.6 Strahlungslängen) gemessen. Die Silizium-Streifendetektoren erlauben die Vertex- und Richtungsrekonstruktion des Paares, wobei die gute Spurtrennung den Energiebereich bis 300 GeV zulässt.

Der Detektor ist modular aufgebaut mit 16 'Türmen' in Teilchenrichtung und 89 Modulen des Plastikszintillators. Die Modularität ist wesentlich für die Untergrundunterdrückung. Der Detektor hat eine Fläche von $1.8\,\mathrm{m} \times 1.8\,\mathrm{m}$ und eine Höhe von $0.72\,\mathrm{m}$, was ein Gesichtsfeld von $2.4\,\mathrm{sr}$ erlaubt, entsprechend fast 20% des gesamten Himmels.

16.3 Die Atmosphäre als Kalorimeter

Wegen des steil abfallenden Energiespektrums kann kosmische Strahlung bei hohen Energien nicht mehr mit Detektoren, die von Satelliten oder Ballons getragen werden, vermessen werden. Der Teilchenfluss (Abb. 16.3) bei Energien oberhalb von 10^{15} eV ist etwa $1/(\mathrm{m}^2 \cdot \mathrm{Jahr})$ und oberhalb von 10^{20} eV etwa $1/(\mathrm{km}^2 \cdot 100\,\mathrm{Jahre})$. Bei diesen Energien erzeugt ein primäres kosmisches Teilchen einen ausgedehnten Luftschauer (EAS = Extended Air Shower), die die Erde erreichen und mit großflächigen Detektoren vermessen werden können.

In diesem Abschnitt beschäftigen wir uns mit hadronischen Luftschauern, die von primären Protonen und Kernen ausgelöst werden. Die elektromagnetischen Schauer, die von hochenergetischen Photonen in der Atmosphäre erzeugt werden, werden in Abschnitt 16.5 behandelt.

16.3.1 Atmosphärische Tiefe

Für die Wechselwirkungswahrscheinlichkeit der kosmischen Strahlung mit der Erdatmosphäre ist die so genannte 'atmosphärische Tiefe' wesentlich, das ist die integrierte Massendichte bis zu der Höhe h:

$$X(h) = \int_h^\infty \rho(z) dz\,, \tag{16.5}$$

wobei h die Höhe, in der Regel bezogen auf Meereshöhe, und ρ die Dichte der Luft ist. Die gesamte Atmosphäre hat auf Meereshöhe die atmosphärische Tiefe

$$X_N = 1033\,\mathrm{g\,cm^{-2}}\,, \tag{16.6}$$

wobei die sogenannte 'Internationale Standardatmosphäre' (ISA)[3] mit den Parametern $p_0 = 1013\,\mathrm{hPa}$, $\rho_0 = 1.225\,\mathrm{kg/m^3}$, $T_0 = 15\,°\mathrm{C}$ auf Meereshöhe und einem mittleren Temperaturprofil, wie in [285] beschrieben, zugrunde gelegt wurde.

Eine Abschätzung für das Dichteprofil der Atmosphäre erhält man mit Hilfe der barometrische Höhenformel wie folgt: Der Gewichtszuwachs der Atmosphäre mit der Höhe, $\rho\, g\, dh$, bewirkt eine Druckänderung mit der Höhe von

$$\frac{dp(h)}{dh} = -\rho(h)\, g\,. \tag{16.7}$$

Über die ideale Gasgleichung sind Druck und Dichte miteinander verknüpft,

$$\rho(h) = \frac{p(h)\, M}{R\, T}\,, \tag{16.8}$$

wobei M die molare Masse der Luft, R die universelle Gaskonstante und T die absolute Temperatur sind. Mit der Annahme, dass Temperatur, Luftzusammensetzung und Erdbeschleunigung über die gesamte Atmosphäre konstant sind, ergibt sich nach Einsetzen von (16.8) in (16.7) die barometrische Höhenformel für die Höhenabhängigkeit des Druckes:

$$p(h) = p_0\, e^{-h/H}, \quad \text{mit } H = \frac{R\,T}{M\,g} = \frac{p_0}{\rho_0 g} = 8.4\,\mathrm{km}\,. \tag{16.9}$$

Wegen der linearen Abhängigkeit (mit den obigen Annahmen) von $p(h)$ und $\rho(h)$ gilt für die Dichte die gleiche exponentielle Abhängigkeit von der Höhe:

$$\rho(h) = \rho_0\, e^{-h/H}\,. \tag{16.10}$$

In der Literatur findet man für H unterschiedliche Werte, abhängig von den Annahmen über p_0, ρ_0 und von der Bezugstemperatur. Mit (16.10) ergibt die Integration von (16.5) für die atmosphärische Tiefe bei der Höhe h die Abschätzung

$$X(h) = X_N\, e^{-h/H}\,. \tag{16.11}$$

[3] Die ISA wurde durch die International Civil Aviation Organization (ICAO) definiert und wird vor allem in der Luftfahrt benutzt [285].

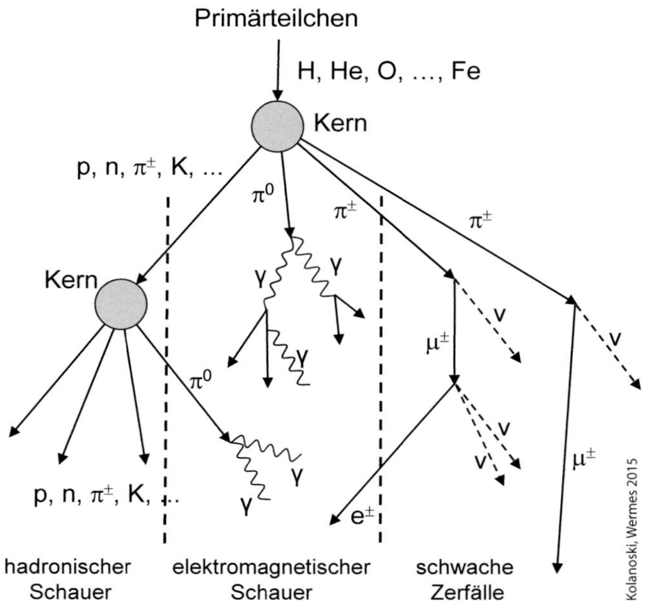

Abb. 16.11 Schematische Darstellung der verschiedenen Komponenten eines Luftschauers. Die Abbildung ergänzt das Schema in Abb. 15.7 um die schwachen Zerfälle, die für dünne Medien relevant sind.

Wegen (16.7) kann man die atmosphärische Tiefe in (16.5) auch durch ein Integral über das Druckprofil ausdrücken:

$$X(h) = \int_0^{p(h)} \frac{dp}{g} \qquad \Longrightarrow \qquad X(h) \approx \frac{p(h)}{g} \quad \text{für } g = const\,. \tag{16.12}$$

Da sich die Erdbeschleunigung bis 30 km Höhe nur um 1% ändert, ist die Annahme $g = const$ für die Abschätzungen der atmosphärischen Tiefe in der Regel gerechtfertigt. Für genauere Bestimmungen der Dichteverteilung bezieht man sich auf gemessene Druck- und Temperaturprofile $p(h)$, $T(h)$ (zum Beispiel mit Wetterballons).

16.3.2 Entwicklung von hadronischen Luftschauern

Die Protonen und Kerne der kosmischen Strahlung wechselwirken mit den Atomkernen der Atmosphäre über die starke Wechselwirkung. Die mittlere freie Weglänge ergibt sich bei einem Wirkungsquerschnitt σ pro Targetteilchen und einer Dichte n der Targetteilchen zu (siehe (3.6) in Abschnitt 3.1):

$$\lambda_a = \frac{1}{n \cdot \sigma}, \quad \text{mit } n = \frac{\rho \cdot N_A}{A}\,. \tag{16.13}$$

Damit lässt sich die mittlere freie Weglänge in den gleichen Einheiten wie die atmosphärische Tiefe, nämlich als Massenbelegung angeben:

$$\lambda'_a = \lambda_a \cdot \rho = \frac{A}{N_A \cdot \sigma}\,. \tag{16.14}$$

Tab. 16.1 Eigenschaften der Teilchen, die hauptsächlich (neben Kernfragmenten) in Luftschauern entstehen.

Teilchen	Masse (MeV/c²)	dominante Zerfälle	Lebensdauer (s)	$c\tau$ (m)
p	938.27			
n	939.57	$pe\nu$	885.7	$2.6 \cdot 10^{11}$
$\pi^\pm$	139.57	$\mu\nu$	$2.6 \cdot 10^{-8}$	7.8
π^0	134.98	$\gamma\gamma$	$8.4 \cdot 10^{-17}$	$25.5 \cdot 10^{-9}$
$K^\pm$	493.68	$\mu\nu,\ \pi\pi$	$1.24 \cdot 10^{-8}$	3.7
K_S^0	497.61	$\pi\pi$	$8.95 \cdot 10^{-11}$	$2.6 \cdot 10^{-2}$
K_L^0	497.61	$\pi e\nu,\ \pi\mu\nu,\ 3\pi$	$5.12 \cdot 10^{-8}$	15.3
$e^\pm$	0.51			
$\mu^\pm$	105.66	$e\nu\nu$	$2.2 \cdot 10^{-6}$	658.6
$\nu_e,\ \nu_\mu$	≈ 0			

Für Protonen ist die mittlere freie Weglänge in Luft in diesen Einheiten $\lambda'_a \approx 90\,\mathrm{g\,cm^{-2}}$ [621, 634], die Atmosphäre stellt also $1033/90 \approx 12$ Wechselwirkungslängen dar, was sie praktisch undurchdringlich macht. Der mittleren freien Weglänge λ'_a entspricht eine mittlere Höhe h für die erste Wechselwirkung:

$$\lambda'_a = X(h) = X_N \cdot e^{-h/H} \quad \Longrightarrow \quad h = H \cdot \ln \frac{X_N}{\lambda'_a} \approx 20.5\,\mathrm{km}\,. \tag{16.15}$$

Die hadronische Komponente der kosmischen Strahlung, vorwiegend Protonen und Kerne, erzeugen in der oberen Atmosphäre durch inelastische Reaktionen Teilchenschauer (Abb. 16.11). Die Entwicklung hadronischer Schauer wird in dem Kapitel über Kalorimeter in Abschnitt 15.3 besprochen. Die Atmosphäre unterscheidet sich von einem kompakten Kalorimeter durch die niedrigere Dichte (mindestens um drei Größenordnungen geringer), die niedrigere Kernladungszahl und einen Dichtegradienten. Wir heben im Folgenden die damit zusammenhängenden Unterschiede hervor, die sich insbesondere dadurch ergeben, dass schwache Zerfälle nicht mehr zu vernachlässigen sind.

In einer bestimmten Entwicklungsstufe eines Schauers verbleibt ein Teil der hadronischen Energie in der hadronischen Schauerkomponente, ein anderer Teil geht über Zerfälle in Photonen, Elektronen und Positronen über, die elektromagnetische Kaskaden initieren, und ein weiterer Teil erreicht den Detektor als Myonen oder Neutrinos. Das charakteristische Verhalten dieser drei Komponenten kann man sich am einfachsten klar machen, wenn man annimmt, dass in den hadronischen Wechselwirkungen vor allem Pionen erzeugt werden. Die neutralen und geladenen Pionen (π^0, $\pi^\pm$, Tabelle 16.1) zerfallen dominant in folgende Kanäle:

$$\pi^0 \to \gamma + \gamma\,, \tag{16.16}$$

$$\pi^+ \to \mu^+ + \nu_\mu\,, \tag{16.17}$$

$$\pi^- \to \mu^- + \bar{\nu}_\mu\,. \tag{16.18}$$

Die neutralen Pionen, deren Anteil etwa ein Drittel ist, zerfallen praktisch spontan in zwei Photonen (elektromagnetische Wechselwirkung). Die Photonen lösen dann einen elektromagnetischen Schauer aus, das heißt eine Kaskade von Photonen, Elektronen und Positronen (Abschnitt 15.2). Weil sich die Energie relativ schnell in einer solchen Kaskade aufteilt, nennnt man den elektromagnetischen Anteil die **weiche Komponente** des Luftschauers (Abb. 16.11). Die Absorptionslänge einer elektromagnetischen Kaskade ist durch die Strahlungslänge (Abschnitt 3.3.2) der Luft $X_0^{\mathrm{Luft}} = 36.6\,\mathrm{g\,cm^{-2}}$ gegeben. Die **hadronische Komponente** des Luftschauers (Abb. 16.11) überträgt durch die Erzeugung von neutralen Pionen und anderen Mesonen fortlaufend Energie in die elektromagnetische Komponente (siehe dazu auch die entsprechende Diskussion in Abschnitt 15.3).

In nicht sehr dichten Medien, wie der Atmosphäre, können die Zerfallswahrscheinlichkeiten für instabile Teilchen (schwache Wechselwirkung), wie geladene Pionen und Kaonen (Tabelle 16.1), mit der Wechselwirkungswahrscheinlichkeit in dem Medium (starke Wechselwirkung) konkurrieren (Abb. 16.11). Die dominierenden Zerfallsmoden sind:

$$\pi^{\pm} \to \mu^{\pm}\, \nu_{\mu}\, (\bar{\nu_{\mu}})\,, \tag{16.19}$$

$$K^{\pm} \to \mu^{\pm}\, \nu_{\mu}\, (\bar{\nu_{\mu}})\,. \tag{16.20}$$

Dabei tragen die Neutrinos Energie weg, die praktisch nicht nachgewiesen werden kann. Das Verhältnis der Wahrscheinlichkeiten für Zerfall und Reaktion ist wegen der Energieabhängigkeit der mittleren Zerfallslänge (mit den Lorentz-Variablen $\gamma = E/(mc^2)$, $\beta = v/c$ und der Lebensdauer τ),

$$\lambda_\tau = \gamma\,\beta\,c\,\tau = \frac{|\vec{p}|}{mc}\,c\,\tau\,, \tag{16.21}$$

und der Dichteabhängigkeit der Wechselwirkungslänge,

$$\lambda_a = \frac{A}{\rho N_A \sigma_{inel}}\,, \tag{16.22}$$

stark abhängig von der Energie des Teilchens und der Dichte des Mediums: Bei niedrigen Energien und geringen Dichten dominiert der Zerfall, bei hohen Energien und hohen Dichten dominieren die Wechselwirkungen. Zum Beispiel ist für ein geladenes Pion mit $E = 1\,\mathrm{GeV}$ die mittlere Zerfallslänge $\lambda_\tau = 55\,\mathrm{m}$, das entspricht in der Höhe der ersten Wechselwirkung nur etwa 1% einer Wechselwirkungslänge, das heißt, der Zerfall ist etwa 100-mal häufiger als eine Wechselwirkung. Zerfalls- und Reaktionswahrscheinlichkeiten werden also erst bei Pionenergien um 100 GeV etwa gleich.

Die vorwiegend aus Pion- und Kaonzerfall stammenden Myonen (und Neutrinos) stellen die **harte Komponente** des Schauers dar (Abb. 16.11). Oberhalb einer Energie von einigen GeV haben Myonen eine sehr hohe Chance, bis zur Erde zu kommen. Das liegt an der langen Lebensdauer, die relativistisch nach (16.21) gedehnt wird, und der geringen Wechselwirkung mit Materie, die im Wesentlichen nur zu Energieverlust durch Ionisation führt. Ein minimal-ionisierendes Teilchen (Abschnitt 3.2.1) verliert nur knapp

2 GeV durch Ionisation in der gesamten Atmosphäre, während die mittlere Zerfallslänge von Myonen mit mehr als 3 GeV Energie länger ist als die mittlere Höhe der ersten Wechselwirkung bei etwa 20 km.

Myonen zerfallen in Elektronen und Neutrinos:

$$\mu^+ \to e^+ + \nu_e + \bar{\nu}_\mu \,, \tag{16.23}$$

$$\mu^- \to e^- + \nu_\mu + \bar{\nu}_e \,. \tag{16.24}$$

Ein Schauer besitzt somit

- eine weiche elektromagnetische Komponente (Elektronen, Photonen),
- eine harte myonische Komponente (mit assoziierten Neutrinos),
- eine hadronische Komponente,

die einzeln nachgewiesen werden können und zum Nachweis von Teilchen der kosmischen Strahlung genutzt werden. Entsprechend unterscheidet man zwischen primärer und sekundärer kosmischer Strahlung, wobei primäre Strahlung die auf die Atmosphäre auftreffenden Teilchen bezeichnet[4], während die sekundäre Strahlung erst in Wechselwirkungen der primären kosmischen Teilchen entsteht.

Den größten Anteil hat die elektromagnetische Komponente, weil nach der anfänglichen Ausbildung eines hadronischen Schauers in der Kaskade immer wieder neutrale Pionen erzeugt werden, die spontan in zwei Photonen zerfallen und damit aus der hadronischen Kaskade ausscheiden (siehe die entsprechende Gleichung (15.33) für kompakte Kalorimeter, bei denen allerdings die schwachen Zerfälle vernachlässigt werden können). Während in größerer Höhe die elektromagnetische Komponente vor allem durch die Photonen aus dem π^0-Zerfall gebildet wird, tragen am Ende der Schauerentwicklung vor allem die Elektronen und Positronen aus den Myonzerfällen bei.

Wegen des mit der Energie stark abfallenden Spektrums der kosmischen Strahlung (Abb. 16.3) dominieren niedrige Schauerenergien, so dass für die meisten Schauer die hadronischen und die elektromagnetischen Komponenten am Erdboden bereits absorbiert sind. Die am Erdboden ankommenden Sekundärteilchen der kosmischen Strahlung bestehen überwiegend aus Myonen und Elektronen aus dem Myonzerfall. Auf dem Erdboden ist die Rate der kosmischen Myonen, wie man sie zum Beispiel bei Tests von Detektoren misst, etwa 1 Teilchen pro 10 s und pro cm^2 mit einer Zenitwinkelverteilung proportional zu $\cos^2\theta$ (die bei hochenergetischen Myonen für kleine Zenitwinkel in eine Verteilung proportional zu $1/\cos\theta$ übergeht).

16.3.3 Eigenschaften von hadronischen Luftschauern

Longitudinale Schauerentwicklung Über den größten Teil der Entwicklung eines Luftschauers dominiert die elektromagnetische Komponente die Zahl der Schauerteilchen und

[4] In einem anderen Kontext bezeichnet man als 'primäre Teilchen' die in den kosmischen Quellen beschleunigten und als 'sekundäre Teilchen' die auf dem Weg durch das Weltall in Reaktionen erzeugten.

die deponierte Energie. Die longitudinale Verteilung der Elektronenzahl N_e als Funktion der atmosphärischen Tiefe (Gleichung (16.5)) wird durch die Gaisser-Hillas-Formel angegeben [363]:

$$N_e(X) = N_{e,max} \left(\frac{X - X_1}{X_{max} - X_1} \right)^{\frac{X_{max}-X_1}{\Lambda}} \exp \frac{X_{max} - X}{\Lambda}, \tag{16.25}$$

wobei $N_{e,max}$ die Elektronenzahl am Schauermaximum, X_{max} die atmosphärische Tiefe des Schauermaximums und X_1 die Tiefe der ersten Wechselwirkung sind. Der Parameter Λ ist eine effektive Strahlungslänge, die etwa $70\,\mathrm{g/cm^2}$ beträgt. Für die Beschreibung individueller Schauer können $N_{e,max}$, X_{max}, X_1 und Λ als freie Parameter angepasst werden. Die Fluktuationen dieser Größen von Schauer zu Schauer sind relativ groß, wie es für hadronische Schauer typisch ist.

Die Gaisser-Hillas-Formel ähnelt sehr der Longo-Formel (15.17) in Abschnitt 15.2.2 für die Entwicklung elektromagnetischer Schauer, wobei allerdings die Gaisser-Hillas-Formel die elektromagnetische Komponente eines hadronischen Schauers beschreibt. Auch hier ergibt sich, dass die mittlere Anzahl der Elektronen im Schauermaximum proportional zur Primärenergie ist. Nach einer Parametrisierung in [363] gilt für Schauer, die von Protonen ausgelöst werden:

$$\langle N^p_{e,max} \rangle = S_0 \, \frac{E}{E_k} \,, \tag{16.26}$$

wobei $E_k = 87.9\,\mathrm{MeV}$ die kritische Energie der Luft (Abschnitt 3.3.3, Tab. 3.4) und $S_0 = 0.045$ ein empirischer Parameter[5] [363] ist. Auch die Position des Schauermaximums ist wie bei einem rein elektromagnetischen Schauer (siehe Gleichung (15.19)) linear von $\ln E$ abhängig [484]:

$$\langle X^p_{max} \rangle = c + d^p \, \ln E \,. \tag{16.27}$$

Die Parameter c und d^p, die so genannte Elongationsrate, werden durch Simulationen zu $c \approx 200\,\mathrm{g/cm^2}$ (für E in GeV) und $d^p \approx 25\,\mathrm{g/cm^2}$, entsprechend einem Zuwachs pro Dekade von $d^p_{10} = \ln 10 \, d^p \approx 60\,\mathrm{g/cm^2}$, bestimmt.

Wenn schwerere Kerne einen Schauer auslösen, kann man näherungsweise annehmen, dass ein Kern mit der Massenzahl A und der Energie E wechselwirkt wie A unabhängige Nukleonen mit jeweils der Energie E/A. Dann ergibt sich für die mittleren Schauerparameter [484]:

$$\langle N^A_{e,max} \rangle \approx A \left(S_0 \, \frac{E/A}{E_k} \right) = \langle N^p_{e,max} \rangle \tag{16.28}$$

und

$$\langle X^A_{max} \rangle = c + d^p \, \ln(E/A) = \langle X^p_{max} \rangle - d^p \, \ln A \,. \tag{16.29}$$

[5] In elektromagnetischen Schauern wird die gesamte Anzahl an erzeugten Elektronen durch $N_{tot} = E/E_k$ abgeschätzt (siehe (15.8) in Abschnitt 15.2.1). Der Parameter S_0 berücksichtigt, dass in hadronischen Schauern nur ein Teil der Energie in die elektromagnetische Komponente geht und dass Elektronen vor und nach dem Schauermaximum erzeugt und vernichtet werden.

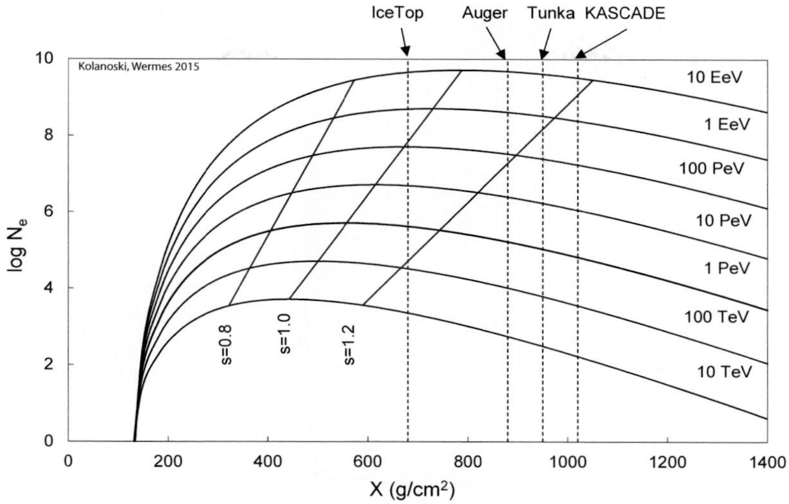

Abb. 16.12 Mittlere longitudinale Schauerprofile für primäre Protonen. Die Elektronenzahl ist aufgetragen gegen die atmosphärische Tiefe für verschiedene Primärenergien. Die Geraden verbinden die Punkte gleichen Schaueralters s (Gleichung (16.30), zum Beispiel verbindet $s = 1$ die Schauermaxima). Exemplarisch sind die atmosphärischen Tiefen von vier Experimenten eingezeichnet, von IceTop, der Oberflächenkomponente des Neutrino-Observatoriums IceCube am Südpol, in einer Höhe von nahezu 3000 m über dem Meeresspiegel ($X \approx 680\,\mathrm{g\,cm^{-2}}$), des Pierre-Auger-Observatoriums in Argentinien in einer Höhe von etwa 1350 m ($X \approx 880\,\mathrm{g\,cm^{-2}}$), Tunka in der Nähe des Baikalsees in einer Höhe von etwa 675 m ($X \approx 950\,\mathrm{g\,cm^{-2}}$) und von KASCADE in Karlsruhe mit einer Höhe von 110 m fast auf Meeresniveau ($X \approx 1020\,\mathrm{g\,cm^{-2}}$).

Für Protonen und Eisenkerne ist der Unterschied $d^p \ln 56 \approx 100\,\mathrm{g/cm^2}$. Im allgemeinen Fall ist die kosmische Strahlung aus verschiedenen Kernen zusammengesetzt, und $\ln A$ ist durch eine Mittelung über die Häufigkeitsverteilung, $\langle \ln A \rangle$, zu ersetzen. Die Streuung von X_{max} wird mit wachsendem A geringer, weil näherungsweise A unabhängige Teilschauer, über die gemittelt wird, zu einem Gesamtschauer beitragen. Die gemessenen Mittelwerte und Streuungen von X_{max} werden zur Bestimmung der Massenzusammensetzung benutzt.

In Abb. 16.12 werden für Protonen mit Energien von 10 TeV bis 10 EeV longitudinale Profile der Elektronenzahl gezeigt. Eingezeichnet sind auch die Linien konstanten Schaueralters s, das die Tiefe relativ zum Schauermaximum angibt:

$$s = 3 \left(1 + \frac{2X_{max}}{X} \right)^{-1} . \tag{16.30}$$

Die longitudinale Schauerentwicklung wird durch ein Schaueralter von 0 bis 3 beschrieben, wobei sich der Wert 1 am Schauermaximum ergibt.

Die Höhenlage des Detektors beeinflusst, was von einem Schauer gesehen wird. Bei verschiedenen Detektorhöhen werden unterschiedliche Bereiche der Schauerentwicklung untersucht. Ein Abtasten von Schauerprofilen für eine gegebene Schauerenergie kann man

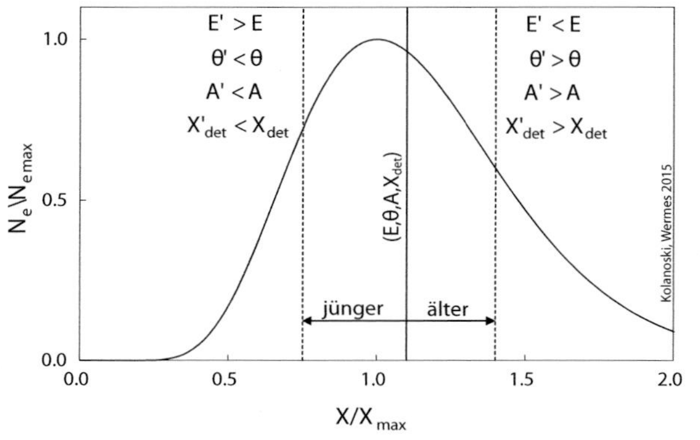

Abb. 16.13 Schematische Darstellung der Detektorposition relativ zum Schauermaximum bei Variation der Schauerparameter Energie E, Zenitwinkel θ und Masse A des primären Teilchens, gemessen unter einer Atmosphäre der Tiefe X_{det}. Die durchgezogene Linie gibt die Lage des Referenzdetektors relativ zu dem Schauerprofil an. Die gestrichelten Linien geben die Änderungen der relativen Lage für die angegebenen Parametervariationen an.

auch durch Messung bei verschiedenen Zenitwinkeln erreichen, weil bei schrägem Einfall die effektive atmosphärische Tiefe (*slant depth*) variiert wird.

Wie die verschiedenen Messgrößen eines Luftschauers von der Position des Detektors relativ zum Schauermaximum beeinflusst werden, wird schematisch in Abb. 16.13 gezeigt. Das Detektorsignal eines Schauers mit Energie E, Zenitwinkel θ und Masse A des primären Teilchens, gemessen unter einer Atmosphäre der Tiefe X_{det}, wird als Referenzgröße benutzt. Jede Änderung eines dieser Parameter ändert das Schaueralter, bei dem der Schauer beobachtet wird. Zum Beispiel beobachtet man bei größeren Zenitwinkeln einen Schauer zu einer späteren Zeit in seiner Entwicklung als bei kleineren Zenitwinkeln.

Laterale Schauerentwicklung Für den Schauernachweis in der Detektorebene am Erdboden ist die laterale Energieverteilung wesentlich, und zwar insbesondere die der Elektronen bei Energien, für die das Schauermaximum in der Nähe des Detektors liegt, das heißt für Schaueralter um $s = 1$. Bei 'alten' Schauern stirbt die elektromagnetische Komponente aus, und die myonische wird wichtiger. In einem rein elektromagnetischen Schauer wird die laterale Elektronendichte bei der atmosphärischen Tiefe X als Funktion des Abstands r von der Schauerachse durch die so genannte NKG-Funktion (NKG = Nishimura-Kamata-Greisen) beschrieben [483, 393]:

$$\rho(r, X) = C\,\frac{N_e(X)}{R_M^2}\left(\frac{r}{R_M}\right)^{s-2}\left(1+\frac{r}{R_M}\right)^{s-4.5}. \tag{16.31}$$

Hier ist $N_e(X)$ die Anzahl der Elektronen gemäß (16.25), R_M der Molière-Radius (siehe Gleichung (15.21) in Abschnitt 15.2.2) und s das Schaueralter bei der atmosphärischen Tiefe X. Die Normierung auf die Anzahl $N_e(X)$ legt die Konstante C fest:

$$\begin{aligned} N_e(X) &= 2\pi \int_0^\infty r\,\rho(r,X)\,dr = 2\pi\, C\, N_e(X)\, B(s, 4.5-2s) \\ \Rightarrow \quad C &= \frac{1}{2\pi\, B(s,4.5-2s)} = \frac{\Gamma(4.5-s)}{2\pi\,\Gamma(s)\,\Gamma(4.5-2s)}\,. \end{aligned} \tag{16.32}$$

Dabei sind B und Γ die Beta- und die Gamma-Funktionen [840]. Der auf die Dichte bezogene Molière-Radius ist für Luft $\rho R_M = 8.83\,\text{g/cm}^2$ [634]. Da die Schauerentwicklung durch die Atmosphärendichten oberhalb des Detektors bestimmt wird, ist es nicht ganz offensichlich, welcher Radius auf Detektorniveau zu nehmen ist. In [393] wird vorgeschlagen, sich auf die Dichte bei etwa zwei Strahlungslängen oberhalb des Detektors zu beziehen.

Die NKG-Funktion (16.31) wird auch zur Beschreibung der Lateralverteilung der Elektronen in einem hadronischen Schauer benutzt, wobei in der Regel der Molière-Radius R_M als freier Parameter benutzt wird. Wenn auch die Exponenten in (16.31) frei angepasst werden, können mit der gleichen funktionalen Form auch die hadronische und die myonische Komponente beschrieben werden [179].

Die gemessenen Signale eines Luftschauers sind für Detektoren, die Teilchendurchgänge zählen (dünne Szintillationsdetektoren, Drahtkammern und ähnliche) etwa proportional zur Anzahl der geladenen Teilchen pro Fläche, unabhängig davon, ob es Elektronen, Myonen oder andere Teilchen sind. Wenn stattdessen deponierte Energien kalorimetrisch gemessen werden (zum Beispiel über die Cherenkov-Strahlung in Wasser- oder Eistanks) werden die elektromagnetisch wechselwirkenden Teilchen mit der Energie gewichtet, und Myonen liefern annähernd energieunabhängige Signale. Da zudem die Teilchenzusammensetzung im Schauer von der Detektorhöhe abhängt, wird die optimale Beschreibung der lateralen Schauerverteilung ('*lateral distribution function*', LDF) für jedes Experiment unterschiedlich sein. Die LDFs haben aber gemeinsam, dass für nicht zu kleine Abstände r vom Schauerkern die Signale etwa mit einer Potenz von r abfallen.

Abhängigkeiten von der Masse des primären Teilchens Die Bestimmung der Massenzusammensetzung der primären kosmischen Strahlung ist ein wichtiges Ziel der Luftschauerexperimente. Neben ihrer astrophysikalischen Bedeutung spielt die Massenzusammensetzung auch eine wichtige Rolle bei der Schauerrekonstruktion, weil die Bestimmung der Energie aus den Detektorsignalen im Allgemeinen die Kenntnis der primären Masse voraussetzt. Massenabhängigkeiten von Schauereigenschaften lassen sich darauf zurückführen, dass ein Kern mit der Massenzahl A und der Energie E wie A unabhängige Nukleonen mit jeweils der Energie E/A wechselwirkt, wie bereits weiter oben diskutiert (Seite 678). Um diese Masse aus einem Luftschauer zu bestimmen, was im Allgemeinen nur im statistischen Mittel möglich ist, kann man folgende massenabhängigen Observablen ausnutzen:

- Lage von X_{max}: Entsprechend Gleichung (16.29) wird das Schauermaximum mit höherer Nukleonenzahl A früher erreicht und hat eine geringere Streuung, weil A Primärwechselwirkungen beitragen.
- Myon-Häufigkeit: Eine größere Nukleonenzahl führt dazu, dass in den ersten Wechselwirkungen mehr Pionen erzeugt werden, die eine hohe Wahrscheinlichkeit haben zu zerfallen, bevor sie wieder wechselwirken, weil in der hohen, dünnen Atmosphäre ihr Zerfall im Vergleich zur Wechselwirkung häufiger ist als in einer dichten Atmosphäre. Je schwerer also der primäre Kern ist, umso mehr Myonen sind in einem Schau-

Tab. 16.2 Parameter des Schauermaximums eines Luftschauers, ausgelöst durch ein Photon der Energie E (t_{max} = Anzahl der Strahlungslängen bis zum Schauermaximum, X_{max} atmosphärische Tiefe am Schauermaximum, h_{max} Höhe des Schauermaximums).

E (GeV)	10^2	10^3	10^4	10^5	10^6
t_{max}	7.5	9.8	12.1	14.4	16.7
X_{max} (g/cm^2)	276	361	445	530	614
h_{max} (km)	11.1	8.8	7.1	5.6	4.4

er enthalten. Das gilt besonders für die hochenergetischen Myonen aus den ersten Wechselwirkungen, die in einem engen 'Myon-Bündel' kollimiert um die Strahlachse auftreten (siehe Abschnitt 16.4).

Die in Abschnitt 16.4 beschriebenen Luftschauerdetektoren KASCADE und IceTop nutzen zur Massenbestimmung die Myon-Häufigkeit, dagegen Tunka und Auger hauptsächlichdie Lage von X_{max}.

16.3.4 Gammaschauer

Hochenergetische Gammastrahlung mit Energien oberhalb von etwa 100 GeV können ebenfalls über ihre Schauerentwicklung in der Atmosphäre nachgewiesen werden. Der Schauer entwickelt sich als elektromagnetische Kaskade von Photonen, Elektronen und Positronen wie in Abschnitt 15.2 beschrieben. Grundsätzlich ist bei ausreichender Energie der Schauerteilchen auch Photoproduktion von Hadronen mit schwachen Zerfällen in Myonen möglich. Die Wirkungsquerschnitte dafür sind aber so klein, dass Gammaschauer als 'myon-arm' gelten, was als charakteristisches Merkmal zur Erkennung von Gammaschauern genutzt wird. Ein anderes Merkmal ist, dass sich Gammaschauer gleichmäßiger und lateral kompakter entwickeln als Hadronschauer (siehe Abschnitt 16.5.2).

Wegen der variablen Dichte der Atmosphäre ist auch hier die atmosphärische Tiefe in Einheiten einer Massenbelegung entsprechend Gleichung (16.5) als Längenskala zu benutzen ist. In entsprechenden Einheiten wird die longitudinale Entwicklung eines Gammaschauers durch die Strahlungslänge in Luft $X_0 = 36.66\,\mathrm{g/cm^2}$ (Tab. 3.4) festgelegt. Die erste Wechselwirkung der Photonen mit der Luft findet im Mittel bei etwa $9/7\,X_0$ statt (siehe Gleichung (3.138)), das sind etwa $47\,\mathrm{g/cm^2}$, entsprechend einer Höhe von etwa 26 km. Das Schauermaximum kann mit der Näherungsformel (15.19) mit der kritischen Energie $E_k = 87.9\,\mathrm{MeV}$ aus Tab. 3.4 abgeschätzt werden:

$$t_{max} = \ln\frac{E_0}{E_k} + 0.5 \qquad \Longrightarrow \qquad X_{max} = X_0\left(\ln\frac{E_0}{E_k} + 0.5\right). \tag{16.33}$$

In Tab. 16.2 sind für einige Energien Zahlenwerte für t_{max}, X_{max} und $h_{max} = h(X_{max})$ zusammengestellt, wobei h_{max}, die Höhe des Schauermaximums, mit der barometrischen Höhenformel (16.11) aus X_{max} berechnet wurde.(

16.4 Luftschauerdetektoren

Die von der hochenergetischen kosmischen Strahlung erzeugten ausgedehnten Luftschauer können mit relativ kostengünstigen, großflächig auf dem Erdboden verteilten Detektoren nachgewiesen werden.

16.4.1 Nachweisprinzipien

Abbildung 16.14 zeigt das Prinzip der Entwicklung und des Nachweises eines ausgedehnten Luftschauers (nach einem Bild in [421]). Die Schauerteilchen bilden eine ausgedehnte Schauerfront, die sich nahezu mit Lichtgeschwindigkeit bewegt. Die Teilchenlawinen entwickeln sich entlang der Einfallsrichtung des Primärteilchens. Die laterale Verteilung der Schauerteilchen hat ein Maximum auf der Schauerachse und fällt nach außen etwa mit einer Potenz des Abstands von der Achse, zum Beispiel entsprechend der NKG-Funktion (16.31) ab. Die höchste Teilchenintensität findet man also um den Durchstoßpunkt der Schauerachse durch die Erdoberfläche. Wegen der hohen Teilchendichte im Schauer genügt es, die einzelnen Schauerkomponenten stichprobenartig mit weitläufig verteilten Detektoren zu registrieren. Ein primäres Proton einer Energie von 10^{15} eV (1 PeV) erzeugt zum Beispiel in der Nähe der Erdoberfläche im Mittel 10^6 Sekundärteilchen (80% Photonen, 18% Elektronen und Positronen, 1.7% Myonen und 0.3% Hadronen).

Die eigentlich interessierenden Größen, nämlich Richtung, Energie und Masse der Primärteilchen, müssen jeweils aus den Eigenschaften der Luftschauer abgeleitet werden. Die Schwierigkeit der Messung steigt in der Reihenfolge der genannten Messgrößen: Während die Richtung unmittelbar aus den Messdaten abgelesen werden kann, erfordert die Bestimmung der Masse mehr oder minder aufwendige Luftschauersimulationen, anhand derer man durch Vergleich auf das ursprüngliche Teilchen schließen kann. Ein Standard auf diesem Gebiet ist das Luftschauersimulationsprogramm CORSIKA (COsmic Ray SImulations for KAscade) [429]. In dem Programm können verschiedene Modelle für die hadronische Wechselwirkung benutzt werden, was für systematische Studien sehr wichtig ist. Für die Wechselwirkungsmodelle gelten auch hier die in Abschnitt 15.3 angesprochenen Schwierigkeiten wegen der Komplexität von hadronischen Schauern und fehlender Eingabedaten. Bei sehr hohen Energien ist das Problem besonders offensichtlich, weil es gar keine Daten gibt.

16.4.2 Detektortechnologien

Zum Nachweis von Luftschauern werden verschiedene Detektortypen eingesetzt:

- flächige Szintillationszähler oder Drahtkammern (einige Quadratmeter pro Modul);
- Wasser- oder Eistanks mit wenigen Kubikmetern Volumen;
- dedizierte Myon-Detektoren mit Absorber- und Zählerschichten;

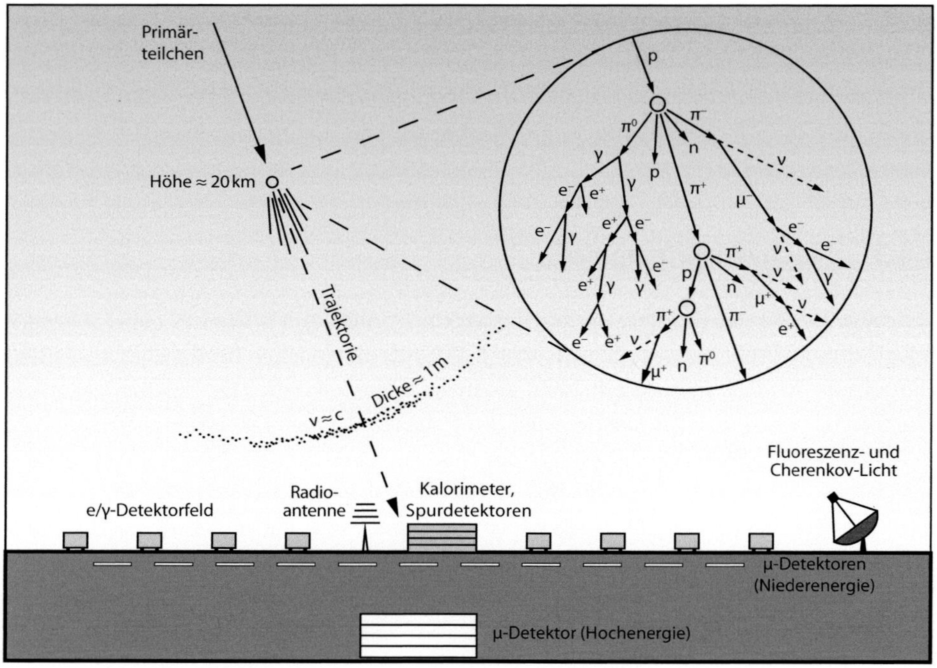

Abb. 16.14 Das Prinzip der Entwicklung und des Nachweises eines ausgedehnten Luftschauers (nach einer Zeichnung von K.-H. Kampert). Charakteristisch für Luftschauerexperimente sind großflächig verteilte Detektormodule, die vor allem auf die elektromagnetische Komponente (e/γ) sensitiv sind. Die Abstände zwischen den Detektoren und die Größe des Detektorfelds legen den messbaren Primärenergiebereich fest. Mit Ausdehnungen von 1 km^2 kann der Energiebereich bis zu einigen EeV abgedeckt werden; für die bisher höchsten Energien bis etwa 10^{21} eV braucht man Detektorfelder von einigen 1000 km^2. Neben dem direkten Nachweis der Schauerteilchen auf der Erdoberfläche können auch die Cherenkov-, Fluoreszenz- und Radiostrahlungen, die die Teilchen entlang der Schauerausbreitung in der Atmosphäre aussenden, zur Vermessung eines Schauers genutzt werden. Einige Experimente habe spezielle Detektoren für den Nachweis von Myonen, die gegen die anderen Schauerteilchen abgeschirmt werden. Für die dominanten niederenergetischen Myonen ($\sim$GeV) genügt eine wenige Meter dicke Erdschicht, zur Selektion hochenergetischer Myonen sind dickere Absorber notwendig, zum Beispiel ein mehr als 1 km w.e. (w.e. = wasseräquivalent) dicker Absorber für den TeV-Bereich (siehe Abb.16.30 auf Seite 706). Manchmal werden die großflächigen Detektoren durch Detektoren ergänzt, mit denen in einer beschränkten Akzeptanz detailliertere Untersuchungen der Schauerteilchen gemacht werden können, zum Beispiel mit Spurendetektoren und Kalorimetern.

– Luft-Cherenkov-Detektoren;
– Fluoreszenzteleskope;
– Radioantennen.

Während die flächigen Zähler die Anzahl der Teilchen messen, liefern die Tanks Energiemessungen für elektromagnetisch wechselwirkende Teilchen. Myonen sind in Zählerdetektoren nicht von anderen geladenen Teilchen zu unterscheiden. In den Tanks hinterlassen hoch-energetische Myonen ein annähernd energieunabhängges Signal. Es ist üblich, das Signal eines vertikal durch den Detektor gehenden Myons (VEM = '*vertical equivalent muon*') zur Kalibration und als Einheit für Signale zu benutzen. Die Schauerparameter werden aus der Lateralverteilung rekonstruiert.

Wegen der hohen Sensitivität der Myon-Produktion auf die Masse der primären Teilchen werden oft spezielle Myon-Detektoren installiert, die wenigstens stichprobenartig in einem Schauer Myonraten messen können. Die Schwellen liegen typischerweise bei unter einem GeV bis zu einigen GeV. Wenige Experimente können auch die TeV-Myonen im Kern des Schauers getrennt von den anderen Schauerteilchen nachweisen. Zum Beispiel hat das IceCube Neutrino Observatory [28, 514] für Myonen, die im Eis gemessen werden, eine Schwelle von etwa 500 GeV (siehe Abschnitte 16.4.3 und 16.6.5).

Cherenkov-, Fluoreszenz- und Radiodetektoren sind auf die verschiedenen Abstrahlungsmechanismen der Elektronenkomponente in Luft sensitiv. Damit ist es möglich, einen großen Teil der Schauerentwicklung in der Luft zu verfolgen, so dass das Schauerprofil und insbesondere das Schauermaximum bestimmt werden können.

Während für die gebündelten Gammaschauer vorwiegend abbildende Teleskope eingesetzt werden (siehe Abschnitt 16.5), wird zum Nachweis der breiteren Hadronschauer (siehe Abb. 16.20) meistens nur die Lateralverteilung des Cherenkov-Lichtes ohne Richtungsinformation gemessen. Die Schauerparameter werden dann aus der Lateralverteilung wie bei den oben besprochenen Teilchendetektoren rekonstruiert. Zusätzlich kann die Höhe des Schauermaximums aus der Form der Lichtverteilung nahe der Schauerachse bestimmt werden (siehe dazu die Beschreibung des Experiments Tunka in Abschnitt 16.4.3).

Bei Energien oberhalb von 10^{17} eV lässt sich auch Fluoreszenzlicht im Wellenlängenbereich 300–400 nm effizient nachweisen. Es entsteht durch die Wechselwirkung geladener Teilchen mit Stickstoffmolekülen der Atmosphäre und kann bei solchen Energien mit abbildenden Spiegelsystemen in klaren Nächten in einer Entfernung bis zu 30 km beobachtet werden. Fluoreszenzmessungen sind für Experimente bei den höchsten bisher gemessenen Energien von großer Bedeutung für die Absolutkalibration und für die Bestimmung der Massenzusammensetzung (siehe dazu die Beschreibung des Pierre-Auger-Observatoriums in Abschnitt 16.4.3).

Die Nutzung der Radioabstrahlung durch hochenergetische Schauer wird intensiv im Rahmen verschiedener Experimente untersucht, weil erwartet wird, dass mit dieser Nachweismethode sehr große Nachweisflächen kostengünstiger als bisher erreicht werden können. Damit Schauerteilchen Radiowellen abstrahlen, müssen die Ladungen mindestens auf Abstände in der Größenordnung einer Wellenlänge getrennt werden, weil sich sonst die Abstrahlungen beider Ladungsvorzeichen destruktiv überlagern (ein Positron-Elektron-Paar sieht nach außen neutral aus, wenn man den Abstand nicht auflösen kann). Zwei Mechanismen der Ladungstrennung, die zu Radioabstrahlung führen, sind vorausgesagt und experimentell bestätigt worden: In der Atmosphäre überwiegt der Effekt der Ladungstrennung durch das Erdmagnetfeld ('Geo-Synchrotron-Effekt') [452] und in dichten Medien (Eis, Salz, Fels) der Aufbau einer lokalen Ladungsasymmetrie durch Positronanni-

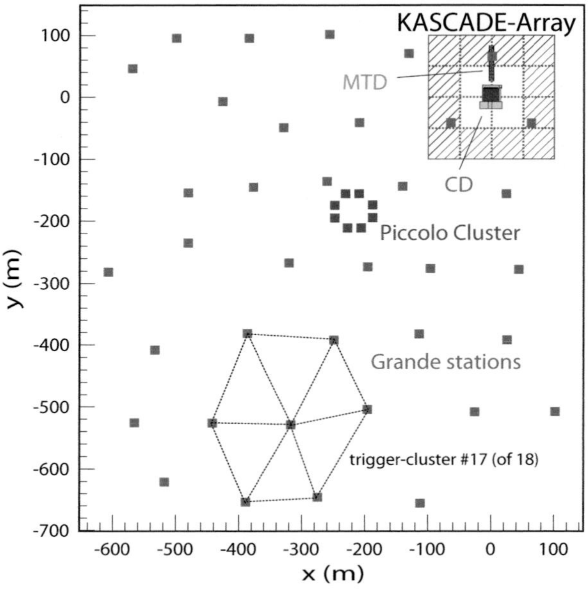

Abb. 16.15 Detektoranordnung des Experiments KASCADE-Grande (nach [87]). KASCADE-Grande besteht neben den auf der gesamten Fläche verteilten Grande-Stationen aus KASCADE (oben rechts) mit dem zentralen Detektor (CD) sowie dem Myontunnel (MTD) und der Triggeranordnung Piccolo. Eingezeichnet ist auch eine von mehreren Konfiguration von 7 Grande-Stationen, die bei gemeinsamen Ansprechen der Stationen die Datennahme auslöst. Siehe dazu die Beschreibung im Text.

hilation und Produktion freier Elektronen durch Compton-Streuung ('Askariyan-Effekt' [95] oder 'Radio-Cherenkov-Effekt').

Luftschauerdetektoren sind in der Regel Anordnungen von vielen relativ kleinen Modulen, die in einem festen Abstand zueinander in einem Raster verteilt sind. Das notwendige Verhältnis der sensitiven zur gesamten Fläche des Detektors und damit die notwendige Größe eines Detektormoduls ergibt sich aus der Forderung, dass die statistischen Signalfluktuationen gegenüber den Schauerfluktuationen nicht dominieren sollten. Typischerweise entsprechen die minimalen Signale bei Zählerdetektoren einem oder wenigen Teilchen und bei kalorimetrischen Messungen einem Bruchteil des Signals, das ein Myon erzeugt. Die Abstände zwischen den Modulen werden entsprechend dem abzudeckenden Energiebereich optimiert: etwa 100 m bei den Detektoren, die im Bereich des 'Knies' (etwa 3×10^{15} eV) messen und bis zu mehr als 1 km bei den höchsten Energien um 10^{20} eV. Die Größe der gesamten Anordnung reicht von Bruchteilen von Quadratkilometern bis zu 3000 km^2, angepasst auf die zu erwartenden Flüsse kosmischer Strahlung.

16.4.3 Beispiele für Luftschauerexperimente

Im Folgenden werden drei Experimente besprochen, die in dem Bereich mittlerer Energien von etwa 10^{15} eV (nahe dem 'Knie', Abb. 16.3 auf Seite 663) bis 10^{18} eV mit unterschiedlichen Detektortechnologien das Energiespektrum und die Zusammensetzung der kosmischen Strahlung bestimmen sollen. Als weiteres Beispiel wird das Auger-Experiment vorgestellt, dass kosmische Strahlung bei den höchsten bisher beobachteten Energien bis zu mehr als 10^{21} eV misst.

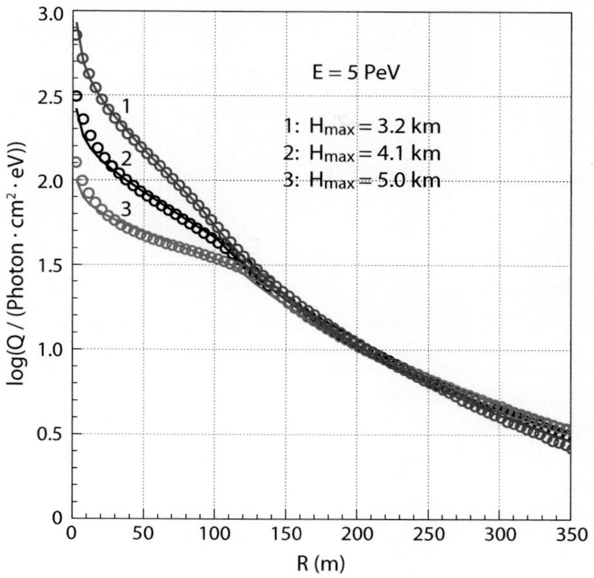

Abb. 16.16 Simulierte Lateralverteilungen des Cherenkov-Lichtes eines 5-PeV-Schauers, das von TUNKA registriert wird (aus [212], mit freundl. Genehmigung von Elsevier). Die Kurven gelten für verschiedene Höhen H_{max} des Schauermaximums, wie in der Abbildung angegeben. Die Kurven unterscheiden sich im Wesentlichen nur durch die Steigung bei kleinen Abständen vom Schauerzentrum, woraus die Lage des Schauermaximums bestimmt wird, die sensitiv auf die Masse des Primärteilchens ist. Die Energie wird aus der Lichtverteilung bei größeren Abständen bestimmt.

KASCADE und KASCADE-Grande Der Luftschauerdetektor KASKADE in Karlsruhe [85] besitzt 252 Detektorstationen, die schachbrettartig im Abstand von 13 m zueinander auf einer Fläche von 200 m × 200 m verteilt sind (oben rechts in Abb. 16.15). Die Stationen beinhalten Szintillationsdetektoren, vor allem zum Nachweis der elektromagnetischen Komponente eines Luftschauers, und unter einer 20 cm starken Blei-Eisen-Abschirmung einen Szintillationsdetektor zum Nachweis von Myonen. Das Zentrum der Anlage ist ein 20 m × 16 m großes Detektorsystem, bestehend aus einem 4000 t schweren Kalorimeter, zwei Ebenen aus Vieldraht-Proportionalkammern (Abschnitt 7.8), einer weiteren Ebene aus Streamer-Rohren (Abschnitt 7.6.3) sowie einer Triggerebene aus Szintillationszählern. Dieses System dient zur Vermessung der Hadronen, Myonen und Elektronen im Kernbereich des Luftschauers. Von diesem Zentraldetektor geht ein 50 m langer Tunnel aus, in dem Myonen nachgewiesen werden.

Die KASCADE-Detektoren werden durch KASCADE-Grande erweitert, eine Anordnung von 37 Stationen im jeweiligen Abstand von 130 m auf einer Fläche von 0.5 km^2 (Abb. 16.15). Jede KASCADE-Grande-Station ist mit 10 m^2 Szintillationsdetektoren ausgestattet, mit denen im Wesentlichen die elektromagnetische Komponente eines Schauers gemessen wird. Eine kleine Anordnung von Szintillationsdetektoren, genannt Piccolo, liefert einen schnellen Trigger für alle Komponenten.

TUNKA-Experiment Das Experiment TUNKA-133 [84], gelegen im Tunka-Tal in der Nähe des Baikalsees, misst Luftschauer, die durch geladene kosmische Strahlung oder hochenergetische Gammastrahlung ausgelöst werden. Hauptbestandteil des TUNKA-Experiments ist ein 1 km^2 großes Messfeld aus 133 Photomultiplier-Detektoren, mit denen in dunklen, klaren Nächten das Cherenkov-Licht der Luftschauer gemessen wird. Das System ist nicht abbildend wie bei den Gamma-Teleskopen (Abschnitt 16.5) und

Abb. 16.17 IceTop-Luftschauerdetektor. Links: Zwei Tanks einer Station in einem Abstand von 10 m voneinander. Nach den Installationsarbeiten wird der Graben wieder mit Schnee bis zur Oberkante der Tanks gefüllt. Im Hintergrund sieht man die Südpolstation. Rechts: Blick in das Innere eines mit Wasser gefüllten Tanks, in dem die zwei optischen Module auf das Einfrieren warten. Quelle: IceCube Collaboration/NSF.

ist dadurch sehr einfach und preisgünstig. Ein Nachteil ist, dass die Bedingungen an die Dunkelheit und den klaren Himmel in nur etwa 4% der Zeit Messungen zulassen.

Aus der Lateralverteilung des Lichtes lassen sich die Ankunftsrichtung, die Energie und die Masse des Primärteilchens rekonstruieren, wie in Abb. 16.16 erläutert wird. Da die Schauerteilchen bevorzugt unter kleinen Winkeln erzeugt werden, wird das Cherenkov-Licht in einen begrenzten Bereich um die Schauerachse emittiert (siehe dazu die Diskussion für Gamma-Teleskope in Abschnitt 16.5.2). Die Verteilung um die Schauerachse wird umso breiter, je höher das Schauermaximum liegt. Das erlaubt eine Bestimmung des Parameters X_{max}, aus dessen Verteilung auf die Massenzusammensetzung der Primärstrahlung geschlossen werden kann.

IceTop IceTop [11] ist ein 1 km^2 großer Luftschauerdetektor am Südpol über dem IceCube-Detektor, der sich 2000 m tief im Eis befindet(siehe Abschnitt 16.6.5 und Abb. 16.32). IceTop hat 81 Stationen die jeweils 125 m voneinander entfernt sind. Eine Station hat jeweils zwei Tanks in einem Abstand von 10 m, die in einem Volumen von 2.7 m^2×0.9 m mit Eis gefüllt sind. An der Eisoberfläche registrieren zwei optische Module mit Photovervielfacherröhren das von den Luftschauerteilchen im Tank erzeugte Cherenkov-Licht (Abb. 16.17).

Ein Vorteil gegenüber KASCADE-Grande und TUNKA-133, die bei ähnlicher Größe etwa den gleichen Energiebereich abdecken, ist die Möglichkeit, hochenergetische Myon-Bündel in IceCube in Koinzidenz mit IceTop-Schauern zu messen. Durch die große Tiefe werden nur die hochenergetischen Myonen (mindestens etwa 500 GeV) herausgefiltert, die aus den ersten Wechselwirkungen stammen und deren Multipliziplität stark von der Masse des Primärteilchens abhängen.

Auger-Experiment Das Pierre Auger Observatory (PAO) [20] in der Provinz Mendoza in Argentinien deckt die höchsten bisher gemessenen Energien kosmischer Strahlung

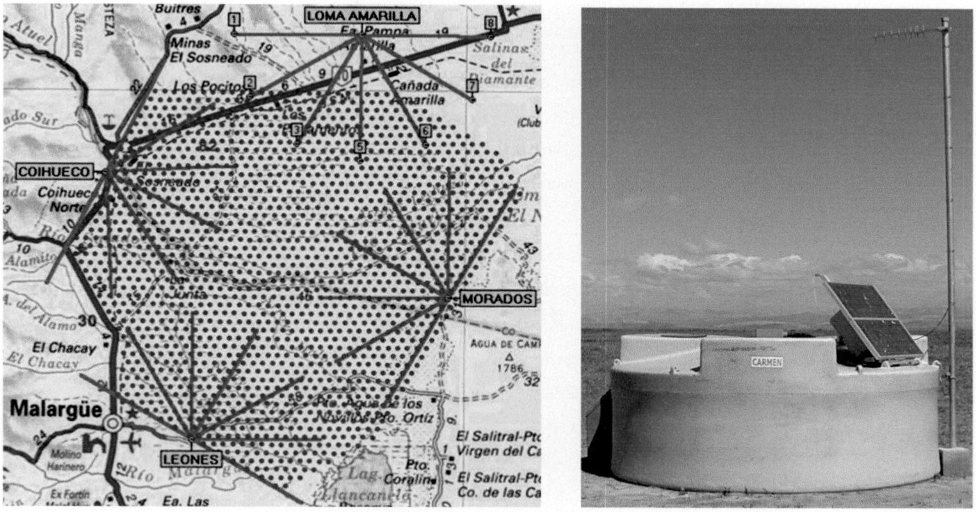

(a) Detektoranordnung des Auger-Experiments mit 1600 Wassertanks und vier Fluoreszenzteleskopen an der Peripherie des Gebiets.

(b) Detektortank des Auger-Experiments.

Abb. 16.18 Das Pierre Auger Observatory in Argentinien [20, 650]. Die Oberflächendetektoren befinden sich auf einer Höhe zwischen 1300 und 1400 m und damit bei einer atmosphärischen Tiefe von etwa 880 $\mathrm{g/cm^2}$.

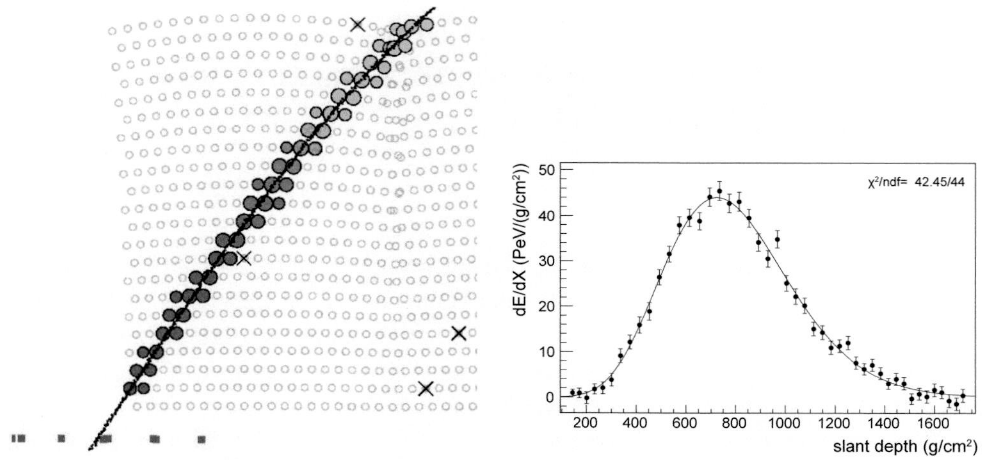

(a) Die von einem Fluoreszenzteleskop aufgezeichnete Lichtspur eines Luftschauers. Die schwarze Linie ist das rekonstruierte Bild der Schauerachse (nicht-lineare Abbildung). Die verschiedenen Tönungen zeigen die zeitliche Folge der Signale in den Pixeln der Teleskopkamera an. Die Quadrate am unteren Rand stellen die angesprochenen Oberflächendetektoren dar.

(b) Das longitudinale Profil der Energiedeposition eines Schauers in der Atmosphäre rekonstruiert aus Messungen der Fluoreszenzteleskope. Die Kurve ist eine Anpassung der Gaisser-Hillas-Funktion (16.25). Die rekonstruierte Energie ist etwa 3×10^{19} eV.

Abb. 16.19 Prinzip der Messung des Schauerprofils mit den Fluoreszenztelekopen des Pierre-Auger-Experiments (aus [21], mit freundl. Genehmigung von Elsevier).

oberhalb von etwa 10^{18} eV ab. Insbesondere untersucht das Experiment, ob bei etwa 5×10^{19} eV das Spektrum abbricht, entsprechend der so genannten Greisen-Zatsepin-Kuzmin-Grenze (*GZK-Cutoff*) [394, 839]. Ein solcher Abbruch des Spektrums wurde vorhergesagt, weil bei diesen Energien Protonen (etwas modifiziert auch Kerne) bei der Streuung an den Photonen der kosmischen Hintergrundstrahlung die Schwelle zur Pion-Produktion überschreiten, Energie verlieren und im Spektrum nach unten verschoben werden.

Das Experiment bedeckt eine Fläche von etwa $3000\,\mathrm{km}^2$ (etwa die Größe des Saarlands) und ist damit zur Zeit (Stand 2014) das größte Experiment zur Beobachtung der kosmischen Strahlung (Abb. 16.18). Es hat 1600 Detektoren von jeweils $11.3\,\mathrm{m}^2$ Fläche im Abstand von 1.5 km, die mit reinem Wasser gefüllt sind. In Ergänzung zu den Wasserdetektoren überwachen 30 Fluoreszenzteleskope von vier verschiedenen Beobachtungsstationen aus die darüberliegende Atmosphäre. Jedes Teleskop hat eine Spiegelfläche von etwa $12\,\mathrm{m}^2$ und ein Gesichtsfeld von $30° \times 30°$. Damit kann die komplette Entwicklung eines Luftschauers verfolgt werden (Abb. 16.19).

Mit dem gleichzeitigen Nachweis des Schauers durch Bodendetektoren und durch Fluoreszenzteleskope, die jeweils unabhängige Energiemessungen liefern, lässt sich die Energiekalibration besser kontrollieren. Eine inkorrekte Kalibration führt bei einem steilen Energiespektrum zu einer systematischen Verschiebung der absoluten Höhe des gemessenen Spektrums. Die Fluoreszenzmessungen erlauben auch, das Schauermaximum zu bestimmen, was eine Bestimmung der Massenzusammensetzung zulässt.

16.5 Cherenkov-Teleskope zur Messung von TeV-Gammastrahlung

16.5.1 Übersicht

Wegen der stark abfallenden Flüsse der Gammastrahlung wird die effektive Fläche der Ballon- oder Satelliten-Detektoren für hohe Gammaenergien schließlich zu klein. Für Gammastrahlung oberhalb von etwa 100 GeV ('Very High Energy', VHE) wird die Wechselwirkung mit der Atmosphäre genutzt, die zur Ausbildung eines elektromagnetischen Schauers führt (Abschnitte 15.2 und 16.3.4).

Photonen mit Energien, die hoch genug sind, so dass die Schauerteilchen die Erdoberfläche erreichen, können grundsätzlich auch mit den erdgebundenen Luftschauerdetektoren (Abschnitt 16.4) für geladene kosmische Strahlung gemessen werden. In diesem Abschnitt wollen wir uns aber mit abbildenden Teleskopen befassen, die auf die TeV-Gamma-Astronomie spezialisiert sind. Die '*Imaging Atmospheric Cherenkov Telescopes*' (IACT) weisen die Cherenkov-Strahlung der von den VHE-Photonen ausgelösten Luftschauer nach. Beispiele für IACTs sind H.E.S.S. (High Energy Stereoscopic System) in Namibia [434], MAGIC (Major Atmospheric Gamma-ray Imaging Cherenkov Telescopes) auf La Palma [570] und VERITAS (Very Energetic Radiation Imaging Telescope Array

System) in Arizona [794]. Damit gibt es jeweils Standorte auf der nördlichen und der südlichen Erdhalbkugel, was für die Abdeckung des Himmels wichtig ist. Zum Beispiel kann das galaktische Zentrum nur von der Südhalbkugel aus beobachtet werden. Die nächste Generation der VHE-Gamma-Instrumente ist das Projekt 'Cherenkov Telescope Array' (CTA) [267].

16.5.2 Cherenkov-Licht von Hadron- und Gammaschauern

Mit Cherenkov-Teleskopen werden vornehmlich Elektronen und Positronen, das heißt die elektromagnetische Komponente eines Luftschauers, nachgewiesen. Da auch in hadronischen Schauern die elektromagnetische Komponente dominiert (siehe Abschnitt 16.3.2), werden andere Kriterien als nur die Cherenkov-Lichtausbeute benötigt, um die VHE-Gammaquanten von dem hohen Untergrund an geladener kosmischer Strahlung abzutrennen. Das wesentliche Kriterium ist die kompaktere laterale Verteilung der Gammaschauer (Abschnitt 16.3.4) und eine daraus folgende konzentriertere Lichtverteilung auf dem Detektorniveau (Abb. 16.20) [146].

Die wichtigen Beziehungen für die Abstrahlung von Cherenkov-Licht sind in Kapitel 11 erklärt: Ein Teilchen mit der Geschwindigkeit β strahlt in Luft mit dem Brechungsindex n unter einem Winkel $\cos\theta = \frac{1}{\beta n}$ Cherenkov-Licht ab. Der maximale Winkel θ_{max} wird von relativistischen Teilchen mit $\beta \approx 1$ erreicht, so dass gilt: $\cos\theta_{max} = \frac{1}{n}$. In der Atmosphäre variiert der Brechungsindex mit der Höhe h, weil $n-1$ proportional zur Dichte ist:

$$n(h) = 1 + (n_0 - 1)\frac{\rho(h)}{\rho_0} \approx 1 + (n_0 - 1)\,\exp\left(-\frac{h}{8.4\,\mathrm{km}}\right), \qquad (16.34)$$

wobei rechts die Näherung (16.10) benutzt wurde. Der Brechungsindex der Luft unter Normalbedingungen ist $n_0 \approx 1.00029$ [605] (Tab. 11.1 auf Seite 447). Eine Abstrahlung in der Höhe h hat auf der Höhe h_T des Teleskops den maximalen Radius

$$R_{max}(h) = (h - h_T)\,\tan\theta_{max} = (h - h_T)\,(n(h)^2 - 1)\,. \qquad (16.35)$$

Die Abhängigkeit von R_{max} von der Abstrahlungshöhe ist in Abb. 16.21 gezeigt. Der geometrische Effekt der Verringerung des Radius mit der Höhe wird teilweise durch das Anwachsen des Brechungsindex kompensiert, so dass die Kurve oberhalb von etwa 10 km abflacht, mit einem Maximum bei $R_{max} \approx 120\,\mathrm{m}$. Die meisten Cherenkov-Photonen werden im Schauermaximum abgestrahlt, das für die relevanten Gammaenergien von 100 GeV bis einige TeV zwischen 7 und 10 km Höhe liegt (Tab. 16.2 auf Seite 682), entsprechend $R_{max} \approx 100\,\mathrm{m}$.

Die Strukturen der Lichtverteilung am Boden, wie sie in Abb. 16.20 (unten) zu sehen sind, ergeben sich aus der Begrenzung des maximalen Radius und der starken Kollimierung elektromagnetischer Schauer. Das führt bei Gammaschauern zu einer Konzentration innerhalb eines Kreises mit Überhöhungen am Rand durch die Photonen vom Schauermaximum. Bei hadronischen Schauern führen die vielen Teilschauer zu einer breiten Verteilung vieler Ringe.

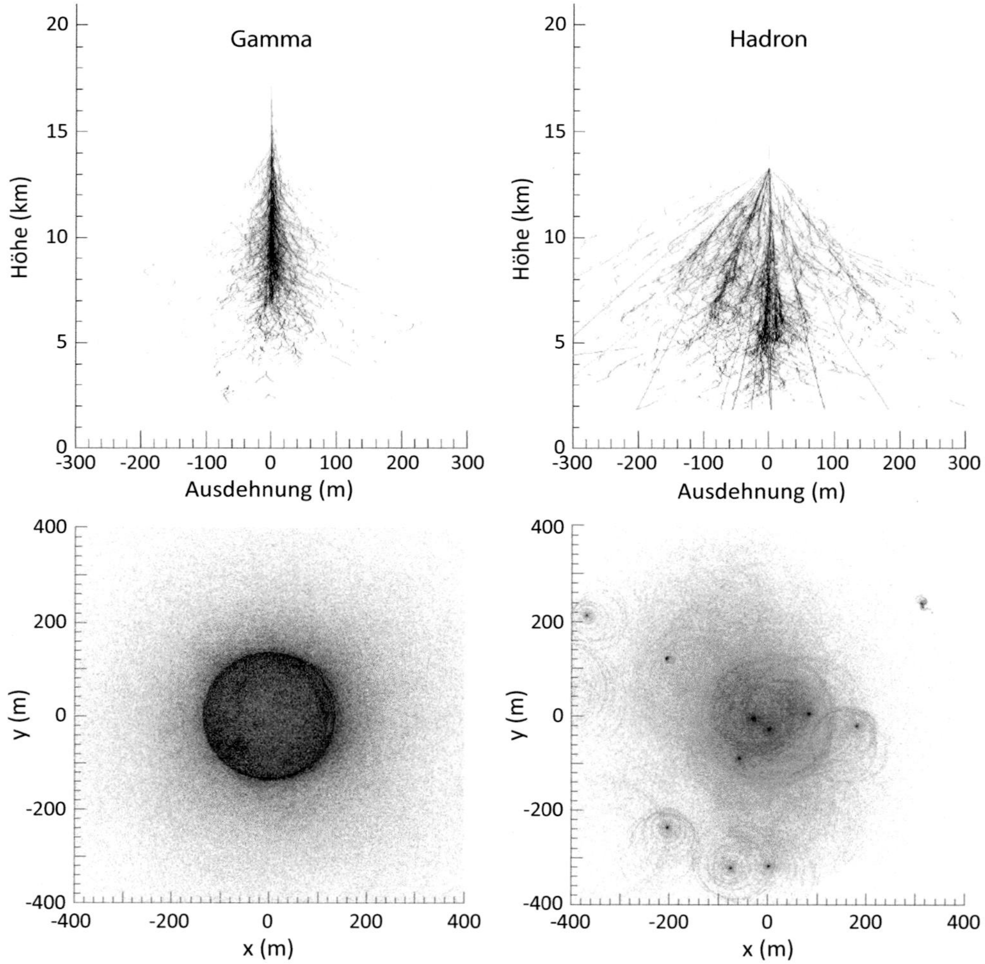

Abb. 16.20 Simulation eines 300-GeV-Gammaschauers (links) und eines 1-TeV-Hadronschauers (rechts), die etwa die gleiche Cherenkov-Lichtmenge am Boden produzieren. Die oberen Bilder zeigen die Schauerentwicklung jeweils für die Teilchen, die Cherenkov-Licht emittieren, die unteren Bilder zeigen die Lichtverteilung ('*light pool*') auf dem Erdboden. Quelle: [516], nach unveröffentlichten Simulationsstudien von K. Bernlöhr.

Weil die Geschwindigkeit der Cherenkov-Photonen nur wenig von der Teilchengeschwingigkeit im Schauer abweicht, erreicht das Licht von allen Höhen fast gleichzeitig den Erdboden. Das führt zu sehr kurzen Lichtblitzen von wenigen Nanosekunden und erlaubt durch kurze Zeitfenster der Trigger eine gute Unterdrückung des Untergrunds an Streulicht. Die Messungen werden üblicherweise nur bei mondlosem, klarem Himmel durchgeführt.

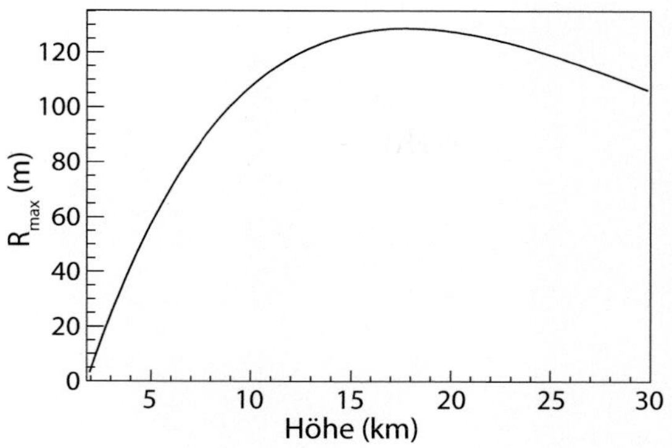

Abb. 16.21 Maximaler Radius des Cherenkov-Lichtes auf der Höhe des H.E.S.S.-Teleskops als Funktion der Höhe der Abstrahlung, entsprechend Gleichung (16.35) (nach [516]).

16.5.3 Schauerrekonstruktion

Das Nachweisprinzip ist in Abb. 16.22 dargestellt: Ein auf die Atmosphäre treffendes Photon bildet in einer Höhe von etwa 10 km einen elektromagnetischen Schauer aus. Die Elektronen und Positronen in dem Schauer strahlen, wie soeben besprochen, in einem Kegel, der auf dem Erdboden einen Radius von etwa 120 m hat, Cherenkov-Licht ab. Dieses Licht wird durch den Teleskopspiegel auf eine Kamera fokusiert, die etwa in der Brennebene des Spiegels angeordnet ist. Die Kamera besteht aus einem Raster von photosensitiven Detektoren, typischerweise Photovervielfacherröhren (PMT), die auf einzelne Photonen sensitiv sind. Ein Punkt in der Kameraebene entspricht dem Winkel θ, unter dem ein Photon gesehen wird ($\theta = 0$ entspricht der Symmetrieachse des Teleskopspiegels). Wegen des kleinen Gesichtsfelds (etwa 5°) kann die Ebene in linearer Näherung durch die Projektionen (θ_x, θ_y) aufgespannt werden. Die Kovarianzmatrix der Intensitätsverteilung in der (θ_x, θ_y)-Ebene, das sind die zweiten zentralen Momente der Verteilung, definieren eine Ellipse, deren Lage und Ausdehnung in Richtung der Hauptachsen durch die so genannten Hillas-Parameter [437] beschrieben werden.

Das Verhältnis von Breite und Länge der Ellipse ist ein wichtiges Kriterium zur Unterdrückung des Untergrunds an hadronischen Schauern. Der Untergrund lässt sich aber nicht vollständig unterdrücken, sondern muss schließlich statistisch abgezogen werden. Das gelingt am besten bei der Beobachtung von Punktquellen oder Quellen mit viel geringerer Ausdehnung als das Gesichtsfeld des Teleskops, da man gleichzeitig den Untergrund in der Nähe der Quelle messen kann. Um Signal und Untergrund bei gleichen Bedingungen messen zu können, werden die Teleskope in vorgegebenen Zeitintervallen abwechselnd auf die Quelle und auf den Untergrund gerichtet ('*wobble mode*').

Die Anordnung von mehreren Teleskopen erlaubt mit einer stereoskopischen Schauerrekonstruktion eine besonders genaue Richtungsbestimmung (etwa 0.1°). Die Richtung wird aus der besten Anpassung des Schnittpunkts aller langen Achsen der Intensitätsellipsen bestimmt, wie in dem eingefügten Bild in Abb. 16.22 zu sehen ist.

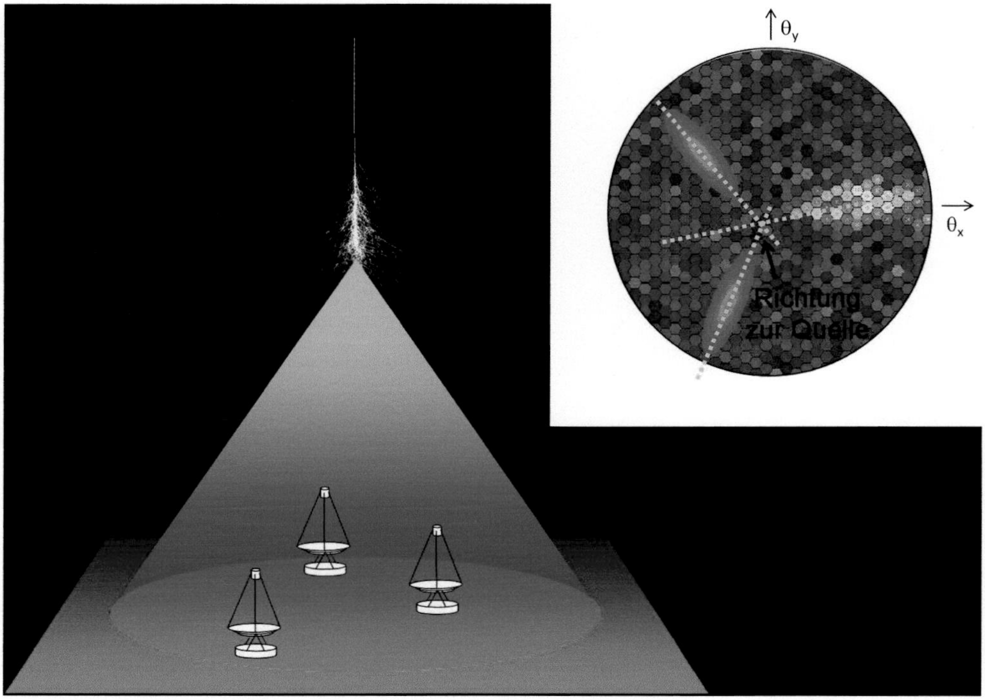

Abb. 16.22 Prinzip von Cherenkov-Teleskopen zum Nachweis von VHE-Photonen. Das Bild oben rechts zeigt das Prinzip der Richtungsrekonstruktion durch Überlagerung der Abbildungen mehrerer Teleskope. Details werden im Text beschrieben. Quelle: H.E.S.S. Collaboration.

16.5.4 Leistungsmerkmale von Cherenkov-Teleskopen

Als Beispiel für die Leistungsfähigkeit von VHE-Teleskopen geben wir die technischen Daten des H.E.S.S.-Experiments in der Konfiguration mit vier Teleskopen an (seit 2012 hat H.E.S.S. fünf Teleskope):

Gesichtsfeld:	$5°$
Sensitive Fläche:	$50\,000\,\mathrm{m}^2$
Energieschwelle:	$100\,\mathrm{GeV}$
Richtungsauflösung:	stereoskopisch: $0.1°$
Energieauflösung:	$\Delta E/E < 20\%$
Sensitivität (5σ):	5% (1%) Crab in $1\,\mathrm{h}$ ($25\,\mathrm{h}$)

Die Einheit 'Crab' ist als die Photonenrate definiert, die das Teleskop bei Einstellung auf den Krebsnebel registriert. Der Krebsnebel ist die stärkste Quelle von VHE-Photonen und wurde erstmals 1989 von dem Whipple-Teleskop im VHE-Photonenlicht beobachtet. Heute gilt der Krebsnebel als Standardkerze für VHE-Photonen.

16.6 Neutrinodetektoren

Experimente, die die Eigenschaften von Neutrinos erforschen oder Neutrinos als Sonden zur Untersuchung astrophysikalischer Phänomene benutzen, haben wesentlich zur Erweiterung unseres Wissens über Teilchen und den Kosmos beigetragen. Einen Überblick über Experimente und deren theoretische Beschreibung findet man in [844, 381].

Neutrinos werden über ihre schwache Wechselwirkung nachgewiesen. Der Wirkungsquerschnitt für Neutrino-Nukleon-Reaktionen ist sehr klein (Abb. 16.23), wächst allerdings bis zu Energien von etwa 1 TeV linear mit der Energie, so dass mit wachsender Energie die Vermessung von Neutrinoreaktionen einfacher wird. Im Bereich von einigen GeV bis einige 100 GeV gibt es Neutrinostrahlen an Beschleunigern, siehe Abschnitt 16.6.4.

In diesem Kapitel soll hauptsächlich der Nachweis von Neutrinos, die nicht an Beschleunigern erzeugt werden, wie astrophysikalischen oder Reaktorneutrinos, besprochen werden. Neutrinos im MeV-Bereich werden bei den nuklearen Brennvorgängen in Sternen, namentlich auch in unserer Sonne und in Supernova-Explosionen, produziert. Die höchsten Neutrinoenergien, vielleicht bis zu mehr als 10^{20} eV, werden in Assoziation mit der kosmischen Strahlung (Abschnitt 16.3) erwartet. Auf dem Weg durch den Kosmos erzeugt hochenergetische kosmische Strahlung in inelastischen Reaktionen mit der durchlaufenen Strahlung und Materie Mesonen (Pionen, Kaonen, ...), die in Endzustände mit Neutrinos zerfallen können. Beide Enden der Energieskala stellen eine besondere Herausforderung für die Detektortechnologie dar. Charakeristisch für Neutrinodetektoren sind große Targetvolumina, die in der Regel gleichzeitig Detektormaterial sind, und einfache, preisgünstige Ausleseverfahren, mit denen die großen Volumina abgedeckt werden können. Mit solchen Anforderungen sind die Detektoren auch für den Nachweis anderer seltener oder exotischer Phänomene, wie Protonzerfall oder das Auftreten von magnetischen Monopolen, geeignet. Zum Beispiel sind mit Detektoren, die ursprünglich für den Nachweis des Protonzerfalls konzipiert wurden, die Beobachtungen von Neutrinooszillationen und der Neutrinos von der Supernova 1987A [438, 164] gelungen.

16.6.1 Nachweis der Sonnenneutrinos

Das Phänomen der Flavor-Oszillation von Neutrinos wurde zum erstenmal bei Sonnenneutrinos beobachtet. Eine Beschreibung der Experimente und ihre theoretische Deutung findet man zum Beispiel in [501, 844, 381].

In der Sonne werden in den verschiedenen Fusionsreaktionen Neutrinos produziert, die zum Teil monoenergetisch sind (wenn sie von einem Elektroneinfang-Prozess (EC, siehe Anhang A.2) stammen) oder ein kontinuierliches Spektrum bis etwa 10 MeV haben (Abb. 16.24). Für jedes Neutrino wird im Mittel etwa 13 MeV zusätzliche Energie produziert, die letztlich von der Sonne abgestrahlt wird.

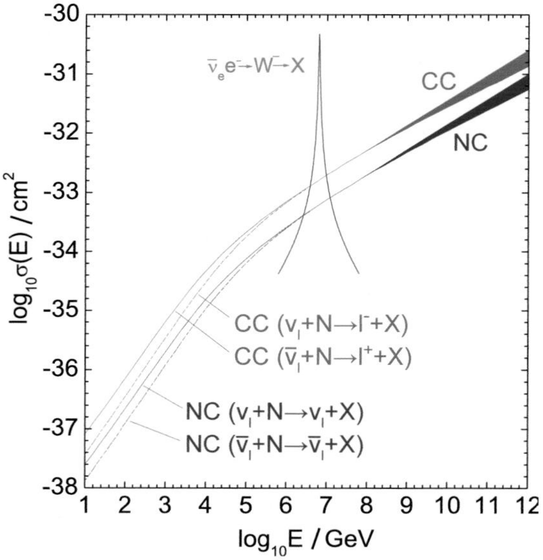

Abb. 16.23 Neutrino-Nukleon- und Antineutrino-Nukleon-Wirkungsquerschnitte für geladenen und neutralen Strom (CC, NC) als Funktion der Neutrinoenergie. Bei geladenen Strömen geht das (Anti-)Neutrino in das assoziierte geladene Lepton über, während bei neutralen Strömen das (Anti-)Neutrino wieder im Endzustand erscheint. Zusätzlich eingezeichnet ist die so genannte Glashow-Resonanz für die Streuung von Antineutrinos an Elektronen bei Schwerpunktsenergien um die Masse des W-Bosons. Die Grafik basiert auf den Berechnungen in [364] (übernommen von [777]).

Im Gleichgewicht zwischen Erzeugung und Abstrahlung der Sonnenenergie lässt sich aus der Strahlungsleistung pro Fläche auf der Erde, der so genannten Solarkonstante $S = 8.5 \cdot 10^{11}\,\mathrm{MeV\,cm^{-2}s^{-1}}$ [518], der Neutrinofluss bestimmen:

$$\Phi_\nu = S\,/13\,\mathrm{MeV} \;\approx\; 6.5 \cdot 10^{10}\,\mathrm{cm^{-2}\,s^{-1}} \tag{16.36}$$

Diesem großen Teilchenfluss steht ein sehr kleiner Wirkungsquerschnitt dieser niederenergetischen Neutrinos von größenordnungsmäßig $10^{-44}\,\mathrm{cm}^2$ entgegen. Das bedeutet, man braucht mehr als 10^{26} Targetteilchen, um in einem Jahr eine einzige Reaktion nachweisen zu können. Dieser Teilchenanzahl entspricht zum Beispiel etwa 10 kg Chlor, das

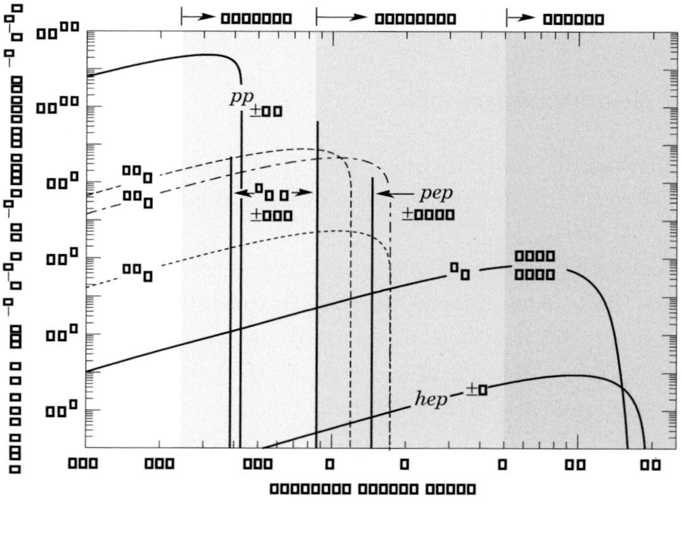

Abb. 16.24 Das theoretisch berechnete solare Neutrinospektrum mit den Beiträgen der verschiedenen Reaktionen. Eingezeichnet sind auch die Schwellenenergien für Neutrinos in verschiedenen Detektormaterialien. Weitere Erläuterungen finden sich in dem Übersichtsartikel 'Solar Neutrinos' in [300], dem auch die Abbildung entnommen ist.

für den ersten Nachweis von Solarneutrinos benutzt wurde (siehe unten). Berücksichtigt man zusätzlich Energieschwellen, Untergrund und Effizienzen, so kommt man leicht auf Targetmassen von mehreren 100 t, um signifikante Aussagen machen zu können. Zur Abschirmung des Untergrunds von der kosmischen Strahlung sind diese Detektoren in unterirdischen Kavernen (Bergwerken, Tunneln) untergebracht (Abschnitt 2.3.3 auf Seite 21).

Radiochemischer Neutrinonachweis Solarneutrinos wurden erstmals in dem Experiment von R. Davis beobachtet, das zwischen 1970 und 1994 in der Homestake Mine in South Dakota mit 615 t Perchlorethylen (C_2Cl_4) Daten genommen hat. Die Nachweisreaktion ist der 'inverse β-Zerfall'

$$^{37}\mathrm{Cl} + \nu_e \rightarrow {}^{37}\mathrm{Ar} + e^- \,, \tag{16.37}$$

mit einer Schwelle für Neutrinoenergien von 814 keV, die damit nicht auf den pp-Prozess sensitiv ist, siehe Abb. 16.24.

Das erzeugte ^{37}Ar ist in der Lösung flüchtig und wurde monatlich durch Spülen mit Helium extrahiert. Das Extraktionsintervall ergibt sich daraus, wann ungefähr ein Gleichgewicht zwischen Produktion und Zerfall mit einer Halbwertszeit von 35 Tagen zu einer konstanten ^{37}Ar-Konzentration führt. Der ^{37}Ar-Nachweis erfolgt vorwiegend über den EC-Prozess

$$^{37}\mathrm{Ar} + e^-(EC) \rightarrow {}^{37}\mathrm{Cl} + \nu_e \tag{16.38}$$

in einem Proportionalzählrohr (Abschnitt 7.6.1), das mit dem extrahierten ^{37}Ar zusammen mit natürlichem Argon und einem Zusatz von Methan gefüllt wird. Der Prozess wird über Auger-Elektronen nachgewiesen, die beim Auffüllen des freien Elektronenplatzes emittiert werden (siehe auch Seite 79 und Abb. 3.35). Die zur Verfügung stehende Energie von 2.82 keV wird meistens auf mehrere Auger-Elektronen verteilt, die individuell eine kürzere Reichweite im Gas des Zählrohrs haben und deshalb die Energie lokaler deponieren als zum Beispiel ein Compton-Elektron gleicher Energie, das das gesamte Zählrohr durchqueren kann. Die entsprechend kurze Anstiegszeit der ^{37}Ar-Signale wird zur Abtrennung des Untergrunds benutzt.

Die Ergebnisse werden in der Regel in SNU (*Solar Neutrino Units*) angegeben:

$$1\ \mathrm{SNU} = 10^{-36}\ \text{Einfänge pro Targetatom und Sekunde.}$$

Gemessen werden nur etwa 15 Atome (!) pro Monat. Das Ergebnis des Homestake-Experiments ist $2.56 \pm 0.16 \pm 0.16$ SNU (die Fehler sind statistisch beziehungsweise systematisch), wobei theoretisch 6 bis 9 SNU erwartet werden [250]. Dieses Ergebnis wurde mit verschiedenen Methoden von anderen Experimenten bestätigt und führte damit zu der Entdeckung der Neutrinooszillationen, das sind die oszillierende Umwandlungen der drei verschiedenen Neutrinoarten untereinander (siehe den entsprechenden Übersichtsartikel in [621]). Das Defizit bei den Solarneutrinos wird dadurch erklärt, dass sich die Elektronneutrinos in andere Neutrinoarten umwandeln und sich dadurch dem spezifischen Nachweis als Elektronneutrinos entziehen.

Mit dem Chlor-Experiment kann wegen der Energieschwelle von 814 keV der dominierende pp-Prozess mit ν-Energien $\leq$ 420 keV nicht beobachtet werden (Abb. 16.24). Die Experimente GALLEX [417] und SAGE [12] haben den pp-Prozess mit Gallium nachgewiesen:

$$^{71}\text{Ga} + \nu_e \to {}^{71}\text{Ge} + e^- \,. \tag{16.39}$$

Die Reaktion hat eine Schwelle für Neutrinoenergien von 233 keV. Mit einer Halbwertszeit von 11.43 Tagen geht Germanium durch Elektroneinfang wieder in Gallium über:

$$^{71}\text{Ge} + e^-(EC) \to {}^{71}\text{Ga} + \nu_e \,. \tag{16.40}$$

Die Herausforderung dieser Experimente sind Zählraten von wenigen Ereignissen pro Woche mit der entsprechenden Forderung, dass die Untergrundrate noch merklich kleiner sein muss. Neben Abschirmungen ist dafür wesentlich, dass das Zählrohr so klein wie möglich gehalten wird, mit wenig potenziell strahlendem Material. Das hat zu der Entwicklung von Miniaturzählrohren geführt [828].

Echtzeit-Neutrinonachweis Bei höheren Neutrinoenergien, oberhalb von einigen MeV, können Neutrinos direkt (in 'Echtzeit') über ihre Wechselwirkung mit den Elektronen des Targetmediums nachgewiesen werden:

$$\nu_e + e^- \to \nu_e + e^- \,. \tag{16.41}$$

Wenn das Elektron genügend Rückstoß bekommt, kann es nachgewiesen werden, zum Beispiel kann es in einem Wassertank Cherenkov-Licht erzeugen oder eine Spur in Driftkammern hinterlassen. In beiden Fällen kann die Richtung, die annähernd der Neutrinorichtung entspricht, gemessen werden.

In den 1970er und 1980er Jahren sind an verschiedenen Orten Detektoren zum Nachweis des Protonzerfalls gebaut worden. Charakteristisch für diese Detektoren sind ein großes Volumen (man braucht mehr als 10^{34} Protonen, um die heutige Grenze der Lebensdauer von mehr als 10^{34} Jahren zu erreichen) und die Möglichkeit, die Zerfallsreaktion kinematisch zu rekonstruieren, zum Beispiel den zunächst bevorzugten Zerfall $p \to \pi^0 e^+$. Spätestens nach der Beobachtung von Neutrinos von der Supernova 1987A in der Kleinen Magellan'schen Wolke (siehe zum Beispiel [381, 844]) ist klar geworden, dass diese Detektoren sehr gut zum Nachweis von Sonnen- und Supernova-Neutrinos sowie auch höher-energetischen atmosphärischen Neutrinos geeignet sind.

Ein Beispiel sind die Experimente Kamiokande und der Nachfolger Super-Kamiokande in 1 000 m Tiefe in der Mozumi-Mine in Japan. Der Super-Kamiokande-Detektor (Abb. 16.25) [356] besteht aus einem Tank mit etwa 50 000 t ultra-reinem Wasser in einem zylinderförmigen, 41.4 m hohem Behälter. Das sensitive Detektorvolumen im Inneren wird optisch von einem äußeren Volumen mit etwa 2 m Wasserdicke abgetrennt. Beide Volumina sind durch PMTs (Photovervielfacherröhren) umgeben, 11 146 im inneren und 1 885 im äußeren Volumen. Signale aus dem äußeren Volumen werden als Veto gegen kosmische Strahlung verwendet.

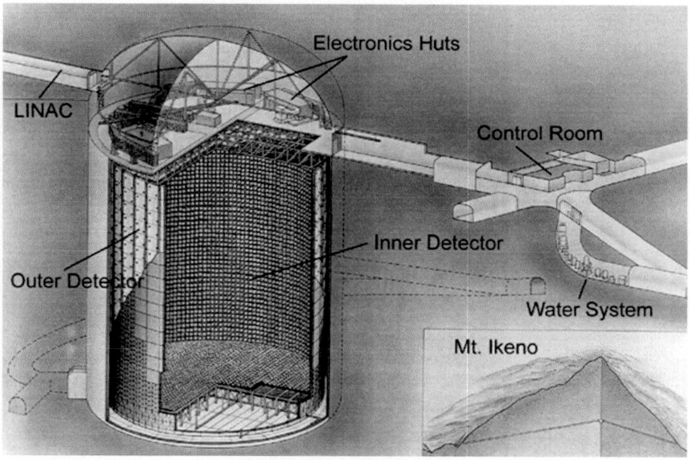

Abb. 16.25 Aufrisszeichnung des Super-Kamiokande-Detektors mit dem inneren und dem äußeren Detektorvolumen und den Elektronik- und Kontrolleinrichtungen. Der Linearbeschleuniger (LINAC) liefert niederenergetische Elektronen zur Kalibration. Der Detektor liegt etwa 1000 m unter dem Gipfel des Berges Ikeno (unten rechts). Quelle: Kamioka Observatory, ICRR, University of Tokyo and Super-Kamiokande Collaboration.

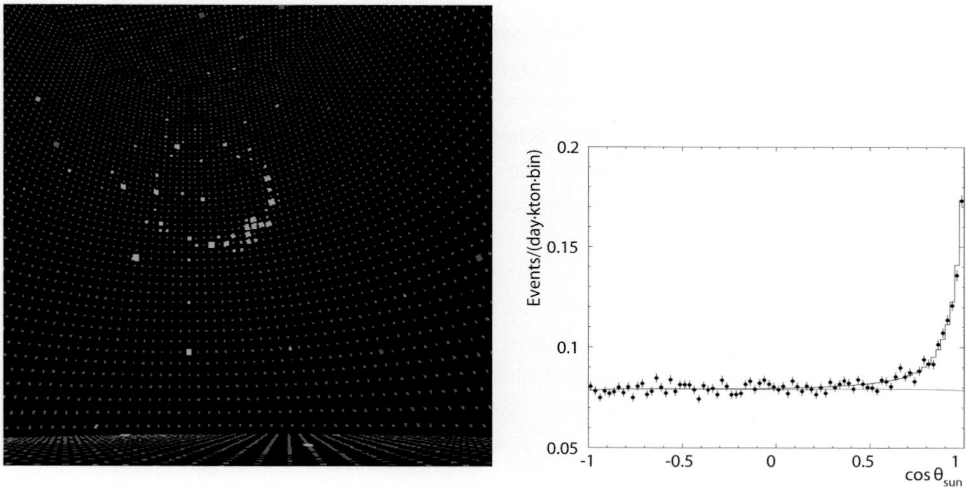

Abb. 16.26 (a) Beispiel eines Sonnenneutrino-Ereignisses in Super-Kamiokande (Quelle: [126]). Ein Elektron-Neutrino erzeugt im Inneren des Detektors ein Elektron, dessen Cherenkov-Strahlung an der Wand des Wassertanks von den PMTs registriert wird. Die Energie des Elektrons wurde zu etwa 12.5 MeV bestimmt (Reichweite in Wasser 6.1 cm). (b) Neutrinorate pro Kilotonne Wasser und pro Tag als Funktion der Einfallsrichtung zur Sonne, gemessen von Super-Kamiokande (aus [261], mit freundl. Genehmigung der American Physical Society). Die Überhöhung in Sonnenrichtung, also bei $\cos\theta_{\text{sun}} = 1$, beträgt nur etwa 40% von der ohne Neutrino-Oszillationen erwarteten Rate, was aber in Einklang mit den Beobachtungen von Oszillationen durch andere Experimente ist.

Von Sonnenneutrinos angestoßene Elektronen aus der Reaktion (16.41) erzeugen einen Cherenkov-Kegel, der auf die PMT-Wand projiziert wird (Abb. 16.26(a)). Aus der Messung der Zeit und der Pulshöhe der PMT-Signale und deren räumlicher Verteilung können Wechselwirkungsvertex und Richtung der geladenen Teilchen bestimmt werden. Die Schärfe des Cherenkov-Rings lässt zudem Rückschlüsse auf Teilcheneigenschaften zu (siehe dazu auch die Ausführungen zu Abb. 11.26 auf Seite 470, die dort für höher energetische atmosphärischen Neutrinos gemacht wurden). Das Elektron in Abb. 16.26(a) hat eine Energie von etwa 12.5 MeV und damit eine Reichweite in Wasser von etwa 6.1 cm. Die Abbildung der Cherenkov-Strahlung als Ring ergibt sich dann durch Proximity-Fokussierung (siehe Seite 453).

Für Ereignisse, die als Sonnenneutrinos klassifiziert werden, zeigen die gemessenen Richtungen eine Überhöhung in Sonnenrichtung (Abb. 16.26(b)), die aber geringer ist als ohne Oszillationen erwartet. Damit wurde auch für die höher-energetischen Sonnenneutrinos ein Defizit relativ zu der theoretischen Erwartung ohne Oszillationen festgestellt.

Eine Zusammenfassung der Ergebnisse von Experimenten mit verschiedenen Energieschwellen findet man in [501] und aktualisiert in dem Überblick 'Neutrino Mass, Mixing and Oscillations' in [621].

Gesamtfluss aller Neutrino-Flavours von der Sonne Da man beobachtet hat, dass Elektronneutrinos verschwinden (*disappearance experiment*), war es wichtig zu zeigen, ob daraus tatsächlich μ- oder τ-Neutrinos entstanden sind (*appearance experiment*). Mit Messungen des Sudbury Neutrino Observatory (SNO) in Kanada wurde gezeigt, dass die Summe der Flüsse aller Neutrinoarten innerhalb der Messfehler dem erwarteten Gesamtfluss der Sonnenneutrinos entspricht. Die Summe der Flüsse ist durch NC-Reaktionen (NC = neutraler Strom), an denen alle Neutrinoarten teilnehmen können, gemessen worden.

Das SNO-Experiment besteht aus 1000 t hochreinem schweren Wasser (D_2O) in einem kugelförmigen AKrylbehälter, der von einer H_2O-Abschirmung umgeben ist (Abb. 16.27). Wie bei Super-Kamiokande werden die Reaktionen in Echtzeit über die Cherenkov-Strahlung der geladenen Teilchen gemessen. Der Detektor ist sensitiv auf ^{8}B-Sonnenneutrinos (hochenergetischer Teil des Spektrums in Abb. 16.24) über die Reaktionen:

$$\begin{aligned} \nu_e + d &\rightarrow e^- + p + p \qquad &(\mathrm{CC})\,, \\ \nu_l + d &\rightarrow \nu_l + p + n \qquad &(\mathrm{NC})\,, \\ \nu_l + e^- &\rightarrow \nu_l + e^- \qquad &(\mathrm{ES})\,. \end{aligned} \tag{16.42}$$

Die erste Reaktion, Deuteronspaltung über den geladenen Strom (CC), kann nur durch Elektronneutrinos ausgelöst werden und misst deshalb den ν_e-Fluss. Die zweite Reaktion, Deuteronspaltung über den neutralen Strom (NC), hat für alle Neutrino-Flavours den gleichen Wirkungsquerschnitt und misst deshalb die Summe aller Neutrinoflüsse. Die elastische Streuung an einem Elektron (ES) ist ebenfalls ein neutraler Strom und für alle Neutrino-Flavours gleich. Die experimentellen Signaturen sind:

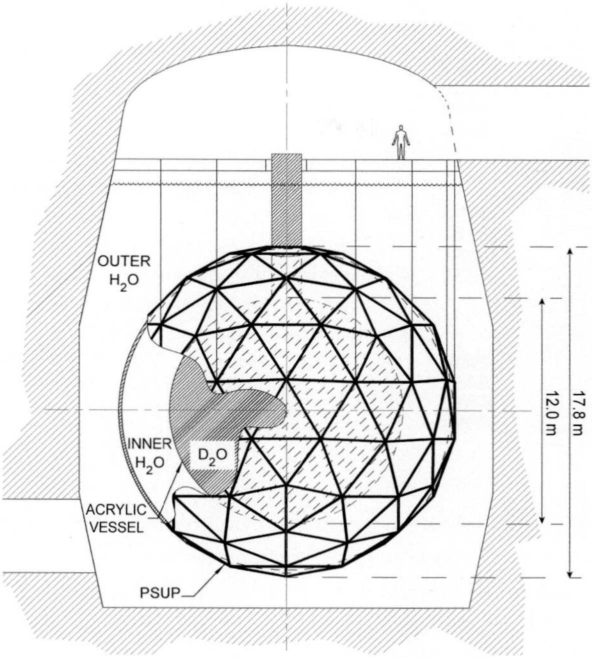

Abb. 16.27 Sudbury Neutrino Observatory (SNO): Das Bild zeigt die mit leichtem Wasser gefüllte Kaverne (22 m weit, 34 m hoch), in der eine Akrylkugel mit schwerem Wasser hängt. Eine um die Kugel zentrierte offene Gitterstruktur trägt 9438 PMTs (PSUP = *PMT support structure*), die nach innen 'schauen'. Die Acrylkugel ist UV-transparent, angepasst an die Photosensitivität der PMT-Kathode. Aus [183], mit freundl. Genehmigung von Elsevier.

CC: Das Elektron sendet Cherenkov-Licht aus.

NC: Das Neutron wird von dem Deuterium eingefangen, das dabei emittierte Gammaquant von 6.25 MeV wird über Photo- und Compton-Effekt nachgewiesen (in späteren Phasen des Experiments sind spezielle Neutrondetektoren hinzugefügt worden).

ES: Das ausgesandte Cherenkov-Licht des Elektrons unterscheidet sich von dem des CC-Elektrons vor allem durch eine Überhöhung der Winkelverteilung in Richtung des Neutrinos. Die Reaktion kann also gleichzeitig die Korrelation der Neutrinorichtung mit der Richtung zur Sonne bestimmen.

Der gemessene Gesamtfluss ist in Übereinstimmung mit dem von dem Sonnenmodell erwarteten Fluss von Neutrinos aller Flavours (Details findet man in [621]).

16.6.2 Atmosphärische Neutrinos

In den von der kosmischen Strahlung ausgelösten Luftschauern (Abschnitt 16.3.2) werden auch Elektron- und Myonneutrinos in der Atmosphäre erzeugt, zum Beispiel in folgender Reaktionskette:

$$p + \text{Kern} \to \pi^- + X\,, \qquad \pi^- \to \mu^- + \bar{\nu}_\mu\,, \qquad \mu^- \to e^- + \nu_\mu + \bar{\nu}_e\,. \tag{16.43}$$

Bei dem entsprechenden Zerfall von π^+-Mesonen werden die ladungskonjugierten Neutrinos erzeugt. Diese Neutrinos haben typische Energien im GeV-Bereich und können

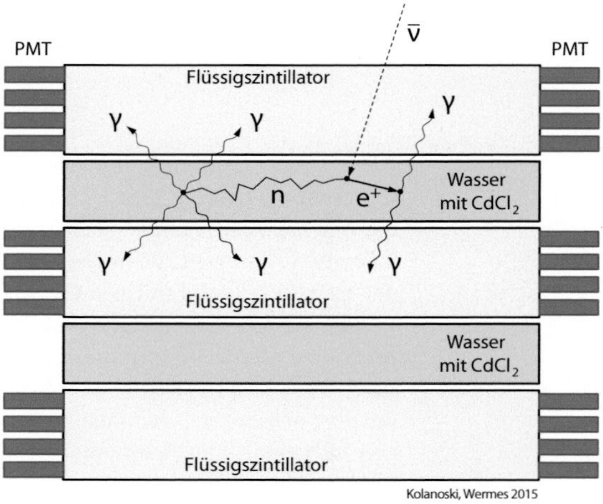

Abb. 16.28 Prinzip der Apparatur von Reines und Cowan zum Nachweis von Antineutrinos. Die Nachweisreaktion ist im Text erläutert. Die Wassertanks als Targets sind zwischen Tanks mit Flüssigszintillator eingebettet, in denen die Photonen des Endzustands ihre Energie deponieren.

von den oben erwähnten großvolumigen Detektoren wie Super-Kamiokande und SNO nachgewiesen werden (Abb. 11.26). Mit den Teleskopen für hochenergetische Neutrinos, die in Abschnitt 16.6.5 besprochen werden, sind die Spektren von Myon-Neutrinos bis zu TeV-Energien gemessen worden. Super-Kamiokande hatte auch bei in der Atmosphäre erzeugten Neutrinos Oszillationen gefunden und konnte durch Vergleich der Zenitwinkelabhängigkeit der Elektron- und Myon-Neutrinoflüsse wesentliche Oszillationsparameter bestimmen [355].

Neutrinos werden dadurch identifiziert, dass in den Veto-Detektoren, die typischerweise das sensitive Volumen einschließen, kein Signal gefunden wird ('contained events') oder dass die Spuren von unten, aus der Richtung der Erde, kommen.

16.6.3 Reaktor-Antineutrinos

Entdeckung der Neutrinos Die Pauli'sche Neutrinohypothese, formuliert 1930, konnte 1953 von F. Reines und C. Cowan erstmalig durch direkten Nachweis bestätigt werden (Nobelpreis 1995[6]) [678]. Sie beobachteten den inversen Neutronzerfall

$$\bar{\nu} + p \to e^+ + n\,, \tag{16.44}$$

der von Antineutrinos aus einem Reaktor mit einem Fluss von $10^{13}\,\mathrm{cm}^{-2}\,\mathrm{s}^{-1}$ ausgelöst wurde. Mit einem Wassertank von $0.08\,\mathrm{m}^3$ (etwa 10^{27} Protonen) als Target war dann der erwartete Wirkungsquerschnitt $\sigma_{\bar{\nu}} \approx 10^{-43}\,\mathrm{cm}^2$ messbar (etwa 4 Reaktionen pro Stunde).

Abbildung 16.28 zeigt das Prinzip der Apparatur, mit der das Neutron und das Positron der Reaktion (16.44) nachgewiesen wurden (eine sehr gute Darstellung findet sich in [677]). Das Targetmedium ist Wasser, in dem Cadmiumchlorid ($\mathrm{Cd\,Cl_2}$) aufgelöst ist. Die zwei Wassertanks liegen zwischen drei Tanks mit Flüssigszintillator. Das in der Re-

---

[6]Die Auszeichnung ging nur an Reines, Cowan war bereits verstorben.

aktion erzeugte Positron annihiliert in ein Photonpaar; das Neutron wird durch Streuung im Wasser auf einer Zeitskala von Mikrosekunden thermalisiert und wird dann über den Einfang durch Cadmium, das einen hohen Einfangquerschnitt für thermische Neutronen hat, nachgewiesen. Der Cadmiumkern wird durch den Einfang angeregt und gibt seine Energie in Form von Photonen wieder ab. Alle im Endzustand vorhandenen Photonen deponieren in den benachbarten Flüssigszintillatortank ihre Energie, meistens durch Photo- und Compton-Effekt. Die Signatur eines Antineutrino-Ereignisses ist das von den Annihilationsphotonen ausgelöste Signal, dem ein um einige Mikrosekunden verzögertes Signal der nuklearen Gammaquanten folgt. Zur Untergrundunterdrückung wird unter anderem verlangt, dass kein Signal in dem jeweils nicht benachbarten Szintillatortank gesehen wird.

Oszillationsexperimente mit Antineutrinos Neutrinooszillationen sind auch mit Antineutrinos von Reaktoren gemessen worden (siehe [844]). Das erste Oszillationsexperiment mit Antineutrinos war KamLand in Japan, mit 1000 t flüssigem Szintillator. KamLand ist von 53 Reaktoren, die im Mittel 180 km entfernt sind, umgeben. Der erwartete gesamte Fluss von Antineutrinos und deren Energiespektren wurden sehr genau bestimmt (in der Summe wurden auch entferntere Reaktoren berücksichtigt).

Zur genaueren Vermessung von Oszillationsparametern werden Detektoren in verschiedenen Abständen von einem oder mehreren Reaktoren aufgestellt. Nach diesem Prinzip arbeiten die Experimente Daya Bay in China [276], Double Chooz in Frankreich [294] und RENO in Korea [679], denen es damit gelungen ist, den kleinsten Mischungswinkel als ebenfalls von null verschieden nachzuweisen.

16.6.4 Neutrinos von Beschleunigern

Seit den 1960er Jahren werden an Protonbeschleunigern hochenergetische Neutrinostrahlen erzeugt und zur Untersuchung von Neutrino-Hadron-Wechselwirkungen, insbesondere zur Vermessung der Strukturfunktionen der Nukleonen, genutzt. Ein klassisches Beispiele für einen Neutrinodetektor an einem Beschleunigerstrahl ist der CDHS-Detektor, beschrieben in [442]. Der erste fokussierte Strahl wurde 1963 mit 20-GeV-Protonen am Protonsynchrotron des CERN erzeugt. Einen Überblick über die Entwicklung solcher Strahlen gibt [519].

Neutrinostrahlen hoher Energie werden über den Zerfall von hochenergetischen Mesonen, hauptsächlich Pionen und Kaonen, nach folgendem Schema erzeugt:

- Ein Protonenstrahl hoher Intensität wird auf ein Target (Blei, Wolfram, ...) geschossen.
- In dem Target werden unter anderem geladene Mesonen produziert.
- Die Mesonen werden durch ein Magnetsystem, genannt 'magnetisches Horn' [377], gebündelt und eventuell nach Energien selektiert.
- In einem langen Kanal zerfallen die Mesonen.

- Am Ende des Kanals werden die geladenen Teilchen im Erdreich absorbiert.
- Nach diesem Filter steht ein Neutrinostrahl zur Verfügung, dessen Energieverteilung aus dem Erzeugungsprozess und der darauf folgenden Fokussierung und Filterung berechnet werden kann.

Mit der Entdeckung der Neutrinooszillationen haben Neutrinostrahlen weitere Einsatzgebiete gefunden. In so genannten 'long-baseline'-Experimenten können in verschiedenen Abständen von der Neutrinoquelle Detektoren das Erscheinen und Verschwinden von Neutrinos mit bestimmten Flavors testen. Zwei solcher Experimente, OPERA und DONUT (Abb. 6.10), wurden bereits im Zusammenhang mit dem Einsatz von Fotoemulsionen in Abschnitt 6.3.3 diskutiert.

Ein anderes Experiment ist K2K ('KEK-to-Kamioka') in Japan, mit dem die Oszillationshypothese für atmosphärische Neutrinos überprüft wurde. Das Experiment benutzt einen ν_μ-Strahl, der von einem Protonbeschleuniger in dem japanischen Laboratorium KEK erzeugt wird, und vergleicht die ν_μ-Reaktionsraten in einem nahen und einem fernen Detektor. Der ferne Detektor ist Super-Kamiokande (Abb. 16.25), etwa 250 km entfernt von KEK ('long-baseline'). In Europa und USA gibt es jeweils Experimente mit einer Basislänge von etwa 700 km: Ein Strahl ist von CERN in Genf auf das Laboratorium im Gran Sasso nahe Rom ausgerichtet. Vom Fermi Laboratory nahe Chicago wird nach Norden in Richtung der Soudan Mine gezielt. Eine Übersicht über die Laboratorien findet sich in Abschnitt 2.3.3.

16.6.5 Neutrinonachweis bei hohen Energien

Neutrinoastronomie

Seit den 1990er Jahren gibt es Detektoren, die nach hochenergetischen Neutrinos suchen, deren Ursprung kosmische Quellen sind. Der Bau solcher Detektoren ist dadurch motiviert, dass man nach Erklärungen für die Entstehung und die Quellen der kosmischen Strahlung bei den höchsten Energien sucht. Für die geladenen Teilchen der kosmischen Strahlung besteht wegen der galaktischen und intergalaktischen Magnetfelder kein Zusammenhang zwischen ihrer Ankunftsrichtung und der Richtung der Quelle. Gammastrahlung wird auf intergalaktischen Distanzen (Megaparsec)[7] absorbiert, insbesondere durch den Paarbildungsprozess mit dem Hintergrundlicht von den Sternen:

$$\gamma_{\mathrm{HE}} + \gamma_{\mathrm{Stern}} \to e^+e^- \,. \tag{16.45}$$

Außerdem liefert Gammastrahlung keinen eindeutigen Hinweis auf Hadronbeschleuniger, die die kosmische Strahlung erklären könnten, weil hochenergetische Gammaquanten auch von beschleunigten Elektronen erzeugt werden können, zum Beispiel durch den inversen Compton-Effekt (Seite 84 in Abschnitt 3.5.3). Neutrinos dagegen bewegen sich geradlinig von der Quelle fort und durchdringen Materie weitgehend ohne Wechselwirkung.

[7] 1 parsec = 1 pc = $3.085\,677\,581\,49 \times 10^{16}$ m = 3.262 . . . ly (Lichtjahre)

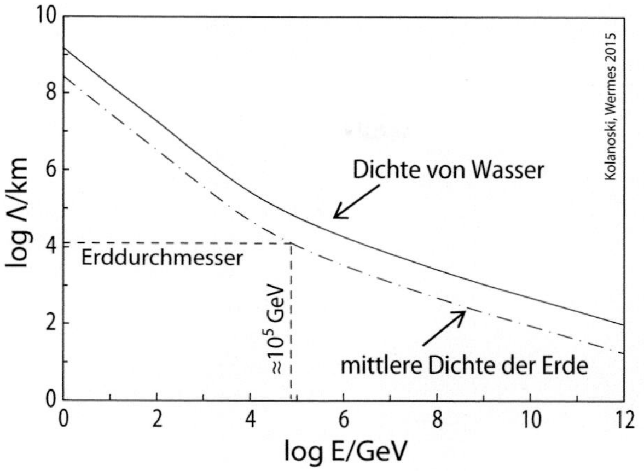

Abb. 16.29 Mittlere Reichweite Λ eines Neutrinos in Wasser und in der Erde (mittlere Dichte 5.5 g/cm^3) als Funktion der Energie. Bei etwa 10^5 GeV sinkt die Reichweite in der Erde unter den Durchmesser der Erde, das heißt, die Erde ist für höhere Neutrinoenergien nicht mehr durchlässig. Die Kurven wurden mit den Wirkungsquerschnitten in Abb. 16.23 berechnet.

Neutrinos entstehen in oder nahe den Beschleunigern über Produktion und schwachen Zerfall von Hadronen, insbesondere geladenen Pionen, ähnlich wie in Luftschauern (Abb. 16.11). Solche Reaktionen können auch an der interstellaren oder intergalaktischen Materie oder Strahlung stattfinden, wenn jeweils die Energieschwelle überschritten wird. Insbesondere spielt die Pionproduktion durch Streuung an der Mikrowellen-Hintergrundstrahlung eine wichtige Rolle bei sehr hohen Energien (GZK-Cutoff, Seite 690).

Der Nachweis der Neutrinos erfolgt über die geladenen Teilchen, die bei einer Neutrinowechselwirkung mit Materie entstehen. Myon-Neutrinos erzeugen in geladenen Strömen Myonen, die als Spuren rekonstruiert werden können, Elektron-Neutrinos erzeugen Elektronen, die als elektromagnetische Schauer (hier als 'Kaskaden' bezeichnet) beobachtbar sind, und τ-Neutrinos können sowohl Spuren als auch Schauer erzeugen. In allen Fällen kann zusätzlich ein hadronischer Schauer am Vertex der Neutrinoreaktion beobachtbar sein.

Nachweis von Myon-Neutrinos

Zum Nachweis von Myon-Neutrinos nutzt man die CC-Wechselwirkung mit den Kernen der den Detektor umgebenden Materie (Gestein, Wasser, Eis, ...):

$$\nu_\mu + N \to \mu^- + X\,, \qquad (16.46)$$

und weist die Myonen aus diesen Reaktionen nach. Um die Produkte der von der kosmischen Strahlung ausgelösten Luftschauer zu unterdrücken, betrachtet man Myonen, die von unten kommen, bei denen also die Neutrinos durch die Erde gegangen sind. Außerdem versucht man, auch möglichst viel Abschirmung nach oben zu erreichen. Nach 1 km Wassertiefe ist das Verhältnis der von oben kommenden Myonen zu den von unten kommenden noch etwa 10^6.

In Abb. 16.29 ist die Wechselwirkungslänge von Neutrinos in Wasser und in der Erde als Funktion der Energie dargestellt. Für die Nachweiswahrscheinlichkeit von Neutrinos

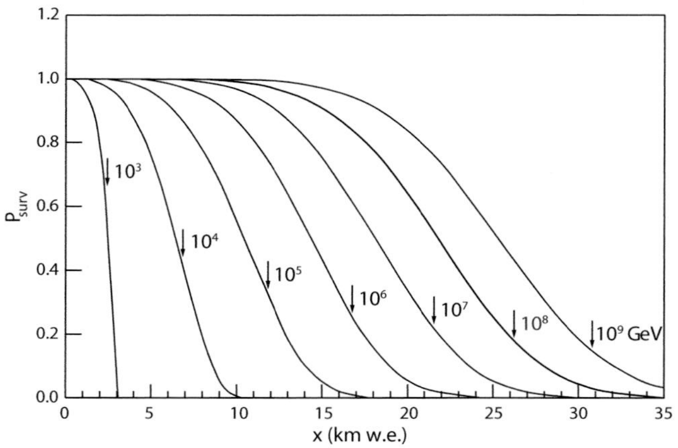

Abb. 16.30 Überlebenswahrscheinlichkeit von Myonen als Funktion der Eindringtiefe in Wasser (aus [553], mit freundl. Genehmigung der American Physical Society). Die Zahlen an den Kurven sind Energien in GeV. Die Pfeile zeigen die mittleren Reichweiten, die sich bei Vernachlässigung der Fluktuationen ergeben. Man sieht, dass die Fluktuationen die Reichweite sehr verschmieren. Für 'Standardfels' in der Erdkruste wird die Dichte zu 2.65 g/cm^3 angesetzt, das heißt, die Reichweiten werden etwa um diesen Faktor kleiner.

über die erzeugten Myonen ist die Reichweite der Myonen, wie in Abb. 16.30 dargestellt, wesentlich.

In den bisher existierenden Detektoren werden die Myonen über das von ihnen erzeugte Cherenkov-Licht mit optischen Sensoren in Wasser oder Eis nachgewiesen (Abb. 16.31). Das Nachweisprinzip beruht zwar hier auch auf dem Cherenkov-Effekt, wie zum Beispiel bei Super-Kamiokande, allerdings müssen die Detektoren für kosmische Neutrinos wegen der geringeren Flüsse im Vergleich zu denen solarer und atmosphärischer Neutrinos viel größer sein. Entsprechend sind die Abstände der Lichtsensoren so groß, dass nicht mehr die einzelnen Cherenkov-Ringe gemessen werden können. Die Ereignisse werden stattdessen aus der räumlichen Verteilung der getroffenen Lichtsensoren und den Ankunftszeiten der Cherenkov-Photonen rekonstruiert. Die Messung der Ankunftszeiten des Lichtes mit einer Genauigkeit von wenigen Nanosekunden erlaubt eine Rekonstruktion der Myonrichtung, woraus annähernd die Neutrinorichtung bestimmt werden kann. Der mittlere Winkel des Myons zu dem primären Neutrino in Gleichung (16.46) wird mit wachsender Energie kleiner:

$$\langle \theta_{\nu\mu} \rangle \approx \frac{1^\circ}{\sqrt{E_\nu/\mathrm{TeV}}} . \tag{16.47}$$

Dieser Winkel liegt in einer ähnlichen Größenordnung wie die erreichbare Winkelauflösung der Detektoren. Die Richtungsauflösung bestimmt wesentlich das Entdeckungspotenzial für kosmische Punktquellen.

Die Energie der Myonen kann oberhalb der kritischen Energie, die für Myonen in Eis bei $E_k^\mu = 1031\,\mathrm{GeV}$ liegt, durch die linear anwachsende Abstrahlung entsprechend Gleichung (3.94) auf Seite 67 bestimmt werden (Abschnitt 3.3.4, Abb. 3.25). Bei geringeren Energien ist im Allgemeinen nur eine grobe Abschätzung möglich. Wenn der Energie-

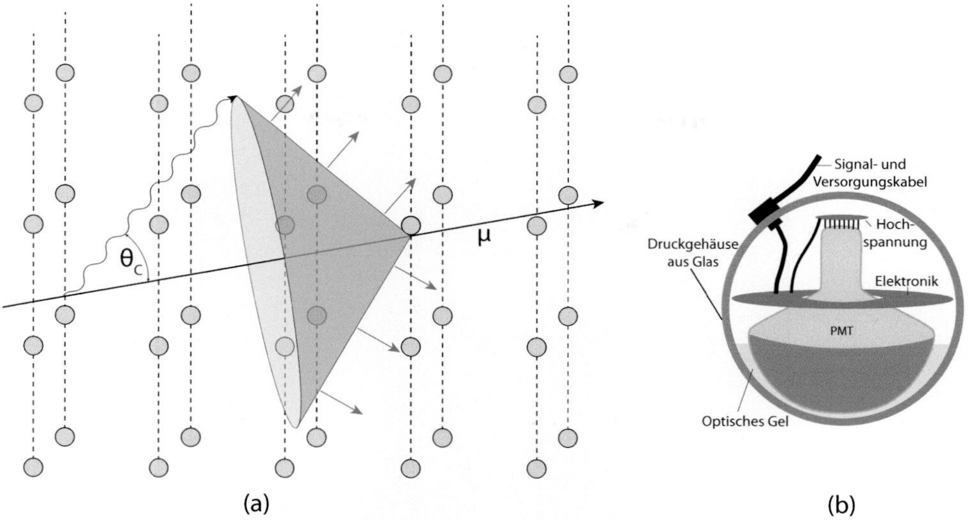

Abb. 16.31 Typische Anordnung eines Neutrinoteleskops: (a) Ein Myon erzeugt Cherenkov-Licht in Wasser oder Eis ($\theta_c(\beta = 1) \approx 40°$), das von Photovervielfachern (PMT) registriert wird. Der eingezeichnete Kegelmantel ist die Wellenfront des Cherenkov-Lichtes, die sich mit dem Myon durch das Eis bewegt. Die Orte gleicher Ankunftszeiten liegen auf dem Kegelmantel. Aus den gemessenen Ankunftszeiten des Lichtes an den verschiedenen PMTs wird die Myonrichtung berechnet. (b) Die PMTs sind in druckfesten Gehäusen einschließlich der Detektor- und der Übertragungselektronik in sogenannten 'Optischen Modulen' integriert. Quelle: DESY.

verlust vor Erreichen des Detektors nicht bekannt ist, gibt es keine direkte Relation zur Neutrinoenergie. Eine gute Energiebestimmung ist möglich für Spuren, die in dem Detektor beginnen und enden ('*contained events*'), sowie bei neutrino-induzierten Schauern, so genannten Kaskaden (Abb. 16.33(b)).

Experimente

Die Anregung zum Bau von Neutrinoteleskopen zum Nachweis von kosmischen Neutrinos über die Cherenkov-Strahlung in einem See oder im Meer kam von Markov bereits 1960 [581]. Einen Überblick über die verschiedenen Projekte und den Status der zur Zeit aktiven Experimente findet man in [490]. Das DUMAND-Projekt war der erste Versuch, ein großvolumiges Neutrinoteleskop nach dem eben beschriebenen Prinzip in Wasser (im Pazifik vor Hawaii) zu realisieren. Dieses Projekt hat die auftretenden Probleme, die vor allem mit dem Salzwasser zusammenhingen, nicht meistern können und wurde offiziell nach etwa 20 Jahren 1996 eingestellt. Das erste funktionsfähige Teleskop wurde dann auch in Süßwasser realisiert: Im Baikalsee wurden 1993 erstmalig Daten genommen.

Der Durchbruch gelang wenige Jahre später mit dem AMANDA-Experiment, das in einer Tiefe zwischen etwa 1500 m und 2000 m im antarktischen Kompakteis installiert wurde. Das AMANDA-Teleskop mit einem Volumen von etwa 0.03 km^3 war der Prototyp

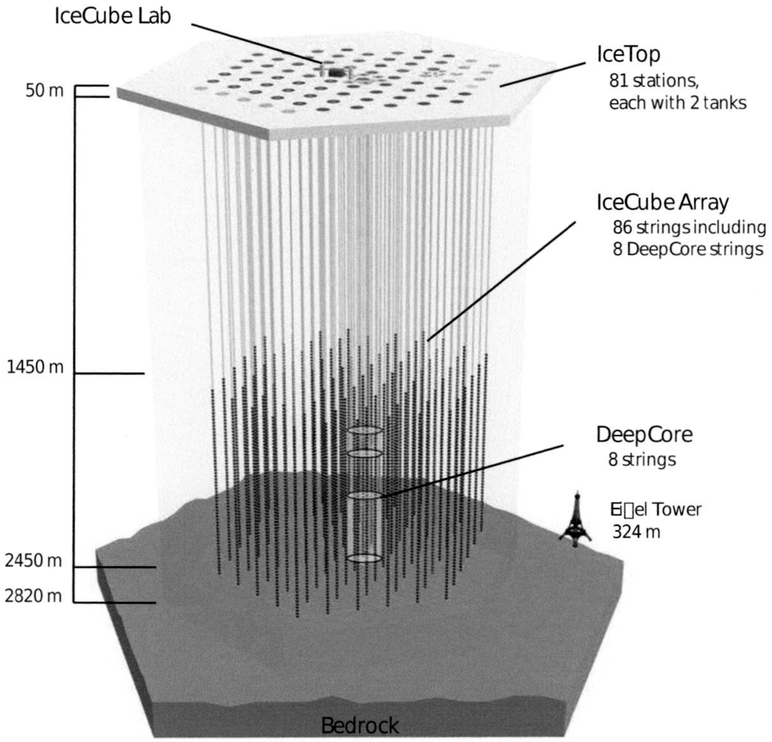

Abb. 16.32 Der IceCube-Detektor mit den Komponenten DeepCore und IceTop. Erläuterungen finden sich im Text. Quelle: IceCube Collaboration/NSF.

für das IceCube-Teleskop mit einem Volumen von etwa 1 km^3. Es war von Anfang an klar, dass nur ein Detektor mindestens dieser Größe genügend Sensitivität auf die zu erwartenden Flüsse kosmischer Neutrinos, insbesondere von Punktquellen, haben würde. Mit den Erfahrungen von AMANDA wurde deshalb IceCube ab 2004 an der gleichen Stelle am Südpol realisiert (Abb. 16.32).

ANTARES, ein Neutrinoteleskop von ähnlicher Größe wie AMANDA, wurde 2007 im Mittelmeer vor der Küste von Toulon in Betrieb genommen. Die Erfahrungen mit ANTARES zeigen, dass ein solcher Detektor im Meer betrieben werden kann. Allerdings wirft eine Meeresumgebung mit Biolumineszenz, Wellenbewegung und aggressivem Salzwasser erfahrungsgemäß viel größere Probleme auf als die Installation und der Betrieb eines Detektors im Eis. Mit den Neutrinoteleskopen ANTARES und Baikal kann somit auch durch die Erde gefilterte Neutrinos von der südliche Hemissphäre (mit dem galaktischen Zentrum) beobachtet werden. Allerdings zeigen die Ergebnisse von IceCube, dass eine Detektorgröße von mindestens einem km^3 notwendig ist, um auf kosmische Neutrinos sensitiv zu sein. Eine europäische Studie für einen entsprechenden Detektor auf der nördlichen Halbkugel hat unter dem Namen KM3NET begonnen (Stand 2014).

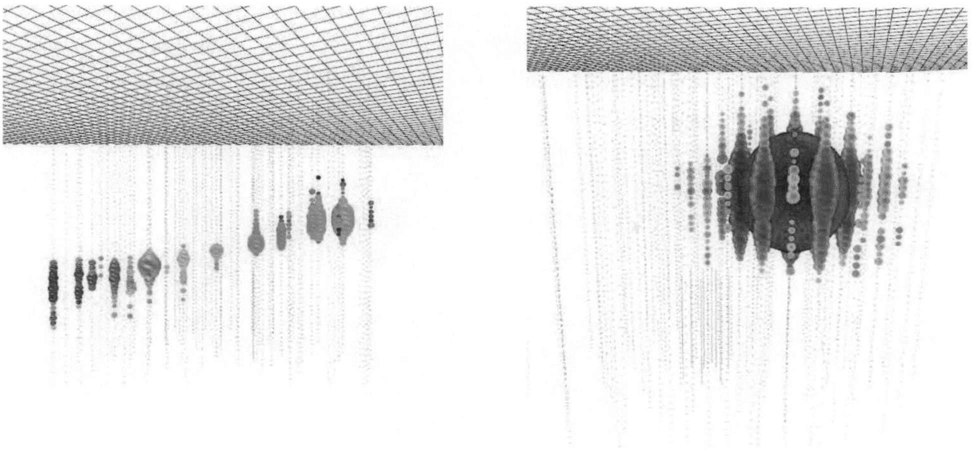

(a) (b)

Abb. 16.33 Ereignisse in dem IceCube-Detektor. Gezeigt sind die von den optischen Modulen aufgenommenen Lichtsignale. Die Größe der Farbflächen entspricht der Signalstärke, und die Farben entsprechen der Ankunftszeit des Lichtes (Rot steht für die früheste, Blau für die späteste Zeit). (a) Spur eines aufwärts gehenden Myons, das von einem Myon-Neutrino produziert wurde (Zeitentwicklung von unten nach oben), (b) eine Kaskade, die charakteristisch für ein Elektronneutrino ist (Zeitentwicklung von innen nach außen). Quelle: IceCube Collaboration.

Im Folgenden soll exemplarisch der größte der zur Zeit laufenden Detektoren, das IceCube Neutrino Observatory, beschrieben werden.

IceCube Das IceCube Neutrino Observatory (Abb. 16.32) [28, 514] am geographischen Süpol besteht aus einem $1\,\mathrm{km}^3$ großen Detektor, der sich in einer Tiefe von 1450 bis 2450 m im Eis befindet, einem $1\,\mathrm{km}^2$ großen Detektor an der Oberfläche (IceTop, siehe Abschnitt 16.4) und einem $0.03\,\mathrm{km}^3$ großen Bereich mit dichterer Instrumentierung (DeepCore). Der Detektor verwendet für das große Volumen 5160 optische Sensoren an 86 'Strings', um das Cherenkov-Licht von geladenen Teilchen nachzuweisen, die im Eis oder in der Erdkruste von Neutrinos erzeugt werden (Abb. 16.31). IceCube ist primär konzipiert worden, um von unten, aus der Erde kommende Neutrinos zu messen, womit die nördliche Hemisphäre des Himmels beobachtet werden kann. Die Erde dient dabei als Filter, um den überwältigenden Untergrund von kosmischen Myonen zu unterdrücken. Inzwischen ist allerdings auch der Südhimmel in die Beobachtungen einbezogen worden, was insbesondere durch die Forderung, dass ein Ereignis im Inneren des Detektorvolumens entstanden sein muss, möglich ist. Typische Ereignistopologien sind in Abb. 16.33 gezeigt.

Ein Lichtsensor, genannt 'Digital Optical Module' (DOM), enthält jeweils ein PMT (10 Zoll Kathodendurchmesser), um das Cherenkov-Licht aufzunehmen, und eine autonome Elektronik zur Aufzeichnung, Digitalisierung und Auslese des Signals sowie zum Triggern, Kalibrieren und Ausführen verschiedener Kontrollfunktionen [10]. Die wichtigste Aufgabe der DOM-Elektronik ist die analoge Aufzeichnung der Pulsformen in 3.3 ns breiten Intervallen mit einer Speichertiefe von 128 Intervallen, entsprechend einer Gesamtlänge von etwa 422 ns. Die Aufzeichnung wird jeweils gestartet, wenn die Schwelle, entsprechend der Ladung von 0.25 Photoelektronen, überschritten wird. Mit einem gröberen Zeitraster wird die Aufnahmezeit von einem schnellen ADC auf 6.4 μs ausgedehnt.

Benachbarte DOMs an einem String sind über Kabel verbunden, so dass zur Unterdrückung von Untergrund durch Rauschen lokale Koinzidenzen verlangt werden können. Ansonsten arbeitet jeder DOM autonom und sendet jeweils die eigenen Daten an den Kontrollraum an der Oberfläche, wo durch eine globale Erfassung aller DOM-Signale Ereignisse erkannt werden können.

Ereignisse, die Filter für bestimmte Ereignisklassen passieren, werden über eine Satellitenverbindung an das IceCube-Rechenzentrum in Madison (USA) geschickt. Die gesamten Daten werden auf Speichermedien geschrieben, die im antarktischen Sommer in den Norden transportiert werden können. Zusätzlich wird mit schnellen Online-Prozeduren nach signifikanten zeitlichen Anhäufungen von Neutrinokandidaten gesucht, um Alarme an andere Teleskope und Satellitenexperimente schicken zu können, um Folgebeobachtungen auszulösen. Diese so genannten 'Follow-up'-Programme sind sehr wichtig, um die Signifikanz bei Beobachtungen transienter kosmischer Ereignisse (zum Beispiel 'Gamma-Ray Bursts', die nur Minuten dauern, oder das plötzliche Aufleuchten ('flare') einer aktiven Galaxie) zu erhöhen.

16.7 Detektoren zum Nachweis von Dunkler Materie

16.7.1 Einführung

Man geht heute davon aus, dass etwa 25% der Dichte des Universums durch so genannte Dunkle Materie (DM) gebildet wird, die zwar der Gravitation unterliegt, aber ansonsten gar nicht oder nur schwach an die sichtbare Materie koppelt. Insbesondere strahlt diese Materie nicht, deshalb wird sie 'dunkel' genannt. Hinweise auf DM kommen von unterschiedlichen, unabhängigen Beobachtungen, wie der Kinematik von Sternen und Galaxien, der Strukturbildung im Universum und den Temperaturfluktuationen der Mikrowellen-Hintergrundstrahlung. Es gibt viele mehr oder weniger exotische Kandidaten für die Dunkle Materie, zum Beispiel: 'sterile Neutrinos', WIMPs (*Weakly Interacting Massive Particles*), Axionen oder topologische Raum-Zeit-Defekte. Einen guten Überblick über DM-Hinweise, -Kandidaten und -Suchen gibt der Artikel 'Dark Matter' in [621].

In dem Zusammenhang mit dem Thema dieses Buches sind die WIMPs am interessantesten, weil für deren direkten Nachweis spezielle Detektoren konzipiert wurden. WIMPs mit Massen bis zu einigen 100 GeV sind die am meisten favorisierten Kandidaten für DM.

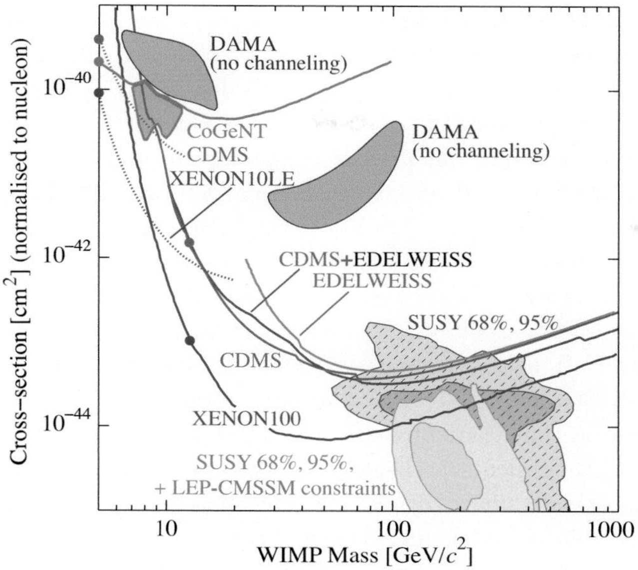

Abb. 16.34 Ausschließungsgrenzen (beziehungsweise Evidenz im Fall von DAMA) für den elastischen WIMP-Kern-Wirkungsquerschnitt als Funktion der WIMP-Masse [144]. Eingezeichnet sind auch Bereiche, die von bestimmten SUSY-Modellen vorhergesagt werden. Eine detaillierte Beschreibung und Referenzen zu den jeweils aktuellen Ergebnissen und den Modellvorhersagen findet sich in dem Übersichtsartikel 'Dark Matter' auf der Web-Seite der Particle Data Group [635].

16.7.2 Nachweis elastischer WIMP-Streuung

Die Suchen nach WIMPs basieren auf der Annahme, dass sie an Atomkernen elastisch streuen können und dabei einen Rückstoß auf die Kerne übertragen (Abb. 16.35a). Die Experimente sind wegen der geringen Rückstoßenergie und der zu erwartenden kleinen Streurate extrem schwierig.

Experimentelle Bedingungen Zur Abschätzung der Rückstoßenergie nimmt man an, dass sich die WIMPs im Schwerpunktsystem unserer Galaxis mit thermischen Geschwindigkeiten bewegen, die klein gegenüber der Geschwindigkeit des Sonnensystems relativ zur Galaxis (220 km/s) sind. Deshalb wird eine mittlere WIMP-Geschwindigkeit relativ zu einem erdgebundenen Detektor zu 220 km/s angenommen. Diese Geschwindigkeit wird durch die Erdbewegung mit tages- und jahreszeitlichen Richtungsänderungen moduliert. Für WIMP-Massen zwischen 10 GeV und 10 TeV betragen die zu erwartenden Rückstoßenergien der Kerne (zum Beispiel Ge, Xe) nur 1 bis 100 keV.

Die elastische Streurate ist durch den lokalen WIMP-Fluss, $j_\chi = n\,v$ mit der Anzahldichte n und die Geschwindigkeit v, und dem Wirkungsquerschnitt $\sigma_{\chi,A}$ für die Streuung eines WIMPs χ an N_T Kernen A gegeben:

$$R_{elast} = n\,v\,N_T\,\sigma_{\chi,A}\,. \tag{16.48}$$

Aus den erwähnten indirekten DM-Hinweisen (Abschnitt 16.7.1) und kosmologischen Betrachtungen wird für unsere Umgebung eine DM-Dichte $\rho_{DM} = 0.39\,\mathrm{GeV/cm^3}$ abgeschätzt [621]. Mit

$$n = \frac{\rho_{DM}}{m_\chi} \tag{16.49}$$

ergibt sich, dass R_{elast} in (16.48) nur noch von der WIMP-Masse und dem elastischen WIMP-Kern-Streuquerschnitt abhängt. Deshalb werden die bisher erhaltenen Ausschließungsgrenzen als Funktion dieser beiden Parameter aufgetragen (Abb. 16.34)

Die größte Schwierigkeit der Experimente ist die zu erwartende extrem niedrige Streurate der WIMPs von typisch 1 Ereignis/(kg·Jahr). Ohne entsprechende Vorkehrungen sind Energiedepositionen durch Radioaktivität viel häufiger. Der Detektor darf daher nur mit Materialien umgeben werden, die möglichst wenig Radioaktivität enthalten, und wird zusätzlich gegen Neutronen abgeschirmt, zum Beispiel mit Polyethylen oder Wasser. Außerdem müssen die Experimente in tiefen Bergwerken oder Tunneln betrieben werden, um die kosmische Strahlung abzuschirmen. Das weltweit größte Labor für derartige Experimente befindet sich in Italien im Gran-Sasso-Tunnel (Abschnitt 2.3.3), wo auch die unten angesprochenen Detektoren DAMA (DArk MAtter), CRESST (Cryogenic Rare Event Search with Superconducting Thermometers) und XENON (Name steht für das Targetmaterial Xenon) betrieben werden. Die ebenfalls angesprochenen Experimente CDMS (Cryogenic Dark Matter Search) und EDELWEISS (Experience pour DEtecter Les Wimps En SIte Souterrain) befinden sich in der Soudan Mine in Minnesota beziehungsweise im Frejus-Tunnel an der Grenze zwischen Frankreich und Italien (Abschnitt 2.3.3).

Die WIMPs werden über den Rückstoß des Kernes, an dem sie streuen, nachgewiesen. Die Energie, die der Kern bei der WIMP-Streuung aufnimmt, wird auf verschiedene Weise wieder an das Targetmedium abgegeben:

– Der Kern ionisiert das Medium (dE/dx), was durch Sammlung der Ionisationsladung oder des eventuell erzeugten Szintillationslichts nachweisbar ist.
– In Kristallen werden durch den Rückstoß Gitterschwingungen (Phononen) angeregt, die über empfindliche Temperaturmessungen nachweisbar sind, und
– der Rückstoß verursacht Gitterdefekte, was aber einen geringen Energieanteil ausmacht und für den Nachweis keine Rolle spielt.

Am wenigsten aufwendig scheint die Messung des Energieverlusts durch Ionisation zu sein, zum Beispiel mit szintillierenden Kristallen. Bei den erwarteten geringen WIMP-Raten hebt sich allerdings das Signal nicht vom Untergrund ab. Falls aber die WIMP-Raten wegen der besprochenen periodischen Variationen der mittleren WIMP-Geschwindigkeiten eine Zeitabhängigkeit haben, kann das als Kriterium zur Untergrundunterdrückung benutzt werden. Dazu sucht man nach einer tages- und jahreszeitlichen Variation der WIMP-Raten und/oder -Signalgrößen.

Tatsächlich hat das Experiment DAMA mit etwa 100 kg NaJ-Kristallen über 7 Jahreszyklen solche Modulationen gefunden, die auch in der Phase mit den Erwartungen übereinstimmen [145]. Allerdings scheinen die DAMA-Evidenz und die Ausschlussgrenzen vieler anderer Experimente im Widerspruch zu stehen (Abb. 16.34). Diese Diskrepanz hat die Motivation für neue Experimente und Erweiterungen für bestehende geliefert, wobei insbesondere mit erhöhten Targetmassen das relevante Produkt Targetmasse × Zeit vergrößert wird. Siehe dazu die Übersicht in [621].

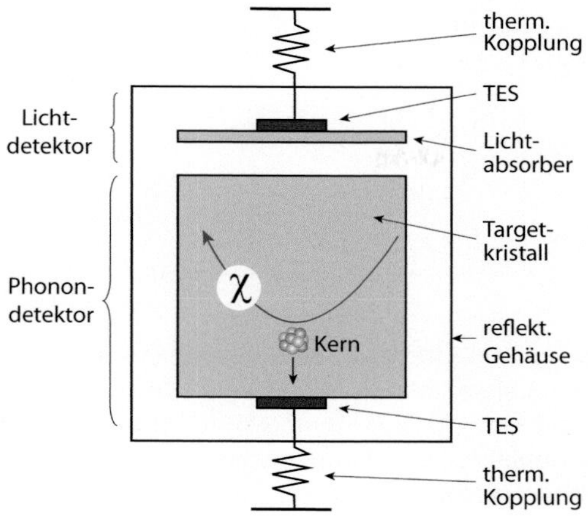

Abb. 16.35 Prinzip einer Messung der elastischen Streuung eines WIMP an einem Kern am Beispiel eines Moduls des CRESST-II-Detektors [83]. Der Rückstoß des Kernes erzeugt Gitterschwingungen (Phononen), die mit einem Thermometer (TES, siehe Text) gemessen werden. Gleichzeitig wird der Energieverlust durch Ionisation in Szintillationslicht umgewandelt, das in einem Lichtabsorber nachgewiesen wird, in diesem Fall ebenfalls mit der Methode der Temperaturmessung. Die Thermometer sind zum Temperaturausgleich an Kältebäder gekoppelt.

Die zur Zeit sensitivsten WIMP-Detektoren unterdrücken sehr effektiv den Untergrund von γ- und β-Strahlung durch eine 'duale Messung' der im Detektor deponierten Energie. Im Allgemeinen sind die Verhältnisse der Signale von Gitterschwingungen, Ionisationsladung und Szintillationslicht abhängig davon, ob die Energie durch elastische WIMP-Streuung oder β- und γ-Untergrund deponiert wird. Zum Beispiel ist die Emission von Szintillationslicht in der Regel von der Ionisationsdichte abhängig, die für β- und γ-Untergrund geringer ist als für den Rückstoßkern. Die aufgeführten Messmethoden können allerdings nicht zwischen WIMP-Streuung und Streuung anderer massiver Teilchen, einschließlich Neutronen, unterscheiden. Der Neutronenuntergrund muss deshalb besonders sorgfältig abgeschirmt werden (siehe oben).

Im Folgenden wird an einigen Beispielen gezeigt, wie durch Vergleich verschiedener Messmethoden der Untergrund von γ- und β-Strahlung bei der elastischen WIMP-Streuung unterdrückt werden kann.

Kryo-Detektoren Die Anregung von Gitterschwingungen in einem Kristall durch den Rückstoßkern führt zu einer kleinen Temperaturerhöhung, die im Prinzip kalorimetrisch gemessen werden kann. Für kalorimetrische Messungen sind niedrige Temperaturen günstig, weil die Temperaturänderung pro deponierter Energie am größten ist. Die verwendeten Kristalle, zum Beispiel Silizium, Germanium, Al_2O_3 (Saphir) und $CaWO_4$, werden auf Temperaturen im Bereich von 10 mK heruntergekühlt. Für reine Kristalle ist bei diesen niedrigen Temperaturen die Wärmekapazität $C(T)$ etwa proportional zu T^3, das heißt die Temperaturänderung ist umso größer, je kleiner die Temperatur ist: $\Delta T = \Delta E/C(T) \propto 1/T^3$. Bei 10 mK erreicht man mit 1 kg Targetmasse der oben aufgeführten Kristalle einen Temperatursprung pro absorbierter Energie von der Größenordnung $\Delta T \approx 10^{-7}\,\mathrm{K/keV}$.

Für den Nachweis solch kleiner Temperaturänderungen (Abb. 16.35) braucht man sehr sensitive Thermometer (Bolometer). Besonders günstig ist der Betrieb eines Widerstandsthermometers an der Sprungtemperatur zum Supraleiter (SPT= *Superconducting Phase-*

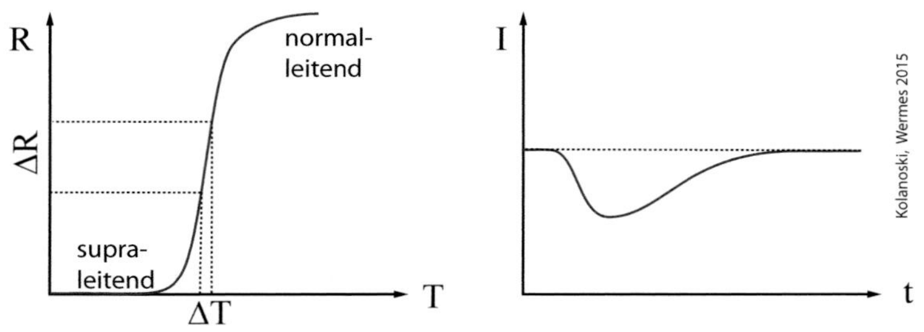

Abb. 16.36 Messung eines Temperatursprungs an dem Übergang vom normalleitenden zum supraleitenden Zustand eines Metalls. Das Thermometer ist ein Widerstand, durch den ein Strom fließt. Die starke Widerstandsänderung bei einer kleinen Temperaturänderung (links) erzeugt ein Signal im Strom (rechts). Durch die Kopplung des Thermometers an ein Kältebad, wie in Abb. 16.35 dargestellt, wird die Temperatur wieder ausgeglichen, und das Signal fällt wieder ab.

transition Thermometer oder TES = *Transition Edge Sensor*) [464]. Die Supraleiter werden als dünne Filme ausgelegt. Das Prinzip ist in Abb. 16.36 erläutert: Die Temperaturerhöhung ΔT führt zu einer Widerstanderhöhung ΔR, so dass ein Strom, der durch den Widerstand fließt, geringer wird, was als Signal verstärkt werden kann.

Wie gerade dargelegt, ist die Temperaturerhöhung pro deponierter Energie in einem Kristall gegebener Masse proportional zu der Wärmekapazität des Kristalls mit Sensor, was die Targetmasse und die Energieschwelle limitiert. Bei gezielter Ausnutzung der Phononendynamik kann man aber eine effektive Wärmekapazität erreichen, die der des Thermometers entspricht und damit typisch mehrere Größenordnungen kleiner als die des Gesamtsystems ist [464, 532]. Bei dem Rückstoß werden auf einer Zeitskala von Nanosekunden Phononen erzeugt, die Energien im meV-Bereich (entspricht THz-Bereich) haben, was viel höher als die thermischen Energien $E_{th} \approx 1\,\mu\text{eV}$ ist. Die meV-Phononen werden an der Oberfläche des Kristalls reflektiert oder, insbesondere an den Kontaktstellen des Thermometerfilms, von diesem absorbiert. In dem supraleitenden Thermometer thermalisieren die Phononen schnell (etwa in μs) durch starke Kopplung an das Elektronensystem. Das führt zu einem Temperaturanstieg auf der Skala von 10 μs mit einer Relaxationszeit auf der Skala von 100 μs, die durch die Kopplung an die Wärmesenke bestimmt ist. Auf einer viel längeren Zeitskala von Millisekunden thermalisieren auch die Phononen im Kristall und führen auch dort zu einer Temperaturerhöhung, die aber wegen der höheren Wärmekapazität viel geringer ist.

Eine sehr effiziente Untergrundunterdrückung und damit eine wesentliche Erhöhung der Sensitiviät ergibt sich entsprechend dem dualen Messprinzip durch Kombination einer Temperaturmessung mit der Messung der Ionisation, die die Rückstoßkerne in dem Kristall erzeugen (Abb. 16.35). Dabei kann die Ionisation auf verschiedene Weise gemessen werden, zum Beispiel durch Ladungssammlung in einem Halbleiterdetektor (zum Beispiel Ge- oder Si-Detektoren der Experimente EDELWEISS und CDMS, Abb. 16.37) oder durch Lichtmessung bei einem szintillierenden Kristall (zum Beispiel $CaWO_4$-Detektor im CRESST-Experiment, Abb. 16.35). Durch den sogenannten Quenching-Effekt ist bei

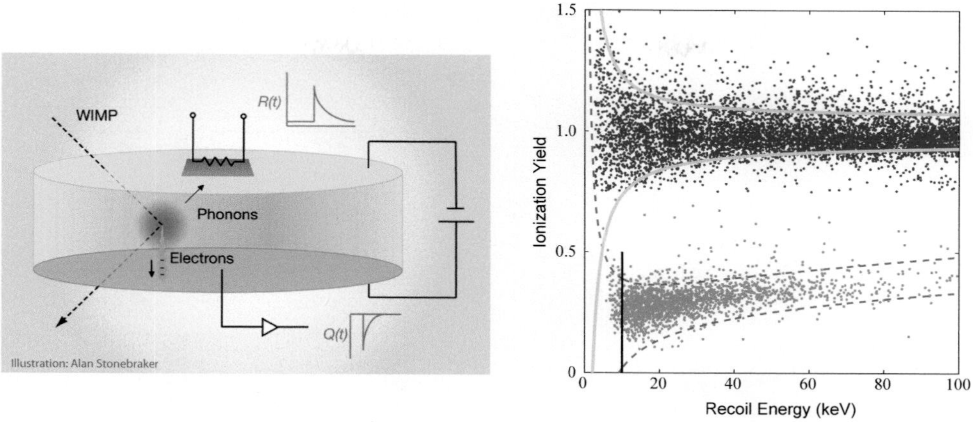

(a) (b)

Abb. 16.37 Detektor und Messprinzip des CDMS-Experiments: (a) Schema eines einzelnen CDMS-Detektors (aus [156]). Bei der Streuung eines WIMP an einem Germanium-Kern werden durch den niederenergetischen Kernrückstoß Ionisationsladungen und Phononen (Gitterschwingungen) erzeugt. Unter dem Einfluss eines kleinen elektrischen Feldes driften die Ladungsträger an die Detektoroberfläche und liefern nach Verstärkung das Signal $Q(t)$. Phononen, die die Oberfläche erreichen, können in einer dünnen supraleitenden Aluminiumschicht absorbiert werden und dort zu einer kleinen Temperaturerhöhung führen. An die Aluminiumschicht ist thermisch ein 'transition-edge sensor' (TES) gekoppelt, der den Temperatursprung als Sprung im Widerstand $R(t)$ eines am Übergang zwischen normal- und supraleitend betriebenen Stromkreises registriert (Abb. 16.36). (b) Kalibration des Ge-Detektors mit einer Quelle für Neutronen und Gammastrahlung (^{252}Cf) (aus [56], mit freundl. Genehmigung der American Physical Society): Die gemessene Ionisationsladung ist aufgetragen gegen die Rückstoßenergie, die mit dem TES bestimmt wurde. Kernrückstöße durch Neutronenstreuung finden sich in dem unteren Band, das obere Band stammt vorwiegend von den durch die Gammaquanten erzeugten Compton-Elektronen. Der senkrechte Strich bei 10 keV zeigt die Schwelle für die WIMP-Suche, die sich über den Energiebereich bis 100 keV erstreckt.

der sehr hohen Ionisationsdichte eines langsamen, schweren Kernes die Szintillationsausbeute relativ unterdrückt (Birks-Formel in Abschnitt 13.2.3) und auch die Effizienz der Ladungssammlung wegen erhöhter Rekombinationsrate geringer. Das Verhältnis der über Phononen gemessenen Energie zu der über die Ionisation gemessenen ist kleiner als bei der Ionisation von beispielsweise minimal ionisierenden Teilchen. Wie man in Abb. 16.37(b) für das Beispiel eines Germaniumdetektors sieht, lässt sich damit der Untergrund von β- und γ-Radioaktivität effizient unterdrücken. Der Untergrund durch elastische Neutronenstreuung hat allerdings die gleiche Signatur wie die der WIMPs und kann nur durch eine gute Neutronenabschirmung unterdrückt werden. Letztlich muss der verbleibende Untergrund statistisch subtrahiert werden.

WIMP-Nachweis in flüssigen Edelgasen Um in Kryo-Detektoren genügend sensitiv auf Temperatursprünge zu sein, darf die Masse nicht sehr groß sein (unter etwa 1 kg). Andererseits wächst das Entdeckungspotenzial mit der Detektormasse. Während daher

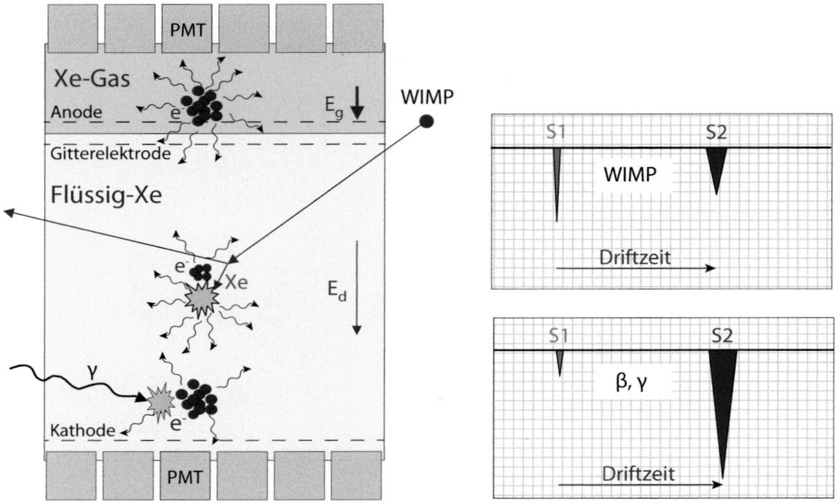

Abb. 16.38 Schematische Darstellung der Nachweismethode von WIMPs mit einer TPC, die mit Xenon in der Flüssigkeits- und der Gasphase gefüllt ist (aus [611]). Die Auslese erfolgt mit PMTs, die an beiden Enden der TPC das Szintillationslicht zum einen direkt von der Ionisation durch den Rückstoßkern (Signal S_1) und zum anderen von der nach der Drift verstärkten Ionisationsladung (verzögertes Signal S_2) registrieren (rechts). Signale von einem WIMP unterscheiden sich von denen vom β, γ-Untergrund durch $(S_2/S_1)_{\mathrm{WIMP}} \ll (S_2/S_1)_{\beta,\gamma}$. Weitere Erläuterungen im Text.

bei Kryo-Kristalldetektoren viele einzelne Detektoren betrieben werden müssen, sind mit Detektoren, die auf flüssigem Edelgas basieren[8], viel größere Massen in einem einzelnen Detektor erreichbar. Wesentlich für den Einsatz als WIMP-Detektoren ist, dass auch bei Edelgasen (meistens wird Xenon, seltener Argon benutzt) zwei Messgrößen, nämlich Szintillationslicht und Ionisationsladung, zur Verfügung stehen, deren Vergleich es erlaubt, den Untergrund an β- und γ-Strahlung zu unterdrücken.

Das Prinzip soll am Beispiel des XENON-Detektors [89] mit Abb. 16.38 erläutert werden. Eine 'Time Projection Chamber' (TPC, siehe Abschnitt 7.10.10) ist in dem Driftraum mit flüssigem Xenon und oberhalb des Driftraums mit Xenon in der Gasphase gefüllt. In dem Gas werden die driftenden Elektronen durch ein starkes Feld beschleunigt, so dass eine Ladungsverstärkung durch Sekundärionisation erreicht wird. Das Xenonvolumen wird von oben und unten mit Photovervielfachern betrachtet, die das im Xenon erzeugte Szintillationslicht aufnehmen.

Die elastische Streuung eines WIMP wird gleichzeitig über das von dem Rückstoßkern erzeugte Szintillationslicht und über die Ionisationsladung nachgewiesen. Bei dem XENON-Experiment wird die Ionisationsladung nach der proportionalen Verstärkung ebenfalls über das Szintillationslicht in dem Gasvolumen gemessen. Man sieht also zwei Lichtsignale (S_1 und S_2), die im Abstand der Driftzeit im flüssigen Xenon, wie auf der

[8]Der Einsatz von flüssigen Edelgasen in Kalorimetern wurde in Abschnitt 15.5.2 beschrieben (siehe auch Tab. 15.6).

rechten Seite von Abb. 16.38 dargestellt, aufeinander folgen. In der Abbildung ist auch skizziert, dass das Verhältnis der driftenden Ladung zu dem primären Szintillationslicht für Kernrückstoß durch WIMPs viel kleiner ist als bei Ionisation durch β- und γ-Radioaktivität. Durch die hohe Masse des Kernes ist die Ionisationsladung räumlich sehr konzentriert und die Rekombinationswahrscheinlichkeit der Elektronen mit den Ionen sehr hoch. Durch die Rekombination und Abregung werden Photonen emittiert, die zum Szintillationsprozess beitragen. Wegen der Rekombination wird entsprechend die driftende Ladung geringer. Der Untergrund durch β- und γ-Strahlung besteht vorwiegend aus minimal ionisierenden Teilchen (Compton-Elektronen von der γ-Strahlung), bei denen wegen der geringeren Ionisationsdichte bei angelegtem Driftfeld die Rekombinationswahrscheinlichkeit geringer ist.

In Abb. 16.34 sind Ausschließungsgrenzen für elastisch gestreute WIMPs in der Wirkungsquerschnitt-Masse-Ebene gezeigt (Stand 2012 [144]). Für WIMP-Massen oberhalb von etwa 10 GeV hat XENON100, eine Variante des Experiments mit 62 kg Targetmasse, mit Daten von 100 Tagen Laufzeit die besten Grenzen. Durch Erhöhung der Targetmasse und der Laufzeit sowie eine weitere Verbesserung der Untergrundunterdrückung können die Grenzen noch um Größenordnungen verbessert werden.

17 Signalverarbeitung und Rauschen

Übersicht

17.1 Elektronische Auslese von Detektoren

Die elektronische Aufnahme und Verarbeitung von Signalen, die durch Strahlung (Teilchen oder Photonen) in Detektoren erzeugt werden, ist heute die mit Abstand häufigste Art der Datenerfassung in der Teilchenphysik. Eine der wenigen Ausnahmen ist die fotografische Aufnahme und Auswertung von Reaktionsbildern, zum Beispiel mit Fotoemulsionen (siehe Abschnitt 6.3), die dann eingesetzt werden, wenn Ortsauflösungen von Teilchenspuren im Bereich von einem Mikrometer oder besser erforderlich sind und die Ereignisraten niedrig sind.

Die jeweilige Ausführung der Elektronik in Experimenten hängt von der Art des Detektors und der Zielsetzung des Experiments ab. Sie kann individuell sehr verschieden sein. Dennoch gibt es einige Grundprinzipien, die bei fast allen Detektorsystemen verfolgt werden. Eine detaillierte Diskussion von Konzepten findet man speziell für Halbleiterdetektoren in [749], für Drahtkammern in [177] und für Pixeldetektoren in [697]. Die Vielfalt der dabei angewendeten elektronischen Konzepte reicht tief in die Kunst und Wissenschaft elektronischer Schaltungen hinein und übersteigt bei Weitem den Rahmen und das Ziel dieses Buches. Wir verweisen auf die einschlägige Literatur zu Elektronik und Elektroniksystemen, insbesondere auf Horowitz und Hill [447] (Elektronik Grundlagen), Oppenheim und Willsky [622] (mathematische Beschreibung von elektronischen

H. Kolanoski, N. Wermes, *Teilchendetektoren*, DOI 10.1007/978-3-662-45350-6_17

Systemen), Radeka [665] und Gatti [370] (elektronisches Rauschen und Auslesetechniken), Spieler [749] (Halbleitersysteme) sowie Gray und Meyer [391] oder Laker-Sansen [529] (Design analoger Elektronik). Wir beschränken uns in diesem Kapitel exemplarisch auf einige grundlegende Konzepte, die häufig bei der Detektorentwicklung auftreten und einen gewissen übergeordneten Lerninhalt besitzen.

Die Aufgaben der Ausleseelektronik bei einem Detektorsystem können wie folgt zusammengefasst werden:

- Elektronische Ankopplung an den Detektor zur Aufnahme des Detektorsignals (zur Signalentstehung siehe Kap. 5);
- Verstärkung des Eingangssignals und elektronische Verarbeitung (Pulsformung, Diskriminierung);
- Optimierung des Ausgangssignals je nach Anforderung hinsichtlich
  - Signal-zu-Rausch-Verhältnis,
  - Bestimmung der im Detektor primär deponierten Energie (Energiemessung),
  - Bestimmung einer präzisen Zeitmarke der Signalankunft (Zeitmessung),
  - Ratentoleranz;
- Digitalisierung und Speicherung (Pufferung) des Ausgangssignals.

Wie diese Aufgaben im Einzelnen gelöst werden, hängt nicht zuletzt vom Detektortyp und vom spezifischen Anforderungsprofil ab. Eine gleichzeitig optimale Erfüllung aller genannten Anforderungen ist nicht möglich. Bereits die Signalhöhe und -form als Eingangsgröße für die Elektronik sind für die verschiedenen Detektortypen sehr unterschiedlich. Während bei Drahtkammern (Kapitel 7) durch Gasverstärkung bereits im Detektor eine Signalverstärkung um Faktoren 10^4 bis 10^7 erfolgt und zu Signalladungen am Eingang der Elektronik im Bereich von pC führt, treten bei Halbleiterdetektoren (Kapitel 8) typisch sehr kleine Signalladungen auf: etwa 3 fC bei hochenergetischen Teilchen in Siliziumstreifen- oder Pixeldetektoren, nur 0.25 fC zum Beispiel für das Signal der 6-keV-Röntgenlinie einer ^{55}Fe-Quelle. Bei Szintillationsdetektoren (Kapitel 13) erfolgt der Nachweis indirekt, indem die durch Ionisation im Detektor deponierte Energie zuerst in ein Lichtsignal umgewandelt wird, das zum Beispiel durch einen Photovervielfacher verstärkt wird, bevor es der Elektronik zugeführt wird. Oft ist hierbei das Signal am Ausgang des Photovervielfachers groß genug, so dass in der Regel keine Nachverstärkung notwendig ist. Eine weitere Größe, die die Wahl des Ausleseschemas beeinflusst, ist die Detektorkapazität, oder genauer die Gesamtkapazität parallel (siehe Abb. 17.1) zum Eingang des Vorverstärkers. Ihre Größe wirkt sich unmittelbar auf die Stärke des Rauschens aus (siehe Abschnitt 17.10.3), so dass der Entwurf der Verstärkungs- und Pulsformungselektronik und die Eingangskapazität aufeinander abgestimmt werden müssen.

Auslesesysteme von Detektoren, bestehend aus Verstärkern und Pulsfiltern, müssen (a) kausal, (b) zeit-invariant und (c) mindestens in der ersten Verstärkerstufe linear sein. Ein System ist kausal, wenn es zu jeder Zeit nur von dem Wert des Eingangs zu dieser Zeit oder zu früheren Zeiten abhängt. Es ist zeit-invariant, wenn sich das Verhältnis u_{out}/i_{in}

von Ausgang und Eingang nicht zeitlich ändert. Linearität des Systems bedeutet, dass die Form des Ausgangspulses $u_{out}(t)$ unabhängig von der Größe des Eingangssignals $i_{in}(t)$ ist, dass also gilt:

$$u_{out}\left(\alpha \times i_{in}(t)\right) = \alpha \times u_{out}\left(i_{in}(t)\right) . \tag{17.1}$$

Die Linearität ist eine wichtige Eigenschaft für die auf die erste Auslesestufe meist folgende Filterstufe (Pulsformung, siehe Abschnitt 17.3), die nur dann durch eine festgelegte Schaltung erfolgen kann, wenn die Form des Eingangspulses in den Filter sich nicht mit der Amplitude ändert. Außerdem würde die Interpolation zwischen Ausgangspulsen benachbarter Elektroden (verwendet zu einer präziseren Rekonstruktion des Teilcheneintrittsorts) eine von der Eingangspulshöhe abhängige Korrektur benötigen.

Ein häufig verwendetes Ausleseschema, das für viele Anwendungen mindestens in Teilen als Grundkonzept dienen kann, ist in Abb. 17.1 gezeigt. Der Detektor reagiert auf das Eintreffen eines Teilchens und liefert in der Regel ein sehr kurzes, durch eine δ-Funktion approximierbares Stromsignal an den Eingang des so genannten Vorverstärkers. Dieser ist in der Regel die erste (und häufig einzige) Verstärkungsstufe einer Auslesekette. Bei Rückkopplung durch einen Kondensator wirkt er als Integrator des Eingangsstroms. Er erzeugt am Ausgang eine zur Signalladung proportionale Spannungsstufe[1].

Um einen Puls zu erzeugen, der nach endlicher Zeit zur Grundlinie zurückkehrt, wird die Spannungsstufe durch einen Pulsformer (*shaper*) gefiltert. Die Filterung begrenzt auch die Bandbreite des Signals und reduziert das Rauschen (siehe Abschnitt 17.10.3). Das Ausgangssignal ist proportional zu der im Detektor deponierten Energie (das heißt zu der frei gesetzten Ladung), wegen (17.1) sowohl als Integral über den zeitlichen Verlauf des Pulses als auch in seiner Höhe (Pulshöhe). Es wird im Diskriminator mit einer Referenzspannung U_{ref} verglichen; bei Überschreiten dieser Schwellenspannung wird ein digitales Signal einer vorgegebenen Breite erzeugt. Häufig kommt es vor, dass die Entscheidung, ob die Signalinformation gespeichert oder verworfen werden soll, von anderen Detektoren der Gesamtapparatur gebildet wird (Trigger) und erst nach einer endlichen Zeit (typisch sind mehrere µs) vorliegt. In diesem Fall muss das Signal so lange verzögert und gespeichert werden, zum Beispiel in sequenziellen Puffern (*pipelines*) wie in Abb. 17.1 oder in weniger komplexen Detektorsystemen einfach durch Verzögerungskabel. Es kann je nach Anforderung und Weiterverarbeitung das Analogsignal des Pulsformers oder nur ein *Hit*-Signal gepuffert werden. Nach Eintreffen des Triggers wird das Analogsignal im Analog-zu-Digital-Wandler (ADC) digitalisiert und an die 'Back-End'-Elektronik weitergegeben, die die Informationen von mehreren Detektoren zusammenfasst und schließlich abspeichert.

[1] Die notwendige Entladung des Kondensators wird auf Seite 729 ff. behandelt

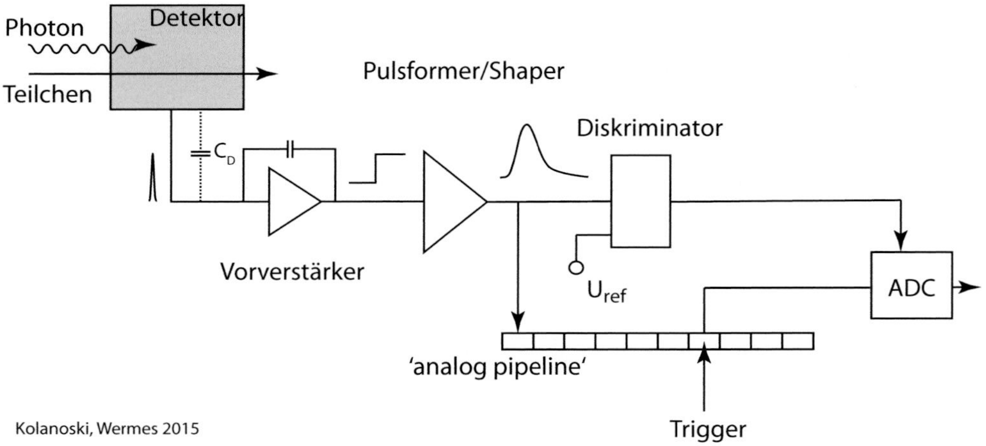

Abb. 17.1 Ein (in Teilen) häufig verwendetes Schema zur Auslese eines Detektors mit Verstärker, Pulsformer, Diskriminator und (hier analoger) Signalpufferung bis zur Digitalisierung.

17.2 Signalverstärkung

Die mitunter sehr kleinen Detektorsignale im Nano-Ampere- beziehungsweise Femto-Coulomb- oder Mikro-Volt-Bereich müssen vor der endgültigen Auslese der Daten des Detektors (vor)verstärkt werden. Vorverstärker wie in Abb. 17.1 werden in der Regel als Operationsverstärkerschaltung konfiguriert. Operationsverstärker sind (generische) Verstärker mit einer hohen internen Verstärkung, deren Verhalten maßgeblich durch die äußere Beschaltung (Rückkopplung und Eingangsimpedanzen) bestimmt wird (siehe zum Beispiel [447]). Der Vorverstärker sollte rauscharme Verstärkung und eine kurze Reaktions- und Signalverarbeitungszeit (im Bereich von etwa 10 ns bis 100 ns) aufweisen. Die beiden Anforderungen stehen jedoch in Konflikt miteinander (siehe auch Abschnitt 17.10.3) und lassen sich nicht gleichzeitig beliebig gut erfüllen. Es muss stets ein Kompromiss zwischen Rausch- und Verarbeitungszeiteigenschaften eines Verstärkers eingegangen werden, der auf die jeweilige Anwendung optimiert ist. Eine umfangreiche Betrachtung dieser Materie speziell für Halbleiterdetektoren findet man in [749].

Abbildung 17.2 zeigt zwei Typen einfacher Realisierungen von Transistorschaltungen, die als erste (und oft einzige) Stufe in Verstärkerschaltungen zum Beispiel in Auslesechips anzutreffen sind: (a) einfache Inverterstufe, (b)–(d) einfacher Transistorverstärker mit Varianten, die die Eigenschaften des Verstärkers verbessern.

Da sich das Signal-zu-Rausch-Verhältnis (*signal-to-noise ratio*, SNR) mit der Länge der Anschlussverbindung verschlechtert, ist der Vorverstärker meist unmittelbar oder sehr nahe am Detektor angebracht. So werden nicht nur die Kabel- oder Leiterbahnlängen zwischen Detektor und Vorverstärker auf ein Minimum reduziert, sondern es wird auch vermieden, dass die ohnehin kleinen Signale durch Rauschen oder Einfang von externen Störsignalen noch schlechter detektierbar sind. Hinter dem Vorverstärker sind die Ausgangssignale bereits verstärkt, so dass sie gegenüber nachfolgenden Rauschquellen

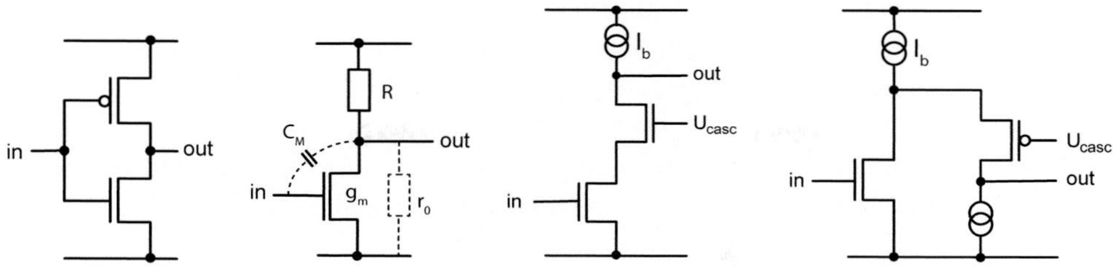

(a) CMOS-Inverter (b) Einfacher Transistorverstärker (c) Kaskodierter Transistorverstärker (d) Gefaltete Kaskode

Abb. 17.2 Einfache Realisierungen von Verstärkertypen (ohne externe Rückkopplung): (a) Der CMOS-Inverter liefert ein vom Eingang abhängiges invertiertes Ausgangssignal mit Verstärkung eins; (b) Gate-Source-Schaltung eines Transistors, der ein verstärktes invertiertes Spannungssignal am Ausgang liefert. Die Gleichtaktverstärkung (Leerlaufverstärkung) beträgt $|a_0| = g_m R||r_0$ (R wirkt hier parallel zu r_0), mit dem Ausgangswiderstand r_0 und der Transkonduktanz g_m. Der Ausgang wirkt über die parasitäre (Miller-)Kapazität $C_M = (a_0 + 1)\, C_{gd}$ (gestrichelt, C_{gd} = Gate-Drain-Kapazität) unerwünscht auf den Eingang. Der Verstärker in (c) ist die so genannte 'kaskodierte' Variante von (b), welche den Ausgangswiderstand und die Leerlaufverstärkung a_0 erhöht sowie den Effekt der Miller-Rückkopplung unterdrückt. In (d) ist eine gefaltete Kaskode gezeigt, bei der die Stromversorgung von Verstärkungs- und Kaskodentransistor über verschiedene Stromwege erfolgt. Kaskodierte Transistorstufen werden als Eingangsstufen zur Verstärkung von Detektorsignalen häufig verwendet. Die Transistoren sind spannungsmäßig zwischen einer 'oberen' und einer 'unteren' Versorgung angebracht, gekennzeichnet durch waagerechte Linien.

weniger empfindlich sind. Sie können dann leichter über Kabel zur Weiterverarbeitung weitergeleitet werden.

In der Regel werden die Eingangsignale aus dem Detektor im Vorverstärker in ein Spannungs- (U) oder Stromsignal (I) transformiert. Je nach Art der Eingangs- und Ausgangssignale unterscheiden wir:

- Spannungsverstärker: $U \to U$,
- Stromverstärker: $I \to I$,
- Transkonduktanzverstärker: $U \to I$,
- Transimpedanzverstärker: $I \to U$,
- Ladungsverstärker: $Q \to U$ oder I.

17.2.1 Strom- und spannungsempfindliche Verstärker

Ein Spannungsverstärker verstärkt ein Spannungssignal an seinem Eingang. Er besitzt eine hohe Eingangs- und eine kleine Ausgangsimpedanz wie bei einer Spannungsquelle. Er wird in der Regel durch einen Operationsverstärker mit einer internen Spannungsverstärkung a_0 und einer Widerstandsrückkopplung realisiert (Abb. 17.3(a)). Im Idealfall ist die Leerlaufverstärkung a_0 des Operationsverstärkers unendlich groß. In der Praxis ist a_0 kleiner als ∞ und frequenzabhängig (siehe weiter unten).

Der Detektor, dargestellt als zu entladende Kapazität, liefert den Signalstrom i_S durch den Widerstand R_S nach (virtueller) Masse für eine Zeit Δt. Falls die Entladungszeit groß im Vergleich zur Signaldauer ist ($\tau = R_S C_D \gg \Delta t$), integriert der Detektor den Signalstrom gewissermaßen auf seiner Kapazität ($U_D = Q_S/C_D$), und am Verstärkereingang liegt die Spannung[2] $u_{in}(t) = U_D \exp(-t/R_S C_D)$ an. Die Ausgangsspannung ist proportional zu u_{in}, und das System arbeitet spannungsverstärkend:

$$u_{out}(t) = -a_0\, u_{in}(t) = U_D \exp(-t/R_S C_D)\,. \tag{17.2}$$

Je nach Beschaffenheit des Ausgangswiderstands kann ein Spannungsverstärker auch ein (hochohmiges) Stromausgangssignal liefern. Die Verstärkung heißt dann Transkonduktanz (*transconductance*) mit der Einheit A/V und der Verstärker wird Transkonduktanzverstärker genannt.

Spannungsempfindliche Vorverstärker werden häufig bei ausreichend großen Eingangsspannungssignalen und für schnelle Anstiegszeiten verwendet. Bei manchen Detektoren, zum Beispiel bei Halbleiterdetektoren, liegen allerdings nur sehr kleine Eingangsspannungen vor, typisch $u_{in} = \frac{Q}{C_D} \approx 3$ fC/10 pF $= 0.3$ mV. Hierfür ist ein Spannungsverstärker wegen des daraus folgenden schlechten Signal-zu-Rausch-Verhältnisses und der daraus folgenden Empfindlichkeit gegenüber Störsignalen und Übersprechen eher ungeeignet.

Falls die Entladungszeit der Detektorkapazität klein im Vergleich zur Signaldauer ist ($\tau = R_S C_D \ll \Delta t$), der Detektor also den Signalstrom direkt an den Verstärker liefert, so gilt (unter der Annahme $R_f \to \infty$):

$$u_{out}(t) = -a_0\, R_S i_S(t) \propto i_S(t)\,, \tag{17.3}$$

und das System arbeitet stromverstärkend. In der $I \to I$-Konfiguration besitzt der Stromverstärker eine kleine Eingangsimpedanz und eine große Ausgangsimpedanz.

Wird ein kleiner Ausgangswiderstand (zum Beispiel durch Verwendung eines 'Source-Folgers' [447] am Ausgang) gewählt, so arbeitet der Verstärker in der $I \to U$-Konfiguration als Transimpedanzverstärker (engl. *transimpedance amplifier* oder *transresistance amplifier*). Die Verstärkung heißt 'Transimpedanz' (*transimpedance* oder *transresistance*) mit der Einheit V/A.

Transimpedanzverstärker findet man häufig bei schnellen Anwendungen, zum Beispiel dann, wenn man an dem zeitlichen Verlauf des Signals interessiert ist, der durch die elektrischen Felder und Raumladungen im Detektor bestimmt wird (*transient current technique* (TCT), siehe dazu Abschnitt 8.4).

17.2.2 Ladungsempfindlicher Verstärker

Der Ladungsverstärker ($Q \to U$) oder ladungsempfindliche Verstärker (*charge sensitive amplifier*, CSA) wird vor allem bei kleinen Signal-zu-Rausch-Verhältnissen zur Detektorauslese häufig eingesetzt (Abb. 17.3(b)). Realisiert wird dieser Verstärkertyp in der Regel

[2] Wir bezeichnen wie in Kapitel 5 Betriebsspannungen und -ströme mit U, I und Kleinsignale mit $u(t)$ beziehungsweise $i(t)$.

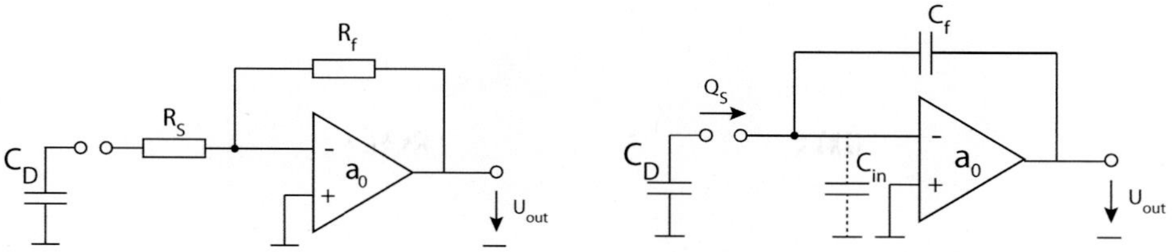

(a) Widerstandsrückkopplung (b) Kapazitive Rückkopplung

Abb. 17.3 Typische Operationsverstärkerschaltungen zur Auslese von Detektoren. (a) Widerstandsrückkopplung: spannungs- oder stromempfindlicher Verstärker (siehe Text), (b) kapazitive Rückkopplung: ladungsempfindlicher Verstärker. C_{in} ist die 'dynamische' Eingangskapazität (siehe Text).

durch einen invertierenden Operationsverstärker mit kapazitiver Rückkopplung (Integrator). Der Signalstrom wird über den Rückkopplungskondensator C_f aufintegriert:

$$u_{out}(t) = -a_0\, u_{in}(t) = -\frac{1}{C_f}\int i_S\, dt = -\frac{Q_S}{C_f}\,. \tag{17.4}$$

Über dem Rückkopplungskondensator liegt die Spannungsdifferenz

$$u_f = u_{in} - u_{out} = u_{in}\,(a_0+1) = \frac{Q_f}{C_f}\,. \tag{17.5}$$

Die Ladung Q_f auf der Kapazität C_f ist gleich der Signalladung Q_S, da in den Verstärker kein Strom fließt[3]: $Q_S = Q_f = C_f(a_0+1)\,u_{in}$. Der Verstärker besitzt daher eine 'dynamische' Eingangskapazität

$$C_{in} = \frac{Q_S}{u_{in}} = C_f\,(a_0+1)\,. \tag{17.6}$$

Die Ladungsverstärkung $A_Q = u_{out}/Q_S$ hängt bei sehr großer interner Verstärkung a_0 nur von der Kapazität C_f des Rückkopplungskondensators, aber nicht von der Detektorkapazität C_D ab:

$$A_Q = \left|\frac{u_{out}}{Q_S}\right| = \frac{a_0 u_{in}}{C_{in} u_{in}} = \frac{a_0}{C_{in}} = \frac{a_0}{a_0+1}\frac{1}{C_f} \approx \frac{1}{C_f}\,. \tag{17.7}$$

Sie ist also umso größer, je kleiner die Rückkopplungskapazität C_f ist.

Restladung Allerdings verteilt sich die im Detektor entstandene Ladung Q auf die vorhandenen Kapazitäten, das heißt auf die Detektorkapazität C_D, die hier die Summe aller Kapazitäten am Eingang repräsentiert – also auch Streukapazitäten – und auf die Rückkopplungskapazität C_f:

$$Q = Q_D + Q_f = C_D\, u_{in} + C_f\,(u_{in} - u_{out}) = u_{in}\,(C_D + C_{in})\;, \tag{17.8}$$

[3] Dies ist eine der Grundregeln für Operationsverstärker [447], üblicherweise realisiert durch einen MOSFET-Eingangstransistor, in dessen Eingang (Gate) kein Strom fließt.

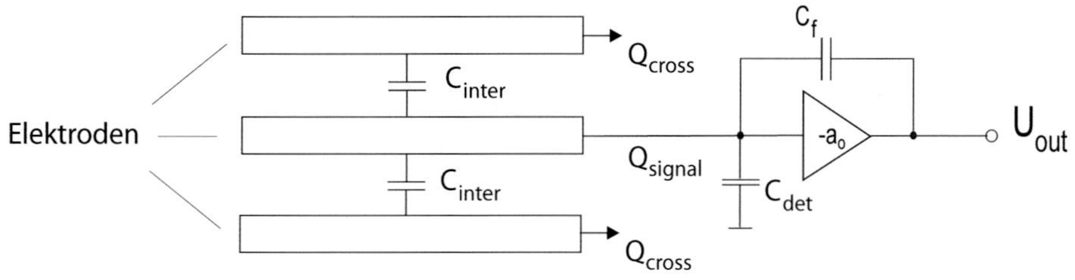

Abb. 17.4 Durch kapazitive Kopplung zwischen Elektroden entstehen Übersprechsignale (*cross talk*) am Ausgang.

wobei (17.5) verwendet wurde. Weil die dynamische Eingangskapazität C_{in} gemäß (17.6) nicht unendlich groß ist, verbleibt auf dem Detektor daher eine Restladung

$$Q_{rest} = u_{in}\, C_D = Q\, \frac{C_D}{C_D + C_{in}} \,. \tag{17.9}$$

Zum Beispiel ergibt sich für $a_0 = 1000$ und $C_f = 1$ pF der Anteil der Signalladung zu:

$$Q_S = Q - Q_{rest} = \begin{cases} 99\,\%\; Q & \text{bei} \quad C_D = 10\,\mathrm{p}F\,, \\ 67\,\%\; Q & \text{bei} \quad C_D = 500\,\mathrm{p}F\,. \end{cases}$$

Eine Restladung Q_{rest} kann zwischen segmentierten Elektroden (Pixel oder Streifen) unerwünschte Effekte, zum Beispiel kapazitives Übersprechen, verursachen. Im Idealfall liegt keine Restladung Q_{rest} vor. Das wird dann erreicht, wenn die dynamische Eingangskapazität groß ist im Vergleich zur Detektorkapazität: $C_{in} = (a_0 + 1)\, C_f \gg C_D$.

Übersprechen Man spricht von Übersprechen (*cross talk*) zwischen Elektroden, wenn ein Eingangssignal außer auf der Signalelektrode auch auf den Nachbarelektroden ein Ausgangssignal erzeugt. Diese Situation ist in Abb. 17.4 skizziert. Die Übersprechladung ist gegeben durch

$$Q_{cross} = u_{in}\, C_{inter} = Q_{rest}\, \frac{C_{inter}}{C_D} = Q\, \frac{C_{inter}}{C_D + C_{in}} \,,$$

wobei C_{inter} die Kapazität zwischen den Elektroden und u_{in} das Spannungssignal am Eingang des Verstärkers nach (17.9) ist. Minimales Übersprechen erreicht man also entweder durch kleine Kapazitäten zwischen den Elektroden, was nicht immer möglich ist, oder durch eine Maximierung des Nenners von (17.9), das heißt insbesondere von $C_{in} \approx a_0 C_f$, weil eine Vergrößerung der Detektorkapazität C_D auch das Rauschen erhöhen würde (siehe Abschnitt 17.10.3).

Die widersprüchlichen Anforderungen liegen also darin, dass eine geringe Restladung auf den Elektroden und minimales Übersprechen eine möglichst große Leerlaufverstärkung a_0 und großes C_f verlangen, während eine große Ladungsverstärkung A_Q der Stufe ein kleines C_f in der Rückkopplung verlangt. Es muss je nach Anwendung ein Kompromiss gefunden werden.

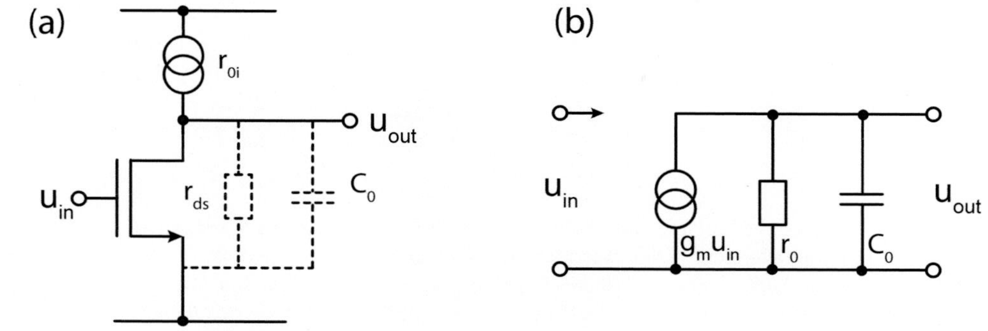

Abb. 17.5 Einstufiger Verstärker (a) und Kleinsignal-Ersatzschaltbild (b). Der Widerstand r_0 besteht aus den parallel wirkenden Widerständen der Stromversorgung r_{0i} und dem *Drain-Source*-Widerstand r_{ds}. Die Kapazität der Verstärkerstufe ist mit C_0 bezeichnet. u_{in} bezeichnet das am *Gate* anliegende Kleinsignal, welches gleichspannungsmäßig (DC) mit dem Ausgang nicht verbunden ist. Das mit einem Pfeil versehene Symbol in (b) weist darauf hin.

Frequenzverhalten Nur ein idealer Integrator liefert am Ausgang eine Stufenfunktion, die einer unendlich großen Bandbreite entspricht, bei der alle Frequenzen gleich verstärkt werden. Reale Verstärker besitzen eine endliche Bandbreite, was zu einer von null verschiedenen Anstiegszeit des Ausgangsimpulses führt. Man kann das Verhalten des Verstärkers im Zeit- und im Frequenzraum betrachten. In Abb. 17.5 ist ein einstufiger Verstärker mit seinem Ersatzschaltbild dargestellt, dessen Zeitverhalten durch eine einzige Zeitkonstante τ beschrieben werden kann. Sein Frequenzverhalten ist in Abb. 17.6 (a) und seine Zeitantwort in Abb. 17.6 (b) gezeigt. In der doppelt-logarithmischen Frequenzdarstellung (Bode-Diagramm [181]) kann die Frequenzabhängigkeit der Verstärkung, die Übertragungsfunktion, näherungsweise durch Geradenstücke dargestellt werden. Sie ist mit $\omega = 2\pi f$, $f =$ Frequenz[4], gegeben durch:

$$a(\omega) = -\frac{u_{out}}{u_{in}} = -\frac{i_{out}}{u_{in}} \cdot (r_0 \| C_0) = -g_m \frac{r_0}{1 + i\omega r_0 C_0} = \frac{a_0}{1 + i\dfrac{\omega}{\omega_0}}, \tag{17.10}$$

wobei r_0 die beiden parallel wirkenden Widerstände r_{ds} (*Drain-Source*-Widerstand des Transistors) und r_{0i} (Widerstand der Stromquelle) zusammenfasst (siehe Abb. 17.5 (a)) und $g_m = i_{out}/u_{in}$ die Transkonduktanz des Verstärkungstransistors ist; $r_0 \| C_0$ bezeichnet eine Parallelschaltuung der beiden Impedanzen. Die letzte Gleichsetzung benutzt die Tatsache, dass im Gleichspannungslimes für die Leerlaufverstärkung gilt:

$$a_0 = -\frac{u_{out}}{u_{in}} = -\frac{i_{out}}{u_{in}}\, r_0 = -g_m\, r_0\,. \tag{17.11}$$

[4]Die Frequenz wird in der Elektronik üblicherweise mit dem Buchstaben f anstelle des in der Physik üblichen ν bezeichnet.

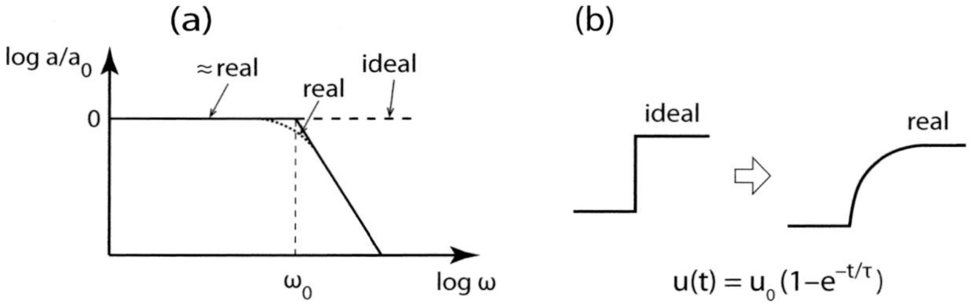

Abb. 17.6 Frequenzverlauf (a) und Zeitantwort (b) eines einstufigen Verstärkers. In (a) sind der ideale (gestrichelte Linie), der fast reale (durchgezogene Linie) und der reale (gepunktete Linie) Frequenzverlauf dargestellt (Bode-Diagramm). In der Zeitdomäne (b) geht die ideale Stufenfunktionsantwort in ein reales Stufensignal mit endlicher Anstiegszeit über.

Die Eckfrequenz (*corner frequency*)

$$\omega_0 = \frac{1}{r_0 C_0} \tag{17.12}$$

entspricht einer Zeitkonstanten $\tau_0 = r_0 C_0$, die das Anstiegsverhalten des Ausgangsimpulses in der Zeitdarstellung beschreibt:

$$u_{out} = u_0 \left(1 - e^{-t/\tau_0}\right) . \tag{17.13}$$

Die Verstärkung ist bis ungefähr zur Eckfrequenz konstant und sinkt danach umgekehrt proportional zu ω (um 20 dB pro Dekade), bis keine Verstärkung mehr erfolgt ($a(\omega) = 1$). Der Verstärker verhält sich wie ein Tiefpass. Bei niedrigen Frequenzen dominiert r_0 das Frequenzverhalten, und die Phasenverschiebung des (invertierenden) Verstärkers beträgt 180°, wie aus (17.10) ersichtlich ist. Bei hohen Frequenzen dominiert die Kapazität C_0, die eine Phasenverschiebung um −90° bewirkt, so dass bei hohen Frequenzen die Phasenverschiebung zwischen Eingangs- und Ausgangssignal 90° beträgt.

Das Produkt aus Verstärkung und Bandbreite (*gain-bandwidth product*, GBW),

$$\mathrm{GBW} = a \cdot \omega_0 = g_m r_0 \cdot \frac{1}{r_0 C_0} = \frac{g_m}{C_0} , \tag{17.14}$$

ist in dem abfallenden Frequenzbereich konstant und gleich seinem Wert an der Eckfrequenz ω_0.

Die (komplexe) Eingangsimpedanz eines ladungsempfindlichen Verstärkers (Abb. 17.3(b)) mit einer Rückkoppelkapazität C_f ist

$$Z_{in}(f) = \frac{1}{i\omega C_{in}} = \frac{1}{(a(\omega)+1) \cdot i\omega C_f} \approx \frac{1}{ia(\omega)\omega C_f} , \tag{17.15}$$

wobei $C_{in} = C_f\,(a(\omega)+1)$ gemäß (17.6) mit $a_0 \to a(\omega)$ benutzt und auf der rechten Seite $|a(\omega)| \gg 1$ vorausgesetzt wurde. Für die Übertragungsfunktion $a(\omega)$ gilt gemäß (17.10) bei niedrigen Frequenzen $a(\omega) \to a_0$ und bei hohen Frequenzen $a(\omega) \to -ia_0\frac{\omega_0}{\omega}$. Damit wird die Eingangsimpedanz für niedrige Frequenzen rein kapazitiv,

$$Z_{in}(\omega) \to \frac{1}{ia_0 \omega C_f} , \tag{17.16}$$

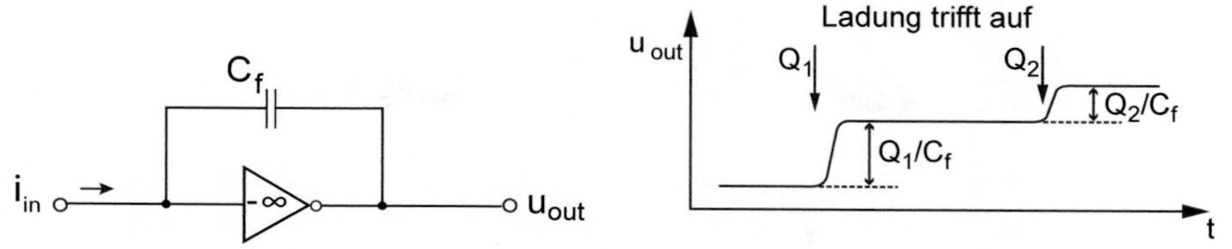

(a) Schaltbild (b) Spannungsverlauf

Abb. 17.7 Antwort eines idealen Ladungsverstärkers (ohne *reset*) auf zwei aufeinander folgende Eingangssignale.

während sie sich für hohe Frequenzen – solange die Voraussetzung $|a(\omega)| \gg 1$ noch gilt – wie ein ohmscher Widerstand verhält:

$$Z_{in}(\omega) \to \frac{1}{\left(-ia_0\frac{\omega_0}{\omega}\right) \cdot i\omega C_f} = \frac{1}{a_0\omega_0 C_f} = \frac{1}{\text{GBW} \cdot C_f} = R_{in} . \tag{17.17}$$

Die Zeitkonstante des Ladungsverstärkers (CSA) ergibt sich aus dem Produkt der Eingangskapazität ($\approx$ Detektorkapazität C_D) und des Eingangswiderstands R_{in} mit (17.14) zu:

$$\tau_{CSA} = C_D\, R_{in} = \frac{C_D}{C_f}\frac{1}{a_0\omega_0} = \frac{C_D}{C_f}\frac{C_0}{g_m} . \tag{17.18}$$

In der Praxis werden häufig mehrstufige Verstärker benutzt, so dass mehrere Eckfrequenzen auftreten, jedoch dominiert meist eine Stufe die Bandbreite und ist für das Verstärkungs- und Rauschverhalten (siehe Abschnitt 17.10.3) verantwortlich.

Entladung von C_f Im Idealfall wird die am Eingang des Vorverstärkers gesehene Ladung über C_f aufintegriert, und der zugehörige Spannungswert u_{out} liegt am Ausgang an. Für jedes neue Signal am Vorverstärkereingang wird weitere Ladung addiert. Die Ausgangsspannung erhöht sich entsprechend um einen Wert Δu_{out}. Für mehrere aufeinander folgende Pulse ergibt sich am Ausgang ein treppenförmiges Spannungssignal, wie es in Abb. 17.7 und Abb. 17.11 skizziert ist. Ab einer bestimmten Ladungsmenge ist die Grenze des dynamischen Bereichs des Verstärkers erreicht, und der Verstärker sättigt. Der Kondensator muss daher vorher entladen werden. Für diesen Zweck wird ein Entladungsmechanismus (*reset*) benötigt, wozu sich mehrere Techniken anbieten:

- Entladung durch einen (Transistor-)Schalter (Abb. 17.8),
- Entladung durch einen Widerstand (Abb. 17.9),
- Entladung durch eine Konstantstromquelle (Abb. 17.10).

Die Schaltung und das Ausgangssignal für die Entladung mittels Schalter sind in Abb. 17.8 dargestellt. Durch Schließen des Schalters wird der Kondensator entladen, und der Vorverstärker ist wieder betriebsbereit für neue Signale. Problematisch wird diese Methode bei hoher Signalrate, da diese eine hohe Reset-Schaltfrequenz bedingt, wodurch scharfe Störsignale entstehen (*switching noise*).

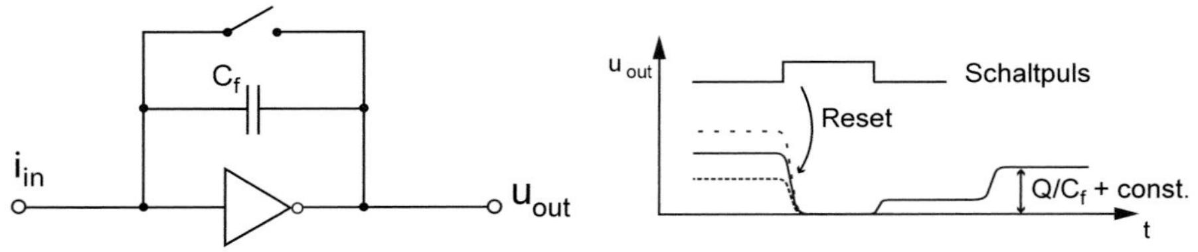

(a) Schaltbild (b) Spannungsverlauf

Abb. 17.8 Reset des Vorverstärkers durch einen Schalter. Der Wiederanstieg mit der hinteren Flanke wird durch so genannte Ladungsinjektion durch den Schalter verursacht.

Kein Schalten ist nötig, wenn die Entladung des Rückkoppelkondensators C_f über einen Widerstand erfolgt, wie in Abb. 17.9 wiedergegeben. Sobald ein Signal eintrifft, beginnt sich C_f über den Widerstand exponentiell zu entladen; es ist keine Steuerung von außen nötig. Die Entladung erfolgt mit der Zeitkonstanten $\tau_d = C_f R_f$. Insbesondere bei hohen Signalraten ist eine möglichst kurze Abklingzeit erwünscht, um Überlagerungen von Signalen am Ausgang des Verstärkers zu vermeiden. Kurze Zeitkonstanten erhöhen andererseits den thermischen Rauschbeitrag des Systems, wie in Abschnitt 17.10.3 gezeigt wird. Die Zeitkonstanten für die Entladung von C_f über einen Widerstand bei Halbleiterdetektoren können bis zu 10–100 µs betragen, zum Beispiel für spektroskopische Messungen mit geringem Rauschen.

Mit $C_f = 4\,\text{fF}$ (typisch für Auslesechips von Halbleiterpixeldetektoren mit kleiner Detektorkapazität C_D) benötigt man für $\tau = 10$ µs einen Widerstand von

$$R_f = \frac{\tau_d}{C_f} = \frac{10\ \mu\text{s}}{4\,\text{fF}} = 2.5 \cdot 10^9\ \Omega = 2.5\,\text{G}\Omega\,.$$

Die Herstellung sehr großer Widerstände in integrierten elektronischen Schaltungen (Chips) ist recht aufwendig. Widerstände im MΩ-Bereich können noch durch MOS-Transistoren, die im linearen Bereich der Kennlinie betrieben werden, realisiert werden. Eine andere Möglichkeit, C_f zu entladen, bietet eine Stromquelle im Rückkoppelkreis. Der Schaltungsaufbau und das Ausgangssignal sind in Abb. 17.10 dargestellt. Im Gegensatz zur Entladung über einen Widerstand wird hier der Kondensator mit einem konstanten Strom entladen. Dadurch hat auch das Ausgangssignal einen konstant linearen Abfall nach Erreichen der Maximalamplitude. Der Ausgangspuls hat Dreiecksform

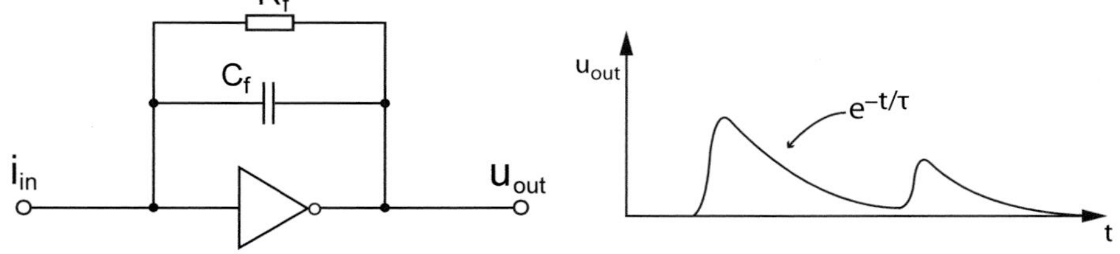

(a) Schaltbild (b) Spannungsverlauf

Abb. 17.9 Entladung des Rückkoppelkondensators über einen Widerstand.

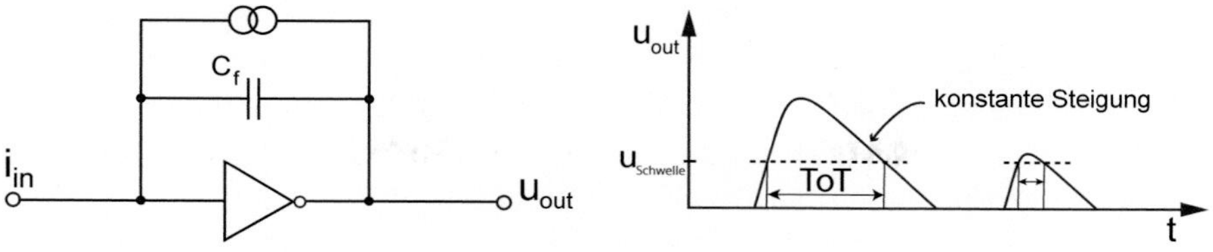

Abb. 17.10 Entladung des Rückkoppelkondensators über eine Konstantstromquelle. In (b) ist außerdem das Prinzip der ToT-Methode skizziert (siehe Text).

(Abb. 17.10(b)). Von seiner zeitlichen Breite Δt kann man besonders gut auf die Höhe und die Gesamtfläche des Pulses schließen. Es genügt daher, die Zeit zu messen, während der sich der Ausgangspuls oberhalb einer gegebenen Schwelle befindet, um auf die zugehörige Pulshöhe oder das Pulsintegral zu schließen, die ihrerseits proportional zu der im Detektor nachgewiesenen Energie sind. Dies stellt eine besonders einfache Methode zur Analogmessung des Pulsintegrals dar, die ToT-Methode (ToT = *time-over-threshold*) genannt wird.

17.3 Pulsformung

Eine weitere Bearbeitung der Pulsformung der aus dem Vorverstärker kommenden Signale ist nötig, um

1. die Überlagerung von Pulsen (*pile-up*) zu verhindern,
2. durch Frequenzfilterung das Rauschen zu reduzieren.

Wir verwenden im weiteren Verlauf Begriffe zur Beschreibung von Pulsen, die wie folgt definiert sind:

- Pulshöhe (*pulse height*) oder Scheitelwert: Maximalwert der Pulsamplitude.
- Scheitelzeit (*peaking time*): Zeitpunkt der maximalen Pulsamplitude.
- Grundlinie (*baseline*): Wert der Spannung oder des Stromes, auf den der Puls abklingt. Obwohl dieser Wert üblicherweise null ist oder einen festen, von null verschiedenen Wert hat, können kurzzeitig Abweichungen von der Grundlinie (*baseline shifts*) auftreten.
- Unterschwinger (*undershoot*): Amplitudenteil des Pulses, der ein anderes Vorzeichen besitzt als der Hauptteil des Pulses.
- Signalbreite (*pulse width*): Breite des Pulses, üblicherweise definiert als die Breite bei halber Höhe (*Full Width at Half Maximum*, FWHM).
- Steigende beziehungsweise fallende Flanke (*leading/falling edge*): den Puls begrenzende, zeitlich vordere beziehungsweise hintere Flanke.
- Anstiegs- und Abklingzeitzeit (*rise and fall time*): Zeitdauer, die der Puls zum Anstieg von 10% auf 90% beziehungsweise von 90% auf 10% der Maximalamplitude benötigt.

- Unipolares Signal: eine Pulsform, bei der der Amplitudenwert für alle Zeitpunkte t oberhalb der Grundlinie bleibt (siehe Abb. 17.13). Einbezogen in diese Definition sind üblicherweise auch Signale mit sehr kleinen Unterschwingeramplituden.
- Bipolares Signal: eine Pulsform, bei der der zeitlich spätere Teil der Amplitude ein anderes Vorzeichen besitzt als der frühere Teil (siehe Abb. 17.13).

Wie im vorigen Abschnitt gezeigt, muss der Rückkoppelkondensator des Vorverstärkers entladen werden, um eine Mehrfachüberlagerung der Ausgangssignale zu vermeiden (Abb. 17.11 oben). Typische Abklingzeiten der elektronischen Pulse am Ausgang des Vorverstärkers liegen im Bereich einiger 100 ns bis etwa 10 µs. Kürzere und auch längere Zeiten sind prinzipiell je nach Anforderungen möglich. Trifft während der Abklingzeit ein neues Signal am Vorverstärker ein, so kommt es dennoch am Ausgang des Vorverstärkers zu einer Überlagerung der Pulse (*pile up*), wie in Abb. 17.11 (unten links) dargestellt. Die überlagerten Signale kann man mit einem RC-Hochpass trennen (siehe dazu auch Abb. 5.9 in Abschnitt 5.3). Die zusätzliche Kombination mit einem Tiefpass oder sogar mehreren hintereinander geschalteten Hoch- und Tiefpässen führt zu mehr oder weniger gaußförmigen Ausgangspulsen für jede Impulsstufe am Eingang (Abb. 17.11, oben und unten rechts). Dieser elektronische Schaltkreis wird daher 'Pulsformer' oder *shaper* genannt.

In der Praxis sind die Signale am Ausgang des Vorverstärkers mit Rauschanteilen überlagert, die – abgesehen vom $1/f$-Rauschen (siehe Abschnitt 17.10.3) –bei allen Frequenzen weitgehend gleich beitragen (weißes Rauschen). Zur Vergrößerung des Signal-zu-Rausch-Verhältnisses kann man Frequenzanteile des Rauschens herausfiltern. Der aus Hoch- und Tiefpässen aufgebaute Pulsformer liefert diese Bandbreitenverkleinerung. Hochfrequente Störsignale wie auch Frequenzbandanteile des Rauschens können herausgefiltert werden. Da auch die Frequenzanteile des Signals der Filterung unterliegen, hat eine Beschränkung der hochfrequenten Anteile immer auch größere Anstiegszeiten der Signalpulse zur Folge, was manchmal unerwünscht ist.

17.3.1 Unipolare Pulsformung

Im einfachsten Fall besteht der Pulsformer aus einem Hochpass (CR-Glied) und einem Tiefpass (RC-Glied) mit derselben Zeitkonstanten τ =RC, daher auch CR-RC-*shaper* genannt (Abb. 17.11). Das (normierte) Ausgangssignal des Pulsformers hat die Form

$$A(t) = \frac{t}{\tau}\, e^{-\frac{t}{\tau}}\,, \qquad t \geq 0\,. \tag{17.19}$$

Dabei ist $\tau = \frac{1}{\omega_0}$ die Filterzeit, die dem Reziproken der Eckfrequenz ω_0 des Filters entspricht, auch *peaking time* oder *shaping time* genannt. Bei Pulsformern höherer Ordnung sind N Hochpässe und M Tiefpässe hintereinander geschaltet; sie werden daher auch $(CR)^N$-$(RC)^M$-Shaper genannt, wobei meist $N = 1$ realisiert ist. In Abb. 17.12 sind die Ausgangssignale für Pulsformer verschiedener Ordnungen M des Tiefpasses bei $N = 1$

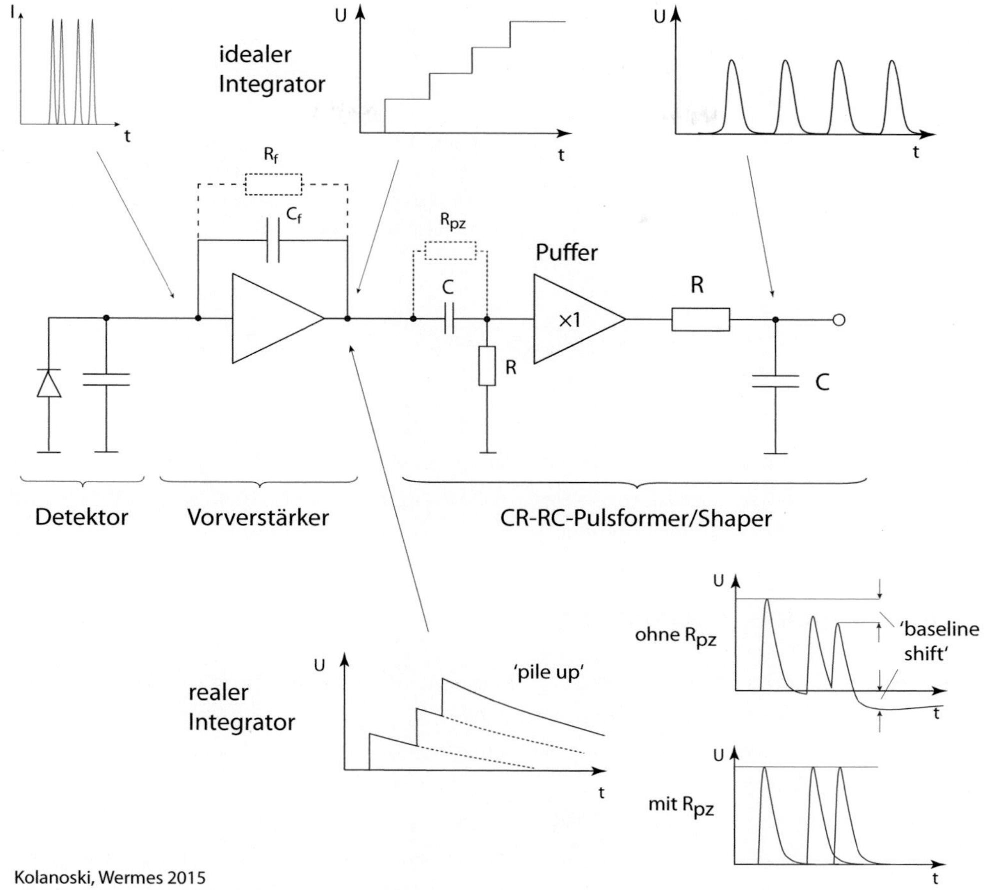

Abb. 17.11 Auslesesystem, bestehend aus Detektor, Verstärker und Pulsformer (*shaper*). Die Pulsformen am Eingang und am Ausgang des Vorverstärkers sowie am Ausgang des *shapers* sind oben für den Idealfall (Stufenfunktion ohne Entladung) und unten für den Realfall (Entladung von C_f, hier durch den Widerstand R_f, gestrichelt) gezeichnet. Im letzteren Fall entsteht am Ausgang des *shapers* ein 'Unterschwinger'. Durch einen Widerstand R_{pz} über dem Kondensator des Hochpasses (gestrichelt) wird der Unterschwinger kompensiert (*pole-zero cancellation*, siehe Text). Der ($\times 1$)-Verstärker zwischen den Bandpässen ist ein Puffer, der verhindert, dass der Tiefpass den Hochpass elektrisch belastet.

wiedergegeben, in Amplitude und Zeit auf ihre jeweiligen Scheitelwerte normiert. Die Pulsform (17.19) ändert sich zu:

$$A(t) = \frac{1}{M!} \left(\frac{t}{\tau} \right)^M e^{-\frac{t}{\tau}}, \qquad t \geq 0, \tag{17.20}$$

mit der Scheitelzeit

$$t_{peak} = M\tau .$$

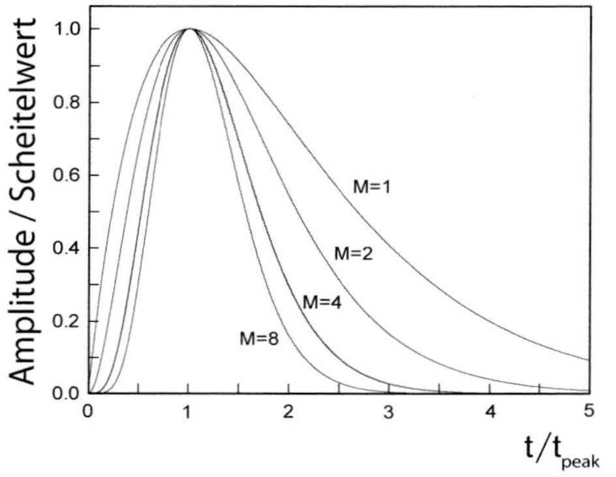

Abb. 17.12 Ausgangssignale von CR-(RC)^M-Shaper-Stufen verschiedener Ordnungen in M. Amplitude und Zeit sind auf ihre jeweiligen Scheitelwerte normiert.

Mit höherer Ordnung M wird die Pulsform gaußförmiger und, wenn man die Scheitelzeit entsprechend kürzer wählt, auch absolut schmaler. Die Doppelpulsauflösung wird daher mit der Anzahl M der Tiefpässe besser. Allerdings ist der elektronische Aufwand für Pulsformer höherer Ordnung erheblich größer als für CR-RC-Shaper.

17.3.2 Bipolare Pulsformung

Durch einen weiteren Hochpass (nach M Tiefpässen) erhält man eine bipolare Pulsform mit gleicher Fläche in beiden Flügeln, wie in Abb. 17.13 gezeigt. Die Gesamtpulslänge ist größer als bei unipolarer Pulsformung. Die nachfolgende Elektronik muss dann kapazitiv (AC) angekoppelt sein.

Historisch war die bipolare Filterform eingeführt worden, um hohen Zählraten bei der Gammaspektroskopie mit Szintillatoren zu begegnen [317]. Erst durch Pole-Zero-Netzwerke und andere elektronische Korrekturen wurde eine Rückkehr zur unipolaren Pulsform möglich.

Bipolare Pulsformung ist nützlich, wenn bei hohen Zählraten Robustheit vor Grundlinienschwankungen (*baseline fluctuations*) und Unterschwingern sowie Einfachheit bei der elektronischen Realisierung Vorrang vor etwas schlechterem Signal-zu-Rausch-Verhältnis, mehr Leistungsaufnahme und größerem Chipflächenbedarf haben [317, 177]. Das Shaper-

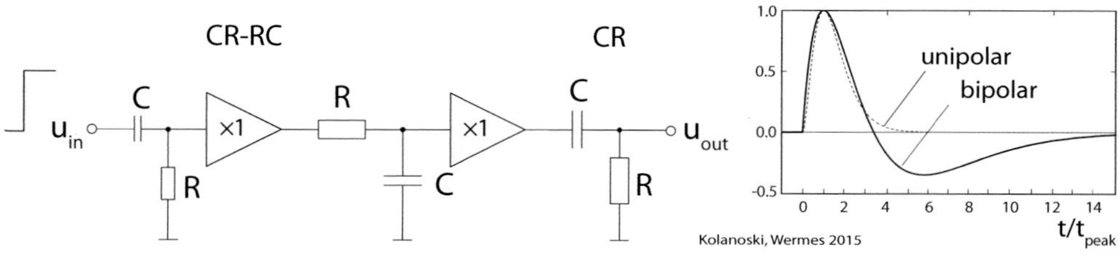

Abb. 17.13 Bipolare Pulsformung durch Differenzierung eines CR-RC-Pulses (Schaltung und Ausgangspuls). Zum Vergleich ist ein unipolarer Puls (gepunktete Linie) mit gleicher Scheitelzeit gezeigt. Die Pulse sind auf gleiche Scheitelamplitude und -zeit normiert.

Ausgangsniveau ist bei bipolarer Pulsformung unabhänging von Grundlinienschwankungen am Eingang des Vorverstärkers. Auch in zeitkritischen Anwendungen, bei denen der Zeitpunkt des Nulldurchgangs eine Rolle spielt (*zero-crossing*) findet man bipolare Pulsformung.

17.3.3 Unterschwinger

Auch unipolare Pulsformung weist ohne weitere Korrekturen in realen Anwendungen bipolare Ausläufer auf. Durch die (langsame) Entladung des Rückkoppelkondensators C_f des Vorverstärkers erhält der Puls am Ausgang des Pulsformers einen 'Unterschwinger' (*undershoot*). Dieser Effekt ist in Abb. 17.11 (unten rechts) skizziert und erklärt sich wie folgt: Der Pulsformer produziert aus einer Spannungsstufe an seinem Eingang nur unter der (idealen) Voraussetzung, dass das Eingangssignal konstant bleibt, einen Puls der Form (17.19) an seinem Ausgang (Abb. 17.11 (oben)). In realen Anwendungen ist dies allerdings nicht der Fall, weil C_f entladen werden muss, zum Beispiel durch einen Widerstand parallel zu C_f (in Abb. 17.11 gestrichelt gezeichnet). Die Spannung am Shaper-Eingang fällt daher langsam ab und ist während der Zeit der Pulsformung (17.19) nicht konstant. Durch den Hochpass des Shapers (Differenzierung) fällt das Shaper-Ausgangssignal unter die Nulllinie (Abb 17.11 (unten)). Die Amplitudenhöhe eines Folgepulses, die sich aus der Höhe des Pulses bezüglich der Nulllinie ergibt, wird durch diesen Effekt verfälscht. Da das Unterschwingerverhalten durch das Wechselspiel zwischen der Entladung des Rückkoppelkondensators des Vorverstärkers und der Differenzierung des Signals durch den Hochpass des Shapers entsteht, gilt folgende Relation:

$$\frac{\text{Unterschwinger-Amplitude}}{\text{Puls-Amplitude}} \simeq \frac{\tau_{sh}}{\tau_{CSA}},$$

wobei τ_{sh} die RC-Zeitkonstante des Hochpasses des Pulsformers und τ_{CSA} die Abklingzeit des Vorverstärkers ist. Für eine vorgegebene Abklingzeit τ_{CSA} bewirken längere Filterzeiten größere Unterschwinger-Amplituden. Da die Amplitude des Signals zu der deponierten Ladungsmenge und damit zu der nachgewiesenen Energie proportional ist, wird die Energieauflösung des gesamten Systems durch den Unterschwinger verschlechtert.

'Pole-Zero-Cancellation'

Das Unterschwingerverhalten unseres Systems aus Vorverstärker und Shaper (Abb. 17.11) kann durch Einführung eines Widerstandes parallel zum Kondensator des ersten Hochpasses des Shapers kompensiert werden. Um dies besser zu verstehen, bemühen wir eine mathematische Behandlung mit Hilfe von Laplace-Transformationen und Übertragungsfunktionen, die das Frequenzverhalten von Signalen beim Durchgang durch Schaltkreise oder Teile von Schaltkreisen beschreiben. Laplace-Transformationen und weiterführende Literatur sind in Anhang G zu finden.

Die Übertragungsfunktion eines rückgekoppelten Vorverstärkers lautet

$$H_{CSA}(s) = \frac{R_f}{1 + s\tau_f}\,, \tag{17.21}$$

mit $\tau_f = R_f C_f$. Hierbei ist s die komplexe Laplace-Variable, die mit der Frequenz ω zusammenhängt, $s = \sigma + i\omega$, wobei σ eine Konvergenz erzeugende Konstante ist. Da der Vorverstärker (CSA) einen Eingangsstrom in eine Ausgangsspannung wandelt, wählen wir diese Transferfunktion mit der Einheit eines Widerstands, im Unterschied zu den Beispielen in Anhang G, in denen die Transferfunktionen dimensionslos sind. Das Frequenzverhalten ist aber gleich. Der Vorverstäker (CSA) wirkt auf eine δ-Funktion (mit der Laplace-Transformierten $F(s) = 1$) am Eingang (wie in Abb. 17.11) wie ein Hochpass auf eine Stufenfunktion ($F(s) = 1/s$), der als Beispiel in Anhang G beschrieben wird (Gl. (G.7) nach Division durch s).

Für die Frequenzanalyse sind Nullstellen im Zähler (*zeros*) oder Nenner (Pole bzw. *poles*) im Betrag einer Übertragungsfunktion im Laplace-Raum wichtig. Der Betrag von $H_{CSA}(s)$ in Gleichung (17.21) besitzt einen Pol für $\omega = Im(s) = 1/\tau_f$, der für den Verlauf der Frequenzabhängigkeit und die Lage der Eckfrequenz (siehe Abb. 17.6) verantwortlich ist. Der nachfolgende Hochpass des Shapers erzeugt eine Nullstelle und einen weiteren Pol, die zusammen mit dem Pol des CSA das Unterschwingerverhalten bewirken. Im Frequenzbereich durch das Produkt der beiden Transferfunktionen beschrieben, bedeutet das Resultat im Zeitbereich, dass keine einfache Exponentialform (ohne Unterschwinger) entstehen kann.

Durch Hinzufügung eines Widerstands R_{pz} parallel zu dem Kondensator des Hochpasses des Shapers (in Abb. 17.11 gestrichelt eingezeichnet) wird eine weitere Nullstelle eingeführt, die den Pol in der Übertragungsfunktion des Vorverstärkers bei geeigneter Dimensionierung $\tau_{pz} = R_{pz}C = R_f C_f = \tau_f$ kompensiert (*Pole-Zero-Cancellation*):

$$\begin{aligned} H(s) = H_{CSA} \cdot H_{pz} &= \frac{R_f}{1 + s\tau_f} \cdot \frac{1 + s\tau_{pz}}{1 + \frac{R_{pz}}{R} + s\tau_{pz}} \\ &\underset{\tau_{pz}=\tau_f}{=} \frac{R_f}{1 + \frac{R_{pz}}{R} + s\tau_f} \underset{R_{pz} \ll R}{\longrightarrow} \frac{R_f}{1 + s\tau_f}\,. \end{aligned} \tag{17.22}$$

Die Bezeichnungen sind hierbei wie in Abb. 17.11 gewählt. Der Unterschwinger wird beseitigt, wenn R_{pz} wie beschrieben dimensioniert wird, so dass die ursprüngliche Form von $H_{CSA}(s)$ in (17.21) wiederhergestellt wird.

Nahezu alle Spektroskopieverstärker beinhalten ein – oft extern einstellbares – *Pole-Zero*-Kompensationsnetzwerk der Art wie in Abb. 17.14(a) gezeigt. Die Transferfunktion ist

$$H_{pz}(s) = \frac{s + 1/\tau_1}{s + 1/\tau_2} = \frac{\tau_2}{\tau_1}\frac{1 + s\tau_1}{1 + s\tau_2}\,, \tag{17.23}$$

mit $\tau_1 = R_1 C > \tau_2 = \frac{R_1 R_2}{R_1 + R_2} C$. Das Netzwerk transformiert ein exponentielles Signal proportional zu $\exp(-t/\tau_1)$ in ein Signal der Form $\exp(-t/\tau_2)$ (siehe auch [188, 177]). Die Polstelle $s = -1/\tau_2$ liegt bei kleineren negativen s-Werten als die Nullstelle $s = -1/\tau_1$. Die Schaltung schwächt niedrige Frequenzanteile um den Faktor $k = R_2/(R_1 + R_2)$.

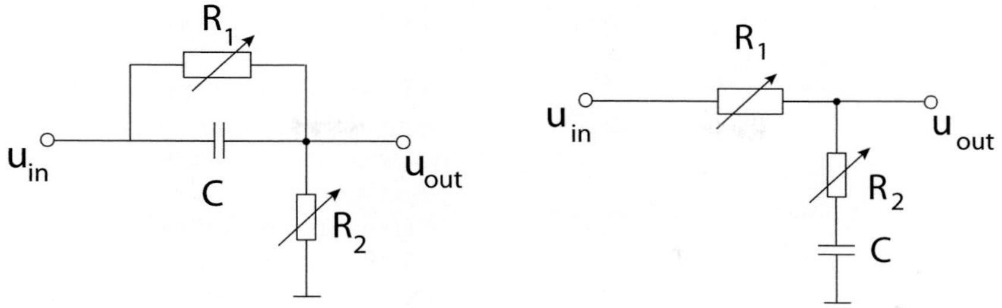

(a) *Pole-Zero*-Netzwerk (b) *Zero-Pole*-Netzwerk

Abb. 17.14 (a) *Pole-Zero-* und (b) *Zero-Pole*-Netzwerk zur Formung und Verkürzung von Signalen.

Bei dem entsprechenden *Zero-Pole*-Filter (Abb. 17.14(b)) mit der Transferfunktion

$$H_{zp}(s) = \frac{1 + s\tau_1}{1 + s\tau_2}, \tag{17.24}$$

mit $\tau_1 = R_1 C < \tau_2 = (R_1 + R_2)C$, werden die hohen Frequenzen um k abgeschwächt. Beide Filter dienen zur Formung und Verkürzung von Signalpulsen (siehe nachfolgende Abschnitte).

17.3.4 Ballistisches Defizit

Auf ein anderes Problem sei hingewiesen, das auftritt, wenn die Anstiegszeit des Vorverstärkerpulses größer ist als die Hochpass-Zeitkonstante des Pulsformers. Dies kann durch eine große Ladungssammlungszeit, zum Beispiel durch langsame Driftbewegung oder durch eine große Eingangskapazität, oder auch durch einen intrinsisch langsamen Vorverstärker verursacht sein. Die Ausgangsamplitude des Shapers wird dann durch den langsamen Anstieg des Vorverstärkerpulses beschnitten. Die abfallende Flanke des Shaperausgangs setzt bereits ein, bevor das Ausgangssignal des Vorverstärkers seine Maximalspannung erreicht hat. Man spricht bei diesem Problem von einem Verlust durch Pulsformung (*shaping loss* oder 'ballistisches Defizit'; siehe auch Abb. 5.9 und den Text dazu auf Seite 152).

In Abb. 17.15 ist dieser Effekt für den Idealfall ohne und für den Fall mit Verlust durch Pulsformung skizziert. Um das ballistische Defizit zu vermeiden, müssen die Ladungssammlungszeit und die Anstiegszeit des Vorverstärkerpulses hinreichend kurz im Vergleich zur Zeitkonstanten des Pulsformers sein.

17.3.5 'Tail-Cancellation'

In gasgefüllten Proportional- oder Driftkammern (Kapitel 7) ist die Pulsform am Anodendraht gekennzeichnet durch einen sehr kurzen Anstieg im ns-Bereich, bedingt durch den plötzlichen Beginn der Gasverstärkung nahe am Draht, und einen sehr lang andau-

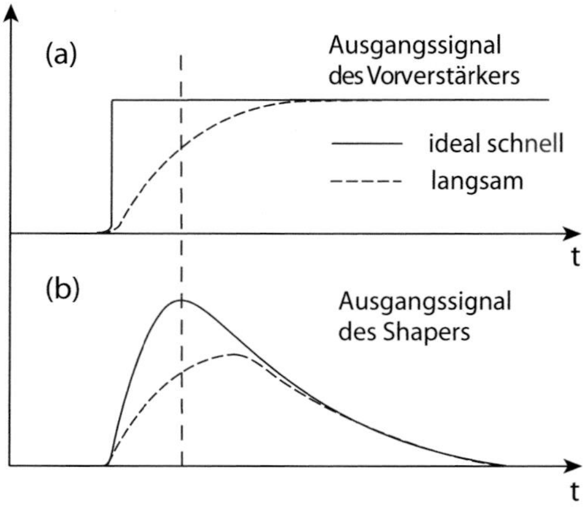

Abb. 17.15 Verlust durch Pulsformung (*shaping loss*): (a) Stufenfunktionspuls (ohne Entladung) am Vorverstärkerausgang mit einem schnellen (durchgezogene Linie) und einem langsamen Anstieg (gestrichelte Linie); (b) Auswirkung auf das Ausgangssignal des Pulsformers, falls dessen Anstiegszeit kurz im Vergleich zur Anstiegszeit des Vorverstärkers ist (unten, 'ballistisches Defizit').

ernden Pulsverlauf (*tail*), verursacht durch die langsame Drift der Ionen von der Anode zur Kathode mit Zeitkonstanten im 100-µs- bis ms-Bereich (siehe Abschnitt 5.3.2). Das Ionensignal, das in diesem Fall dominiert, ist gemäß (5.64) gegeben durch:

$$i(t) = \frac{Ne}{2\ln b/a}\,\frac{1}{t+t_0^+}\,, \tag{17.25}$$

mit der Signalladung Ne, den Anoden- und Kathodenradien a und b (siehe Abb. 5.8) und der charakteristischen Zeit t_0^+ für den Anstieg des Ionendriftsignals, gegeben durch (5.62). Die Pulsform ist in Abb. 5.9(a) auf Seite 152 dargestellt.

Für das auf Seite 151 gegebene Beispiel für ein Driftrohr mit einem Verhältnis $b/a = 1000$ und einer typischen charakteristischen Zeit von $t_0^+ = 1$ns erreicht das Signal sein Maximum erst nach einer Zeit von $T^+ = 10^6\,t_0^+ = 1\,$ms. Jedoch ist bereits nach einer Zeit von etwa 10 ns, das heißt nach $10^{-5}\,T^+$ fast 20% der Signalamplitude erreicht.

Bei hohen Signalraten sind daher kurze *Shaping*-Zeiten nötig, die einen Verlust an Signalamplitude zur Folge haben (ballistisches Defizit). Um *pile-up* von Signalen in Drahtkammern zu vermeiden, muss außerdem der lange Ausläufer des Signals elektronisch eliminiert werden (*tail cancellation*).

Die einfachste und daher empfohlene Möglichkeit [177], beide Ziele zu erreichen, besteht in der Verwendung einer bipolaren Pulsformung durch eine Abfolge von Hoch- und Tiefpässen wie auf Seite 734 beschrieben. Der dabei auftretende negative Pulsanteil (Unterschwinger) und damit verbundene Nachteile der bipolaren Pulsformung (etwas schlechteres Signal-zu-Rausch-Verhältnis als bei unipolarem Puls, größere Gesamtpulslänge (positive und negative Anteile), mögliche Übersprecher auf Nachbarkanäle) sind zwar unerwünscht, werden aber in der Praxis durch die einfache Realisierung der Schaltung kompensiert.

Um einen unipolaren kurzen Puls zu erhalten, ist eine dedizierte *Tail-Cancellation*-Schaltung notwendig, die neben dem Shaper aus mehreren nachfolgenden *Pole-Zero*-Filtern besteht. Die Wirkungsweise dieser Filter besteht, wie auf Seite 735 beschrieben, in einer Transformation in ein exponentielles Signal mit einer anderen (kürzeren) Zeit-

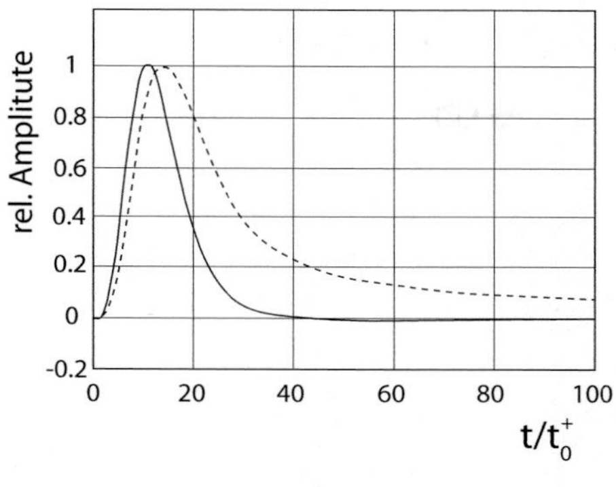

Abb. 17.16 Drahtkammersignal, das durch einen (vierstufigen) unipolaren Pulsformer mit einer Scheitelzeit von $10\,t_0^+$ gebildet wird (gestrichelte Linie) und durch zwei nachfolgende *Pole-Zero*-Filter auf eine Gesamtpulslänge von etwa $40\,t_0^+$ reduziert wird (durchgezogene Linie, nach [177], mit freundl. Genehmigung von Springer Science+Business Media).

konstanten. Die RC-Zeiten der Filter werden so gewählt, dass ein Unterschwinger nicht auftritt. Abbildung 17.16 zeigt das Kammersignal hinter dem Shaper ($M = 4$, [177]), der das Ursprungssignal (17.25) formt und verkürzt, aber immer noch Ausläufer zu Zeiten größer als 100 ns ($t_0^+ = 1$ ns) aufweist (gestrichelte Linie). Durch zwei geeignet eingestellte *Pole-Zero*-Filter entsteht ein Puls ohne Unterschwinger, der bereits nach etwa 40 ns auf die Grundlinie zurückkehrt.

Die Zeitkonstanten der Filter müssen fein aufeinander und auf die charakteristische Signalpulszeit t_0^+ abgestimmt sein, um kurze, unipolare Pulse ohne Unterschwinger zu erzielen. Fabrikationsvariationen bei den Elektronikbauteilen oder Chips führen daher zu Kanal-zu-Kanal-Variationen, die 10%–20% betragen können. Außerdem muss zur Filterabstimmung die gesamte Elektronikkette gleichspannungsmäßig (DC) verbunden sein [177]. Für Drahtkammern, deren Anode (Draht) in der Regel auf Hochspannungspotenzial liegt und deren Signale deswegen kapazitiv gekoppelt werden müssen, ist die unipolare Form der Pulsverkürzung bereits aus diesem Grunde nicht realisierbar.

Weitere Beispiele und Berechnungen zur Pulsformung bei Drahtkammern findet man in [177].

17.4 Die 'Sample-and-Hold'-Technik

In vielen Experimenten sind der zeitliche Verlauf des Eingangssignals und auch der Zeitpunkt des Eintreffens zum Beispiel relativ zu einem Triggersignal bekannt. Es besteht dann die Möglichkeit, die Spannung der Eingangssignale zu einem festen Zeitpunkt aufzunehmen (*sample*), für eine Zeit festzuhalten (*hold*) und zu einem späteren Zeitpunkt weiter zu verarbeiten. Diese Technik wird *'sample-and-hold'* genannt (siehe zum Beispiel [447]). Abbildung 17.17 zeigt einen Anwendungsfall. Die Schalter S_A seien geschlossen, S_B offen. Ein vom einem Triggerpuls abgeleiteter, zeitlich auf das Maximum des zu messenden Signals verzögerter Sample-Puls öffnet die Schalter S_A, wodurch die zu diesem Zeitpunkt an den Kapazitäten C_i anliegenden Spannungen auf diesen gespeichert werden. Zur Auslese werden die Schalter S_B nacheinander selektiv geschlossen (hier an Kanal 2 gezeigt), wodurch die gespeicherten Spannungen zur seriellen Auslese sequenziell

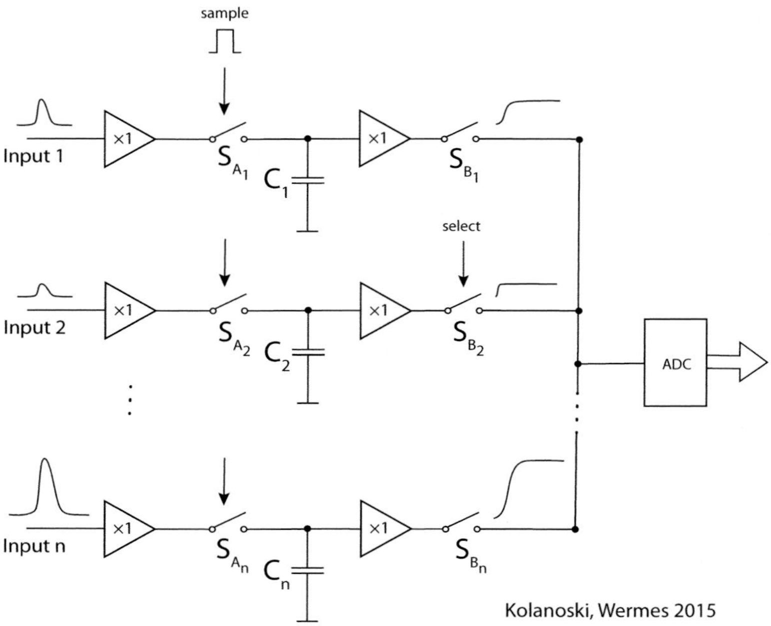

Abb. 17.17 Anwendung der Sample-and-Hold-Technik am Beispiel einer Auslese mit parallelem Eingang und seriellem, digitalisiertem Ausgang (siehe Text).

auf den Analog-zu-Digital-Wandler (ADC) zur Digitalisierung gegeben werden. Der erste Pufferverstärker (mit Verstärkung 1) wirkt als Impedanzwandler und erzeugt eine Kopie des Eingangssignals mit kleiner Impedanz am Eingang des Kondensators. Der Ausgangspuffer hat eine hohe Eingangsimpedanz, damit der Kondensator nicht belastet wird und die Spannung am Eingang des Puffers unverfälscht an den Ausgang übertragen wird.

Mit Hilfe dieser Technik kann auch der gesamte zeitliche Pulsverlauf durch eine schnelle sukzessive Folge der Sample-and-Hold-Operation in eine Sequenz von digitalen Werten konvertiert werden (*wave form sampler*). Die Pulsform liegt dann vollständig digital vor.

17.5 Diskriminierung

Bei einer Messung möchte man echte Signale, ausgelöst zum Beispiel durch ein Teilchen, von Rauschtreffern, ausgelöst durch eine (elektronische) Fluktuation, unterscheiden und letztere unterdrücken. Ein Diskriminator entscheidet, ob ein Eingangspuls eine eingestellte Spannungsschwelle (*threshold*) überschritten hat, und erzeugt in diesem Fall ein logisches Ausgangssignal (Abb. 17.18(a)). So ist es möglich, echte Signale aus störenden Rauschpulsen kleinerer Amplitude herauszufiltern und gleichzeitig aus analogen Eingangssignalen digitale Ausgangssignale zu erzeugen, die sich zur logischen Weiterverarbeitung eignen. Diskriminatoren werden vor allem auch zum Triggern verwendet. Sie

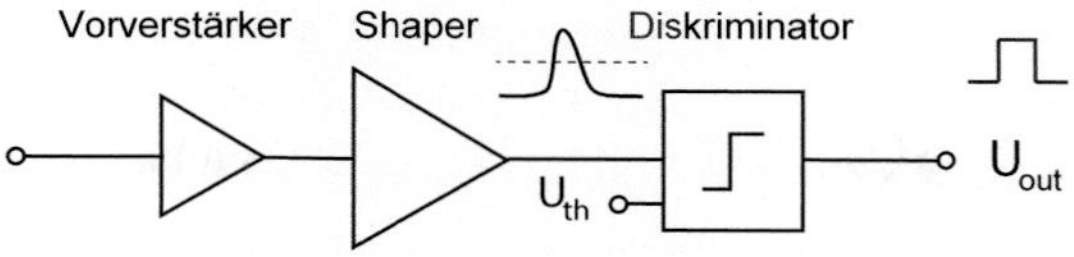

(a) Auslese mit Verstärkersystem und Diskriminator

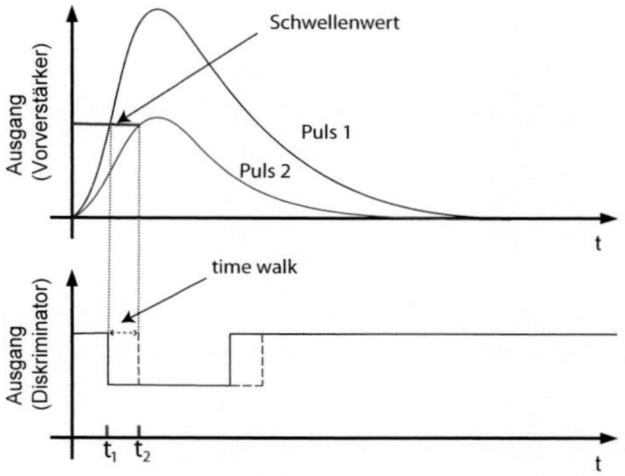

(b) Zeitverzögerung (*time walk*)

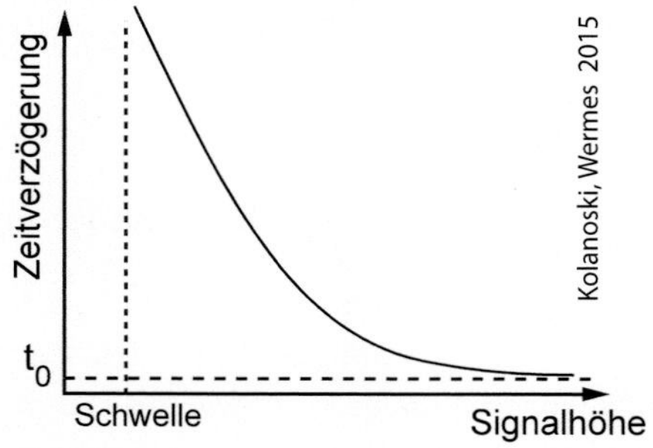

(c) Abhängigkeit des *time walk* von der Signalhöhe (schematisch)

Abb. 17.18 (a) Auslesekette mit Diskriminator. (b) Time-Walk-Verhalten (Zeitversatz) bei Systemen mit Diskriminator. (c) Abhängigkeit der Zeitverzögerung des Diskriminatorausgangs von der Pulshöhe über der Diskriminatorschwelle; t_0 bezeichnet die minimale Verzögerung, verursacht durch die Diskriminatorelektronik.

können beispielsweise die Datenaufzeichnung eines Oszillographen (Diskriminatorsignal auf den Triggereingang des Geräts) oder eines Vielkanal-Analysators (MCA, *Multi Channel Analyser*: Diskriminatorsignal auf Gate-Eingang des Geräts) regeln oder allgemeiner als logisches Signal in nachfolgenden elektronischen Verknüpfungen verwendet werden.

Zeitversatz (time walk)

Bei Eingangspulsen unterschiedlicher Höhen stößt man bei zeitkritischen Anwendungen auf ein Zeitversatzproblem (*time walk*). Für verschiedene Amplitudenhöhen der Pulse am Diskriminatoreingang werden die Ausgangspulse zu unterschiedlichen Zeiten abgegeben. Die Anwortzeit des Diskriminators hängt, wie in den Abbildungen 17.18(b) und 17.18(c) gezeigt, von den Amplituden der Eingangssignale ab. Die Genauigkeit der Zeitfestlegung durch Diskriminierung der Anstiegsflanke (*leading edge discrimination*) liegt im Bereich von bestenfalls 400–500 ps [541].

In Anwendungen, die eine gute Zeitauflösung erfordern, wie zum Beispiel Flugzeitmessungen mit schnellen Szintillatoren mit typischen Auflösungsanforderungen im 100-ps-Bereich (siehe Abschnitt 14.2.1), müssen zeitliche Fluktuationen, das heißt sowohl

Zeitversatz durch Amplitudenvariation als auch Zeitschwankungen durch Pulsformvariationen (*jitters*), bei der Diskriminierung minimiert werden. Bei zeitlich konstanter Pulsform kann Zeitversatz, verursacht durch unterschiedliche Signalamplituden, vermieden werden, wenn elektronisch auf den Nulldurchgang eines bipolaren Pulses getriggert wird (*zero crossing triggering*). Schaltungen, die dies leisten, sind zum Beispiel in [541] oder [749] beschrieben. Aus jedem unipolaren Puls kann ein bipolarer Puls erzeugt werden – zum Beispiel einfach durch ein nachfolgendes RC-Glied. Signale mit unterschiedlichen Amplituden haben bei gleicher Pulsform einen Nulldurchgang an derselben Stelle.

Diese Methode setzt eine gleich bleibende Pulsform, insbesondere im Anstieg, voraus und reagiert empfindlich mit Zeitschwankungen auf Fluktuationen in der Signalform. Eine sehr effiziente Methode für eine stabile Zeitmessung wird im nächsten Abschnitt beschrieben.

'Constant-Fraction'-Diskriminierung

Es hat sich empirisch herausgestellt, dass die genauesten Zeitmessungen mit der *Leading-edge*-Methode dann erzielt werden können, wenn die Schwelle zwischen etwa 10% und 20% der Maximalamplitude eines Pulses liegt. Dies hat zur Entwicklung einer erweiterten Methode geführt, die eine Zeitmarkierung dadurch vornimmt, dass ein Ausgangspuls eine feste Zeit nach dem Erreichen eines konstanten (einstellbaren) Bruchteils k (*constant fraction*) der Maximalamplitude erzeugt wird. Dieser Zeitpunkt ist unabhängig von der absoluten Pulshöhe, solange der Anstieg der Signale unverändert bleibt (Abb. 17.19 (a)).

Die elektronische Ausführung der Constant-Fraction-Diskriminierung ist in Abb 17.19 (b) gezeigt. Der Ausgangspuls wird geteilt und in einem Zweig um eine Zeit t_d, die kleiner als die Anstiegszeit des Pulses ist, verzögert. In dem anderen Zweig wird der Puls invertiert und um den Bruchteil $k < 1$ verkleinert. Beide Zweige werden überlagert:

$$u_{sum}(t) = u_{in}(t + t_d) - k u_{in}(t)\,. \tag{17.26}$$

Der Punkt des Nulldurchgangs hängt von dem konstanten Bruchteil k ab, um den der Originalpuls abgeschwächt wird.

Die Methode benötigt keinen bipolaren Eingangspuls und liefert vergleichsweise kleine Zeitschwankungen (typisch 10–30 ps) über einen großen Bereich von Amplitudenvariationen.

17.6 Integrierte Schaltkreise für die Auslese von Detektoren

In modernen Detektoren werden die ersten Stufen der Auslese von Detektoren häufig durch speziell konfektionierte, integrierte Schaltungen (ASIC-Chips) realisiert, die in ei-

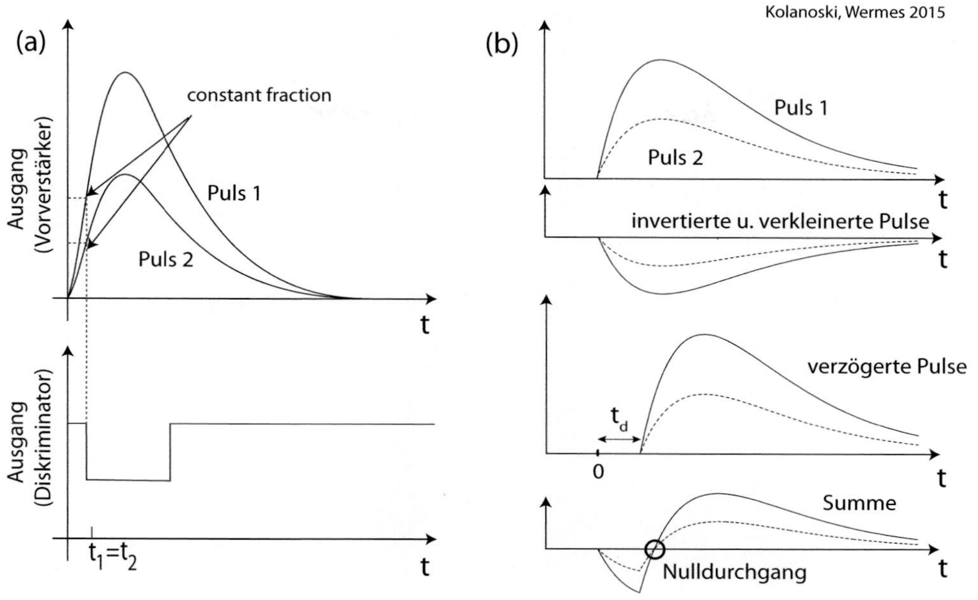

Abb. 17.19 Signaldiskriminierung mit geringer Zeitschwankung bei gleicher Pulsform (*constant fraction triggering*): (a) Zwei verschieden große Pulse werden bei festem Bruchteil diskriminiert; oben Pulsverlauf, unten zeitlich konstanter Ausgang des Diskriminators. (b) Elektronische Realisierung: Ein invertierter und abgeschwächter Puls wird dem verzögerten Ursprungspuls überlagert. Prinzip der Sequenz von oben nach unten: zwei verschieden große Ausgangspulse; invertierte und verkleinerte Pulse; verzögerte Pulse; Addition der invertierten und der verzögerten Pulse mit zeitlich konstantem Nulldurchgang.

nem Chip mit hoher integrierter Transistordichte (VLSI) Verstärkung, Pulsformung und Diskriminierung, oft auch Digitalisierung enthalten. Je nach experimenteller Anforderung ist die Auslese asynchron oder wird durch einen *Trigger* synchron angeworfen. Die Variation der Einsatzmöglichkeiten ist bei Halbleiter-Streifen- oder -Pixeldetektoren (Abschnitte 8.6 und 8.7) besonders groß, weshalb wir diese Detektorform hier als Beispiel für die auftretenden Varianten wählen. Der Einsatz in mikrostrukturierten Gasdetektoren (Abschnitt 7.9) ist ähnlich dem für Halbleiterstreifendetektoren.

17.6.1 Aufgaben von ASIC-Chips, Konzepte

Die Bedingungen im Experiment erfordern häufig sehr verschiedene Varianten der Auslese, selbst bei gleicher Art des Detektors. Bei Halbleiterdetektoren in Form von Mikrostreifen- oder Pixeldetektoren wird häufig der Signalstrom auf jedem Auslesekanal (Streifen oder Pixel) integriert und die Ladung analog gespeichert. Die gespeicherte Information kann durch weitere charakteristische Daten ergänzt werden, wie zum Beispiel eine Selektionsinformation (*triggering*) oder der Zeitpunkt der Signalaufnahme (zum Beispiel relativ zum Triggerzeitpunkt). In bildgebenden Anwendungen sind diese Infor-

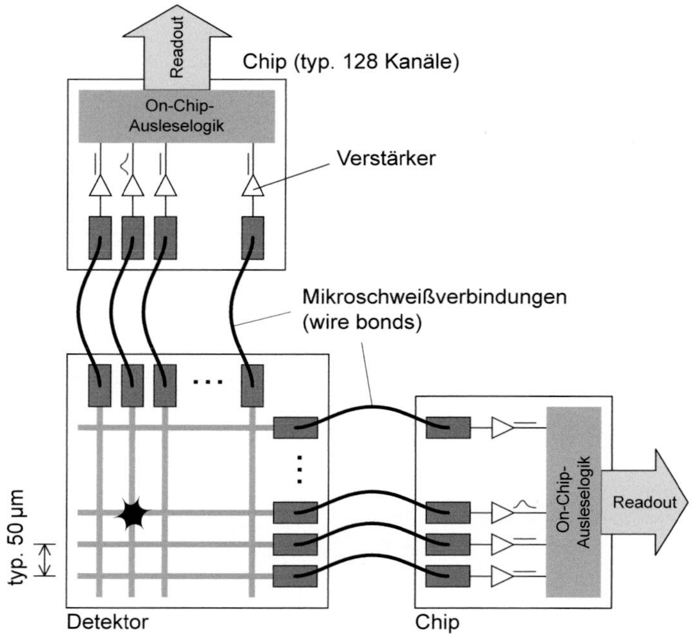

Abb. 17.20 Typischer Mikrostreifendetektor mit Chip-Elektronik.

mationen meist nicht von Interesse. Hier wird häufig nur die Zahl der Treffer in jeder Zelle über einen bestimmten Zeitraum gezählt und nach einer vorgegebenen Belichtungszeit ausgelesen. Zählende Chip-Architekturen bieten sich auch an, wenn zum Beispiel Strahlprofile oder Strahllagen in Beschleunigern ortsgenau ausgemessen werden müssen. Auch Messungen der Strahlpolarisation zum Beispiel durch Laserrückstreuung am Beschleunigerstrahl fallen darunter (siehe zum Beispiel [292]). Die Auslese von Einzelereignissen ist dazu nicht nötig und meist auch wegen der hohen Trefferrate nicht möglich.

Im Folgenden werden einige Konzepte vorgestellt. Die integrierten Schaltkreise für die Auslese der Detektoren werden hier zur Unterscheidung von eindimensionaler und zweidimensionaler Ortsinformation kurz Streifen- oder Pixelchips genannt, auch wenn die Verwendung der Ausleseschaltkreise ebenfalls für andere Detektorarten (zum Beispiel gasgefüllte Detektoren) geeignet ist.

Abbildung 17.20 zeigt den typischen Aufbau eines Mikrostreifendetektors mit Auslese beider Seiten durch Verstärkerchips. Die Herstellung und die Funktionsweise doppelseitiger Halbleiterdetektoren sind in Abschnitt 8.6 erläutert. Der Streifendetektor ist durch Ultraschallschweißverbindungen (*wire bonds*) mit den Verstärkerchips verbunden. Typisch verarbeitet ein Chip Signale von 128 Streifen.

Ein Kanal eines typischen Auslesechips beinhaltet den ladungsintegrierenden Vorverstärker, einen Pulsformer und einen Diskriminator, mit dem eine Schwelle für die Erkennung eines echten Signals über einem Rauschuntergrund gesetzt wird. Das Signal wird entweder analog oder digital abgespeichert. Eine spezielle Logik sorgt manchmal dafür, dass nur Kanäle mit einem Signaltreffer oberhalb der Schwelle ausgelesen werden

(Nullunterdrückung). Triggersignale werden genutzt, um die Streifenchips zur weiteren Übertragung der gespeicherten Information zu veranlassen und durch Selektion die zu übertragenden Datenmengen zu reduzieren. Zur Erzeugung des Triggersignals von Streifendetektoren wird bei Experimenten der Hochenergiephysik oft auf andere Detektorteile des Gesamtdetektors zurückgegriffen, die weit weniger Auslesekanäle besitzen als Streifendetektoren und daher ein schnelles Triggersignal einfacher erzeugen können. Auch der Takt, mit dem Ereignisse aufgenommen werden (zum Beispiel die Strahlkreuzungsfrequenz), kann als Trigger dienen.

Mikrostreifendetektoren werden an Fixed-Target- und an Collider-Experimenten zur Präzisionsmessung von Spuren geladener Teilchen und zur Erkennung von Zerfallsvertizes langlebiger Teilchen verwendet (siehe Kapitel 8 auf Seite 271). Das Design der Chips richtet sich nach den Anforderungen und Umgebungsbedingungen der jeweiligen Experimente. Nachfolgend gehen wir auf einige typische Anwendungen ein.

17.6.2 Streifenchips

Chips für Collider-Experimente mit geringen Teilchenraten

Für Experimente zum Beispiel an e^+e^--Beschleunigern, die im Vergleich zu den Experimenten an Hadron-Collidern eher kleine Raten zu verarbeiten haben, sind die folgenden Betriebsbedingungen maßgeblich:

- Der Zeitpunkt der Kollision ist (wie bei allen Collidern) präzise bekannt ($\mathcal{O}$(100ps)).
- Wechselwirkungen pro Strahlkreuzung zwischen e^+ und e^-, die im Detektor Signale erzeugen, sind selten (typisch $\mathcal{O}(10^{-6})$), im Gegensatz zu Hadron-Collidern, bei denen pro Strahlkreuzung mehrere Wechselwirkungen stattfinden.
- Ein Trigger wählt die interessanten Kollisionsereignisse aus.
- Die Auslese darf vergleichsweise lange (einige ms) dauern.

Unter diesen Gegebenheiten können realisiert werden:

(a) Ein Zurücksetzen (*reset*) des Chips vor dem Eintreffen eines neuen Signals ist möglich und notwendig.

(b) Lokales Abspeichern der Ladung eines Signals auf einer Kapazität (Sample-and-Hold-Methode, Abschnitt 17.4) zu einer festen Zeit ist möglich.

(c) Eine sequenzielle Auslese aller Kanäle nach einem Trigger ist möglich (analog oder digital).

Ein typisches Auslese-Schema bei diesen experimentellen Bedingungen erfolgt nach dem Sample-and-Hold-Prinzip, das in Abschnitt 17.4 erläutert wurde (Abb. 17.17).

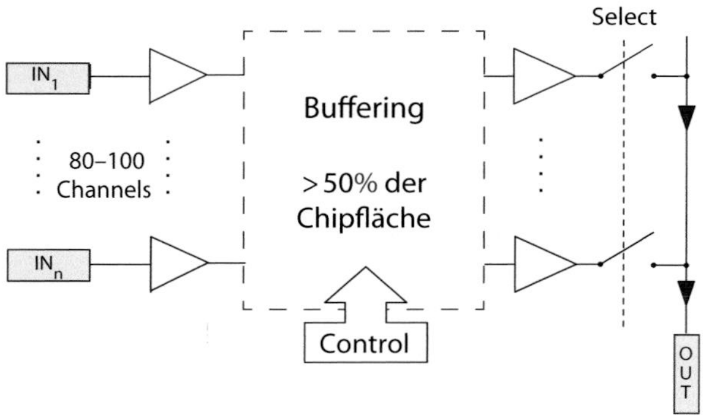

Abb. 17.21 Streifenchip-Architektur für LHC-Experimente

Chips für Collider-Experimente mit hohen Teilchenraten

An Beschleunigern mit sehr hohen Ereignisraten (zum Beispiel LHC, HERA, TEVATRON) kommen noch zusätzliche Randbedingungen zu den oben genannten hinzu (Zahlenbeispiele für LHC).

- Die Kollisionsrate ist sehr hoch (bis zu 40 MHz, Kollisionen alle 25 ns).
- Im Mittel treten mehr als nur eine Kollision pro Strahlkreuzung auf – bei der Designluminosität des LHC von $\mathcal{L} = 10^{34}\,\text{cm}^{-2}\,\text{s}^{-1}$ im Mittel etwa 25.
- Pro Strahlkreuzung entstehen sehr viele geladene Teilchen (ungefähr 1200 pro Kollision, etwa 10^{11}/s).
- Der Kollisionszeitpunkt ist auf besser als 25 ns genau bekannt.
- Der Trigger erfolgt erst nach einer vergleichsweise langen Zeit (2.5 µs) nach der Kollision, während der hundert weitere Strahlkreuzungen erfolgen.
- Die Auslesezeit dauert mehrere µs.

Diese zusätzlichen Bedingungen bedeuten, dass eine lokale Speicherung aller Trefferinformationen notwendig ist, bis der Trigger eintrifft. Dies ist besonders aufwändig, wenn die Signale mit ihrer Pulshöheninformation analog gespeichert werden sollen. Der Speicher befindet sich direkt auf den Streifenchips und kann dabei mehr als 50% der Chipfläche ausmachen. Abbildung 17.21 zeigt sehr vereinfacht die Architektur eines LHC-Streifenchips, bei der die Datenpufferung bis zum Eintreffen des Triggers Treffer in so genannten *data pipelines* erfolgt. Abbildung 17.22 zeigt ein Foto des APV-Chips, der im CMS-Experiment am LHC im Mikrostreifen-Spurdetektor eingesetzt wird. Man erkennt die Fläche, die der Analogteil (Vorverstärker und Shaper) und die Pipeline einnehmen, im Vergleich zu Filter und Steuerblöcken.

Nullunterdrückung Bei Experimenten mit großer Latenzzeit des Triggers oder völlig fehlender Triggerinformation ist es nicht möglich, ausreichend Speicher auf dem Chip bereit zu stellen. Daher werden Streifen ohne Treffer nicht ausgelesen (Nullunterdrückung).

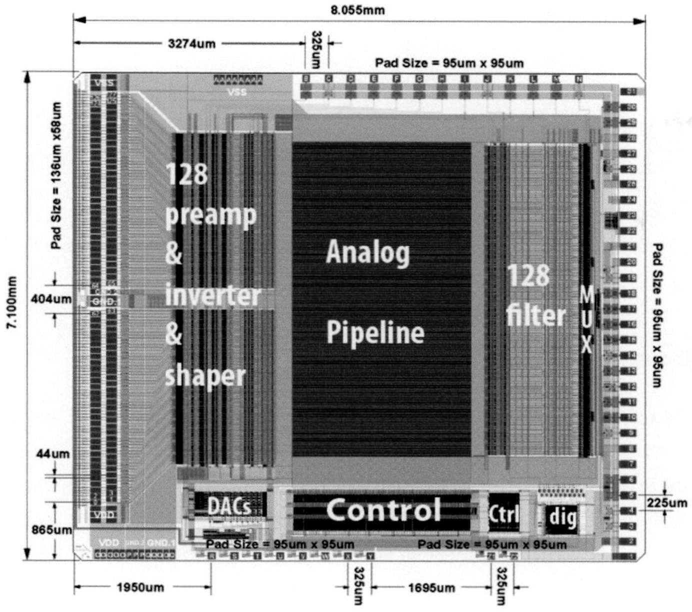

Abb. 17.22 Designplan des APV-Chips [674] (8.055 mm × 7.1 mm) des CMS-Experiments am LHC [628]: unten digitale Steuerung, oben Analogteil mit Verstärker, Shaper, Pipeline, einem *Switched-Capacitor*-Filter und dem Ausgangs-Multiplexer.

Die Treffersuche muss mit Hilfe eines Diskriminators auf jedem Chip und bei jedem Ereignis erfolgen. Für die gefundenen Treffer oberhalb einer Schwelle werden die jeweiligen Trefferkoordinaten (Addresse, Zeitmarke) ausgelesen.

Streifenchips mit Selbsttriggerung

Der Nachweis von Strahlung zur Bildgebung mit Röntgenstrahlen besitzt zum Teil völlig andere Anforderungen als der Nachweis von Ereignissen bei Teilchenkollisionen. Insbesondere gilt:

- Der Zeitpunkt des Eintreffens der Röntgenquanten oder anderer Strahlung ist unbekannt.
- Es liegt kein externes Triggersignal vor.
- Die Datenraten liegen im mittleren Ratenbereich ($\lesssim$ 10 MHz pro Kanal).
- Eine hohe Ortsauflösung ist erwünscht (am besten durch Analogauslese).

Bei der Realisierung von Chips für diese Anwendungen ist ebenfalls ein Diskriminator in jedem Kanal nötig, der Treffer erkennt und gegebenenfalls Triggersignale erzeugen kann. Nur die getroffenen Streifen und eventuell nächste Nachbarn werden ausgelesen.

Abb. 17.23 zeigt, wie vom Signal selbst ein schneller Trigger erzeugt werden kann (*self triggering*), der nach einer Verzögerungszeit zum richtigen Zeitpunkt die Speicherung der Signale auf der Sample-and-Hold-Kapazität (Abschnitt 17.4) initiiert. Die Auslese wird in der Regel ebenfalls durch den Trigger angestoßen.

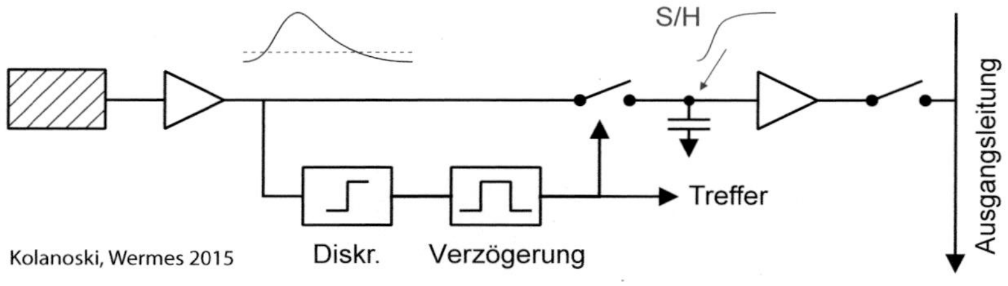

Abb. 17.23 Blockschaltbild zum Röntgennachweis mit Selbsttriggerung und Sample-and-Hold (S/H).

Streifenchips zur Profilmessung

In Situationen mit sehr hohen Zählraten, zum Beispiel nahe dem Primärstrahl eines Beschleunigers oder in Anwendungen zur Messung der Polarisation eines Beschleunigerstrahls durch Laser-Rückstreuung, ist man oft nur an einem Trefferverteilungsprofil interessiert. Eine Beispielanwendung einer derartigen Profilaufnahme ist in Abb. 17.24 gezeigt. Die Treffer werden nicht einzeln ausgelesen, sondern es wird nur die Trefferzahl pro Streifen, das heißt die die Zahl der Signale, die einen Ausgangspuls oberhalb einer Diskriminatorschwelle erzeugen, gezählt. Eine 'zählende' Auslesearchitektur, die die Zählerstände ausliest, bevor der Zähler überläuft, ist dazu notwendig.

17.6.3 Pixelchips

Pixelchips der LHC-Pixeldetektoren

Im Falle von hybriden Pixeldetektoren (siehe Abschnitt 8.7) ist es nicht mehr möglich, wie bei Streifendetektoren die Verstärkerchips am Rand des Detektors unterzubringen. Die Anzahl der Kanäle steigt quadratisch mit den linearen Dimensionen des Detektors an. Der Zugang zur Kontaktierung der einzelnen Kanäle kann nicht mehr über Mikro-

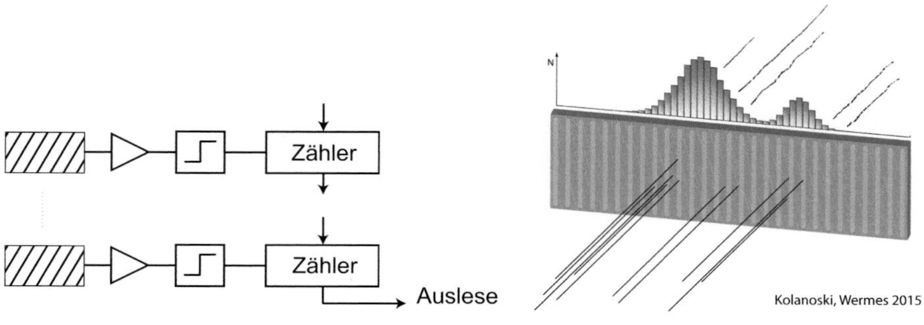

(a) Streifenchip mit Zähler (b) Messung eine Strahlprofils

Abb. 17.24 Streifenchips mit Zählelektronik: (a) Prinzipaufbau einer Zelle, (b) Anwendungsbeispiel.

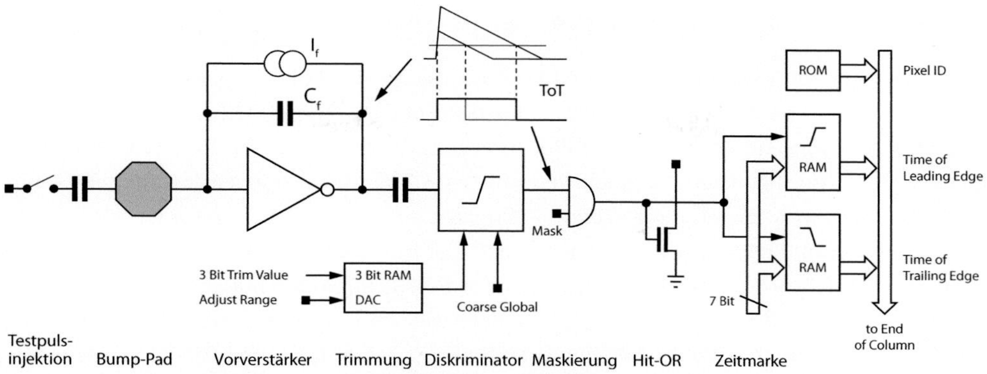

Abb. 17.25 Ausleseschema für den ATLAS-Pixelchip (FE-I3) [1]. Der Eingang wird über den achteckigen Bump-Kontakt (ganz links) mit der Pixelzelle des Sensors (nicht abgebildet), wie in Abb. 8.53 gezeigt, verbunden. Wahlweise kann eine Ladung über eine Injektionskapazität für Tests eingespeist werden. Der ladungsempfindliche Vorverstärker wird mit einem einstellbaren, konstanten Strom entladen, wodurch die Pulsdauer festgelegt werden kann. Der Diskriminator liefert bei Überschreiten der Schwelle sowohl mit der ansteigenden als auch mit der fallenden Flanke ein Ausgangssignal. Die dazu gehörenden Zeitmarken liefern eine Zeitdifferenz (*time-over-threshold*, ToT) die zu der Pulshöhe proportional ist (siehe Abb. 17.10 auf Seite 731). Die Zeitmarken (7 Bit) werden zusammen mit der Adresse der Pixelzelle in die Ausgangsspeicherzellen geschrieben, deren Inhalte bei einem *Triggersignal* ausgelesen werden. Durch 'Mask' können defekte Zellen ausgeblendet werden. 'Hit-OR' liefert ein Ausgangssignal als 'ODER' vieler Zellen.

drahtverbindungen (*wire bonds*) erfolgen, sondern muss durch so genannte Bump- und Flip-Chip-Technologien geleistet werden (*bump bonds*), bei denen Pixel-Sensor und Pixel-Auslesechip in jeder Pixelzelle miteinander mikromechanisch verbunden werden (hybrider Aufbau). Die Pixelzellen beider Chips haben identische Abmessungen (siehe Abb. 8.53 auf Seite 334). Hybride Pixeldetektoren werden in den LHC-Experimenten verwendet.

Die Architektur einer Pixelchip-Auslese ist in Abb. 17.25 gezeigt. Im ATLAS-Pixelchip (FE-I3) [639] wird ein ladungsempfindlicher Verstärker durch eine Konstantstromquelle (siehe Abb 17.10) entladen. Die linear ansteigenden und abfallenden Flanken erzeugen eine dreieckige Form des verstärkten Pulses, der über den Diskriminator mit beiden Flanken die Ausgabe der Pixeladresse (Zeilen- und Spaltennummer) sowie der jeweiligen Zeitmarke triggert. Die Differenz der beiden Zeitmarken (*time-over-threshold*, ToT, siehe auch Abschnitt 17.5), liefert ein grobes Maß (etwa 7 Bit) für die gemessene Ladung. Adressen und Zeitmarken werden zunächst lokal in der Pixelzelle in einem RAM gespeichert. Durch einen schnellen[5] Scanprozess über alle Pixel des Chips werden die Treffer in Puffer in der passiven Zone am Randbereich des Chips bewegt, wo sie bis zur Triggerkoinzidenz gespeichert bleiben können.

[5]Die maximale Bit-Transferrate von einer Spalte in die Puffer am Chip-Rand beträgt 20 MHz, was der halben Strahlkreuzungsfrequenz entspricht.

Pixelchips für die Röntgenbildgebung

Bei bildgebenden Anwendungen mit Röntgenstrahlung ist es nicht notwendig, jedes registrierte Röntgenquant einzeln auszulesen, sondern nur die Trefferzahl in jeder Zelle muss bekannt sein, um ein (pixelliertes) Bild zu erhalten (siehe Abb. 17.26(a)). Das Prinzip [339, 221] ist im Grundsatz ähnlich den auf Seite 748 beschriebenen 'Streifenchips mit Zähler'. Allerdings sind für die Röntgenbildgebung vornehmlich Pixelchips mit zweidimensionaler räumlicher und zusätzlicher spektraler Information interessant. Zu Letzterem ist eine Energiebestimmung der nachgewiesenen Röntgenquanten notwendig, oder wenigstens sollte die Möglichkeit bestehen, die nachgewiesenen Photonensignale durch Vergleich mit mehreren Diskriminatorschwellen plus Zähler in jeder Zelle spektral in verschiedene Härteklassen einzuteilen. Nach einer Belichtung werden die Zählerstände für verschieden hohe Schwellen ausgelesen. Zählender Röntgennachweis mit bis zu acht Zählern mit unterschiedlichen Schwellen ist im MEDIPIX-Chip [114] realisiert. Das Prinzip ist für zwei Schwellen schematisch in Abb. 17.26(b) dargestellt. Jeder Auslesekanal wird auf zwei Diskriminatoren mit unterschiedlich hohen Schwellen geführt, deren Ausgangspulse gezählt werden. Nach einer vorgegebenen Belichtungszeit werden die Zählerstände ausgelesen.

Vor allem bei kleinen Zählraten ist das zählende Prinzip dem integrierenden Nachweis von Film- oder Foliensystemen überlegen: Das Antwortverhalten ist über einen großen Bereich linear, und Unter- oder Überbelichtungseffekte sind verglichen mit anderen Verfahren deutlich reduziert. Sättigung durch Totzeiteffekte (siehe Abschnitt 17.9), die den dynamischen Bereich von zählenden Pixelchips limitieren, treten bei Zählraten oberhalb von etwa 5 MHz pro Pixel auf, entsprechend mittleren zeitlichen Trefferabständen von 200 ns.

Man kann den zählenden und den integrierenden Nachweis von Strahlung in jedem Pixel miteinander kombinieren, um die Vorteile beider für bessere Bildgebung auszunützen, wie zum Beispiel in Abb. 17.26(c)) gezeigt (CIX-Chip [332]). Die Eingangsladung wird gleichzeitig auf den Rückkoppelkapazitäten des Zählzweigs C_f und des Integratorzweigs C_{int} gespeichert. Während C_f im Zählzweig durch einen konstanten Strom wie beim ATLAS-Pixelchip des vorigen Abschnitts kontinuierlich entladen wird, erfolgt im Integratorzweig eine mit der Frequenz f_{clk} gepulste Entladung von C_{int}. Eine einstellbare Ladungsmenge Q_p wird über eine Zeit $1/f_{clk}$ von der auf C_{int} gespeicherten Ladung sukzessive subtrahiert (Ladungspumpe). Solange ein Signalstrom I_{sig} am Eingang anliegt, erfolgt eine sägezahnartige Auf- und Entladung von C_{int}, was die Bestimmung von I_{sig} über die Zahl der Subtraktionszyklen N_f in einem Messintervall erlaubt:

$$I_{sig} = \frac{N_p\, Q_p}{\Delta t} = \frac{N_p\, Q_p\, f_{clk}}{N_f}\,. \tag{17.27}$$

Hierbei ist Δt nicht das Messintervall, sondern die (gemessene) Zeit zwischen dem ersten und dem letzten Pumpzyklus innerhalb des Messintervalls, um Abtasteffekte (*aliasing*) zu vermeiden.

Im unteren Ratenbereich ist die zählende Auslese der integrierenden hinsichtlich Linearität und Kontrast, im hohen Ratenbereich ist die integrierende Messung überlegen.

(a) Illustration: Prinzip der Bildgebung durch Zählen

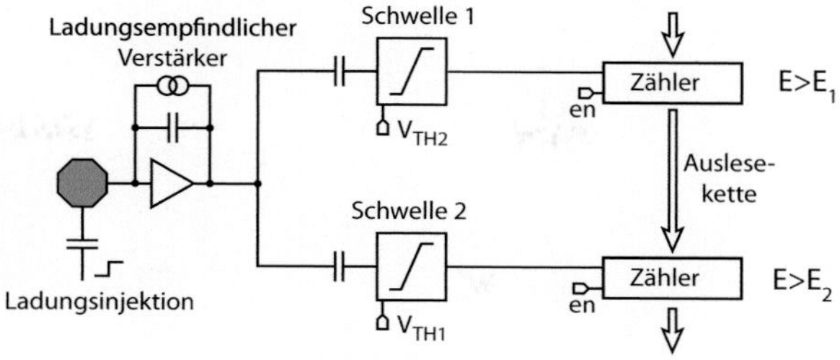

(b) Blockschaltbild der Zählelektronik

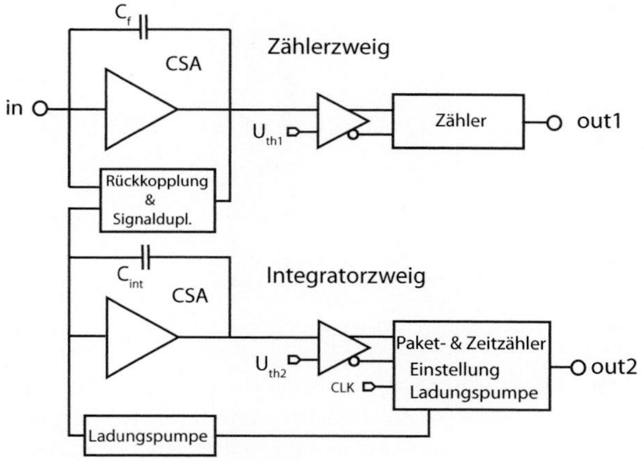

(c) Blockschaltbild: gleichzeitig zählender und integrierender Chip

Abb. 17.26 Prinzip der Röntgenbildgebung durch Zählen von Einzeltreffern (Röntgenquanten): (a) Das Konzept besteht aus der Zählung der eintreffenden Röntgenquanten. Nach der Auslese liegt das Rohbild durch die Zählerstände in digitaler Form vor; (b) Schaltungsprinzip, wie zum Beispiel in [114] und [557] realisiert. Der Analogteil ist ähnlich wie in Abb. 17.25. Allerdings wird keine Adress- und Zeitinformation ausgegeben, sondern in jeder Zelle werden die Treffer gezählt, deren Energie oberhalb der Schwelle E_1 beziehungsweise E_2 liegt; (c) gleichzeitig zählende und integrierende Architektur (CIX-Chip [332], Erläuterungen im Text).

Innerhalb dieser Grenzbereiche erhält man im mittleren Ratenbereich zweifach Information über die eintreffende Strahlung: zum einen durch Zählen der Röntgenquanten und zum anderen durch Integration der Ladung, das heißt der im Pixel deponierten Energie. Das Verhältnis liefert die mittlere Energie pro Photon, eine Information, die verwendet werden kann, um die spektrale Aufhärtung eines Röntgenstrahls in Bildgebungsanwendungen sichtbar zu machen [526].

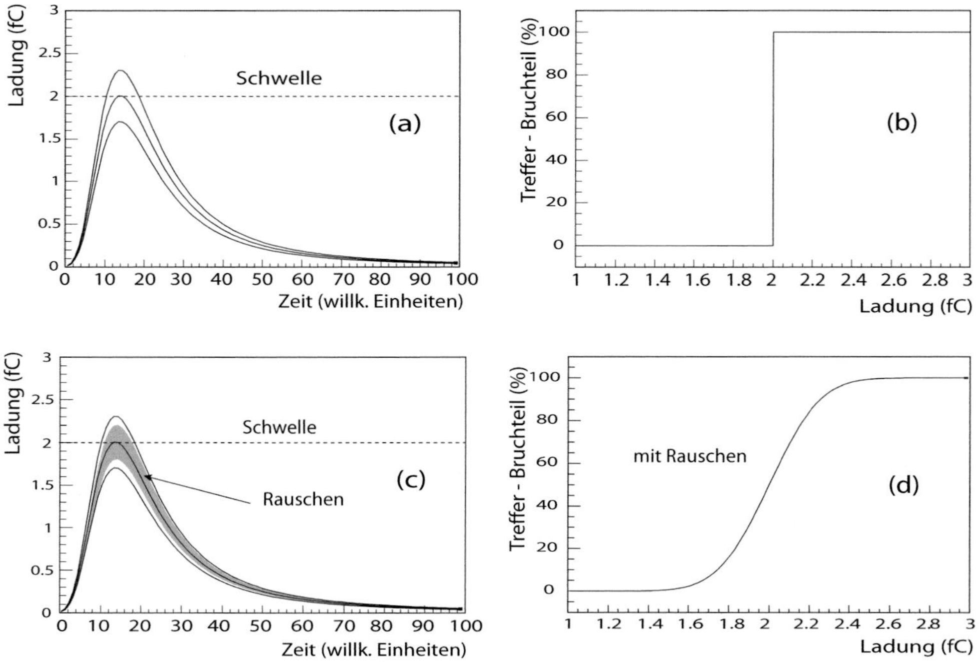

Abb. 17.27 Prinzip des Schwellenscans: Die Verhältnisse für den Idealfall ohne Rauschen sind oben (a), (b) und für reale Verhältnisse mit Rauschen unten (c), (d) dargestellt. Links in (a) und (c) sind mehrere Eingangsimpulse zum Diskriminator mit Pulshöhen in der Nähe der Schwellenspannung dargestellt. Rechts in (b) und (d) ist die Diskriminatorantwort in Prozent als Funktion der injizierten Ladung aufgetragen. Der Einfluss des Rauschens ist in (c) durch die grau hinterlegte Fläche eines Eingangsimpulses, der gerade die Schwelle berührt, dargestellt. Rauschen bewirkt die S-förmige Verschmierung der idealen Stufenfunktion in (d) (aus [401]).

17.6.4 Charakterisierung von Streifen- und Pixelchips: der Schwellenscan

Die genaue Kenntnis der Schwellenwerte (Spannungen) für jeden Auslesekanal und ihre Variationsbreite (Dispersion) bei Systemen mit sehr vielen Kanälen, wie zum Beispiel Streifen- oder Pixeldetektoren, ist wichtig, um das Antwortverhalten des Detektors zu charakterisieren. Durch individuelle Feineinstellungen in jedem Kanal können Inhomogenitäten der Schwellenwerte gegebenenfalls ausgeglichen werden.

Eine gängige Methode, die Schwelle eines Kanals zu bestimmen, besteht darin, eine variable Ladungsmenge am Eingang des ladungsempfindlichen Vorverstärkers zu injizieren, wie zum Beispiel in den Abbildungen 17.25 und 17.26(b) am Eingang eingezeichnet. Damit kann ein Scan durchgeführt werden, indem sukzessiv Spannungspulse mit einer Stufe fester Höhe U_{inj} auf die Injektionskapazität gegeben werden. Hinter der Kapazität entsprechen die Pulse einer festen Ladungsmenge $Q_{inj} = C \cdot U_{inj}$, die mit der Signalladung eines detektierten Teilchens vergleichbar ist. Der (Spannungs-)Ausgang des

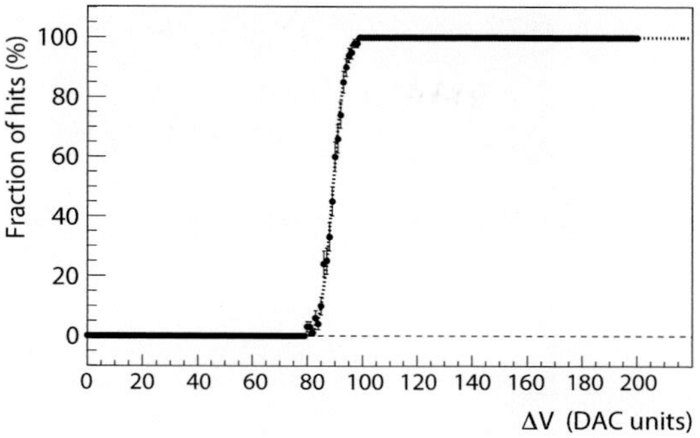

Abb. 17.28 Gemessene Diskriminatorantwort (S-Kurve) am ATLAS-Pixeldetektor [401, 1]. Aufgetragen ist wie in Abb. 17.27 die Diskriminatorantwort in Prozent als Funktion der Höhe des Eingangsimpulses in Einheiten des Digital-zu-Analog-Konverters (*DAC units*).

Vorverstärkers wird mit der eingestellten Schwellenspannung am Diskriminator verglichen. Liegt die Schwelle niedriger als die Pulshöhe am Diskriminatoreingang, so erzeugt der Diskriminator ein digitales Ausgangssignal, andernfalls nicht. Durch Vergleich der Zahl der Ausgangspulse hinter dem Diskriminator mit der Zahl der Injektionspulse erhält man ein Antwortverhalten wie in Abb. 17.27 dargestellt. In Abb. 17.27 (a) und (c) sind Signalpulse verschiedener Höhen relativ zu der eingestellten Schwelle gezeigt, in (a) ohne und in (c) mit Rauschen. In Abb. 17.27 (b) und (d) sind die Schwellenkurven zu sehen, die man aus der Antworthäufigkeit des Diskriminators bei schrittweiser Erhöhung der Injektionsspannungsstufe U_{inj} erhält.

Im Idealfall ohne Rauschen ist die Zahl der Ausgangspulse null, solange die Eingangspulse unterhalb der Schwelle liegen, und 100%, sobald sie oberhalb liegen. Durch Rauschfluktuationen des Vorverstärkersignals am Eingang des Diskriminators weicht das Antwortverhalten des Diskriminators von dieser Stufenform ab, und es entsteht eine so genannte 'S-Kurve' wie in Abb. 17.27 (d).

Für diese Messung ist die Kenntnis der Injektionskapazität oder eine separate Kalibrationsmessung mit Hilfe radioaktiver Quellen bekannter Energie notwendig.

Abbildung 17.28 zeigt eine S-Kurven-Messung für einen Auslesekanal des ATLAS-Pixeldetektors [401]. Aus dem Wendepunkt der S-Kurve wird der Schwellenwert Q_{thr} bestimmt, und aus der Breite erhält man unter der Annahme gaußförmig verteilten Rauschens durch die Funktionsanpassung

$$P_{hit}(Q) = \Theta(Q - Q_{thr}) \otimes \exp\left(\frac{-Q^2}{2\sigma^2_{noise}}\right) = \frac{1}{2}\,\mathrm{erfc}\left(\frac{Q_{thr} - Q}{\sqrt{2}\sigma_{noise}}\right) \tag{17.28}$$

das Rauschen σ_{noise} des Vorverstärkers. Das Zeichen $\otimes$ kennzeichnet eine Faltung der Θ-Stufenfunktion mit der Gauß-Verteilung. Die Funktion

$$\mathrm{erfc}(x) = \frac{2}{\sqrt{\pi}} \int_x^\infty \exp\left(-\tau^2\right) d\tau = 1 - \mathrm{erf}(x) \tag{17.29}$$

ist die komplementäre Fehlerfunktion, abgeleitet von der Fehlerfunktion erf.

In Abbildung 17.29 sind die Verteilungen der mit der S-Kurven-Methode gemessenen Schwellenwerte für 2880 Pixel eines Chips eines Moduls des ATLAS-Pixeldetektors gezeigt. Eine schmale Verteilung der Schwellen dieses Detektors mit insgesamt mehr als

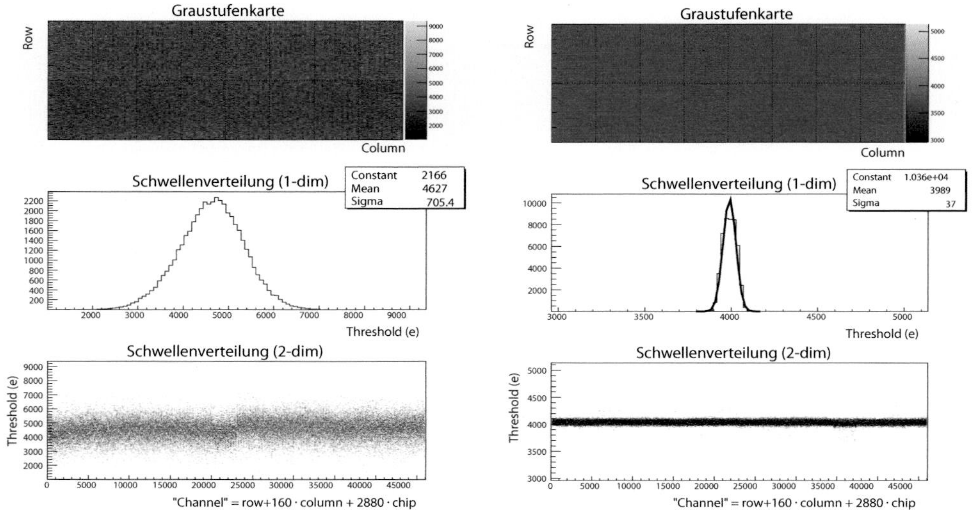

(a) Vor Feineinstellung (b) Nach Feineinstellung

Abb. 17.29 Mit Hilfe einer γ-Quelle (^{241}Am, 60 keV) gemessene Verteilung der Schwellenwerte der 46080 Pixel eines ATLAS-Pixelmoduls [401] (a) vor und (b) nach der Feinjustierung der Diskriminatorschwellen, jeweils oben als Graustufenkarte, mit Hilfe derer man Abweichungen vom Durchschnittsverhalten erkennen kann, in der Mitte als 1-dimensionales Histogamm und unten als 2-dimensionale Streuverteilung. Im Falle der gezeigten Module zeigt die Graustufenkarte wenig Struktur, weil alle Pixel effizient ansprechen.

80 Millionen Kanälen ist eine unabdingbare Voraussetzung für den zuverlässigen Betrieb dieses Detektors bei LHC. Daher müssen die Schwellen nach einer groben Voreinstellung durch spezielle Kalibrationsschaltkreise individuell fein eingestellt werden.

17.7 Digitalisierung

Die Messsignale von Detektoren werden als analoge Größen registriert. Am Ende der Auslesekette steht in der Regel ein Computer, der digitale Information verarbeitet. Die Digitalisierung der analogen Eingangsdaten ist daher Teil der Auslesekette. Sie kann früher oder später in der Kette erfolgen, je nachdem, ob Messinformation noch aus den analogen Größen geformt wird (zum Beispiel die Nullunterdrückung auf S. 746) oder die Zusammenfassung mehrerer Kanäle zu einem 'Summensignal') oder nicht. Oft kann die unmittelbare Weiterverarbeitung analog schneller und elektronisch weniger aufwendig durchgeführt werden als digital. Dann wird die Digitalisierung bevorzugt am Ende der Auslesekette durchgeführt.

Umgekehrt erwartet die 'Front-End'-Elektronik analoge Spannungen zur Einstellung von Betriebsparametern. Um diese zu steuern, müssen digitale Werte des Computers in analoge Spannungen umgewandelt werden.

In diesem Abschnitt besprechen wir einige grundlegende Konzepte und Eigenschaften der Analog-Digital-Wandlung (A/D- und D/A-Wandlung). Für eine ausführliche Darstellung wird auf die vielfältige Literatur verwiesen, zum Beispiel [637, 496].

17.7.1 Analog-zu-Digital-Konversion (ADC)

Die Digitalisierung eines (analogen) Spannungspulses erfolgt im so genannten *Analog-to-Digital Converter* (ADC). Eine zur Fläche oder Höhe eines Pulses proportionale Spannung wird in eine binär kodierte Zahl (*code*) konvertiert. Oft wird auch der Eingang periodisch abgetastet. Der Puls wird dadurch in eine Folge von in Zeitintervallen digitalisierten Amplitudenstücken zerlegt. Viele ADCs führen Konversionen kontinuierlich mit einer festen Taktrate (*clock*) aus. Eine Taktrate von 100 MHz zum Beispiel führt eine Digitalisierung alle 10 ns durch.

Eine Binärzahl mit n Bits kann 2^n Werte annehmen. Bei der Digitalisierung wird der Spannungsbereich von U_{min} (meistens = 0) bis U_{max} in $2^n - 1$ Intervalle aufgeteilt, die jeweils einem binären Zahlenwert zugeordnet werden. Wenn die Konversion linear ist, sind die Intervalle der Aufteilung gleich groß. Dem feinsten Aufteilungsschritt entspricht das niedrigstwertige Bit (*Least Significant Bit*, LSB), das in einer Binärzahl meistens ganz rechts steht. Ein LSB entspricht bei einem n-Bit-ADC einem Spannungsschritt von

$$1\,\mathrm{LSB} \mathrel{\widehat{=}} \frac{U_{max} - U_{min}}{2^n - 1} \tag{17.30}$$

Zum Beispiel entspricht ein LSB bei einem 12-Bit-ADC und einem Spannungsbereich von 2.2 V einem Spannungsschritt von 0.537 mV.

Es existiert ein ganze Reihe von Methoden zur Digitalisierung eines (in der Regel Spannungs-)Signals. Die Bezeichnung *Charge-integrating*-ADC bedeutet, dass das integrierte Eingangsstromsignal zuerst in ein zur Gesamtladung proportionales Spannungssignal verwandelt wird, welches digitalisiert wird. Das entspricht den in diesem Kapitel 17 getrennt beschriebenen Signalverarbeitungsstufen (Vorverstärker, Pulsformer, ADC), die in einer Elektronikeinheit kombiniert sind. Ein *Peak-sensing*-ADC kombiniert Elemente zur Bestimmung des Pulsmaximums der Sample-and-Hold-Technik (Abschnitt 17.4) mit dem Digitalisierungsprozess. Die Spannung des Pulsmaximums wird gehalten und digitalisiert.

Wir erläutern weiter unten einige Konzepte von Digitalisierungverfahren, die bei Detektoren häufig verwendet werden. Vorher sollen die zur Beurteilung der Güte von ADCs charakteristischen Merkmale besprochen werden:

- Auflösung: Genauigkeit der digitalisierten Werte;
- Integrale Linearität: Proportionalität des Ausgangs zum Eingang;
- differenzielle (Nicht-)Linearität: Gleichförmigkeit der Digitalisierungsschritte;
- Konversionsgeschwindigkeit: Schnelligkeit der Konversion des analogen Signals in eine Zahl;
- Ratenfähigkeit: wie schnell Signale nacheinander digitalisiert werden können;

– Stabilität: Empfindlichkeit der Konvertierungseigenschaften bezüglich Zeit, Temperaturänderungen und anderen äußeren Parametern.

Neben der Konversionsgeschwindigkeit und der Zeitstabilität sind vor allem die Genauigkeit der Konvertierung (ADC-Auflösung) und die (Abweichung von der) Linearität wichtig. Die in diesem Abschnitt gegebene Übersicht und die Definitionen beschränken sich meist auf die Digitalisierung eines in dem betrachteten Zeitintervall konstanten Spannungswerts. Weitergehende Betrachtungen und Definitionen finden sich zum Beispiel in [496].

ADC-Auflösung

Ein 8-Bit-ADC unterteilt den zu digitalisierenden Eingangsspannungsbereich in $2^8 = 256$ mögliche Ausgangszahlen, ein 12-Bit-ADC in 4096. Die Zahl der bei der Konversion wirksamen Bits wird 'Auflösung' des ADC genannt. Welche Auflösung in einer gegebenen Anwendung benötigt wird und sinnvoll ist, hängt vom Signal-zu-Rausch-Verhältnis der zu digitalisierenden Spannung ab. Wenn das Rauschen der Eingangsspannung größer als 1 LSB ist, so bewirkt ein ADC mit höherer Bitauflösung lediglich eine genauere Digitalisierung von Rauschanteilen, das Signal wird dadurch aber nicht genauer gemessen.

Der durch die Breite der Kodierung (*code width*) erzeugte Quantisierungsfehler δ kann als Standardabweichung einer Gleichverteilung angegeben werden, berechnet wie in Anhang E beschrieben:

$$\delta = \frac{\mathrm{LSB}}{\sqrt{12}}\,, \tag{17.31}$$

wobei die Kodierungsbreite durch das LSB gegeben ist, dem kleinsten digitalen Spannungsschritt des ADC[6]. Zum Beispiel weist ein Spannungswert bei einem 8-Bit-ADC und einem Eingangsspannungsbereich von 2.2 V einen Quantisierungsfehler von 2.5 mV auf, bei einem 12-Bit-ADC von 0.16 mV.

Das Signal-zu-Rausch-Verhältnis (SNR) ist bei ADCs als das Verhältnis des vollen Eingangsbereichs zum Quantisierungsfehler definiert, wobei Rauschen durch den Quantisierungsfehler als einzigem Beitrag angenommen ist. Das SNR wird dabei in dB angegeben:

$$\mathrm{SNR_{ADC}} = 20\log_{10} 2^n\,\sqrt{12} \approx (6.02\,n\, +\, 10.8)\,\mathrm{dB}\,, \tag{17.32}$$

hier für die Digitalisierung einer Gleichspannung mit n Bits. Für zeitlich variable Signale ist der Bezugswert der Effektivwert $U_{max}/\sqrt{2}$ einer Sinusspannung (siehe [496]).

Schwankungen im Konversionsprozess sind bei jedem ADC vorhanden. Falls diese groß genug sind, so kann die effektive Zahl der wirksamen Bits reduziert sein. Eine Definition dieser Größe kann durch Kenntnis der Schwankungsbreite dieser Konvertierungsschwankungen $\mathrm{rms_{conv}}$ erfolgen, die man erhält, wenn man den Eingangsbereich mit einer genau bekannten Spannung durchfährt und die resultierenden digitalen Soll-Minus-Ist-

---

[6] In allgemeineren Definitionen kann die Kodierungsbreite vom Spannungswert eines LSB abweichen [496], zum Beispiel wenn fehlende ADC-Kodierungen in der Definition berücksichtigt werden.

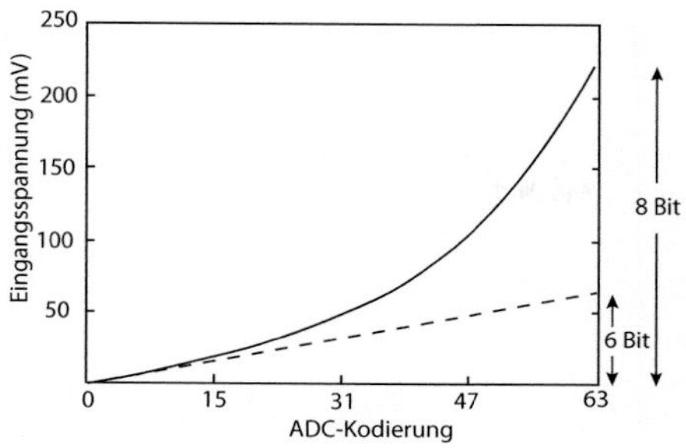

Abb. 17.30 Vergrößerung des dynamischen Eingangsbereichs eines ADC durch eine nichtlineare Kennlinie [320], die durch sukzessive Erhöhung der Schrittweite erreicht wird (siehe Text).

Werte histogrammiert. Die effektive Zahl ENOB der ADC-Bits verkleinert n abhängig von dem Verhältnis der Schwankungsbreite zur Bitauflösung $(1/\sqrt{12})$:

$$\mathrm{ENOB} = n - \log_2 \left(\frac{\mathrm{rms_{conv}}}{1/\sqrt{12}} \right) . \tag{17.33}$$

Oft steht der gewünschte Bereich der Eingangsspannungen, die digitalisiert werden sollen, in Konflikt mit dem notwendigen Aufwand, den gesamten Bereich mit gleicher ADC-Auflösung abzudecken. In den meisten Fällen muss die Auflösung aber nicht in allen Bereichen gleich gut sein. Zum Beispiel kann man es sich bei der Digitalisierung von Signalen einer Drahtkammer zur dE/dx-Messung (siehe Abschnitt 7.10.10 auf Seite 261 und Abschnitt 14.2.2) leisten, größere dE/dx-Werte mit geringerer Auflösung zu messen als kleinere Werte im Maximumsbereich der Landau-Verteilung. Es bietet sich daher an, den dynamischen Bereich eines n-Bit-ADC durch eine nichtlineare Kennlinie auf Kosten der Auflösung bei großen Eingangsspannungen effektiv auf eine größere Zahl von Bits zu erweitern. Dies wurde beispielsweise bei den ersten Anwendungen von Flash-ADCs (Beschreibung auf Seite 761) für die Pulsformdigitalisierung bei Driftkammern durchgeführt [320]. Die Kennlinie wurde durch Addition eines Bruchteils der Eingangsspannung U auf die Referenzspannung von ursprünglich 6 Bit auf effektiv 8 Bit erweitert, indem die Spannungsschrittweite nach der Formel

$$\Delta U = \Delta D \left(1 + \frac{a\,U}{D_{max}} \right)^2 \tag{17.34}$$

bitweise ansteigend vergrößert wurde [180]. Dabei sind $D_{max} = 2^6$, $a = 3/4$ und $\Delta D = 1$. Die resultierende Kennlinie ist in Abb. 17.30 zu sehen.

Linearität

Bei der Digitalisierung verläuft die Transferfunktion, die Spannungswerte in Binärcodes umwandelt, in Stufen. Abbildung 17.31(a) zeigt eine perfekte Kennlinie eines ADC. Die Kennlinie geht durch die Mittelwerte auf jeder Stufe, die jeweils von $\langle U_{in} \rangle - 1/2$ LSB bis $\langle U_{in} \rangle + 1/2$ LSB reicht, eine häufig in Datenblättern gefundene Darstellung.

Perfekte Linearität bedeutet, dass die Mittelpunkte der Stufen eine Gerade durch den Nullpunkt ergeben. Abweichungen von einer idealen linearen Beziehung der Eingangs-

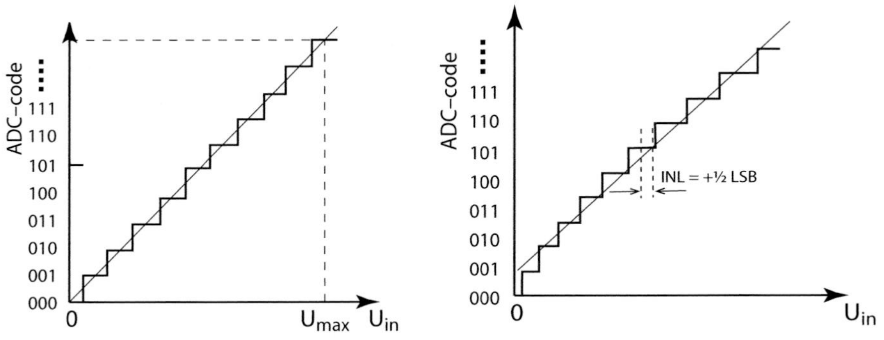

(a) Perfekt linearer 12-Bit-ADC (b) Integrale Nicht-Linearität

Abb. 17.31 Integrale Nicht-linearität: (a) Linearer ADC mit einer um eine halbe Kodierungsbreite ($\frac{1}{2}$ LSB) nach links verschobenen idealen Kennlinie, (b) Definition der Integralen Nicht-Linearität (INL), siehe dazu Erläuterungen im Text.

spannung zu der digitalen Ausgabe eines ADC werden durch ADC-Fehler gekennzeichnet. Neben dem Quantisierungsfehler, der die Abweichungen durch die Digitalisierungsstufen angibt, sind dies der Nullpunktfehler, der die Abweichung des Achsenabschnitts vom Nulldurchgang beschreibt und in die Definition des Quantisierungsfehlers einbezogen werden kann, außerdem Fehler in der Steigung ($s - s_{\text{ideal}}$), üblicherweise angegeben in Bruchteilen von s, sowie Linearitätsfehler.

Durch Kalibrierung werden die durch ADC-Fehler verursachten Abweichungen von der idealen Kennlinie berücksichtigt und eine reale Kennlinie erstellt. Lokale Fehler können dann als maximale Abweichungen von der Kennlinie charakterisiert werden. Die Abweichung von der Linearität wird durch zwei messbare Definitionsgrößen charakterisiert, der integralen Nicht-Linearität (INL) und der differenziellen Nicht-Linearität (DNL).

Integrale Nicht-Linearität Die integrale Nicht-Linearität ist definiert als die maximale Abweichung der gemessenen Kurve von einer Geradenanpassung durch die Mittelpunkte der Stufen, ausgedrückt entweder in Prozent des Eingangsspannungsbereichs (U_{max}) oder in Einheiten des Spannungsschritts, der dem niedrigstwertigen Bit (LSB) entspricht. Der INL-Wert wird vom Mittelpunkt einer Stufe gemessen zu dem Punkt auf der Geraden, wo die Extrapolation dieser Stufe die Gerade schneidet (Abb. 17.31(b)).

Differenzielle Nicht-Linearität Die differenzielle Nicht-Linearität DNL zeigt die Gleichförmigkeit aufeinander folgender Digitalisierungen an (daher 'differenziell'): Die Mittelpunkte der Spannungen zwischen Kodierungsübergängen sollten exakt 1 LSB auseinander liegen. Abbildung 17.32(a) zeigt Beispiele, wie ein DNL-Fehler um +1 LSB und –1 LSB auftreten kann. Die DNL beschreibt lokale relative Abweichungen der auftretenden ADC-Kodierungen von der (idealen) Stufenbreite (1 LSB) und ist definiert als

$$\text{DNL}_\text{i} = \frac{U_{i+1} - U_i}{\text{LSB}} - 1 \quad \text{für} \quad i = 1, 2, \ldots, 2^n - 2\,, \tag{17.35}$$

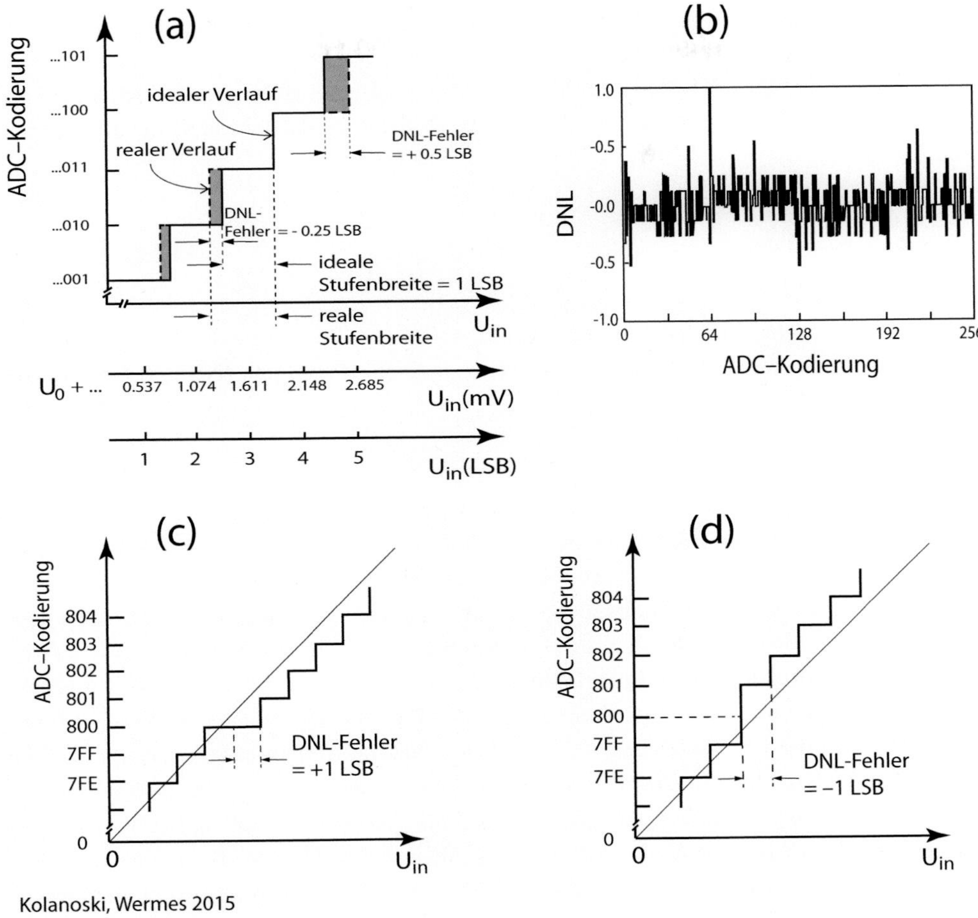

Abb. 17.32 Differenzielle Nicht-Linearität (DNL): (a) Zur Definition der DNL. Die durchgezogene bzw. die gestrichelte Linie stellen die ideale bzw. die reale ADC-Antwort dar. Die x-Achse ist in mV und in LSB-Einheiten angegeben. (b) Auftragung von 256 gemessenen DNL-Fehlern für einen 8-Bit-*Flash*-ADC (nach [262]). (c) und (d) zeigen Unterdrückungen von ADC-Kodierungen, die sich als (+1-LSB)-DNL-Fehler (Bit-Änderung von 0 auf 1 ist unterdrückt) oder (−1-LSB)-DNL-Fehler (Bit-Änderung von 1 auf 0 ist unterdrückt) auswirken (hexadezimale y-Achsen-Darstellung).

wobei U_{i+1} und U_i aufeinanderfolgende Spannungsstufen bezeichnen. Der letzte der $2^n - 1$ Werte ist von der Definition ausgenommen, da er in der Regel als Überlauf für Eingangssignale dient, die außerhalb des Definitionsbereichs liegen. Die DNL wird in Bruchteilen oder Vielfachen von ± 1 LSB angegeben.

Abbildungen 17.32 (c) und (d) zeigen zwei Beispiele, bei denen ein ADC einen DNL-Fehler von +1 und −1 LSB erzeugt. Die DNL-Werte des gesamten Spannungsbereichs können messtechnisch ermittelt werden, indem die Eingangsspannung gleichmäßig linear hochgefahren wird und die DNL_i wie in Abb. 17.32(b) als Funktion der Binärkodierungen der Spannungen dargestellt werden.

Um einen einzigen DNL-Wert zur Charakterisierung eines ADC anzugeben, wird entweder der maximale Absolutwert oder der Wert der Standardabweichung aller DNL_i angegeben:

$$\mathrm{DNL} := \max_i(|\mathrm{DNL}_i|) \qquad \text{oder} \qquad \mathrm{DNL}_{rms} := \left(\frac{1}{2^n - 2} \sum_{i=1}^{2^N-2} (DNL_i)^2 \right)^{1/2} .$$

Für die umgekehrte Konversion einer Binärzahl in eine Spannung durch einen Digital-zu-Analog-Konverter (DAC) gelten entsprechende Definitionen von INL und DNL (siehe Abschnitt 17.7.2).

ADC-Konzepte

Die elektronische Konversion einer Spannung in eine Zahl kann auf verschiedene Weise realisiert werden. Die Auswahl hängt von den Anforderungen hinsichtlich Konversionsgeschwindigkeit, Linearität, der notwendigen Auflösung und der jeweils nötigen Schaltungskomplexität ab, die meist in einem integrierten Schaltkreis zu realisieren ist. Wir stellen hier drei konzeptionell verschiedene Realisierungsmethoden vor, die häufig in der Ausleseelektronik von Detektoren Verwendung finden. Wir beschränken uns bei der Beschreibung weitgehend auf die Digitalisierung einer zeitlich konstanten Spannung am Eingang. Für die Digitalisierung einer Pulsform werden die Spannungswerte sukzessiver Zeitintervalle zum Beispiel mit einer Sample-and-Hold-Technik (Abschnitt 17.4) am ADC-Eingang bereit gestellt und nach einander konvertiert. Für die detailliertere Befassung mit dem Thema der A/D-Wandlung wird auf die umfangreiche Literatur verwiesen (zum Beispiel [637, 585, 496, 447]).

Successive Approximation ADC Eine häufig verwendete Digitalisierungsmethode ist die der sukzessiven Approximation (SAR, *successive approximation register*). Hierbei wird die Eingangsspannung (zum Beispiel 0.6 V) sukzessiv eingegrenzt durch digital wählbare Vergleichsspannungen. Angefangen mit der hälftigen Spannung $U_{1/2}$ des Vergleichbereichs (zum Beispiel 0 bis 1 V) wird das höchstwertige Bit (MSB) auf 1 oder 0 gesetzt, je nachdem, ob die Eingangsspannung größer (1) oder kleiner (0) als $U_{1/2}$ (hier 0.5 V) ist. Um den Wert des MSB-1 zu bestimmen, wird im nächsten Schritt die Vergleichsspannung zu $U_{1/2} \pm U_{1/4}$ mit $U_{1/4} = \frac{1}{2} U_{1/2}$ gewählt, wobei $+U_{1/4}$ für MSB$=1$ und $-U_{1/4}$ für MSB$=1$ gilt (in dem Beispiel also $U_{1/2} + U_{1/4} = 0.75\,\mathrm{V}$) mit $U_{1/4} = \frac{1}{2} U_{1/2}$. Im nächsten Schritt wird die Vergleichsspannung um $\pm U_{1/8}$ erhöht oder erniedrigt (hier 0.675 V). In dem Beispiel ergäbe sich bis hier eine Bitfolge von 100. Der Prozess wird fortgesetzt, bis die gewählte digitale Auflösung erreicht ist. Die benötigten wählbaren Vergleichsspannungen werden durch einen DAC (*Digital-to-Analog Converter*, siehe unten) eingestellt. Der SAR-ADC stellt einen guten Kompromiss zwischen Geschwindigkeit

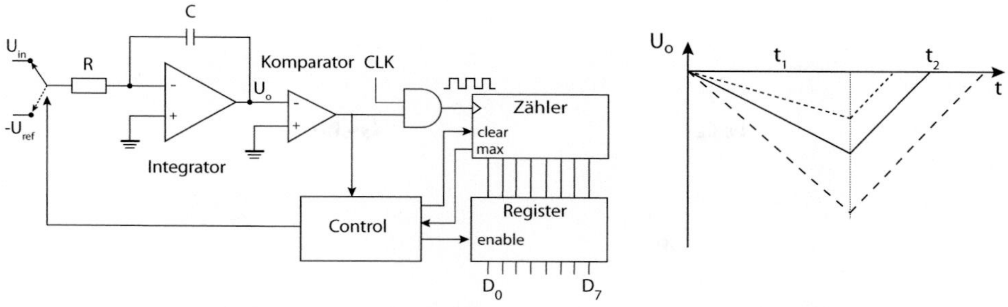

(a) Prinzipschaltbild (b) Spannungsverlauf von U_0

Abb. 17.33 Zwei-Flanken- oder *Dual-Slope*-ADC: (a) Prinzipschaltbild, (b) Verlauf der Spannung am Ausgang des Integrators. Die Schaltung steuert einen Zähler durch (lineare) Auf- und Entladung des Rückkoppelkondensators eines Operationsverstärkers, wodurch die DC-Eingangsspannung integriert wird. Die Aufladung erfolgt für eine feste Zeit t_1, bestimmt zum Beispiel durch Erreichen des maximalen Zählerstands (*max*), nach der der Zähler wieder auf null gesetzt wird und der Eingangsschalter auf $-U_{\mathrm{ref}}$ umgelegt wird, das ist die Spannung, die die Entladung bestimmt. Die Steigung der Aufladung hängt von U_{in} ab. Die Entladung erfolgt mit konstanter Steigung (bestimmt durch U_{ref}), aber mit variabler, von der Höhe von U_o nach der Aufladung abhängigen Zeit t_2 bis zum Nulldurchgang von $U_o = 0$. Der Zählerstand bei t_2 kodiert U_{in} und wird in das Register übertragen.

und elektronischem Aufwand dar. Die Genauigkeit liegt verglichen mit anderen ADCs im mittleren Bereich. Die benötigte Chipfläche wächst linear mit der gewünschten Auflösung.

Wilkinson-ADC Die Klasse der so genannten integrierenden oder Wilkinson-ADCs basiert auf dem Vergleich der Eingangsspannung mit der Spannung über einem sich aufladenden Kondensator. Die Eingangsspannung ist der durch Clock-Pulse digitalisierten Aufladezeit proportional. Wir erläutern das Prinzip anhand einer Variante mit linearer Auf- und Entladung (Zwei-Flanken- oder *Dual-Slope*-ADC), eine Weiterentwicklung des ursprünglichen Konzepts von Wilkinson [822]. Prinzip und Funktionsweise sind in Abb. 17.33 beschrieben. ADCs vom Wilkinson-Typ können mit hoher Auflösung bei mittlerem Schaltungsaufwand realisiert werden. Die Chipfläche hängt nicht wesentlich von der Auflösung ab. Der Vorteil der Zwei-Flanken-Methode liegt in ihrer weitgehenden Unabhängigkeit von Variationen in den elektronischen Komponenten und in ihrer vergleichsweise guten Rauschimmunität. Sie sind allerdings vergleichsweise langsam.

Flash-ADC Eine konzeptionell sehr einfache Technik mit sehr schneller Konversionsrate ist die *Flash*-Konversion. Eine Eingangsspannung wird parallel an den Eingang von Vergleicherschaltungen (Komparatoren) gegeben, deren Schwellenspannungen im einfachsten Fall durch einen Spannungsteiler linear heruntergeteilt sind. Das Prinzip ist in Abb. 17.34(a) beschrieben. Ein n-Bit-Flash-ADC benötigt $2^n - 1$ Komparatoren. Die Parallelisierung der Eingangsstufe bewirkt die hohe Konversionsgeschwindigkeit. Der nötige Schaltungsaufwand und der große Leistungverbrauch stellen die prinzipiellen Nachteile der Flash-Wandlung dar und sind der Grund dafür, dass Flash-ADCs erst mit schneller integrierter Elektronik Einzug in die Digitalisierungtechnik hielten. Die Auf-

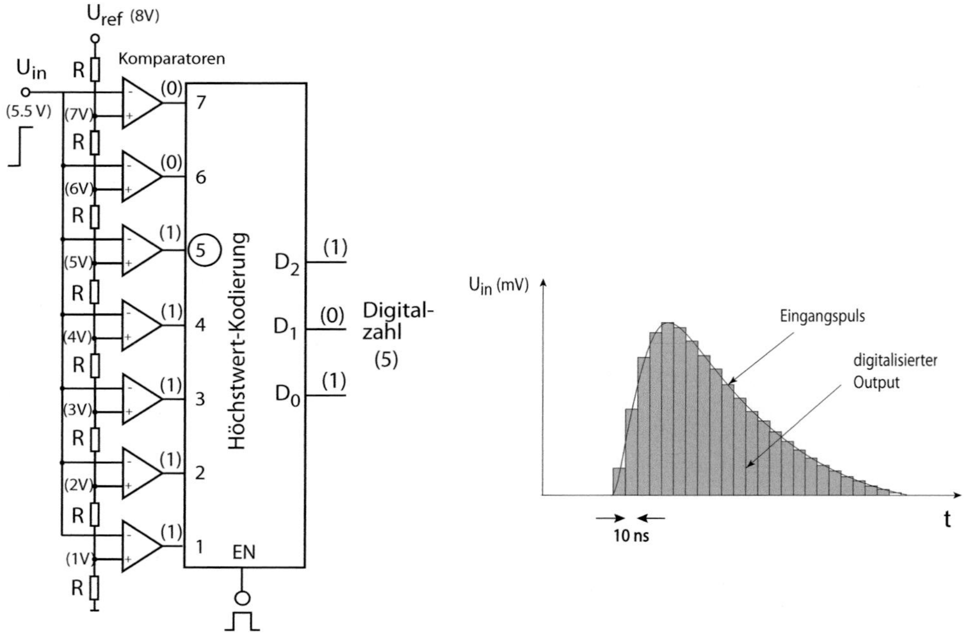

(a) Flash-ADC: Blockschaltbild (b) Digitalisierung eines Pulses

Abb. 17.34 Flash-ADC: (a) schematisches Diagramm zur Funktionsweise (hier 8 Bit). Die Schwellenspannungen der Komparatoren erhöhen sich von unten nach oben. Alle Komparatoren mit einer Schwelle kleiner als die Eingangsspannung liefern eine logische 1 am Ausgang, diejenigen mit einer höheren Schwelle als der Eingang eine logische 0. Ein konkretes Beispiel ist durch die eingeklammerten Werte gegeben. Eine Logik zur Höchstwert-Erkennung (*priority encoder*) findet mit dem EN-Takt das höchste gesetzte Bit (im Beispiel Bit 5, eingekreist) und liefert eine Binärzahl an den Ausgängen $D_0 - -D_2$. Die Eingangsspannung von 5.5 V im Beispiel wird also als 5 kodiert. (b) Vollständig digitalisierter Pulsverlauf mit Hilfe eines schnellen (100 MHz) Flash-ADC.

lösung derzeitiger Flash-ADCs ist auf 10 bis 12 Bit begrenzt. Die benötigte Chipfläche wächst exponentiell mit der Auflösung. Moderne Realisierungen erreichen Konversionsraten im Gsps-Bereich (*Giga samples per second*) bei 12-Bit-Auflösung. Mit schnellen Flash-ADCs kann der Signalverlauf eines analogen Detektorpulses von typisch mehreren hundert Nanosekunden Dauer zeitlich abgetastet und in Zeitfenstern digitalisiert werden wie Abb. 17.34(b) zeigt.

Ein weiterer in der Auslese-Elektronik von Detektoren gebräuchlicher ADC-Typ ist der **Pipeline-ADC**. Er arbeitet mehrstufig (in Pipeline-Architektur) mit meist aus Flash-ADCs aufgebauten Stufen. In jeder Stufe wird eine schnelle, grobe Konvertierung vorgenommen, deren Resultat mit Hilfe eines DAC wieder in ein analoges Signal umgewandelt und vom zwischengespeicherten Eingangssignal abgezogen wird. Das verbleibende Signal wird verstärkt und der nächsten Stufe zugeführt.

Tabelle 17.1 stellt Charakteristika der erwähnten ADC-Typen zusammen, die bei der Auswahl für einen gegebenen Einsatzbereich häufig entscheidend sind. Neben Konversi-

Tab. 17.1 Eigenschaften einiger bei der Detektorauslese häufig verwendeter ADC-Typen (aus verschiedenen Quellen, Stand 2014).

ADC-Typ	rel. Geschwindigkeit (Samples pro s)	Auflösung (Bits)	Chipfläche	Leistungsbedarf
SAR	langsam–mittel (< 2 Msps)	8–16	gering	klein
Zwei-Flanken	langsam (< 100 ksps)	12–20	mittel	klein
Flash	sehr schnell (< 5 Gsps)	4–12	hoch	groß
Pipeline	schnell (< 500 Msps)	8–16	mittel	mittel

onsgeschwindigkeit und Auflösung sind dies oft der Leistungsverbrauch und – bei einer Realisierung in einem Elektronikchip – die benötigte Chipfläche.

17.7.2 Digital-zu-Analog-Konversion (DAC)

Die Umkehrung der A/D-Wandlung ist die D/A-Konvertierung durch entsprechende Digital-zu-Analog-Konverter (DAC). Ein DAC konvertiert eine Digitalzahl am Eingang in einen Analogwert (in der Regel eine Spannung). Er ist für die Kommunikationsrichtung vom Computer zur Elektronik wesentlich. Ein Beispiel ist die Festlegung der Referenzspannung am Diskriminator wie zum Beispiel in den Abbildungen 17.25 und 17.26.

DACs werden in ähnlicher Weise wie ADCs durch ihre Auflösung, Linearität und Konversionsrate charakterisiert. Integrierte (INL) und differenzielle (DNL) Nicht-Linearität sind wie für ADCs (Seite 758) definiert (siehe auch [496]).

Eine einfache DAC-Realisierung kann durch ein Widerstandsnetzwerk erfolgen (Abb. 17.35(a)). Das Ausgangssignal wird durch so viele Widerstände erzeugt, wie es Binärstellen gibt; jeder Widerstand ist so gewichtet, wie es der Wertigkeit der zugeordneten Stelle entspricht. Die durch das Netzwerk erzeugten Ströme werden durch einen Strom-zu-Spannung-Wandler in eine Spannung umgesetzt. Der Nachteil dieser Konstruktion ist die Notwendigkeit vieler verschiedener Widerstände. Einfacher in der Herstellung und in der Umsetzung ist das äquivalente R-2R-Netzwerk (Abb. 17.35(b), das in einer Kette von Stromteilern jeweils eine Halbierung eines elektrischen Stromes vornimmt.

17.7.3 Zeit-zu-Digital-Konversion (TDC)

Die Messung und Digitalisierung einer Zeit ist ebenfalls häufig in Experiment erforderlich. Ein sehr direktes Beispiel ist die Flugzeitmessung, wie in Abb. 14.3 auf Seite 541 dargestellt. Die (digitale) Zeitmessung erfolgt durch einen schnellen Taktgenerator (*clock*) in Kombination mit einem Zähler, der die Zahl der Taktpulse zwischen einem Start- und einem Stop-Signal zählt (Abb. 17.36). Die erzielbare Zeitauflösung wird durch die Geschwindigkeiten des Zählers und des Taktgenerators begrenzt, die typisch im Bereich von 10 GHz oder mehr liegen und Zeitauflösungen in der Größenordnung von weniger als 100 ps zulassen.

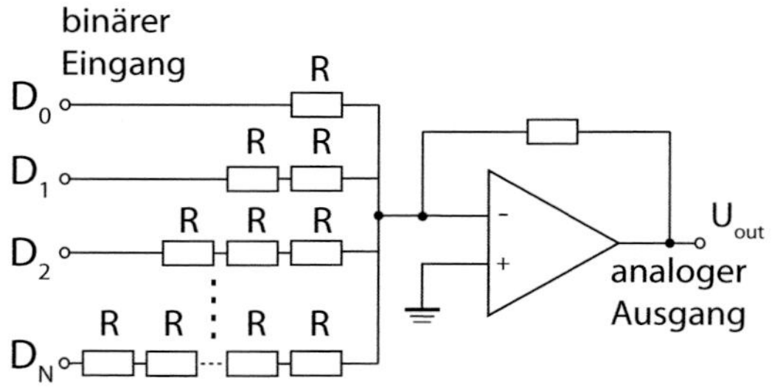

(a) Widerstandsleiter

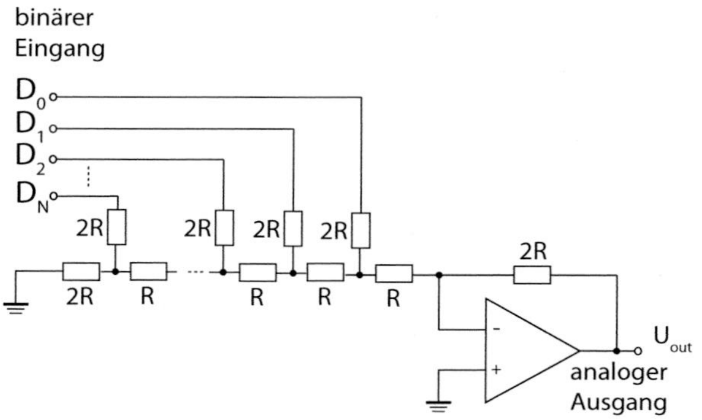

(b) R-2R-Leiter

Abb. 17.35 D/A-Wandlung mittels Widerstandsnetzwerk: (a) Erzeugung der Ausgangsspannung durch (binär) gewichtete Strombeiträge; (b) R-2R-Leiternetzwerk mit nur zwei Widerstandswerten.

Hohe Auflösungen kann man auch durch Zeit-zu-Amplituden-Konversion (*time-to-amplitude converter*, TAC) erzielen mit einem anschließenden ADC für die Digitalisierung wie in Abb. 17.37 gezeigt. Ein Kondensator C wird von einem konstanten Strom I für eine Zeit $\Delta t = t_{\text{start}} - t_{\text{stop}}$ aufgeladen, so dass eine Spannung

$$U = \frac{Q}{C} = (t_{\text{start}} - t_{\text{stop}}) \cdot \frac{I}{C}$$

am Eingang eines ADC anliegt, der diese Spannung digitalisiert. Mit dieser Anordnung können Zeitauflösungen im ps-Bereich erzielt werden.

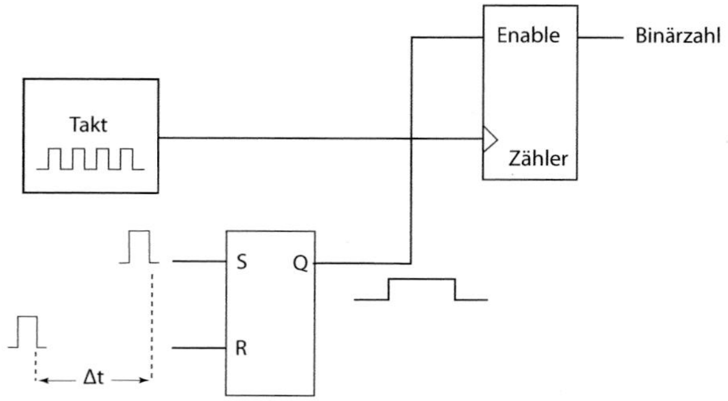

Abb. 17.36 Realisierung eines *Time-to-Digital*-Konverters (TDC) durch einen Taktgenerator (*clock*) und einen Zähler, der von externen Signalen gestartet und gestoppt wird. Das SR-Flip-Flop erzeugt einen Gate-Puls mit der Länge Δt (Start minus Stop).

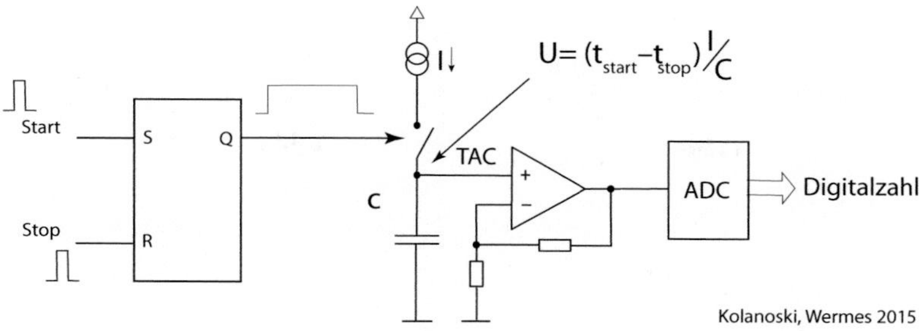

Abb. 17.37 Realisierung eines *Time-to-Digital*-Konverters (TDC) durch einen *Time-to-Amplitude*-Konverter (TAC) mit nachgeschaltetem Spannungsverstärker und ADC. Am Eingang wird durch ein SR-Flip-Flop ein Puls mit der Länge Δt (Start minus Stop) erzeugt.

17.8 Signaltransport durch Leitungen

Über längere Strecken werden analoge oder digitale Signale durch Signalleitungen (Wellenleiter) übertragen, oft Koaxialkabel oder Flachbandkabel. Das Signal pflanzt sich zwischen zwei Leitungselementen, die durch ein Dielektrikum von einander separiert sind, fort. Abbildung 17.38 zeigt den Aufbau eines koaxialen und eines Flachband-Wellenleiters. Die Geometrie des Wellenleiters bedingt kapazitive und induktive Leitungselemente. Im Falle eines Koaxialkabels sind dies pro Einheitslänge:

$$L' \approx \frac{\mu\mu_0}{2\pi} \ln\frac{b}{a} \qquad \qquad C' \approx \frac{2\pi\epsilon\epsilon_0}{\ln(b/a)}, \tag{17.36}$$

wobei a und b die Radien des Innen- und des Außenleiters sind und $\mu\mu_0$ und $\epsilon\epsilon_0$ die relativen beziehungsweise absoluten Permeabilitäts- und Permittivitätszahlen sind. Zusätzlich treten in einem realen Kabel Verluste auf, die durch Widerstandselemente beschrieben werden. Typische Induktivitäts- und Kapazitätswerte für ein Koaxialkabel (zum Beispiel RG-58/U)[7] mit $50\,\Omega$ Wellenwiderstand (Definition in Gleichung (17.49)) sind etwa 250 nH/m und 100 pF/m. RG-58/U wird zur Verkabelung von Elektronikmodulen in Experimenten der Kern- und Teilchenphysik häufig benutzt. Ein Konfektionsstandard sind so genannte 'Lemo^{TM}-Kabel' mit einem Durchmesser von ca. 5 mm. Gleiche elektrische Werte liefert zum Beispiel ein Mikrostreifenleiter (einzelner Leiter wie in Abb. 17.38(b))

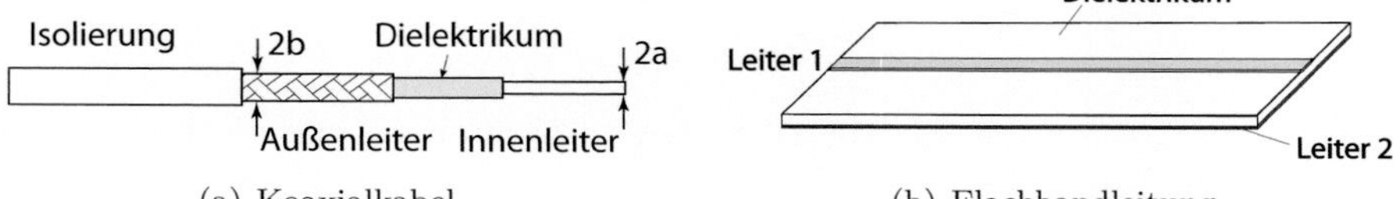

(a) Koaxialkabel (b) Flachbandleitung

Abb. 17.38 Signalleiter: (a) Koaxialkabel mit Innen- und Außenleiter, (b) Flachbandleitung in der Ausführung mit einer vollflächigen Leiterschicht auf der Rückseite.

[7]RG steht für *radio guide*, der dem US Militärstandard MIL-C-17 entspricht. U bedeutet *universal*, und die Ziffer ist die Fabrikationsnummer.

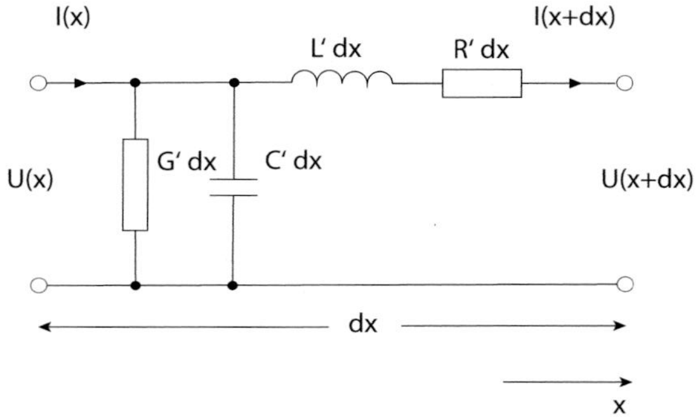

Abb. 17.39 Ersatzschaltkreis für ein infinitesimales Element dx eines Wellenleiters.

von 200 µm Breite und 20 µm Dicke auf Kapton[8] (Dicke 100 µm, $\epsilon = 3$) mit metallisierter Rückseite [578].

In heutigen Experimenten werden auch die in Daten- und Computernetzwerken verwendeten so genannten 'Twisted-Pair'-Kabel vielfach eingesetzt. Twisted-Pair-Kabel (TWP) sind verdrillte Aderpaare, die als Doppelleiter fungieren. Sie sind eine preisgünstige und Platz sparende Alternative zu Koaxialkabeln. Die Signale werden mit gleichem Betrag, aber entgegengesetzten Polaritäten auf die beiden Adern eingespeist und über einen Differenzverstärker ausgelesen. Bei der Differenzbildung werden Einstreuungen von äußeren elektromagnetischen Feldern, die gleiche Polarität auf den beiden Adern haben, unterdrückt. Die Verdrillung der Adern unterdrückt zusätzlich die verschieden starken Einkopplungen einer Störung, die bei unverdrillten Paaren aufgrund ihrer unterschiedlichen Entfernungen zu der Störungsquelle aufträten. Die einzelnen Paare oder/und mehrere in einem Kabel zusammengefasste Paare sind oft zusätzlich abgeschirmt. Häufig werden auch mehrere Auslesekanäle als Flachbandkabel in einer Ebene zusammengefasst. Der typische Wellenwiderstand von Twisted-Pair-Kabeln beträgt 100 Ω.

17.8.1 Transportgleichung

Die Ausbreitung von Signalen auf Wellenleitern gehorcht der Telegraphengleichung (siehe zum Beispiel [522]), die aus den Kirchhoffschen Beziehungen

$$\frac{\partial U}{\partial x} = -L' \frac{\partial I}{\partial t} - R' I\,, \tag{17.37}$$

$$\frac{\partial I}{\partial x} = -C' \frac{\partial U}{\partial t} - G' U\,, \tag{17.38}$$

angewendet auf Knoten und Maschen des in Abb. 17.39 dargestellten Ersatzschaltbilds abgeleitet werden kann. Dabei sind

$$L' = \frac{dL}{dx}\,, \qquad C' = \frac{dC}{dx}\,, \qquad R' = \frac{dR}{dx}\,, \qquad G' = \frac{dG}{dx} \tag{17.39}$$

[8]Kapton ist ein Markenname für Polyimid der Firma DuPont.

(spezifische) Induktivität, Kapazität, Widerstand beziehungsweise Leitwert (Kehrwert des Widerstands). Durch weitere Anwendung von $\partial/\partial x$ auf (17.37) und $C'\partial/\partial t$ auf (17.38) ergeben sich die eindimensionalen Wellengleichungen (Telegraphengleichungen) für Spannungs- und Stromausbreitung auf einem Wellenleiter:

$$\frac{\partial^2 U}{\partial x^2} - L'C'\frac{\partial^2 U}{\partial t^2} = (L'G' + R'C')\frac{\partial U}{\partial t} + R'G'U\,, \tag{17.40}$$

$$\frac{\partial^2 I}{\partial x^2} - L'C'\frac{\partial^2 I}{\partial t^2} = (L'G' + R'C')\frac{\partial I}{\partial t} + R'G'I\,, \tag{17.41}$$

mit der Lösung für (17.40)

$$U(x,t) = U_0\,\mathrm{e}^{\mathrm{i}\omega \mathrm{t} - \gamma \mathrm{x}} = \mathrm{U_0\,e}^{\,\mathrm{i}(\omega \mathrm{t} \mp \beta \mathrm{x})}\,\mathrm{e}^{\mp\alpha \mathrm{x}}\,, \tag{17.42}$$

wobei

$$\gamma = \pm\sqrt{(R' + i\omega L')(G' + i\omega C')} = \pm(\alpha + i\beta) \tag{17.43}$$

ist. Der Realteil Re $\gamma = \alpha$ ist das Maß für die Dämpfung.

Im verlustfreien Fall ($R' = G' = 0$) erhalten wir die homogenen Wellengleichungen

$$\frac{\partial^2 U}{\partial x^2} - \frac{1}{c_{ph}^2}\frac{\partial^2 U}{\partial t^2} = 0\,, \tag{17.44}$$

$$\frac{\partial^2 I}{\partial x^2} - \frac{1}{c_{ph}^2}\frac{\partial^2 I}{\partial t^2} = 0\,, \tag{17.45}$$

mit der Ausbreitungsgeschwindigkeit (Phasengeschwindigkeit)

$$c_{ph} = \frac{1}{\sqrt{L'C'}} = \frac{1}{\sqrt{\epsilon\epsilon_0\mu\mu_0}} \tag{17.46}$$

und $\gamma = i\beta = \pm\sqrt{-\omega^2 L'C'}$. Durch Einsetzen in (17.44) lässt sich zeigen, dass

$$U(x,t) = \mathrm{U_{01}\,e}^{\mathrm{i}(\omega \mathrm{t}-\beta \mathrm{x})} + \mathrm{U_{02}\,e}^{\,\mathrm{i}(\omega \mathrm{t}+\beta \mathrm{x})} = \mathrm{U_{hin}} + \mathrm{U_{rück}}\,, \tag{17.47}$$

und

$$I(x,t) = \frac{\mathrm{U_{01}}}{\mathrm{Z_0}}\,\mathrm{e}^{\mathrm{i}(\omega \mathrm{t}-\beta \mathrm{x})} - \frac{\mathrm{U_{02}}}{\mathrm{Z_0}}\,\mathrm{e}^{\,\mathrm{i}(\omega \mathrm{t}+\beta \mathrm{x})} = \mathrm{I_{hin}} + \mathrm{I_{rück}} \tag{17.48}$$

die Ausbreitung durch Überlagerung einer hin- und rücklaufenden Welle beschreiben, wobei mit

$$Z_0 = \frac{U}{I} = \sqrt{\frac{L'}{C'}} \tag{17.49}$$

der Wellenwiderstand der Leitung (Einheit Ω) definiert ist.

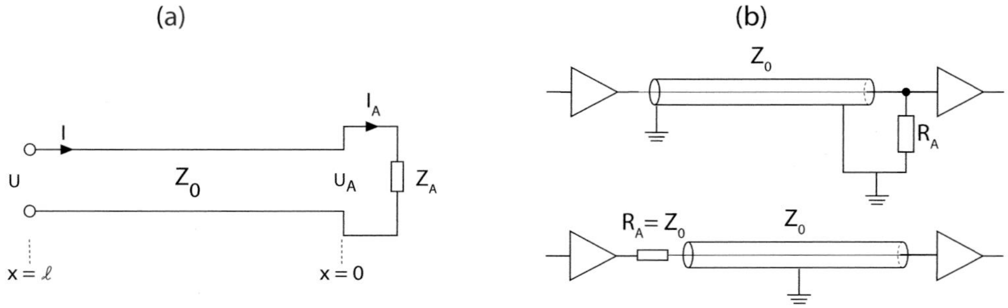

Abb. 17.40 Abschluss einer Signalleitung mit einem Abschlusswiderstand ($R_A = Z_A$): (a) Prinzip; (b) Beispiele mit Abschluss am Empfängerende und am Senderende (siehe Text, nach [749], mit freundl. Genehmigung von Springer Science+Business Media).

17.8.2 Reflexionen am Leitungsende

Detektorsignale werden nach der ersten Verarbeitung am so genannten '*Front-End*' meist über Wellenleiterkabel weiter transportiert und mit der '*Back-End*'-Elektronik verbunden, zum Beispiel zur logischen Verarbeitung der Signale. Dabei müssen Störungen und insbesondere Reflexionen der Signalwellen an den Enden der Leitung vermieden werden. Das Verhältnis von Spannung und Strom ist während der Signalausbreitung durch den Wellenwiderstand Z_0 festgelegt. Falls am Leitungsende ein anderer Widerstand als Z_0 auftritt, so muss ein anderes Spannungs-Strom-Verhältnis eingestellt werden, das ein rücklaufendes Signal bewirkt, welches als Reflexion erscheint. Für Reflexionen am Leitungsende eines Wellenleiters ist daher der Abschlusswiderstand R_A (Abb. 17.40(a)) entscheidend dafür, wie sich die hin- und die rücklaufenden Wellen am Leitungsende überlagern.

Aus (17.47) und (17.48) ergeben sich für $t = 0$ und mit der vereinfachenden Annahme, dass das Leitungsende bei $x = 0$ liegt:

$$U(x=0) = U_{01} + U_{02} = U_A\,, \tag{17.50}$$

$$I(x=0) = \frac{U_{01}}{Z_0} + \frac{U_{02}}{Z_0} = \frac{U_A}{Z_A}\,, \tag{17.51}$$

wobei $Z_A = U_A/I_A$ der Abschlusswiderstand am Ende der Leitung ist. Durch Addition beziehungsweise Subtraktion der beiden Gleichungen ergibt sich:

$$U_{01} = U_A\left(1 + \frac{Z_0}{Z_A}\right)\,, \qquad U_{02} = U_A\left(1 - \frac{Z_0}{Z_A}\right)\,, \tag{17.52}$$

und das Verhältnis von rücklaufender zu hinlaufender Welle definiert den Reflexionsfaktor:

$$r = \frac{U_{02}}{U_{01}} = \frac{Z_A - Z_0}{Z_A + Z_0}\,. \tag{17.53}$$

Falls das Leitungsende offen ist ($Z_A = \infty$), so ist $r = 1$, und das hinlaufende Signal wird unverändert reflektiert. Falls das Leitungsende kurzgeschlossen wird ($Z_A = 0$), so ist $r = -1$, und das hinlaufende Signal wird mit invertierter Amplitude reflektiert. Zwischen diesen Extremwerten erfolgt eine teilweise Reflexion. Nur bei einem geeignet gewählten Abschlusswiderstand $Z_A = Z_0$ treten keine Reflexionen auf ($r = 0$). In Experimenten muss daher sorgfältig auf richtige Leitungsabschlüsse geachtet werden.

Abbildung 17.40(b) zeigt Abschlussmethoden am Empfängerende mit einem ohmschen Widerstand $R_A = Z_A$ gegen Masse, parallel zum Empfänger und am Senderende mit R_A in Serie. Da in der Regel die als Dreiecke gezeichneten Sender- (Treiber) und Empfängerverstärker hohe Eingangs- und niedrige Ausgangsimpedanzen besitzen, liefern diese Konfigurationen (seriell am Sender und parallel am Empfänger) jeweils etwa R_A als Gesamtimpedanz. Am Sender bilden allerdings R_A und der Kabelwiderstand Z_0 einen Spannungsteiler, so dass der vom Sender ausgehende Puls (für $R_A = Z_0$) halbiert wird. Am Empfängerende wird er allerdings mit gleichem Vorzeichen reflektiert, so dass die Überlagerung beider Pulse die Originalamplitude ergibt. Die Reflexion wird dann am Senderende in R_A absorbiert.

Typische Wellenwiderstände liegen in der Größenordnung von 50 Ω bis 75 Ω für Koaxial- und 100 Ω für Flachbandkabel. Die Ausbreitungsgeschwindigkeit

$$c_{ph} = \frac{1}{\sqrt{L'C'}} \approx \frac{c}{\sqrt{\epsilon}}$$

(mit $\mu \approx 1$) entspricht einer typischen Signalgeschwindigkeit c_{ph} von etwa 5 ns/m für Koaxialkabel.

Abbildung 17.41 zeigt die auftretenden Effekte für zwei verschiedene Verhältnisse von Puls- zu Kabellänge. Da der Ausgang des sendenden Verstärkers in der Regel eine kleine Ausgangsimpedanz ($R \approx 0$) besitzt, wird ein gegebenenfalls am Kabelende reflektierter Puls erneut (invertiert) reflektiert und so fort. Eine saubere Auslese wird dadurch behindert, weil Signalpulse mehrfach registriert werden. Die Verwendung korrekt terminierter Leitungsabschlüsse ist daher ein wichtiges Element der Detektorauslese. Am häufigsten wird ein Abschluss am Empfängerende durch einen Parallelwiderstand (zum Eingang des Empfängers) verwendet. Da Abschlüsse nie perfekt sind, findet man in kritischen Anwendungen zusätzlich einen seriellen Abschluss an der Senderseite, was allerdings einen Pulshöhenverlust um 50% bedeutet, weil die oben für den einseitigen Abschluss erwähnte Reflexion am Empfängerende (bei Abschluss mit R_A) in diesem Fall nicht auftritt.

17.8.3 Kabeldämpfung

Bei der Übertragung von Signalpulsen über längere Strecken treten Dämpfungseffekte durch den $\exp(\mp\alpha x)$-Term in (17.42) auf, wobei das Minuszeichen für die hinlaufende Welle – also die Signalausbreitung – gilt. Typische Werte für α liegen in der Größenordnung von wenigen dB/100 m bei 100 MHz und 10 bis 100 dB/100 m bei 1 GHz, so dass sich die Dämpfung selbst erst bei Kabellängen von 10 Metern und mehr als Problemfaktor aus-

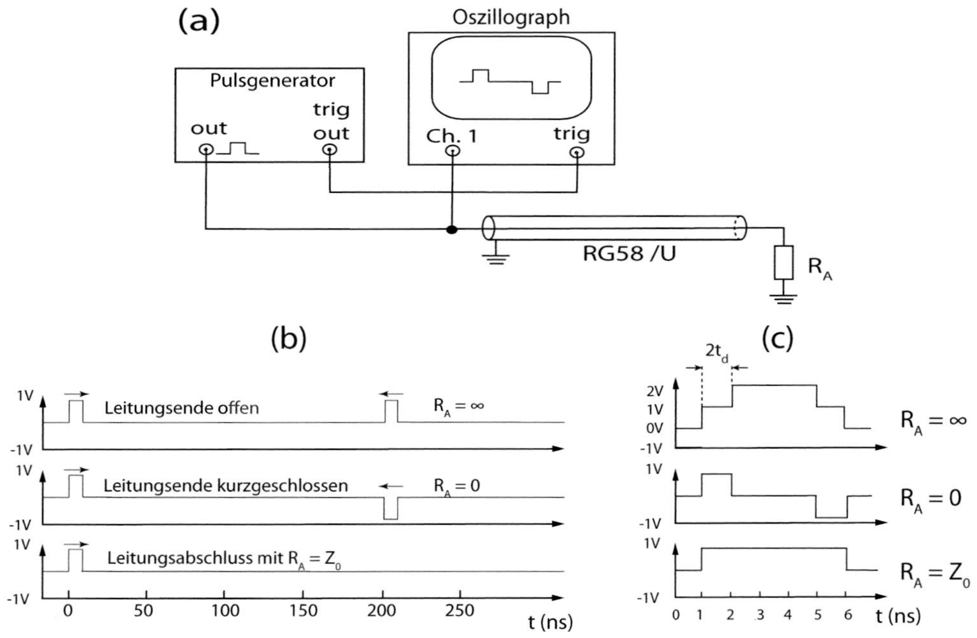

Abb. 17.41 Reflexionen eines 5ns langen Signalpulses am Leitungsende. (a) Messaufbau, (b) Reflexionen bei einem 20 m langen Kabel mit einer Laufzeit t_d von 100 ns; (c) Reflexionen bei einem 10 cm langen Koaxialkabel mit einer Laufzeit t_d von 0.5 ns, bei dem sich der reflektierte Puls, der breiter als $2t_d$ ist, um die Laufzeit der Hin- und Rücklaufstrecke (1 ns) verzögert dem Eingangspuls überlagert. Gemessen wird zum Beispiel mit einem Oszillographen am Leitungsanfang. Der reflektierte Puls erscheint daher um $2t_d$ verschoben rechts vom Eingangspuls.

wirkt. Allerdings ist α frequenzabhängig. Der Skin-Effekt verändert R' frequenzabhängig und auch G' verändert sich durch dielektrische Verluste, die bei Frequenzen unterhalb von 1 GHz allerdings gegenüber dem Einfluss des Skin-Effekts vernachlässigbar sind, jedoch oberhalb von 1 GHz dominant werden. Bei hohen Frequenzen, wenn $R/\omega L \ll 1$ und $G/\omega C \ll 1$ gilt, kann α durch

$$\alpha(f) = a\sqrt{f} + b\,f \qquad (f = \omega/2\pi) \tag{17.54}$$

ausgedrückt werden [541], wobei die Terme $\propto \sqrt{f}$ und $\propto f$ den Skin-Effekt beziehungsweise die dielektrischen Verluste beschreiben. Die Parameter a und b werden für die verschiedenen Kabeltypen Tabellen entnommen.

Die Frequenzabhängigkeit der Dämpfung führt zu einer Veränderung der Signalform (Dispersion). Ein stufenförmiger Spannungspuls von 0 auf u_0 am Eingang einer Signalübertragungsstrecke der Länge d erfährt durch die Dämpfung eine Verformung (siehe [328]),

$$u(t) = u_0 \,\mathrm{erfc}\left(\frac{1}{2\sqrt{\tau/\tau_0}}\right) . \tag{17.55}$$

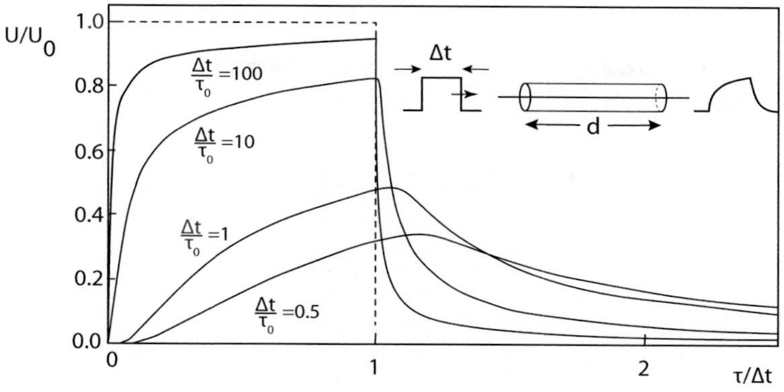

Abb. 17.42 Verformung eines Rechteckpulses nach Durchlauf eines langen Kabels gemäß (17.55) [328] als Funktion des Verhältnisses der Zeit (vermindert um die Laufzeit) $\tau = t - d/c_{ph}$ zur Pulslänge Δt und für verschiedene Verhältnisse von Δt zur Dämpfungszeitkonstanten τ_0.

Die komplementäre Fehlerfunktion erfc wurde bereits in Gleichung (17.29) definiert. Das gedämpfte Signal hängt von $\tau = t - d/c_{ph}$ ab und gilt für $t \geq d/c_{ph}$. Die Dämpfungszeitkonstante $\tau_0 = (d\,\alpha)^2/(\pi f)$ ist eine charakteristische Anstiegzeit des gedämpften Pulses. In dem Frequenzbereich, in dem der Skin-Effekt dominant ist, ist τ_0 nahezu frequenzunabhängig und entspricht etwa der Zeit bis zum Erreichen der halben Höhe des Pulses. Das gesamte gedämpfte Signal eines Rechteckpulses ist $u(t) - u(t - \Delta t)$, bestehend aus dem Signal der ansteigenden Flanke $u(t)$ und dem um Δt verzögerten Signal der abfallenden Flanke. Abbildung 17.42 zeigt solche durch Dispersion verformte Reckteckpulse [328, 682] für verschiedene Verhältnisse von Pulslänge zu Dämpfungszeitkonstante.

Augendiagramm und Dämpfungskorrektur Bei der Hochgeschwindigkeitsübertragung ($\gtrsim$ GHz) von digitalen Signalen muss gewährleistet sein, dass die logischen Werte 0 oder 1 auch nach der Verformung durch den Transport des Signals im Kabel unverändert sind, da andernfalls die Dateninformation verfälscht wird. Eine einfache visuelle Inspektion der Güte einer Übertragung liefert das so genannte 'Augendiagramm' (*eye diagram*), welches entsteht, wenn viele Bitfolgen am Oszillographen überlagert werden. Es erlaubt die Beurteilung der Signalqualität einer Hochgeschwindigkeitsdatenübertragung und der Qualität des Detektorauslesesystems am Ende der Datenerfassungskette. Abbildung 17.43 zeigt den einfachen Messaufbau (Abb. 17.43(a)) sowie den Zusammenhang zwischen einer Folge von logischen Pulsen (Bitfolge) und dem Augendiagramm im Idealfall (Abb. 17.43(b)) und für den Fall, dass durch die Übertragung die Pulsform nicht mehr ideal ist (Abb. 17.43(c)).

Eine elektronische Dämpfungskorrektur (*pre-emphasis*) verbessert die Signalübertragung, wenn Übertragungsrate und Kabellänge eine saubere Übertragung infrage stellen. Als Beispiel einer Dämpfungskorrektur nehmen wir das Experiment Belle II am SuperKEKB-Beschleuniger, bei dem die digitalisierten Daten des DEPFET-Pixel-

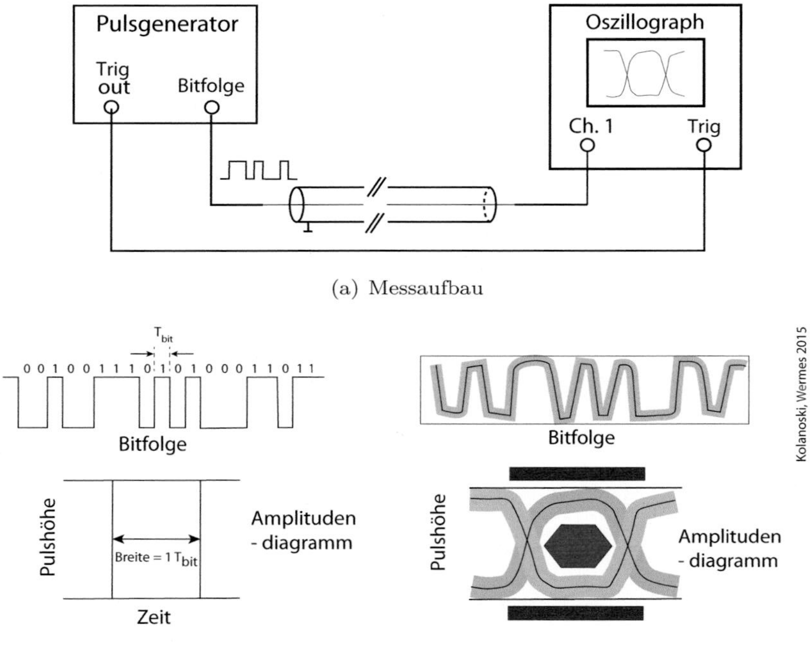

(a) Messaufbau

(b) Ideale Übertragung (c) Reale Übertragung

Abb. 17.43 Übertragungscharakterisierung mit Hilfe des Augendiagramms. (a) Messaufbau: Das Oszillographenbild zeigt den Verlauf von zwei Bit-Pulsen (0 und 1) nach der Laufstrecke; (b) Bitfolge (T_{bit} = zeitliche Breite eines Bits) und Augendiagramm im Idealfall; (c) reale Bitfolge und Augendiagramm. Die Pulsfolge ist irregulär und variiert in Amplitude und Form, angedeutet durch die grauen Flächen. Die dunklen Flächen in (c) sind Spezifizierungsmasken, die von den Pulsen der Bitfolgen nicht berührt werden dürfen, um eine fehlerfreie Datenübertragung zu gewährleisten.

detektors [714] des Experiments (siehe auch Abschnitt 8.10.2) über eine etwa 15 m lange Strecke elektrisch übertragen werden [502]. Dabei werden die von der Dämpfung am stärksten betroffenen hochfrequenten Anteile des Signals an der Treiberseite durch einen Hochpassfilter auf dem Treiberchip [539] gezielt überhöht (Abb. 17.44(a)), so dass sich nach Durchlauf der Übertragungsstrecke Dämpfung und Überhöhung der hochfrequenten Anteile der Signale kompensieren. Abbildung 17.44(b) zeigt das entsprechende Augendiagramm mit und ohne Dämpfungskorrektur.

17.9 Detektortotzeit

In der Regel gibt es für jeden Auslesekanal eines Detektors eine minimale Zeit nach der Registrierung eines Signals, während der er kein weiteres Signal verarbeiten kann oder zumindest ein folgendes Signal nicht von dem vorhergehenden trennen kann. Diese 'Totzeit' (*dead time*) kann durch den Detektor selbst verursacht sein, weil er nach der

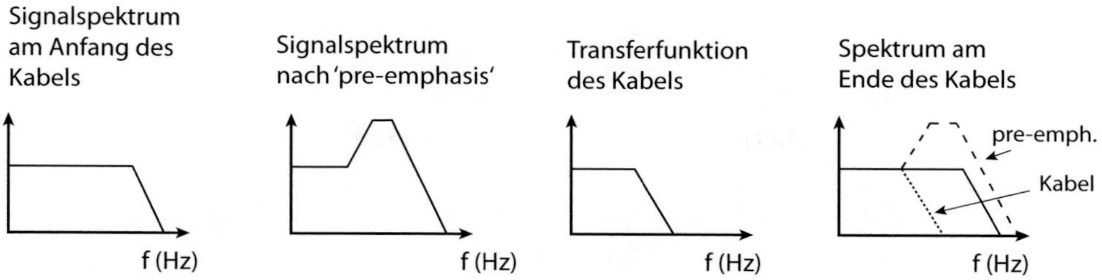

(a) Dämpfungskorrektur durch *Pre-Emphasis*-Filter (doppelt log. Darstellung)

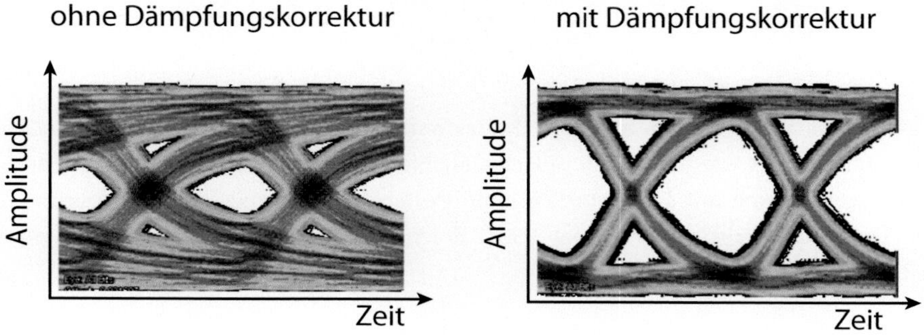

(b) Augendiagramme ohne (links) und mit (rechts) Korrektur

Abb. 17.44 Erhöhung der Übertragungsqualität durch Dämpfungskorrektur (*pre-emphasis*). (a) Erhöhung des hochfrequenten Signalanteils durch einen *Pre-Emphasis*-Filter. (b) Vergleich der Augendiagramme ohne (links) und mit (rechts) Dämpfungskorrektur im Experiment Belle II [502].

Erzeugung eines Signals eine bestimmte Erholzeit braucht. Zum Beispiel sind die Erholzeiten von Cherenkov-Detektoren oder organischen Szintillationszählern vergleichsweise kurz (typisch im Nanosekunden-Bereich), wogegen Geigerzähler nach einem Puls für Millisekunden kein weiteres Signal liefern. Eine weitere Totzeit wird durch die Trigger- und Ausleseelektronik verursacht, die für die Signalregistrierung und -verarbeitung eine gewisse Zeit benötigt. Oft werden in dieser Zeit von dem gesamten Detektor mit allen Auslesekanälen keine weiteren Signale akzeptiert. In anderen Fällen muss die Detektortotzeit eines einzelnen Kanals nicht die Totzeit des gesamten Detektors bestimmen. Häufig bestehen Messungen, zum Beispiel einer Teilchenspur, aus vielen Teilsignalen (Spurpunkten), und die Totzeit eines Kanals kann als Ineffizienz berücksichtigt werden.

Je nachdem, wie lang die Totzeit τ für ein Ereignis und wie hoch die Rate der in zufälliger Folge oder in festem Abstand eintreffenden Signale sind, kann dies zu einem signifikanten Zeitanteil führen, während der die Apparatur nicht messbereit ist. Die Totzeit muss, möglichst experimentell und möglichst parallel zu der eigentlichen Datennahme, bestimmt werden, und bei der Auswertung der Messung muss darauf korrigiert werden.

Im Folgenden beschreiben wir verschiedene Szenarien für das Auftreten von Totzeiten in Abhängigkeit von unterschiedlichen Wahrscheinlichkeiten für zeitliche Abfolgen von

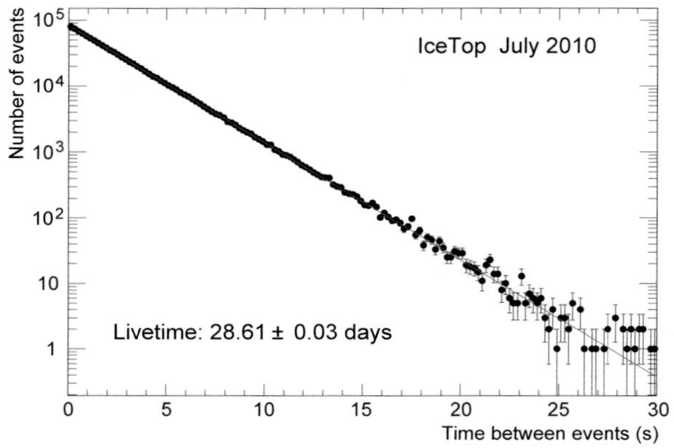

Abb. 17.45 Verteilung der Zeitdifferenzen zwischen zwei Ereignissen, die mit dem Luftschauerdetektor IceTop [11] registriert wurden [327].

Ereignissen. Wir nehmen dazu an, dass die notwendigen Totzeiten nicht durch spezielle Maßnahmen reduziert werden, wie zum Beispiel eine Parallelisierung von Triggerentscheidung und Datennahme mit Hilfe von Pipeline-Puffern, was in komplexen Experimenten für hohe Datennahmeraten verwendet wird. Solche, im Idealfall totzeitfreien, Systeme werden in Kapitel 18 beschrieben.

17.9.1 Statistisch gleichverteilte Ereignisse

Zeitliche Verteilung

In diesem Abschnitt werden Ereignisse betrachtet, die mit gleicher Wahrscheinlichkeit pro Zeiteinheit auftreten, wie zum Beispiel bei dem Zerfall eines langlebigen radioaktiven Präparats oder bei der Beobachtung von kosmischer Strahlung. Die Ereigniszahl in einem Zeitintervall Δt ist dann Poisson-verteilt. Mit der Ereignisrate n ist die mittlere Anzahl in einem festen Zeitintervall Δt durch $N = n\,\Delta t$ gegeben. Die Wahrscheinlichkeit, dass k Ereignisse in dem Intervall liegen, folgt der Poisson-Verteilung:

$$P(k|N) = \frac{N^k}{k!}\, e^{-N} . \tag{17.56}$$

Zu jedem beliebigen Zeitpunkt ist die Wahrscheinlichkeit, dass das nächste Ereignis nach einer Zeit t im Intervall dt gemessen wird, das Produkt aus der Wahrscheinlichkeit $P(0|N)$ im Intervall $[0, t]$ kein Ereignis zu sehen, und der Wahrscheinlichkeit $n\,dt$, in dt ein Ereignis zu sehen:

$$dp(t) = P(0|N)\, n\, dt = n\,\mathrm{e}^{-N} dt = n\,\mathrm{e}^{-n\,t} dt\,. \tag{17.57}$$

Da $dp(t)/dt$ die Verteilung der Zeiten ist, nach denen jeweils das nächste Ereignis kommt, ist dies auch die Verteilung der Zeitdifferenzen Δt zwischen zwei Ereignissen (man denke sich nur, dass die Zeit $t = 0$ in der obigen Ableitung dem jeweils letzten Ereignis zugewiesen wird):

$$\frac{dp(\Delta t)}{d(\Delta t)} = n\,\mathrm{e}^{-n\,\Delta t} . \tag{17.58}$$

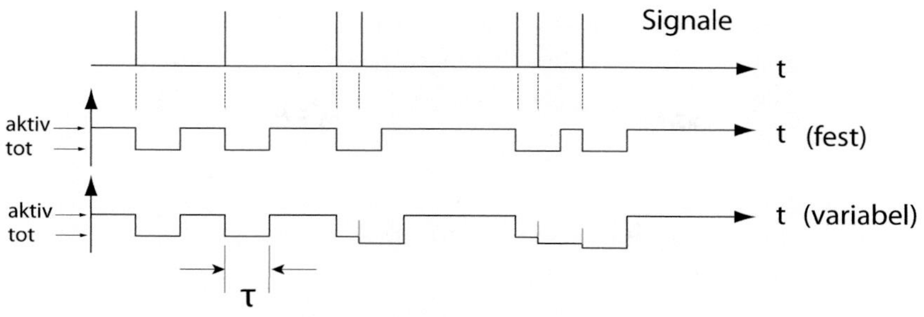

Abb. 17.46 Detektorsignalantwort und Totzeitverhalten für zwei idealisierte Systeme (nach [507]). Oben: zeitliche Abfolge der Signalereignisse. Mitte: Antwort eines Detektors mit festem Totzeitintervall nach einem registrierten Ereignis. Unten: Antwort eines Detektors mit variabler Totzeitintervall nach einem registrierten Ereignis.

Ereignisse, die in einem Zeitintervall statistisch zufällig (das heißt gleichverteilt) auftreten, besitzen also eine exponentielle Zeitdifferenzverteilung.

Ein solches exponentielles Verhalten der Zeitdifferenzen ist in Abb. 17.45 für Luftschauer gezeigt, die mit dem Luftschauerdetektor IceTop (Abschnitt 16.4.3) registriert wurden. Die Verteilung ist sehr gut mit der Exponentialverteilung (17.58) verträglich.

Totzeit statistisch gleichverteilter Ereignisse

Jedem Ereignis soll eine Zeit folgen, in der der Detektor keine neuen Ereignisse registrieren kann. Wir betrachten dazu die beiden in Abbildung 17.46 dargestellten speziellen Fälle, siehe [507]. In beiden Fällen soll es einen festen Totzeitparameter τ geben, wovon aber das tatsächliche Totzeitintervall nach einem registrierten Ereignis zu unterscheiden ist:

(a) *Detektor mit festem Totzeitintervall:* In diesem Fall erzeugt das Detektorsystem ein Zeitintervall $\Delta t = \tau$ nach jedem registrierten Ereignis, innerhalb dessen der Detektor für die Aufnahme weiterer Ereignisse nicht sensitiv ist. Dieses Zeitintervall ist fest und wird nicht durch das Auftreten weiterer Ereignisse während der Messung verlängert.

(b) *Detektor mit variablem Totzeitintervall:* In diesem Fall wird das Zeitintervall $(\Delta t)_{tot}$, während dessen der Detektor inaktiv bleibt, durch das Auftreten weiterer Ereignisse so verlängert, dass nach einem neuen Ereignis die verbleibende Totzeit jeweils mindestens τ beträgt (Totzeitverlängerung).

In dem Beispiel in Abb. 17.46 werden von den 7 Signalereignissen im Falle eines festen Totzeitintervalls 5 Ereignisse und im Falle eines variablen Totzeitintervalls 4 Ereignisse registriert.

Fall (a): festes Totzeitintervall Seien n die echte durchschnittliche Signalrate (N Ereignisse pro Zeit t) und m die mittlere gemessene Rate (M gemessene Ereignisse pro Zeit

t). Die mittlere Anzahl an Ereignissen, die in einem Totzeitintervall τ liegen und damit nicht registriert werden, ist $n\tau$. Da die Totzeitintervalle mit der Rate m auftreten, ist die Rate der nicht-registrierten Ereignisse:

$$\frac{N-M}{t} = n - m = m\,n\,\tau\,. \tag{17.59}$$

Durch Auflösen nach n kann daraus die echte Rate aus der gemessenen Rate und der Kenntnis der Totzeit τ berechnet werden:

$$n = \frac{m}{1-m\tau}\,. \tag{17.60}$$

Umgekehrt hat die gemessenen Rate folgende Abhängigkeit von der echten Rate:

$$m = \frac{n}{1+n\tau}\,. \tag{17.61}$$

Fall (b): variables Totzeitintervall In diesem Fall wird das Totzeitintervall verlängert, wenn in der Totzeit nach einem Ereignis ein weiteres Ereignis auftritt. Das heißt, es werden nur Ereignisse gezählt, für die der zeitliche Abstand vom vorigen Ereignis größer als die Totzeit τ ist. Die Wahrscheinlichkeit dafür ergibt sich mit (17.58) zu

$$p(\Delta t > \tau) = \int_{\tau}^{\infty} n\,\mathrm{e}^{-n\,\Delta t}\,d(\Delta t) = \mathrm{e}^{-n\tau}\,. \tag{17.62}$$

Die gemessene Rate m, für die $t > \tau$ gilt, ist das Produkt von (17.62) mit der mittleren Rate n:

$$m = n\,\mathrm{e}^{-n\tau}\,. \tag{17.63}$$

Gleichung (17.63) kann nicht explizit nach n aufgelöst werden. Sie muss entweder numerisch gelöst werden oder kann zum Beispiel aus einer Anpassung von (17.58) an die Verteilung der Zeitabstände aufeinander folgender Ereignisse gewonnen werden (siehe dazu Abschnitt 17.9.3).

Vergleich beider Fälle Abbildung 17.47 zeigt das unterschiedliche Verhalten der gemessenen Rate in den beiden beschriebenen Fällen. Für kleine Ereignisraten ($n \ll 1/\tau$) starten beide Kurven tangential zu der Diagonalen $m \approx n$. Für hohe Eingangsraten, wenn also der Einfluss der Totzeit immer stärker wird, läuft die messbare Rate m für das System mit festem Totzeitintervall asymptotisch gegen $1/\tau$. Das bedeutet, dass sofort nach Ablauf einer Totzeit ein neues Ereignis kommt, das zu einer neuen Totzeit führt. Dagegen durchläuft die Kurve für das System mit variabler Totzeit ein Maximum bei $n = 1/\tau$, mit $m = n/\mathrm{e} = 0.37\,n$, und sinkt dann wieder ab, während für festes Totzeitintervall bei $n = 1/\tau$ die gemessene Rate den Wert $m = 0.5\,n$ erreicht.

Bei dem System mit variablem Totzeitintervall nähert sich bei hoher Eingangsrate die gemessene Rate der Nulllinie, weil der Detektor durch die immer weiter verlängerte Totzeit kaum noch Ereignisse registrieren kann. Einer gemessenen Rate m können dann zwei echte Raten, eine niedrige und eine hohe, zugeordnet werden, was zu Fehlinterpretationen führen kann.

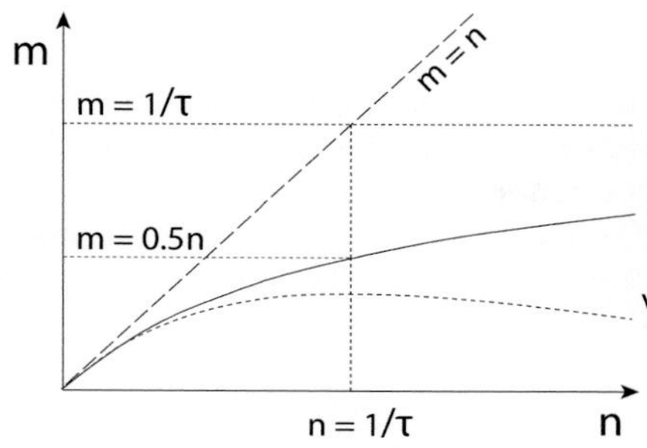

Abb. 17.47 Gemessene Zählrate m als Funktion der echten Zählrate n für Detektoren mit festem Totzeitintervall (durchgezogene Linie), variablem Totzeitintervall (gepunktete Linie) und ohne Totzeit (gestrichelte Linie).

In beiden Fällen folgt, dass die echte Ereignisrate klein im Vergleich zu $1/\tau$ sein sollte. Inbesondere bei variablem Totzeitintervall wird die Nachweiseffizienz sogar geringer, wenn die Ereignisrate größer als $1/\tau$ wird. In Kapitel 18 wird erklärt, wie diese Grenzen durch Parallelverarbeitung und Pufferung von Daten umgangen werden können, was aber erheblichen zusätzlichen Aufwand an Elektronik erfordert.

17.9.2 Totzeit bei gepulsten Ereignisquellen

Falls die in einem Detektor zu messenden Ereignisse nicht zufällig erfolgen, sondern gepulst in Pulszügen (*bunch trains*) mit einer Dauer T, die in einem konstanten zeitlichen Abstand mit einer Wiederholrate ν auftreten (Abb. 17.48), so können die Gleichungen (17.60) und (17.63) unter Umständen nicht verwendet werden. Innerhalb eines Pulszuges kann es weitere zeitliche Strukturen geben, wie sie zum Beispiel durch die Paketstruktur in einem Beschleuniger auftreten. Ein Beispiel dafür sind aus einem Synchrotron extrahierte Strahlen, bei denen Teilchen- oder Röntgenstrahlung (Synchrotronstrahlung) in einem begrenzten Zeitintervall (typisch im Millisekundenbereich) um das Beschleunigungsmaximum mit einer hochfrequenten Substruktur verteilt sind. Ein anderes Beispiel ist der Betrieb eines Linear Collider mit gepulster Hochfrequenzleistung. In einem solchen Beschleuniger werden die Strahlteilchen in einer Folge von Strahlpaketen mit Abstand Δt (*bunch train*) in einem Zeitintervall T beschleunigt, das sich mit einer Frequenz ν wiederholt. Die Strahlpakete zweier gegenläufiger Linearbeschleuniger werden in der Strahlkreuzungszone zur Kollision gebracht. Ein typischer Parametersatz für den geplanten International Linear Collider [460] ist $T = 1\,\text{ms}$, $\nu = 5\,\text{Hz}$ mit etwa 1300 Strahlpaketen in einem Abstand Δt von $554\,\text{ns}$ in jedem Puls [134].

Im Folgenden sollen die Substrukturen relativ zu der Pulslänge vernachlässigt werden. Weiterhin wollen wir auch wieder annehmen, dass keine zusätzlichen Maßnahmen, wie Zwischenspeicherung und Parallelisierung, getroffen werden, um die Totzeit zu reduzieren (was zum Beispiel beim ILC nicht der Fall wäre). Die Bezeichnungen sind wie im vorigen Abschnitt die echte Rate n und die gemessene Rate m (jeweils bezogen auf die gesamte Periode $1/\nu$) und die entsprechenden Ereigniszahlen pro Puls $N = n/\nu$ und $M = m/\nu$. Man kann dann folgende Fälle unterscheiden [507]:

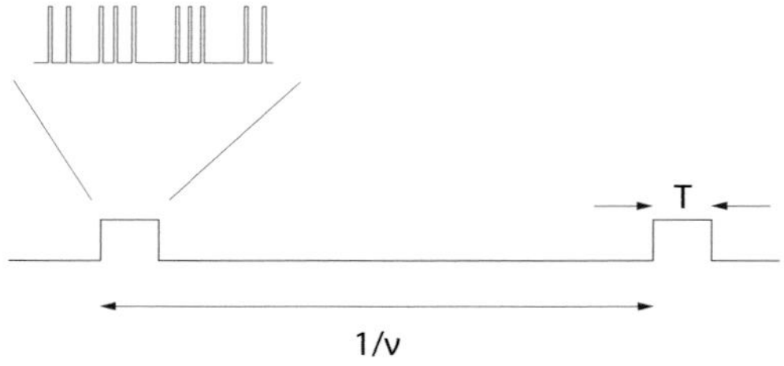

Abb. 17.48 Beispiel einer gepulsten Ereignisquelle. Ein Puls von mehreren Ereignissen wiederholt sich mit einer Wiederholfrequenz ν. Die Pulsdauer beträgt T. Innerhalb von T erfolgen mehrere Ereignisse.

$\tau \ll T$: Falls die Detektortotzeit τ sehr viel kleiner als die Strahlpulsdauer T ist, so hat die Tatsache, dass eine grobe Pulsstruktur vorliegt, wenig Effekt, und die Gleichungen (17.61) beziehungsweise (17.63) können verwendet werden.

$\tau > T$: Falls τ größer als T ist, aber kleiner als die Zeit zwischen den Strahlpulsen $(1/\nu - T)$, so kann höchstens ein Ereignis pro Puls detektiert werden. Außerdem ist der Detektor in diesem Fall zu Beginn eines neuen Strahlpulses immer aufnahmebereit. Die gemessene Ereignisrate m kann höchstens gleich der Pulsfrequenz sein, also $m \leq \nu$. Damit ist die mittlere Anzahl pro Puls $M = m/\nu \leq 1$, während die mittlere Anzahl echter Ereignisse $N = n/\nu$ auch größer als 1 sein kann. Die Poisson-Verteilung bestimmt wiederum die Wahrscheinlichkeit, dass mindestens ein echtes Ereignis pro Puls auftritt:

$$P(N > 0) = 1 - P(0) = 1 - e^{-n/\nu} \,. \tag{17.64}$$

Da der Detektor zu Beginn eines Pulses immer bereit ist, wird er immer genau dann ein Ereignis registrieren, wenn mindestens ein solches auftritt. Daher muss gelten:

$$m/\nu = 1 - \mathrm{e}^{-n/\nu} \,. \tag{17.65}$$

Die gemessene Rate nähert sich der Pulsfrequenz an (Abb. 17.49). Nach n aufgelöst, ergibt sich

$$n = \nu \cdot \ln\left(\frac{\nu}{\nu - \mathrm{m}}\right) \,. \tag{17.66}$$

Das gilt für $T < \tau < (1/\nu - T)$, wobei die genaue Größe der Detektortotzeit τ und auch das Totzeitverhalten (fest oder variabel) keine Rolle spielen. Die maximal messbare Zählrate m_{max} ist in diesem Fall gleich ν, der Wiederholfrequenz der Pulse, da maximal ein Ereignis pro Puls aufgenommen werden kann. Es lohnt dann auch nicht, die echte Rate durch Erhöhen der Pulsintensität sehr viel größer als ν zu machen. Die gemessene Rate erreicht bei $n = \nu$ bereits 63% der maximalen Rate, bei $n = 2\,\nu$ sind es 86% und bei $n = 3\,\nu$ sind es 95%.

$\tau \lesssim T$: In dem Fall, dass die Detektortotzeit und die Pulsdauer von ähnlicher Größe sind, ist eine umfangreichere Behandlung erforderlich [507, 255, 808].

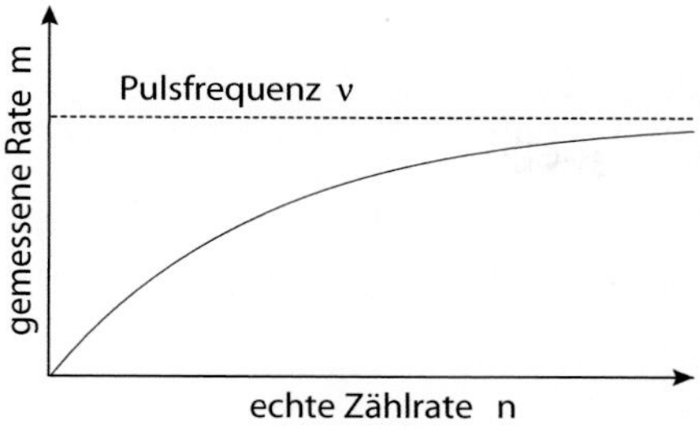

Abb. 17.49 Sättigungsverhalten der gemessenen Ereignisrate bei gepulster Ereignisquelle gemäß Gleichung (17.65) (Totzeit größer als Pulsdauer, siehe Text).

17.9.3 Methoden zur Bestimmung der Totzeit

Die Totzeit von Detektoren muss zur quantitativen Analyse von Messungen durch eine 'Totzeitkorrektur' berücksichtigt werden. Da die Totzeit in den meisten Fällen nicht bekannt ist und auch nicht genau genug berechnet werden kann, muss sie gemessen werden.

Messung mit statistisch gleichverteilten Quellen

In diesem Abschnitt sollen Beispiele für die Totzeitbestimmung bei Ereignissen, die zeitlich zufällig, aber im Mittel gleichverteilt auftreten, diskutiert werden. Solche zufälligen Abfolgen findet man unter anderem bei radioaktiven Zerfällen langlebiger radioaktiver Präparate, bei Untergrundstrahlung und bei der kosmischen Strahlung. Szenarien für Totzeiten beim Nachweis solcher Ereignisse sind in Abschnitt 17.9.1 besprochen worden.

Totzeitbestimmung mit Hilfe eines Oszillographen Die Totzeit eines einfachen Zählersystems, zum Beispiel eines Geiger-Müller-Zählrohrs, kann man mit einem Oszillographen sehr einfach messen. Die Methode ist in Abb. 17.50 dargestellt: Ein Zählrohr registriert die Strahlung einer radioaktiven Quelle. Die Detektorsignale, deren Pulshöhen oberhalb einer Schwelle liegen, werden mittels eines Diskriminators in logische Pulse verwandelt, die dann auf den Eingang eines Oszillographen gegeben werden. Ein beliebiger Puls triggert den Oszillographen, so dass dieser Puls und die nachfolgenden Pulse dargestellt werden (Selbsttrigger-Modus). Die Zeit zwischen der triggernden Flanke und der ersten sichtbaren Flanke eines folgenden Pulses ist die Totzeit des Detektors. Die so gemessene Totzeit gilt für die verschiedenen in Abschnitt 17.9.1 besprochenen Szenarien, solange die Rate hoch genug ist, um die Totzeitlücke im Oszillographen klar zu erkennen, aber andererseits nicht so hoch ist, dass die Detektorrate gesättigt ist. Die Totzeit gilt jeweils für das spezielle System, in diesem Fall zum Beispiel für die Kombination des Zählrohrs mit dem Diskriminator. Das Zählrohr könnte mit kürzerer Totzeit kleinere Signale am Ende des Löschvorgangs liefern, die jedoch noch unterhalb der Schwelle liegen.

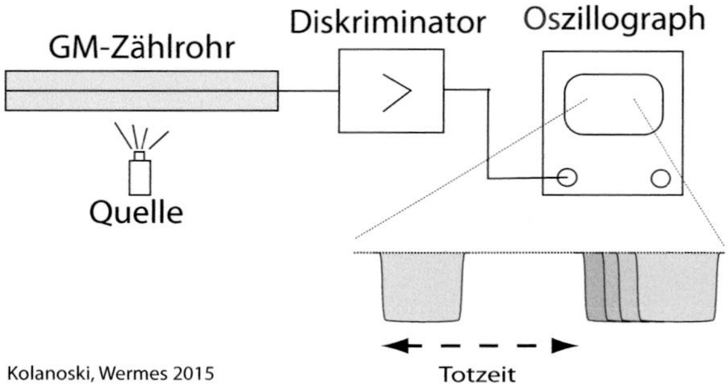

Abb. 17.50 Bestimmung der Totzeit eines Geiger-Müller-Zählrohrs durch Beobachtung der Signale einer radioaktiven Quelle am Oszillographen.

Totzeitbestimmung aus der Zerfallskurve Die Zerfallskurvenmethode [507] benutzt ein kurzlebiges radioaktives Präparat[9] mit einer Zerfallskonstanten λ, welches mit der Rate

$$n(t) = n_0\, \mathrm{e}^{-\lambda t} \tag{17.67}$$

zerfällt. Einsetzen von $n(t)$ in (17.60) beziehungsweise (17.63) liefert:

$$m(t)\, \mathrm{e}^{\lambda t} = n_0 - n_0 \tau\, m(t) \quad \text{(festes Totzeitintervall)}\,, \tag{17.68}$$

$$\ln \mathrm{m(t)} + \lambda \mathrm{t} = \ln \mathrm{n_0} - \mathrm{n_0} \tau \mathrm{e}^{-\lambda \mathrm{t}} \quad \text{(variables Totzeitintervall)}\,. \tag{17.69}$$

Durch Auftragung von $m(t)\, \mathrm{e}^{\lambda t}$ gegen $m(t)$ beziehungsweise $\lambda t + \ln m(t)$ gegen $\mathrm{e}^{-\lambda t}$ erhält man Geraden mit der Steigung $-n_0\tau$ und den Achsenabschnitten n_0 beziehungsweise $\ln n_0$. Die Methode ermöglicht auch, aus den Messdaten zu entscheiden, ob das System eine feste oder eine variable Totzeit besitzt.

Totzeitbestimmung aus der Verteilung der Zeiten zwischen Ereignissen Wenn die Zeiten einzelner statistisch verteilter Ereignisse gemessen werden, kann die Totzeit eines Detektorsystems durch Analyse der Verteilung der Zeiten $\Delta t = t_{i+1} - t_i$ zwischen zwei aufeinanderfolgenden registrierten Ereignissen bestimmt werden. Das Prinzip ist hier das gleiche wie bei der Beobachtung mit einem Oszillographen (Abb. 17.50). Die Methode ist allerdings allgemeiner anwendbar, insbesondere auch bei niedrigen Raten, wie zum Beispiel bei der Messung kosmischer Strahlung.

Ohne Totzeit haben diese Zeitdifferenzen eine exponentielle Verteilung (Gleichung (17.58) und Abb. 17.45),

$$\frac{dN}{d(\Delta t)} = N_0\, n\, \mathrm{e}^{-n\,\Delta t}\,, \tag{17.70}$$

wobei N_0 die Gesamtzahl der Ereignisse und n die Ereignisrate ist. Durch Totzeiten nach einem Ereignis ergeben sich bei kleinen Zeitdifferenzen Abweichungen von der Verteilung ohne Totzeiten. Im Folgenden wird angenommen, dass die Totzeit τ konstant ist. Es sollen die beiden in Abschnitt 17.9.1 auf Seite 775 betrachteten Fälle analysiert werden:

(a) Festes Totzeitintervall τ nach einem **registrierten** Ereignis. Die Rate mit Totzeit ist in (17.61) angegeben.

[9] Dazu eignen sich zum Beispiel langlebige Isomere wie ^{116m}In, ein β^--Strahler mit einer Halbwertzeit von 54.3 min.

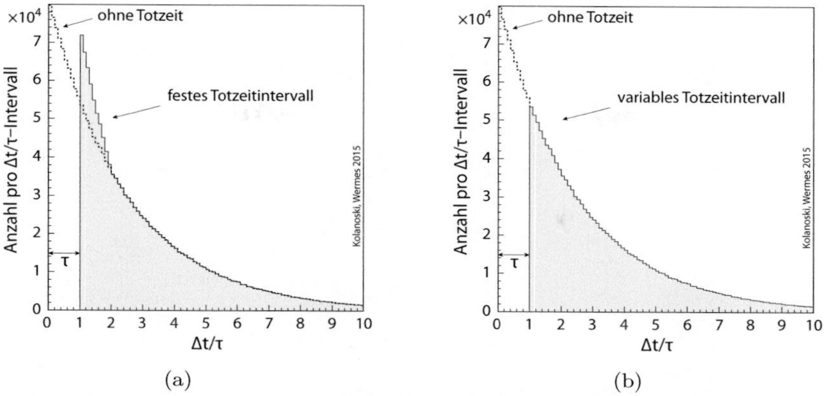

Abb. 17.51 Verteilungen gemessener Zeitdifferenzen für die im Text diskutierten Fälle (a) 'festes Totzeitintervall' und (b) 'variables Totzeitintervall' (Simulation).

(b) Feste Totzeit τ nach **jedem** Ereignis (also nicht nur nach den registrierten Ereignissen), das heißt, nach jedem Ereignis wird das Totzeitintervall so verlängert, dass nach einem neuen Ereignis die verbleibende Zeit in dem Totzeitintervall jeweils mindestens τ beträgt (Verlängerung des Totzeitintervals). Die Rate mit fester Totzeit nach jedem Ereignis ist in (17.63) angegeben.

Für die Verteilung der Zeitdifferenzen mit Totzeit ist (b) der einfachere Fall: Es tritt keine Zeitdifferenz auf, die kleiner als τ ist, die Verteilung aller anderen Zeitdifferenzen bleibt unberührt (Abb. 17.51(b)). Die Zahl M der Ereignisse mit Totzeit ergibt sich aus dem Integral von (17.70) von τ bis ∞:

$$M = N_0\, n \int_{\tau}^{\infty} \mathrm{e}^{-n\,\Delta t} d(\Delta t) = N_0\, \mathrm{e}^{-n\,\tau}\,, \tag{17.71}$$

in Übereinstimmung mit (17.63).

Der Fall (a), das heißt, festes Totzeitintervall τ nach einem *registrierten* Ereignis, ist etwas komplizierter. In jedem Totzeitintervall treten im Mittel $n\tau$ Ereignisse auf, die nicht registriert werden. Die Zeitdifferenz von dem letzten dieser Ereignisse in dem Intervall zu dem ersten Ereignis nach dem Intervall kann kleiner als τ sein. Da das Ereignis nach der Totzeit aber registriert wird, trägt es zu der Zählrate m bei. Gemessen wird aber die Zeitdifferenz zu dem letzten registrierten Ereignis, was also die Zeit nach Ende des Totzeitintervalls plus τ ist. Im Gegensatz dazu würde im Fall (b) dasselbe Ereignis (mit einem Abstand kleiner als τ zum vorigen Ereignis) nicht registriert, weil das vorherige Ereignis das Totzeitintervall verlängern würde.

Um die Verteilung dieser zusätzlichen Zeitdifferenzen zu bestimmen, betrachtet man die Verteilung des Abstands y des letzen Ereignisses im Totzeitintervall gefaltet mit der Verteilung des Abstands z des ersten Ereignisses nach dem Totzeitintervall unter der Bedingung, dass $\Delta t' = y + z < \tau$ gilt. Die Verteilung sowohl von y als auch von z, jeweils in einem Intervall τ, ist durch den Ausdruck (D.4) auf Seite 839 für $k = 1$ (erstes Ereignis) gegeben. Die Verteilung der zusätzlich registrierten Zeitdifferenzen $\Delta t = \tau + z$ ergibt sich aus dem Produkt der Wahrscheinlichkeitsverteilungen für y und z und Integration über die nichtbeobachtete Variable y:

$$
\begin{aligned}
f(\Delta t)d(\Delta t) &= \int_0^{2\tau-\Delta t} n\,\mathrm{e}^{-ny}dy \cdot n\,\mathrm{e}^{-n(\Delta t-\tau)}d(\Delta t) \\
&= \begin{cases} n\left(\mathrm{e}^{-n(\Delta t-\tau)} - \mathrm{e}^{-n\tau}\right)d(\Delta t) & \text{für } \tau < \Delta t < 2\tau\,, \\ & \text{sonst}\,. \end{cases}
\end{aligned}
\qquad (17.72)
$$

Die Verteilung der Zeitdifferenzen ergibt sich dann wie in Abb. 17.51(a) gezeigt. Zusätzlich zu der Lücke bei $0 \leq \Delta t \leq \tau$ wie in Abb. 17.51(b) kommt eine Überhöhung zwischen $\Delta t = \tau$ und 2τ hinzu. Die Normierung dieser Überhöhung lässt sich aus der mit (17.61) bekannten Rate mit Totzeit bestimmen:

$$
M = \frac{N_0}{1+n\tau} = N_0\,\mathrm{e}^{-n\,\tau} + \Delta M \quad \Longrightarrow \quad \Delta M = N_0\left(\frac{1}{1+n\tau} - \mathrm{e}^{-n\,\tau}\right). \qquad (17.73)
$$

Dabei ist M die gemessene Ereigniszahl, die sich aus einem Integral wie in (17.71) und dem Beitrag der Überhöhung ΔM zusammensetzt. Damit ergibt sich die Verteilung der gemessenen Zeitdifferenzen im Fall (a) als Summe der ursprünglichen Verteilung (17.70) oberhalb von τ und der Überhöhung proportional zu $f(\Delta t)$ in (17.72):

$$
\begin{aligned}
\frac{dN}{d(\Delta t)} &= N_0\left(n\,\mathrm{e}^{-n\,\Delta t} + \frac{1}{1+n\tau}f(\Delta t)\right) && \text{für } \Delta t > \tau\,, \\
&= 0 && \text{sonst}\,.
\end{aligned}
\qquad (17.74)
$$

Der Koeffizient von $f(\Delta t)$ wurde so bestimmt, dass das Integral über diesen Summanden das in (17.73) berechnete ΔM ergibt.

Elektronische Bestimmung der inaktiven Zeit eines Detektors

Wenn es nicht nur um die Totzeit eines einzelnen Detektors geht, sondern um ein System mit vielen Detektorkomponenten, die dann in der Regel auch an einen gemeinsamen Computer angeschlossen sind, wird die Totzeit per elektronischer Stoppuhr bestimmt. Solche Systeme werden in Kapitel 18 besprochen. Sie bestehen schematisch aus dem Detektor, einem Triggersystem, das die Entscheidung trifft, ob ein Ereignis ausgelesen wird, und dem Datennahmesystem (siehe Abb. 18.1). Wir gehen hier kurz auf die Bestimmung der inaktiven Zeit bei 'klassischen' Systemen ohne zusätzliche, Totzeit reduzierende Elektronik ein. Für den allgemeineren Fall wird auf Kapitel 18 verwiesen.

Die Detektorsignale (oder eine Auswahl davon) werden dem Triggersystem zugeführt (Abb. 17.52). Gleichzeitig wird eine Uhr aktiviert, die die Zeit bis zur Triggerentscheidung misst. Während dieser Zeit ist der Detektor deaktiviert. Wenn die Triggerentscheidung negativ ist, wird der Detektor wieder aktiviert, die Uhr wird gestoppt und die gemessene Zeit als Totzeit abgespeichert. Ist die Triggerentscheidung positiv, so wird die inaktive

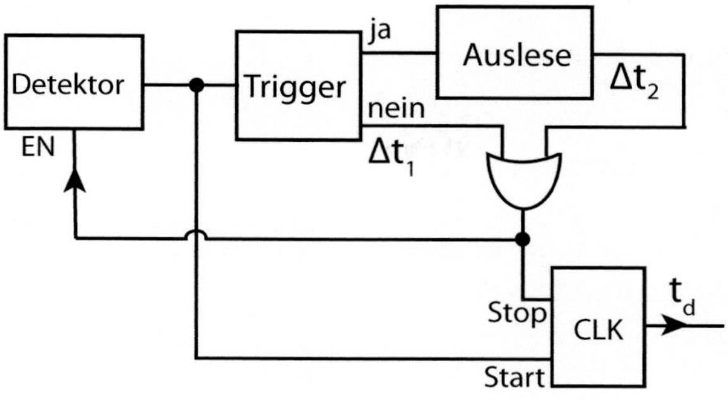

Abb. 17.52 Detektortotzeit bei Experimenten mit Triggerentscheidung (schematisch). Der Detektor wird abhängig von der Triggerentscheidung reaktiviert (EN). Die Totzeit t_d wird gemessen und ist für jedes Ereignis entweder bestimmt von der Triggerzeit oder von der Summe aus Trigger- und Auslesezeit.

Zeit um die Auslesezeit zum Computer verlängert und in der Regel durch ein *Ready*-Signal des Computers beendet.

Es ist zu beachten, dass bei diesem Schema die individuelle Totzeit eines einzelnen Auslesekanals nicht berücksichtigt werden muss. Diese individuellen Totzeiten gehen als Ineffizienzen der einzelnen Kanäle in die Auswertung ein, entweder dadurch, dass man sie explizit bestimmt, wie oben für ein Zählrohr besprochen, oder durch Ausnutzen von redundanter Information. Zum Beispiel kann die Ineffizienz (die die Totzeit beinhaltet) eines Spurdetektorkanals mit Hilfe von anderen Treffern entlang der Spur, die viele Detektorebenen kreuzt, bestimmt werden.

Bei Experimenten zur kosmischen Strahlung mit zeitlich gleichverteilten Ereignissen muss lediglich die gemessene integrierte Totzeit von der Gesamtzeit der Datennahme abgezogen werden, um zum Beispiel den Fluss kosmischer Strahlung zu bestimmen.

In Beschleunigerexperimenten ist die Ereignisrate normalerweise zeitlich nicht konstant. Bei Fixed-Target-Experimenten ist sie proportional zur Strahlintensität (Gleichung (3.4)) und bei Collider-Experimenten zur Luminosität (Gleichung (2.2)). Zur Bestimmung von Wirkungsquerschnitten müssen diese Normierungsgrößen bekannt sein. Totzeiteffekte werden dabei implizit berücksichtigt, indem man sie parallel zur Datennahme misst, wie für die Luminositätsbestimmung in Abschnitt 2.2.1 besprochen. Totzeiten werden somit dadurch berücksichtigt, dass die entsprechenden Messungen der Normierungsgrößen denselben Totzeiten wie das Gesamtexperiment unterliegen.

17.10 Signalschwankungen und Elektronikrauschen

Kein Messprozess ist perfekt. Sowohl die Signalerzeugung als auch die elektronische Auslesekette sind mit Imperfektionen behaftet, verursacht durch statistische Fluktuationen und durch systematische Fehler beim Messprozess. Letztere hängen vom individuellen Aufbau, der Umgebung und der Bedienung der Messapparatur ab und können nur in Ansätzen behandelt werden. Wir beschäftigen uns in diesem Abschnitt vornehmlich mit statistischen Schwankungen bei der Signalerzeugung und in der Ausleseelektronik. Je weiter vorne in der Auslesekette eine potenzielle Rauschquelle sitzen kann, umso größer ist ihr möglicher Beitrag zum Gesamtrauschen der Apparatur.

17.10.1 Fluktuationen im Messprozess

Fluktuationen im Messprozess sind nie vollständig vermeidbar. Sie können aber bei geeigneter Wahl der Apparatur und Design des Aufbaus minimiert werden. Die Ursachen können sehr vielfältig sein:

- statistische Fluktuationen im Signalerzeugungsprozess,
- fluktuierende Beiträge von Untergrundprozessen,
- Fluktuationen in der Signalverarbeitungselektronik (elektronisches Rauschen),
- Einfang nieder- oder hochfrequenter externer Signale (*pick-up noise*),
- kohärentes Rauschen, Schwingungen im elektronischen System (verursacht zum Beispiel durch Erdschleifen),
- Quantisierungsrauschen bei der Digitalisierung des Signals,
- Temperaturschwankungen

und viele andere. Wir konzentrieren uns in diesem Abschnitt auf die rein statistischen Fluktuationen (a) bei der Signalerzeugung (Signalfluktuationen, in manchen Systemen auch Fano-Rauschen genannt) und (b) bei der elektronischen Verarbeitung des Signals (elektronisches Rauschen). Die Darstellung konzentriert sich wie bisher in diesem Kapitel auf Detektorsysteme mit Ladungsauslese, wie zum Beispiel Halbleiterdetektoren oder gasgefüllte Detektoren (siehe auch [749] und [697]).

Abbildung 17.53 zeigt ein Beispiel, wie sich Messfluktuationen auf das Vermögen einer Apparatur, Signale aufzulösen, auswirken (siehe auch [749]). Verglichen werden γ-Linien des metastabilen ^{110m}Ag-Isomers, die einmal mit einem NaI(Tl)-Szintillator-System und einmal mit einem Halbleiter(Ge)-Detektor mit elektronischer Auslese aufgenommen wurden [649]. Der Germanium-Detektor besitzt eine bessere Auflösung, vor allem wegen der geringeren Signalfluktuationen.

Der Ausgangspuls eines Detektor-Auslesesystems hat häufig eine Form, wie in Abb. 17.54(a) dargestellt. Werden viele Signale dieser Form erfasst und die Messwerte (zum Beispiel die integrierte Ladung oder die Pulshöhe) in ein Histogramm eingetragen, so ergibt sich das Messspektrum in Abb. 17.54(b). Es zeigt die Verteilung des so genannten Grundlinienwerts (*baseline*) oder Sockelwerts (*pedestal*), der das Ausgangssignal bei Abwesenheit eines Eingangssignals ist, und des Signalwerts, dessen Breite Beiträge aus Signal- und aus Baseline-Fluktuationen besitzt, die sich quadratisch addieren. Um zu illustrieren, welche Rolle das Rauschen von Signal und Elektronik spielt, unterscheiden wir zwei Fälle:

1. Die Breite der Grundlinie (B) ist deutlich kleiner als die Breite des Signals (S): $\sigma_S \gg \sigma_B$, wie in Abb. 17.55(a) dargestellt. Ein Beispiel für diese Situation ist ein NaI(Tl)-Szintillatorkristall (siehe Abschnitt 13.3), ausgelesen mit einem Photoverviel-

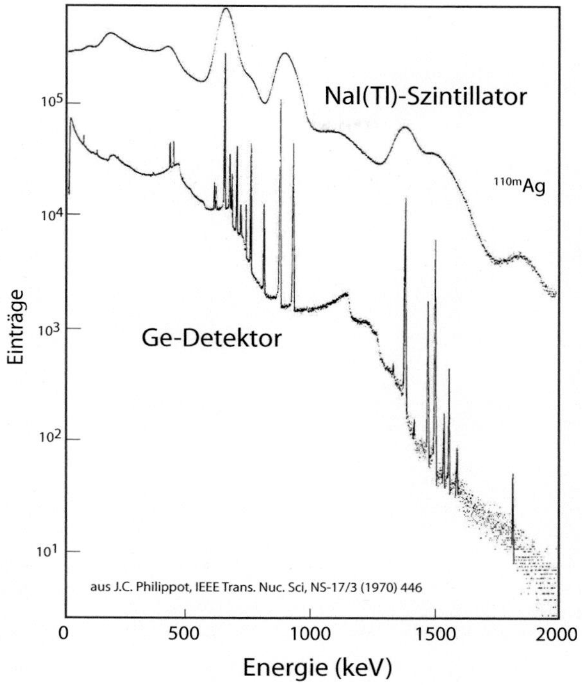

Abb. 17.53 Bedeutung von Fluktuationen bei der Aufnahme von Messdaten: γ-Spektrum, aufgenommen mit einem NaI(Tl)-Szintillator, im Vergleich zu einem Ge-Detektor. Die Erkennung scharfer, einzelner Linien wird durch die bessere Auflösung (geringere Signalfluktuationen und/oder kleineres elektronisches Rauschen) möglich (aus Philippot et al. [649], mit freundl. Genehmigung von IEEE).

facher (Abb. 10.2 auf Seite 415). Die Gesamtbreite wird von den statistischen Fluktuationen des Signalprozesses dominiert, einer Detektoreigenschaft.

2. Die Breite der Grundlinie ist viel größer als die Signalfluktuationen: $\sigma_B \gg \sigma_S$, siehe Abb. 17.55(b). Ein prominentes Beispiel zu dieser Situation sind Halbleiterdetektoren. In diesem Fall bestimmt das elektronische Rauschen weitgehend die erzielbare Auflösung. Seine Minimierung spielt für solche Detektoren eine wichtige Rolle und beeinflusst erheblich das Design der Elektronik.

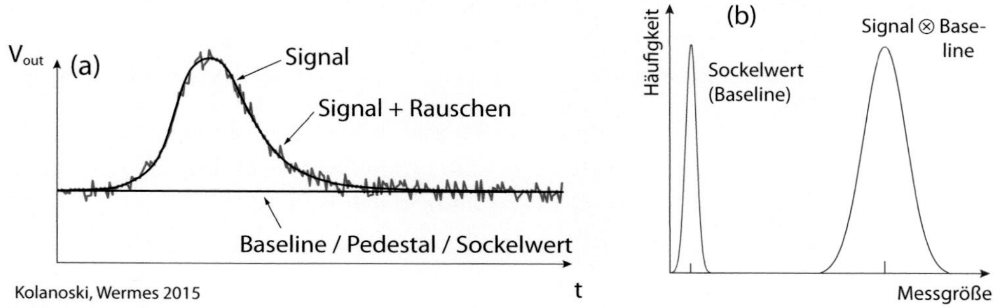

Abb. 17.54 (a) Schematische Darstellung eines Messsignals (zum Beispiel einer zur Ladung proportionalen Spannung) mit Sockelwert (*Baseline/Pedestal*) und Rauschen. (b) Häufigkeitsverteilung bei der Messung vieler Pulse der Form wie in (a) dargestellt.

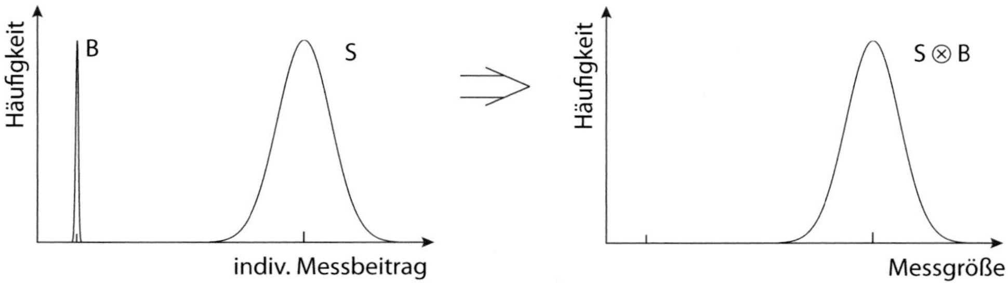

(a) $\sigma_S \gg \sigma_B$

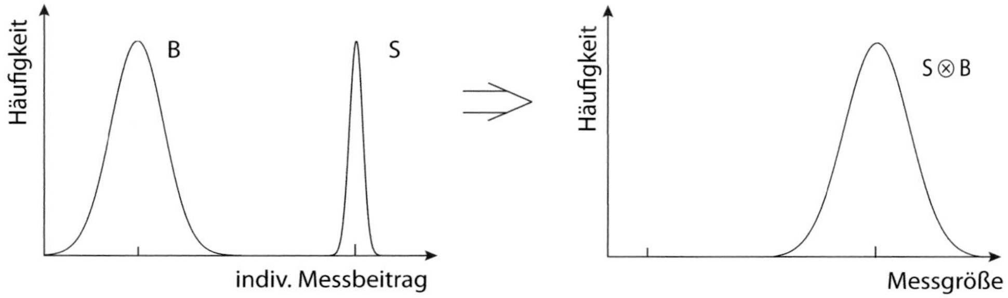

(b) $\sigma_S \ll \sigma_B$

Abb. 17.55 Fluktuationsbeiträge zum Messspektrum für die Fälle (a) $\sigma_S \gg \sigma_B$, wie zum Beispiel bei NaJ(Tl)-Szintillationsdetektoren mit Photovervielfacher-Auslese typisch, und (b) $\sigma_S \ll \sigma_B$, was zum Beispiel typisch für Mikrostreifendetektoren (mit relativ großer Detektorkapazität) und elektronischer Auslese ist. Jeweils links sind die individuellen Fluktuationsbeiträge dargestellt, jeweils rechts die Messgröße. Die Auflösung ist durch quadratische Addition $S \otimes B$ der Breiten des Sockelwerts B mit dem Signal S gegeben. Sie wird in (a) von den Fluktuationen des Signals dominiert, während in (b) das elektronische Rauschen groß im Vergleich zu den Signalfluktuationen ist und daher zur Gesamtauflösung signifikant beiträgt (siehe auch[749]).

Um beispielhaft zu erläutern, welche Komponente in der Signalerzeugungs- und Auslesekette dominant zur Energieauflösung beiträgt, betrachten wir Szintillationskristalle, wie sie zum Beispiel in der Positron-Elektron-Tomografie (PET) zum Einsatz kommen (siehe dazu Abb. 2.12 auf Seite 23). Zwei entgegengesetzt kollineare Gammaquanten mit je 511 keV Energie werden bei der PET-Anwendung emittiert. Anhand von Abb. 17.56 können wir den für die Auflösung dominanten Beitrag in der Auslesekette identifizieren:

- In einem NaI(Tl)-Szintillatorkristall zum Beispiel werden etwa 43 000 Photonen pro MeV deponierter Energie erzeugt (siehe Tabelle 13.3 auf Seite 514). Ein 511-keV-Quant erzeugt also $N_\gamma \approx 22\,000$ (optische) Photonen in einem Kristall.
- Von diesen erreichen circa $N_\gamma \approx 13\,000$ (60%) die Photokathode des Photovervielfachers.
- Unter der Annahme einer Quantenausbeute von 20% entstehen daraus an der Photokathode des Photovervielfachers (PMT) etwa $N_e \approx 2\,500$ Photoelektronen.

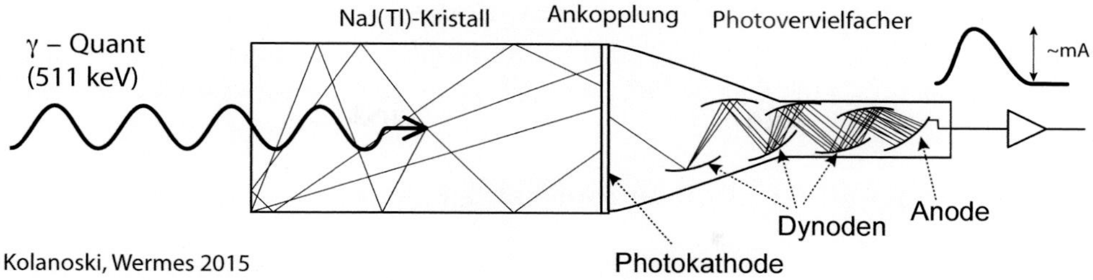

Abb. 17.56 Auslesekette in einem NaJ(Tl)-Kristall-Photovervielfacher-System. Das im NaI-Kristall erzeugte Szintillationslicht wird an der Photokathode in Elektronen konvertiert. Das elektrische Signal wird über mehrere Verstärkerstufen (Dynoden) verstärkt an der Anode abgegriffen.

– Bei einer typischen PMT-Verstärkung von etwa 10^6 erreichen ungefähr $N_e = 2.5 \times 10^9$ Elektronen die Anode, was bei den typischen Pulsdauern von NaI(Tl) ein Signal im Milliampere-Bereich ergibt.

Die erzielbare Energieauflösung σ_E/E ist bestimmt durch die kleinste Größe in dieser Kette, das heißt die mit der größten relativen statistischen Unsicherheit. Die anderen Größen tragen entsprechend der quadratischen Fehlerfortpflanzung weniger zum Gesamtfehler bei. In diesem Fall ist es die Zahl der Photonen an der ersten Dynode, die den Fehler dominiert:

$$\begin{aligned} &\sigma_{1.\,\text{dyn}} = \sqrt{N_{1.\,\text{dyn}}} = \sqrt{2500}\ \text{e}^- = 50\ \text{e}^- = 2\%\ N_{1.\,\text{dyn}} \\ \Rightarrow\quad &\sigma_{\text{signal}} = \sigma_{1.\,\text{dyn}} \times (\text{Verstärkung}) = 5 \times 10^7\,\text{e}^- . \end{aligned}$$

Die statistischen Fluktuationen des Signals sind in diesem Beispiel sehr viel größer als das elektronische Rauschen, was die Breite B der Grundlinie verursacht. Es liegt für PMTs typisch im $10^{-(4-5)}$-Bereich [413] des Signals und ist für die Auflösung der Apparatur daher vernachlässigbar.

Für den umgekehrten Fall, dass $\sigma(S) \ll \sigma(B)$ ist, nehmen wir als Beispiel den Nachweis eines 60-keV-γ-Quants aus einer ^{241}Am-Quelle mit einem Silizium-Halbleiterdetektor. Die Anzahl der Elektron-Loch-Paare beträgt

$$N_{e/h} = \frac{E_\gamma}{\omega_i} = \frac{60\,000\,\text{eV}}{3.65\,\text{eV}/(\text{e/h})} \approx 16\,500\quad \text{e/h-Paare}\,.$$

Die Signalfluktuationen berechnen sich gemäß:

$$\begin{aligned} \sigma_{\text{signal}} &= \sqrt{N_{e/h} \cdot F} \qquad (F = \text{Fano-Faktor, siehe Abschnitt 17.10.2}) \\ &= \sqrt{N_{e/h} \cdot 0.1} = 40\,\text{e}^- , \end{aligned}$$

das heißt relativ zur Signalgröße $\sigma_{e/h}/N_{e/h} = 0.2\,\%$. Dies ist zu vergleichen mit dem im ersten Beispiel erzielten relativen Fehler von 2%. Das Rauschen in Halbleiterdetektoren ist vor allem von der Elektrodenkapazität am Eingang des Verstärkers abhängig (siehe

Abschnitt 17.10.3) und liegt bei Pixel- oder Streifendetektoren typisch in der Größenordnung von $\mathcal{O}(100\,e^-)$ für Pixel bis $\mathcal{O}(1000\,e^-)$ für Streifen. Es ist damit viel größer als die Fluktuationen σ_{signal} des Signals und bestimmt daher die erzielbare Gesamtauflösung.

17.10.2 Signalfluktuationen und Fano-Faktor

Neben der (meist vernachlässigbaren) natürlichen Linienbreite eines Zerfallsniveaus sind Fluktuationen im Signalentstehungsprozess vor allem auf statistische Schwankungen der im Primärprozess erzeugten Quanten (Photonen, Ladungsträger, Phononen) zurückzuführen und unterliegen der Poisson-Statistik

$$P(k,\mu) = \frac{\mu^k}{k!}\mathrm{e}^{-\mu}\,, \tag{17.75}$$

mit $P(k,\mu)$ = Wahrscheinlichkeit für k Ereignisse bei einem Mittelwert $\mu > 0$. Die Varianz beträgt $\sigma^2 = \mu$. Für große Ereigniszahlen (das heißt Mittelwerte $\mu = \langle N \rangle$) geht die Poisson-Verteilung in die Gauß-Verteilung über. In der Praxis kann dies bereits für N größer als etwa zehn angenommen werden. Die Messschwankung ist gegeben durch

$$\sigma = \sqrt{N}\,,$$

und der relative Fehler ist $\sigma/N = 1/\sqrt{N}$.

Wenn in einem Detektor die Energie eines Teilchens total absorbiert wird, wie zum Beispiel ein Röntgenquant in Silizium, so ergibt sich durch die Bedingung, dass die gesamte deponierte Energie festliegt, eine Verbesserung der Energieauflösung, die quantitativ durch Anbringung des 'Fano-Faktors' F berücksichtigt wird. Die absorbierte Energie verteilt sich auf eine in der Regel kleine Zahl möglicher Energiverlustprozesse, deren Summe die Teilchenenergie sein muss. Eine größere Energieabgabe an das Gitter (Phononenanregung) hat zur Folge, dass weniger Ladungsträger freigesetzt werden können. Bei diesem Beispiel mit zwei Möglichkeiten der Energieabgabe (Phononen und Ladungen) wäre der statistische Fehler durch den Fehler der Binomialverteilung gegeben statt durch den Poisson-Fehler. Das Ergebnis der Zwangsbedingung durch die Energieerhaltung bei der Aufteilung der absorbierten Energie ist eine bessere Energieauflösung, als dies durch den Poisson-Fehler der Ladungsträger ($\sqrt{N}$) der Fall ist. Bei einem Teilchendurchgang durch einen Detektor mit dem Verlust (dE/dx) nur eines Teils der Teilchenenergie gelten die obigen Zwangsbedingungen nicht.

Eine exakte, allgemein gültige Berechnung des Fano-Faktors ist kompliziert. Wir betrachten daher als ein einfaches System einen Siliziumdetektor, bei dem die Diskussion weitgehend auf zwei Energieverlustmechanismen reduziert werden kann (siehe auch [749]): die Erzeugung von Elektron-Loch-Paaren und die Anregung von Gitterschwingungen (Phonon-Anregung). Zur Erzeugung eines e/h-Paares wird mindestens die Energie zur Überwindung der Bandlücke (in Silizium $\Delta E_{\text{gap}} = 1.1\,\text{eV}$) benötigt. Eine im Detektor deponierte Energie wird aber für jeden Einzelfall verschieden auf die Erzeugung von e/h-Paaren oder Gitterschwingungen aufgeteilt, so dass im Mittel $w_i = 3.65\,\text{eV}$ für die e/h-Erzeugung benötigt wird.

Wir nehmen an, N_p Phononanregungen werden mit einer statistischen Fluktuation von $\sigma_p = \sqrt{N_p}$ erzeugt; $N_{e/h}$ Elektron-Loch-Paare werden in Ionisationsprozessen mit einer Fluktuation von $\sigma_{e/h} = \sqrt{N_{e/h}}$ erzeugt. E_0 sei eine feste, im Detektor mit jedem Ereignis deponierte Energie (zum Beispiel die Energie eines γ-Quants aus einem Zerfall einer radioaktiven Quelle), die für die Phonon- und e/h-Erzeugung zur Verfügung steht:

$$E_0 = E_i \cdot N_{e/h} + E_x \cdot N_p \,, \tag{17.76}$$

wobei E_i die benötigte Energie für eine einzelne Ionisation und E_x die für eine einzelne Phononanregung ist.

Die Energie E_0 kann sich beliebig auf Ionisationen oder Anregungen aufteilen. Da E_0 bei vollständiger Absorption aber fest und bei gleicher γ-Energie immer gleich ist, muss bei jeder Absorption eine Fluktuation eines größeren E_0-Anteils ($E_0 \cdot \Delta N_p$) auf Phononanregung durch einen entsprechend kleineren E_0-Anteil ($E_0 \cdot (-\Delta N_{e/h})$) für die Ionisation kompensiert werden:

$$E_x \cdot \Delta N_p - E_i \cdot \Delta N_{e/h} = 0 \,.$$

Gemittelt über viele Absorptionen der Energie E_0 gilt daher:

$$\begin{aligned} & E_x \cdot \sigma_p = E_i \cdot \sigma_{e/h} \\ \Rightarrow \quad & \sigma_{e/h} = \sigma_p \frac{E_x}{E_i} = \sqrt{N_p}\frac{E_x}{E_i} \,. \end{aligned}$$

Mit der umgeformten Gleichung (17.76)

$$N_p = \frac{E_0 - E_i N_{e/h}}{E_x}$$

und der mittleren Zahl der e/h-Paare,

$$N_{e/h} = \frac{E_0}{\omega_i} \,,$$

folgt daraus:

$$\begin{aligned} \sigma_{e/h} &= \frac{E_x}{E_i}\sqrt{\frac{E_0}{E_x} - \frac{E_i}{E_x}\frac{E_0}{\omega_i}} = \sqrt{\frac{E_0}{\omega_i}} \cdot \sqrt{\underbrace{\frac{E_x}{E_i}\left(\frac{\omega_i}{E_i} - 1\right)}_{=F \text{ (Fano-Faktor)}}} = \sqrt{\frac{E_0}{w_i} \cdot F} \\ \Longrightarrow \sigma_{e/h} &= \sqrt{N_{e/h} \cdot F} \,. \end{aligned} \tag{17.77}$$

Die erzielte Auflösung $\sigma_{e/h}$ ist also besser als die durch die Poisson-Statistik unabhängig erzeugter e/h-Paare erwartete Auflösung $\sqrt{N_{e/h}}$, und zwar um den Faktor $\sqrt{F}$, der daher auch als

$$\text{Fano-Faktor } F = \frac{\text{beobachtete Varianz}}{\text{Varianz der Poisson-Statistik}}$$

definiert werden kann.

Für Silizium berechnet sich mit $E_x = 0.037$ eV, $E_i = \Delta E_{gap} = 1.12$ eV und $w_i = 3.61$ eV aus (17.77) ein Fano-Faktor von $\mathrm{F}_{Si} \approx 0.08$. Der Fano-Faktor ist temperaturabhängig. Messungen (zum Beispiel in [298] bei 90 K) und theoretische Berechnungen [67] liegen zwischen $\mathrm{F}_{Si} \approx 0.084$ und 0.115. Wie aus (17.77) ersichtlich, ist die Kleinheit des Fano-Faktors vor allem durch das kleine Verhältnis der Prozess-Energien E_x/E_i bedingt, und der Wert wird durch die kleinen Poisson-Schwankungen von E_x stabilisiert.

Bei vollständiger Absorption der Energie des eintreffenden Teilchens ist das Signalrauschen in Silizium um etwa 30% kleiner als aus der Anzahlfluktuation der erzeugten e/h-Paare zu erwarten:

$$\sigma_{\mathrm{signal}}(\mathrm{Si}) = \sigma_{e/h} \approx 0.3 \cdot \sqrt{N_{e/h}}\,.$$

Für verschiedene Halbleiter und für Argon findet man in [67, 487] folgende theoretischen, weitgehend experimentell verifizierten Werte für Fano-Faktoren:

Material	Si	Ge	GaAs	CdTe	Diamant	Ar	flüss. Ar
Fano-Faktor	0.115	0.13	0.10	0.10	0.08	0.20	0.107–0.116

Für Detektoren mit komplexeren Signalerzeugungsprozessen wie zum Beispiel Szintillatoren, bei denen auch Exziton-Prozesse eine Rolle spielen (siehe Abschnitt 13.3 auf Seite 511), kann auch ein Fano-Faktor $F > 1$ auftreten [293].

17.10.3 Elektronisches Rauschen

Statistische Fluktuationen in allen Bauteilen und Schaltungen verursachen Schwankungen in Spannungen oder Strömen, die man als (elektronisches) *Rauschen* (*noise*) bezeichnet. Ursachen sind zum Beispiel die thermische Bewegung von Elektronen, Leckstöme, zeitliche und räumliche Fluktuationen aufgrund der Quantisierung der Ladungsträger oder Erzeugung und Rekombination von Elektron-Loch-Paaren sowie Einflüsse außerhalb der Schaltung. In diesem Abschnitt wird das elektronische Rauschen aufgrund statistischer Fluktuationen in der Signalverarbeitung im Gegensatz zur Signalerzeugung (Abschnitt 17.10.2) behandelt.

Rauscherscheinungen geben beim Messvorgang eine Grenze vor, unterhalb derer Signale nicht oder nur unter speziellen Umständen messbar sind, da sie im Rauschen verschwinden. Wir wollen zunächst die grundsätzlichen Ursachen des Rauschens getrennt betrachten, dann die Konsequenzen für Detektoren abschätzen und Methoden vorstellen, mit denen elektronisches Rauschen reduziert werden kann.

Rauschquellen

Als Rauschen wird die stochastische Schwankung um einen Sollwert, in der Elektronik in der Regel eine Spannung oder ein Strom, bezeichnet. Der Mittelwert eines Rauschbeitrags

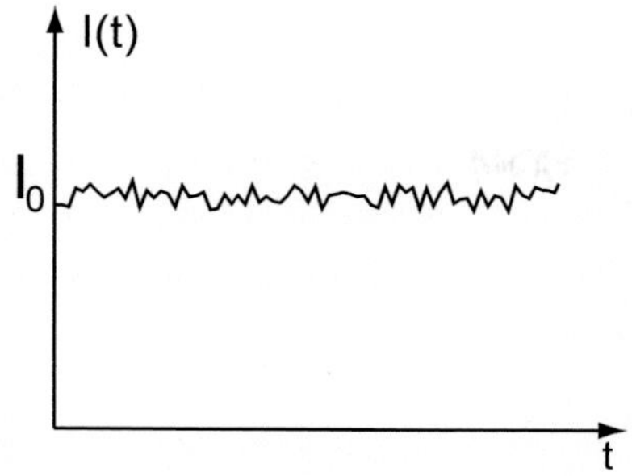

(a) Stromrauschen als Funktion der Zeit

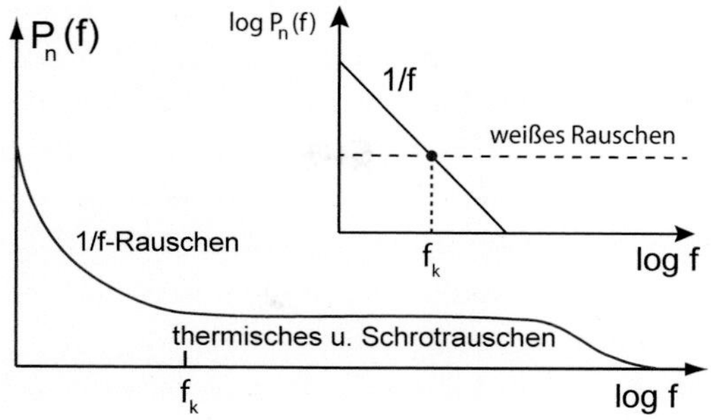

(b) Rauschspektrum (typisch) als Funktion der Frequenz

Abb. 17.57 Elektronisches Stromrauschen (a) im Zeitbereich. (b) Typisches Rauschleistungsspektrum im Frequenzbereich. f_k ist die Eckfrequenz, die den Übergang von 1/f- zu weißem Rauschen markiert (eingesetzte Abbildung: doppelt-logarithmische Darstellung).

um einen Messwert $\langle I\rangle = I_0$ ist null, so dass das mittlere Schwankungsquadrat (Varianz) σ^2 um I_0 eine nützliche Größe zur Rauschquantifizierung ist (vgl. Abb. 17.57(a)):

$$\sigma^2 = \lim_{T\to\infty} \frac{1}{T}\int_0^T \bigl(I(t) - I_0\bigr)^2 dt\,. \qquad (17.78)$$

σ^2 ist ein Maß für die Stärke des Rauschens, und σ wird als Effektivwert der Rauschgröße bezeichnet. Häufig ist es praktischer, für Rauschvorgänge ein Frequenzspektrum anzugeben. Hierzu betrachtet man die Fourier-Transformierte des zeitabhängigen Vorgangs. Wir definieren eine spektrale Leistungsdichte dP_n/df, die die Leistung in einem Frequenzintervall von 1 Hz bei der Frequenz f angibt. Die gesamte Rauschleistung ist durch

$$P_n = \int_0^\infty \frac{dP_n}{df}\,df$$

gegeben. Da diese Gesamtleistung endlich sein muss, muss die Leistungsdichte ab einer Grenzfrequenz abnehmen. Ein eventuell enthaltener Gleichstrom- beziehungsweise Gleichspannungsanteil äußert sich im Spektrum als δ-Funktion bei $f = 0$.

In elektrischen Systemen wird Rauschen üblicherweise in spektralen Dichten der quadrierten Spannungen oder Ströme betrachtet. Der Zusammenhang mit der Rauschleistungsdichte wird durch die Annahme eines festen Widerstands R hergestellt:

$$dP_n/df = \frac{1}{R}\,d\langle u^2\rangle/df = R\,d\langle i^2\rangle/df\,.$$

Im Sprachgebrauch werden auch die quadratischen Ausdrücke ohne R als Leistungsdichten bezeichnet. Die Leistungsdichte für den Strom entspricht dem Schwankungsquadrat σ^2 in (17.78). Die Einheit der Rausch(leistungs)dichte ist A^2/Hz bei Betrachtung des Stromes beziehungsweise V^2/Hz bei Betrachtung der Spannung. Die Größe $\sigma = \sqrt{\sigma^2}$ kennzeichnet das Rauschen daher in der Einheit $\mathrm{A}/\sqrt{\mathrm{Hz}}$ beziehungsweise $\mathrm{V}/\sqrt{\mathrm{Hz}}$.

Ist die Rauschleistung in einem Frequenzband frequenzunabhängig, spricht man von weißem Rauschen (*white noise*); ein Anteil der mit zunehmender Frequenz wie $1/f$ abnimmt, wird 1/f-Rauschen genannt (*pink noise*). Die beiden Rauschanteile sind schematisch in Abb. 17.57(b) dargestellt. In Frequenzspektren sieht man gelegentlich charakteristische Linien, die von elektromagnetischen Störfeldern verursacht werden, wie zum Beispiel die vom Stromnetz bekannte 50-Hz-Linie. Diese werden im Allgemeinen nicht als Rauschen klassifiziert, sondern werden oft als 'elektromagnetische Störung' oder *pick up* bezeichnet.

Rauschen wird durch Fluktuationen verursacht. Ein Strom von N Ladungen zwischen zwei Elektroden im Abstand d,

$$i = \frac{Nev}{d} \,,$$

kann in der Anzahl N und in der Geschwindigkeit v unabhängig voneinander fluktuieren:

$$(di)^2 = \left(\frac{ev}{d} dN\right)^2 + \left(\frac{eN}{d} dv\right)^2 \,,$$

ausgedrückt durch das totale Differenzial di mit der quadratischen Addition der beiden Terme.

Wir unterscheiden im Folgenden hauptsächlich drei physikalische Rauschquellen:

- Thermisches Rauschen (*thermal noise*)
- Schrotrauschen (*shot noise*)
- 1/f-Rauschen (*1/f noise*) .

Thermisches Rauschen entsteht durch thermisch bedingte Geschwindigkeitsfluktuationen der Ladungsträger (Brownsche Bewegung). Schrotrauschen und 1/f-Rauschen rühren (mindestens in MOSFETs) von Anzahldichtefluktuationen her. Thermisches Rauschen und Schrotrauschen besitzen ein weißes Frequenzspektrum über einen weiten Frequenzbereich; 1/f-Rauschen besitzt, wie der Name sagt, ein spektrales Verhalten wie $1/f$ oder allgemeiner wie $1/f^\alpha$, mit $\alpha = 0.5 \ldots 2$ (siehe Abb. 17.57(b)).

Eine Vielzahl von Benennungen für elektronisches Rauschen in jeweils anderem Kontext machen das Verständnis unnötig schwer. Die oben genannten drei Rauschquellen sind die grundsätzlichen, physikalischen Rauschquellen, die es in elektronischen Schaltkreisen zu berücksichtigen gilt. Weitere Bezeichnungen mit etwas anderen Rauschphänomenen wie zu Beispiel *burst or random telegraph noise* oder *avalanche noise* und weitere sind häufig ursächlich mit 1/f-Rauschen verwandt und weisen ebenfalls ein mit $1/f$ oder $1/f^2$ fallendes Spektrum ab einer charakteristischen Frequenz f_c auf (siehe zum Beispiel [391, 447]). Sie können für die meisten Anwendungen, insbesondere für die hier interessierenden Detektorauslese, vernachlässigt werden. Wenn die schaltungstechnische Lage einer Rauschquelle für deren Auswirkung wichtig ist, so findet man auch die Begriffe paralleles und serielles Rauschen (*parallel noise* beziehungsweise *serial noise*), parallel oder seriell meist zum Verstärker.

Hier nachfolgend sind die Formeln für die Rauschleistungsdichte der drei Hauptrauschquellen angegeben. In Anhang H werden die formelmäßigen Ansätze für diese Rauschquellen begründet.

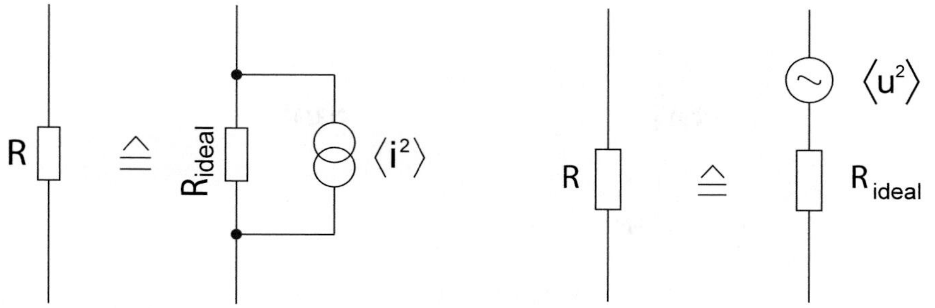

(a) Ersatzschaltbild mit paralleler Rauschstromquelle

(b) Ersatzschaltbild mit serieller Rauschspannungsquelle

Abb. 17.58 Ersatzschaltbild eines rauschenden Widerstands.

Thermisches Rauschen In jedem (feldfreien) Leiter und Halbleiter bewegen sich die freien Ladungsträger aufgrund ihrer kinetischen (thermischen) Energie ohne Vorzugsrichtung. Diese thermische Bewegung verursacht eine Bewegungsschwankung, die dem Stromfluss überlagert ist. Misst man den Erwartungswert dieser Schwankung, so stellt man bei einem Leiter mit Widerstand R und ohne ein äußeres elektrisches Feld fest (siehe Anhang H):

$$d\left\langle i^2\right\rangle_{\text{therm}} = \frac{1}{R}\frac{dP_n}{df}\,df = \frac{1}{R}\,4kT\,df\,, \tag{17.79}$$

mit der Boltzmann-Konstanten $k = 8.617 \times 10^{-5}$ eV/K.

Thermisches Stromrauschen, auch *Johnson-Noise* oder Nyquist-Rauschen nach seinen Entdeckern genannt, ist unabhängig von der Größe des durch R fließenden Stromes. Es ist außerdem bis zu sehr hohen Frequenzen unabhängig von der Frequenz (weißes Rauschen). Ein rauschender Widerstand in einem Ersatzschaltbild wird durch einen idealen Widerstand mit einer parallelen Rauschstromquelle (Abb. 17.58(a)) oder äquivalent dazu mit einer seriellen Rauschspannungsquelle (Abb. 17.58(b)) dargestellt:

$$d\left\langle u^2\right\rangle_{\text{therm}} = R\frac{dP_n}{df}\,df = R\;4kT\,df\,. \tag{17.80}$$

Die Gleichungen (17.79) und (17.80) heißen Nyquist-Formeln. Bei Raumtemperatur ist $4kT \approx 100$ meV $\approx 1.65\ \times 10^{-20}$ VC. Damit entsteht in einem Widerstand von $R = 1\,\text{k}\Omega$ ein stromunabhängiges, thermisches Stromrauschen von

$$\sqrt{\frac{\Delta\left\langle i^2\right\rangle}{\Delta f}} = 4\frac{\text{pA}}{\sqrt{\text{Hz}}}\,.$$

Schrotrauschen (shot noise) Schrotrauschen ist eine statistische Fluktuation von Ladungsträgern, die auftritt, wenn Ladungsträger unabhängig voneinander über eine Austrittspotenzialbarriere in ein Volumen emittiert werden. Ein Beispiel hierfür ist die Emission von Elektronen in einer Vakuumröhre, wobei die Austrittsarbeit aus der Kathode überwunden werden muss, oder auch die Elektron-Loch-Erzeugung in Halbleitern,

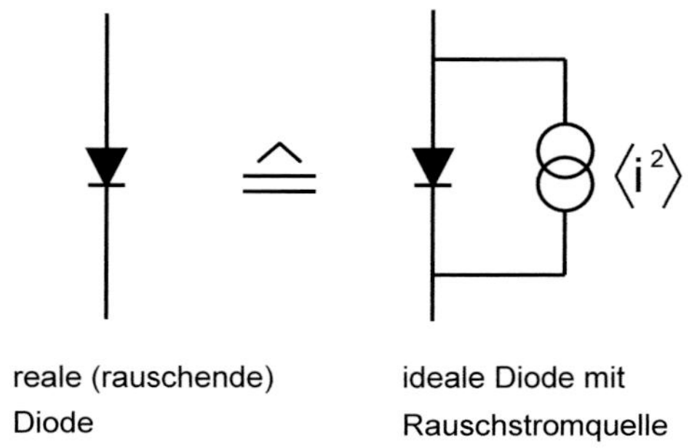

Abb. 17.59 Ersatzschaltbild einer Diode (pn-übergang) mit Rauschstromquelle.

bei der die Energie der Bandlücke überwunden werden muss. Auch Rekombination von Ladungsträgern trägt zum Schrotrauschen bei. Die Bezeichnung Schrotrauschen stammt von dem Geräusch aufprasselnder Schrotkugeln, daher auch der Name *shot noise* im Englischen. Die Schottky-Beziehung, siehe [721], liefert folgendes Ergebnis für die spektrale Stromrauschleistungsdichte (siehe Anhang H):

$$d\langle i^2\rangle_{\text{shot}} = 2eI_0\, df\,. \tag{17.81}$$

Mit I_0 ist hierbei der mittlere Strom durch das rauschende System (zum Beispiel der Leckstrom bei Halbleiterdetektoren) bezeichnet. Das Schrotrauschen ist damit direkt proportional zum Strom I_0 und wird deshalb auch oft einfach 'Stromrauschen' genannt. Das Frequenzspektrum ist ebenfalls 'weiß'.[10]

Rauschende Dioden lassen sich durch ein Ersatzschaltbild mit einer idealen Diode und einer parallel geschalteten Konstantstromquelle ersetzen (Abb. 17.59). Im Gegensatz zum thermischen Rauschen, welches bei endlicher Temperatur immer, auch ohne Stromfluss, auftritt, muss beim Schrotrauschen eine Stromquelle vorhanden sein. Beispielsweise ergibt sich bei einem Strom von $I_0 = 1\,\text{mA}$ der rms-Wert (genannt 'Effektivwert') des Rauschstroms zu:

$$\sqrt{\frac{\Delta\,\langle i^2\rangle}{\Delta f}} = \sqrt{2eI_0} = 18\,\frac{\text{pA}}{\sqrt{\text{Hz}}}\,.$$

Schrotrauschen bei $I_0 = 50\ \mu\text{A}$ entspricht damit einem thermischen Rauschen in einem Widerstand von $R \approx 1\,\text{k}\Omega$ bei Zimmertemperatur.

1/f-Rauschen (Funkelrauschen, flicker noise) Unter 1/f-Rauschen versteht man im allgemeineren Sinne alle Rauschbeiträge, die ein 'nicht-weißes' Frequenzverhalten gemäß $1/f^\alpha$, mit $\alpha = 0.5 \ldots 2$–3, aufweisen. Es wurde 1925 von Johnson entdeckt [478] in einem Experiment, das er zum Test der von Schottky 1918 aufgestellten Theorie zum Schrotrauschen [720, 721] in Vakuumröhren durchführte. Das Rauschen in Johnsons Experiment wies bei niedrigen Frequenzen allerdings kein weißes Verhalten auf, sondern stieg zu kleinen Frequenzen f hin an. Einen ersten theoretischen Ansatz publizierte Schottky bereits 1926 [722] (siehe auch Anhang H).

[10] Dies gilt nur für Frequenzen, die klein gegenüber dem Kehrwert der Impulsdauer sind. Nur δ-Impulse erzeugen weißes Rauschen für $f \to \infty$.

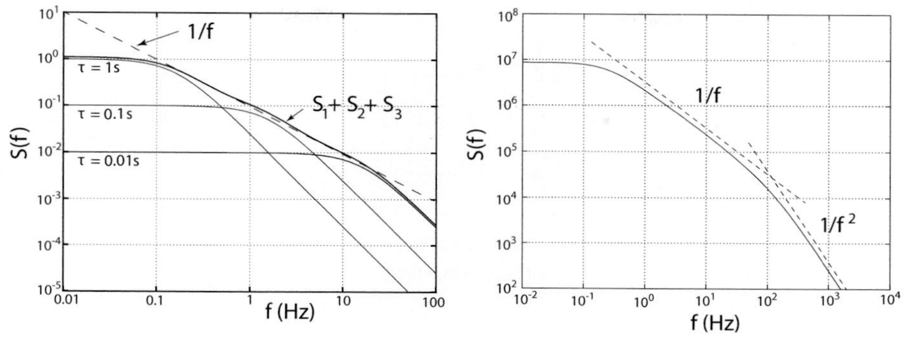

(a) Überlagerung dreier Spektren mit sehr verschiedenen Zeitkonstanten (b) Überlagerung vieler Spektren mit gleich verteilten Zeitkonstanten

Abb. 17.60 Beispiele zur Entstehung des $1/f$-Verhaltens von Frequenzspektren. In (a) sind drei typische $1/f^2$-Spektren aus Einfang-Loslass-Prozessen mit Zeitkonstanten, die sich um jeweils eine Größenordnung unterscheiden, überlagert [592]. Das Summenspektrum zeigt das charakteristische $1/f$-Verhalten. In (b) sind die Rauschleistungsspektren (willkürliche Einheiten) von 10 000 Einfang-Relaxations-Prozessen überlagert, die verschiedene Zerfallskonstanten ($1/\tau$) gleichverteilt über drei Größenordnungen besitzen. Die Linien repräsentieren $1/f$- und $1/f^2$-Verläufe der spektralen Leistungsdichte. Hier zeigt sich über einen Bereich von 3–4 Größenordnungen ein 1/f-Spektrumsanteil [592].

Es gibt bis jetzt keine Theorie, die das Phänomen des 1/f-Rauschens vollständig beschreibt. 1/f-Rauschen tritt nicht nur in elektronischen Bauteilen auf, es wurde auch in vielen anderen Systemen beobachtet [592, 801]. Die Geschwindigkeit von Meeresströmungenen [768], die Frequenz der Erdrotation, der Fluss des Straßenverkehrs, Membranpotenziale bei Gehirnzellen, Musik [796], Zeitmesser von Sand- bis Atomuhr und sogar die menschliche Stimme weisen 1/f-Verhalten bei verschiedenen Phänomenen auf [661, 801]. Es stellt sich daher die Frage, ob 1/f-Rauschen ein grundsätzliches statistisches Phänomen ist oder ob es sich um spezielle Eigenschaften von bestimmten Systemen handelt.

Für elektronische Systeme sind meist Einfang- und Relaxations-Prozesse mit verschiedenen Zeitkonstanten als Ursache für 1/f-Rauschen verantwortlich (siehe Anhang H). Insbesondere in MOSFETs können im Transistorkanal Ladungsträger im Gate-Oxid und in der Grenzschicht für bestimmte Zeit eingefangen werden. Einfangzentren (*traps*) werden durch Ladungen besetzt, welche für kurze Zeit festgehalten werden. Die spektrale Dichte für einen einzelnen Einfangprozess ist proportional zu $\tau^2/(1+(2\pi f\tau)^2)$, welches für $2\pi f\tau \gg 1$ in ein $1/f^2$-Verhalten übergeht. Die Überlagerung bereits weniger $1/f^2$-Spektren mit unterschiedlichen Einfangzeitkonstanten erzeugt ein Summenspektrum, das in weiten Bereichen ein $1/f$-Verhalten aufweist.

Abb. 17.60(a) zeigt, dass bereits drei Einfangprozesse mit Zeitkonstanten von $\tau_1 = 1\,\text{s}$, $\tau_2 = 0.1\,\text{s}$ und $\tau_3 = 0.01\,\text{s}$ ein 1/f-Summenspektrum über zwei Dekaden aufweisen. Bei sehr vielen Einfang- und Relaxationsprozessen kann der 1/f-Bereich 3–4 Dekaden überstreichen, wie Abb. 17.60(b) für die Überlagerung von 10 000 Einfang-Relaxations-Prozessen mit über drei Größenordnungen gleichverteilten Zeitkonstanten zeigt [592].

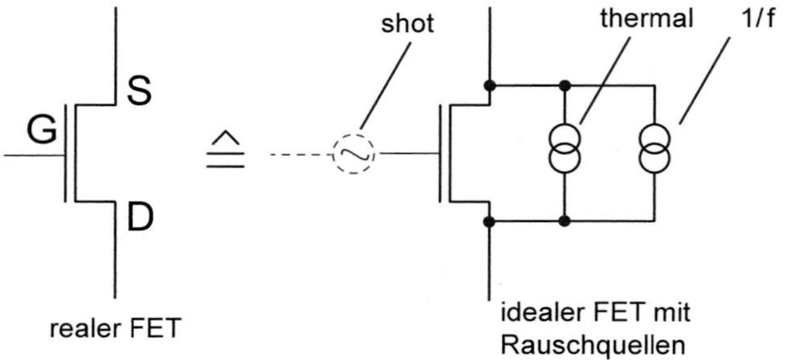

Abb. 17.61 Rauschstromquellen eines FET.

Die Rauschstromdichte des 1/f-Rauschens wird allgemein wie folgt angegeben:

$$d\left\langle i^2\right\rangle = K_\alpha \cdot \frac{1}{f^\alpha}\, df \qquad (\alpha = 0.5\ldots 2)\,. \tag{17.82}$$

Die Konstante K_α muss für den jeweiligs betrachteten Prozess (zum Beispiel Ladungseinfang in MOS-Transistoren) meist aus Device-Simulationen berechnet werden (siehe auch den nachfolgenden Abschnitt). Die Frequenz, die den Übergang zwischen 1/f-Rauschen und weißem Rauschen markiert, wird Eckfrequenz (*corner frequency*) genannt (siehe Abb. 17.57(b) auf Seite 791).

Rauschen in einem (MOS)FET-Verstärker

Bei der Auslese von Detektoren spielt das an vorderster Stelle der Signalkette liegende Element, meist der Vorverstärker, hinsichtlich der Rauscheigenschaften des Systems die entscheidende Rolle. In den meisten Fällen kann man diese Rolle sogar auf ein elektronisches Bauteil eingrenzen, den Eingangstransistor, der meistens ein MOS-Feldeffekt-Transistor ist. Wir betrachten die Rauschquellen in diesem Transistor, um diese dann im nächsten Abschnitt für ein Auslesesystem mit Vorverstärker und Pulsformer zu verwenden (siehe auch [697]).

Ein Feldeffekt-Transistor besitzt folgende Rauschstromquellen (Abb. 17.61):

- thermisches Rauschen im Kanal des FET,
- 1/f-Rauschen im Kanal des FET

und, falls sich eine externe Stromrauschquelle wie zum Beispiel ein Detektor am Gate-Eingang befindet, zusätzlich

- Schrotrauschen am Eingang (Gate) des FET.

Oft ist es nützlich, Rauschbeiträge am Ausgang eines Bauelements als effektiven Beitrag am Eingang zu beschreiben. Die beiden Rauschstrombeiträge parallel zum Kanal sind äquivalent zu einem Rauschspannungsbeitrag in Serie zum Eingang (Abb. 17.62):

$$\left\langle i_D^2\right\rangle = \left\langle (g_m u_{\mathrm{in}})^2\right\rangle\,,$$

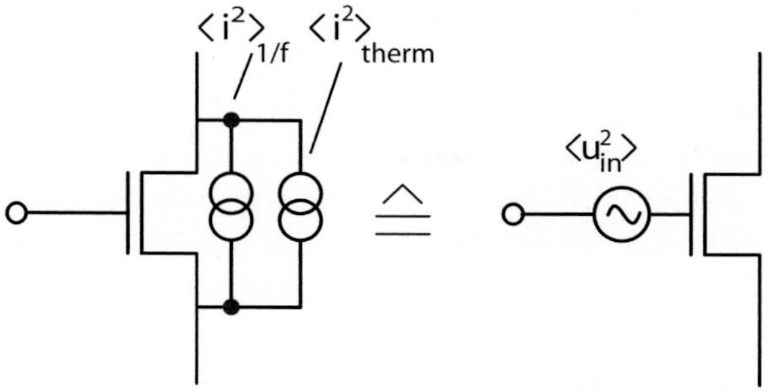

Abb. 17.62 Ersatzschaltbild zum Rauschstrombeitrag bei einem FET-Verstärker.

wobei $g_m = \partial I_D/\partial V_{GS}$ die Transkonduktanz des Transistors ist, mit I_D = Drainstrom und V_{GS} = Gate-Source-Spannung.

In FETs, insbesondere in MOSFETs, ist das Schrotrauschen vernachlässigbar, da in den Eingang (Gate) idealerweise kein Strom fließt. Der Transistorkanal wird als Widerstand (keine Potenzialbarriere) angesehen und weist daher nur thermisches- und 1/f-Rauschen auf.

Der Widerstand des Kanals ist allerdings von der Geometrie des Transistors, das heißt der Form der Raumladungszone und der Kanaldotierung, abhängig und ist auch positionsabhängig (der Kanal verjüngt sich in Richtung Drain). Die Größe R in (17.80) wird ersetzt durch $1/(\alpha g_m)$. Im Sättigungsbereich (der Ausgangskennlinie des Transistors) hängt g_m von der Wurzel des Drain-Stromes ab, dessen Größe von der Transistorgeometrie bestimmt wird:

$$g_m = \partial I_D/\partial V_{GS} \propto \sqrt{I_D} \propto \sqrt{W/L}\,.$$

Hier sind W und L Breite und Länge des Gates. Für JFETs und Langkanal-MOSFETs beträgt $\alpha = 2/3$ [391]. Für MOSFETs mit kurzem Kanal ist α eine Funktion von $V_{GS}-V_T$, mit V_{GS} = Gate-Source-Spannung, V_T = Schwellenspannung.

Damit gilt für den thermischen Kanalrauschbeitrag am Eingang (Gate) des Transistors

$$\frac{d\left\langle u^2_{therm}\right\rangle}{df} = 4kT\frac{2}{3}\frac{1}{g_m}\,.$$

1/f-Rauschen im Kanal entsteht durch Einfang und Relaxation der Ladungsträger an der Grenzschicht zwischen Oxid und Substrat und ist von der Fläche des Gates (Breite W $\times$ Länge L) abhängig. Verschiedene Ausdrücke werden für seine Beschreibung verwendet. Zum Beispiel kann das 1/f-Kanalrauschen als eine Rauschspannung am Eingang eines MOSFETs wie folgt[11] beschrieben werden [477]:

$$\frac{d\left\langle u^2_{1/f}\right\rangle}{df} = K_f\frac{1}{C'_{ox}WL}\,\frac{1}{f}\,,$$

[11] In der Literatur findet man auch abweichende Darstellungen, die aus verschiedenen Computer-Modellierungen kommen, zum Beispiel $\left\langle u^2_{1/f}\right\rangle = K'_f\frac{1}{C^2_{ox}WL}\,\frac{1}{g^2_m}\,\frac{1}{f}\,df$ mit anderen Konstanten und Abhängigkeiten von C_f und g_m [477]. Wir benutzen hier die gebräuchliche Form der Modellierung durch das Programmpaket PSPICE [220].

wobei $C'_{ox} = \frac{3}{2}\frac{C_{GS}}{WL} \approx \epsilon_0\epsilon/d$ die Oxidkapazität pro Einheitsfläche beschreibt (d = Oxiddicke, C_{GS} = Gate-Source-Kapazität) und K_f die von der Technologie (Strukturgröße) abhängige 1/f-Rauschkonstante ist (verwandt mit K_α aus (17.82)). K_f liegt für CMOS-Transitoren in 250-nm-Technologie bei $K_f \approx 30 \times 10^{-25} J$ für nMOS und ist für pMOS Transistoren 10- bis 25-mal kleiner [574]. Das 1/f-Rauschen ist umso kleiner, je homogener der Transistor und je größer das leitende Volumen im Kanal ist, weil dann der Einfluss von Wechselwirkungen an der Grenzschicht auf den Stromfluss sinkt. Bei Betrieb in 'starker Inversion' [819] ist Schrotrauschen im Kanal vernachlässigbar.

Die beiden Rauschquellen im Transistorkanal (thermisches und 1/f-Rauschen) lassen sich damit als Rauschspannungsquellen am Eingang wie folgt darstellen (siehe auch Abb. 17.62):

$$\frac{d\left\langle u_{in}^2\right\rangle}{df} = 4kT\frac{2}{3}\frac{1}{g_m} + K_f\frac{1}{C'_{ox}WL}\frac{1}{f}\,.$$

Je nach Betriebsweise des Verstärkers, vor allem durch die Art der Rückkopplung, wirkt sich die Rauschspannung am Eingang $\left\langle u_{in}^2\right\rangle$ auf den Ausgang aus. Ein für Detektoren in der Teilchenphysik häufiger Aufbau mit einem zusätzlichen Ausgangsfilter ist im nächsten Abschnitt beschrieben.

Rauschen in einem Detektor-Vorverstärker-Filter-System

Eine häufig auftretende Auslesekette eines Detektors ist ein Vorverstärker-Filter-System (siehe Abschnitt 17.3), dessen Rauscheigenschaften wir in diesem Abschnitt behandeln (siehe auch [697]). Als Vorverstärker wird ein durch einen Kondensator rückgekoppelter, ladungsempfindlicher Verstärker mit Entladung über einen Widerstand angenommen. Wir nehmen ferner an, dass der Filter die Bandbreite des Gesamtsystems stärker beschränkt als der Vorverstärker, so dass die Transferfunktion des Vorverstärkers vernachlässigt werden kann. Ebenfalls sollen hier nur die üblicherweise dominanten Rauschquellen betrachtet werden. Diese sind (seriell und parallel jeweils zum Eingang des FET):

1. serielles Spannungsrauschen, verursacht durch thermisches Stromrauschen im Kanal des Eingangstransistors,
2. serielles Spannungsrauschen, verursacht durch 1/f-Rauschen im Transistorkanal,
3. paralleles Stromrauschen, verursacht durch den Detektorleckstrom.

Weitere Rauschquellen, die dem Rauschersatzschaltbild in Abb. 17.63 entnommen werden können, sind meist weitgehend vernachlässigbar:

- Thermisches paralleles Stromrauschen $\langle i^2\rangle_{\text{therm}}^{R_b}$, verursacht durch den Vorwiderstand R_b, wird vernachlässigbar, wenn R_b groß genug gewählt wird (vergleiche (17.79)).
- (Serielles) Schrotrauschen am Eingang des FET durch den Transistorstrom in das Gate (in Abb. 17.63 nicht eingezeichnet) ist insbesondere bei MOSFETs vernachlässigbar.
- Thermisches paralleles Stromrauschen $\langle i^2\rangle_{\text{therm}}^{fb}$, verursacht durch den Rückkoppelwiderstand R_f, ist in der Regel klein (siehe Seite 800).

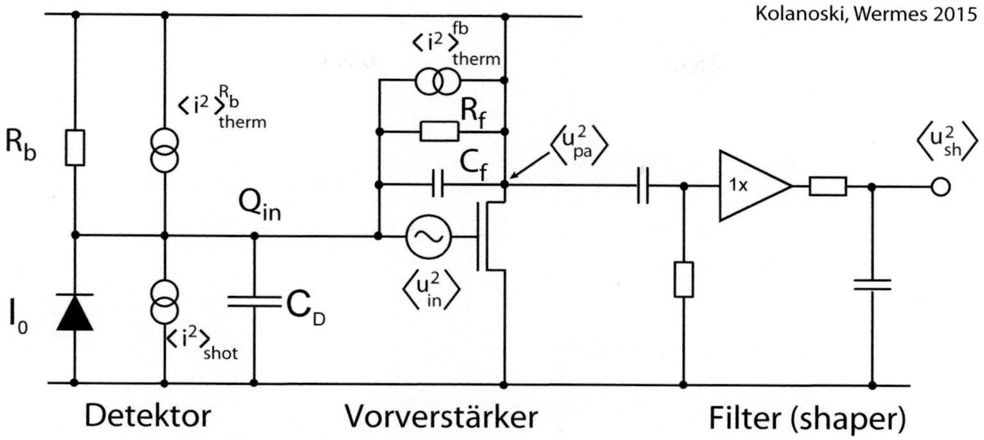

Abb. 17.63 Rausch-Ersatzschaltbild eines Detektor-Vorverstärker-Filter-Systems. Der Detektor ist hier als eine Diode mit Leckstrom I_0 und Kapazität C_D repräsentiert. Die Versorgungspotenziale 'oben' und 'unten' sind wieder durch waagerechte Linien gekennzeichnet.

Wir analysieren den Einfluss der dominanten Rauschquellen auf das Vorverstärker-Filter-System der Abb. 17.63 in zwei Schritten, zuerst am Ausgang des Vorverstärkers (u_{pa}^2) und dann am Ausgang des Shapers (u_{sh}^2).

Es ist nützlich, das serielle Spannungsrauschen der ersten beiden Rauschquellen ebenfalls als äquivalentes, paralleles Stromrauschen über der Kapazität C_D am Eingang des Verstärkers zu behandeln. Das ist mit Hilfe der Beziehung

$$\left\langle i_{in}^2 \right\rangle \approx \left\langle u_{\text{in}}^2 \right\rangle (\omega C_D)^2 \qquad (\text{mit } \omega = 2\pi f) \tag{17.83}$$

möglich, unter der Annahme, dass C_D groß gegenüber der Eingangskapazität des FET ($\approx C_{GS}$) und der Rückkoppelkapazität C_f ist. Das Ersatzschaltbild nimmt nunmehr eine Form wie in Abb. 17.64 an.

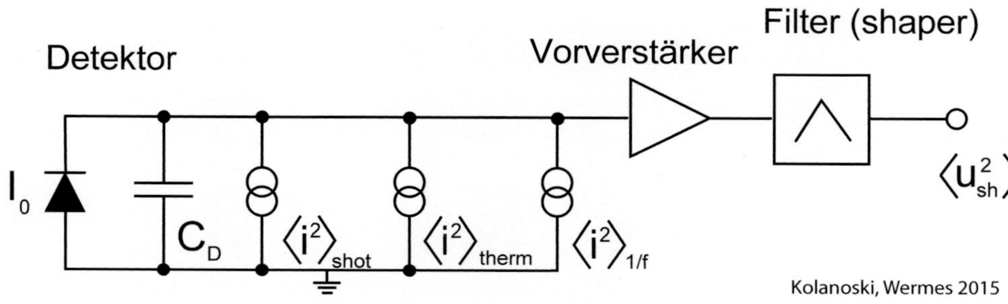

Abb. 17.64 Rausch-Ersatzschaltbild der Auslesekette, bei dem die drei Hauptrauschquellen als Stromquellen parallel zum Vorverstärker angeordnet sind. Der Einfachheit halber wurden der untere Potenzialpunkt auf Masse gelegt und die Versorgungsspannungen weggelassen.

Nach dem vorher Gesagten addieren sich die Rauschstrombeiträge am Eingang des Verstärkersystems zu

$$\frac{d\left\langle i_{\rm in}^2\right\rangle}{d\omega} = \underbrace{2eI_0\,\frac{1}{2\pi}}_{\text{'Schrot'}} + \underbrace{\frac{K_f}{C_{ox}WL}\,\frac{1}{f}\,(\omega C_D)^2}_{\text{'1/f'}} + \underbrace{\frac{4kT}{g_m}\,\frac{2}{3}\,(\omega C_D)^2}_{\text{'thermisch'}} \,. \tag{17.84}$$

Dieser Rauschstrom fließt über die Rückkoppelkapazität C_f und erzeugt hinter dem Vorverstärker eine Rauschspannung

$$\left\langle u_{\rm pa}^2\right\rangle = \left\langle i^2\right\rangle_{\rm in}\cdot\left(\frac{1}{\omega C_f}\right)^2 \,. \tag{17.85}$$

Das heißt, es gilt:

$$\begin{aligned}\frac{d\left\langle u_{\rm pa}^2\right\rangle}{d\omega} &= \frac{eI_0}{\pi\omega^2 C_f^2} + K_f\frac{1}{C_{\rm ox}WL}\,\frac{C_D^2}{C_f^2}\,\frac{1}{\omega} + \frac{4}{3\pi}\,\frac{kT}{g_m}\,\frac{C_D^2}{C_f^2}\\ &= \sum_{k=-2}^{0} c_K\omega^k\end{aligned} \tag{17.86}$$

mit

$$c_{-2} = \frac{e}{\pi}I_0\frac{1}{C_f^2}\,,\qquad c_{-1} = K_f\frac{1}{C_{\rm ox}WL}\,\frac{C_D^2}{C_f^2}\,,\qquad c_0 = \frac{4}{3\pi}kT\frac{1}{g_m}\,\frac{C_D^2}{C_f^2}\,. \tag{17.87}$$

Man beachte in (17.86), dass der Beitrag des Schrotrauschens mit dem Detektorleckstrom ansteigt und dass alle Rauschbeiträge bei größerer Rückkoppelkapazität C_f kleiner werden. Letzteres bedeutet aber gleichzeitig einen kleineren Verstärkungsfaktor. Bei den 1/f- und den thermischen Beiträgen fällt die direkte Abhängigkeit von der Detektorkapazität auf. Daher sind Pixeldetektoren generell rauschärmer betreibbar als Streifen- oder Pad-Detektoren, die üblicherweise größere Elektroden und damit größere Kapazitäten besitzen.

Der oben als klein bezeichnete und daher nicht weiter betrachtete thermische Rauschbeitrag $d\langle i_{\rm therm}^2\rangle/df = 4kT/R_f$ des Rückkoppelwiderstands kann jetzt leicht berechnet werden. Er wirkt auf den Eingang des Vorverstärkers genauso wie der Leckstrombeitrag und liefert daher am Ausgang den dem ersten Term in (17.86) entsprechenden Beitrag zum Rauschen:

$$\frac{d\left\langle u_{\rm pa}^2\right\rangle_{R_f}}{d\omega} = \frac{2kT}{R_f}\,\frac{1}{\pi\omega^2 C_f^2} \,. \tag{17.88}$$

Er ist normalerweise klein im Vergleich zu den anderen Beiträgen, insbesondere zum Leckstromrauschen eines typischen Halbleiterdetektors, ebenso wie der bereits erwähnte thermische Rauschbeitrag des Vorwiderstands R_b.

Einfluss des Filterverstärkers Wir betrachten nun den Einfluss des Filterverstärkers, dessen Aufgabe im einfachsten Fall darin besteht, die Bandbreite des Systems zu begrenzen (siehe Abschnitt 17.3). Zusätzlich zur Filterfunktion kann er das bereits vorverstärkte Signal auch weiter verstärken. Diese Verstärkung sollte bei sorgfältigem Design keine zusätzlichen Rauschbeiträge liefern. Wie erwähnt, vernachlässigen wir die Bandbreitenlimitierung durch den Vorverstärker, die in der Regel nicht dominant ist. Ferner nehmen wir für die konkrete Rechnung einen $(CR)^N(RC)^M$-Filter mit $N = M = 1$ an, das heißt ein CR-RC-Filter mit einem Hochpass und einem Tiefpass (Abb. 17.63).

Im Zeitbereich ist der Ausgang eines ladungsempfindlichen Vorverstärkers annähernd eine Stufenfunktion, solange die Anstiegszeit klein und die Entladezeit $\tau_{\rm pa} = C_f R_f$ des Rückkoppelkondensators groß gegenüber der Filterzeitkonstanten τ ist (siehe Abb. 17.11 auf Seite 733). Der Filter (Bandpass) formt die Stufenfunktion in die Pulsform (17.19) um:

$$u_{sh}(t) = A\frac{t}{\tau}\,\mathrm{e}^{-\frac{t}{\tau}}\,, \qquad \text{mit } \tau = RC (\text{Zeitkonstante des Filters und } t \geq 0\,. \tag{17.89}$$

Im Frequenzraum ist die Stufenfunktion eine $1/s$-Funktion mit der Laplace-Variablen s und die Filter-Transferfunktion ist nach (G.8) in Anhang G:

$$H(s) = A\,\frac{s\tau}{(1+s\tau)^2}\,, \qquad A = \text{Verstärkungsfaktor.}$$

Für die Übertragung der Rauschleistung benötigen wir $|H|^2$ (mit $s = i\omega$):

$$|H(\omega)|^2 = A^2\left(\frac{\omega\tau}{1+\omega^2\tau^2}\right)^2\,. \tag{17.90}$$

Die Rauschleistung am Ausgang des Filterverstärkers $\langle u_{sh}^2\rangle$ erhält man durch Integration des Rauschleistungsspektrums (17.86) am Filtereingang, multipliziert mit (17.90):

$$\left\langle u_{\rm sh}^2\right\rangle = \int_0^\infty \frac{d\langle u_{\rm pa}^2\rangle}{d\omega}\,|H(\omega)|^2\,d\omega\,.$$

Für unseren Fall mit den drei dominanten Rauschquellen des Systems, einem idealen, die Bandbreite nicht begrenzenden Vorverstärker und einem $(CR)^1(RC)^1$-Filter mit seiner Transferfunktion (17.90) und mit (17.86) erhalten wir:

$$\begin{aligned}\left\langle u_{\rm sh}^2\right\rangle &= \sum_{k=-2}^{0}\int_0^\infty c_k\omega^k\,|H(\omega)|^2\,d\omega \qquad (17.91)\\ &= A^2\frac{1}{2}\sum_{k=-2}^{0} c_k\tau^{-k-1}\cdot\Gamma(1+\frac{k+1}{2})\cdot\Gamma(1-\frac{k+1}{2})\,,\end{aligned}$$

wobei die Γ-Funktion die Eigenschaften

$$\Gamma(x+1) = x\Gamma(x), \qquad \Gamma(\frac{1}{2}) = \sqrt{\pi}, \qquad \Gamma(1) = 1$$

besitzt. Damit folgt

$$\langle u_{\mathrm{sh}}^2 \rangle = \frac{\pi}{4} A^2 \left(c_{-2}\,\tau + \frac{2}{\pi} c_{-1} + c_0 \frac{1}{\tau} \right) , \tag{17.92}$$

wobei sich die einzelnen Terme wie vorher auf die Beiträge von Schrot-, thermischem und 1/f-Rauschen beziehen. Das Schrotrauschen steigt mit der Filterzeit τ an, während das thermische Rauschen mit $1/\tau$ abfällt; 1/f-Rauschen kann durch Filterung nicht beeinflusst werden.

Um das Ergebnis zu bewerten, müssen wir mit einem 'Signal' am Eingang vergleichen. Ein Ladungssignal von einem Elektron am Eingang des Systems erscheint hinter dem (CR-RC)-Shaper als Spannungssignal

$$u_{\mathrm{sig}} = \frac{A}{2.71} \frac{e}{C_f} ,$$

mit dem Verstärkungsfaktor A des Shapers, der Euler'schen Zahl 2.71... und der Elementarladung $e = 1.6 \times 10^{-19}$ C. Hier wurde der Scheitelwert der Amplitude des (CR-RC)-Shapersignals von $\frac{1}{2.71} A$ gemäß (17.89) für u_{sig} verwendet.

Gebräuchlich ist die Größe der 'äquivalenten Rauschladung' (*equivalent noise charge*, ENC):

$$\mathrm{ENC} = \frac{\text{Rauschausgangsspannung (in V)}}{\text{Ausgangsspannung eines Eingangssignals von } 1\,\mathrm{e}^- \text{ (in V/e}^-\text{)}}$$

beziehungsweise

$$\mathrm{ENC}^2 = \frac{\langle u_{\mathrm{sh}}^2 \rangle}{u_{\mathrm{sig}}^2} ,$$

welche wegen des Bezugs auf ein Elektron am Eingang in der Einheit 'Elektronen' (e^-) angegeben wird. Mit (17.92) und (17.87) erhalten wir

$$\mathrm{ENC}^2(e^{-2}) = \frac{(2.71)^2}{4e^2} \left(eI_0\tau + 2C_D^2\, K_f \frac{1}{C_{\mathrm{ox}} W L} + \frac{4}{3} \frac{kT}{g_m} \frac{C_D^2}{\tau} \right) . \tag{17.93}$$

Hier wird die charakteristische Abhängigkeit von den wichtigen Systemparametern, der Detektorkapazität C_D und der Filterzeitkonstanten τ, deutlich, die in einem Auslesesystem zu optimieren sind:

$$\mathrm{ENC}^2 = a_{\mathrm{shot}}\,\tau + a_{1/\mathrm{f}}\,C_D^2 + a_{\mathrm{therm}} \frac{C_D^2}{\tau} . \tag{17.94}$$

Abbildung 17.65 zeigt die ENC als Funktion der Filterzeit τ für ein typisches Detektorsystem (Halbleiterdetektor). Es gibt eine optimale Filterzeit

$$\tau_{\mathrm{opt}} = \left(\frac{a_{\mathrm{therm}}}{a_{\mathrm{shot}}} C_D^2 \right)^{1/2} = \left(\frac{4kT}{3\,eI_0 g_m} C_D^2 \right)^{1/2} , \tag{17.95}$$

für die das Gesamtrauschen minimal wird. Am besten wird dies in einer doppelt-logarithmischen Darstellung ersichtlich (Abb. 17.65(b)).

Die Abhängigkeiten von τ sind aus der Herleitung nachvollziehbar:

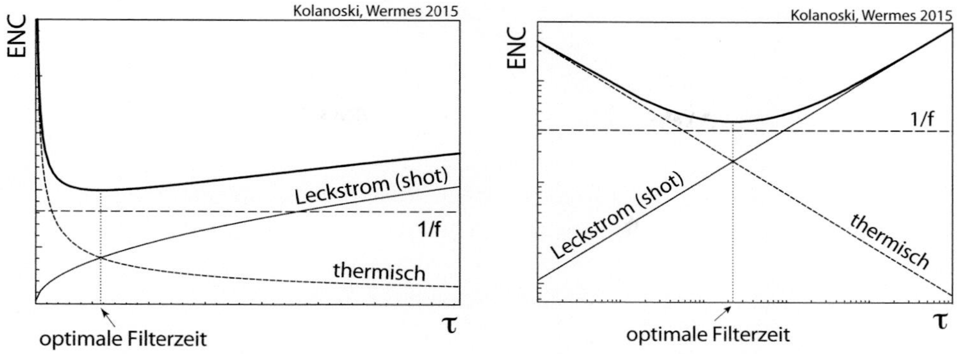

(a) lineare Darstellung (b) Doppelt-logarithmische Darstellung.

Abb. 17.65 Äquivalente Rauschladung (ENC) in einem typischen Detektor-Verstärker-Filter-System als Funktion der Filterzeitkonstanten (*shaping time*). Das System und die verwendeten Annahmen sind im Text beschrieben. Dargestellt sind die Beiträge der drei Hauptrauschquellen sowie das Gesamtrauschen. Für vorgegebene Systemparameter gibt es eine optimale Filterzeitkonstante τ_{opt}.

- Das zum Verstärkereingang parallele Schrotrauschen ist proportional zum Leckstrom I_0 und steigt mit der Filterzeit τ an, weil I_0 durch das CSA-Shaper-System effektiv über τ integriert wird. Am Eingang des CSA noch frequenzunabhängig, erhält es hinter dem Vorverstärker $\langle u_{pa}^2 \rangle$ wie beschrieben eine $1/f^2$-Abhängigkeit (17.86) und nach dem Filter eine 1/f-Abhängigkeit, was einer linearen Abhängigkeit von der Filterzeit τ entspricht.
- Das hinter dem Vorverstärker noch 'weiße' thermische Rauschen im Transistorkanal wird durch die Bandbreitenbegrenzung des Filters stark reduziert und wird $1/\tau$-abhängig.
- Für den 1/f-Rauschbeitrag des Kanalrauschens würde man für große τ (entspricht kleinen Frequenzen) einen größeren Beitrag erwarten. Dieser wird jedoch durch die Verringerung der Bandbreite um denselben Faktor aufgehoben, so dass am Shaper-Ausgang keine τ-Abhängigkeit mehr vorliegt.

In einem System aus Detektor-Vorverstärker-Filter kann man durch Messung der Abhängigkeit des Rauschens von der Filterzeit τ die einzelnen Beiträge separat bestimmen (Abb. 17.65(b)).

Zu beachten ist auch die direkte Abhängigkeit des Rauschens von der Geometrie des Eingangstransitors. Sowohl der 1/f-Beitrag ($\propto \frac{1}{WL}$) als auch das thermische Rauschen ($\propto \frac{1}{g_m}; g_m \propto \frac{W}{L}$) sind direkt von der Breite W und der Länge L des Gates des Verstärkungstransistors abhängig.

Nach Einsetzen numerischer Werte in (17.93), mit $C_{ox} = 6.4\ \mathrm{fF}/\mu\mathrm{m}^2$ (typisch für 250 nm CMOS-Technologie), erhalten wir

$$\mathrm{ENC}^2(e^2) = 11\ I_0(\mathrm{nA})\,\tau(\mathrm{ns}) + 740\ \frac{1}{\mathrm{WL}(\mu\mathrm{m}^2)}\,\mathrm{C}_\mathrm{D}^2(100\,\mathrm{fF}) + 4000\ \frac{1}{\mathrm{g_m}(\mathrm{mS})}\ \frac{\mathrm{C}_\mathrm{D}^2(100\,\mathrm{fF})}{\tau(\mathrm{ns})}\,. \tag{17.96}$$

Als Beispiel nehmen wir einen Halbleiter-Pixeldetektor (Abschnitt 8.7), für den die in diesem Abschnitt gemachten Annahmen weitgehend gelten, mit den Parametern $C_D = 200\,\mathrm{fF}$, $I_0 = 1\,\mathrm{nA}$, $\tau = 50\,\mathrm{ns}$, $W = 20\,\mu\mathrm{m}$, $L = 0.5\,\mu\mathrm{m}$, $g_m = 0.5\,\mathrm{mS}$. Nach den obigen Formeln erhält man damit eine äquivalente Rauschladung von

$$\mathrm{ENC}^2 \approx (24e^-)^2(\mathrm{shot}) + (17e^-)^2(1/\mathrm{f}) + (25e^-)^2(\mathrm{therm}) \approx (40e^-)^2\,.$$

Für einen typischen Mikrostreifendetektor (Abschnitt 8.6.2) erhält man mit $C_D = 20\,\mathrm{pF}$, $I_0 = 1\,\mu\mathrm{A}$, $\tau = 50\,\mathrm{ns}$, $W = 2000\,\mu\mathrm{m}$, $L = 0.4\,\mu\mathrm{m}$, $g_m = 5\,\mathrm{mS}$:

$$\mathrm{ENC}^2 = (750e^-)^2(\mathrm{shot}) + (200e^-)^2(1/\mathrm{f}) + (800e^-)^2(\mathrm{therm}) = (1100e^-)^2\,.$$

In dem zweiten Beispiel wurde ein hoher Leckstrom angenommen, typisch für einen Si-Streifendetektor nach Bestrahlung mit einer hohen Teilchenfluenz.

Rauschoptimierung von Systemparametern

- Das Rauschen in Detektor-Auslesesystemen, wie in diesem Abschnitt beschrieben, hängt von nur wenigen Größen entscheidend ab: der Detektorkapazität C_D, der Filterzeit τ, der Transkonduktanz des Eingangstransistors g_m sowie dem Leckstrom I_0, den der Detektor an den Verstärkereingang liefert. Für sich allein betrachtet, sollten τ und g_m groß und C_D sowie I_0 möglichst klein gemacht werden. Allerdings haben diese Parameter auch Auswirkungen auf andere Eigenschaften wie zum Beispiel die Auslesegeschwindigkeit (g_m, τ und C_D) und den Leistungsverbrauch (g_m). Kapazität C_D und Leckstrom I_0 sind Eigenschaften des jeweiligen Detektors; I_0 hängt auch von der Betriebsumgebung (Temperatur, Strahlenschädigung) ab. Diese beiden Parameter sind daher meist vorgegeben.
- Bei gegebener Eingangskapazität reduziert eine Erhöhung der Transkonduktanz g_m (und damit des Drain-Stroms des Verstärkers, $g_m \propto \sqrt{I_D}$) das thermische Rauschen, welches in vielen Anwendungen dominant ist. Allerdings steigen dadurch auch der Leistungsverbrauch und die produzierte Abwärme. Dies ist in Systemen mit einer großen Dichte von Auslesekanälen ein großer Nachteil und möglichst zu minimieren, da Kühlung und Abtransport der Wärme mit mehr passivem Material im Teilchenweg verbunden sind und damit zur Erhöhung von Vielfachstreuung (siehe Abschnitt 3.4) und zu Sekundärreaktionen führen.

– Unter dem Begriff 'Kapazitätsanpassung' (*capacitance matching*) wird eine Anpassung der Eingangskapazität des Verstärkers C_i an die Detektorkapazität C_D verstanden, um das Signal-zu-Rausch-Verhältnis zu maximieren. Dies ist unter der Voraussetzung möglich, dass thermisches Rauschen dominant ist und andere Rauschbeiträge relativ dazu vernachlässigbar sind, was für viele Anwendungen der Fall ist. Dann gilt nämlich folgende Relation:

$$\begin{aligned}\left(\frac{S}{N}\right)^2 &= \frac{(Q_S/C_{tot})^2}{\langle u^2_{\text{therm}}\rangle} = \frac{Q_S^2}{(C_D+C_i)^2}\,\frac{3g_m}{8kT\,\Delta f} \\ &= \frac{3Q_S^2}{8kT\,\Delta f}\left(\frac{g_m}{C_i}\right)\frac{1}{C_i\,(1+C_D/C_i)^2}\,, \end{aligned} \tag{17.97}$$

in einem Frequenzband Δf. Bei 'normalem' Betrieb des Verstärkungstransistors in so genannter 'starker' Inversion (siehe zum Beispiel [819]) sind sowohl g_m als auch C_i proportional zur Gate-Breite W, so dass das Verhältnis g_m/C_i konstant ist. Nach (17.97) wird S/N dann für $C_i = C_D$ maximiert. Diese Aussage ist allerdings mit Vorsicht zu bewerten und im Detail komplexer (siehe zum Beispiel [749], Seite 252 ff.). Insbesondere ist die Annahme g_m/C_i = konstant bei anderen Betriebsmodi des Eingangstransistors oder für bipolare Transistoren nicht gegeben.

– Durch Kühlen des Systems, das heißt bei Halbleiterdetektoren des Detektors und der Elektronik, reduziert man vor allem den Rauschbeitrag durch den Detektorleckstrom, der ein mit der Temperatur exponentielles Verhalten aufweist. Das thermische Rauschen im Eingangstransistor wird durch Kühlung dagegen nur linear reduziert, die Temperaturabhängigkeit von 1/f-Rauschen ist stark vom Herstellungsprozess abhängig [251].

– Die Abhängigkeit des äquivalenten Rauschladung ENC von der Detektorkapazität ist näherungsweise linear, wenn das Kanalrauschen des FET, das heißt die thermischen und die 1/f-Rauschanteile, dominieren, wie dies zum Beispiel bei größeren Detektorkapazitäten C_D der Fall ist. Handelsübliche ladungsempfindliche Verstärkersysteme werden daher häufig mit folgender Spezifikation (*figure-of-merit*) angegeben:

$$\text{ENC} = A\,e^- + B\,e^- \times \frac{C_D}{\text{pF}}\,, \tag{17.98}$$

zum Beispiel ENC $= 200\,\text{e}^- + 20\,\text{e}^-/\text{pF}$ bei 2 mW Leistungsaufnahme und einer Filterzeit von $\tau = 200\,\mu\text{s}$.

18 Trigger- und Datennahmesysteme

Übersicht

18.1 Überblick, Anforderungen

Die Messgrößen der Detektoren sind in der Regel analoge Signale oder Zählraten, die mit wenigen Ausnahmen (siehe Kapitel 6) in elektronischer Form vorliegen. Im Allgemeinen möchte man die Daten in digitaler Form mit Computern weiterverarbeiten können. In diesem Kapitel sollen die Schnittstellen zwischen der detektornahen Elektronik (siehe Kapitel 17) und einem Computer oder Computersystem besprochen werden. Um die Übertragungsraten der Schnittstellen und die Kapazitäten der Medien für die permanente Speicherung auf das Notwendige zu begrenzen, werden in der Regel die interessierenden Ereignisse durch 'Trigger' selektiert. Die Datenerfassung (*data acquisition*, DAQ) und die Trigger sind deshalb eng miteinander verknüpft und müssen aufeinander abgestimmt werden.

Ein einfaches 'klassisches' Schema eines Trigger-DAQ-Systems ist in Abb. 18.1 gezeigt: Aus einer Auswahl schneller Signale (zum Beispiel von Szintillatoren wie in Abb. 7.25(a)) wird ein 'Pretrigger' innerhalb von größenordnungsmäßig 100 ns gebildet, und bei einer positiven Entscheidung wird das Experiment angehalten. Der Trigger startet die Konversionselektronik, die die verzögerten analogen Signale in digitale Information konvertiert. Ob die konvertierten Daten schließlich ausgelesen werden, kann ein komplexerer Trigger entscheiden. Die Auslese in einen Computer erfolgt über eine Schnittstelle (*interface*), die die Datenformate der Elektronik nach einem bestimmten Protokoll in computer-lesbare

H. Kolanoski, N. Wermes, *Teilchendetektoren*, DOI 10.1007/978-3-662-45350-6_18

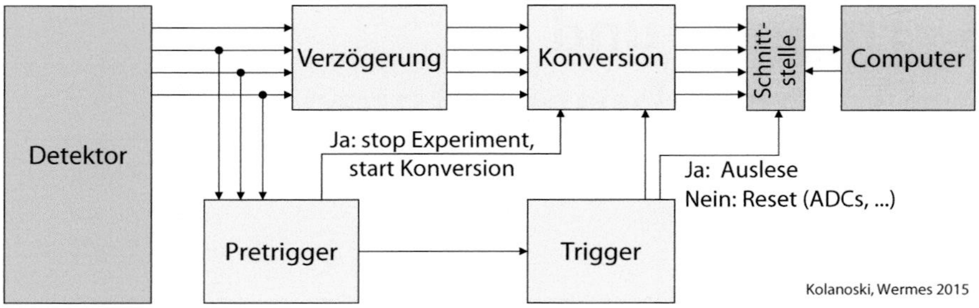

Abb. 18.1 Klassisches Schema eines Trigger- und Datennahmesystems. Siehe Beschreibung im Text.

Formate konvertiert. Ein derart einfaches Schema wird allerdings heute eigentlich nur noch in kleineren Experimenten oder in Testaufbauten benutzt.

Die Anforderungen an Trigger- und Datennahmesysteme hängen sehr von der Größe und Komplexität des Experimentes ab. Insbesondere sind die zu erwartenden Ereignis- und Untergrundraten und deren Zeitstruktur, die zum Beispiel kontinuierlich oder in festen Zeitintervallen gepulst sein kann, wesentliche Parameter. Die Möglichkeiten der Datenerfassung und -verarbeitung sind in den letzten Jahrzehnten in einem rasanten Tempo gewachsen und werden vermutlich mit der Entwicklung von Computern, Vernetzung und Unterhaltungselektronik weiter wachsen. Insoweit sollen in diesem Kapitel eher allgemeine Prinzipien diskutiert werden. Quantitative Beispiele entsprechen in der Regel den jeweils zur Aufbauphase eines Experiments vorhandenen Möglichkeiten, wobei allerdings häufig das Datenerfassungssystem und die Rechnerkapazitäten eines länger laufenden Experiments während dessen Lebensdauer modernisieren wird.

Triggeranforderungen in Teilchenphysikexperimenten Experimente der Teilchenphysik an Hochenergiebeschleunigern haben häufig besonders hohe Anforderungen an die Datennahmesysteme, weil typischerweise die interessanten Ereignisse selten sind und deshalb möglichst hohe Wechselwirkungsraten erwünscht sind. Tabelle 18.1 zeigt ty-

Tab. 18.1 Typische Raten und Datenflüsse bei Experimenten an verschiedenen Maschinen (siehe Tab. 2.2). Aufgeführt sind die Luminositäten, Häufigkeiten ν_{Strahl} der Strahlkreuzung, die Anzahl N_{WW} der Wechselwirkungen beziehungsweise Trigger pro Strahlkreuzung, die Ereignisrate ν_{Speicher}, die auf Band geschrieben werden kann, die Anzahl N_{Kanal} der auszulesenden Kanäle und die Datenmenge pro Ereignis D_{Ereignis}.

Strahlen	Maschine	Luminosität [cm^{-2} s^{-1}]	ν_{Strahl} [MHz]	N_{WW}	ν_{Speicher} [Hz]	N_{Kanal}	D_{Ereignis} [kB]
e^+e^-	LEP	10^{31-32}	0.05	10^{-2}	1	10^5	100
ep	HERA	10^{30-31}	10	10^{-3}	10	10^5	100
e^+e^-	B-Fabrik	10^{33-34}	120–240	10^{-5}	200	10^5	100
$\mathrm{p\bar{p}}$	Tevatron	$> 10^{32}$	2.5	6	80	10^5	150
pp	LHC	10^{33-34}	40	25	200	10^7	1500

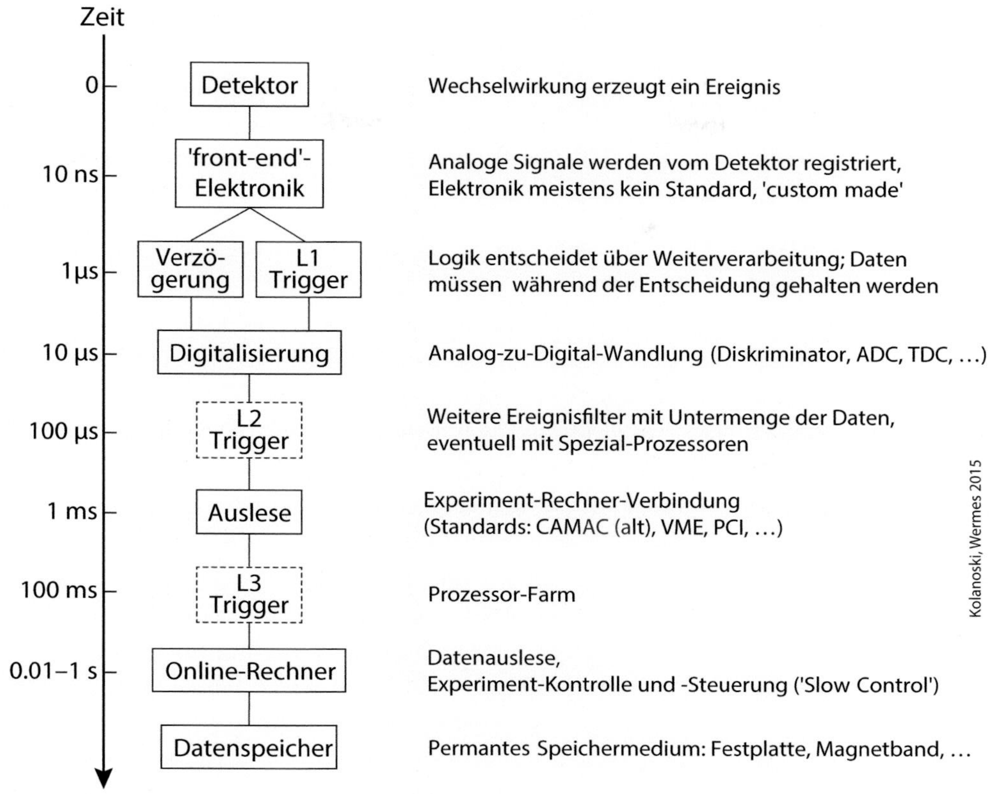

Abb. 18.2 Typische zeitliche Struktur des Trigger- und Datennahmesystems in einem Hochenergie-Experiment. Der zeitliche Ablauf kann im speziellen Fall sehr unterschiedlich sein. Insbesondere kann die Anzahl der Triggerstufen (hier L1–L3) variieren.

pische Beispiele für Raten und Datenflüsse, mit denen Experimente an verschiedenen Beschleunigern (Abschnitt 2.2.1, Tab. 2.2) konfrontiert werden. Insbesondere bei den LHC-Experimenten gibt es eine sehr große Diskrepanz zwischen der Wechselwirkungsrate mit dem daraus folgenden Informationsfluss am *front-end* des Detektors und der schließlich auslesbaren und permanent speicherbaren Datenmenge:

- Datenfluss in der Detektorelektronik (*front-end*): $\geq 100\,$Tbit/s. Zur Veranschaulichung: Zum Beispiel ergeben 10^4 Flash-ADC-Kanäle (siehe Abschnitt 17.7.1) mit einer Auflösung von 8 bit und einer Tastrate von 100 MHz (alles sehr typische Parameter) einen Datenfluss von 10 Tbit/s.
- Für die permanente Speicherung kann man Datenflüsse in der Größenordnung von 100 Mbit/s erreichen.

In diesem Beispiel wäre also eine Reduktion um einen Faktor von mindestens 10^6 notwendig. Die Triggersysteme, die eine solche Unterdrückung bei gleichzeitiger hoher Effizienz für den Nachweis der interessanten Prozesse erreichen, gehören zu den größten Herausforderungen bei der Entwicklung eines Detektors.

Abbildung 18.2 zeigt das Schema eines Trigger- und Datennahmesystems. Dabei können die zeitlichen Abläufe und die Anzahl der verschiedenen Stufen im Detail sehr unterschiedlich für spezifische Systeme sein. Im Folgenden sollen die wesentlichen Eigenschaften eines solchen Systems besprochen werden:

- Die analogen Daten fallen innerhalb von Nanosekunden (bis höchstens Mikrosekunden) am *front-end* des Detektors an.
- In einer ersten Triggerstufe (*level 1*, L1) muss eine schnelle Entscheidung gefällt werden. Während der Entscheidungszeit (*trigger latency*) müssen die Daten gehalten werden, was abhängig von der Komplexität des Systems durch Verzögerungskabel, elektronische Verzögerungen oder elektronische 'Pipelines' (in Reihe geschaltete, getaktete Speicherzellen) erreicht werden kann.
- Für die Ereignisse, die akzeptiert wurden, werden die Daten dann digitalisiert, falls nicht bereits vorher geschehen, und in einen Zwischenspeicher geschrieben.
- Eine mögliche zweite Triggerstufe hat Zugriff auf die digitalen Daten, allerdings in der Regel nur auf eine eingeschränkte Datenmenge, die Information über Bereiche, die der L1-Trigger als interessant erkannt hat (*regions-of-interest*, RoI), enthält. Die Beschränkung auf RoIs über mehrere Triggerstufen ist ein allgemeines Konzept, um die Datenflüsse möglichst niedrig und die Rekonstruktionsalgorithmen möglichst einfach zu halten.
- Nach der zweiten (und manchmal auch einer dritten) Stufe werden die Daten aus den Speichern aller Detektorkomponenten zu vollständigen Ereignissen zusammengeführt (*event building*).
- An dieser Stelle kann eine weitere Triggerstufe auf die gesamten Daten zugreifen und die Ereignisse noch einmal filtern.

Auf jeder Stufe eines Trigger-DAQ-Systems wird die eingesetzte Hardware den Anforderungen angepasst, wobei es einige allgemeine Charakteristika gibt:

- Im Allgemeinen besteht der L1-Trigger aus spezifischer Hardware, die bei großen Experimenten meistens Eigenentwicklungen sind. Zunehmend weite Verbreitung finden integrierte Schaltkreise mit einer großen Zahl logischer Gatter, deren Verknüpfungen frei programmierbar sind (PLDs, *Programmable Logic Devices*). In kleineren Experimenten greift man häufig auf modular aufgebaute Entscheidungselektronik zurück (ein Beispiel sind Module, die den NIM-Standard benutzen; siehe Abschnitt 18.4.1).
- Für die Digitalisierung kann man wieder auf Eigenentwicklungen oder modulare Standards (Abschnitt 18.2.1) zurückgreifen. Ein gängiger Standard ist das VME-System: In Überrahmen (*crates*) werden Module (ADC, TDC, DAC, ...) eingeschoben, die über standardisierte Adress- und Datenleitungen von einem Steuermodul ansprechbar und aus- und einlesbar sind.

- Ab der zweiten Triggerstufe werden die Trigger oder Ereignisfilter (*event filter*) meistens auf 'Prozessorfarmen' realisiert. Am wirtschaftlichsten ist es, wenn man hier auf Standard-PC-Architektur (*commodity computer*) zurückgreift. Für die Verteilung der Ereignisse auf die Farm-Knoten benötigt man ein effizientes Management-System und Netzwerke.
- Die Speicherung erfolgt in der Regel zunächst auf Festplatten, die dann auf Magnetbänder kopiert werden.

18.2 Datenerfassung

In Kapitel 17 ist die detektor-nahe Signalverarbeitung behandelt worden. Abbildung 17.1 zeigt eine Kette von der Front-End-Elektronik am Detektor bis zur Digitalisierung der Messgrößen wie Pulshöhen, Ladungen und Zeiten. Im Folgenden soll der Transfer dieser Daten über eine Schnittstelle in einen Computer besprochen werden. Als Schnittstellen werden Standardsysteme oder, insbesondere bei größeren Experimenten oder Spezialanwendungen, auch Eigenentwicklungen eingesetzt.

Neben den Ereignisdaten, die schnell und in hoher Rate übertragen werden müssen, gibt es auch 'langsame' Daten über Status, Steuerung und Kontrolle des Detektors (*slow control*), die teilweise mit jedem Ereignis gesendet werden oder über parallele, nicht-synchrone Systeme gesammelt werden.

18.2.1 Standardisierte Auslesesysteme

Um Detektorsignale zur weiteren elektronischen Verarbeitung verfügbar zu machen, benötigt man Schnittstellen zwischen Detektor und Computer. Als Beispiel für eine Schnittstelle kann man sich einen digitalen Speicher mit zweiseitigem Zugriff (*dual port memory*) vorstellen: Von der Detektorseite werden Daten hineingeschrieben, und von dem Computer werden die Daten wieder ausgelesen. Zwischen beiden Seiten muss ein Protokoll vereinbart werden, das unter anderem das Format und die Speicheradressen der Daten festlegt. Für die Datenerfassung von zufälligen Ereignissen muss der Detektor mit dem Computer in Echtzeit kommunizieren können, was die Festlegung eines entsprechenden Signalaustauschs in Protokoll und Hardware erfordert. Da solche Schnittstellen für viele verschiedene Experimente und Anwendungen gebraucht werden und Eigenentwicklungen sehr aufwendig sind, wurden schon früh Standardschnittstellen definiert, die durch einen modularen Aufbau allgemein verwendbar sind. Die Schnittstelle ist die Verbindung zwischen einer Datenleitung, genannt 'Bus', auf der Detektorseite und einer Datenleitung auf der Rechnerseite. Für einen flexiblen und effizienten Einsatz von Auslesesystemen ist eine Standardisierung der Kommunikationssoftware ebenfalls ein wichtiges Charakteristikum.

Der erste Standard mit sehr breiten und langfristigen Anwendungen war CAMAC (*Computer Automated Measurement and Control*), das bereits 1969 in einem EURATOM-

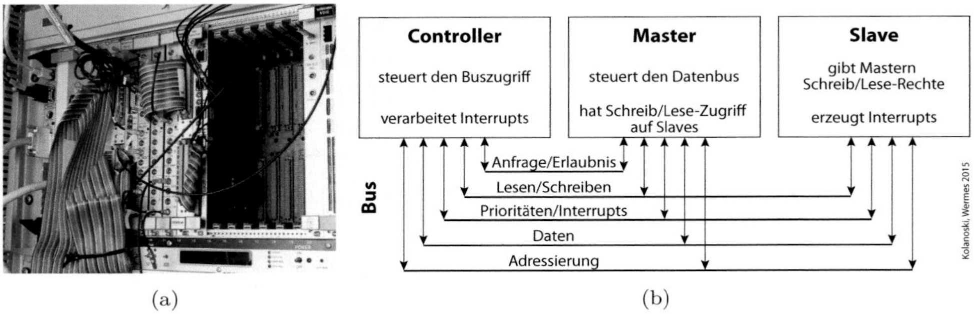

Abb. 18.3 VME-Datenerfassungssystem: (a) Fotografie eines VME-Überrahmens mit Steckmodulen (Quelle: DESY); (b) Blockdiagramm eines VME-Systems mit der Kommunikationsstruktur von Steuer- und Master/Slave-Einheiten über den VMEbus (nach [545]).

Bericht [309] beschrieben und 1972 durch das ESONE-Komitee[1] als Standard EUR4100 definiert wurde. Die breite, internationale Akzeptanz des CAMAC-Standards wurde gewährleistet, weil er von vornherein international ausgehandelt wurde, unter anderem mit dem NIM-Komitee[2] in den USA. Für ein elektronisches System, das in den 1960er Jahren konzipiert wurde, hat es erstaunlich lange überlebt. Auch heute werden noch CAMAC-Systeme eingesetzt, allerdings nicht mehr in den großen Experimenten der Teilchenphysik. Einschränkungen sind vor allem die begrenzte Geschwindigkeit des Datentransfers, begrenzter Adressbereich und vor allem fehlende Unterstützung für Multiprozessor-Betrieb. Im Laufe der Zeit wurden verschiedene Systeme als Alternativen vorgeschlagen, von denen sich aber nur wenige langfristiger durchgesetzt haben.

VMEbus Seit den 1980er Jahren wurde der VMEbus-Standard (Versa Module Eurocard bus) eingeführt und 1987 unter ANSI[3]/IEEE[4] 1014-1987 standardisiert [457]. Im Gegensatz zu CAMAC unterstützt VME den Einsatz von Multi-Prozessor-Systemen (die VME-Entwicklung war eng verknüpft mit der Einführung von Mikroprozessoren).

Der VME-Bus ist ein 'Backplane-Bus' in einem Überrahmen, der Einschubmodule aufnimmt (Abb. 18.3(a)). Die meisten Module dienen der Analog-Digital-Umwandlung, wie zum Beispiel ADCs, TDCs oder DACs (Abschnitt 17.7.1), wobei die analogen Daten über die Frontseite des Moduls und die digitalen über die Rückseite laufen. Die Daten können sowohl von dem Detektor kommen als auch an ihn geliefert werden, Letzteres zum Beispiel zur Kontrolle und Steuerung des Detektors. Die Module können eigenständig, häufig mit eigenen Prozessoren, agieren, wobei jeweils festgelegt wird, welches Modul die koordinierende Funktion hat (*master*) und welche Module untergeordnet (*slaves*) sind (Abb. 18.3(b)). Die Schnittstelle zum externen Computer ist gewöhnlich in einem speziellen 'Controller'-Modul untergebracht.

---

[1]ESONE = European Standards On Nuclear Electronics
[2]NIM = Nuclear Instrumentation Module
[3]ANSI = American National Standards Institute
[4]IEEE = Institute of Electrical and Electronics Engineers

Der Bus ist in vier Unterbusse aufgeteilt: Datentransfer-Bus, Prioritäts-Bus (*interrupt bus*), Entscheidungs-Bus (*arbitration bus*) und Versorgungs-Bus (*utility bus*). Daten und Adressen können in einer Wortbreite bis zu 32 bit, in einer erweiterten Version (VME64) bis 64 bit, übertragen werden. Das Protokoll läuft asynchron, das heißt, der schrittweise Ablauf wird nicht in einem vorgegebenen Takt ausgeführt, sondern durch Austausch von Steuerungssignalen geregelt. Auf dem Prioritäts-Bus werden Unterbrechungenssignale (*interrupts*) in Echtzeit an das System gesendet. Der Entscheidungs-Bus legt die 'Master-Slave'-Beziehungen verschiedener Prozessoren im System fest. Der Versorgungs-Bus stellt die notwendigen Spannungsversorgungen der Module zur Verfügung.

VMEbus-Systeme werden in Experimenten der Teilchenphysik, aber auch für industrielle und militärische Anwendungen, in der Luft- und Raumfahrt und in der Telekommunikation eingesetzt. Erweiterungen des ursprünglichen Standards erreichen Übertragungsraten von mehreren Gigabytes pro Sekunde.

ATCA, µTCA Die Anforderungen im Bereich der Telekommunikation an Geschwindigkeit und Schaltfrequenzen für Datenübertragung wachsen ständig. Die dort entwickelten Standards haben Eigenschaften, die es erlauben, modulare Bus-Systeme wie VME in Experimenten mit hohem Datendurchfluss dadurch zu ersetzen. Zum Beispiel wird für die höheren Ausbaustufen der LHC-Experimente der Standard AdvancedTCA, abgekürzt ATCA (Advanced Telecommunications Computing Architecture), eingesetzt, der von einer Gruppe von Computerherstellern, PICMG (PCI Industrial Computer Manufacturers Group) [636], für die nächste Generation der Kommunikationstechnologie entwickelt wird. Die Spezifikationen mit den Bezeichnungen PICMG 3.X orientieren sich an den aktuellsten Trends in der Entwicklung von Technologien für Hochgeschwindigkeitsverbindungen, Prozessoren der nächsten Generation und für die Verbesserung von Zuverlässigkeit, Bedienbarkeit und Wartungsfreundlichkeit solcher Systeme. Mit Umsetzung dieses Anspruchs hat ATCA weite Verbreitung in der Telekommunikation gefunden und findet jetzt auch Anwendungen in der industriellen Automatisierung, im militärischen Bereich, der Luft- und Raumfahrt und der Forschung. Die weite Verbreitung und die damit verbundene Verfügbarkeit von relativ preisgünstigen Komponenten macht es speziell für Experimente in der Teilchenphysik sehr attraktiv.

Die Spezifikation MicroTCA oder µTCA hat gegenüber ATCA einen reduzierten 'Formfaktor', das sind die mechanischen Abmessungen von Überrahmen und Steckmodulen. Speziell für die Bedürfnisse in der Teilchenphysik und zur Beschleunigersteuerung (siehe zum Beispiel [376]) bietet 'xTCA for Physics' zusätzliche Eigenschaften und Optionen für AdvancedTCA und MicroTCA.

18.2.2 Computer-Busse, -Schnittstellen und -Netzwerke

Mit dem Aufkommen von persönlichen Computern (PCs) ergaben sich neue Möglichkeiten für die Datenerfassung, insbesondere für die Auslese einzelner Instrumente, kleiner Apparaturen und Testaufbauten. Die Instrumente werden dabei über Schnittstellen an einen internen Bus des Rechners als periphäre Geräte angeschlossen, wie zum Beispiel Drucker oder Bildschirme. Die Kommunikation läuft über spezielle Treiber-Software, die in der Regel mit dem Instrument mitgeliefert wird. Erweiterte Versionen von Computer-Bussen werden auch in gößeren Experimenten eingesetzt, wie unten weiter ausgeführt wird.

PCI Ein weit verbreiteter Standard ist der PCI-Bus (*Peripheral Component Interconnect*). Wegen der breiten Nutzung für Computer und Unterhaltungselektronik sind die Systeme preisgünstig und gut verfügbar, und der Standard wird auch laufend verbessert, insbesondere werden die Übertragungsraten erhöht. Der soeben in Abschnitt 18.2.1 besprochene TCA-Standard ist ebenfalls PCI-basiert.

Inzwischen werden auch Schnittstellen zwischen den Backplane-Bussen wie CAMAC und VME angeboten. Man kann den PCI-Standard aber auch für umfangreichere Apparaturen als eine Verlängerung des PCI-Busses des Computers benutzen, was dann als PXI (*PCI eXtensions for Instrumentation*) bezeichnet wird. Die Endung "XI" wird allgemein für die Verlängerungen von Bussen zur Instrumentierung benutzt, zum Beispiel gibt es für VME den VXI-Bus und für LAN (Ethernet) den LXI-Bus.

Ethernet Dem Ethernet kommt in großen Experimenten eine besondere Bedeutung für die Vernetzung verteilter Prozessorsysteme zu. Zum Beispiel zeigt der Trigger-DAQ-Ablauf in Abb. 18.2, dass in höheren Triggerstufen die Daten in 'Prozessorfarmen' weiter aufbereitet und selektiert werden. Für die Verteilung ist es vorteilhaft, auf eine kommerzielle Lösung für ein lokales Netzwerk (LAN, *local area network*) zurückzugreifen.

Die dominierende LAN-Technologie ist Ethernet, die 1980 eingeführt wurde und 1983 unter IEEE 802.3 standardisiert wurde [458]. Der Standard beschreibt eine ganze Familie von Computer-Netzwerken mit Spezifikationen für Hardware und Protokolle [816]. Derzeit sind Übertragungsraten von 10 Mbit/s, 100 Mbit/s (Fast Ethernet), 1 Gbit/s (Gigabit-Ethernet), 10, 40 und 100 Gbit/s spezifiziert. Entsprechend schnell sind die Schalter für die Verteilung von Daten (*gigabit switches*).

Ethernet ist zunächst nicht deterministisch, das heißt, es gibt keine festen Latenzzeiten, und ist dadurch für Echtzeit-Anwendungen nicht von vornherein geeignet. Während das die Ethernet-Nutzung auf der untersten Stufe, das heißt der Schnittstelle zum Detektor, meistens ausschließt, ist diese Einschränkung weniger relevant für die Verteilung der Daten auf Prozessorfarmen. Bei der Datenverteilung kommt es mehr darauf an, dass man die maximal mögliche Latenzzeit begrenzen kann und die Schwankungen der mittleren Latenzzeit durch die Datenpuffer ausgeglichen werden können.

Durch zusätzliche Spezifikationen kann Ethernet zum Beispiel für die Anforderungen der industriellen Automatisierung und Steuerung verteilter Systeme (typisch im Millisekunden-Bereich) echtzeitfähig gemacht werden (siehe zum Beispiel [833]). Eine Entwicklung für ein voll-deterministisches Ethernet mit Zeitgenauigkeiten unter 1 ns ist unter dem Projektnamen 'White Rabbit' [737] bekannt. Mit diesem System ist auch eine zeitkritische Synchronisierung von großflächig verteilten Experiment- oder Beschleunigerkomponenten möglich [472]. Echtzeit-Anwendungen unterstützt auch LXI (*LAN eX-*

tensions for Instrumentation) zur Vernetzung von Messinstrumenten über Ethernet. Außerdem bietet LXI Web-Schnittstellen für Messgeräte, die internet-basierte Steuerungen und Kontrollen ermöglichen.

Charakterisierung eines Busses oder Netzwerks Die Geschwindigkeit und die Kapazität eines Busses oder Netzwerks sind durch die Latenzzeit und die Bandbreite gegeben. Die Latenzzeit ist die Zeit, die eine Information braucht, um vom Sender zum Empfänger zu kommen. Dazu tragen die reinen Kabellaufzeiten bei, aber auch Verzögerungen in Netzwerkkomponenten, die der Datenaufbereitung entsprechend dem Protokoll und der Datenverteilung über Netzwerkschalter dienen. In einem großen Experiment sind in der Regel die Kabellaufzeiten auf der ersten Triggerstufe kritisch. Bei Signalgeschwindigkeiten von 5 ns/m braucht ein Signal über 100 m bereits 0.5 μs, was man mit typischen Zeiten von 1 bis 3 μs für die Triggerentscheidung zu vergleichen hat. Die Latenzzeit wird auch durch das Protokoll des Datentransfers bestimmt, zum Beispiel, ob die Daten bitweise seriell oder parallel, im Simplex- oder im Duplexmodus (Transfer in eine Richtung oder gleichzeitig in beide) gesendet werden und ob der Transfer mittels eines 'Handshake-Protokolls' quittiert wird. Das kann auch die maximale Reichweite einer Verbindung begrenzen, wobei Verlängerungen in der Regel durch 'Repeater' möglich sind.

Die Bandbreite eines Netzwerks ist die Information, die pro Zeiteinheit vom Sender zum Empfänger fließt, gemessen zum Beispiel in bit/s oder Byte/s. Bei einer gegebenen Taktrate der Signale kann die Bandbreite durch Erhöhen der Anzahl der parallelen Leitungen verbessert werden. Zum Beispiel übertragen Backplane-Busse viele Bits parallel, während bei dem Ethernet-Standard die Bits seriell gesendet werden. Die Zuordnung zu Datenworten muss im seriellen Fall durch das Protokoll geregelt werden und trägt zur Latenzzeit bei.

18.3 Triggersysteme

18.3.1 Klassisches Triggerschema

Ein *klassisches* Triggerschema ist in Abb. 18.1 gezeigt: Signale von schnellen Detektoren werden miteinander logisch verknüpft, um einen 'Pretrigger' zu liefern, wenn ein Ereigniskandidat erkannt wurde. Der Pretrigger hält das Experiment an und startet gegebenenfalls die Digitalisierung der anliegenden Daten. Der Datenfluss muss so verzögert werden, dass ein komplexerer Trigger entscheiden kann, ob die konvertierten Daten schließlich in einen Online-Computer ausgelesen werden. Die Beschränkungen eines solchen Systems sind:

- Bei vielen Kanälen übersteigt die Menge der benötigten Verzögerungskabel eine praktikable Grenze.
- Wenn aber die Längen der Verzögerungskabel begrenzt werden müssen, können die Trigger eventuell nicht genügend selektiv sein.

– Bei Experimenten mit hohen Raten können die Totzeiten (Abschnitt 17.9) durch das Anhalten des Experiments die Effizienz stark einschränken.

18.3.2 Anforderungen an einen Trigger

Mit den ständig wachsenden Möglichkeiten der Elektronik und Datenverarbeitung sind die Experimente tendenziell immer komplexer geworden. In den Anfängen der Teilchenphysik haben die Experimente mit Magnetspektrometern in sehr beschränkten Raumwinkelbereichen (wenige Millisteradian) einzelne Spuren nachgewiesen (zum Beispiel nur das Elektron bei der Messung der Formfaktoren und Strukturfunktionen des Protons in der Elektron-Proton-Streuung, Abb. 2.9 auf Seite 17). Ein Trigger konnte dann eine sehr einfache Struktur haben, zum Beispiel konnte ein Elektrontrigger eine Koinzidenz von hintereinanderliegen Szintillationszählern und einem Schwellen-Cherenkov-Detektor sein (wie in Abb. 2.9). Die aktuellen Experimente an den großen Beschleunigern (siehe Tab.18.1) sind durch hohe Raten, große Teilchenmultiplizitäten und Raumwinkelüberdeckungen von nahezu 4π sterad gekennzeichnet. Hier ist die Herausforderung, möglichst schnell im Detektor die charakteristischen Ereignistopologien der interessanten physikalischen Prozesse zu erkennen. Damit ergeben sich hohe Anforderungen an die Triggersysteme.

Ein Trigger soll die Eingangsrate der Ereignisse auf die mögliche Speicherrate reduzieren. Dabei sollen die interessanten Ereignisse ohne Verluste gespeichert und die uninteressanten früh und effizient verworfen werden. Die Triggerentscheidung soll schnell sein, um Totzeit und damit Verlust von Daten zu vermeiden. Im einfachsten Fall ist der Totzeitanteil an der gesamten Zeit der Datennahme bei zeitlich zufällig verteilten Ereignissen gegeben durch

$$\eta_t = \nu_{in}\,(\Delta t_{trig} + \Delta t_{RO})\,. \tag{18.1}$$

ν_{in}	Eingangsrate, hängt von Strahlkreuzungsrate, Luminosität, Wirkungsquerschnitt und Untergrund ab;
Δt_{trig}	Zeit, die für die Triggerentscheidung notwendig ist;
Δt_{RO}	Zeit für die Auslese (hängt ab von Kanalzahl, Parallelität, ...).

Im Folgenden wollen wir diskutieren, was man machen kann, wenn der Totzeitanteil groß, eventuell sogar mehr als 100% werden würde.

18.3.3 Triggerarchitektur

Triggerstufen Trotz relativ langer Trigger- und Auslesezeiten kann man totzeitfreie Systeme erreichen. Als erster Schritt werden die Entscheidungen in Stufen (*levels*) unterteilt, in denen die Ereignisraten stufenweise reduziert werden, bei wachsender Komplexität und Präzision der Entscheidungsalgorithmen. Wenn die Eingangsrate der i-ten Stufe ν_{in}^i kleiner wird, kann die Entscheidungszeit Δt^i (*level i latency*) entsprechend länger werden.

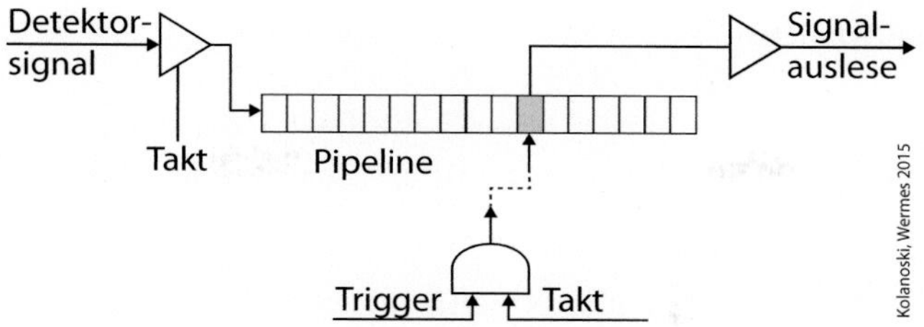

Abb. 18.4 Prinzip einer Pipeline: Signale eines Detektorkanals werden mit einem Takt, der bei periodischen Beschleunigern mit der Maschinenfrequenz synchronisiert ist, in einen Speicher geschrieben und im Takt weitergeschoben. Der Speicher enthält dann den zeitlichen Ablauf der Signale dieses Kanals in einem Zeitiwerks, das der Tiefe des Speichers entspricht. Durch einen synchronisierten Trigger wird die Speicherzelle, die dem triggernden Ereignis entspricht, ausgelesen.

Quantitativ muss man verschiedene Fälle für das Produkt $\nu_{in}^i\,\Delta t^i$ betrachten:

(a) $\nu_{in}^i\,\Delta t^i \ll 1$ $\Rightarrow$ Das Experiment kann für die Triggerentscheidung angehalten werden, und die Totzeit ist $\eta_t^i = \nu_{in}^i\,\Delta t^i \ll 1$.

(b) $\nu_{in}^i\,\Delta t^i \lesssim 1$ $\Rightarrow$ Das System kann die Rate nur totzeitfrei bearbeiten, wenn die Ereignisse in etwa gleichen Zeitabständen auftreten. Das kann man mit Zwischenspeichern erreichen, die kontinuierlich Ereignisse nachliefern können. Ein solcher Zwischenspeicher wird *derandomizing buffer* genannt.

(c) $\nu_{in}^i\,\Delta t^i \gg 1$ $\Rightarrow$ Entscheidungen müssen parallelisiert werden.

Parallelisierung von Triggerentscheidungen Mit $\nu_{in}^i\,\Delta t^i \leq n$, wobei n eine Zahl > 1 ist, ergeben sich drei Möglichkeiten der Parallelisierung und Kombinationen davon:

1. n Triggerentscheidungen parallel fällen;
2. Entscheidung über n Ereignisse mitteln;
3. Entscheidungsalgorithmus in n Zeitschnitten unterteilen und in einer 'Trigger-Pipeline' Ereignisse durch den Algorithmus schieben;
4. Kombinationen von (i) bis (iii).

Zum Beispiel ist beim LHC auf der ersten Triggerstufe $\nu_{in}^1 = 40\,\text{MHz}$ (Strahlkreuzungsfrequenz), und für den Trigger stehen nach Abzug von Verlusten durch Kabellaufzeiten und Anderem etwa $\Delta t^1 = 1\,\mu\text{s}$ zur Verfügung. Daraus ergibt sich $n \geq 40$, so dass in einer Trigger-Pipeline, entsprechend (iii), die Entscheidung in mindestens 40 Einzelschritte zerlegt werden muss und zu jeder Zeit n Ereignisse (= Strahlkreuzungen) gleichzeitig bearbeitet werden.

18.3.4 Datenpuffer

Während der Triggerentscheidungen müssen die Daten der Ereignisse, die noch nicht verworfen wurden, in Pufferspeichern vorrätig gehalten werden. Die Möglichkeiten dazu sind:

– Verzögerungskabel. Problem: nicht praktikabel für eine große Anzahl von Kanälen und/oder für lange Verzögerungszeiten.
– Elektronische Verzögerung, zum Beispiel durch Anhalten eines Pulses an seinem Maximum ('*sample and hold*', Abschnitt 17.4). Problem: erlaubt keinen kontinuierlichen Zeittakt.
– Daten-Pipelines, die als integrierte Schaltungen realisiert werden (Abb. 18.4):
  - Analoge Pipelines: analoge Speicher, '*switched capacitor arrays*'.
  - Digital: Schieberegister, FIFO (*first-in-first-out*), Ringspeicher oder '*dual port memory*' (zum Beispiel in FADCs). Probleme: genügend großer dynamischer Bereich ist aufwendig (speziell für Kalorimetrie), Verlustleistung ist höher als bei analogen Speichern.

18.4 Realisierung von Triggern

In diesem Abschnitt soll es einen kleinen Überblick geben, wie durch die logische Verknüpfung von Detektorsignalen 'interessante' Ereignisse selektiert und nicht interessierende Ereignisse sowie der Untergrund unterdrückt werden können. Das grundsätzliche Konzept geht auf die in den 1920er Jahren durch W. Bothe und andere entwickelte 'Koinzidenzmethode' (Abschnitt 2.1, Abb. 2.2) zurück. Dabei wird elektronisch nach zeitlich koinzidenten Signalen gesucht, die über einer Schwelle liegen und weitere Kriterien erfüllen. Sehr häufig wird verlangt, dass die räumliche Verteilung der Signalquellen einem bestimmten Muster folgt, zum Beispiel verursacht durch ein Teilchen, das durch mehrere Lagen eines Spurdetektors geht (Abb. 18.6).

18.4.1 Einfache Zählerkoinzidenzen

Im einfachsten Fall besteht der Trigger aus einer Anordnung von zwei oder mehr Zählern, zum Beispiel Geigerzählern wie in Abb. 2.2(a) und 6.2(b) oder Szintillationszählern wie in Abb. 7.13 und 7.25. Das Schema mit zwei Zählern und einem Spurdetektor ist hier noch einmal in Abb. 18.5 dargestellt. Eine solche Anordnung definiert durch Fläche und Abstand der Zähler den Raumwinkelbereich, aus dem eine Teilchenspur kommen darf. Einer etwas komplexeren Logik folgen die Zähleranordnungen in Abb. 16.8 und 13.18. Hier wird zu einer Zählerkoinzidenz explizit das Nicht-Ansprechen von Veto-Zählern innerhalb eines Zeitintervalls verlangt.

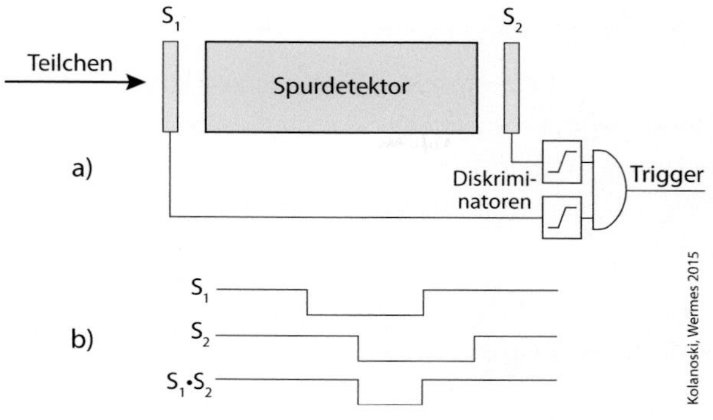

Abb. 18.5 a) Schema eines Triggers mit zwei Zählern, die in Koinzidenz ansprechen. Die Zähler sind meistens organische Szintillatoren (Abschnitt 13.5.1), mit denen eine zeitliche Schärfe der Koinzidenzen von wenigen Nanosekunden erreicht werden kann. b) Diskriminatorsignale der Zähler und deren Koinzidenzsignal, das als Trigger benutzt wird.

Wenn die beiden Zähler unkorrelierte, gleichverteilte Untergrundsignale mit den Raten ν_1 und ν_2 haben, ist die Rate der Zufallskoinzidenzen gegeben durch

$$\nu_{12} = \nu_1 \nu_2 \Delta t_{12} \,. \tag{18.2}$$

Dabei ist $\Delta t_{12} = \Delta t_1 + \Delta t_2 - \Delta t_{\text{koin}}$ die Zeitspanne, innerhalb der eine Überlappung der beiden Signale zu einer Koinzidenz führt, das ist die Summe der beiden Signallängen Δt_1, Δt_2 abzüglich der für eine Koinzidenz minimal geforderten Überlappungszeit Δt_{koin}. Wenn also zum Beispiel die einzelnen Untergrundraten $\nu_1 = \nu_2 = 1$ kHz und $\Delta t_{12} = 10$ ns sind, ergibt sich eine Untergrundrate von 0.01 Hz. Bei einer Zählerrate von 10 kHz oder einer Koinzidenzzeit von 1 µs ist sie aber bereits 1 Hz. Jeder weitere (unabhängige) Zähler i in der Koinzidenzbedingung senkt die Ausgangsrate jeweils um einen Faktor $\nu_i \Delta t_i$. Das heißt, gegen hohen Untergrund hilft eine zeitlich möglichst scharfe Untergrundbedingung mit vielen Beiträgen zu der Konzidenz.

Die Logik von Triggerentscheidungen kann mit Standard-Elektronik geschaltet werden. In der Kern- und Teilchenphysik ist bereits seit den 1960er Jahren der NIM-Standard verbreitet [613]. Der Standard definiert ein System aus Überrahmen (*crates*) mit Steckmodulen für verschiedene elektronische Aufgaben, Kabel, Steckverbindungen und die Pegel logischer Signale. Die Überrahmen sind ähnlich wie die der in Abschnitt 18.2.1 beschriebenen Auslesesysteme, wobei allerdings über die Rückwand kein Datenbus geführt wird, sondern nur Versorgungsleitungen (Gleichspannungen ±6, ±12 und ±24 V). Es gibt eine große Vielfalt an NIM-Modulen, zum Beispiel Diskriminatoren, Analog-Digital-Wandler, Signalgeneratoren und Logikmodule mit den verschiedenen Binärfunktionen. Der ursprüngliche Kabelstandard sind Koaxialkabel mit einem Wellenwiderstand von 50 Ω; inzwischen werden auch andere Kabeltypen zugelassen, insbesondere solche, die eine höhere Packungsdichte zulassen. Die NIM-Pegel für die Logikwerte '0' und '1' sind über Ströme definiert, denen mit 50-Ω-Abschluss die im Folgenden angegebenen Spannungen entsprechen:

log. Wert	Strompegel [mA]	Spannung über 50 Ω [V]
0	0	0
1	-12 bis -32	-0.6 bis -1.6

Neben dem NIM-Pegel werden auch andere logische Pegel akzeptiert.

In den bisherigen Beispielen sollte jeweils auf ein einzelnes Teilchen getriggert werden. In Detektoren mit großer Raumwinkelakzeptanz, in denen Vielteilchenendzustände gemessen werden, sind die Anforderungen an Trigger entsprechend größer. Der komplexen Aufgabenstellung entsprechen eine Vielzahl von einfallsreichen Lösungen, auf die wir im Folgenden nur exemplarisch eingehen können.

18.4.2 Mustererkennung auf dem Triggerniveau

Ein Detektor der Teilchenphysik besteht im Allgemeinen aus einer Anzahl von Detektorzellen, die in der Größenordnung bis zu 10^8 liegen kann. Ein Ereignis hinterlässt ein bestimmtes Muster angesprochener Zellen (Abb. 18.6). Die Anzahl der möglichen Muster kann ebenfalls sehr groß sein. Die Aufgabe eines Triggers ist es, aus dem Vergleich der angesprochenen Zellen mit jedem gewünschten Muster zu entscheiden, ob das Ereignis akzeptiert werden soll.

Es ist offensichtlich, dass die naive Lösung, alle möglichen Zellkombinationen durchzugehen und dann mit den gewünschten Mustern zu vergleichen, sehr schnell zu einer zu großen Anzahl von Kombinationen führt. Nehmen wir als Beispiel einen Spurdetektor mit (nur) 4 Lagen mit jeweils 100 Zellen (zum Beispiel Driftzellen oder Streifenelektroden). Die Anzahl der Kombinationen von je einer Zelle in jeder Lage ist dann 10^8, was verdeutlicht, dass dieses Verfahren mit steigender Kanalzahl sehr schnell ineffizient wird.

Informationsreduktion Eine Grundregel bei der Mustererkennung besagt, dass man die Kombinatorik in einem möglichst frühen Stadium des Algorithmus auf das absolut Notwendige beschränken soll. Methoden dafür sind:

– Beschränkung der Auflösung durch Zusammenfassen von Detektorzellen soweit, wie es zum Erkennen einer Signatur noch möglich ist. Zum Beispiel würde man in einem Spurdetektor Clusterschwerpunkte bilden und/oder benachbarte Zellen zusammenfassen. In einem Kalorimeter werden Kalorimeterzellen zusammengefasst.
– Beschränkung auf 'Straßen' (*roads*) durch den Detektor, das heißt, es werden nur Triggerzellen in verschiedenen Detektorlagen verbunden, die zu möglichen Mustern führen können. In einem Kalorimeter werden Kalorimeterzellen zu Triggertürmen (*trigger towers*) zusammengefasst, die wie in Abb. 15.15 für den D0-Detektor zum Wechselwirkungspunkt zeigen.
– Zusammenfassen lokaler Kombinationen durch Nachbarschaftsbeziehung. Zum Beispiel werden in Spurdetektoren häufig Treffer in zwei oder drei benachbarten Lagen als Dupletts oder Tripletts zu Spurelementen zusammengefasst, wenn sie die Bedingung einer Tangente an eine mögliche Spur erfüllen.
– Iterative Verfeinerung des Suchfensters durch die Kalman-Filter-Methode, entsprechend der Abb. 9.9 in Abschnitt 9.3.6. Ausgehend von einem Startpunkt im Parameterraum werden entsprechend dem Modell für das zu suchende Muster in der nächsten

Nachbarschaft Punkte gesucht, die zum Muster passen. In jedem Schritt kann jeweils das Suchfenster verkleinert werden.

Die Beispiele zeigen, dass bereits in der Planungsphase die Auslegung des Triggersystems betrachtet werden sollte, weil durch konstruktive Maßnahmen Triggerentscheidungen vereinfacht werden können, wie man sehr deutlich an dem Beispiel der Triggertürme in Abb. 15.15 sieht. Ebenfalls sollte vorab geplant werden, wie die Effizienz eines Triggers bestimmt werden kann. In der Regel wird das dadurch gelöst, dass mehrere redundante Trigger eine gegenseitige Kontrolle erlauben. Zum Beispiel kann in einem Ereignis, das durch das Kalorimeter getriggert wurde, überprüft werden, ob Spuren von einem ebenfalls installierten Spurtrigger erkannt worden sind.

Wenn komplexe Muster von einem Triggersystem in Zeitintervallen von typisch Mikrosekunden erkannt werden sollen, erfordert das zum Teil erheblichen elektronischen Aufwand. Je nach Anzahl der Detektorzellen kann die Anzahl der zu testenden Kombinationen sehr hoch sein. Wenn ein System mehrere Triggerstufen hat, dann beschränkt man sich auf der L1-Stufe meistens auf wenige robuste Entscheidungen, die die Rate genügend senken, um auf den höheren Stufen komplexere Entscheidungen fällen zu können. In LHC-Experimenten sind auf der L1-Stufe Kalorimeter- und Myon-Trigger besonders geeignet. Kalorimetertrigger verlangen große Energiedeposition in lokalen Clustern als Signatur für Jets, und Myontrigger verlangen Myonen mit großem Transversalimpuls relativ zur Strahlachse.

18.4.3 Spurtrigger

Wir betrachten hier Spurtrigger auf niedriger Triggerstufe, bei der die Zeitbeschränkungen im Bereich von Mikrosekunden liegen und komplexe Mustererkennung nur mit sehr spezieller Elektronik möglich ist.

Konzepte Die Aufgabenstellung ist in Abb. 18.6 schematisch dargestellt: Spuren hinterlassen ein Muster in einem Detektor. Der Trigger muss nun herausfinden, ob ein bestimmtes Muster mit einer oder mehreren Spuren identifiziert werden kann.

Maskenprozessor: Ein möglicher Triggeralgorithmus benutzt Masken, die mit dem gemessenen Treffermuster verglichen werden (Abb. 18.6(a,b)). Die Masken entsprechen jeweils Spuren in einem bestimmten Überdeckungsbereich von Richtungen und Impulsen, letzteres, falls ein Magnetfeld vorhanden ist. Die Größe der Bereiche hängt von der gewünschten Auflösung ab, die wiederum an die Teilchendichte im Detektor angepasst werden muss. Es müssen so viele verschiedene, teilweise überlappende Masken definiert werden, dass echte Spuren mit hoher Effizienz gefunden werden. Für eine schnelle Triggerentscheidung ist wichtig, dass die Zuordnung von Masken zu dem Treffermuster in parallelen Schritten, zum Beispiel getrennt für jede Detektorebene, erfolgen kann.

Kalman-Filter: Eine ganz andere Herangehensweise ist die Kalman-Filter-Methode, die in Abb. 18.6(c) dargestellt ist (siehe auch Abschnitt 9.3.6). Dabei wird ausgehend von

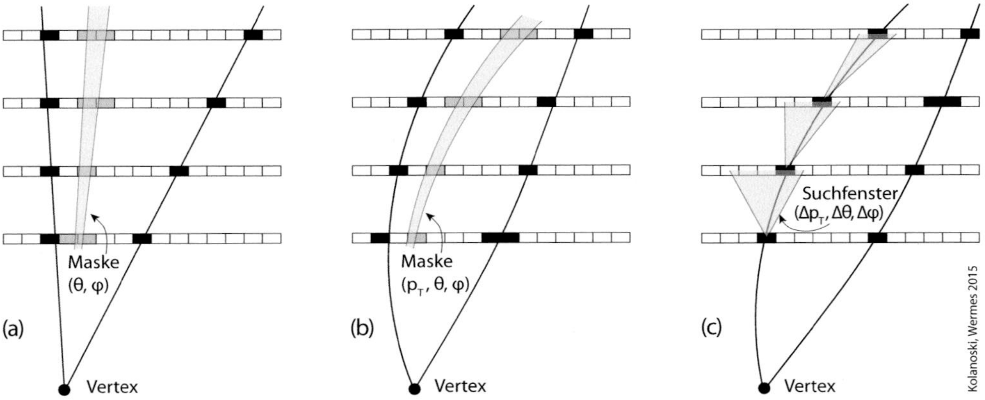

Abb. 18.6 Schema eines Spurtriggers: Die schwarzen Zellen sind das gemessene Muster, die in diesem Fall durch zwei Spuren verursacht sind. (a) geradlinige Spur; (b, c) durch ein Magnetfeld gekrümmte Spuren. In (a) und (b) wird für jedes mögliche Muster einzelner Spuren eine Maske gespeichert. Die hellgrauen Bereiche sind Beispiele für 'Straßen' (*roads*), die im Fall gerader Spuren einen Richtungsbereich abdecken und im Fall gekrümmter Spuren einen Richtungs-Impuls-Bereich. Einer 'Straße' werden die grauen Zellen als Masken zugeordnet. Die verschiedenen Masken müssen in ihren Bereichen überlappen, um volle Triggereffizienz zu erreichen. In (c) ist das Schema eines Triggers, basierend auf der Kalman-Filter-Methode, gezeigt: Ausgehend von einem Aufpunkt (einer getroffenen Zelle) in der ersten Detektorebene wird ein Bereich in der nächsten Ebene betrachtet, der unter gewissen Bedingungen – zum Beispiel, dass der Ursprung am Vertex liegt – von einer Spur gekreuzt worden sein könnte. Wenn dort ein Treffer gefunden wird, kann die Voraussage für die nächste Ebene verbessert und das Suchfenster enger werden.

einem Startpunkt (*seed*) ein Spurmodell sukzessiv an Treffer in nachfolgenden Detektorlagen angepasst. Mit jedem gefundenen Treffer werden die Parameter der Spur verbessert, und der Suchbereich in der nächsten Lage kann verfeinert werden. Das schrittweise Vorgehen und der Umstand, dass bei jedem Schritt der Trigger nur auf lokalen Trefferdaten arbeitet, machen den Kalman-Filter-Algorithmus sehr geeignet für einen Trigger, der im Pipeline-Modus arbeitet.

Ein Beispiel für die Anwendung eines Kalman-Filters für einen schnellen Spurtrigger ist der '*First Level Trigger*' des HERA-B-Experiments [113]. Innerhalb der L1-Latenzzeit von 12 µs werden Spuren von Leptonpaaren in einer Umgebung mit sehr hoher Teilchendichte gefunden und deren invariante Masse gebildet. Die Auflösung ist so gut, dass leptonische Zerfälle von J/ψ-Mesonen selektiert werden können.

Elektronische Hilfsmittel Bei vorgegebener Latenzzeit des Triggers werden in der Regel die einzelnen Entscheidungsschritte nach den auf Seite 817 aufgeführten Optionen parallelisiert. Die Lösungswege sind vielfältig, und die Realisierung erfolgt jeweils mit den schnellsten verfügbaren Elektronikkomponenten. Elektronische Bausteine für solche Trigger sind zum Beispiel:

FIFO Schieberegister (*First-In-First-Out*): Daten werden in eine Speicherkette gefüllt, werden dort durch einen Taktgeber weitergegeben und fallen nach einer maximalen Anzahl von Schritten, der Speichertiefe, am Ende heraus. Bei einem regulären Schiebetakt hat eine Speicherzelle außer dem Speicherinhalt auch die Zeitinformation, wann der Inhalt vor der Abfrage eingespeist wurde. Schieberegister werden zum Beispiel als Daten-Pipelines zur Überbrückung der Latenzzeit für den Trigger eingesetzt.

LUT *Look-Up Table*: eine Tabelle, in die vorausberechnete Ergebnisse zeitaufwendiger Rechnungen abgespeichert werden. Zum Beispiel können mit einer solchen Tabelle zu einem gemessenen Spurmuster die Spurparameter wie Richtung, Achsenabschnitt oder Krümmung zugeordnet werden. Häufig werden in programmierbaren logischen Schaltungen Logikfunktionen als Wahrheitstabellen in LUTs gespeichert, was eine größere Flexibilität im Vergleich zu einer Hardware-Implementation bietet.

CAM *Content Adressable Memory* oder Assoziativspeicher: Im Gegensatz zu einem RAM (*Random Addressable Memory*), bei dem eine Adresse einem Speicherplatz zugeordnet wird, werden hier Eingabemuster mit gespeicherten Inhalten verglichen. Wenn Eingabe und Inhalt zusammenpassen, kann das durch ein Bit signalisiert werden, oder es können weitere Informationen zu dem Muster übergeben werden (*encoded output*). Während in einem RAM eine Übereinstimmung eines Datenworts mit einem Speicherinhalt schrittweise, seriell gesucht werden muss, werden in einem CAM die Speicherinhalte parallel bearbeitet, was die Lösung von Suchaufgaben besonders schnell macht. Zum Beispiel werden damit in Netzwerken den ankommenden Datenpaketen Adressen für die Datenweiterleitung zugeordnet. In der Teilchenphysik werden Assoziativspeicher zur Mustererkennung für Spuren- und Clustersuche benutzt. Das Prinzip der elektronischen Realisierung ist in [282] beschrieben und die Anwendung in einem Trigger des CDF-Vertexdetektors in [281].

DSP Digitale Signalprozessoren: Prozessor-Chips, die auf die schnelle Verarbeitung von Signalen mit schneller Ein- und Ausgabe der Daten spezialisiert sind.

FPGA *Field Programmable Gate Array*: frei programmierbare, integrierte Schaltkreise, eine Variante von programmierbaren logischen Schaltungen (PLDs, *Programmable Logic Devices*) mit höchster Flexibilität. Ein FPGA enthält logische Gatter, Speicher, Look-Up-Tabellen, Prozessoren (meistens DSPs), Multiplexer und Standardanschlüsse für Ein- und Ausgabe. In der Teilchenphysik basieren die schnellen Trigger meistens auf der logischen Verarbeitung der Signale in FPGAs, die entsprechend konfiguriert werden. Die freie Programmierbarkeit durch so genannte *Firmware* erlaubt eine schnelle Anpassung auf experimentelle Bedingungen.

Beispiel: 'Fast Track Trigger' von H1 Wir betrachten als typisches Beispiel den '*Fast Track Trigger*' (FTT) des H1-Experiments bei HERA [112]. Es gibt verschiedene andere Beispiele mit ähnlichen Anforderungen an Ereignisrate und Latenzzeit des Triggers, zum Beispiel der 'Extremely Fast Tracker' (XFT) des CDF-Experiments [774].

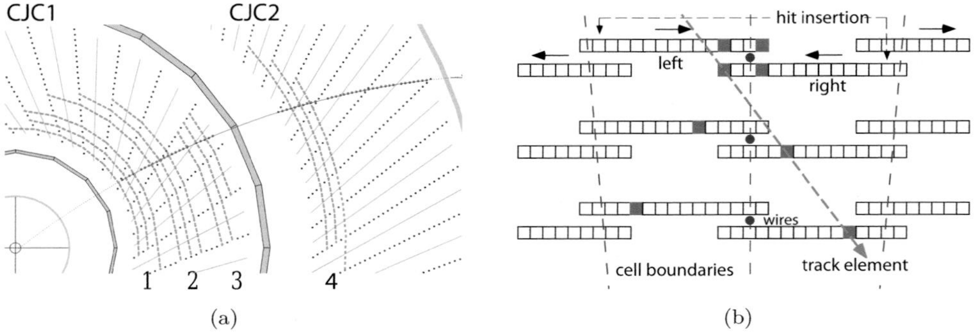

Abb. 18.7 Der 'Fast Track Trigger' des H1-Experiments [112]: (a) Querschnitt eines Quadranten der zentralen Jetkammer senkrecht zu den kollidierenden Strahlen. Die Signaldrähte sind durch Punkte und die Kathodenebenen durch die Linien angedeutet. Die Triggerlagen sind durch die Nummern 1 bis 4 bezeichnet. (b) Darstellung einer 'Triggerzelle' mit den Schieberegistern, die die Position von Treffern angeben. Zu jedem Schieberegister gibt es wegen der Rechts-Links-Ambiguität das jeweils gespiegelte Register. Schieberegister der Nachbarzellen überlappen, um im Übergangsbereich keine Spuren zu verlieren. Spursegmente in einer Triggerlage sind nahezu lineare Verbindungen von Treffern in den drei Drahtlagen. Quelle: DESY/H1 Collaboration.

Der H1-FTT benutzt Spuren in der zentralen Jetkammer (CJC = *Central Jet Chamber*), die aus zwei konzentrischen zylindrischen Driftkammern (CJC1, CJC2) mit insgesamt 56 Drahtlagen in einer Jetkammer-Zellstruktur wie in Abb. 7.41(c) besteht. Abbildung 18.7(a) zeigt einen Quadranten der Kammer im Querschnitt.

Trigger-Konzept: Für den Trigger werden 12 von den 56 Drahtlagen benutzt, die in 4 Triggerlagen zu je 3 Drahtlagen gruppiert werden (die Triggerlagen sind in Abb. 18.7(a) eingezeichnet). In jeder Triggerlage werden parallel zueinander mit Hilfe von Masken Spursegmente aus Signalen der drei Drahtlagen gesucht. Die Spursegmente werden durch den inversen Transversalimpuls $\kappa = 1/p_T$ und den Azimutwinkel ϕ identifiziert. In einem weiteren Schritt werden in den vier Triggerlagen Spursegmente mit den gleichen beziehungsweise ähnlichen (κ, ϕ)-Werten zu einer Spur zusammengefügt, wenn mindestens zwei Segmente zusammenpassen. Die Multiplizität dieser Spuren sowie ihre topologischen und kinematischen Beziehungen werden zu dem Ergebnis der L1-Triggerstufe verarbeitet. In den höheren Triggerstufen werden die L1-Spuren verfeinert und schließlich für topologische und kinematische Rekonstruktionen benutzt [112].

Elektronische Umsetzung: Die Driftkammersignale der Triggerlagen werden mit der 80-MHz-Taktrate eines Flash-ADCs digitalisiert (Abschnitt 7.10.6). Die FADC-Daten werden an einen FPGA weitergeleitet, wo ein digitaler Signalprozessor eine Ladungs-Zeit-Analyse (Q-t-Analyse) durchführt. Für Signale über einer Rauschschwelle werden die Daten in ein Schieberegister mit einer Taktrate von 20 MHz geschrieben. Die reduzierte Taktrate wird durch Zusammenfassen von jeweils 4 FADC-Zellen erreicht. Das Schieberegister enthält dann die zeitliche Abfolge der Treffer relativ zu einer Strahlkreuzungszeit. Mit einer gegebenen Orts-Driftzeit-Beziehung (Abschnitt 7.10.7) und gegebener Strahlkreuzung enthält jede Speicherzelle die Ortsinformation des Treffers. Zu jedem Draht wird damit die Driftstrecke von Kathode zu Anode auf die Zellen des Schieberegisters abgebildet, wie in Abb. 18.7(b) dargestellt. Wegen der Rechts-Links-Ambiguität um den Draht (siehe Abschnitt 7.10.4) gibt es noch einmal die gespiegelten Zellen. Weitere Schieberegister sorgen für eine Überlappung mit den Nachbarzellen. Mögliche Kombinationen von Treffern in den drei Drahtlagen (siehe Abb. 18.7(b)) werden von dem FPGA als Muster auf einen CAM gegeben, der bei Übereinstimmung mit einem gespeicherten Muster die (κ, ϕ)-Werte dieses Musters ausgibt. Da die Driftzeit länger als die Zeit zwischen Strahlkreuzungen ist, muss die Spurensuche zu jeder Strahlkreuzung neu gestartet und parallel abgearbeitet werden. Zu unterschiedlichen Strahlkreuzungen ist die Ortsinformation einer Zelle in dem Schieberegister unterschiedlich.

Zum Verbinden (*linking*) der Spursegmente in den 4 Triggerlagen wird die Methode des 'Histogrammierens' benutzt: Im FPGA werden die (κ, ϕ)-Werte der gefundenen Segmente in ein zweidimensonales Histogramm mit 16×60 Zellen eingetragen[5]. Mit einem schnellen Suchverfahren (*peak finder*) wird nach Histogrammzellen mit mindestens zwei Einträgen gesucht. Die entsprechenden Segmente werden dann zu einer Spur zusammengefügt. Dabei wird gleichzeitig die Rechts-Links-Ambiguität aufgelöst, weil Segmente mit falscher Rechts-Links-Zuordnung in verschiedenen Zellen nicht zusammenpassen (siehe Abb. 7.41(c)). Außerdem passen im Allgemeinen Segmente nur für die richtige Strahlkreuzungszeit, die damit durch den Trigger gleichfalls bestimmt wird. Der 'Linking'-Prozess wird innerhalb von nur 130 ns durchgeführt. Der gesamte Zeitbedarf für den FTT auf der L1-Stufe ist 0.5 µs.

18.4.4 Kalorimetertrigger

Kalorimetertrigger sind besonders geeignet, Untergrund zu unterdrücken, weil Untergrundereignisse typischerweise nicht viel Energie deponieren. In Collider-Experimenten sind Ereignisse mit hoher 'transversaler Energie' eine Signatur für interessante Reaktionen. Dabei wird als 'transversale Energie' (E_T) die transversale Komponente eines Vektors berechnet, der von dem Wechselwirkungspunkt zu der Energiedeposition weist und den Betrag der Energie hat, das heißt, es entspricht eigentlich der transversalen Komponente eines Impulses. Formelmäßig gilt $E_T = E \sin\theta$, wobei θ der Polarwinkel des Clusters mit der Energie E ist. Die Kalorimeterenergie kann noch nach elektromagnetisch und hadronisch deponierter Energie unterschieden werden, was zu Triggern auf Elektronen und Photonen beziehungsweise Hadronen oder Jets führt. Aus der Messung aller Energien und Impulse kann die 'fehlende Energie' beziehungsweise die 'fehlende transversale Energie' E_T^{miss} in einem Ereignis bestimmt werden, was bei der Suche nach exotischen Prozessen wichtige Triggergrößen sind.

Die Suche nach Energieclustern in Kalorimeterzellen für einen schnellen Trigger kann etwa so wie in Abb. 18.8 erfolgen. In (a) ist die Methode des 'gleitenden Fensters' (*sliding*

[5]Die Transformation der Treffer im Ortsraum in den Raum der Parameter (κ, ϕ) entspricht einer Hough-Transformation (siehe zum Beispiel [576]).

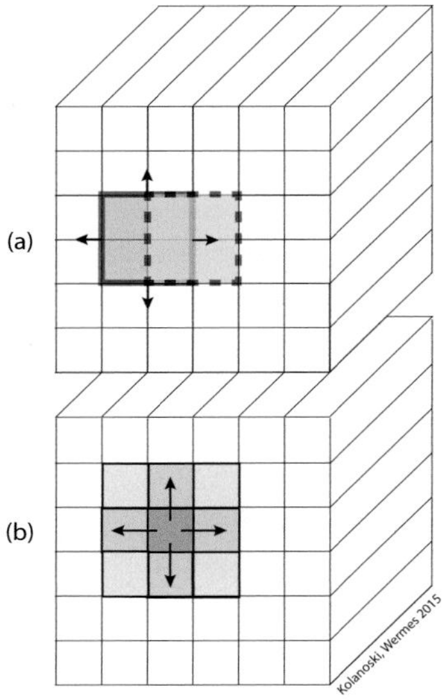

Abb. 18.8 Schnelle Clustersuche in einem Kalorimeter zum Triggern: (a) Suche in vier benachbarten Zellen, bei denen die Summe der Energien oberhalb der Triggerschwelle liegt. Bei der Suche wird ein (4×4)-Fenster jeweils um eine Zelle versetzt über die Zellen geschoben ('*sliding window*'). (b) Suche nach einzelnen Zellen, die eine Energie oberhalb einer Schwelle haben. Ein Cluster liegt vor, wenn nach Hinzufügen der Nachbarzellen (4 mit gemeinsamer Kante, 8 mit gemeinsamer Kante oder Ecke) die Energiesumme oberhalb einer Clusterschwelle liegt.

window) gezeigt: Vier oder mehr Zellen werden zusammengefasst und auf Überschreiten einer Schwelle geprüft. Das Suchfenster wird so verschoben, dass keine Ineffizienzen an den Übergängen entstehen. In (b) werden alle Zellen einzeln abgetastet und die Summe der Energien der betrachteten Zelle und ihrer nächsten Nachbarn überprüft. Bei longitudinaler Segmentierung werden Zellen zu Türmen zusammengefasst, die in Richtung zum Wechselwirkungspunkt zeigen (siehe Abb.15.15).

18.5 Beispiel: ein Trigger-DAQ-System am LHC

Als Beispiel für ein Trigger- und Datennahme-System in einem Hochraten-Experiment betrachten wir das TDAQ-System des ATLAS-Experiments am LHC in Abb. 18.9 [2]. Bei einer Strahlkreuzungsrate von 40 MHz, entsprechend einer Zeit von 25 ns zwischen den Kreuzungen, etwa 20 Ereignissen pro Strahlwechselwirkung und hohen Teilchenmultiplizitäten muss die Eingangsrate von 40 MHz auf etwa 200 Hz, also um einen Faktor von mehr als 10^5, reduziert werden. Das geht nur mit einem mehrstufigen Trigger mit einer Parallelisierung der Triggerentscheidungen und einer zwischenzeitlichen Pufferung der Daten. Die Architektur des TDAQ-Systems folgt daher einer dreistufigen Trigger-Hierarchie, ähnlich wie in Abb. 18.2 skizziert.

In Abb. 18.9 sieht man links den Triggerablauf mit den Latenzzeiten (*latencies*) und der fortlaufenden Ratenreduktion und rechts den Datenfluss. Die erste Triggerstufe (LVL1) ist ein Hardware-Trigger, der Energie-Anhäufungen im Kalorimeter und Spuren in den Myon-Triggerkammern sucht. Die *High Level Trigger* (HLT) sind Prozessorfarmen, die stufenweise die Ereignisse filtern. Die Stufe LVL2 hat nur Zugriff auf die Daten der *Regions of Interest* (RoIs), das sind die Bereiche, in denen Signale zum LVL1-Trigger

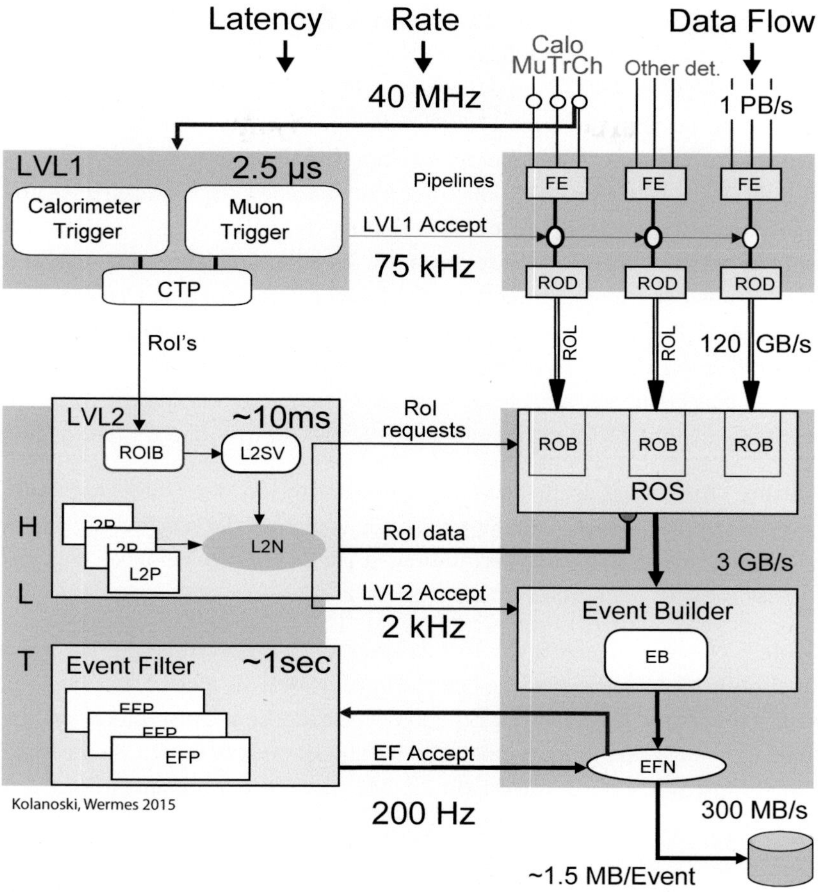

Legende:

Calo	Calorimeter	MuTrCh	Muon Trigger Chambers
LVL1/2	Level 1/2 Trigger	FE	Front End Pipelines
CTP	Central Trigger Processor	ROD	Readout Driver
RoI	Region of Interest	ROIB	RoI Builder
ROL	Readout Link	ROB	Readout Board
L2SV	L2 Supervisor	ROS	Readout System
L2P	L2 Processor	L2N	L2 Network
HLT	Higher Level Trigger	EF	Event Filter
EFP	EF Processor	EFN	EF Network

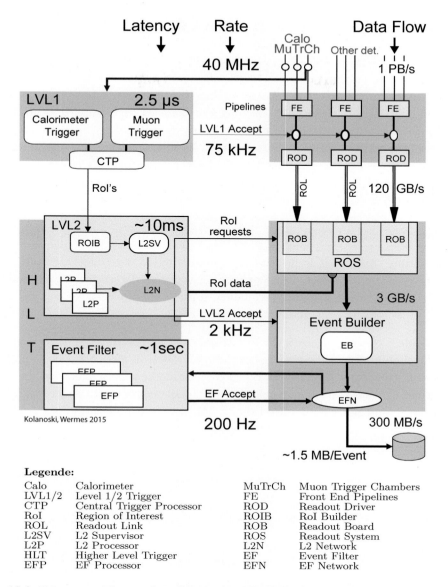

Abb. 18.9 Trigger- und Datennahme-System des ATLAS-Experiments. Links die drei Triggerstufen und rechts der entsprechende Datenfluss. Siehe die Beschreibung im Text.

beigetragen haben. Schließlich stehen auf der dritten Triggerstufe, genannt 'Event Filter', alle Daten aufbereitet durch den 'Event Builder' zur Verfügung.

Erste Stufe Auf dieser Stufe werden die Daten jedes einzelnen Detektorkanals mit der Taktrate von 40 MHz in Pipelines mit einer Tiefe von 2.5 μs, der Latenzzeit des Triggers, gefüllt. Der Trigger erhält mit der gleichen Taktrate Daten von den Kalorimetern und den Myon-Trigger-Kammern. Der Myon-Trigger wird mit *Resistive Plate Chambers* (RPCs, siehe Abschnitt 7.7.3) gebildet, die schnelle Signale mit Orts- und Zeitinformation liefern. Der Trigger liefert mit unterschiedlichen Energie- und Impulsschwellen Kandidaten für Myonen, Jets und Elektronen beziehungsweise Photonen sowie die Gesamtenergie und den fehlenden transversalen Impuls, vektoriell berechnet aus den Summen der Myonimpulse und den Richtungen der Energiecluster. Die Triggerobjekte werden durch ihre Pseudorapidität η (Gleichung (2.8)) und den Azimutwinkel ϕ gekennzeichnet und an den *Central Trigger Processor* übergeben, der daraus die LVL1-Triggerentscheidung fällt. Die Ereignisse werden mit einer Rate von etwa 75 kHz akzeptiert. Die entsprechenden Daten werden aus der Pipeline über optische Links an die *Readout Drivers* (RODs), die in VME-Crates (Abschnitt 18.2.1) untergebracht sind, weitergegeben. Dort werden sie prozessiert und komprimiert, bevor sie in die *Readout Buffers* (ROBs), die einen PCI-Bus (Abschnitt 18.2.2) benutzen, eingelesen werden. Gleichzeitig werden die (η, ϕ)-Werte der RoIs berechnet, die auf LVL2 verwendet werden, und an den *RoI Builder* gegeben.

Zweite Stufe Auf dieser Stufe wird die Rekonstruktion der Daten der RoIs auf einer Prozessorfarm verfeinert. Ein *Supervisor* koordiniert die Verteilung der einzelnen Ereignisse über schnelle Ethernet-Verbindungen zur parallelen Verarbeitung. Die LVL2-Latenzzeit ist etwa 10 ms und die Ausgangsrate 2 kHz.

Dritte Stufe Wenn ein Ereignis von LVL2 akzeptiert wird, werden die Daten dem *Event Builder* weitergegeben. Auf einer Prozessorfarm (physisch die gleiche wie die LVL2-Farm, gemeinsam 'HLT-Farm') werden die Ereignisse vollständig rekonstruiert und die Ergebnisse gefiltert (*Event Filter*) und damit auf etwa 200 Hz reduziert. Mit dieser Rate werden die Ereignisse mit mittleren Größen von 1.5 MB auf ein permanentes Speichermedium geschrieben.

Anhang A

Dosimetrie und radioaktive Quellen

Übersicht

In diesem Anhang werden die wichtigsten dosimetrischen Messgrößen und Einheiten besprochen, und es wird ein Überblick über radioaktive Quellen gegeben, die häufig zum Testen von Detektoren benutzt werden (siehe zum Beispiel [524] und den Übersichtsartikel 'Radioactivity and radiation protection' in [621]).

A.1 Dosimetrie

Die Aktivität einer radioaktiven Quelle wird in Becquerel ($1\,\text{Bq} = 1/\text{s}$) gemessen. Die Dosis D ist die Energie E, die pro Volumen mit der Masse M absorbiert wird, und hat die Einheit Gray = Gy (veraltet: rad):

$$D = \frac{E}{M} \qquad [D] = \text{Gy} = \text{J/kg} = 100\,\text{rad}\,. \tag{A.1}$$

Die 'relative biologische Wirksamkeit' (RBW, engl. RBE) hängt nicht nur von der Teilchenart und -energie ab, sondern zum Beispiel auch von dem Zelltyp, der Dosisleistung und der zeitlichen und räumlichen Dosisverteilung. Die RBW von β- und γ-Strahlung ist gleich und relativ energieunabhängig. Sie wird daher als Referenz auf 1 gesetzt. Dagegen haben α-Strahlung, Spaltprodukte und schwere Ionen einen RBW-Wert bis zu 20.

Um eine unabhängig von der Strahlungszusammensetzung und anderen Faktoren vergleichbare Größe für die Strahlenschädigung eines Organs oder Gewebes zu erhalten, wird die 'Äquivalentdosis' H definiert. Dazu bestimmt man die in einem Organ oder Gewebe absorbierten Dosen D_R verschiedener Strahlungsarten R, multipliziert sie mit einem Strahlungswichtungsfaktor w_R und summiert sie zu

$$H = \sum_R w_R \times D_R \tag{A.2}$$

H. Kolanoski, N. Wermes, *Teilchendetektoren*, DOI 10.1007/978-3-662-45350-6_19

auf. Die Strahlungswichtungsfaktoren w_R basieren zwar auf den RBW-Werten, sind aber nicht wie diese durch Messungen ermittelt, sondern werden durch Verordnungen amtlich festgelegt. Da w_R dimensionslos ist, hat die Äquivalentdosis die gleiche Dimension wie die Dosis. Zur Unterscheidung wird die Äquivalentdosis aber in Sievert ($1\,\text{Sv} = \text{Gy} \times \text{RBW}$, veraltet: rem) angegeben. Die für die Strahlenschädigung eines Menschen relevante 'Effektivdosis' berücksichtigt noch die unterschiedlichen Wirksamkeiten für die verschiedenen Organe und stellt einen Mittelwert der Belastungen der einzelnen Organe und Gewebe eines Menschen dar. Die natürliche Radioaktivität führt zu durchschnittlich etwa 2 mSv pro Jahr, dazu kommt in Mitteleuropa etwa der gleiche Anteil aus medizinischen Quellen. Die für Menschen tödliche Dosis bei Ganzkörperbestrahlung ist 2–5 Sv.

A.2 Radioaktive Quellen

Zum Testen von Detektoren werden häufig radioaktive Quellen benutzt, deren Einsatz – verglichen mit Tests an Beschleunigerstrahlen – in der Regel weniger aufwändig ist und schnellere Auswertung erlaubt. Einige der für Detektortests häufig benutzten Quellen sind in Tab. A.1 aufgelistet. Beispiele für Detektorsignale, die von radioaktiver Strahlung herrühren, finden sich zum Beispiel in den Abbildungen 3.36, 8.34, 8.69, 13.6, 13.13, 13.20, 13.21 und 17.29.

Bei den α- und den γ-Strahlern handelt es sich um monochromatische Emissionen, die zur Kalibration von Detektorsignalen genutzt werden können. Dagegen liefert der β-Zerfall ein kontinuierliches Spektrum von Elektronen bis zu einer Maximalenergie (Endpunktenergie). Bei Elektroneinfang von der K-Schale (EC, *electron capture*) wird entweder der freiwerdende Platz von Elektronen aus höheren Niveaus unter Emission von Gammastrahlung besetzt, oder die freiwerdende Energie wird intern auf ein Elektron übertragen, das dann monochromatisch emittiert wird (Konversionslinie).

Im Folgenden werden die Einsatzmöglichkeiten der in Tab. A.1 aufgeführten Quellen zusammengefasst:

α-Strahlung: Die Quellen ^{241}Am und ^{228}Th haben α-Linien, die zur Untersuchung von Effekten hoher Ionisationsdichte eingesetzt werden. Wegen ihrer geringen Reichweite ist die Energiedeposition von α-Strahlen relativ gut lokalisiert, was unter anderem zur Untersuchung von Oberflächen ausgenutzt werden kann. Zum Beispiel hat die α-Strahlung von ^{241}Am in Wasser oder organischem Szintillator eine Reichweite von etwa 40 µm und in Silizium von etwa 17 µm.

β-Strahlung: β-Teilchen im MeV-Bereich, zum Beispiel von ^{90}Sr und ^{106}Ru, können Detektoren, die nicht zu dick sind, wie zum Beispiel einzelne Lagen gasgefüllter Drahtkammern oder dünne (200–300µm) Halbleiterdetektoren, durchdringen. In diesem Fall liefern sie Energiedepositionen, die denen hochenergetischer Teilchen ähnlich sind (siehe Abschnitt 3.2). Um bei einem kontinuierlichen β-Spektrum sicher zu stellen, dass ein β-Teilchen den Detektor durchquert hat, positioniert man die

Tab. A.1 Liste von häufig für Detektoruntersuchungen benutzten radioaktiven Quellen (aus [621]). Angegeben sind Nuklide mit ihren Halbwertszeiten $\tau_{1/2}$ und die dominierenden Zerfallstypen, hier β- und α-Zerfall sowie Elektroneinfang (*electron capture*, EC). Für die resultierende Strahlung geladener Teilchen (α, β) und für Photonen (γ) sind die Energien, bei kontinuierlicher β-Strahlung die Endpunktenergien, und Häufigkeiten pro Zerfall aufgeführt. Die Summe der Häufigkeiten kann bei Kaskadenzerfällen mehr als 100% betragen. Zum Teil sind auch relevante Zerfälle von Tochternukliden angegeben. Die α- und β-Zerfälle werden in der Regel von anschließenden γ-Zerfällen begleitet. Bei Elektroneinfang (EC) wird durch Auffüllen des frei werdenden Elektronplatzes Röntgenstrahlung emittiert, wie bei ^{55}Fe, oder die Strahlung des Übergangs wird direkt auf ein Elektron übertragen, das dann monochromatisch emittiert wird (Konversionslinie, gekennzeichnet durch 'e^-'), wie bei ^{207}Bi. Die für Detektortests wichtigsten Strahlungsübergänge sind durch Fettdruck hervorgehoben.

			α, β		γ		
Nuklid	$\tau_{1/2}$ [Jahre]	Typ	Energie [MeV]	[%]	Energie [MeV]	[%]	haupts. Einsatz
$^{55}_{26}$Fe	2.73	EC			Mn K Rö-Str.:		
					0.00590	24.4	keV-γ-Linien
					0.00649	2.86	
$^{57}_{27}$Co	0.744	EC			0.014	9	
					0.122	86	
					0.136	11	γ-Linien
$^{60}_{27}$Co	5.271	β^-	0.316	100	**1.173**	100	MeV-γ-Linien
					1.333	100	
$^{90}_{38}$Sr	28.5	β^-	0.546	100			MeV-β
$\longrightarrow$ $^{90}_{39}$Y		β^-	**2.283**	100			
$^{106}_{44}$Ru	1.020	β^-	0.039	100			
$\longrightarrow$ $^{106}_{45}$Rh		β^-	**3.541**	79	0.512	21	MeV-β
					0.622	10	
$^{109}_{48}$Cd	1.26	EC			0.088	4	
					Ag K Rö-Str.:		
					0.022	83	keV-γ-Linien
					0.025	15	
$^{137}_{55}$Cs	30.2	β^-	0.514	94	**0.662**	85	γ-Linie
			1.176	6			
$^{207}_{83}$Bi	31.8	EC	**0.481** e^-	2	0.569	98	Konversions-
			0.975 e^-	7	1.063	75	linien
			1.047 e^-	2	1.770	7	
$^{228}_{90}$Th	1.912	6 α:	**5.341–8.785**		**0.239**	44	
		3 β^-	0.334–2.246		**0.583**	31	α, γ-Linien
					2.614	36	
(Teil der Thorium-Zerfallsreihe mit α- und β^--Zerfällen, die bei $^{208}_{82}$Pb endet)							
$^{241}_{95}$Am	432.7	α	**5.443**	13	**0.060**	36	α, γ-Linien
			5.486	85			

Quelle vor dem Detektor und zum Beispiel einen Szintillationszähler hinter den Detektor. Man kann dann eine Koinzidenz zwischen den Signalen des zu testenden Detektors und des Szintillationszählers verlangen.

γ-Strahlung: Die monochromatischen Photonen der in der Liste aufgeführten Nuklide ^{60}Co, ^{137}Cs und ^{228}Th werden zur Kalibration von Kalorimetern benutzt (siehe Abschnitt 15.4.7). Die γ-Linien von ^{241}Am bei 60 keV und von ^{57}Co bei 122 keV werden bevorzugt zur Kalibration von Halbleiterdetektoren genutzt. Die Energie der ^{57}Co-Linie entspricht etwa der Energiedeposition von 116 keV eines minimal-ionisierenden Teilchens, das 300 µm Silizium durchquert hat. Ähnliche Eigenschaften hat die ^{55}Fe-Linie (5.9 keV) für gasgefüllte Detektoren, da ein minimal-ionisierendes Teilchen zum Beispiel beim Durchqueren von 1 cm Argon eine Energie von 2.5 keV deponiert.

Konversionselektronen: Die monochromatischen Elektronen des Nuklids ^{207}Bi werden zum Beispiel zum Pulshöhenabgleich von organischen Szintillatoren benutzt. Die Elektronen der Linien nahe 1 MeV haben eine Reichweite von etwa 4.5 mm und erzeugen beispielsweise in einem 5 mm dicken Szintillator etwa das gleiche Signal wie ein minimal-ionisierendes Teilchen.

Anhang B

Wichtungspotenzial segmentierter Elektroden

Übersicht

B.1 Konforme Abbildungen zur Lösung von Potenzialproblemen

Zur Berechnung des Wichtungspotenzials der Anordnung mit einer in Streifen segmentierten Elektrode in Abb. 5.12 und B.1(a) ist die Laplace-Gleichung

$$\Delta\phi(x,y) = 0 \qquad \text{für} \quad 0 < y < 1 \tag{B.1}$$

mit den Dirichlet-Randbedingungen

$$\phi(x, y=1) = 0, \quad \phi(|x| > a/2, y=0) = 0, \quad \phi(|x| \leq a/2, y=0) = 1 \tag{B.2}$$

zu lösen. Die Struktur soll in x- und in z-Richtung unendlich ausgedehnt sein und nicht von z abhängen (z ist hier die dritte Koordinate in dem (x,y,z)-System und nicht, wie weiter unten benutzt, eine komplexe Variable). Die Unabhängigkeit von z erlaubt eine zwei-dimensonale Behandlung in der xy-Ebene. Zwei-dimensonale Potenzialprobleme können mit der Methode der konformen Abbildungen der komplexen Ebene gelöst werden, siehe dazu die Literatur über mathematische Methoden in der Physik und Elektrotechnik (zum Beispiel [599], Kapitel 4 und 10, sowie [584]).

Dazu betrachten wir die xy-Ebene als die komplexe Zahlenebene mit der Zuordnung $z = x + iy$. Eine Abbildung, die die komplexe Ebene $\mathcal{C}_1$ in eine komplexe Ebene $\mathcal{C}_2$ abbildet, ist eine konforme (= winkeltreue) Abbildung, wenn sie durch eine analytische Funktion f vermittelt wird:

$$z_2 = f(z_1) \qquad z_1 \in \mathcal{C}_1, \quad z_2 \in \mathcal{C}_2\,. \tag{B.3}$$

Für eine konforme Abbildung gilt nun: Wenn $\phi_1(z_1) = \phi_1(x_1, y_1)$ die Laplace-Gleichung mit Dirichlet-Randbedingungen löst, so löst auch

$$\phi_2(z_2) = \phi_1(z_1(z_2)) \tag{B.4}$$

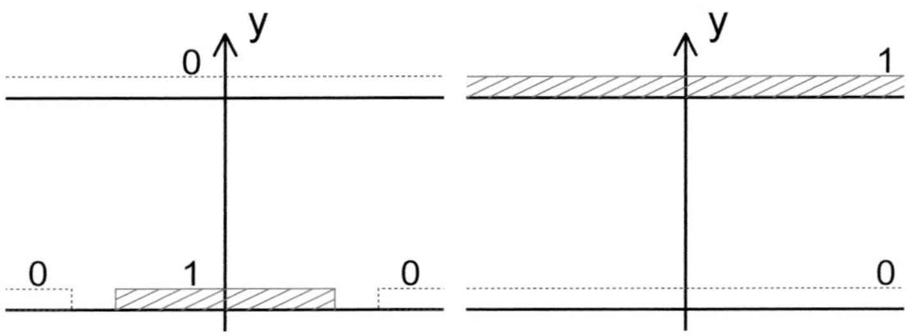

(a) Geometrie [1] (b) Geometrie [2]

Abb. B.1 Für Anordnung [1] wird eine Lösung der Laplace-Gleichung (B.1) mit den Randbedingungen (B.2) gesucht. Eine Lösung ist für die einfache Anordnung [2] eines unendlich ausgedehnten Plattenkondensators mit Potenzialen $\phi(x, 0) = 0$ und $\phi(x, 1) = 1$ bekannt. Durch eine konforme Abbildung sollen nun die Randbereiche in [1] mit einem bestimmten Potenzialwert auf die entsprechenden Bereiche in [2] mit dem gleichen Potenzialwert abgebildet werden.

die Laplace-Gleichung, wobei die Werte von ϕ_1 an den Orten z_1 gleich den Werten von ϕ_2 an den Orten $z_2 = f(z_1)$ sind. Das gilt insbesondere auch für die entsprechenden Randwerte, was wir für die Konstruktion der konformen Abbildung nutzen werden.

Verfahren: Um das Potenzial einer Anordnung [1] durch konforme Abbildung auf eine Anordnung [2] zu bestimmen, geht man wie folgt vor:

1. Suche eine einfache Elektrodenanordnung [2], für die das Dirichlet-Randwertproblem gelöst ist.
2. Suche dazu eine konforme Abbildung $z_2 = f(z_1)$, die die Ränder von [1] jeweils auf die Ränder von [2] mit den jeweils gleichen Randwerten transformiert.
3. Ermittle durch Einsetzen in (B.4) das gesuchte Potenzial $\phi(x, y) = \phi_1(z_1) = \phi_2(z_2(z_1))$ mit $z_1 = x + iy$.

Der erste Schritt unter Punkt 1 ist nicht unabhängig vom zweiten: Man wird Geometrien mit ähnlichen Topologien wählen, um dann auch eine konforme Abbildung zu finden.

B.2 Bestimmung des Wichtungspotenzials eines Streifendetektors

Wir wollen nun das Wichtungsfeld für einen Streifendetektor wie in Abb. B.1(a) bestimmen. Als Anordnung [2] mit einer wohlbekannten Lösung wählen wir den unendlich ausgedehnten Plattenkondensator mit Elektroden bei $y_1 = 0$ und 1 mit der Potenziallösung (Abb. B.1(b))

$$\phi_2(x_2, y_2) = y_2 \quad \text{oder} \quad \phi_2(z_2) = \mathrm{Im}(z_2)\,. \tag{B.5}$$

Als konforme Transformation, die die Ränder von $\boxed{1}$ auf die Ränder von $\boxed{2}$ so abbildet, dass der Streifen auf $y_2 = 1$ und der Rest auf $y_2 = 0$ abgebildet wird, wählen wir:

$$z_2 = \frac{1}{\pi} \ln \left(\frac{e^{\pi z_1} - e^{\pi \frac{a}{2}}}{e^{\pi z_1} - e^{-\pi \frac{a}{2}}} \right) . \tag{B.6}$$

Hier haben wir eine geeignete Transformation einfach vorgegeben. Die direkte Ableitung einer gesuchten konformen Abbildung bietet für eine große Anzahl von Problemen die Schwarz-Christoffel-Transformation (siehe dazu zum Beispiel Kapitel 4 in [599] oder auch die Toolbox für MATLAB [296]). Auch die konforme Abbildung für den hier besprochenen Fall kann mit Hilfe dieser Transformation abgeleitet werden. Die mathematischen Grundlagen findet man in der entsprechenden Literatur (zum Beispiel [599, 584]).

Mit (B.6) ergibt sich das gesuchte Potenzial zu

$$\begin{aligned} \phi_1(z_1) &= \phi_2(z_2(z_1)) = \mathrm{Im}(z_2) = \mathrm{Im}\left(\frac{1}{\pi} \ln \left(\frac{\mathrm{e}^{\pi z_1} - \mathrm{e}^{\pi \frac{a}{2}}}{\mathrm{e}^{\pi z_1} - \mathrm{e}^{-\pi \frac{a}{2}}} \right) \right) \\ &= \frac{1}{\pi} \arg \left(\frac{e^{\pi z_1} - e^{\pi \frac{a}{2}}}{e^{\pi z_1} - e^{-\pi \frac{a}{2}}} \right) = \frac{1}{\pi} \arctan \left(\frac{\mathrm{Im}\left(\frac{\mathrm{e}^{\pi z_1} - \mathrm{e}^{\pi \frac{a}{2}}}{\mathrm{e}^{\pi z_1} - \mathrm{e}^{-\pi \frac{a}{2}}} \right)}{\mathrm{Re}\left(\frac{\mathrm{e}^{\pi z_1} - \mathrm{e}^{\pi \frac{a}{2}}}{\mathrm{e}^{\pi z_1} - \mathrm{e}^{-\pi \frac{a}{2}}} \right)} \right) . \end{aligned} \tag{B.7}$$

Die Auswertung mit $\phi(x, y) = \phi_1(z_1)$ und $z_1 = x + iy$ führt auf die in Abschnitt 5.4.3 benutzte Gleichung (5.93):

$$\phi(x, y) = \frac{1}{\pi} \arctan \frac{\sin(\pi y) \cdot \sinh(\pi \frac{a}{2})}{\cosh(\pi x) - \cos(\pi y) \cosh(\pi \frac{a}{2})} . \tag{B.8}$$

Bei der numerischen Auswertung des Potenzials ist darauf zu achten, dass die arctan-Funktion durch Berücksichtigung der Vorzeichen von Zähler und Nenner auf den Wertebereich $[0, \pi]$ abgebildet wird[1]. Dann ergibt sich an der Stelle $(x = \pm a/2, y = 0)$ jeweils ein Potenzialsprung von 1. Die graphische Darstellung dieses Wichtungspotenzials ist in Abb. 5.12 gezeigt.

[1] Die Programmiersprachen Fortran, C und C++, zum Beispiel, stellen dafür die Funktion atan2(y, x) zur Verfügung.

Anhang C

Diffusionseffekte in Driftkammern

Die Ortsauflösung in einer Driftkammer wird unter Anderem von dem Auseinanderlaufen der driftenden Elektronen durch Diffusion in Driftrichtung bestimmt. Im Allgemeinen ist die Diffusion abhängig vom Driftfeld, wie zum Beispiel in Abb. 4.12 zu sehen ist.

Breite der Diffusionsverteilung der Elektronen Bei einem konstanten Verhältnis D/v_D von Diffusionskoeffizient und Driftgeschwindigkeit ist die Breite der Diffusionsverteilung der Elektronen proportional zur Wurzel aus der Driftstrecke r:

$$\sigma_{\text{diff}}(r) = \sqrt{2Dt} = \sqrt{2D\,r/v_D} \propto \sqrt{r}\,, \qquad (D/v_D = const)\,. \tag{C.1}$$

Wenn das Verhältnis D/v_D nicht konstant ist, muss über den Driftweg integriert werden:

$$d\sigma^2_{\text{diff}} = 2D\,dt = 2D\frac{dr}{v_D} \tag{C.2}$$

$$\Longrightarrow \quad \sigma^2_{\text{diff}} = 2\int_0^r D(v_D)\,\frac{dr'}{v_D} = 2\int_0^r \frac{\epsilon_k}{eE(r')}dr' \qquad (v_D \neq const)\,. \tag{C.3}$$

Im letzten Ausdruck ist noch die Beziehung (4.108) für die charakteristische Energie ϵ_k benutzt worden, die den Diffusionskoeffizienten D mit der Mobilität μ verbindet, $\epsilon_k = eD/\mu$, sowie $v_D = \mu E$.

Die Diffusion ist im thermischen Grenzfall (4.92) am geringsten, das heißt für

$$\epsilon_k = kT\,. \tag{C.4}$$

Dann ergibt sich für die Varianz der Diffusionsverteilung

$$\sigma^2_{\text{diff}} = 2kT\int_0^r \frac{dr'}{eE(r')}\,, \tag{C.5}$$

woraus für ein zylindersymmetrisches Feld (7.2) mit einer $1/r$-Abhängigkeit folgt (A ist eine Konstante):

$$\sigma^2_{\text{diff}} = 2A\int_0^r r'\,dr' = A\,r^2 \qquad \Rightarrow \qquad \sigma_{\text{diff}}(r) \propto r\,. \tag{C.6}$$

Diese Proportionalität zu r ergibt sich für jede konstante charakteristische Energie, nicht nur im thermischen Grenzfall.

Ortsungenauigkeit durch Diffusion Um den Einfluss der Diffusion auf die Ortsungenauigkeit zu minimieren, ist es am besten, über alle Elektronen einer Wolke zu mitteln. Bei N Elektronen ist der Ortsfehler dann der Fehler des Mittelwerts:

$$\sigma_{\text{diff}}^{\bar{r}}(r|N) \approx \frac{\sigma_{\text{diff}}(r)}{\sqrt{N}} \,. \tag{C.7}$$

Damit diese $1/\sqrt{N}$-Reduktion des Fehlers genutzt werden kann, müssen folgende Bedingungen erfüllt sein:

- Die Isochronen, also die Orte gleicher Driftzeit, sollten parallel zur Spur verlaufen, damit im Mittel alle Elektronen zur gleichen Zeit ankommen.
- Die Elektronik muss zeitliche Mittelwerte bilden können.

Diese Bedingungen sind im Allgemeinen so nicht erfüllt, weil in der Regel die Isochronen gekrümmt sind und die Elektronik die Signalzeit beim Überschreiten einer Schwelle registriert. Eine gewisse Approximation der Mittelwertbildung lässt sich mit der Analyse von FADC-Spektren erreichen (siehe Abschnitt 7.10.6).

Bei der Benutzung von Diskriminatorschwellen ('Schwellenmethode') entspricht die Schwelle der Ladung der ersten k Elektronen, die die Anode erreichen. Die an der Schwelle gemessene Zeit entspricht dem Ort des k-ten Elektrons. Die Varianz $\sigma_{\text{diff}}^2(r|N,k)$ der Verteilung dieses Ortes ist geringer als die Varianz $\sigma_{\text{diff}}^2(r)$ der gesamten Ladungswolke mit N Elektronen:

$$\sigma_{\text{diff}}^2(r|N,k) = \frac{\sigma_{\text{diff}}^2(r)}{2\ln N} \sum_{i=k}^{\infty} \frac{1}{i^2} = \frac{\sigma_{\text{diff}}^2(r)}{2\ln N} \left(\frac{\pi^2}{6} - \sum_{i=1}^{k-1} \frac{1}{i^2} \right) . \tag{C.8}$$

Diese Formel ist eine Näherung für große N (siehe dazu die Ableitung in Abschnitt 28.6 von [259]). Wenn der Detektor auf das erste Elektron anspricht, erhält man damit als Auflösungsbeitrag

$$\sigma_{\text{diff}}(r|N,1) = \sigma_{\text{diff}}(r) \sqrt{\frac{1}{2\ln N} \frac{\pi^2}{6}} \,. \tag{C.9}$$

Anhang D

Ionisationsstatistik in Driftkammern

Wenn die Teilchentrajektorie in einer Zelle einer Driftkammer nicht entlang einer Isochrone verläuft, verschmieren die Fluktuationen der Cluster-Erzeugung entlang der Trajektorie (Ionisationsstatistik) die Ortsbestimmung (siehe dazu Abb. D.1).

Wir betrachten ein Teilchen, das in dem Driftgas entlang der y-Richtung fliegt und dessen Trajektorie bei $y = 0$ den kleinsten Abstand r von der Anode hat (Abb. D.1). Die y-Koordinate sei so normiert, dass die Trajektorie in der Zelle den Wertebereich $-1 < y < +1$ hat. Die mittlere Anzahl der Ionisationscluster pro Einheitslänge sei n. Da die Clusterverteilung symmetrisch um $y = 0$ ist, werden die folgenden Berechnungen zunächst nur für positive y ausgeführt.

Die Spur habe m Ionisationscluster auf dem Einheitsintervall $0 < y < 1$ erzeugt. Die Wahrscheinlichkeit, dass 1 Cluster in das Intervall dy um y fällt und $k-1$ Cluster unterhalb und $m-k$ oberhalb von y fallen, ist gegeben durch die Wahrscheinlichkeit mdy, dass ein Cluster im Intervall dy liegt, multipliziert mit der Binomialverteilung für die Aufteilung der $m-1$ restlichen Cluster unterhalb und oberhalb von dy:

$$D_k^m(y)dy = \frac{(m-1)!}{(k-1)!\,(m-k)!} y^{k-1}(1-y)^{m-k} m dy = \frac{m!}{(k-1)!\,(m-k)!} y^{k-1}(1-y)^{m-k} dy\,. \tag{D.1}$$

Die Wahrscheinlichkeit, bei erwarteten n Clustern m Cluster zu beobachten, ist Poisson-verteilt:

$$P_m^n = \frac{n^m}{m!} e^{-n}\,. \tag{D.2}$$

Die Verteilung $D_k^m(y)$ muss daher mit dieser Poisson-Verteilung gefaltet werden:

$$\begin{aligned} A_k^n(y) &= \sum_{m=k}^{\infty} P_m^n D_k^m(y) = e^{-n} \frac{y^{k-1}}{(1-y)^k} \frac{1}{(k-1)!} \sum_{m=k}^{\infty} \frac{n^m}{(m-k)!}(1-y)^m \\ &= e^{-n} \frac{y^{k-1} n^k}{(k-1)!} \underbrace{\sum_{m'=0}^{\infty} \frac{[n(1-y)]^{m'}}{m'!}}_{=e^{n(1-y)}}\,. \end{aligned} \tag{D.3}$$

Damit ergibt sich für die Wahrscheinlichkeit, dass das k-te Cluster den Abstand y vom Ursprung hat:

$$A_k^n(y)dy = \frac{y^{k-1}}{(k-1)!} n^k e^{-ny} dy\,. \tag{D.4}$$

Zu bemerken ist noch, dass y nicht auf die Einheitslänge beschränkt ist, weil A_k^n eine Funktion von ny ist, was unabhängig von der gewählten Längeneinheit ist (n = Clusterzahl pro Länge).

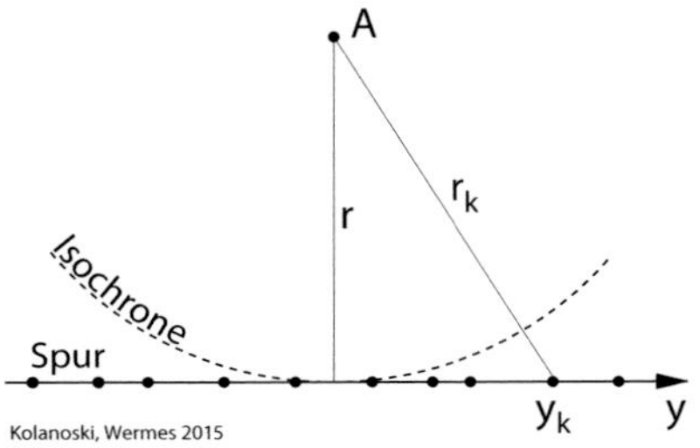

Abb. D.1 Schematische Darstellung des Effekts der Ionisationsstatistik bei gekrümmten Isochronen.

Der Effekt der Ionisationsstatistik hängt jetzt davon ab, wie viele Elektronen notwendig sind, um die Zeitmarke zu setzen (entsprechend der Diskussion des Effekts der Diffusion). Für das k-te Cluster ergeben sich als Mittelwert und als Varianz des Ortes:

$$\overline{y_k} = \int_0^1 y \cdot A_k^n(y) dy \approx \frac{k}{n}, \tag{D.5}$$

$$\overline{y_k^2} = \int_0^1 y^2 \cdot A_k^n(y) dy \approx \frac{k(k+1)}{n^2}, \tag{D.6}$$

$$\sigma_k^2 = \int_0^1 (y - \overline{y_k})^2 \cdot A_k^n(y) dy = \overline{y_k^2} - \overline{y_k}^2 \approx \frac{k}{n^2}. \tag{D.7}$$

Die Approximationen auf der rechten Seite gelten für $e^{-n} \approx 0$. In dieser Approximation erhält man durch partielle Integration:

$$\int_0^1 y^k e^{-ny} dy = \frac{k!}{n^{k+1}}, \tag{D.8}$$

womit sich die obigen Integrale lösen lassen.

Zum Anodensignal tragen die bei positiven und bei negativen y erzeugten Cluster bei. Deshalb ist die effektive Clusterdichte $2n$, und Mittelwert beziehungsweise Varianz sind dann

$$\overline{|y_k|} = \frac{k}{2n}, \qquad \sigma_k^2 = \frac{k}{4n^2}. \tag{D.9}$$

Die Varianz des Ortes des k-ten Clusters soll jetzt in die Varianz der Ortsbestimmung der Spur umgerechnet werden. Nach Abb. D.1 findet man für den radialen Abstand des k-ten Clusters (r ist der minimale radiale Abstand der Spur, der den 'Ort' der Spur in der Zelle definiert)

$$r_k^2 = r^2 + y_k^2 \quad \Rightarrow \quad \frac{dr_k}{dy_k} = \frac{y_k}{\sqrt{r^2 + y_k^2}}. \tag{D.10}$$

Die mittlere Verschiebung $\overline{|y_k|}$ vom Ursprung wird in die Orts-Driftzeit-Relation einbezogen und trägt daher nicht zum Fehler bei. Die Fluktuation des k-ten Clusters um $\overline{|y_k|}$ führt dagegen zu einem Beitrag zum Fehler der Ortsbestimmung:

$$\sigma_{\text{ion}}^2(r|n,k) = \left(\frac{dr_k}{dy_k}\right)^2_{y_k = \overline{|y_k|}} \sigma_k^2 = \frac{k^3}{4n^2(4n^2r^2 + k^2)}. \tag{D.11}$$

Anhang E

Ortsauflösung bei strukturierten Elektroden

Übersicht

Die genaue Messung der Ortskoordinaten einer Signalentstehung in einer Referenzebene eines Detektors erfolgt sehr häufig durch die Verwendung strukturierter Elektroden. Beispiele sind Streifen- oder Pixeldetektoren, aber auch gasgefüllte Detektoren mit Anodendrahtauslese oder mit Auslese strukturierter Kathodenebenen. In einigen Anwendungen liegt nur eine binäre Information vor ($1 =$ Treffer, $0 =$ Nicht-Treffer), in anderen wird das Signal in Form einer Impulshöhe oder eines Impulsintegrals proportional zu der Signalladung analog gemessen. Ein Signal, ausgelöst durch ein Teilchen oder durch Strahlung, kann nur auf einer einzigen Elektrode auftreten oder kann über mehrere Elektroden verteilt sein. In diesem Anhang behandeln wir die erzielbare Ortsauflösung in Abhängigkeit von der Elektrodengröße im Vergleich zur Ausdehnung der Ladungswolke und vom Verhältnis von Signal zu Rauschen. Eine umfangreichere Behandlung findet sich in [338].

In Kapitel 5 wurde gezeigt, dass das auf den Elektroden auftretende Signal durch Influenz der sich im elektrischen Feld bewegenden Ladungswolke entsteht. Bei einer in der Teilchenphysik sehr häufigen, integrierenden Ausleseelektronik wird nach einer Intergrationszeit, die länger als die Ankunftszeit der driftenden Ladungsträger ist, nur auf den Elektroden ein Nettosignal nachgewiesen, auf denen die Ladung gesammelt wird. Auf den Nachbarelektroden entsteht zwar zu Beginn der Ladungsbewegung ebenfalls ein Signal, welches jedoch wieder verschwindet, sobald die driftende Ladung auf der Signalelektrode ankommt. Auf dem Driftweg zu der Elektrodenebene verbreitet sich die Signalladungswolke hauptsächlich durch Diffusion (siehe Kapitel 4). Die elektrostatische Abstoßung spielt eine vernachlässigbare Rolle. Diffusion führt zu einer gaußförmig verbreiterten Ladungsdichteverteilung, deren Breite von der Diffusionskonstanten der Materie und der Driftstrecke bis zu der Elektrodenebene abhängt (Gleichung (4.67) auf Seite 105). Mehrere Elektroden werden dann 'getroffen', wenn die Ladungswolke sich auf mehrere Elektroden verteilt und auf diesen jeweils ein Signal erzeugt.

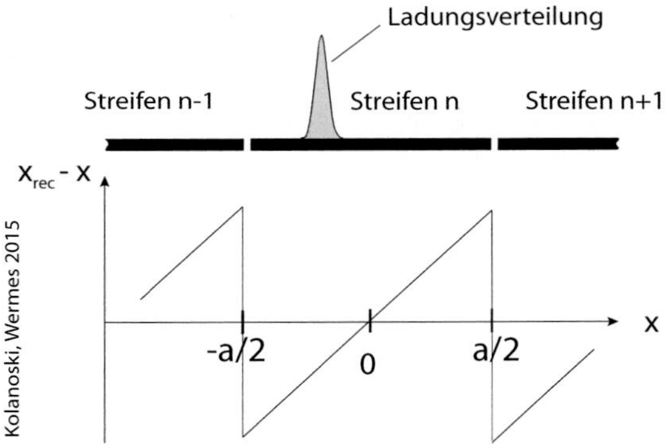

Abb. E.1 Zur Ortauflösung bei binärer Auslese der Elektroden. Bei einer Verteilung der an der Elektrode eintreffenden Ladungsdichte, deren Breite klein gegenüber der Elektrodenbreite ist, ist die rekonstruierte Position x_{rec} der Mittelpunkt der Elektrode. Daraus ergibt sich die gezeichnete Abhängigkeit des Messfehlers vom Ort des Signals.

Wir betrachten den Fall eindimensionaler Elektroden (x-Koordinate) wie zum Beispiel bei Streifendetektoren. Die Erweiterung auf zwei orthogonale Dimensionen ist einfach möglich. Die zweidimensionale Ortsauflösung σ_r mit $r = \sqrt{x^2 + y^2}$ ergibt sich zu $\sigma_r = \sigma_x \times \sqrt{2}$.

E.1 Binäre Detektorantwort

Ein binäres Antwortverhalten liegt zum Beispiel dann vor, wenn die Breite des Signals schmal im Vergleich zur Breite des Auslesestreifens ist und keine Interpolation zwischen den Elektrodenstreifen erfolgt. Nur ein Streifen antwortet bei einem 'Treffer'. Abbildung E.1 illustriert diesen Fall. Ohne Beschränkung der Allgemeinheit legen wir den Nullpunkt des Koordinatensystems ($x = 0$) in die Mitte des Streifens. Als rekonstruierte x-Koordinate eines getroffenen Streifens wird dessen Mittelpunkt angenommen. Der Streifenabstand von Mitte zu Mitte (*pitch*) sei a. Der Messfehler Δ_x ist die Differenz von rekonstruierter x-Koordinate (Streifenmitte) x_{rec} und echter x-Koordinate:

$$\Delta_x = x_{rec} - x \,. \tag{E.1}$$

Der mittlere Messfehler verschwindet,

$$\langle \Delta_x \rangle = 0 \,, \tag{E.2}$$

solange keine systematischen Beiträge die Messung beeinträchtigen. Die Ortauflösung wird üblicherweise durch die Standardabweichung (*rms*) der Verteilung des Messfehlers definiert, das heißt der Wurzel aus der quadratischen Abweichung vom Mittelwert:

$$\sigma_x = \sqrt{\langle \Delta_x^2 \rangle - \langle \Delta_x \rangle^2} = \sqrt{\langle \Delta_x^2 \rangle} \,, \tag{E.3}$$

unter Verwendung von (E.2).

Für den hier betrachteten Fall einer binären Antwort ist der Messfehler in Abb. E.1 entlang der Streifenbreite eingezeichnet. Er ist maximal an den Rändern des Streifens und verschwindet in der Mitte. Die Wahrscheinlichkeitsdichte der Messverteilung ist bei

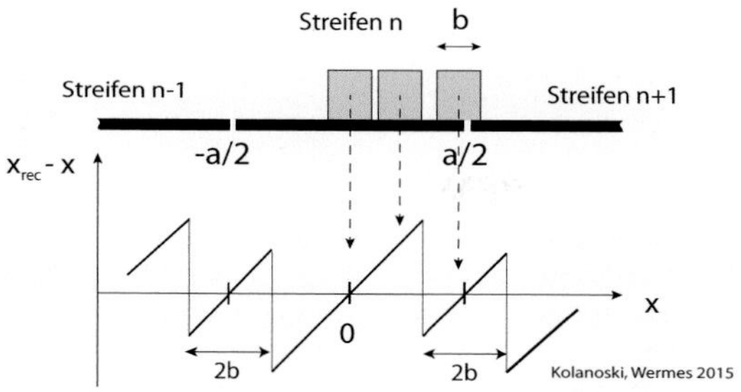

(a) Kastenförmige Ladungsverteilung

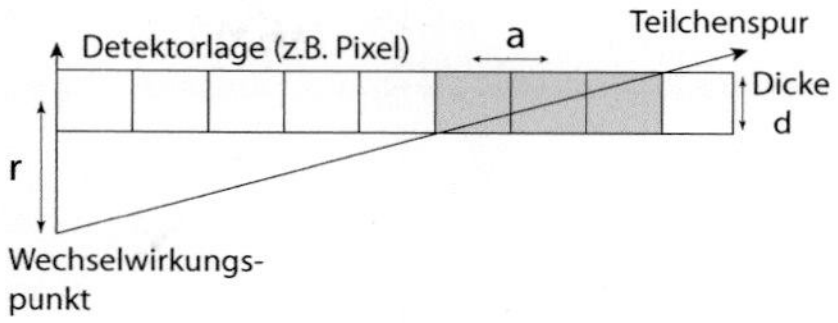

(b) Spur unter flachem Winkel

Abb. E.2 Zur Ortauflösung bei binärer Auslese der Elektroden, wenn eine kastenförmige Ladungsverteilung (a) vorliegt. Drei Beispiele (nicht gleichzeitiger) kastenförmiger Signale sind eingezeichnet. Die Auflösung wird besser gegenüber Abb. E.1, wenn zwei Streifen gleichzeitig ansprechen. (b) Ein Beispiel für die Annahme kastenförmiger Ladungsverteilungen sind Spuren, die unter sehr flachem Winkel in den Detektor treten.

gleichmäßiger Ausleuchtung, das heißt bei gleicher Trefferdichte an jedem Ort x des Streifens, eine Gleichverteilung $f(x)dx = \frac{1}{a}\,dx$. Da die Varianz einer nach einer beliebigen Wahrscheinlichkeitsdichte $f(x)$ verteilten Größe x das zweite Moment der Verteilung $M_2 = \int_{min}^{max} x^2\, f(x)\, dx$ ist, gilt für die Standardabweichung des Messfehlers Δ_x bei digitaler Antwort:

$$\sigma_x^2 = \frac{1}{a}\int_{-a/2}^{a/2} \Delta_x^2\, d(\Delta_x) = \frac{a^2}{12} \Rightarrow \sigma_x = \frac{a}{\sqrt{12}}\,. \qquad \text{(E.4)}$$

Eine Variante dieses Ansatzes, die in der Praxis zum Beispiel dann auftritt, wenn eine Teilchenspur unter sehr flachem Winkel durch einen Halbleiterdetektor tritt (Abb. E.2(b)), ist die Annahme einer kastenförmigen Ladungsverteilung mit einer endlichen Breite b. Die erzielbare Ortsauflösung hängt davon ab, ob nur ein Streifen oder zwei Streifen ansprechen. In letzterem Fall wird als rekonstruierte Koordinate der Mittelwert der Streifenmittelpunkte gewählt, was im dem günstigen Fall, wenn zwei Streifen ansprechen, zu einem um die Hälfte kleineren Messfehler führt (siehe Abb. E.2(a)).

E.2 Signalaufteilung auf mehrere Elektroden

Wenn die Detektorantwort Information über die nachgewiesene Ladung enthält, was bei analoger Auslese der Elektroden der Fall ist, so kann ein Ladungsschwerpunkt (*centre of gravity, c.o.g*) bestimmt werden, dessen Position ein besserer Schätzwert für die Trefferkoordinate ist als die Mittelpunkte der Streifen. Eine Illustration für den Fall einer gaußförmigen Verteilung der Signalladung auf die Elektroden ist in Abb. E.3 gezeigt. Dies ist zum Beispiel dann eine realistische Annahme, wenn eine örtlich scharfe Ladungsde-

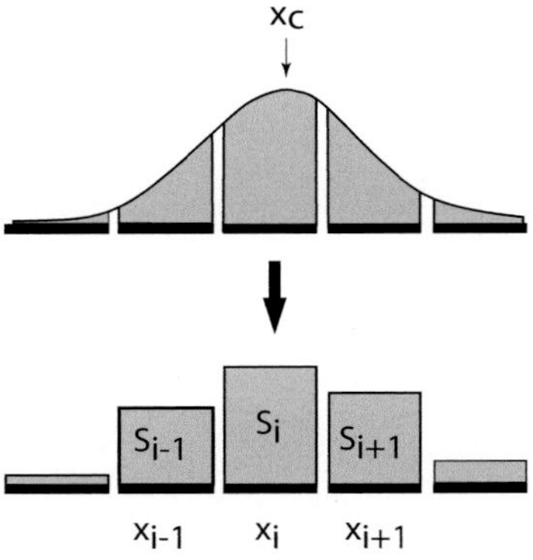

Abb. E.3 Ortsrekonstruktion durch Schwerpunktbildung. x_c ist der wahre Schwerpunkt der Ladungsverteilung. S_i sind die Signale auf den Streifen mit den Koordinaten x_i.

position auf dem Weg zur der Elektrodenebene hauptsächlich durch Diffusion verbreitet wird. Der Schwerpunkt wird mit

$$x = x_c = \frac{\sum S_i\, x_i}{\sum S_i} \tag{E.5}$$

berechnet, wobei die x_i die Koordinaten und S_i die Signalhöhen der Elektroden (Streifen) sind. Die Koordinate des Schwerpunkts ist mit x_c bezeichnet. Die Signalhöhen berechnen sich als Integrale der Gauß-Funktion über Elektrodenbreiten, wie in Abb. E.3 skizziert.

Bis zu welchem Grad eine Gauß-Verteilung angenommen werden kann, hängt nicht zuletzt vom Signal-zu-Rausch-Verhältnis ab, da die Gesamtladung sich auf mehrere Elektroden aufteilt und auf einzelnen Elektroden sogar vom Rauschen überdeckt werden kann. Dieser Frage gehen wir im nächsten Abschnitt nach.

Unter der Annahme einer gaußförmigen Signalverteilung auf der Elektrodenebene und ohne Berücksichtigung von Rauschen ist die durch Schwerpunktbildung bestmögliche Ortsauflösung σ_x als unendliche Summe darstellbar [338]:

$$\left(\frac{\sigma_x}{a}\right)^2 = \frac{1}{2\pi^2} \sum_{m=1}^{\infty} \frac{e^{-4\pi^2 m^2 (\sigma/a)^2}}{m^2}\,. \tag{E.6}$$

Dabei ist σ/a die Breite der gaußförmigen Ladungsverteilung in Einheiten der Elektrodenbreite. Abbildung E.4 zeigt die resultierende Ortsauflösung in Abhängigkeit von σ/a. Unter der Annahme einer Gauß-Verteilung wird eine fast perfekte Rekonstruktion mit vernachlässigbarem Fehler für $\sigma \gtrsim a/2$ erzielt. Der Streifenabstand a sollte also kleiner als $0.5\,\sigma$ gewählt werden. Für den Grenzwert sehr schmaler Signalbreiten $\sigma \to 0$ erhält man wegen $\sum_{n=1}^{\infty} \frac{1}{n^2} = \pi^2/6$ wie erwartet $\sigma_x = a/\sqrt{12}$.

E.3 Ortsauflösung in Gegenwart von Rauschen

Die bei Ladungsschwerpunktsbildung optimal erreichbare Ortsauflösung hängt sowohl von der Abstimmung der Elektrodenbreite auf die Breite der Signalladungsverteilung als

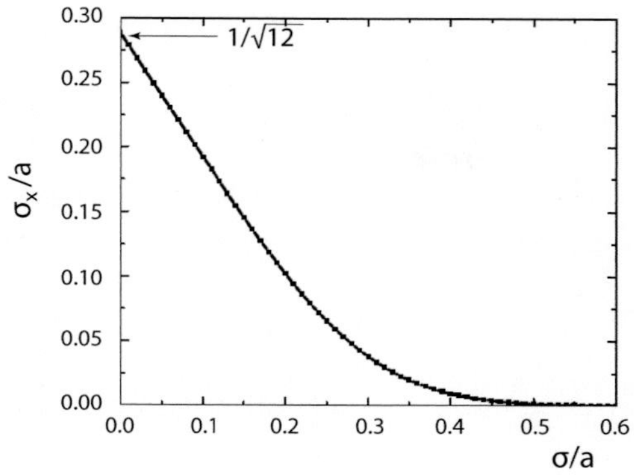

Abb. E.4 Bestenfalls erzielbare Auflösung σ_x (ohne Rauschen) bei Ortsrekonstruktion durch Schwerpunktbildung für eine angenommene Gauß-Verteilung mit der Breite σ (durchgezogene Linie, Gl. (E.6)), $a =$ Elektrodenabstand. Für $\sigma \to 0$ erreicht der relative Ortsfehler σ_x/a den Wert für binäre Auflösung $1/\sqrt{12}$.

auch von dem Verhältnis von Signal zu Rauschen (*signal to noise ratio*, SNR) ab. Eine zu kleine Zahl von getroffenen Elektroden nähert sich im Grenzwert an eine binäre Auflösung an, eine zu große Zahl von Elektroden im Vergleich zur Breite der Ladungsverteilung führt zu sehr kleinen Signalanteilen pro Elektrode relativ zum Rauschen. Eine Optimierung ist notwendig.

Wie in Abschnitt 17.10.3 gezeigt, wird Rauschen durch die Varianz der Verteilung der Rauschimpulse q_{n_i} charakterisiert,

$$\langle q_{n_i}^2 \rangle = \sigma_n^2 , \tag{E.7}$$

während der Mittelwert der Rauschimpulse auf jeder Elektrode verschwindet, $\langle q_{n_i} \rangle = 0$. Das Gesamtsignal (Gesamtladung) sei auf 1 normiert, $\sum_i S_i = 1$. Das bedeutet, dass der Nenner in (E.5) verschwindet. Wir bezeichnen im Folgenden die äquivalente Rauschladung, deren Größe relativ zum Signal betrachtet wird, mit $n_i = \sqrt{\langle q_{n_i}^2 \rangle}/\sum S_i$. Außerdem nehmen wir an, dass das Rauschen klein gegenüber dem Signal ist, $n_i \ll \sum S_i$, und auf jeder Elektrode gleich groß ist.

Bei der Mittelung über Rauschbeiträge verschiedener Elektroden unterscheiden wir zwischen statistisch unabhängigem, unkorreliertem Rauschen im Gegensatz zu (vollständig) korreliertem Rauschen. Letzteres wird auch als *common mode noise* bezeichnet und kann zum Beispiel durch externe elektromagnetische Einstrahlung (*pick-up*) erzeugt werden, welche alle Elektroden in derselben Weise beeinflusst. Für unkorreliertes Rauschen gilt:

$$\langle n_i n_j \rangle = \delta_{ij} \sigma_n^2 , \tag{E.8}$$

während für vollständig korreliertes Rauschen

$$\langle n_i n_j \rangle = \sigma_n^2 \tag{E.9}$$

angesetzt werden kann. Die Mittelpunkte der Elektroden (Streifen) besitzen die Koordinaten x_i. Der Ursprung des Koordinatensystems liege so, dass $\sum_i x_i = 0$ ist. Wir nehmen für diese Betrachtung ferner an, dass die Ladungsverteilung breit gegenüber der Streifenbreite ist (anders als bei dem vorher betrachteten binären Fall) und dass im Idealfall (ohne Rauschen) die wahre Position $x = x_c$ des Signals als Schwerpunkt der Verteilung aus der Summe über die Signale aller Streifen perfekt rekonstruiert werden kann.

Die Berechnung des Schwerpunkts gemäß (E.5) führt in Gegenwart von Rauschen zu:

$$x_{rec} = \frac{\sum(S_i + n_i)\, x_i}{\sum(S_i + n_i)} = \frac{x + \sum n_i x_i}{1 + \sum n_i} = \left(x + \sum n_i x_i\right)\left(1 - \sum n_i + \mathcal{O}(n_i^2)\right), \quad \text{(E.10)}$$

wobei der Nenner für kleine $\sum n_i$ entwickelt wurde. Damit berechnet sich der Messfehler zu:

$$\Delta_x(x) = x_{rec} - x = \sum n_i x_i - x \sum n_i - \left(\sum n_i x_i\right)\left(\sum n_i\right) + \ldots = \sum n_i (x_i - x) + \mathcal{O}(n_i^2)\,, \quad \text{(E.11)}$$

und die Auflösung ergibt sich wie in (E.3) aus dem mittleren quadratischen Messfehler (Varianz), wobei über alle $x_{rec} - x$ zu mitteln ist:

$$\begin{aligned} \sigma_x^2 &= \langle \Delta_x^2 \rangle - \langle \Delta_x \rangle^2 = \langle \Delta_x^2 \rangle = \left\langle \sum_{i,j} n_i n_j (x_i - x)(x_j - x) \right\rangle + \mathcal{O}(n_i^3) \\ &= \sum_{ij} \langle n_i n_j \rangle \, \langle (x_i - x)(x_j - x) \rangle + \mathcal{O}(n_i^3)\,. \end{aligned} \quad \text{(E.12)}$$

Für unkorreliertes Rauschen erhalten wir mit (E.8) und mit $\sum x_i = 0$:

$$\begin{aligned} \sigma_x^2 &= \sum_{ij} \delta_{ij} \sigma_n^2 \, \langle (x_i - x)(x_j - x) \rangle + \ldots = \sum_i \sigma_n^2 \left\langle (x_i - x)^2 \right\rangle + \ldots \\ &= \sigma_n^2 \sum_i \langle x_i^2 - \underbrace{2x_i x}_{=0} + x^2 \rangle + \ldots = \sigma_n^2 \sum_i \left(\sum_{i=1}^N \frac{x_i^2}{N} + \sum_{i=1}^N \frac{x^2}{N} \right) + \ldots \\ \Rightarrow, \sigma_x^2 &= \sigma_n^2 \left[\left(\sum_{i=1}^N x_i^2 \right) + N \langle x^2 \rangle \right] + \mathcal{O}(\sigma_n^3)\,. \end{aligned} \quad \text{(E.13)}$$

Für korreliertes Rauschen auf allen Elektroden ergibt sich stattdessen mit (E.9):

$$\sigma_x^2 = \sigma_n^2 N^2 \langle x^2 \rangle + \mathcal{O}(n_i^3)\,. \quad \text{(E.14)}$$

Das Beispiel einer Auslese mit nur zwei Streifenelektroden verdeutlicht das Ergebnis: Das Signal teilt sich abhängig vom Eintrittsort x linear auf die Streifen auf:

$$S_1(x) = \frac{x_2 - x}{a} \quad , \quad S_2(x) = \frac{x - x_1}{a}\,.$$

Die Signale erfüllen $\sum S_i = 1$ und $x_1 S_1 + x_2 S_2 = x$ mit $x_1 + x_2 = 0$ und $x_2 - x_1 = a$. Wir berechnen die Ortsauflösung mit

$$\sum x_i^2 = x_1^2 + x_2^2 = \frac{a^2}{2} \qquad \text{und} \qquad N\langle x^2 \rangle = 2\frac{1}{a} \int_{-a/2}^{a/2} x^2 dx = 2\frac{a^2}{12}$$

$$\Rightarrow \sigma_x^2 = \sigma_n^2 \left(\frac{a^2}{2} + 2\frac{a^2}{12} \right) = \frac{2}{3}\sigma_n^2 a^2 \qquad \Rightarrow \qquad \sigma_x = 0.082\,\mathrm{a} \text{ für } \sigma_\mathrm{n} = 0.1\,. \quad \text{(E.15)}$$

Hierbei erinnern wir daran, dass nach (E.5) die Schwerpunktmethode ohne Rauschen den exakten Signalort wiedergibt. Daher wird bei (E.15) über zwei Streifen von $x_1 = -a/2$ bis $x_2 = a/2$ integriert.

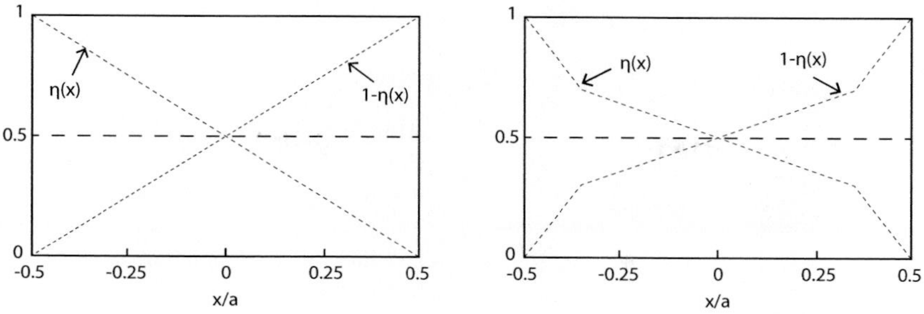

Abb. E.5 Beispiele von Antwortfunktionen $\eta(x)$, die die im Text genannten Kriterien erfüllen.

Für ein typisches Signal-zu-Rausch-Verhältnis (S/N) von 10 ($\sigma_n = 0.1$), erhalten wir also eine Ortsauflösung von $\sigma_x \approx 8\%\, a$, was deutlich besser ist als die binäre Auflösung von $\sigma_x = a/\sqrt{12} = 29\%\, a$, sogar besser als bei binärer Ladungsteilung an den Elektrodenübergängen $\sigma_x = \frac{1}{2}a/\sqrt{12} = 14.5\%\, a$ (Abb. E.2). Erst wenn S/N$\,<5.65$ wird, so ergibt die analoge Ladungsmessung keine Auflösungsverbesserung gegenüber der binären Messung mehr. Für vollständig korreliertes Rauschen ergibt sich statt (E.15): $\sigma_x^2 = \frac{1}{3}\sigma_n^2 a^2$ ($\sigma_x \approx 6\%\, a$ für $\sigma_n = 0.1$).

E.4 Beliebige Detektorantwort

Häufig ist bei Streifen- oder Pixeldetektoren die Situation gegeben, dass in der weit überwiegenden Zahl aller Teilchendurchgänge nur zwei Elektroden ansprechen. Dies ist zum Beispiel typisch für Mikrostreifendetektoren mit einer Dicke von 200–300 µm und einem Elektrodenabstand zwischen 20 und 50 µm der Fall. Eine perfekt ortsproportionale Aufteilung der Ladung ist dabei meist nicht gegeben, da zum Beispiel das Antwortverhalten der Elektronik sensitiv auf die auftretenden Kapazitäten und die individuellen Verstärkungen der Auslesekanäle ist. Wir betrachten zwei benachbarte Elektrodenstreifen im Abstand a mit $-a/2 \le x \le a/2$. Die Elektroden erzeugen dann folgende 'Signale' :

$$S_L(x) = Q\,\eta(x) \quad \text{und} \quad S_R(x) = Q - S_L(x) = Q\,(1 - \eta(x))\ . \tag{E.16}$$

$\eta(x)$ sei die Antwortfunktion der Elektroden, die nicht von der Ladung Q abhängt (lineares System). Wir verlangen weiter ohne Aufgabe der Allgemeinheit:

- $|\eta| \le 1$;
- $\eta(x)$ verlaufe streng monoton, das heißt $\eta'(x) \neq 0$. Diese Annahme erlaubt später die Bildung der Umkehrfunktion η^{-1};
- $\eta(x)$ verlaufe um den Punkt (0,1/2) gespiegelt: $\eta(0) = \frac{1}{2}$ und $\zeta(x) = \eta(x) - \frac{1}{2} = -\zeta(-x)$ ist anti-symmetrisch.

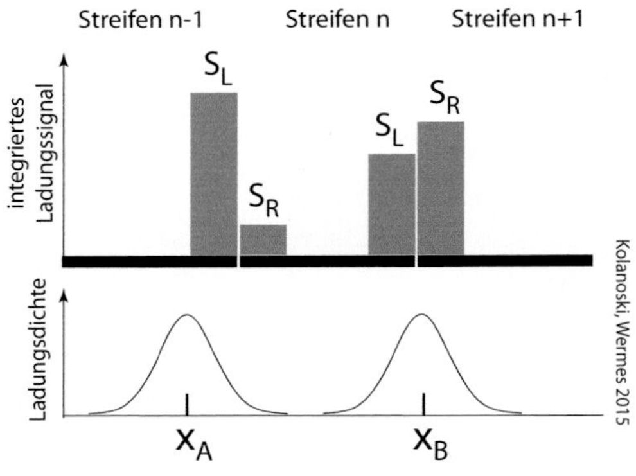

Abb. E.6 Illustration der η-Messung am Beispiel zweier Signalladungsverteilungen, die bei x_A und x_B die Elektrodenebene erreichen und proportional zu ihren Ladungsanteilen auf zwei benachbarten Streifen nachgewiesen werden: S_L und S_R.

Beispiele für Antwortfunktionen $\eta(x)$, die diese Bedingungen erfüllen, sind in Abb. E.5 gezeigt. Ideal ist eine perfekt linear verlaufende Antwortfunktion (Abb. E.5(a)).

Der große Vorteil dieses Ansatzes liegt darin, dass $\eta(x)$ aus den gemessenen Signalen des Detektors selbst mit (E.16) bestimmt werden kann [137, 785]:

$$\eta = \frac{S_L}{S_L + S_R}\,. \tag{E.17}$$

Abbildung E.6 illustriert die η-Messung anhand zweier Signale, die die Elektrodenebene treffen. Aus der Verteilung der gemessenen η-Werte kann unter der Annahme, dass die Elektrodenebene eines Detektors in x homogen ausgeleuchtet wird (Gleichverteilung), die Umkehrfunktion η^{-1} aus der η-Häufigkeitsverteilung von N Messungen, $dN/d\eta$, gewonnen und daraus die rekonstruierte Koordinate des Signals bestimmt werden:

$$x_{rec} = \eta^{-1}\left(\frac{S_L}{S_L + S_R}\right) = \frac{a}{N}\int_0^{\eta} \frac{dN}{d\eta'} d\eta'\,. \tag{E.18}$$

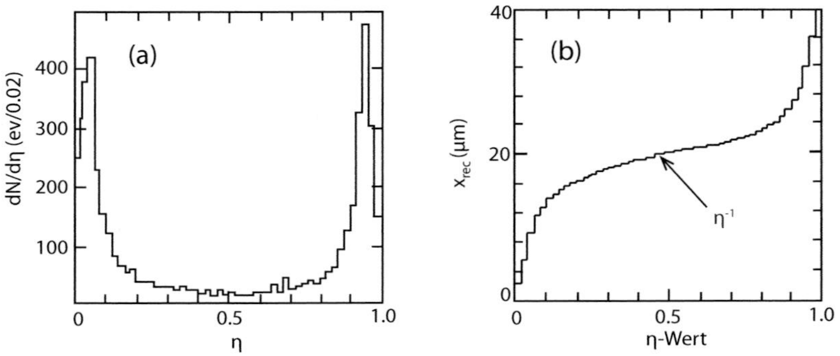

Abb. E.7 (a) Gemessene η-Verteilung $dN/d\eta$ bei einem Mikrostreifendetektor mit 20 µm Streifenabstand und 10 µm Streifenbreite (aus [137], mit freundl. Genehmigung von Elsevier). In (b) ist die Relation zwischen η und dem rekonstruierten Ort des Signals x_{rec} gezeigt, die aus (E.18) gewonnen wird.

Abbildung E.7(a) zeigt eine gemessene η-Verteilung für einen Silizium-Mikrostreifenzähler mit 20 µm Streifenabstand [137]. Abbildung E.7(b) zeigt die mit (E.18) gefundene Beziehung zwischen rekonstruiertem Ort x_{rec} und dem für ein Einzelereignis gemessenen η-Wert. Die Unsymmetrie in der Verteilung in Abb. E.7(a) resultiert aus den ungleichen Verstärkungen der Kanäle. Bei der η-Methode werden derartige Effekte automatisch berücksichtigt.

Wenn Rauschen (n_L beziehungsweise n_R) bei der Rekonstruktion berücksichtigt wird, so ändert sich (E.18) zu:

$$\begin{aligned} x_{rec} &= \eta^{-1}\left(\frac{S_L + n_L}{S_L + S_R + n_L + n_R}\right) = \eta^{-1}\left(\frac{\eta(x) + n_L}{1 + n_L + n_R}\right) \\ &\approx \eta^{-1}\Big((\eta(x) + n_L)\,(1 - n_L - n_R)\Big) \\ &= \eta^{-1}\Big(\eta(x) - \eta(x)n_L - \eta(x)\,n_R + n_L - n_L^2 - n_L n_R\Big) \\ &= \eta^{-1}\Big(\eta(x) + n_L\,(1 - \eta(x)\,) - n_R\,\eta(x) + \mathcal{O}(n_{L,R}^2)\Big) \\ &\approx x + \left.\frac{d\eta^{-1}(s)}{ds}\right|_{\eta(x)} \cdot \Big(n_L(1 - \eta(x)\,) - n_R\,\eta(x)\Big)\,, \end{aligned} \tag{E.19}$$

mit $s = \eta(x) + n_L(1 - \eta(x)\,) - n_R\eta(x)$. Im letzten Schritt wurde x_{rec} Taylor-entwickelt an der Stelle $\eta(x)$. Schließlich nutzen wir aus, dass allgemein gilt: $d\eta^{-1}(s)/ds = 1/\eta'(s)$. Damit können wir den Fehler der Ortsrekonstruktion schreiben als:

$$\Delta_x = x_{rec} - x = \frac{1}{\eta'}\Big(n_L\,(1 - \eta(x)) - n_R\eta(x)\Big)\,. \tag{E.20}$$

Die Ortsauflösung ergibt sich wegen (E.2) und $\langle n_i \rangle = 0$ zu:

$$\begin{aligned} \sigma_x^2 = \langle \Delta_x^2 \rangle - \underbrace{\langle \Delta_x \rangle^2}_{=0} &= \left\langle \frac{n_L^2(1-\eta\,)^2 - n_R^2\eta^2 - 2n_L n_R\,(1-\eta)\eta}{\eta'^{\,2}} \right\rangle \\ &= \sigma_n^2 \left\langle \frac{1 - 2\eta + 2\eta^2}{\eta'^{\,2}} \right\rangle + 2\langle n_L n_R \rangle \cdot \left\langle \frac{\eta^2 - \eta}{\eta'^{\,2}} \right\rangle. \end{aligned} \tag{E.21}$$

Hier ist zu beachten, dass Mittelung bei $\langle n_i \rangle$ eine Mittelwertbildung über viele Rauschereignisse bedeutet, während sonst über x gemittelt wird. Falls nur statistisches, unkorreliertes Rauschen ($\langle n_L n_R \rangle = 0$) vorliegt, erhalten wir

$$\frac{\sigma_x^2}{\sigma_n^2} = \left\langle \frac{1 - 2\eta + 2\eta^2}{\eta'^{\,2}} \right\rangle = 2\left\langle \frac{\eta^2}{\eta'^{\,2}} \right\rangle - \underbrace{2\left\langle \frac{\eta - \frac{1}{2}}{\eta'^{\,2}} \right\rangle}_{=\,0,\ \text{da}\ \left(\eta - \frac{1}{2}\right)\ \text{antisymm.}} = \frac{2}{a}\int_{-a/2}^{a/2} \frac{\eta^2}{\eta'^{\,2}}\,dx\,. \tag{E.22}$$

Im letzten Schritt wurde der Mittelwert durch das Integral in den Grenzen des Bereichs, in dem die Elektroden ansprechen, gebildet.

Für korreliertes Rauschen (*common mode noise*) mit $\langle n_L n_R \rangle = \sigma_n^2$ gilt, ausgehend von (E.21):

$$\frac{\sigma_x^2}{\sigma_n^2} = \left\langle \frac{1 - 2\eta + 2\eta^2 + 2\eta^2 - 2\eta}{\eta'^{\,2}} \right\rangle = \left\langle \frac{1 - 4\eta + 4\eta^2}{\eta'^{\,2}} \right\rangle = \frac{1}{a} \int_{-a/2}^{a/2} \frac{4\eta^2 - 1}{\eta'^{\,2}}\, dx\,. \quad \text{(E.23)}$$

Wenn die Antwortfunktion η eine kleine Ableitung besitzt, also eher flach ist, so ist die Auflösung schlecht. Im einfachsten Fall ist die Antwortfunktion eine von $-a/2$ nach $a/2$ linear abfallende Funktion $\eta(x) = \frac{1}{2} - \frac{x}{a}$ (Abb. E.5(a)). Für diesen Fall erhalten wir bei unkorreliertem Rauschen:

$$\frac{\sigma_x^2}{\sigma_n^2} = \frac{2}{a} \int_{-a/2}^{a/2} \frac{\left(\frac{1}{2} - \frac{x}{a}\right)^2}{\left(\frac{1}{a}\right)^2}\, dx = \frac{2}{3} a^2\,, \quad \text{(E.24)}$$

in Übereinstimmung mit dem Ergebnis (E.15) für Ladungsschwerpunktsbildung bei einer Konfiguration mit zwei Streifen. Für korreliertes Rauschen ergibt sich

$$\frac{\sigma_x^2}{\sigma_n^2} = \frac{2}{a} \int_{-a/2}^{a/2} \frac{4\left(\frac{1}{2} - \frac{x}{a}\right)^2 - 1}{\left(\frac{1}{a}\right)^2}\, dx = \frac{1}{3} a^2\,, \quad \text{(E.25)}$$

ebenfalls in Übereinstimmung mit Ladungsschwerpunktsbildung bei zwei Streifen.

Anhang F

Anpassung von Spurmodellen

Übersicht

In Kapitel 9 wird die Anpassung von Spurmodellen an Messpunkte entlang Teilchentrajektorien besprochen. Die Spurmodelle sind Funktionen, die die Messwerte beschreiben sollen. Sie hängen von Parametern ab, die so angepasst werden, dass die Trajektorien optimal bestimmt werden. Zur Optimierung der Parameter wird häufig die 'Methode der kleinsten Quadrate' (LS = *least square*) benutzt. Wenn die Funktionen linear von den Parametern abhängen, findet man die Parameter als Lösung eines linearen Gleichungssystems.

In diesem Anhang soll kurz der LS-Formalismus vorgestellt werden, um damit die für die Diskussion von Richtungs- und Impulsauflösungen in Abschnitt 9.4 notwendigen Formeln bereit zu stellen. Wir verzichten hier auf Details der Ableitungen und verweisen dafür auf die Literatur über statistische Methoden der Datenanalyse in der Teilchenphysik [469, 202, 184, 172, 122]. Eine gute Übersicht findet man auch in dem 'Review of Particle Physics' [256].

F.1 Methode der kleinsten Quadrate

Gegeben sei eine Stichprobe mit folgenden Messwerten und der parametrisierten Beschreibung der Messwerte:

y_i: Messwerte an den (ohne Fehler) bekannten Punkten x_i (unabhängige Variable, $i = 1, \ldots, N$);

$V_{y,ij}$: Kovarianzmatrix der Messungen y_i; falls die Messungen unkorreliert sind, ist V_y diagonal mit $V_{y,ii} = \sigma_i$ (Standardabweichung von y_i);

η_i: $\eta_i = f(x_i|\theta)$ ist der Erwartungswert von y_i, wenn die Abhängigkeit von x_i durch $f(x|\theta)$ beschrieben wird;

θ_j: Parameter der Funktion f, die so optimiert werden sollen, dass $f(x_i|\theta) = \eta_i$ die Messwerte y_i möglichst gut beschreibt ($j = 1, \dots, m$).

Das LS-Prinzip lautet: Bestimme die Schätzwerte $\hat{\theta}$ der Parameter $\theta = (\theta_1, \dots, \theta_m)$ durch Minimierung der Summe der Quadrate der auf die Fehler bezogenen relativen Abweichungen. Im allgemeinen Fall einer nicht-diagonalen Kovarianzmatrix V_y, das heißt, wenn die Messungen mindestens zum Teil korreliert sind, ist die LS-Funktion:

$$S = \sum_{i=1}^{N} \sum_{j=1}^{N} (y_i - \eta_i)\, V_{y,ij}^{-1}\, (y_j - \eta_j) \quad \left(= \sum_{i=1}^{N} \frac{(y_i - \eta_i)^2}{\sigma_i^2}\,, \text{ falls } V_y \text{ diagonal ist} \right). \tag{F.1}$$

F.2 Lineare Anpassung

Im Folgenden beschränken wir uns auf den wichtigen Fall, dass die Anpassungsfunktion $f(x|\theta)$ eine lineare Funktion der Parameter $\theta = (\theta_1, \dots, \theta_m)$ ist:

$$f(x|\theta) = \theta_1\, f_1(x) + \ldots + \theta_m\, f_m(x) = \sum_{j=1}^{m} \theta_j\, f_j(x)\,. \tag{F.2}$$

Die f_j können beliebige (also auch nicht-lineare) Funktionen von x sein. Die Erwartungswerte für die N Messwerte y_i sind dann

$$\eta_i = \theta_1\, f_1(x_i) + \ldots + \theta_m\, f_m(x_i) = \sum_{j=1}^{m} \theta_j\, f_j(x_i) = \sum_{j=1}^{m} H_{ij}\, \theta_j\,. \tag{F.3}$$

Dabei wurde durch $H_{ij} = f_j(x_i)$ eine $(n{\times}m)$-Matrix H definiert, mit der sich für die LS-Funktion eine kompakte Matrixformulierung ergibt ($\vec{y}$, θ enthalten die Messwerte und Parameter als Spaltenvektoren):

$$S = (\vec{y} - H\,\theta)^T\, V_y^{-1}\, (\vec{y} - H\,\theta)\,. \tag{F.4}$$

Aus der Minimierungsbedingung für S folgt ein lineares Gleichungssystem (siehe dazu die oben angegebene Literatur), dessen Lösungen Schätzwerte $\hat{\theta}$ für die Parameter ergeben:

$$\hat{\theta} = \underbrace{\left(H^T\, V_y^{-1}\, H\right)^{-1}\, H^T\, V_y^{-1}}_{=:\,A}\, \vec{y} = A\vec{y}\,. \tag{F.5}$$

Somit werden die Parameter $\hat{\theta}$ durch eine lineare Transformation A der Messwerte berechnet. Dann folgt daraus, dass sich die Kovarianzmatrix der Parameter durch Fehlerfortpflanzung als lineare Transformation der Kovarianzmatrix der Messwerte ergibt:

$$V_\theta = A\, V_y\, A^T = \left(H^T\, V_y^{-1}\, H\right)^{-1}\,. \tag{F.6}$$

Im Folgenden sollen, ausgehend von dieser Kovarianzmatrix, die Fehler von Spurparametern für spezielle Konfigurationen bestimmt werden, um damit die Auflösungen in Abschnitt 9.4 berechnen zu können.

Mit der Anpassungfunktion kann man nun y für beliebige x-Werte berechnen:

$$\hat{y} = \sum_{j=1}^{m} \hat{\theta}_j \, f_j(x) \, . \tag{F.7}$$

Der Fehler in $\hat{y}$ ergibt sich durch Fehlerfortpflanzung zu

$$\sigma_y^2 = \sum_{i=1}^{m} \sum_{j=1}^{m} \frac{\partial y}{\partial \theta_i} \frac{\partial y}{\partial \theta_j} V_{\theta,ij} = \sum_{i=1}^{m} \sum_{j=1}^{m} f_i(x) \, f_j(x) \, V_{\theta,ij} \, . \tag{F.8}$$

Mit Programmpaketen wie Mathematica, MATLAB oder Python, die Matrixoperationen unterstützen, lassen sich diese Formeln sehr einfach programmieren.

F.3 Anwendungen: Fehler von Spurparametern

Um quantitative Aussagen für Abschätzungen der Auflösungen der Spurparameter in Abschnitt 9.4 machen zu können, sollen folgende Annahmen gemacht werden:

- Für eine Spur gibt es N Messungen y_i bei festen Kordinaten x_i.
- Die Messfehler sollen unkorreliert und alle gleich sein, $\sigma_i = \sigma$.
- Die x_i sollen mit gleichem Abstand über eine Länge L aufgeteilt sein, deren Mitte bei $x_c = 0$ liegen soll:

$$x_N - x_1 = L \, , \qquad x_i = x_1 + (i-1) \, \frac{L}{N-1} \, , \qquad x_c = \frac{x_1 + x_N}{2} = 0 \, . \tag{F.9}$$

Wir beschränken uns im Folgenden auf die Formeln für die Fehler der Parameter, die unter diesen Bedingungen mit Hilfe der Kovarianzmatrix der Parameter (F.6) bestimmt werden.

Anpassung der Messwerte an eine Gerade Wenn die Messwerte auf einer Geraden liegen sollen, ist die Anpassungsfunktion ($f_1(x) = 1, \; f_2(x) = x$):

$$y = f(x|\theta) = a + b\,x \, , \qquad \text{mit } \; \theta_1 = a, \; \theta_2 = b \, . \tag{F.10}$$

Die Auswertung von (F.6) ergibt für die Fehler der Parameter:

$$\sigma_a^2 = \frac{\sigma^2}{N} , \qquad \sigma_b^2 = \frac{\sigma^2}{N} \frac{12(N-1)}{(N+1)\, L^2} , \qquad \sigma_{ab} = 0 \, . \tag{F.11}$$

Dass die Fehlermatrix diagonal ist ($\sigma_{ab} = 0$), ist eine Konsequenz der Wahl des Schwerpunkts x_c der Messungen als Koordinatenursprung entsprechend Gleichung (F.9).

Mit (F.7) kann der Schätzwert $\hat{y}_0$ zu einer beliebigen Koordinate x_0 berechnet werden. Nach (F.8) ist der Fehler:

$$\sigma_y^2 = \sigma_a^2 + x_0^2\,\sigma_b^2 = \frac{\sigma^2}{N} + \frac{\sigma^2}{N}\frac{12(N-1)}{(N+1)}\frac{x_0^2}{L^2}\,. \tag{F.12}$$

Die Auflösung ist also abhängig von dem Verhältnis der Extrapolationsweite x_0 vom Schwerpunkt der Messungen und der Länge, über die die Messpunkte verteilt sind. Anwendungsbeispiele werden in Abschnitt 9.4.3 diskutiert.

Linearisierte Form des Kreisbogens Wir betrachten die linearisierte Form des Kreisbogens (9.21):

$$y = a + bx + \frac{1}{2}cx^2\,. \tag{F.13}$$

Für die Auflösungen sind die Varianzen und Kovarianzen der Parameter relevant:

$$\sigma_a^2 = \sigma^2\frac{3N^2-7}{4(N-2)N(N+2)}\,, \tag{F.14}$$

$$\sigma_b^2 = \frac{\sigma^2}{L^2}\frac{12(N-1)}{N(N+1)}\,, \tag{F.15}$$

$$\sigma_c^2 = \frac{\sigma^2}{L^4}\frac{720(N-1)^3}{(N-2)N(N+1)(N+2)}\,, \tag{F.16}$$

$$\sigma_{ab} = \sigma_{bc} = 0\,, \tag{F.17}$$

$$\sigma_{ac} = \frac{\sigma^2}{L^2}\frac{30N}{(N-2)(N+2)}\,. \tag{F.18}$$

Wie bei der Geraden bestimmen wir auch hier den Fehler eines Schätzwerts $\hat{y}_0$ zu einer beliebigen Koordinate x_0 mit Hilfe von (F.8):

$$\begin{aligned}\sigma_y^2 &= \sigma_a^2 + x_0^2\,\sigma_b^2 + \frac{1}{4}x_0^4\,\sigma_c^2 + x_0^2\,\sigma_{ac} \qquad \text{(F.19)}\\ &= \frac{\sigma^2}{N}\left(1 + \frac{x_0^2}{L^2}\frac{12(N-1)}{(N+1)} + \frac{x_0^4}{L^4}\frac{180(N-1)^3}{(N-2)(N+1)(N+2)} + \frac{x_0^2}{L^2}\frac{30N^2}{(N-2)(N+2)}\right).\end{aligned}$$

Diese Gleichung wird für die Diskussion von Vertexauflösungen in Abschnitt 9.4.3 benutzt.

Anhang G

Laplace-Transformation

Die Laplace-Transformation ist ein mächtiges mathematisches Werkzeug zur Analyse elektrischer Schaltkreise. Wir stellen hier nur die wesentlichen Merkmale und mathematischen Verfahren dar, zusammen mit einigen typischen Beispielen, die für die elektronische Behandlung von Detektorsignalen relevant sind. Eine ausführliche Darstellung findet der Leser in [426] oder in [622].

Die Laplace-Transformation einer zeitabhängigen Funktion $f(t)$, die für negative Zeiten verschwindet[1] ($f(t) = 0$ für $t < 0$), ist durch

$$F(s) = \mathcal{L}[f(t)] = \int_0^\infty f(t)\, e^{-st} dt \tag{G.1}$$

definiert, wobei $s = \sigma + i\omega$ die komplexe Laplace-Variable ist, deren Realteil σ eine bei zeitlich begrenzten Pulsen nützliche, Konvergenz erzeugende Konstante und der Imaginärteil die Frequenz $\omega = 2\pi f$ ist.

Gleichung (G.1) entspricht für rein imaginäres $s = i\omega$ der Fourier-Transformierten des Zeitsignals:

$$F(i\omega) = \mathcal{F}[f(t)] = \int_{-\infty}^\infty f(t)\, e^{-i\omega t} dt\,. \tag{G.2}$$

Beide, Fourier- und Laplace-Transformation, finden Anwendung in der Elektronik und besitzen Eigenschaften, die je nach Problemstellung Bevorzugung finden. Die Fourier-Transformation wird bevorzugt für Randwertprobleme, bei denen die Lösung einer Differenzialgleichung im Unendlichen verschwindet, während die Laplace-Transformation für Differenzialgleichungen mit Anfangswertvorgaben (zum Beispiel zu einem bestimmten Zeitpunkt t_0) optimal ist, wie dies bei elektronischen Signalen meist der Fall ist. Außerdem ist das Konvergenzverhalten durch den $e^{-\sigma t}$-Term bei Laplace-Transformationen besser als bei Fourier-Transformationen.

Das Zeitsignal erhält man durch die inverse Transformation

$$\mathcal{L}^{-1}[F(s)] = \frac{1}{2\pi i}\int_{\sigma-i\infty}^{\sigma+i\infty} F(s)e^{st} ds = \begin{cases} f(t) & \text{für} \quad t \geq 0 \\ 0 & \text{für} \quad t < 0 \end{cases}$$

zurück.

Tabelle G.1 stellt einige für elektronische Berechnungen wichtige Laplace-Korrespondenzen zwischen $f(t)$ und $F(s)$ zusammen.

---

[1] Neben der hier definierten 'unilateralen' Transformation existiert auch die 'bilaterale' Form, bei der das Integral von $-\infty$ bis $+\infty$ läuft. Für $f(t < 0) = 0$ sind beide Definitionen äquivalent.

Tab. G.1 Zusammenstellung von Laplace-Korrespondenzen zwischen Funktionen im Zeitbereich und im Frequenzbereich.

Operation oder Eigenschaft	Zeitfunktion $f(t) = \mathcal{L}^{-1}[F(s)]$	Frequenzfunktion $F(s) = \mathcal{L}[f(t)]$
Linearität	$a_1 f_1(t) + a_2 f_2(t)$	$a_1 F_1(s) + a_2 F_2(s)$
Faltung	$\int_0^\infty f(t-t')g(t')dt'$	$F(s)G(s)$
n-te Zeitableitung	$\frac{d^n}{dt^n} f(t)$	$s^n F(s)$
zeitl. Integration	$\int_0^t f(t)dt$	$\frac{1}{s} F(s)$
Skalierung von t	$f(at)$	$\frac{1}{a} F(\frac{s}{a})$
Zeitverschiebung	$f(t-t_0)$	$e^{-st_0} F(s)$
Dämpfung	$e^{-s_0 t} f(t)$	$F(s+s_0)$
Multiplikation	$t^n f(t)$	$(-1)^n \frac{d^n}{ds^n} F(s)$
δ-Funktion	$\delta(t)$	1
Ableitung der δ-Funktion	$\frac{d^n}{dt^n} \delta(t)$	s^n
Sprungfunktion	$\Theta(t)$	$\frac{1}{s}$
fallender exp-Puls	e^{-at}	$\frac{1}{s+a}$
steigender exp-Puls	$1 - e^{-at}$	$\frac{a}{s(s+a)}$
Potenz	t^n	$\frac{n!}{s^{n+1}}$

Die Nützlichkeit der Laplace-Transformation wird bereits an einem Serienschwingkreis klar (Abb. G.1). Da die Ableitung $f'(t) = df(t)/dt$ auf $sF(s)$ abgebildet wird, ist die Laplace-Transformation einer linearen Differenzialgleichung eine in der Regel einfacher zu behandelnde algebraische Gleichung. Die Kirchhoff'sche Maschenregel $\sum_i u_i = 0$ führt mit den Impedanzen R, C und L auf die bekannte lineare Differenzialgleichung 2. Grades:

$$L\frac{d^2}{dt^2}i(t) + R\frac{d}{dt}i(t) + \frac{1}{C}i(t) = 0\,, \tag{G.3}$$

die zu lösen ist, um daraus die Impedanzen zu berechnen. Die Gleichung der Laplacetransformierten Funktionen lautet:

$$sLI(s) + RI(s) + \frac{1}{sC}I(s) = 0\,, \tag{G.4}$$

woraus sich die Gesamtimpedanz des Stromkreises sofort mit

$$Z(s) = R + \frac{1}{sC} + sL \tag{G.5}$$

berechnet, welche mit der Ersetzung $s \to i\omega$ die komplexe Impedanz des Schwingkreises ergibt. In Falle einer Parallelschaltung der Impedanzen ist die Gesamtimpedanz entsprechend

$$\frac{1}{Z(s)} = \frac{1}{R} + sC + \frac{1}{sL}\,. \tag{G.6}$$

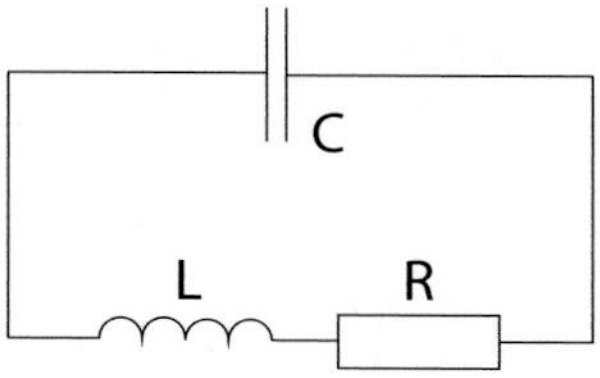

Abb. G.1 (Geladener) Serienschwingkreis als einfaches Anwendungsbeispiel für die Laplace-Transformation.

Als ein Beispiel, welches konkrete Anwendung in der Pulsformung von Signalen (Abschnitt 17.3) hat, betrachten wir einen so genannten CR-RC-Filter, der aus einer Hintereinanderschaltung eines Hoch- und eines Tiefpasses besteht (Abb. G.2, siehe auch Abschnitt 17.3). Die Übertragungsfunktion einer Hintereinanderschaltung von Schaltkreisen im Laplace-Raum $H(s)$ ist einfach das Produkt der einzelnen Übertragungsfunktionen $H_1(s) \times H_2(s)$, so dass die Spannungen im Laplace-Raum lauten:

$$u_1(s) = H_1(s)\,u(s) = \frac{sRC}{1+sRC}\,u(s) = \frac{s\tau}{1+s\tau}u(s)\,, \tag{G.7}$$

$$u_2(s) = H_2(s)\,u_1(s) = \frac{1}{1+sRC}\,u_1(s) = \frac{s\tau}{(1+s\tau)^2}u(s)\,, \tag{G.8}$$

mit $\tau = RC$.

Senden wir jetzt einen stufenförmigen Impuls in den Eingang

$$u(t) = U_0\,\Theta(t) = \begin{cases} 0 & ,\ t \leq 0\,, \\ U_0 & ,\ t > 0\,, \end{cases} \qquad u(s) = U_0\,\frac{1}{s}\,,$$

so erhalten wir

$$u_2(s) = \frac{U_0\tau}{(1+s\tau)^2}\,. \tag{G.9}$$

Transformieren wir zurück in den Zeitbereich, so erhalten wir nach Tab. G.1:

$$u(t) = U_0\frac{t}{\tau}e^{-t/\tau}\,, \tag{G.10}$$

was Gleichung (17.19) in Abschnitt 17.3 entspricht.

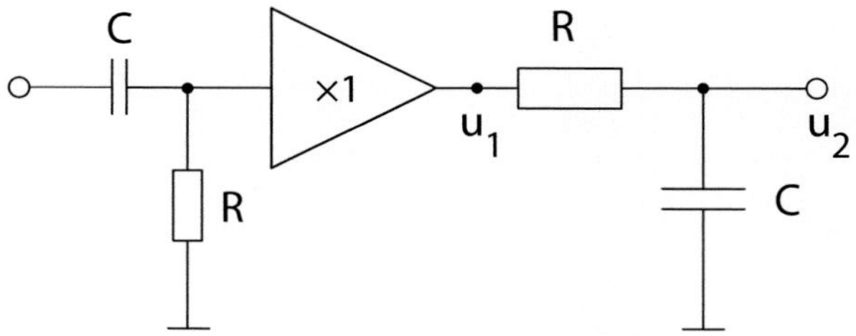

Abb. G.2 Hochpass-Tiefpassfolge zur Pulsformung. Der $(\times 1)$-Verstärker dient als Puffer, damit die Hochpassstufe nicht belastet wird. Er kann in der Laplace-Transformation unberücksichtigt bleiben.

Anhang H

Physikalische Rauschquellen

Übersicht

Die Rückführung von Rauschphänomenen auf ihre physikalischen Ursprünge und ihre mathematische Beschreibung gehört zu den schwierigen Themen der Detektorphysik. Wir nennen als Literaturbeispiele die Referenzen [665, 686, 749, 447, 391].

Es gibt zwei verschiedene Herangehensweisen an die Beschreibung von Rauschen in elektronischen Schaltkreisen [686]. Eine häufig verwendete Sichtweise ist die Annahme, dass Rauschen als eine Art Signal angesehen werden kann, wenn bestimmte Regeln befolgt werden, wie zum Beispiel, dass Rauschspannungen quadratisch addiert werden müssen. Das Ergebnis einer solchen Betrachtung ist beispielsweise eine Aussage der Art: „Das Ausgangssignal des Verstärkers ist eine Sinusfunktion $U(t) = U_0 \sin\omega t$ mit zuzüglichen Rauschbeiträgen mit der mittleren (quadratischen) Intensität im Frequenzintervall df von $d\langle u_n^2 \rangle$." Der zweite Ansatz sieht Rauschen als statistische Fluktuationen an und würde dieselbe Messung wie folgt beschreiben: „Der Erwartungswert des Ausgangssignals ist $U(t)$ mit einer mittleren quadratischen Schwankung der Größe $\langle du_n^2 \rangle$." Daher würde die Gleichung

$$d\langle i_n^2 \rangle = 2eI_0\, df \tag{H.1}$$

in der ersten Interpretation bedeuten, dass ein Rauschstrom (hier Schrotrauschen) im Frequenzintervall df in einem Widerstand R eine Leistung von $R\, d\langle i_n^2 \rangle$ dissipiert, während die zweite Betrachtung besagen würde, dass eine Messung des Stromes mit einem Instrument der Bandbreite df einen Erwartungswert von $I_0 \pm \sqrt{d\langle i_n^2 \rangle}$ hätte.

Beide Betrachtungsweisen sind möglich und werden verwendet. Elektroniker bevorzugen den ersten, Physiker meist den zweiten Ansatz.

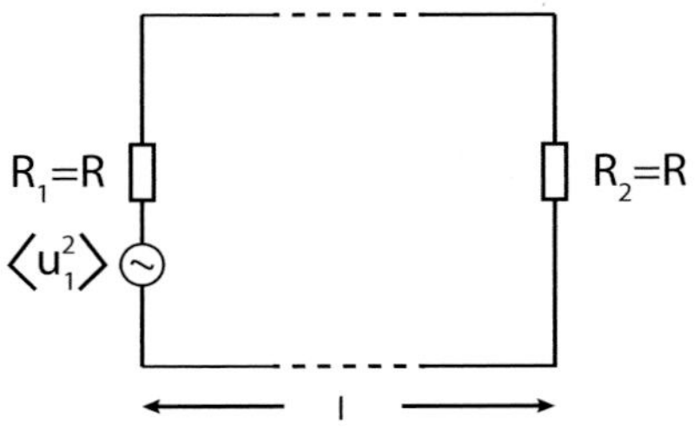

Abb. H.1 Illustration zum thermischen Rauschen in Widerständen: System aus zwei gleichen Widerständen, die miteinander verbunden werden können.

H.1 Thermisches Rauschen

Bereits 1906 wies Einstein darauf hin [301], dass die Brown'sche Bewegung von Ladungsträgern zu einer Spannungsfluktuation über den Enden eines jeden Widerstands führt. Der Effekt wurde 1929 von Johnson beobachtet [479] und das Leistungsspektrum von Nyquist zeitgleich berechnet [618]. Thermisches Rauschen resultiert also aus der Geschwindigkeitsfluktuation der Ladungsträger.

Da der Mittelwert des Rauschens verschwindet, wird Rauschen allgemein durch die Varianz der Verteilung der rauschenden Größe angegeben.

Zur Berechnung des thermischen Rauschleistungsspektrums [618] (siehe auch [686]) betrachten wir einen (offenen) Widerstand R_1. Sein thermisches Rauschen sei durch eine (quadratische) Rauschspannung $\langle u_1^2 \rangle$ gegeben (Abb. H.1). Die Rauschspannung $\langle u_1^2 \rangle$ in R_1 liefert in R_2 eine Rauschleistung, wenn man die Widerstände kurzschließt (Abb. H.1):

$$P_{1\to 2} = \frac{u^2}{R_2} = \frac{\langle u_1^2 \rangle}{R_2} \left(\frac{R_2}{R_1 + R_2} \right)^2 = \frac{\langle u_1^2 \rangle}{4R} , \tag{H.2}$$

wobei u die über R_2 liegende Spannung darstellt, die durch $\langle u_1^2 \rangle$ verursacht wird.

Im thermischen Gleichgewicht überträgt R_2 dieselbe Rauschleistung auf R_1 ,

$$P_{1\to 2} = P_{2\to 1} ,$$

und zwar für jeden Frequenzanteil der Rauschfluktuation [686]. Das Leistungsspektrum ist somit allgemein eine Funktion von f, R und der Temperatur T.

Wenn wir mit $w(f)$ das Frequenzspektrum der Spannungsfluktuationen in R bei einem offenen Schaltkreis bezeichnen,

$$d \langle u^2 \rangle = w(f)\, df , \tag{H.3}$$

so ist die mittlere Leistung, die ein Widerstand R in den (geschlossenen) Schaltkreis der Abb. H.1 in einem Frequenzinterval df überträgt:

$$dP = \frac{1}{4R} w(f)\, df . \tag{H.4}$$

Nach einer charakteristischen Zeit von l/c ist in dem Schaltkreis der Abb. H.1 ein Gleichgewicht erreicht, bei dem eine mittlere Leistung dP gemäß (H.4) von links nach rechts und von rechts nach links fließt, mit der dazu gehörenden mittleren Energie

$$dE = \frac{2l}{c} dP = \frac{l}{2cR} w(f)\, df . \tag{H.5}$$

Diese Energie ist im thermischen Gleichgewicht bei der Temperatur T als stehende Welle in dem Leitungskreis gefangen. Nach den Gesetzen der statistischen Thermodynamik kann dann jeder Frequenzmode ihre Energie nach dem Planck'schen Strahlungsgesetz zugeordnet werden:

$$\epsilon(f) = \frac{hf}{\exp\left(\frac{hf}{kT}\right) - 1} \simeq \frac{hf}{1 + \frac{hf}{kT} - 1} = kT\,, \tag{H.6}$$

für genügend kleine Frequenzen $hf \ll kT$ (das heißt $\lesssim$ THz).

Die Schwingungsmoden des Schaltkreises bilden sich aus bei Frequenzen $f = \frac{n}{2}\frac{c}{l}$, mit $n = 1, 2, 3, \ldots$ Für hinreichend große l ist

$$dn = \frac{2l}{c}df\,,$$

und die thermische Energie in df ist

$$dE = \epsilon\, dn = \frac{2l}{c}kT\,df\,. \tag{H.7}$$

Gleichsetzen von (H.5) und (H.7) liefert:

$$w(f) = 4kTR \qquad \text{und} \qquad \frac{dP}{df} = kT\,. \tag{H.8}$$

Das thermische Spektrum ist 'weiß', das heißt unabhängig von der Frequenz f. Über jedem Widerstand liegt daher mit (H.3) in einem Frequenzband df eine mittlere quadratische Rauschspannung von

$$d\langle u_n^2\rangle = 4kTR\,df\,. \tag{H.9}$$

Für einen Widerstand von 1 MΩ und einer Bandbreite von 1 MHz beträgt $\langle u_n^2\rangle$ bei Raumtemperatur (293 K) 127µV.

Das thermische Stromrauschen in einem Widerstand ist entsprechend:

$$d\langle i_n^2\rangle = d\frac{\langle u_n^2\rangle}{R^2} = \frac{4kT}{R}df\,. \tag{H.10}$$

H.2 Schrotrauschen

Schrotrauschen entsteht beim Transport von Ladungsträgern über eine Barriere. Es wurde von Schottky 1918 erstmals betrachtet und erklärt [720].

Wir betrachten dazu die Injektion von Exzess-Elektronen in einem System mit Austrittsbarriere, zum Beispiel eine Elektronenröhre (Abb. H.2) oder eine pn-Grenzschicht. Jedes emittierte Elektron kann als Stromimpuls angesehen werden:

$$i_k(t) = e\delta(t - t_k)\,. \tag{H.11}$$

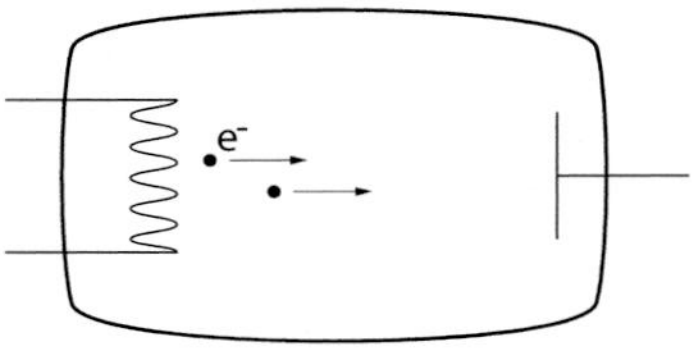

Abb. H.2 Elektronenröhre als Beispiel für die Erzeugung von statistischen Schwankungen bei der Emission der Elektronen aus der Kathode durch Überwindung der Austrittsarbeit im Metall.

Der Gesamtstrom I_0 über eine längere Zeit T ist die Summe der Einzelstromimpulse:

$$I_0 = \sum_{k=1}^{N} i_k(t)\,. \tag{H.12}$$

Die Deltafunktion kann als Fourier-Reihe im Zeitintervall $[0, T]$ geschrieben werden (siehe zum Beispiel [91, 806]):

$$e\delta(t - t_k) = \frac{2e}{T}\left(\sum_m \cos m\omega(t - t_k) + \frac{1}{2}\right) \equiv i_k(t)\,. \tag{H.13}$$

Wir interessieren uns für die mittlere Fluktuation des Stromes I_0, beschrieben durch die Varianz $\langle I^2 \rangle$. Jede Frequenzmode m trägt dazu mit

$$d\langle I^2 \rangle\big|_{m,k} = \langle (2e/T)^2 \rangle \; \langle \cos^2 m\omega(t - t_k) \rangle \tag{H.14}$$

bei. Jede Komponente m der Summe enthält Beiträge aller Elektronen. Da die Ankunftszeiten t_k der Elektronen unkorreliert irgendwo im Intervall $[0, T]$ liegen, sind die Phasen zufällig verteilt, und die $\cos^2$-Beiträge mitteln sich zu 1/2. Daher trägt jede Frequenzkomponente m für jedes Elektron k mit

$$d\langle I^2 \rangle\big|_{m,k} = \frac{2e^2}{T^2} \tag{H.15}$$

zur Gesamtvarianz bei. Ist $\dot{N}$ die Frequenz der Stromimpulse, so gibt es $\dot{N}\,T$ Stromimpulse im Zeitintervall $[0, T]$, und es ist:

$$d\langle I^2 \rangle\big|_{m} = \frac{2e^2\,\dot{N}}{T}\,. \tag{H.16}$$

Das ist die mittlere Schwankung bei einer bestimmten Frequenz m. In einem Frequenzband df sind $T\,df$ Frequenzen enthalten. Daraus ergibt sich für das mittlere Schwankungsquadrat des Stromes:

$$d\langle I^2 \rangle = \frac{2e^2\,\dot{N}}{T} T df = 2e^2 \dot{N} df = 2eI_0 df\,, \tag{H.17}$$

mit $\dot{N}e = I_0$.

H.3 1/f-Rauschen

In elektronischen Systemen, vor allem MOSFETs, werden 1/f-Spektralanteile durch Einfang- und Relaxationsprozesse erzeugt. Wir nehmen für eine quantitative Beschreibung [592] an, dass eingefangene Elektronen nach einer charakteristischen Zeit τ wieder frei werden, gemäß

$$N(t) = N_0\,\mathrm{e}^{-t/\tau} \quad \text{für } t \geq 0\,, \qquad N(t) = 0 \text{ sonst}\,. \tag{H.18}$$

Fourier-Transformation in den Frequenzraum ergibt:

$$F(\omega) = \int_{-\infty}^{\infty} N(t)\mathrm{e}^{-i\omega t}\,dt = N_0 \int_0^{\infty} \mathrm{e}^{-(1/\tau + i\omega)t}\,dt = N_0 \frac{1}{1/\tau + i\omega}\;. \tag{H.19}$$

Für eine ganze Serie von Relaxationsprozessen, die zu verschiedenen Einfangszeiten t_k erfolgen, gilt dann:

$$N(t, t_k) = N_0\,\mathrm{e}^{-\frac{t-t_k}{\tau}} \quad \text{für } t \geq t_k\;, \qquad N(t, t_k) = 0 \;\; \text{sonst}\,, \tag{H.20}$$

und

$$F(\omega) = N_0 \sum_k \mathrm{e}^{-i\omega t_k} \int_0^{\infty} \mathrm{e}^{-(1/\tau + i\omega)t}\,dt = \frac{N_0}{1/\tau + i\omega} \sum_k \mathrm{e}^{i\omega t_k}\,. \tag{H.21}$$

Das Leistungsspektrum ergibt sich dann als

$$\begin{aligned} P(\omega) &= \lim_{T\to\infty} \frac{1}{T} \left\langle |F(\omega)|^2 \right\rangle = \frac{N_0^2}{(1/\tau)^2 + \omega^2} \lim_{T\to\infty} \frac{1}{T} \left\langle \left| \sum_k \mathrm{e}^{i\omega t_k} \right|^2 \right\rangle \\ &= \frac{N_0^2}{(1/\tau)^2 + \omega^2}\, n\,, \end{aligned} \tag{H.22}$$

wobei über alle Einfang-/Relaxationsprozesse gemittelt wird und $P(\omega)$ durch die mittlere Einfang-/Relaxationsrate n ausgedrückt wird.

Nehmen wir zusätzlich an, dass es verschiedene Relaxationszeitkonstanten gibt, und integrieren wir über alle τ_i zwischen τ_1 und τ_2 unter der Annahme, dass die Zerfallskonstanten $\lambda_i = 1/\tau_i$ gleichverteilt sind, so erhalten wir:

$$\begin{aligned} P(\omega) &= \frac{1}{\frac{1}{\tau_1} - \frac{1}{\tau_2}} \int_{\frac{1}{\tau_2}}^{\frac{1}{\tau_1}} \frac{N_0^2\, n}{\left(\frac{1}{\tau}\right)^2 + \omega^2}\, d\left(\frac{1}{\tau}\right) = \frac{N_0^2\, n}{\omega\left(\frac{1}{\tau_1} - \frac{1}{\tau_2}\right)} \left[\arctan\frac{1}{\omega\tau_1} - \arctan\frac{1}{\omega\tau_2}\right] \\ &\approx \begin{cases} N_0^2\, n & \text{falls gilt } 0 < \omega \ll \frac{1}{\tau_1}, \frac{1}{\tau_2} \quad \to \text{const.}\,, \\ \dfrac{N_0^2\, n\, \pi}{2\omega\left(\frac{1}{\tau_1} - \frac{1}{\tau_2}\right)} & \text{falls gilt } \frac{1}{\tau_2} \ll \omega \ll \frac{1}{\tau_1} \quad \to \dfrac{1}{f}\,, \\ \dfrac{N_0^2\, n}{\omega^2} & \text{falls gilt } \frac{1}{\tau_1}, \frac{1}{\tau_2} \ll \omega \quad \to \dfrac{1}{f^2}\,. \end{cases} \end{aligned} \tag{H.23}$$

Dieses Verhalten wird in Abb. 17.60(b) auf Seite 795 dargestellt.

Literaturverzeichnis

[1] AAD, G. et al. (ATLAS Collaboration): ATLAS pixel detector electronics and sensors. In: *JINST* 3 (2008), S. P07007. doi: 10.1088/1748-0221/3/07/P07007

[2] AAD, G. et al. (ATLAS Collaboration): The ATLAS Experiment at the CERN Large Hadron Collider. In: *JINST* 3 (2008), S. S08003. doi: 10.1088/1748-0221/3/08/S08003

[3] AAD, G. et al. (ATLAS Collaboration): Performance of the ATLAS b-tagging algorithms. ATL-PHYS-PUB-2009-018, ATL-COM-PHYS-2009-206. 2009

[4] AAD, G. et al. (ATLAS Collaboration): Drift Time Measurement in the ATLAS Liquid Argon Electromagnetic Calorimeter using Cosmic Muons. In: *Eur. Phys. J.* C70 (2010), S. 755. doi: 10.1140/epjc/s10052-010-1403-6

[5] AAD, G. et al.: Searches for heavy long-lived sleptons and R-hadrons with the ATLAS detector in pp collisions at $\sqrt{s} = 7$ TeV. In: *Physics Letters B* 720 (2013), S. 277. doi: 10.1016/j.physletb.2013.02.015

[6] AAD, Georges et al. (ATLAS): Electron performance measurements with the ATLAS detector using the 2010 LHC proton-proton collision data. In: *Eur. Phys. J.* C72 (2012), S. 1909. doi: 10.1140/epjc/s10052-012-1909-1

[7] AAMODT, K. et al. (ALICE Collaboration): The ALICE experiment at the CERN LHC. In: *JINST* 3 (2008), S. S08002. doi: 10.1088/1748-0221/3/08/S08002

[8] AARNIO, P.A. et al. (DELPHI Collaboration): The DELPHI detector at LEP. In: *Nucl. Inst. and Meth. A* 303 (1991), S. 233. doi: 10.1016/0168-9002(91)90793-P

[9] ABACHI, S. et al. (D0 Collaboration): The D0 Detector. In: *Nucl. Inst. and Meth. A* 338 (1994), S. 185. doi: 10.1016/0168-9002(94)91312-9

[10] ABBASI, R. et al. (IceCube Collaboration): The IceCube data acquisition system: Signal capture, digitization, and timestamping. In: *Nucl. Inst. and Meth. A* 601 (2009), S. 294

[11] ABBASI, R. et al. (IceCube Collaboration): IceTop: The surface component of IceCube. In: *Nucl. Inst. and Meth. A* 700 (2013), S. 188. doi: 10.1016/j.nima.2012.10.067

[12] ABDURASHITOV et al. (SAGE): Results from SAGE. In: *Phys. Lett.* B328 (1994), S. 234. doi: 10.1016/0370-2693(94)90454-5

[13] ABE, F. et al. (CDF Collaboration): The CDF detector: an overview. In: *Nucl. Inst. and Meth. A* 271 (1988), S. 387. doi: 10.1016/0168-9002(88)90298-7

[14] ABE, K. et al. (SLD Collaboration): Measurements of R(b) with impact parameters and displaced vertices. In: *Phys. Rev.* D53 (1996), S. 1023. doi: 10.1103/PhysRevD.53.1023

[15] ABE, T. et al.: R&D status of HAPD. In: *International Workshop on New Photon Detectors (PD09), Shinshu Univ. Matsumoto Japan*, 2009, S. PoS(PD09)014. `http://pos.sissa.it/archive/conferences/090/014/PD09_014.pdf`

[16] ABE, T. et al. (Belle-II Collaboration): Belle II Technical Design Report. In: *arXiv:1011.0352* (2010)

[17] ABELEV, B. et al. (ALICE Collaboration): Performance of the ALICE Experiment at the CERN LHC. In: *Int. J. Mod. Phys.* A29 (2014), S. 1430044. doi: 10.1142/S0217751X14300440

[18] ABELEV, Betty et al. (ALICE): Centrality dependence of π, K, p production in Pb-Pb collisions at $\sqrt{s_{NN}} = 2.76$ TeV. In: *Phys. Rev.* C88 (2013), S. 044910. doi: 10.1103/PhysRevC.88.044910

[19] ABGRALL, N. et al. (T2K ND280 TPC collaboration): Time Projection Chambers for the T2K Near Detectors. In: *Nucl. Inst. and Meth. A* 637 (2011), S. 25. doi: 10.1016/j.nima.2011.02.036

[20] ABRAHAM, J. et al. (Pierre Auger Collaboration): Properties and performance of the prototype instrument for the Pierre Auger Observatory. In: *Nucl. Inst. and Meth. A* 523 (2004), S. 50. doi: 10.1016/j.nima.2003.12.012

H. Kolanoski, N. Wermes, *Teilchendetektoren*, DOI 10.1007/978-3-662-45350-6

[21] Abraham, J. et al. (Pierre Auger Collaboration): The Fluorescence Detector of the Pierre Auger Observatory. In: *Nucl. Inst. and Meth. A* 620 (2010), S. 227. doi: 10.1016/j.nima.2010.04.023

[22] Abramowicz, H. et al.: The Response and Resolution of an Iron Scintillator Calorimeter for Hadronic and Electromagnetic Showers between 10 GeV and 140 GeV. In: *Nucl. Inst. and Meth.* 180 (1981), S. 429. doi: 10.1016/0029-554X(81)90083-5

[23] Abrams, G.S. et al.: The Mark-II Detector for the SLC. In: *Nucl. Inst. and Meth. A* 281 (1989), S. 55. doi: 10.1016/0168-9002(89)91217-5

[24] Abreu, P et al.: The DELPHI detector at LEP. In: *Nucl. Inst. and Meth.* 303 (1991), S. 233. doi: 10.1016/0168-9002(91)90793-P

[25] Abreu, P. et al. (DELPHI Collaboration): Performance of the DELPHI detector. In: *Nucl. Inst. and Meth. A* 378 (1996), S. 57. doi: 10.1016/0168-9002(96)00463-9

[26] Abt, I. et al. (H1 Collaboration): The H1 detector at HERA. In: *Nucl. Inst. and Meth. A* 386 (1997), S. 310. doi: 10.1016/S0168-9002(96)00893-5

[27] Abt, I. et al. (H1 Collaboration): The Tracking, calorimeter and muon detectors of the H1 experiment at HERA. In: *Nucl. Inst. and Meth. A* 386 (1997), S. 348. doi: 10.1016/S0168-9002(96)00894-7

[28] Achterberg, A. et al. (IceCube Collaboration): First year performance of the IceCube neutrino telescope. In: *Astropart. Phys.* 26 (2006), S. 155

[29] Achterberg, A. et al. (The IceCube Collaboration): Detection of Atmospheric Muon Neutrinos with the IceCube 9-String Detector. In: *Phys. Rev. D* 76 (2007), S. 027101. doi: 10.1103/PhysRevD.76.027101

[30] Acosta, D. et al.: Results Of Prototype Studies For A Spaghetti Calorimeter. In: *Nucl. Inst. and Meth. A* 294 (1990), S. 193

[31] Acosta, D. et al.: Detection of muons with a lead/scintillating-fiber calorimeter. In: *Nucl. Inst. and Meth. A* 320 (1992), S. 128

[32] Acquafredda, R. et al.: The OPERA experiment in the CERN to Gran Sasso neutrino beam. In: *JINST* 4 (2009), S. P04018. doi: 10.1088/1748-0221/4/04/P04018

[33] Adachi, I. et al.: Study of 144-channel multi-anode hybrid avalanche photo-detector for the Belle RICH counter. In: *Nucl. Inst. and Meth. A* 623 (2010), S. 285. doi: 10.1016/j.nima.2010.02.223

[34] Adam, I. et al. (BaBar-DIRC Collaboration): The DIRC particle identification system for the BaBar experiment. In: *Nucl. Inst. and Meth. A* 538 (2005), S. 281. doi: 10.1016/j.nima.2004.08.129

[35] Adam, W. et al.: The forward ring imaging Cherenkov detector of DELPHI. In: *Nucl. Inst. and Meth. A* 338 (1994), S. 284. doi: 10.1016/0168-9002(94)91314-5

[36] Adam, W. et al.: The Ring imaging Cherenkov detector of DELPHI. In: *Nucl. Inst. and Meth. A* 343 (1994), S. 68. doi: 10.1016/0168-9002(94)90535-5

[37] Adam, W. et al.: The ring imaging Cherenkov detectors of DELPHI. In: *IEEE Trans. Nucl. Sci.* 42 (1995), S. 499. doi: 10.1109/23.467922

[38] Adam, W. et al.: Radiation hard diamond sensors for future tracking applications. In: *Nucl. Inst. and Meth. A* 565 (2006), S. 278

[39] Adamova, D. et al. (CERES Collaboration): The CERES/NA45 Radial Drift Time Projection Chamber. In: *Nucl. Inst. and Meth. A* 593 (2008), S. 203. doi: 10.1016/j.nima.2008.04.056

[40] Adeva, B. et al.: The construction of the L3 experiment. In: *Nucl. Inst. and Meth. A* 289 (1990), S. 35

[41] Adinolfi, M. et al.: Performance of the LHCb RICH detector at the LHC. In: *Eur. Phys. J.* C73 (2013), S. 2431. doi: 10.1140/epjc/s10052-013-2431-9

[42] Adloff, C. et al. (CALICE): Tests of a particle flow algorithm with CALICE test beam data. In: *JINST* 6 (2011), S. P07005. doi: 10.1088/1748-0221/6/07/P07005

[43] Adloff, C. et al. (CALICE): Calorimetry for Lepton Collider Experiments – CALICE results and activities. In: *arXiv:1212.5127* (2012)

[44] Adragna, P. et al. (ATLAS Collaboration): Testbeam studies of production modules of the ATLAS Tile Calorimeter. In: *Nucl. Inst. and Meth. A* 606 (2009), S. 362. doi: 10.1016/j.nima.2009.04.009

[45] Adriani, O. et al.: The Pamela experiment ready for flight. In: *Nucl. Inst. and Meth. A* 572 (2007), S. 471. doi: 10.1016/j.nima.2006.10.316

[46] Adriani, O. et al. (PAMELA Collaboration): An anomalous positron abundance in cosmic rays with energies 1.5-100 GeV. In: *Nature* 458 (2009), S. 607. doi: 10.1038/nature07942

[47] Adriani, O. et al.: A statistical procedure for the identification of positrons in the PAMELA experiment. In: *Astropart. Phys.* 34 (2010), S. 1. doi: 10.1016/j.astropartphys.2010.04.007

[48] Affolder, A.A. et al. (CDF Collaboration): CDF central outer tracker. In: *Nucl. Inst. and Meth. A* 526 (2004), S. 249. doi: 10.1016/j.nima.2004.02.020

[49] Agakichiev, G. et al.: Performance of the CERES electron spectrometer in the CERN SPS lead beam. In: *Nucl. Inst. and Meth. A* 371 (1996), S. 16. doi: 10.1016/0168-9002(95)01135-8

[50] Agakishiev, G. et al. (CERES Collaboration): Performance of the CERES electron spectrometer in the CERN SPS lead beam. In: *Nucl. Inst. and Meth. A* 371 (1996), S. 16. doi: 10.1016/0168-9002(95)01135-8

[51] Ahmed, S.N.: *Physics and Engineering of Radiation Detection.* Academic Press, 2007

[52] Ahmet, K. et al.: The OPAL detector at LEP. In: *Nucl. Inst. and Meth. A* 305 (1991), S. 275. doi: 10.1016/0168-9002(91)90547-4

[53] Ahn, H.S. et al.: The Cosmic Ray Energetics and Mass (CREAM) instrument. In: *Nucl. Inst. and Meth. A* 579 (2007), S. 1034. doi: 10.1016/j.nima.2007.05.203

[54] Ahn, H.S. et al.: Measurements of cosmic-ray secondary nuclei at high energies with the first flight of the CREAM balloon-borne experiment. In: *Astropart.Phys.* 30 (2008), S. 133. doi: 10.1016/j.astropartphys.2008.07.010

[55] Aker, E. et al. (Crystal Barrel Collaboration): The Crystal Barrel spectrometer at LEAR. In: *Nucl. Inst. and Meth. A* 321 (1992), S. 69. doi: 10.1016/0168-9002(92)90379-I

[56] Akerib, D.S. et al. (CDMS Collaboration): First results from the cryogenic dark matter search in the Soudan Underground Lab. In: *Phys. Rev. Lett.* 93 (2004), S. 211301. doi: 10.1103/PhysRevLett.93.211301

[57] Akesson, T. et al.: Properties of A Fine-Sampling Uranium-Copper Scintillator Hadron Calorimeter. In: *Nucl. Inst. and Meth. A* 241 (1985), S. 17. doi: 10.1016/0168-9002(85)90513-3

[58] Akhmadaliev, S. et al.: Hadron energy reconstruction for the ATLAS calorimetry in the framework of the non-parametrical method ATLAS. In: *Nucl. Inst. and Meth. A* 480 (2002), S. 508. doi: 10.1016/S0168-9002(01)01229-3

[59] Albrecht, E. et al.: Operation, optimisation, and performance of the DELPHI RICH detectors. In: *Nucl. Inst. and Meth. A* 433 (1999), S. 47. doi: 10.1016/S0168-9002(99)00320-4

[60] Albrecht, H. et al. (ARGUS Collaboration): ARGUS: A Universal Detector at DORIS-II. In: *Nucl. Inst. and Meth. A* 275 (1989), S. 1. doi: 10.1016/0168-9002(89)90334-3

[61] Albrecht, H. et al. (ARGUS Collaboration): Physics with ARGUS. In: *Phys. Rept.* 276 (1996), S. 223. doi: 10.1016/S0370-1573(96)00008-7

[62] Albrecht, H. et al. (HERA-B Outer Tracker Group): Aging studies for the large honeycomb drift tube system of the Outer Tracker of HERA-B. In: *Nucl. Inst. and Meth. A* 515 (2003), S. 155. doi: 10.1016/j.nima.2003.08.144

[63] Albrecht, H. et al. (HERA-B Outer Tracker Group): The Outer Tracker Detector of the HERA-B Experiment. Part I: Detector. In: *Nucl. Inst. and Meth. A* 555 (2005), S. 310

[64] Albrecht, H. et al. (HERA-B Outer Tracker Group): The Outer Tracker Detector of the HERA-B Experiment. Part III. Operation and performance. In: *Nucl. Inst. and Meth. A*

576 (2007), S. 312. doi: 10.1016/j.nima.2007.03.025

[65] Alfonsi, M. et al.: High-rate particle triggering with triple-GEM detector. In: *Nucl. Inst. and Meth. A* 518 (2004), S. 106

[66] Alici, A. (ALICE Collaboration): The MRPC-based ALICE Time-Of-Flight detector: status and performance. In: *Nucl. Inst. and Meth. A* 706 (2013), S. 29. doi: 10.1016/j.nima.2012.05.004

[67] Alig, R. C.; Bloom, S.; Struck, C. W.: Scattering by ionization and phonon emission in semiconductors. In: *Phys. Rev. B* 22 (1980), S. 5565. doi: 10.1103/PhysRevB.22.5565

[68] Alikhanian, A.I.; Avakina, K.M; Garibian, G.M.; Lorikian, M.P.; Shikhlia, K.K.: Detection of X-Ray Transition Radiation by Means of a Spark Chamber. In: *Phys. Rev. Lett.* 25 (1970), S. 635

[69] Allison, W.W.M.; Cobb, J.H.: Relativistic Charged Particle Identification By Energy Loss. In: *Ann. Rev. Nucl. Part. Sci.* 30 (1980), S. 253

[70] Allison, W.W.M.; Wright, P.R.S.: The Physics of Charged Particle Identification dE/dx, Cerenkov and Transition Radiation. In: *[323]* S. 371. – doi: 10.1142/9789814355988_0006

[71] Alme, J. et al.: The ALICE TPC, a large 3-dimensional tracking device with fast readout for ultra-high multiplicity events. In: *Nucl. Inst. and Meth. A* 622 (2010), S. 316. doi: 10.1016/j.nima.2010.04.042

[72] Alvarez, L.W. et al.: Search for Hidden Chambers in the Pyramids. In: *Science* 167 (1970), Nr. 3919, S. 832. doi: 10.1126/science.167.3919.832

[73] Alves Jr., A.A. et al. (LHCb Collaboration): The LHCb Detector at the LHC. In: *JINST* 3 (2008), S. S08005. doi: 10.1088/1748-0221/3/08/S08005

[74] Amaldi, U.: Fluctuations in Calorimetry Measurements. In: *Physics Scripta* 23 (1981), S. 409. doi: 10.1088/0031-8949/23/4A/012

[75] Amerio, S. et al. (ICARUS Collaboration): Design, construction and tests of the ICARUS T600 detector. In: *Nucl. Inst. and Meth. A* 527 (2004), S. 329. doi: 10.1016/j.nima.2004.02.044

[76] Anderson, C.D.: The Positive Electron. In: *Phys. Rev.* 43 (1933), Mar, S. 491. doi: 10.1103/PhysRev.43.491

[77] Andivahis, L. et al.: A Precise calibration of the SLAC 8-GeV spectrometer using the floating wire technique. SLAC-PUB-5753. 1992. `http://slac.stanford.edu/pubs/slacpubs/5750/slac-pub-5753.pdf`

[78] Andresen, A. et al. (ZEUS Calorimeter Group): Construction and beam test of the ZEUS forward and rear calorimeter. In: *Nucl. Inst. and Meth. A* 309 (1991), S. 101. doi: 10.1016/0168-9002(91)90095-8

[79] Andricek, L.; Lutz, G.; Richter, R.; Reiche, M.: Processing of ultra-thin silicon sensors for future e+e- linear collider experiments. In: *IEEE Trans. Nucl. Sci.* 51 (2004), S. 1117. doi: 10.1109/TNS.2004.829531

[80] Andrieu, B. et al. (H1 Calorimeter Group): The H1 liquid argon calorimeter system,. In: *Nucl. Inst. and Meth. A* 336 (1993), S. 460

[81] Andrieu, B. et al. (H1 Calorimeter Group): Electron / pion separation with the H1 LAr calorimeters. In: *Nucl. Inst. and Meth. A* 344 (1994), S. 492. doi: 10.1016/0168-9002(94)90870-2

[82] Andronic, A.; Wessels, J.P.: Transition Radiation Detectors. In: *Nucl. Inst. and Meth. A* 666 (2012), S. 130. doi: 10.1016/j.nima.2011.09.041

[83] Angloher, G. et al.: Results from 730 kg days of the CRESST-II Dark Matter Search. In: *Eur. Phys. J.* C72 (2012), S. 1971. doi: 10.1140/epjc/s10052-012-1971-8

[84] Antokhonov, B.A. et al.: A new 1-km^2 EAS Cherenkov array in the Tunka valley. In: *Nucl. Inst. and Meth. A* 639 (2011), S. 42. doi: 10.1016/j.nima.2010.09.142

[85] Antoni, T. et al. (KASCADE Collaboration): The Cosmic ray experiment KASCADE. In: *Nucl. Inst. and Meth. A* 513 (2003), S. 490. doi: 10.1016/S0168-9002(03)02076-X

[86] Aoki, S. et al.: The Fully Automated Emulsion Analysis System. In: *Nucl. Inst. and Meth.* B 51 (1990), S. 466. doi: 10.1016/0168-583X(90)90569-G

[87] Apel, W.D. et al.: KASCADE-Grande – Contributions to the 32nd International Cosmic Ray Conference, Beijing, August, 2011. In: *arXiv:1111.5436* (2011)

[88] Appuhn, R.D. et al. (H1 SPACAL Group): The H1 lead/scintillating-fibre calorimeter. In: *Nucl. Inst. and Meth. A* 386 (1997), S. 397. doi: 10.1016/S0168-9002(96)01171-0

[89] Aprile, E. et al. (XENON100 Collaboration): The XENON100 Dark Matter Experiment. In: *Astropart. Phys.* 35 (2012), S. 573. doi: 10.1016/j.astropartphys.2012.01.003

[90] Arai, Y. et al.: Developments of SOI monolithic pixel detectors. In: *Nucl. Inst. and Meth. A* 623 (2010), S. 186. doi: 10.1016/j.nima.2010.02.190

[91] Arfken, G.B.; Weber, H.J.: *Mathematical Methods for Physicists.* San Diego, New York : Academic Press, 2012. – ISBN 978–0123846549

[92] Artru, X.; Yodh, G.B.; Mennessier, G.: Practical theory of the multilayered transition radiation detector. In: *Phys. Rev.* D12 (1975), S. 1289. doi: 10.1103/PhysRevD.12.1289

[93] Ashcroft, N.W.; Mermin, N.D.: *Solid State Physics.* Fort Worth : Saunders, 1976

[94] Ashcroft, N.W.; Mermin, N.D.: *Festkörperphysik.* München, Wien : Oldenburg, 2005

[95] Askariyan, G. A.: Excess Negative Charge of an Electron-Photon Shower and its Coherent Radio Emission. In: *Sov. Phys. JETP* 14 (1962), S. 441

[96] Assamagan, K.A. et al. (ATLAS Collaboration): Muons in the calorimeters: Energy loss corrections and muon tagging. ATL-PHYS-PUB-2009-009. 2009. http://cds.cern.ch/record/1169055/files/ATL-PHYS-PUB-2009-009.pdf

[97] ATLAS Collaboration: *Impact parameter-based b-tagging algorithms in the 7 TeV collision data with the ATLAS detector: the TrackCounting and JetProb algorithms.* CERN Document Server: ATLAS-CONF-2010-041. http://cds.cern.ch/record/1277681. Version: 2010

[98] ATLAS Collaboration: *Particle Identification Performance of the ATLAS Transition Radiation Tracker.* CERN Document Server: ATLAS-CONF-2011-128. http://cds.cern.ch/record/1383793. Version: 2011

[99] Atwood, W. et al.: Performance of the ALEPH time projection chamber. In: *Nucl. Inst. and Meth. A* 306 (1991), S. 446

[100] Atwood, W.B. et al. (LAT Collaboration): The Large Area Telescope on the Fermi Gamma-ray Space Telescope Mission. In: *Astrophys.J.* 697 (2009), S. 1071. doi: 10.1088/0004-637X/697/2/1071

[101] Aubert, B. et al. (BABAR Collaboration): The BaBar detector. In: *Nucl. Inst. and Meth. A* 479 (2002), S. 1. doi: 10.1016/S0168-9002(01)02012-5

[102] Avdeichikov, V; Fomichev, A.S.; Jakobsson, B; Rodin, A.M; Ter-Akopian, G.M.: Range–energy relation, range straggling and response function of CsI(Tl), BGO and GSO(Ce) scintillators for light ions. In: *Nucl. Inst. and Meth. A* 439 (2000), S. 158. doi: 10.1016/S0168-9002(99)00944-4

[103] Avdeichikov, V.; Jakobsson, B.; Nikitin, V.A.; Nomokonov, P.V.; Wegner, A.: Systematics in the light response of BGO, CsI(Tl) and GSO(Ce) scintillators to charged particles. In: *Nucl. Inst. and Meth. A* 484 (2002), S. 251. doi: 10.1016/S0168-9002(01)01963-5

[104] Avery, Paul: *Fitting Theory Writeups and References.* http://www.phys.ufl.edu/~avery/fitting.html

[105] Avoni, G. et al.: The electromagnetic calorimeter of the HERA-B experiment. In: *Nucl. Inst. and Meth. A* 580 (2007), S. 1209. doi: 10.1016/j.nima.2007.06.030

[106] Axen, D. et al.: The Lead liquid argon sampling calorimeter of the SLD detector. In: *Nucl. Inst. and Meth. A* 328 (1993), S. 472. doi: 10.1016/0168-9002(93)90664-4

[107] Ayzenshtat, A.I.; Budnitsky, D.L.; Koretskaya, O.B.; Okaevich, L.S.; Novikov, V.A. et al.: GaAs as a material for particle detectors. In: *Nucl. Inst. and Meth. A* 494 (2002), S. 120. doi: 10.1016/S0168-9002(02)01455-9

[108] Bacci, C. et al.: Results from the analysis of data collected with a 50-m**2 RPC carpet at YangBaJing. In: *Nucl. Inst. and Meth. A* 456 (2000), S. 121. doi: 10.1016/S0168-9002(00)00976-1

[109] Bachmann, S. et al.: Charge amplification and transfer processes in the gas electron multiplier. In: *Nucl. Inst. and Meth. A* 438 (1999), S. 376. doi: 10.1016/S0168-9002(99)00820-7

[110] Bagaturia, Y. et al. (HERA-B Inner Tracker Collaboration): Studies of aging and HV break down problems during development and operation of MSGC and GEM detectors for the inner tracking system of HERA-B. In: *Nucl. Inst. and Meth. A* 490 (2002), S. 223

[111] Bailey, R. et al.: First Measurement of Efficiency and Precision of CCD Detectors for High-Energy Physics. In: *Nucl. Inst. and Meth.* 213 (1983), S. 201. doi: 10.1016/0167-5087(83)90413-1

[112] Baird, A. et al.: A Fast high resolution track trigger for the H1 experiment. In: *IEEE Trans. Nucl. Sci.* 48 (2001), S. 1276. doi: 10.1109/23.958765

[113] Balagura, V. et al.: The first-level trigger of the HERA-B experiment: Performance and expectations. In: *Nucl. Inst. and Meth. A* 494 (2002), S. 526. doi: 10.1016/S0168-9002(02)01544-9

[114] Ballabriga, R.; Campbell, M.; Heijne, E.H.M.; Llopart, X.; Tlustos, L.: The Medipix3 Prototype, a Pixel Readout Chip Working in Single Photon Counting Mode With Improved Spectrometric Performance. In: *IEEE Trans. Nucl. Sci.* NS-54 (2007), S. 1824. doi: 10.1109/TNS.2007.906163

[115] Ballin, J.A. et al.: Monolithic Active Pixel Sensors (MAPS) in a quadruple well technology for nearly 100 per cent fill factor and full CMOS pixels. In: *Sensors* 8 (2008), S. 5336

[116] Barbarino, G.C.; Cerrito, L.; Paternoster, G.; Patricelli, S.: Measurement of the Second Coordinate in a Drift Chamber Using the Charge Division Method. In: *Nucl. Inst. and Meth.* 179 (1981), S. 353. doi: 10.1016/0029-554X(81)90060-4

[117] Barbero, M. et al. (RD42 Collaboration): Development of diamond tracking detectors for high luminosity experiments at LHC. 2007. `http://cds.cern.ch/record/1009654/files/lhcc-2007-002.pdf`

[118] Barbero, M. et al. (RD42 Collaboration): Development of Diamond Tracking Detectors for High Luminosity Experiments at the LHC. 2008. `http://cds.cern.ch/record/1098155/files/lhcc-2008-005.pdf`

[119] Barbosa Marinho, P.R. et al. (LHCb Collaboration): LHCb: Outer tracker technical design report. 2001. `http://cds.cern.ch/record/519146/files/cer-2275568.pdf`

[120] Bardeen, J.; Shockley, W.: Deformation Potentials and Mobilities in Nonpolar Crystals. In: *Phys. Rev.* 80 (1950), S. 72

[121] Barlow, A. et al.: Instrumentation and Beam Diagnostics in the ISR. In: *8th International Conference on High-Energy Accelerators (HEACC 71)*, CERN, 1971, S. 426. `http://cds.cern.ch/record/309851`

[122] Barlow, R.J.: *Statistics: A Guide to the Use of Statistical Methods in the Physical Sciences.* Wiley, 1989

[123] Barnes, V.E. et al.: Observation of a Hyperon with Strangeness Minus Three. In: *Phys. Rev. Lett.* 12 (1964), S. 204. doi: 10.1103/PhysRevLett.12.204

[124] Barnett, R.M. et al. (Particle Data Group): Review of particle physics. In: *Phys.Rev.* D54 (1996), S. 1. doi: 10.1103/PhysRevD.54.1

[125] Barrelet, E. et al.: A Two-dimensional, Single-Photoelectron Drift Detector for Cherenkov Ring Imaging. In: *Nucl. Inst. and Meth.* 200 (1982), S. 219. doi: 10.1016/0167-5087(82)90434-3

[126] BARSZCZAK, T.: *Images of Super-Kamiokande events from tscan.* `http://www.ps.uci.edu/~tomba/sk/tscan/pictures.html`

[127] BASOLO, S. et al.: A 20 kpixels CdTe photon-counting imager using XPAD chip. In: *Nucl. Inst. and Meth. A* 589 (2008), S. 268. doi: 10.1016/j.nima.2008.02.042

[128] BATTISTONI, G. et al.: The FLUKA code: Description and benchmarking. In: *AIP Conf. Proc.* 896 (2007), S. 31. doi: 10.1063/1.2720455

[129] BAUER, C. et al.: The HERA-B vertex detector system. In: *Nucl. Inst. and Meth. A* 453 (2000), S. 103. doi: 10.1016/S0168-9002(00)00614-8

[130] BAUR, R. et al.: The CERES RICH detector system. In: *Nucl. Inst. and Meth. A* 343 (1994), S. 87. doi: 10.1016/0168-9002(94)90537-1

[131] BECKER, C. et al.: Gate-controlled diodes for characterization of the Si-SiO_2 interface with respect to surface effects of silicon detectors. In: *Nucl. Inst. and Meth. A* 444 (2000), S. 605. doi: 10.1016/S0168-9002(99)01177-8

[132] BECQUEREL, H.: *Nobel Lecture: On Radioactivity, a New Property of Matter.* `http://www.nobelprize.org/nobel_prizes/physics/laureates/1903/becquerel-lecture.html`

[133] BEHNKE, E. et al. (COUPP Collaboration): First Dark Matter Search Results from a 4-kg CF_3I Bubble Chamber Operated in a Deep Underground Site. In: *Phys.Rev.* D86 (2012), S. 052001. doi: 10.1103/PhysRevD.86.052001

[134] BEHNKE, T. et al.: The International Linear Collider Technical Design Report – Volume 1: Executive Summary. In: *arXiv:1306.6327* (2013)

[135] BEHNKE, T. et al.: The International Linear Collider Technical Design Report – Volume 4: Detectors. In: *arXiv:1306.6329* (2013)

[136] BEITZEL, V. et al.: The Transition radiation detector for ZEUS. In: *Nucl. Inst. and Meth. A* 323 (1992), S. 135. doi: 10.1016/0168-9002(92)90279-D

[137] BELAU, E. et al.: Charge Collection in Silicon Strip Detectors. In: *Nucl. Inst. and Meth.* 214 (1983), S. 253. doi: 10.1016/0167-5087(83)90591-4

[138] BELL, K.W. et al.: Vacuum phototriodes for the CMS electromagnetic calorimeter endcap. In: *IEEE Trans. Nucl. Sci.* 51 (2004), S. 2284. doi: 10.1109/TNS.2004.836053

[139] BENCIVENNI, G. et al.: Performance of a test prototype for MONOLITH. In: *Nucl. Inst. and Meth. A* 461 (2001), S. 319. doi: 10.1016/S0168-9002(00)01232-8

[140] BENCIVENNI, G. et al.: A triple GEM detector with pad readout for high rate charged particle triggering. In: *Nucl. Inst. and Meth. A* 488 (2002), S. 493. doi: 10.1016/S0168-9002(01)01764-8

[141] BENITEZ, J. et al.: Status of the Fast Focusing DIRC (fDIRC). In: *Nucl. Inst. and Meth. A* 595 (2008), S. 104. doi: 10.1016/j.nima.2008.07.042

[142] BERGER, M. J. et al.: *XCOM: Photon Cross Sections Database (interactive).* `http://physics.nist.gov/PhysRefData/Xcom/Text/XCOM.html`

[143] BERGER, M.J.; COURSEY, J.S.; ZUCKER, M.A.; CHANG, J.: ESTAR, PSTAR, and ASTAR: Computer Programs for Calculating Stopping-Power and Range Tables for Electrons, Protons, and Helium Ions (version 1.2.3). 2005. – Tabellen und grafische Darstellungen sind interaktiv verfügbar: `http://www.nist.gov/pml/data/star`

[144] BERINGER, J. et al. (Particle Data Group): Review of Particle Physics (RPP). In: *Phys.Rev.* D86 (2012), S. 010001. doi: 10.1103/PhysRevD.86.010001

[145] BERNABEI, R. et al. (DAMA Collaboration): First results from DAMA/LIBRA and the combined results with DAMA/NaI. In: *Eur. Phys. J.* C56 (2008), S. 333. doi: 10.1140/epjc/s10052-008-0662-y

[146] BERNLÖHR, K.: Simulation of imaging atmospheric Cherenkov telescopes with CORSIKA and sim_telarray. In: *Astropart. Phys.* 30 (2008), S. 149. doi: 10.1016/j.astropartphys.2008.07.009

[147] BERNSTEIN, D. et al.: The MARK-III Spectrometer. In: *Nucl. Inst. and Meth. A* 226 (1984), S. 301. doi: 10.1016/0168-9002(84)90043-3

[148] Bertolin, A. et al.: The RPC system of the OPERA experiment. In: *Nucl. Inst. and Meth. A* 602 (2009), S. 631. doi: 10.1016/j.nima.2008.12.071

[149] Bethe, H.: Zur Theorie des Durchgangs schneller Korpuskularstrahlen durch Materie. In: *Annalen Phys.* 5 (1930), S. 325. doi: 10.1002/andp.19303970303

[150] Bethe, H.; Heitler, W.: On the Stopping of fast particles and on the creation of positive electrons. In: *Proc. Roy. Soc. A* A146 (1934), S. 83. doi: 10.1098/rspa.1934.0140

[151] Bettini, A.: *Introduction to Elementary Particle Physics.* Cambridge University Press, 2008. – ISBN 9781139472555

[152] Betts, W.; Gong, W.; Hjort, E.; Wieman, H.: Studies of Several Wire and Pad Configurations for the STAR TPC. STAR Note 263. 1996. `http://drupal.star.bnl.gov/STAR/starnotes/public/sn0263`

[153] Beynon, J.D.E.; Lamb, D.R.: *Charge-Coupled Devices and their Applications.* McGraw-Hill, 1980

[154] Biagi, S.: *Magboltz – transport of electrons in gas mixtures.* `http://consult.cern.ch/writeup/magboltz/`

[155] Biagi, S.F.: Monte Carlo simulation of electron drift and diffusion in counting gases under the influence of electric and magnetic fields. In: *Nucl. Inst. and Meth. A* 421 (1999), S. 234. doi: 10.1016/S0168-9002(98)01233-9

[156] Bibber, K. van: Scaling up the search for dark matter. In: *Physics* 2 (2009), Jan, S. 2. doi: 10.1103/Physics.2.2

[157] Bichsel, H.: Multiple Scattering of Protons. In: *Phys. Rev.* 112 (1958), S. 182. doi: 10.1103/PhysRev.112.182

[158] Bichsel, H.: Straggling in thin silicon detectors. In: *Rev. Mod. Phys.* 60, No. 3 (1988), S. 663

[159] Bichsel, H.: A method to improve tracking and particle identification in TPCs and silicon detectors. In: *Nucl. Inst. and Meth. A* 562 (2006), S. 154. doi: 10.1016/j.nima.2006.03.009

[160] Bichsel, H.; Groom, D.E.; Klein, S.R.: Passage of particles through matter. In: *[621]* (2014), S. 398

[161] Biebel, O. et al.: Performance of the OPAL jet chamber. In: *Nucl. Inst. and Meth. A* 323 (1992), S. 169. doi: 10.1016/0168-9002(92)90284-B

[162] Binder, E.: *Test eines Flüssig-Argon-Kalorimeters für den H1-Detektor mit Untersuchungen zur Kompensation durch Softwaremethoden*, Universität Hamburg, Diplomarbeit, 1990. `http://www-library.desy.de/preparch/desy/int_rep/f21-90-02.pdf`

[163] Binkley, M.E. et al.: Aging in large CDF tracking chambers. In: *Nucl. Inst. and Meth. A* 515 (2003), S. 53. doi: 10.1016/j.nima.2003.08.130

[164] Bionta, R.M. et al.: Observation of a Neutrino Burst in Coincidence with Supernova SN 1987a in the Large Magellanic Cloud. In: *Phys. Rev. Lett.* 58 (1987), S. 1494. doi: 10.1103/PhysRevLett.58.1494

[165] Birks, J.B.: *The Theory and Practice of Scintillation Counting.* London : Pergamon Press, 1964

[166] Blackett, P.M.S.: *Nobel Lecture: Cloud Chamber Researches in Nuclear Physics and Cosmic Radiation.* `http://www.nobelprize.org/nobel_prizes/physics/laureates/1948/blackett-lecture.html`

[167] Blackett, P.M.S.; Lees, D.S.: Investigations with a Wilson Chamber. I. On the Photography of Artificial Disintegration Collisions. In: *Proceedings of the Royal Society of London. Series A* 136 (1932), Nr. 829, S. 325. doi: 10.1098/rspa.1932.0084

[168] Blackett, P.M.S.; Occhialini, G.: Photography of Penetrating Corpuscular Radiation. In: *Nature* 130 (1932), S. 363. doi: 10.1038/130363a0

[169] Blackett, P.M.S.; Occhialini, G.P.S.: Some Photographs of the Tracks of Penetrating Radiation. In: *Proc. Roy. Soc. A* 139 (1933), S. 699. doi: 10.1098/rspa.1933.0048

[170] Bláha, B. et al.: Electrical properties of semiconducting glass. In: *Nucl. Inst. and Meth. A* 416 (1998), S. 345. doi: 10.1016/S0168-9002(98)00701-3

[171] Blanc, A.: Recherches sur les mobilites des ions dans les gaz. In: *J. Phys. Theor. Appl.* 7 (1908), S. 825. doi: 10.1051/jphystap:019080070082501

[172] Blobel, V.; Lohrmann, E.: *Statistische und numerische Methoden der Datenanalyse.* Teubner Studienbücher, 1998

[173] Bloch, F.: Bremsvermögen von Atomen mit mehreren Elektronen. In: *Z. Physik* 81 (1933), S. 363

[174] Bloch, F.: Zur Bremsung rasch bewegter Teilchen beim Durchgang durch Materie. In: *Ann. Phys.* 16 (1933), S. 285

[175] Bloom, E.D.; Feldman, G.J.: Quarkonium. In: *Sci. Am.* 246 (1982), S. 66. doi: 10.1038/scientificamerican0582-66. – Deutsch in Spektrum d. Wiss. 7/1982

[176] Bloom, E.D.; Peck, C.: Physics with the Crystal Ball Detector. In: *Ann. Rev. Nucl. Part. Sci.* 33 (1983), S. 143. doi: 10.1146/annurev.ns.33.120183.001043. – SLAC Report SLAC-PUB-3189

[177] Blum, W.; Rolandi, L.; Riegler, W.: *Particle detection with drift chambers.* Berlin-Heidelberg-New York : Springer, 2008. – ISBN 9783540766834

[178] Blümer, H.: *Messungen zur Kalorimetrie von Elektronen und Hadronen*, Universiät Dortmund, Diplomarbeit, 1982

[179] Blümer, J.; Engel, R.; Hörandel, J.R.: Cosmic Rays from the Knee to the Highest Energies. In: *Prog. Part. Nucl. Phys.* 63 (2009), S. 293. doi: 10.1016/j.ppnp.2009.05.002

[180] Bock, P. et al.: Signal propagation in long wire chambers. In: *JINST* 7 (2012), S. P09003. doi: 10.1088/1748-0221/7/09/P09003

[181] Bode, H.W.: *Network analysis and feedback amplifier design.* New York : Van Nostrand, 1945

[182] Boerner, H. et al.: The large cylindrical drift chamber of TASSO. In: *Nucl. Inst. and Meth.* 176 (1980), S. 151. doi: 10.1016/0029-554X(80)90695-3

[183] Boger, J. et al. (SNO Collaboration): The Sudbury neutrino observatory. In: *Nucl. Inst. and Meth. A* 449 (2000), S. 172. doi: 10.1016/S0168-9002(99)01469-2

[184] Bohm, G.; Zech, G.: *Einführung in Statistik und Messwertanalyse für Physiker.* DESY, 2005 `http://www-library.desy.de/preparch/books/vstatmp.pdf`

[185] Bohm, J. et al.: High rate operation and lifetime studies with microstrip gas chambers. In: *Nucl. Inst. and Meth. A* 360 (1995), S. 34. doi: 10.1016/0168-9002(94)01218-0

[186] Bohr, N.: II. On the Theory of the Decrease of Velocity of Moving Electrified Particles on passing through Matter. In: *Phil. Mag.* 25 (1913), S. 10. doi: 10.1080/14786440108634305

[187] Bohr, N.: *The penetration of atomic particles through matter.* Kopenhagen Munksgaard, 1948 (Det kgl. Danske videnskabernes selskab. Mathematisk-fysiske meddelelser. Bd. 18, no. 8)

[188] Boie, R.A.; Hrisoho, A.T.; Rehak, P.: Signal Shaping and Tail Cancellation for Gas Proportional Detectors at High Counting Rates. In: *IEEE Trans. Nucl. Sci.* 28 (1981), S. 603. doi: 10.1016/0029-554X(82)90846-1

[189] Bollinger, L.M.; Thomas, G.E.: Measurement of Time Dependence of Scintillation Intensity by a Delayed-Coincidence Method. In: *Rev. Sci. Instr.* 32 (1961), S. 1044. doi: 10.1063/1.1717610

[190] Bolmont, J.; Voigt, B.; Nahnhauer, R. (for the IceCube Collaboration): Very high energy electromagnetic cascades in the LPM regime with IceCube. In: *Proc. of the 30th Int. Cosmic Ray Conference, Merida, Mexico* Bd. 3, 2007, S. 1245. *arXiv:0711.0353*

[191] Bondarenko, G. et al.: Limited Geiger-mode microcell silicon photodiode: New results. In: *Nucl. Inst. and Meth. A* 442 (2000), S. 187. doi: 10.1016/S0168-9002(99)01219-X

[192] Börner, H.: *Die zylindrische Driftkammer des TASSO-Experiments am e^+e^--Speicherring PETRA*, Universität Bonn, Dissertation, 1981

[193] Bothe, W.: *Nobel Lecture: The Coincidence Method.* http://www.nobelprize.org/nobel_prizes/physics/laureates/1954/bothe-lecture.html

[194] Bothe, W.: Zur Vereinfachung von Koinzidenzzählungen. In: *Zeitschrift für Physik* 59 (1930), S. 1. doi: 10.1007/BF01337830

[195] Bothe, W.; Kolhörster, W.: Das Wesen der Höhenstrahlung. In: *Zeitschrift für Physik* 56 (1929), S. 751. doi: 10.1007/BF01340137

[196] Bouhova-Thacker, E.; Lichard, P.; Kostyukhin, V.; Liebig, W.; Limper, M. et al.: Vertex Reconstruction in the ATLAS Experiment at the LHC. ATL-INDET-PUB-2009-001, ATL-COM-INDET-2009-011. 2009

[197] Boyle, P.J.: The Elemental Composition of High-Energy Cosmic Rays: Measurements with TRACER. In: *Mod. Phys. Lett.* A23 (2008), S. 2031. doi: 10.1142/S0217732308028260

[198] Boyle, W.S.; Smith, G.E.: Charge coupled semiconductor deadapted devices. In: *The Bell system technical journal (BSTJ)* 49 (1970)

[199] Braccini, S. et al.: First results on proton radiography with nuclear emulsion detectors. In: *JINST* 5 (2010), S. P09001. doi: 10.1088/1748-0221/5/09/P09001

[200] Braem, A.; Joram, C.; Piuz, F.; Schyns, E.; Seguinot, J.: Technology of photocathode production. In: *Nucl. Inst. and Meth. A* 502 (2003), S. 205. doi: 10.1016/S0168-9002(03)00275-4

[201] Brandelik, R. et al. (TASSO Collaboration): Properties of Hadron Final States in e^+e^- Annihilation at 13-GeV and 17-GeV Center-Of-Mass Energies. In: *Phys. Lett.* B83 (1979), S. 261. doi: 10.1016/0370-2693(79)90699-3

[202] Brandt, S.: *Datenanalyse mit statischen Methoden und Computerprogrammen.* Spektrum, Akad. Verlag, 1999. – ISBN 9783827401588

[203] Brau, J.E.; Jaros, J.A.; Ma, H.: Advances in Calorimetry. In: *Ann. Rev. Nucl. Part. Sci.* 60 (2010), S. 615. doi: 10.1146/annurev.nucl.012809.104449

[204] Brennan, K.F.: *The Physics of Semiconductors.* Cambridge University Press, 1999

[205] Breskin, A.; Charpak, G.; Sauli, F.; Atkinson, M.; Schultz, G.: Recent Observations and Measurements with High Accuracy Drift Chambers. In: *Nucl. Inst. and Meth.* 124 (1975), S. 189. doi: 10.1016/0029-554X(75)90403-6

[206] Breuker, H. et al.: Particle identification with the OPAL jet chamber in the region of the relativistic rise. In: *Nucl. Inst. and Meth. A* 260 (1987), S. 329. doi: 10.1016/0168-9002(87)90097-0

[207] Brock, I.C. et al.: Luminosity measurement in the L3 detector at LEP. In: *Nucl. Inst. and Meth. A* 381 (1996), S. 236. doi: 10.1016/S0168-9002(96)00734-6

[208] Brockmann, R. et al.: Development of a time projection chamber with high two track resolution capability for collider experiments: RD-32 status report. CERN-DRDC-94-10, CERN-RD-32-STATUS-REPORT. 1994. http://cds.cern.ch/record/290990/files/SC00000064.pdf

[209] Bross, A. et al.: The D0 scintillating fiber tracker. In: *AIP Conf. Proc.* 450 (1998), S. 221

[210] Brown, J.S. et al.: The Mark-III Time-of-flight System. In: *Nucl. Inst. and Meth. A* 221 (1984), S. 503. doi: 10.1016/0167-5087(84)90058-9

[211] Brückmann, H. et al.: Hadron sampling calorimetry, a puzzle of physics. In: *Nucl. Inst. and Meth. A* 263 (1988), S. 136. doi: 10.1016/0168-9002(88)91026-1

[212] Budnev, N. et al.: Tunka-25 Air Shower Cherenkov array: The main results. In: *Astropart. Phys.* 50-52 (2013), S. 18. doi: 10.1016/j.astropartphys.2013.09.006

[213] Burger, J. et al.: The Central jet chamber of the H1 experiment. In: *Nucl. Inst. and Meth. A* 279 (1989), S. 217. doi: 10.1016/0168-9002(89)91084-X

[214] BURKHARDT, H. et al.: The Tasso Gas and Aerogel Cherenkov Counters. In: *Nucl. Inst. and Meth.* 184 (1981), S. 319. doi: 10.1016/0029-554X(81)90732-1

[215] BUSKULIC, D. et al. (ALEPH Collaboration): Performance of the ALEPH detector at LEP. In: *Nucl. Inst. and Meth. A* 360 (1995), S. 481. doi: 10.1016/0168-9002(95)00138-7

[216] BUTON, C. et al.: Comparison of three types of XPAD3.2/CdTe single chip hybrids for hard X-ray applications in material science and biomedical imaging. In: *Nucl. Inst. and Meth. A* 758 (2014), S. 44. doi: 10.1016/j.nima.2014.04.067

[217] BUZHAN, P. et al.: An advanced study of silicon photomultiplier. In: *ICFA Instrum. Bull.* 23 (2001), S. 28. `http://www.slac.stanford.edu/pubs/icfa/fall01/paper3/paper3a.html`

[218] BUZHAN, P. et al.: Silicon photomultiplier and its possible applications. In: *Nucl. Inst. and Meth. A* 504 (2003), S. 48. doi: 10.1016/S0168-9002(03)00749-6

[219] C. DAVOISNE et al.: Chemical and morphological evolution of a silicate surface under low-energy ion irradiation. In: *A&A* 482 (2008), S. 541. doi: 10.1051/0004-6361:20078964

[220] *CADENCE PSPICE.* `http://www.cadence.com/products/orcad/pspice_simulation/Pages/default.aspx`

[221] CAMPBELL, M.; HEIJNE, E.H.M.; MEDDELER, G.J.; PERNIGOTTI, E.; SNOEYS, W.: A Readout chip for a 64 x 64 pixel matrix with 15 bit single photon counting. In: *IEEE Trans. Nucl. Sci.* 45 (1998), S. 751. doi: 10.1109/23.682629

[222] CARDARELLI, R.; SANTONICO, R.; BIAGIO, A. D.; LUCCI, A.: Progress in resistive plate counters. In: *Nucl. Inst. and Meth. A* 263 (1988), S. 20. doi: 10.1016/0168-9002(88)91011-X

[223] CARTER, J.R. et al.: The OPAL vertex drift chamber. In: *Nucl. Inst. and Meth. A* 286 (1990), S. 99. doi: 10.1016/0168-9002(90)90211-N

[224] CASSEL, D.G. et al.: Design and Construction of the CLEO-II Drift Chamber. In: *Nucl. Inst. and Meth. A* 252 (1986), S. 325. doi: 10.1016/0168-9002(86)91201-5

[225] CAUGHEY, D.M.; THOMAS, R.E.: Carrier Mobilities in Silicon Empirically Related to Doping and Field. In: *Proc. IEEE* 55 (1967), S. 2192

[226] CAVALLERI, G.; GATTI, E.; FABRI, G.; SVELTO, V.: Extension of Ramo's theorem as applied to induced charge in semiconductor detectors. In: *Nucl. Inst. and Meth.* 92 (1971), S. 137. doi: 10.1016/0029-554X(71)90235-7

[227] CERN: *MSGC-webpage.* `https://gdd.web.cern.ch/GDD/msgc.html`

[228] CERN: *RD51-webpage.* `http://rd51-public.web.cern.ch/rd51-public`

[229] CERN: *High School Teachers at CERN – Bubble Chambers HST2001.* `http://teachers.web.cern.ch/teachers/materials/bubblechambers.htm`. Version: 2001

[230] CERRON ZEBALLOS, E. et al.: A New type of resistive plate chamber: The Multigap RPC. In: *Nucl. Inst. and Meth. A* 374 (1996), S. 132. doi: 10.1016/0168-9002(96)00158-1

[231] CHERENKOV, P.A.: Visible Emission of Clean Liquids by Action of γ Radiation. In: *Doklady Akad. Nauk SSSR* 2 (1934), S. 451

[232] CHERENKOV, P.A.: Visible Radiation Produced by Electron Moving in a Medium with Velocities Exceeding that of Light. In: *Phys. Rev.* 52 (1937), S. 87. doi: 10.1103/PhysRev.52.378

[233] CHAMANINA, J. et al.: Si-pixel Transition Radiation Detector with Separation of TR-Photon and Particle Track by B-Field. 2000. – Linear Collider Note, published in 2nd ECFA/DESY Study, 1998-2001, p. 959-977

[234] CHAMBERLAIN, O.; SEGRE, E.; WIEGAND, C.; YPSILANTIS, T.: Observation of Antiprotons. In: *Phys.Rev.* 100 (1955), S. 947. doi: 10.1103/PhysRev.100.947

[235] CHARPAK, G.: *Nobel Lecture: Electronic Imaging of Ionizing Radiation with Limited Avalanches in Gases.* `http://www.nobelprize.org/nobel_prizes/physics/laureates/1992/charpak-lecture.html`

[236] CHARPAK, G. et al.: First beam test results with Micromegas, a high rate, high resolution detector. In: *Nucl. Inst. and Meth. A* 412 (1998), S. 47. doi: 10.1016/S0168-9002(98)00311-8

[237] CHARPAK, G.; DERRE, J.; GIOMATARIS, Y.; REBOURGEARD, P.: MICROMEGAS, a multipurpose gaseous detector. In: *Nucl. Inst. and Meth. A* 478 (2002), S. 26. doi: 10.1016/S0168-9002(01)01713-2

[238] CHARPAK, G.; SAULI, F.: High-resolution Electronic Particle Detectors. In: *Ann. Rev. Nucl. Part. Sci.* 34 (1984), S. 285

[239] CHATRCHYAN, S. et al. (CMS Collaboration): The CMS experiment at the CERN LHC. In: *JINST* 3 (2008), S. S08004. doi: 10.1088/1748-0221/3/08/S08004

[240] CHATRCHYAN, S. et al. (CMS Collaboration): Performance of CMS muon reconstruction in pp collision events at $\sqrt{s} = 7$ TeV. In: *JINST* 7 (2012), S. P10002. doi: 10.1088/1748-0221/7/10/P10002

[241] CHATRCHYAN, S. et al. (CMS): The performance of the CMS muon detector in proton-proton collisions at sqrt(s) = 7 TeV at the LHC. In: *JINST* 8 (2013), S. P11002. doi: 10.1088/1748-0221/8/11/P11002

[242] CHEN, W. et al.: Performance of the multianode cylindrical silicon drift detector in the CERES NA45 experiment: First results. In: *Nucl. Inst. and Meth. A* 326 (1993), S. 273. doi: 10.1016/0168-9002(93)90363-M

[243] CHERENKOV, P.A.: *Nobel Lecture: Radiation of particles moving at a velocity exceeding that of light, and some of the possibilities for their use in experimental physics.* http://www.nobelprize.org/nobel_prizes/physics/laureates/1958/cerenkov-lecture.html

[244] CHERRY, M.L.: Measurements of the spectrum and energy dependence of x-ray transition radiation. In: *Phys. Rev. D* 17 (1978), S. 2245. doi: 10.1103/PhysRevD.17.2245

[245] CHERRY, M.L.; HARTMANN, G.; MÜLLER, D.; PRINCE, T.A.: Transition radiation from relativistic electrons in periodic radiators. In: *Phys. Rev. D* 10 (1974), S. 3594. doi: 10.1103/PhysRevD.10.3594

[246] CHERRY, M.L.; MUELLER, D.; PRINCE, T.A.: The efficient identification of relativistic particles by transition radiation. In: *Nucl. Inst. and Meth.* 115 (1974), S. 141. doi: 10.1016/0029-554X(74)90439-X

[247] CHIRKIN, D.; RHODE, W.: Muon Monte Carlo: A High-precision tool for muon propagation through matter. In: *arXiv:hep-ph/0407075* (2004)

[248] CHRISTOPHOROU, L.G.; OLTHOFF, J.K.; RAO, M.V.V.S.: Electron Interactions with CF_4. In: *Journal of Physical and Chemical Reference Data* 25 (1996), September, S. 1341. doi: 10.1063/1.555986

[249] CLEMEN, M.; HUMANIC, T.; KRAUS, D.; VILKELIS, G.; REHAK, P. et al.: Double particle resolution measured in a silicon drift chamber. In: *Nucl. Inst. and Meth. A* 316 (1992), S. 283. doi: 10.1016/0168-9002(92)90911-M

[250] CLEVELAND, B.T. et al.: Measurement of the Solar Electron Neutrino Flux with the Homestake Chlorine Detector. In: *The Astrophysical Journal* 496 (1998), S. 505. http://stacks.iop.org/0004-637X/496/i=1/a=505

[251] CLEVERS, R.H.M.: Volume and Temperature Dependence of the 1/f Noise Parameter α in Si. In: *Phys. Rev. B* 154 (1988), S. 214. doi: 10.1016/0921-4526(89)90071-9

[252] CLIC COLLABORATION: *The Compact Linear Collider (CLIC) Study.* http://clic-study.web.cern.ch/CLIC-Study

[253] COBB, J. et al.: Transition Radiators for Electron Identification at the CERN ISR. In: *Nucl. Inst. and Meth.* 140 (1977), S. 413. doi: 10.1016/0029-554X(77)90355-X

[254] CONWELL, E.; WEISSKOPF, V.F.: Theory of Impurity Scattering in Semiconductors. In: *Phys. Rev.* 77 (1950), S. 388

[255] CORMACK, A.M.: Dead-time losses with pulsed beams. In: *Nucl. Inst. and Meth.* 15 (1962), S. 268. doi: 10.1016/0029-554X(62)90086-1

[256] COWAN, G.: Statistics. In: *publiziert in [621]* (2014)

[257] COYLE, P. et al.: The DIRC counter: A New type of Particle Identification Device for B Factories. In: *Nucl. Inst. and Meth. A* 343 (1994), S. 292

[258] COZZA, D. et al.: The CSI-based RICH detector array for the identification of high momentum particles in ALICE. In: *Nucl. Inst. and Meth. A* 502 (2003), S. 101. doi: 10.1016/S0168-9002(02)02163-0

[259] CRAMÉR, H.: *Mathematical Methods of Statistics (PMS-9)*. Princeton University Press, 1945 (Princeton Landmarks in Mathematics and Physics Series). – ISBN 9780691005478

[260] CRAUN, R.L.; SMITH, D.L.: Analysis of response data for several organic scintillators. In: *Nucl. Inst. and Meth.* 80 (1970), S. 239

[261] CRAVENS, J.P. et al. (Super-Kamiokande Collaboration): Solar neutrino measurements in Super-Kamiokande-II. In: *Phys.Rev.* D78 (2008), S. 032002. doi: 10.1103/PhysRevD.78.032002

[262] CRAWLEY, H.B. et al.: Characterization and radiation testing of the Harris HS9008RH flash analog-to-digital converter. In: *Nucl. Inst. and Meth. A* 345 (1994), S. 329. doi: 10.1016/0168-9002(94)91010-3

[263] CREUSOT, A. (ANTARES Collaboration): The Antares detector. In: *Nucl. Inst. and Meth. A* 718 (2013), S. 489. doi: 10.1016/j.nima.2012.11.071

[264] CREUTZ, E. (Hrsg.): *Encyclopedia of Physics / Handbuch der Physik*. Bd. 45: *Nuclear Instrumentation II / Instrumentelle Hilfsmittel der Kernphysik II*. Springer, 1958 doi: 10.1007/978-3-642-45903-0

[265] CRITTENDEN, J.A. (ZEUS Calorimeter Group): The performance of the ZEUS calorimeter. In: *Proc. 5th International Conference on Calorimetry in High Energy Physics, Brookhaven, NY (USA)*, 1994, S. 58. `http://www-library.desy.de/cgi-bin/showprep.pl?desy94-234`

[266] CRONIN, G.; HAISTY, R.: The preparation of semi-insulating gallium arsenide by chromium doping. In: *Journal Electrochem Soc.* 111, no 7 (1964), S. 874

[267] CTA COLLABORATION: *CTA – Cherenkov Telescope Array*. `http://www.cta-observatory.org/`

[268] DA VIA, C. et al.: Radiation hardness properties of full-3D active edge silicon sensors. In: *Nucl. Inst. and Meth. A* 587 (2008), S. 243. doi: 10.1016/j.nima.2007.12.027

[269] DA VIA, C. et al.: 3D active edge silicon sensors: Device processing, yield and QA for the ATLAS-IBL production. In: *Nucl. Inst. and Meth. A* 699 (2013), S. 18. doi: 10.1016/j.nima.2012.05.070

[270] DAMERELL, C.J.S.: CCD vertex detectors in particle physics. In: *Nucl. Inst. and Meth. A* 342 (1994), S. 78. doi: 10.1016/0168-9002(94)91412-5

[271] DAMERELL, C.J.S. et al.: A CCD based vertex detector for SLD. In: *Nucl. Inst. and Meth. A* 288 (1990), S. 236. doi: 10.1016/0168-9002(90)90491-N

[272] DANILOV, M. et al.: The ARGUS Drift Chamber. In: *Nucl. Inst. and Meth.* 217 (1983), S. 153. doi: 10.1016/0167-5087(83)90124-2

[273] DANYSZA, M.; PNIEWSKIA, J.: Delayed disintegration of a heavy nuclear fragment: I. In: *Phil. Mag.* 44 (1953), S. 348. doi: 10.1080/14786440308520318

[274] DAVIDEK, T; LEITNER, R.: Parametrization of the Muon Response in the Tile Calorimeter. CERN-ATL-TILECAL-97-114. 1997. `http://cdsweb.cern.ch/record/683578/files/tilecal-97-114.pdf`

[275] DAVIES, H.; BETHE, H.A.; MAXIMON, L.C.: Theory of Bremsstrahlung and Pair Production. 2. Integral Cross Section for Pair Production. In: *Phys. Rev.* 93 (1954), S. 788. doi: 10.1103/PhysRev.93.788

[276] DAYA BAY COLLABORATION: *Daya Bay Reactor Neutrino Experiment*. `http://dayabay.ihep.ac.cn`

[277] DE LELLIS, G. et al.: Measurement of the fragmentation of Carbon nuclei used in hadrontherapy. In: *Nucl. Phys. A* 853 (2011), S. 124. doi: 10.1016/j.nuclphysa.2011.01.019

[278] De Lellis, G.; Ereditato, A.; Niwa, K.: Nuclear Emulsions. In: *[315]* S. 262. – doi: 10.1007/978-3-642-03606-4_9

[279] Decamp, D. et al. (ALEPH Collaboration): ALEPH: A detector for electron-positron annnihilations at LEP. In: *Nucl. Inst. and Meth. A* 294 (1990), S. 121. doi: 10.1016/0168-9002(90)91831-U

[280] DELHI Collaboration: *DELPHI.* http://delphiwww.cern.ch/delfigs/export/pubdet4.html

[281] Dell'Orso, M. (CDF Collaboration): The CDF Silicon Vertex Trigger. In: *Nucl. Phys. Proc. Suppl.* 156 (2006), S. 139. doi: 10.1016/j.nuclphysbps.2006.02.135

[282] Dell'Orso, M.; Ristori, L.: VLSI structures for track finding. In: *Nucl. Inst. and Meth. A* 278 (1989), S. 436. doi: 10.1016/0168-9002(89)90862-0

[283] Demtröder, W.: *Experimentalphysik 1: Mechanik und Wärme.* Springer Verlag, 2006. – ISBN 9783540299349

[284] Derrick, M. et al.: Design and construction of the ZEUS barrel calorimeter. In: *Nucl. Inst. and Meth. A* 309 (1991), S. 77. doi: 10.1016/0168-9002(91)90094-7

[285] Deutscher Wetterdienst: *Standardatmosphäre.* http://www.deutscher-wetterdienst.de/lexikon/index.htm?ID=S&DAT=Standardatmosphaere. Version: 29.3.2014

[286] Dhawan, S.; Majka, R.: Development Status Of Microchannel Plate Photomultipliers. In: *IEEE Trans. Nucl. Sci.* 24 (1977), S. 270. doi: 10.1109/TNS.1977.4328688

[287] Diehl, E.: Calibration and Performance of the Precision Chambers of the ATLAS Muon Spectrometer. ATL-MUON-PROC-2011-005, ATL-COM-MUON-2011-021. 2011

[288] Dierickx, B.; Meynants, G.; Scheffer, D.: Near 100% fill factor CMOS active pixel. In: *Proc. SPIE – Int. Soc. Opt. Eng. (USA)* Bd. 3410, 1998, S. 68

[289] Diethorn, W.: *A methane proportional counter system for natural radiocarbon measurements*, Carnegie Institute of Technology, Pittsburgh, Pa 1956, PhD thesis, 1956. http://www.osti.gov/scitech/biblio/4345702. USAEC Report NYO-6628. – zitiert in [177]

[290] Dolgoshein, B.: Transition radiation detectors. In: *Nucl. Inst. and Meth. A* 326 (1993), S. 434. doi: 10.1016/0168-9002(93)90846-A

[291] Dolgoshein, B.A.; Rodionov, B.U.; Luchkov, B.I.: Streamer chamber. In: *Nucl. Inst. and Meth.* 29 (1964), S. 270. doi: 10.1016/0029-554X(64)90379-9

[292] Doll, D. et al.: A counting silicon microstrip detector for precision Compton polarimetry. In: *Nucl. Inst. and Meth. A* 492 (2002), S. 356. doi: 10.1016/S0168-9002(02)01396-7

[293] Dorenbos, P.; Haas, J.T.M. de; Eijk, C.W.E. van: Non-Proportionality in the Scintillation and the Energy Resolution with Scintillation Crystals. In: *IEEE Trans. Nucl. Sci.* 42(6) (1995), S. 2190

[294] Double Chooz Collaboration: *Double Chooz.* http://doublechooz.in2p3.fr

[295] Drews, G. et al.: Experimental Determination of Sampling Fluctuations in Uranium and Lead Hadronic Calorimeters. In: *Nucl. Inst. and Meth. A* 290 (1990), S. 335. doi: 10.1016/0168-9002(90)90549-L

[296] Driscoll, T.: *Schwarz-Christoffel toolbox for MATLAB.* http://www.math.udel.edu/~driscoll/software/SC/

[297] Drude, P.: Zur Elektronentheorie der Metalle. In: *Annalen der Physik* 306 (1900), S. 566. doi: 10.1002/andp.19003060312

[298] Eberhardt, J.E.: Fano factor in silicon at 90 K. In: *Nucl. Inst. and Meth.* 80 (1970), S. 291. doi: 10.1016/0029-554X(70)90774-3

[299] Egger, J.; Hildebrandt, M.; Petitjean, C. (MuCap Collaboration): The 10 bar hydrogen time projection chamber of the MuCap experiment. In: *Nucl. Inst. and Meth. A* 628 (2011), S. 199. doi: 10.1016/j.nima.2010.06.316

[300] EIDELMAN, S. et al. (Particle Data Group): Review of particle physics. Particle Data Group. In: *Phys. Lett.* B592 (2004), S. 1. doi: 10.1016/j.physletb.2004.06.001

[301] EINSTEIN, A.: Zur Theorie der Brownschen Bewegung. In: *Annalen der Physik* 19 (1906), S. 371

[302] EKELOF, T.: The Experimental Method Of Ring Imaging Cherenkov (RICH) Counters. In: *Proc. of the 12th SLAC Summer Institute on Particle Physics*, 1984, S. 006. http://www.slac.stanford.edu/econf/C840723

[303] EMI: *Photomultipier Catalog, EMI Industrial Electronics Ltd, Ruslip, Middlesex, UK.* 1979

[304] ENGLER, J. et al.: A warm-liquid calorimeter for cosmic-ray hadrons. In: *Nucl. Inst. and Meth. A* 427 (1999), S. 528. doi: 10.1016/S0168-9002(99)00051-0

[305] ENGSTROM, R.W.: *Photomultiplier Handbook.* Burle Industries, Inc., 1989 http://psec.uchicago.edu/links.php

[306] ERAZO, F.; LALLENA, A.M.: Calculation of beam quality correction factors for various thimble ionization chambers using the Monte Carlo code PENELOPE. In: *Physica Medica* 29 (2013), S. 163. doi: 10.1016/j.ejmp.2012.01.001

[307] ERGINSOY, C: Neutral Impurity Scattering in Semiconductors. In: *Phys. Rev.* 79 (1950), S. 1013

[308] ESKUT, E. et al. (CHORUS Collaboration): The CHORUS experiment to search for $\nu_\mu \to \nu_\tau$ oscillation. In: *Nucl. Inst. and Meth. A* 401 (1997), S. 7. doi: 10.1016/S0168-9002(97)00931-5

[309] EUROPEAN ATOMIC ENERGY COMMUNITY: CAMAC – A Modular Instumentation System for Data Handling – Description and Specification / Euratom, Luxemburg. Euratombericht EUR 4100 e. 1969

[310] EVANS, R.D.: *The Atomic Nucleus.* New York : Krieger, 1982

[311] FABJAN, C. W. et al.: Iron Liquid-Argon and Uranium Liquid-Argon Calorimeters for Hadron Energy Measurement. In: *Nucl. Inst. and Meth.* 141 (1977), S. 61. doi: 10.1016/0029-554X(77)90747-9

[312] FABJAN, C.W.: Calorimetry in High Energy Physics. In: *NATO Adv. Study Inst. Ser. B Phys.* 128 (1985). – (CERN-EP/85-54)

[313] FABJAN, C.W.; GIANOTTI, F.: Calorimetry for Particle Physics. In: *Reviews of Modern Physics* 75 (2003), S. 1243. doi: 10.1103/RevModPhys.75.1243

[314] FABJAN, C.W.; LUDLAM, T.: Calorimetry in High-energy Physics. In: *Ann. Rev. Nucl. Part. Sci.* 32 (1982), S. 335. doi: 10.1146/annurev.ns.32.120182.002003

[315] FABJAN, C.W. (Hrsg.); SCHOPPER, H. (Hrsg.): *Landolt-Börnstein – Group I Elementary Particles, Nuclei and Atoms.* Bd. 21B1: *Detectors for Particles and Radiation. Part 1: Principles and Methods.* Springer Berlin Heidelberg, 2011 doi: 10.1007/978-3-642-03606-4. – ISBN 9783642036057

[316] FABJAN, C.W.; STRUCZINSKI, W.: Coherent Emission of Transition Radiation in Periodic Radiators. In: *Phys.Lett.* B57 (1975), S. 483. doi: 10.1016/0370-2693(75)90274-9

[317] FAIRSTEIN, E.: Bipolar Pulse Shaping Revisited. In: *IEEE Trans. Nucl. Sci.* 44(3) (1997), S. 424

[318] FANO, U.: Penetration of protons, alpha particles, and mesons. In: *Ann. Rev. Nucl. Part. Sci.* 13 (1963), S. 1. doi: 10.1146/annurev.ns.13.120163.000245

[319] FANTI, V. et al. (NA48 Collaboration): A new measurement of direct CP violation in two pion decays of the neutral kaon. In: *Phys. Lett.* B465 (1999), S. 335. doi: 10.1016/S0370-2693(99)01030-8

[320] FARR, W.; HEUER, R.D.; WAGNER, A.: Readout Of Drift Chambers with a 100-MHz FLASH ADC System. In: *IEEE Trans. Nucl. Sci.* 30 (1983), S. 95. doi: 10.1109/TNS.1983.4332227

[321] FAXÉN, H.; HOLTSMARK, J.: Beitrag zur Theorie des Durchganges langsamer Elektronen durch Gase. In: *Zeitschrift für Physik* 45 (1927), S. 307. doi: 10.1007/BF01343053

[322] Fayard, L.: Transition Radiation. In: *7ème Ecole Joliot Curie 1988 – Instrumentation in Nuclear Physics and Particle Physics, Carcans, France*, 1988, S. 327. http://inspirehep.net/record/268533

[323] Ferbel, T. (Hrsg.): *Experimental Techniques in High-energy Nuclear and Particle Physics.* World Scientific, 1991 (Frontiers in Physics). doi: 10.1142/1571

[324] Fermi Collaboration: *The Fermi Large Area Telescope.* http://www-glast.stanford.edu/

[325] Ferrari, A.; Sala, P.R.; Fasso, A.; Ranft, J.: FLUKA: A multi-particle transport code. 2011. http://www.fluka.org/content/manuals/FM.pdf. – (Program version 2011)

[326] Ferry, D.: *Semiconductor Transport.* Taylor & Francis, 2000. – ISBN 9780748408665

[327] Feusels, Tom: *Measurement of cosmic ray composition and energy spectrum between 1 PeV and 1 EeV with IceTop and IceCube.*, Ghent University, Diss., 2013. http://hdl.handle.net/1854/LU-4337238

[328] Fidecaro, G.: The High Frequency Properties of a Coaxial Cable and the Distortion of Fast Pulses. In: *Nuovo Cim. suppl.* 15, Series X (1960), S. 254. doi: 10.1007/BF02724869

[329] Field, C. et al.: Timing and detection efficiency properties of multianode PMTs for a focusing DIRC. (2003)

[330] Field, C.; Hadig, T.; Leith, David W.; Mazaheri, G.; Ratcliff, B. et al.: Development of Photon Detectors for a Fast Focusing DIRC. In: *Nucl. Inst. and Meth. A* 553 (2005), S. 96. doi: 10.1016/j.nima.2005.08.046

[331] Fink, J.: *Characterization of the Imaging Performance of the Simultaneously Counting and Integrating X-ray Detector CIX*, Universität Bonn, PhD-Thesis, 2009. http://hep1.physik.uni-bonn.de/fileadmin/Publications/XRay/fink.pdf. BONN-IR-2009-10

[332] Fink, J.; Kraft, E.; Krueger, H.; Wermes, N.; Engel, K.J.; Herrmann, C.: Comparison of Pixelated CdZnTe, CdTe and Si Sensors with the Simultaneously Counting and Integrating CIX Chip. In: *IEEE Trans. Nucl. Sci.* 56(6) (2009), S. 3819

[333] Fink, J.; Lodomez, P.; Kruger, H.; Pernegger, H.; Weilhammer, P.; Wermes, N.: TCT characterization of different semiconductor materials for particle detection. In: *Nucl. Inst. and Meth. A* 565 (2006), S. 227. doi: 10.1016/j.nima.2006.05.003

[334] Finkelnburg, W.: *Einführung in die Atomphysik.* Springer, 1967 doi: 10.1007/978-3-642-64980-6. – ISBN 9783540037910

[335] Fischer, H.G.: Multiwire Proportional Quantameters. In: *Nucl. Inst. and Meth.* 156 (1978), S. 81. doi: 10.1016/0029-554X(78)90695-X

[336] Fischer, J.; Iwata, S.; Radeka, V.; Wang, C.L.; Willis, W.J.: Lithium Transition Radiator and Xenon Detector Systems for Particle Identification at High-Energies. In: *Nucl. Inst. and Meth.* 127 (1975), S. 525. doi: 10.1016/0029-554X(75)90655-2

[337] Fischer, P.: *Zeichnungen.* 2001. – private Mitteilung

[338] Fischer, P.: *Comments on the reconstruction of hit positions in segmented detectors.* 2015. – private Mitteilung, to be published in JINST

[339] Fischer, P.; Hausmann, J.; Overdick, M.; Raith, B.; Wermes, N. et al.: A Counting pixel readout chip for imaging applications. In: *Nucl. Inst. and Meth. A* 405 (1998), S. 53. doi: 10.1016/S0168-9002(97)01146-7

[340] FlexPDE software: http://www.pdesolutions.com/

[341] Fliessbach, T.: *Statistische Physik.* Spektrum Akademischer Verlag GmbH, 2010 (Lehrbuch zur theoretischen Physik). – ISBN 9783827425287

[342] Fontanelli, F. (LHCb RICH Collaboration): The pixel hybrid photon detector of the LHCb RICH. In: *Nucl. Phys. Proc. Suppl.* 197 (2009), S. 292. doi: 10.1016/j.nuclphysbps.2009.10.088

[343] Fonte, P.: Applications and new developments in resistive plate chambers. In: *IEEE Trans. Nucl. Sci.* 49 (2002), S. 881. doi: 10.1109/TNS.2002.1039583

[344] FÖRSTER, T.: Zwischenmolekulare Energiewanderung und Fluoreszenz. In: *Annalen der Physik* 437 (1948), S. 55

[345] FOSTER, B. et al. (ZEUS Collaboration): The Design and construction of the ZEUS central tracking detector. In: *Nucl. Inst. and Meth. A* 338 (1994), S. 254. doi: 10.1016/0168-9002(94)91313-7

[346] FRACH, T.: Optimization of the digital silicon photomultiplier for Cherenkov light detection. In: *JINST* 7 (2012), S. C01112. doi: 10.1088/1748-0221/7/01/C01112

[347] FRACH, T.; PRESCHER, G.; DEGENHART, C.; ZWAANS, B.: The Digital Silicon Photomultiplier – A novel sensor for the detection of scintillation light. In: *IEEE Nuclear Science Symposium, Orlando*, 2009, S. 2386. doi: 10.1109/NSSMIC.2009.5402190

[348] FRACH, T.; PRESCHER, G.; DEGENHART, C; ZWAANS, B.: The Digital Silicon Photomultiplier – Principle of Operation and Intrinsic Detector Performance. In: *2009 IEEE Nuclear Science Symposium, Orlando*, 2009, S. 1959. doi: 10.1109/NSSMIC.2009.5402143

[349] FRANK, I. M.; GINSBURG, V. L.: Radiation of a uniformly moving electron due to its transition from one medium into another. In: *J. Phys.(USSR)* 9 (1945), S. 353. – [Zh. Eksp. Teor. Fiz.16,15(1946)]

[350] FRANK, I.M.; TAMM, I.: Coherent visible radiation of fast electrons passing through matter. In: *C.R.Acad.Sci.URSS (Doklady Akad. Nauk SSSR)* 14 (1937), S. 109

[351] FREEMAN, J. et al.: Introduction to HOBIT, a b-Jet Identification Tagger at the CDF Experiment Optimized for Light Higgs Boson Searches. In: *Nucl. Inst. and Meth. A* 697 (2013), S. 64. doi: 10.1016/j.nima.2012.09.021

[352] FRIEDL, M. et al.: The Belle II Silicon Vertex Detector. In: *Nucl. Inst. and Meth. A* 732 (2013), S. 83. doi: 10.1016/j.nima.2013.05.171

[353] FRUHWIRTH, R.: Application of Kalman filtering to track and vertex fitting. In: *Nucl. Inst. and Meth. A* 262 (1987), S. 444. doi: 10.1016/0168-9002(87)90887-4

[354] FUJII, K. et al.: Automated monitoring and calibrating system of gas gain and electron drift velocity for:Prototype system and accumulation of reference data. In: *Nucl. Inst. and Meth. A* 245 (1986), S. 35. doi: 10.1016/0168-9002(86)90255-X

[355] FUKUDA, Y. et al. (Super-Kamiokande Collaboration): Evidence for oscillation of atmospheric neutrinos. In: *Phys. Rev. Lett.* 81 (1998), S. 1562. doi: 10.1103/PhysRevLett.81.1562

[356] FUKUDA, Y. et al. (Super-Kamiokande Collaboration): The Super-Kamiokande detector. In: *Nucl. Inst. and Meth. A* 501 (2003), S. 418. doi: 10.1016/S0168-9002(03)00425-X

[357] FULBRIGHT, H.W.: Ionization Chambers in Nuclear Physics. In: *[264]* S. 1. – doi: 10.1007/978-3-642-45903-0_1

[358] FÜLÖP, L.; BIRO, T.: Cherenkov Radiation Spectrum. In: *Int. Journ. of Theor. Phys.* 31 (1992), S. 61. doi: 10.1007/BF00674341

[359] FURLETOVA, J.; FURLETOV, S.: New transition radiation detection technique based on DEPFET silicon pixel matrices. In: *Nucl. Inst. and Meth. A* 628 (2011), S. 309. doi: 10.1016/j.nima.2010.06.342

[360] GABRIEL, T.A.; GROOM, D.E.; JOB, P.K.; MOKHOV, N.V.; STEVENSON, G.R.: Energy dependence of hadronic activity. In: *Nucl. Inst. and Meth. A* 338 (1994), S. 336. doi: 10.1016/0168-9002(94)91317-X

[361] GAILLARD, J.M. (UA2 Collaboration): The UA2 scintillating fibre detector. In: *Nucl. Phys. Proc. Suppl.* 16 (1990), S. 509

[362] GAISSER, T.K.: *Cosmic rays and particle physics*. Cambridge : Cambridge University Press, 1990. – ISBN 9780521339315

[363] GAISSER, T.K.; HILLAS, A.M.: Reliability of the method of constant intensity cuts for reconstructing the average development of vertical showers. In: *International Cosmic Ray Conference* Bd. 8, 1977, S. 353. http://adsabs.harvard.edu/abs/1977ICRC....8..353G

[364] GANDHI, R.; QUIGG, C.; RENO, M.H.; SARCEVIC, I.: Ultrahigh-energy neutrino interactions. In: *Astropart.Phys.* 5 (1996), S. 81. doi: 10.1016/0927-6505(96)00008-4

[365] GARABATOS, C.: The ALICE TPC. In: *Nucl. Inst. and Meth. A* 535 (2004), S. 197. doi: 10.1016/j.nima.2004.07.127

[366] GARIBIAN, G.M.: Contribution to the theory of transition radiation. In: *Soviet Physics JETP-USSR* 6 (1958), S. 1079

[367] GARIBYAN, G.M.: Transition Radiation Under Inclined Incidence of the Charge. In: *Transl.Sov.Phys. JETP-USSR* 11 (1960), S. 1306

[368] GARWIN, R.L.: The Design of Liquid Scintillation Cells. In: *Rev. Sci. Instr.* 23 (1952), S. 755. doi: 10.1063/1.1746152

[369] GATTI, E.; GERACI, A.: Considerations about Ramo's theorem extension to conductor media with variable dielectric constant. In: *Nucl. Inst. and Meth. A* 525 (2004), S. 623

[370] GATTI, E.; MANFREDI, P.F.: Processing the Signals From Solid State Detectors in Elementary Particle Physics. In: *Riv.Nuovo Cim.* 9N1 (1986), S. 1. doi: 10.1007/BF02822156

[371] GATTI, E.; REHAK, P.: Semiconductor drift chamber – An application of a novel charge transport scheme. In: *Nucl. Inst. and Meth. A* 225 (1984), S. 608

[372] GAVRILA, M.: Relativistic K-Shell Photoeffect. In: *Phys. Rev.* 113 (1959), Jan, S. 514. doi: 10.1103/PhysRev.113.514

[373] GEANT4 COLLABORATION: *Physics Reference Manual.* http://www.geant4.org/geant4/support/index.shtml

[374] GEIGER, H.; MARSDEN, E.: LXI. The laws of deflexion of a particles through large angles. In: *Phil. Mag.* 25 (1913), Nr. 148, S. 604. doi: 10.1080/14786440408634197

[375] GEIGER, H.; MÜLLER, W.: Elektronenzählrohr zur Messung schwächster Aktivitäten. In: *Naturwissenschaften* 16 (1928), S. 617. doi: 10.1007/BF01494093

[376] GESSLER, P. Next Generation Electronics based on µTCA for Beam-Diagnostics at FLASH and XFEL. In: *Proc. 10th European Workshop on Beam Diagnostics and Instrumentation for Particle Accelerators, Hamburg, 2011*, S. 294. http://adweb.desy.de/mpy/DIPAC2011/papers/tuob03.pdf

[377] GIESCH, M. et al.: Status of magnetic horn and neutrino beam. In: *Nucl. Inst. and Meth.* 20 (1963), S. 58. doi: 10.1016/0029-554X(63)90391-4

[378] GINSBURG, D.: *Applications of Electrodynamics in Theoretical Physics and Astrophysics.* Taylor & Francis, 1989 https://books.google.de/books?id=Lh0tjaBNzg0C. – ISBN 9782881247194

[379] GINZBURG, V.L.: Transition Radiation And Transition Scattering. In: *Proc. 16th International Cosmic Ray Conference, Kyoto* Bd. 14, 1979, S. 42

[380] GIOMATARIS, Y.; REBOURGEARD, P.; ROBERT, J.P.; CHARPAK, G.: MICROMEGAS: A High granularity position sensitive gaseous detector for high particle flux environments. In: *Nucl. Inst. and Meth. A* 376 (1996), S. 29

[381] GIUNTI, C.; KIM, C.W.: *Fundamentals of Neutrino Physics and Astrophysics.* Oxford University Press, 2007. – ISBN 9780198508717

[382] GLASER, D.A.: *Nobel Lecture: Elementary Particles and Bubble Chambers.* http://www.nobelprize.org/nobel_prizes/physics/laureates/1960/glaser-lecture.html

[383] GLASER, D.A.; RAHM, D.C.: Characteristics of Bubble Chambers. In: *Phys. Rev.* 97 (1955), S. 474. doi: 10.1103/PhysRev.97.474

[384] GLUCKSTERN, R.L.: Uncertainties in track momentum and direction, due to multiple scattering and measurement errors. In: *Nucl. Inst. and Meth.* 24 (1963), S. 381

[385] GOLDSMITH, P.; JELLEY, J.V.: Optical Transition Radiation from protons entering metal surfaces. In: *Phil. Mag.* 4 (1959), S. 836. doi: 10.1080/14786435908238241

[386] GOLDSTEIN, H.; CHARLES P. POOLE, J.; JOHN L. SAFKO, S.: *Klassische Mechanik.* Wiley, 2012. – ISBN 9783527662074

[387] GORDON, H. et al. (Brookhaven-CERN-Copenhagen-Lund-Rutherford-Tel Aviv Collaboration): The Axial Field Spectrometer at the CERN ISR. In: *Nucl. Inst. and Meth.* 196

(1982), S. 303. doi: 10.1016/0029-554X(82)90660-7

[388] GORELOV, I. et al.: Electrical characteristics of silicon pixel detectors. In: *Nucl. Inst. and Meth. A* 489 (2002), S. 202. doi: 10.1016/S0168-9002(02)00557-0

[389] GRAAF, H. VAN DER: New developments in gaseous tracking and imaging detectors. In: *Nucl. Inst. and Meth. A* 607 (2009), S. 78. doi: 10.1016/j.nima.2009.03.137

[390] GRAAF, H. VAN DER: Single electron sensitive GridPix TPCs and their application in Dark Matter search and ν-less double beta decay experiments. In: *J. Phys. Conf. Ser.* 309 (2011), S. 012016. doi: 10.1088/1742-6596/309/1/012016

[391] GRAY, P.R.; HURST, P.J.; LEWIS, S.R.; MEYER, R.G.: *Analog Integrated Circuits*. 5th edition. New York : Wiley and Sons, 2009. – ISBN 978–0470245996

[392] GREEN, M. A.: Intrinsic Concentration, effective Density of states, and effective Mass in Silicon. In: *J. Appl. Phys.* 67 (1990), S. 2944

[393] GREISEN, K.: Cosmic ray showers. In: *Ann. Rev. Nucl. Part. Sci.* 10 (1960), S. 63. doi: 10.1146/annurev.ns.10.120160.000431

[394] GREISEN, K.: End to the cosmic ray spectrum? In: *Phys. Rev. Lett.* 16 (1966), S. 748. doi: 10.1103/PhysRevLett.16.748

[395] GRIMM, O.: *Driftgeschwindigkeits- und Signalverstärkungsmessungen in Gasen für das äußere Spurkammersystem des HERA-B Detektors*, Universität Hamburg, Diplomarbeit, 1998. `http://www-library.desy.de/cgi-bin/showprep.pl?desy-thesis-98-023`. DESY-THESIS-1998-023

[396] GROOM, D.E.: Silicon Photodiode Detection of Bismuth Germanate Scintillation Light. In: *Nucl. Inst. and Meth. A* 219 (1984), S. 141. doi: 10.1016/0167-5087(84)90146-7

[397] GROOM, D.E.: *Energy loss in matter by heavy particles*. `http://pdg.lbl.gov/rpp/encoders/pdg_note_9306.pdf`. Version: 1993

[398] GROOM, D.E.: *Explanation of some entries in 'Atomic and Nuclear Properties of Materials'*. `http://pdg.lbl.gov/2012/AtomicNuclearProperties/explain_elem.html`. Version: 2014

[399] GROOM, D.E.; MOKHOV, N.V.; STRIGANOV, S.I.: Muon stopping power and range tables 10-MeV to 100-TeV. In: *Atom. Data Nucl. Data Tabl.* 78 (2001), S. 183. doi: 10.1006/adnd.2001.0861

[400] GROOM, D.E.: *Temperature Dependence of Mean Number of e-h Pairs per eV of X-ray Energy Deposit*. `http://www-ccd.lbl.gov/w_Si.pdf`. Version: 2004

[401] GROSSE-KNETTER, J.: *Vertex Measurement at a Hadron Collider – The ATLAS Pixel Detector*, Universität Bonn, Habilitationsschrift, 2008. `http://hep1.physik.uni-bonn.de/fileadmin/Publications/ATLAS_Analysis/habil_grosse-knetter.pdf`. BONN-IR-2008-04

[402] GROTE, H.: Review of Pattern Recognition in High-energy Physics. In: *Rept. Prog. Phys.* 50 (1987), S. 473. doi: 10.1088/0034-4885/50/4/002

[403] GROVE, A.S.: *Physics and Technology of Semiconductor Devices*. New York : Wiley, 1967

[404] GROVE, A.S.; FITZGERALD, D.J.: Surface effects on p-n-junctions: characteristics of surface space-charge regions under non-equilibrium conditions. In: *Solid State Electronics* 9 (1966), S. 783. doi: 10.1016/j.nima.2006.05.003

[405] GRUPEN, C.: *Teilchendetektoren*. 3. Auflage. Berlin-Heidelberg-New York : BI-Verlag, 1993

[406] GRUPEN, C.: *Astroteilchenphysik: Das Universum im Licht der kosmischen Strahlung*. Springer, 2001. – ISBN 9783540415428

[407] GRUPEN, C.: *Astroparticle Physics*. Springer, 2005 (SpringerLink: Springer e-Books). – ISBN 9783540276708

[408] GRUPEN, C.: *Grundkurs Strahlenschutz*. Springer, Heidelberg, 2008. – ISBN 03540758496, 9783540758495

[409] GRUPEN, C. (Hrsg.); BUVAT, I. (Hrsg.): *Handbook of particle detection and imaging, vol. 1 and vol. 2*. Springer, 2012 doi: 10.1007/978-3-642-13271-1

[410] Grupen, C.; Shwartz, B.: *Particle Detectors.* 2nd edition. Cambridge University Press, 2008. – ISBN 97805218400064

[411] Gutierrez, E.A.; Deen, M.J.; C., Claeys: *Low Tempereture Electronics: Physics, Devices, Circuits and Applications.* Singapore : Academic Press, 2001

[412] Haidt, D.: Discovery of weak neutral currents in Gargamelle. In: *AIP Conf. Proc.* 300 (1994), S. 187. doi: 10.1063/1.45429

[413] Hamamatsu: *Photonics-Handbook: Detectors.* `http://www.photonics.com/EDU/Handbook.aspx?AID=25535`

[414] Hamamatsu: *Photonics Online.* `http://www.photonicsonline.com/doc/photomulitiplier-tube-series-uba-sba-0002`

[415] Hamann, M.: *Studies for a linear collider drift chamber and search for heavy stable charged particles in e^+e^- collisions up to $\sqrt{s} = 209$ GeV*, Universität Hamburg, Dissertation, 2003. doi: 10.3204/DESY-THESIS-2003-046. DESY-THESIS-2003-046

[416] Hamel, L.-A.; Julien, M.: Generalized demonstration of Ramo's theorem with space charge and polarization effects. In: *Nucl. Inst. and Meth. A* 597 (2008), S. 207. doi: 10.1016/j.nima.2008.09.008

[417] Hampel, W. et al. (GALLEX): GALLEX solar neutrino observations: Results for GALLEX IV. In: *PL* B447 (1999), S. 127. doi: 10.1016/S0370-2693(98)01579-2

[418] Hams, T. et al.: Measurement of the abundance of radioactive Be-10 and other light isotopes in cosmic radiation up to 2-GeV/nucleon with the balloon-borne instrument ISOMAX. In: *Astrophys.J.* 611 (2004), S. 892. doi: 10.1086/422384

[419] Harigel, G.: Die Große Europäische Blasenkammer im CERN (Teil I). In: *Physik Journal* 31 (1975), Nr. 1, S. 13. doi: 10.1002/phbl.19750310105

[420] Harkonen, J. et al.: Radiation hardness of Czochralski silicon, float zone silicon and oxygenated float zone silicon studied by low energy protons. In: *Nucl. Inst. and Meth. A* 518 (2004), S. 346. doi: 10.1016/j.nima.2003.11.018

[421] Haungs, A.: *KASCADE-Grande: Luftschauer über Karlsruhe.* `http://www.weltderphysik.de/gebiet/astro/kosmische-strahlung/detektoren/kascade-grande/`. Version: 2007

[422] Hauschild, M.: Progress in dE/dx Techniques Used for Particle Identification. In: *Nucl. Inst. and Meth. A* 379 (1996), S. 436

[423] Hauschild, M. et al.: Particle identification with the OPAL jet chamber. In: *Nucl. Inst. and Meth. A* 314 (1992), S. 74. doi: 10.1016/0168-9002(92)90501-T

[424] Havránek, M. et al.: DMAPS: a fully depleted monolithic active pixel sensor – analog performance characterization. In: *arXiv:1407.0641* (2014)

[425] Haynes, W.M. (Hrsg.); Lide, D.R. (Hrsg.); Bruno, T.J. (Hrsg.): *CRC Handbook of Chemistry and Physics 2012-2013.* CRC Press, 2012 `http://www.hbcpnetbase.com/`. – ISBN 9781439880494

[426] Hazewinkel, M. (Hrsg.): *Laplace transform, Encyclopedia of Mathematics.* Springer, 2001 `https://www.encyclopediaofmath.org/index.php/Laplace_transform`. – ISBN 978–1–55608–010–4

[427] He, Z.: Review of the Shockley-Ramo theorem and its application in semiconductor gamma-ray detectors. In: *Nucl. Inst. and Meth. A* 463 (2001), S. 250. doi: 10.1016/S0168-9002(01)00223-6

[428] Hebbeker, T.; Hoepfner, K.: Muon spectrometers. In: *[409]* S. 473. – doi: 10.1007/978-3-642-13271-1_19

[429] Heck, D. et al.: CORSIKA: A Monte Carlo Code to Simulate Extensive Air Showers. In: *Report FZKA 6019, Forschungszentrum Karlsruhe* (1998). `https://web.ikp.kit.edu/corsika`

[430] Heitler, W.: *The Quantum Theory of Radiation.* 3rd edition. Oxford : Clarendon Press, 1954

[431] Hellmig, J. et al.: The CDMS II Z-sensitive ionization and phonon germanium detector. In: *Nucl. Inst. and Meth. A* 444 (2000), S. 308. doi: 10.1016/S0168-9002(99)01403-5

[432] Hemperek, T.; Kishishita, T.; Krüger, H.; Wermes, N.: A Monolithic active pixel sensor for ionizing radiation using a 180nm HV-SOI process. In: *arXiv:1412.3973* (2014)

[433] Hess, V.F.: *Nobel Lecture: Unsolved Problems in Physics: Tasks for the Immediate Future in Cosmic Ray Studies.* http://www.nobelprize.org/nobel_prizes/physics/laureates/1936/hess-lecture.html

[434] H.E.S.S. Collaboration: *H.E.S.S. High Energy Stereoscopic System.* http://www.mpi-hd.mpg.de/hfm/HESS

[435] Highland, V.L.: Some Practical Remarks on Multiple Scattering. In: *Nucl. Inst. and Meth.* 129 (1975), S. 497. doi: 10.1016/0029-554X(75)90743-0

[436] Hilke, H.J.: Time projection chambers. In: *Rept.Prog.Phys.* 73 (2010), S. 116201. doi: 10.1088/0034-4885/73/11/116201

[437] Hillas, A.M.: Cerenkov light images of EAS produced by primary gamma. In: Jones, F.C. (Hrsg.): *International Cosmic Ray Conference* Bd. 3, 1985, S. 445

[438] Hirata, K. et al. (KAMIOKANDE-II Collaboration): Observation of a Neutrino Burst from the Supernova SN 1987a. In: *Phys. Rev. Lett.* 58 (1987), S. 1490. doi: 10.1103/PhysRevLett.58.1490

[439] Hoddeson, L.; Brown, L.; Riordan, M.; Dresden, M.: *The Rise of the Standard Model – A History of Particle Physics from 1964 to 1979.* Cambridge University Press, 1997

[440] Hofstadter, R. et al.: The CRYSTAL BALL Experiment. In: *Proc. Particle Physics in GeV Region, Tokyo, Japan*, 1979, S. 559

[441] Hohlmann, M. (Hrsg.); Padilla, C. (Hrsg.); Tesch, N. (Hrsg.); Titov, M. (Hrsg.): *Proc. International Workshop on Aging Phenomena in Gaseous Detectors 2001, Hamburg, Germany.* In: Nucl. Inst. and Meth. A 515, 2003. S. 1. doi: 10.1016/j.nima.2003.08.120

[442] Holder, M. et al.: A Detector for High-Energy Neutrino Interactions. In: *Nucl. Inst. and Meth.* 148 (1978), S. 235. doi: 10.1016/0029-554X(70)90173-4

[443] Holroyd, R.A.; Anderson, D.F.: The physics and chemistry of room-temperature liquid-filled ionization chambers. In: *Nucl. Inst. and Meth. A* 236 (1985), S. 294. doi: 10.1016/0168-9002(85)90164-0

[444] Holst, G.C.: *Ccd Arrays, Cameras and Displays.* JCD Publishing, 1998 (CCD Arrays, Cameras, & Displays). – ISBN 9780819428530

[445] Holstein, T.: Energy Distribution of Electrons in High Frequency Gas Discharges. In: *Phys. Rev.* 70 (1946), S. 367. doi: 10.1103/PhysRev.70.367

[446] Höppner, C.: *The Composition of Cosmic Rays at High Energies*, Technische Universität München, Diplomarbeit, 2006. http://tracer.uchicago.edu/papers/thesis_hoppner.pdf

[447] Horowitz, P.; Hill, W.: *The Art of Electronics.* Cambridge, New York, Melbourne, Madrid, Cape Town, Singapore, Sao Paulo : Cambridge University Press, 2001. – ISBN 0521370957

[448] Hosaka, J. et al. (Super-Kamiokande Collaboration): Solar neutrino measurements in super-Kamiokande-I. In: *Phys.Rev.* D73 (2006), S. 112001. doi: 10.1103/PhysRevD.73.112001

[449] Hott, T.: Aging problems of the Inner Tracker of HERA-B: An example for new detectors and new effects. In: *Nucl. Inst. and Meth. A* 515 (2003), S. 242. doi: 10.1016/j.nima.2003.09.005

[450] Huang, K.: *Statistical mechanics.* Wiley, 1987. – ISBN 9780471815181

[451] Hubbell, J.H.; Seltzer, S.M.: *NIST Data Base.* http://physics.nist.gov/PhysRefData/XrayMassCoef/cover.html

[452] Huege, T.; Falcke, H.: Radio emission from cosmic ray air showers: Coherent geosynchrotron radiation. In: *Astron.Astrophys.* 412 (2003), S. 19. doi: 10.1051/0004-6361:20031422

[453] Hügging, F. (ATLAS Collaboration): The ATLAS Pixel Insertable B-Layer (IBL). In: *Nucl. Inst. and Meth. A* 650 (2011), S. 45. doi: 10.1016/j.nima.2010.12.113

[454] Huhtinen, M.: Simulation of non-ionising energy loss and defect formation in silicon. In: *Nucl. Inst. and Meth. A* 491 (2002), S. 194. doi: 10.1016/S0168-9002(02)01227-5

[455] Huxley, L.G.H.; Crompton, R.W.: *The diffusion and drift of electrons in gases.* Wiley, 1974 (Wiley series in plasma physics). – ISBN 9780471425908

[456] Iarocci, E.: Plastic streamer tubes and their applications in high energy physics. In: *Nucl. Inst. and Meth.* 217 (1983), S. 30. doi: 10.1016/0167-5087(83)90107-2

[457] IEEE Standard: *1014-1987 – IEEE Standard for a Versatile Backplane Bus: VMEbus.* https://standards.ieee.org/findstds/standard/1014-1987.html. Version: 1987

[458] IEEE Standard: *IEEE 802.3 – IEEE Standard for Ethernet.* http://standards.ieee.org/about/get/802/802.3.html. Version: 2012

[459] Iijima, T. et al.: A novel type of proximity focusing RICH counter with multiple refractive index Aerogel radiator. In: *Nucl. Inst. and Meth. A* 548 (2005), S. 383. doi: 10.1016/j.nima.2005.05.030

[460] ILC Collaboration: *International Linear Collider (ILC).* http://www.linearcollider.org

[461] Ilford Photo: *Fact Sheet Ilford Nuclear Emulsions.* http://www.ilfordphoto.com/products/page.asp?n=136, 2011

[462] International commission on radiation units and measurements (ICRU): Stopping Powers for Electrons and Positrons. 1984. – Tabellen und grafische Darstellungen sind interaktiv verfügbar: http://physics.nist.gov/PhysRefData/Star/Text/contents.html

[463] IOFFE Data Base: *New Semiconductor Materials. Characteristics and Properties.* http://http://www.ioffe.rssi.ru/SVA/NSM/

[464] Irwin, K.D. et al.: A quasiparticle-trap-assisted transition-edge sensor for phonon-mediated particle detection. In: *Rev. Sci. Instr.* 66 (1995), S. 5322. doi: 10.1063/1.1146105

[465] Isberg, J. et al.: High Carrier Mobility in Single-Crystal Plasma-Deposited Diamond. In: *Science* 297 (2002), Nr. 5587, S. 1670. doi: 10.1126/science.1074374

[466] Isberg, J.; Lindblom, A.; Tajani, A.; Twitchen, D.: Temperature dependence of hole drift mobility in high-purity single-crystal CVD diamond. In: *Physica Status Solidi* 202 (11) (2005), S. 2194

[467] Jackson, J.D.: *Classical Electrodynamics.* 3rd edition. New York : Wiley, 1998

[468] Jacoboni, C.; Canali, C.; Ottaviani, G.; Alberigi Quaranta, A.: A review of some charge transport properties of Silicon. In: *Solid-State Electronics* 20 (1977), S. 77. doi: 10.1016/0038-1101(77)90054-5

[469] James, F.: *Statistical methods in experimental physics.* Hackensack World Scientific, 2006

[470] Jansen, H.: *CVD Diamond: Charge Carrier Movement at Low Temperatures and use in critical timing applications*, Universität Bonn, Dissertation, 2013. http://hep1.physik.uni-bonn.de/fileadmin/Publications/ATLAS_Pixels/Diss/jansenhendrik-klein.pdf. BONN-IR-2013-13

[471] Jansons, J.L.; Krumins, V.J.; Rachko, Z.A.; Valbis, J.A.: Luminescence due to Radiative Transitions between Valence Band and Upper Core Band in Ionic-Crystals (Crossluminescence). In: *Phys. Stat. Sol. B* 144 (1987), S. 835. doi: 10.1002/pssb.2221440244

[472] Jansweijer, P.P.M.; Peek, H.Z.; De Wolf, E.: White Rabbit: Sub-nanosecond timing over Ethernet. In: *Nucl. Inst. and Meth. A* 725 (2013), S. 187. doi: 10.1016/j.nima.2012.12.096

[473] Jean-Marie, B.; Lepeltier, V.; L'Hote, D.: Systematic Measurement of Electron Drift Velocity and Study of Some Properties of Four Gas Mixtures: A-CH_4, A-C_2 H_4, A-C_2H_6, A-C_3H_8. In: *Nucl. Inst. and Meth.* 159 (1979), S. 213. doi: 10.1016/0029-554X(79)90349-5

[474] Jelley, J.V.: *Cherenkov Radiation and its Applications.* London : Pergamon Press, 1958

[475] JEN, C.K.: On the induced current and energy balance in electronics. In: *Proc. of the I.R.E.* (1941), S. 345. doi: 10.1109/JRPROC.1941.230316

[476] JIANG, X. et al.: Coalescence and overgrowth of diamond grains for improved heteroepitaxy on silicon(001). In: *J. Appl. Phys.* 83 (1998), S. 2511

[477] JOHNS, D.A.; MARTIN, K.: *Analog Integrated Circuit Design.* New York : Wiley, 2011. – ISBN 9780470770108

[478] JOHNSON, J.B.: The Schottky Effect in Low Frequency Circuits. In: *Phys. Rev.* 26 (1925), S. 71. doi: 10.1103/PhysRev.26.71

[479] JOHNSON, J.B.: Thermal agitation of electricity in conductors. In: *Phys. Rev.* 32 (1928), S. 97. doi: 10.1103/PhysRev.32.97

[480] KADYK, J.A. (Hrsg.): *Workshop on Radiation Damage to Wire Chambers.* Lawrence Berkeley Nat. Lab. LBL-21170, 1986. http://www.escholarship.org/uc/item/0zx777vz

[481] KAGAN, H.: Recent advances in diamond detector development. In: *Nucl. Inst. and Meth. A* 541 (2005), S. 221. doi: 10.1016/j.nima.2005.01.060

[482] KAJITA, T.: Atmospheric neutrinos. In: *New J.Phys.* 6 (2004), S. 194. doi: 10.1088/1367-2630/6/1/194

[483] KAMATA, K.; NISHIMURA, J.: The Lateral and Angular Structure Functions of Electron Showers. In: *Progr. Theor. Phys. Suppl.* 6 (1958), S. 93

[484] KAMPERT, K.-H.; UNGER, M.: Measurements of the Cosmic Ray Composition with Air Shower Experiments. In: *Astropart. Phys.* 35 (2012), S. 660. doi: 10.1016/j.astropartphys.2012.02.004

[485] KANAYA, N. et al.: Test results on hybrid photodiodes. In: *Nucl. Inst. and Meth. A* 421 (1999), S. 512. doi: 10.1016/S0168-9002(98)01256-X

[486] KAPLON, M.; PETERS, B.; RITSON, D. M.: Emulsion Cloud-Chamber Study of a High Energy Interaction in the Cosmic Radiation. In: *Phys. Rev.* 85 (1952), Mar, S. 900. doi: 10.1103/PhysRev.85.900

[487] KASE, M.; AKIOKA, T.; MAMYODA, H.; KIKUCHI, J.; DOKE, T.: Fano factor in pure argon. In: *Nucl. Inst. and Meth.* 227 (1984), S. 311. doi: 10.1016/0168-9002(84)90139-6

[488] KASTLI, H.C. et al.: CMS barrel pixel detector overview. In: *Nucl. Inst. and Meth. A* 582 (2007), S. 724. doi: 10.1016/j.nima.2007.07.058

[489] KATSURA, T. et al.: Energy resolution of a multiwire proportional quantameter. In: *Nucl. Inst. and Meth.* 105 (1972), S. 245. doi: 10.1016/0029-554X(72)90565-4

[490] KATZ, U.F.; SPIERING, Ch.: High-Energy Neutrino Astrophysics: Status and Perspectives. In: *Prog. Part. Nucl. Phys.* 67 (2012), S. 651. doi: 10.1016/j.ppnp.2011.12.001

[491] KAWRAKOW, I.; ROGERS, D.W.O.: The EGSnrc Code System: Monte Carlo Simulation of Electron and Photon Transport. In: *NRCC Report* PIRS-701 (2006)

[492] KEIL, G.: Design principles of fluorescence radiation converters. In: *Nucl. Inst. and Meth.* 89 (1970), S. 111. doi: 10.1016/0029-554X(70)90813-X

[493] KEMMER, J. et al.: Experimental confirmation of a new semiconductor detector principle. In: *Proc. Fifth European Symposium on Semiconductors Detectors*, Nucl. Inst. and Meth. A 288, 1990, S. 92. doi: 10.1016/0168-9002(90)90470-Q

[494] KEMMER, J.; BELAU, E.; PRECHTEL, U.; WELSER, W.; LUTZ, G.: Low Capacity Drift Diode. In: *Nucl. Inst. and Meth. A* 253 (1987), S. 378. doi: 10.1016/0168-9002(87)90519-5

[495] KENNEY, C.; PARKER, S.; SEGAL, J.; STORMENT, C.: Silicon detectors with 3-D electrode arrays: fabrication and initial test results. In: *IEEE Trans. Nucl. Sci.* 48 (1999), S. 1224

[496] KESTER, W.: *Data Conversion Handbook.* North Holland : Elsevier, 2005. – ISBN 9780750678414

[497] KETEK GMBH: *SiPM Technology.* http://www.ketek.net/products/sipm-technology/. Version: 2015

[498] Khachatryan, V. et al. (CMS): Strange Particle Production in *pp* Collisions at $\sqrt{s} = 0.9$ and 7 TeV. In: *JHEP* 1105 (2011), S. 064. doi: 10.1007/JHEP05(2011)064

[499] Kharzheev, Y.N.: Use of silica aerogels in Cherenkov counters. In: *Phys. Part. Nucl.* 39 (2008), S. 107. doi: 10.1007/s11496-008-1008-3

[500] Kimura, M. et al.: Development of nuclear emulsions with 1 μm spatial resolution for the AEgIS experiment. In: *Nucl. Inst. and Meth. A* 732 (2013), S. 325. doi: 10.1016/j.nima.2013.04.082

[501] Kirsten, T.A.: Solar neutrino experiments: Results and implications. In: *Rev.Mod.Phys.* 71 (1999), S. 1213. doi: 10.1103/RevModPhys.71.1213

[502] Kishishita, T.; Krüger, H.; Hemperek, T.; Lemarenko, M.; Koch, M.; Gronewald, M.; Wermes, N.: Prototype of a gigabit data transmitter in 65 nm CMOS for DEPFET pixel detectors at Belle-II. In: *Nucl. Inst. and Meth. A* 718 (2013), S. 168. doi: 10.1016/j.nima.2012.11.013

[503] Klages, C.P.: Chemical vapour deposition of diamond. In: *Appl. Phys. A* 56 (1993), S. 513

[504] Klein, S.: Suppression of bremsstrahlung and pair production due to environmental factors. In: *Rev. Mod. Phys.* 71 (1999), Oct, S. 1501. doi: 10.1103/RevModPhys.71.1501

[505] Klein, S.: The time projection chamber turns 25. In: *CERN Cour.* 44N1 (2004), S. 40. http://cerncourier.com/cws/article/cern/29014

[506] Kleinknecht, K.: *Detektoren für Teilchenstrahlung.* Wiesbaden : Teubner Verlag, 4. Auflage, 2005

[507] Knoll, G.F.: *Radiation Detection and Measurement.* 4th edition. New York : J. Wiley and Sons, 2010

[508] Knopf, A.-C.; Lomax, A.: In vivo proton range verification: a review. In: *Physics in Medicine and Biology* 58 (2013), S. R131. doi: 10.1088/0031-9155/58/15/R131

[509] Koch, H.W.; Motz, J.W.: Bremsstrahlung Cross-Section Formulae and Related Data. In: *Rev. Mod. Phys.* 31 (1959), Oct, S. 920

[510] Kodama, K. et al. (DONUT Collaboration): Observation of tau neutrino interactions. In: *Phys. Lett.* B504 (2001), S. 218. doi: 10.1016/S0370-2693(01)00307-0

[511] Kodama, K. et al.: Identification of neutrino interactions using the DONUT spectrometer. In: *Nucl. Inst. and Meth. A* 516 (2004), S. 21. doi: 10.1016/j.nima.2003.07.035

[512] Kohler, M. et al.: Beam test measurements with 3D-DDTC silicon strip detectors on n-type substrate. In: *IEEE Trans. Nucl. Sci.* 57 (2010), S. 2987. doi: 10.1109/TNS.2010.2058863

[513] Koike, J.; Parkin, D.M.; Mitchell, T.E.: Displacement threshold energy for type IIa diamond. In: *Appl. Phys. Lett.* 60 (1992), S. 1450. doi: 10.1063/1.107267

[514] Kolanoski, H. (for the IceCube Collaboration): IceCube – Astrophysics and Astroparticle Physics at the South Pole. In: *Proc. 32nd International Cosmic Ray Conference, Beijing* Bd. 12, 2011, S. 79. doi: 10.7529/ICRC2011/V12/H06. *arXiv:1111.5188*

[515] Kölbig, K.S.; Schorr, B.: A Program Package for the Landau Distribution. In: *Comput. Phys. Commun.* 31 (1984), S. 97. doi: 10.1016/0010-4655(84)90085-7, 10.1016/j.cpc.2008.03.002. – (Erratum: Comput. Phys. Commun. 178 (2008), S. 972)

[516] Komin, N.: *Detection of gamma rays from the supernova remnant RX J0852.0-4622 with H.E.S.S.*, Humboldt Universität zu Berlin, Doktorarbeit, 2005. http://edoc.hu-berlin.de/dissertationen/komin-nukri-2005-10-25/PDF/komin.pdf

[517] Kopitzki, K.; Herzog, P.: *Einführung in die Festkörperphysik.* Stuttgart–Leipzig–Wiesbaden : Teubner, 2002

[518] Kopp, G.; Lean, J.L.: A new, lower value of total solar irradiance: Evidence and climate significance. In: *Geophysical Research Letters* 38 (2011), S. L01706. doi: 10.1029/2010GL045777. – L01706

[519] KOPP, S. E.: Accelerator-based neutrino beams. In: *Phys. Rept.* 439 (2007), S. 101. doi: 10.1016/j.physrep.2006.11.004

[520] KORFF, S.A.: *Electron and nuclear counters.* New York : Van Nostrand, 1946

[521] KRAFT, G.: *Tumortherapie mit Schwerionen-Bestrahlung.* `http://www.weltderphysik.de/gebiet/leben/tumortherapie/`. Version: 2009

[522] KRAUS, J.D.: *Electromagnetics.* 3. edition. McGraw-Hill, 1984. – ISBN 0070354235

[523] KRAUTSCHEID, T. et al.: Gridpix: Production and application of integrated pixel readouts. In: *Proc. 12th Pisa Meeting on Advanced Detectors*, Nucl. Inst. and Meth. A 718, 2013, S. 391. doi: 10.1016/j.nima.2012.10.055

[524] KRIEGER, H.: *Strahlungsmessung und Dosimetrie.* Springer Fachmedien Wiesbaden GmbH, 2013. – ISBN 9783658003869

[525] KRIZAN, P.; KORPAR, S.; IIJIMA, T.: Study of a nonhomogeneous aerogel radiator in a proximity focusing RICH detector. In: *Nucl. Inst. and Meth. A* 565 (2006), S. 457. doi: 10.1016/j.nima.2006.05.233

[526] KRÜGER, H.; FINK, J.; KRAFT, E.; WERMES, N.; FISCHER, P. et al.: CIX – A Detector for Spectral Enhanced X-ray Imaging by Simultaneous Counting and Integrating. In: *Proc. SPIE Int. Soc. Opt. Eng.* 6913 (2008), S. 0P. doi: 10.1117/12.771706

[527] KUHAR, M.; KUGER, F. (Netzwerk Teilchenphysik): *Anleitung zum Selbstbau einer Nebelkammer.* `http://www.teilchenwelt.de/material/materialien-fuer-lehrkraefte/selbstbau-einer-nebelkammer/`, 2012

[528] LACHNIT, W.: *Studien zur Auslese von CsI-, BGO und BaF_2-Szintillationskristallen*, Universität Bonn, Diplomarbeit, 1993. BONN-IR-94-40

[529] LAKER, K.R; SANSEN, W.M.C.: *Design of Analog Integrated Circuits and Systems.* 5th edition. New Jersey : McGraw-Hill, 1994. – ISBN 0071134581

[530] LANDAU, L.D.: On the energy loss of fast particles by ionization. In: *J. Phys. (USSR)* 8 (1944), S. 201

[531] LANDAU, L.D.; LIFSCHITZ, J.M.: *Quantenelektrodynamik.* 7. Auflage. Verlag Harri Deutsch, 1991 (Lehrbuch der theoretischen Physik (Band 4))

[532] LANG, R.F.; SEIDEL, W.: Search for Dark Matter with CRESST. In: *New J.Phys.* 11 (2009), S. 105017. doi: 10.1088/1367-2630/11/10/105017

[533] LANGNER, J.: *Event-Driven Motion Compensation in Positron Emission Tomography: Development of a Clinically Applicable Method*, TU Dresden, Diss., 2008. `http://nbn-resolving.de/urn:nbn:de:bsz:14-qucosa-23509`

[534] LARI, T. et al.: Characterization and modeling of non-uniform charge collection in CVD diamond pixel detectors. In: *Nucl. Inst. and Meth. A* 537 (2005), S. 581

[535] LAZO, M.S.; WOODALL, D.M.; MCDANIEL, P.J.: Silicon and silicon dioxide neutron damage functions. In: *Proc. Fast Burt. React. Workshop, 1986* Bd. 1, SANDIA National Laboratories, 1987, S. 85

[536] LECHNER, P. et al.: Silicon Drift Detectors for high count rate X-ray spectroscopy at room temperature. In: *Nucl. Inst. and Meth. A* 548 (2001), S. 281. doi: 10.1016/0168-9002(96)00210-0

[537] LECOQ, P. et al.: *Inorganic Scintillators for Detector Systems: Physical Principles and Crystal Engineering.* Springer, 2006 doi: 10.1007/3-540-27768-4

[538] LEE, Y.H.; CORBETT, J.W.: EPR Studies of Defects in Electron-Irradiated Silicon – Triplet-State of Vacancy-Oxygen Complexes. In: *Phys. Rev. B* 13 (1976), S. 2653. doi: 10.1103/PhysRevB.13.2653

[539] LEMARENKO, M. et al.: Test results of the data handling processor for the DEPFET pixel vertex detector. In: *JINST* 8 (2013), S. C01032. doi: 10.1088/1748-0221/8/01/C01032

[540] LENZEN, G.; SCHYNS, E.; THADOME, J.; WERNER, J.: The Use of fluorocarbon radiators in the DELPHI RICH detectors. In: *Nucl. Inst. and Meth. A* 343 (1994), S. 268. doi: 10.1016/0168-9002(94)90562-2

[541] Leo, R.W.: *Techniques for Nuclear and Particle Physics Experiments.* 2nd edition. Berlin–Heidelberg–New York : Springer, 1994

[542] Leprince-Ringuet, L.: *Cosmic Rays.* Prentice-Hall, New York, 1950

[543] Leroy, C.; Rancoita, P.-G.: *Radiation Interaction in Matter and Detection.* Singapore : World Scientific, 2004

[544] Leroy, C.; Rancoita, P.-G.: *Silicon Solid State Devices and Radiation Detection.* Singapore : World Scientific, 2012

[545] Leroy Davis: *Interface buses.* `http://www.interfacebus.com`. Version: 2014

[546] LHCb Collaboration: *LHCb-Public Home Page.* `http://lhcb-public.web.cern.ch/lhcb-public/Welcome_270811.html`

[547] Li, S.S.: *Semiconductor Physical Electronics.* 2nd edition. Springer, 2006

[548] Lin, J. F.; Li, S.S.; Linares, L.C; Teng, K.W.: Theoretical analysis of Hall factor and Hall mobility in p-type silicon. In: *Solid State Electronics* 24 (1981), S. 827. doi: 10.1016/0038-1101(81)90098-8

[549] Lindstrom, G.: Radiation damage in silicon detectors. In: *Nucl. Inst. and Meth. A* 512 (2003), S. 30. doi: 10.1016/S0168-9002(03)01874-6

[550] Lindstrom, G. et al. (RD48 (ROSE) Collaboration): Radiation hard silicon detectors – Developments by the RD48 (ROSE) Collaboration. In: *Nucl. Inst. and Meth. A* 466 (2001), S. 308. doi: 10.1016/S0168-9002(01)00560-5

[551] Lindstrom, G.; Moll, M.; Fretwurst, E.: Radiation hardness of silicon detectors: A challenge from high-energy physics. In: *Nucl. Inst. and Meth. A* 426 (1999), S. 1. doi: 10.1016/S0168-9002(98)01462-4

[552] Lint, V.A.J. van et al.: *Mechanisms of Radiation Effects in Electronic Materials.* Wiley and Sons, 1980

[553] Lipari, P.; Stanev, T.: Propagation of multi-TeV muons. In: *Phys.Rev.* D44 (1991), S. 3543. doi: 10.1103/PhysRevD.44.3543

[554] Lippmann, C.: *Detector Physics of Resistive Plate Chambers*, Universität Frankfurt, Dissertation, 2003. `http://cds.cern.ch/record/1303626/`

[555] Lippmann, C.: Particle identification. In: *Nucl. Inst. and Meth. A* 666 (2012), S. 148. doi: 10.1016/j.nima.2011.03.009

[556] Lippmann, C.; Riegler, W.: Space charge effects in resistive plate chambers. In: *Nucl. Inst. and Meth. A* 517 (2004), S. 54. doi: 10.1016/j.nima.2003.08.174

[557] Löcker, M. et al.: Single Photon Counting X-ray Imaging with Si and CdTe Single Chip Pixel Detectors and Multichip Pixel Modules. In: *IEEE Trans. Nucl. Sci.* 51 (2004), S. 1717. doi: 10.1109/TNS.2004.832610

[558] Loef, E.V.D. van; Dorenbos, P.; Eijk, C.W.E. van; Krämer, K.; Güdel, H.U.: High-energy-resolution scintillator: Ce^{3+} activated $LaCl_3$. In: *Appl. Phys. Lett.* 77 (2000), S. 1467. doi: 10.1063/1.1308053

[559] Lohrmann, E.; Söding, P.: *Von schnellen Teilchen und hellem Licht – 50 Jahre Deutsches Elektronen-Synchrotron DESY.* Wiley-VCH, Weinheim, 2009. – ISBN 9783527409907

[560] Lohse, T.; Witzeling, W.: The Time Projection Chamber. In: *[707]* S. 81. – doi: 10.1142/9789814360333_0002

[561] Longo, E.; Sestili, I.: Monte Carlo Calculation of Photon Initiated Electromagnetic Showers in Lead Glass. In: *Nucl. Inst. and Meth.* 128 (1975), S. 283. doi: 10.1016/0029-554X(75)90679-5

[562] Lubelsmeyer, K. et al.: Upgrade of the Alpha Magnetic Spectrometer (AMS-02) for long term operation on the International Space Station (ISS). In: *Nucl. Inst. and Meth. A* 654 (2011), S. 639. doi: 10.1016/j.nima.2011.06.051

[563] Lund-Jensen, B.: *Single-photon detectors for Cherenkov ring imaging*, Uppsala University, PhD thesis, 1988. `http://cds.cern.ch/record/193058/`

[564] LUPBERGER, M. et al.: InGrid: Pixelated Micromegas detectors for a pixel-TPC. In: *Proc. 3rd International Conference on Technology and Instrumentation in Particle Physics (TIPP 2014)*, PoS TIPP2014, 2014, S. 225. http://pos.sissa.it/archive/conferences/213/225/TIPP2014_225.pdf

[565] LUTZ, G.: Correlated Noise in Silicon Strip Detector Readout. In: *Nucl. Inst. and Meth. A* 309 (1991), S. 545. doi: 10.1016/0168-9002(91)90260-W

[566] LUTZ, G.: *Semiconductor Radiation Detectors.* Berlin, Heidelberg : Springer, 1999

[567] LUTZ, G. et al.: DEPFET-detectors: New developments. In: *Nucl. Inst. and Meth. A* 572 (2007), S. 311. doi: 10.1016/j.nima.2006.10.339

[568] LYNCH, G.R.; DAHL, O.I.: Approximations to multiple Coulomb scattering. In: *Nucl. Inst. and Meth.* B58 (1991), S. 6

[569] MADELUNG, O.: *Festkörpertheorie III.* Berlin, Heidelberg, New York : Springer-Verlag, 2013

[570] MAGIC COLLABORATION. (Magic Collaboration): *The MAGIC Telescopes.* http://magic.mppmu.mpg.de

[571] MAIRE, M.: Electromagnetic interactions of particles with matter. In: AUBERT, B. (Hrsg.) et al.: *IX Int. Conf. on Calorimetry in High Energy Physics, Annecy, 2000.*, 2001, S. 3. http://calor.pg.infn.it/calor2000/Contributions/Tutorials/michel_maire.pdf

[572] MAJEWSKI, S.; ZORN, C.: Fast scintillators for high radiation levels. In: SAULI, F. (Hrsg.): *Advanced series on directions in high energy physics, 9*, World Scientific, Singapore, 1992, S. 157

[573] MALTER, L.: Thin Film Field Emission. In: *Phys. Rev.* 50 (1936), S. 48. doi: 10.1103/PhysRev.50.48

[574] MANGHISIONI, M.; RATTI, L.; RE, V.; SPEZIALI, V.: Submicron CMOS Technologies for Low-Noise Analog Front-End Circuits. In: *IEEE Trans. Nucl. Sci.* 49(4) (2002), S. 1783

[575] MANGIAROTTI, A.; GOBBI, A.: On the physical origin of tails in the time response of spark counters. In: *Nucl. Inst. and Meth. A* 482 (2002), S. 192. doi: 10.1016/S0168-9002(01)01623-0

[576] MANKEL, R.: Pattern recognition and event reconstruction in particle physics experiments. In: *Rept. Prog. Phys.* 67 (2004), S. 553. doi: 10.1088/0034-4885/67/4/R03

[577] MANKEL, R.; SPIRIDONOV, A.: The Concurrent track evolution algorithm: Extension for track finding in the inhomogeneous magnetic field of the HERA-B spectrometer. In: *Nucl. Inst. and Meth. A* 426 (1999), S. 268. doi: 10.1016/S0168-9002(99)00013-3

[578] *Mantaro Impedance Calculator.* http://www.mantaro.com/resources/impedance_calculator.htm#microstrip_impedance

[579] MAPELLI, A. (ATLAS ALFA Collaboration): ALFA: Absolute Luminosity For ATLAS: Development of a scintillating fibre tracker to determine the absolute LHC luminosity at ATLAS. In: *Nucl. Phys. Proc. Suppl.* 197 (2009), S. 387. doi: 10.1016/j.nuclphysbps.2009.10.110

[580] MARINAS, C. (DEPFET Collaboration): The Belle II DEPFET vertex detector: Current status and future plans. In: *JINST* 7 (2012), S. C02029. doi: 10.1088/1748-0221/7/02/C02029

[581] MARKOV, M.A.: Instrumentation and Beam Diagnostics in the ISR. In: *Proc. 1960 Annual International Conference on High-Energy Physics*, University of Rochester, 1960, S. 578

[582] MARMIER, P.; SHELDON, E.: *Physics of Nuclei and Particles.* New York : Academic Press, 1969

[583] MATHES, M. et al.: Test beam Characterizations of 3D Silicon Pixel detectors. In: *IEEE Trans. Nucl. Sci.* 55 (2008), S. 3731. doi: 10.1109/TNS.2008.2005630

[584] MATHEWS, J.H.; HOWELL, R.W.: *Complex analysis for mathematics and engineering.* Sudbury : Jones and Bartlett Learning, 2006

[585] Maxim Integrated: *ADC Tutorials.* http://www.maximintegrated.com/en/design/techdocs/tutorials

[586] May, P.W.: *CVD Diamond – a New Technology for the Future?* http://www.chm.bris.ac.uk/pt/diamond/end.htm

[587] McPeak, J.: *Radiation Detection Devices: various means to quantify various types of radiation emitted.* http://magnusslayde.wordpress.com/article/radiation-detection-devices-33qgvqgci3cqt-7/. Version: 2010

[588] Meek, J.M.; Craggs, J.D.: *Electrical breakdown of gases.* Clarendon Press, 1954 (International series of monographs on physics). http://www.archive.org/details/electricalbreakd031039mbp

[589] Meidinger, N. et al.: pnCCD for photon detection from near-infrared to X-rays. In: *Nucl. Inst. and Meth. A* 565 (2006), S. 251

[590] Migdal, A.B.: Bremsstrahlung and pair production in condensed media at high-energies. In: *Phys. Rev.* 103 (1956), S. 1811. doi: 10.1103/PhysRev.103.1811

[591] Mikuz, M. et al. (CERN RD-42): Diamond Sensors in HEP. In: *Proc. 36th International Conference on High Energy Physics (ICHEP2012)*, PoS ICHEP2012, 2013, S. 524. http://pos.sissa.it/cgi-bin/reader/conf.cgi?confid=174

[592] Milotti, E.: 1/f noise: a pedagogical review. In: *arXiv:physics/0204033* (2002)

[593] Miyoshi, T. et al.: Recent Progress of Pixel Detector R&D based on SOI Technology. In: *Proc. 2nd International Conference on Technology and Instrumentation in Particle Physics 2011*, Phys. Procedia 37, 2012, S. 1039. doi: 10.1016/j.phpro.2012.02.450

[594] Moliere, G.: Theorie der Streuung schneller geladener Teilchen I. Einzelstreuung am abgeschirmten Coulomb-Feld. In: *Z. Naturforsch.* A2 (1947), S. 133. http://zfn.mpdl.mpg.de/data/Reihe_A/2/ZNA-1947-2a-0133.pdf

[595] Moliere, G.: Theorie der Streuung schneller geladener Teilchen II. Mehrfach- und Vielfachstreuung. In: *Z. Naturforsch.* A3 (1948), S. 78. http://zfn.mpdl.mpg.de/data/Reihe_A/3/ZNA-1948-3a-0078.pdf

[596] Moll, M.; Fretwurst, E.; Lindstrom, G. (RD48(ROSE) Collaboration): Investigation on the improved radiation hardness of silicon detectors with high oxygen concentration. In: *Nucl. Inst. and Meth. A* 439 (2000), S. 282. doi: 10.1016/S0168-9002(99)00842-6

[597] Montgomery, C.G.; Montgomery, D.D.: Geiger-Mueller counters. In: *Journal of the Franklin Institute* 231 (1941), S. 447. doi: 10.1016/S0016-0032(41)90498-2

[598] Morishima, K.; Hamada, K.; Komatani, R.; Nakano, T.; Kodama, K.: Development of an automated nuclear emulsion analyzing system. In: *Radiation Measurements* 50 (2013), S. 237. doi: 10.1016/j.radmeas.2012.06.016. – ICNTS 2011

[599] Morse, P.M.; Feshbach, H.: *Methods of Theoretical Physics, Part I and II.* New York, NY, USA : McGraw-Hill, 1953

[600] Motz, J.W.; Olsen, H.A.; Koch, H.W.: Pair production by photons. In: *Rev. Mod. Phys.* 41 (1969), S. 581. doi: 10.1103/RevModPhys.41.581

[601] NA35 Collaboration: *NA35: sulphur-gold collision.* http://cds.cern.ch/record/39453. Version: Jul. 1991

[602] Nakamura, H.; Kitamura, H.; Hazama, R.: Radiation measurements with heat-proof polyethylene terephthalate bottles. In: *Proc. Roy. Soc. A* 466 (2010), Nr. 2122, S. 2847. doi: 10.1098/rspa.2010.0118

[603] Nakamura, K.: Hyper-Kamiokande: A next generation water Cherenkov detector. In: *Int. J. Mod. Phys.* A18 (2003), S. 4053. doi: 10.1142/S0217751X03017361

[604] Nakamura, K. et al. (Particle Data Group): Review of particle physics. In: *J. Phys.* G37 (2010), S. 075021. doi: 10.1088/0954-3899/37/7A/075021

[605] National Institute of Standards and Technology (NIST): *Engineering Metrology Toolbox.* http://emtoolbox.nist.gov/

[606] NEESER, W.: *Test und Inbetriebnahme von DEPJFET-Detektoren*, Universität Bonn, Diplomarbeit, 1996. BONN-IR-96-31

[607] NEMETHY, P.; ODDONE, P.J.; TOGE, N.; ISHIBASHI, A.: Gated Time Projection Chamber. In: *Nucl. Inst. and Meth.* 212 (1983), S. 273. doi: 10.1016/0167-5087(83)90702-0

[608] NESLADEK, M. et al.: Charge transport in high mobility single crystal diamond. In: *18th European Conference on Diamond, Diamond- Like Materials, Carbon Nanotubes, Nitrides and Silicon Carbide* Bd. 17, 2008, S. 1235

[609] NEUERT, H.: *Kernphysikalische Messverfahren.* Verlag G. Braun, Karlsruhe, 1966

[610] NEYRET, D. et al.: New pixelized Micromegas detector for the COMPASS experiment. In: *JINST* 4 (2009), S. P12004. doi: 10.1088/1748-0221/7/03/C03006

[611] NI, K.: *Development of a Liquid Xenon Time Projection Chamber for the XENON Dark Matter Search*, Columbia University, PhD thesis, 2006. `http://xenon.astro.columbia.edu/thesis/Kaixuan.Ni_Thesis.pdf`

[612] NIEBUHR, C.: Aging in the Central Jet Chamber of the H1 experiment. In: *Nucl. Inst. and Meth. A* 515 (2003), S. 43. doi: 10.1016/j.nima.2003.08.128

[613] NIM COMMITTEE: Standard NIM instrumentation system / DOE/ER. DOE/ER-0457T. 1990. doi: 10.2172/7120327

[614] NISHIDA, S. et al.: Studies of a proximity focusing aerogel RICH for the Belle upgrade. In: *IEEE Nuclear Science Symposium* 3 (2004), S. 1951. doi: 10.1109/NSSMIC.2004.1462628

[615] NMDB: *Neutron Monitor Database.* `http://www.nmdb.eu`

[616] NOVOTNY, R.: Performance of the BaF-2 calorimeter TAPS. In: *Nucl. Phys. Proc. Suppl.* 61B (1998), S. 137. doi: 10.1016/S0920-5632(97)00552-5

[617] NYGREN, D.R.; MARX, J.N.: The Time Projection Chamber. In: *Phys. Today* 31N10 (1978), S. 46. doi: 10.1063/1.2994775

[618] NYQUIST, H.: Thermal agitation of electricity in conductors. In: *Phys. Rev.* 32 (1928), S. 110. doi: 10.1103/PhysRev.32.110

[619] OED, A.: Position Sensitive Detector with Microstrip Anode for electron Multiplication with Gases. In: *Nucl. Inst. and Meth. A* 263 (1988), S. 351

[620] OKUBO, S.; TANAKA, H.K.M.: Imaging the density profile of a volcano interior with cosmic-ray muon radiography combined with classical gravimetry. In: *Measurement Science and Technology* 23 (2012), S. 042001. doi: 10.1088/0957-0233/23/4/042001

[621] OLIVE, K.A. et al. (Particle Data Group): Review of Particle Physics (RPP). In: *Chin.Phys.* C38 (2014), S. 090001. doi: 10.1088/1674-1137/38/9/090001. – RPP wird alle 2 Jahre neu herausgegeben. Den Online-Zugang zu den aktuellen und frühereren Versionen findet man unter `http://pdg.lbl.gov/`

[622] OPPENHEIM, A.V.; WILLSKY, A.S.: *Signals and Systems.* 2nd edition. India : Prentice Hall, 1996. – ISBN 0138147574

[623] OREGLIA, M. et al.: A Study of the Reaction: $\psi' \rightarrow \gamma\gamma J/\psi$. In: *Phys. Rev.* D25 (1982), S. 2259. doi: 10.1103/PhysRevD.25.2259

[624] OXFORD PHYSICS: *BEBC.* `http://www.physics.ox.ac.uk/dwb/BEBC.pdf`. Version: 2014

[625] OYAMA, K. et al.: The transition radiation detector for ALICE at the LHC. In: *Nucl. Inst. and Meth. A* 623 (2010), S. 362. doi: 10.1016/j.nima.2010.02.249

[626] PALLADINO, V.; SADOULET, B.: Application of the Classical Theory of Electrons in Gases to Multiwire Proportional and Drift Chambers. LBL-3013. 1974. `http://www.osti.gov/bridge/servlets/purl/4270437-MpNuaH/4270437.pdf`

[627] PALLADINO, V.; SADOULET, B.: Application of Classical Theory of Electrons in Gases to Drift Proportional Chambers. In: *Nucl. Inst. and Meth.* 128 (1975), S. 323. doi: 10.1016/0029-554X(75)90682-5

[628] PALMONARI, F.M. (CMS Collaboration): CMS tracker performance. In: *Nucl. Inst. and Meth. A* 699 (2013), S. 144. doi: 10.1016/j.nima.2012.06.010

[629] PAN, L.S.; KANIA, D.R.: *Diamond: electronic properties and applications.* Boston, MA : Kluwer Academic Publ., 1995

[630] PANCHESHNYI, S. et al. (The LXCat team): *LXcat Database.* `http://www.lxcat.net`. Version: abgerufen 2014

[631] PAPINI, P. et al.: In-flight performances of the PAMELA satellite experiment. In: *Nucl. Inst. and Meth. A* 588 (2008), S. 259. doi: 10.1016/j.nima.2008.01.052

[632] PARKES, C. et al. (LHCb Collaboration): First LHC beam induced tracks reconstructed in the LHCb VELO. In: *Nucl. Inst. and Meth. A* 604 (2009), S. 1. doi: 10.1016/j.nima.2009.01.215

[633] PARKHOMCHUCK, V.V.; PESTOV, Y.N.; PETROVYKH, N.V.: A spark counter with large area. In: *Nucl. Inst. and Meth.* 93 (1971), S. 269

[634] PARTICLE DATA GROUP: *Atomic and Nuclear Properties of Materials.* `http://pdg.lbl.gov/2014/AtomicNuclearProperties`. – Die aktuelle Version findet man als Link auf `http://pdg.lbl.gov/`

[635] PARTICLE DATA GROUP: *Review of Particle Physics (RPP).* `http://pdg.lbl.gov`

[636] PCIMG: *Open Modular Computing Specifications.* `http://www.picmg.org/`. Version: 2014

[637] PELGROM, Marcel J.: *Analog-to-Digital Conversion.* Berlin-Heidelberg-New York : Springer, 2013. – ISBN 9781461413714

[638] PERIC, I.: A novel monolithic pixelated particle detector implemented in high-voltage CMOS technology. In: *Nucl. Inst. and Meth. A* 582 (2007), S. 876

[639] PERIC, I. et al.: The FEI3 readout chip for the ATLAS pixel detector. In: *Nucl. Inst. and Meth. A* 565 (2006), S. 178. doi: 10.1016/j.nima.2006.05.032

[640] PERKINS, D.H.: *Introduction to High Energy Physics.* Cambridge University Press, 2000. – ISBN 9780521621960

[641] PERL, M.: The Discovery of the Tau-Lepton. In: *[439]* S. 79. – doi: dx.doi.org/10.1017/CBO9780511471094.007

[642] PERL, M.L. et al.: Evidence for Anomalous Lepton Production in e^+e^- Annihilation. In: *Phys. Rev. Lett.* 35 (1975), S. 1489. doi: 10.1103/PhysRevLett.35.1489

[643] PERNEGGER, H. et al.: Charge-carrier properties in synthetic single-crystal diamond measured with the transient-current technique. In: *J. Appl. Phys.* 97 (2005), S. 073704

[644] PESO, J. del; ROS, E.: On the Energy Resolution of Electromagnetic Sampling Calorimeters. In: *Nucl. Inst. and Meth. A* 276 (1989), S. 456. doi: 10.1016/0168-9002(89)90571-8

[645] PESTOTNIK, R. et al.: Aerogel RICH for forward PID at Belle II. In: *Nucl. Inst. and Meth. A* 732 (2013), S. 371. doi: 10.1016/j.nima.2013.06.080

[646] PESTOV, Y.N.: Status and future developments of spark counters with a localized discharge. In: *Nucl. Inst. and Meth.* 196 (1982), S. 45. doi: 10.1016/0029-554X(82)90614-0

[647] PESTOV, Y.N.: The Status of Spark Counters With a Localized Discharge. In: *Nucl. Inst. and Meth. A* 265 (1988), S. 150. doi: 10.1016/0168-9002(88)91066-2

[648] PHILIPP, K.: Zur Existenz der weitreichenden α-Strahlen des Radium C. In: *Naturwissenschaften* 14 (1926), S. 1203. doi: 10.1007/BF01451770

[649] PHILIPPOT, J.C.: Automatic Processing of Diode Spectrometry Results. In: *IEEE Trans. Nucl. Sci.* NS-17/3 (1970), S. 446. doi: 10.1109/TNS.1970.4325723

[650] PIERRE AUGER COLLABORATION : *Pierre Auger Observatory.* `http://auger.org`

[651] PINTILIE, I.; BUDA, M.; FRETWURST, E.; LINDSTROM, G.; STAHL, J.: Stable radiation-induced donor generation and its influence on the radiation tolerance of silicon diodes. In: *Nucl. Inst. and Meth. A* 556 (2006), S. 197. doi: 10.1016/j.nima.2005.10.013

[652] PINTILIE, I.; FRETWURST, E.; LINDSTROM, G.: Cluster related hole traps with enhanced-field-emission: the source for long term annealing in hadron irradiated Si diodes. In: *Appl. Phys. Lett.* 92 (2008), S. 024101. doi: 10.1063/1.2832646

[653] Pintilie, I.; Lindstroem, G.; Junkes, A.; Fretwurst, E.: Radiation-induced point- and cluster-related defects with strong impact on damage properties of silicon detectors. In: *Nucl. Inst. and Meth. A* 611 (2009), S. 52. doi: 10.1016/j.nima.2009.09.065

[654] Pinto, S.D.: Micropattern gas detector technologies and applications the work of the RD51 collaboration. In: *IEEE Nuclear Science Symposium (NSS/MIC)*, 2010, S. 802. doi: 10.1109/NSSMIC.2010.5873870

[655] Pitzl, D. et al.: The H1 silicon vertex detector. In: *Nucl. Inst. and Meth. A* 454 (2000), S. 334. doi: 10.1016/S0168-9002(00)00488-5

[656] Plewnia, S. et al.: A sampling calorimeter with warm-liquid ionization chambers. In: *Nucl. Inst. and Meth. A* 566 (2006), S. 422. doi: 10.1016/j.nima.2006.07.051

[657] Polyanskiy, M.: *Refractive Index Info.* `http://refractiveindex.info`

[658] Porro, M. et al.: Spectroscopic performance of the DePMOS detector/amplifier device with respect to different filtering techniques and operating conditions. In: *IEEE Trans. Nucl. Sci.* 53 (2006), S. 401

[659] Powell, C.F.: *Nobel Lecture: The cosmic radiation.* `http://www.nobelprize.org/nobel_prizes/physics/laureates/1950/powell-lecture.html`

[660] Powell, C.F.: Mesons. In: *Rept.Prog.Phys.* 13 (1950), S. 350. doi: 10.1088/0034-4885/13/1/309

[661] Press, W.H.: Flicker Noises in Astronomy and Elsewhere. In: *Comments Astrophys.* 7 (1978), S. 103

[662] Prosenjit, R.-C.: *Handbook of microlithography, micromachining, and microfabrication.* London : Institution of Engineering and Technology, 1997. – ISBN 0852969066

[663] Qiu, Xi-Yu et al.: Position reconstruction in fission fragment detection using the low pressure MWPC technique for the JLab experiment E02-017. In: *Chinese Physics C* 38 (2014), S. 074003. doi: 10.1088/1674-1137/38/7/074003

[664] Quadt, A.: *Darstellung von Stereo-Drahtlagen in einer zylindrischen Driftkammer.* 2003. – private Mitteilung

[665] Radeka, V.: Low-Noise Techniques in Detectors. In: *Ann. Rev. Nucl. Part. Sci* 38 (1988), S. 217. doi: 10.1146/annurev.ns.38.120188.001245

[666] Radeka, V.: *The sign in Ramo's equation.* 2011. – private Mitteilung

[667] Radeka, V.; Rehak, P.: Second Coordinate Readout in Drift Chambers by Charge Division. In: *IEEE Trans. Nucl. Sci.* 25 (1978), S. 46

[668] Raether, H.: Electron Avalanches and Breakdown in Gases. In: *Butterworth Advanced Physics Series, London* (1964)

[669] Raizer, Y.P.: *Gas Discharge Physics.* Springer-Verlag, 1991 doi: 10.1007/978-3-642-61247-3. – ISBN 9783642647604

[670] Ramanantsizehena, P.; Gresser, J.; Schultz, G.: Computations of Drift Velocities for Chambers Working in Magnetic Fields. In: *Nucl. Inst. and Meth.* 178 (1980), S. 253. doi: 10.1016/0029-554X(80)90886-1

[671] Ramo, S.: Currents Induced by Electron Motion. In: *Proceedings of the I.R.E* 27 (1939), S. 584. doi: 10.1109/JRPROC.1939.228757

[672] Ramsauer, C.: Über den Wirkungsquerschnitt der Gasmoleküle gegenüber langsamen Elektronen. In: *Annalen der Physik* 369 (1921), S. 513. doi: 10.1002/andp.19213690603

[673] Ratti, L. et al.: CMOS MAPS with Fully Integrated, Hybrid-pixel-like Analog Front-end Electronics. In: *eConf* C0604032 (2006), S. 0008

[674] Raymond, M. et al.: The CMS tracker APV25 0.25-mu-m CMOS readout chip. In: *6th Workshop on Electronics for LHC Experiments, Krakow, Poland*, 2000, S. 130. doi: 10.5170/CERN-2000-010.130

[675] Rehak, P. et al.: Progress in Semiconductor Drift Detectors. In: *Nucl. Inst. and Meth. A* 248 (1986), S. 367. doi: 10.1016/0168-9002(86)91021-1

[676] Reilly, D.; Ensslin, N.; Smith, H.: *Passive Non-Destructive Assay of Nuclear Materials.* The Commission, 1991. – ISBN 0160327245, 9780160327247

[677] Reines, F.; Cowan, C.: The Reines-Cowan experiments: Detecting the Poltergeist. In: *Los Alamos Sci.* 25 (1997), S. 4. http://library.lanl.gov/cgi-bin/getfile?00326606.pdf

[678] Reines, F.; Cowan, C.L.: Detection of the free neutrino. In: *Phys.Rev.* 92 (1953), S. 830. doi: 10.1103/PhysRev.92.830

[679] RENO Collaboration: *Reactor Experiment for Neutrino Oscillation.* http://hcpl.knu.ac.kr/neutrino/neutrino.html

[680] Rice-Evans, P.: Spark and streamer chambers. In: *J. Phys. E: Sci. Instrum.* 2 (1969), S. 221. doi: 10.1088/0022-3735/2/3/201

[681] Rice-Evans, P.: *Spark, Streamer, proportional and drift chambers.* Richelieu Press, 1974. – ISBN 9780903840002

[682] Riege, H.: *High-frequency and pulse response of coaxial transmission cables with conductor, dielectric and semiconductor losses.* 1970. – Report CERN-70-04

[683] Riegler, W.; Aglieri Rinella, G.: Point charge potential and weighting field of a pixel or pad in a plane condenser. In: *Nucl. Inst. and Meth. A* 767 (2014), S. 267. doi: 10.1016/j.nima.2014.08.044

[684] Riegler, W.; Lippmann, C.: The physics of resistive plate chambers. In: *Nucl. Inst. and Meth. A* 518 (2004), S. 86. doi: 10.1016/j.nima.2003.10.031

[685] Riegler, W.; Lippmann, C.; Veenhof, R.: Detector physics and simulation of resistive plate chambers. In: *Nucl. Inst. and Meth. A* 500 (2003), S. 144. doi: 10.1016/S0168-9002(03)00337-1

[686] Robinson, F.N.H. (Hrsg.): *Noise in electrical circuits.* Oxford University Press, London, 1962

[687] Rochester, G.D.; Wilson, J.G.: *Cloud chamber photographs of the cosmic radiation.* Academic Press, Pergamon Press, 1952

[688] Rodnyi, P.A.: Core-valance transitions in wide-gap ionic crystals. In: *Sov. Phys. Solid State* 34 (1992), S. 1053

[689] Rodnyi, P.A.: Progress in fast scintillators. In: *Radiat. Meas.* 33 (2001), S. 605. doi: 10.1016/S1350-4487(01)00068-3

[690] Rogalla, M.: *Systematic Investigation of Gallium Arsenide Radiation Detectors for High Energy Physics Experiments.* Shaker, 1997. – ISBN 9783826539206

[691] ROOT Development Team: *class ROOT::Math::Vavilov.* http://root.cern.ch/root/html/ROOT__Math__Vavilov.html

[692] ROOT Development Team: *ROOT web page.* http://root.cern.ch/drupal/

[693] Rose, M.E.; Korff, S.A.: An Investigation of the Properties of Proportional Counters I. In: *Phys. Rev.* 59 (1941), S. 850. doi: 10.1103/PhysRev.59.850

[694] Rossi, B.; Greisen, K.: Cosmic-Ray Theory. In: *Rev. Mod. Phys.* 13 (1941), Oct, S. 240. doi: 10.1103/RevModPhys.13.240

[695] Rossi, B.B.: *High Energy Particles.* 1st edition. Prentice-Hall, 1952

[696] Rossi, B.B.: *Cosmic rays.* McGraw-Hill, 1964 https://archive.org/details/CosmicRays_281

[697] Rossi, L.; Fischer, P.; Rohe, T.; Wermes, N.: *Pixel Detectors: From Fundamentals to Applications.* Berlin, Heidelberg : Springer, 2006

[698] Ruch, J.G.; Kino, G.S.: Measurement of the Velocity-Field Characteristics of Gallium Arsenide. In: *Appl. Phys. Lett.* 10 (1967), S. 40

[699] Ruchti, R.C.: The use of scintillating fibers for charged-particle tracking. In: *Ann. Rev. Nucl. Part. Sci.* 46 (1996), S. 281. doi: 10.1146/annurev.nucl.46.1.281

[700] RULAND, A.M.: Performance and operation of the BaBar calorimeter. In: *J. Phys. Conf. Ser.* 160 (2009), S. 012004. doi: 10.1088/1742-6596/160/1/012004

[701] RUTHERFORD, E.: The Scattering of α and β Particles by Matter and the Structure of the Atom. In: *Phil. Mag.* 21 (1911), S. 669. doi: 10.1080/14786440508637080

[702] RUTHERFORD, E.; GEIGER, H.; HARLING, J.: An Electrical Method of Counting the Number of α-Particles from Radio-Active Substances. In: *Proc. Roy. Soc. A* 81 (1908), S. 141. doi: 10.1098/rspa.1908.0065

[703] SANFILIPPO, S.: Hall probes: physics and application to magnetometry. In: *arXiv:1103.1271* (2011)

[704] SANTONICO, R.; CARDARELLI, R.: Development of Resistive Plate Counters. In: *Nucl. Inst. and Meth.* 187 (1981), S. 377. doi: 10.1016/0029-554X(81)90363-3

[705] SAULI, F.: *GDD: Gaseous Detector Development, CERN web page.* `http://gdd.web.cern.ch/GDD/`

[706] SAULI, F.: Principles of Operation of Multiwire Proportional and Drift Chambers. In: *[323]* S. 79. – doi: 10.1142/9789814355988_0002. – Nachdruck von CERN-Report 77-09

[707] SAULI, F. (Hrsg.): *Instrumentation in High Energy Physics.* World Scientific, 1992 (Advanced series on directions in high energy physics). `http://www.worldscientific.com/worldscibooks/10.1142/1356`. – ISBN 9789810214739

[708] SAULI, F.: GEM: A new concept for electron amplification in gas detectors. In: *Nucl. Inst. and Meth. A* 386 (1997), S. 531. doi: 10.1016/S0168-9002(96)01172-2

[709] SAULI, F.: Fundamental understanding of aging processes: Review of the workshop results. In: *Nucl. Inst. and Meth. A* 515 (2003), S. 358. doi: 10.1016/j.nima.2003.09.024

[710] SAULI, F.: *Gaseous Radiation Detectors – Fundamentals and Applications.* 1. Auflage. Cambridge : Cambridge University Press, 2014 doi: 10.1017/CBO9781107337701. – Cambridge Monographs on Particle Physics, Nuclear Physics and Cosmology. (No. 36)

[711] SAULI, F.; SHARMA, A.: Micropattern gaseous detectors. In: *Ann. Rev. Nucl. Part. Sci.* 49 (1999), S. 341. doi: 10.1146/annurev.nucl.49.1.341

[712] SAUTER, E.: *Grundlagen des Strahlenschutzes.* Fachbuchverlag, Leipzig, 1983

[713] SCHADE, P.; KAMINSKI, J. (LCTPC Collaboration): A large TPC prototype for a linear collider detector. In: *Nucl. Inst. and Meth. A* 628 (2011), S. 128. doi: 10.1016/j.nima.2010.06.300

[714] SCHIECK, J. (DEPFET): DEPFET pixels as a vertex detector for the Belle II experiment. In: *Nucl. Inst. and Meth. A* 732 (2013), S. 160. doi: 10.1016/j.nima.2013.05.054

[715] SCHIFF, L.I.: *Quantum mechanics.* 3rd edition. Auckland McGraw-Hill, 1987 `http://archive.org/details/QuantumMechanics_500`. – ISBN 007Y856435

[716] SCHMIDT, A. (CMS Collaboration): Performance of track and vertex reconstruction and b-tagging studies with CMS in p p collisions at s**(1/2) = 7-TeV. In: *PoS* KRUGER2010 (2011), S. 032

[717] SCHMIDT, B.: *Drift und Diffusion von Elektronen in Methan und Methan-Edelgas-Mischungen*, Universität Heidelberg, Dissertation, 1986. `http://d-nb.info/910174938`

[718] SCHMIDT, T.: *Aufbau und Funktionsnachweis eines Optischen Moduls mit optisch-analoger Pulsübertragung für den AMANDA-II- und ICECUBE-Detektor*, Humboldt-Universität Berlin, Dissertation, 2002. `http://edoc.hu-berlin.de/dissertationen/schmidt-torsten-2002-11-15/PDF/Schmidt.pdf`

[719] SCHNEIDER, B.: *Computation of the Space Drift Time Relation in Arbitrary Magnetic Fields*, Universität Bonn, Diplomarbeit, 1987. `http://www-lib.kek.jp/cgi-bin/img_index?200030077`. BONN-IR-87-19

[720] SCHOTTKY, W.: Über spontane Stromschwankungen in verschiedenen Elektrizitätsleitern. In: *Ann. Phys.* 362 (1918), S. 541. doi: 10.1002/andp.19183622304

[721] SCHOTTKY, W.: Zur Berechnung und Beurteilung des Schroteffektes. In: *Ann. Phys.* 373 (1922), S. 157. doi: 10.1002/andp.19223731007

[722] Schottky, W.: Small-Shot Effect and Flicker Effect. In: *Phys. Rev.* 28 (1926), S. 74. doi: 10.1103/PhysRev.28.1331

[723] Schreiner, A.: *Aging Studies of Drift Chambers of the HERA-B Outer Tracker Using CF_4-based Gases*, Humboldt-Universität zu Berlin, Dissertation, 2001. http://edoc.hu-berlin.de/docviews/abstract.php?id=10412

[724] Schultz, G.; Gresser, J.: A Study of Transport Coefficients of Electrons in Some Gases Used in Proportional and Drift Chambers. In: *Nucl. Inst. and Meth.* 151 (1978), S. 413. doi: 10.1016/0029-554X(78)90151-9

[725] Schumacher, J.O.; Wettling, W.: *Device physics of silicon solar cells.* Imperial College Press, London, 2001

[726] Schuster, P.M. The scientific life of Victor Franz (Francis) Hess (June 24, 1883 – December 17, 1964). In: *Astropart. Phys.* 53 (2014), S. 33. doi: 10.1016/j.astropartphys.2013.05.005

[727] Schwanke, U.: *Aufbau und Durchführung von Testexperimenten mit Wabendriftkammern für das HERA-B Experiment*, Humboldt-Universität zu Berlin, Diplomarbeit, 1996. http://edoc.hu-berlin.de/docviews/abstract.php?id=3019

[728] Schwiening, J.: *BaBar DIRC.* 2013. – private Mitteilung

[729] Schyns, E.: Status of large area CsI photocathode developments. In: *Nucl. Inst. and Meth. A* 494 (2002), S. 441. doi: 10.1016/S0168-9002(02)01520-6

[730] Sclar, N.: Neutral Impurity Scattering in Semiconductors. In: *Phys. Rev.* 104 (1956), S. 1559. doi: 10.1103/PhysRev.104.1559

[731] Seeger, K.: *Semiconductor Physics.* Springer, 2004

[732] Segal, J.D. et al.: Second generation monolithic full-depletion radiation sensor with integrated CMOS circuitry. In: *IEEE Nucl. Sci. Symp. Conf. Rec.* 2010 (2010), S. 1896. doi: 10.1109/NSSMIC.2010.5874104

[733] Seguinot, J.; Ypsilantis, T.: Evolution of the RICH Technique. In: *Nucl. Inst. and Meth. A* 433 (1999), S. 1. doi: 10.1016/S0168-9002(99)00543-4

[734] Seitz, F.: On the Theory of the Bubble Chamber. In: *Physics of Fluids* 1 (1958), S. 2. doi: 10.1063/1.1724333

[735] Seltzer, S.M.; Berger, M.J.: Bremsstrahlung spectra from electron interactions. In: *Nucl. Inst. and Meth.* B12 (1985), S. 95

[736] Seo, E.S.: Direct measurements of cosmic rays using balloon borne experiments. In: *Astropart. Phys.* 39-40 (2012), S. 76. doi: 10.1016/j.astropartphys.2012.04.002

[737] Serrano, J. et al.: The White Rabbit Project. In: *of the 12th International Conference on Accelerator & Large Experimental Physics Control Systems (ICALEPCS2009), Kobe, Japan, 2009*, 2009, S. 93. http://accelconf.web.cern.ch/AccelConf/ICALEPCS2009/papers/tuc004.pdf

[738] Shapiro, M.M.: Nuclear Emulsions. In: *[264]* S. 342. – doi: 10.1007/978-3-642-45903-0_8

[739] Sharma, A.: Properties of some gas mixtures used in tracking detectors. SLAC-J-ICFA-16-3. 1998. http://www.slac.stanford.edu/pubs/icfa/summer98/paper3/paper3.pdf

[740] Shockley, A.: Currents to conductors induced by a moving point charge. In: *J. Appl. Phys.* 9 (1938), S. 635

[741] Shockley, W.: The Theory of p-n Junctions and p-n Junction Transistors. In: *Bell Syst. Tech. J.* 28 (1949), S. 435

[742] Shockley, W.: *Electrons and Holes in Semiconductors: With Applications to Transistor Electronics.* Van Nostrand Reinhold, 1950 (The Bell Telephone Laboratories series). https://archive.org/details/ElectronsAndHolesInSemiconductors

[743] Shockley, W.; Read, T.W.: Statistics of the recombinstion of holes and electrons. In: *Phys. Rev.* 87 (1952), S. 835

[744] Singh, J.: *Physics of Semiconductors and their Heterostructures.* McGraw-Hill, New York, 1993

[745] SIRRI, G.: Fast automated scanning of OPERA emulsion films. In: *Nucl. Phys. Proc. Suppl.* 172 (2007), S. 324. doi: 10.1016/j.nuclphysbps.2007.08.144

[746] SMIRNOV, D. (D0 Collaboration): Status of the D0 fiber tracker and preshower detectors. In: *Nucl. Inst. and Meth. A* 598 (2009), S. 94. doi: 10.1016/j.nima.2008.08.085

[747] SMITH, P.; INOUE, M.; FREY, J.: Electron Velocity in Si and GaAs at Very High Electric Fields. In: *Appl. Phys. Lett.* 37 (1980), S. 797

[748] SONNENSCHEIN, L. (CMS Collaboration): Drift velocity monitoring of the CMS muon drift chambers. In: *PoS* HCP2009 (2009), S. 101. `http://pos.sissa.it/archive/conferences/102/101/HCP2009_101.pdf`

[749] SPIELER, H.: *Semiconductor Detector Systems.* Oxford University Press, 2005 doi: 10.1093/acprof:oso/9780198527848.001.0001

[750] SPROUL, A.B.; GREEN, M.A.: Intrinsic carrier concentration and minority-carrier mobility of silicon from 77 to 300 K. In: *J. Appl. Phys.* 73 (1993), S. 1214. doi: 10.1063/1.353288

[751] SPROUL, A.B.; GREEN, M.A.; ZHAO, J.: Improved value for the silicon intrinsic carrier concentration at 300 K. In: *Appl. Phys. Lett.* 57 (1990), S. 255. doi: 10.1063/1.103707

[752] SROUR, J.R.; PALKO, J.W.: Displacement Damage Effects in Irradiated Semiconductor Devices. In: *IEEE Trans. Nucl. Sci.* 60 (2013), S. 1740

[753] STANEV, T.; VANKOV, C.; STREITMATTER, R.E.; ELLSWORTH, R.W.; BOWEN, T.: Development Of Ultrahigh-Energy Electromagnetic Cascades In Water And Lead Including The Landau-Pomeranchuk-Migdal Effect. In: *Phys. Rev.* D25 (1982), S. 1291. doi: 10.1103/PhysRevD.25.1291

[754] STERNHEIMER, R.M.; BERGER, M.J.; SELTZER, S.M.: Density effect for the ionization loss of charged particles in various substances. In: *Atomic Data and Nuclear Data Tables* 30 (1984), Nr. 2, S. 261. doi: 10.1016/0092-640X(84)90002-0

[755] STOKES, T. (Hamamatsu Inc.): *Ävalanche Photodiodes Theory and Applications".* `http://www.photonicsonline.com/doc/avalanche-photodiodes-theory-and-applications-0001`. Version: 2005

[756] STONE, S.L. et al.: Characteristics of Electromagnetic Shower Sampling Counters. In: *Nucl. Inst. and Meth.* 151 (1978), S. 387. doi: 10.1016/0029-554X(78)90148-9

[757] STRUDER, L.: Recent Developments in Semiconductor Detectors and On Chip Electronics. In: *Nucl. Inst. and Meth. A* 283 (1989), S. 387. doi: 10.1016/0168-9002(89)91390-9

[758] STRÜDER, L. et al.: Fully Depleted, backside illuminated, spectroscopic active pixel sensors from the infrared to X-rays. In: *Proc. SPIE, X-Ray Optics, Instruments, and Missions III* Bd. 4012, 2000, S. 200. doi: 10.1117/12.391556

[759] STRUDER, L. et al.: The European Photon Imaging Camera on XMM-Newton: The pn-CCD camera. In: *Astron.Astrophys.* 365 (2001), S. L18

[760] STRÜDER, L.; SOLTAU, H.: High Resolution Silicon Detectors for Photons and Particles. In: *Radiation Protection Dosimetry* 61 (1995), S. 39. `http://rpd.oxfordjournals.org/content/61/1-3/39.abstract`

[761] SUPER-KAMIOKANDE: *official web site.* `http://www-sk.icrr.u-tokyo.ac.jp/sk`

[762] SUYAMA, M. et al.: A hybrid photodetector (HPD) with a III-V photocathode. In: *IEEE Trans. Nucl. Sci.* 45 (1998), S. 572

[763] SWISS WAFERS AG: *Mono-Silizium Wafers.* `http://www.swisswafers.ch/d/products/monosiliconwa.html`

[764] SYNOPSYS: *TCAD: Technology Computer Aided Design.* `http://www.synopsys.com/tools/tcad/`, Abruf: 2014

[765] SZE, S.M.: *Semiconductor Devices, Physics and Technology.* Wiley, Aufl. 2 (1985). – ISBN 0471874248

[766] SZE, S.M.; LEE, M.K.: *Semiconductor Devices, Physics and Technology.* Wiley, Aufl. 3 (2012). – ISBN 9780470537947

[767] Sze, S.M.; Ng, K.K.: *Physics of Semiconductor Devices (3rd ed.).* Wiley, 2007 doi: 10.1002/0470068329

[768] Taft, B.A.; Hickey, B.M.; Wunsch, C.; Jr., D.J. B.: Equatorial undercurrent and deeper flows in the central Pacific. In: *Deep Sea Research* 21 (1974), S. 403

[769] Tani, T.: Characterization of nuclear emulsions in overview of photographic emulsions. In: *Proc. 24th International Conference on Nuclear Tracks in Solids*, Radiation Measurements 44, 2009, S. 733. doi: 10.1016/j.radmeas.2009.10.051

[770] Taylor, R.E.: *Nobel Lecture: Deep Inelastic Scattering: The Early Years.* http://www.nobelprize.org/nobel_prizes/physics/laureates/1990/taylor-lecture.html

[771] Techniklexikon: *Zonenschmelzverfahren.* http://www.techniklexikon.net/d/zonenschmelzverfahren/zonenschmelzverfahren.htm

[772] Ter-Mikaelian, M.L.: Emission of fast particles in a heterogeneous medium. In: *Nucl. Phys.* 24 (1961), S. 43

[773] Thom, J.: *Vorbereitung eines Experimentes zur Messung der $B_0^s \overline{B_0^s}$-Mischung bei HERA-B*, Universität Hamburg, Diplomarbeit, 1996. http://www-hera-b.desy.de/general/thesis/diploma/diploma_julia_thom.ps.gz

[774] Thomson, E.J. et al.: Online track processor for the CDF upgrade. In: *Nuclear Science, IEEE Transactions on* 49 (2002), S. 1063. doi: 10.1109/TNS.2002.1039615

[775] Thomson, M.A.: Particle Flow Calorimetry and the PandoraPFA Algorithm. In: *Nucl. Inst. and Meth. A* 611 (2009), S. 25. doi: 10.1016/j.nima.2009.09.009

[776] Thornber, K.K.: Relation of drift velocity to lowfield mobility and highfield saturation velocity. In: *J. Appl. Phys.* 51 (1980), S. 2127

[777] Tosi, D.: *Measurement of acoustic attenuation in South Pole ice with a retrievable transmitter*, Humboldt Universität zu Berlin, Doktorarbeit, 2010. http://edoc.hu-berlin.de/docviews/abstract.php?id=37227

[778] Townsend, J.S.: *Electrons in Gases.* London, New York : Hutchinson, 1948

[779] Townsend, J.S.; Tizard, H.: The Motion of Electrons in Gases. In: *Proc. Roy. Soc. A* 88 (1913), S. 336. doi: 10.1098/rspa.1913.0034

[780] Toyama, T. et al. (CTA Consortium): Novel Photo Multiplier Tubes for the Cherenkov Telescope Array Project. In: *arXiv:1307.5463* (2013)

[781] Treis, J. et al.: DEPMOSFET Active Pixel Sensor Prototypes for the XEUS Wide Field Imager. In: *IEEE Trans. Nucl. Sci.* 52 (2005), S. 1083. doi: 10.1109/TNS.2005.852673

[782] Tsagli, S. et al. (NESTOR Collaboration): Recent measurements on the Hamamatsu 13-in., R8055,PhotoMultiplier tubes. In: *Nucl. Inst. and Meth. A* 567 (2006), S. 511. doi: 10.1016/j.nima.2006.05.176

[783] Tsai, Y.-S.: Pair Production and Bremsstrahlung of Charged Leptons. In: *Rev.Mod.Phys.* 46 (1974), S. 815. doi: 10.1103/RevModPhys.46.815, 10.1103/RevModPhys.49.421

[784] Tsung, J.-W. et al.: Signal and noise of Diamond Pixel Detectors at High Radiation Fluences. In: *JINST* 7 (2012), S. P09009. doi: 10.1088/1748-0221/7/09/P09009

[785] Turchetta, R.: Spatial resolution of silicon microstrip detectors. In: *Nucl. Inst. and Meth. A* 335 (1993), S. 44. doi: 10.1016/0168-9002(93)90255-G

[786] Turchetta, R. et al.: A monolithic active pixel sensor for charged particle tracking and imaging using standard VLSI CMOS technology. In: *Nucl. Inst. and Meth. A* 458 (2001), S. 677. doi: 10.1016/S0168-9002(00)00893-7

[787] Ulrici, J. et al.: Imaging performance of a DEPFET pixel Bioscope system in Tritium autoradiography. In: *Nucl. Inst. and Meth. A* 547 (2005), S. 424

[788] Unal, G. (NA48 Collaboration): Performances of the NA48 liquid krypton calorimeter. In: *Frascati Phys. Ser. vol. 21* Bd. 21, 2001, S. 361. *arXiv:hep-ex/0012011*

[789] Van Overstraeten, R.; De Man, H.: Measurement of the ionization rates in diffused silicon p-n junctions. In: *Solid State Electron.* 13 (1970), S. 583. doi: 10.1016/0038-

1101(70)90139-5

[790] VAVILOV, P.V.: Ionization losses of high-energy heavy particles. In: *Sov. Phys. JETP* 5 (1957), S. 749

[791] VAVRA, J: Physics and chemistry of aging: Early developments. In: *Nucl. Inst. and Meth. A* 515 (2003), S. 1. doi: 10.1016/j.nima.2003.08.124

[792] VEENHOF, R.: *Garfield – simulation of gaseous detectors.* `http://garfield.web.cern.ch/garfield/`

[793] VEENHOF, R.: GARFIELD, recent developments. In: *Nucl. Inst. and Meth. A* 419 (1998), S. 726. doi: 10.1016/S0168-9002(98)00851-1

[794] VERITAS COLLABORATION: *VERITAS.* `http://veritas.sao.arizona.edu`

[795] VOIGT, B.: *Sensitivity of the IceCube detector for ultra-high energy electron-neutrino events*, Humboldt Universität zu Berlin, Doktorarbeit, 2008. `http://edoc.hu-berlin.de/docviews/abstract.php?id=29421`

[796] VOSS, R.F.; CLARKE, J.: '1/f noise' in music and speech. In: *Nature* 258 (1975), S. 317. doi: 10.1038/258317a0

[797] WAGNER, A.: *Messverteilungen zur Testdriftkammer FSP des OPAL-Experiments.* 1991. – private Mitteilung

[798] WALD, F.V.; BELL, R.O.: Halogen-doped Cadmium Telluride for Detection of Gamma-Rays. In: *Nature-Physical Science* 237 (1972), S. 13

[799] WALENTA, A.H.; FISCHER, J.; OKUNO, H.; WANG, C.L.: Measurement Of The Ionization Loss In The Region Of Relativistic Rise For Noble And Molecular Gases. In: *Nucl. Inst. and Meth.* 161 (1979), S. 45. doi: 10.1016/0029-554X(79)90360-4

[800] WALENTA, A.H.; HEINTZE, J.; SCHUERLEIN, B.: The multiwire drift chamber, a new type of proportional wire chamber. In: *Nucl. Inst. and Meth.* 92 (1971), S. 373

[801] WARD, M.L.; GREENWOOD, P.E.: *1/f noise: a pedagogical review.* Scholarpedia 2(12):1537, 2007

[802] WATANABE, S. et al.: High energy resolution hard X-ray and gamma-ray imagers using CdTe diode devices. In: *IEEE Trans. Nucl. Sci.* 56 (2009), S. 777. doi: 10.1109/TNS.2008.2008806

[803] WAYNE, M.R.: Visible light photon counters and the D0 scintillating fiber tracker. In: *Nucl. Inst. and Meth.* 387 (1997), S. 278

[804] WEBER, S. G.; ANDRONIC, A.: *ALICE event display of a Pb-Pb collision at 2.76A TeV.* `https://cds.cern.ch/record/2032743`. Version: Juli 2015

[805] WEILAND, T. et al.: *The Finite Integration Technique and the MAFIA™ software package.* `http://www.temf.tu-darmstadt.de/forschung_5/fitmafia/fit.de.jsp`

[806] WEISSTEIN, E.: *Wolfram MathWorld.* `http://mathworld.wolfram.com/`

[807] WERMES, N.: Trends in pixel detectors: Tracking and imaging. In: *IEEE Trans. Nucl. Sci.* 51 (2004), S. 1006. doi: 10.1109/TNS.2004.829438

[808] WESTCOTT, C.H.: A Study of Expected Loss Rates in the Counting of Particles from Pulsed Sources. In: *Proc. Roy. Soc. A* 194 (1948), S. 508. doi: 10.1098/rspa.1948.0094

[809] WIGMANS, R.: On the energy resolution of Uranium and other hadron calorimeters. In: *Nucl. Inst. and Meth. A* 259 (1987), S. 389. doi: 10.1016/0168-9002(87)90823-0

[810] WIGMANS, R.: High Resolution Hadronic Calorimetry. In: *Nucl. Inst. and Meth. A* 265 (1988), S. 273. doi: 10.1016/0168-9002(88)91081-9

[811] WIGMANS, R.: Advances in hadron calorimetry. In: *Ann. Rev. Nucl. Part. Sci* 41 (1991), S. 133. doi: 10.1146/annurev.ns.41.120191.001025

[812] WIGMANS, R.: *Calorimetry.* Oxford Science Publications, 2000

[813] WIGMANS, R.: The DREAM project – Towards the ultimate in calorimetry. In: *Proc. 11th Pisa Meeting on Advanced Detectors*, Nucl. Inst. and Meth. A 617, 2010, S. 129. doi: 10.1016/j.nima.2009.09.118

[814] WIKIPEDIA: *Complementary Metal Oxide Semiconductor.* http://de.wikipedia.org/wiki/Complementary_metal-oxide-semiconductor

[815] WIKIPEDIA: *Diamantstruktur.* http://de.wikipedia.org/wiki/Diamantstruktur, Abruf: 2014

[816] WIKIPEDIA: *Ethernet.* http://de.wikipedia.org/wiki/Ethernet, Abruf: 1.8.2014

[817] WIKIPEDIA: *Feldeffekttransistor.* http://de.wikipedia.org/wiki/Feldeffekttransistor, Abruf: 2014

[818] WIKIPEDIA: *Massenwirkungsgesetz.* http://de.wikipedia.org/wiki/Massenwirkungsgesetz, Abruf: 2014

[819] WIKIPEDIA: *Metall-Oxid-Halbleiter-Feldeffekttransistor.* http://de.wikipedia.org/wiki/Metall-Oxid-Halbleiter-Feldeffekttransistor, Abruf: 2014

[820] WIKIPEDIA: *Zinkblende-Struktur.* http://de.wikipedia.org/wiki/Zinkblende-Struktur, Abruf: 2014

[821] WIKIPEDIA: *Zonenschmelzverfahren.* http://de.wikipedia.org/wiki/Zonenschmelzverfahren

[822] WILKINSON, D.H.: A stable Ninety-Nine Channel Pulse Amplitude Analyser for Slow Counting. In: *Proc. Cambridge Phil. Soc.* 46(3) (1950), S. 508

[823] WILLE, K.: *The Physics of Particle Accelerators: An Introduction.* Oxford University Press, 2000

[824] WILLEKE, F.J.: Experiences with the HERA Lepton-Proton Collider. In: *Proccedings of the 4th Particle Accelerator Conference APAC 2007*, RRCAT, Indore, India, 2007, S. 842. http://accelconf.web.cern.ch/AccelConf/a07/PAPERS/FRYMA01.PDF

[825] WILLIAMS, E.J.; TERROUX, F.R.: Investigation of the Passage of „Fast“ β-Particles through Gases. In: *Proc. Roy. Soc. A* 126 (1930), S. 289. doi: 10.1098/rspa.1930.0008

[826] WILLIAMS, M.C.S.: Particle identification using time of flight. In: *J.Phys.* G39 (2012), S. 123001. doi: 10.1088/0954-3899/39/12/123001

[827] WILSON, C.T.R.: *Nobel Lecture: On the Cloud Method of Making Visible Ions and the Tracks of Ionizing Particles.* Nobelprize.org. Nobel Media AB 2013. Web. 3 Jan 2014. http://www.nobelprize.org/nobel_prizes/physics/laureates/1927/wilson-lecture.html

[828] WINK, R. et al.: The Miniaturized proportional counter HD-2 (Fe) / (Si) for the GALLEX solar neutrino experiment. In: *Nucl. Inst. and Meth. A* 329 (1993), S. 541. doi: 10.1016/0168-9002(93)91289-Y

[829] WINN, D.R.; WORSTELL, W.A.: Compensating Hadron Calorimeters with Cherenkov Light. In: *IEEE Trans. Nucl. Sci.* 36 (1989), S. 334. doi: 10.1109/23.34459

[830] WIZA, J.L.: Microchannel plate detectors. In: *Nucl. Inst. and Meth.* 162 (1979), S. 587. doi: 10.1016/0029-554X(79)90734-1

[831] WU, J. et al.: The performance of the TOFr tray in STAR. In: *Nucl. Inst. and Meth. A* 538 (2005), S. 243. doi: 10.1016/j.nima.2004.08.105

[832] WUNSTORF, R.: *Systematische Untersuchungen zur Strahlenresistenz von Silizium-Detektoren für die Verwendung in Hohenergiephysikexperimenten*, Universität Hamburg, Doktorarbeit, 1992. http://www-library.desy.de/preparch/desy/int_rep/fh1k-92-01.pdf. DESY FHIK-92-01

[833] XU, Yichao et al.: A New Beam Profile Diagnostic System based on the Industrial Ethernet. In: *Proc. of the 1st International Particle Accelerator Conference, Kyoto (IPAC10)*, 2010, S. MOPE033. http://accelconf.web.cern.ch/AccelConf/IPAC10/papers/mope033.pdf

[834] YAJIMA, K. et al.: Measurements of Cosmic-Ray Neutron Energy Spectra from Thermal to 15 MeV with Bonner Ball Neutron Detector in Aircraft. In: *J. of Nuclear Science and Technology* 47 (2010), S. 31. doi: 10.1080/18811248.2010.9711934

[835] YAMAMOTO, A.; MAKIDA, Y.: Advances in superconducting magnets for high energy and astroparticle physics. In: *Nucl. Inst. and Meth. A* 494 (2002), S. 255. doi: 10.1016/S0168-9002(02)01477-8

[836] Yamamoto, H.: dE/dx particle identification for collider detectors. In: *arXiv:hep-ex/9912024* (1999)

[837] Yasuda, H.: New insights into aging phenomena from plasma chemistry. In: *Nucl. Inst. and Meth. A* 515 (2003), S. 15. doi: 10.1016/j.nima.2003.08.125

[838] Yates, E.C.; Crandall, D.G.: Decay times of commercial organic scintillators. In: *IEEE Trans. Nucl. Sci.* 13/3 (1966), S. 153. doi: 10.1109/TNS.1966.4324093

[839] Zatsepin, G.T.; Kuzmin, V.A.: Upper limit of the spectrum of cosmic rays. In: *JETP Lett.* 4 (1966), S. 78

[840] Zeidler, E. (Hrsg.): *Springer-Taschenbuch der Mathematik (I.N. Bronstein and K.A. Semendjajew)*. Springer Fachmedien Wiesbaden, 2013 doi: 10.1007/978-3-8348-2359-5. – ISBN 9783835101234

[841] Zeuner, T. (HERA-B Collaboration): The MSGC-GEM Inner Tracker for HERA-B. In: *Nucl. Inst. and Meth. A* 446 (2000), S. 324. doi: 10.1016/S0168-9002(00)00042-5

[842] ZEUS Collaboration (Hrsg.: U. Holm): *The ZEUS Detector*. http://www-zeus.desy.de/bluebook/bluebook.html. Version: 1993. – Status Report (unpublished), DESY

[843] Zhao, S.: *Characterization of the Electrical Properties of Polycrystalline Diamond Films*, Ohio State University, Columbus, Ohio, USA, PhD Thesis, 1994

[844] Zuber, K.: *Neutrino Physics*. CRC Press, 2011. – ISBN 9781420064711

Abkürzungen

In dieser Liste sind nur mehrfach auftretende Abkürzungen aufgeführt. Es wird nur auf die Seite verwiesen, auf der sie (erstmals) erklärt werden. Namen von Experimenten oder Einrichtungen sind nicht als Abkürzungen, sondern im Index aufgeführt.

ADC	analog-to-digital converter; Analog-zu-Digital-Konverter. 245
ANSI	American National Standards Institute. 812
APD	Avalanche Photo Diode; Photodioden mit Lawinenverstärkung. 423
ASIC	Application Specific Integrated Circuit; Elektronikchip für eine spezielle Anwendung. 742
CAM	Content Addressable Memory; Assoziativspeicher. 823
CC	geladener Strom. 696
CCD	Charge-Coupled Device. 342
CNGS	CERN Neutrinos to Gran Sasso. 175
CSA	Charge sensitive amplifier; ladungsempfindlicher Vorverstärker. 724
CT	Computertomografie mit Röngenstrahlung. 23
DAQ	data acquisition; Datenerfassung. 807
DEPFET	Depleted Field Effect Transistor; spezieller Pixeldetektor. 349
DIRC	Detection of Internally Reflected Cherenkov Light; Cherenkov-Detektor von BaBar. 469
DLC	diamond-like carbon coating; diamantähnliche Widerstandsbeschichtung. 228
DM	Dunkle Materie. 710
DME	Dimethylether. 226
DOM	Digital Optical Module. 709
DSP	Digitaler Signalprozessor. 823
e/h	electron-hole; Elektron-Loch. 154
EAS	Extended Air Shower; ausgedehnter Luftschauer. 672
EC	electron capture; Elektroneinfang. 831
ECC	emulsion cloud chamber; Emulsionsnebelkammer. 172
EM	elektromagnetisch. 602
ENC	Equivalent Noise Charge; äquivalente Rauschladung. 802
ESONE	European Standards On Nuclear Electronics. 812
FADC	Flash-Analog-zu-Digital-Konverter. 246
FIFO	First-In-First-Out; Schieberegister. 823
FPGA	Field Programmable Gate Array; frei programmierbarer Logikschaltkreis. 823
GCD	Gate Controlled Diode; Halbleiterstruktur zur Messung von Oxidladungen. 313
GEM	Gas Electron Multiplier. 229
HAPD	Hybride Avalanche-Photodiode. 426
HPD	Hybride Photodiode. 426
HV	Hochspannungsversorgung; high voltage. 148

IACT	Imaging Atmospheric Cherenkov Telescopes. 690
IC	Inverser Compton-Effekt. 84
IEEE	Institute of Electrical and Electronics Engineers. 812
ISA	Internationale Standardatmosphäre. 673
JES	Jet-Energieskala. 650
LAN	local area network. 814
LAr	Flüssig-Argon. 608
LDF	Lateral Distribution Function; Funktion zur Beschreibung der lateralen Schauerverteilung. 681
LKr	Flüssig-Krypton. 608
LPM	Landau-Pomeranchuk-Migdal-Effekt. 585
LSB	Least Significant Bit; niedrigstwertiges Bit. 755
LUT	Look-Up Table. 823
MA	main amplifier; Hauptverstärker. 223
MAPS	Monolithic Active Pixel Sensor; spezieller Pixeldetektor. 354
MICROMEGAS	MICRO-MEsh GAseous Structure. 231
MIP	minimal ionizing particle; minimal-ionisierendes Teilchen. 36
MPGD	micro pattern gas detector. 225
MRPC	Multigap Resistive Plate Chamber; Drahtkammer mit resistiver Anode und Vielfachebenen. 544
MVA	Multivariate Analyse; statistisches Analyseverfahren. 575
MWPC	Multi-Wire Proportional Chamber; Vieldrahtproportionalkammer. 214
NC	neutraler Strom. 696
NIM	Nuclear Instrumentation Module; Standard für modulare Elektronik zur Signal- und Triggeraufbereitung. 812
NKG	Nishimura-Kamata-Greisen; NKG-Formel: beschreibt die laterale Verteilung der elektromagnetischen Komponente eines Luftschauers. 680
NTP	Normalbedingungen für Druck und Temperatur. 116
PA	pre-amplifier; Vorverstärker. 223
PCI	Peripheral Component Interconnect; Bus-Standard. 814
PDG	Particle Data Group; Herausgeber des 'Review of Particle Properties'. 16
PET	Positronen-Emissions-Tomografie. 23
PFA	particle flow analysis; Teilchenflussanalyse. 648
PLD	Programmable Logic Device. 810
PMT	Photo Multiplier Tube; Photovervielfacher. 414
RBW	Relative Biologische Wirksamkeit. 829
RPC	resistive plate chambers. 209
S/N	Signal-zu-Rausch-Verhältnis. 318
SDR	space drift time relation; Orts-Driftzeit-Beziehung. 246
SEV	Sekundärelektronenvervielfacher, Teil des Photovervielfachers. 415
SiPM	Siliziumphotomultiplier. 426
SNR	Signal-to-noise-ratio; Signal-zu-Rausch-Verhältnis. 722
SNU	Solar Neutrino Unit; 10^{-36} Einfänge pro Targetatom und Sekunde. 697
SPAD	Single Photon Avalanche Diode; auf Einzelphotonen empfindliche APD. 425

SPT	Superconducting Phase-transition Thermometer. 713
SUSY	Supersymmetrie. 711
TDAQ	Trigger- und Datennahme. 826
TDC	time-to-digital converter; Zeit-Digitalisierer. 245
TEA	Triethylamin; Photonen absorbierender Moleküldampf. 458
TES	Transition Edge Sensor. 714
TMAE	Tetrakisdimethylaminoethylen; Photonen absorbierender Moleküldampf. 458
TMS	Tetramethylsilan. 617
TOF	time of flight; Flugzeitmessung. 540
ToT	time-over-threshold. 731
TPC	Time Projection Chamber. 254
TR	Transition Radiation; Übergangsstrahlung. 475
VEM	Vertical Equivalent Muon; Kalibrationseinheit für Luftschauersignale. 685
VHE	Very High Energy. 690
VLSI	Very Large Scale Integration; sehr hoch integrierte elektronische Schaltkreise. 743
VPT	Vakuum-Phototriode. 611
WIMP	Weakly Interacting Massive Particle; Kandidat für Dunkle Materie. 710

Index

Printed in the United States
By Bookmasters